회로이론

이덕출, 이능헌, 고의석, 이동인 공저

동일출판사

머 리 말

본서가 처음 출간되어 여러 해가 지나는 동안 부족한 내용에도 불구하고 많은 독자들이 관심을 가져준데 대해 우선 송구스러운 마음과 더불어 심심한 감사의 말씀을 드린다.

최근 電氣·電子 工學 분야의 급속한 발전과 더불어 回路理論 교재의 내용도 변화가 요구되고 있다. 종래 전기·전자계열 학과에서는 回路理論 또는 回路網理論이라 하여 3~4학기에 걸쳐 이수하도록 되어 있었으나 점차 학부에서 가르쳐야 할 전공교과목이 늘어남에 따라 回路(網)理論도 2~3학기에 걸쳐 압축하여 강의하지 않으면 안되게 되었다.

이러한 추세에 맞춰서 본서도 이제 개정판을 내게 되었다. 본 개정판에서는 그동안 미흡하다고 생각되었던 일부 내용의 보완(1~13장)과 회로망 이론에서 중시하는 時間應答(14장), 周波數應答(15장) 및 Laplace 變換(16장) 등을 크게 보완 또는 추가 삽입함으로써 회로망 이론의 상당 부분을 커버할 수 있게 하였다.

본서의 특징은 무엇보다도 모든 내용을 초학자들이 매우 쉽게 개념적으로 이해할 수 있도록 엮어 놓은 점이라 할 수 있다. 그렇기 때문에 일부의 내용을 강의자가 선별하여 강의해 나간다면 전문대학 과정에서의 교재로서도 무난하리라고 생각된다.

본 개정판이 심혈을 기울여 내놓은 것이기는 하지만 淺學菲才의 탓으로 아직 부족한 내용이 많이 있을 것으로 여겨진다. 이점에 대해서는 여러 先輩諸賢들의 지도 편달로서 더욱 충실한 내용의 책이 되도록 약속드리며 본서가 후학들의 배움에 좋은 길잡이가 되기를 바란다.

끝으로 본서의 집필에 많은 참고자료가 되었던 국내·외 여러 저서의 저자분들과 본서의 출간을 위해 온갖 정성을 기울여 주신 東逸出板社 임직원 여러분에게 감사의 뜻을 표한다.

1994년 2월

著 者 씀

차 례

제 1 장 回路理論의 基礎

제 2 장 基本回路素子

제 3 장 交流回路의 基礎

제 4 장 複素數와 交流回路解析

제 5 장 交流電力과 에너지

제 6 장 共振回路

제 7 장 回路網의 一般解析과 諸定理

제 8 장 誘導結合回路

제 9 장 3相回路

제 10 장 複素軌跡

제 11 장 非正弦波交流

제 12 장 4端子網

回路理論의 基礎 1

전기공학은 전기적 에너지와 신호의 발생·변환·전송 및 이의 응용 등을 다루는 학문으로 정의될 수 있으며, 회로이론은 전자기 이론과 더불어 전기 및 전자회로 전반에 걸친 기본이론을 제공하는 과목이라 할 수 있다.

본장에서는 회로이론에서 취급되는 제량과 회로를 구성하는 주요소자에 대한 기본개념에 대해 알아보기로 한다.

(요 목)

1-1 物質의 電氣的 성질

모든 물질은 궁극적으로 원자로 구성되어 있고, 원자는 개략적으로 보면 핵과 그 주위를 회전하는 전자로 이루어져 있다.

물질은 대체로 금속류와 같이 핵의 최외각에 있는 전자들이 중심부 핵과의 결합력이 매우 약해서 쉽게 핵으로부터 이탈되어 원자와 원자 사이를 자유롭게 이동할 수 있는 소위 **자유전자**(free electron)가 많은 물질, 다시말해 전류가 잘 흐를 수 있는 **導體**(conductor)와 유리·에보나이트와 같이 자유전자의 수가 적거나 거의 없어서 전류가 흐르기 어려운 **不導體**(non-conductor), 그리고 Ge, Si, Se 등과 같이 전기傳導度가 도체와 부도체의 중간 정도의 전기적 성질을 갖는 **半導體**(semi-conductor) 등으로 크게 구분될 수 있다. 또한 전류는 고체물질 뿐만 아니라 액체나 진공중을 통해서도 흐를 수 있다.

즉, 전해액(H_2SO_4, HCl 등 각종 염류의 수용액)에서는 정(正), 부(負) 이온에 의하여 전기전도가 일어나며 진공관 등에서는 가열된 음극으로부터 진공속으로 방출되는 **열전자**가 양극에 흡수됨으로써 전기전도가 일어나는 등 전기전도에 대한 기구(mechanism)는 물질에 따라서 매우 다양하다.

1-2 電荷와 電流

전기회로의 특성, 동작을 설명하는 데 필요한 몇 가지 양 중에서 가장 기본적인 양은 **전하**(electric charge)라 할 수 있다. 왜냐하면 모든 전기적 효과는 전하의 공간적 분포 및 그 운동에 의하여 나타난다고 보기 때문이다.

전하는 양성자(proton : 수소 원자핵), 양이온이 갖는 **정전하**(positive charge)와 전자(electron), 음이온이 갖는 **부전하**(negative charge)로 대별되며, 이의 M.K.S 단위로서는 **쿨롬**(coulomb : [C])이 쓰인다.

전자 한 개의 전하량과 질량은 각각

$$e=-1.602\times10^{-19}\text{[C]},\ m=9.109\times10^{-31}\text{[kg]}$$

이 되며 양성자의 전하량은 전자의 전하량과 같고 질량은 전자의 약 1840배가 되는 것으로 알려져 있다.

전기회로에서 에너지가 전송되려면 전하의 이동이 있어야 하며, 전하의 이동은 **전류**(electric current)를 형성한다. 이때 전류의 세기 또는 간단히 해서 전류는 회로의 어느 단면을 단위 시간에 통과하는 전하량으로 정의하며 그 M.K.S 단위는 **암페어**(ampere : 〔A〕)이다. 1〔A〕는 매초 1〔C〕의 전하가 이동할 때의 전류이다. 따라서 일정한 비율로 t초 동안에 Q〔C〕의 전하가 이동한다면 전류 I와 전하량 Q 사이에는

$$I=\frac{Q}{t}\text{〔A〕 또는 } Q=It\text{〔C〕} \qquad (1.1)$$

인 관계가 성립된다.

이동하는 전하량이 시간적으로 변할 경우 미소시간 dt〔s〕 동안 dq〔C〕의 전하가 이동한다면, 이때의 전류는

$$i=\frac{dq}{dt}\text{〔A〕} \qquad (1.2)$$

가 되며, 이로부터 시각 t_1에서 시각 t_2사이에 회로를 이동하는 전하량은'

$$q=\int_{t1}^{t2} idt\text{〔C〕} \qquad (1.3)$$

와 같이 표시된다.

전류의 정방향은 관례상 정전하가 이동하는 방향으로 정하고 있다. 따라서 전자의 이동방향은 전류의 정방향과 반대가 된다.

〔예제 1·1〕 어떤 도선에 2〔A〕의 전류가 4초 동안 흘렀다면 대략 몇 개의 전자가 이동한 셈인가?

풀이 ☞ $N=\frac{Q}{e}=\frac{I\cdot t}{e}=\frac{8}{1.602\times10^{-19}}\simeq5\times10^{19}$〔개〕

〔예제 1·2〕 $i(t)=3t^2-t$〔A〕로 표시되는 전류가 도선중을 1분간 흘렀다면 그동안 통과한 전하량은 몇 〔C〕인가?

풀이 ☞ $Q=\int_0^{60} idt=\int_0^{60}(3t^2-t)\,dt=214,200$〔C〕

1-3 電位와 電壓

물은 **水位**가 높은 곳에서부터 낮은 곳으로 흐르며, 두 지점 사이의 **水位差**가 클수록 물 흐름의 세기 또는 물의 속도는 커진다.

그림 1.1과 같이 관속을 지나는 물의 흐름에 있어서 A점은 B점보다 수위가 높다고 할 수 있으며, B점에서의 물의 속도는 A,B 사이의 수위차, 즉 **水壓**에 비례한다. 또한 두 지점 사이를 물이 흘러서 수위가 낮아지게 되면 물은 낮아진 수위만큼 외부에 대해 일을 하게 된다. 다시말해, 수위차에 해당되는 에너지 변환이 일어난다.

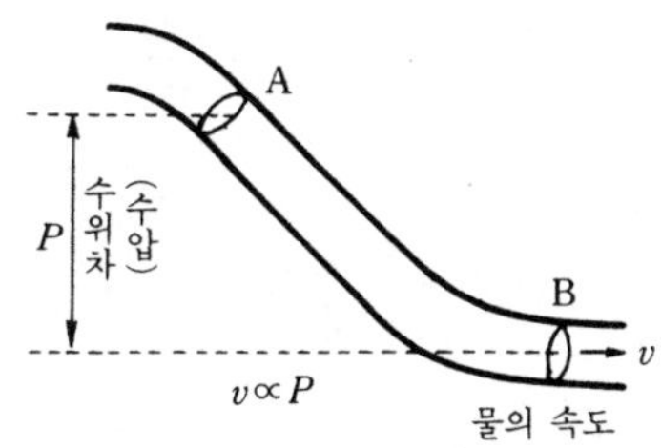

그림 1.1 수위차와 물의 속도

마찬가지로 도선내의 전하의 이동 역시 도선의 두 지점간의 **電位差**(electric potential difference)가 형성될 때 이루어진다고 볼 수 있다. **電位**(electric potential)는 전기적인 위치 에너지라 할 수 있고, 이것이 바로 수위에 해당되며 전위차 또는 **전압**은 수위차, 수압 등에 비교될 수 있다.

전위 및 전압에 대한 개념을 좀더 확실하게 하기 위해 **그림** 1.2와 같은 평판전하의 예를 들어 보기로 한다. 즉, **그림** 1.2 (a)와 같이 면적은 같지만 대전된 전하량이 다른 두 평판전하

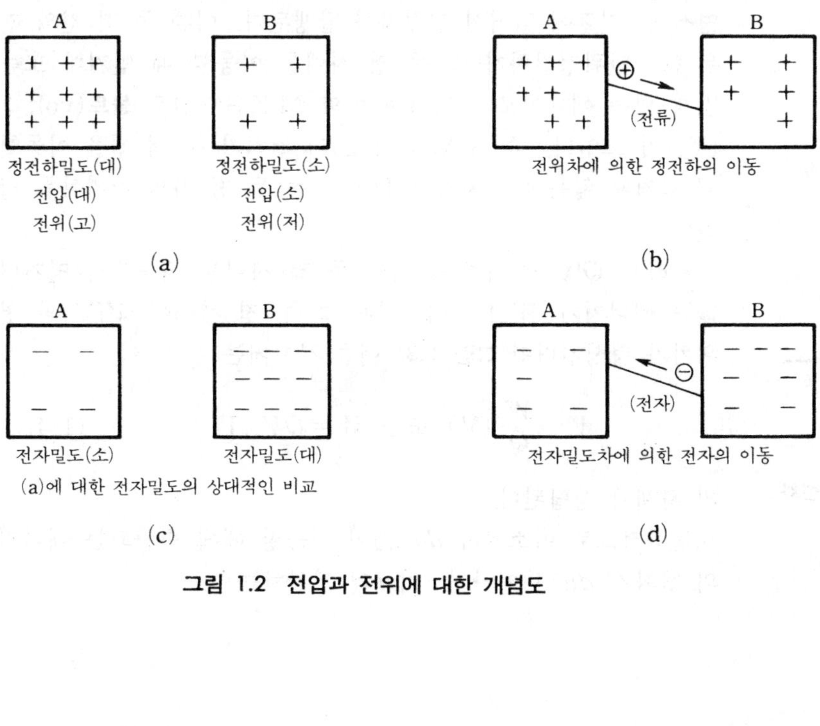

그림 1.2 전압과 전위에 대한 개념도

를 생각할 때 A는 B보다 **전하밀도**가 크기 때문에 평판내의 같은 정전하를 밀어내고자 하는 전기적 압력, 즉 전압이 B보다 더 크다.

그러므로 이 경우에 **그림 1.2**(b)와 같이 두 평판을 연결하게 되면 전압이 큰 A에서 전압이 작은 B로 정전하의 이동이 있게 되며 이와 같은 현상은 A,B의 전압이 같아질 때까지 계속 진행된다. 따라서 정전하밀도의 대소는 전압의 대소를 결정하게 되며 전압은 바로 전위에 대응된다.

결국 두 곳 사이에 전하의 이동, 즉 전류가 흐르기 위해서는 평판 A,B와 같이 정전하의 밀도차 또는 전위차(전압)가 형성되어야 함을 알 수 있다. 보통 전류는 **電源**(electric source)의 (+)극에서 (−)극으로 정전하가 이동되는 것으로 정의하고 있는 데, 이때 전원의 (+)극은 바로 전위가 높은 평판 A에 해당되며 전원의 (−)극은 전위가 낮은 B에 해당된다고 할 수 있다. 그러나 실제에 있어서는 전위가 낮은 (−)극으로부터 전위가 높은 (+)극으로 전자가 이동한다는 사실이 확인되고 있으며, 이것은 정전하밀도가 낮은 평판 B가 A보다 상대적으로 전자밀도가 높기 때문에(**그림 1.2**(c)) A,B가 접속되는 경우 전자밀도가 높은 B로부터 전자밀도가 낮은 A로 전자가 이동된다는 사실로 이해될 수 있다(**그림 1.2**(d)).

물이 흘러 수위가 변화될 때 에너지 변환이 수반되듯이 전기회로에 전류가 흐를 때에도 에너지의 변환 또는 전송이 일어나면서 이 전후에 있어서 전위차가 발생된다. 이때 두 점 간의 전위차는 단위정전하가 그 두 점 사이를 이동할 때 얻거나 또는 잃게 되는 에너지로 결정되며 이의 M.K.S단위로 **볼트**(volt : [V])가 쓰인다. 즉, 1[V]는 1[C]의 전하가 두 점 간을 이동할 때 얻거나 잃는 에너지가 1[J]이 되는 두 점 간의 전위차를 말한다.

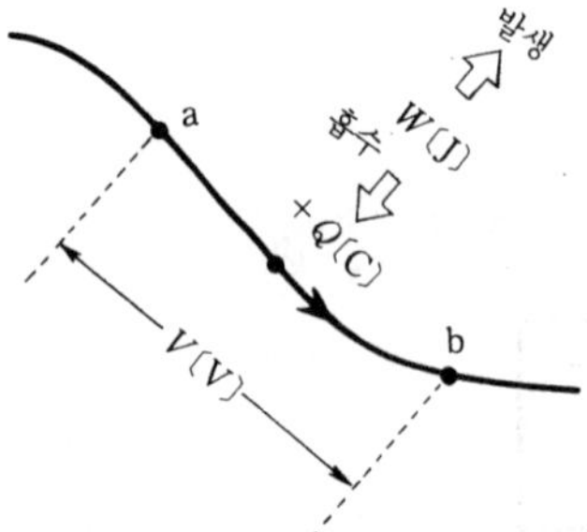

그림 1.3 전위차와 에너지 변화

따라서 Q[C]의 전하가 어느 두 점 사이를 이동해서 얻거나 잃는 에너지가 W[J]이며, 이때 그 두 점 사이에 V[V]의 전위차가 형성된다면(**그림 1.3**) 이들 사이에는

$$V=\frac{W}{Q}\ [\mathrm{V}] \text{ 또는 } W=QV\ [\mathrm{J}] \qquad (1.4)$$

의 관계가 성립된다.

일반적으로 미소전하 dq[C]이 이동할 때에 수반되는 에너지의 변화가 dw[J]이라면, 이때의 전위차는

$$v = \frac{dw}{dq} \text{〔V〕} \qquad (1.5)$$

가 되며, 이를 적분형으로 표시하면

$$w = \int v dq \text{〔J〕} \qquad (1.6)$$

이 된다.

그림 1.3에서 회로 내의 한 점 a에서 다른 점 b까지 단위정전하가 이동되는 데 있어서 외부에서 일을 해주어야 할 때, 즉 이동되는 전하가 에너지를 얻을 때 b는 a보다 전위가 높다고 한다. 두 점 사이의 전위를 비교할 때는 전위가 높은 쪽을 정(+), 전위가 낮은 쪽은 부(−)로 표시한다. 그러므로 a를 기준으로 했을 때 b의 전위는 정이 되며 이때는 a에서 b로 **전압상승**이 일어난다. 실제에 있어서는 **그림 1.4**와 같은 회로에서 전하가 전원(electric source)인 건전지를 지날 때 이곳에서 에너지를 공급받는 경우가 된다. 반면에 **그림 1.3**에서 a로부터 b까지 단위정전하가 이동하면서 전하 자신이 외부에 대해 일을 할 때, 즉 전하가 에너지를 잃을 때는 a로부터 b로 **전압강하**(voltage drop)가 있다고 하며 이때는 **그림 1.4**에서 전하가 **負荷**(electric load)인 전구를 지나면서 이곳에 에너지를 공급해 주는 경우가 된다. 전원에서는 비전기적 에너지가 전기적 에너지로 변환되어 정전하를 전위가 낮은 곳에서 높은 곳으로 이동시켜 외부회로에 전류가 흐르게 한다. 특히 전원의 경우 회로가 구성되지 않은 상태에서 전원 양단자간의 전위차 또는 **開放電壓**을 그 전원의 **起電力**(electro-motive force : e.m.f.)이라고 한다.

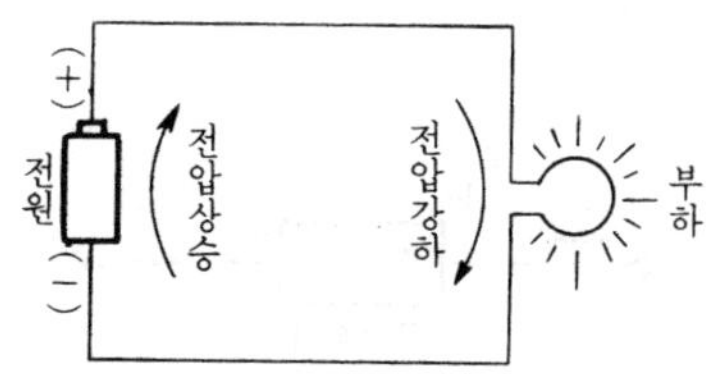

그림 1.4 전압상승과 전압강하의 예

그러나 전원에 부하가 접속되어 회로에 전류가 흐르게 되면 전원 자체내 **내부저항**의 발생으로 인해 부하양단에서의 **端子電壓**은 전원의 기전력보다 낮은 것이 보통이다.

〔예제 1·3〕 어느 두 점 사이를 5〔C〕의 전하량이 이동하여 외부에 대해 100〔J〕의 일을 했다면, 두 점 사이의 전위차는 몇〔V〕인가?

풀이 ☞ $W = QV$ 로부터

$$V = \frac{W}{Q} = \frac{100\text{〔J〕}}{5\text{〔C〕}} = 20\text{〔V〕}$$

1-4 電流와 電壓의 基準方向

회로를 구성하는 소자(element)는 회로에 에너지를 공급해 주는 역할을 하는 **능동소자**(active element)와 능동소자인 전원으로부터 에너지를 공급받음으로써 비로소 그 전기적인 기능을 갖게 되는 **수동소자**(passive element)로 대별된다.

이들 소자에 대한 **기준방향**(reference direction)의 설정 및 이에 대한 이해는 회로해석에 앞서 매우 중요한 사항이다.

1 受動素子에서의 기준방향

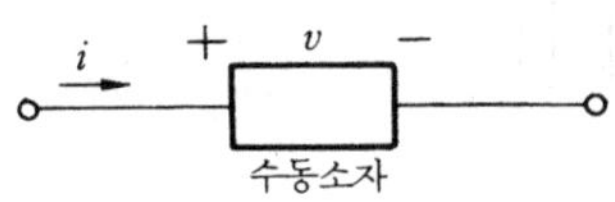

그림 1.5 수동소자에서의 기준방향

수동소자에 **그림 1.5**와 같은 방향으로 전류 i가 흐를 경우 수동소자 자체는 일단 에너지를 공급받는 것이 되므로 전류의 방향으로 소자전후에 있어서 전압강하가 일어난다. 따라서 소자를 지나기 전의 전위를 정(+), 소자를 지난 후의 전위를 부(−)로 하여 이를 전류방향에 대한 수동소자 양단전압의 기준방향으로 정의한다.

수동소자 $R.L.C$ 각각에 대한 전류, 전압의 기준방향은 **그림 1.6**과 같이 표시된다. 또한 **그림 1.6**은 각 수동소자 양단에 역으로 그림과 같은 **극성**의 전압이 인가될 때 각 소자를 흐르는 전류의 정방향을 나타내기도 한다.

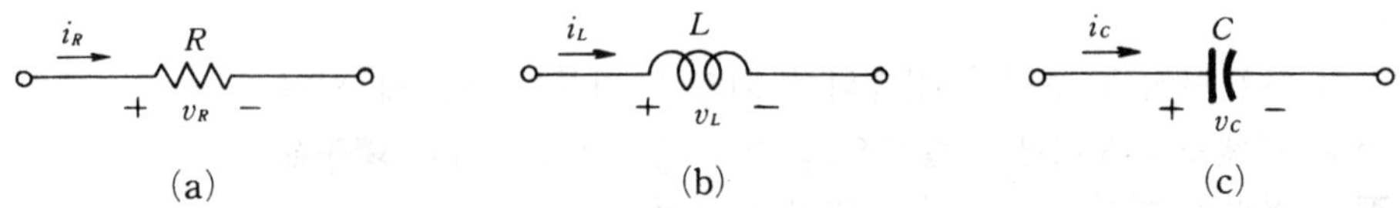

그림 1.6 $R.L.C$ **소자에서의 기준방향**

만약 이러한 기준방향에 근거하여 회로해석을 한 결과 회로 어느 한 부분의 전류 혹은 전압의 값이 부의 값으로 얻어졌다면 그 부분의 실제의 전류나 전압의 극성이 기준방향과 반대됨을 뜻한다. 또한 **교류회로**와 같이 전류 또는 전압의 크기와 방향이 시간에 따라 변화되는 회로해석의 경우에는 기준방향을 어느 특정한 순간을 가정하여 정하며, 이러한 사실은 **직류회로**의 해석 방법이 교류회로에 그대로 적용될 수 있음을 뜻한다.

2 能動素子에서의 기준방향

능동소자인 전원은 **電壓源**(voltage source)과 **電流源**(current source)으로 구분되며, 전원에서의 전류 및 전압의 기준방향은 수동소자의 경우와는 약간 다르다. 즉, 회로전류가 전원을 지날 경우에는 전류의 방향으로 전압상승이 일어나기 때문에 **그림 1.7**과 같은 **독립전압원**에 있어서는 그림에 표시된 것과 같이 전원의 (−)극 쪽에서 (+)극 쪽으로 전류의 정방향을 잡는다.

한편 **독립전류원**에 대해서는 **그림 1.8**에서 보는 바와 같이 전류원의 전후에 있어서 전압상승이 되도록 전압의 극성을 표시한다.

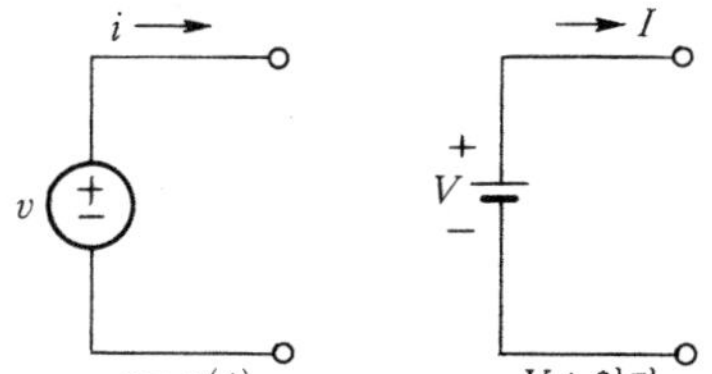

그림 1.7 독립전압원

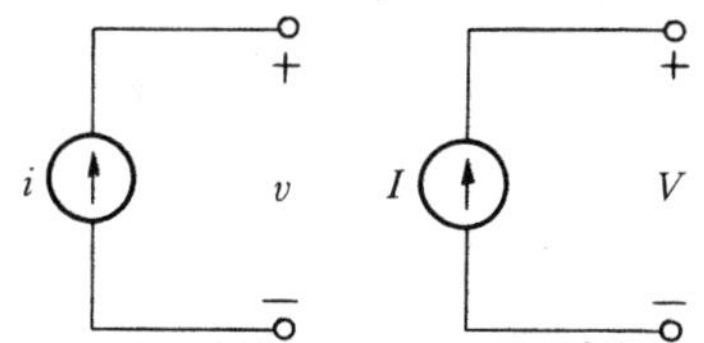

그림 1.8 독립전류원

1-5 電力 및 電力量

전력(electric power)은 전기가 단위시간에 하는 일의 양, 좀더 엄밀하게는 단위시간에 변환 또는 전송되는 에너지로 정의되며, 이에 대한 M.K.S 단위로는 **와트**(watt : 〔W〕)가 쓰인다.

1〔W〕는 매초 변환되는 에너지가 1〔J〕일 때의 전력을 말하며, 따라서 변환되는 에너지 W〔J〕이 시간적으로 일정할 때 전력 P는

$$P=\frac{W}{t}\ \text{〔W〕} \tag{1.7}$$

가 된다. 또한 식(1.4), (1.1)로부터 $W=QV$, $Q=It$이므로 식(1.7)은

$$P=VI\ \text{〔W〕} \tag{1.8}$$

와 같이 표시될 수 있으며, 이로부터 t〔s〕동안에 변환되는 에너지 또는 전력량 W는

$$W=Pt=VIt\ \text{〔J〕} \tag{1.9}$$

이 된다.

변환되는 에너지가 시간적으로 변하는 경우 각 순간마다의

* 전기적인 양을 표기하는 데 있어서는 소문자와 대문자를 구분해서 쓰는 것이 일반적이다. 즉, 시간적으로 변하는 양일 때는 v, i와 같이 소문자로, 시간적으로 불변인 양은 V, I와 같이 대문자로 표기한다.

전력, 즉 **순시전력**(instantaneous power) p는

$$p=\frac{dw}{dt}=vi \text{ [W]} \tag{1.10}$$

가 되며, 이로부터 시간 t[s]동안 변환되는 전에너지는

$$w=\int_0^t p\ dt=\int_0^t vidt \text{ [J]} \tag{1.11}$$

과 같이 표현된다.

전력의 실용단위로는 **킬로와트**[kW]와 **마력**(horse power : [HP])이 많이 쓰이며, 1[kW] = 1000[watt], 1[HP] = 746[watt]의 관계가 있다. 또한 전력량의 단위로서는 **와트·아워**(watt·hour : [Wh]) 또는 **킬로와트·아워**[kWh]가 자주 사용되며, 1[Wh] = 3600[J], 1[kWh] = 1000[Wh]의 관계가 있다.

다음에는 전류·전압의 기준방향과 전력과의 관계를 알아보기로 한다. **그림 1.9**(a)와 같이 전압상승의 방향으로 전류가 흐른다면 이 부분은 전원과 같은 역할을 한다고 볼 수 있으므로 여기서는 전력의 발생 또는 공급이 있게 된다. 또한 **그림 1.9**(b)와 같이 전압강하의 방향으로 전류가 흐르고 있다면 이 부분은 부하로 작용하고 있다고 볼 수 있기 때문에 이 부분에서는 전력의 소모 또는 전송이 있게 된다.

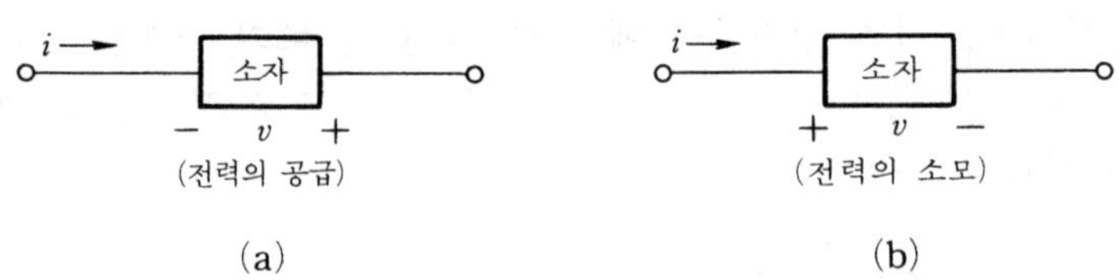

그림 1.9 전류·전압의 기준방향과 전력

[예제 1·4] 어떤 저항회로에 100[V]의 전압이 10분 동안 인가되어 500[C]의 전하량이 이동되었다면 이 회로에서의 전력 P[W]는?

풀이 ☞ $P=\frac{QV}{t}=\frac{500\times100}{60\times10}=\frac{500}{6}$ [W]

[예제 1·5] 100[V]의 전압을 인가할 때 10[A]의 전류가 흐

르는 전열기가 있다. 이 전열기를 하루에 2시간씩 한달(30일)간을 사용한다면, 이 전열기의 전력 P〔W〕 및 한달간의 전력량 W〔kWh〕는 얼마인가?

풀이 ☞ 전력 $P=IV=10\times100=1000$〔W〕$=1$〔kW〕

한달간의 전력량 $W=P\cdot t=1$〔kW〕$\cdot 2$〔h〕$\cdot 30=60$〔kWh〕

〔예제 1·6〕 그림 1.10(a)와 같은 회로에서 화살표 방향으로 2〔A〕의 일정전류가 흐르고 있다. 회로의 A부분과 C부분에서는 각각 매분 1200〔J〕, 600〔J〕의 전기 에너지가 발생되고 있지만, B, D부분에서는 각각 매분 1000〔J〕, 800〔J〕의 에너지가 소비되고 있다. 각 부분에서 발생 또는 소모되는 전력을 구하고 각 부분 양단에 형성되는 전위차의 크기와 극성을 표시하여라.

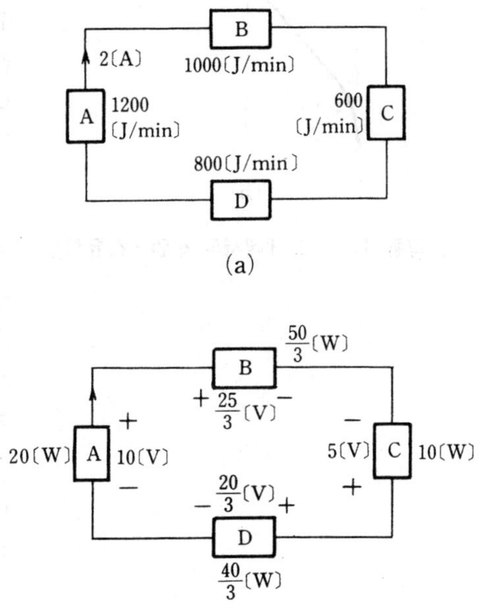

그림 1.10

풀이 ☞ 각 부분에서 발생 또는 소비되는 전력은

$$P_A=\frac{1200}{60}=20\text{〔W〕}$$

$$P_B=\frac{1000}{60}=\frac{50}{3}\text{〔W〕}$$

$$P_C=\frac{600}{60}=10\text{〔W〕}$$

$$P_D=\frac{800}{60}=\frac{40}{3}\text{〔W〕}$$

각 부분의 전위차는 $P=VI$로부터

$$V_A=\frac{20}{2}=10\text{〔V〕}$$

$$V_B=\frac{50/3}{2}=\frac{25}{3}\text{〔V〕}$$

$$V_C=\frac{10}{2}=5\text{〔V〕}$$

$$V_D=\frac{40/3}{2}=\frac{20}{3}\text{〔V〕}$$

각 부분의 극성은 A, C에서는 전압상승, B, D에서는 전압강하가 나타나므로 **그림 1.10**(b)와 같이 표시된다.

1-6 옴의 법칙

그림 1.11(a)와 같이 도체에 전류가 흐를 경우 도체양단에 나타나는 전압강하 v는 **그림 1.11**(b)에 표시된 것처럼 어느 정도 미만의 전류값에서는 전류 i에 비례관계가 성립된다(소자의 이런 특성을 **선형성**(linearity)이라 함).

이때 비례상수(곡선의 기울기)는 도체의 모양 및 종류에 따라 달라지게 되며, 여기서 비례상수가 크다는 것은 일정전류가 도체를 통과하는 동안 보다 큰 전압강하가 나타남을 의미한다. 또한 이는 전하로부터 도체에 공급되는 에너지가 보다 크기 때문에 일정전압이 도체양단에 인가될 경우 전하가 도체를 통과하기가 보다 어려워짐을 뜻한다. 따라서 이때의 비례상수는 전류의 흐름을 저해하는 요소라 할 수 있기 때문에 이를 도체의 **전기저항**, 또는 간단히 **저항**(resistance)이라 하여 R로 표시한다. 결국 도체양단의 전압 v와 전류 i, 도체저항 R사이에는

$$v=Ri \text{ 또는 } i=\frac{v}{R} \tag{1.12}$$

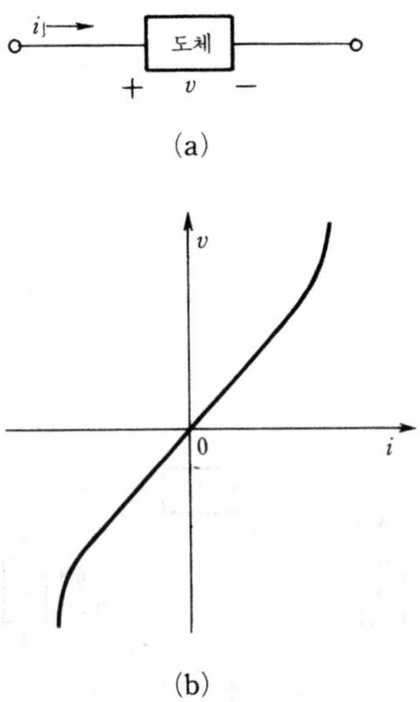

그림 1.11 도체에서의 전압·전류특성

와 같은 관계가 성립되며 이를 **옴의 법칙**(Ohm's law)이라 한다.

결국 옴의 법칙은 "도체에 흐르는 전류는 인가된 전압에 비례하고 저항에 반비례한다"고 말할 수 있다. 저항의 M.K.S 단위로는 **옴**(Ohm : 〔Ω〕)이 사용된다.

식(1.12)로부터 $R=\frac{v}{i}$〔Ω〕인 관계가 성립되므로 1〔Ω〕은 1〔A〕의 전류가 흐르게 하기 위해 1〔V〕의 인가전압을 필요로 하는 도체의 저항값을 의미한다.

〔예제 1·7〕 정격이 100〔V〕, 60〔watt〕인 백열전구의 저항값은 얼마인가? 또한 이 전구에 90〔V〕의 전압이 인가된다면 이때의 전력은 얼마인가?

풀이 ☞ $P=IV=I^2R=\frac{V^2}{R}$ 으로부터

$$R = \frac{V^2}{P} = \frac{100^2}{60} \simeq 167\,[\Omega]$$

90[V]의 전압이 인가될 때의 소비전력 P'는

$$P = \frac{V^2}{R} \text{ 으로부터}$$

$$P' = \frac{(0.9\,V)^2}{R} = 0.81\,\frac{V^2}{R}$$

이 되어 정격전력의 81[%]인 $0.81 \times 60 = 48.6$[W]가 된다.

1-7 줄의 법칙

전류가 흐르는 도체에서는 얼마간의 열이 발생한다는 사실을 처음 실험으로 입증한 사람은 **줄**(Joule)이었다.

그는 "도체에 흐르는 전류로 인하여 단위시간에 발생하는 열량은 I^2R에 비례한다"고 했는데 이 법칙을 **줄의 법칙**(Joule's law)이라 하며 이때 발생하는 열을 **줄열**이라고 부른다.

줄열은 도체를 통과하는 자유전자가 도체의 입자(원자)와 비탄성충돌을 일으킬 때 발생되는 열에너지가 외부로 방출된 것이며, 이때 자유전자와 도체입자와의 충돌현상은 바로 도체에서 전류의 흐름을 저해하는 저항으로서 작용하게 된다. 결국 도체의 저항값이 존재하는 한 줄열은 필연적으로 수반된다.

줄의 법칙 $H = kI^2Rt$ 로부터 1[J]의 에너지는 1[A]의 전류가 1[Ω]의 저항에 1초 동안 흐를 때의 열에너지로 정의된 것이기 때문에 M.K.S 단위계에서의 비례상수 k는 1이 되며, 따라서 줄열 H[J]는

$$H = I^2Rt\,[\text{J}] \qquad (1.13)$$

이 된다. 또한 $1[\text{J}] = \frac{1}{4.2}[\text{cal}] = 0.24[\text{cal}]$의 관계가 있으므로 식(1.13)은

$$H = \frac{1}{4.2}\,I^2Rt = 0.24I^2Rt\,[\text{cal}] \qquad (1.14)$$

로도 표시된다.

줄의 법칙은 전기 에너지를 열에너지로 변환하여 나타낸 것으로 이 열에너지는 전등, 전기용접, 전열기 등에 자주 이용된다.

〔예제 1·8〕 어떤 저항 R에 100〔V〕의 전압을 인가해서 10〔A〕의 전류가 1분간 흘렀다면 저항 R에서 발생한 에너지 W〔J〕는 얼마인가? 또 이를 열량 H〔cal〕로 환산하면 얼마인가?

풀이 ☞ $R=\frac{V}{I}=\frac{100}{10}=10〔\Omega〕$

$W=I^2Rt=10^2\cdot 10\cdot 60=60000〔J〕$

$H=0.24I^2Rt=0.24\times 60000=14400〔cal〕=14.4〔kcal〕$

1-8 키르히호프의 법칙

옴의 법칙만으로 해결할 수 있는 회로는 비교적 단순한 회로이다. 그러나 2개 이상의 기전력을 포함하는 회로는 옴의 법칙만으로 해결하기는 어렵다.

복잡한 회로, 즉 **회로망**(network)의 해석에는 **키르히호프의 법칙**이 자주 사용되며, 여기에는 **전류법칙**(Kirchhoff's current law)과 **전압법칙**(Kirchhoff's voltage law)이 있다.

1 제1법칙(전류법칙 : $K.C.L$)

도선의 임의의 분기점에 유입 또는 이로부터 유출되는 전류의 대수합은 각 순간에 있어서 0이다. 즉, 분기점에 있어서 유입되는 총전류는 유출되는 총전류와 같다.

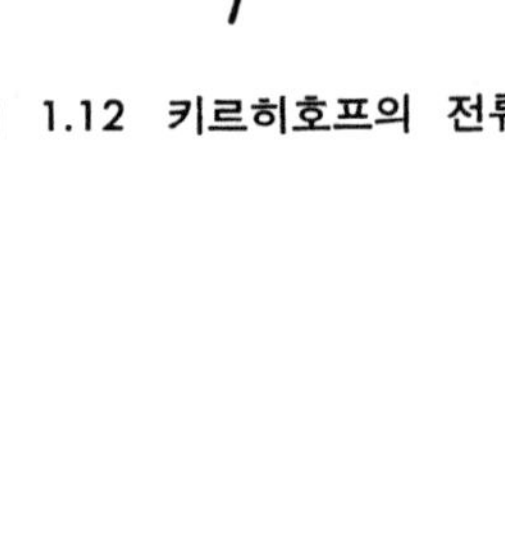

그림 1.12 키르히호프의 전류법칙

그림 1.12에서 분기점 O에 유입되는 전류를 정(+)으로 하고 유출되는 전류를 부(−)로 하면

$$I_1-I_2+I_3+I_4-I_5=0 \tag{1.15}$$

일반적으로는

$$\sum_{k=1}^{n} I_k=0 \tag{1.16}$$

이 된다. 식(1.15)를 시각 t_1으로부터 t_2까지 적분하면

$$\left(\int_{t1}^{t2} I_1 dt+\int_{t1}^{t2} I_3 dt+\int_{t1}^{t2} I_4 dt\right)-\left(\int_{t1}^{t2} I_2 dt+\int_{t1}^{t2} I_5 dt\right)=0 \tag{1.17}$$

이 되며, 이 식은 시각 t_1으로부터 t_2사이에 분기점에 유입, 유출되는 전하의 총합을 나타낸다.

즉, 이것은 임의의 시간동안 도선의 한 분기점에 유입된 전하량만큼 그 점에서 반드시 유출되기 때문에 그 점에 전하가 축적될 수도 없고 그곳으로부터 발생할 수도 없다는 것을 의미한다. 따라서 제1법칙을 **전하보존의 법칙**이라고도 한다.

2 제 2 법칙(전압법칙 : $K.V.L$)

회로망내의 임의의 폐로에서 한 방향으로 일주하면서 취한 전압상승 또는 전압강하의 대수합은 각 순간에 있어서 0이다.

즉, **그림 1.13**의 폐로에서 시계방향으로 일주할 때 전압상승을 정(+), 전압강하를 부(−)로 하여 총합을 취하면 전위의 기준점이 되는 출발점의 전위는 불변이므로 일주시 전압변화의 총합은

$$-V_1+V_2+V_3-V_4=0 \tag{1.18}$$

이 되며, 일반적으로는

$$\sum_{k=1}^{n} V_k=0 \tag{1.19}$$

이는 폐로에서 한 방향으로 일주하면서 취한 전압상승의 총합은 전압강하의 총합과 같음을 의미한다.

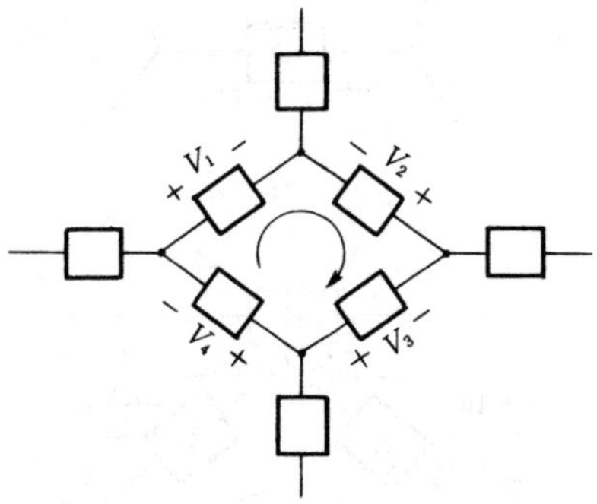

그림 1.13 키르히호프의 전압법칙

〔예제 1·9〕 그림 1.14(a)의 회로에 있어서 두 전원 E_1, E_2에 의해 각각 11〔A〕, 5〔A〕의 전류가 회로에 표시된 방향으로 흐르고 있을 때 저항 R_1, R_2를 지나는 전류의 크기 및 방향을 결정하여라.

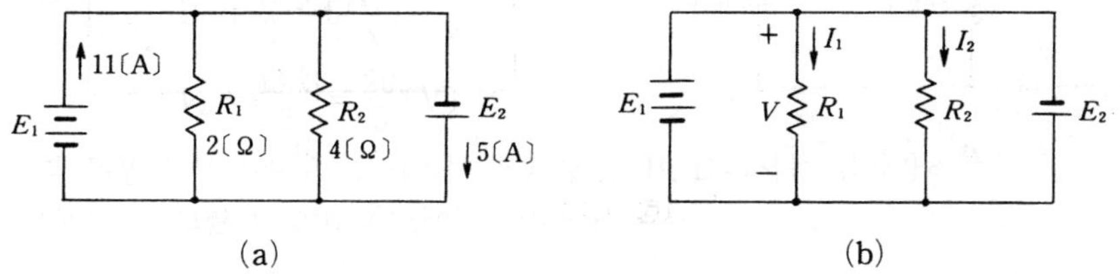

그림 1.14

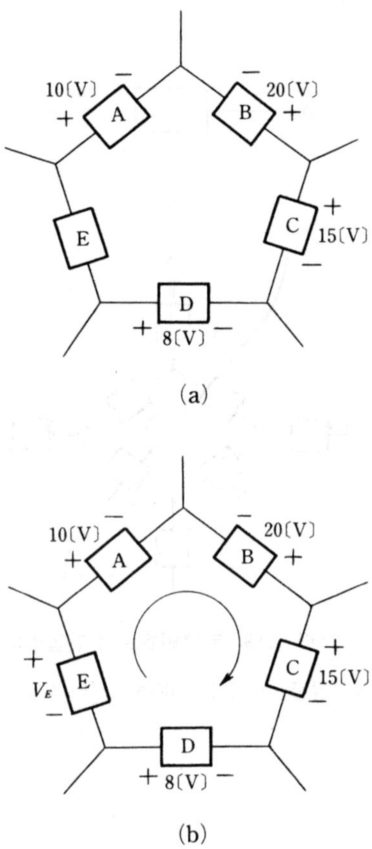

그림 1.15

풀이 ☞ **그림 1.14**(b)에서와 같이 병렬접속 단자전압 V와 각 저항에 흐르는 전류 I_1, I_2의 방향을 가정한다.

$K.C.L$에 의해

$$11=I_1+I_2+5 \cdots\cdots ①$$

여기서

$$V=2I_1=4I_2 \quad \cdots\cdots ②$$

이므로 ②를 ①에 대입하면 I_1, I_2는 각각 $I_1=4$[A], $I_2=2$[A]가 되며 이의 부호가 모두 정(+)이므로 I_1, I_2의 실제 방향은 가정한 전류의 방향과 일치한다.

〔예제 1·10〕 **그림 1.15**(a)의 폐로에서 소자 E 양단의 단자전압 V_E와 그 극성을 결정하여라.

풀이 ☞ 소자 E에서의 단자전압 V_E의 극성을 **그림 1.15**(b)와 같이 가정한 후에 폐로를 시계방향으로 일주하면서 $K.V.L$을 적용해 보기로 한다.

소자 A, C에서 전압강하, B, D, E에서 전압상승이 발생하므로

$$-10+20-15+8+V_E=0$$

$$\therefore \ V_E=-3\text{[V]}$$

V_E 앞의 부(−) 부호는 소자 E 양단의 실제 극성이 **그림 1.15**(b)에서의 가정과 반대임을 뜻한다.

〔예제 1·11〕 **그림 1.16**(a)의 회로에서 각 저항을 흐르는 전류를 결정하여라.

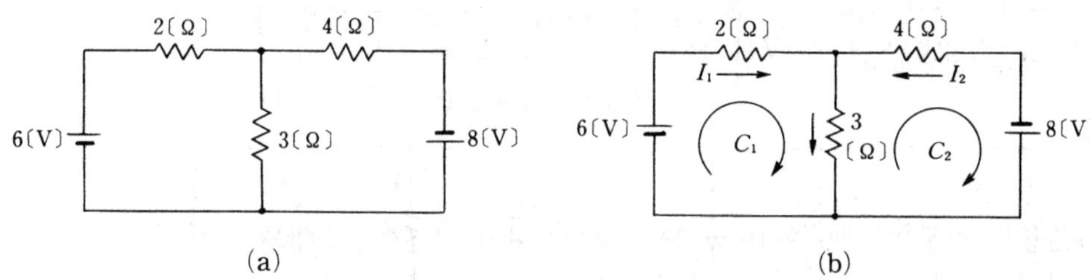

그림 1.16

풀이 ☞ 각 저항을 흐르는 미지전류를 **그림 1.16**(b)와 같이 가정한다. 분기점 O와 폐로 C_1, C_2에 대해 각각 $K.C.L$과 $K.V.L$을

적용하면

$$\text{O 점} : I_1+I_2=I_3 \quad \cdots\cdots\cdots ①$$

$$C_1 \quad : 2I_1+3I_3=6 \quad \cdots\cdots\cdots ②$$

$$C_2 \quad : -3I_3-4I_2=8 \cdots\cdots\cdots ③$$

이를 풀면

$$I_1=\frac{33}{13}\text{〔A〕}, \ I_2=\frac{-29}{13}\text{〔A〕}, \ I_3=\frac{4}{13}\text{〔A〕}$$

여기서 I_2는 부호가 부(−)이므로 실제의 전류방향은 **그림 1.16 (b)**에서의 가정과 반대방향이 된다.

연습문제

〔1〕 동(Cu)의 자유전자밀도는 약 $5\times10^{22}/cm^3$이다. 1〔cm^2〕의 단면적을 가진 동선을 통해 8〔A〕의 전류가 흐르고 있을 때 자유전자의 평균 이동속도〔cm/s〕는 얼마인가?

〔2〕 어떤 도선에 3〔A〕의 전류가 90분 동안 흘렀을 때 이동한 전하량은 몇 〔C〕인가?

〔3〕 $i=3t^2+4t$〔A〕로 표시되는 전류가 3분 동안 흘렀을 때 도선속을 통과한 전체 전하량〔Ah〕은 얼마인가?

〔4〕 10〔C〕의 전하량이 이동하여 500〔J〕의 일을 했다고 하면 이때 전원의 기전력은 몇 〔V〕인가?

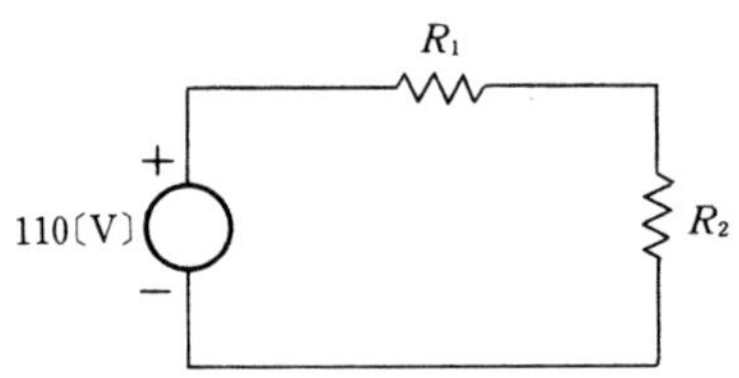

그림 1.17

〔5〕 **그림 1.17**과 같은 회로에서 R_2는 R_1의 10배일 때 R_1, R_2양단에 걸리는 전압의 크기를 각각 구하고, 그 극성을 표시하여라. 또한 R_1에 의해 소비되는 전력이 20〔W〕라면 R_2에서 소비되는 전력은 얼마인가?

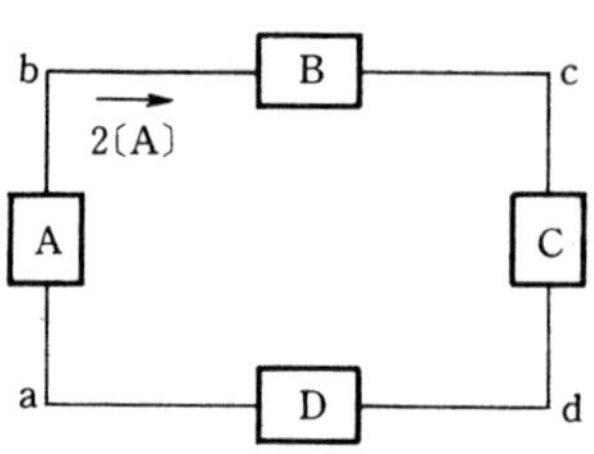

그림 1.18

〔6〕 **그림 1.18**의 회로에 있어서 소자 A, C에서는 각각 200〔W〕, 300〔W〕의 전력소비가 있고 B, D에서는 각각 450〔W〕, 50〔W〕의 전력이 발생하고 있다. 2〔A〕의 회로 전류가 시계방향으로 흐르고 있을 때

(1) 회로의 각 소자에서의 전압강하를 구하여라.

(2) d점을 기준전위로 할 때 a,b,c점의 전위를 각각 구하여라.

(3) 소자 A에서 1분간 소비되는 전기적 에너지를 구하여라.

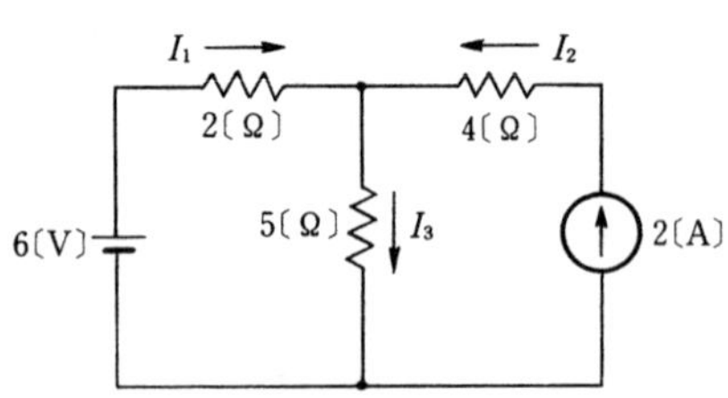

그림 1.19

〔7〕 **그림 1.19**와 같은 회로에 있어서 $K.C.L$ 및 $K.V.L$을 이용하여 I_1, I_2, I_3를 구하여라.

연습문제해답

〔1〕 0.001〔cm/sec〕

〔2〕 16200〔C〕

〔3〕 1638〔Ah〕

〔4〕 50〔V〕

〔5〕 $V_1 = 10$〔V〕

$V_2 = 100$〔V〕

$P = 200$〔W〕

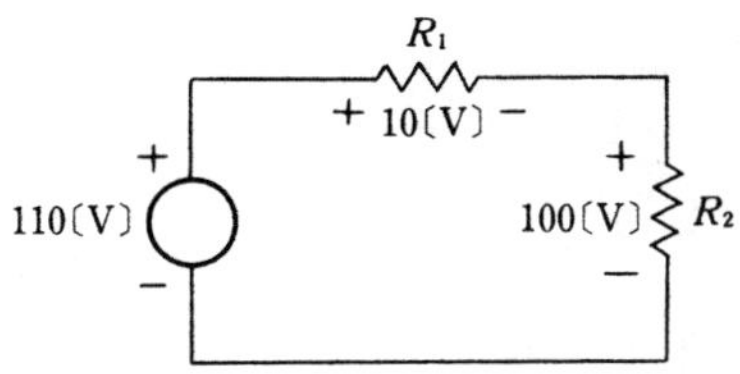

그림 1.20

〔6〕 (1) $V_A = 100$〔V〕

$V_B = -225$〔V〕

$V_C = 150$〔V〕

$V_D = -25$〔V〕

(2) $V_a = 25$〔V〕

$V_b = -75$〔V〕

$V_c = 150$〔V〕

(3) 1.2×10^4〔J〕

〔7〕 $I_1 = -\frac{4}{7}$〔A〕

$I_2 = 2$〔A〕

$I_3 = \frac{10}{7}$〔A〕

基本回路素子 2

회로소자는 회로에 에너지를 공급해 주는 기능을 갖는 능동소자와 에너지를 공급받아 그 기능을 수행하는 수동소자로 대별된다. 능동소자는 주로 전원을 의미하며, 그 전기적 특성에 따라 전압원(voltage source)과 전류원(current source)으로 나뉘어진다. 수동소자에는 가장 기본적인 것으로서 抵抗소자(resistor), 誘導소자(inductor), 容量소자(capacitor)가 있다. 이들 소자는 임의로 조합·결선되어 하나의 회로가 구성되며, 이들 사이에는 에너지의 수급이 이루어지게 된다.

(요 목) ....

2-1 受動素子

1 抵 抗

(1) 도체의 저항

저항은 전원으로부터 공급받은 에너지를 열(줄열)로 소비하는 회로소자로서 양단자간의 전압과 전류 사이에는 비례관계가 성립된다. 이때의 비례상수를 저항(resistance) R이라 하며 이들의 관계는 옴의 법칙인 $v = Ri$로 나타낸다.

도체의 저항은 길이(l)에 비례하고, 단면적(A)에 반비례한다. 즉,

$$R \propto \frac{l}{A}$$

이때 비례상수를 ρ라 하면

$$R = \rho\frac{l}{A} \tag{2.1}$$

이 되며 이 ρ를 **比저항, 저항률**(resistivity) 또는 도체의 재질에 따라 고유값을 갖기 때문에 **고유저항**이라고도 한다. 이의 단위로서는 〔Ωm〕 또는 〔Ωcm〕가 주로 쓰인다.

〔예제 2・1〕 길이 l, 단면적 A인 도체를 늘려서 길이가 nl인 도선으로 만들었다면 도체의 전기저항은 몇 배로 되는가?

풀이 ☞ $R = \rho\frac{l}{A}$에서 길이 l이 n배 증가하면 단면적 A는 $\frac{1}{n}A$로 감소되지만 ρ는 불변이다. 따라서,

$$R' = \rho\frac{nl}{\frac{1}{n}A} = n^2\rho\frac{l}{A} = n^2R$$

이 되어 전체저항은 n^2배 증가된다.

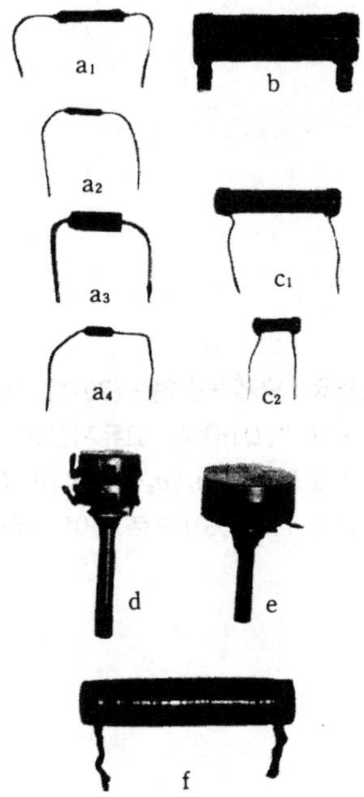

a : 솔리드(体) 저항
b : 권선저항
c : 탄소피막저항
d, e, f : 가변저항

그림 2.1 저항의 종류

(2) 도체의 컨덕턴스

옴의 법칙은 $i = \frac{1}{R}v$로 표현될 수 있으며, 여기서 저항 R

의 역수를 **컨덕턴스**(conductance) G라 하여 자주 쓰인다. 즉,

$$i = \frac{1}{R}v = Gv \tag{2.2}$$

이는 일정 전압하에서 전류는 컨덕턴스 G에 비례하므로 G가 클수록 도체에 보다 더 큰 전류가 흐를 수 있음을 말해준다. 컨덕턴스의 단위는 모오(mho : 〔℧〕)로 나타낸다.

또한 컨덕턴스 G는 저항 R에 상반되는 개념이므로 G는 도체의 길이(l)에 반비례하고 단면적(A)에 비례하게 되어

$$G \propto \frac{A}{l}$$

인 관계가 성립되며, 이때의 비례상수를 σ라 하면

$$G = \sigma\frac{A}{l} \tag{2.3}$$

가 된다. 여기서 σ는 ***導電率** 또는 **導電度**(conductivity)라 하여 흔히 도체의 도전성 또는 전기전도성에 대한 척도로 사용되며, 저항률 ρ와는 식(2.1), (2.3)으로부터 역시 역의 관계가 성립된다. 즉,

$$\sigma = \frac{1}{\rho}\ 〔℧/\mathrm{m}〕 \tag{2.4}$$

* %도전율 : 국제표준연동(20〔℃〕에서 1.7241×10^{-8}〔Ωm〕의 고유저항을 갖는 것)의 도전율인 σ_s($\sigma_s=58\times10^6$〔℧/m〕)를 기준 (100〔%〕)으로 하여 나타낸 것

(3) 온도계수

일반적으로 금속도체는 온도가 상승하면 금속원자의 열운동(진동)상태가 매우 활발해져 자유전자와의 충돌회수가 보다 많아지므로 이로인해 자유전자의 원자간 이동이 보다 어려워지게 되어 도체의 저항이 증가한다. 따라서 0〔℃〕에서의 도체의 저항을 R_0, t〔℃〕에서의 저항값을 R_t라 하면

$$R_t = R_0 + \alpha_0 t R_0 = R_0(1+\alpha_0 t)\ 〔\Omega〕 \tag{2.5}$$

인 관계식이 성립되며, 여기서 α_0는 도체의 종류에 따라 정해지는 **온도계수**이다. 이 온도계수는 0〔℃〕를 기준으로 하여 1〔℃〕씩의 온도상승에 대한 저항의 증가비율로서 온도구간에 따라 약간씩 차이가 있다.

일반적으로 금속도체에서는 $\alpha>0$인 관계가 성립되지만 전해액, 반도체 등에서는 $\alpha<0$이 되어 온도가 높아지면 오히려 저

항이 감소되는 경향을 보이는데 이는 이들 물질에서는 온도가 올라갈수록 도전입자의 활동이 보다 활발해져서 물질의 도전성이 증대되기 때문이다.

(4) 저항의 접속

① **직렬접속** : 여러 개의 저항을 **그림 2.2** (a) 와 같이 접속할 때 이를 **직렬접속**(series connection)이라 하며, 이에 대한 합성저항은 다음과 같이 구해질 수 있다. 즉, **그림 2.2** (a) 회로와 하나의 저항 R_0만으로 된 **그림 2.2** (b) 회로에 같은 전압 V_0가 인가되어 역시 같은 전류 I_0가 회로에 유입된다면 R_0는 직렬저항 전체에 대한 合成 저항, 또는 **等價 저항**이 된다.

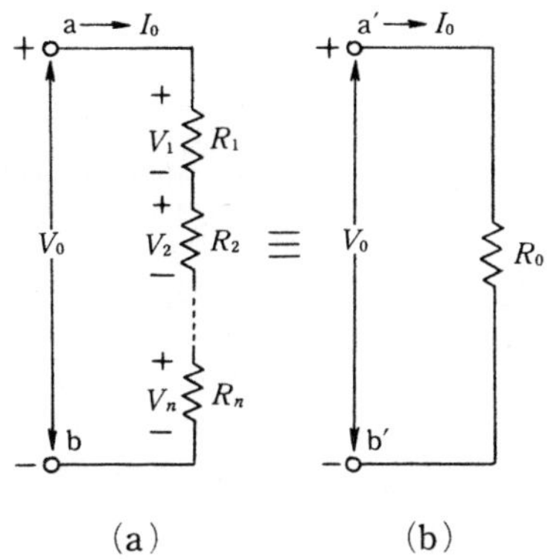

그림 2.2 저항의 직렬접속

이때 각 저항에 흐르는 전류는 키르히호프의 전류법칙에 의해 일정하며 각 저항양단의 단자전압을 각각 V_1, V_2, $\cdots V_n$이라 하면 키르히호프의 전압법칙에 의해

$$V_0 = V_1 + V_2 + \cdots + V_n \tag{2.6}$$

이 된다. 또한 옴의 법칙으로부터

$$V_1 = R_1 I_0,\quad V_2 = R_2 I_0,\quad \cdots\quad V_n = R_n I_0,$$
$$V_0 = R_0 I_0 \tag{2.7}$$

이므로 식(2.7)의 각 식을 식(2.6)에 대입하면

$$\begin{aligned} R_0 I_0 &= R_1 I_0 + R_2 I_0 + \cdots + R_n I_0 \\ &= (R_1 + R_2 + \cdots + R_n) I_0 \end{aligned}$$

가 되며, 이로부터 합성저항 R_0는

$$R_0 = R_1 + R_2 + \cdots + R_n \tag{2.8}$$

과 같이 각 저항의 총합으로 이루어진다.

식(2.8)과 같이 직렬접속시 전체저항이 증가되는 것은 식(2.1)의

$$R = \rho \frac{l}{A}$$

에서 도체의 길이 l이 길어지는 것과 같은 물리적 의미를 갖기 때문이다.

또한 각 저항양단에 배분되는 전압의 비를 구해보면 식(2.7)의 각 식으로부터

$$V_1 : V_2 : \cdots : V_n = R_1 : R_2 : \cdots : R_n \tag{2.9}$$

인 관계가 성립되어 전체 인가전압 V_0는 각 저항의 크기에 비례하여 배분됨을 알 수 있다.

② **병렬접속** : 여러 개의 저항이 **그림 2.3**(a)와 같이 접속된 것을 **병렬접속**(parallel connection)이라 하며, 이에 대한 합성저항은 다음과 같이 구해질 수 있다. 즉, **그림 2.3**(a) 회로와 하나의 저항 R_0만으로 된 (b) 회로에 같은 전압 V_0가 인가되어 역시 같은 전류 I_0가 회로에 유입된다면 R_0는 병렬저항 전체에 대해 등가가 된다.

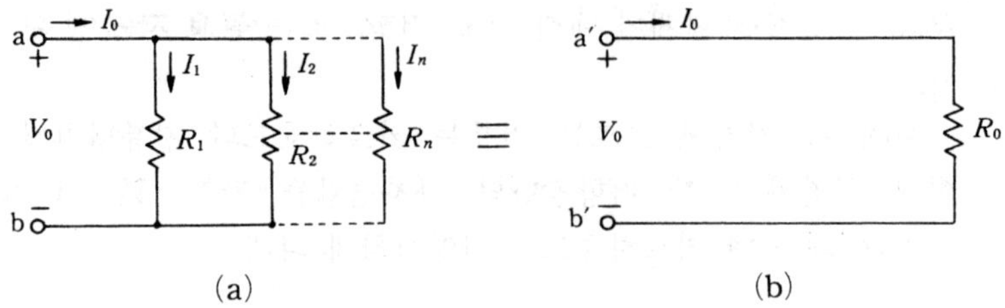

그림 2.3 저항의 병렬접속

* 저항의 용도
  ① 전원으로부터의 전압이나 전류를 트랜지스터나 IC가 필요로 하는 높이나 크기로 조정한다.
  ② 신호원으로부터의 신호를 조정하고 알맞은 크기로 해서 다음 회로로 전송한다.
  ③ 콘덴서와 결합하여 잡음을 제거하거나 신호를 지연시키는 등의 역할 수행

회로 (a)에서 전체 전류 I_0는 $K.C.L$에 의해

$$I_0 = I_1 + I_2 + \cdots + I_n \tag{2.10}$$

이 되며, 병렬접속시 각 저항양단의 전위차는 모두 같으므로

$$I_1 = \frac{V_0}{R_1},\quad I_2 = \frac{V_0}{R_2},\quad \cdots,\quad I_n = \frac{V_0}{R_n} \tag{2.11}$$

또한 회로 (b)로부터

$$I_0 = \frac{V_0}{R_0} \tag{2.12}$$

식(2.11), (2.12)를 식(2.10)에 대입하면

$$\frac{V_0}{R_0} = \frac{V_0}{R_1} + \frac{V_0}{R_2} + \cdots + \frac{V_0}{R_n}$$

가 되어 이로부터 합성저항 R_0는

$$\left.\begin{aligned} \frac{1}{R_0} &= \frac{1}{R_1} + \frac{1}{R_2} + \cdots + \frac{1}{R_n} \\ \text{또는}\quad R_0 &= \frac{1}{\dfrac{1}{R_1} + \dfrac{1}{R_2} + \cdots + \dfrac{1}{R_n}} \end{aligned}\right\} \tag{2.13}$$

인 관계가 성립된다. 합성저항 R_0는 R_1, R_2, ⋯, R_n 중의 어느 저항값보다도 작아지게 되는데 이는 $R=\rho\frac{l}{A}$로 알 수 있듯이 각 저항이 병렬로 접속됨으로 해서 도체의 단면적 A가 증대된 것과 같은 물리적 의미를 갖기 때문이다.

또한 병렬접속시 각 저항에 유입되는 전류의 비를 구해보면 식(2.11)로부터

$$I_1 : I_2 : \cdots : I_n = \frac{1}{R_1} : \frac{1}{R_2} : \cdots : \frac{1}{R_n} \qquad (2.14)$$

이 되어 병렬접속점에서 분기되는 각각의 전류는 각 저항값에 반비례함을 알 수 있다.

〔예제 2・2〕 그림 2.4와 같은 회로에 있어서

① 10〔Ω〕의 저항에 흐르는 전류 I_1을 구하여라.

② a-b, b-c 간의 단자전압 V_1, V_2를 구하여라.

③ 10〔Ω〕의 저항에서의 전력 P_1〔W〕을 구하여라.

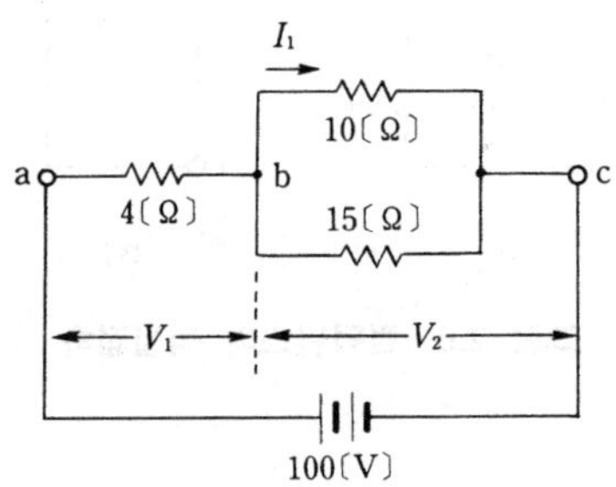

그림 2.4

풀이 ☞

① 전체 합성저항 R_{ac}는

$$R_{ac} = 4 + \frac{10\times15}{10+15} = 4+6 = 10\text{〔Ω〕}$$

전체 전류 I_0는

$$I_0 = \frac{100}{R_{ac}} = \frac{100}{10} = 10\text{〔A〕}$$

$$\therefore\ I_1 = I_0\cdot\frac{15}{10+15} = 6\text{〔A〕}$$

② $V_1 : V_2 = R_{ab} : R_{bc} = 4 : 6$

$$\therefore\ V_1 = 40\text{〔V〕},\quad V_2 = 60\text{〔V〕}$$

③ $P_1 = V_2 I_1 = 60\times6 = 360$〔W〕

〔예제 2・3〕 그림 2.5 (a)와 같이 저항 R을 구하기 위해 전류계와 전압계를 사용한 결과 각각 15〔A〕와 30〔V〕의 측정값을 얻었다. 전압계의 내부저항이 20〔Ω〕이라면 저항 R의 크기는 얼마인가?

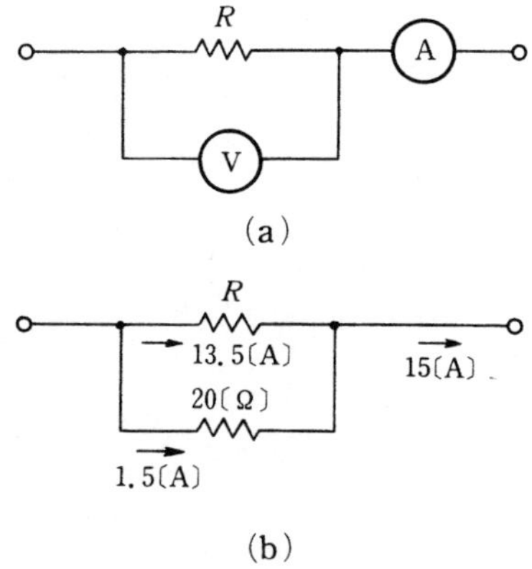

그림 2.5

풀이 ☞ 전압계를 20〔Ω〕의 저항으로 간주하면 **그림 2.5** (a)의 회로는 그림 (b)와 같은 병렬회로가 된다. 병렬접속 단자간의 전압이 30〔V〕이므로 20〔Ω〕의 전압계에는 30/20 = 1.5〔A〕의 전류가

흐르고 미지저항 R에는 $15-1.5=13.5$〔A〕의 전류가 흐르게 된다. 따라서 미지저항 R의 크기는 $R=30/13.5 \simeq 2.22$〔Ω〕이 된다.

(5) 컨덕턴스의 접속

다음에는 저항 R의 역개념인 컨덕턴스 G의 접속에 대해 알아보기로 한다.

① **직렬접속** : n개의 컨덕턴스가 직렬접속된 **그림 2.6** (a)의 회로와 하나의 컨덕턴스 G_0만으로 된 회로 (b)에 같은 전압 V_0가 인가되어 역시 같은 전류 I_0가 회로에 유입된다면 G_0는 n개의 직렬접속 컨덕턴스에 대한 등가 또는 합성 컨덕턴스가 된다.

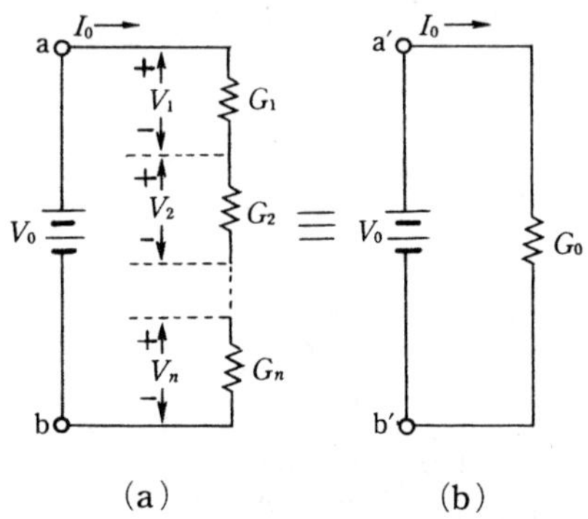

그림 2.6 컨덕턴스의 직렬접속

회로 (a)는 직렬접속 회로이므로 각 컨덕턴스를 흐르는 전류는 동일하며 전체 전압은 각 컨덕턴스 양단 전위차의 합이 된다.

$$V_0 = V_1 + V_2 + \cdots + V_n \tag{2.15}$$

또한 $I = GV$인 관계로부터

$$I_0 = G_1 V_1 = G_2 V_2 = \cdots = G_n V_n = G_0 V_0 \tag{2.16}$$

이를 식(2.15)에 대입하면

$$\frac{I_0}{G_0} = \frac{I_0}{G_1} + \frac{I_0}{G_2} + \cdots + \frac{I_0}{G_n}$$

가 되며, 이로부터 합성 컨덕턴스 G_0는

$$\left.\begin{aligned} &\frac{1}{G_0} = \frac{1}{G_1} + \frac{1}{G_2} + \cdots + \frac{1}{G_n} \\ \text{또는}\quad & \\ &G_0 = \frac{1}{\frac{1}{G_1} + \frac{1}{G_2} + \cdots + \frac{1}{G_n}} \end{aligned}\right\} \tag{2.17}$$

식(2.17)은 저항의 병렬합성식과 같은 형태를 취하며 이는 식(2.8)에서 R을 $\frac{1}{G}$로 대치해서 구할 수도 있다.

또한 식(2.16)에서 전류 I_0는 일정하므로 각 컨덕턴스 양단의 전위차는 각 컨덕턴스 값에 반비례하게 된다. 즉,

$$V_1 : V_2 : \cdots : V_n = \frac{1}{G_1} : \frac{1}{G_2} : \cdots : \frac{1}{G_n} \tag{2.18}$$

② **병렬접속 : 그림 2.7** (a) 와 같은 병렬접속 회로에서는 각 컨덕턴스 양단의 전위차는 모두 전원전압과 같으며, 각 컨덕턴스에서의 분기전류의 합은 전체 유입전류 I_0와 같게 된다.

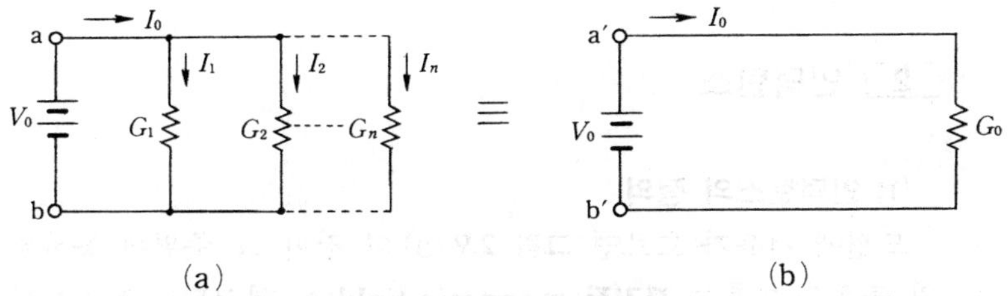

그림 2.7 컨덕턴스의 병렬접속

$$I_0 = I_1 + I_2 + \cdots + I_n \tag{2.19}$$

또한 $I = GV$인 관계가 있으므로

$$G_0 V_0 = G_1 V_0 + G_2 V_0 + \cdots + G_n V_0$$

로부터 합성 컨덕턴스 G_0는

$$G_0 = G_1 + G_2 + \cdots + G_n \tag{2.20}$$

식(2.20)은 저항의 직렬합성식과 같은 형태를 취하며, 이는 식(2.13)에서 $\dfrac{1}{R}$을 G로 대치해서 구할 수도 있다.

병렬회로에서는 각 컨덕턴스 양단의 전위차가 일정하기 때문에 $I = GV$로부터 각 컨덕턴스에 유입되는 전류는 각 컨덕턴스 G값에 비례하게 된다. 즉,

$$I_1 : I_2 : \cdots : I_n = G_1 : G_2 : \cdots : G_n \tag{2.21}$$

이 된다.

〔예제 2 • 4〕 그림 2.8 (a) 와 같은 회로에 있어서 G_1, G_2에 흐르는 전류를 구하여라.

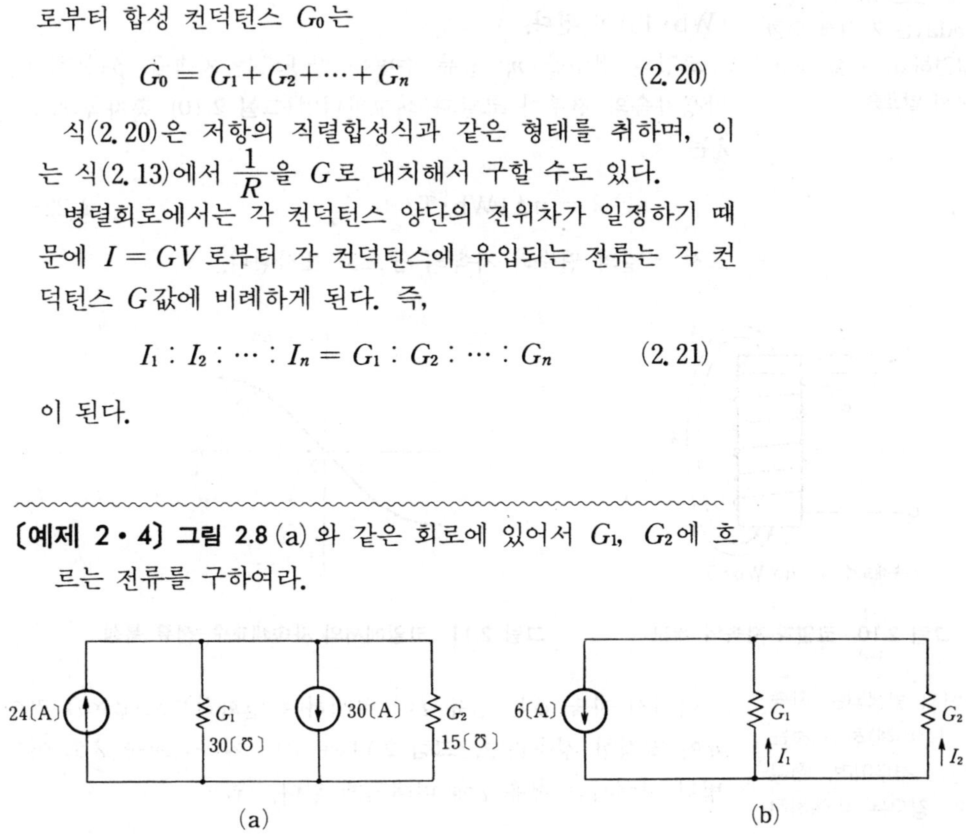

그 림 2.8

풀이 ☞ 두 전류원을 등가변환하면 **그림 2.8** (b)와 같이 되며,

$$I_1 : I_2 = G_1 : G_2 = 30 : 15 = 2 : 1$$

$$\therefore\ I_1 = 4\,[\mathrm{A}],\ I_2 = 2\,[\mathrm{A}]$$

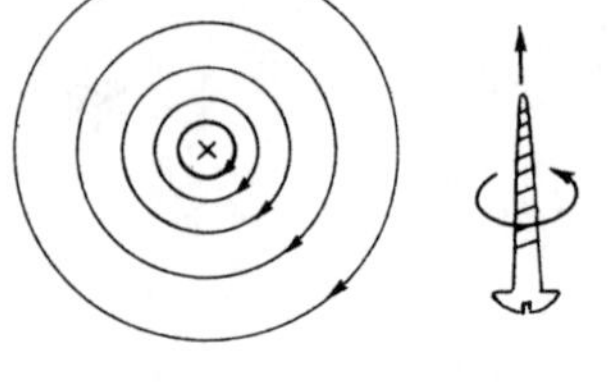

(a) (b)

(a) 전류가 지면을 향해 흐를 때의 자기력선의 방향 및 분포
(b) 오른나사의 법칙

그림 2.9

2 인덕턴스

(1) 인덕턴스의 정의

도선에 전류가 흐르면 **그림 2.9** (a) 와 같이 그 주위에 동심원의 분포를 이루는 **자기장**(magnetic field)이 형성된다.* 전류의 방향이 나사가 진행하는 방향이라면 자기장은 나사가 돌아가는 방향으로 형성된다(**그림 2.9** (b)).

* ① 전류에 의한 자기작용은 1820년 Oersted에 의해 발견되었다.
② 1831년 Faraday는 자기에 의한 전기현상을 발견하고, 이를 Faraday 법칙으로서 발표했다.

자력선의 다발(묶음)을 **자속**(magnetic flux)이라 하며 자속의 M.K.S 단위로는 **웨버**(weber : [Wb])가 사용된다.

자속이 도체와 쇄교(linkage)하는 수를 **자속쇄교수**(number of flux linkage)라 하며, 이의 단위는 **웨버·턴**(weber-turn : [Wb·T])이 된다.

코일의 권수를 n, 전류 주변에 발생되는 자속을 ϕ라 할 때 발생자속의 전부가 코일과 쇄교한다면(**그림 2.10**) 총자속쇄교수 λ는

$$\lambda = n\phi\ [\mathrm{Wb \cdot T}] \tag{2.22}$$

로서 코일의 권수와 자속의 곱으로 표시된다.

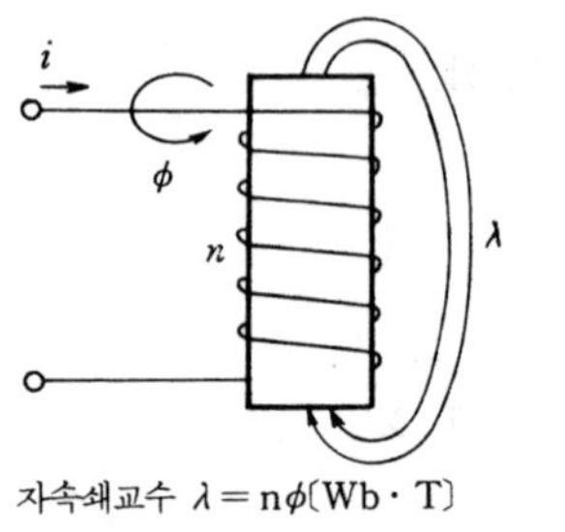

그림 2.10 코일과 자속의 쇄교

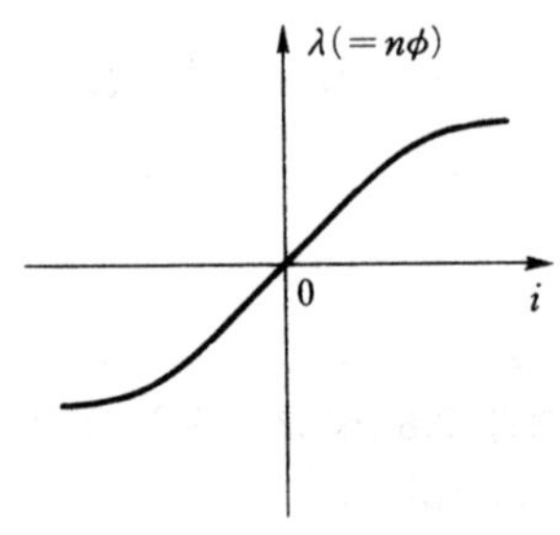

그림 2.11 코일에서의 자속쇄교수-전류 특성

여기서 자속 ϕ는 전류 i에 비례하여 변화하므로($\phi \propto i$) 권수 n이 일정한 경우라면, **그림 2.11**과 같이 자속쇄교수 λ도 어느 범위 내에서는 전류 i에 비례하게 된다. 즉,

* 일반적으로 코일에서 발생되는 자속이 전류 i에 비례(선형비례)하는 것은 공심(air-core) 코일의 경우이며, 철심(iron-core) 코일의 경우는 비례하지 않는다.

$$\lambda \propto i$$

이때의 비례상수를 **자기 인덕턴스**(self-inductance) 또는 간단히 **인덕턴스(유도계수)** L이라 하며, 이는 전류와는 관계없이 코일 자체의 상태 및 주변 매질에 따라 결정된다.

$$\lambda = Li \text{ [Wb·T]} \tag{2.23}$$

인덕턴스 L의 M.K.S 단위로는 **헨리**(henry : [H])가 사용되며,

$$L\text{[H]} = \frac{\lambda}{i} = \frac{n\phi \text{ [Wb·T]}}{i\text{[A]}} \tag{2.24}$$

로부터 1[H]는 1[A]의 전류가 흐를 때 1[Wb·T]의 쇄교자속이 발생하는 코일의 인덕턴스가 된다.

***패러데이 법칙**(Faraday's law)에 의하면 자속쇄교수의 시간에 따른 변화에 비례하여 **유도기전력** e가 발생하며 이를 M.K.S 단위계로 나타내면,

$$e = \frac{d\lambda}{dt} \text{ [V]} \tag{2.25}$$

와 같이 표시된다.

따라서 식(2.23)을 식(2.25)에 대입하면

$$e = L\frac{di}{dt} \text{[V]} \tag{2.26}$$

가 되며 이로부터 1[H]는 매초 1[A]의 전류변화에 의해 그 양단에 1[V]의 전압이 유기되는 코일의 인덕턴스라고도 정의할 수 있다.

이상과 같이 그 전기적인 성질이 주로 인덕턴스로 되는 구체적인 실물을 **인덕터**(inductor : 誘導器) 또는 통상 **코일**이라고도 한다.

(2) 인덕터에서의 유도기전력

자계내에서 운동하는 도체에 흐르는 **유도전류** 또는 유도기전력의 방향은 간단한 경우(자계의 방향과 직선 도체의 운동방향이 직각인 때)에는 **플레밍의 오른손 법칙**(Fleming's right hand law)에 의해 결정되며, 코일과 같은 도체에 있어서의 유도기전력의 방향은 **렌츠의 법칙**(Lenz's law)에 의한 방법으로 간단하게 결정될 수 있다.

렌츠의 법칙은 **그림 2.13**과 같은 간단한 실험을 통해서도 확인해 볼 수 있다.

* 전자유도와 유도전류 : 도체와 쇄교하는 자속수의 변화가 있을 때 도체에 기전력이 유기되는 현상을 전자유도라 하며 이로 인해 발생되는 전류를 유도전류라 한다.

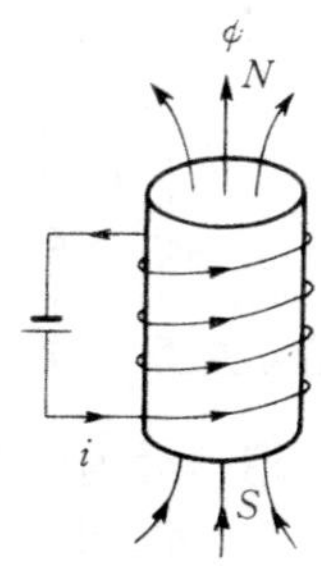

그림 2.12 전자석의 극판별

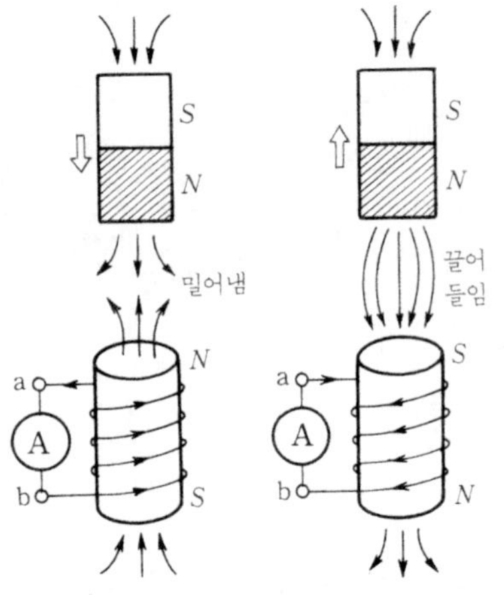

(a) (b)

그림 2.13 렌츠법칙의 설명

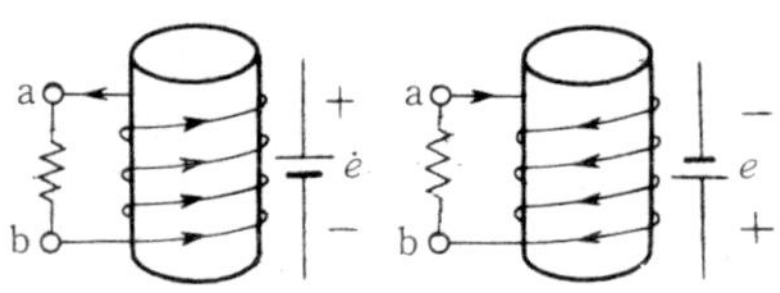

(a) (b)

그림 2.14 유도기전력에 대한 등가기전력

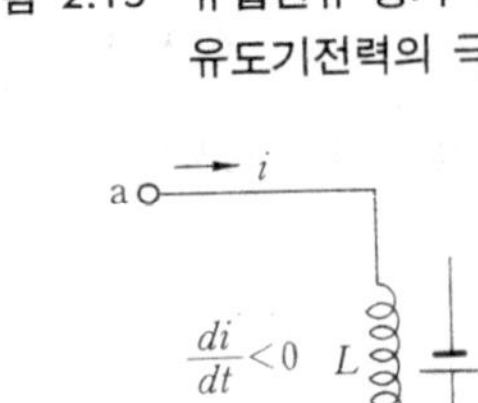

그림 2.15 유입전류 증가시의 유도기전력의 극성

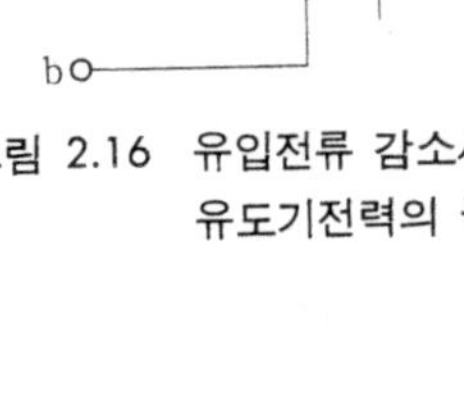

그림 2.16 유입전류 감소시의 유도기전력의 극성

그림 2.13(a)는 자석의 N극을 원통형 코일에 접근시킬 때 코일 양단에 형성되는 유도기전력의 방향(또는 극성)과 이로인해 코일에 흐르는 유도전류의 방향을 보여주고 있다. 반면에 **그림 2.13**(b)는 원통형 코일에 근접해 있던 자석의 N극을 멀리 가져갈 때 원통형 코일에 형성되는 유도기전력의 방향과 이로인한 유도전류의 방향을 보여주고 있다.

또한 **그림 2.14**는 **그림 2.13**의 코일에 형성된 유도기전력 각각에 대한 **등가기전력**(e)을 표시한 것이다.

이상의 실험결과를 통해서 볼 때 "유도기전력 또는 유도전류의 방향은 자속의 새로운 변화에 저항하는 방향으로 나타난다"는 렌츠의 법칙이 확인되었다.

부언하면 렌츠의 법칙은 뉴턴의 운동법칙 중의 하나인 **관성법칙**에 비교될 수 있다. 즉, 질량을 갖는 모든 물체가 현상태(직선운동 또는 정지상태)를 그대로 고수하려고 하는 이른바 관성을 갖는 것처럼 렌츠의 법칙에 의한 유도전류는 바로 현재의 자속쇄교 상태를 그대로 유지하고자 하는 데서 비롯되는 일종의 **관성전류**라고도 말한다.

이제 유입전류의 변화에 따른 유도기전력의 방향을 알아보기로 한다.

① **유입전류가 증가할 때** : 코일에 유입되는 전류가 증가($di/dt > 0$)될 때의 유도기전력 $e(= d\lambda/dt = L(di/dt))$는 렌츠의 법칙에 의하면 유입전류의 증가는 바로 코일과의 쇄교자속의 증가를 의미하기 때문에 자속의 증가를 저지하기 위해서는 자속증가의 근원(source)이 되는 유입전류의 증가를 저지하는 방향으로 형성되어야 한다.

따라서 유도기전력 e는 **그림 2.15**와 같은 방향으로 나타나게 된다.

② **유입전류가 감소할 때** : 코일에 유입되는 전류가 감소($di/dt < 0$)될 때 유입전류의 감소는 쇄교자속의 감소를 의미하기 때문에 렌츠의 법칙에 의해 유도기전력은 이와같은 유입전류의 감소를 저지하는, 다시말해 유입전류가 계속 원상태로 흐르게 하도록 도와주는 방향으로 형성되어야 한다. 따라서 유도기전력 e는 **그림 2.16**과 같은 방향으로 나타나게 된다.

③ **유입전류가 일정할 때** : 코일에 유입되는 전류가 일정하다는 것은 유입전류 i의 시간적 변화가 없는, 즉 직류($di/dt = 0$)임을 뜻하기 때문에 쇄교자속의 변화도 없게 되고($d\lambda/$

$dt = 0$), 따라서 유도기전력이 코일 내에 형성되지 않는다 **(그림 2.17)**. 즉,

$$e = \frac{d\lambda}{dt} = L\frac{di}{dt} = 0$$

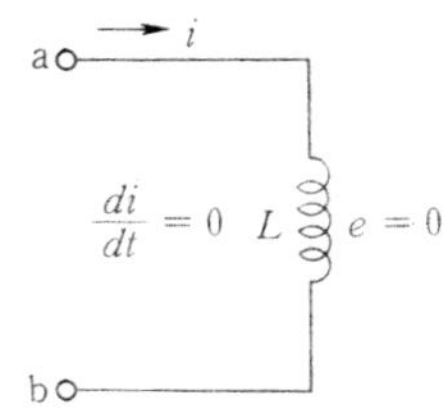

그림 2.17 유입전류 변화가 없을 때의 유도기전력

앞의 ①, ②를 살펴볼 때 유입전류 i의 변화에 따라 코일 내에 형성되는 유도기전력의 방향은 유입전류 i의 변화에 대해 역작용을 하는 방향으로 나타나므로 유도기전력은 유입전류 i의 기전력(즉, 전원의 기전력)과 반대방향의 기전력임을 알 수 있다.

따라서 코일 내에 형성되는 유도기전력은 유입전류 i에 대해서는 **역기전력**으로서 작용하게 되며 그 결과 유입전류가 코일을 지나는 동안 역기전력의 크기에 상당하는 전압강하 v가 나타나게 된다**(그림 2.18)**.

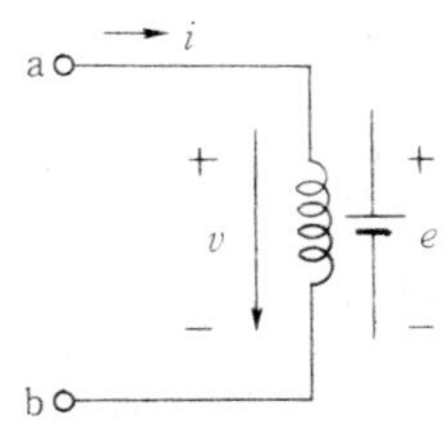

그림 2.18 유도기전력(e)과 전압강하(v)

결국 L에서 유입전류 i에 대한 전압강하 v는

$$v = L\frac{di}{dt} \tag{2.27}$$

로 표시되며 이는 전류가 인덕턴스 L을 지날 때에도 저항 R을 지날 때와 마찬가지로 전압강하에 의한 전위차가 형성됨을 의미한다.

이와 같은 사실은 1-4절에서의 L에 대한 전류와 전압의 기준방향에 대한 정의를 뒷받침해 준다.

다음에 식(2.27)의 양변을 t에 대해 적분하면

$$i = \frac{1}{L}\int v dt \tag{2.28}$$

와 같은 적분형이 얻어지며, 이 식은 역으로 인덕턴스 L의 양단에 v라는 전압이 인가될 때 인덕턴스에 흐르는 전류를 나타내고 있다. 또한 앞에서 설명한 바와 같이 **그림 2.18**에서 유도기전력 e의 방향은 유입전류 i의 역방향으로 나타나기 때문에 회로전원의 기전력을 정(+)으로 할 때 유도기전력 또는 역기전력 e의 부호는 부(−)가 되어야 한다. 즉,

$$e = -L\frac{di}{dt} \tag{2.29}$$

가 된다.

〔예제 2·5〕 어떤 코일에 흐르는 전류가 0.01초 사이에 일정하게 50〔A〕에서 10〔A〕로 변할 때 20〔V〕의 유도기전력이 발생한다면 이때 코일의 자기 인덕턴스〔mH〕는?

풀이 ☞ 유도기전력의 크기는 $e = L\dfrac{di}{dt}$ 로부터

$$L = e\cdot\frac{dt}{di} = 20\times\frac{0.01}{50-10} = 0.005\,[\mathrm{H}] = 5\,[\mathrm{mH}]$$

〔예제 2·6〕 그림 2.19(a)와 같은 인덕턴스 회로에 그림 (b)와 같이 표시되는 전류전원 $i(t)$가 직렬접속되어 있다.

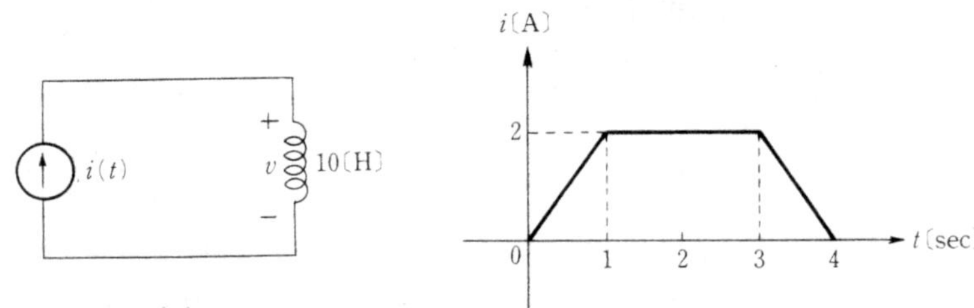

(a) (b)

그림 2.19

① 코일 양단에 형성되는 전압강하 v를 구하고 이의 파형을 나타내어라.

② 코일에서의 전력 p〔W〕를 나타내어라.

풀이 ☞ ① $v = L\dfrac{di}{dt} = 10\dfrac{di}{dt}$ 〔V〕 로부터

$$0\sim1\text{초} : \frac{di}{dt} = 2 \longrightarrow v = 10\times2 = 20\,[\mathrm{V}]$$

$$1\sim3\text{초} : \frac{di}{dt} = 0 \longrightarrow v = 0\,[\mathrm{V}]$$

$$3\sim4\text{초} : \frac{di}{dt} = -2 \longrightarrow v = 10(-2) = -20\,[\mathrm{V}]$$

이것을 그래프로 나타내면 그림 2.20(a)와 같다.

② i, v의 그래프로부터 $p=iv$를 구하면 그림 2.20(b)와 같다.

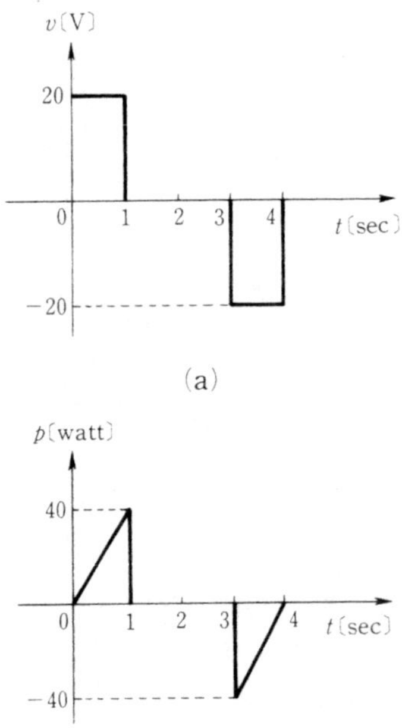

(a) (b)

그림 2.20

〔예제 2·7〕 $L = 1$〔H〕인 인덕터에 $i(t) = 10e^{-2t}$〔A〕인 전

류를 가할 때 시각 t [s]에서의 L의 단자전압 [V]은?

풀이 ☞ $v(t) = L\frac{di}{dt} = 1 \times \frac{d(10e^{-2t})}{dt} = -20e^{-2t}$ [V]

(3) 인덕턴스의 전류특성

이상으로 인덕터에서의 유도기전력에 대해 알아보았지만 인덕터는 다른 소자에서 볼 수 없는 전류특성을 보인다. 즉, **그림 2.21**의 (a)와 같이 인덕터를 흐르는 전류는 순간적으로 급격히 변화할 수 없다는 사실이다. 왜냐하면 전류가 한 값에서 다른 값으로 순간적으로 변화하려면 $\frac{di}{dt}$가 무한대가 되어야 하므로

$$v = L\frac{di}{dt}$$

로부터 무한대의 단자전압(기전력)이 필요하기 때문이다.

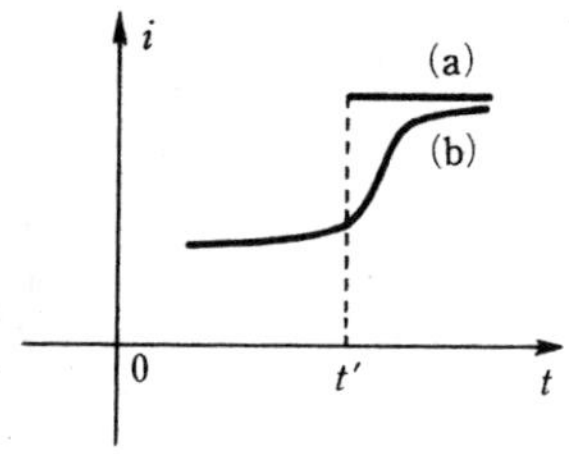

그림 2.21 인덕턴스에서의 전류변화

결국 인덕터를 흐르는 전류는 **그림 2.21**의 (b)와 같이 연속적으로만 변화할 수 있다는 사실에 유의해야 한다.

(4) 인덕턴스의 접속

다음에는 인덕터와 인덕터 간의 상호 **電磁誘導**작용이 무시될 경우에 있어서 인덕턴스의 접속에 대해 알아보기로 한다.

① **직렬접속** : **그림 2.22**에서 보는 바와 같이 n개의 인덕턴스가 직렬접속된 회로(a)와 하나의 인덕턴스 L_0만으로 구성된 회로(b)에 같은 전압 v_0가 인가되어 역시 같은 크기의 전류 i_0가 유입된다면 인덕턴스 L_0는 직렬 접속된 n개 인덕턴스에 대한 합성 인덕턴스라 할 수 있다. **그림 2.22**(a)에서 보면 전압 v_0는 각 인덕턴스 양단자에 형성되는 전위차의 합으로 표시되며 각 인덕턴스에 흐르는 전류는 일정하므로

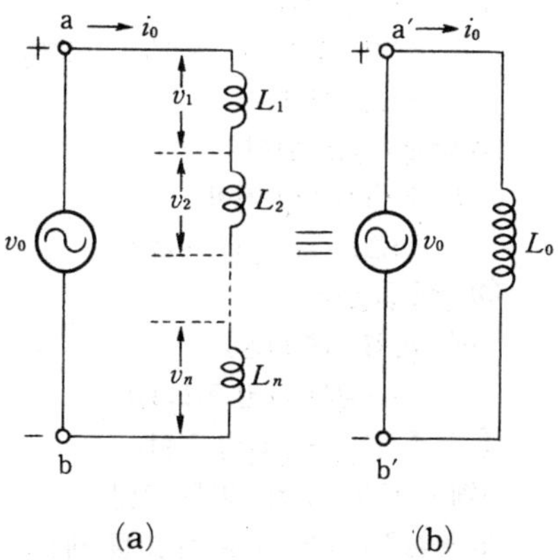

그림 2.22 인덕턴스의 직렬합성

$$\begin{aligned} v_0 &= v_1 + v_2 + \cdots + v_n \\ &= L_1\frac{di_0}{dt} + L_2\frac{di_0}{dt} + \cdots + L_n\frac{di_0}{dt} \\ &= (L_1 + L_2 + \cdots + L_n)\frac{di_0}{dt} \end{aligned} \tag{2.30}$$

또 **그림 2.22**(b)는

$$v_0 = L_0\frac{di_0}{dt} \tag{2.31}$$

가 된다. 따라서 위의 식(2.30), (2.31)로부터 직렬합성 인덕

턴스 L_0는

$$L_0 = L_1 + L_2 + \cdots + L_n\,. \tag{2.32}$$

이 되어 저항을 직렬접속하는 경우와 같다.

② **병렬접속** : **그림 2.23**의 (a), (b)회로에 같은 전압 v_0를 인가해서 역시 같은 전류 i_0가 두 회로에 유입된다면 **그림 2.23**(b)의 인덕턴스 값 L_0는 병렬접속된 n개 인덕턴스에 대한 합성 인덕턴스가 된다.

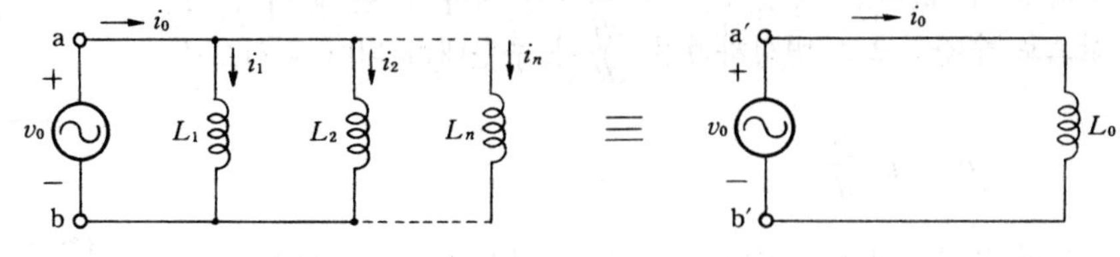

그림 2.23 인덕턴스의 병렬합성

* 코일의 용도
① 전자석의 역할
예 : 부저, 릴레이, 모터, 스피커, 마이크로폰
② 변성기로의 역할
예 : 변압기(전압변환)
변성기(임피던스 변환)
③ 고전압발생
예 : 안정기(형광등)
이그니션 코일(자동차)
④ 동조작용(콘센서와 결합)
예 : 안테나 코일, 발진 코일
⑤ 특정주파수의 교류(신호)를 제한
예 : 초크 코일, 노이즈 필터 등

그림 2.23(a)에서 보면 병렬회로이므로 각 인덕턴스 양단의 전위차는 모두 같아서 인가전압 v_0와 같고 각 인덕턴스에 분기되어 유입되는 모든 전류의 합은 전체 유입전류 i_0와 같다. 따라서 i_0는 다음과 같이 전개될 수 있다. 즉,

$$\begin{aligned} i_0 &= i_1 + i_2 + \cdots + i_n \\ &= \frac{1}{L_1}\int v_0 dt + \frac{1}{L_2}\int v_0 dt + \cdots + \frac{1}{L_n}\int v_0 dt \\ &= \left(\frac{1}{L_1} + \frac{1}{L_2} + \cdots + \frac{1}{L_n}\right)\int v_0 dt \end{aligned} \tag{2.33}$$

또한, **그림 2.23**(b)에서

$$i_0 = \frac{1}{L_0}\int v_0 dt \tag{2.34}$$

이므로 식(2.33), (2.34)로부터 합성 인덕턴스 L_0는

$$\left.\begin{aligned} \frac{1}{L_0} &= \frac{1}{L_1} + \frac{1}{L_2} + \cdots + \frac{1}{L_n} \\ \text{또는} \quad L_0 &= \frac{1}{\dfrac{1}{L_1} + \dfrac{1}{L_2} + \cdots + \dfrac{1}{L_n}} \end{aligned}\right\} \tag{2.35}$$

이 되어 병렬저항의 합성과 마찬가지로 합성 인덕턴스 값이 감소된다.

(5) 실제의 인덕터

인덕턴스를 갖는 코일 등을 일반적으로 **인덕터**라 하며 권수 n 인 코일의 인덕턴스 L은

$$L = kn^2 \text{ 〔8장 참조〕} \tag{2.36}$$

에 의해 주어지지만 계수 k는 코일의 구조, 치수, 사용재료에 의해 달라지는 것이 보통이다.

종이나 플라스틱의 원통에 도선을 감은 것을 **空心코일**이라 하며 이 속에 **磁性재료**를 넣은 것을 **磁心코일**이라 하는데, 자심 코일의 경우는 자속이 거의 대부분 자심 가운데를 지나기 때문에 권선부의 치수보다도 자심의 치수와 자기적 성질에 의해 그 특성이 결정된다.

자성재료를 이용하면 공심의 경우보다 같은 전류에 의해 훨씬 많은 자속(10~500배)이 발생될 수 있기 때문에 권수가 적더라도 L값을 크게 할 수 있는 등 이점이 많다.

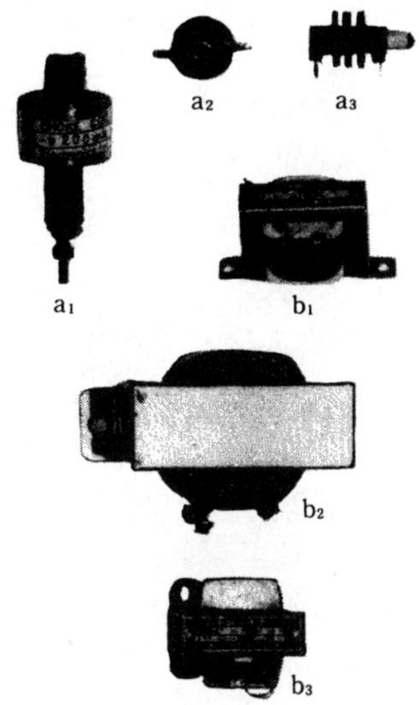

a : 고주파 쵸크 코일
b : 저주파 쵸크 코일

그림 2.24 인덕터의 종류

3 커패시턴스

(1) 커패시턴스의 정의

전하를 축적하는 간단한 장치로서는 **그림 2.25**와 같이 두 장의 도체판을 對向시킨 것을 생각해 볼 수 있다.

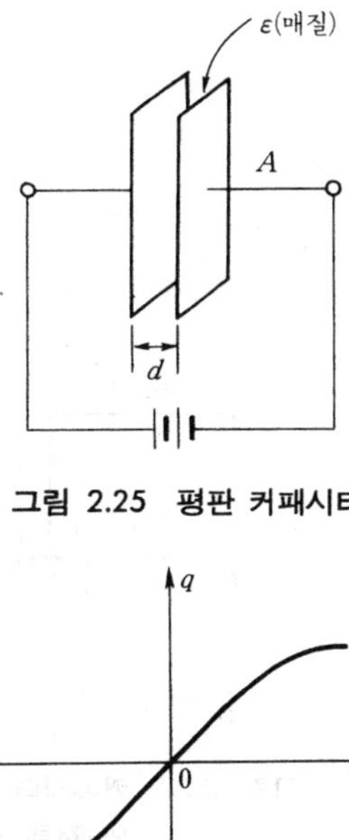

그림 2.25 평판 커패시터

이 양극판에 전압을 인가하면 전위가 높은 쪽 극판에는 정(+) 전하, 전위가 낮은 쪽에는 같은 양의 부(−) 전하가 축적된다. 이때 축적되는 전하량 q는 양극판에 인가되는 전압이 어느 범위 미만일 때는 **그림 2.26**과 같이 인가전압에 비례관계($q \propto v$)가 성립된다. 이때의 비례상수는 양극판의 전하 축적능력의 크기를 나타내는 상수로서 **容量계수** 또는 **靜電용량**(capacitance) C라 정의되며

$$q = Cv \tag{2.37}$$

가 된다.

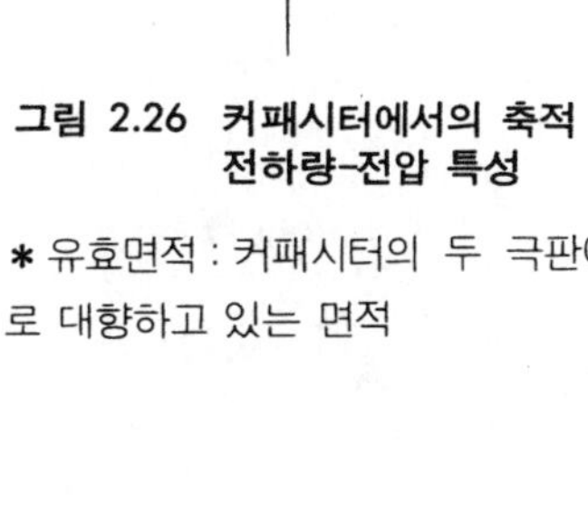

그림 2.26 커패시터에서의 축적 전하량-전압 특성

이와같은 전기적 특성이 주가 되는 구체적인 실물을 **容量器**(capacitor) 또는 통상 **콘덴서**(condenser)라고 한다. 또한 이때의 커패시턴스 C값은 극판의 ***유효면적** A 및 극판간 절연체의 **유전율** ε에 비례하며 극판간의 거리 d에 반비례하게 된다.

* 유효면적 : 커패시터의 두 극판이 서로 대향하고 있는 면적

$$C \propto \frac{\varepsilon A}{d} \tag{2.38}$$

커패시턴스 C의 M.K.S 단위로는 **패럿**(Farad : 〔F〕)이 쓰이며 식(2. 37)로부터

$$C = \frac{q}{v} \text{〔F〕} \tag{2.39}$$

인 관계가 있으므로 1〔F〕은 양극판간에 1〔V〕의 전압이 인가될 때 최종적으로 양극판에 축적되는 정·부 전하량이 각각 1〔C〕이 되는 커패시터의 용량을 말한다.

이는 바꾸어 말하면 양극판에 정·부 전하가 1〔C〕씩 유입됨으로써 극판간에 1〔V〕의 전위차가 형성되는 커패시터의 용량이라고도 말할 수 있다.

따라서 용량이 크다는 것은 양극판간의 전위차를 단위 볼트(1〔V〕) 높이는데 보다 많은 전하 주입이 요구됨을 뜻한다.

1〔F〕이라는 단위는 매우 큰 단위이기 때문에 대개는 〔μF〕, 〔pF〕 등이 쓰인다.

$$1\,\text{〔}\mu\text{F〕} = 10^{-6}\,\text{〔F〕}$$
$$1\,\text{〔pF〕} = 1\,\text{〔}\mu\mu\text{F〕} = 10^{-12}\,\text{〔F〕}$$

(2) 커패시터에서의 전압-전류 관계

앞의 식(1. 3)으로부터 $q = \int i dt$ 인 관계가 있으므로 이를 식(2. 39)에 대입하면,

$$v = \frac{1}{C}\int i dt \tag{2.40}$$

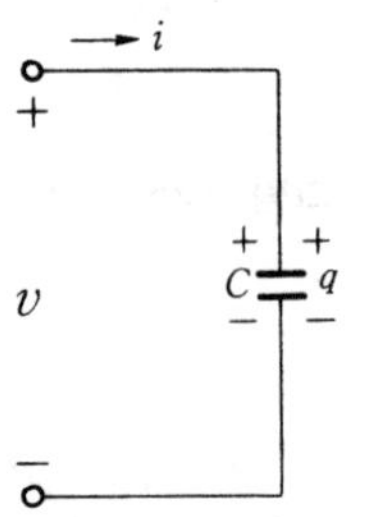

그림 2.27 커패시터의 전압·전류 극성

가 되며, 이는 커패시터에 유입되는 전류 i와 i방향으로의 전압강하 v와의 관계를 나타내는 동시에 역으로 커패시터 양단에 인가되는 전압과 이때 커패시터에 유입되는 전류와의 관계를 나타내기도 한다(**그림 2.27**).

이는 또한 1장의 1-4절에서 C에 대한 전압·전류의 기준방향에 대한 정의를 뒷받침해 준다.

또, 식(2. 40)의 양변을 t에 대해 미분하면 식(2. 41)과 같은 미분형이 얻어진다.

$$i = C\frac{dv}{dt} \tag{2.41}$$

(3) 커패시터의 전압특성

커패시턴스 소자가 갖는 중요한 성질 중의 하나는 커패시터 양단의 전압은 **그림 2.28**(a)와 같이 순간적으로 급격하게 변화할 수 없다는 사실이다.

왜냐하면 커패시터 양단전압의 값이 한값에서 다른값으로 순간적으로 급변하려면 dv/dt가 무한대가 되어야 하며, 따라서 $i=C(dv/dt)$로부터 무한대의 단자전류를 필요로 하기 때문이다. 결국 커패시터 양단의 전압은 **그림 2.28**(b) 처럼 연속적으로만 변할 수 있게 된다.

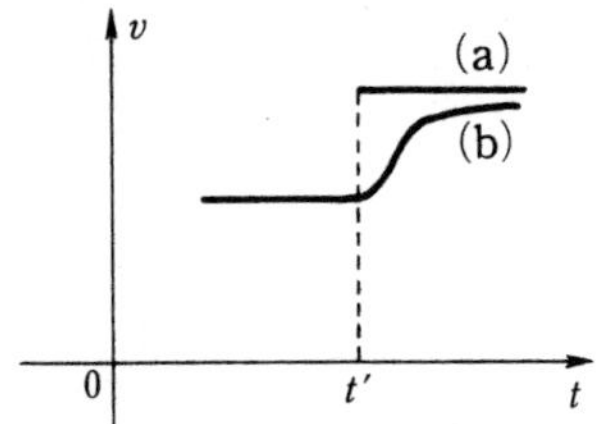

그림 2.28 커패시턴스에서의 전압변화

커패시터의 또 하나의 특징은 각 순간에 있어서 커패시터의 한극에 전류가 유입(정전하의 유입)되면 그만큼 다른극에서는 전류의 유출(실제로는 부전하의 유입)이 있지만, 이는 커패시터의 중간이 절연되어 있기 때문에 양극판 사이에는 전하의 이동이 없고 전원과 커패시터의 양극판 사이에만 전하의 이동이 이루어진다는 사실이다.

따라서 커패시터에 교류전원이 인가될 때에는 커패시터 양극판과 전원 사이에 전하의 이동이 이루어져 회로전류가 흐를 수 있지만 직류전원이 인가되는 경우에는 커패시터에 **충전**이 완료되기까지 극히 짧은 시간(대개 수천 분의 1초) 미만 동안에만 회로전류가 흐르고 결국에는 전류가 흐를 수 없게 된다.

〔예제 2・8〕 1〔μF〕의 콘덴서에 100〔V〕의 직류전압을 인가하면 충전되는 전하량〔C〕은?

풀이 ☞ $Q = CV = 1\times10^{-6}\times100 = 10^{-4}$〔C〕

〔예제 2・9〕 $C = 20$〔μF〕인 커패시터에 $v(t) = 5e^{-2t}$〔V〕인 전압이 인가된다면 커패시터에 흐르는 전류 $i(t)$는?

풀이 ☞ $i = C\dfrac{dv}{dt}$로부터

$$\begin{aligned} i(t) &= 20\times10^{-6}\times\frac{d(5e^{-2t})}{dt} \\ &= 20\times10^{-6}\times(-10)\,e^{-2t} \\ &= -2\times10^{-4}e^{-2t}\ \text{〔A〕} \end{aligned}$$

〔**예제 2・10**〕 **그림 2.29** (a) 와 같이 0.1〔F〕의 콘덴서가 定電流電源에 연결되어 있다. 전류원의 파형이 그림 (b)와 같다면,

① 콘덴서 전압 v_c를 구하여라.

② 콘덴서에 축적되는 전하 q를 구하여라.

③ 콘덴서에서의 전력 p를 구하여라.

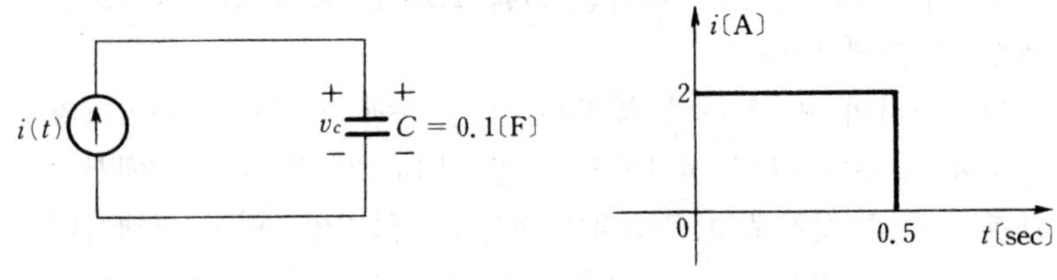

(a) (b)

그림 2.29

풀이 ☞ $v_c = \frac{1}{C}\int idt$로부터

① 0~0.5초 : $v_c = \frac{1}{0.1}\int 2dt = 20t$ 〔V〕

0.5초~ : $v_c(0.5) = 20 \times 0.5 = 10$ 〔V〕

② $q = \int idt$로부터

0~0.5초 : $q = \int idt = \int 2dt = 2t$ 〔C〕

$t = 0.5$초 : $q(0.5) = 2 \times 0.5 = 1$ 〔C〕

③ $p = vi$로부터

0~0.5초 : $p = 20t \times 2 = 40t$ 〔W〕

$t = 0.5$초 : $p(0.5) = 40 \times 0.5 = 20$ 〔W〕

0.5초~ : $p = 0$

이상의 결과를 그림으로 나타내면 **그림 2.30**의 (a), (b), (c)와 같다.

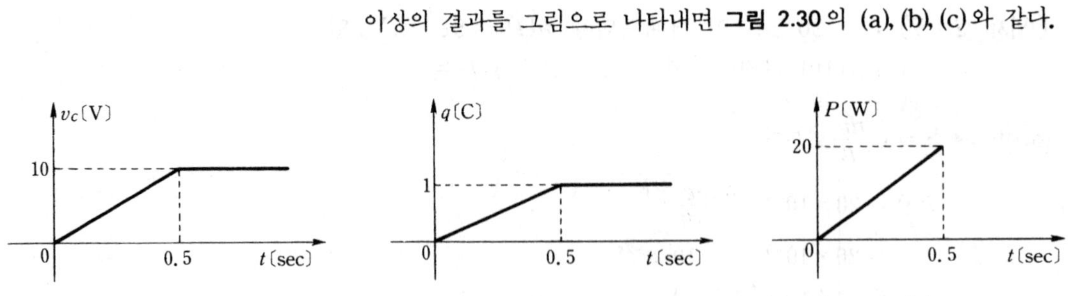

(a) (b) (c)

그림 2.30

(4) 커패시턴스의 접속

① **직렬접속** : **그림 2.31** 의 (a), (b)와 같이 커패시턴스가 각각 C_1, C_2인 두 개의 커패시터를 직렬접속하였을 때의 합성용량을 C_0라 하면 $C_0 = \dfrac{C_1C_2}{C_1+C_2}$인 관계가 성립되어 합성용량이 감소되는데, 이는 직관적으로도 설명될 수 있다. 즉, **그림 2.31** (c)와 같이

$$C_1 = \varepsilon\frac{S_1}{d_1},\quad C_2 = \varepsilon\frac{S_2}{d_2}$$

인 두 개의 커패시터가 직렬로 접속되어 있을 때, C_2를 용량은 그대로인 채 면적만을 S_1과 같게 변형시키면 C_2의 중간 간격 d_2'는

$$d_2' = d_2\frac{S_1}{S_2}$$

이 되어야 한다.

이렇게 되면 C_2와 C_1은 면적이 같기 때문에 중간의 도선을 줄여서 **그림 2.31** (e)와 같이 맞붙인 다음(그림 (e)의 가운데 전극판의 두께는 극히 얇아 두께가 없는 것으로 간주한다) 가운데의 전극판을 제거하면 결국 **그림 2.31** (f)와 같이 면적 S_1, 간격 $d = d_1 + d_2'$인 하나의 커패시터로 된다.

결국 커패시턴스를 직렬접속한다는 것은 결과적으로 커패시터 양극판간의 간격이 넓어지는 것과 같은 물리적인 효과를 초래하기 때문에 합성용량은 감소하게 된다.

그림 (f)로부터 합성용량 C_0를 구하면,

$$C_0 = \varepsilon\frac{S_1}{d} = \varepsilon\frac{S_1}{d_1+d_2'} = \frac{1}{\dfrac{1}{\varepsilon}\dfrac{d_1}{S_1}+\dfrac{1}{\varepsilon}\dfrac{d_2'}{S_1}}$$

$$= \frac{1}{\dfrac{1}{\varepsilon}\dfrac{d_1}{S_1}+\dfrac{1}{\varepsilon}\dfrac{d_2}{S_2}} = \frac{1}{\dfrac{1}{C_1}+\dfrac{1}{C_2}}$$

$$\therefore\ \frac{1}{C_0} = \frac{1}{C_1}+\frac{1}{C_2}\ \text{또는}\ C_0 = \frac{C_1\cdot C_2}{C_1+C_2} \qquad (2.42)$$

따라서

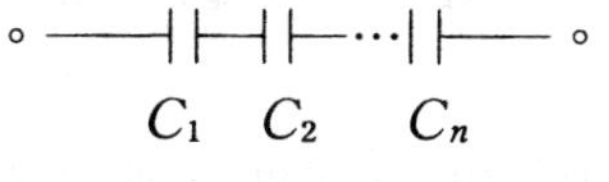

과 같이 커패시터 n개가 직렬접속된 경우라면

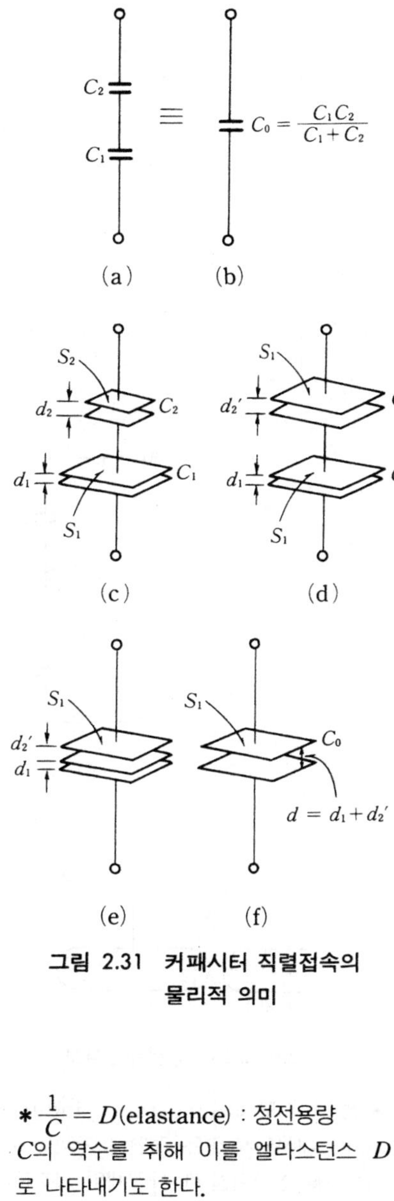

그림 2.31 커패시터 직렬접속의 물리적 의미

$*\ \dfrac{1}{C} = D$(elastance) : 정전용량 C의 역수를 취해 이를 엘라스턴스 D로 나타내기도 한다.

$$\left.\begin{aligned} \frac{1}{C_0} &= \frac{1}{C_1}+\frac{1}{C_2}+\cdots+\frac{1}{C_n} \\ \text{또는}\quad C_0 &= \frac{1}{\dfrac{1}{C_1}+\dfrac{1}{C_2}+\cdots+\dfrac{1}{C_n}} \end{aligned}\right\} \tag{2.43}$$

이 된다.

다음에는 이와같은 결과를 일반적인 방법에 의해 증명해 보기로 한다. **그림 2.32** (b)는 (a)에 대한 등가 커패시턴스가 된다고 하자.

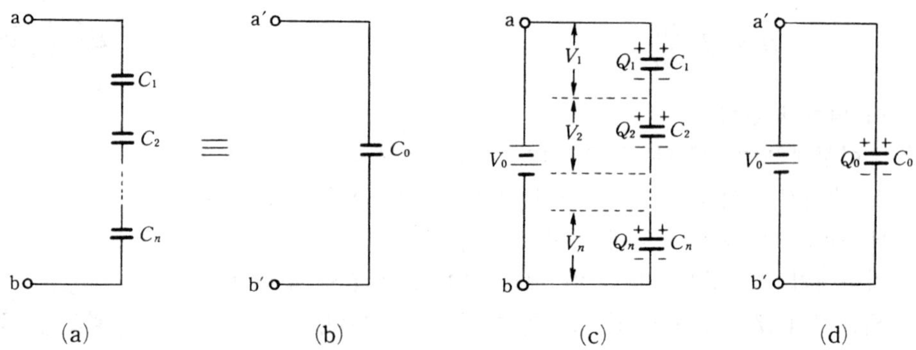

그림 2.32 커패시터의 직렬접속

이제 그림(a), (b)의 회로에 같은 크기의 직류전원 V_0를 인가하는 경우(그림 (c), (d)) 두 회로에는 역시 동일전하량 Q_0가 유입되어야 한다. 따라서 전하의 유입이 완료된 후 직렬접속 회로의 C_1, C_n 외측 극판으로 유입된 정·부의 전하량은 C_0 양단에 유입된 정·부 전하량과 같아야 한다.

그러나 ***靜電誘導**현상(**그림 2.33**)에 의해서 **그림 2.32** (c)의 각각의 커패시턴스에 축적되는 전하량은 같아지게 된다. 즉,

$$Q_1 = Q_2 = \cdots\cdots = Q_n = Q_0 \tag{2.44}$$

또 $Q = CV$인 관계가 성립되므로

$$Q_1 = C_1 V_1,\quad Q_2 = C_2 V_2, \cdots,\quad Q_n = C_n V_n,$$
$$Q_0 = C_0 V_0 \tag{2.45}$$

전체 전압은 각 커패시터 양단전압의 합과 같으므로 위의 식(2.44)와 (2.45)로부터

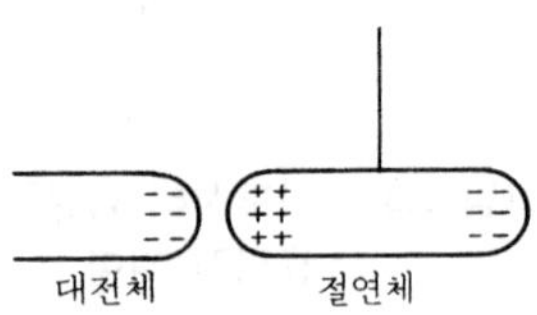

그림 2.33 정전유도현상

* 정전유도(electrostatic induction) : 대전되지 않은 절연체 가까이에 대전체를 접근시킬 때 대전체와 가까운 절연체측에는 대전체의 전하와 반대 종류의 전하가, 대전체로부터 먼부분에는 같은 종류의 전하가 감응(induction)되는 현상으로서 이때 감응된 정·부 전하는 동량이며 대전체가 제거되면 정·부 전하가 중화되어 다시 원상태로 된다.

$$V_0 = V_1 + V_2 + \cdots + V_n$$
$$= \frac{Q_1}{C_1} + \frac{Q_2}{C_2} + \cdots + \frac{Q_n}{C_n}$$
$$= \left(\frac{1}{C_1} + \frac{1}{C_2} + \cdots + \frac{1}{C_n}\right) Q_0 \qquad (2.46)$$

또한 $$V_0 = \frac{1}{C_0} Q_0 \qquad (2.47)$$

이므로 식(2.46), 식(2.47)로부터 합성 커패시턴스 C_0는

$$\left.\begin{aligned} \frac{1}{C_0} &= \frac{1}{C_1} + \frac{1}{C_2} + \cdots + \frac{1}{C_n} \\ \text{또는} \quad & \\ C_0 &= \frac{1}{\frac{1}{C_1} + \frac{1}{C_2} + \cdots + \frac{1}{C_n}} \end{aligned}\right\} \qquad (2.48)$$

임이 확인된다.

이와 같이 커패시턴스의 직렬합성에 대해 알아보았지만 직렬회로의 또 하나의 특징은 합성용량이 감소된다는 것 외에 각 커패시터에 축적되는 전하량이 같기 때문에 각 커패시터 양단에 형성되는 전위차는 $Q = CV$에 의해 각각의 용량에 반비례한다는 사실이다.

즉, **그림 2.32** (c) 에서

$$V_1 : V_2 : \cdots : V_n = \frac{1}{C_1} : \frac{1}{C_2} : \cdots : \frac{1}{C_n} \qquad (2.49)$$

② **병렬접속** : **그림 2.34** (a), (b) 와 같이 용량이 각각 C_1, C_2인 두 개의 커패시터를 병렬접속했을 때의 합성용량을 C_0라 하면

$$C_0 = C_1 + C_2$$

인 관계가 성립되어 합성용량이 증가하게 되는데 이 역시 직관적인 설명이 가능하다. **그림 2.34** (c)와 같이 C_1, C_2의 극판면적과 극판간격이 각각 S_1, S_2, d_1, d_2라 하면,

$$C_1 = \varepsilon \frac{S_1}{d_1}, \quad C_2 = \varepsilon \frac{S_2}{d_2}$$

이제 **그림 2.34** (d)에서 보는 바와 같이 C_2의 커패시턴스 값은 그대로인 채 간격 d_2를 조정하여 C_1의 간격과 같게 한

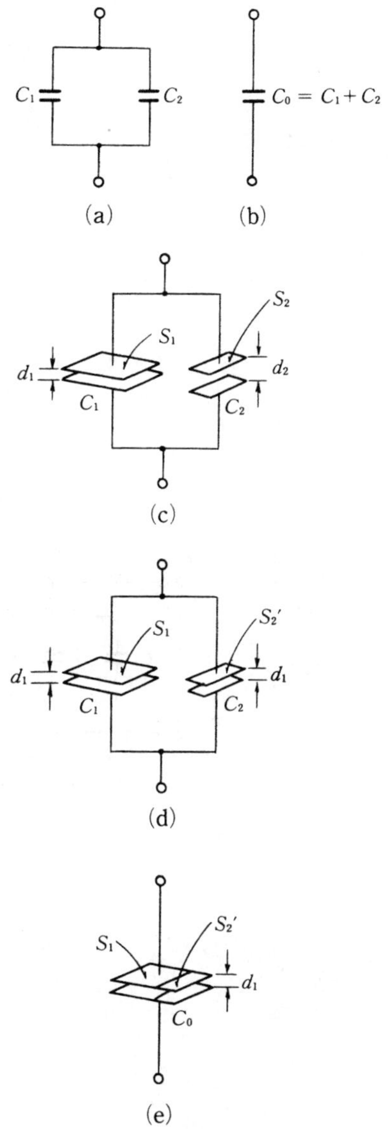

그림 2.34 커패시터 병렬접속의 물리적 의미

다. 그러면 면적 S_2'는 $S_2\frac{d_1}{d_2}$으로 된다.

이 새로운 C_2는 그 극판간의 간격이 C_1과 같은 d_1이기 때문에 **그림 2.34**(e)와 같이 C_1과 C_2의 같은 쪽 극판끼리의 접속이 가능하다.

합성된 커패시턴스를 C_0라 하면,

$$C_0 = \varepsilon\frac{S_1+S_2'}{d_1} = \varepsilon\frac{S_1}{d_1} + \varepsilon\frac{S_2'}{d_1} = \varepsilon\frac{S_1}{d_1} + \varepsilon\frac{S_2}{d_2}$$
$$= C_1 + C_2$$
$$\therefore \ C_0 = C_1 + C_2 \tag{2.50}$$

따라서 n개의 커패시터가 병렬접속되는 경우라면 마찬가지 방법에 의해서 합성 커패시턴스 C_0는

$$C_0 = C_1 + C_2 + \cdots + C_n \tag{2.51}$$

이 된다.

결국 커패시턴스를 병렬접속한다는 것은 커패시터 양극판의 면적이 증대되는 것과 같은 물리적 효과가 있는 것이다.

다음에는 이와같은 결과를 일반적인 방법에 의해 증명해 보기로 한다.

우선 **그림 2.35**(b)를 (a)에 대한 등가 커패시턴스라 하자.

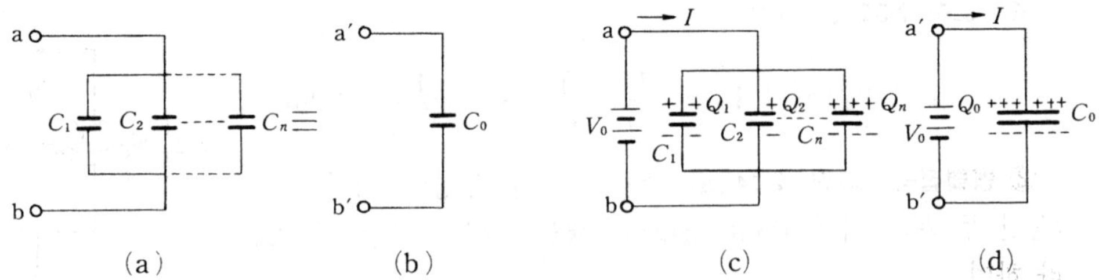

그림 2.35 커패시터의 병렬접속

이제 (a), (b) 회로에 그림(c), (d)와 같이 똑같은 크기의 직류전원 V_0를 인가한다면, (c) 회로에 있어서 전원의 양단자로부터 유입된 정·부 전하량의 총합은 (d) 회로에 유입된 정·부 전하량과 같아야 한다. 즉,

$$Q_1 + Q_2 + \cdots + Q_n = Q_0 \tag{2.52}$$

또한 각 커패시터는 병렬접속되어 있으므로 커패시터 양단의 전위차는 모두 전원전압 V_0와 같게 된다. 따라서,

$$Q_1 = C_1 V_0,\ \ Q_2 = C_2 V_0, \cdots,\ Q_n = C_n V_0,$$
$$Q_0 = C_0 V_0 \qquad (2.53)$$

이를 식(2.52)에 대입하면

$$C_1 V_0 + C_2 V_0 + \cdots + C_n V_0 = (C_1 + C_2 + \cdots + C_n)\, V_0$$
$$= C_0 V_0$$

가 되며, 이로부터 합성용량 C_0는

$$C_0 = C_1 + C_2 + \cdots + C_n \qquad (2.54)$$

이 되어 직관적인 방법에 의한 결과와 일치하게 된다.

커패시턴스 병렬회로에 있어서 또 하나의 특징은 각 커패시터 양단의 전위차가 모두 같기 때문에 각 커패시터에 축적되는 전하량은 각 커패시터의 용량에 비례한다는 사실이다. 즉, $Q = CV$로부터

$$Q_1 : Q_2 : \cdots : Q_n = C_1 : C_2 : \cdots : C_n \qquad (2.55)$$

이상으로 커패시턴스의 직렬, 병렬 합성에 대해 알아보았는데 그 합성공식의 형태는 인덕턴스에 있어서의 합성공식과는 대조적임을 알 수 있다. 즉, 커패시턴스의 직렬합성식은 인덕턴스의 병렬합성식과 그리고 커패시턴스의 병렬합성식은 인덕턴스의 직렬합성식과 같은 형을 보이고 있음을 알 수 있다.

(5) 실제의 커패시터

정전용량 C를 갖는 회로부품, 즉 커패시터(또는 콘덴서)에는 여러 종류가 있다. 이들은 정전용량, 사용전압, 사용주파수 값 등 전기적 특성 외에 용도와 목적에 따라서 여러가지로 구분된다.

용량에는 그 값이 고정된 것과 변화되는 것이 있다. 용량이 변화되는 것에는 가변 콘덴서(variable condenser)가 있으며, 여기서는 전극면적(유효면적) S 또는 전극간격 d를 기계적으로 바꿀 수 있으며 또한 반도체 특성을 이용해서 유전율 ε값을 전기적으로 변화시킬 수 있는 것이 **바랙터**(varactor)이다.

커패시터의 종류에는 마이카(mica) 콘덴서, 磁器 콘덴서, 플라스틱 콘덴서, 오일 콘덴서, 종이(紙) 콘덴서, 電解 콘덴서 등이 있으며, 특히 **전해 콘덴서**는 전해작용으로 금속 표면에 얇은 절연피막을 형성함으로써 전극간의 거리가 매우 작아 소형

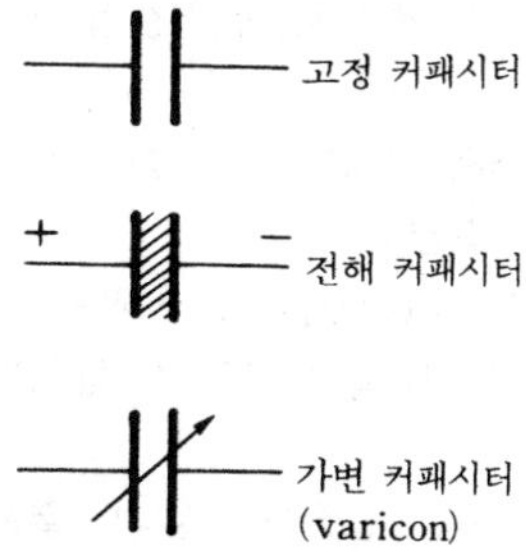

그림 2.36 커패시터의 기호

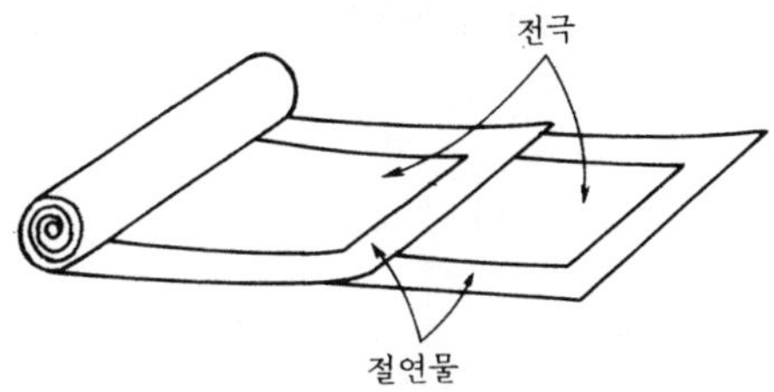

그림 2.37 커패시터의 일반구조

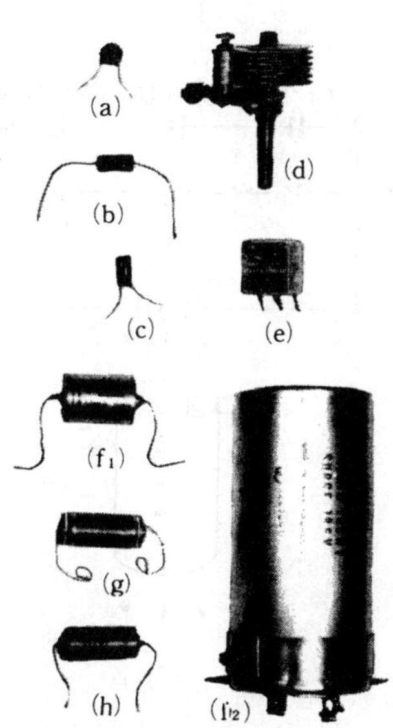

(a) 세라믹 콘덴서 (f) 화학 콘덴서
(b) 마이카 콘덴서 (g) 플라스틱 콘덴서
(c) 마일러 콘덴서 (h) 오일 콘덴서
(d), (e) } 가변 콘덴서

그림 2.38 커패시터의 종류

으로 대용량의 것을 만들 수 있는 이점이 있으며, 이런 종류의 것을 **화학**(chemical) **콘덴서**라고도 한다.

* 콘덴서의 용도
  ① 에너지 축적용 : 충격전압 발생장치
  ② 필터용 : 정류파에 포함되어 있는 교류성분제거
  ③ 결합(coupling)용, 저지용 ; 직류성분저지 결합 콘덴서, 블로킹 콘덴서
  ④ 동조용, 발진용(코일과 결합) ; 동조회로, 발진회로
  ⑤ **移相용, 調相용** ; 이상용 콘덴서, 조상용 콘덴서 등

〔예제 2・11〕 정전용량이 같은 콘덴서 2개를 병렬로 접속했을 때의 합성용량 C_p는 직렬로 접속했을 때의 합성용량 C_s의 몇 배가 되는가?

풀이 ☞ 콘덴서의 정전용량을 C_0라 하면,

병렬시 : $C_p = C_0 + C_0 = 2C_0$

직렬시 : $C_s = \dfrac{C_0 \cdot C_0}{C_0 + C_0} = \dfrac{C_0}{2}$

$$\therefore \frac{C_p}{C_s} = \frac{2C_0}{\frac{C_0}{2}} = 4$$

즉, 4배가 된다.

〔예제 2・12〕 그림 2.39와 같이 용량이 10, 20, 30〔μF〕인 콘덴서가 직렬접속된 회로에 110〔V〕의 직류전압이 인가되어 있을 때

① 콘덴서의 합성용량 C_0〔μF〕은?
② 각 콘덴서의 단자전압 V_1, V_2, V_3를 구하여라.
③ 전원으로부터 콘덴서에 유입된 총전하량 Q_0〔C〕을 구하여라.

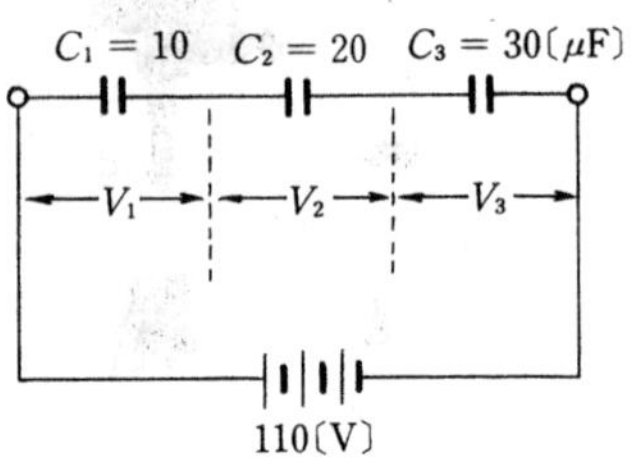

그림 2.39

풀이 ☞ ① $\dfrac{1}{C_0} = \dfrac{1}{C_1} + \dfrac{1}{C_2} + \dfrac{1}{C_3} = \dfrac{1}{10} + \dfrac{1}{20} + \dfrac{1}{30} = \dfrac{11}{60}$

$$\therefore C_0 = \frac{60}{11}〔\mu F〕$$

② $V_1 : V_2 : V_3 = \dfrac{1}{C_1} : \dfrac{1}{C_2} : \dfrac{1}{C_3} = 6 : 3 : 2$

$$\therefore V_1 = 110 \times \frac{6}{11} = 60〔V〕$$

$$V_2 = 110 \times \frac{3}{11} = 30〔V〕$$

$$V_3 = 110 \times \frac{2}{11} = 20〔V〕$$

③ $Q_0 = C_0 V = \dfrac{60}{11} \times 10^{-6} \times 110 = 6 \times 10^{-4}$〔C〕

2-2 能動素子

부하에 에너지를 공급해 주는 전원은 등가적으로 **전압전원** 또는 **전류전원**으로 나타낼 수 있다.

부하에 관계없이 항상 일정전압을 부하에 공급해 주는 전압원이 있다면 이를 **理想的 定電壓源**이라 하며 역시 부하에 관계없이 항상 일정전류를 부하에 공급해 주는 전류원이 있다면 이를 **理想的 定電流源**이라 한다.

* 3극 진공관이나 트랜지스터, Op-Amp 등도 능동소자라 할 수 있다.

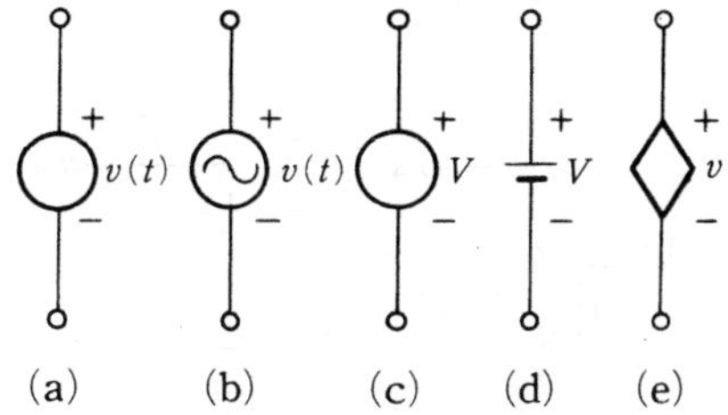

(a) 일반적인 시변전압원 (b)정현파 전압원
(c) 시불변전압원 (d)직류전압원 (e)종속전압원

그림 2.40 전압원의 기호

1 電壓電源

(1) 電壓源의 특성

전압원은 **그림 2.40**과 같은 기호로 표시되며 부하에 관계없이 (즉, 부하전류에 무관하게) 부하 양 단자에 항상 전압원의 기전력과 동일한 전압을 공급해 주는 것을 목적으로 하는 소자이다.

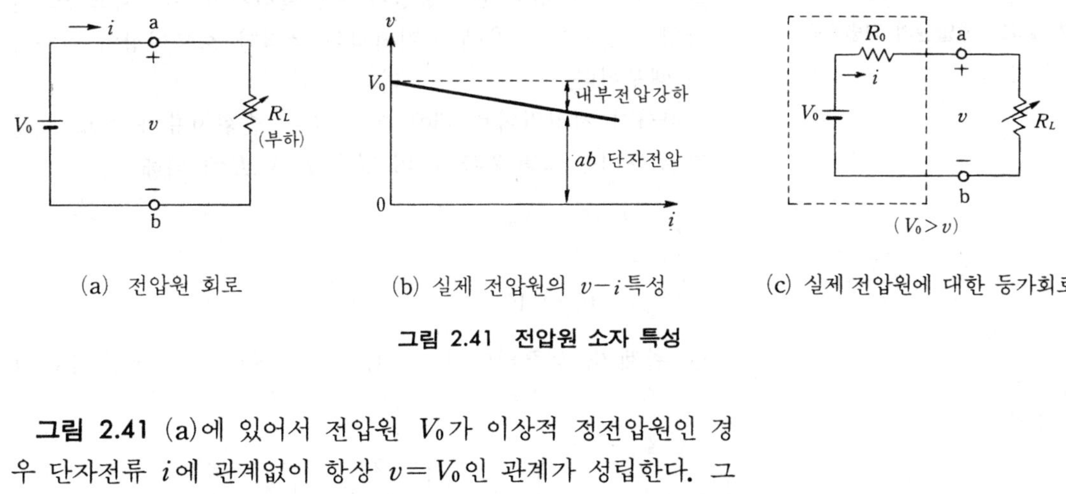

(a) 전압원 회로 (b) 실제 전압원의 $v-i$ 특성 (c) 실제 전압원에 대한 등가회로

그림 2.41 전압원 소자 특성

그림 2.41 (a)에 있어서 전압원 V_0가 이상적 정전압원인 경우 단자전류 i에 관계없이 항상 $v = V_0$인 관계가 성립한다. 그러나 실제의 전압원은 대부분이 **그림 2.41** (b)에서 보는 바와 같이 부하(또는 부하전류)에 약간은 종속적인 $v < V_0$인 관계가 성립되는데 이는 내부저항 성분 R_0가 존재하기 때문이다. 따라서 그림 (a)와 같은 전압원 회로의 해석시에는 그림 (c)와 같이 전압원(V_0)에 내부저항(R_0)이 직렬접속된 형태로 표현되어야

한다. 전원의 내부저항을 고려하면 부하의 단자전압은 다음과 같이 주어지며

$$v = V_0 - R_0 i \tag{2.56}$$

그림 2.41 (b)의 v-i 관계가 설명된다.

실제의 전압원에 있어서 전압원의 내부저항이 부하에 비해 무시될 수 있을 만큼 작다면 이때의 전원은 정전압이라고 보아도 무방하다.

(2) 理想電壓源의 접속

① **직렬접속** : **그림 2.42**(a)와 같이 여러 개의 이상전압원이 직렬접속된 경우의 합성, 또는 등가전압은 각각의 전압원의 총합(**그림 2.42**(b))으로 주어지게 된다.

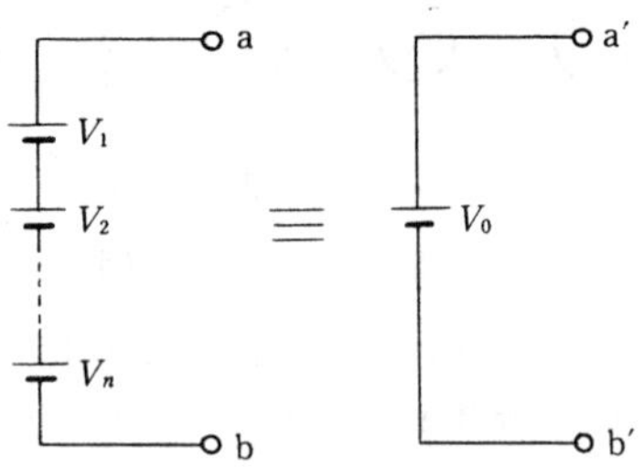

(a) (b)

그림 2.42 전압원의 직렬접속

$$V_0 = V_1 + V_2 + \cdots + V_n \tag{2.57}$$

② **병렬접속** : **그림 2.43**(a)와 같은 병렬접속 전압원의 등가전압원을 구하는데 있어서는 우선 회로 (a)의 폐로내에는 그림에서와 같은 **순환전류**가 흐르지 않아야 한다.

왜냐하면 각 전원이 내부저항이 없는 이상전원인 경우 일단 순환전류가 흐르게 된다면 무한대나 다름없는 대전류가 흐르게 되어 전압원이 발전기라면 발전기가 파괴되고 또 전압원이 전지인 경우에는 기전력의 급격한 소모현상이 나타나기 때문이다.

따라서 전압원회로 내에 이와 같은 순환전류가 흐르지 않기 위해서는 **그림 2.43** (a)의 경우 $K.V.L$에 의해

$$V_1 - V_2 = 0$$

또는

$$V_1 = V_2$$

인 관계가 성립되어야 하며, 이에 대한 등가전압 V_0 (**그**

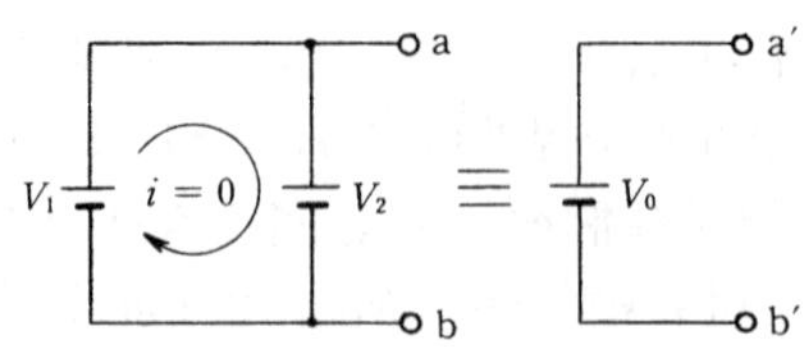

(a) (b)

그림 2.43 전압원의 병렬접속

림 2.43(b))는 회로 (a)에서의 **개방전위차**와 역시 같아야 한다. 즉,

$$V_1 = V_2 = V_0 \qquad (2.58)$$

따라서 n개의 전압원이 병렬접속되는 경우도 각각의 전압원의 크기는 모두 같아야 하며, 이에 대한 등가전원의 값도 역시 같게 된다.

$$V_1 = V_2 = \cdots = V_n = V_0 \qquad (2.59)$$

병렬접속시 각 전압원이 같아야 함은 이상적인 교류전원의 경우에도 마찬가지이며, 이때는 각 전원의 주파수도 같아야 한다.

2 電流電源

(1) 電流源의 특성

전류원은 **그림 2.44**와 같은 기호로 표시되며 부하에 관계없이(즉, 부하단자전압에 무관하게) 항상 전류원과 동일한 전류를 부하에 공급해 주는 것을 목적으로 하는 소자다.

실제의 전류원은 전압원으로부터 설명될 수 있다. **그림 2.45**(a)와 같은 전압원회로에 있어서 전압원 V_0의 직렬접속저항 R_0가 매우 크고 부하저항 R_L이 작아서 $R_L \ll R_0$인 관계가 성립된다면 부하전류 i_L은 부하 R_L에 관계없이 거의 일정한 값 I_0가 유지됨으로써(**그림 2.45**(b)) **그림 2.45**(a)의 전압원(점선내부)은 2.45(c)와 같은 전류원으로 등가대치될 수 있다. 즉,

$$i_L = \frac{V_0}{R_0 + R_L} \simeq \frac{V_0}{R_0} = I_0 \qquad (2.60)$$

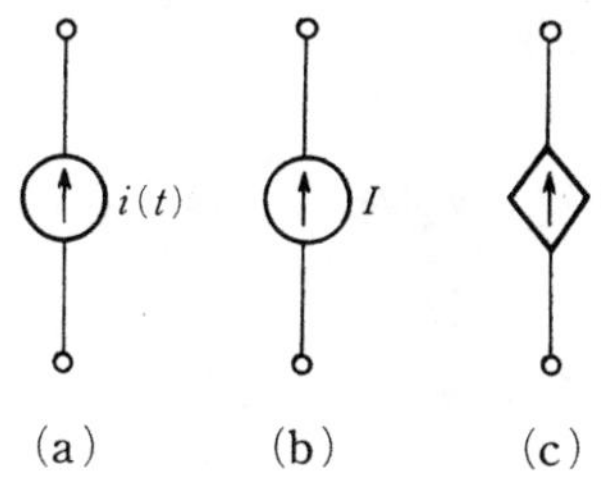

(a) 일반적인 시변전류원
(b) 시불변전류원
(c) 종속전류원

그림 2.44 전류원의 기호

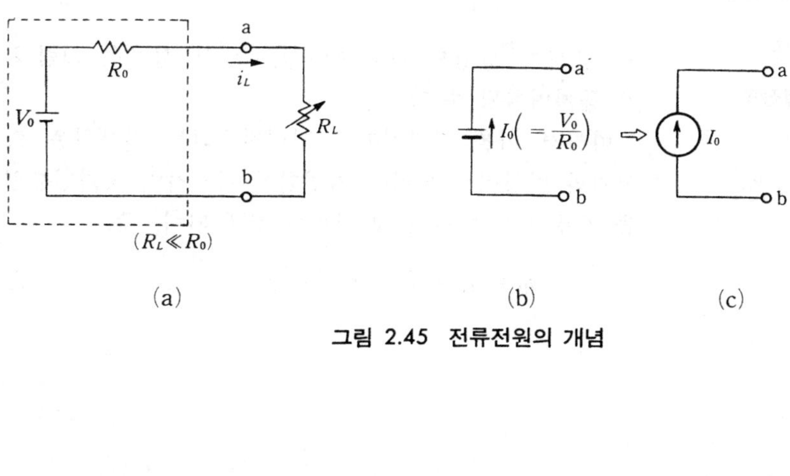

그림 2.45 전류전원의 개념

그러나 트랜지스터, 광전지 등을 이용한 **그림 2.46** (a)와 같은 실제의 전류원은 전압원과 마찬가지로 그 특성이 부하(또는 부하단자전압)에 종속적인 것으로 나타나는데(**그림 2.46** (b)) 이는 등가적으로 전류원과 병렬접속되는 전류원의 내부저항 R_0를 고려함으로써(**그림 2.46** (c)) 설명될 수 있다.

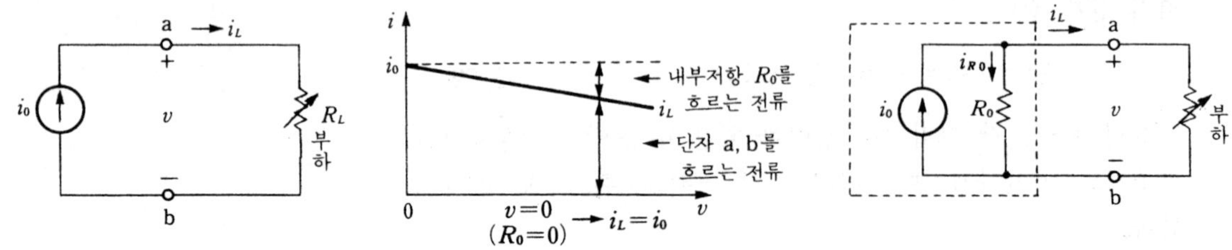

(a) 전류원회로 (b) 실제 전류원의 v-i특성 (c) 실제 전류원에 대한 등가회로

그림 2.46 전류원 소자특성

부하 R_L에 관계없이 주어진 전류원 i_0와 동일한 전류가 부하에 공급되기 위해서는 병렬접속되는 내부저항값 R_0는 무한대가 되어야 한다. 그러나 등가적으로 **그림 2.46** (c)의 점선내부와 같이 표현되는 실제의 전류원에서는 병렬접속 내부저항 R_0의 값은 무한대가 될 수 없기 때문에 이 병렬접속 저항에도 전류 i_{R0}가 분배된다. 그러므로 부하 R_L이 증가하여 단자전압 v가 증가하게 되면 내부저항을 흐르는 전류 i_{R0}도 증가함으로써 부하전류 i_L은 감소하게 된다.

(2) 理想電流源의 접속

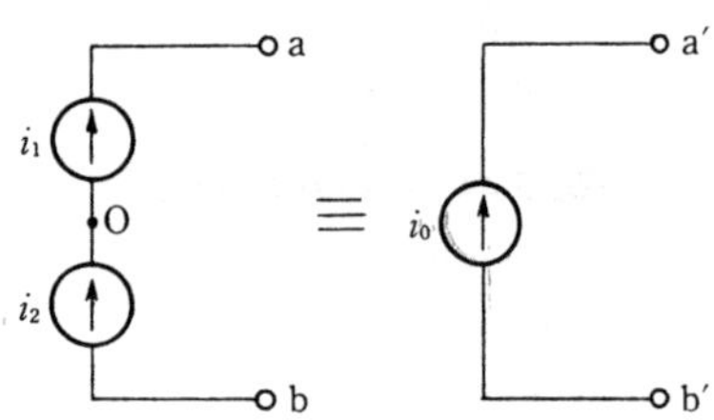

(a) (b)

그림 2.47 전류원의 직렬접속

① **직렬접속** : **그림 2.47** (a)와 같이 두 전류원이 직렬접속되어 있을 때 이에 대한 등가전류원은 **그림 2.47**(a)의 두 전류원 사이의 O점에 대해 키르히호프의 전류법칙($K.C.L$)을 적용함으로써 구해진다. 즉, O점에서는

$$i_1 = i_2$$

인 관계가 성립되어야 하며 $i_1 \neq i_2$ 인 경우는 **그림 2.47**(b)로 등가변환될 수 없다.

따라서 이를 확장시키면 직렬접속되는 전류원은 모두 그 크기와 방향이 같아야 등가변환이 가능하며 등가전류원은 이들 전류원과 그 크기 및 방향이 같게 된다. 즉,

$$i_0 = i_1 = i_2 = \cdots = i_n \tag{2.61}$$

② **병렬접속** : **그림 2.48** (a)와 같이 n개의 전류원이 병렬 접속되어 있을 때 이들에 대한 등가전류원을 구하기 위해 **그림 2.48**(a)의 O점에 역시 $K.C.L$을 적용해 보면 O점에서는 이 점을 향해 유입되는 전류 合과 이 점에서 유출되는 전류 合이 같아야 하므로 이때 유출되는 전류가 바로 **그림 2.48**(b)의 등가전류원이 되어야 한다.

따라서 n개 병렬접속 전류원에 대한 등가전류원은 이들 n개 전류원의 합으로 주어진다. 즉,

$$i_0 = i_1 + i_2 + \cdots + i_n \tag{2.62}$$

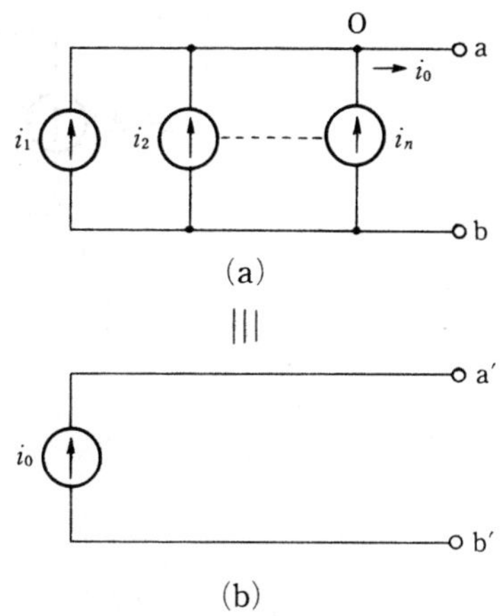

그림 2.48 전류원의 병렬접속

이상으로 전압원과 전류원의 성질에 대해 알아보았다. 그러나 한 가지 부언하면 앞에서는 대개의 경우 직류를 예로 들어 설명했지만 定電壓, 定電流라고 하는 말은 단자전압, 단자전류가 부하의 영향을 받지 않고 주어진 기전력과 항상 같다는 뜻이지 직류와 같이 시간함수가 아닌 일정값을 갖는다는 의미가 아니라는 사실에 유의해야 한다.

정전압원과 정전류원의 특성을 요약하면 **표 2.1**과 같다.

표 2.1

전	원	내부저항	성 질
정전압원	$v_0(t)$	0	부하단자전압 = 전압원의 기전력
정전류원	$i_0(t)$	∞	부하단자전류 = 전류원의 기전력

〔예제 2・13〕 그림 2.49의 회로에서 1〔Ω〕의 저항에 흐르는 전류는 얼마인가? 단, 모든 전원은 이상적인 것으로 간주한다.

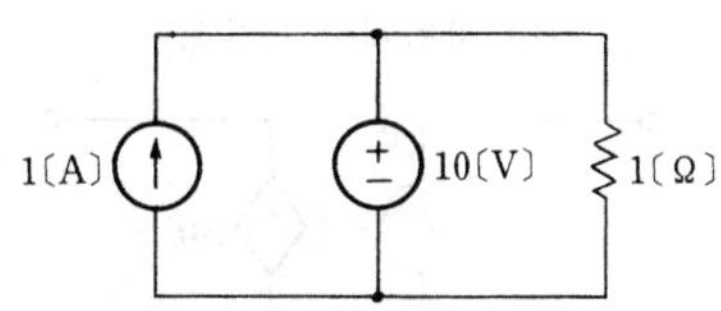

그림 2.49

풀이 ☞ 전류원과 전압원의 내부저항은 각각 ∞와 0이라 볼 수 있으므로 전류원의 1〔A〕는 모두 전압원으로 흐르고, 전압원에 의해 1〔Ω〕의 저항으로 10〔A〕의 전류가 흐르게 된다. 그러나 전류원으로부터의 1〔A〕와 상쇄되므로 1〔Ω〕의 저항에는 9〔A〕의 전류가 흐르게 된다.

〔예제 2・14〕 그림 2.50 (a) 와 같이 독립 전류원과 컨덕턴스가 병렬접속되어 있는 회로에서 각 컨덕턴스를 흐르는 전류를 구하여라.

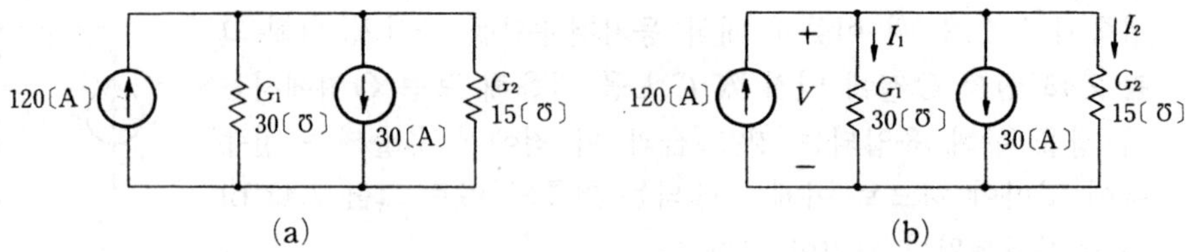

그림 2.50

풀이 ☞ 그림(b)와 같이 병렬접속 단자간 전압 V와 각 컨덕턴스를 흐르는 전류 I_1, I_2를 가정한다.

$K.C.L$에 의해 $-120+I_1+30+I_2=0$ …①

여기서 $I_1=30V$, $I_2=15V$ …②

②를 ①에 대입하여 풀면 $V=2$〔V〕, 이로부터 $I_1=60$〔A〕, $I_2=30$〔A〕가 된다.

I_1, I_2의 값이 正(+)이므로 이는 실제 전류의 방향이 모두 가정했던 방향과 일치함을 알 수 있다.

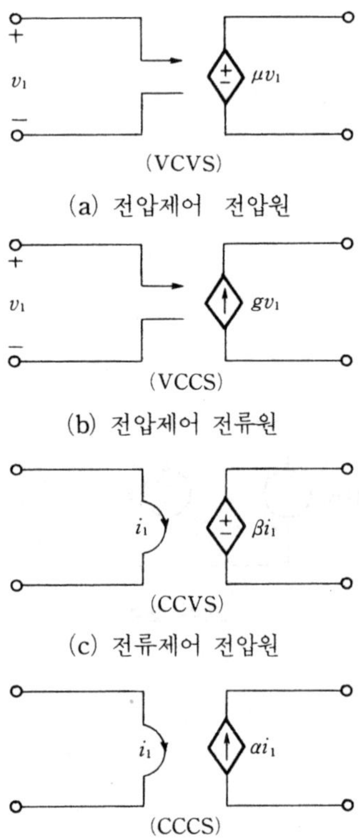

그림 2.51 종속전원

3 從屬電源

전원자체의 전압, 또는 전류가 회로내 다른부분의 전압 또는 전류에 따라 가변적인 전원을 종속전원(dependant source)이라 하며, 따라서 회로내 다른 부분에는 아무런 영향을 미치지 못한다. 이들 전원은 1단자쌍인 독립전원과는 달리 **그림 2.51**에서 보는 것처럼 한쪽 단자쌍의 전압이나 전류가 다른쪽 단자쌍의 전압이나 전류에 의해서 결정되는 2단자쌍 전원이다.

종속전원은 회로에 명시되는 전압, 전류에 의해 비례적으로 제어되기 때문에 제어전원(controlled source), 또는 이상증폭기(ideal amplifier)라고도 하며 전압, 전류의 조합에 따라 **표 2.2**에서와 같이 4종류로 구분된다.

표 2.2

전원 / 제어량	전 압 원	전 류 원
전 압	전압제어 전압원 : VCVS (Voltage Controlled Voltage Source)	전압제어 전류원 : VCCS (Voltage Controlled Current Source)
전 류	전류제어 전압원 : CCVS (Current Controlled Voltage Source)	전류제어 전류원 : CCCS (Current Controlled Current Source)

〔예제 2・15〕 그림 2.52의 회로는 전압 V_0에 의해 제어되는 전압원(VCVS)을 포함하고 있다. 전압 V_0를 구하여라.

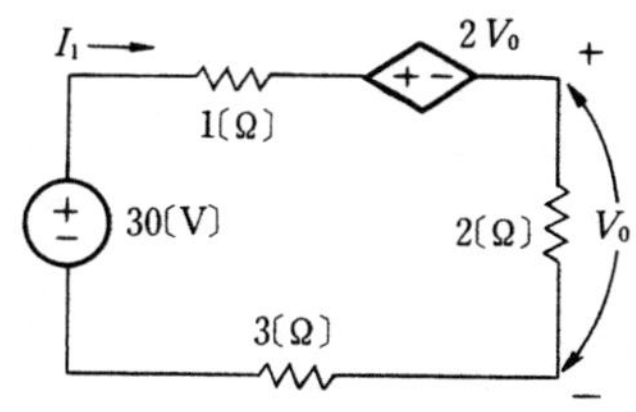

그림 2.52

풀이 ☞ $K.V.L$을 적용하면

$$30 - 2V_0 = (1+2+3)I_1 \cdots ①$$

또한

$$V_0 = 2I_1 \qquad \cdots ②$$

②를 ①에 대입하면

$$I_1 = 3\,〔A〕$$

따라서 $V_0 = 6\,〔V〕$

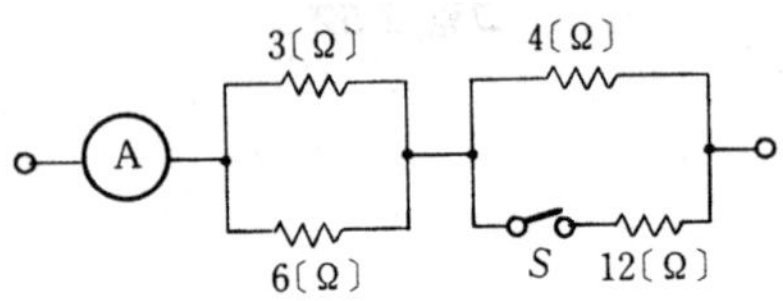

그림 2.53

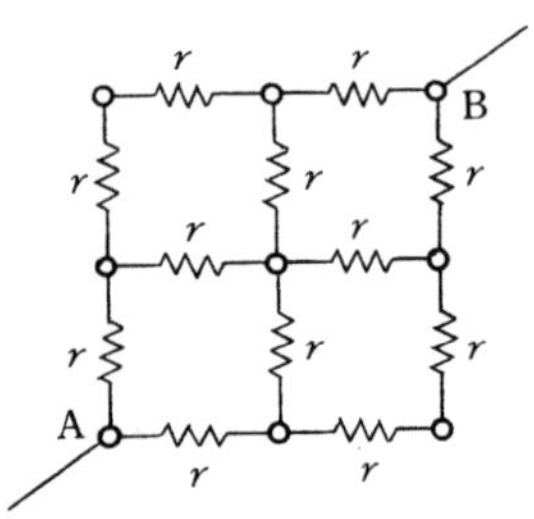

그림 2.54

연 습 문 제

〔1〕 어떤 전압계의 측정범위를 10배로 하려면 배율기의 저항 R_s는 전압계의 저항 R_m의 몇 배로 하여야 하는가?

〔2〕 그림 2.53과 같은 회로에서 S를 열었을 때 전류계의 지시는 10〔A〕였다. S를 닫을 때 전류계의 지시는 몇 〔A〕인가?

〔3〕 정격전압에서 1〔kW〕의 전력을 소비하는 어떤 전열기에 정격의 80〔%〕의 전압을 가할 때의 전력〔W〕은 얼마인가?

〔4〕 100〔V〕-600〔W〕의 전열기가 있다. 전열기 전열선의 10〔%〕가 단선되었을 때 나머지 부분만을 사용하는 경우 소비전력은 어떻게 변하는가?

〔5〕 고유저항 108〔$\mu\Omega$ cm〕의 니크롬선을 써서 직경 0.5〔mm〕의 것으로 20〔Ω〕을 만들려면 길이를 몇 〔m〕로 하면 좋은가?

〔6〕 일정 전압의 직류전원에 저항을 접속하고 전류를 흘릴 때 이 전류값을 20〔%〕 증가시키기 위해서는 저항값을 몇 배로 하여야 하는가?

〔7〕 그림 2.54와 같이 각 변의 저항값이 r〔Ω〕인 저항체에 있어서 AB간의 합성저항은 몇 〔Ω〕인가?

〔8〕 그림 2.55의 회로에 있어서 ab간의 합성 컨덕턴스 G_{ab}는 몇 〔m℧〕인가?

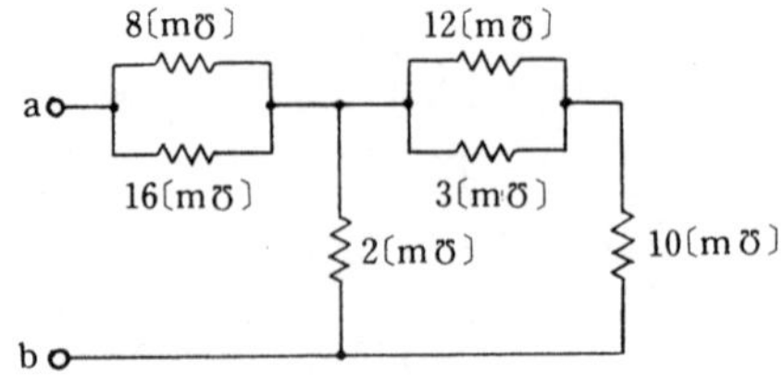

그림 2.55

〔9〕 공심 코일을 흐르는 전류가 5〔A/sec〕로 균일하게 증가해서 1〔V〕의 유기전압이 발생했다.

① 이 코일의 인덕턴스는 얼마인가?

② 이 코일의 권수가 200회라 하면 1〔A〕의 전류에 의해서 도선 주변에 발생하는 자속 ϕ〔Wb〕는 얼마인가? 단, 발생한 자속은 모두 권선과 쇄교하는 것으로 한다.

③ 이 코일의 권수를 400회로 하면 인덕턴스는 얼마나 되겠는가? 단, 코일의 기하학적 구조는 그대로 유지하는 것으로 한다.

〔10〕 0.05〔H〕의 인덕턴스에 **그림 2.56**과 같은 파형의 전압을 걸었을 때 $0<t<2$〔ms〕에서의 전류를 구하고 전 구간에 대한 대응 전류의 파형을 구하여라.

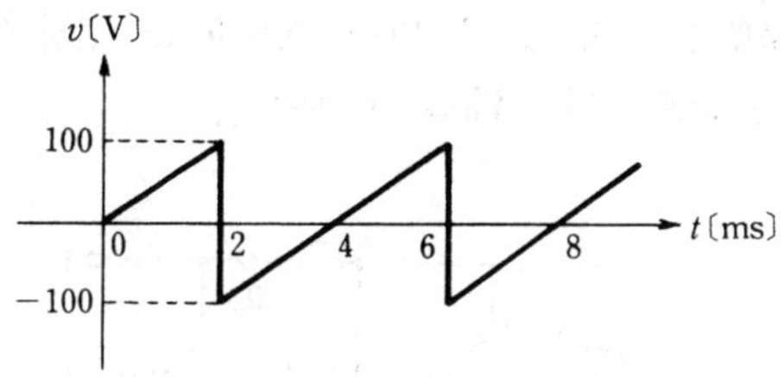

그림 2.56

〔11〕 용량 1〔μF〕인 콘덴서 양단에서의 전압강하가 **그림 2.57**과 같이 변화할 때 전압강하의 방향으로 흐르는 전류를 구하고 그 결과를 그래프로 나타내어라.

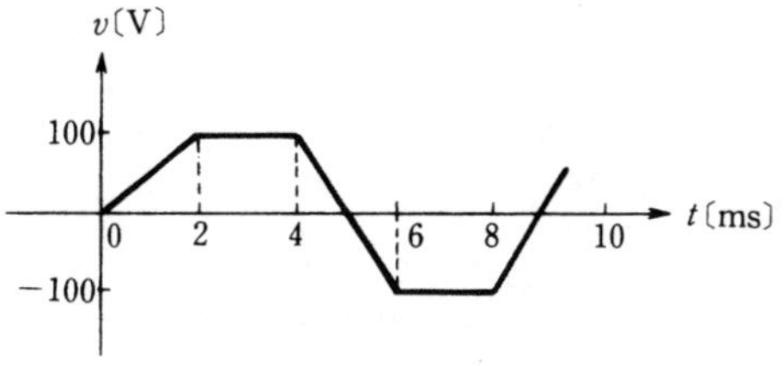

그림 2.57

〔12〕 어떤 전지의 외부회로의 저항은 3〔Ω〕이고, 전류는 5〔A〕가 흐른다. 외부 회로에 3〔Ω〕 대신 8〔Ω〕의 저항을 접속하면 전류는 2.5〔A〕로 감소한다. 전지의 기전력은 얼마인가?

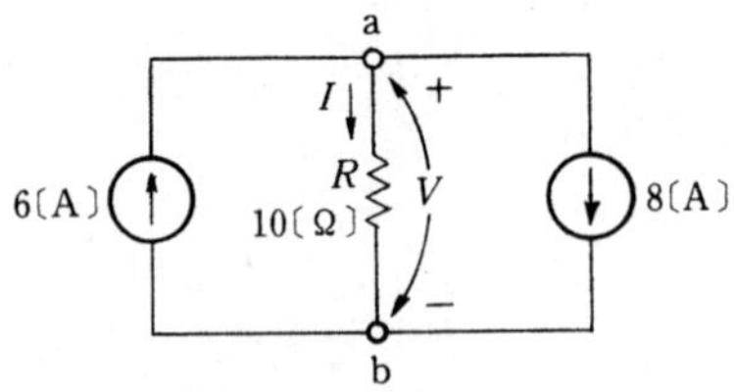

그림 2.58

〔13〕 **그림 2.58**의 회로에 있어서 ab간의 전압 V와 저항 R을 흐르는 전류 I를 결정하여라.

〔14〕 **그림 2.59**의 회로에서 종속전원이 전류 I_1에 의해 제어될 때 저항 5〔Ω〕양단의 전위차 V_0를 구하여라.

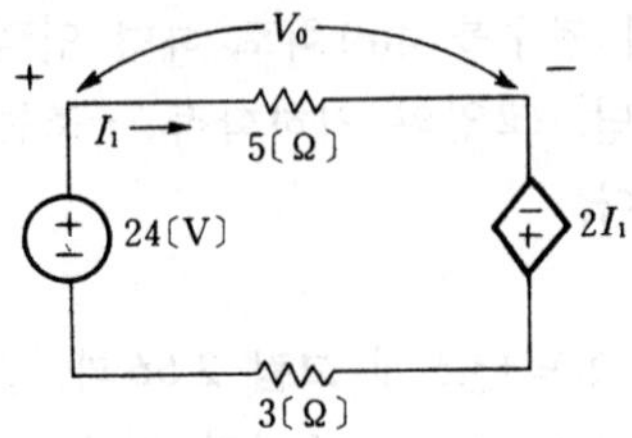

그림 2.59

〔15〕 **그림 2.60**은 전류 I_0에 의해 제어되는 전류원(CCCS)을 포함하는 회로이다. V_0를 구하여라.

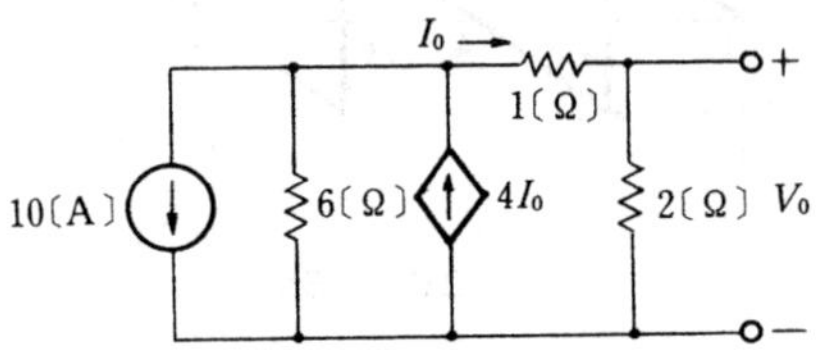

그림 2.60

연습문제해답

〔1〕 9배

〔2〕 12〔A〕

〔3〕 640〔W〕

〔4〕 11.1〔%〕 증가

〔5〕 3.634〔m〕

〔6〕 0.83배

〔7〕 $\frac{3}{2}r$〔Ω〕

〔8〕 6〔m℧〕

〔9〕 ① 0.2〔H〕 ② 0.001〔Wb〕 ③ 0.8〔H〕(참조→식 (8.49))

〔10〕 $i=5\times10^5t^2$

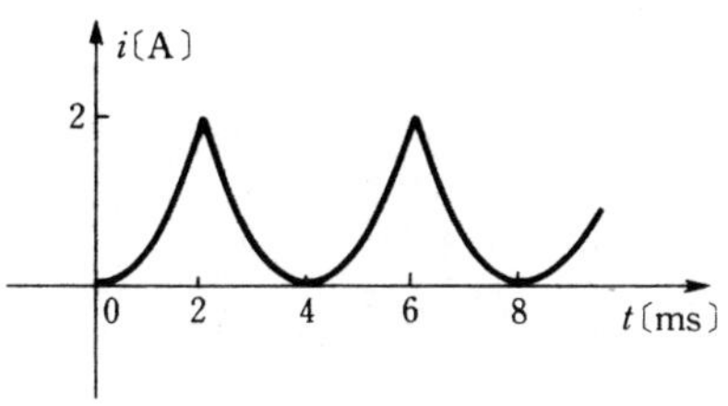

그림 2.61

〔11〕 $0\leq t<2$: $i=0.05$〔A〕

$2\leq t<4$: $i=0$〔A〕

$4\leq t<6$: $i=-0.1$〔A〕

$6\leq t<8$: $i=0$〔A〕

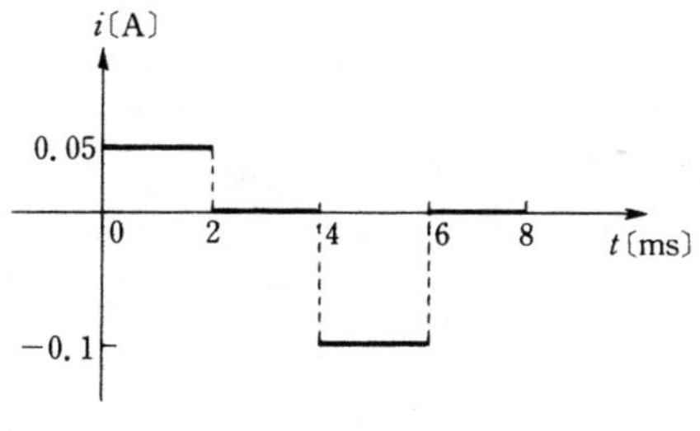

그림 2.62

〔12〕 25〔V〕

〔13〕 −20〔V〕, b에서 a로 2〔A〕의 전류가 흐른다.

〔14〕 20〔V〕

〔15〕 8〔V〕

交流回路의 基礎 3

본장의 목적은 통상 교류라고 일컬어지는 정현파 교류의 발생 원리와 정현파에 대한 제반 기본용어를 정의한 후 $R.L.C$ 기본 소자에 정현파 전압이 인가될 때 이 전압과 전류 사이의 관계를 삼각함수법에 의해 명확히 이해하는 데 있다. 단, 본장에서 거론되는 회로해석의 내용은 모든 회로가 과도상태가 아닌 정상상태하에 있음을 전제로 하고 있다는 사실에 유념해야 한다.

(요 목)

3-1 電流·電壓의 波形

전기회로에는 전원과 회로소자의 종류 및 상태에 따라 시간적으로 변화하는 전류가 흐른다.

그림 3.1에는 여러 종류의 전류가 시간에 따라 변화하는 모양이 그려져 있다. **그림 3.1** (a)와 같이 시간의 변화에 관계없이 크기와 방향이 일정한 전류를 통상 **直流**(direct current: D.C)라 하며 그림 (b), (c)와 같이 그 크기와 방향이 주기적으로 변화하는 전류를 **交流**(alternating current: A.C)라 한다.

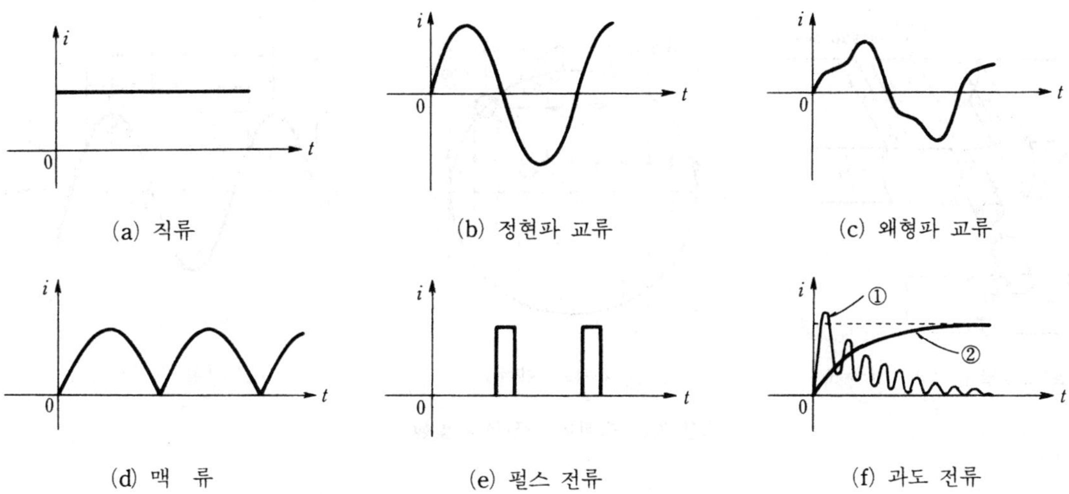

그림 3.1 전류의 여러 파형

교류 중에서도 특히 그림 (b)와 같이 그 파형이 사인(sine) 곡선을 그리는 전류를 **正弦波**(sine-wave 또는 sinusoidal-wave)**교류**라 하며 그림 (c)와 같이 정현파가 일그러진 모양의 파형을 **歪形波**(distorted wave) 또는 비정현파(nonsinusoidal wave)교류라 한다. 통상적으로 교류라함은 정현파를 의미하게 된다. 그림 (d)는 (b)와 같은 정현파가 정류되어 생기는 맥류(pulsating current)이며, 그림 (e)와 같이 시간변화에 따라 충격적으로 나타나는 전류를 **펄스 전류**(pulse current)라 한다.

또한 그림 (f)의 ①, ②와 같이 회로의 개폐시나 회로정수의 변화 등에 기인해서 과도적으로 흐르는 전류를 **過渡電流**(transient current)라 한다.

이상과 같은 구분은 전류뿐만 아니라 전압의 경우에 있어서도 마찬가지이다.

3-2 正弦波交流 起電力의 發生

정현파교류 기전력을 발생하는 가장 간단한 장치는 **그림 3.2** (a)와 같은 2極발전기이며 그림 (b)는 그림 (a)에 대한 단면도이다.

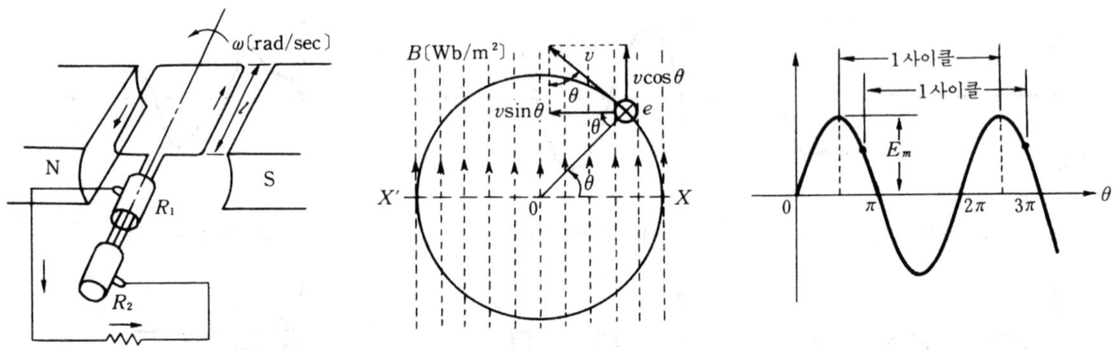

(a) 2극발전기의 원리도 (b) 전기자의 단면도 (c) 정현파 기전력

그림 3.2 정현파 기전력의 발생

자속밀도 B〔Wb/m²〕의 평등자계 내에 자계와 직각으로 놓여진 길이 l〔m〕의 도체가 ω〔rad/sec〕의 **角속도**와 v〔m/sec〕의 **線속도**로 원운동하는 경우를 생각해 보자.

그림 (b)와 같이 중심각 θ의 위치에 있어서 도체의 선속도 v를 벡터적으로 자계의 방향에 평행인 성분과 수직인 성분으로 직각 분해해 보면 그때 평행인 성분의 크기는 $v\cos\theta$, 수직성분의 크기는 $v\sin\theta$가 된다.

이 중 도체가 자속을 자르는데 기여하는 성분은 수직성분이며 따라서 도체는 매초당 자속을 $v\sin\theta$〔m〕의 속도로 자르는 셈이 된다.

매초당 한 쪽 도체에 의해서 잘리는 자속의 양을 계산해 보면 자속밀도가 B〔Wb/m^2〕이므로 $Blv\sin\theta$〔Wb〕가 되며 양쪽 도체를 감안하면 $2Blv\sin\theta$〔Wb〕가 된다.

패러데이 법칙에 의해 도체가 매초 1〔Wb〕의 비율로 자속을 자르는 경우 도체 내에 1〔V〕의 기전력이 유기되므로 도체에 발생되는 유기기전력은

$$e = 2Blv\sin\theta\ \text{〔V〕} \tag{3.1}$$

여기서 각 θ가 기선(OX)으로부터 t초 후의 위치라면

$$\theta = \omega t \tag{3.2}$$

이므로 식(3.1)은

$$e = 2Blv\sin\theta = 2Blv\sin\omega t\ \text{〔V〕} \tag{3.3}$$

로 표현된다.

식(3.3)을 그래프로 나타내 보면 그림 (c)와 같은 정현파가 되며 여기서 정현파의 진폭(amplitude) 또는 최대값(maximum value)인 $2Blv$를 E_m이라 하면 E_m은 유기기전력 e의 최대값이 된다. 즉,

$$e = 2Blv\sin\omega t = E_m\sin\omega t\ \text{〔V〕} \tag{3.4}$$

그림 (c)에서 기전력이 한번 변화하여 다시 원상태가 되기까지를 **1사이클**(cycle)이라 하며 1초 동안의 사이클의 수를 **주파수**(frequency) f라 하고, 주파수의 단위는 **헤르츠**(hertz:〔Hz〕)가 사용된다.

3-3 周波數와 周期

정현파 기전력은 **그림 3.2** (a)와 같은 2極방식 외에 多極방식에 의해서도 발생될 수 있다. 그러나 다극방식의 경우 도체인 **電機子**(armature)가 공간적으로 360° 회전하지 않고도 도체에 발생되는 기전력은 1사이클이 될 수 있다.

따라서 정현파 교류에서는 공간角에 관계없이 1사이클의 角을 2π〔rad〕으로 정하고 이것을 기준으로 하여 표시되는 각을 특히 **電氣角**(electrical angle)이라 한다.

주파수 f인 정현파의 경우 1초 동안에 변화하는 전기각은 $2\pi f$〔rad〕이 되며 이를 특히 **각속도**(angular velocity) 또는 **각**

주파수(angular frequency) ω라 한다. 즉,

$$\omega = 2\pi f \text{[rad]} \tag{3.5}$$

그림 3.2(a)와 같은 2극방식의 경우 1초간의 전기각 또는 각주파수 ω는 바로 전기자의 회전 각속도와 일치하지만 다극방식의 경우에는 일치하지 않는다.

정현파 교류에서는 1주기, 즉 2π[rad] 변화하는 데 걸리는 시간을 **주기**(period) T라 하고 1주기간에 정현파 교류가 전파되는 공간적 거리 λ를 **파장**(wave length)이라 한다.

이제 주파수 f, 주기 T, 파장 λ인 정현파를 생각하면 주파수와 주기는 역수관계가 있고 $\omega = 2\pi f$이므로 이들 사이에는

$$T = \frac{1}{f} = \frac{2\pi}{\omega} \text{[s]} \tag{3.6}$$

$$\lambda = \frac{C_0}{f} \text{[m]} \tag{3.7}$$

인 관계가 있게 된다(여기서 C_0는 진공중에서의 광속으로 3×10^8[m/s]이다). 따라서 식(3.4)는

$$e = E_m \sin \omega t = E_m \sin 2\pi ft \text{ [V]} \tag{3.8}$$

와 같이 표시되기도 한다.

〔예제 3·1〕 우리나라의 常用주파수인 60[Hz]에 대한 각속도 ω[rad/s]는 얼마인가?

풀이 ☞ $\omega = 2\pi f = 2\times 3.14\times 60 \simeq 377$[rad/sec]

〔예제 3·2〕 1800[r.p.m]으로 운전되고 있는 다극 발전기가 60[Hz]의 교류를 발생하고 있다. 1[Hz]의 기하학적인 회전각[rad]은 얼마인가?

풀이 ☞ 발전기의 극수를 P라 하고 1분간의 회전수를 N이라 하면 P극발전기의 경우 전기자가 1회전할 때마다 $\frac{P}{2}$사이클의 기전력이 유기되므로

$$P = \frac{120 f}{N} = \frac{120\times 60}{1800} = 4$$

1〔Hz〕의 전기각은 2π〔rad〕이므로 기하학적인 회전각은

$$2\pi\times\frac{2}{P}=2\pi\times\frac{2}{4}=\pi\ \text{〔rad〕}$$

3-4 瞬時値 및 位相

식(3.8)과 같은 표현식에서 e는 시간의 변화에 따라 순간순간 나타나는 정현파의 값을 의미하기 때문에 e를 **순시치**(instantaneous value)라 하며 식(3.8)과 같은 표현을 **순시치 표시식**이라 한다. 통상 순시치는 e, v, i와 같이 소문자로 표시된다.

식(3.8)은 **그림 3.2**(b)에서 기선 $\overline{\text{OX}}$를 기점으로 한 것이지만 X점보다 반시계방향으로 α〔rad〕만큼 앞선 점을 기점으로 한 경우에는 $\theta=\omega t+\alpha$가 되므로 식(3.8)은

$$e=E_m\sin(\omega t+\alpha)=E_m\sin(2\pi ft+\alpha)\ \text{〔V〕}\tag{3.9}$$

로 표시되며 이것은 바로 정현파 기전력의 일반적인 표현식이 된다. 여기서 α는 시각 $t=0$에서의 角 또는 相(phase)을 의미하는 것이기 때문에 이를 **초기위상**(initial phase), **초기각**(initial angle) 또는 간단히 **위상**이라고도 한다.

식(3.8)은 초기각 $\alpha=0$일 경우에 해당된다.

순시치 표시식은 정현파 전류의 경우에도 마찬가지가 되어 이의 일반식은

$$i=I_m\sin(\omega t+\beta)\ \text{〔A〕}\tag{3.10}$$

와 같이 표시된다.

그림 3.3에 있어서 (a)는 정현파 전압 v와 정현파 전류 i가 **同相**(inphase)임을 보여주고 있으며, (b)는 최대값이 같은 두 정현파 전압 사이에 **위상차**(phase difference)가 있음을 보여주고 있다. 그림에서 v_1은 v_2보다 위상이 θ만큼 앞서고 있으며, v_2는 v_1보다 위상이 θ만큼 뒤진다고 말한다. v_1, v_2를 비교할 경우 v_1을 **進相**(진상 ; leading phase), v_2를 **遲相**(지상 ; lagging phase)이라고도 한다.

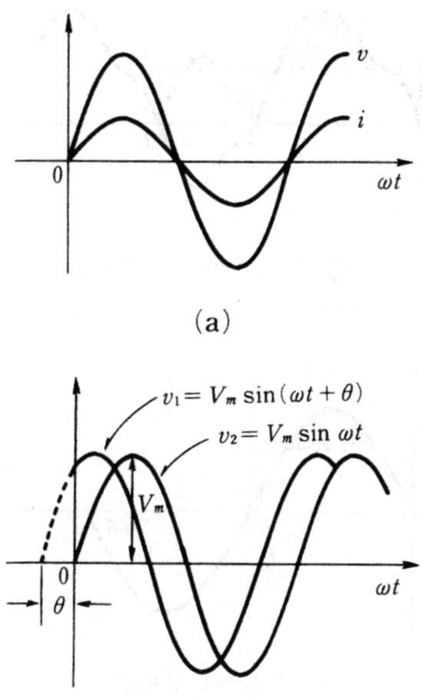

그림 3.3 정현파의 위상관계

〔예제 3·3〕 $v = 300 \sin 100 \pi t$ 〔V〕로 표시되는 정현파 전압이 있다. 이 정현파의 주파수와 $t = \frac{1}{300}$ 초인 순간의 전압을 구하여라.

풀이 ☞ 주파수 $f = \frac{\omega}{2\pi} = \frac{100\pi}{2\pi} = 50$〔Hz〕

$$t = \frac{1}{300} \text{초}$$

인 순간의 전압은

$$v = 300 \sin 100\pi \cdot \frac{1}{300} = 300 \sin \frac{\pi}{3} = 300 \times \frac{\sqrt{3}}{2} = 150\sqrt{3}$$

〔예제 3·4〕 $i = I_m \sin(\omega t + \theta_1)$인 전류와 $v = V_m \cos(\omega t - \theta_2)$인 전압과의 위상차는 얼마인가?

풀이 ☞ 전압을 sin 함수로 표시하면,

$$v = V_m \sin\left(\omega t - \theta_2 + \frac{\pi}{2}\right)$$

가 되어 전압의 초기 위상은 $\frac{\pi}{2} - \theta_2$가 된다. 따라서 v와 i의 위상차 θ는

$$\theta = \left| \frac{\pi}{2} - \theta_2 - \theta_1 \right|$$

3-5 正弦波의 平均値와 實效値

1 平均値

전류 및 전압에 대한 **평균값**(average value or mean value)은 어느 시간 구간($t_1 \sim t_2$)에서의 산술적인 평균값을 의미하지만 **주기파**의 경우 일반적으로 한 주기 내에 正(+)의 값과 負(−)의 값이 번갈아 존재하여 서로 상쇄되기 때문에 평균값으로서의 의미를 상실하게 된다. 그러므로 한 주기 내에 正, 負의 값이 동시에 존재할 경우(**그림 3.4**)에는 그 절대값에 대한 산술평균값이 그 평균값으로서 의미를 갖게 된다(**그림 3.4**(a)).

이때 평균값을 I_{av}라 하면 평균값에 대한 일반적인 정의는

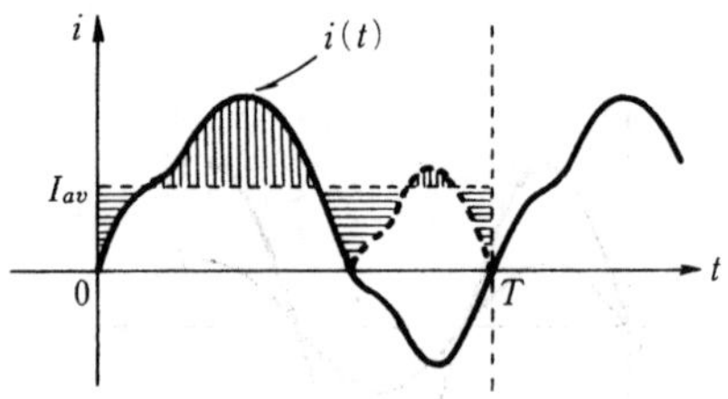

(a) 일반 주기파의 평균값

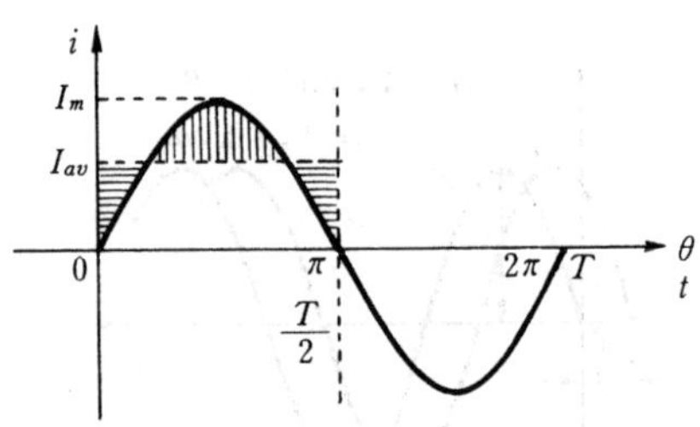

(b) 정현파의 평균값

그림 3.4 평균값

$$I_{av} = \frac{1}{T}\int_0^T |i(t)|dt \tag{3.11}$$

와 같이 표현된다.

그러나 정현파(**그림 3.4**(b))와 같이 정(+)의 값과 부(−)의 값이 대칭적 구조를 갖는 경우 半周期 또는 半波에 대한 평균값은 나머지 반주기에 대한 평균값과 역시 같기 때문에 반주기에 대한 평균값은 한 주기 전체에 대한 평균값으로서 의미를 갖게 된다.

따라서 이런 경우는 반주기 (0~ $T/2$) 간의 평균값을 구하면 된다. 이제 $i = I_m \sin \omega t$ 〔A〕로서 표시되는 정현파 전류에 대한 평균값을 구해보면,

$$I_{av} = \frac{1}{T/2}\int_0^{T/2} i(t)\ dt = \frac{1}{T/2}\int_0^{T/2} I_m \sin\omega t\ dt$$

또는

$$I_{av} = \frac{1}{\pi}\int_0^{\pi} i(\theta)\ d\theta = \frac{1}{\pi}\int_0^{\pi} I_m \sin\theta\ d\theta \tag{3.12}$$

에 의해

$$I_{av} = \frac{1}{\pi}\int_0^{\pi} I_m \sin\theta d\theta = \frac{I_m}{\pi}\Big[-\cos\theta\Big]_0^{\pi} = \frac{2}{\pi} I_m \simeq 0.637\ I_m$$

결국 정현파 전류 및 전압의 평균값은 각각

$$I_{av} = \frac{2}{\pi} I_m \simeq 0.637\ I_m, \quad V_{av} = \frac{2}{\pi} V_m \simeq 0.637\ V_m \tag{3.13}$$

가 된다.

2 實效値

그림 3.5의 (a), (b) 두 주기파는 최대값은 같지만 이들의 전기적 효과는 보통 같지 않을 것이다. 주기파의 크기를 정의하는 방법에는 산술적 평균값 외에 열효과의 대소에 의해 그 크기를 나타내는 **실효값**(effective value)이 있다. 이것은 주기파가 회로에서 발생하는 열량이 그 주기파의 실효값과 같은 크기의 직

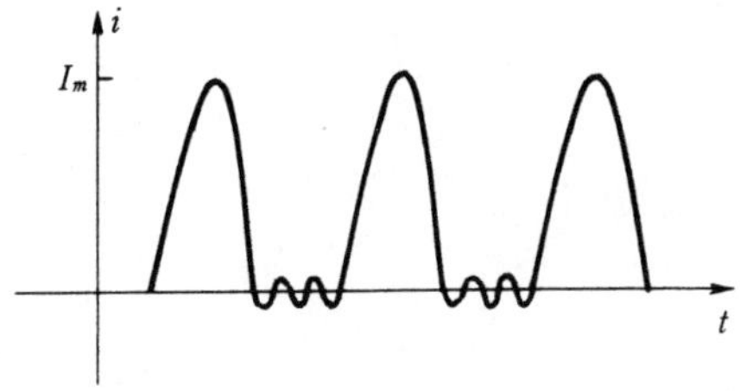

(a)

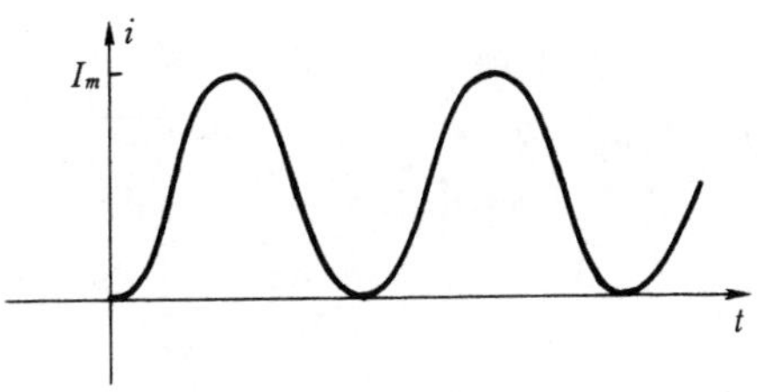

(b)

그림 3.5 최대값은 같으나 실효값이 다른 두 주기파

류가 그 회로에 가해졌을 때 발생하는 열량과 같음을 의미한다. 이 말을 식으로 표현해 보면 다음과 같다.

저항 R에 직류 I가 흐를 때 전력 P_{dc}는

$$P_{dc}=IV=I^2R\ \text{〔W〕} \tag{3.14}$$

가 되며 역시 같은 저항 R에 시간 가변전류 또는 주기파 전류 $i(t)$가 흐를 때의 평균전력 P_{av}는 이때의 **순시전력** p가

$$p=i^2R \tag{3.15}$$

이므로

$$P_{av}=\frac{1}{T}\int_0^T p\,dt=\frac{1}{T}\int_0^T i^2R\,dt \tag{3.16}$$

로 주어지게 된다.

이때 $P_{dc}=P_{av}$이라면 전력적인 측면에서 직류 I는 시간 가변전류 $i(t)$에 등가가 되며 이때의 직류 I값을 시간 가변전류 $i(t)$에 대한 실효값으로 정의한다.

다시말해 실효값은 전력적인 측면에서 시간 가변전류 및 전압을 직류로 환산한 값이라고 할 수 있다.

주기파 전류 $i(t)$에 대한 실효값은 식(3.14), (3.16)으로부터 다음과 같이 구해진다. 즉,

$$I^2R=\frac{1}{T}\int_0^T i^2(t)\,R\,dt$$

이다.

$$\therefore\ \ I=\sqrt{\frac{1}{T}\int_0^T i^2(t)\,dt} \tag{3.17}$$

결국 실효값은 순시값 $i(t)$의 제곱에 대한 평균값의 평방근을 의미하므로 실효값을 r.m.s(root mean square value)라고도 한다. 통상 전류, 전압의 실효값은 I, V와 같이 대문자로 표기함으로써 순시값인 i, v 및 최대값인 I_m, V_m과 구분해서 쓴다.

이제 $i(t)=I_m\sin\omega t$〔A〕로 표시되는 정현파 전류에 대한 실효값을 구해보기로 하자. 물론 식(3.17)에 의해 구해질 수 있으나 정현파는 반파 대칭형이므로 반파 또는 반주기에 대한 실효값은 한 주기에 대한 실효값과 같게 된다.

따라서 정현파의 실효값은 반주기분에 대한 실효값을 구하는 것으로서 족하다. 즉,

$$I=\sqrt{\frac{1}{T/2}\int_0^{T/2} i^2(t)\,dt}$$

또는

$$I=\sqrt{\frac{1}{\pi}\int_0^{\pi} i^2 d\theta} \tag{3.18}$$

에 의해

$$I=\sqrt{\frac{1}{\pi}\int_0^{\pi} i^2 d\theta}=\sqrt{\frac{1}{\pi}\int_0^{\pi} (I_m \sin\theta)^2 d\theta}$$
$$=\frac{I_m}{\sqrt{2}} \simeq 0.707 I_m$$

결국 정현파 전류 및 전압의 실효값은 각각

$$\left.\begin{aligned} I &= \frac{I_m}{\sqrt{2}} \simeq 0.707\, I_m \\ V &= \frac{V_m}{\sqrt{2}} \simeq 0.707\, V_m \end{aligned}\right\} \tag{3.19}$$

이 된다.

또한 식(3.19)로부터

$$I_m=\sqrt{2}\, I, \quad V_m=\sqrt{2}\, V \tag{3.20}$$

이므로 정현파의 순시값 표시식은

$$\left.\begin{aligned} i &= I_m \sin\omega t=\sqrt{2} I \sin\omega t \\ v &= V_m \sin\omega t=\sqrt{2}\, V \sin\omega t \end{aligned}\right\} \tag{3.21}$$

와 같이 표현될 수도 있다.

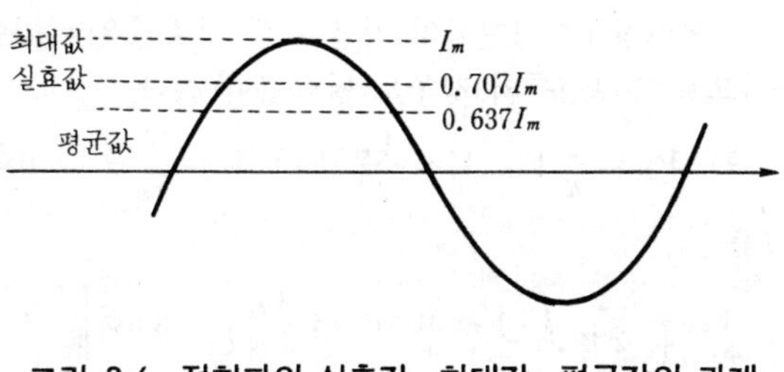

그림 3.6 정현파의 실효값, 최대값, 평균값의 관계

전압계, 전류계 등 대부분 교류용 계기는 순시값의 제곱에 비례하는 **토크**(torque)를 지시하도록 되어 있기 때문에 그 눈금은 실효값을 나타낸다.

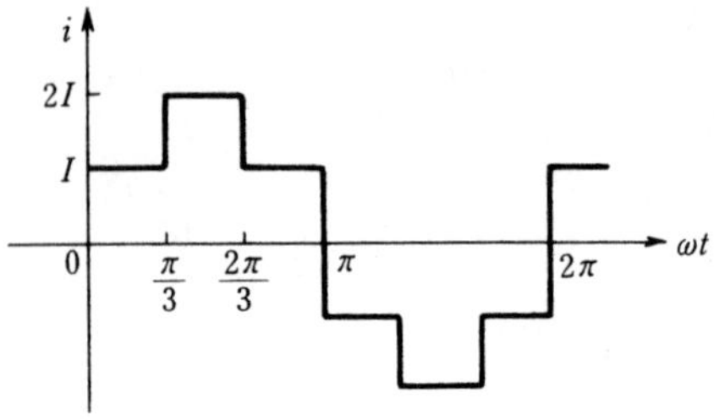

그림 3.7

〔예제 3·5〕 그림 3.7 과 같은 파형을 갖는 전류의 평균값과 실효값을 구하여라.

풀이 ☞ 정현파와 같이 정·부 대칭형이므로 반파에 대한 평균값 및 실효값을 구한다.

$$\text{평균값} = \frac{(I+2I+I)\frac{\pi}{3}}{\pi} = \frac{4}{3}I$$

$$\text{실효값} = \sqrt{\frac{[I^2+(2I)^2+I^2]\frac{\pi}{3}}{\pi}}$$

$$= \sqrt{\frac{I^2+4I^2+I^2}{3}} = \sqrt{\frac{6I^2}{3}} = \sqrt{2}\,I$$

〔예제 3·6〕 그림 3.8 과 같은 $v = V_m \sin\omega t$〔V〕인 정현파 교류의 전파정류(a) 및 반파정류(b) 파형의 평균값과 실효값을 구하여라.

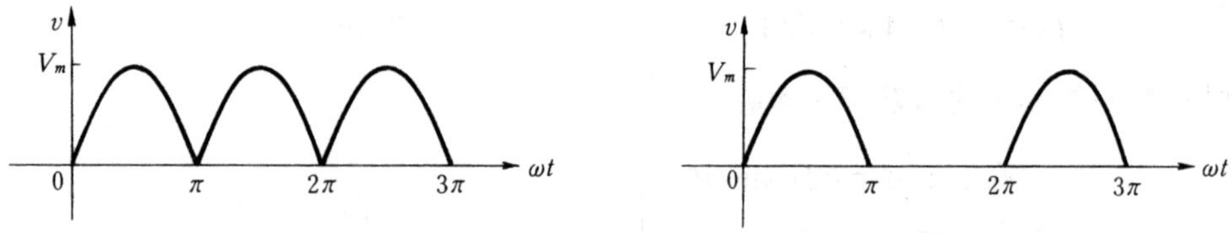

(a) 전파정류 (b) 반파정류

그림 3.8

풀이 ☞ ① 전파정류 : 정현파의 평균값 및 실효값은 반파만으로 계산해도 족하므로 전파정류의 경우도 달라짐이 없다.

즉, $V_{av} = \frac{2}{\pi}V_m$, $V = \frac{V_m}{\sqrt{2}}$

② 반파정류

$$V_{av} = \frac{1}{2\pi}\int_0^{\pi} V_m \sin\theta d\theta = \frac{V_m}{2\pi}\Big[-\cos\theta\Big]_0^{\pi} = \frac{V_m}{\pi}$$

$$V = \sqrt{\frac{1}{2\pi}\int_0^{\pi}(V_m\sin\theta)^2 d\theta}$$

$$= \sqrt{\frac{V_m^2}{2\pi}\left[\frac{\theta}{2} - \frac{\sin 2\theta}{4}\right]_0^{\pi}} = \sqrt{\frac{V_m^2}{4}} = \frac{V_m}{2}$$

3-6 波高率과 波形率

비정현주기파에 있어서 **四角波** 또는 **矩(구)形波**(square wave)로부터 일그러짐의 정도를 나타내는 계수(factor)로서는 **파고율**(crest factor)과 **파형률**(form factor)이 있으며, 이들은 다음과 같이 정의된다.

$$\text{파고율} = \frac{\text{최대값}}{\text{실효값}} \tag{3.22}$$

$$\text{파형률} = \frac{\text{실효값}}{\text{평균값}} \tag{3.23}$$

이들을 이용하여, 특히 정현파교류에 대한 파고율과 파형률을 구해보면,

$$\text{파고율} = \frac{I_m}{I} = \frac{I_m}{\dfrac{1}{\sqrt{2}}I_m} \simeq \sqrt{2} = 1.414$$

$$\text{파형률} = \frac{I}{I_{av}} = \frac{\dfrac{I_m}{\sqrt{2}}}{\dfrac{2}{\pi}I_m} \simeq 1.109$$

가 되며 이 값은 다른 비정현주기파에 대한 정현파로부터의 일그러진 정도를 판단하는데 기준이 되기도 한다.

여러가지 주기파의 파고율과 파형률을 **표 3.1**에 나타낸다.

표 3.1 여러 파형에 대한 파고율과 파형률

파	형	실 효 값	파 고 율	파 형 률
사각파	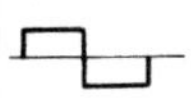	I_m	1	1
반원파	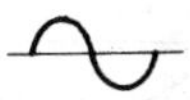	$\dfrac{I_m}{\sqrt{\dfrac{3}{2}}}=0.816\,I_m$	$\sqrt{\dfrac{3}{2}}=1.225$	$\dfrac{4}{\pi}\sqrt{\dfrac{2}{3}}=1.040$
정현파	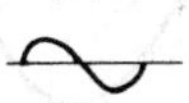	$\dfrac{I_m}{\sqrt{2}}=0.707\,I_m$	$\sqrt{2}=1.414$	$\dfrac{\pi}{2\sqrt{2}}=1.109$
삼각파		$\dfrac{I_m}{\sqrt{3}}=0.577\,I_m$	$\sqrt{3}=1.732$	$\dfrac{2}{\sqrt{3}}=1.155$

(I_m : 파형의 최대값)

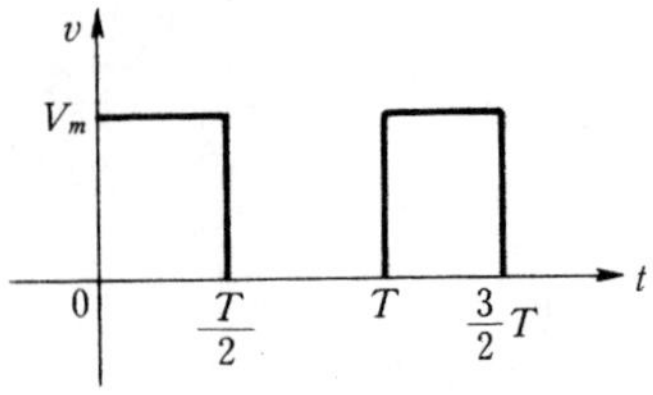

그림 3.9

〔예제 3·7〕 그림 3.9와 같은 파형의 파고율은 얼마인가?

풀이 ☞ 실효값 $V=\sqrt{\frac{1}{T}\int_0^T v^2 dt}=\sqrt{\frac{1}{T}\int_0^{T/2} V_m^2 dt}=\frac{V_m}{\sqrt{2}}$

이므로

$$\text{파고율}=\frac{V_m}{V}=\frac{V_m}{V_m/\sqrt{2}}=\sqrt{2}\simeq 1.414$$

3-7 간단한 正弦波 回路

이상으로 정현파의 발생 및 이에 관한 기본용어의 설명을 끝내고, 다음에는 가장 기본적인 선형소자인 $R.L.C$ 회로에 정현파 전압이 인가되었을 때의 전류, 또는 이곳에 정현파 전류가 흐를 때의 소자양단의 단자전압에 대해 알아보기로 한다. 이때는 물론 회로가 **정상상태**에 있는 것으로 가정하며 편의상 전류를 주어진 것으로 하고 그 단자전압을 구해보기로 한다.

1 저항회로

저항 R만을 가지는 회로(**그림 3.10**(a))에 $i=I_m \sin\omega t$〔A〕의 정현파 전류가 흐른다면 저항 양단의 전압은 옴의 법칙에서

$$v=Ri=RI_m \sin\omega t〔V〕 \tag{3.24}$$

여기서 v의 최대값을 V_m이라 하면 바로 RI_m과 같게 된다.

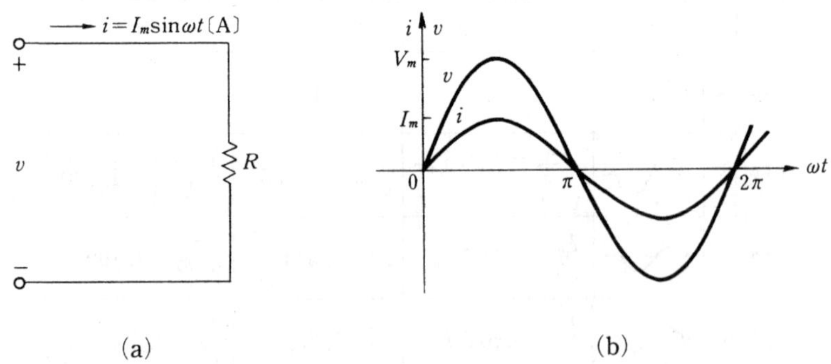

그림 3.10 저항회로의 전압, 전류 관계

즉, 전압과 전류의 최대값 사이에는

$$V_m = RI_m \tag{3.25}$$

인 관계가 있게 되며 전압, 전류의 실효값 사이에는 식(3.20)로부터

$$V = RI \text{ 또는 } I = \frac{V}{R} \tag{3.26}$$

가 성립된다. **그림 3.10**(b)는 저항 R만으로 된 교류회로에서의 순시값 전압과 전류의 관계를 보여준다.

저항만의 교류회로의 특징을 요약하면 다음과 같다.

i) 전압과 전류는 동일 주파수의 정현파이다.

ii) 전압과 전류는 同相이다.

iii) 전압과 전류의 최대값 또는 실효값의 比는 R이다.

〔예제 3·8〕 저항 $R_1 = 10$〔Ω〕, $R_2 = 40$〔Ω〕이 직렬로 연결된 회로에 100〔V〕, 60〔Hz〕인 교류전압을 인가할 때 회로 전류 및 R_2양단 전압의 크기를 구하여라.

풀이 ☞ 교류 100〔V〕라 함은 실효값을 의미하므로 전압방정식은

$$\begin{aligned} v &= \sqrt{2}\cdot 100 \sin\omega t \\ &= \sqrt{2}\cdot 100 \sin 2\pi\cdot 60t \\ &\simeq \sqrt{2}\cdot 100 \sin 377t \text{〔V〕} \end{aligned}$$

가 되며, 따라서 순시값 전류 i는

$$\begin{aligned} i &= \frac{v}{R_1+R_2} = \frac{\sqrt{2}\cdot 100 \sin 377t}{50} \\ &= \sqrt{2}\cdot 2 \sin 377t \text{〔A〕} \end{aligned}$$

R_2양단의 전압 v_2는

$$\begin{aligned} v_2 &= R_2\cdot i = 40\cdot\sqrt{2}\cdot 2 \sin 377t \\ &= \sqrt{2}\cdot 80 \sin 377t \text{〔V〕} \end{aligned}$$

전류, 전압의 크기는 실효값을 의미하며, 실효값 = 최대값/$\sqrt{2}$이므로 회로전류의 크기 I는

$$I = \frac{\sqrt{2}\cdot 2}{\sqrt{2}} = 2\text{〔A〕}$$

R_2양단 전압의 크기 V_2는

$$V_2 = \frac{\sqrt{2}\cdot 80}{\sqrt{2}} = 80\text{〔V〕}$$

가 되며 이들은 앞의 순시값 표시식인 i와 v_2로부터 직접 구해질 수도 있다.

2 인덕턴스 회로

$i = I_m \sin \omega t$ [A]의 정현파 전류가 인덕턴스 L만을 갖는 이상적인 인덕터에 흐를 때(**그림 3.11** (a)) 전류의 방향으로 생기는 전압강하 v는

$$v = L\frac{di}{dt} = L\frac{d}{dt}(I_m \sin\omega t) = \omega L\, I_m \cos\omega t$$
$$= \omega L I_m \sin(\omega t + 90°) \text{ [V]} \quad (3.27)$$

여기서 $\omega L I_m$은 바로 v의 최대값이 된다. 즉,

$$V_m = \omega L I_m \quad (3.28)$$

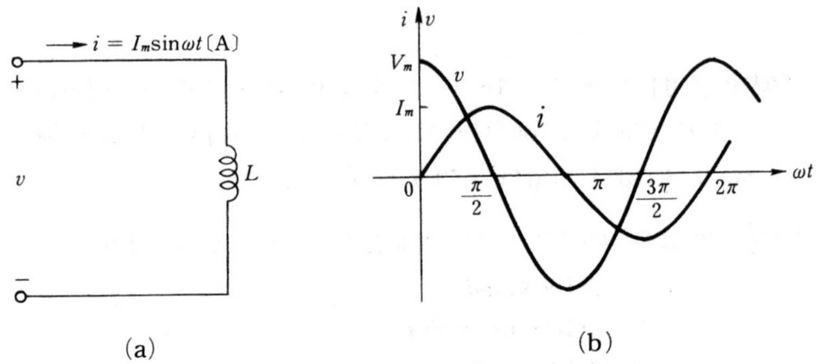

그림 3.11 인덕턴스 회로의 전압, 전류 관계

이로부터 전압, 전류의 실효값 사이의 관계를 알아보면,

$$V = \omega L I$$

또는

$$I = \frac{V}{\omega L} \quad (3.29)$$

가 성립된다.

그림 3.11(b)는 인덕턴스 회로에서 v, i의 관계를 보여주고 있으며, 그 특징을 요약하면 다음과 같다.

i) 전압과 전류는 동일 주파수의 정현파이다.
ii) 전압은 전류보다 위상이 90° 앞선다.
iii) 전압과 전류의 최대값 또는 실효값의 비는 ωL이다.

인덕턴스 회로를 저항회로의 경우와 비교하면 여기에서의 ωL은 저항회로에서의 R과 같은 일종의 **交流低抗**임을 알 수 있다.

그러므로 이것을 저항(resistance)과 유사한 개념을 갖는 **리액턴스**(reactance)라 하여 X_L로 표시하며 단위는 역시 옴〔Ω〕이 된다.* 즉

$$X_L = \omega L = 2\pi f L \,〔\Omega〕 \tag{3.30}$$

* 리액턴스(reactance) X_L : 인가되는 교류전압의 주파수(ω)에 따라 반사적으로 그 저항값이 결정된다는 의미를 가지며 순수 교류저항이라고 할 수 있다.

따라서 식(3.27)과 식(3.29)는 각각

$$v = X_L I_m \sin(\omega t + 90°) \tag{3.31}$$

$$V = X_L I$$

또는

$$I = \frac{V}{X_L} \tag{3.32}$$

와 같이 쓸 수 있으며, 이는 인덕턴스만의 교류회로에서의 **옴의 법칙**이라고 할 수 있다. ωL은 보통의 저항(이를 순저항이라고도 한다)과는 달리 전압이 전류보다 위상이 90° 앞서게 하는 효과가 있으며 이를 특히 **유도성 리액턴스**(inductive reactance)라 부른다.

식(3.30)에서 보는 것처럼 유도성 리액턴스 X_L은 인덕턴스 L과 각주파수 ω(또는 주파수 f)에 비례하기 때문에 일정 전압하에서는 X_L이 클수록 회로전류는 작아지게 된다. 결국 주파수가 클수록 전류는 인덕터를 통하여 흐르기 어렵기 때문에 인덕터는 여러가지 주파수의 신호전압이 인가되는 회로에서 고주파의 신호전류가 흐르는 것을 억제하는데 사용할 수 있다. 또한 직류전원이 인덕터에 인가되는 경우에는 $\frac{di}{dt} = 0$이므로 직류에 의한 전압강하는 0이다. 즉

$$v_L = L\frac{di}{dt} = 0 \tag{3.33}$$

이것은 아무리 작은 직류전압을 인덕터에 인가해도 정상상태에서는 무한대의 전류가 흐르게 됨을 뜻한다. 이것은 직류를 주파수가 0인 교류로 간주해도 설명된다. 즉

$$\omega = 2\pi f \text{ 에서 } f = 0$$

이라 하면

$$I=\frac{V}{\omega L}=\infty$$

가 되기 때문이다.

그러나 실제의 인덕터는 모두 L 외에도 다소의 저항성분을 갖기 때문에 이와 같은 경우는 발생하지 않는다.

〔예제 3·9〕 $L=40$〔mH〕의 코일에 $v=\sqrt{2}\cdot 100\sin 100\,\pi t$〔V〕의 전압이 인가될 때 이 코일의 리액턴스, 전류의 실효값 및 순시값 표시식을 구하여라.

풀이 ☞ $X_L=\omega L=2\pi f L=2\times 3.14\times 50\times 40\times 10^{-3}=12.56$〔Ω〕

$$I=\frac{V}{X_L}=\frac{100}{12.56}=7.96\text{〔A〕}$$

이 경우 i는 v보다 위상이 $\frac{\pi}{2}$ 뒤지므로 순시값 표시식은

$$i=\sqrt{2}\cdot 7.96\sin\left(100\,\pi t-\frac{\pi}{2}\right)\text{〔A〕}$$

〔예제 3·10〕 인덕턴스가 큰 초크코일*은 직류를 쉽게 통과시키고 교류의 통과를 억제하는 데 사용된다. 60〔Hz〕 이상에서 5000〔Ω〕 이상의 리액턴스를 가지려면 초크 코일의 인덕턴스는 최소한 얼마이어야 하나?

* 초크(choke)코일 : 비교적 높은 주파수의 전류를 저지시키고 직류 또는 비교적 낮은 주파수의 전류만을 통과시키는 것을 목적으로 하는 코일 retardation 코일이라고도 함

풀이 ☞ $X_L=\omega L=2\pi f L$ 로부터

$$L\geq\frac{X_L}{2\,\pi f}=\frac{5000}{2\times 3.14\times 60}=13.3\text{〔H〕}$$

3 커패시턴스 회로

커패시턴스 C만을 갖는 이상적 커패시터에 $i=I_m\sin\omega t$〔A〕로 표시되는 정현파 전류가 유입될 때(**그림 3.12**(a)) 전류 방향으로의 전압강하는 v는

$$v=\frac{1}{C}\int idt=\frac{1}{C}\int I_m\sin\omega t dt=-\frac{1}{\omega C}I_m\cos\omega t$$

$$=\frac{1}{\omega C} I_m \sin(\omega t-90°)\,[\mathrm{V}] \tag{3.34}$$

여기서 v의 최대값은 $\frac{1}{\omega C}I_m$이 된다. 즉

$$V_m=\frac{1}{\omega C}I_m \tag{3.35}$$

이로부터 전압, 전류의 실효값 사이에는

$$V=\frac{1}{\omega C}I$$

또는

$$I=\omega CV=\frac{V}{1/\omega C} \tag{3.36}$$

와 같은 관계가 성립된다. **그림 3.12**(b)는 이때의 전압과 전류 사이의 관계를 보여주고 있으며, 그 특징을 요약하면 다음과 같다.

i) 전압과 전류는 동일 주파수의 정현파이다.
ii) 전압은 전류보다 위상이 90° 늦다.
iii) 전압과 전류의 최대값 및 실효값의 비는 $\frac{1}{\omega C}$이다.

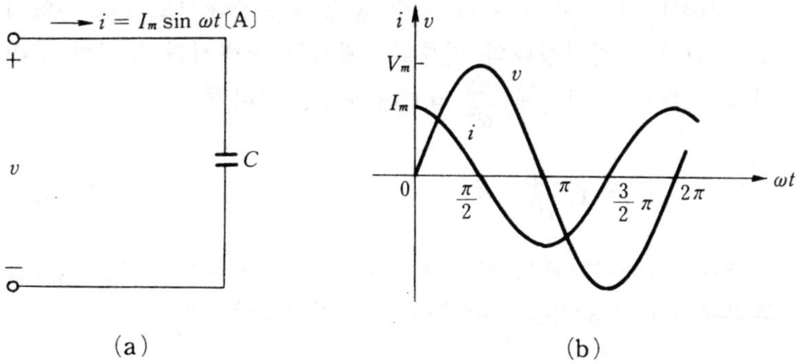

그림 3.12 커패시턴스 회로의 전압, 전류 관계

커패시턴스 회로에 있어서 $\frac{1}{\omega C}$은 **용량성 리액턴스**(capacitive reactance)라 하여 X_C로 표시되며 ωL과 마찬가지로 역시 회로 전류를 제한하는 교류저항으로서의 역할을 하지만 인덕턴스와는 달리 전압이 전류보다 위상이 90° 뒤지게 하는

효과가 있으므로 유도성 리액턴스와 구별하기 위하여 통상 유도성 리액턴스 X_L의 부호는 정(+)으로, 용량성 리액턴스 X_c의 부호는 부(−)로 한다. 즉

$$X_c = -\frac{1}{\omega C} = -\frac{1}{2\pi f C} \,[\Omega] \tag{3.37}$$

따라서 식(3. 34)와 식(3. 36)은 각각

$$v = |X_c| I_m \sin(\omega t - 90°) \tag{3.38}$$

$$V = |X_c| I$$

또는

$$I = \frac{V}{|X_c|} \tag{3.39}$$

와 같이 쓸 수 있으며, 이는 커패시턴스만의 교류회로에 있어서의 옴의 법칙이라 할 수 있다.

식(3. 37)에서 보는 것처럼 용량성 리액턴스는 커패시턴스 C와 주파수 f에 반비례하기 때문에 일정 전압하에서 커패시턴스와 주파수가 클수록 $|X_c|$가 작아져서 회로 전류는 증가하게 된다.

결국 주파수가 낮을수록 전류는 커패시터를 통하여 흐르기 어렵기 때문에 커패시터는 저주파의 신호전류가 흐르는 것을 억제하는 데 사용될 수 있다.

커패시터에 직류가 통과할 수 없음은 2장에서도 언급하였지만 부언하면 정상상태의 직류회로에서는 커패시터 양단의 전위차가 일정하기 때문에 $\frac{dv}{dt} = 0$이 되고, 따라서

$$i_c = C\frac{dv}{dt} = 0 \tag{3.40}$$

이 되어 커패시터에는 직류가 흐르지 못하게 된다. 이는 직류를 주파수가 0인 교류로 간주함으로써 설명된다. 즉,

$$\omega = 2\pi f \text{ 에서 } f = 0$$

이라 하면

$$I = \frac{V}{|X_c|} = \frac{V}{1/\omega C} = \frac{V}{\infty} = 0$$

이 되기 때문이다.

〔예제 3·11〕 정전용량 50〔μF〕의 콘덴서가 있다. 이 콘덴서에 $v=\sqrt{2}\cdot 100\sin 377\,t$〔V〕의 교류전압을 인가했을 때 회로의 리액턴스, 전류의 실효값과 순시값 표시식을 구하여라.

풀이 ☞ 회로 리액턴스와 실효값 전류는 각각

$$X_c=\frac{1}{\omega C}=\frac{1}{377\times 50\times 10^{-6}}\simeq 53〔\Omega〕$$

$I=\dfrac{V}{X_c}=\dfrac{100}{53}\simeq 1.89$〔A〕가 되며 이때 전류는 전압보다 위상이 90° 앞서므로 순시값 표시식은

$$i=\sqrt{2}\cdot 1.89\sin\left(377\,t+\frac{\pi}{2}\right)〔A〕$$

〔예제 3·12〕 전자회로에서 저지용 콘덴서(blocking condenser)는 직류의 통과를 저지시키고 교류의 통과를 쉽게 하는데 이용된다. 0.2〔mA〕, 1000〔Hz〕의 교류가 흘러서 1〔V〕 이하의 전압강하가 나타나게 하려면 콘덴서의 커패시턴스는 최소한 얼마이어야 하나?

풀이 ☞ $V=|X_c|I=\dfrac{1}{2\pi fC}I\leq 1$ 로부터

$$C\geq\frac{I}{2\pi f}=\frac{0.2\times 10^{-3}}{2\times 3.14\times 10^{3}}\simeq 0.0318〔\mu F〕$$

4 R-L 직렬회로

이제까지는 하나의 수동소자에 대한 전압·전류의 관계를 알아보았는데 이제는 두 개 이상의 수동소자가 직렬로 접속된 회로에서의 전압·전류의 관계를 알아보기로 한다.

그림 3.13의 (a)와 같은 회로에 $i=I_m\sin\omega t$〔A〕의 정현파 전류가 흐르고 있을 때의 단자전압을 구해보자.

각 소자의 전류방향에 대한 전압강하를 각각 v_R, v_L, 전체 전압강하를 v라 하면 $K.V.L$에 의해

$$v=v_R+v_L \tag{3.41}$$

v_R, v_L은 각각

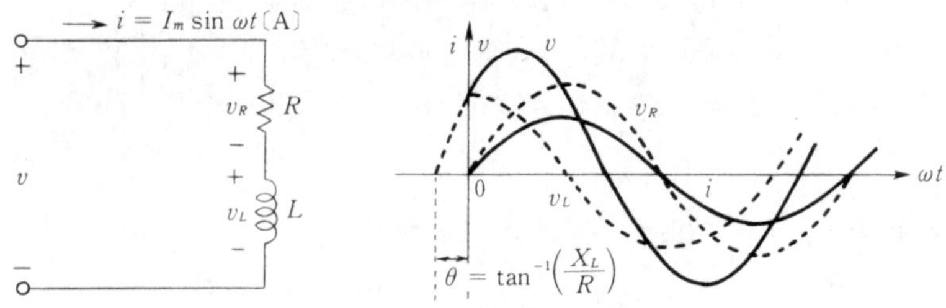

(a) (b)

그림 3.13 R-L **직렬회로의 전압, 전류 관계**

$$v_R = Ri = RI_m \sin\omega t$$

$$v_L = L\frac{di}{dt} = \omega L\, I_m \cos\omega t = X_L\, I_m \cos\omega t$$

이므로, 식(3.41)은

$$v = v_R + v_L = I_m(R\sin\omega t + X_L\cos\omega t) \qquad (3.42)$$

* 삼각함수의 합성

$a\sin x + b\cos x$

$= \sqrt{a^2+b^2}\left(\sin x \cdot \frac{a}{\sqrt{a^2+b^2}} + \cos x \cdot \frac{b}{\sqrt{a^2+b^2}}\right)$

$= \sqrt{a^2+b^2}(\sin x \cdot \cos\theta + \cos x \cdot \sin\theta)$

$= \sqrt{a^2+b^2}\sin(x+\theta)$

단, $\theta = \tan^{-1}\frac{b}{a}$

그림 3.14 삼각함수 합성법의 설명

식(3.42)는 **그림 3.14**와 같은 ***삼각함수 합성법**에 의해 다음과 같이 간단히 될 수 있다. 즉,

$$v = I_m\sqrt{R^2 + X_L^2}\,\sin(\omega t + \theta)\ [\mathrm{V}] \qquad (3.43)$$

$$\text{단,}\quad \theta = \tan^{-1}\frac{X_L}{R} = \tan^{-1}\frac{\omega L}{R} \qquad (3.44)$$

식(3.43)에서 v의 최대값 $I_m\sqrt{R^2+X_L^2}$이 된다. 즉,

$$V_m = \sqrt{R^2 + X_L^2}\, I_m \qquad (3.45)$$

이로부터 전체 전압과 전류의 실효값 사이에는

$$V = \sqrt{R^2 + X_L^2}\, I$$

또는

$$I = \frac{V}{\sqrt{R^2 + X_L^2}} \qquad (3.46)$$

인 관계가 성립된다.

그림 3.13(b)는 이때의 i, v, v_R, v_L 사이의 관계를 보여주고 있으며, 그 특징을 요약해 보면 다음과 같다.

i) v, i 모두 동일 주파수의 정현파이다.

ii) v는 i보다 위상이 $\theta\left(= \tan^{-1}\frac{\omega L}{R}\right)$만큼 앞선다.

여기서 θ는 R과 X_L값에 따라서 결정되며,

$$0° \leq \theta \leq 90°$$

의 범위를 갖는다.

$\theta = 0°$는 R만이 존재할 때이며 $\theta = 90°$는 L만이 존재할 때이다. 따라서

R에 비해 X_L이 클수록 회로는 유도성회로가 된다.

iii) v와 i의 최대값 및 실효값의 비는 $\sqrt{R^2+X_L{}^2}$이다.

여기에서 $\sqrt{R^2+X_L^2}$은 순저항 R과 교류저항 X가 합성되어 이루어진 합성저항의 성격을 가지며, 이 합성저항은 특히 회로의 **임피던스**(impedance)라 하여 통상 Z로 표시한다.* 즉,

$$Z = \sqrt{R^2+X_L{}^2} \ [\Omega] \qquad (3.47)$$

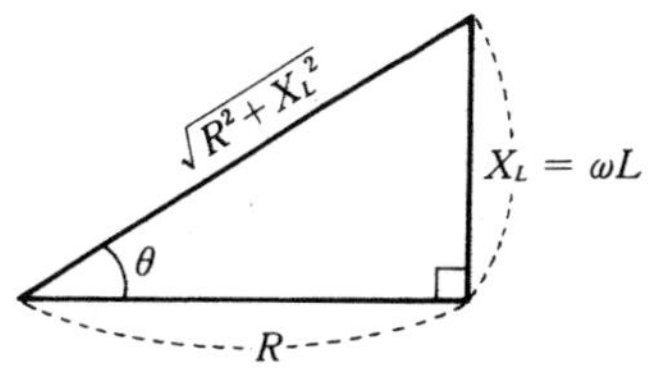

그림 3.15 R-L **직렬회로의 임피던스 삼각도**

회로 임피던스는 식(3.46)과 **그림 3.16**에서 보는 바와 같이 부하에 대한 단자전압과 부하에 유입되는 전류의 비와 같다.

특히 **그림 3.15**는 회로의 **임피던스 크기** Z 및 전체 전압과 전류의 위상차 θ(이를 **임피던스 角**이라 함)를 나타내고 있기 때문에 이와 같은 삼각도를 **임피던스 삼각도**(impedance triangle), 또는 간단히 **임피던스図**(impedance diagram)라 하며 회로해석시 매우 유용하게 쓰인다.

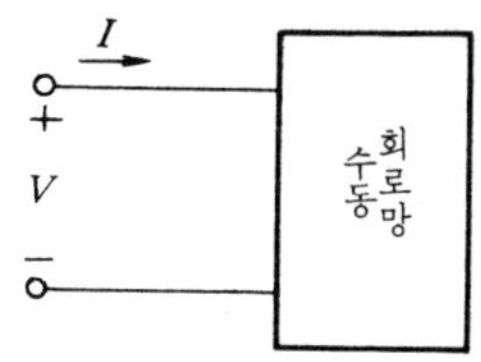

그림 3.16

이상을 정리해 보면 임피던스의 크기 Z 및 임피던스 각 θ는 각각

$$\left.\begin{aligned} &Z = \frac{V_m}{I_m} = \frac{V}{I} = \sqrt{R^2+X_L^2} \\ \text{또는} \quad & \\ &V_m = ZI_m, \quad V = ZI \end{aligned}\right\} \qquad (3.48)$$

$$\theta = (\text{전압의 위상}) - (\text{전류의 위상})$$
$$= \tan^{-1}\frac{X_L}{R} \qquad (3.49)$$

이 된다. 식(3.48)은 합성회로에서의 옴의 법칙이라 할 수 있으며, 임피던스 각은 반드시 전압의 위상에서 전류의 위상을 뺀 각을 나타낸다는 사실에 주의해야 한다.

* $\frac{1}{Z} = Y$(admittance)
impedance(Z)가 전류의 흐름을 저해한다는 저항 R과 유사한 개념임에 비해 admittance(Y)는 전류의 흐름을 허용한다는 의미로서 impedamce의 역개념임.
admittance는 컨덕턴스 G와 유사한 의미를 갖는다.

〔예제 3·13〕 저항 20〔Ω〕, 인덕턴스 56〔mH〕의 직렬회로에 $v = \sqrt{2}\cdot 100\sin 120\pi t$〔V〕의 교류전압을 가할 때

① 임피던스의 크기와 각을 구하여라.

② 전류의 크기와 이의 순시값 표시식을 구하여라.

풀이 ☞ ① $X_L = 2\pi fL = 2\pi \times 60 \times 56 \times 10^{-3} \simeq 21.1$〔Ω〕

임피던스의 크기 $Z = \sqrt{R^2 + X_L^2} = \sqrt{20^2 + 21.1^2} \simeq 29.1$〔Ω〕

임피던스 각 $\theta = \tan^{-1}\dfrac{X_L}{R} = \tan^{-1}\dfrac{21.1}{20} \simeq 46.5°$

② 전류의 크기는 $I = \dfrac{V}{Z} = \dfrac{100}{29.1} \simeq 3.44$〔A〕이며, 전류는 전압보다 위상이 46.5° 뒤지므로 전류의 순시값 표시식은

$i = \sqrt{2} \cdot 3.44 \sin(120\pi t - 46.5°)$〔A〕가 된다.

5 R-C 직렬회로

그림 3.17 (a) 와 같은 R-C 직렬회로에 $i = I_m \sin\omega t$〔A〕의 전류가 흐르고 있을 때 단자전압 v는

$$v = v_R + v_C \tag{3.50}$$

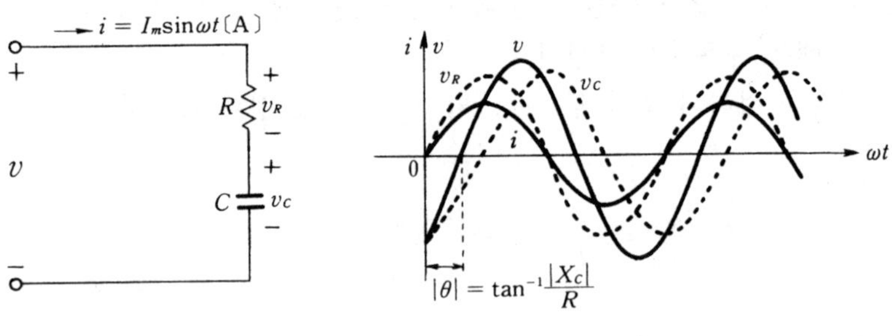

(a) (b)

그림 3.17 R-C **직렬회로의 전압, 전류 관계**

여기서 v_R, v_C는 각각

$$v_R = Ri = RI_m \sin\omega t$$

$$v_C = \frac{1}{C}\int idt = -\frac{1}{\omega C} I_m \cos\omega t = X_C I_m \cos\omega t$$

이므로 식(3.50)은

$$\begin{aligned} v &= v_R + v_C = RI_m \sin\omega t + X_C I_m \cos\omega t \\ &= I_m (R \sin\omega t + X_C \cos\omega t) \\ &= I_m \sqrt{R^2 + X_C^2} \sin(\omega t + \theta) \text{〔V〕} \end{aligned} \tag{3.51}$$

단, $\theta=\tan^{-1}\dfrac{X_C}{R}=\tan^{-1}\dfrac{-\dfrac{1}{\omega C}}{R}=-\tan^{-1}\dfrac{1}{R\omega C}$ (3.52)

이때의 i, v, v_R, v_C 사이의 관계가 **그림 3.17**(b)에 나타나 있다. 또한 식(3.51)에서 v의 최대값을 V_m이라 하면,

$$V_m=\sqrt{R^2+X_C^2}\,I_m \tag{3.53}$$

이 되며 이로부터 전압, 전류의 실효값 사이에는

$$V=\sqrt{R^2+X_C^2}\,I$$

또는

$$I=\frac{V}{\sqrt{R^2+X_C^2}} \tag{3.54}$$

인 관계가 성립된다.

회로 전체에 대한 임피던스 Z는 식(3.53), (3.54)로부터

$$Z=\sqrt{R^2+X_C^2}=\sqrt{R^2+\left(-\frac{1}{\omega C}\right)^2} \tag{3.55}$$

이 되며, 이 경우에는 R-L 직렬회로와는 달리 식(3.52)로부터 임피던스 각 θ의 부호가 부(−)가 된다.

따라서 임피던스 삼각도는 **그림 3.18**과 같이 나타내어지며 전압이 전류보다 위상이 $|\theta|$ 만큼 뒤지게 된다. 이때 θ의 범위는 **그림 3.18**로부터도 알 수 있듯이

$$-90°\leqq\theta\leqq0°$$

가 된다.

여기서 $\theta=0°$는 R만의 회로를 의미하며 $\theta=-90°$는 C만의 회로를 의미한다. 따라서 R에 비해 X_C의 크기가 클수록 회로는 용량성 회로가 된다.

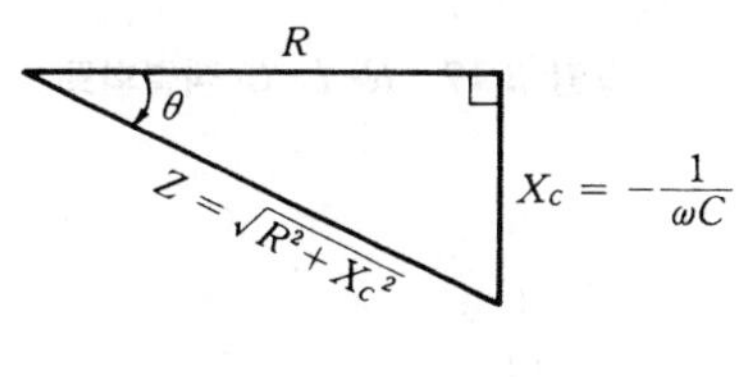

그림 3.18 R-C **직렬회로의 임피던스 삼각도**

[예제 3·14] $R=8\,[\Omega]$, $C=320\,[\mu\text{F}]$의 직렬회로에 $v=\sqrt{2}\cdot200\sin120\pi t\,[\text{V}]$의 전압을 인가할 때

① 회로 전류의 순시값 표시식을 구하여라.

② R, C 각각의 단자전압인 V_R, V_C를 구하고 이들과 전체 전압의 크기 V 사이에 $V=V_R+V_C$의 관계가 성립되는지 확인해 보아라.

풀이 ☞ ① $|X_C| = \dfrac{1}{\omega C} = \dfrac{1}{120\pi \times 320 \times 10^{-6}} \simeq 8.3\,[\Omega]$

임피던스의 크기와 각은 각각

$$Z = \sqrt{R^2 + |X_C|^2} = \sqrt{8^2 + 8.3^2} \simeq 11.5\,[\Omega]$$

$$\theta = \tan^{-1}\frac{X_C}{R} = -\tan^{-1}\frac{8.3}{8} \simeq -46.2°$$

회로 전류의 크기 $I = \dfrac{V}{Z} = \dfrac{200}{11.5} \simeq 17.4\,[A]$

이로부터 순시값 전류 $i = \sqrt{2}\cdot 17.4\sin(120\pi t + 46.2°)\,[A]$

② $V_R = RI = 8 \times 17.4 \simeq 139\,[V]$

$V_C = |X_C| I = 8.3 \times 17.4 \simeq 144\,[V]$

또한 $V = 200\,[V]$ 이므로 $V \neq V_R + V_C$ 가 되어 전체 전압 V 가 V_R, V_C 의 대수합이 되지 않음을 알 수 있다.

6 R-L-C 직렬회로

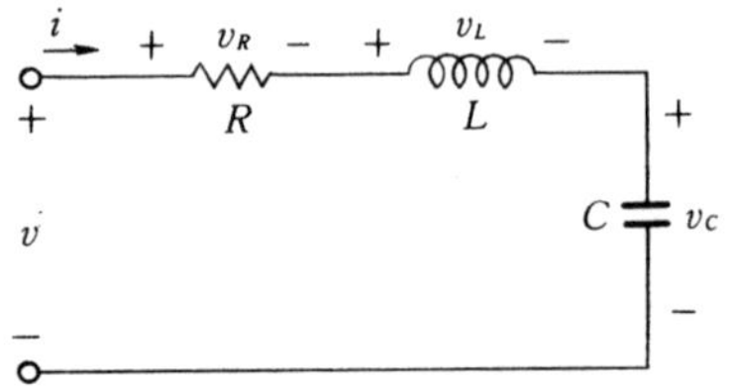

그림 3.19 R-L-C 직렬회로

그림 3.19와 같은 R-L-C 직렬회로에 $i = I_m \sin\omega t$ 의 정현파 전류가 흐르고 있을 때 전체 전압강하 v 는

$$\begin{aligned} v &= v_R + v_L + v_C \\ &= Ri + L\frac{di}{dt} + \frac{1}{C}\int i\,dt \\ &= RI_m \sin\omega t + X_L I_m \sin(\omega t + 90°) - X_C I_m \sin(\omega t - 90°) \\ &= RI_m \sin\omega t + X_L I_m \cos\omega t + X_C I_m \cos\omega t \\ &= I_m\{R\sin\omega t + (X_L + X_C)\cos\omega t\} \end{aligned} \quad (3.56)$$

여기서 $X_L + X_C$ 를 **합성 리액턴스** X, 즉

$$X = X_L + X_C = \omega L - \frac{1}{\omega C} \quad (3.57)$$

이라 하면 v 는

$$\begin{aligned} v &= I_m\{R\sin\omega t + X\cos\omega t\} \\ &= I_m\sqrt{R^2 + X^2}\,\sin(\omega t + \theta) \end{aligned} \quad (3.58)$$

단, $$\theta = \tan^{-1}\frac{X}{R} = \tan^{-1}\frac{X_L + X_C}{R} = \tan^{-1}\frac{\omega L - \dfrac{1}{\omega C}}{R} \quad (3.59)$$

이 된다.

여기서 $I_m\sqrt{R^2+X^2}$ 은 역시 최대값 전압이 된다. 즉,

$$V_m=\sqrt{R^2+X^2}\,I_m \tag{3.60}$$

이로부터 전압, 전류의 실효값 사이에는

$$V=\sqrt{R^2+X^2}\,I$$

또는

$$I=\frac{V}{\sqrt{R^2+X^2}} \tag{3.61}$$

인 관계가 성립되며, 회로 전체에 대한 임피던스의 크기 Z는

$$Z=\sqrt{R^2+X^2}=\sqrt{R^2+(X_L+X_C)^2}$$
$$=\sqrt{R^2+\left(\omega L-\frac{1}{\omega C}\right)^2} \tag{3.62}$$

이 되며, 이 경우의 임피던스 각 θ의 부호는 합성 리액턴스 X의 부호에 따라 결정된다. 이를 구분해 보면

i) $X=\omega L-\dfrac{1}{\omega C}>0$ 즉, $\omega L>\dfrac{1}{\omega C}$ 인 경우

임피던스 삼각도는 **그림 3.20**(a)와 같으며 임피던스 각 θ의 부호는 정(+)이 되어 회로는 **유도성**(전압의 위상이 전류보다 앞서는)을 보인다.

ii) $X=\omega L-\dfrac{1}{\omega C}<0$ 즉, $\omega L<\dfrac{1}{\omega C}$ 인 경우

임피던스 삼각도는 **그림 3.20**(b)와 같으며 임피던스 각 θ의 부호는 부(−)가 되어 회로는 **용량성**(전류의 위상이 전압보다 앞서는)을 보인다.

iii) $X=\omega L-\dfrac{1}{\omega C}=0$ 즉, $\omega L=\dfrac{1}{\omega C}$ 인 경우

X_L과 X_C가 상쇄되어 합성 리액턴스는 $X=0$이 되기 때문에 임피던스 삼각도를 그릴 수 없으며 이는 전압과 전류의 위상차가 없는 다시말해 동상임을 의미한다.

결국 이 경우에는 회로의 임피던스가

$$Z=\sqrt{R^2+X^2}=R$$

이 되어 회로는 순저항 R만의 회로와 등가가 된다.

이와 같이 리액턴스 성분이 0이 되어 전압과 전류가 동상이 되는 것을 **共振**(resonance)상태라 하며 이에 관해서는 6장에서 자세히 언급하기로 한다.

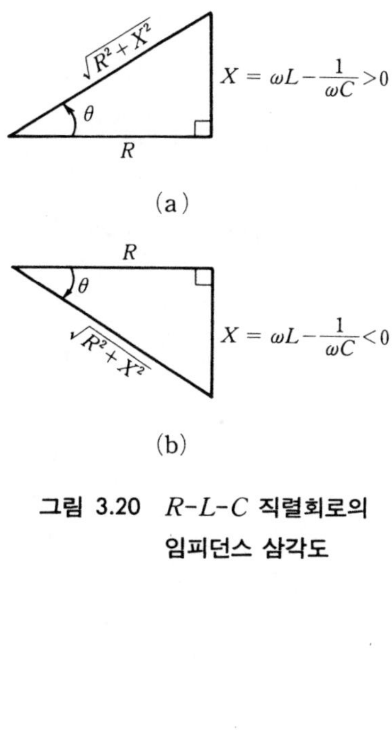

그림 3.20 R-L-C **직렬회로의 임피던스 삼각도**

〔예제 3·15〕 $R=100$〔Ω〕, $L=25.3$〔mH〕, $C=100$〔μF〕인 R-L-C 직렬회로에 $v=\sqrt{2}\cdot 100\sin 628t$〔V〕인 전압이 인가될 때
① 회로 임피던스의 크기
② 임피던스 각
③ 회로 전류의 순시값 표시식을 구하여라.

풀이 ☞ ① $\omega=2\pi f=628$〔rad/s〕로부터 $f=100$〔Hz〕이므로 유도 리액턴스와 용량 리액턴스는 각각

$$X_L=\omega L=628\times 25.3\times 10^{-3}\simeq 15.9\,〔\Omega〕$$

$$X_C=-\frac{1}{\omega C}=-\frac{1}{628\times 100\times 10^{-6}}\simeq -15.9\,〔\Omega〕$$

이므로 회로 리액턴스는 $X=X_L+X_C=0$이 되어 회로 임피던스의 크기는

$$Z=\sqrt{R^2+X^2}=R=100\,〔\Omega〕$$

② $X=0$이므로 임피던스 각은 $\theta=\tan^{-1}\dfrac{X}{R}=0°$

③ 회로 전류의 크기가 $I=\dfrac{V}{Z}=\dfrac{100}{100}=1$〔A〕이며, 전압·전류 간에 위상차가 없으므로 순시값 표시식은

$$i=\sqrt{2}\sin 628t\,〔A〕$$

〔예제 3·16〕 $R=10$〔Ω〕, $L=20$〔mH〕, $C=100$〔μF〕인 R-L-C 직렬회로에 $v=\sqrt{2}\cdot 100\sin 100\pi t$〔V〕인 전압이 인가되었을 때 회로 전류 및 이의 순시값 표시식을 구하여라.

풀이 ☞ $X_L=\omega L=100\pi\times 20\times 10^{-3}\simeq 6.28\,〔\Omega〕$

$$X_C=-\frac{1}{\omega C}=-\frac{1}{100\pi\times 100\times 10^{-6}}=-\frac{100}{\pi}\simeq -31.8\,〔\Omega〕$$

이므로 회로 리액턴스는 $X=X_L+X_C=6.28-31.8\simeq -25.5$〔Ω〕(용량성), 이로부터 임피던스의 크기 및 각은

$$Z=\sqrt{R^2+X^2}=\sqrt{10^2+(-25.5)^2}\simeq 27.4\,〔\Omega〕$$

$$\theta=\tan^{-1}\frac{X}{R}=\tan^{-1}\left(\frac{-25.5}{10}\right)=-68.6°$$

따라서 회로 전류의 크기와 순시값 표시식은

$$I=\frac{V}{Z}=\frac{100}{27.4}\simeq 3.65\,〔A〕$$

$$i=\sqrt{2}\cdot 3.65\sin(100\pi t+68.6°)\,〔A〕$$

연습문제

〔1〕 극수가 20인 교류발전기의 회전수〔rpm〕가 360일 때 발생하는 주파수 f 및 전기각속도 ω를 구하여라.

〔2〕 $v = 50\cos\left(1000\,t + \frac{\pi}{3}\right)$〔V〕로 표시되는 전압이 있다. 이 전압의 ① 진폭 ② 실효값 ③ 각주파수 ④ 주파수 ⑤ 주기 ⑥ 위상각을 구하여라.

〔3〕 최대값 100〔A〕, 주파수 60〔Hz〕, $t = 0$에서 50〔A〕이며, 그 순간에 있어서 $\frac{di}{dt} > 0$인 전류를 사인함수로 나타내어라.

〔4〕 60〔Hz〕의 두 교류전압 사이에 $\frac{\pi}{3}$의 위상차가 있을 때 시간적으로는 몇 초 차이가 있는가?

〔5〕 $i = I_m \sin(\omega t - 15°)$〔A〕인 정현파에 있어서 ωt가 어느 값을 가질 때 순시값이 실효값과 같게 되는가?

〔6〕 **그림 3.21**과 같은 주기파전압에서 $t = 0$로부터 20〔ms〕 사이에는 $v = 5 \times 10^4 (t - 0.02)^2$으로, 20〔ms〕~40〔ms〕에서는 $v = 0$으로 표시된다면 이 전압의 평균값은 약 얼마인가?

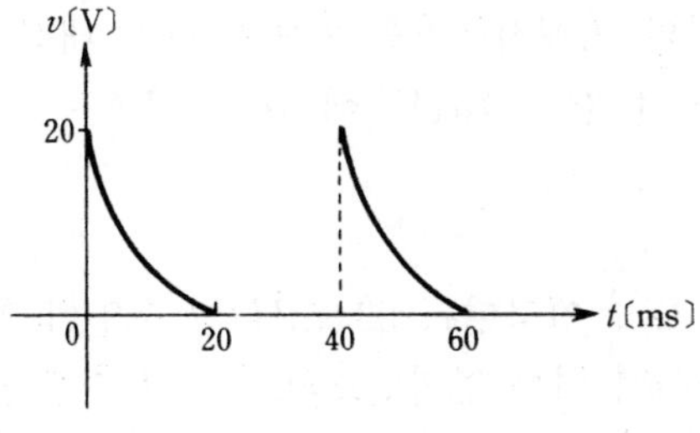

그림 3.21

〔7〕 **그림 3.22**와 같은 전압파형의 실효값은 얼마인가?

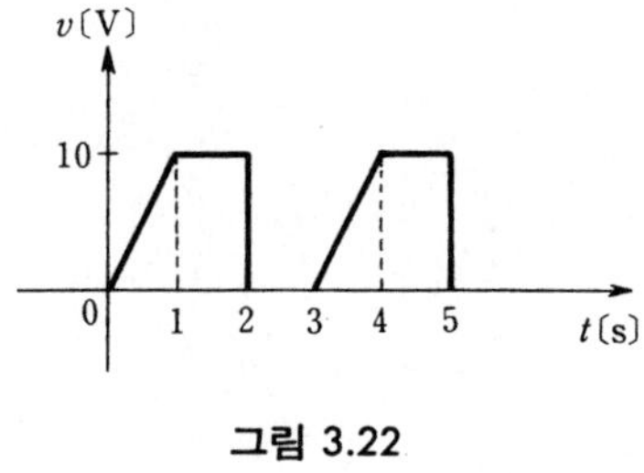

그림 3.22

〔8〕 **그림 3.23**과 같은 다이오드 정류회로에서 부하 R에 흐르는 전류의 크기는 몇 〔A〕인가?

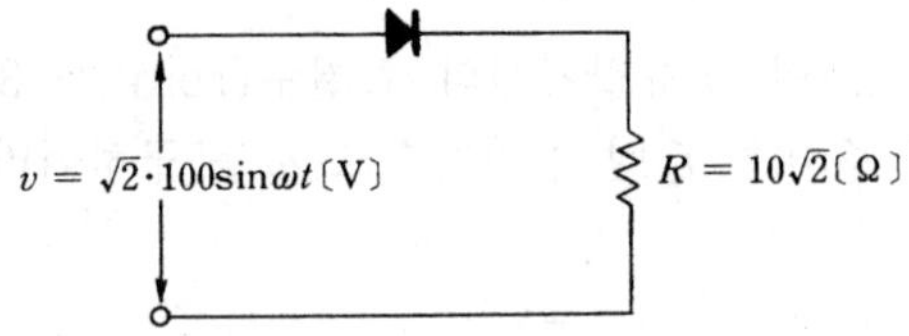

그림 3.23

〔9〕 ① 어떤 코일의 인덕턴스가 30〔mH〕이다. 주파수 50〔Hz〕에 대한 이 코일의 리액턴스를 구하여라. 또 100〔Hz〕, 200〔Hz〕에 대한 리액턴스는 얼마인가?

② 실효값이 10〔V〕이며, 주파수가 ①에서와 같은 여러가지 전압을 이 코일에 걸어 줄 때 흐르는 전류의 실효값을 구하여라. 단, 코일의 저항은 무시한다.

③ 이 코일의 인덕턴스를 $\frac{1}{5}$로 줄이고 대신에 주파수를 10배로 하면 같은 10〔V〕에 대한 전류는 어떻게 되겠는가?

〔10〕 ① 어떤 콘덴서의 커패시턴스가 0.01〔μF〕이다. 주파수 1,000〔Hz〕에 대한 이 콘덴서의 리액턴스를 구하여라. 또 5,000〔Hz〕, 15,000〔Hz〕에 대한 리액턴스는 얼마인가?

② 실효값이 10〔V〕이고 주파수가 ①과 같은 여러가지 전압을 이 콘덴서에 걸어 줄 때 흐르는 전류의 실효값을 구하여라.

③ 콘덴서의 커패시턴스를 2배로 하는 대신 주파수를 $\frac{1}{5}$로 줄이면 같은 10〔V〕에 대한 전류는 어떻게 되겠는가?

〔11〕 저항 15〔Ω〕, 인덕턴스 53〔mH〕인 코일이 있다.

① 60〔Hz〕에 대한 임피던스의 크기와 각을 구하여라.

② 이 코일에 100〔V〕, 60〔Hz〕의 교류전압을 걸어 줄 때 전류의 크기와 위상은 어떻게 되는가?

〔12〕 R-C 직렬회로에 $v = 10\sin 10,000\,t$〔V〕로 표시되는 정

현파 전압이 인가되어 있다. $R = 80$〔Ω〕, $C = 1$〔μF〕이라 할 때

① 회로전류의 순시값 표시식을 구하여라.

② R, C 각각의 단자 전압인 V_R, V_C를 구하여라.

〔13〕 $R = 150$〔Ω〕, $L = 2.5$〔H〕, $C = 4.5$〔μF〕인 R-L-C 직렬회로에 $v = 250\sin 100\pi t$〔V〕인 전압이 인가되었을 때 회로 전류의 순시값 표시식을 구하여라.

〔14〕 **그림 3.34**와 같은 R, L 병렬회로에

$$v=\sqrt{2}\cdot 100\sin 100\pi t \text{〔V〕}$$

의 전압이 인가되고 있을 때 i_R, i_L, i를 구하여라. 단, R=20〔Ω〕, L=50〔mH〕이다.

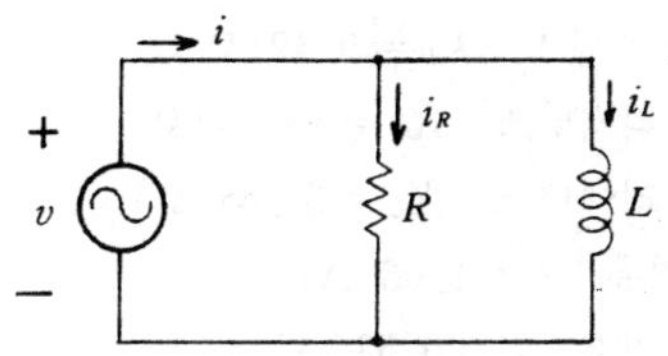

그림 3.24

연습문제해답

〔1〕 $f=60$〔Hz〕, $\omega=377$〔rad/sec〕

〔2〕 ① 50〔V〕 ② $25\sqrt{2}$〔V〕 ③ 1000〔rad/sec〕 ④ $\frac{500}{\pi}$〔Hz〕
⑤ $\frac{\pi}{500}$〔sec〕 ⑥ $\frac{\pi}{3}$〔rad〕

〔3〕 $i=100\sin\left(120\pi t+\frac{\pi}{6}\right)$〔A〕

〔4〕 $\frac{1}{360}$〔sec〕

〔5〕 60°

〔6〕 3.33〔V〕

〔7〕 6.67〔V〕

〔8〕 5〔A〕

〔9〕 ① 50〔Hz〕에 대한 리액턴스 : $X_L=9.42$〔Ω〕
100〔Hz〕에 대한 리액턴스 : $X_L=18.84$〔Ω〕
200〔Hz〕에 대한 리액턴스 : $X_L=37.68$〔Ω〕
② 50〔Hz〕에 대한 전류 : $I=1.06$〔A〕
100〔Hz〕에 대한 전류 : $I=0.53$〔A〕
200〔Hz〕에 대한 전류 : $I=0.27$〔A〕
③ $I=0.53$〔A〕

〔10〕 ① 1,000〔Hz〕에 대한 리액턴스 : $X_C=-15.9$〔kΩ〕
5,000〔Hz〕에 대한 리액턴스 : $X_C=-3.18$〔kΩ〕
15,000〔Hz〕에 대한 리액턴스 : $X_C=-1.06$〔kΩ〕
② 1,000〔Hz〕에 대한 전류 : $I=0.628$〔mA〕
5,000〔Hz〕에 대한 전류 : $I=3.14$〔mA〕
15,000〔Hz〕에 대한 전류 : $I=9.42$〔mA〕
③ $I=0.251$〔mA〕

〔11〕 ① $X_L=20$〔Ω〕, 임피던스의 크기 $Z=25$〔Ω〕,
임피던스 각 $\theta=53.1°$
② $I=4$〔A〕, 전류의 위상이 전압보다 53.1° 뒤진다.

〔12〕 ① $i=0.078\sin(10,000\,t+51.3°)$〔A〕
② $V_R=4.4$〔V〕, $V_C=5.5$〔V〕

〔13〕 $i=1.48\sin(100\pi t-27.2°)$〔A〕

〔14〕 $i_R=\sqrt{2}\cdot 5\sin 100\pi t$〔A〕
$i_L=\sqrt{2}\cdot 6.37\sin(100\pi t-\frac{\pi}{2})$〔A〕
$i=\sqrt{2}\cdot 8.09\sin(100\pi t-51.9°)$〔A〕

複素數와 交流回路解析 4

교류회로를 해석하는 데 있어서는 순시값으로 표시된 여러 정현파를 가감해야 할 필요가 생기며, 이를 위해선 삼각함수의 공식이 이용될 수 있다. 그러나 좀 복잡한 회로의 해석에 있어서는 삼각함수를 이용하는 것이 간편하지 않음을 알게 된다. 이런 경우 정현파를 복소수로 대치시키면 정현파의 계산은 간단한 복소수의 계산으로 대치되어 그 결과 교류회로의 해석은 직류회로의 해석처럼 대수적인 방법으로 처리할 수 있는 이점이 있다. 본 장에서는 교류회로 해석의 기초가 되는 복소수에 대한 기본개념 및 이의 응용등에 대해 알아보기로 한다.

(요 목)

4-1 複素數의 기초

1 복소수와 복소평면

수의 개념을 확장하면 **실수**(real number)외에 **허수**(imaginary number)까지도 포함되는 **복소수**(complex number)를 생각할 수 있다. 실수의 기본단위는 1로서 모든 실수는 이의 배수로 표시되지만 허수에서는 제곱하여 -1이 되는 수를 기본단위로 하여 이를 i로 표시한다. 그러나 회로해석에 복소수가 이용되는 경우 전류 i와의 혼동을 피하기 위해 i보다는 j로 표시하는 것이 일반적이다. 즉,

$$j^2 = -1 \text{ 또는 } j = \sqrt{-1} \tag{4.1}$$

기하학적으로 볼 때 실수는 일직선으로 표시되는 수 직선상의 한 점으로 나타내지만 복소수는 실수를 X축, 허수를 Y축으로 하는 **직교좌표** 형식의 **복소평면**(complex plane) 상의 한 점으로 나타낸다.

즉, 직교좌표로 $(a,\ b)$인 점은 복소수 $a+jb$를 대표하는 점이 되며, 실수나 순허수 자체도 각각 $b=0$, 또는 $a=0$인 복소수의 한 형태라 할 수 있다. 이와 같은 복소평면상의 수(복소수)는 보통 $\boldsymbol{A}$, $\boldsymbol{B}$,… 또는 $\dot{A}$, $\dot{B}$, …와 같이 알파벳의 고딕 대문자 혹은 대문자에 점을 찍어서 표시한다. 즉,

$$\boldsymbol{A} = a+jb, \quad \dot{B} = c+jd \tag{4.2}$$

여기서 실수 a, b는 각각 복소수 $\boldsymbol{A}$의 **실수부**(real part)와 **허수부**(imaginary part)이므로

$$a = R_e(\dot{A}), \quad b = I_m(\dot{A}) \tag{4.3}$$

와 같이 표시되기도 한다.

또 복소수를 복소평면상에 표시할 경우, 복소수는 평면상의 한 점에 대응되기 때문에 **그림 4.1**(a)처럼 한 점으로 표시하는 것이 원칙이지만 후술하는 것처럼 복소평면상에서의 복소수의 가감법은 평면 벡터의 가감법과 동일한 결과를 나타내기 때문에 편의상 원점으로부터 그 복소수점까지를 벡터의 표시법처럼

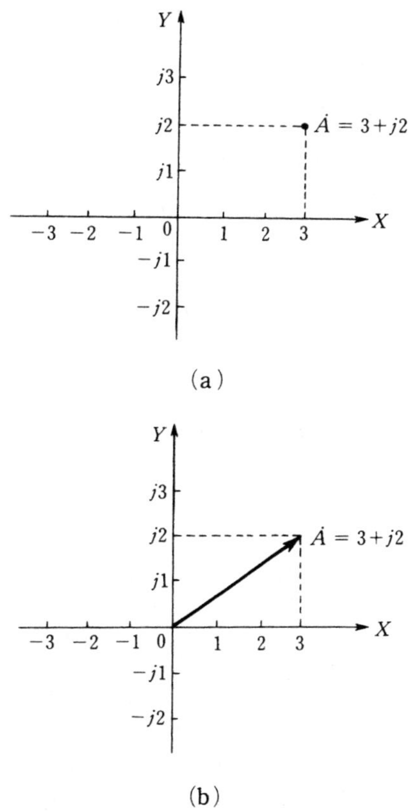

그림 4.1 복소수의 표시

화살표 선분으로 나타내는 경우가 많다(**그림 4.1** (b)). 그러나 3차원 공간에서도 의미를 갖는 벡터와는 구분되어야 한다.

2 복소수의 연산

두 복소수에 관한 모든 연산은 실수에 관한 연산이 특수한 경우로서 포함되도록 정의한다. 즉, 두 복소수 $\dot{A} = a+jb$, $\dot{B} = c+jd$의 사칙연산의 경우 $b=0$, $d=0$이라 하면 두 복소수의 연산은 실수의 연산법과 동일하게 된다.

복소수의 경우 j를 실수를 나타내는 하나의 문자로서 취급하는 것은 실수의 연산법과 동일하며 단지 $j^2 = -1$인 관계만을 고려해 주면 된다.

(1) 사칙연산

① **가법** : $\dot{A}+\dot{B} = (a+jb)+(c+jd)$
$$= (a+c)+j(b+d)$$

② **감법** : $\dot{A}-\dot{B} = (a+jb)-(c+jd)$
$$= (a-c)+j(b-d)$$

③ **승법** : $\dot{A}\dot{B} = (a+jb)(c+jd)$
$$= ac+j(ad+bc)+j^2bd$$
$$= (ac-bd)+j(ad+bc)$$

④ **제법** : $\dfrac{\dot{A}}{\dot{B}} = \dfrac{a+jb}{c+jd} = \dfrac{(a+jb)(c-jd)}{(c+jd)(c-jd)}$
$$= \frac{ac+j(bc-ad)-j^2bd}{c^2+d^2}$$
$$= \frac{ac+bd}{c^2+d^2}+j\frac{bc-ad}{c^2+d^2}$$

(2) 상 등

두 복소수가 같다는 것은 복소평면상에서 두 복소수를 대표하는 점이 동일함을 의미하기 때문에 두 복소수의 실수부, 허수부가 각각 같아야 한다. 즉,

$$a+jb = c+jd$$

이면

$$a = c, \quad b = d$$

가 되어야 한다.

또한 $\dot{A} = a+jb = 0$이라 하면 복소평면상의 원점을 의미하

므로 $a=b=0$이 된다.

(3) 공액 복소수

복소평면상에서 실수축(X축)에 대해 대칭관계에 있는 두 복소수, 즉 $a+jb$와 $a-jb$ 사이의 관계를 서로 **공액**(conjugate)이라 하며 복소수 $\dot{A}$의 공액 복소수는 보통 $\dot{A}^*$로 표시한다(**그림 4.2**). 공액 복소수끼리의 합과 차, 또는 곱의 결과는 실수 또는 순허수가 되기 때문에 복소수의 계산에서 자주 이용된다. 즉,

$$\dot{A}+\dot{A}^* = (a+jb)+(a-jb) = 2a \tag{4.4}$$

$$\dot{A}-\dot{A}^* = (a+jb)-(a-jb) = j2b \tag{4.5}$$

$$\dot{A}\dot{A}^* = (a+jb)(a-jb) = a^2+b^2 \tag{4.6}$$

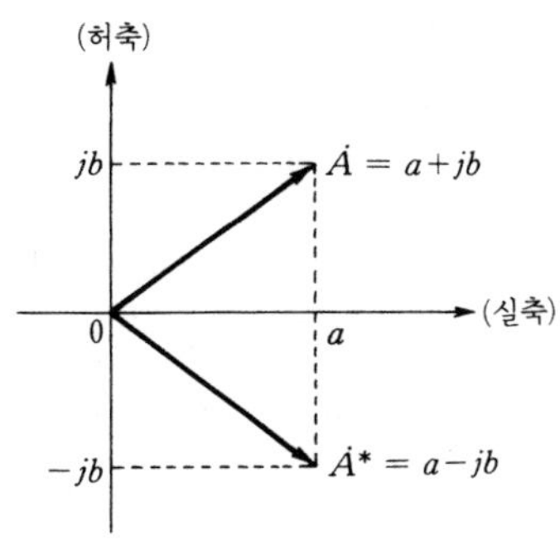

그림 4.2 공액 복소수

4-2 回転演算子 j

복소수 $\dot{A}=a+jb$와 허수단위 j와의 곱을 생각하면 **그림 4.3**에서 보듯이 $j\dot{A}$는 $-b+ja$가 되어 복소수 $\dot{A}$를 원점을 중심으로 시계반대방향으로 90° 회전이동시킨 것과 같은 결과를 보여준다. 또한 $j^2\dot{A}$는 $-a-jb$가 되어 $j\dot{A}$를 같은 방향으로 90° 회전이동시키고 $j^3\dot{A}$는 $j^2\dot{A}$를 그리고 $j^4\dot{A}$, 즉 $\dot{A}$는 $j^3\dot{A}$를 역시 같은 방향으로 90°씩 회전이동시킨 것과 같은 효과가 있다.

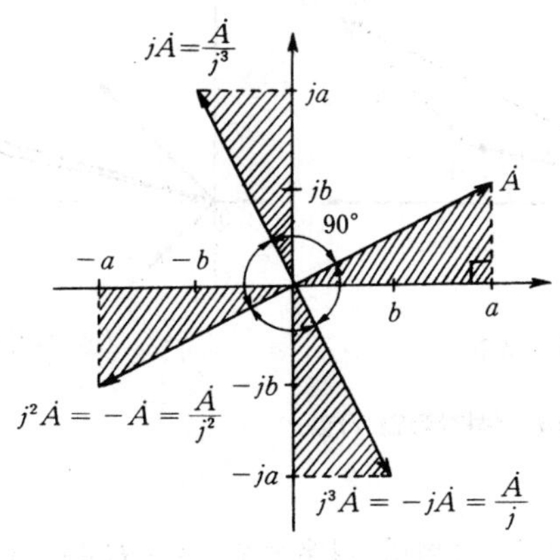

그림 4.3 회전연산자

이번에는 복소수 $\dot{A}$를 j로 나누어주면 $\frac{\dot{A}}{j} = -j\dot{A}$이므로 $b-ja$가 되어 **그림 4.3**에서 보듯이 복소수 $\dot{A}$를 원점을 중심으로 시계방향으로 90° 회전이동시킨 것과 같으며 $\frac{\dot{A}}{j^2}$는 $\frac{\dot{A}}{j}$를 $\frac{\dot{A}}{j^3}$는 $\frac{\dot{A}}{j^2}$를 역시 같은 시계방향으로 90°씩 회전이동시킨 것과 같다.

이상과 같은 규칙성있는 결과로부터 알 수 있듯이 허수단위인 j가 어느 한 복소수에 곱해지거나 어느 한 복소수가 j에 의해 나뉘어지는 경우 j는 그 복소수를 대표하는 점을 원점을 중심으로 시계반대방향 또는 시계방향으로 90°씩 회전이동시켜 주는 것과 같은 **회전연산자**(rotational operator)로서의 기능을 갖게 된다.

4-3 複素數와 平面 벡터

복소수와 평면 벡터는 직교좌표상에서 1 : 1 대응이 되기 때문에 복소수의 가감은 기하학적 방법에 있어서는 평면 벡터의 가감법과 동일한 방법을 취할 수 있는 이점이 있다.

즉, **그림 4.4**에서 보는 것처럼 복소평면상에서의 복소수의 가법은 평면 벡터의 합성법인 평행사변형법 및 삼각형법 또는 다각형법을 이용할 수 있다.

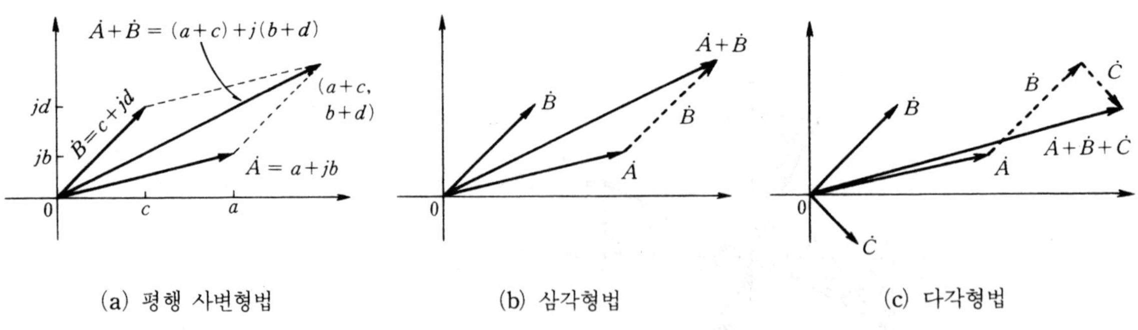

(a) 평행 사변형법 (b) 삼각형법 (c) 다각형법

그림 4.4 복소수의 기하학적인 가법

그리고 복소수 감법의 경우에도 $\dot{A}-\dot{B}$는 $\dot{A}+(-\dot{B})$와 동일하기 때문에 $\dot{A}$에 $(-\dot{B})$를 합성함으로써 **그림 4.5**와 같이 역시 평면 벡터적인 방법으로 해결할 수 있다.

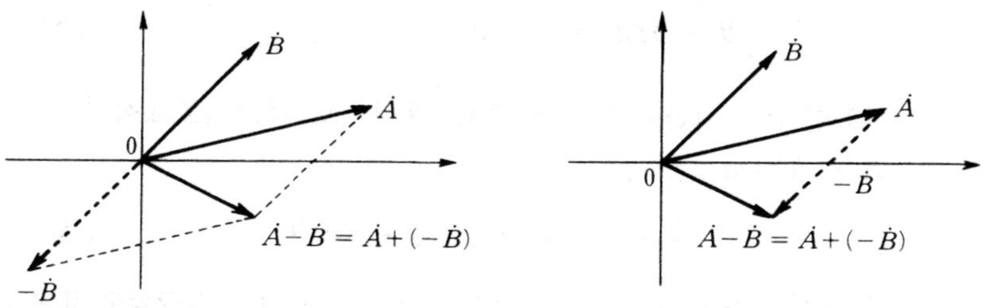

(a) 평행 사변형법 (b) 삼각형법

그림 4.5 복소수의 기하학적인 감법

4-4 複素數의 여러가지 表現

정의에 의한 복소수의 표현은 실수부와 허수부로 구성되는 $a+jb$와 같은 **직교좌표**(rectangular coordinate) 형식을 취하고 있으며 이와 같은 표현식은 복소수의 가감계산에 있어서는 매우 간단한 표현식이라 할 수 있다.

그러나 복소평면상에서 볼 때 한 점에 대응되는 복소수는 크기(원점으로부터의 거리)와 각(양의 실축과 복소수 선분이 이루는 각)을 갖는 양이라고도 말할 수 있기 때문에 복소수는 크기와 각을 갖는 표현형식인 **삼각함수 형식**(trigonometric form), **극좌표 형식**(polar form) 및 **지수함수 형식**(exponential form) 등으로의 표현이 가능하다.

1 삼각함수 형식

복소수 $\dot{A}=a+jb$를 **그림 4.6**과 같이 복소평면상에 표시할 때 원점 O로부터 복소수 $\dot{A}$를 대표하는 점까지의 거리를 복소수 $\dot{A}$의 크기라 하며 $|\dot{A}|$ 또는 간단히 A로 표시한다.

또한 복소수 $\dot{A}$와 양의 실축으로 이루어지는 각 θ를 복소수 $\dot{A}$의 **편각**(argument) 또는 간단히 **각**(angle)이라 하며 편각은 $\theta=\arg(\dot{A})$와 같이 나타낸다.

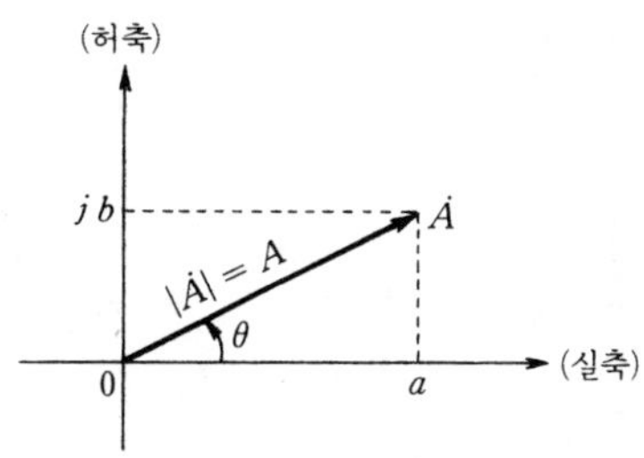

그림 4.6 복소수의 크기와 편각

복소수 $\dot{A}$의 크기와 각은 **그림 4.6**으로부터

$$|\dot{A}|=A=\sqrt{a^2+b^2} \tag{4.7}$$

$$\theta = \arg(\dot{A}) = \tan^{-1}\frac{b}{a} \tag{4.8}$$

또한 $a = A\cos\theta$, $b = A\sin\theta$ 이므로 직교좌표표현식인 복소수 $\dot{A} = a + jb$ 는

$$\dot{A} = a + jb = A(\cos\theta + j\sin\theta) \tag{4.9}$$

와 같이 표현될 수 있으며, 이와 같은 표현식을 **삼각함수 표현식**이라 한다.

2 極座標 형식

극좌표란 **동경**(動徑)의 길이 및 동경과 **기선**(基線)이 이루는 각으로 표현되는 좌표형식을 말하는데 **그림 4.6**의 복소평면상에서 양의 실축을 기선으로 복소수 $\dot{A}$를 가리키는 선분을 동경으로 간주한다면 복소수 $\dot{A}$를 대표하는 점은 크기와 각이 각각

$$A = \sqrt{a^2 + b^2}, \quad \theta = \tan^{-1}\frac{b}{a}$$

이므로

$$\dot{A} = a + jb = A\underline{/\theta} = \sqrt{a^2 + b^2}\ \underline{/\tan^{-1}(b/a)} \tag{4.10}$$

와 같이 표시될 수 있다.

복소수가 극좌표 형식으로 표현된 경우 복소수의 승법 및 제법 계산은 매우 쉽다. 즉, 두 개의 복소수 $\dot{A} = A\underline{/\alpha}$, $\dot{B} = B\underline{/\beta}$를 곱한다면 두 개의 복소수는 각각

$$\dot{A} = A\underline{/\alpha} = A(\cos\alpha + j\sin\alpha)$$
$$\dot{B} = B\underline{/\beta} = B(\cos\beta + j\sin\beta)$$

와 같이 삼각함수 표시식으로 표현될 수 있기 때문에 그 계산은 다음의 결과처럼 매우 간단하다.

$$\begin{aligned}\dot{A}\dot{B} &= (A\underline{/\alpha})(B\underline{/\beta}) \\ &= AB(\cos\alpha + j\sin\alpha)(\cos\beta + j\sin\beta) \\ &= AB[(\cos\alpha\cdot\cos\beta - \sin\alpha\sin\beta) \\ &\quad + j(\sin\alpha\cdot\cos\beta + \cos\alpha\cdot\sin\beta)] \\ &= AB[\cos(\alpha+\beta) + j\sin(\alpha+\beta)] = AB\underline{/\alpha+\beta}\end{aligned}$$

즉, $(A\underline{/\alpha})(B\underline{/\beta}) = AB\underline{/\alpha+\beta}$ (4.11)

이는 기하학적으로는 복소평면상에서 $\dot{A}$를 대표하는 화살표 선분을 B배하여 시계반대방향으로 각 β만큼 회전시킴을 의미한다(**그림 4.7**(a)).

제법의 경우는

$$\frac{\dot{A}}{\dot{B}} = \frac{A\underline{/\alpha}}{B\underline{/\beta}} = \frac{A(\cos\alpha + j\sin\alpha)}{B(\cos\beta + j\sin\beta)}$$

$$= \frac{A(\cos\alpha + j\sin\alpha)(\cos\beta - j\sin\beta)}{B(\cos\beta + j\sin\beta)(\cos\beta - j\sin\beta)}$$

$$= \frac{A}{B}(\cos\alpha + j\sin\alpha)(\cos\beta - j\sin\beta)$$

$$= \frac{A}{B}[\cos(\alpha-\beta) + j\sin(\alpha-\beta)]$$

$$= \frac{A}{B}\underline{/\alpha-\beta}$$

즉, $$\frac{A\underline{/\alpha}}{B\underline{/\beta}} = \frac{A}{B}\underline{/\alpha-\beta} \qquad (4.12)$$

인 관계가 성립되며 이는 기하학적으로는 복소수 $\dot{A}$를 $\frac{1}{B}$배하여 시계방향으로 β만큼 회전시킴을 의미한다(**그림 4.7**(b)).

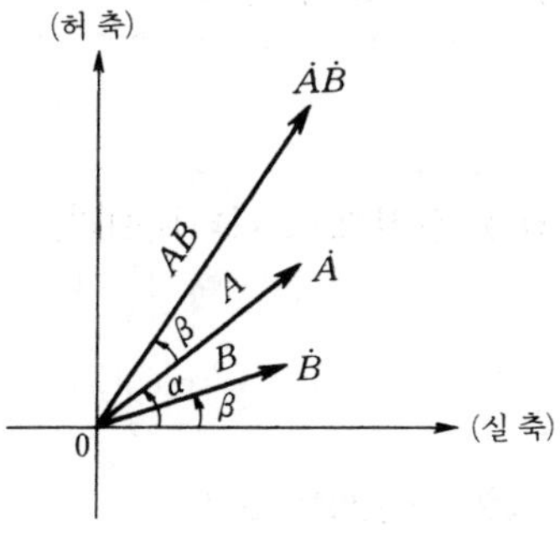

(a) 복소수의 승법

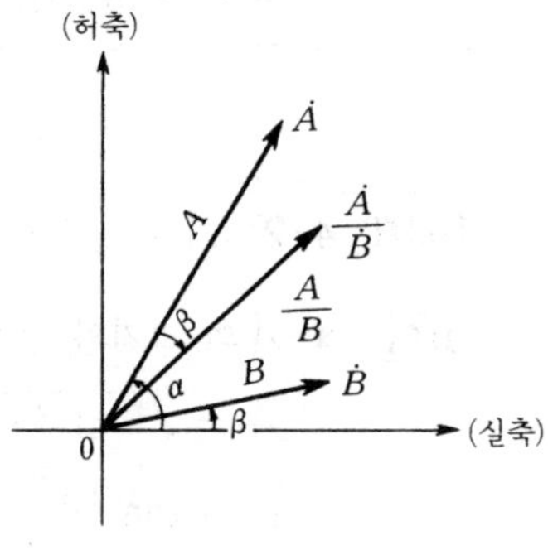

(b) 복소수의 제법

그림 4.7 복소수의 승·제법의 기하학적 방법

앞의 식(4.2)에서 허수단위 j는 회전연산자로서의 기능을 갖는다고 했는데 이는 j를 극좌표 형식으로 나타냄으로써 다시 확인해 볼 수 있다. 즉, 복소평면상에서 j와 $\frac{1}{j}$을 극좌표 형식으로 나타내면

$$\left.\begin{aligned} j &= 1\underline{/90°} \\ \frac{1}{j} &= -j = 1\underline{/-90°} \end{aligned}\right\} \qquad (4.13)$$

와 같이 표현되므로 크기 A, 각 θ인 어떤 복소수 $\dot{A}$에 j를 곱하거나 또는 이를 j로 나눈다는 것은

$$\left.\begin{aligned} j\dot{A} &= (1\underline{/90^\circ})(A\underline{/\theta}) = A\underline{/\theta+90^\circ} \\ \frac{\dot{A}}{j} &= -j\dot{A} = (1\underline{/-90^\circ})(A\underline{/\theta}) = A\underline{/\theta-90^\circ} \end{aligned}\right\} \tag{4.14}$$

가 되어 결국 복소수 $\dot{A}$의 크기는 불변인 상태에서 복소수 $\dot{A}$가 시계반대방향 또는 시계방향으로 90°씩 회전이동된다는 사실이 확인된다.

〔예제 4·1〕 $\dot{A}=6+j8$, $\dot{B}=20\underline{/60^\circ}$ 일 때 $\dot{A}+\dot{B}$를 직교좌표형식으로 나타내어라.

풀이 ☞ $\dot{B}=20\underline{/60^\circ}=20(\cos 60^\circ+j\sin 60^\circ)$

$$=20\left(\frac{1}{2}+j\frac{\sqrt{3}}{2}\right)=10+j10\sqrt{3}$$

$$=10+j17.32$$

$$\therefore \dot{A}+\dot{B}=(6+j8)+(10+j17.32)=16+j25.32$$

〔예제 4·2〕 $\dot{A}=-1+j\sqrt{3}$을 극좌표 형식으로 나타내어라.

풀이 ☞ $\dot{A}$의 크기와 편각은 각각

$$A=\sqrt{(-1)^2+(\sqrt{3})^2}=2$$

$$\theta=\tan^{-1}\frac{\sqrt{3}}{-1}=\tan^{-1}(-\sqrt{3})=120^\circ$$이므로

$$\dot{A}=2\underline{/120^\circ}$$

〔예제 4·3〕 $\dot{A}=20\left(\cos\frac{\pi}{3}+j\sin\frac{\pi}{3}\right)$, $\dot{B}=5\left(\cos\frac{\pi}{6}+j\sin\frac{\pi}{6}\right)$로 표시되는 두 복소수가 있다. $\dot{A}\dot{B}$를 극좌표 형식으로 구하여라.

풀이 ☞ $\dot{A}=20\underline{/\frac{\pi}{3}}$, $\dot{B}=5\underline{/\frac{\pi}{6}}$이므로

$$\dot{A}\dot{B} = \left(20\angle\frac{\pi}{3}\right)\left(5\angle\frac{\pi}{6}\right)$$
$$= 20\times5\angle\left(\frac{\pi}{3}+\frac{\pi}{6}\right) = 100\angle\frac{\pi}{2}$$

3 指數함수 형식

정현파를 취급하는 데 있어서 유용한 또 하나의 방법은 복소수를 **지수함수 형식**(exponential form)으로 표현하는 것이다. 지수함수의 **밑수**(base) e는 **자연 로그**(natural logarithm)의 밑수로서도 쓰이며 다음과 같이 정의되는 무리수이다. 즉,

$$e = \lim_{x\to\infty}\left(1+\frac{1}{x}\right)^x \simeq 2.72 \qquad (4.15)$$

實指數 함수 e^x(또는 $\exp x$) 의 승·제연산은

$$\left.\begin{aligned} e^{x_1}\cdot e^{x_2} &= e^{x_1+x_2} \\ \frac{e^{x_1}}{e^{x_2}} &= e^{x_1-x_2} \end{aligned}\right\} \qquad (4.16)$$

인 관계가 있으며 이를 Maclaurin **級數**(series)로 전개하면

$$e^x = 1+x+\frac{x^2}{2!}+\frac{x^3}{3!}+\cdots\cdots \qquad (4.17)$$

가 된다.

그런데 실지수함수는 복소지수 함수의 한 특수형태라 볼 수 있기 때문에 식(4.16), (4.17)에서 실지수 x는 복소수 $\dot{Z}(x+jy)$로 확장하여도 성립된다. 따라서 $x=j\theta$인 경우 식(4.17)로부터

$$e^{j\theta} = 1+j\theta+\frac{(j\theta)^2}{2!}+\frac{(j\theta)^3}{3!}+\frac{(j\theta)^4}{4!}+\cdots\cdots$$
$$= \left(1-\frac{\theta^2}{2!}+\frac{\theta^4}{4!}-\frac{\theta^6}{6!}+\cdots\right)$$
$$+j\left(\theta-\frac{\theta^3}{3!}+\frac{\theta^5}{5!}-\frac{\theta^7}{7!}+\cdots\right) \qquad (4.18)$$

또한 삼각함수에 대한 Maclaurin 급수 전개식은

$$\left.\begin{aligned} \cos\theta &= 1-\frac{\theta^2}{2!}+\frac{\theta^4}{4!}-\frac{\theta^6}{6!}+\cdots \\ \sin\theta &= \theta-\frac{\theta^3}{3!}+\frac{\theta^5}{5!}-\frac{\theta^7}{7!}+\cdots \end{aligned}\right\} \qquad (4.19)$$

이므로 식(4.19)를 식(4.18)에 대입하면 $e^{j\theta}$는 다음과 같은 **오일러의 공식**(Euler's formula)으로 간단히 표현한다.

$$e^{j\theta} = \cos\theta + j\sin\theta \tag{4.20}$$

여기서 $e^{j\theta}$의 절대값(크기)은

$$|e^{j\theta}| = |\cos\theta + j\sin\theta| = \sqrt{\cos^2\theta + \sin^2\theta} = 1$$

이므로 오일러의 공식을 극좌표 형식으로 표현하면

$$e^{j\theta} = \cos\theta + j\sin\theta = 1\underline{/\theta} \tag{4.21}$$

가 된다. 이를 복소평면상에 나타내면 **그림 4.8**과 같다.

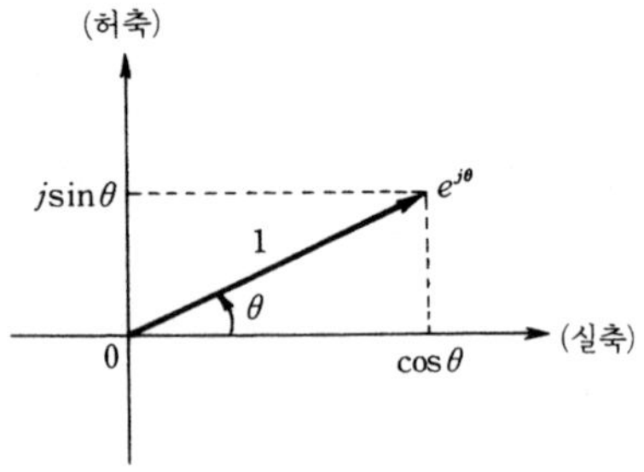

그림 4.8 오일러 공식의 표현

따라서 크기가 A이고 각이 θ인 복소수 $\dot{A}$의 지수형식 표현은 다음과 같다.

$$\dot{A} = A\underline{/\theta} = A(\cos\theta + j\sin\theta) = Ae^{j\theta} \tag{4.22}$$

회전연산자 j 및 $-j$를 지수함수 형식으로 표현하면

$$\left.\begin{aligned} j &= e^{j\frac{\pi}{2}} \\ -j &= e^{j\left(-\frac{\pi}{2}\right)} \end{aligned}\right\} \tag{4.23}$$

가 된다.

복소수 $\dot{A}$에 j 및 $-j$가 곱해지는 경우

$$j\dot{A} = 1e^{j\frac{\pi}{2}} \cdot Ae^{j\theta} = Ae^{j\left(\theta+\frac{\pi}{2}\right)} = A\underline{\Big/\theta + \frac{\pi}{2}}$$

$$-j\dot{A} = 1e^{j\left(-\frac{\pi}{2}\right)} \cdot Ae^{j\theta} = Ae^{j\left(\theta-\frac{\pi}{2}\right)} = A\underline{\Big/\theta - \frac{\pi}{2}}$$

가 되어 식(4.14)와 같아진다.

또한 복소수의 승제계산을 지수함수 형식으로 표현해 보면 식(4.22)와 식(4.16)으로부터 각각

$$\left.\begin{aligned} (A\underline{/\alpha})(B\underline{/\beta}) &= (Ae^{j\alpha})(Be^{j\beta}) = ABe^{j(\alpha+\beta)} \\ \frac{A\underline{/\alpha}}{B\underline{/\beta}} &= \frac{Ae^{j\alpha}}{Be^{j\beta}} = \frac{A}{B}e^{j(\alpha-\beta)} \end{aligned}\right\} \tag{4.24}$$

가 된다.

4-5 複素數의 累乘과 累乘根

$\dot{A} = Ae^{j\theta}$인 복소수의 n제곱은 앞에서의 곱의 정리〔식(4.24)〕에 의해

$$\dot{A}^n = A^n e^{jn\theta} \tag{4.25}$$

가 되며 복소수 $\dot{A}$의 n제곱근을 구하면 이를 만족시키는 복소수는 n개가 존재하게 된다. 즉,

$$\dot{A} = Ae^{j\theta} = Ae^{j(\theta+2k\pi)} \tag{4.26}$$

인 관계가 성립되므로

$k=0$일 때 n제곱근인 복소수의 편각은 $\dfrac{\theta}{n}$

$k=1$일 때 n제곱근인 복소수의 편각은 $\dfrac{\theta+2\cdot 1\pi}{n}$

$k=2$일 때 n제곱근인 복소수의 편각은 $\dfrac{\theta+2\cdot 2\pi}{n}$

$\vdots$ $\vdots$

$k=n-1$일 때 n제곱근인 복소수의 편각은

$$\frac{\theta+2(n-1)\pi}{n}$$

가 된다.

이상의 것은 기하학적으로는 복소평면상의 각이 $\dfrac{\theta}{n}$를 시발점으로 하여 n등분됨을 보여주고 있다. 따라서 이를 만족시키는 복소수는 각각

$$\dot{A}_0 = A^{\frac{1}{n}}e^{j\frac{\theta}{n}},\ \dot{A}_1 = A^{\frac{1}{n}}e^{j\frac{\theta+2\cdot 1\pi}{n}},\ \dot{A}_2 = A^{\frac{1}{n}}e^{j\frac{\theta+2\cdot 2\pi}{n}}$$
$$\cdots\dot{A}_{n-1} = A^{\frac{1}{n}}e^{j\frac{\theta+2(n-1)\pi}{n}} \tag{4.27}$$

와 같이 n개가 된다.

여기서 $k=0$에 대한 근을 **主根**, 나머지의 근을 **副根** 이라고 한다.

〔예제 4·4〕 $\dot{A} = j1000$으로 표시되는 복소수의 3승근을 직교

좌표형식으로 나타내어라.

풀이 ☞ $\dot{A} = j1000 = 1000\angle 90°$이므로

$$\dot{A}^{\frac{1}{3}} = 1000^{\frac{1}{3}}\angle\left(\frac{90}{3}\right)^{\circ} = 10\angle 30° = 10(\cos 30° + j\sin 30°)$$
$$= 5\sqrt{3} + j5$$
$$\dot{A}^{\frac{1}{3}} = 1000^{\frac{1}{3}}\angle\left(\frac{90+360}{3}\right)^{\circ} = 10\angle 150°$$
$$= 10(\cos 150° + j\sin 150°) = -5\sqrt{3} + j5$$
$$\dot{A}^{\frac{1}{3}} = 1000^{\frac{1}{3}}\angle\left(\frac{90+720}{3}\right)^{\circ} = 10\angle 270°$$
$$= 10(\cos 270° + j\sin 270°) = -j10$$

4-6 複素數의 微分과 積分

복소수 $\dot{A} = A(\cos\theta + j\sin\theta) = Ae^{j\theta}$를 θ에 대해 미분하면

$$\frac{d\dot{A}}{d\theta} = A(-\sin\theta + j\cos\theta)$$
$$= jA(\cos\theta + j\sin\theta) = j\dot{A} \qquad (4.28)$$

로 된다. 식(4.28)은 어떤 복소수를 미분한 결과는 역시 복소수로서 원래의 복소수에 허수단위 j가 곱해진 것과 같음을 보여주고 있으며, 따라서 기하학적으로는 복소평면상의 한 복소수가 시계반대방향으로 90° 회전됨을 의미한다.

다음 $\dot{A} = A(\cos\theta + j\sin\theta)$를 θ에 대해 적분하면

$$\int\dot{A}d\theta = A\left(\int\cos\theta d\theta + j\int\sin\theta d\theta\right)$$
$$= A(\sin\theta - j\cos\theta)$$
$$= -jA(\cos\theta + j\sin\theta) = -j\dot{A} \qquad (4.29)$$

가 되며, 따라서 기하학적으로는 복소평면상의 한 복소수가 시계방향으로 90° 회전됨을 의미한다.

4-7 正弦波의 複素數表示

1 페이저

그림 4.9(b)는 $v = V_m\sin(\omega t + \theta)$로 표시되는 정현파이며 **그림 4.9**(a)에서는 이 정현파의 최대값 V_m과 크기가 같은 화살표 선분 $\overrightarrow{OP}$가 초기각 θ의 위치로부터 원점을 중심으로 하여 시계반대방향으로 일정한 각속도 ω〔rad/sec〕로 원운동을 하고 있다고 하자(이때 이를 **회전 벡터**라고도 한다). t초후에 있어서 선분 $\overrightarrow{OP}$의 Y축상의 정투영 OP′이 역시 t초 후에 있어서 정현파의 순시값 $v = V_m\sin(\omega t + \theta)$와 대응된다면, **그림**(b)의 정현파는 (a)에서의 선분 $\overrightarrow{OP}$의 회전운동으로부터도 구해질 수 있다.

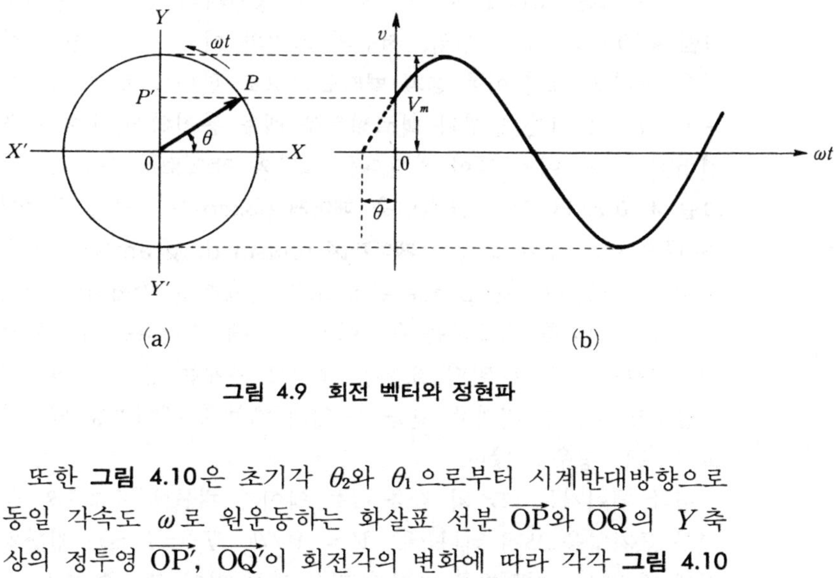

(a) (b)

그림 4.9 회전 벡터와 정현파

또한 **그림 4.10**은 초기각 θ_2와 θ_1으로부터 시계반대방향으로 동일 각속도 ω로 원운동하는 화살표 선분 $\overrightarrow{OP}$와 $\overrightarrow{OQ}$의 Y축상의 정투영 $\overrightarrow{OP'}$, $\overrightarrow{OQ'}$이 회전각의 변화에 따라 각각 **그림 4.10** (b)에 두 정현파를 그려 가고 있는 모습을 보여주고 있다.

정현파의 순시값 표시식을 통해서는 최대값, 주파수(또는 각주파수) 및 초기위상을 알 수 있지만 앞에서도 보았듯이 R. L. C수동소자 등으로 구성되는 일반 교류회로의 경우 전압과 전류는 항상 동일한 주파수를 가지므로 이러한 회로해석에 있어서는 대개의 경우 전압, 전류의 크기와 상대적인 위상(또는 위상차)만이 문제가 된다.

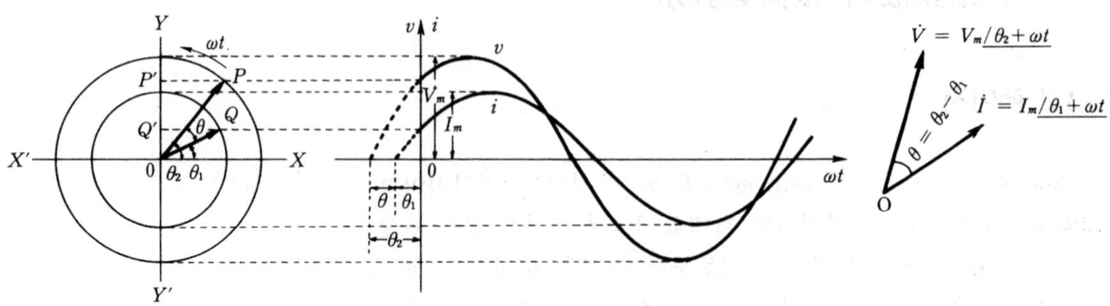

(a) 회전벡터 (b) 정현파 (c) 페이저

그림 4.10

그림 4.10(a)에서 $\overrightarrow{OP}$와 $\overrightarrow{OQ}$의 각속도는 같기 때문에 어느 각도에서도 상대적인 위상은 일정하다.

따라서 **그림 4.10**(b)로 주어지는 두 정현파의 상대적 관계는 **그림 4.10**(c)와 같이 전압, 전류의 크기와 이의 상대적인 위상만을 나타낸 그림(이를 **정지 벡터도**라고도 한다)으로 대표시킬 수가 있으며 이는 정현파 회로해석을 매우 용이하게 해주는 표현법이 된다. 이와 같이 정현파를 크기와 각으로서 대표시키는 **그림 4.10**(c) 와 같은 표현법을 **페이저**(phasor)에 의한 표현이라 하고 이와 같은 그림을 **페이저図**(phasor diagram)라 한다.

페이저라는 용어는 phase(위상)로부터 유래된 말이지만 어디까지나 정현파를 대표하는 용어이기 때문에 벡터와는 구분해서 써야 한다. 그러나 일단 표현된 페이저 자체는 평면 벡터처럼 취급해도 동일한 결과를 얻을 수 있기 때문에 페이저를 벡터라고 부르는 경우도 많다.

결국 페이저는 크기와 각을 갖는 양이기 때문에 복소수와 동일한 표기법을 쓰게 된다(예, $\dot{V} = V/\underline{\theta_1}$, $\dot{I} = I/\underline{\theta_2}$). 간단히 말해 페이저는 정현파를 크기와 각을 갖는 양인 복소수 또는 평면 벡터적으로 나타내는 표현방법이라 할 수 있다.

그러나 실제 정현파의 크기는 실효값으로 대표되므로 페이저의 크기도 정현파의 실효값으로 나타내는 것이 일반적이다(**그림 4.11**).

페이저도를 나타내는 데 있어서는 전압, 전류 각각의(초기)

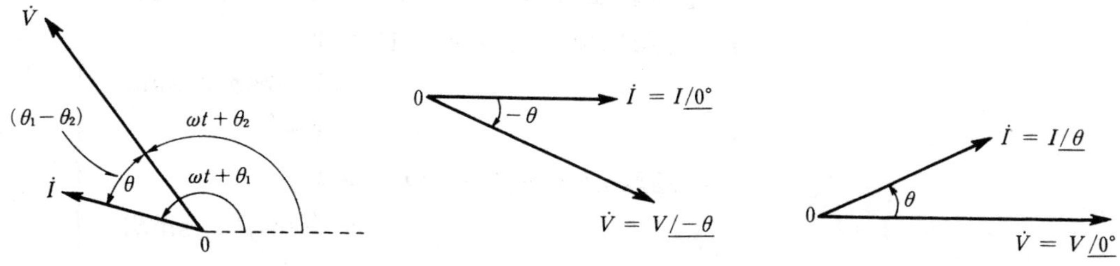

(a) 전압, 전류의 페이저도 (b) 전류기준 페이저도 (c) 전압기준 페이저도

그림 4.11 페이저의 표시

위상보다는 이들의 상대적인 위상관계가 실제에 있어 중요한 의미를 가지므로 페이저도는 **그림 4.11**(b)와 같이 전류를 기준 페이저($\dot{I}=I\underline{/0^\circ}$)로 하거나 또는 **그림 4.11**(c)와 같이 전압을 기준 페이저($\dot{V}=V\underline{/0^\circ}$) 로 하여 나타내는 것이 유용하다.

또한 페이저도에 있서서 페이저의 크기를 나타내는 척도로서는 전압과 전류처럼 종류가 다른 경우 전압과 전류의 크기를 굳이 동일한 척도로 할 필요는 없고 각기 적당한 척도(예, 전류는 1〔A〕를 1〔cm〕로, 전압은 10〔V〕를 1〔cm〕로 한다)를 사용하여 작도하면 되지만 동일 종류의 페이저를 도시할 때는 반드시 같은 척도를 사용해야 한다.

2 정현파의 페이저 표시

앞에서도 언급했듯이 정현파의 순시값 표시식은 복소수 표현법인 페이저로 나타낼 수 있다. 정현파 전압, 전류를 페이저로 표현해 보면 다음과 같다.

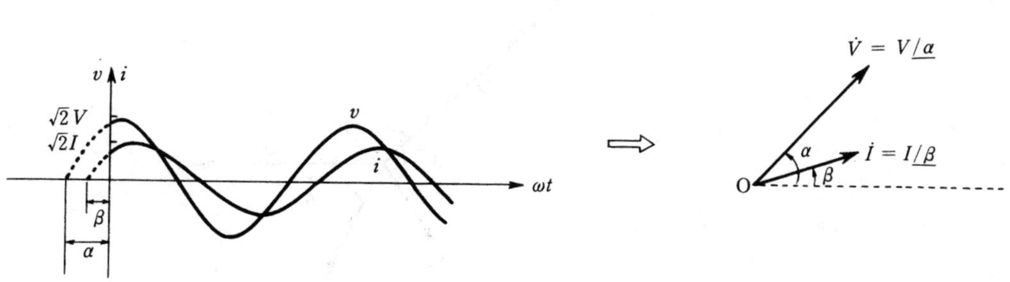

(a) 정 현 파 (b) 페이저 표시

그림 4.12 정현파의 페이저 표시

〈순시값 표시식〉 〈복소수표시식(페이저표시식)〉

$$
\left.\begin{aligned}
v = \sqrt{2}V\sin(\omega t+\alpha) \longrightarrow \dot{V} &= V\underline{/\alpha} \\
&= V(\cos\alpha + j\sin\alpha) \\
&= Ve^{j\alpha} \\
i = \sqrt{2}I\sin(\omega t+\beta) \longrightarrow \dot{I} &= I\underline{/\beta} \\
&= I(\cos\beta + j\sin\beta) \\
&= Ie^{j\beta}
\end{aligned}\right\} \tag{4.30}
$$

〔예제 4·5〕 다음 각 정현파를 대표하는 페이저를 나타내고 같은 평면상에 페이저도를 그려라.

① $v_1 = 100\sin\omega t$

② $v_2 = -50\sin\left(\omega t + \frac{\pi}{3}\right)$

③ $i_3 = 5\sqrt{2}\sin\left(\omega t - \frac{\pi}{6}\right)$

④ $i_4 = 10\sqrt{2}\cos\left(\omega t + \frac{\pi}{4}\right)$

풀이 ☞ ① $\dot{V}_1 = \frac{100}{\sqrt{2}}\underline{/0} = 50\sqrt{2}\underline{/0}$

② $v_2 = -50\sin\left(\omega t + \frac{\pi}{3}\right)$

$= 50\sin\left(\omega t + \frac{\pi}{3} + \pi\right)$이므로

$\dot{V}_2 = \frac{50}{\sqrt{2}}\underline{/\frac{4}{3}\pi} = 25\sqrt{2}\underline{/\frac{4}{3}\pi}$

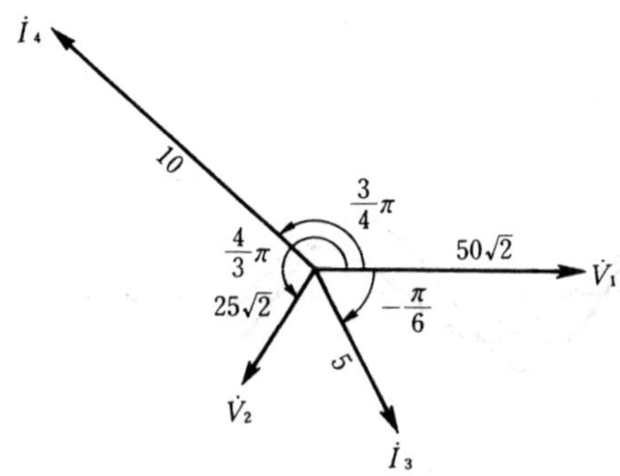

그림 4.13

③ $\dot{I}_3 = 5\angle -\frac{\pi}{6}$

④ $i_4 = 10\sqrt{2}\cos\left(\omega t + \frac{1}{4}\pi\right)$

$= 10\sqrt{2}\sin\left(\omega t + \frac{\pi}{4} + \frac{\pi}{2}\right)$이므로

$\dot{I}_4 = 10\angle \frac{3}{4}\pi$

4-8 페이저를 이용한 回路素子의 電圧-電流 관계

기본 회로소자인 $R.\ L.\ C$에 있어서 전압, 전류 사이의 관계를 페이저로 표현해 보면 **표 4.1**과 같다.

표 4.1

소자	순시값 표시	페이저 표시
저항	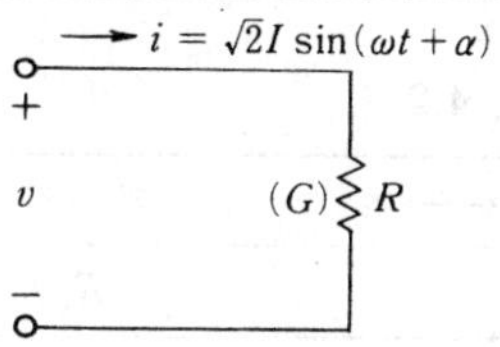 $v = Ri = \sqrt{2}RI\sin(\omega t+\alpha)$ $\left(i = \frac{1}{R}v = Gv\right)$	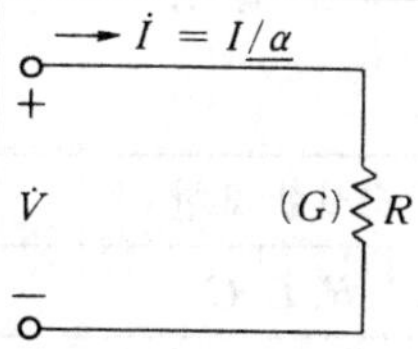 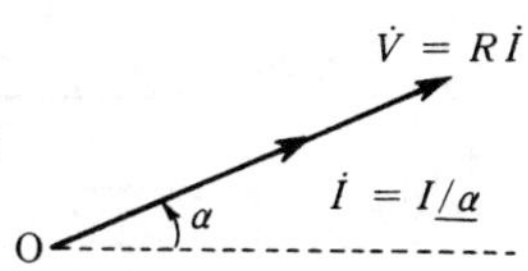 $\dot{V} = RI\angle\alpha = R\dot{I}$ $\left(\dot{I} = \frac{1}{R}\dot{V} = G\dot{V}\right)$
인덕턴스	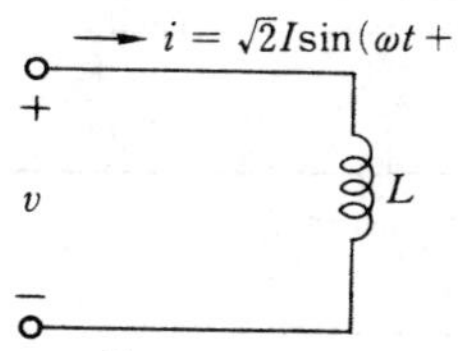 $v = L\frac{di}{dt}$ $= \sqrt{2}\omega LI\sin\left(\omega t+\alpha+\frac{\pi}{2}\right)$ $= \sqrt{2}X_L I\sin\left(\omega t+\alpha+\frac{\pi}{2}\right)$ $\left(i = \frac{1}{L}\int v dt\right)$	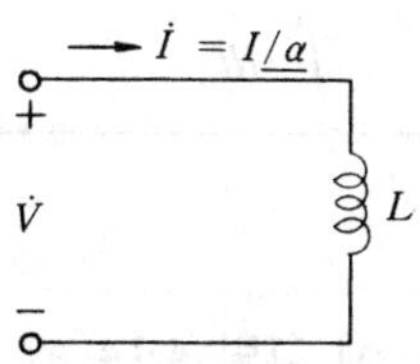 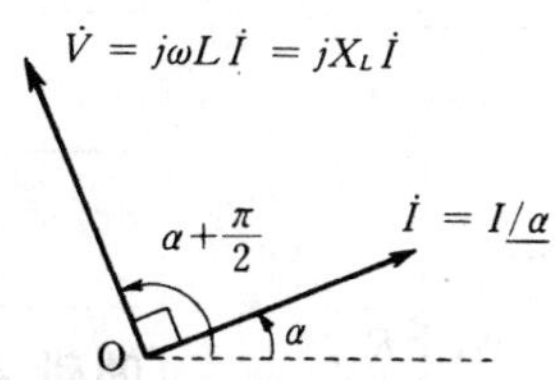 $\dot{V} = \omega LI\angle\alpha+\frac{\pi}{2}$ $= j\omega L\dot{I}$ $= jX_L\dot{I}$ $\left(\dot{I} = \frac{1}{j\omega L}\dot{V}\right)$

커패시턴스	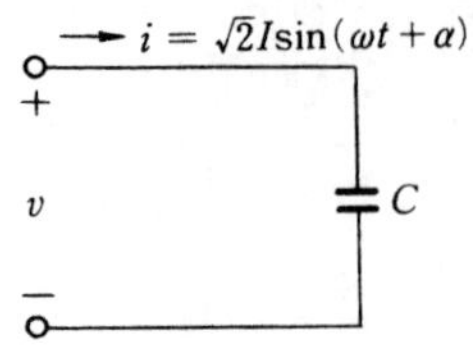 $v = \frac{1}{C}\int idt$ $= \sqrt{2}\frac{1}{\omega C}I\sin\left(\omega t + \alpha - \frac{\pi}{2}\right)$ $= \sqrt{2}\lvert X_C \rvert I\sin\left(\omega t + \alpha - \frac{\pi}{2}\right)$ $\left(i = C\frac{dv}{dt}\right)$	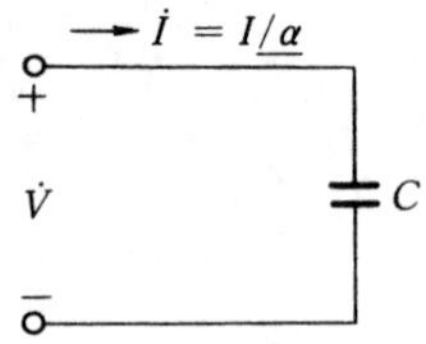 $\dot{V} = \frac{1}{\omega C}I\angle\alpha - \frac{\pi}{2}$ $= \frac{1}{j\omega C}\dot{I}$ $= -j\frac{1}{\omega C}\dot{I}$ $= jX_C\dot{I}$ $(\dot{I} = j\omega C\dot{V})$	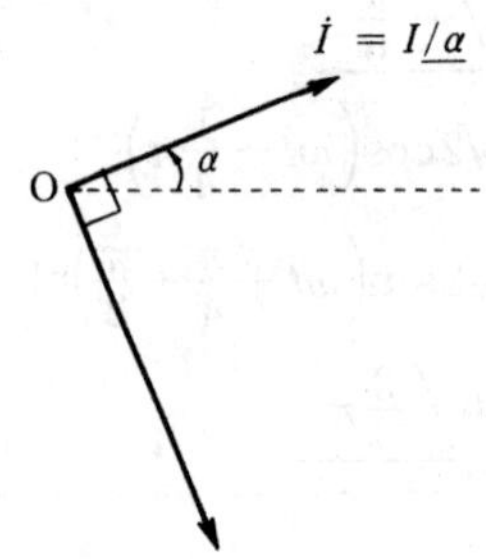 $\dot{V} = \frac{1}{j\omega C}\dot{I}$ $= -j\frac{1}{\omega C}\dot{I}$ $= jX_C\dot{I}$

R. L. C 소자에 대한 전압·전류 관계를 페이저로 표시해 본 결과, 순시값 표시식과 페이저 표시식 사이에는 다음과 같은 규칙적인 변환관계가 적용되고 있음을 알 수 있다. 이를 정리해 보면 **표 4.2**와 같다.

표 4.2

순시값 표현	⟷	페이저 표현
$R.\ L.\ C$	⟷	$R.\ L.\ C$
v	⟷	$\dot{V}$
i	⟷	$\dot{I}$
$\frac{d}{dt}$	⟷	$j\omega$
$\int \cdots dt$	⟷	$\frac{1}{j\omega} = -j\frac{1}{\omega}$

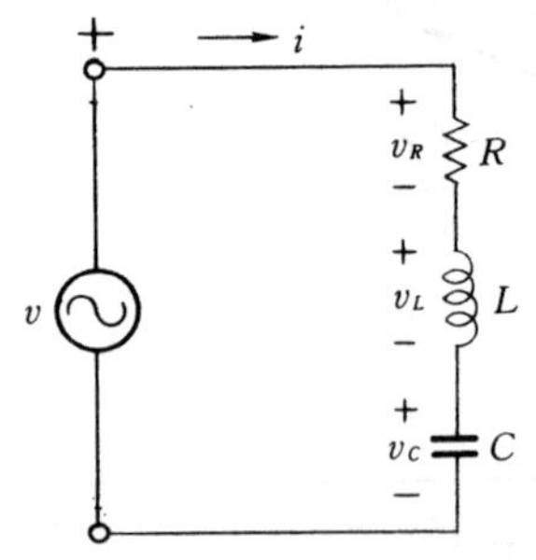

(a)

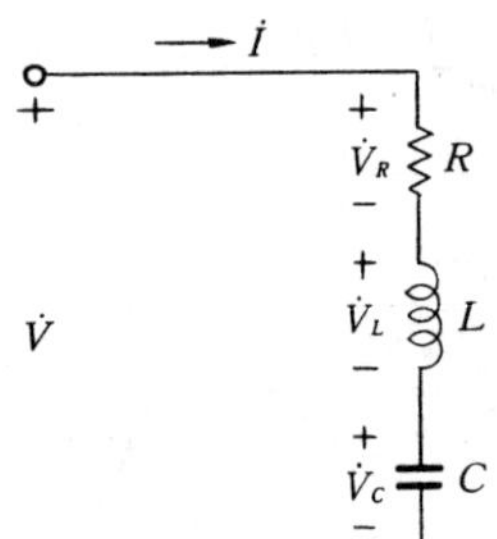

(b)

그림 4.14

〔예제 4·6〕 그림 4.14(a) 회로에 대한 다음과 같은 전압, 전류의 순시값 표시식을 페이저 표시식으로 나타내어라.

$$v = v_R + v_L + v_C = Ri + L\frac{di}{dt} + \frac{1}{C}\int idt$$

풀이 ☞ 그림 (a)에 대한 페이저 표현은 그림 (b)와 같으며 이에 대한 전압, 전류의 페이저 표현식은

$$\dot{V}=\dot{V}_R+\dot{V}_L+\dot{V}_C=R\dot{I}+j\omega L\dot{I}+\frac{1}{j\omega C}\dot{I}$$
$$=R\dot{I}+j\omega L\dot{I}-j\frac{1}{\omega C}\dot{I}$$

정현파 회로해석시 공학적으로는 페이저도를 그려봄으로써 미리 계산결과를 근사적으로 알 수 있으며 기하학적인 방법만으로도 문제를 해결할 수 있는 이점이 있다〔**예제 4·7, 4·8**〕.

〔예제 4·7〕 그림 4.15(a)에서 전원전압은 $v=\sqrt{2}\,100\sin\omega t$〔V〕이며 v_1, v_2의 크기는 각각 90〔V〕, 70〔V〕이다. v_1이 v보다 위상이 앞서 있음이 확인되었을 때 v_1, v_2의 근사값을 페이저도에 의해 구하여라.

풀이 ☞ $\dot{V}_1$은 $\dot{V}$보다 위상이 앞서므로 $\dot{V}=\dot{V}_1+\dot{V}_2$가 성립되기 위해서는 $\dot{V}_2$는 $\dot{V}$보다 위상이 뒤진다고 보아야 한다. $\dot{V}$를 기준 페이저로 하고 $\dot{V}_1$, $\dot{V}_2$를 작도하면 그림 (b)와 같다. 각도기를 사용하여 θ_1, θ_2를 측정하면 $\theta_1\simeq 43°$, $\theta_2\simeq 61°$가 된다. 따라서

$$v_1=\sqrt{2}\,90\sin(\omega t+43°)\,〔\text{V}〕$$
$$v_2=\sqrt{2}\,70\sin(\omega t-61°)\,〔\text{V}〕$$

가 된다.

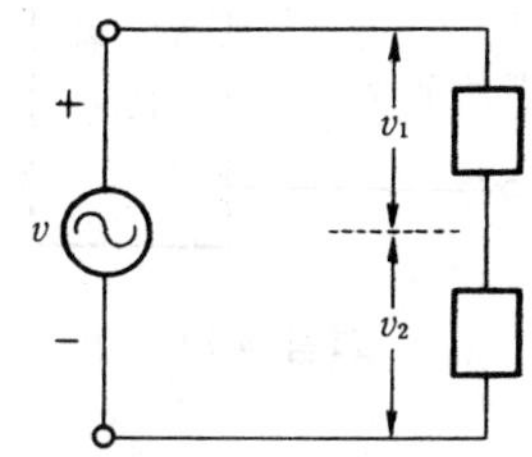

(a)

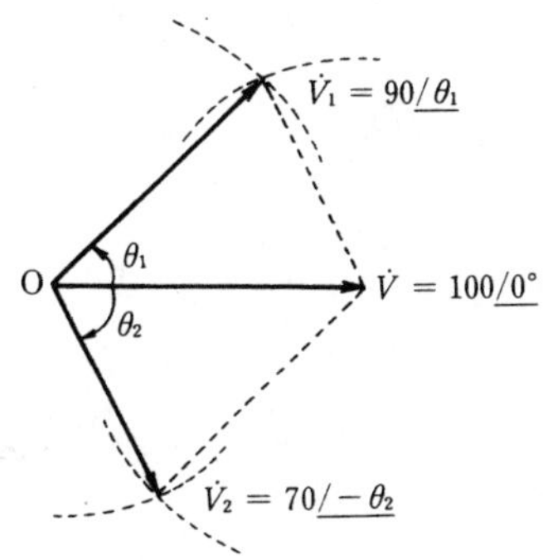

(b)

그림 4.15

〔예제 4·8〕 어느 한 점으로 유입하는 전류가 i_1, i_2이고 이 점으로부터 유출되는 전류가 i_3, i_4이다. 이들 전류가 각각 다음과 같이 표시될 때 i_4를 구하여라.

$$i_1=\sqrt{2}\,15\sin\omega t$$
$$i_2=\sqrt{2}\,5\sin(\omega t+60°)$$
$$i_3=\sqrt{2}\,8\sin(\omega t-45°)$$

풀이 ☞ 유입하는 전류의 합과 유출하는 전류의 합은 같으므로 $i_4=i_1+i_2-i_3$와 같은 관계가 성립되며 이를 페이저로 나타내면

$\dot{I}_1=15/0°$, $\dot{I}_2=5/60°$, $\dot{I}_3=8/-45°$ 이므로

$$\dot{I}_4=\dot{I}_1+\dot{I}_2-\dot{I}_3=15/0°+5/60°-8/45°$$
$$=(15+j0)+(2.50+j4.34)-(5.66-j5.66)$$
$$=11.84+j10=15.6/40.2°$$

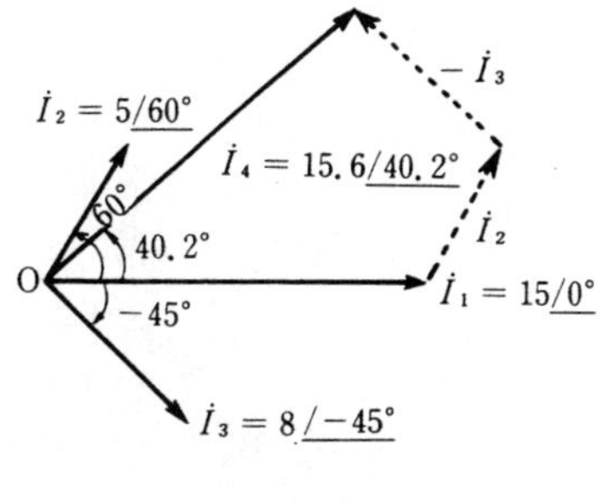

그림 4.16

$$\therefore\ \dot{I}_4 = \sqrt{2}\,15.6\sin(\omega t + 40.2°)$$

그림 4.16은 $\dot{I}_4$가 기하학적 다각형법에 의해 구해질 수 있음을 보여주고 있다.

4-9 複素 임피던스

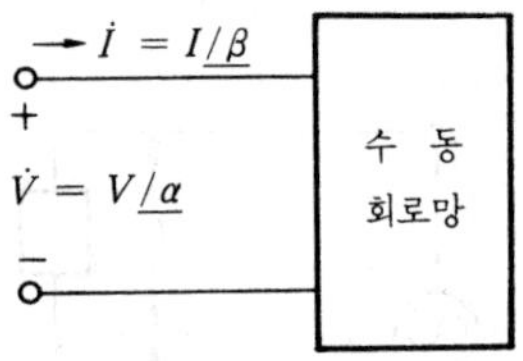

그림 4.17

그림 4.17과 같은 수동회로망에 있어서 $Z = \dfrac{V}{I}$인 관계가 있으므로 임피던스의 크기는 전압과 전류의 실효값의 比로서 결정되며, 임피던스 각은 전압의 위상(α)에서 전류의 위상(β)을 뺀 값, 즉 $\theta = \alpha - \beta$에 의해 결정된다.

또한 임피던스 각은 **그림 4.18**(a)와 같이 전류 페이저를 기준으로 했을 때의 전압 페이저의 위상이라고도 할 수 있다. 그러므로 임피던스도 크기와 각을 갖는 양이라 할 수 있으며, 크기와 각을 고려한 임피던스를 **복소 임피던스**(complex impedance) 또는 간단히 **임피던스**라고도 한다.

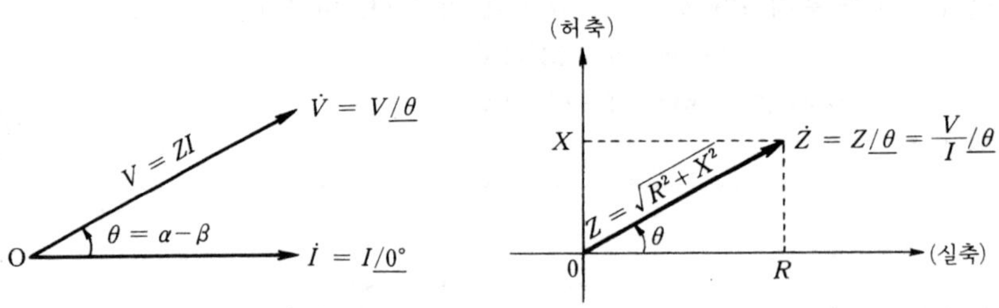

(a) 전압-전류 페이저(전류기준) (b) 복소 임피던스

그림 4.18 전압-전류 페이저와 복소 임피던스

이상의 내용을 정리해 보면 복소 임피던스 $\dot{Z}$는

$$\dot{Z} = Z/\theta = \frac{V}{I}/\alpha - \beta = \frac{\dot{V}}{\dot{I}} \tag{4.31}$$

와 같이 표현되며, 이로부터

$$\dot{V} = \dot{Z}\dot{I} \tag{4.32}$$

인 관계식이 얻어진다. 식(4.32)는 교류회로에 있어서 복소수로 나타낸 옴의 법칙이라 할 수 있다.

다음에 **그림 3.15**와 같은 임피던스 삼각도를 복소좌표계상에 올려놓고 생각해 보기로 한다. 이때 복소 임피던스 $\dot{Z}$를 직교좌표형식으로 나타내 보면 식(4.31)로부터

$$\begin{aligned}\dot{Z} &= Z\underline{/\theta} = Z(\cos\theta + j\sin\theta)\\ &= Z\cos\theta + jZ\sin\theta = R + jX \qquad (4.33)\end{aligned}$$

가 되어 복소 임피던스의 실수부는 저항(resistanec) 성분 R, 허수부는 리액턴스(reactance) 성분 X가 된다(**그림 4.18**(b)).

단일 소자만으로 되어 있는 교류회로에 있어서 회로 임피던스 $\dot{Z}$를 구해보면 **표 4.1**의 페이저 표시식으로부터 **표 4.3**과 같이 된다.

표 4.3

소자	복소 임피던스	
저항	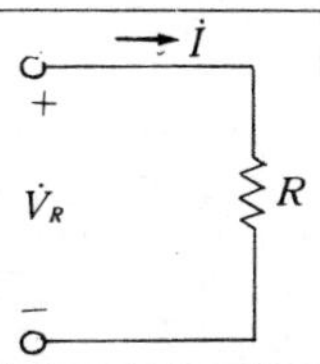	$\dot{Z}_R = \dfrac{\dot{V}_R}{\dot{I}} = \dfrac{R\dot{I}}{\dot{I}} = R$
인덕턴스	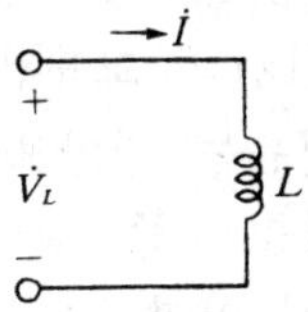	$\dot{Z}_L = \dfrac{\dot{V}_L}{\dot{I}} = \dfrac{jX_L\dot{I}}{\dot{I}} = jX_L = j\omega L$
커패시턴스	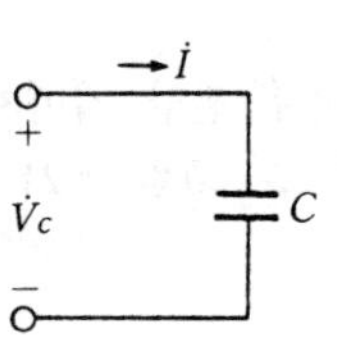	$\dot{Z}_C = \dfrac{\dot{V}_C}{\dot{I}} = \dfrac{jX_C\dot{I}}{\dot{I}} = jX_C = -j\dfrac{1}{\omega C}$

다음은 복소 임피던스의 합성에 대해 알아보기로 한다. 순저항(resistance)과 교류저항(reactance)의 합성저항으로서 넓은 의미의 저항이라 할 수 있는 임피던스의 합성은 저항 R의 합성법이 그대로 적용된다.

(1) 직렬합성

그림 4.19(a) 와 같이 n개의 임피던스가 직렬접속되어 있는

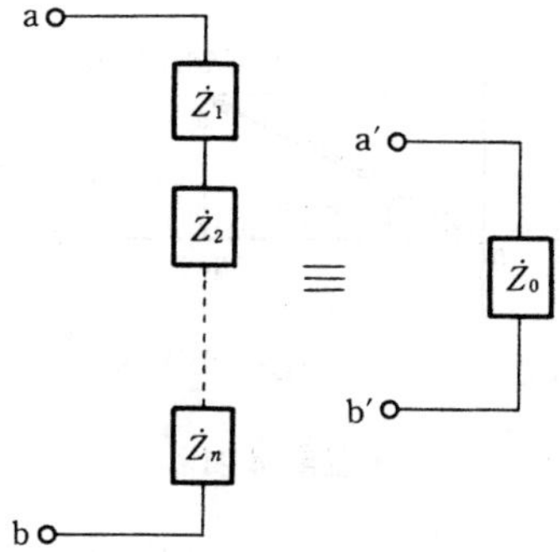

(a) (b)

그림 4.19 임피던스의 직렬합성

경우 n개의 저항이 직렬접속되어 있을 때의 합성법이 그대로 적용될 수 있기 때문에 그 결과도 같게 된다.

즉, 합성 임피던스 $\dot{Z}_0$는 2장의 식(2.8)과 같은 방법에 의해

$$\dot{Z}_0 = \dot{Z}_1 + \dot{Z}_2 + \cdots + \dot{Z}_n \tag{4.34}$$

(2) 병렬합성

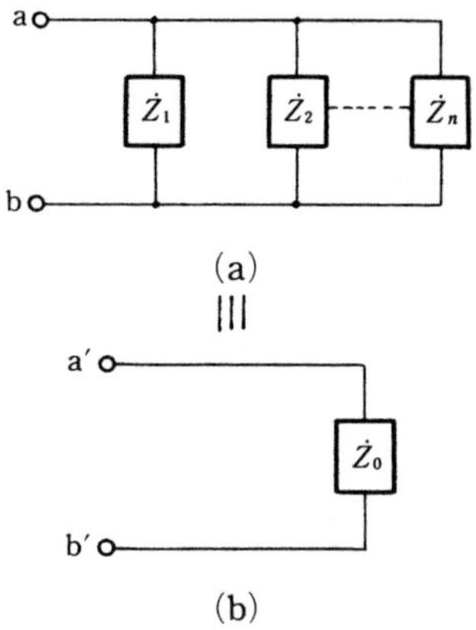

그림 4.20 임피던스의 병렬합성

그림 4.20(a)와 같이 n개의 임피던스가 병렬접속되어 있는 경우 저항의 병렬합성법을 적용할 수 있기 때문에 그 결과도 역시 같게 된다.

즉, 합성 임피던스 $\dot{Z}_0$는 식(2.13)에 의해

$$\left.\begin{aligned} \frac{1}{\dot{Z}_0} &= \frac{1}{\dot{Z}_1} + \frac{1}{\dot{Z}_2} + \cdots + \frac{1}{\dot{Z}_n} \\ \text{또는} \quad \dot{Z}_0 &= \frac{1}{\dfrac{1}{\dot{Z}_1} + \dfrac{1}{\dot{Z}_2} + \cdots + \dfrac{1}{\dot{Z}_n}} \end{aligned}\right\} \tag{4.35}$$

가 된다.

〔예제 4·9〕 어떤 회로에 100〔V〕, 60〔Hz〕의 교류전압을 인가했더니 10〔A〕의 전류가 흘렀고 전류는 전압보다 위상이 30° 늦음이 관측되었다. 전류 페이저를 기준으로 하여 전압-전류 페이저를 나타내고 회로에 대한 임피던스를 복소평면상에 나타내어라.

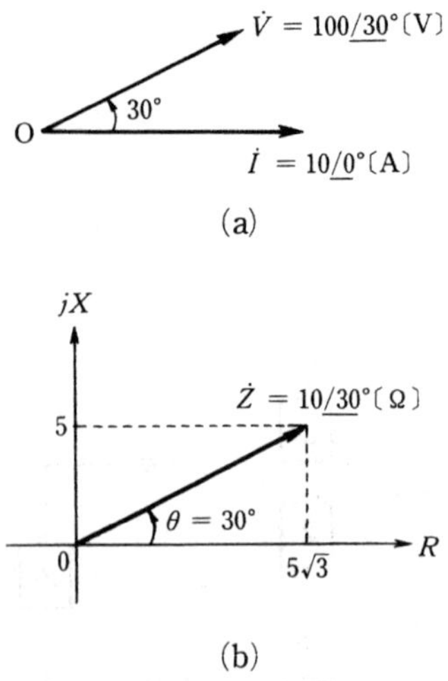

그림 4.21

풀이 ☞ 전류 페이저를 기준으로 하여 전류-전압 페이저를 나타내면, $\dot{I} = 10\underline{/0°}$〔A〕, $\dot{V} = 100\underline{/30°}$〔V〕이므로 **그림 4.21**(a)와 같으며 임피던스는

$$\begin{aligned} \dot{Z} &= \frac{\dot{V}}{\dot{I}} = \frac{100\underline{/30°}}{10\underline{/0°}} = 10\underline{/30°} \\ &= 10(\cos 30° + j\sin 30°) = 5\sqrt{3} + j5〔\Omega〕 \end{aligned}$$

이므로, 이를 복소 평면상에 나타내면 그림 (b)와 같다.

〔예제 4·10〕 **그림 4.22**와 같이 수동소자 R, L, C가 접속되어 있을 때 단자 a, b에 대한 합성 임피던스 $\dot{Z}_{ab}$를 구하여라. 단, 회로전원의 각주파수는 ω이다.

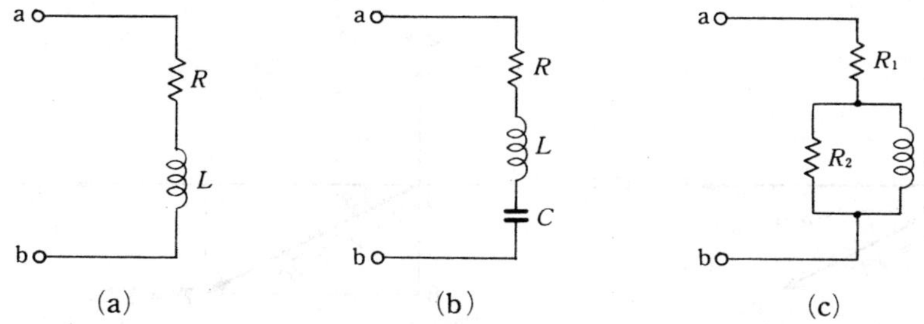

그림 4.22

풀이 ☞

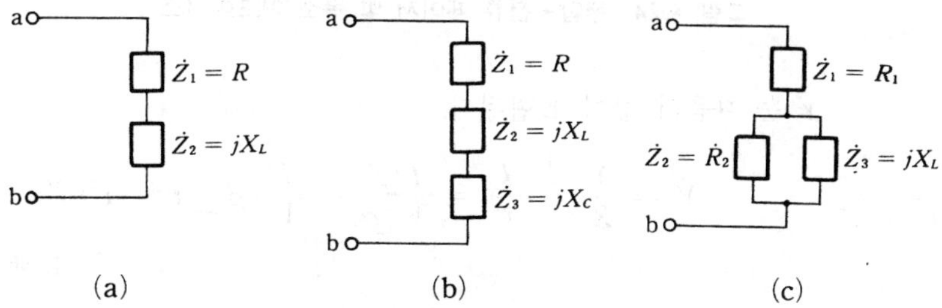

그림 4.23

(a) $\dot{Z}_{ab} = \dot{Z}_1 + \dot{Z}_2$

$= R + jX_L$

$= R + j\omega L$

(b) $\dot{Z}_{ab} = \dot{Z}_1 + \dot{Z}_2 + \dot{Z}_3$

$= R + j(X_L + X_C)$

$= R + j(\omega L - \frac{1}{\omega C})$

(c) $$\dot{Z}_{ab} = \dot{Z}_1 + \frac{\dot{Z}_2 \cdot \dot{Z}_3}{\dot{Z}_2 + \dot{Z}_3}$$

$$= R_1 + \frac{R_2 \cdot jX_L}{R_2 + jX_L}$$

$$= R_1 + \frac{R_2 \cdot j\omega L}{R_2 + j\omega L}$$

$$= R_1 + \frac{R_2\omega^2 L^2}{R_2^2 + \omega^2 L^2} + j\frac{R_2^2 \omega L}{R_2^2 + \omega^2 L^2}$$

4-10 複素 어드미턴스

저항 R의 역수를 컨덕턴스 G라 하듯이 복소 임피던스 $\dot{Z}$의 역수를 **복소 어드미턴스**(complex admittance) 또는 간단히 **어드미턴스**라 하며 $\dot{Y}$로 표시한다.

앞의 **그림 4.17**의 회로와 식(4.31)로부터 복소 어드미턴스

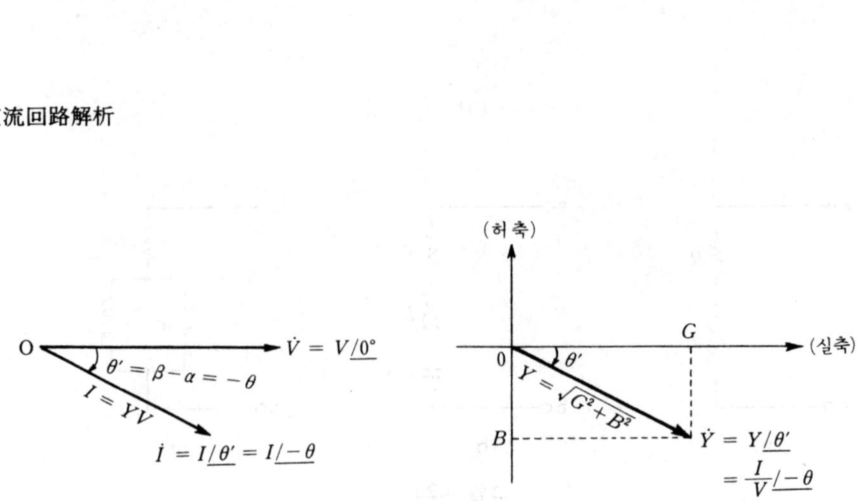

(a) 전압·전류 페이저(전압 기준)   (b) 복소어드미턴스

그림 4.24 전압·전류 페이저 및 복소 어드미턴스

$\dot{Y}$는 다음과 같이 표현된다.

$$\dot{Y} = \frac{1}{\dot{Z}} = \frac{\dot{I}}{\dot{V}} = \frac{I\underline{/\beta}}{V\underline{/\alpha}} = \frac{I}{V}\underline{/\beta-\alpha} = Y\underline{/\theta'} \tag{4.36}$$

이로부터 복소전압과 복소전류 사이에는

$$i = Gv$$

와 같은 형식인

$$\dot{I} = \dot{Y}\dot{V} \tag{4.37}$$

의 관계가 성립된다. 또한 어드미턴스의 크기 Y는

$$\left.\begin{aligned} Y &= \frac{I}{V} \\ \text{또는} \quad I &= YV \end{aligned}\right\} \tag{4.38}$$

로서 임피던스의 크기 Z의 역과 같으며 **어드미턴스 각** θ'는

$$\theta' = \beta - \alpha = -(\alpha - \theta) = -\theta \tag{4.39}$$

로서 **그림 4.17** 회로에서의 임피던스 각 θ와 부호가 반대로 된다.

어드미턴스 각 θ'는 전류의 위상(β)에서 전압의 위상(α)을 뺀값, 다시말해 전압 페이저를 기준으로 했을 때 전류 페이저의 위상을 말한다(**그림 4.24**(a)).

$I = YV$인 관계식에서 알 수 있듯이 어드미턴스가 클수록

동일 전압하에서 더욱 큰 전류가 흐르게 된다.

복소 어드미턴스 $\dot{Y}$는 직교좌표형식으로는

$$\dot{Y} = G + jB \tag{4.40}$$

로 표현되며, 여기서 실수부 G는 **컨덕턴스**, 허수부 B는 **서셉턴스**(susceptance)라 하여 역시 어드미턴스와 유사한 개념을 갖는다.

따라서 Y, G, B는 모두 동일한 단위(mho ; 〔℧〕)를 갖게 되며 이들 사이에는

$$Y = \sqrt{G^2 + B^2} \tag{4.41}$$

인 관계가 성립된다(**그림 4.24**(b)).

이제 직교좌표형식으로 표현되는 복소 어드미턴스와 복소임피던스와의 관계를 살펴보면

$$\dot{Y} = \frac{1}{\dot{Z}} = \frac{1}{R + jX}$$

$$= \frac{R}{R^2 + X^2} + j\frac{-X}{R^2 + X^2} = G + jB$$

가 되며, 여기서

$$G = \frac{R}{R^2 + X^2} \tag{4.42}$$

$$B = \frac{-X}{R^2 + X^2} \tag{4.43}$$

인 관계가 성립된다. 이로부터

i) 회로에 R만이 존재하는 경우

$$X = 0$$

이 되므로 식(4.42)로부터

$$G = \frac{1}{R}$$

인 관계가 되며 이는 이미 G의 정의에서 거론된 바 있다.

ii) 회로에 X만이 존재하는 경우

$$R = 0$$

이 되므로 역시 식(4.43)으로부터

$$B = -\frac{1}{X} \tag{4.44}$$

인 관계가 성립된다.

따라서 식(4.44)로부터 인덕턴스 L 및 커패시턴스 C에 대한 서셉턴스인 **유도성 서셉턴스**(inductive susceptance) B_L, **용량성 서셉턴스**(capacitive susceptance) B_C를 구해보면 각각

$$B_L = -\frac{1}{X_L} = -\frac{1}{\omega L} \tag{4.45}$$

$$B_C = -\frac{1}{X_C} = -\frac{1}{-\frac{1}{\omega C}} = \omega C \tag{4.46}$$

가 된다.

단일 수동소자 R, L, C에 대한 복소 어드미턴스 표현식은 **표 4.4**과 같다.

표 4.4

소자	복소 어드미턴스
저항	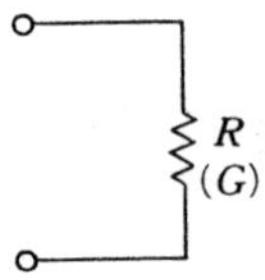 $\dot{Y}_R = \frac{1}{\dot{Z}_R} = \frac{1}{R} = G$
인덕턴스	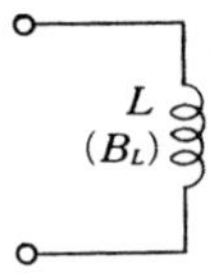 $\dot{Y}_L = \frac{1}{\dot{Z}_L} = \frac{1}{jX_L} = -j\frac{1}{X_L} = jB_L = -j\frac{1}{\omega L}$
커패시턴스	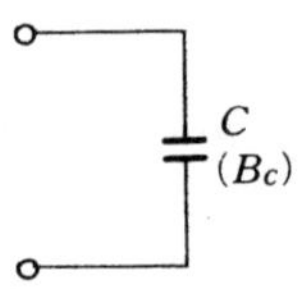 $\dot{Y}_C = \frac{1}{\dot{Z}_C} = \frac{1}{jX_C} = -j\frac{1}{X_C} = jB_C = j\omega C$

다음은 복소 어드미턴스의 합성에 대해 알아보기로 한다.

어드미턴스(admitance)는 컨덕턴스(conductance)와 유사한 개념으로서 이에 대한 합성법은 컨덕턴스의 합성법이 그대로 적용되며, 따라서 그 결과도 같게 된다.

(1) 직렬합성

그림 4.25(a) 와 같이 n개의 어드미턴스가 직렬접속되어 있는 경우 그 합성 어드미턴스 $\dot{Y}_0$는 2장에서의 식(2.17)의 컨덕턴스 직렬합성법과 같으므로

$$\left.\begin{aligned} \frac{1}{\dot{Y}_0} &= \frac{1}{\dot{Y}_1}+\frac{1}{\dot{Y}_2}+\cdots+\frac{1}{\dot{Y}_n} \\ \dot{Y}_0 &= \frac{1}{\dfrac{1}{\dot{Y}_1}+\dfrac{1}{\dot{Y}_2}+\cdots+\dfrac{1}{\dot{Y}_n}} \end{aligned}\right\} \tag{4.47}$$

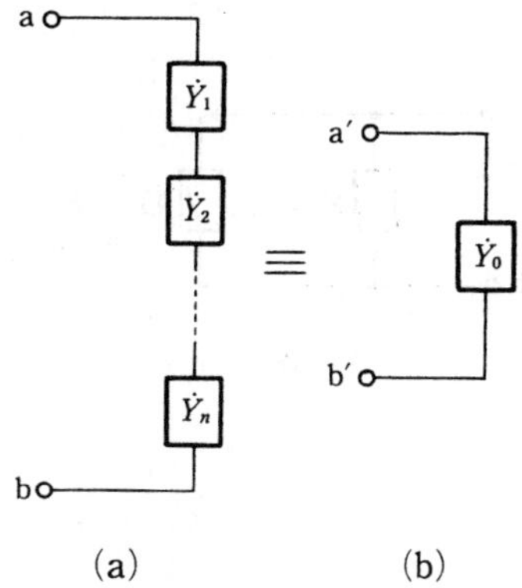

그림 4.25 어드미턴스의 직렬합성

(2) 병렬합성

그림 4.26(a)와 같이 n개의 어드미턴스가 병렬접속되어 있는 경우 그 합성 어드미턴스 $\dot{Y}_0$는 2장의 식(2.20)의 컨덕턴스 병렬합성법과 같으므로

$$\dot{Y}_0 = \dot{Y}_1+\dot{Y}_2+\cdots+\dot{Y}_n \tag{4.48}$$

이 된다.

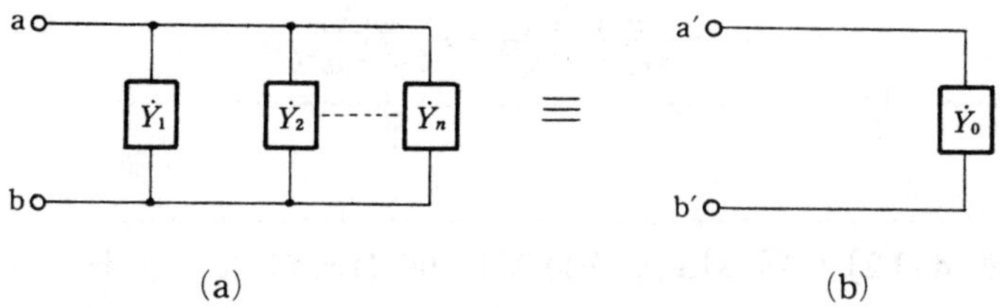

그림 4.26 어드미턴스의 병렬합성

〔예제 4·11〕 그림 4.27 과 같이 수동소자 G, C, L이 접속되어 있을 때 단자 a, b에 대한 등가 또는 합성 어드미턴스 $\dot{Y}_0$를 구하여라. 단, 회로전원의 각주파수는 ω이다.

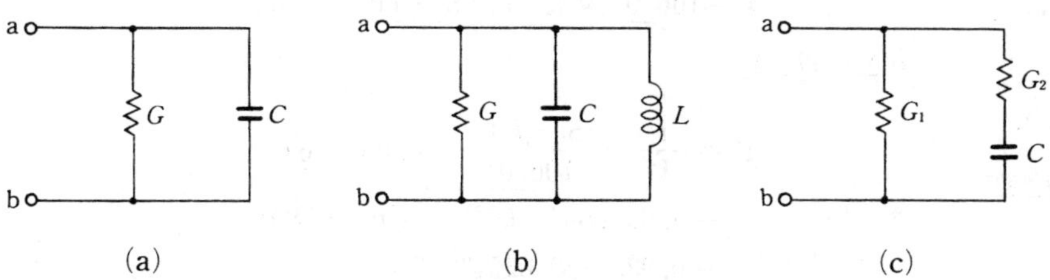

그림 4. 27

풀이 ☞

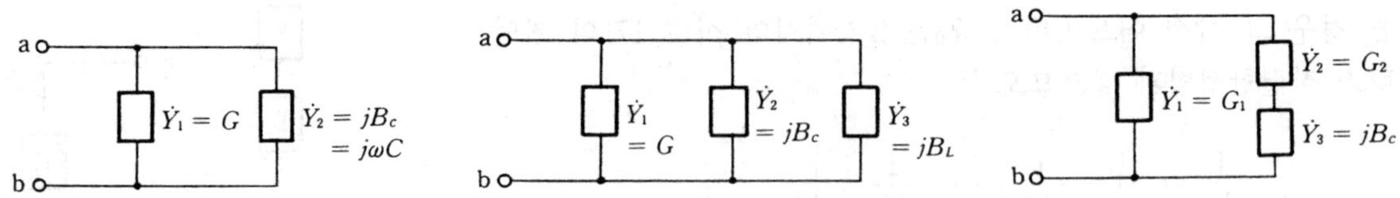

(a) (b) (c)

그림 4.28

(a) $\dot{Y}_0 = \dot{Y}_1 + \dot{Y}_2 = G + jB_c = G + j\omega C$

(b) $\dot{Y}_0 = \dot{Y}_1 + \dot{Y}_2 + \dot{Y}_3 = G + jB_c + jB_L$

$$= G + j(B_C + B_L)$$

$$= G + j\left(\omega C - \frac{1}{\omega L}\right)$$

(c) $\dot{Y}_0 = \dot{Y}_1 + \dfrac{\dot{Y}_2 \cdot \dot{Y}_3}{\dot{Y}_2 + \dot{Y}_3} = G_1 + \dfrac{G_2 \cdot jB_C}{G_2 + jB_C}$

$$= G_1 + \frac{j\omega C \cdot G_2}{G_2 + j\omega C}$$

$$= G_1 + \frac{\omega^2 C^2 G_2}{G_2^2 + \omega^2 C^2} + j\frac{\omega C G_2^2}{G_2^2 + \omega^2 C^2}$$

〔예제 4·12〕 어떤 회로에 100〔V〕, 60〔Hz〕의 교류전압을 인가했더니 5〔A〕의 전류가 흘렀고 전류는 전압보다 위상이 60° 늦음이 관측되었다. 전압 페이저를 기준으로 한 전압·전류 페이저를 나타내고 회로에 대한 어드미턴스를 복소평면상에 나타내어라.

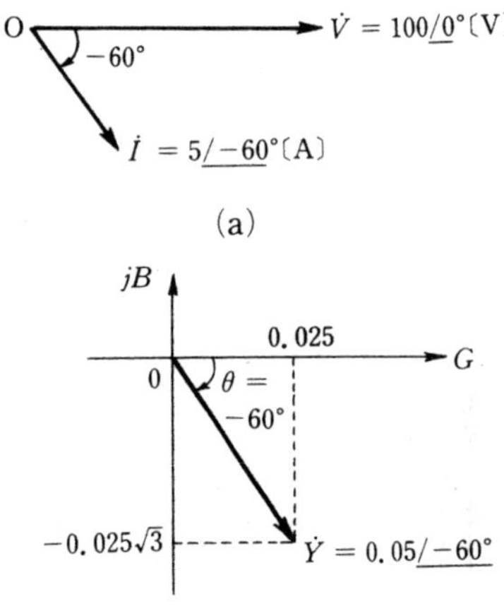

(a) (b)

그림 4.29

풀이 ☞ 전압 페이저를 기준으로 하여 전류·전압 페이저를 나타내면 **그림 4.29**(a)와 같으며

$\dot{V} = 100\underline{/0°}$〔V〕, $\dot{I} = 5\underline{/-60°}$〔A〕이므로

어드미턴스는

$$\dot{Y} = \frac{\dot{I}}{\dot{V}} = \frac{5\underline{/-60°}}{100\underline{/0°}} = 0.05\underline{/-60°}$$

$$= 0.05(\cos(-60°) + j\sin(-60°))$$

$$= 0.025 - j0.025\sqrt{3}〔℧〕$$

이를 복소평면상에 나타내면 **그림 4.29**(b)와 같다.

4-11 페이저를 이용한 正弦波 回路解析

1 직렬회로

직렬회로에 대한 일반적 해석은 3장에서도 이미 여러번 취급한 바 있기 때문에 여기서는 간단히 **그림 4.30**(a)와 같은 R-L 직렬회로를 예로 들어 보기로 한다.

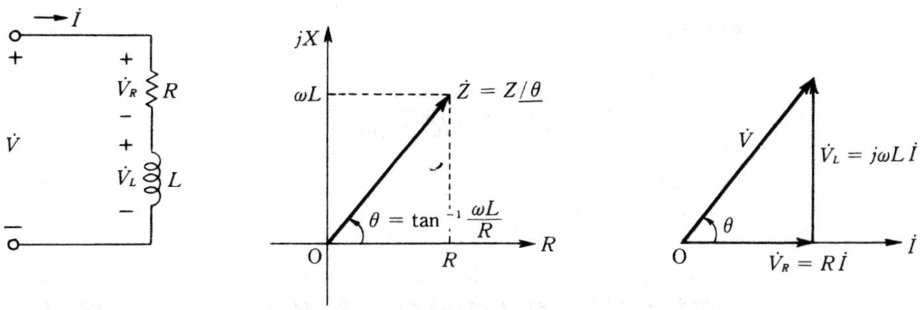

(a) (b) 복소 임피던스 (c) 전압·전류 페이저

그림 4.30 R-L **직렬회로의 해석**

즉, 이 회로에 각주파수 ω, 크기 V의 정현파 전압 $\dot{V}$를 인가했을 때 회로에 유입되는 전류를 $\dot{I}$, R과 L양단의 전압을 각각 $\dot{V}_R$, $\dot{V}_L$이라 하자.

이 회로는 직렬회로이므로 우선 회로 임피던스를 구해보면 $\dot{Z} = R + j\omega L$이 되며 이를 복소 평면상에 나타내면 **그림 4.30**(b)와 같다. 동 그림에서 임피던스 각은 $\theta = \tan^{-1}\dfrac{\omega L}{R}$로서 인가전압 $\dot{V}$가 회로전류 $\dot{I}$보다 위상이 θ만큼 앞섬을 보여주고 있다. R, L 각각의 단자전압은

$$\dot{V}_R = R\dot{I}, \quad \dot{V}_L = j\omega L\dot{I}$$

이므로, 전체 인가전압은

$$\dot{V} = \dot{V}_R + \dot{V}_L = R\dot{I} + j\omega L\dot{I} = (R + j\omega L)\dot{I} \tag{4. 49}$$

가 된다.

인가전압 $\dot{V}$를 전류를 기준으로 하여 페이저도로 나타내면 그림 (c)와 같다. 그림 (c)는 $\dot{I}$를 기준 페이저로 하였을 때 R양단의 전압 $\dot{V}_R$은 회로전류 $\dot{I}$와 동상이지만 L양단의 전압 $\dot{V}_L$은 전류보다 위상이 $\frac{\pi}{2}$앞서기 때문에 그 결과 전체 전압 $\dot{V}$가 전류보다 위상이 θ만큼 앞섬을 보여주고 있다.

식(4.49)로부터 회로전류 $\dot{I}$는

$$\dot{I} = \frac{\dot{V}}{\dot{Z}} = \frac{\dot{V}}{R+j\omega L} \tag{4.50}$$

가 되며, 이의 크기 I는 임피던스의 크기가 그림 (b)로부터

$$Z = \sqrt{R^2+(\omega L)^2}$$

이므로

$$I = \frac{V}{Z} = \frac{V}{\sqrt{R^2+(\omega L)^2}}$$

가 된다.

〔예제 4·13〕 그림 4.31(a)와 같은 R-L 직렬회로에 60〔Hz〕, $\dot{I} = 10\underline{/0°}$〔A〕의 전류가 흐르고 있을 때

① 회로 임피던스 $\dot{Z}$를 구하고 이를 복소평면상에 나타내어라.

② 회로 단자전압 $\dot{V}$를 구하고 전류·전압 페이저도를 구하여라.

③ R, L 각 소자의 양단 전압 V_R, V_L과 전체 단자전압 V 사이의 관계를 밝혀라.

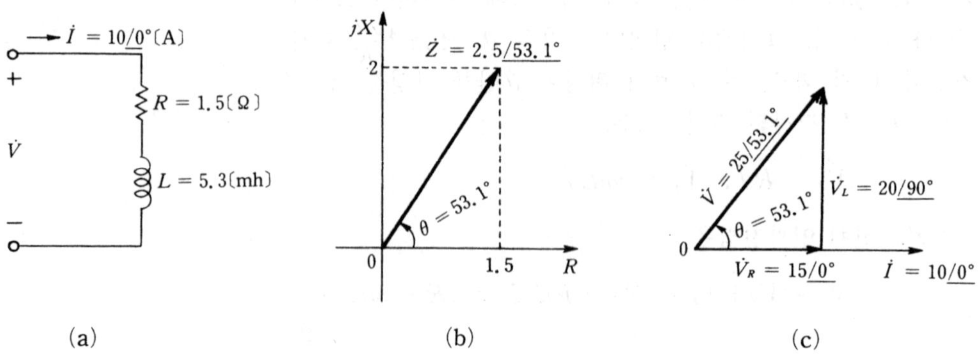

그림 4.31

풀이 ☞ ① L에서의 리액턴스가

$$X_L = 2\pi fL = 2\times3.14\times60\times5.3\times10^{-3}\simeq2.0[\Omega]$$

이므로

$$\dot{Z} = R+jX_L = 1.5+j2 = \sqrt{1.5^2+2^2}\angle\tan^{-1}\frac{2}{1.5}$$

$$= 2.5\angle53.1°[\Omega]$$

이를 복소평면상에 나타내면 그림 (b)와 같다.

② $\dot{V} = \dot{Z}\dot{I} = (2.5\angle53.1°)(10\angle0° = 25\angle53.1°[V]$

또는 $\dot{V} = \dot{Z}\dot{I} = (1.5+j2)(10\angle0°) = 15+j20[V]$

이에 대한 페이저도는 그림 (c)와 같다.

③ 전압·전류의 페이저도(그림 (c))로부터

$$V^2 = V_R^2+V_L^2$$

또는

$$V = \sqrt{V_R^2+V_L^2}$$

인 관계가 성립된다.

[예제 4·14] 그림 4.32(a)와 같은 $R.L.C$직렬회로에 $i=\sqrt{2}\cdot30\sin\omega t$[A]의 전류가 흐르고 있을 때 각 소자의 저항값이 3[Ω], 5[Ω], −2[Ω]이라면 전체 전압 v 및 각 단자전압 v_R, v_L, v_C를 구하고, 또 전류를 기준 페이저로 하여 전압·전류 페이저도를 나타내어라.

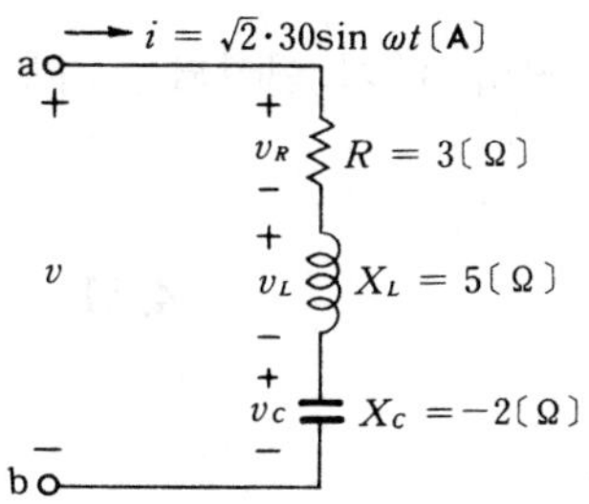

(a)

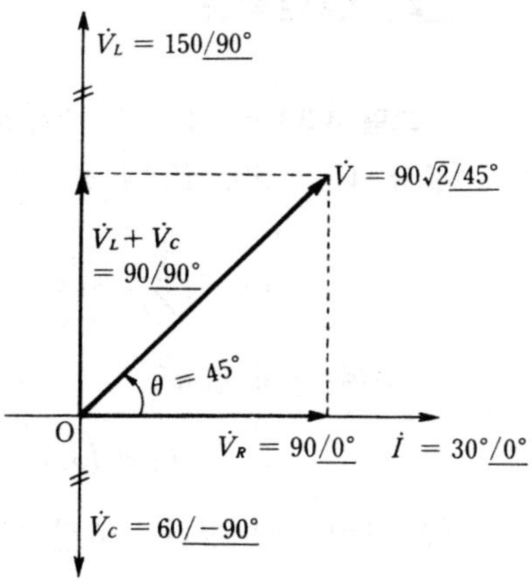

(b)

그림 4.32

풀이 ☞ 합성 리액턴스가

$$X = X_L + X_C = 5 + (-2) = 3[\Omega]$$

이므로, 회로 임피던스의 크기 Z 및 각 θ는

$$Z = \sqrt{R^2 + X^2} = \sqrt{3^2 + 3^2} = 3\sqrt{2}[\Omega]$$

$$\theta = \tan^{-1}\frac{X}{R} = \tan^{-1}\frac{3}{3} = \tan^{-1}1 = 45°$$

따라서 전체 전압의 크기 V는

$$V = ZI = 3\sqrt{2} \cdot 30 = 90\sqrt{2}[V]$$

$$\therefore v = \sqrt{2}V\sin(\omega t + 45°) = 180\sin(\omega t + 45°)[V]$$

각 소자의 단자전압은

$$V_R = RI = 3 \cdot 30 = 90[V]$$

$$V_L = X_L I = 5 \cdot 30 = 150[V]$$

$V_C = |X_C| \cdot I = 2 \cdot 30 = 60[V]$이므로

$$v_R = \sqrt{2}V_R\sin\omega t = \sqrt{2}\ 90\sin\omega t[V]$$

$$v_L = \sqrt{2}V_L\sin(\omega t + 90°) = \sqrt{2}\ 150\sin(\omega t + 90°)[V]$$

$$v_C = \sqrt{2}V_C\sin(\omega t - 90°) = \sqrt{2}\ 60\sin(\omega t - 90°)[V]$$

전류 및 각 전압을 페이저로 나타내면

$$\dot{I} = 30\underline{/0°}[A], \quad \dot{V}_R = 90\underline{/0°}[V]$$

$$\dot{V}_L = 150\underline{/90°}[V], \quad \dot{V}_C = 60\underline{/-90°}[V]$$

$$\dot{V} = 90\sqrt{2}\underline{/45°}[V]$$

가 되며, 이에 대한 페이저도는 그림 (b)와 같다.

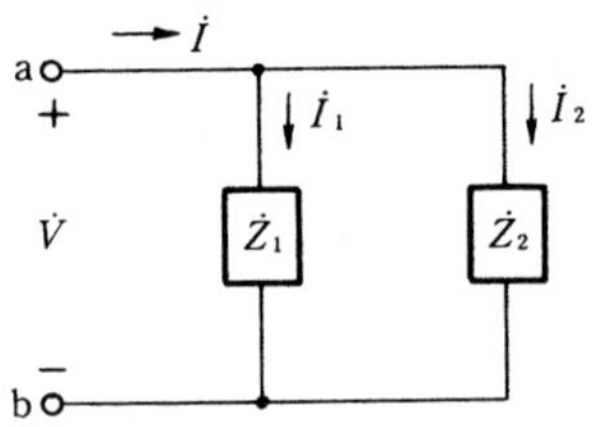

(a)

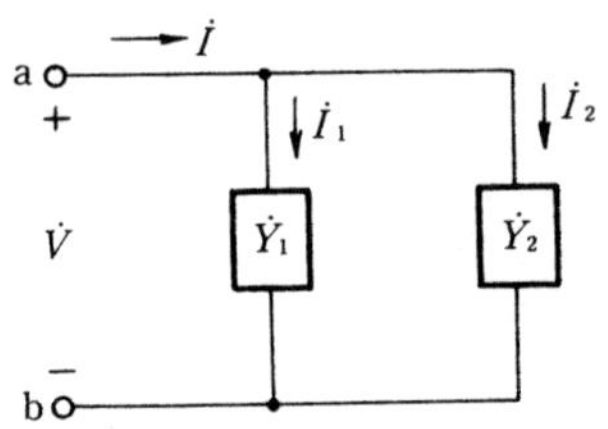

(b)

그림 4.33 병렬회로

2 병렬회로

그림 4.33(a)와 같은 병렬회로에서 전압 $\dot{V}$가 인가되는 경우 전압 $\dot{V}$는 $\dot{Z}_1$, $\dot{Z}_2$에 공통으로 걸리므로

$$\dot{I}_1 = \frac{\dot{V}}{\dot{Z}_1}, \quad \dot{I}_2 = \frac{\dot{V}}{\dot{Z}_2} \tag{4.51}$$

가 되며 전체 전류는

$$\dot{I} = \dot{I}_1 + \dot{I}_2$$

에 의해 구해진다. 또한 단자 a, b에 대한 등가 임피던스는

$$\dot{Z}_{ab} = \frac{1}{\frac{1}{\dot{Z}_1} + \frac{1}{\dot{Z}_2}}$$

과 같은 병렬합성법에 의해 구해질 수 있으나 복잡한 회로의 경우는 계산이 번거로운 편이다.

병렬회로의 해석시에는 임피던스보다는 어드미턴스를 이용하는 것이 편리할 때가 많다.

그림 4.33 (b)와 같은 어드미턴스 병렬회로의 경우

$$\dot{I}_1 = \dot{Y}_1\dot{V}, \quad \dot{I}_2 = \dot{Y}_2\dot{V} \tag{4.52}$$

인 관계가 성립되므로 전체 전류 $\dot{I}$ 는

$$\dot{I} = \dot{I}_1 + \dot{I}_2 = \dot{Y}_1\dot{V} + \dot{Y}_2\dot{V} = (\dot{Y}_1 + \dot{Y}_2)\dot{V} \tag{4.53}$$

가 되며 a, b에 대한 등가 어드미턴스 $\dot{Y}_{ab}$는

$$\dot{Y}_{ab} = \dot{Y}_1 + \dot{Y}_2 = G + jB$$

에 의해 쉽게 구해질 수 있다. 따라서 회로 전체 전류의 크기 I 는

$$I = Y_{ab}V = \sqrt{G^2 + B^2}\,V \tag{4.54}$$

가 되며, 전체 전압과 전류 사이의 위상차, 즉 어드미턴스 각 θ는

$$\theta = \tan^{-1}\frac{B}{G} \tag{4.55}$$

에 의해 구해질 수 있다.

〔예제 4·15〕 그림 4.34(a) 와 같이

$G = 0.1$〔℧〕, $B_L = -0.125$〔℧〕, $B_C = 0.05$〔℧〕가 병렬접속된 회로에 $\dot{V} = 80\angle 0°$〔V〕의 전압이 인가될 때

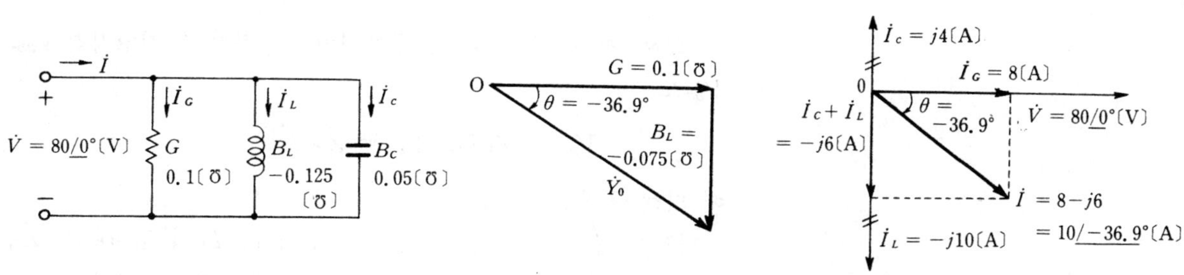

(a) (b) (c)

그림 4.34

① 회로 전체에 대한 등가 어드미턴스 $\dot{Y}_0$및 어드미턴스 삼각도를 구하여라.

② 회로 전류 $\dot{I}$ 와 이의 크기 I를 구하여라.

③ 전압·전류의 페이저도를 구하여라.

풀이 ☞ ① $\dot{Y}_0 = \dot{Y}_G + \dot{Y}_L + \dot{Y}_C = G + jB_L + jB_C$

$= 0.1 + j(-0.125) + j0.05 = 0.1 - j0.075$[℧]

어드미턴스 각 $\theta = \tan^{-1}\dfrac{B}{G} = \tan^{-1}\left(\dfrac{-0.075}{0.1}\right) = -36.9°$

② $\dot{I} = \dot{I}_G + \dot{I}_L + \dot{I}_C = G\dot{V} + jB_L\dot{V} + jB_C\dot{V}$

$= 0.1 \times 80 - j0.125 \times 80 + j0.05 \times 80 = 8 - j10 + j4$

$= 8 - j6$[A]

③ $I = \sqrt{8^2 + (-6)^2} = 10$[A]

3 직병렬회로

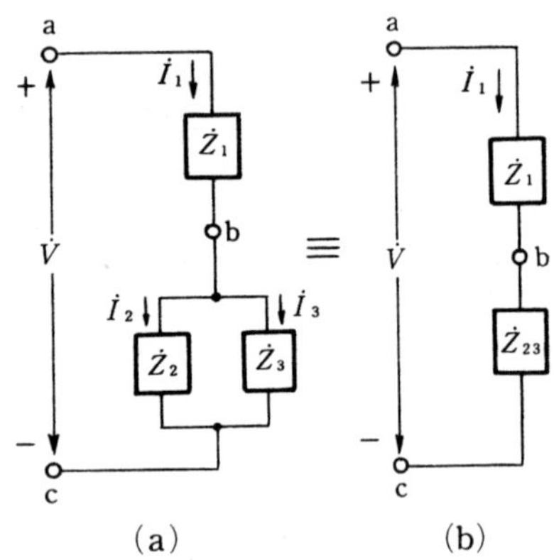

그림 4.35 직병렬회로

그림 4.35(a) 와 같은 전형적인 직병렬회로에 전압 $\dot{V}$ 가 인가될 때의 전류 $\dot{I}_1$, $\dot{I}_2$, $\dot{I}_3$와 각 부분의 단자전압 $\dot{V}_{ab}$, $\dot{V}_{bc}$ 그리고 전체 전압과 전류 사이의 위상관계는 다음과 같은 일반적인 방법에 의해 구할 수 있다.

우선 병렬부분 $\dot{Z}_2$와 $\dot{Z}_3$에 대한 등가 임피던스 $\dot{Z}_{23}$를 구하여 **그림 4.35**(b)와 같이 대치한 후 이 직렬회로에 대한 전체 임피던스

$$\dot{Z}\ (= \dot{Z}_1 + \dot{Z}_{23})$$

를 구하면 이로부터 전체 전압과 전류 사이의 위상관계가 밝혀진다.

$$\dot{V} = \dot{Z}\dot{I}_1$$

에 의해 전체 전류 $\dot{I}_1$이 구해지면 각 부분의 전압강하 $\dot{V}_{ab}$, $\dot{V}_{bc}$도

$$\dot{V}_{ab} = \dot{Z}_1\dot{I}_1, \quad \dot{V}_{bc} = \dot{Z}_{23}\dot{I}_1$$

에 의해 구해질 수 있다.

다음에 분기전류 $\dot{I}_2$와 $\dot{I}_3$는 전체 전류 $\dot{I}_1$이 임피던스 $\dot{Z}_2$, $\dot{Z}_3$에 반비례하여 배분된다는 원리에 의해 구할 수 있다.

이상과 같은 방법은 좀더 복잡한 회로의 경우에도 마찬가지

로 적용될 수 있다.

〔예제 4·16〕 그림 4.36(a)와 같은 회로에 있어서

① 회로 전체에 대한 등가 임피던스 $\dot{Z}_{ac}$를 구하여라.

② 전체 전압과 전류의 위상차 θ를 구하여라.

③ 회로 전류 $\dot{I}$, $\dot{I}_1$, $\dot{I}_2$를 구하여라.

④ a-b, b-c간의 단자 전압 $\dot{V}_{ab}$, $\dot{V}_{bc}$를 구하여라.

⑤ 단자 a, c에 대한 등가 어드미턴스 회로를 구성하여라.

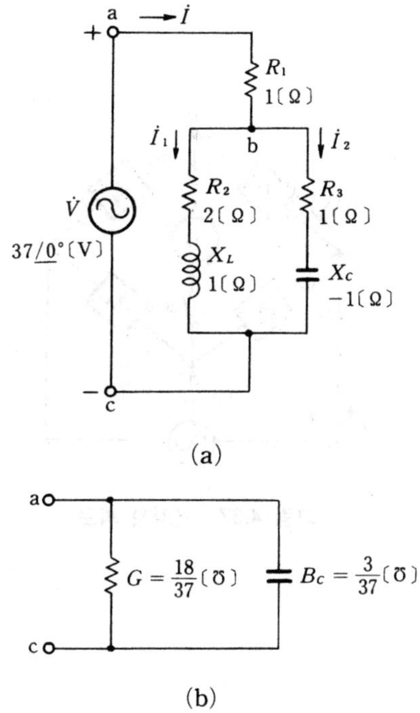

그림 4.36

풀이 ☞

① $\dot{Z}_{ac} = R_1 + \dfrac{(R_2 + jX_L)(R_3 + jX_C)}{(R_2 + jX_L) + (R_3 + jX_C)}$

$\qquad = 1 + \dfrac{(2+j1)\cdot(1-j1)}{(2+j1)+(1-j1)} = 2 - j\dfrac{1}{3}$〔Ω〕

② $\dot{Z}_{ac}$ 로부터 임피던스 각은

$$\theta = \tan^{-1}\frac{X}{R} = \tan^{-1}\frac{-\frac{1}{3}}{2} = -\tan^{-1}\frac{1}{6} \simeq -9.4°$$

가 되어 전체 전압은 전체 전류보다 위상이 9.4°만큼 뒤진다.

③ $\dot{I} = \dfrac{\dot{V}}{\dot{Z}_{ac}} = \dfrac{37}{2 - j\frac{1}{3}} = 18 + j3$〔A〕

$\dot{I}_1 = \dot{I}\cdot\dfrac{R_3 + jX_C}{(R_2 + jX_L) + (R_3 + jX_C)}$

$\qquad = (18 + j3)\cdot\dfrac{1 - j1}{(2+j1)+(1-j1)} = 7 - j5$〔A〕

$\dot{I}_2 = \dot{I}\cdot\dfrac{R_2 + jX_L}{(R_2 + jX_L) + (R_3 + jX_C)}$

또는 $\dot{I}_2 = \dot{I} - \dot{I}_1$에 의해 $\dot{I}_2 = 11 + j8$〔A〕

④ $\dot{V}_{ab} = R_1\dot{I} = 1(18 + j3) = 18 + j3$〔V〕

$\dot{V}_{bc} = (R_2 + jX_L)\,\dot{I}_1 = (R_3 + jX_C)\,\dot{I}_2$

또는 $\dot{V}_{bc} = \dot{V} - \dot{V}_{ab}$에 의해

$\dot{V}_{bc} = 19 - j3$〔V〕

⑤ $\dot{Y}_{ac} = \dfrac{1}{\dot{Z}_{ac}} = \dfrac{1}{2 - j\frac{1}{3}} = \dfrac{18}{37} + j\dfrac{3}{37}$〔℧〕

이므로 이에 대한 등가회로는 그림 (b)와 같다.

---

4 브리지 회로

R, L, C의 값을 측정하는 데 있어서 **브리지 회로**(bridge circuit)가 흔히 사용된다. **그림 4.37**은 그 기본회로로서 **휘트스톤 브리지**(Wheatstone bridge)라 한다. 여기서 D(detector)는 검류계 또는 수화기를 나타내며 가변 임피던스의 변화에 의해 b, d점의 전위가 같아지게 되면 D에는 전류가 흐르지 않는다.

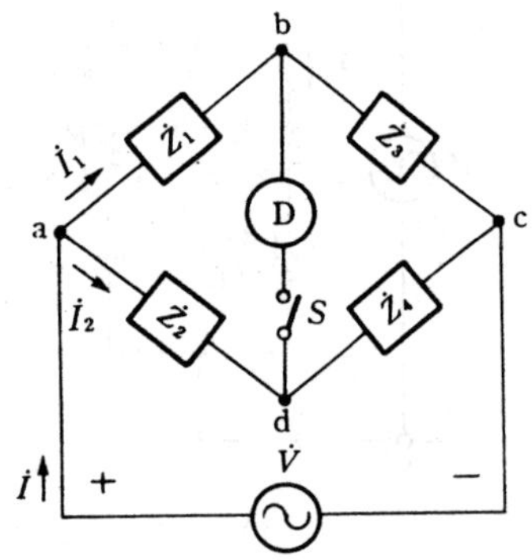

그림 4.37 브리지 회로

이와 같은 상태를 **브리지 평형상태**라 하며, 이러한 **평형상태**가 되면 a-b간의 전위차와 a-d간의 전위차가 같고 b-c간, d-c간의 전위차 역시 같게 된다. 즉,

$$\dot{Z}_1\dot{I}_1 = \dot{Z}_2\dot{I}_2, \quad \dot{Z}_3\dot{I}_1 = \dot{Z}_4\dot{I}_2 \tag{4.56}$$

가 되며, 이로부터

$$\left.\begin{aligned} &\frac{\dot{Z}_2}{\dot{Z}_1} = \frac{\dot{Z}_4}{\dot{Z}_3} \\ \text{또는} \quad & \\ &\dot{Z}_1\dot{Z}_4 = \dot{Z}_2\dot{Z}_3 \end{aligned}\right\} \tag{4.57}$$

와 같은 브리지 회로의 평형조건이 얻어진다.

그러므로 브리지 회로에서 3개의 임피던스를 알게 되면 하나의 미지 임피던스는 식(4.57)에 의해 구해질 수 있다.

〔예제 4·17〕 그림 4.38과 같은 브리지 회로에서 $R_1 = 15$〔Ω〕, $R_2 = 300$〔Ω〕, $R_3 = 120$〔Ω〕, $L = 45$〔μH〕인 경우, 평형상태를 이루기 위한 R 및 C의 값은 얼마인가?

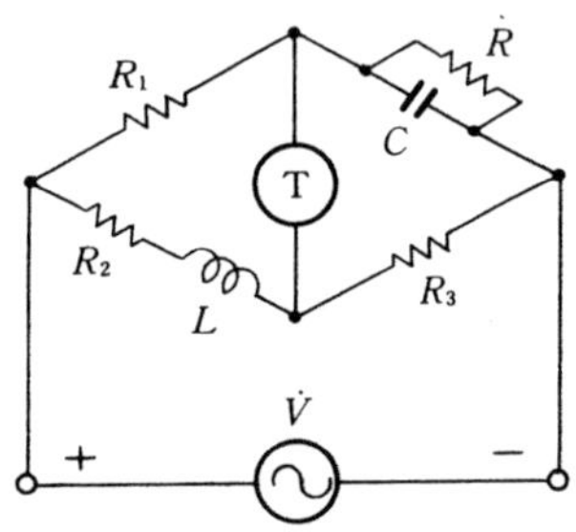

그림 4.38

풀이 ☞ R-C 병렬부분의 임피던스는

$$\frac{R\times\dfrac{1}{j\omega C}}{R+\dfrac{1}{j\omega C}} = \frac{R}{1+j\omega CR}$$

이므로 브리지 회로의 평형조건

$$R_1R_3 = (R_2+j\omega L)\frac{R}{1+j\omega CR}$$

즉, $R_1R_3(1+j\omega CR) = R(R_2+j\omega L)$로부터

실수부 : $R_1R_3 = RR_2$

허수부 : $\omega CRR_1R_3 = \omega LR$ 이 성립되어야 한다.

$$\therefore R = \frac{R_1R_3}{R_2} = \frac{15\times120}{300} = 6〔\Omega〕$$

$$C = \frac{L}{R_1R_3} = \frac{45\times10^{-6}}{15\times120} = 25\times10^{-8} = 0.025〔\mu F〕$$

5 사다리형 회로

그림 4.39와 같이 여러 개의 임피던스를 직렬과 병렬로 반복 접속한 회로를 **사다리형 회로**(梯子型 회로, ladder type circu it) 라고 한다.

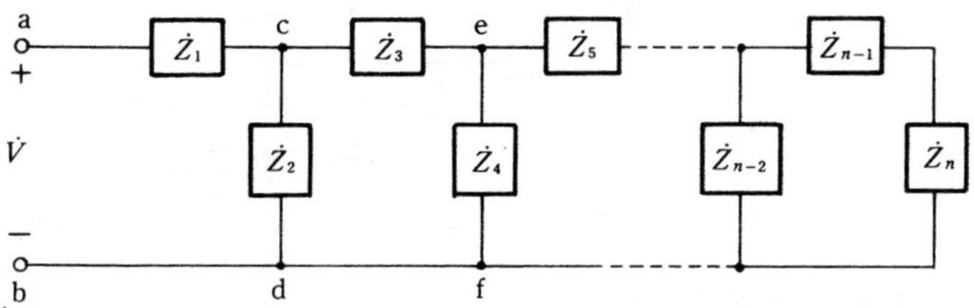

그림 4.39 사다리형 회로

이 회로의 단자 cd로부터 오른쪽을 바라본 임피던스를 $\dot{Z}_2'$ 라고 하면, 단자 ab에서 바라본 전체 임피던스 $\dot{Z}$ 는

$$\dot{Z} = \dot{Z}_1 + \frac{1}{\dfrac{1}{\dot{Z}_2} + \dfrac{1}{\dot{Z}_2'}} \tag{4.58}$$

가 되며, $\dfrac{1}{\dot{Z}_2} = \dot{Y}_2$ 라 하면 식(4.58)은

$$\dot{Z} = \dot{Z}_1 + \frac{1}{\dot{Y}_2 + \dfrac{1}{\dot{Z}_2'}} \tag{4.59}$$

이 된다.

또 단자 ef에서 오른쪽을 바라본 임피던스를 $\dot{Z}_4'$ 라 하고,

$$\frac{1}{\dot{Z}_4} = \dot{Y}_4$$

라 하면, 단자 cd에서 오른쪽을 바라본 임피던스 $\dot{Z}_2'$ 는

$$\dot{Z}_2' = \dot{Z}_3 + \cfrac{1}{\dot{Y}_4 + \cfrac{1}{\dot{Z}_4'}} \tag{4.60}$$

이 되므로, 식(4. 60)을 식(4. 59)에 대입하면 임피던스 $\dot{Z}$ 는 다음과 같이 된다.

$$\dot{Z} = \dot{Z}_1 + \cfrac{1}{\dot{Y}_2 + \cfrac{1}{\dot{Z}_3 + \cfrac{1}{\dot{Y}_4 + \cfrac{1}{\dot{Z}_4'}}}} \tag{4.61}$$

이와 같은 방법으로 사다리형 회로의 최후까지 반복하면

$$\dot{Z} = \dot{Z}_1 + \cfrac{1}{\dot{Y}_2 + \cfrac{1}{\dot{Z}_3 + \cfrac{1}{\dot{Y}_4 + \cfrac{1}{\dot{Z}_5 + \cfrac{1}{\dot{Y}_6 + \cdots}}}}} \tag{4.62}$$

과 같은 연분수형식으로 된다.

〔예제 4·18〕 그림 4.40의 회로에서 a-a′, b-b′간의 전위차와 각 저항을 흐르는 전류를 구하여라.

그림 4.40

풀이 ☞ **그림 4.40**의 회로를 사다리형 회로로 보고 전원측에서 우측을 본 저항 R_0를 구해보면

식(4. 62)의 공식에 의해

$$R_0 = R_1 + \cfrac{1}{G_2 + \cfrac{1}{R_3 + \cfrac{1}{G_4}}} = 3.5 + \cfrac{1}{\cfrac{1}{3} + \cfrac{1}{2+1}} = 5〔\Omega〕$$

이므로 좌측에서 우측으로 가면서 단자전압과 전류를 구해보면

$$I_1 = \frac{V}{R_0} = \frac{100}{5} = 20〔\mathrm{A}〕$$

$$V_{aa'} = V - I_1R_1 = 100 - 3.5 \times 20 = 30〔\mathrm{V}〕$$

$$I_2 = \frac{V_{aa'}}{R_2} = \frac{30}{3} = 10〔\mathrm{A}〕$$

$$I_3 = I_1 - I_2 = 20 - 10 = 10〔\mathrm{A}〕$$

$$V_{bb'} = V_{aa'} - I_3R_3 = 30 - 20 = 10〔\mathrm{V}〕$$

$$I_4 = \frac{V_{bb'}}{R_4} = 10〔\mathrm{A}〕$$

연 습 문 제

〔1〕 $\dot{A} = 20 + j20$, $\dot{B} = 30\underline{/-120°}$, $\dot{C} = 5 + j0$ 일 때 $\dfrac{\dot{A}+\dot{B}}{\dot{C}}$ 및 $\dfrac{\dot{B}\dot{C}}{\dot{A}}$ 를 극좌표 형식으로 나타내어라.

〔2〕 $\dot{A} = 3.08 + j8.455$ 일 때 $\sqrt{\dot{A}}$ 를 지수함수 형식으로 나타내어라.

〔3〕 두 정현파 전류

$$i_1 = \sqrt{2}\sin\left(\omega t + \frac{\pi}{4}\right)〔\mathrm{A}〕,\quad i_2 = -\frac{2}{\sqrt{3}}\cos\left(\omega t + \frac{\pi}{6}\right)〔\mathrm{A}〕$$

를 합성하여 순시값 표시식으로 나타내어라.

〔4〕 복소수 전압 $\dot{V} = -100e^{j\frac{3}{2}\pi}$〔V〕를 정현파의 순시값 표시식으로 나타내어라.

〔5〕 두 정현파 전압

$$v_1 = 10\sin\left(\omega t + \frac{\pi}{3}\right)〔\mathrm{V}〕\text{와}\quad v_2 = 20\sin\left(\omega t + \frac{\pi}{6}\right)〔\mathrm{V}〕$$

를 합성했을 때 그 크기를 구하여라.

〔6〕 **그림 4.41**에서

$$i_1 = \sqrt{2}\cdot 5\sin\left(\omega t - \tan^{-1}\frac{4}{3}\right)〔\mathrm{A}〕$$

$$i_2 = \sqrt{2}\cdot 2\cos(\omega t - 90°)〔\mathrm{A}〕$$

이라면 i_3는 대략 얼마인가? 단, 페이저 도를 이용하여라.

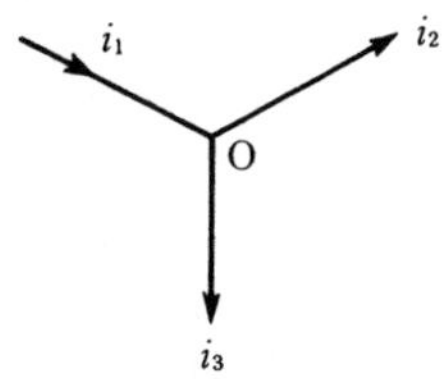

그림 4.41

〔7〕 어떤 회로의 전압 및 전류의 순시값이

$$v = 200\sin 314t〔\mathrm{V}〕,\quad i = 10\sin\left(314t - \frac{\pi}{6}\right)〔\mathrm{A}〕$$

로 주어질 때 이 회로 임피던스의 저항 R과 리액턴스 성분 X를 각각 구하여라.

〔8〕 **그림 4.42**와 같은 회로에 있어서 $\dot{V}_1$, $\dot{V}_2$는 각각 100〔V〕이면서 60°의 위상차가 있다. 리액턴스 양단의 전위차를 구하여라.

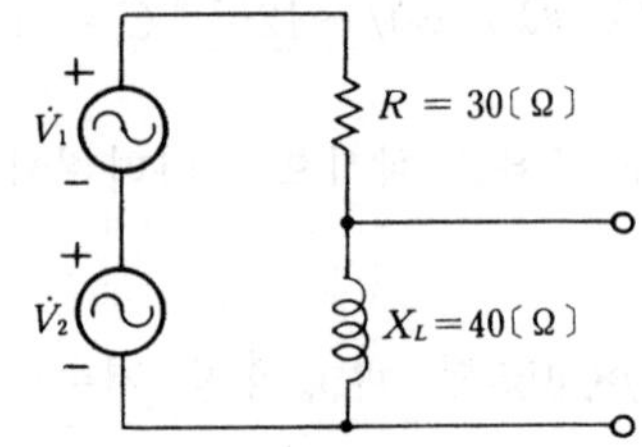

그림 4.42

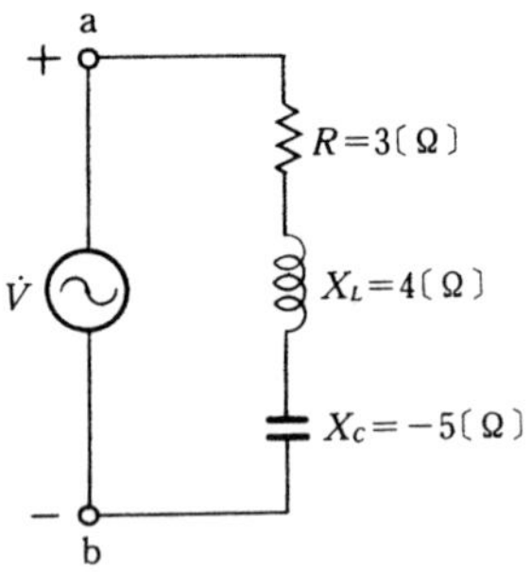

그림 4.43

〔9〕 **그림 4.43**과 같은 R-L-C 직렬회로에 대한 등가 어드미턴스 $\dot{Y}_{ab}$를 구하고 이에 대한 등가 어드미턴스 회로를 구성하여라.

〔10〕 **그림 4.44**와 같은 회로에 있어서 회로전류 $\dot{I}$의 크기 및 인가전압과 회로 유입전류 사이의 위상관계를 밝혀라.

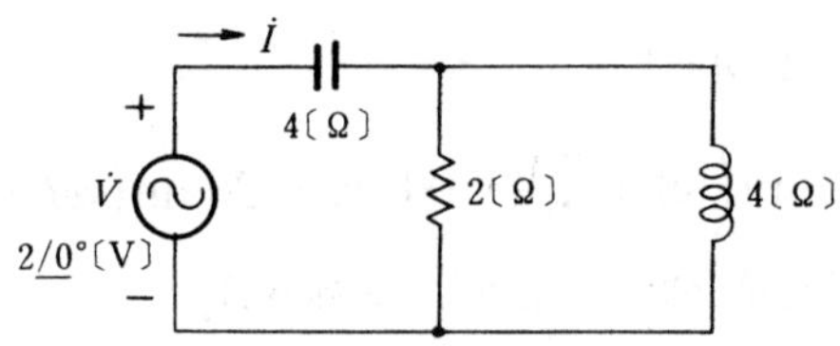

그림 4.44

〔11〕 **그림 4.45**와 같은 R. L. C 병렬회로에 있어서 회로유입 전류 $\dot{I}$와 저항 R에 흐르는 전류 $\dot{I}_R$을 구하여라.

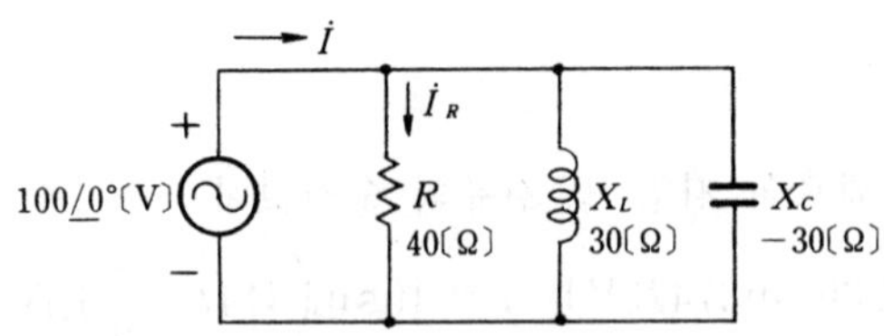

그림 4.45

〔12〕 **그림 4.46**의 회로에서 합성 어드미턴스 $\dot{Y}_{ab}$를 구하여라.

또한 cd 사이의 전위차를 구하여라.

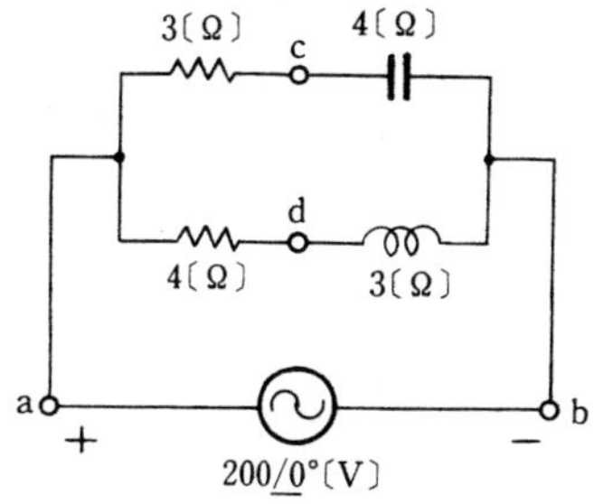

그림 4.46

〔13〕 저항 R〔Ω〕과 정전용량 C〔μF〕의 병렬접속 회로에 직류 100〔V〕를 가하면 5〔A〕가 흐르고 교류 50〔Hz〕, 300〔V〕를 가하면 25〔A〕가 흐른다. 이 회로의 R, C를 각각 구하여라.

〔14〕 **그림 4.47**과 같은 회로에 있어서 $\dot{I}_1$과 $\dot{I}_2$와의 위상차는 얼마인가?

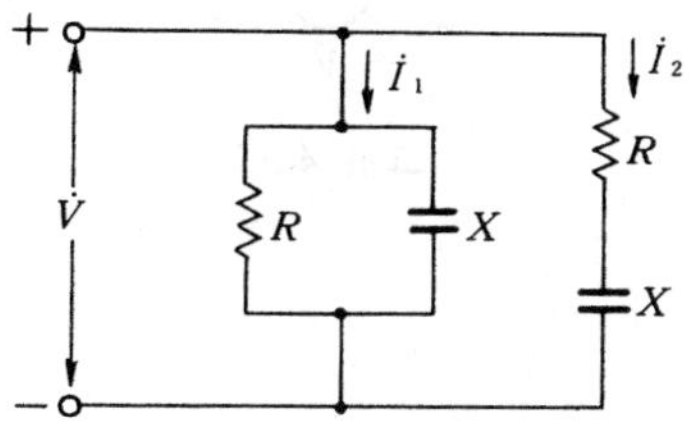

그림 4.47

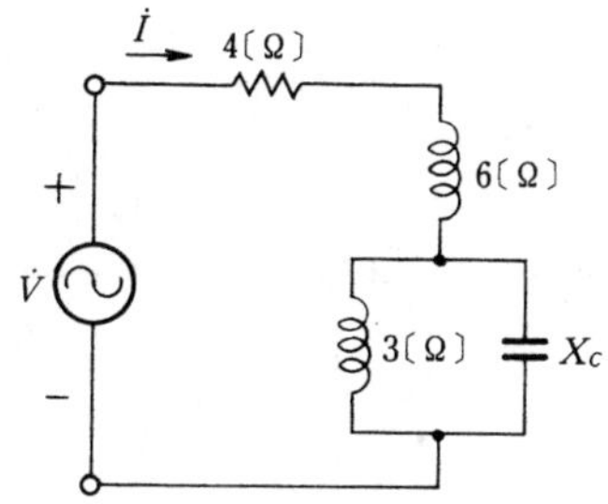

그림 4.48

〔15〕 **그림 4.48**의 회로에 있어서 인가전압 $\dot{V}$와 회로 유입전류 $\dot{I}$가 동상이라면 X_C의 값은 얼마인가?

〔16〕 **그림 4.49**와 같은 회로에 있어서 회로유입전류 $\dot{I}$가 인가전압 $\dot{V}$보다 위상이 45°앞선다면 유도 리액턴스 X_L은 얼마가 되어야 하나?

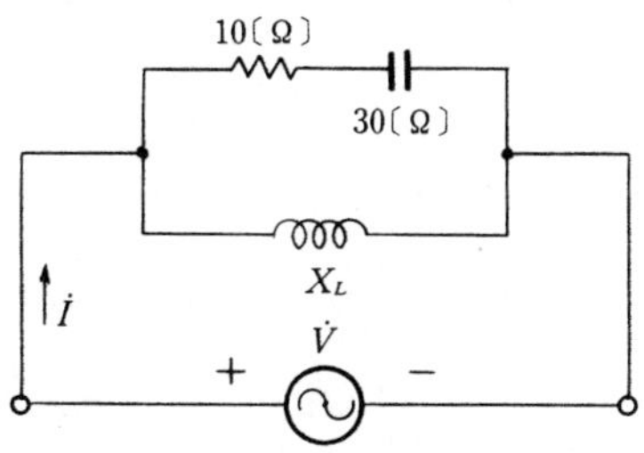

그림 4.49

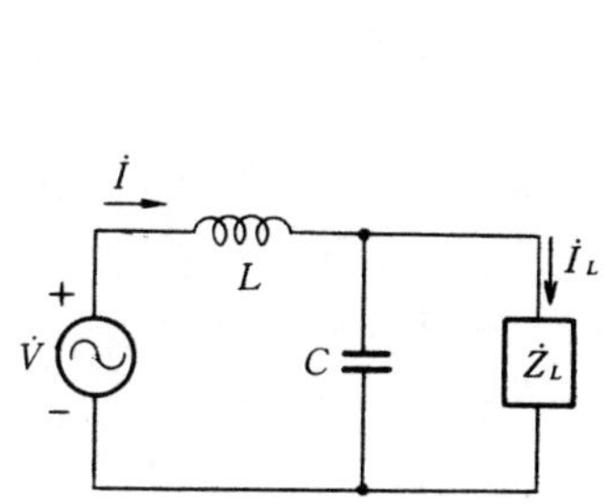

그림 4.50

〔17〕 **그림 4.50**과 같은 회로에 있어서 부하전류 $\dot{I}_L$이 부하 임피던스 $\dot{Z}_L$에 관계없이 일정값이 되기 위해서는 L과 C 사이에 어떤 관계가 성립되어야 하는가? 단, 전원의 각주파수는 ω〔rad/s〕이다.

〔18〕 **그림 4.51**과 같은 브리지 회로에 있어서 평형조건을 구하여라. 단, 전원의 각주파수는 ω〔rad/s〕이다.

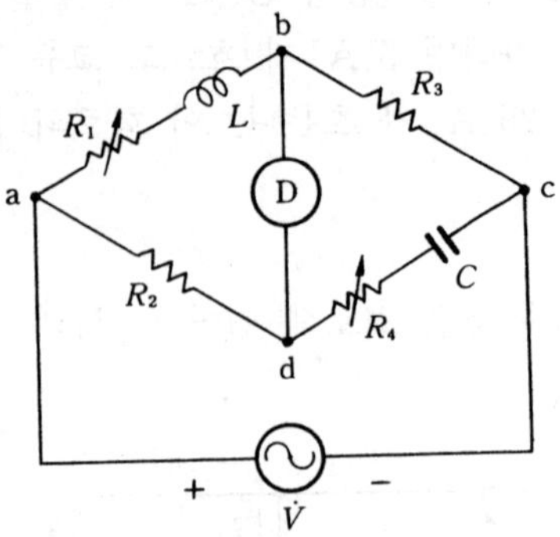

그림 4.51

연습문제해답

[1] $\dfrac{\dot{A}+\dot{B}}{\dot{C}}=1-j1.2=1.562\underline{/-50.2°}$

$\dfrac{\dot{B}\dot{C}}{\dot{A}}=5.3\underline{/-165°}$

[2] $\sqrt{A}=3e^{j35°}$, $\sqrt{A}=3e^{j215°}$

[3] $i_1+i_2=\left(1+\dfrac{1}{\sqrt{3}}\right)\sin\omega t$[A]

[4] $\sqrt{2}\cdot 100\sin\left(\omega t+\dfrac{\pi}{2}\right)$[V]

[5] $\dfrac{29.1}{\sqrt{2}}\simeq 20.6$[V]

[6] $i_3=\sqrt{2}\cdot 4.1\sin(\omega t-76°)$[A]

[7] $R=10\sqrt{3}$[Ω], $X_L=10$[Ω]

[8] $80\sqrt{3}$[V]

[9] $\dot{Y}_{ab}=0.3+j0.1$[℧]

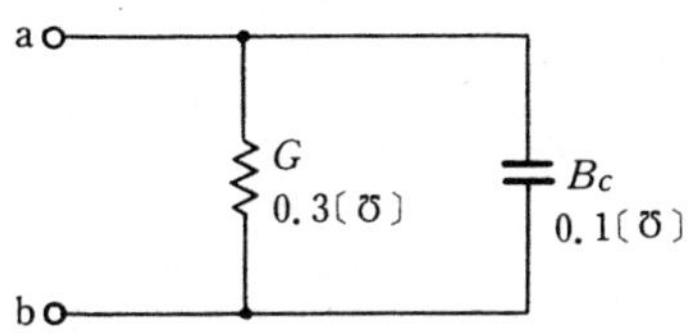

그림 4.52

[10] $I=\dfrac{\sqrt{5}}{4}$[A], 전류가 전압보다 위상이 $\tan^{-1}2$, 즉 63.4° 앞선다.

[11] $\dot{I}=2.5\underline{/0°}$[A], $\dot{I}_R=2.5\underline{/0°}$[A]

[12] $\dot{Y}_{ab}=\dfrac{7}{25}+j\dfrac{1}{25}$[℧], $V_{cd}=200$[V]

[13] $R=20$[Ω], $C=213$[μF]

[14] $\theta=|\theta_1-\theta_2|=\left|\tan^{-1}\dfrac{R}{X}-\tan^{-1}\dfrac{X}{R}\right|$

[15] -2[Ω]

[16] 50[Ω]

[17] $\omega L=\dfrac{1}{\omega C}$

[18] $R_1R_4=R_2R_3-\dfrac{L}{C}$

$\omega=\dfrac{R_1}{\sqrt{LC}\sqrt{R_2R_3-\dfrac{L}{C}}}$

交流電力과 에너지

5

회로의 전압·전류를 구하는 것 이외에 전력 및 에너지 관계를 알아보는 것 또한 회로해석의 주요 과제라 할 수 있다. 일단 회로의 전압·전류 분포가 구해지면 순시전력은 $p=vi$로 주어지며 평균전력 P는 순시값 전력에 대한 평균값을 구함으로써 얻어진다. **그림 5.1**과 같이 회로의 한 부분에 있어서 전류의 방향으로 전압강하가 일어날 때는 전원으로부터 그 부분에 전력이 공급되고 있음을 의미하며, 이때의 순시전력 p의 부호는 正(+)이 된다.

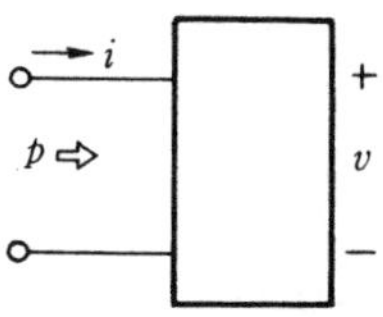

그림 5.1 電力의 基準方向

또한 전압, 전류 중 어느 하나의 방향이 **그림 5.1**의 기준방향과 반대일 때의 p의 부호는 負(−)가 되며, 이것은 이 부분에서 전력의 방출, 즉 이곳으로부터 전원측으로 전력이 반환되고 있음을 의미한다. 본장에서는 각각의 회로소자 및 일반회로에서의 전력과 에너지에 대해 알아보기로 한다.

(요 목) ....

5-1 回路素子에서의 電力 및 에너지

1 저항에서의 전력 및 에너지

그림 5.2(a)와 같은 저항회로에

$$v=\sqrt{2}\,V\sin\omega t$$

로 표시되는 정현파 교류전압이 인가되면 이때의 회로전류는 전압과 동상이므로

$$i=\sqrt{2}I\sin\omega t$$

로 표시된다(**그림 5.2**(b)).

따라서 저항에서의 순시전력 p는

$$p=vi=2\,VI\sin^2\omega t=VI(1-\cos 2\omega t) \qquad (5.1)$$

가 되며 이로부터 순시전력의 주파수는 전압 또는 전류의 주파수의 2배가 됨을 알 수 있다(**그림 5.2**(c)).

평균전력 P는 순시전력 p의 한 주기간의 평균값이므로

$$P=\frac{1}{T}\int_0^T p\,dt=\frac{1}{T}\int_0^T VI(1-\cos 2\omega t)\,dt$$
$$=VI=I^2R=V^2G \qquad (5.2)$$

로 표시된다. 식(5.2)에서 $\cos 2\omega t$는 정현항이므로 한 주기간의 평균값은 0이 되어 무시된다.

그림 5.2(c)를 보면 순시전력 p의 부호는 항상 $p\geq 0$이며, 평균전력도 $P>0$가 된다. 이는 저항소자 R에는 항상 전원으로부터 전력이 공급되고 있으며 동시에 항상 에너지의 소비가 이루어지고 있음을 의미한다. 실제에 있어서 저항에 공급되는 전기적 에너지는 이곳에서 열에너지로 소비되고 있다. 저항에서 소비되는 에너지는

$$w_R=\int_0^t p\,dt=VI\int_0^t(1-\cos 2\omega t)\,dt$$
$$=P\left(t-\frac{1}{2\omega}\sin 2\omega t\right) \qquad (5.3)$$

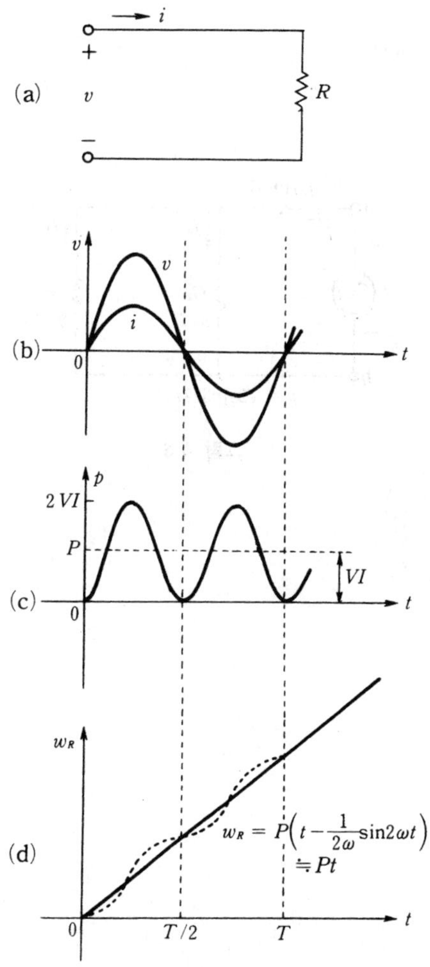

그림 5.2 저항회로에서의 전력 및 에너지

가 되며, 여기서 통상 $t \gg \frac{1}{2\omega}\sin 2\omega t$ 이므로 식(5.3)의 우측항을 무시하면

$$w_R = P\left(t - \frac{1}{2\omega}\sin 2\omega t\right) \simeq Pt$$
$$= VIt = I^2Rt = V^2Gt \quad (5.4)$$

가 된다.

따라서 R에서의 소비 에너지는 대략 (평균전력)×(시간)으로 나타낼 수 있으며, 이는 1장에서 식(1.13)으로 표시된 줄열과 같게 된다.

그림 5.2(d)는 R에서의 전력 및 에너지 관계를 보여주고 있다.

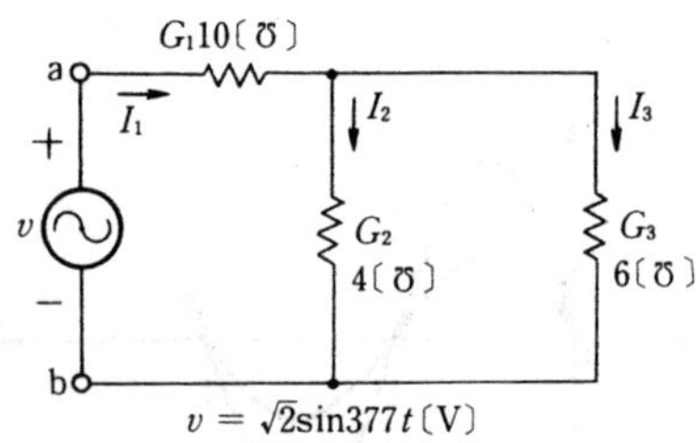

그림 5.3

〔예제 5·1〕 그림 5.3의 회로에 있어서 컨덕턴스 G_3에서 소비되는 전력〔W〕을 구하여라.

풀이 ☞ G_3에서의 전력은 $P_3 = I_3^2 \cdot \frac{1}{G_3}$ 이므로 I_3를 구하기 위해 단자 a-b 우측에 대한 등가 컨덕턴스를 구하면

$$G_{ab} = \frac{10 \cdot (4+6)}{10+(4+6)} = 5\ 〔Ʊ〕$$
$$I_1 = G_{ab} \cdot V = 5 \times 1 = 5\ 〔A〕$$
$$\therefore\ I_3 = 5 \times \frac{6}{4+6} = 3\ 〔A〕$$

따라서 $P_3 = 3^2 \cdot \frac{1}{6} = 1.5$ 〔W〕

2 인덕터에서의 전력 및 에너지

회로소자가 유도성 소자만으로 된 회로(**그림 5.4**(a))에

$$i = \sqrt{2} I \sin\omega t$$

로 표시되는 전류가 흐른다면 이때의 인덕터 양단의 단자전압은

$$v = \sqrt{2}\, V \sin\left(\omega t + \frac{\pi}{2}\right) = \sqrt{2}\, V \cos\omega t$$

가 되어(**그림 5.4**(b)) 인덕터에 공급되는 순시전력은

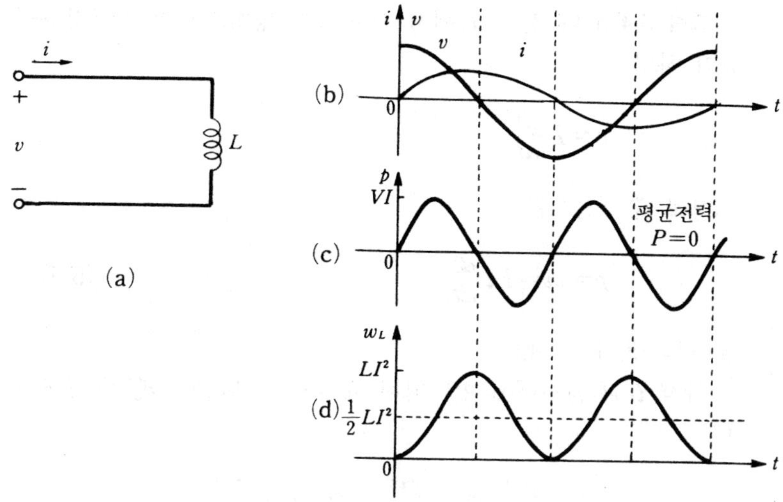

그림 5.4 인덕턴스 회로에서의 전력 및 에너지

$$p = vi = 2VI\sin\omega t \cdot \cos\omega t = VI\sin 2\omega t \quad (5.5)$$

가 된다(**그림 5.4**(c)). 이때의 평균전력은 식(5.5)가 정현파이므로

$$P = \frac{1}{T}\int_0^T p\,dt = \frac{1}{T}\int_0^T VI\sin 2\omega t\,dt = 0 \quad (5.6)$$

이 된다.

식(5.5)에서 순시전력 p는 **그림 5.4**(c)에서 보는 바와 같이 주파수가 전압 또는 전류의 2배가 되는 2ω의 정현파로서 주기적으로 그 부호가 변하고 있음을 알 수 있다. 이는 앞의 서문에서도 언급한 것처럼 $p>0$인 때는 전원으로부터 인덕터에 전력이 공급되고 있고 $p<0$인 경우는 인덕터로부터 전원측으로 전력을 반환하고 있어서 인덕터 자체에서는 전력소모가 없음을 암시해 주고 있다. 그리고 이와 같은 사실은 식(5.6)에서 평균전력이 $P=0$이 된다는 사실로부터도 뒷받침된다.

이러한 현상으로부터 인덕터 L은 저항 R처럼 전원으로부터 공급받은 전력을 공급받음과 동시에 소비해 버리는 것이 아니고 전력을 공급받는 동안 및 공급받은 전력을 다시 전원부로 모두 반환하기까지는 공급받은 전력은 에너지의 형태로 인덕터 자체에 축적되어 있음을 알 수 있다.

이와 같은 내용을 확인해 보기 위해 L에서의 에너지 관계를 생각해 보기로 한다.

그림 5.4(a)와 같이 L에서 전류 i의 방향으로의 전압강하를 v라 하면

$$v = L\frac{di}{dt}$$

이므로 순시전력은

$$p = vi = Li\frac{di}{dt} \tag{5.7}$$

로 나타낼 수 있다.

시각 t_1과 t_2사이에 인덕터에 유입되는 에너지(w'_L)를 구해보면

$$w'_L = \int_{t1}^{t2} pdt = \int_{t1}^{t2} Li\frac{di}{dt}dt = \int_{i1}^{i2} Lidi$$
$$= \frac{1}{2}L(i_2^2 - i_1^2) \tag{5.8}$$

이 되며, 여기서 i_1, i_2는 각각 시각 t_1, t_2인 순간의 회로전류를 의미한다.

식(5.8)은 어느 시간 동안 L에 유입되는 에너지는 전류의 최초의 값과 최종값에만 관계되고 전류의 도중의 변화상태와는 아무런 관계가 없음을 보여준다.

식(5.8)로부터 알 수 있는 또 한가지 사실은 i_1, i_2의 크기에 따라 w'_L는 정의 값, 또는 부의 값을 갖게 된다는 것이며, 이는 **電氣的 에너지**가 어느 시간동안 인덕터에 유입될 수도 있고, 이로부터 유출될 수도 있음을 의미하는 것으로서 식(5.5), (5.6)에서 언급한 내용과 일치한다.

인덕터 L에는 처음($t=0$)부터 급격히 큰 전류가 흐를 수 없기 때문에 식(5.8)에서 초기 전류를 $i_1=0$으로 보면 전류값이 $i(=i_2)$인 순간에 인덕터의 순간 축적 에너지는

$$w_L = \frac{1}{2}Li^2 \text{〔J〕} \tag{5.9}$$

이 된다.

실제에 있어서 인덕터 L에 축적되는 에너지는 **磁氣 에너지**(magnetic energy)로서 전류가 흐름으로써 인덕터 주위에 형성되는 **磁界**(magnetic field)에 축적되고 있음이 확인되고 있다.

전류가 흐르는 유도회로의 스위치를 여는 순간 흔히 목격하게 되는 스파크 현상은 회로에 축적되어 있던 자기 에너지에 기인하는 현상으로 볼 수 있다.

식(5.9)에 순시값 전류

$$i=\sqrt{2}I\sin\omega t\,[\mathrm{A}]$$

를 대입하면

$$w_L=\frac{1}{2}Li^2=LI^2\sin^2\omega t=\frac{1}{2}LI^2(1-\cos 2\omega t) \quad (5.10)$$

가 되며 이의 한 주기간의 평균값인 평균 축적 에너지 W_L은

$$W_L=\frac{1}{T}\int_0^T w_L dt=\frac{1}{T}\int_0^T \frac{1}{2}LI^2(1-\cos 2\omega t)\,dt$$
$$=\frac{1}{2}LI^2$$

즉,

$$W_L=\frac{1}{2}LI^2\,[\mathrm{J}] \quad (5.11)$$

로 주어진다(**그림 5.4**(d)).

〔예제 5·2〕 $L=20\,[\mathrm{mH}]$의 무손실 인덕턴스 회로에 $v=\sqrt{2}\cdot 50\sin 100\pi t\,[\mathrm{V}]$의 전압이 인가되었을 때 코일에 축적되는 자기 에너지의 최대값(W_m)과 평균값(W_{av})을 구하여라.

풀이 ☞ 인덕턴스에 흐르는 최대값 전류(I_m) 및 실효값 전류(I)를 구하면

$$I_m=\frac{V_m}{X_L}=\frac{V_m}{2\pi fL}\quad,\quad I=\frac{I_m}{\sqrt{2}}$$

이므로, 축적 에너지는

$$W_m=\frac{1}{2}LI_m^2=\frac{1}{2}L\cdot\left(\frac{V_m}{2\pi fL}\right)^2=\frac{V_m^2}{8\pi^2f^2\cdot L}$$
$$=\frac{(50\sqrt{2})^2}{8\pi^2\cdot 50^2\cdot 20\times 10^{-3}}\simeq 1.27\,[\mathrm{J}]$$
$$W_{av}=\frac{1}{2}LI^2=\frac{1}{2}L\left(\frac{I_m}{\sqrt{2}}\right)^2=\frac{1}{2}W_m\simeq 0.635\,[\mathrm{J}]$$

〔예제 5·3〕 $L=0.5$〔H〕의 무손실 인덕턴스 회로에 **그림 5.5**(a)와 같은 주기파 전류 i가 흐르고 있을 때 인덕턴스에서의 시간변화에 따른 전력 p〔W〕 및 축적 에너지 w〔J〕를 그래프로 나타내어라.

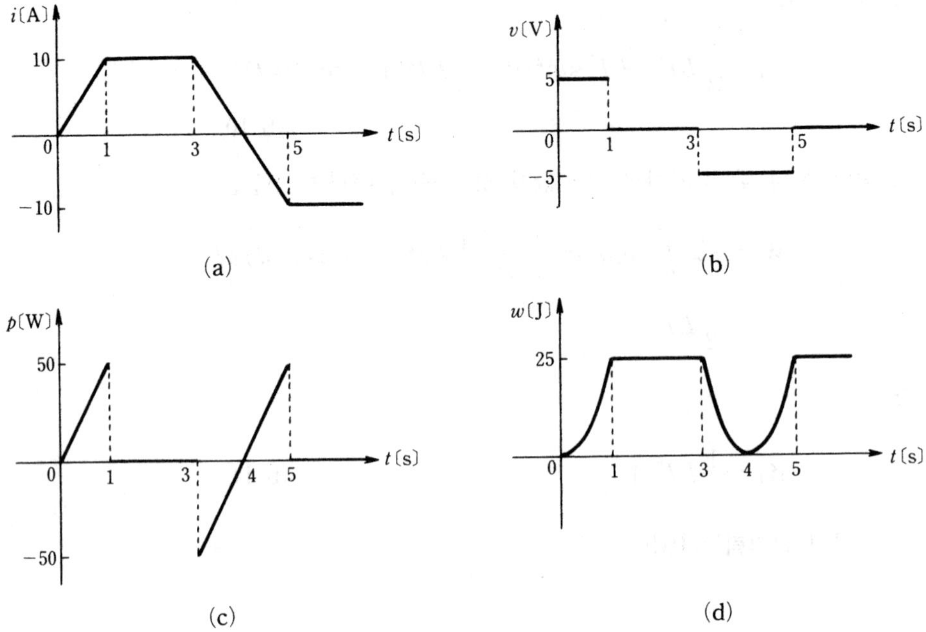

그림 5.5

풀이 ☞ 먼저 인덕턴스의 단자전압 v를 구해보면

$v=L\dfrac{di}{dt}$로부터

0~1초 : $v=0.5\times10=5$〔V〕

1~3초 : $v=0.5\times0=0$〔V〕

3~5초 : $v=0.5\times(-10)=-5$〔V〕

가 되어 **그림 5.5**(b)와 같이 된다.

인덕턴스에서의 전력 $p=vi$는 **그림 5.5**(a), (b)로부터 **그림 5.5**(c)와 같이 구해진다.

L에 축적되는 에너지는 $w=\dfrac{1}{2}Li^2$이므로 **그림 5.5**(a)로부터 w〔J〕를 나타내면 **그림 5.5**(d)와 같다.

3 커패시터에서의 전력 및 에너지

회로소자가 용량성 소자만으로 된 회로(**그림 5.6**(a))에

$$v=\sqrt{2}V\sin\omega t$$

인 전압이 인가된다면 회로전류는

$$i=\sqrt{2}I\sin\left(\omega t+\frac{\pi}{2}\right)=\sqrt{2}I\cos\omega t$$

가 되므로(**그림 5.6**(b)), 커패시터에 공급되는 순시전력은

$$p=vi=2VI\sin\omega t\cdot\cos\omega t=VI\sin 2\omega t \qquad (5.12)$$

가 되며(**그림 5.6**(c)), 평균전력 P는 식(5.6)과 마찬가지로 역시 0이 된다.

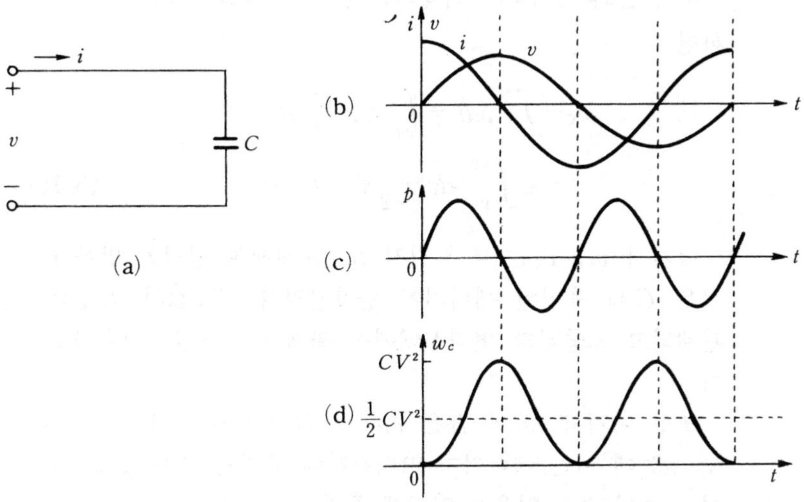

그림 5.6 커패시터 회로에서의 전력 및 에너지

$$P=\frac{1}{T}\int_0^T pdt=\frac{1}{T}\int_0^T VI\sin 2\omega tdt=0 \qquad (5.13)$$

따라서 커패시터에서도 인덕터에서와 마찬가지의 해석이 가능하다. 즉, **그림 5.6**(c)에서 보는 바와 같이 $p>0$인 때는 전원으로부터 커패시터에 전력이 공급되고 있고, $p<0$인 경우는 커패시터로부터 전원측으로 전력이 반환되고 있어서 커패시터 C 자체에서는 전력소모가 없다고 할 수 있으며 이는 식(5.13)

이 뒷받침하고 있다.

또한 인덕터에서와 마찬가지로 커패시터에서도 일단 전원으로부터 공급받은 전력은, 이것이 모두 다시 전원부로 반환되기까지는 어떤 에너지의 형태로 커패시터 자체에 축적되어 있어야만 한다.

커패시터 C에서의 에너지의 관계를 생각해 보면 **그림 5.6**(a)와 같이 커패시터에서 전류 i의 방향으로의 전압강하를 v라 할 때

$$i = C\frac{dv}{dt}$$

이므로 C에서의 순시전력은

$$p = vi = Cv\frac{dv}{dt} \tag{5.14}$$

로 표현된다.

시각 t_1과 t_2사이에 커패시터 C에 유입되는 에너지를 w_C'라 하면

$$\begin{aligned} w_C' &= \int_{t1}^{t2} p\,dt = \int_{t1}^{t2} Cv\frac{dv}{dt}dt \\ &= C\int_{v1}^{v2} v\,dv = \frac{1}{2}C(v_2^2 - v_1^2) \end{aligned} \tag{5.15}$$

여기서 v_1, v_2는 각각 시각 t_1, t_2에서의 전압을 말한다. 이 식은 C에 유입된 에너지가 단자전압의 최초값과 최종값에만 관계되고 도중값의 변화상태에는 관계가 없음을 보여 주고 있다.

또한 여기서 w_C'의 값은 v_1, v_2 값에 따라서 부호가 달라질 수 있는데 이는 에너지가 커패시터에 유입할 수도 있고 이로부터 유출될 수도 있음을 암시해 준다.

커패시터 C양단의 전압은 연속적으로만 변할 수 있기 때문에 단자전압의 초기값을 $v_1 = 0$으로 보면 전압이 $v(= v_2)$인 순간에 커패시터의 순간 축적 에너지를 구해보면, 식(5.15)로부터

$$w_C = \frac{1}{2}Cv^2 \text{[J]} \tag{5.16}$$

이 된다.

실제에 있어 커패시터 C에 축적되는 에너지는 커패시터 양

극판간의 전위차에 의하여 형성되는 **電界**(electric field)에 **靜電 에너지**(electrostatic energy)로서 축적된다.

흔히 커패시터의 양단자를 접속시킬 때 생기는 스파크는 처음에 커패시터에 축적되었던 정전 에너지에 기인하는 것이다.

식(5.16)에 순시값 전압 $v=\sqrt{2}\,V\sin\omega t$ 〔V〕를 대입해 보면

$$w_c=\frac{1}{2}Cv^2=CV^2\sin^2\omega t=\frac{1}{2}CV^2(1-\cos 2\omega t) \tag{5.17}$$

가 되며, 이의 한주기간의 평균값인 평균 축적 에너지는

$$W_c=\frac{1}{T}\int_0^T w_c dt=\frac{1}{T}\int_0^T \frac{1}{2}CV^2(1-\cos 2\omega t)\,dt$$
$$=\frac{1}{2}CV^2$$

즉,

$$W_c=\frac{1}{2}CV^2 〔\mathrm{J}〕 \tag{5.18}$$

로 주어진다(**그림 5.6**(d).

〔예제 5·4〕 0.1〔μF〕인 콘덴서에 $v=2\sin 200\pi t$ 〔V〕의 전압이 인가될 때 이 콘덴서에 축적되는 정전 에너지의 최대값(W_m)과 평균값(W_{av})을 구하여라.

풀이 ☞ $W_m=\frac{1}{2}CV_m{}^2=\frac{1}{2}\times 0.1\times 10^{-6}\times 2^2=2\times 10^{-7}$ 〔J〕

$$W_{av}=\frac{1}{2}CV^2=\frac{1}{2}C\left(\frac{V_m}{\sqrt{2}}\right)^2=\frac{1}{2}W_m=10^{-7} 〔\mathrm{J}〕$$

〔예제 5·5〕 $C=20$ 〔μF〕인 커패시터에 **그림 5.7**(a)와 같은 주기파 전압 v가 인가될 때 커패시터에 있어서의 시간변화에 따른 전력 p 및 축적에너지 w를 그래프로 나타내어라.

풀이 ☞ 먼저 전압 v의 인가에 따라 회로에 흐르는 전류를 구해보면 **그림 5.7**(b)와 같다.

즉, $\quad i=C\dfrac{dv}{dt}$

로부터

$$0\sim1\text{초}: i=20\times10^{-6}\times400=8\times10^{-3}=8\,[\text{mA}]$$
$$1\sim3\text{초}: i=20\times10^{-6}\times0=0$$
$$3\sim5\text{초}: i=20\times10^{-6}\times(-400)$$
$$=-8\times10^{-3}=-8\,[\text{mA}]$$

또한 커패시턴스에서의 전력 $p=vi$는 **그림 5.7**(a), (b)로부터 그림(c)와 같으며, 커패시터 C에 축적되는 에너지는 $w=\frac{1}{2}Cv^2$이므로 **그림 5.7**(d)와 같다.

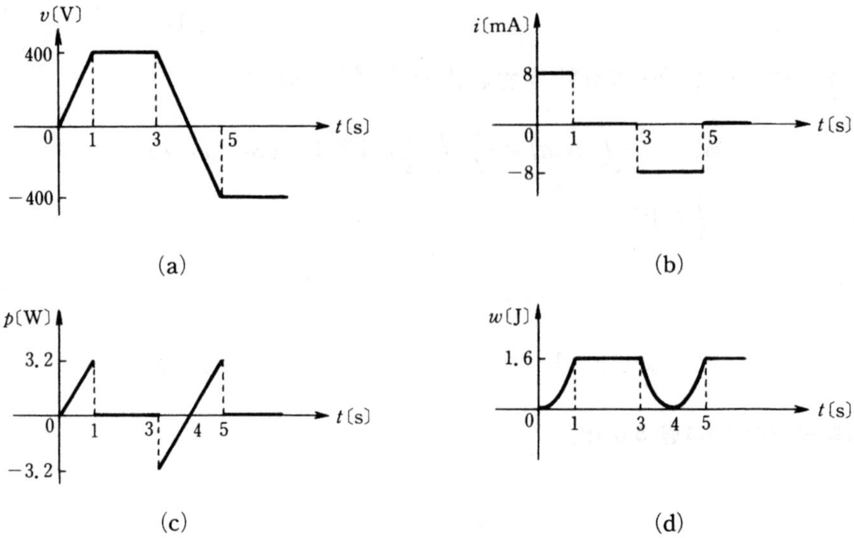

그림 5.7

5-2 一般回路에서의 電力과 力率

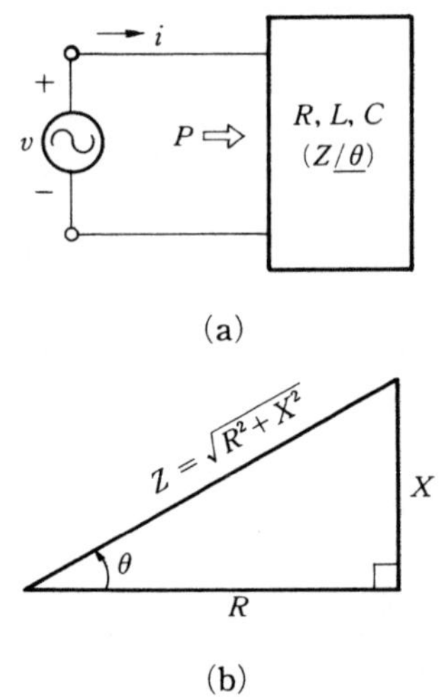

그림 5.8 일반 2단자회로 및 임피던스 삼각도

이제 $R.L.C$소자가 복합적으로 구성된 일반 2단자회로(**그림 5.8**(a))에서의 전력에 대하여 알아보기로 한다.

2단자망의 등가 임피던스가 $Z\underline{/\theta}$인 회로에 $v=\sqrt{2}V\sin(\omega t+\theta)$의 전압이 인가된다면 전류 i는 v보다 위상이 θ만큼 뒤지므로

$$i=\sqrt{2}I\sin\omega t \tag{5.19}$$

가 된다. 여기서 I는 $I=V/Z$의 관계가 성립되며, 이때 전력의 순시값은

$$p=vi=2VI\sin(\omega t+\theta)\sin\omega t$$

$$= VI\{\cos\theta - \cos(2\omega t + \theta)\}$$
$$= VI\cos\theta - VI\cos(2\omega t + \theta) \qquad (5.20)$$

로 주어진다.

식(5.20)의 첫항은 일정값을 나타내며, 둘째항은 각주파수 2ω, 진폭 VI인 정현파를 나타낸다.

앞에서 유도된 $R.L.C$ 소자에 대한 순시전력식은 식(5.20)에 있어서 $\theta = 0°$, $90°$, $-90°$인 특수한 경우에 해당된다.

그림 5.9는 일반 2단자 회로에서의 전력을 나타낸 것으로서 앞에서와 마찬가지로 v와 i의 부호가 서로 다른 경우 순시전력 p는 負(−)가 되며, 이때는 회로에 축적되었던 에너지가 전원측으로 다시 반환됨을 의미한다.

대개의 경우 $0<|\theta|<90°$이므로 **그림 5.9**(b)에 있어서 횡축과 p가 負(−)인 부분으로 둘러싸인 면적이 p가 正(+)인 윗부분의 면적보다 작으므로 에너지는 결과적으로 회로쪽으로 전달(평균전력 ≥ 0)되고 있음을 알 수 있다.

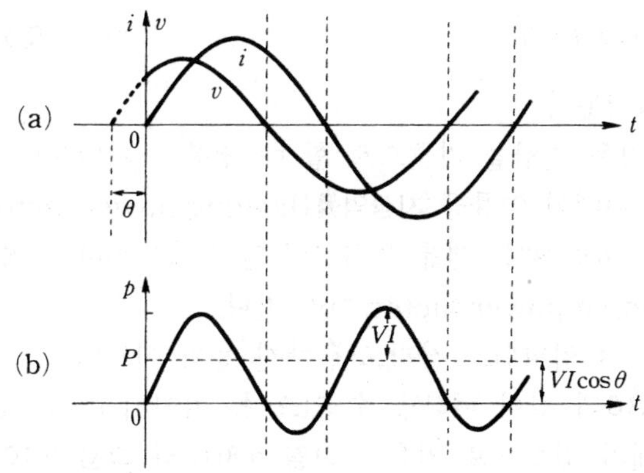

그림 5.9 일반 2단자회로에서의 전력

식(5.20)으로부터 **平均電力** P는

$$P = \frac{1}{T}\int_0^T p\,dt$$
$$= \frac{1}{T}\int_0^T \{VI\cos\theta - VI\cos(2\omega t + \theta)\}\,dt$$
$$= VI\cos\theta$$

즉,

$$P = VI\cos\theta \tag{5.21}$$

가 된다. 여기서 V, I는 각각 인가전압과 전류의 실효값이며 θ는 회로에 대한 등가 임피던스의 편각, 즉 전압과 전류의 위상차이다.

직류회로에서 전력이 (전압)×(전류)로 표시되는 것과는 달리 교류회로에서서는 전압과 전류의 실효값의 곱에 **回路力率** 또는 **力率**(power factor ; p.f)이라고 정의되는 $\cos\theta$가 곱해지게 되는데, 이는 일반적인 용어로 효율과 같은 의미를 가지며 때로는 백분율〔%〕로도 표시된다.

$$\text{역률} \; ; \; p.f = \cos\theta = \frac{P}{VI} (\times 100〔\%〕) \tag{5.22}$$

여기서 전압과 전류의 곱인 VI는 나중에 언급하지만 **供給電力** 또는 **皮相電力**(apparent power)이라고도 한다.

또한 θ는 임피던스 각으로서 $-90°$와 $+90°$ 사이의 각이므로

$$0 \le p.f \le 1 \tag{5.23}$$

인 관계가 성립된다.

$\theta > 0$인 경우 전압을 기준으로 할 때 전류는 전압보다 위상이 뒤지므로 이때의 역률을 **지상역률**(lagging power factor)이라 하며, $\theta < 0$인 때는 전류가 위상이 앞서므로 이때의 역률을 **진상역률**(leading power factor)이라 한다.

그림 5.8(b)의 임피던스 삼각도에 대한 등가 어드미턴스 삼각도는 **그림 5.10**과 같이 나타낼 수 있으며, 여기서 $\cos(-\theta) = \cos\theta$의 관계가 있으므로 역률은 **그림 5.8**(b)와 **그림 5.10**으로부터 다음과 같이 표현될 수 있다.

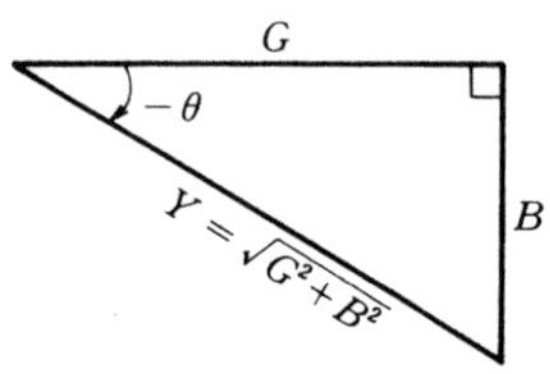

그림 5.10 그림 5.8에 대한 등가 어드미턴스 삼각도

$$p.f = \cos\theta = \frac{R}{Z} = \frac{G}{Y} \tag{5.24}$$

따라서 식(5.24)를 이용하면 평균전력은 다음과 같이 여러가지 형태로 표현된다. 즉,

$$P = VI\cos\theta = RI^2 = GV^2 \tag{5.25}$$

여기서 R 및 G는 회로의 등가 임피던스와 등가 어드미턴스에 있어서 각각 저항 및 컨덕턴스 성분을 의미한다.

〔예제 5·6〕 $R=30$〔Ω〕, $L=0.127$〔H〕의 직렬회로에 $v=\sqrt{2}\cdot 100\sin 100\pi t$〔V〕의 전압이 인가되었을 때

① 회로역률 $p.f$를 구하여라.

② 회로에 공급되는 순시전력 p의 최대값 및 이의 평균값, 즉 평균전력 P를 구하여라.

③ 저항 R에서의 최대 소비전력과 평균 소비전력을 구하여라.

④ 인덕턴스 L에 공급되는 최대전력과 평균전력 그리고 이에 축적되는 최대 에너지와 평균 에너지를 구하여라.

풀이 ☞ L에서의 리액턴스 및 임피던스는 각각

$$X_L=\omega L=100\pi\times 0.127\simeq 40\text{〔Ω〕}$$

$$Z=\sqrt{R^2+X_L{}^2}=50\text{〔Ω〕}$$

이므로

① $p.f=\cos\theta=\dfrac{R}{Z}=\dfrac{30}{50}=0.6$

② 회로전류의 크기 I는 $I=\dfrac{V}{Z}=\dfrac{100}{50}=2$〔A〕이므로 식(5.20)의 $p=VI\cos\theta-VI\cos(2\omega t+\theta)$로부터 이의 최대값은

$$p_{\max}=VI\cos\theta+VI=VI(\cos\theta+1)$$
$$=100\cdot 2(0.6+1)=320\text{〔W〕}$$

평균전력은 $P=VI\cos\theta=100\times 2\times 0.6=120$〔W〕

또는 회로 임피던스가 $\dot{Z}=R+jX=30+j40$〔Ω〕이므로

$$P=I^2R=2^2\cdot 30=120\text{〔W〕}$$

③ R에서의 최대 소비전력은 식(5.1)로부터

$$P_{R\max}=2VI=2V_RI=2(RI)I=2RI^2 \text{이므로}$$
$$P_{R\max}=2\cdot 30\cdot 2^2=240\text{〔W〕}$$

평균 소비전력은

$$P_R=I^2R=2^2\cdot 30=120\text{〔W〕}$$

④ L에 공급되는 최대 전력은 식(5.5)로부터

$$P_{L\max}=VI=V_LI=(X_LI)I$$
$$=X_L\cdot I^2=40\times 2^2=160\text{〔W〕}$$

평균전력 $P_L=0$

최대 축적 에너지는 식(5.10)으로부터 $w_{L\max}=LI^2$이므로

$$w_{L\max}=0.127\times 2^2=0.508\text{〔J〕}$$

평균 축적 에너지는

$$W_L=\frac{1}{2}LI^2=\frac{1}{2}w_{L\max}=0.254\text{〔J〕}$$

5-3 有効電力과 無效電力

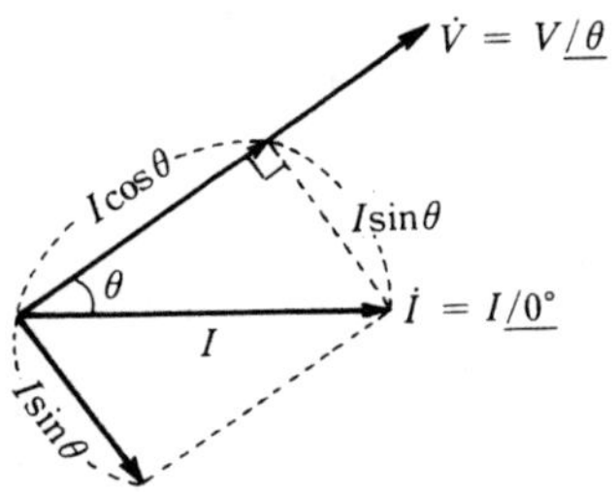

그림 5.11 유효전류와 무효전류

그림 5.11은 **그림 5.8**(a) 회로에 대한 전압·전류의 페이저도로서 $I\cos\theta$ 및 $I\sin\theta$는 전류 $\dot{I}$를 전압 $\dot{V}$와 동상인 성분과 90° 위상차를 갖는 성분으로 분해했을 때의 전류값이다.

여기서 $I\cos\theta$는 식(5.21)에서 보는 것처럼 평균전력 P에 기여하는 성분으로서 **有効電流**(active current)라 하며, $I\sin\theta$는 평균전력에 전혀 기여하지 못하는 성분으로서 **無效電流**(reactive current)라 한다.

부언하면 유효전류는 전압과 동상의 전류로서 저항만의 회로에서의 전류와 같으며, 무효전류는 전압과 90°의 위상차를 갖는 전류로서 L 또는 C만의 회로(reactance 회로)에서의 전류에 해당한다고 할 수 있다.

평균전력 $VI\cos\theta$는 유효전류에 의해 이루어지므로 **유효전력**(active power)이라고도 한다. 그러나 $VI\sin\theta$는 회로에서의 직접적인 전력소모와는 무관하기 때문에 이를 **무효전력**(reactive power)이라 한다. 무효전력은 통상 P_r로 표시되며 단위로는 **바아르**(voltampere reactive ; 〔Var〕)가 쓰인다.

$$\left.\begin{array}{ll}\text{유효전력(평균전력)} & : P = VI\cos\theta\,[\mathrm{W}] \\ \text{무효전력} & : P_r = VI\sin\theta\,[\mathrm{Var}]\end{array}\right\} \quad (5.26)$$

무효전력에 관계되는 계수 $\sin\theta$는 회로의 **無效率**(reactive factor : r.f)이라 하여 식(5.26)으로부터

$$r.f = \sin\theta = \frac{P_r}{VI} \quad (5.27)$$

가 되며, 또한 **그림 5.8**과 **그림 5.10**의 임피던스 및 어드미턴스 삼각도로부터

$$r.f = \sin\theta = \frac{X}{Z} = -\frac{B}{Y} \quad (5.28)$$

와 같이 표시되기도 한다. 이를 이용하면 무효전력은 다음과 같이 여러 형태로 표시될 수 있다.

$$P_r = VI\sin\theta = XI^2 = -BV^2 \quad (5.29)$$

식(5.29)를 인덕터와 커패시터의 경우에 대해 생각해 보면 인덕터에서는 무효전력이 正으로 되고($P_r > 0$), 커패시터에서는 무효전력이 負로 된다($P_r < 0$).

5-4 皮相電力

2단자망에 있어서 단자전압과 전류의 실효값의 곱을 **피상전력**(apparent power)이라 하여 보통 P_a 또는 VA로 나타내며 **단위**는 〔VA〕가 된다. 이는 인가전압과 회로 유입전류 사이의 위상관계는 고려하지 않고, 단지 회로에 인가된 전압과 유입되는 전류의 크기만을 생각하기 때문에 **겉보기 전력**이라고도 하며, 전압과 전류의 곱으로 표시된다는 점에서는 직류전력과 같다.

$$P_a = VI = ZI^2 = YV^2 \text{〔VA〕} \qquad (5.30)$$

또한 P, P_r, P_a 사이에는 다음과 같은 관계가 성립된다.

$$P^2 + P_r^2 = (VI\cos\theta)^2 + (VI\sin\theta)^2 = (VI)^2 = P_a^2$$

즉,

$$\text{또는} \quad \left. \begin{aligned} P_a^2 &= P^2 + P_r^2 \\ P_a &= \sqrt{P^2 + P_r^2} \end{aligned} \right\} \qquad (5.31)$$

식(5.31)로부터는 **그림 5.12**와 같은 **電力삼각도**(power triangle)를 생각해 볼 수 있다.

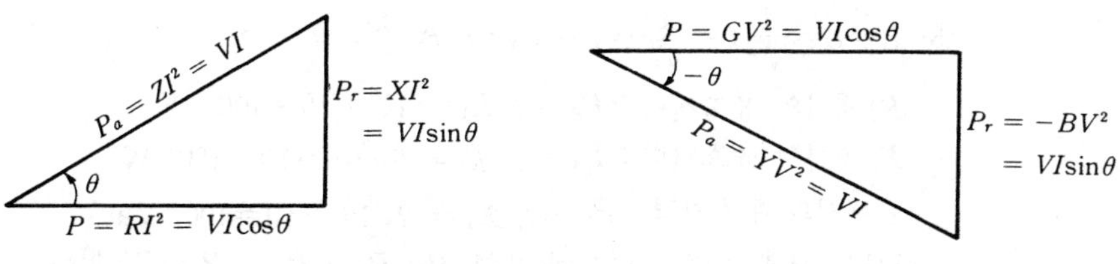

(a) 임피던스적 표현　　(b) 어드미턴스적 표현

그림 5.12 전력삼각도

피상전력의 물리적인 의미는 식(5.20)과 **그림 5.9**에서 알 수 있듯이 2단자회로에 공급되는 순시전력의 진폭을 나타내며, 공학적으로 발전기, 변압기 및 케이블 등의 정격이나 커패시터의 용량은 대개 피상전력〔VA〕으로 표시된다.

한 가지 유의해야 할 것은 회로에 공급되는 P, P_r는 회로 내의 각 소자에서의 P, P_r를 각기 합한 것과 같지만 P_a는 각 소자를 통해 부분적으로 구할 수는 없으며, 반드시 회로 전체의 P와 P_r에 의해서 구해져야 한다.

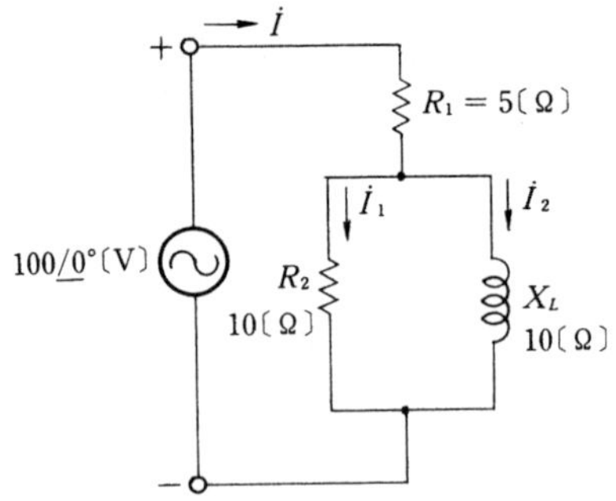

그림 5.13

〔예제 5·7〕 그림 5.13과 같은 회로에 있어서

① 회로의 역률 및 무효율

② 회로에 공급되는 유효전력, 무효전력 및 피상전력

③ 각 소자에서의 전력을 구하고 ②에서 구한 회로 전체에 대한 유효전력, 무효전력과 비교해 보아라.

풀이 ☞ 먼저 회로 임피던스를 구해보면

$$\dot{Z} = R_1 + \frac{R_2 \cdot jX_L}{R_2 + jX_L} = 5 + \frac{10 \cdot j10}{10 + j10} = 10 + j5 \text{〔Ω〕}$$

① 역률 : $p.f = \cos\theta = \frac{R}{Z} = \frac{10}{\sqrt{125}} = \frac{2\sqrt{5}}{5} \simeq 0.894$

무효율 : $r.f = \sin\theta = \frac{X}{Z} = \frac{5}{\sqrt{125}} \simeq 0.447$

② 회로전류가 $I = \frac{V}{Z} = \frac{100}{\sqrt{125}} = 4\sqrt{5} \simeq 8.94$이므로

유효전력 : $P = VI\cos\theta = I^2R = (4\sqrt{5})^2 \cdot 10 = 800$〔W〕

무효전력 : $P_r = VI\sin\theta = I^2X$

$= (4\sqrt{5})^2 \cdot 5 = 400$〔Var〕

피상전력 : $P_a = VI = I^2Z = (4\sqrt{5})^2 \cdot \sqrt{125} = 400\sqrt{5}$

$\simeq 894.4$〔VA〕

③ $I_1 = I_2 = \frac{1}{\sqrt{2}}I = \frac{1}{\sqrt{2}} \cdot 4\sqrt{5} = 2\sqrt{10}$〔A〕이므로

R_1에서의 유효전력 : $P_{R1} = I^2R_1 = (4\sqrt{5})^2 \cdot 5 = 400$〔W〕

R_2에서의 유효전력 : $P_{R2} = I_1^2R_2 = (2\sqrt{10})^2 \cdot 10 = 400$〔W〕

L에서의 무효전력 : $P_{rL} = I_2^2X_L = (2\sqrt{10})^2 \cdot 10 = 400$〔Var〕

이상을 전체 전력과 비교해 보면 $P = P_{R1} + P_{R2}$, $P_r = P_{rL}$인 관계가 성립됨을 알 수 있다.

〔예제 5·8〕 예제 5·7의 ①, ②를 어드미턴스를 사용해서 구해

보아라.

풀이 ☞ 회로 어드미턴스를 구해 보면

$$\dot{Y}=\frac{1}{\dot{Z}}=\frac{1}{10+j5}=\frac{10-j5}{125}=0.08-j0.04\,[\mho] \text{ 이므로}$$

① $p.f=\cos(-\theta)=\dfrac{G}{Y}=\dfrac{0.08}{\sqrt{(0.08)^2+(-0.04)^2}}$

$=\dfrac{0.08}{\sqrt{0.008}}=\dfrac{8}{\sqrt{80}}=\dfrac{2}{\sqrt{5}}\simeq 0.894$

$r.f=\sin(-\theta)=\dfrac{-B}{Y}=\dfrac{0.04}{\sqrt{0.008}}\simeq 0.447$

② $P=V^2G=100^2\times 0.08=800$ [W]

$P_r=-V^2B=100^2\times 0.04=400$ [Var]

$P_a=VI=V^2Y=100^2\sqrt{0.8}\simeq 894.4$ [VA]

[예제 5·9] **그림 5.14**(a)와 같은 회로에서 전압계 3대로 부하에서의 전력을 측정하고자 한다. 유효전력 P를 구하여라.

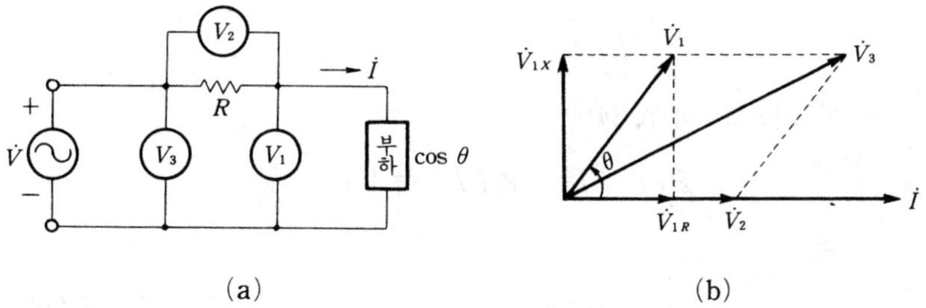

그림 5.14

풀이 ☞ 부하전류 $\dot{I}$ 를 기준으로 페이저도를 그려 보면 **그림 5.14**(b)와 같다. 부하에서의 유효전력은 $P=V_1I\cos\theta$

그림 5.14(b)로부터 $V_3=\sqrt{V_1^2+V_2^2+2V_1V_2\cos\theta}$ 이므로

$$\cos\theta=\frac{V_3^2-V_1^2-V_2^2}{2V_1V_2}$$

$$\therefore\ P=V_1I\cos\theta=V_1\cdot\frac{V_2}{R}\cdot\frac{V_3^2-V_1^2-V_2^2}{2V_1V_2}$$

$$=\frac{1}{2R}(V_3^2-V_1^2-V_2^2)$$

5-5 複素電力

2단자망에 공급되는 유효전력을 實數部로, 무효전력을 虛數部로 하는 복소수를 그 회로에 대한 **복소전력**(complex power)이라 하여 $\dot{P}_a$ 또는 $\dot{S}$ 등으로 표시한다. 복소전력은

$$\dot{P}_a = P + jP_r \tag{5.32}$$
$$= VI\cos\theta + jVI\sin\theta = VI\underline{/\theta} = VIe^{j\theta} \tag{5.33}$$
$$= RI^2 + jXI^2 = \dot{Z}I^2 \tag{5.34}$$
$$= GV^2 + j(-B)\,V^2 = \dot{Y}^*\,V^2 \tag{5.35}$$

와 같이 여러가지의 표현이 가능하다.

식(5.34)에서 $\dot{Z}I^2$은 식(4.6)의

$$\dot{A}\dot{A}^* = A^2$$

인 관계를 이용하면

$$I^2 = \dot{I}\,\dot{I}^*$$

가 되므로 식(5.34)는

$$\dot{P}_a = \dot{Z}I^2 = \dot{Z}\dot{I}\,\dot{I}^* = \dot{V}\dot{I}^*$$

즉,

$$\dot{P}_a = \dot{V}\dot{I}^* \tag{5.36}$$

인 관계가 성립된다. 전압·전류가 모두 직교좌표형의 복소수로 표현되어 있을 때는 이와 같이 복소전력법을 이용함으로써 어느 한 회로에 대한 전력적인 해석을 매우 용이하게 할 수 있다. 즉, 식(5.36)으로부터 유효전력 및 무효전력은 각각

$$P = R_e(\dot{V}\dot{I}^*) \tag{5.37}$$

$$P_r = I_m(\dot{V}\dot{I}^*) \tag{5.38}$$

와 같은 방법에 의해 구해질 수 있다.*

* 전력의 또 다른 표현 방식

$$\dot{P}_a^* = P - jP_r$$
$$= RI^2 - jXI^2$$
$$= GV^2 + jBV^2$$
$$= (G + jB)\,V^2$$
$$= \dot{Y}\dot{V}\dot{V}^*$$
$$= \dot{I}\dot{V}^*$$
$$P = R_e(\dot{P}_a^*) = R_e(\dot{I}\dot{V}^*)$$
$$P_r = -I_m(\dot{P}_a^*)$$
$$= -I_m(\dot{I}\dot{V}^*)$$

〔예제 5·10〕 어느 회로에 $\dot{V} = 30 + j10$〔V〕의 전압이 인가되

어 $\dot{I}=40+j30$〔A〕의 전류가 흐르고 있을 때 이 회로에서의 유효전력, 무효전력, 피상전력 및 역률을 구하여라.

풀이 ☞ 먼저 복소전력 $\dot{P}_a$를 구해보면

$$\dot{P}_a=\dot{V}\dot{I}^*=(30+j10)(40-j30)=1500+j(-500)$$
$$=1581\underline{/18.4°}\text{〔VA〕}$$

이므로 유효전력 P 및 무효전력 P_r는 각각

$$P=R_e(\dot{P}_a)=1500\text{〔W〕}$$
$$P_r=I_m(\dot{P}_a)=-500\text{〔Var〕}$$

가 되며, 피상전력 P_a는 복소전력 $\dot{P}_a$의 절대값(또는 크기)에 해당하므로

$$P_a=\sqrt{P^2+{P_r}^2}=\sqrt{1500^2+(-500)^2}\simeq1581\text{〔VA〕}$$

또한 역률 $p.f$는

$$p.f=\cos\theta=\frac{P}{P_a}=\frac{1500}{1581}\simeq0.95(=95\text{〔\%〕})$$

가 된다.

5-6 力率改善

전동기나 변압기를 비롯하여 대개의 전기적부하는 **유도성부하**인 경우가 많기 때문에 전류가 전압보다 위상이 상당히 뒤지는 **지상역률**(lagging p.f)이 되는 것이 일반적이다. 이와 같은 경우를 흔히 '역률이 낮다'고 말한다. 역률이 낮으면

$$I=\frac{P}{V\cos\theta} \tag{5.39}$$

인 관계식으로부터 보듯이 어떤 부하에 소정의 전력(P)을 공급해야 할 때 동일 전압하에서 큰 전류를 흘려 주어야 할 필요성이 생기게 된다.

그러나 큰 전류가 흐르게 되면 송전계통에서의 열손실이 많아지고 기기의 용량이 커져야 하며 선로에서의 전압강하가 증가하여 전압변동률이 커지게 된다.

따라서 이런 경우 유도성부하로 인하여 **지상전류**가 흐르는 부하에 병렬로 콘덴서를 접속하면(**그림 5.15**(a)) 지상전류와 상쇄되는 **진상전류**가 콘덴서에 흐름으로써 부하전류($\dot{I}$)의 위상은 전압의 위상에 접근하게 된다(**그림 5.15**(b)).

이때는 역률이 1에 근접되도록 하는 것이 바람직한데 이와

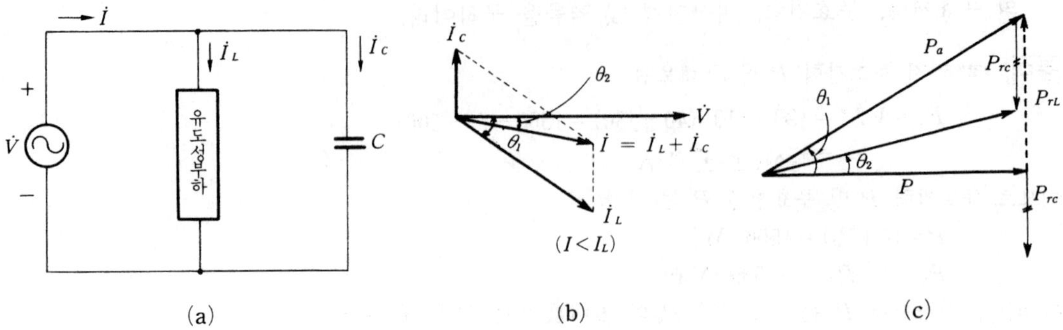

그림 5.15 역률개선의 개념도

같은 시도를 **역률개선**이라 하며 실제에 있어서 역률개선은 0.9 이상을 목표로 하고 있다.

역률개선용 콘덴서의 용량*은 다음 식에 의해 구할 수 있다. **그림 5.15**(c)로부터

$$P_{rc} = P(\tan\theta_1 - \tan\theta_2)$$
$$= P\left(\sqrt{\frac{1}{\cos^2\theta_1} - 1} - \sqrt{\frac{1}{\cos^2\theta_2} - 1}\right) \qquad (5.40)$$

단, P_{rc} : 콘덴서의 용량〔VA〕
P : 부하의 유효전력〔W〕
$\cos\theta_1$: 개선 전의 역률
$\cos\theta_2$: 개선 후의 역률

* 역률개선용 콘덴서의 정격은 무효전력(단위〔Var〕)으로 나타내지 않고 보통 피상전력(단위〔VA〕)으로 나타낸다.

〔예제 5·11〕 300〔kVA〕의 변압기가 지상역률 70〔%〕로 운전되고 있다. 여기에 콘덴서를 설치하여 변압기의 역률을 90〔%〕로 개선하고자 하는 경우의 콘덴서의 용량〔kVA〕을 구하여라.

풀이 ☞ $P_{rc} = P \cdot \left(\sqrt{\frac{1}{\cos^2\theta_1} - 1} - \sqrt{\frac{1}{\cos^2\theta_2} - 1}\right)$

$$= 300 \times 0.7 \times \left(\sqrt{\frac{1}{0.7^2} - 1} - \sqrt{\frac{1}{0.9^2} - 1}\right)$$
$$= 210 \times (1.02 - 0.48) = 113〔kVA〕$$

5-7 最大電力傳送

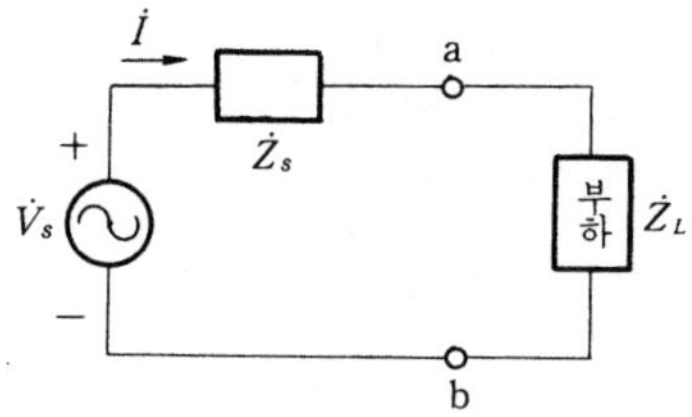

그림 5.16

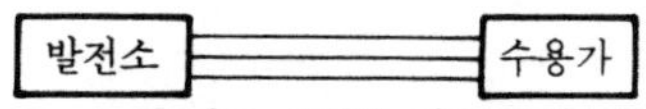

우선 **그림 5.16**과 같이 회로의 전원부 및 부하의 임피던스가 각각

$$\dot{Z}_S = R_S + jX_S, \quad \dot{Z}_L = R_L + jX_L$$

로 주어지는 일반적인 경우 전원부로부터 부하에 공급되는 전력이 최대가 되는 조건을 알아보기로 한다.

전원부의 내부 임피던스 $\dot{Z}_S$가 고정된 것으로 하여 회로전류 $\dot{I}$ 및 이의 크기 I를 구해보면 각각

$$\dot{I} = \frac{\dot{V}_S}{\dot{Z}} = \frac{\dot{V}_S}{\dot{Z}_S + \dot{Z}_L} = \frac{\dot{V}_S}{(R_S + R_L) + j(X_S + X_L)} \tag{5.41}$$

$$I = \frac{V_S}{Z} = \frac{V_S}{\sqrt{(R_S + R_L)^2 + (X_S + X_L)^2}} \tag{5.42}$$

부하에서의 전력 P_L은

$$P_L = R_L I^2 = \frac{R_L \cdot V_S^2}{(R_S + R_L)^2 + (X_S + X_L)^2} \tag{5.43}$$

식(5.43)에서 P_L이 최대로 되는 조건은 다음과 같이 구할 수 있다.

먼저 부하 리액턴스 X_L만을 변화시켜

$$X_S + X_L = 0$$

즉,

$$X_L = -X_S$$

가 되게 하면 식(5.43)에서 분모의 둘째항은 0이 된다.

다음 $X_L = -X_S$인 조건하(**그림 5.17**(a))에서 부하저항 R_L을 변화시켜 식(5.43)의 $R_L/(R_S + R_L)^2$가 최대로 되는 조건을 구하면 이로부터 P_L의 최대 조건 및 최대값이 구해질 수 있다.

즉, $R_L/(R_S + R_L)^2$은 $R_L = 0$, ∞일 때 각각 0이 되므로

$$d\left\{\frac{R_L}{(R_S + R_L)^2}\right\} \Big/ dR_L = \frac{R_S - R_L}{(R_S + R_L)^3} = 0$$

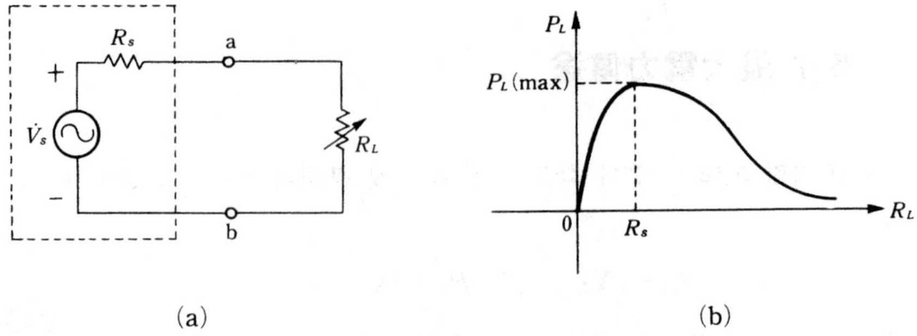

그림 5.17 R_L의 변화에 따른 부하전력의 변화

을 만족하는 $R_L=R_S$일 때 부하전력 P_L은 최대값이 된다. 결국

$$R_L=R_S,\quad X_L=-X_S$$

즉,

$$\dot{Z}_L=\dot{Z}_S^* \tag{5.44}$$

인 조건이 만족되는 순간 부하는 전원부로부터 최대전력을 공급받게 된다. 이때 부하의 최대전력은 식(5.43)으로부터

$$P_{L\max}=\frac{V_s^2}{4R_s} \tag{5.45}$$

이 되며, 식(5.44)와 식(5.45)는 $X_L=X_S=0$인 순저항회로의 경우에도 그대로 적용됨을 알 수 있다. 또한 이때는 전원부 자체에서 소비되는 전력도 마찬가지로 $V_s^2/4R_S$이 되어 ***최대전력 전송시**의 **전송효율**은 50〔%〕가 된다. **그림 5.17**(b)는 R_L의 변화에 따른 부하전력의 변화를 보여주고 있다.

* 임피던스 정합(impedance matching) : 전원과 부하가 고정되어 있을 때 그 사이에 적당한 회로망을 삽입하여 부하에 최대전력이 공급될 수 있도록 회로의 임피던스를 적당히 조정함을 말함. 저전력을 취급하는 전자 및 통신회로에서 많이 이용된다.

부하 임피던스와 전원부의 내부 임피던스가 공액관계를 가질 때에는 회로역률은 1이 되며 이상적인 에너지 전송이 일어나게 된다.

다음에는 **그림 5.18**과 같이 전원부의 내부 임피던스가 $\dot{Z}_S=R_S+jX_S$로, 부하가 순저항 R_L만으로 되는 경우에 대해 알아보기로 한다. 부하 R_L에서의 전력은 식(5.43)에서 $X_L=0$인 경우이므로

$$P_L=R_LI^2=\frac{R_LV_S^2}{(R_S+R_L)^2+X_S^2} \tag{5.46}$$

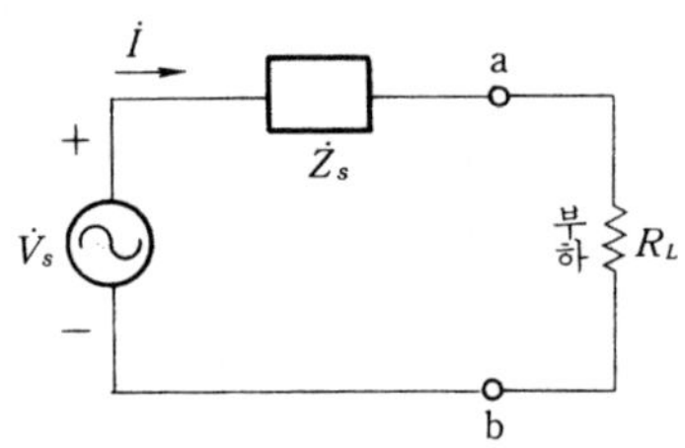

그림 5.18

여기서 R_L을 변화시켜 P_L이 최대로 되는 조건을 구해보면

$$\frac{dP_L}{dR_L}=\frac{(R_S^2-R_L^2+X_S^2)\,V_S^2}{\{(R_S+R_L)^2+X_S^2\}^2}=0$$

을 만족하는

$$R_L=\sqrt{R_S{}^2+X_S{}^2}=|\dot{Z}_S| \qquad (5.47)$$

일때 부하전력 P_L은 최대값이 된다.

〔예제 5·12〕 그림 5.19와 같은 회로에서 저항 R을 변화시킬 때 저항에서 소비되는 최대전력을 구하여라.

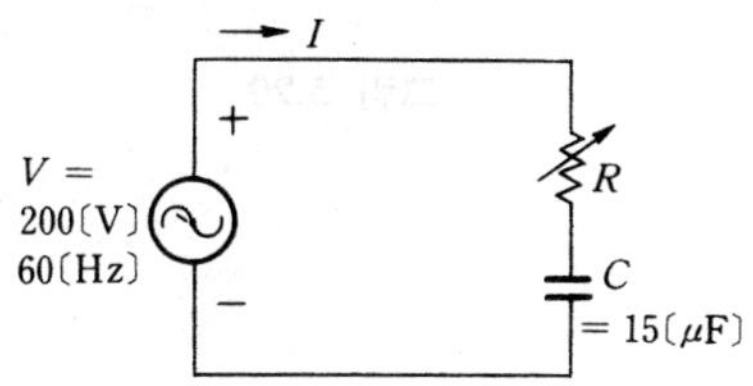

그림 5.19

풀이 ☞ 회로전류 I는

$$I=\frac{V}{\sqrt{R^2+Xc^2}}$$

이로부터 소비전력 P는

$$P=I^2R=\frac{V^2\cdot R}{R^2+Xc^2}=\frac{V^2}{R+\frac{1}{R}Xc^2}$$

이때 P가 최대로 되려면 P의 분모가 최소가 되어야 하므로

$$\frac{d\left\{R+\frac{1}{R}Xc^2\right\}}{dR}=1-\frac{1}{R^2}Xc^2=0$$

이로부터 분모의 최소 조건은 $R+Xc=0$, 즉 $R=-Xc=\frac{1}{\omega C}$ 이 된다. 따라서 최대 전력은

$$P_{\max}=\frac{V^2}{\frac{1}{\omega C}+\omega C\left(\frac{1}{\omega C}\right)^2}=\frac{1}{2}\omega CV^2$$

$$=\frac{1}{2}\times 2\pi\times 60\times 15\times 10^{-6}\times 200^2$$

$$=113\text{〔W〕}$$

연 습 문 제

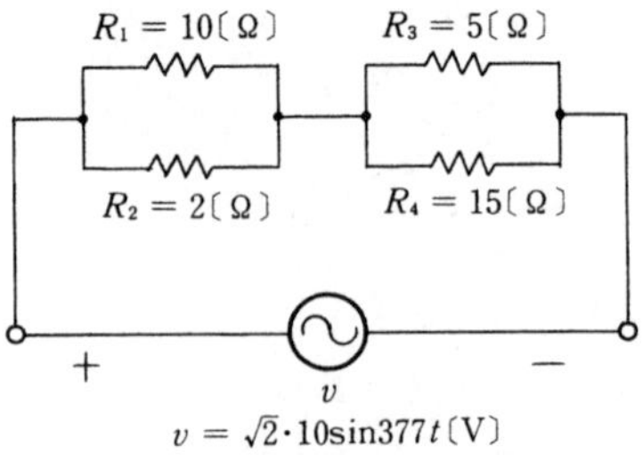

그림 5.20

〔1〕 **그림 5.20**의 회로에 있어서 소비전력이 최대가 되는 저항은 어느 것인가?

〔2〕 100〔V〕-100〔W〕의 전구와 100〔V〕-200〔W〕의 전구가 직렬로 접속되어 있는 회로에 $v=\sqrt{2}\cdot 100\sin 377t$〔V〕인 전압이 인가되었을 때 두 전구에서 소비되는 전력의 비는 얼마인가?

〔3〕 어떤 코일에 직류전압 100〔V〕를 가했더니 500〔W〕의 전력이 소비되고 교류전압 50〔Hz〕, 150〔V〕를 가했더니 720〔W〕가 소비되었다. 이 코일의 저항값과 인덕턴스값을 구하여라.

〔4〕 **그림 5.21**의 회로에 있어서 다음을 구하여라.

① 회로의 역률($p.f$) 및 무효율($r.f$)
② 회로에 공급되는 유효전력(P) 및 무효전력(P_r)
③ 회로의 피상전력(P_a)
④ 각 소자에서의 전력 및 무효전력

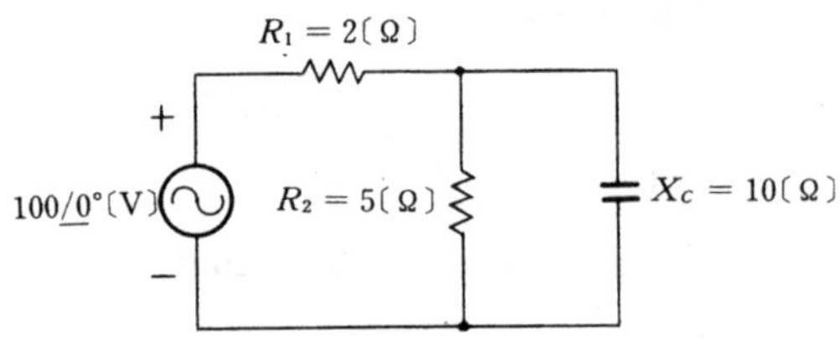

그림 5.21

〔5〕 $R.C$ 병렬회로에 60〔Hz〕, 100〔V〕의 전압을 가했더니, 유효전력이 800〔W〕 무효전력이 −600〔Var〕이었다. 저항 R〔Ω〕과 정전용량 C〔μF〕의 값을 구하여라.

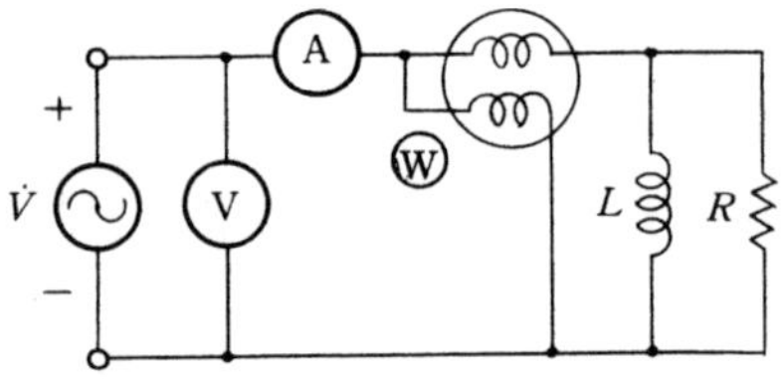

그림 5.22

〔6〕 **그림 5.22**와 같은 회로에 있어서 각 계기들의 지시값이 Ⓥ는 240〔V〕, Ⓐ는 5〔A〕, Ⓦ는 720〔W〕일 때 인덕턴스 L은 얼마인가? 단, 전원의 주파수는 60〔Hz〕이다.

〔7〕 역률 0.8, 소비전력 800〔W〕인 단상부하에서 30분간의 무효전력량 〔Var·h〕은 얼마인가?

〔8〕 $R=6$〔Ω〕, $L=21$〔mH〕의 병렬회로에서 역률을 80〔%〕로 하려면 전원주파수를 몇 〔Hz〕로 하여야 하는가?

〔9〕 저항 R〔Ω〕과 유도 리액턴스 X〔Ω〕의 병렬회로가 있다. 50〔Hz〕, 100〔V〕의 전압을 가했을 때의 유효전력은 1.25〔kW〕이고, 역률은 80〔%〕(지상)이다. R과 X의 값을 구하여라.

〔10〕 부하에서의 전력과 역률을 구하기 위해 **그림 5.23**과 같이 전류계 A_1, A_2, A_3와 저항 R을 접속하였다. 전류계의 지시는 $A_1 = 10$〔A〕, $A_2 = 4$〔A〕, $A_3 = 7$〔A〕이다. 부하에서의 전력과 역률을 구하여라.

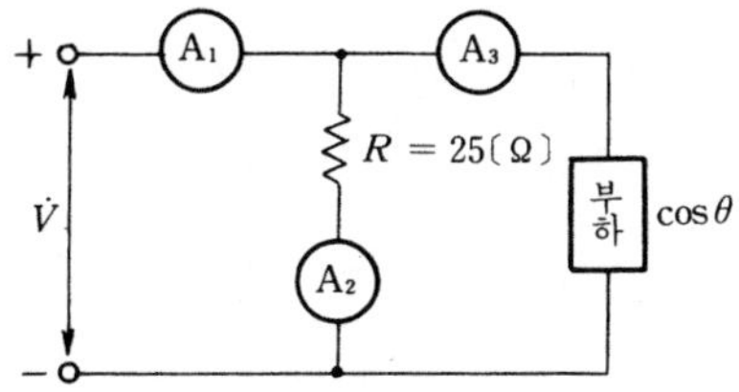

그림 5.23

〔11〕 저항 R〔Ω〕과 유도 리액턴스 X_L〔Ω〕이 직렬로 된 회로의 역률이 $\frac{1}{2}$이다. 이 회로에 용량 리액턴스 X_C를 직렬로 연결하였더니 역률이 $\frac{\sqrt{3}}{2}$으로 개선되었다. 용량 리액턴스 X_C를 구하여라.

〔12〕 어떤 코일에 단상 100〔V〕의 전압을 가하면 20〔A〕의 전류가 흐르고 1.5〔kW〕의 전력이 소비된다고 한다. 이 코일과 병렬로 콘덴서를 접속하여 회로의 합성 역률을 100〔%〕로 하기 위해서는 용량 리액턴스 X_C〔Ω〕는 얼마가 되어야 하나?

〔13〕 어떤 회로에 $\dot{V} = 200\underline{/30°}$〔V〕인 전압이 인가되어 $\dot{I} = 10\underline{/60°}$〔A〕의 전류가 흐를 때 다음을 구하여라.

① 이 회로에서의 복소전력 $\dot{P}_a$
② 이 회로에서의 유효전력 P
③ 이 회로에서의 무효전력 P_r
④ 이 회로에 공급되는 피상전력 P_a
⑤ 회로역률 $p \cdot f$
⑥ 회로의 무효율 $r \cdot f$

〔14〕 $R.L.C$ 직렬회로에 일정 각주파수(ω)를 갖는 전압을 인

가한다. R만을 가변으로 할 때 R이 어떤 값을 취하게 되면 소비전력이 최대로 되는가?

〔15〕 내부 임피던스 $\dot{Z}_g = 0.3 + j2$〔Ω〕인 발전기에 $\dot{Z}_l = 1.7 + j3$〔Ω〕인 선로를 연결하여 부하에 전력을 공급한다. 부하 임피던스 $\dot{Z}_0$〔Ω〕이 어떤 값을 취할 때 부하에 최대 전력이 전송되는가?

〔16〕 내부 임피던스 $\dot{Z}_g=0.5+j3$〔Ω〕인 전원으로부터 임피던스 $\dot{Z}_L=2+j5$〔Ω〕인 부하에 최대 전력을 공급하고자 한다. 중간에 삽입해야 할 정합(matching) 임피던스 $\dot{Z}_m$은 얼마로 하여야 하는가?

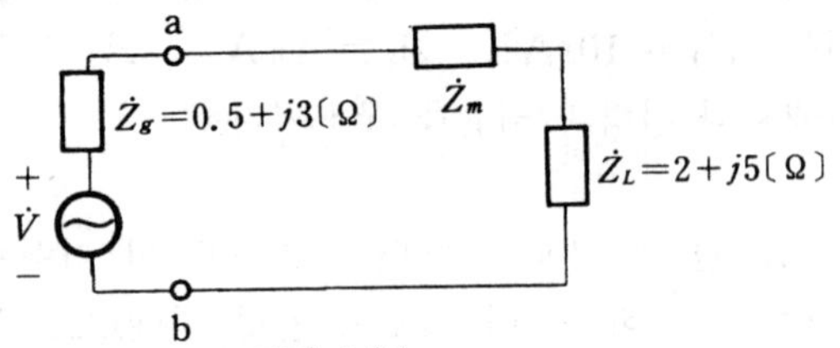

그림 5.24

연습문제해답

〔1〕 $R_3=5$〔Ω〕

〔2〕 2 : 1

〔3〕 $R=20$〔Ω〕, $L=47.8$〔mH〕

〔4〕 ① $p.f=\frac{0.15}{0.158}\simeq 0.95$, $r.f=-\frac{0.05}{0.158}\simeq -0.32$

② $P=1500$〔W〕, $P_r=-500$〔Var〕

③ $P_a=1580$〔VA〕

④ R_1 에서의 전력 : $P_{R_1}=500$〔W〕

R_2 에서의 전력 : $P_{R_2}=1000$〔W〕

X_C 에서의 무효전력 : $P_{rc}=-500$〔Var〕

〔5〕 $R=12.5$〔Ω〕, $C=159$〔μF〕

〔6〕 $L=\frac{1}{2\pi}\simeq 0.159$〔H〕$=159$〔mH〕

〔7〕 300〔Var·h〕

〔8〕 60〔Hz〕

〔9〕 $R=8$〔Ω〕, $X\simeq 10.7$〔Ω〕

〔10〕 **그림 5.25**로부터 역률 $p.f=\cos\theta=0.625$

$P=437.5$〔W〕

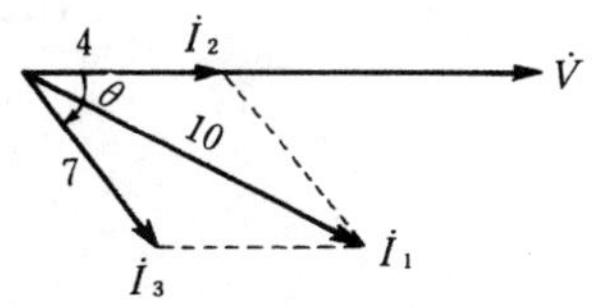

그림 5.25

〔11〕 $X_C=\frac{-2}{\sqrt{3}}R=\frac{-2\sqrt{3}}{3}R$

〔12〕 −7.56〔Ω〕

〔13〕 ① $\dot{P}_a=1000\sqrt{3}-j1000=2000\underline{/30°}$〔VA〕

② $P=1732$〔W〕

③ $P_r=-1000$〔Var〕

④ $P_a=VI=2000$〔VA〕

⑤ $p.f=\frac{1732}{2000}=0.866\simeq 0.87$

⑥ $r.f=\frac{-1000}{2000}=-0.5$

〔14〕 $R=X=\omega L-\frac{1}{\omega C}$

〔15〕 $\dot{Z}_0=2-j5$〔Ω〕

〔16〕 $\dot{Z}_m=1.5-j8$〔Ω〕

6

共振回路

이제까지는 주로 전원주파수가 고정된 회로해석만을 취급해 왔다. 그러나 주파수가 변화하는 회로, 특히 L과 C를 동시에 포함하는 회로에서는 어떤 특정 주파수 부근에서 共振(resonance)이라는 특이한 현상이 나타나는 수가 있으며, 이런 현상은 공학적으로도 매우 폭넓게 응용되고 있다. 본장에서는 이러한 공진현상에 대한 기본원리와 응용 등에 대해 알아보기로 한다.

6-1 共振 및 共振回路

어떤 물체에 주기적인 힘을 외부에서 가할 경우 그 힘의 주기가 물체가 진동하는 주기(물체의 **固有周期**)와 일치하게 되면 작은 힘으로도 큰 진동을 일으킬 수 있다는 것은 통상 경험해 본 일이다. 예를 들어 외나무다리를 건널 때 다리의 상하진동에 보조를 맞추어 걸으면 순식간에 큰 진동을 느낄 수 있는 것과 같다. 이와 같은 현상을 **共振**(resonance)이라 하며, 이러한 현상은 **電気系**에도 존재한다.

일정 전압 V_0의 정현파 전원이 인가된 R-C, R-L회로(**그**

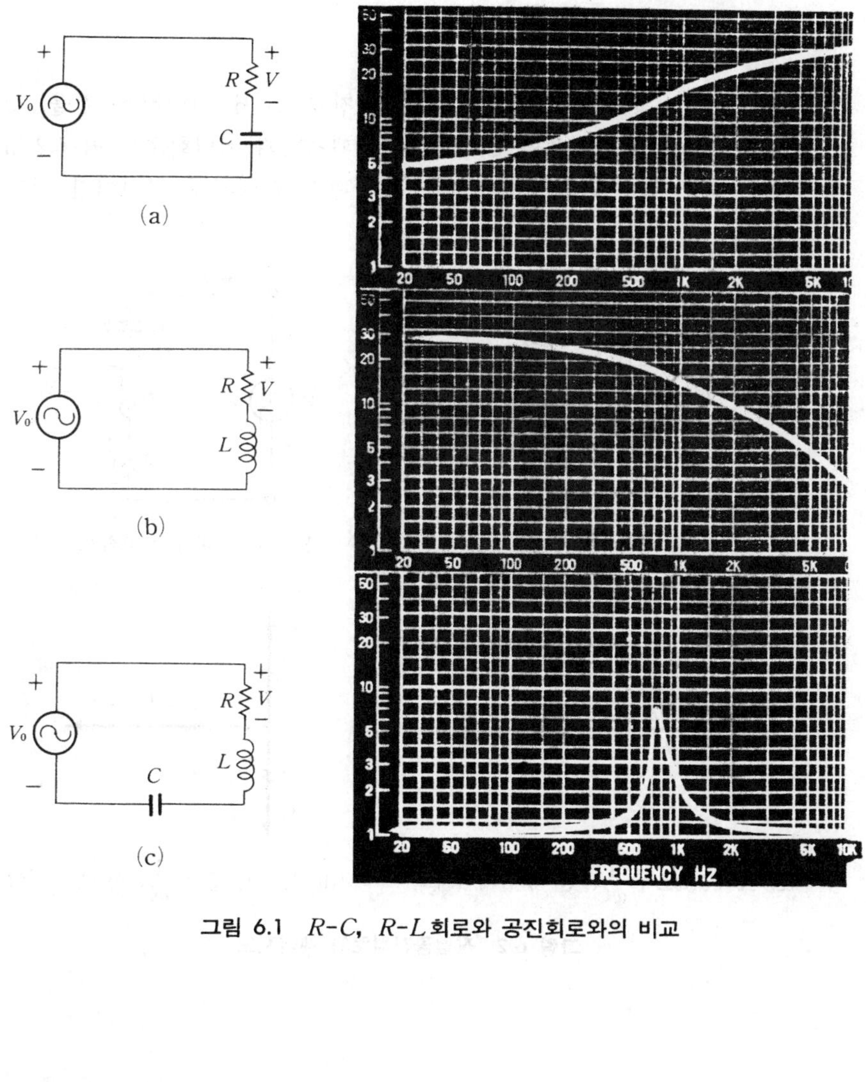

그림 6.1 R-C, R-L회로와 공진회로와의 비교

림 6.1 (a), (b))에서는 주파수 f의 값을 변화시킬 때 R양단의 전압 V(또는 R을 통과하는 전류)는 단조롭게 증가 또는 감소할 뿐이지만 R-L-C 회로에서는 전압 V는 **그림 6.1**(c)와 같이 극대점을 가지며, 회로가 좀더 복잡한 경우는 몇 개의 극대 또는 극소점을 갖게 된다.

이 경우 리액턴스 소자(L 또는 C)에 직렬로 접속되어 있는 저항 R이 작을수록(또는 병렬로 접속되어 있는 경우 R이 클수록) 주파수나 소자의 변화에 대한 전압, 또는 전류의 변화는 급격하게 된다.

이와 같이 회로 중 어느 부분의 전압 또는 전류가 특정 주파수 부근에서 급격히 크게 변하는 현상을 電気系에서는 공진현상이라 하며, 이러한 회로를 **共振回路**라 한다.

6-2 直列共振

가장 간단하고 기본적인 공진회로로서 인덕턴스 L을 갖는 코일과 정전용량 C를 갖는 커패시터의 직렬회로(**그림 6.2** (a))를 생각해 볼 때 코일은 인덕턴스 L이외에 약간이긴 하지만

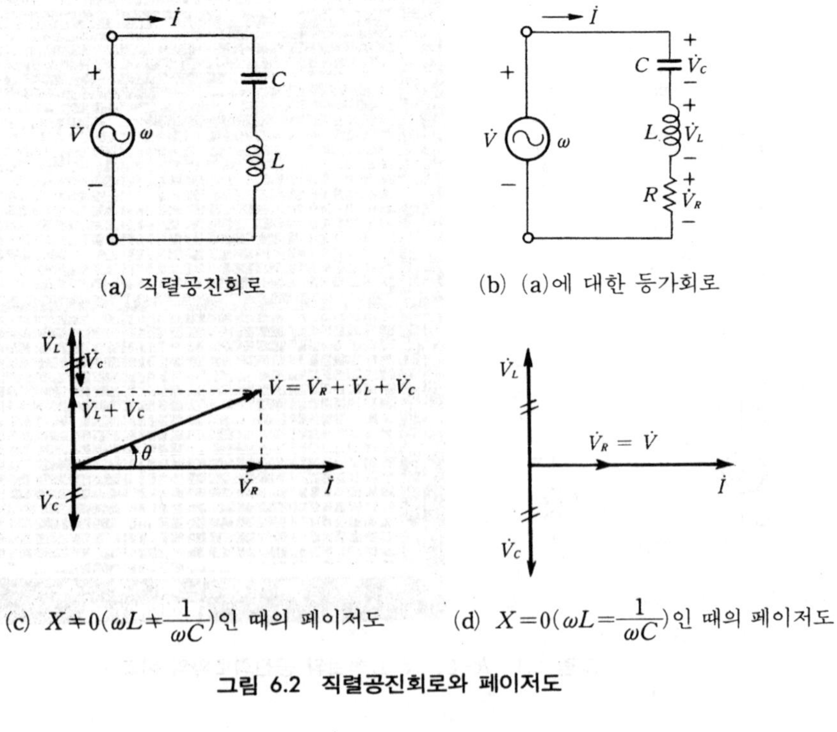

그림 6.2 직렬공진회로와 페이저도

저항성분 R을 가지고 있기 때문에 실제는 **그림 6.2**(b)와 같은 R-L-C 직렬회로로서 취급하는 것이 타당하다(커패시터도 실제로는 저항성분을 갖지만 코일에 비해 등가적인 직렬저항성분이 매우 작기 때문에 무시되는 수가 많다).

그림 6.2(b)의 직렬공진회로에 일정 크기의 교류전압 $\dot{V}$를 인가한 후 주파수를 변화시키면서 전류 $\dot{I}$의 변화를 살펴보기로 한다.

$$\dot{V}=\dot{V}_R+\dot{V}_L+\dot{V}_C=\{R+j(\omega L-\frac{1}{\omega C})\}\dot{I}=(R+jX)\dot{I}$$

로부터 회로전류의 크기 I 및 위상각 θ는 각각

$$I=\frac{V}{\sqrt{R^2+\left(\omega L-\frac{1}{\omega C}\right)^2}} \tag{6.1}$$

$$\theta=\tan^{-1}\frac{\omega L-\frac{1}{\omega C}}{R} \tag{6.2}$$

로 된다. 그러므로 주파수가 변하여

$$\left.\begin{aligned}&\omega L=\frac{1}{\omega C}\\ \text{또는}\quad &\omega L-\frac{1}{\omega C}=0\end{aligned}\right\} \tag{6.3}$$

인 상태가 되면 전류와 위상각은

$$I=I_r=\frac{V}{R} \tag{6.4}$$

$$\theta=\tan^{-1}\frac{0}{R}=0 \tag{6.5}$$

이 되어 $\dot{V}$와 $\dot{I}$는 同相이 되면서 전류는 최대가 된다.

결국 일반적인 의미의 **직렬공진**이란 회로의 리액턴스 성분이 0이 되어 전압과 전류가 동상이 되고(**그림 6.2**(d)), 그 결과 회로 임피던스가 최소로 됨으로써 회로전류가 최대로 되는 상태라 할 수 있다.

그림 6.3은 R-L-C 직렬회로에서 전원의 각주파수 ω를 변화시킬 때 회로 리액턴스의 변화를 나타낸 것이다. 낮은 주파수에서는 용량성 리액턴스의 값이 우세하므로, $X<0$이 되며, 높은 주파수에서는 유도성 리액턴스의 값이 우세해서 $X>0$이 된

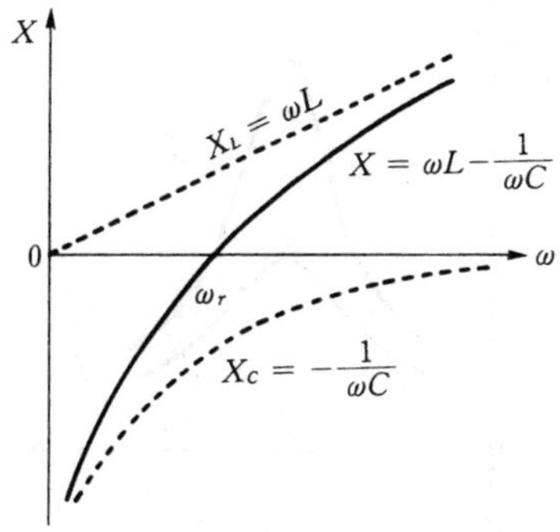

그림 6.3 R-L-C **직렬공진회로의 리액턴스와 주파수의 관계**

다.

그리고 이 중간에 X의 곡선이 횡축을 끊는 점, 즉 $X_L = |X_C|$가 되는 점 ω_r이 존재하며 이때는 단자전압과 전류가 동상이 된다.

일반적으로 2단자 회로의 단자전압과 전류가 어떤 특정한 주파수에서 동상이 될 때 이 회로는 그 주파수에서 공진상태에 있다고 하며 이때의 주파수를 **공진주파수**(resonance frequency)라 한다.

또한 회로정수를 변화시켜서 공진상태로 유도해 가는 것을 전원의 주파수에 **同調**(tuning)시킨다고 하며, 그때의 L 및 C의 값을 각각 동조 인덕턴스, 동조 커패시턴스라 한다.

직렬공진회로에서 공진시의 각주파수를 ω_r, 주파수를 f_r이라 하면 식(6.3)으로부터

$$\omega_r L - \frac{1}{\omega_r C} = 0 \tag{6.6}$$

이 성립되며, 이로부터는

$$\omega_r = \frac{1}{\sqrt{LC}}$$

또는,

$$f_r = \frac{1}{2\pi\sqrt{LC}} \tag{6.7}$$

과 같은 관계식이 얻어진다. 또한 이때 흐르는 전류 I_r을 **공진전류**라 한다.

그림 6.4는 R, X, Z와 ω와의 관계를 나타내는 임피던스의 **주파수 특성곡선**이다. 공진주파수에서는 $X=0$이므로, $Z=R$이 되고, 따라서 임피던스는 최소가 된다.

그림 6.5는 어드미턴스의 주파수특성곡선으로서 임피던스 곡선과 逆의 관계가 있다. $\omega = \omega_r$에서 어드미턴스 Y는 최대가 되며, 그 값은 $1/R$이 된다.

따라서 **회로손실**과 관계되는 저항 R이 작을수록 Y곡선은 더욱 예리하게 되는데 이러한 특성곡선을 **공진곡선**(resonance curve)이라 한다.

직렬회로의 공급전압이 일정할 때 회로전류는 어드미턴스에 비례하므로 **그림 6.5**의 곡선은 그대로 R-L-C 직렬공진회로의 **전류응답곡선**이 된다. 또한 회로저항 R이 작으면 공진전류는

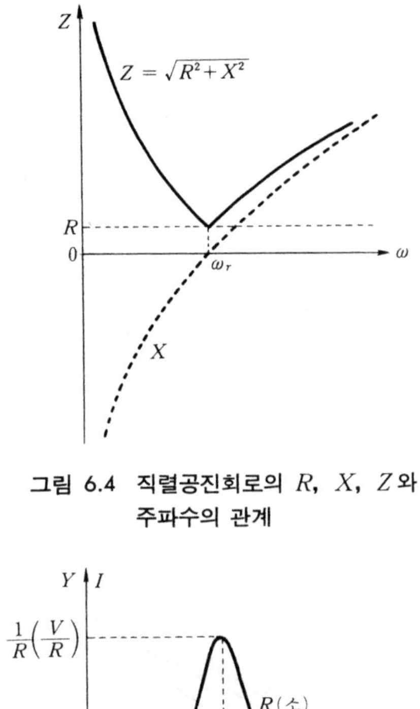

그림 6.4 직렬공진회로의 R, X, Z와 주파수의 관계

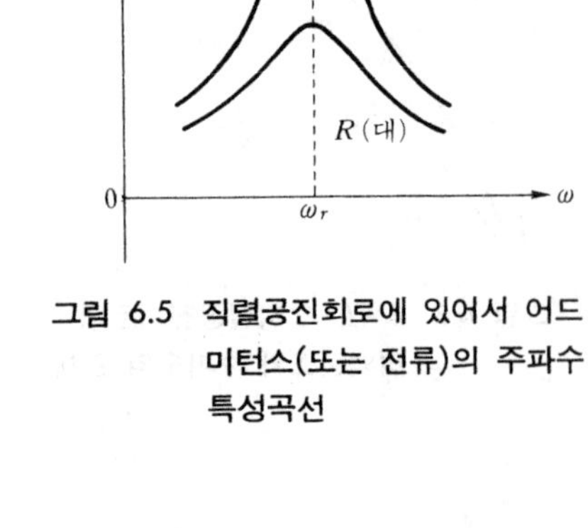

그림 6.5 직렬공진회로에 있어서 어드미턴스(또는 전류)의 주파수 특성곡선

매우 크게 되며 그 결과 L 또는 C양단에는 매우 큰 전압(공급 전압의 수십배 또는 그 이상이 될 때도 있다)이 나타난다.

〔예제 6·1〕 $R=1$〔Ω〕, $L=0.1$〔H〕, $C=100$〔μF〕의 직렬공진회로에 200〔V〕의 전압을 인가할 때 공진주파수 f_r과 공진시의 전류 I_r을 구하여라.

풀이 ☞ $f_r=\dfrac{1}{2\pi\sqrt{LC}}=\dfrac{1}{2\times3.14\times\sqrt{0.1\times100\times10^{-6}}}\simeq50.5$〔Hz〕

$$I_r=\frac{V}{R}=\frac{200}{1}=200\text{〔A〕}$$

6-3 共振回路의 良好度

직렬공진회로의 주요특성 중의 하나는 앞에서도 언급했었듯이 공진시 L 및 C의 단자전압인 V_L, V_C가 대개는 인가전압 V의 수십배 또는 그 이상으로 확대되어 나타난다는 사실이다. 이 때문에 직렬공진을 **전압공진**이라고도 하는데 전압확대율이 크다는 것은 바로 직렬공진회로의 우수성을 보여주는 것이라 할 수 있다.

따라서 직렬공진회로의 **良好度**(quality factor) Q는 통상 공진시의 L과 C에서의 **전압확대율**로서 나타낸다. 공진시 L과 C에서의 전압확대율을 각각 Q_L, Q_C라 하면

$$V_L=\omega_r LI_r,\quad V_C=\frac{1}{\omega_r C}I_r$$

이므로

$$\left.\begin{aligned} Q_L&=\frac{V_L}{V}=\frac{\omega_r LI_r}{RI_r}=\frac{\omega_r L}{R}\\ Q_C&=\frac{V_C}{V}=\frac{\dfrac{1}{\omega_r C}I_r}{RI_r}=\frac{1}{R\omega_r C}\end{aligned}\right\}\qquad(6.8)$$

여기서 $\omega_r L=\dfrac{1}{\omega_r C}$인 관계가 있으므로

$$Q_L=Q_C=Q$$

로 되어

$$Q = \frac{\omega_r L}{R} = \frac{1}{R\omega_r C} \tag{6.9}$$

이 된다. 즉

$$V_L = V_C = Q_L V = Q_C V = QV$$

로 되어 공진시 L이나 C양단의 전압은 인가전압의 Q배가 된다. 결국 L, C에서의 전압확대율, 또는 직렬공진회로의 양호도 Q값은 R에 비해 공진 리액턴스인 $\omega_r L$ 또는 $\frac{1}{\omega_r C}$이 클수록 커짐을 알 수 있다. 또한 이때의 저항성분 R은 그 대부분이 인덕터의 내부저항에 기인하는 것이기 때문에 Q는 인덕터의 양호도를 의미하기도 한다.

〔예제 6・2〕 $R = 2〔\Omega〕$, $L = 10〔\text{mH}〕$, $C = 4〔\mu\text{F}〕$로 구성되는 직렬공진회로의 L과 C에서의 전압확대율을 구하여라.

풀이 ☞ $Q = \frac{\omega_r L}{R} = \frac{1}{\omega_r CR} = \frac{1}{R}\sqrt{\frac{L}{C}}$

$= \frac{1}{2}\sqrt{\frac{10 \times 10^{-3}}{4 \times 10^{-6}}} = 25$

6-4 尖銳(첨예)度

직렬공진회로에 크기는 같지만 주파수가 다른 여러가지 전압을 인가하면 공진주파수 f_r을 갖는 전압에 의한 전류(공진전류) I_r이 가장 크게 되고 다른 주파수의 전류는 I_r에 비해 매우 작다.

따라서 주파수가 f_r인 전압만이 Q배로 확대되어 L과 C 양단에 나타나지만 다른 주파수의 전압은 매우 작다. 즉, 직렬공진회로에서는 주파수 f_r의 전압만이 선택되어 확대된다. 이 선택성은 **그림 6.6**의 공진곡선이 첨예할수록 크다. 이 첨예정도를 나타내는 방법으로서 **그림 6.6**에서와 같이 공진주파수 f_r의 가까운 곳에 같은 전류값을 보이는 전류 I에 대한 주파수 f_1, f_2 (단, $f_1 < f_r < f_2$)를 택하여

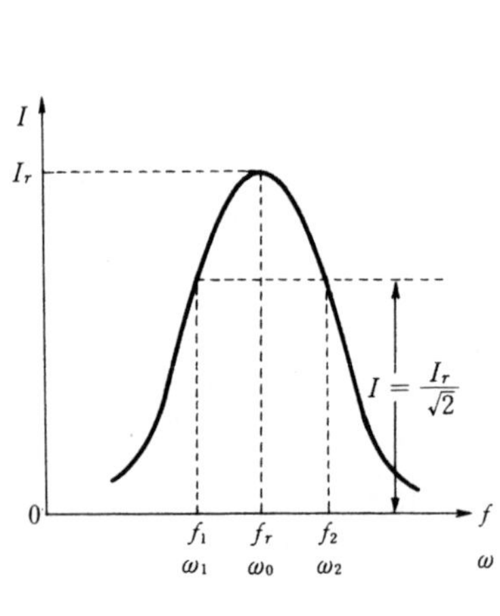

그림 6.6 공진곡선

$$S = \frac{f_r}{f_2 - f_1} \tag{6.10}$$

라 하면 이 S가 클수록 공진곡선이 첨예하게 되며, 이때의 S를 **첨예도**(sharpness) 또는 **선택도**(selectivity)라 한다.

일반적으로 선택도는 I_r^2의 $\frac{1}{2}$ 또는 I_r의 $\frac{1}{\sqrt{2}}$인 때의 주파수(f_1, f_2)로 표시하는 경우가 많으며, 이때 두 주파수간의 폭을 **帶幅**(band-width)이라고 한다. 또한 공진주파수에 가까운 신호전압이 인가될수록 회로전류는 커지게 되는데, 이와같이 전류를 잘 흐르게 하는 주파수 영역을 **通過帶域**(pass band)이라고도 한다.

다음에 선택도 S와 전압확대율 Q와의 관계를 알아보기로 한다.

그림 6.6에서 공진 각주파수가 ω_r일 때의 전류를 $I_r = \frac{V}{R}$ 그리고 전류가 $I = \frac{I_r}{\sqrt{2}}$인 때의 각주파수를 ω_x라 하면

$$I = \frac{I_r}{\sqrt{2}} = \frac{V}{\sqrt{2}R} = \frac{V}{\sqrt{R^2 + \left(\omega_x L - \frac{1}{\omega_x C}\right)^2}} \tag{6.11}$$

$$\therefore \sqrt{2}R = \sqrt{R^2 + \left(\omega_x L - \frac{1}{\omega_x C}\right)^2} \tag{6.12}$$

양변을 제곱하여 정리하면

$$\left(\omega_x L - \frac{1}{\omega_x C}\right)^2 = R^2 \tag{6.13}$$

$$\left(\frac{\omega_x L}{R} - \frac{1}{R\omega_x C}\right)^2 = 1 \tag{6.14}$$

식(6.14)에 식(6.9)를 대입하여 정리하면

$$\frac{\omega_x Q}{\omega_r} - \frac{\omega_r Q}{\omega_x} = \pm 1 \tag{6.15}$$

$$\therefore \omega_x^2 \pm \frac{\omega_r}{Q}\omega_x - \omega_r^2 = 0 \tag{6.16}$$

여기서 ω_x는 식(6.16)을 만족시키면서 또 (+)의 값이어야 하므로 그 값을 각각 ω_1, ω_2라 하면

i) $\omega_1 < \omega_r$ 인 경우

$$\left.\begin{aligned} \omega_1 &= \frac{-\dfrac{\omega_r}{Q} + \sqrt{\left(\dfrac{\omega_r}{Q}\right)^2 + 4\omega_r^2}}{2} \\ &\text{ii) } \omega_2 > \omega_r \text{ 인 경우} \\ \omega_2 &= \frac{\dfrac{\omega_r}{Q} + \sqrt{\left(\dfrac{\omega_r}{Q}\right)^2 + 4\omega_r^2}}{2} \end{aligned}\right\} \tag{6.17}$$

* 선택도의 판별 例

"공진곡선의 대폭($\Delta f = f_2 - f_1$)이 같을 때는 공진주파수가 클수록 선택도가 양호"

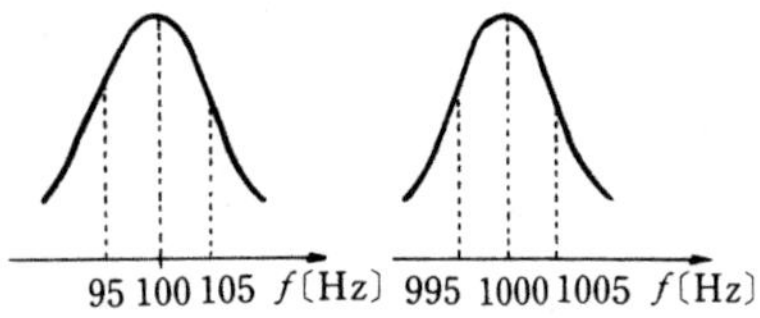

공진곡선(a), (b)에 있어서 (a)는 출력이 최대값의 $\frac{1}{2}$이 되는 주파수(f_1, f_2)가 공진주파수(100〔Hz〕)로부터 5〔%〕가 되는 곳에 위치하지만 (b)는 공진주파수(1000〔Hz〕)로부터 0.5〔%〕가 되는 곳에 위치한다. 따라서 (b)의 선택도가 보다 양호하다고 할 수 있다.

그런데

$$\omega_2 - \omega_1 = \frac{\omega_r}{Q} \tag{6.18}$$

의 관계가 있으므로 이를 식(6.10)에 대입하면

$$S = \frac{f_r}{f_2 - f_1} = \frac{\omega_r}{\omega_2 - \omega_1} = \frac{\omega_r}{\dfrac{\omega_r}{Q}} = Q \tag{6.19}$$

가 된다. 즉, 전압확대율 Q와 주파수 선택도 S는 같음을 알 수 있다. 또한 $\omega = \omega_1$, ω_2에서는 $\omega = \omega_r$인 때의 전류의 $1/\sqrt{2}$배의 전류가 흐르므로 이때 회로에 공급되는 전력은 공진시 전력의 반이 된다.

이런 의미에서 ω_1, ω_2를 **半電力周波数**(half-power frequency)라 하고 **通過帶幅** $\Delta\omega = \omega_2 - \omega_1$을 **半電力帶幅**(half-power band-width)이라고 부른다.

따라서 주파수 범위로 보아 $\omega_1 \sim \omega_2$사이의 모든 신호는 공진시 전력의 반 이상의 전력으로 회로에 잘 전달되나 이 범위를 벗어난 신호는 전력이 약해서 회로에 전달되기 어렵다.

〔예제 6・3〕 $R = 10$〔Ω〕, $L = 150$〔μH〕인 코일과 가변 콘덴서가 직렬로 **그림 6.7**과 같이 710〔kHz〕, 1〔V〕의 전원에 연결되어 있다. 다음을 구하여라.

① 이 회로가 전원주파수에 공진하는데 필요한 콘덴서의 커패시턴스

② 공진시 회로의 Q

③ 공진시 콘덴서 양단전압의 크기

④ 반전력대폭

⑤ 반전력주파수

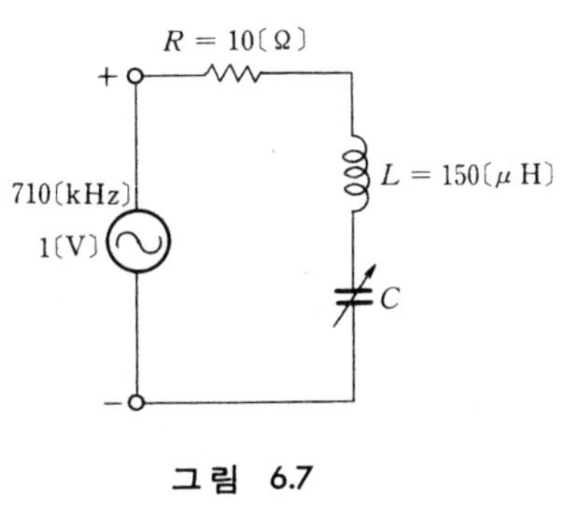

그림 6.7

풀이 ☞

① $\omega_r = 1/\sqrt{LC}$ 에서

$$C = \frac{1}{4\pi^2 f_r^2 L}$$

$$= \frac{1}{4\times 3.14^2 \times (710\times 10^3)^2 \times 150\times 10^{-6}} \simeq 336\,[\text{pF}]$$

② $Q = \frac{\omega_r L}{R} = \frac{2\pi \times 710\times 10^3 \times 150 \times 10^{-6}}{10} \simeq 66.8$

③ $V_C = QV = 66.8\times 1 = 66.8\,[\text{V}]$

④ $\Delta f = \frac{f_r}{Q} = \frac{710}{66.8} \simeq 10.6\,[\text{kHz}]$

⑤ f_1 및 f_2는 f_r을 중심으로 좌우에 $\Delta f/2$만큼 떨어진 곳에 있다.

$$f_1 = 710 - \frac{10.6}{2} = 704.7\,[\text{kHz}]$$

$$f_2 = 710 + \frac{10.6}{2} = 715.3\,[\text{kHz}]$$

6-5 共振現象의 物理的考察

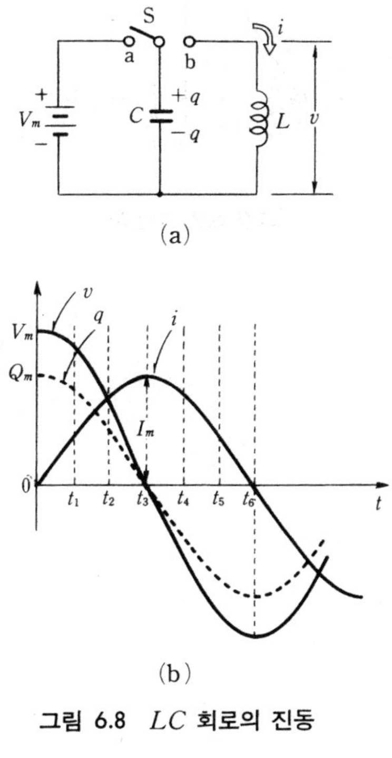

그림 6.8 LC **회로의 진동**

그림 6.8(a)와 같은 회로를 만든 다음, 스위치 S를 a쪽으로 해서 커패시터 C를 전압 V_m으로 충전시켜 전하 $Q_m = CV_m$ (이때의 전기 에너지는 $\frac{1}{2}CV_m^2$)을 준 다음 스위치를 a쪽에서 b쪽으로 젖히면 커패시터에 축적되어 있는 전하 Q_m은 인덕터 L쪽으로 방전되려고 한다.

만약 이 자리에 인덕터 대신 저항체가 있다고 하면 전류는 급격히 많이 흐르지만 인덕터의 경우는 이것에 급격히 큰 전류가 흐르는 것을 허용하지 않기 때문에 전류 i의 값은 갑자기 증가하지 않고 0에서부터 서서히 흐르기 시작한다.

이때 전류의 흐름과 더불어 커패시터의 전하 q는 감소한다. 따라서 그 단자전압 $v(=q/C)$ 도 감소되기 때문에 $v = L\frac{di}{dt}$ 로부터 전류의 증가율(di/dt)도 처음($0\rightarrow t_1$)보다 다음 단계($t_1 \rightarrow t_2$)에서는 조금 완만하게 된다.

이렇게 q가 감소하고 i가 증가되는 현상은 $t = t_3$에 이르면 C에 축적되어 있던 전하 q가 완전히 없어지게 되어 그 결과 v도 0이 된다(**그림 6.8**(b)).

이렇게 되면 전류를 흐르게 했던 전원(source)의 전압 v가 0이 되었기 때문에 여기에서 변화가 그칠 것처럼 생각되기도 하지만 이에 수반되는 현상은 계속된다.

즉, 이때 인덕터에는 최대전류 $i = I_m$이 흐르면서 축적 에너지도 최대가 되는데 이는 처음 커패시터 C에 축적되어 있던 **靜電 에너지**가 인덕터로 이동되어 **磁氣 에너지**의 형태로 인덕터 L에 축적되어 있음을 의미한다.

따라서 전압 v가 0으로 되어도 인덕터의 특성(磁束의 급격한 변화를 방해하는, 즉 그 자속을 만들고 있는 전류의 급격한 감소를 저지하려는 성질)에 의해 인덕터 L은 오히려 이 전류를 계속 흐르게 하려는 성질(관성전류)을 갖는다.

따라서 커패시터는 이 전류에 의해서 전과는 반대방향의 극성으로 충전되며($t_3 \rightarrow t_4$), 인덕터의 자기 에너지는 다시 커패시터의 정전 에너지로 옮겨 가서 마침내 인덕터의 전류는 0, 커패시터의 전압과 전하는 그 크기가 처음과 같게(단, 부호는 반대) 된다($t = t_6$). 결국 커패시터는 처음과 극성이 반대인 전압으로 충전된다. 다음에 이 커패시터의 전하는 다시 인덕터를 통해서 지금까지와는 달리 역방향으로 방전이 되고 위의 내용과 같은 과정이 반복되면서 **그림 6.8**(b)에서와 같은 **電氣的振動**(i, v, q 모두 sine 곡선)이 계속된다. 이 공진회로와 유사한 모델로서 **그림 6.9**와 같은 **單振子**(흔들이)의 운동이 있다.

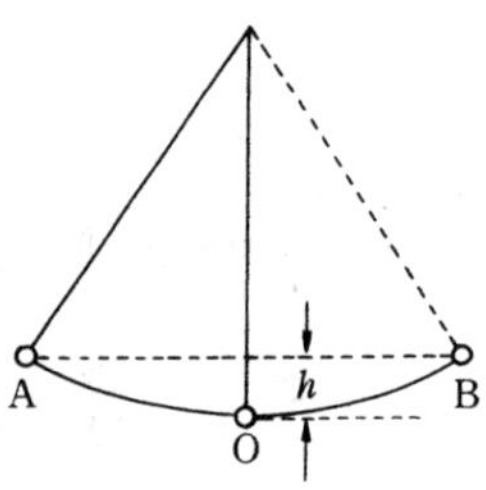

그림 6.9 단진자

이제 **그림 6.9**에서처럼 단진자의 추를 정지점 O로부터 A점까지 가져가서 놓아버린 경우의 운동을 조사해 보자. A점에서는 O점보다 추가 h만큼 더 높은 곳에 있기 때문에 그 만큼 **위치 에너지**(potential energy)를 더 갖고 있으며, 이곳에서 추를 놓으면 추는 연직 아래 O점에서 위치 에너지가 없어져 버리면서 **운동 에너지**로 바뀌게 된다. 그러나 추는 관성에 의해서 O점을 지나 B점까지 올라가서 정지하게 되며 여기서는 진자의 운동 에너지가 다시 위치 에너지로 전환된다.

다음에는 다시 B점으로부터 O점을 향해서 운동하기 시작하고 이와 같은 운동을 반복하면서 진동은 계속 이루어진다. 이 진자의 운동을 앞에서 기술했던 LC회로의 **전기진동**과 비교한 것이 **그림 6.10**이다. 이 그림을 잘 보면 양자가 매우 유사한 관계가 있다는 사실을 알 수 있다.

즉, 인덕터에 흐르는 전류가 자속을 만들면서 인덕터에 자기 에너지를 축적하고 있을 때는 이것이 진자의 운동 에너지에 대

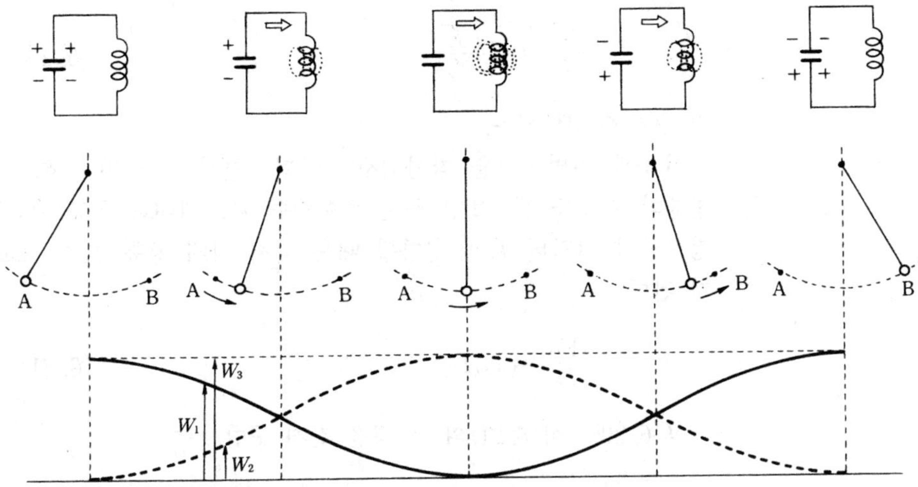

W_1 : 위치 에너지(전기 에너지)
W_2 : 운동 에너지(자기 에너지)
$W_3 = W_1 + W_2 =$ 全 에너지(역학적 에너지)

그림 6.10 LC **회로와 단진동의 비교**

응된다. 그리고 커패시터가 어느 전압하에서 전하를 축적하고 있을 때는 거기에 전기 에너지가 축적되어 있는 것이며 이 에너지는 振子의 위치 에너지에 대응된다.

이상과 같이 생각해 보면 LC회로는 **電気振子**라고도 할 수 있으며, 일단 여기에 에너지가 주어지게 되는 경우 그 에너지를 **力学的**인 형태로 저장하는 장치라고 말할 수도 있다. 즉, 손실이 없다면 진자에 주어진 에너지는 **동(動)**과 **정(靜)** 두 형태의 에너지를 교대로 취하면서, 영구히 그곳에 축적되어 있게 되는 것이다. 이런 의미에서 LC회로를 **탱크 회로**(tank circuit)라고 부르는 경우도 있다.

다음에 전기진자인 LC회로가 갖는 정과 동 에너지의 주고받는 속도를 조사해 보기로 한다. 이제 전압·전류의 최대값을 각각 V_m, I_m이라 하면 두 형태의 에너지는

$$\begin{cases} \text{靜電 에너지} : \dfrac{1}{2}CV_m^2 \\ \text{電磁(磁氣) 에너지} : \dfrac{1}{2}LI_m^2 \end{cases}$$

으로서 양자는 서로 같기 때문에

$$\frac{1}{2}CV_m^2 = \frac{1}{2}LI_m^2$$

또는,

$$\frac{V_m}{I_m}=\sqrt{\frac{L}{C}} \tag{6.20}$$

의 관계가 성립된다.

다음에 인덕터만을 착안해서 그 단자전압과 이것에 흐르는 전류의 관계를 알아보면 공진 각주파수 ω_r, 최대값 전압 V_m인 정현파가 인덕터 L에 인가될 때는 역시 최대 전류 I_m이 흐르게 된다.

$$\frac{V_m}{I_m}=\omega_r L \tag{6.21}$$

식(6.20), 식(6.21)의 두 식을 같게 두면

$$\omega_r L=\sqrt{L/C}$$

로부터

$$\left.\begin{aligned}&\omega_r=1/\sqrt{LC}\\ \text{또는}\quad &\\ &f_r=\frac{\omega_r}{2\pi}=\frac{1}{2\pi\sqrt{LC}}\end{aligned}\right\} \tag{6.22}$$

이것은 전기진자의 **固有周波数**로서 앞에서 식(6.7)로 주어진 것이다. 이 진동의 고유주기 $T_r(=1/f_r)$을 구하면

$$T_r=2\pi\sqrt{LC} \tag{6.23}$$

식(6.23)은 주기 T가 L, C의 값이 클수록 길어짐을 보여주고 있는데, 이것은 C가 클수록 이것에 축적되는 전하량이 커서 방전에 시간이 걸리며 또한 L이 클수록 전류의 변화를 저해하는 효과가 커서 진동현상이 완만하게 이루어짐을 의미한다.

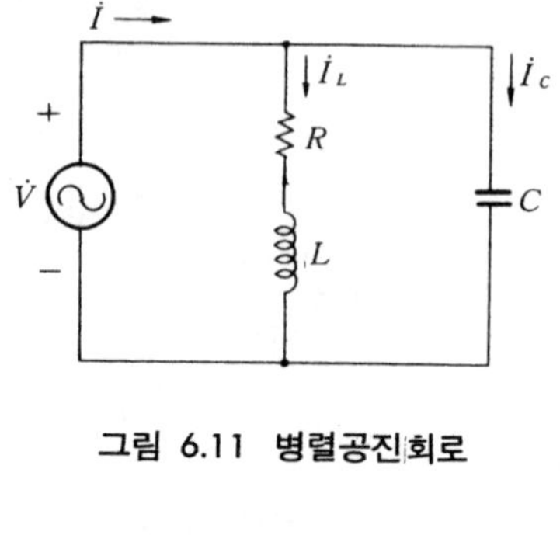

그림 6.11 병렬공진회로

6-6 並列共振

그림 6.11과 같은 병렬공진회로에 전압 $\dot{V}$가 인가될 때 흐르는 全전류를 $\dot{I}$, 코일에 흐르는 전류를 $\dot{I}_L$, 커패시터에 흐르는 전류를 $\dot{I}_C$라 하면

$$\left.\begin{aligned}\dot{I}_L &= \frac{\dot{V}}{R+j\omega L}\\ \dot{I}_C &= j\omega C\dot{V}\end{aligned}\right\} \tag{6.24}$$

이므로 전전류는

$$\begin{aligned}\dot{I} &= \dot{I}_L+\dot{I}_C = \left(\frac{1}{R+j\omega L}+j\omega C\right)\dot{V}\\ &= \left\{\frac{R}{R^2+\omega^2L^2}+j\left(\omega C-\frac{\omega L}{R^2+\omega^2L^2}\right)\right\}\dot{V}\\ &= (G+jB)\,\dot{V}\end{aligned} \tag{6.25}$$

와 같이 표시된다.

그림 6.12는 앞의 회로에 대한 페이저図로서 (a)는 서셉턴스 성분이 $B\neq0$, 즉 인가전압 $\dot{V}$와 전체전류 $\dot{I}$ 사이에 위상차

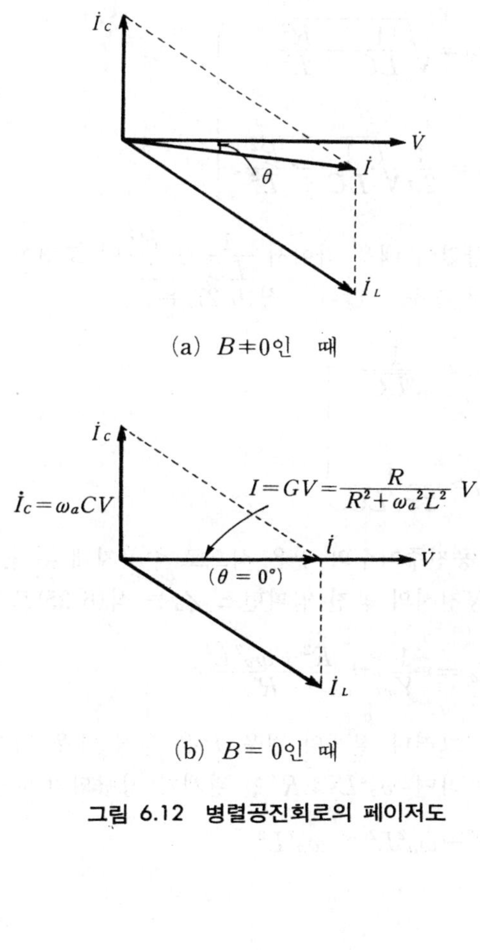

그림 6.12 병렬공진회로의 페이저도

가 있는 경우이며 (b)는 $B=0$, 즉 인가전압 $\dot{V}$와 전체전류 $\dot{I}$가 동상이 되는 경우를 나타내고 있다. (b)의 경우 어드미턴스 Y가 최소가 됨으로써 전류의 크기도 최소가 된다.

직렬회로에 있어서 임피던스의 허수부인 리액턴스 성분이 0이 되어 전압과 전류가 동상이 되는 현상을 **직렬공진** 또는 간단히 **共振**이라고 하는데 비하여 병렬회로에 있어서는 어드미턴스의 허수부인 서셉턴스 성분이 0이 됨으로써 전압과 전류가 역시 동상이 되는 현상을 **병렬공진**, 또는 **反共振**(anti-resonance)이라 한다.

따라서 병렬회로에 있어서의 공진 각주파수 ω_a는 식(6.25)로부터

$$\omega_a C-\frac{\omega_a L}{R^2+\omega_a^2L^2}=0 \tag{6.26}$$

과 같은 병렬공진조건을 만족시키는 각주파수를 구함으로써 얻어진다. 즉,

$$\text{또는}\left.\begin{aligned}\omega_a&=\sqrt{\frac{1}{LC}-\frac{R^2}{L^2}}\\ f_a&=\frac{1}{2\pi}\sqrt{\frac{1}{LC}-\frac{R^2}{L^2}}\end{aligned}\right\} \tag{6.27}$$

그러나 저항값이 매우 작아서 $\frac{1}{LC}\gg\frac{R^2}{L^2}$인 조건이 충족되는 경우라면(이런 경우가 많다), 식(6.27)은

$$\text{또는}\left.\begin{aligned}\omega_a&\simeq\frac{1}{\sqrt{LC}}\\ f_a&\simeq\frac{1}{2\pi\sqrt{LC}}\end{aligned}\right\} \tag{6.28}$$

이 되어 직렬공진주파수와 같은 식으로 주어지게 된다.

한편 병렬공진시의 공진 임피던스 Z_a는 식(6.25)로부터

$$Z_a=\frac{1}{Y_a}=\frac{R^2+\omega_a^2L^2}{R} \tag{6.29}$$

로 주어진다. 그러나 실제의 경우 R은 통상 매우 작으며 특히 고주파의 경우라면 $\omega_a^2L^2\gg R^2$인 관계가 성립되기 때문에

$$R^2+\omega_a^2L^2\simeq\omega_a^2L^2$$

이라고 보아도 무방하다.

따라서 병렬공진시의 임피던스는

$$Z_a = \frac{\omega_a{}^2 L^2}{R} \qquad (6.30)$$

로 주어질 수 있으며, 또한 식(6.28)로부터

$$Z_a = \frac{L}{CR}\left(Y_a = \frac{CR}{L}\right) \qquad (6.31)$$

로도 표시될 수 있다.

병렬공진시는 회로 어드미턴스가 최소로 되므로 일정 전압하에서 全전류 I에 대한 공진곡선을 나타내면 **그림 6.13**과 같이 된다.

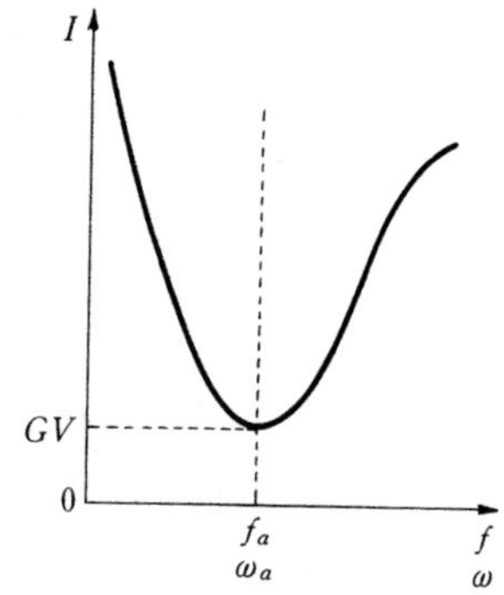

그림 6.13 병렬회로에서의 전류공진곡선

그림에서 보는 바와 같이 이 경우의 공진곡선은 직렬공진시의 공진곡선과는 반대로 공진주파수, 즉 $f = f_a$에서 전류 I는 최소가 되므로 병렬공진을 反共振이라고 하는 이유도 여기에 있다.

병렬공진시는 이와 같이 회로유입전류가 최소로 되는데 이때 회로를 흐르는 I_L, I_C 및 유입전류 I_a의 크기는 어떻게 되는가에 대해 알아보기로 한다. 통상 $\omega_a L \gg R$이므로 식(6.26)의 병렬공진조건은 $1/\omega_a L = \omega_a C$(즉, $|B_L| = B_C$)와 같이 직렬공진조건과 같은 관계가 얻어지며, 이로부터 각 전류는

$$I_L = \frac{V}{\omega_a L}, \quad I_C = \omega_a C V, \quad I_a = \frac{CR}{L} V \qquad (6.32)$$

여기서 全전류 I_a에 대한 I_L, I_C의 比를 구해보면

$$\frac{I_L}{I_a} = \frac{I_C}{I_a} = \frac{\omega_a L}{R} = \frac{1}{R\omega_a C} = Q \qquad (6.33)$$

가 되어 직렬공진시의 전압확대율과 마찬가지로 회로중의 I_L 및 I_C는 $\omega_a L/R$ 또는 $1/R\omega_a C$배로 커지며 아울러 병렬공진회로의 良好度도 직렬공진회로의 양호도와 역시 같음을 알 수 있다. 이와 같은 의미에서 병렬공진을 **전류공진**이라고도 한다.

〔예제 6・4〕 그림 6.14와 같은 회로가 공진상태가 되도록 C의 값을 결정한 후 I_C/I_a를 구하여라.

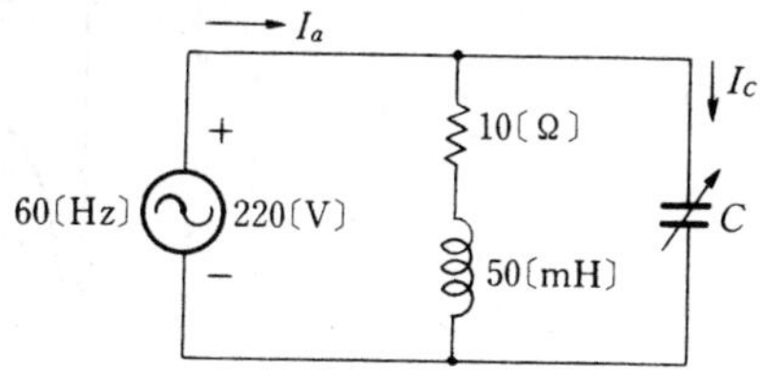

그림 6.14

풀이 ☞ 병렬회로의 공진조건 $\omega_a C = \dfrac{\omega_a L}{R^2 + \omega_a{}^2 L^2}$

즉, $2\pi \cdot 60C = \dfrac{2\pi\times60\times50\times10^{-3}}{10^2+(2\pi\times60)^2\times(50\times10^{-3})^2}$ 로부터

$C = 1.1\times10^{-4}$ [F], $\dfrac{I_C}{I_a} = \dfrac{\omega_a L}{R} = \dfrac{1}{R\omega_a C}$ 이므로

$$\frac{I_C}{I_a} = \frac{\omega_a L}{R} = \frac{2\pi\times60\times50\times10^{-3}}{10} = \frac{6\pi}{10} = 1.884$$

6-7 리액턴스 回路의 周波数특성

저항소자를 포함하지 않고 리액턴스 소자만으로 구성되는 순리액턴스 회로는 주파수변화에 따라 몇 개의 주파수에서 共振현상을 보이는 특징이 있다.

본절에서는 순리액턴스 회로에서의 주파수변화에 따른 구동점 임피던스 또는 구동점 어드미턴스의 주파수특성을 몇 개의 간단한 리액턴스 회로를 예로 들어 설명해 보기로 한다.

순리액턴스 회로에서는 저항소자(R)가 없기 때문에 구동점 임피던스 및 어드미턴스는 각각 $\dot{Z} = 0+jX$, $\dot{Y} = 0+jB$가 되며, 따라서 리액턴스 X와 서셉턴스 B사이에는 $\dot{Z} = \dfrac{1}{\dot{Y}}$의 관계로부터 $X = -\dfrac{1}{B}$ 또는 $B = -\dfrac{1}{X}$가 성립된다.

이러한 관계를 이용하여 몇 개의 리액턴스 회로에 대한 리액턴스 곡선 및 서셉턴스 곡선을 나타내본다.

그림 6.15~16은 單一리액턴스 소자 L, C에 대한 리액턴스

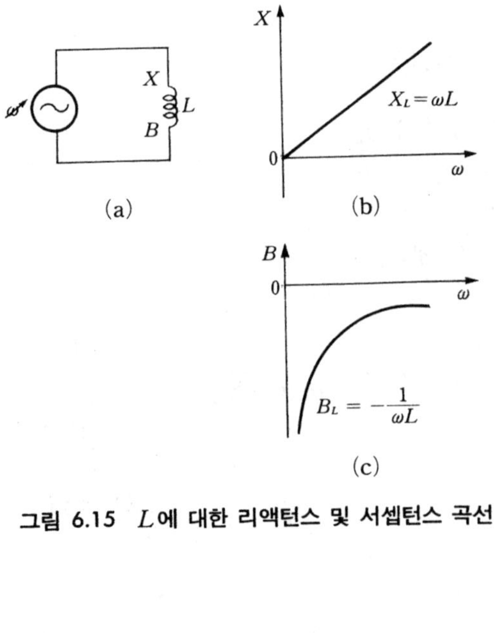

그림 6.15 L에 대한 리액턴스 및 서셉턴스 곡선

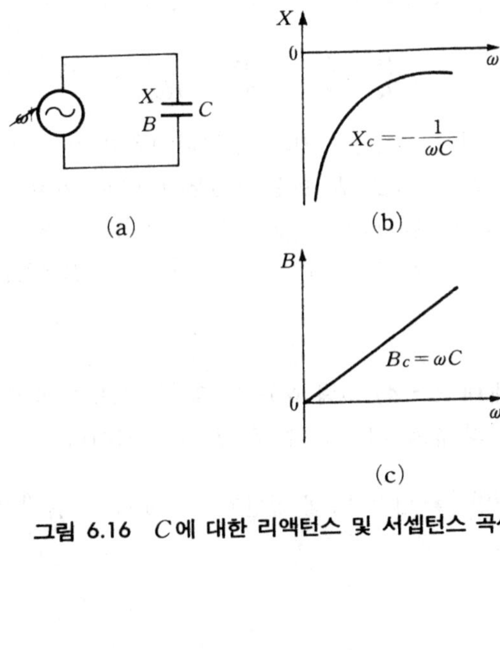

그림 6.16 C에 대한 리액턴스 및 서셉턴스 곡선

곡선과 서셉턴스 곡선을 보였다. 이 경우 X곡선과 B곡선간에는 서로 逆궤적의 관계가 있음을 알 수 있다.

그림 6.17 과 **그림 6.18** 에는 L-C 직렬회로와 L-C 병렬회로에 대한 리액턴스 및 어드미턴스 곡선을 보였다. 여기서는 리액턴스 X와 서셉턴스 B가 0이 되는 주파수를 零点(○)으로 X와 B가 무한대가 되는 주파수를 極点(×)으로 나타내었다.

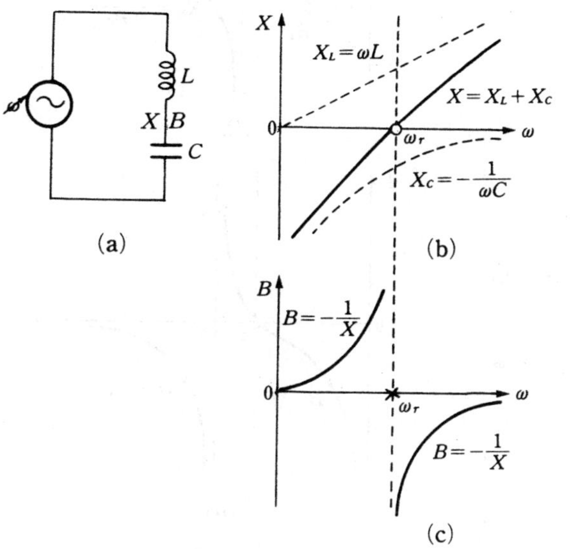

그림 6.17 L-C **직렬회로의 리액턴스 및 서셉턴스 곡선**

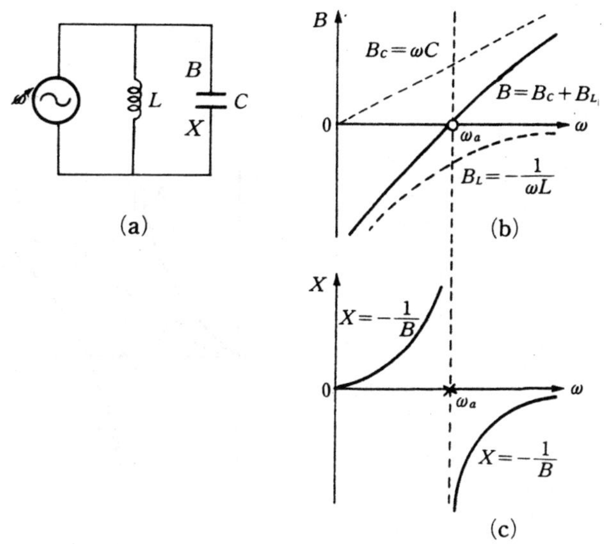

그림 6.18 L-C **병렬회로의 리액턴스 및 서셉턴스 곡선**

L-C 직렬회로에서의 서셉턴스 곡선은 리액턴스 곡선을 먼저 그린 후 이에 대한 逆궤적을 구하는 것이 편리하며 L-C 병렬회로에서의 리액턴스 곡선은 서셉턴스 곡선을 먼저 그린 후 이에 대한 역궤적을 구하는 것이 보다 용이함을 알 수 있다.

또한 **그림 6.19** 와 같은 L-C 직·병렬회로의 경우 먼저 병렬접속소자(L_P-C_P)에 대한 서셉턴스 곡선 B_P를 나타낸 후 이에 대한 역궤적곡선 X_P를 그린다(그림 (b)). 다음에는 이 X_P와 직렬접속소자(L_S)의 리액턴스인 X_S를 合成하여 全리액턴스 곡선 $X(=X_s+X_p)$를 구할 수 있다(그림 (c)).

L-C 직병렬회로에 대한 서셉턴스 곡선 B는 이 리액턴스 곡선 X의 역궤적을 취함으로써 얻어질 수 있다(그림 (d)).

이때 리액턴스 곡선(그림 (c))을 보면 $\omega \to 0$에서는 L_s, L_p가 단락상태, C_p가 개방상태로 되어 등가적으로 全리액턴스 X는 L_s-L_p 직렬 리액턴스값인 $+0$에 점근(漸近)하며

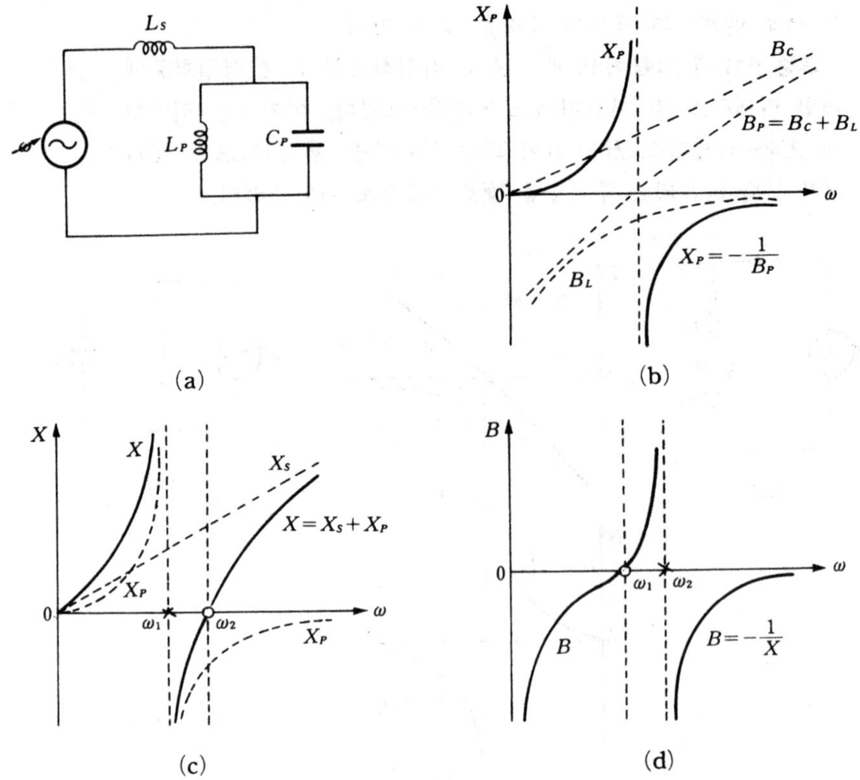

그림 6.19 L-C 직병렬회로의 리액턴스 및 서셉턴스 곡선

$\omega \to \infty$ 에서는 C_p가 단락, L_p가 개방상태로 되기 때문에 全리액턴스는 L_S만의 리액턴스인 X_s에 점근함을 알 수 있다.

이상의 몇가지 순리액턴스 회로에 대한 리액턴스 곡선을 살펴볼 때 다음과 같은 주파수 특성을 열거해 볼 수 있다.

i) 주파수의 증가에 따라 리액턴스(서셉턴스)의 極과 零点이 교대로 나타난다.

ii) 極과 零点의 數는 리액턴스 소자의 數보다 하나 작다. (단, $\omega=0$과 $\omega=\infty$에서의 극 또는 영점은 제외)

iii) 리액턴스(서셉턴스) 곡선의 기울기는 항상 正(+)이다.

〔예제 6·5〕 그림 6.20(a)와 같은 회로에서 구동전압 $\dot{V}_1$의 각주파수가 $\omega=0$에서 $\omega=\infty$까지 변화할 때 주파수의 변화에 따른 入-出力端의 전압比 $|\dot{V}_2/\dot{V}_1|$를 구하여라.

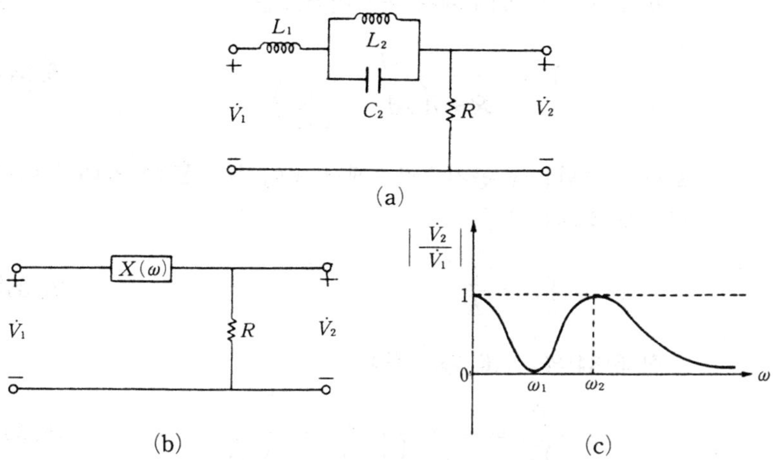

그림 6.20

풀이 ☞ 주어진 회로(a)는 등가적으로 그림 (b)와 같은 리액턴스 회로부 X와 저항 R의 직렬접속회로로 간주할 수 있다. 리액턴스 회로부 X는 **그림 6.19**(a)와 같은 직·병렬회로이므로 이것의 리액턴스 곡선인 **그림 6.19**(c)를 이용할 수 있다. 同그림 (c)에 있어서

$$\omega=0 \;;\; X=0(\text{단락}) \rightarrow \left|\frac{\dot{V}_2}{\dot{V}_1}\right|=1$$

$$\omega=\omega_1 \;;\; X=\infty(\text{개방}) \rightarrow \left|\frac{\dot{V}_2}{\dot{V}_1}\right|=0$$

$$\omega=\omega_2 \;;\; X=0 \rightarrow \left|\frac{\dot{V}_2}{\dot{V}_1}\right|=1$$

$$\omega=\infty \;;\; X=\infty \rightarrow \left|\frac{\dot{V}_2}{\dot{V}_1}\right|=0$$

이므로 이를 곡선으로 나타내면 그림 (c)와 같다.

6-8 萬能共振曲線

Q는 저항에 대한 리액턴스의 比로 표시되므로 주파수가 높을수록 또는 저항이 작을수록 Q의 값은 커지고, 따라서 공진곡선은 첨예해지게 된다. 전자, 통신분야에서 실용되는 Q의 값은 보통 수십 이상인데 이때 공진주파수에서 혹은 그 근방에서 공진곡선의 변화를 명확히 알아야 할 필요가 있다.

이를 위해서는 Q의 값은 10 이상이면 그 값이 얼마가되든 상관없이 사용될 수 있는 공진곡선에 대해 알아보기로 한다.

R-L-C 직렬회로에서 어드미턴스는

$$\dot{Y} = \frac{1}{R + j\left(\omega L - \frac{1}{\omega C}\right)} \tag{6.34}$$

로서 표시되는데 공진주파수에서 얻어지는 $\dot{Y}$의 최대값 어드미턴스를 $\dot{Y}_r$라 하면

$$\dot{Y}_r = \frac{1}{R} \tag{6.35}$$

식(6.34)와 식(6.35)로부터

$$\frac{\dot{Y}}{\dot{Y}_r} = \frac{1}{1 + j\frac{1}{R}\left(\omega L - \frac{1}{\omega C}\right)} \tag{6.36}$$

윗식의 분모는 $\omega_r^2 = 1/LC$의 관계를 이용하면

$$1 + j\frac{1}{R}\left(\omega L - \frac{1}{\omega C}\right) = 1 + j\frac{1}{R}\left(\omega L - \frac{\omega_r^2 L}{\omega}\right)$$
$$= 1 + j\frac{\omega_r L}{R}\left(\frac{\omega}{\omega_r} - \frac{\omega_r}{\omega}\right)$$

와 같이 나타낼 수 있으며 또한 $Q = \omega_r L/R$인 관계를 이용하여 식(6.36)을 고쳐 쓰면

$$\dot{I} = \dot{Y}\dot{V}, \quad \dot{I}_r = \dot{Y}_r\dot{V}$$

이므로

$$\frac{\dot{Y}}{\dot{Y}_r} = \frac{1}{1 + jQ\left(\frac{\omega}{\omega_r} - \frac{\omega_r}{\omega}\right)} = \frac{\dot{I}}{\dot{I}_r} \tag{6.37}$$

윗식의 분모에서 괄호 안의 주파수는 $\omega \simeq \omega_r$인 조건하에서는 거의 같은 값을 가지는 두 項의 差로서 표시되어 있으므로 공진주파수 부근의 변화를 정확히 알기 위해서는 실제의 주파수와 공진주파수와의 差를 새로운 변수로 치환하는 것이 편리하다.

이 주파수差의 공진주파수에 대한 比를 δ라 하면

$$\delta = \frac{\omega - \omega_r}{\omega_r} = \frac{f - f_r}{f_r} \tag{6.38}$$

이 δ를 **離調率(이조율)**이라고 부른다.

식(6.37)의 분모 중에서 $\left(\frac{\omega}{\omega_r} - \frac{\omega_r}{\omega}\right)$를 δ로서 치환하면

$$\frac{\omega}{\omega_r}-\frac{\omega_r}{\omega}=\frac{2\delta+\delta^2}{1+\delta}=2\delta\left(\frac{1+\delta/2}{1+\delta}\right) \qquad (6.39)$$

와 같이 되며, 윗식의 괄호안의 값은 $\omega \simeq \omega_r$인 영역에서는 $\delta \ll 1$이 되므로

$$\frac{1+\delta/2}{1+\delta} \simeq 1$$

이 된다. 따라서

$$\frac{\omega}{\omega_r}-\frac{\omega_r}{\omega} \simeq 2\delta \qquad (6.40)$$

그러므로 식(6.37)은

$$\frac{\dot{Y}}{\dot{Y}_r}=\frac{1}{1+j2\delta Q}=\frac{\dot{I}}{\dot{I}_r} \qquad (6.41)$$

와 같이 쓸 수 있으며 이로부터 어드미턴스 또는 전류比의 크기는

$$\frac{Y}{Y_r}=\frac{1}{\sqrt{1+(2\delta Q)^2}}=\frac{I}{I_r} \qquad (6.42)$$

어드미턴스 각은

$$\theta=-\tan^{-1}2\delta Q \qquad (6.43)$$

로 주어진다.

일반적으로 전자·통신분야에서 사용되는 Q의 값은 10이상이므로 앞의 식(6.41), (6.42), (6.43)는 공진주파수 부근에서 거의 정확한 근사식이 된다. 횡축의 변수로 δQ를 취하면 Q의 값이 10이상인 모든 Q에 대하여 적용되는 곡선이 얻어진다. 이 변수 δQ를 **相対이조율**이라고 부른다.

근사식이 아닌 정확한 표시식인 식(6.37)내지 식(6.39)에 의하여 어드미턴스 比의 크기 및 角의 δQ에 대한 변화를 그려보면 **그림 6.21**과 같다.

이 곡선은 근사식에 의해서도 큰 차이가 없는 모양이 되며 실용상 $Q>10$인 범위에서는 지장이 없을 뿐만 아니라 병렬공진회로에 대해서도 사용할 수 있으므로 **만능공진곡선**(universal resonance curve)이라고 부른다.

이 곡선은 공진주파수 전후에서 대칭이 되며 절대값이 같은 δQ의 正·負에 관계없이 종축변수 Y/Y_r 또는 I/I_r의 값은

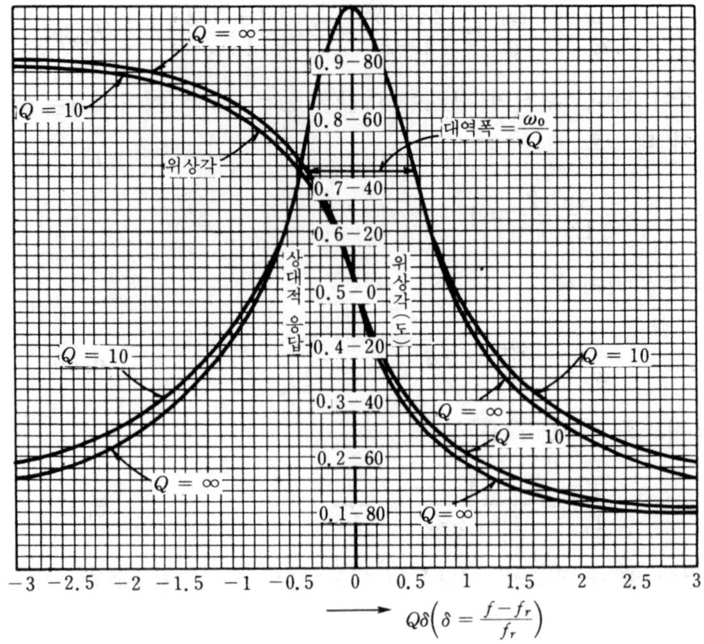

그림 6.21 만능공진곡선

동일하다. 앞의 여러식에서도 알 수 있는 바와 같이 공진시의 어드미턴스$(1/R)$, 공진각주파수(ω_r) 및 회로의 Q가 주어지면 만능공진곡선의 횡축과 종축의 크기를 알 수 있다.

식(6.42)와 식(6.43)으로부터는 다음과 같은 사실을 알 수 있다.

i) $\delta Q = \pm\frac{1}{2}$이면 회로전류는 공진전류의 $\frac{1}{\sqrt{2}}$배(70.7〔%〕)가 되고 전류와 전압과의 상차는 45°가 된다.

ii) $\delta Q = \pm 1$이면 회로 전류는 공진전류의 $\frac{1}{\sqrt{5}}$배(44.6〔%〕)가 되고 전류와 전압과의 상차는 63.5°가 된다.

〔예제 6·6〕 1000〔kHz〕에서 공진되는 직렬공진회로에 있어서 회로의 Q는 100이다. 다음을 구하여라.

① 공진전류의 1/2의 전류가 흐르는 주파수는 얼마인가?

② 공진주파수보다 10〔kHz〕 낮은 주파수에서의 전류는 공진전류의 몇 배가 되겠는가?

풀이 ☞ ① 만능공진곡선에서 $I/I_r = 0.5$가 되는 δQ는 ± 0.86이다. 따라서

$$\delta = \frac{f - f_r}{f_r} = \frac{\pm 0.86}{100}$$

또는

$$f - f_r = \frac{\pm 0.86}{100} \times 1000 \,[\mathrm{kHz}] = \pm 8.6 \,[\mathrm{kHz}]$$

그러므로 1000 ± 8.6〔kHz〕 즉, 1008.6〔kHz〕와 991.4〔kHz〕에서 공진전류의 반이 흐르며 이때 전류와 전압의 상차는 60°이다.

② $\delta Q = \dfrac{f - f_r}{f_r} Q = \dfrac{-10}{1000} \times 100 = -1$

만능공진곡선에서 $\delta Q = 1$인 때 $I/I_r = 0.46$이므로 이때 전류는 공진전류의 0.46배가 되고 위상은 전류가 전압보다 약 60°앞선다.

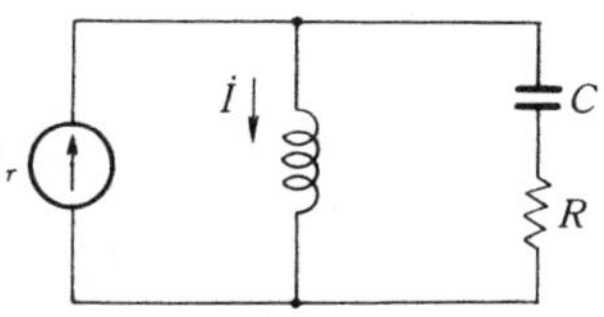

그림 6.22

〔예제 6·7〕 그림 6.22의 회로에서 $\dfrac{I}{I_r}$의 주파수 특성을 조사해 보아라.

풀이 ☞ 이 회로는 전원이 전류원이기 때문에 공진은 LC 탱크회로에서 일어나고, 따라서 회로의 Q는 R이 작을수록 크게 될 것이라고 추정해 볼 수 있다.

여기서

$$\omega_r = \frac{1}{\sqrt{LC}}, \quad Q = \frac{\omega_r L}{R} = \frac{1}{\omega_r CR}, \quad x = \frac{\omega}{\omega_r}$$

로 두고 식의 변형을 생각해 본다.

우선 I는 I_r이 RC회로와 L회로로 갈라져 흐르는 것을 생각하면 바로 다음 식으로 구해진다.

$$\dot{I} = \frac{R + \dfrac{1}{j\omega C}}{\left(R + \dfrac{1}{j\omega C}\right) + j\omega L}\,\dot{I}_r = \frac{R - j\dfrac{1}{\omega C}}{R + j\left(\omega L - \dfrac{1}{\omega C}\right)}\,\dot{I}_r$$

$$= \frac{R\left[1 - j\dfrac{1}{\omega_r CR}\,\dfrac{\omega_r}{\omega}\right]}{R\left[1 + j\dfrac{\omega_r L}{R}\left(\dfrac{\omega}{\omega_r} - \dfrac{\omega_r}{\omega}\right)\right]}\,\dot{I}_r = \frac{1 - jQ\dfrac{1}{x}}{1 + jQ\left(x - \dfrac{1}{x}\right)}\,\dot{I}_r$$

윗식으로부터 L을 흐르는 전류 I는 $x = 1$, 즉 $\omega = \omega_r$일 때 최대값은 대략 $I_{\max} \simeq QI_r$로 됨을 알 수 있다. 그림 6.23은 $\dfrac{I}{I_r}$의 변화(다음식)를 $Q = 4$의 경우에 대해서 나타내 본 것이다.

$$\frac{I}{I_r} = \sqrt{\frac{1 + (Q/x)^2}{1 + Q^2\left(x - \dfrac{1}{x}\right)^2}}$$

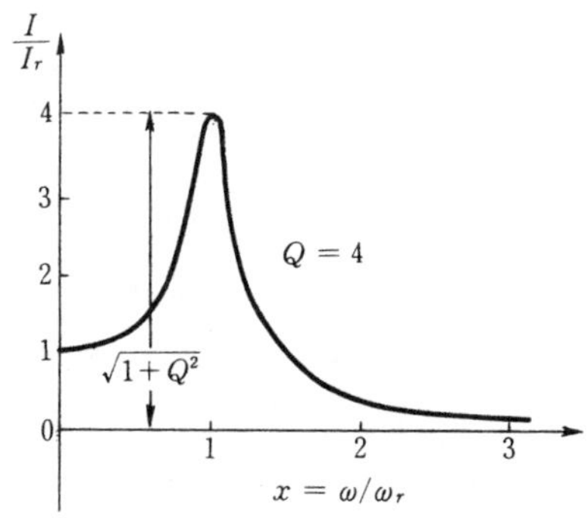

그림 6.23 주파수 변화에 따른 I/I_r 특성

표 6.1

ω	$x = \dfrac{\omega}{\omega_r}$	$\dot{I}/\dot{I}_r$
0	0	1
ω_r	1	$1 - jQ \simeq jQ$
$Q\omega_r$	Q	$\simeq \dfrac{1 - j1}{1 + jQ^2} \simeq \dfrac{1 + j1}{Q^2}$
∞	∞	$\simeq -j\dfrac{1}{Qx} \to 0$

6-9 共振回路의 응용

앞에서 설명한 내용과 같이 공진회로가 나타내는 공진특성은 단순한 RL 또는 RC회로에 비해 매우 현저하기 때문에 여러 분야에 응용되고 있다.

(1) 발진기

이것은 전기진자의 응용이다. 즉, 이 공진회로에 일단 에너지를 주면 전기진동이 발생하지만 그대로 두면 점차 회로의 손실 때문에 진폭이 감소된다. 그러나 그 주기에 맞춰서 소모되는 에너지를 공급해 준다면 이 진동은 지속될 것이다.

이와 같이 공진회로의 진동에 同期해서 에너지를 주입하는 장치로서는 진공관이나 트랜지스터의 전자장치가 이용될 수 있으며 이렇게 해서 구성된 것이 바로 **발진기**(oscillator)이다.

예를 들면 LC발진기는 인덕터(인덕턴스 L이외에 필연적으로 권선의 저항 R이 있어 이것이 에너지를 소비한다)와 커패시터로 진동회로가 형성되며, 처음에 이 탱크 회로에 에너지를 공급하기 위해 직류전원을 필요로 한다. 그리고 이 탱크 회로의 진동에 동기해서 이것에 에너지를 주기적으로 주입하기 위해 진공관이나 트랜지스터가 이용되고 있으며, 각각 **진공관 발진기**, **트랜지스터 발진기**라고 불리워진다.

(2) 트랩 회로(여파기의 일종)

이것은 LC회로의 임피던스가 공진시에 직렬회로에서는 0으로, 병렬회로에서는 무한대로 되는 것을 이용한 것이다(실제는 저항이 있기 때문에 완전히 그렇게 되지는 않는다). **그림 6.24** (a), (b)에서 보는 것처럼 전원에 몇 개인가의 다른 주파수 성

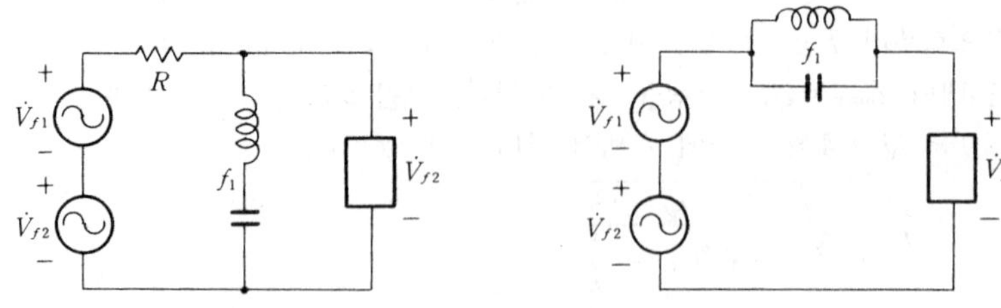

그림 6.24 트랩 회로

분(예를 들면 f_1, f_2의 2종)이 포함되어 있을 때 그림과 같이 직렬 또는 병렬의 공진회로(그 공진주파수 f_1)를 연결하면 부하에는 그 주파수 f_1의 전류는 흐르지 않는다.

이와 같은 방법으로 이용되는 공진회로는 그 작용이 마치 f_1인 주파수의 전류를 함정에 빠뜨려 걸러내는 것같기 때문에 **트랩**(trap) **회로**라고 불려지며 T.V 회로에도 이용되고 있다. 이 원리를 더욱 확장시킨 것에 **여파기**(filter)가 있다.

(3) 라디오 수신회로

이것은 전압의 Q배 상승작용을 이용한 것이다. **그림 6.25**에 있어서 여러 방송국으로부터 각각의 주파수(각주파수를 각각 ω_1, ω_2, …, ω_n)를 갖는 전파가 전송되고 있을 때 그 전파를 받는 수신안테나 A는 코일 L_p에 각각의 전류(I_1, I_2, …, I_n)를 흐르게 하며 이에 대한 등가회로는 **그림 6.25**(b)와 같이 된다. 그 결과 상호유도 M에 의해서 2차측의 코일 L_s에는 **그림 6.23**(c)에 표시된 것과 같은 전압($V_1 = \omega_1 MI_1$, $V_2 = \omega_2 MI_2$, …, $V_n = \omega_n MI_n$)이 발생한다.

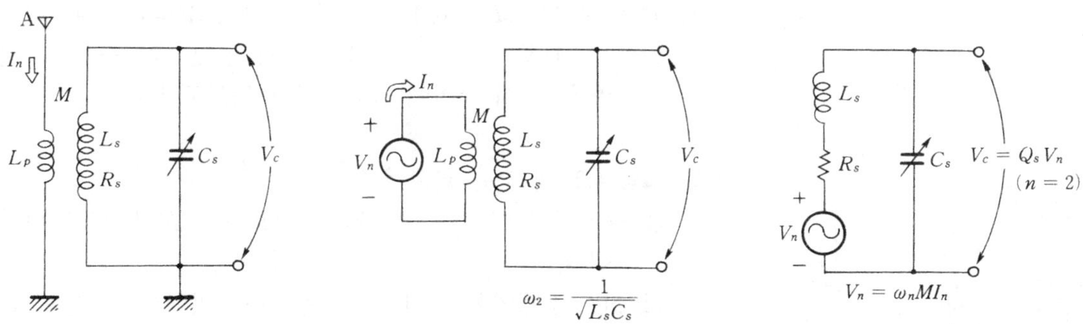

(a) 라디오 동조회로 (b) 등가회로 (c) 2차측에서 본 등가회로

그림 6.25 라디오 수신회로의 원리

이제 C_s를 변화시켜 L_s와 C_s의 회로를 특정의 각주파수(이것을 임시 ω_2로 한다)에 공진시키면 C_s의 양단에는 이 주파수의 전압만이 $V_c = Q_s V_2 = \omega_2 MQ_s I_2$와 같이 Q_s배로 확대되어 나타난다.

이 V_c를 이 회로의 우측에 있는 증폭, 검파회로(그림에는 표시되어 있지 않음)를 통해서 음성을 내도록 한다. 이것이 라디오 수신기로 특정 주파수의 방송을 들을 수 있는 원리이다.

연 습 문 제

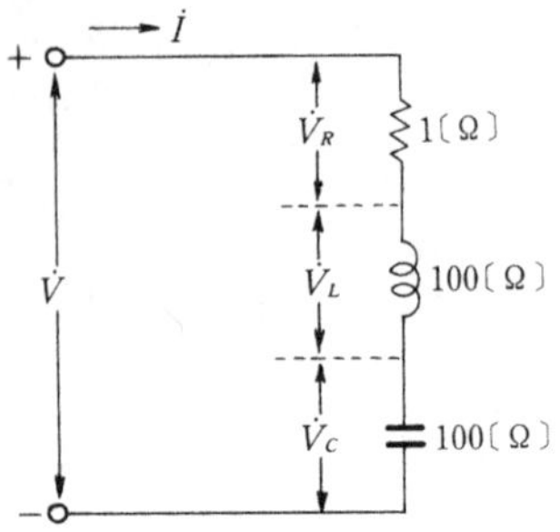

그림 6.26

〔1〕 **그림 6.26**과 같은 회로에 60〔Hz〕, 5〔V〕의 전압이 인가되어 공진이 되었다면 이때의 I, $\frac{V_R}{V}$, $\frac{V_L}{V}$, $\frac{V_C}{V}$를 각각 구하여라.

〔2〕 R-L-C 직렬공진회로에서 인가전압이 V〔V〕일 때 공진주파수 f_r에서 L에 걸리는 전압은 얼마인가?

〔3〕 R-L-C 직렬회로에서의 선택도 Q를 R, L, C로서 나타내어라.

〔4〕 $L = 100$〔μH〕이고, $Q = 100$인 코일의 $f_r = 1$〔MHz〕에 대한 등가저항을 구하여라.

〔5〕 $R = 1$〔Ω〕, $L = 0.1$〔H〕, $C = 100$〔μF〕의 직렬공진회로에 100〔V〕의 전압을 인가할 때 공진시의 주파수, 전력, 역률 및 각 소자에서의 전압강하를 구하여라.

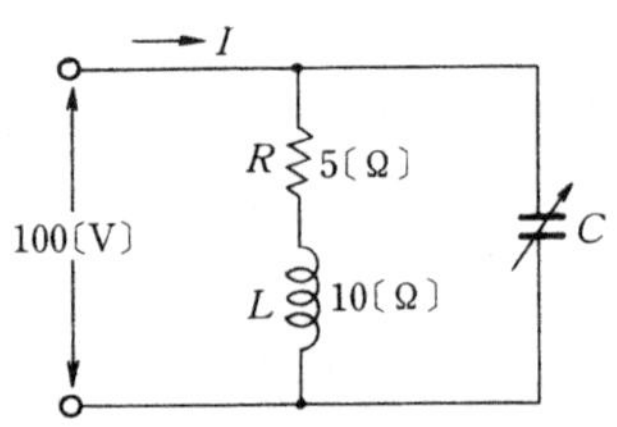

그림 6.27

〔6〕 **그림 6.27**과 같은 회로에 있어서
① 공진시의 어드미턴스 Y_a를 회로정수 R, L, C로 나타내어라.
② 회로 유입전류를 최소로 하는 용량 리액턴스 X_C의 값을 구하여라.

〔7〕 **그림 6.28**의 회로에서 콘덴서 C를 가변해서 두 지로전류 I_1, I_2가 같게 될 때의 전원의 주파수를 구하여라.

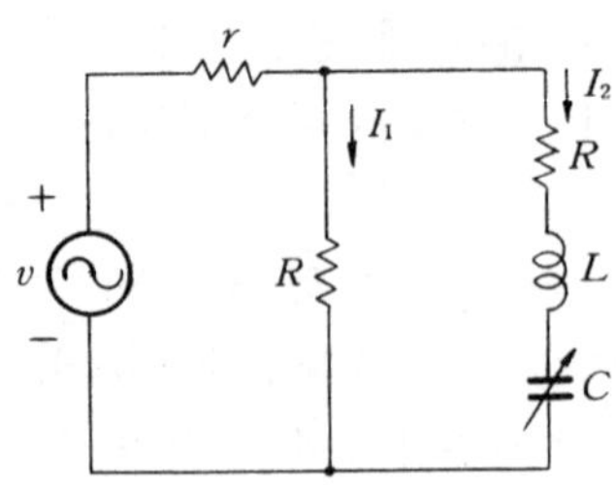

그림 6.28

〔8〕 **그림 6.29**와 같은 회로에 각주파수 ω의 일정 전압 V〔V〕를 가했을 때 회로유입전류를 최대로 하는 L값을 구하여라.

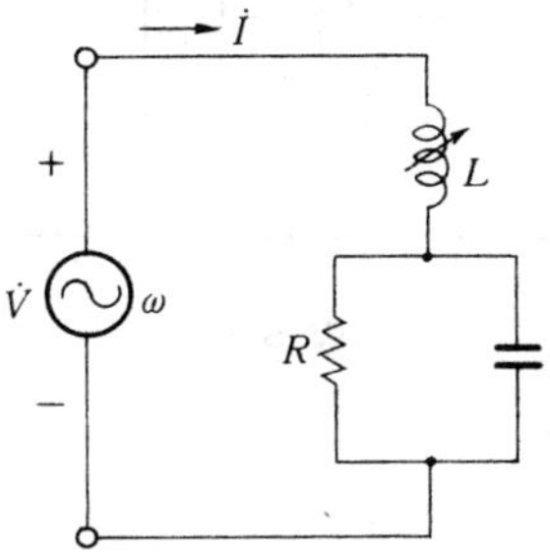

그림 6.29

〔9〕 **그림 6.30**과 같은 병렬공진회로에서 인가전압의 주파수를 f라 할 때 전압의 위상이 회로유입전류의 위상보다 앞서게 되는 조건을 구하여라.

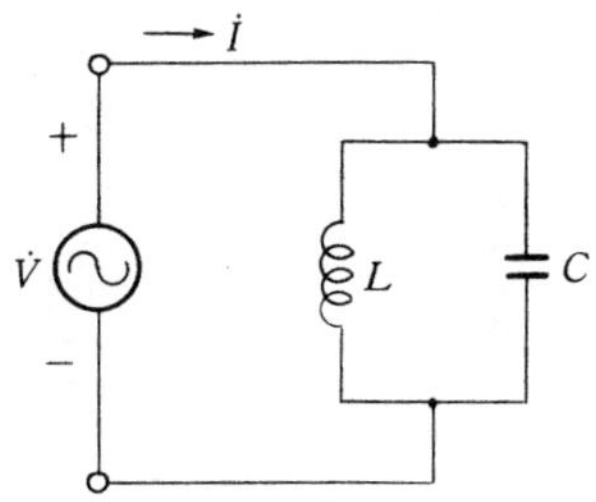

그림 6.30

〔10〕 $R=1$〔Ω〕, $L=10^{-2}$〔H〕, $C=10^{-6}$〔F〕인 R-L-C 직렬회로에 있어서 반전력주파수를 구하여라.

〔11〕 어떤 R-L-C 직렬회로의 공진주파수가 $f_r=10^6$〔Hz〕, 반전력대폭 $\Delta f=2$〔kHz〕, 인덕턴스 $L=1$〔mH〕일 때 이 회로의 C, Q 및 R을 구하여라.

〔12〕 R-L-C 직렬회로가 공진주파수 500〔kHz〕에 동조되어 있다. 공진시의 입력 임피던스가 75〔Ω〕이고, 반전력대역폭은 3〔kHz〕이다. 인덕턴스와 커패시턴스의 크기를 구하여라.

〔13〕 **그림 6.31**과 같은 순리액턴스 회로에서 구동전원의 주파수가 $\omega=0$에서 $\omega=\infty$까지 변한다고 할 때 리액턴스의 주파수 응답곡선을 개략적으로 도시하여라.

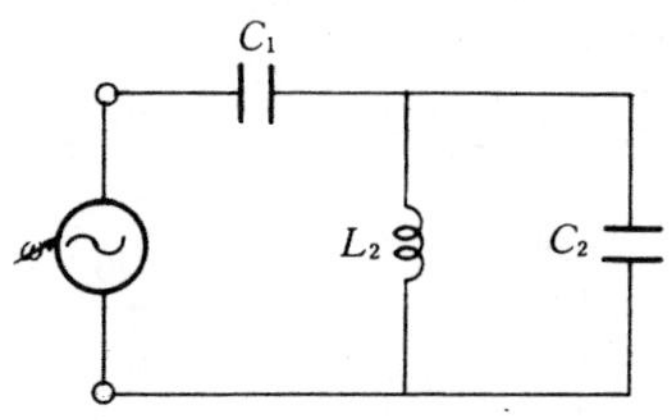

그림 6.31

〔14〕 **그림 6.32**는 **그림 6.31**의 회로에 저항 R을 부하로 직렬접속한 것이다. 구동전압 $\dot{V}_1$의 주파수가 $\omega=0$에서 $\omega=\infty$까지 변한다고 할 때 주파수 변화에 따른 入-出力간의 전

압比 $|\dot{V}_2/\dot{V}_1|$를 도시하여라.

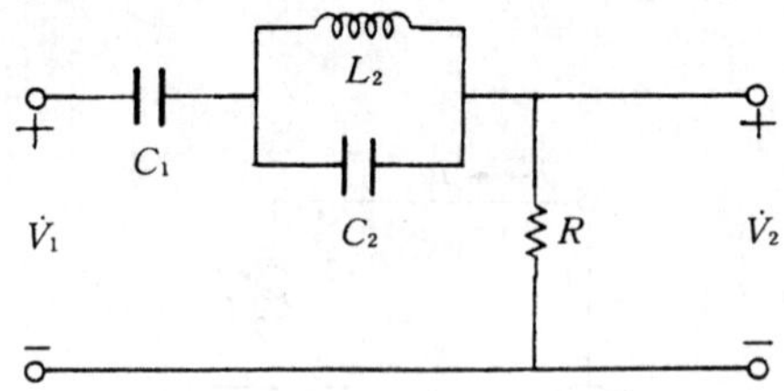

그림 6.32

연습문제해답

〔1〕 $I = 5$〔A〕, $\frac{V_R}{V} = 1$, $\frac{V_L}{V} = 100$, $\frac{V_C}{V} = 100$

〔2〕 $\frac{V}{2\pi f_r CR}$〔V〕

〔3〕 $Q = \frac{1}{R}\sqrt{\frac{L}{C}}$

〔4〕 6.28〔Ω〕

〔5〕 $f_r = 50.4$〔Hz〕, $P = 10{,}000$〔W〕, $p.f = 1$, $V_R = 100$〔V〕, $V_L =$ 3160〔V〕, $V_C = 3160$〔V〕

〔6〕 ① $Y_a = \frac{RC}{L}$ ② $X_C = -12.5$〔Ω〕

〔7〕 $f = \frac{1}{2\pi\sqrt{LC}}$

〔8〕 $L = \frac{CR^2}{1+(\omega CR)^2}$

〔9〕 $f < \frac{1}{2\pi\sqrt{LC}}$

〔10〕 $f_1 = 1584$〔Hz〕, $f_2 = 1600$〔Hz〕

〔11〕 $C = 25.3$〔pF〕, $Q = 500$, $R = 12.6$〔Ω〕

〔12〕 $L = 3.99$〔mH〕, $C = 25.4$〔pF〕

〔13〕

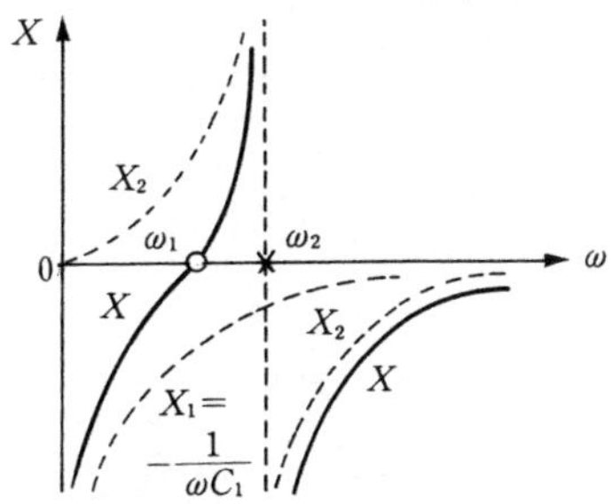

그림 6.33

〔14〕

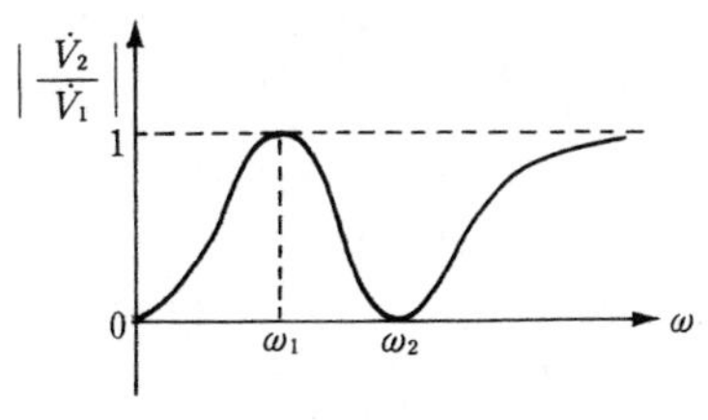

그림 6.34

7

回路網의 一般 解析과 諸定理

이제까지 취급해온 회로는 비교적 간단하고 특수한 회로로서 회로해석의 기본법칙이 되는 "옴의 법칙"이나 "키르히호프의 법칙"을 적용하는 것만으로써 간단하게 해석할 수 있었다.

본장에서는 회로구조의 특수성에 제한을 받지않는 보다 일반적인 방법으로서의 회로해석법과 더불어 회로의 구조적 특성에 따라 보다 유용하게 이용될 수 있는 회로망정리에 대해 알아보자.

단, 본장에서 거론하는 모든 정리는 그 회로내의 소자값이 회로전류나 전압의 크기 및 방향 등에 따라 변화하지 않고 시간적으로 일정한 線型回路網(linear network)에 한하며 특히 여러개의 교류전원이 포함되는 경우 이들의 주파수는 특별한 언급이 없는 한 동일한 것으로 간주하기로 한다.

(요 목)

7-1 行列과 回路網解析

행렬(matrix)은 회로망의 일반적 법칙의 증명이나 해법에 매우 유용한 수단으로서 특히 1차 연립방정식을 취급하는데 있어서는 **행렬식**과 더불어 자주 사용된다.

본절에서는 일반적인 회로망 해석을 하는데 있어서 요구되는 행렬에 관한 여러가지 기본적인 사항과 응용 등에 대해 알아보기로 한다.

1 행렬의 정의

행렬이란 $m \times n$개수의 $a_{jk}(j=1, 2, \cdots m, k=1, 2, \cdots, n)$를 m행 n열로 배열한 數의 群으로서 다음과 같이 나타낸다.

$$\begin{bmatrix} a_{11} & a_{12} \cdots\cdots & a_{1n} \\ a_{21} & a_{22} \cdots\cdots & a_{2n} \\ \cdots\cdots & \cdots\cdots & \cdots\cdots \\ a_{m1} & a_{m2} \cdots\cdots & a_{mn} \end{bmatrix} \tag{7.1}$$

여기서 a_{jk}는 j행(row)과 k열(column)이 교차하는 점에 있는 항을 나타내는 행렬의 **원소**(element)이다. 행렬식은 行數와 列數가 똑같으며, 이 자체가 어떤 값을 갖게 되지만 행렬은 행수와 열수가 똑같지 않아도 된다. 이것은 오직 數의 배열일 뿐 어떤 값을 나타내지는 않는다.

예를 들면 행렬식 $\begin{vmatrix} a & b \\ c & d \end{vmatrix}$ 는 $ad-bc$라는 값을 갖지만 행렬$\begin{bmatrix} a & b \\ c & d \end{bmatrix}$의 단독으로는 어떤 값을 갖지 못한다. 그러나 2개 이상의 행렬이 상호관계를 가질 때는 다음 절에서 기술하는 바와 같이 가감승제의 연산이 되어 어떤 의미를 갖게 된다.

$m=n$일 때, 즉 행과 열의 수가 같은 행렬을 **正方행렬**(square matrix)이라 하고 행 또는 열의 수 n을 **次數**(order)라 한다. 행렬의 왼쪽 위에서부터 오른쪽 밑으로 가는 대각선상의 元인 a_{jj}를 **對角元**(diagonal element)이라 한다.

또한 행렬의 원이 모두 0일 때 이를 **零행렬**이라 하며 대각원이 모두 1이고 나머지 원이 모두 0인 정방행렬을 **단위행렬** (unit matrx)이라 한다.

단위행렬은 자연수 1에 해당하는 것으로서 어떤 행렬에 단위 행렬을 곱해도 그 행렬은 변하지 않는다.

$$\text{영 행 렬}:\begin{bmatrix} 0 & 0 \cdots\cdots 0 \\ 0 & 0 \cdots\cdots 0 \\ \cdots & \cdots\cdots \\ 0 & 0 \cdots\cdots 0 \end{bmatrix} = [0] \tag{7.2}$$

$$\text{단위행렬}:\begin{bmatrix} 1 & 0 \cdots\cdots 0 \\ 0 & 1 \cdots\cdots 0 \\ \cdots & \cdots\cdots \\ 0 & 0 \cdots\cdots 1 \end{bmatrix} = [1] \tag{7.3}$$

그리고 행렬 〔A〕와 〔B〕가 같다는 것은 〔A〕의 원 a_{jk}와 〔B〕의 원 b_{jk}가 같음을 의미한다.

2 행렬의 연산

(1) 행렬의 가법 및 감법

행렬의 가감은 각각의 대응하는 同行同列의 元을 가감한다. 즉, 〔A〕±〔B〕=〔C〕에서 〔C〕의 요소는 $c_{jk} = a_{jk} \pm b_{jk}$가 된다. 즉,

$$\begin{bmatrix} a_{11} & a_{12} \cdots a_{1n} \\ a_{21} & a_{22} \cdots a_{2n} \\ \cdots & \cdots \\ a_{m1} & a_{m2} \cdots a_{mn} \end{bmatrix} \pm \begin{bmatrix} b_{11} & b_{12} \cdots b_{1n} \\ b_{21} & b_{22} \cdots b_{2n} \\ \cdots & \cdots \\ b_{m1} & b_{m2} \cdots b_{mn} \end{bmatrix}$$

$$= \begin{bmatrix} a_{11} \pm b_{11} & a_{12} \pm b_{12} \cdots a_{1n} \pm b_{1n} \\ a_{21} \pm b_{21} & a_{22} \pm b_{22} \cdots a_{2n} \pm b_{2n} \\ \cdots & \cdots \\ a_{m1} \pm b_{m1} & a_{m2} \pm b_{m2} \cdots a_{mn} \pm b_{mn} \end{bmatrix} \tag{7.4}$$

〔예제 7·1〕 두 행렬 〔A〕, 〔B〕의 합과 차를 구하여라.

$$[A] = \begin{bmatrix} 2 & -3 \\ -4 & 5 \end{bmatrix} \qquad [B] = \begin{bmatrix} 6 & 7 \\ -8 & 9 \end{bmatrix}$$

풀이 ☞

$$합 : [A]+[B]=\begin{bmatrix} 2 & -3 \\ -4 & 5 \end{bmatrix}+\begin{bmatrix} 6 & 7 \\ -8 & 9 \end{bmatrix}$$

$$=\begin{bmatrix} 2+6 & -3+7 \\ -4-8 & 5+9 \end{bmatrix}=\begin{bmatrix} 8 & 4 \\ -12 & 14 \end{bmatrix}$$

$$차 : [A]-[B]=\begin{bmatrix} 2 & -3 \\ -4 & 5 \end{bmatrix}-\begin{bmatrix} 6 & 7 \\ -8 & 9 \end{bmatrix}$$

$$=\begin{bmatrix} 2-6 & -3-7 \\ -4+8 & 5-9 \end{bmatrix}=\begin{bmatrix} -4 & -10 \\ 4 & -4 \end{bmatrix}$$

(2) 행렬의 승법

① 한 행렬의 α배는 그 행렬 각각의 요소를 α배 한 요소의 행렬로 된다.

$$\alpha[A]=[A]\alpha=\alpha\begin{bmatrix} a_{11} & a_{12}\cdots a_{1n} \\ a_{21} & a_{22}\cdots a_{2n} \\ \cdots\cdots & \cdots\cdots \\ a_{m1} & a_{m2}\cdots a_{mn} \end{bmatrix}$$

$$=\begin{bmatrix} \alpha a_{11} & \alpha a_{12}\cdots \alpha a_{1n} \\ \alpha a_{21} & \alpha a_{22}\cdots \alpha a_{2n} \\ \cdots\cdots & \cdots\cdots \\ \alpha a_{m1} & \alpha a_{m2}\cdots \alpha a_{mn} \end{bmatrix} \quad (7.5)$$

② 두 행렬의 積은 왼쪽 행렬의 행의 요소와 오른쪽 행렬의 열의 요소를 순차적으로 곱하여 합한 것을 그 행 그 열의 요소로 하는 행렬이다.

예를 들어 두 행렬이

$$[A]=\begin{bmatrix} a_{11} & a_{12} \\ a_{21} & a_{22} \end{bmatrix} \quad [B]=\begin{bmatrix} b_{11} & b_{12} \\ b_{21} & b_{22} \end{bmatrix}인\ 경우$$

$$[A][B]=\begin{bmatrix} a_{11} & a_{12} \\ a_{21} & a_{22} \end{bmatrix}\begin{bmatrix} b_{11} & b_{12} \\ b_{21} & b_{22} \end{bmatrix}$$

$$=\begin{bmatrix} a_{11}b_{11}+a_{12}b_{21} & a_{11}b_{12}+a_{12}b_{22} \\ a_{21}b_{11}+a_{22}b_{21} & a_{21}b_{12}+a_{22}b_{22} \end{bmatrix} \quad (7.6)$$

〔예제 7·2〕 다음 두 행렬 [A], [B]의 積인 [A][B]를 구하여라. 또 [B][A]를 구하고, 교환법칙이 성립되는지 알아보아라.

$$[A]=\begin{bmatrix}1 & -2\\ 3 & 4\end{bmatrix}\qquad [B]=\begin{bmatrix}2 & -1\\ -3 & 5\end{bmatrix}$$

풀이 ☞ $[A][B]=\begin{bmatrix}1 & -2\\ 3 & 4\end{bmatrix}\begin{bmatrix}2 & -1\\ -3 & 5\end{bmatrix}$

$$=\begin{bmatrix}1\cdot2+(-2)(-3) & 1(-1)+(-2)\cdot5\\ 3\cdot2+4(-3) & 3(-1)+4\cdot5\end{bmatrix}$$

$$=\begin{bmatrix}8 & -11\\ -6 & 17\end{bmatrix}$$

$$[B][A]=\begin{bmatrix}2 & -1\\ -3 & 5\end{bmatrix}\begin{bmatrix}1 & -2\\ 3 & 4\end{bmatrix}$$

$$=\begin{bmatrix}2\cdot1+(-1)\cdot3 & 2(-2)+(-1)\cdot4\\ -3\cdot1+5\cdot3 & -3(-2)+5\cdot4\end{bmatrix}$$

$$=\begin{bmatrix}-1 & -8\\ 12 & 26\end{bmatrix}$$

따라서 두 행렬 $[A]$, $[B]$ 사이에는 교환법칙이 성립되지 않는다. 즉,

$$[A][B]\neq[B][A]$$

〔예제 7·2〕에서도 보듯이 두 행렬의 積에 대한 교환법칙은 일반적으로 성립되지 않는다. 그러나 두 행렬 중 한 쪽이 단위행렬일 경우에는 교환법칙이 성립된다. 즉, $[1][A]=[A][1]$ 또한 $[A][B]=0$이 된다 하더라도 반드시 $[A]=0$, 또는 $[B]=0$이 되지는 않는다.

〔예제 7·3〕 두 행렬 $[A]$, $[B]$의 積을 구하여라.

$$[A]=\begin{bmatrix}-2 & 1 & -2\\ -8 & 4 & -8\\ 2 & -1 & 2\end{bmatrix}\quad [B]=\begin{bmatrix}1 & 0 & 1\\ 2 & 4 & 6\\ 0 & 2 & 2\end{bmatrix}$$

풀이 ☞ $[A][B]=\begin{bmatrix}-2 & 1 & -2\\ -8 & 4 & -8\\ 2 & -1 & 2\end{bmatrix}\begin{bmatrix}1 & 0 & 1\\ 2 & 4 & 6\\ 0 & 2 & 2\end{bmatrix}$

$$=\begin{bmatrix}0 & 0 & 0\\ 0 & 0 & 0\\ 0 & 0 & 0\end{bmatrix}$$

(3) 행렬의 제법

행렬 〔A〕에 대해서 〔A〕〔B〕=〔1〕이 될 때 〔B〕를 〔A〕의 **역행열**(inverse matrix)이라 하고 〔B〕=〔A〕$^{-1}$로서 표시한다. 일반적으로 정방행렬 〔A〕에 대해서 행렬식의 값이 0이 아닌, 즉 $|A|\neq 0$일 경우에 한하여 역행렬이 존재하며, 교환법칙이 성립된다.

$$[A][A]^{-1}=[A]^{-1}[A]=[1] \tag{7.7}$$

〔A〕의 역행렬인 행렬 〔B〕의 원은

$$\begin{aligned} b_{jk} &= \frac{\text{adjoint of }[A]}{\det[A]} \\ &= \frac{\Delta_{kj}}{|A|} = \frac{(-1)^{k+j}M_{kj}}{|A|} \end{aligned} \tag{7.8}$$

로서 표시되며, 여기서 Δ_{kj}는 $|A|$의 k행 j열을 제외한 因子 M_{kj}(소행렬식)에 $(-1)^{k+j}$를 곱한 것으로서 **餘因數**(cofactor)라 한다.

행렬의 제법은 역행렬을 이용해서 행하는 것이 보통이다. 즉,

$$[A][B]=[C]$$

로부터 〔A〕를 구하기 위해 양변에 〔B〕$^{-1}$을 後積(postmul tiply)하면

$$[A][B][B]^{-1}=[C][B]^{-1}$$
$$\therefore [A]=[C][B]^{-1} \tag{7.9}$$

또는 〔B〕를 구하기 위해 양변에 〔A〕$^{-1}$을 前積(premul tiply)하면

$$[A]^{-1}[A][B]=[A]^{-1}[C]$$
$$\therefore [B]=[A]^{-1}[C] \tag{7.10}$$

〔예제 7·4〕 행렬 $\begin{bmatrix} 2 & 1 & 0 \\ 1 & 3 & -2 \\ 0 & -2 & 4 \end{bmatrix}$ 의 역행렬을 구하여라.

풀이 ☞ $\begin{bmatrix} 2 & 1 & 0 \\ 1 & 3 & -2 \\ 0 & -2 & 4 \end{bmatrix}^{-1}$

$$
= \frac{1}{\begin{vmatrix} 2 & 1 & 0 \\ 1 & 3 & -2 \\ 0 & -2 & 4 \end{vmatrix}} \begin{bmatrix} \begin{vmatrix} 3 & -2 \\ -2 & 4 \end{vmatrix} & -\begin{vmatrix} 1 & 0 \\ -2 & 4 \end{vmatrix} & \begin{vmatrix} 1 & 0 \\ 3 & -2 \end{vmatrix} \\ -\begin{vmatrix} 1 & -2 \\ 0 & 4 \end{vmatrix} & \begin{vmatrix} 2 & 0 \\ 0 & 4 \end{vmatrix} & -\begin{vmatrix} 2 & 0 \\ 1 & -2 \end{vmatrix} \\ \begin{vmatrix} 1 & 3 \\ 0 & -2 \end{vmatrix} & -\begin{vmatrix} 2 & 1 \\ 0 & -2 \end{vmatrix} & \begin{vmatrix} 2 & 1 \\ 1 & 3 \end{vmatrix} \end{bmatrix}
$$

$$
= \frac{1}{12} \begin{bmatrix} 8 & -4 & -2 \\ -4 & 8 & 4 \\ -2 & 4 & 5 \end{bmatrix}
$$

(4) 기타 연산법칙

① $[A]+[B]=[B]+[A]$ (7.11)

② $[A]+([B]+[C])=([A]+[B])+[C]$ (7.12)

③ $\alpha[A]+\alpha[B]=\alpha([A]+[B])$ (7.13)

④ $\alpha[A]+\beta[A]=(\alpha+\beta)[A]$ (7.14)

⑤ $[A]([B]+[C])=[A][B]+[A][C]$ (7.15)

⑥ $[A][B][C]=([A][B])[C]=[A]([B][C])$
$\neq([A][C])[B]\neq([C][A])[B]$
$\neq[C][B][A]$ (7.16)

3 행렬의 응용

회로망 내에서 전압 $\dot{V}$ 와 전류 $\dot{I}$ 사이에는 키르히호프의 법칙에 따라 연립방정식이 성립한다.

예를 들어 다음과 같은 3원 1차 연립방정식이 얻어지는 경우에 대해 생각해 보기로 하자.

$$
\left.\begin{aligned} \dot{V}_1 &= \dot{Z}_{11}\dot{I}_1+\dot{Z}_{12}\dot{I}_2+\dot{Z}_{13}\dot{I}_3 \\ \dot{V}_2 &= \dot{Z}_{21}\dot{I}_1+\dot{Z}_{22}\dot{I}_2+\dot{Z}_{23}\dot{I}_3 \\ \dot{V}_3 &= \dot{Z}_{31}\dot{I}_1+\dot{Z}_{32}\dot{I}_2+\dot{Z}_{33}\dot{I}_3 \end{aligned}\right\} \qquad (7.17)
$$

식(7.17)을 행렬로 표시하면

$$
\begin{bmatrix} \dot{V}_1 \\ \dot{V}_2 \\ \dot{V}_3 \end{bmatrix} = \begin{bmatrix} \dot{Z}_{11} & \dot{Z}_{12} & \dot{Z}_{13} \\ \dot{Z}_{21} & \dot{Z}_{22} & \dot{Z}_{23} \\ \dot{Z}_{31} & \dot{Z}_{32} & \dot{Z}_{33} \end{bmatrix} \begin{bmatrix} \dot{I}_1 \\ \dot{I}_2 \\ \dot{I}_3 \end{bmatrix} \qquad (7.18)
$$

이 된다. 식(7.18)에서 임피던스 요소로 표기된 3차 정방행렬은

$$[\dot{Z}] = \begin{bmatrix} \dot{Z}_{11} & \dot{Z}_{12} & \dot{Z}_{13} \\ \dot{Z}_{21} & \dot{Z}_{22} & \dot{Z}_{23} \\ \dot{Z}_{31} & \dot{Z}_{32} & \dot{Z}_{33} \end{bmatrix} \tag{7.19}$$

을 **임피던스 행렬**이라 하며, 이 행렬은 $\dot{Z}_{jk} = \dot{Z}_{kj}$인 관계가 성립되는 **대칭행렬**이 된다. 또 전압, 전류도

$$[\dot{I}] = \begin{bmatrix} \dot{I}_1 \\ \dot{I}_2 \\ \dot{I}_3 \end{bmatrix}, \quad [\dot{V}] = \begin{bmatrix} \dot{V}_1 \\ \dot{V}_2 \\ \dot{V}_3 \end{bmatrix} \tag{7.20}$$

와 같이 행렬로 표시하면 식(7.17)은

$$[\dot{V}] = [\dot{Z}][\dot{I}] \tag{7.21}$$

가 되어 옴의 법칙에 대한 행렬표기가 된다. 식(7.21)의 양변에 $[\dot{Z}]^{-1}$을 다음과 같이 곱해주면

$$[\dot{Z}]^{-1}[\dot{Z}][\dot{I}] = [\dot{Z}]^{-1}[\dot{V}]$$

$$\therefore [\dot{I}] = [\dot{Z}]^{-1}[\dot{V}] = [\dot{Y}][\dot{V}] \tag{7.22}$$

식(7.22)로부터 전류분포 $\dot{I}_1$, $\dot{I}_2$, $\dot{I}_3$를 나타내면 다음과 같다.

$$\begin{bmatrix} \dot{I}_1 \\ \dot{I}_2 \\ \dot{I}_3 \end{bmatrix} = \begin{bmatrix} \dot{Y}_{11} & \dot{Y}_{12} & \dot{Y}_{13} \\ \dot{Y}_{21} & \dot{Y}_{22} & \dot{Y}_{23} \\ \dot{Y}_{31} & \dot{Y}_{32} & \dot{Y}_{33} \end{bmatrix} \begin{bmatrix} \dot{V}_1 \\ \dot{V}_2 \\ \dot{V}_3 \end{bmatrix} \tag{7.23}$$

식(7.22), (7.23)에서

$$[\dot{Z}]^{-1} = [\dot{Y}] = \begin{bmatrix} \dot{Y}_{11} & \dot{Y}_{12} & \dot{Y}_{13} \\ \dot{Y}_{21} & \dot{Y}_{22} & \dot{Y}_{23} \\ \dot{Y}_{31} & \dot{Y}_{32} & \dot{Y}_{33} \end{bmatrix} \tag{7.24}$$

을 **어드미턴스 행렬**이라 하며 역시 $\dot{Y}_{jk} = \dot{Y}_{kj}$인 관계가 성립한다. 어드미턴스 행렬과 임피던스 행렬의 각 원 사이에는 역행렬 이론으로부터

$$\dot{Y}_{kj} = \frac{\Delta_{jk}}{|\dot{Z}|} = \frac{(-1)^{j+k} M_{jk}}{|\dot{Z}|} \tag{7.25}$$

인 관계가 성립되며 여기서 Δ_{jk}는 행렬식 $|\dot{Z}|$의 j행과 k열을

제외한 소행렬식 M_{jk}에 $(-1)^{j+k}$를 곱한 것이다.

〔예제 7·5〕 어느 주어진 회로망의 전압방정식이 다음과 같은 행렬로 표시될 때 회로 전류 I_1, I_2를 구하여라.

$$\begin{bmatrix} V_1 \\ V_2 \end{bmatrix} = \begin{bmatrix} 2 \\ 1 \end{bmatrix} = \begin{bmatrix} 2 & -1 \\ -1 & 3 \end{bmatrix} \begin{bmatrix} I_1 \\ I_2 \end{bmatrix}$$

풀이 ☞ 임피던스 행렬 $[Z] = \begin{bmatrix} 2 & -1 \\ -1 & 3 \end{bmatrix}$의 역행렬 $[Z]^{-1}$을 구하면

$$[Z]^{-1} = \frac{1}{5}\begin{bmatrix} 3 & 1 \\ 1 & 2 \end{bmatrix}$$

그러므로

$$\begin{bmatrix} I_1 \\ I_2 \end{bmatrix} = \frac{1}{5}\begin{bmatrix} 3 & 1 \\ 1 & 2 \end{bmatrix}\begin{bmatrix} 2 \\ 1 \end{bmatrix} = \begin{bmatrix} \frac{7}{5} \\ \frac{4}{5} \end{bmatrix}$$

$$\therefore I_1 = \frac{7}{5} \quad , \quad I_2 = \frac{4}{5}$$

7-2 回路網의 基本用語 및 位相學的 표시

회로망 해석의 주 목표는 통상 회로망을 구성하고 있는 각 소자에서의 전류 또는 전압분포를 구하는 것이라 할 수 있다. 이를 위해서는 우선 전압, 전류 중 무엇을 변수(미지수)로 놓을 것이며 필요로 하는 최소한의 변수는 몇개이고, 또 변수의 갯수에 해당하는 서로 독립적인 회로방정식을 어떻게 설정할 것이냐 하는 것이 결정되어야 한다. 회로망 해석시 회로망의 연결관계를 기하학적으로 고찰하는 **위상 그래프**(topological graph) 이론은 Kirchhoff가 전기회로를 다루는데 처음 도입한 이후 매우 유용하게 활용되고 있다.

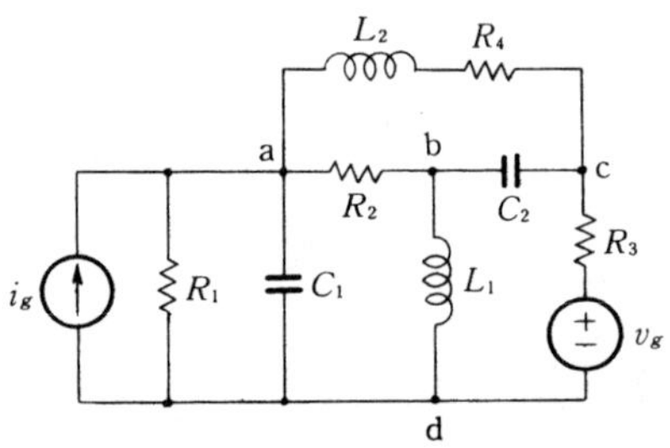

그림 7.1 회로망의 예

우선 회로망 해석에 앞서 자주 거론되는 용어에 대한 정의와 **회로망 그래프**의 기본개념을 확실히 해두기 위해 **그림 7.1**의 회로를 중심으로 설명해 보기로 한다.

- **節點** 또는 **마디**(node) : a,b,c,d점과 같이 3개 이상의 소자가 연결되어 있는 접속점
- **枝路** 또는 **가지**(branch) : a-L_2-R_4-c, a-R_2-b, b-C_2-c, b

$-L_1$-d, c-R_3-v_g-d와 같이 절점과 절점을 잇고 있는 부분을 말하며 특히 a-i_g-d, a-R_1-d, a-C_1-d와 같이 전류전원과 수동소자, 또는 몇 개의 수동소자가 병렬접속되어 있는 경우 이를 하나의 지로로 간주한다.

· **閉路** 또는 **루-프**(loop) : a-L_2-c-b-a, a-b-d-a, b-c-d-b, a-L_2-c-b-d-a, a-L_2-c-d-b-a, a-b-c-d-a, a-L_2-c-d-a와 같이 몇 개의 지로를 통해 연결되는 닫힌회로(closed circuit)를 말하며 이 중 a-L_2-c-b-a와 같이 그 내부에 다른 어떤 폐로도 포함하지 않는 최소단위의 폐로를 특히 **기본폐로**(fundamental loop)라 한다.

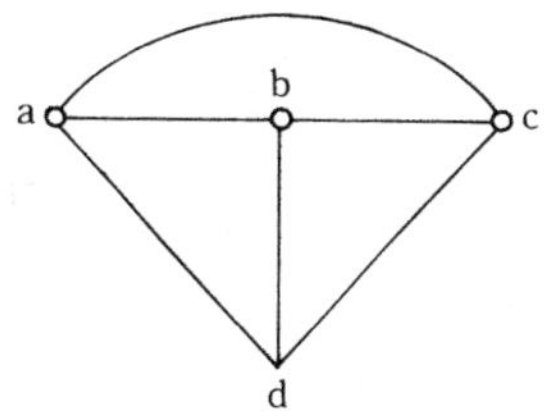

그림 7.2 그림 7.1에 대한 회로망 그래프

· **회로망 그래프**(network graph) : **그림 7.2**와 같이 회로망 내의 모든 지로를 하나의 선분으로 대치한 후 이들을 절점을 통해 연결해 놓은 그림

· **방향성 그래프**(oriented graph) : **그림 7.3**과 같이 회로망 그래프의 각 지로에 전류의 방향 또는 전압강하의 방향을 나타내는 화살표를 첨가한 그래프

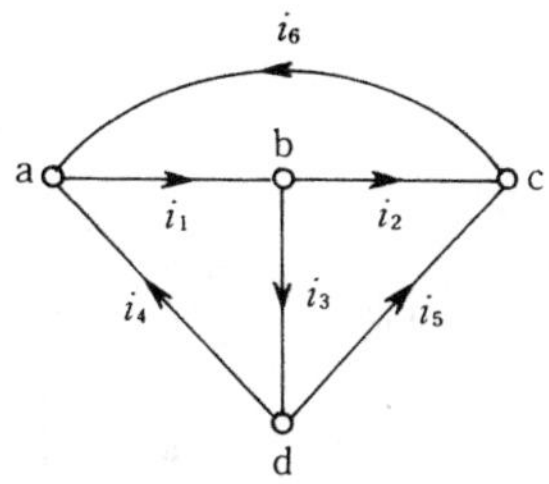

(a)

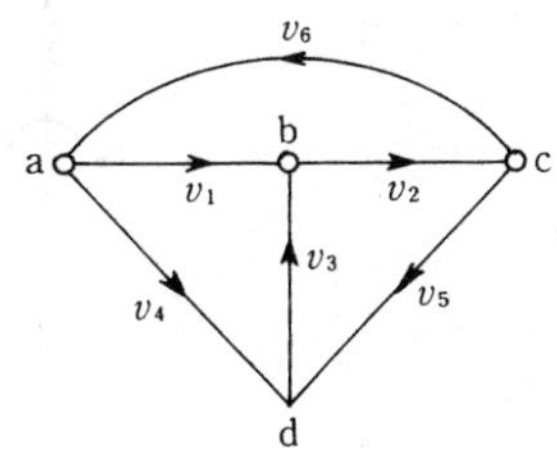

(b)

그림 7.3 방향성 그래프

· **副그래프** 또는 **部分그래프**(subgraph) : **그림 7.4**와 같이 회로망 그래프의 일부분(지로로 구성)을 분리해서 나타낸 그림

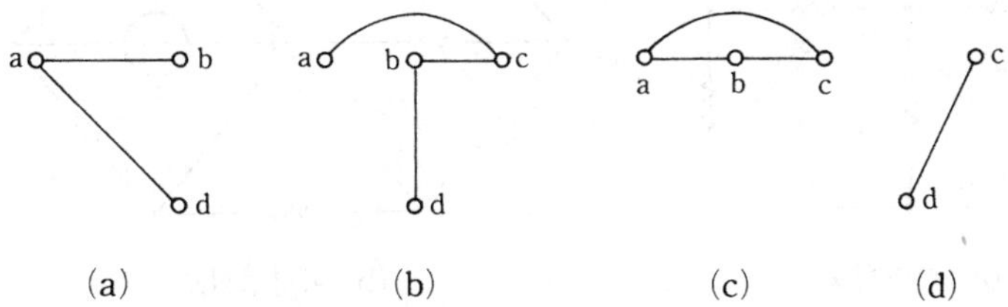

그림 7.4 그림 7.2에 대한 부분 그래프

· **트리** 또는 **나무**(tree) : **그림 7.5**와 같이 회로망 그래프의 모든 절점을 폐로를 형성함이 없이 연결해 놓은 '나무'모양의 그림(굵은 실선), 한 회로망 그래프에 대해 트리는 여러 개 있을 수 있으며 트리를 구성하고 있는 **트리지로**(tree branch)의 수 B_t는 절점의 총수를 N이라 할 때 어느 트리에서나 항상 같으며 다음과 같은 관계가 있다.

$$B_t = N - 1 \tag{7.26}$$

· **補木**(cotree 또는 link) : 트리를 구성하고 있지 않은 회로망 그래프의 나머지 지로를 말함

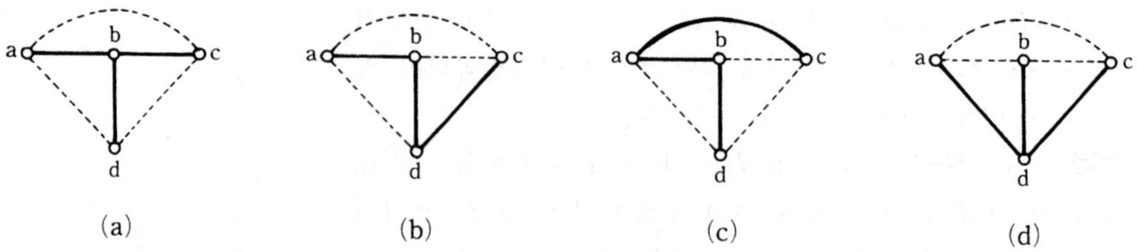

그림 7.5 그림 7.2에 대한 트리(실선) 및 보목(점선)

그림 7.5에서 점선으로 표시되어 있으며 지로의 총수를 B, 보목의 수를 B_c라 할 때 다음의 관계가 성립한다.

$$B_c = B - B_t = B - (N-1) \tag{7.27}$$

· **平面회로망**(planar network) : **그림 7.6**(a)와 같이 회로망을 구성하고 있는 어느 지로도 서로 교차함이 없이 평면상에 나타낼 수 있는 회로망. 평면회로망을 구성하고 있는 최소단위의 기본폐로(점선으로 표시)를 특히 **메시**(mesh)라 한다.

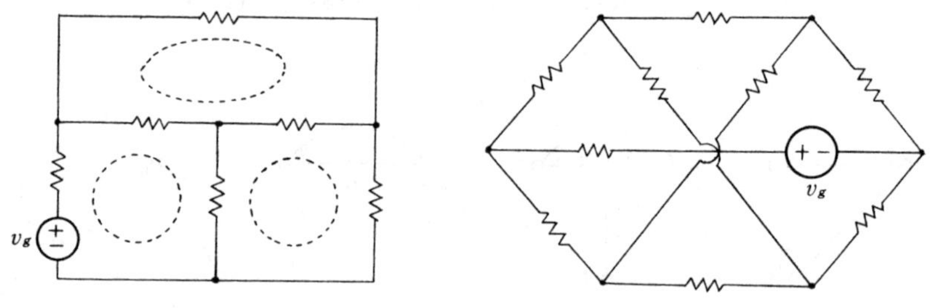

(a) 평면회로 (b) 비평면회로

그림 7.6 평면회로망(a)과 비평면회로망(b)

· **非平面회로망** 또는 **입체회로망**(non-planar network) : **그림 7.6**(b)와 같이 회로망을 구성하고 있는 어느 지로도 서로 교차함이 없이 평면상에 나타낼 수 없는 회로망.

이상으로 회로망해석과 관련하여 기본용어 및 회로망 그래프에 대해 알아보았으며 다음에는 독립적인 회로방정식의 설정과 관련한 기본정리에 대해 언급해 보기로 한다.

(1) 독립적인 전류방정식에 관한 정리

'N개의 절점을 갖는 회로망 그래프에 있어서 $K.C.L$에 의

한 독립적인 전류방정식은 $(N-1)$개 존재한다.' 이에 대한 증명은 다음과 같이 할 수 있다.

N개의 절점에 대해서는 K.C.L에 의한 N개의 전류방정식을 세울 수 있지만 이 중 임의의 어느 한 방정식은 나머지 $(N-1)$개의 방정식에 대해 종속적인 관계를 갖게 된다. 예를 들어 4개의 절점$(N=4)$을 갖는 **그림 7.3**(a)의 경우 절점 a,b,c,d로 유입하는 전류의 부호를 正(+)으로, 이곳으로부터 유출하는 전류를 負(−)로 하여 각 절점에서의 전류방정식을 세워보면 식(7.28)과 같다.

$$\left.\begin{array}{ll} \text{a 점 ;} & -i_1+i_4+i_6=0 \cdots ① \\ \text{b 점 ;} & i_1-i_2-i_3=0 \cdots ② \\ \text{c 점 ;} & i_2+i_5-i_6=0 \cdots ③ \\ \text{d 점 ;} & i_3-i_4-i_5=0 \cdots ④ \end{array}\right\} \tag{7.28}$$

그러나 이 중 임의의 한 식 예를들어 ④식의 경우 나머지 ①, ②, ③식에 대해 종속적인 관계가 있음을 알게된다. 이것은 하나의 지로전류는 어느 한 절점으로부터 유출해서 반드시 다른 한 절점으로 유입하기 때문에 正, 負의 2가지 부호를 모두 갖게 된다. **그래서 ①, ②, ③식의 대수합을 취하면 $-i_3+i_4+i_5=0$이 되어 ④식과 각 전류의 부호가 반대로 되고 ④$=-$(①+②+③)의 관계가 성립된다.**

즉 ④식은 나머지 ①,②,③식에 대해 종속적인 관계를 가지며 따라서 식(7.28)에서 임의의 어느 한 식을 제외한 나머지 3개의 식은 서로 독립적인 관계가 된다. 결국 N개의 절점을 갖는 회로망에 있어서 $N-1$개의 독립적인 전류방정식이 존재함을 알 수 있다.

(2) 독립적인 전압방정식에 관한 정리

'N개의 절점과 B개의 지로를 갖는 회로망 그래프에 있어서 K.V.L에 의한 독립적인 전압방정식은 $[B-(N-1)]$개, 즉 보목의 갯수$(=B_c)$만큼 존재한다.' 이에 대한 증명은 다음과 같이 할 수 있다.

회로망 그래프에 대한 임의의 트리를 그린 후 이 트리에 보목을 한개씩 추가해가면 보목수에 해당하는 기본폐로가 만들어진다. 이들 기본폐로에 대해 전압방정식을 세워가면 각 폐로방정식마다 새로운 보목전압이 하나씩 들어가게 되므로 기본폐로에 대한 각각의 전압방정식은 서로 독립적이라고 할 수 있다. 예를 들어 **그림 7.2**의 회로망 그래프에 대한 하나의 트리를 **그림 7.7**

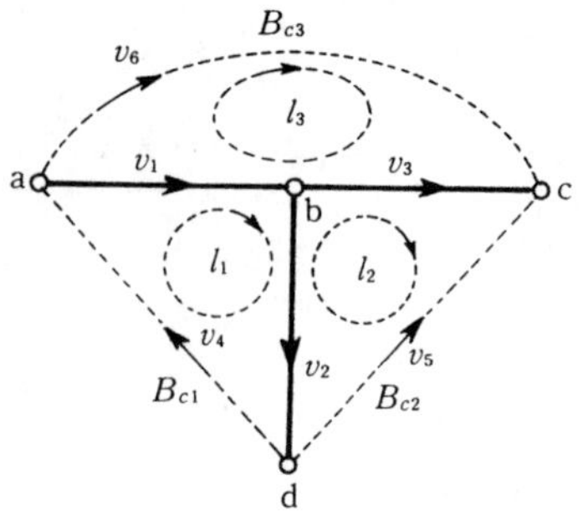

그림 7.7

과 같이 그린 후(굵은 실선) **보목가지**(cotree branch) B_{c1}, B_{c2}, B_{c3}(점선)를 추가해 가면서 기본폐로(ℓ_1, ℓ_2, ℓ_3)를 만든다. 다음에는 모든 지로에서의 전압강하의 방향(v_1, v_2, $\cdots$ v_6)을 그림과 같이 가정한 후, 각 기본폐로에 대해 시계방향으로 일주하면서 $K.V.L$에 의한 전압방정식을 세워보면 식(7.29)와 같은 서로 독립적인 방정식이 얻어진다.

$$\left.\begin{array}{ll} \text{폐로 } \ell_1 ; & v_1+v_2+v_4=0 \cdots ① \\ \text{폐로 } \ell_2 ; & -v_2+v_3-v_5=0 \cdots ② \\ \text{폐로 } \ell_3 ; & -v_1-v_3+v_6=0 \cdots ③ \end{array}\right\} \tag{7.29}$$

식(7.29)에서 ①, ②, ③ 식은 각각 상이한 보목지로전압 v_4, v_5, v_6를 포함하고 있으므로 서로 독립적인 관계가 된다.

결과적으로 N개의 절점과 B개의 지로를 갖는 회로망 그래프에 있어서는 보목지로의 갯수(B_c), 즉 $B-B_t=B-(N-1)$에 상당하는 독립적인 전압방정식이 존재함을 알 수 있다.

- **평면회로와 메시** : **그림 7.8**과 같은 평면회로의 경우 각 회로를 구성하고 있는 각각의 메시는 각 회로망 그래프의 트리(굵은실선)에 있어서 각각의 **보목지로**(점선)에 1 : 1 대응하고 있기 때문에 각각의 메시는 독립적인 폐로가 된다.

따라서 평면회로의 해석시에는 모든 메시에 대해 전압방정식을 세움으로써 독립적인 회로방정식을 쉽게 얻을 수 있다.

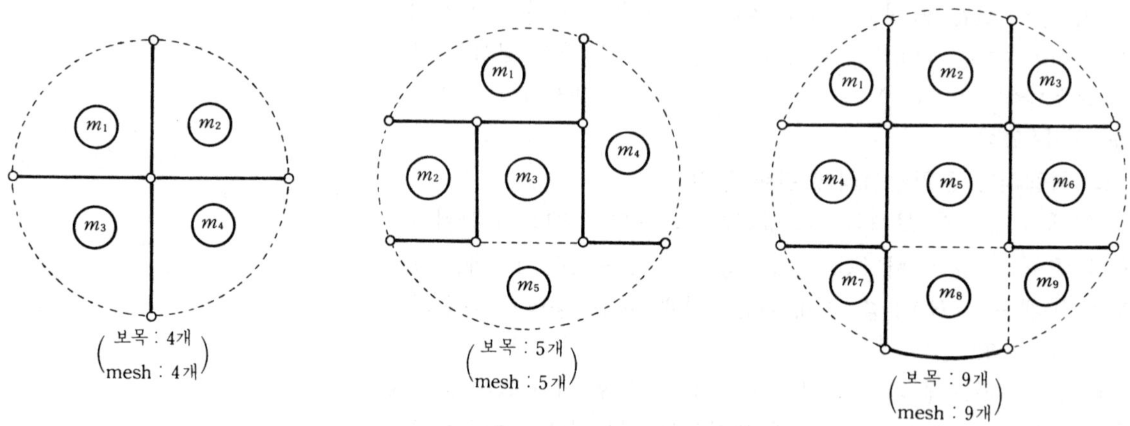

(a) (b) (c)

그림 7.8

7-3 回路網의 一般解析

1 枝路解析法

회로망의 각 지로를 흐르는 전류 또는 각 지로양단의 전압을 미지수로 하고 미지수의 수만큼 독립적인 전류방정식과 전압방정식을 세운 후 이들을 연립시켜 해를 구하는 방법이 **지로해석법**(branch analysis)이다.

그림 7.9(a)의 회로를 예로 들어 보면 교류전압원의 경우 우선 전압원의 극성을 임의로 결정한 후 그림에서와 같이 지로개수만큼 지로전류 $\dot{I}_1$, $\dot{I}_2$, $\dot{I}_3$를 미지수로 놓는다. 이를 구하기 위해서는 3개의 방정식이 필요한 데 **그림 7.9**(a)의 회로는 **그림 7.9**(b)와 같이 절점이 $N=2$, 지로가 $B=3$이므로 독립적인 전류방정식은 $(N-1)$로부터 1개, 독립적인 전압방정식은 $B-(N-1)$로부터 2개가 얻어진다. 그러므로 **그림** (b)의 회로망 그래프에서 절점 b와 메시 m_1, m_2에 대해 전류방정식과 전압방정식을 세워보면 식(7.30)이 얻어진다.

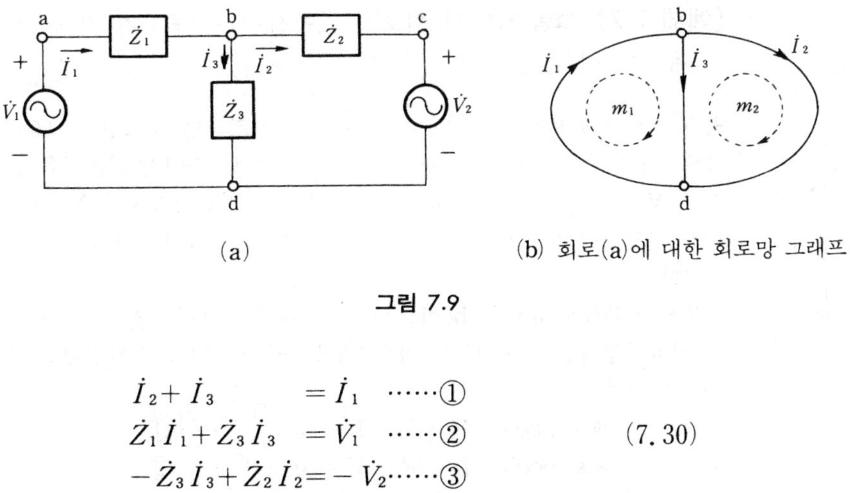

(a) (b) 회로(a)에 대한 회로망 그래프

그림 7.9

$$\begin{aligned} &\dot{I}_2+\dot{I}_3 = \dot{I}_1 \cdots\cdots ① \\ &\dot{Z}_1\dot{I}_1+\dot{Z}_3\dot{I}_3 = \dot{V}_1 \cdots\cdots ② \\ &-\dot{Z}_3\dot{I}_3+\dot{Z}_2\dot{I}_2 = -\dot{V}_2 \cdots\cdots ③ \end{aligned} \qquad (7.30)$$

식 ②, ③과 같이 전압방정식을 세우는데 있어서 가정한 지로전류의 방향이 폐로의 일주방향과 일치할 때는 正(+)의 부호, 반대가 될 때는 負(−)의 부호가 되는 점과 각 전원이 $\dot{V}_1$

과 같이 폐로 일주방향에 대해 기전력으로 작용했을 때는 正의 부호, 그리고 $\dot{V}_2$와 같이 역기전력으로 작용했을 때는 負의 부호가 되는 것에 유의해야 한다. 또한 회로방정식을 푼 결과 전류값이 負로 나왔다면 이는 그 지로에 흐르는 실제전류의 방향이 가정한 방향과 반대가 됨을 의미한다.

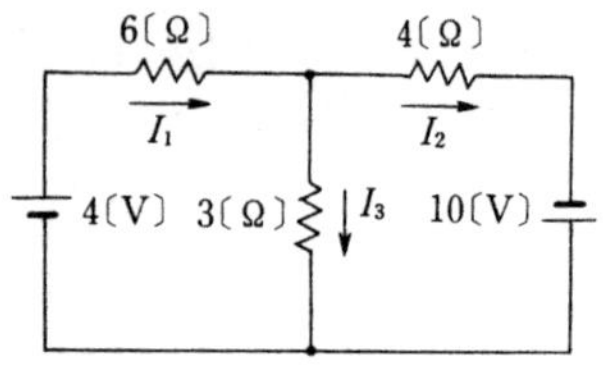

그림 7.10

〔예제 7·6〕 그림 7.10의 회로에서 각 지로전류 I_1, I_2, I_3를 지로해석법에 의해 구하여라.

풀이 ☞ $K.C.L$에 의해

$$I_1 = I_2 + I_3 \qquad \cdots\cdots ①$$

두 독립된 폐로에 대해 시계방향으로 $K.V.L$을 적용하면

$$6I_1 + 3I_3 = 4 \quad \cdots\cdots ②$$

$$4I_2 - 3I_2 = 10 \quad \cdots\cdots ③$$

①, ②, ③을 연립하여 풀면

$$I_1 = \frac{29}{27}\,〔A〕,\quad I_2 = \frac{51}{27}\,〔A〕,\quad I_3 = -\frac{22}{27}\,〔A〕$$

여기서 I_3의 부호가 **負**이므로 실제 방향은 가정한 방향과 반대가 됨을 알 수 있다.

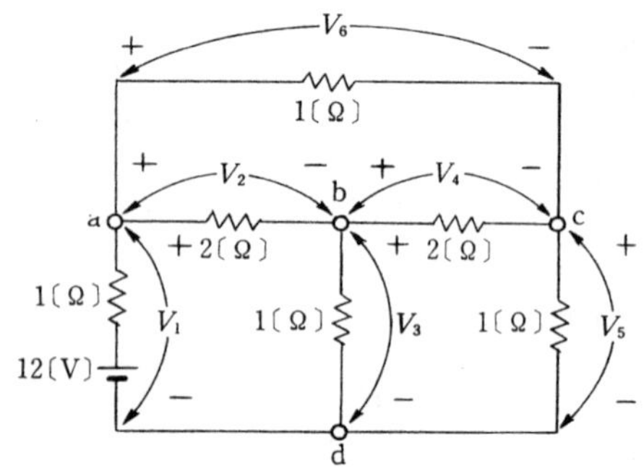

그림 7.11

〔예제 7.7〕 그림 7.11의 회로에 있어서 각 지로간의 지로전압을 구하여라.

풀이 ☞ 지로전압의 극성을 그림과 같이 가정하면 지로변수가 6개이므로 6개의 독립적인 회로방정식이 요구된다. 주어진 회로망은 절점이 $N=4$, 지로가 $B=6$이므로 독립적인 전류방정식이 $N-1=3$개, 전압방정식은 $B-(N-1)=3$개로서 모두 6개의 방정식이 얻어진다.

우선 기본폐로 abda, bcdb, acba에 대해 시계방향으로 일주하면서 전압방정식을 세우면(단, 상승전압을 正(+)으로, 강하전압을 負(−)로 하여)

폐로 abda : $V_1 - V_2 - V_3 = 0 \qquad \cdots\cdots ①$

폐로 bcdb : $V_3 - V_4 - V_5 = 0 \qquad \cdots\cdots ②$

폐로 acba : $V_2 + V_4 - V_6 = 0 \qquad \cdots\cdots ③$

다음에는 절점 a, b, c에 대해 전류방정식을 세운다(단, 절점으로 유입하는 전류를 正, 절점에서 유출하는 전류를 負로하여).

$$절점\ a : \frac{12 - V_1}{1} - \frac{V_2}{2} - \frac{V_6}{1} = 0 \cdots\cdots ④$$

$$\text{절점 b}: \frac{V_2}{2} - \frac{V_3}{1} - \frac{V_4}{2} = 0 \quad \cdots\cdots⑤$$

$$\text{절점 c}: \frac{V_6}{1} + \frac{V_4}{2} - \frac{V_5}{1} = 0 \quad \cdots\cdots⑥$$

이상의 ①~⑥식을 연립하여 풀면 지로전압은 각각

$$V_1 = \frac{228}{35}\text{[V]},\quad V_2 = \frac{144}{35}\text{[V]},\quad V_3 = \frac{84}{35}\text{[V]}$$

$$V_4 = -\frac{24}{35}\text{[V]},\quad V_5 = \frac{108}{35}\text{[V]},\quad V_6 = \frac{120}{35}\text{[V]}$$

가 얻어진다. 여기서 V_4의 부호가 '−'임은 V_4의 실제극성이 가정했던 것과 반대임을 보여준다.

2 閉路解析法

앞에서 설명한 지로해석법은 회로 자체가 간단해서 회로방정식의 수가 적을 때는 이것이 가장 직접적인 해법이 된다고 할 수 있지만 회로가 조금만 복잡해도 많은 회로방정식이 요구되기 때문에 이런 경우 방정식의 해를 구한다는 것은 쉬운 일이 아니다.

회로해석을 보다 간편하게 하기 위해서는 우선 회로방정식의 수가 보다 적게 요구되는 해석법을 택하는 것이 중요하다. 바로 이와 같은 해석법이 본절에서 다루는 **폐로해석법**(loop analysis)과 다음 절에서 언급할 **절점해석법**(node analysis)이며 보다 일반적인 회로해석법이라 할 수 있다.

지로해석에서 지로전류의 正방향을 임의로 정할 수 있는 것과 같이 **폐로전류**(loop current)의 正방향도 **그림 7.12**와 같이 임의로 가정할 수 있다. **그림 7.12**에서 구하고자 하는 지로전류를 각각 $\dot{I}_a, \dot{I}_b, \dot{I}_c$라 할 때 폐로전류 $\dot{I}_1, \dot{I}_2$를 구하면 이들 미지전류값은

$$\dot{I}_a = \dot{I}_1, \quad \dot{I}_b = \dot{I}_1 - \dot{I}_2, \quad \dot{I}_c = \dot{I}_2$$

에 의해서 구해지게 된다. **그림 7.12**의 회로는 평면회로이므로 독립적인 폐로는 메시 abda와 bcdb 두 개가 있다.

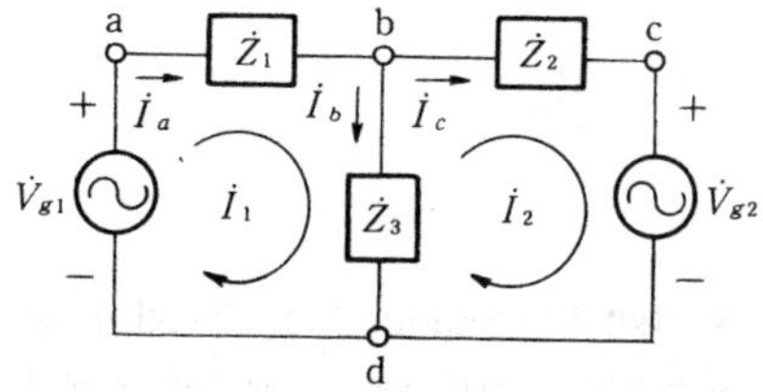

그림 7.12 폐로해석의 예

* 폐로전류 : 그 폐로만이 단독으로 존재한다고 가정할 때 그 폐로에 흐르는 전류

이제 각각의 폐로에 대해 $K.V.L$에 의한 전압방정식을 세우면

$$\left.\begin{aligned} \dot{Z}_1\dot{I}_1 + \dot{Z}_3(\dot{I}_1 - \dot{I}_2) &= \dot{V}_{g1} \\ \dot{Z}_3(\dot{I}_2 - \dot{I}_1) + \dot{Z}_2\dot{I}_2 &= -\dot{V}_{g2} \end{aligned}\right\} \qquad (7.31)$$

가 되며, 여기서도 지로방정식의 경우와 마찬가지로 $\dot{V}_{g2}$의 負(−) 부호는 $\dot{V}_{g2}$가 폐로전류 $\dot{I}_2$ 방향에 대해 역기전력으로서 작용한다고 보기 때문이다.

이상과 같은 폐로해석법의 과정을 요약해 보면 다음과 같다.

i) 독립적인 폐로에 대해 폐로전류를 가정한다〔loop 전류의 방향은 같은 방향(통상적으로 시계방향)으로 하는 것이 편리하다〕.

ii) i)에서 가정한 각각의 폐로에 대해 폐로전류의 방향으로 일주하면서 $K.V.L$에 의해 전압방정식을 세운다.

iii) ii)에서의 연립방정식을 풀어서 구한 폐로전류를 가감하여 회로 각 부분에 대한 실제 전류값을 구한다.

다음에는 약간 복잡한 회로에 있어서 폐로방정식을 좀더 쉽게 기계적으로 세울 수 있는 방법에 대해 생각해 보기로 한다.

회로망내의 전원이 모두 전압원으로 표시되어 있는 **그림 7.12**와 같은 회로에 있어서의 폐로방정식 식(7.31)을 폐로전류 $\dot{I}_1$, $\dot{I}_2$의 방향을 정(+)방향으로 하여 $\dot{I}_1$, $\dot{I}_2$에 대해 정리하면

$$\left.\begin{aligned}(\dot{Z}_1+\dot{Z}_3)\,\dot{I}_1 \qquad -\dot{Z}_3\,\dot{I}_2 &= \dot{V}_{g1}\\ -\dot{Z}_3\,\dot{I}_1+(\dot{Z}_2+\dot{Z}_3)\,\dot{I}_2 &= -\dot{V}_{g2}\end{aligned}\right\} \tag{7.32}$$

식(7.32)의 각 계수에 순서를 붙여 표시하면

$$\left.\begin{aligned}\dot{Z}_{11} &= \dot{Z}_1+\dot{Z}_3, & \dot{Z}_{12} &= -\dot{Z}_3, & \dot{V}_1 &= \dot{V}_{g1}\\ \dot{Z}_{21} &= -\dot{Z}_3, & \dot{Z}_{22} &= \dot{Z}_2+\dot{Z}_3, & \dot{V}_2 &= -V_{g2}\end{aligned}\right\} \tag{7.33}$$

가 되며 따라서 식(7.32)는 간략하게

$$\left.\begin{aligned}\dot{Z}_{11}\,\dot{I}_1+\dot{Z}_{12}\,\dot{I}_2 &= \dot{V}_1\\ \dot{Z}_{21}\,\dot{I}_1+\dot{Z}_{22}\,\dot{I}_2 &= \dot{V}_2\end{aligned}\right\} \tag{7.34}$$

와 같이 표현된다.

여기서 $\dot{Z}_{11}$, $\dot{Z}_{22}$는 폐로 1과 폐로 2에 있어서 각각에 포함되는 지로 임피던스의 합을 의미하기 때문에 **自己 임피던스**(self-impedance)라 하며, $\dot{Z}_{12}$, $\dot{Z}_{21}$은 폐로 1과 2에 공통으로 포함되는 지로 임피던스를 의미하기 때문에 **相互 임피던스**(mutual impedance)라 한다.

* Self-impedance : 그 폐로만이 존재한다고 가정할 때 그 폐로에 존재하는 임피던스의 총화

식(7.33)을 보면 상호 임피던스는 서로 같아서 $\dot{Z}_{12}=\dot{Z}_{21}$이 됨을 알 수 있으며, 이의 부호가 (−)로 되는 것은 **그림 7.12**의 회로에 있어서 두 폐로전류의 방향을 같게 가정했기 때문임을

알 수 있으며, 만약 폐로전류의 방향을 서로 다르게 가정했다면 이의 부호는 (+)로 되었을 것이다.

폐로방정식의 표현에 일관성을 부여하기 위해서는 폐로전류의 방향을 같은 방향으로 정해야 한다.

그림 7.13과 같은 회로에 있어서 폐로방정식을 기계적으로 표현해 보면 자기 임피던스 및 상호 임피던스는

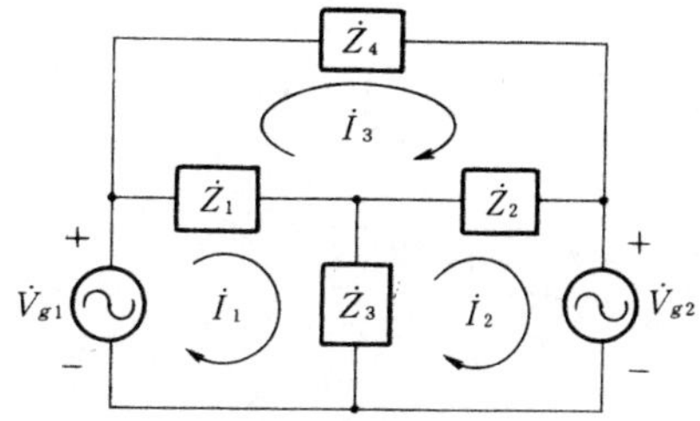

그림 7.13

$$\left.\begin{array}{llll}\dot{Z}_{11}=\dot{Z}_1+\dot{Z}_3, & \dot{Z}_{12}=-\dot{Z}_3, & \dot{Z}_{13}=-\dot{Z}_1, & \dot{V}_1=\dot{V}_{g1}\\ \dot{Z}_{21}=-\dot{Z}_3, & \dot{Z}_{22}=\dot{Z}_2+\dot{Z}_3, & \dot{Z}_{23}=-\dot{Z}_2, & \dot{V}_2=-\dot{V}_{g2}\\ \dot{Z}_{31}=-\dot{Z}_1, & \dot{Z}_{32}=-\dot{Z}_2, & \dot{Z}_{33}=\dot{Z}_1+\dot{Z}_2+\dot{Z}_4, & \dot{V}_3=0\end{array}\right\} \tag{7.35}$$

이 되므로 각 폐로에 대한 폐로 방정식은

$$\left.\begin{array}{l}\text{폐로 1}:\ (\dot{Z}_1+\dot{Z}_3)\,\dot{I}_1-\dot{Z}_3\,\dot{I}_2-\dot{Z}_1\,\dot{I}_3=\dot{V}_{g1}\\ \text{폐로 2}:\ -\dot{Z}_3\,\dot{I}_1+(\dot{Z}_2+\dot{Z}_3)\,\dot{I}_2-\dot{Z}_2\,\dot{I}_3=-\dot{V}_{g2}\\ \text{폐로 3}:\ -\dot{Z}_1\,\dot{I}_1-\dot{Z}_2\,\dot{I}_2+(\dot{Z}_1+\dot{Z}_2+\dot{Z}_4)\,\dot{I}_3=0\end{array}\right\} \tag{7.36}$$

과 같이 간단히 표기될 수 있다.

〔예제 7・8〕 **그림 7.14**와 같은 브리지 회로에서 각 저항에 흐르는 전류를 구하여라.

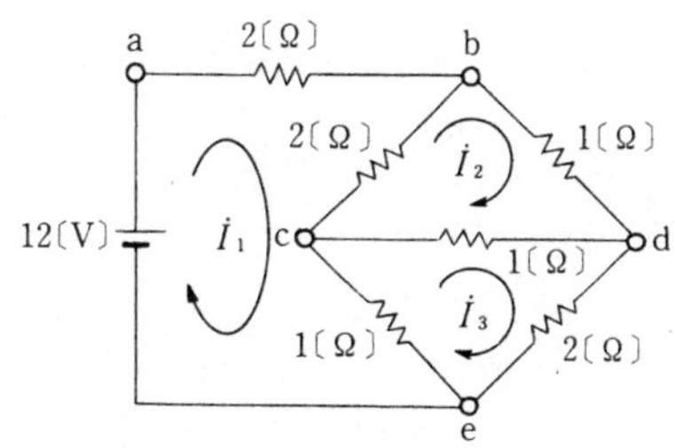

그림 7.14

풀이 ☞ 문제의 회로는 평면회로이므로 독립된 3개의 폐회로에 대한 폐로전류의 방향을 그림과 같이 가정하자.

각 폐로에 대한 자기 임피던스 및 상호 임피던스를 구하면

$$\begin{array}{lll}\dot{Z}_{11}=2+2+1=5 & \dot{Z}_{12}=-2 & \dot{Z}_{13}=-1\\ \dot{Z}_{21}=-2 & \dot{Z}_{22}=2+1+1=4 & \dot{Z}_{33}=-1\\ \dot{Z}_{31}=-1 & \dot{Z}_{32}=-1 & \dot{Z}_{33}=1+1+2=4\end{array}$$

따라서 각 폐로에 대한 폐로방정식은

$$\left.\begin{array}{l}\text{루프 1}:\ 5I_1-2I_2-I_3=12\\ \text{루프 2}:\ -2I_1+4I_2-I_3=0\\ \text{루프 3}:\ -I_1-I_2+4I_3=0\end{array}\right\}$$

위의 연립방정식을 행렬식에 의해 풀면

$$I_1=\frac{N_1}{D}=\frac{\begin{vmatrix}12 & -2 & -1\\ 0 & 4 & -1\\ 0 & -1 & 4\end{vmatrix}}{\begin{vmatrix}5 & -2 & -1\\ -2 & 4 & -1\\ -1 & -1 & 4\end{vmatrix}}=\frac{12\begin{vmatrix}4 & -1\\ -1 & 4\end{vmatrix}}{51}$$

$$=\frac{180}{51}=\frac{60}{17}\,[\mathrm{A}]$$

$$I_2=\frac{N_2}{D}=\frac{\begin{vmatrix} 5 & 12 & -1 \\ -2 & 0 & 1 \\ -1 & 0 & 4 \end{vmatrix}}{51}=\frac{-12\begin{vmatrix} -2 & -1 \\ -1 & 4 \end{vmatrix}}{51}$$

$$=\frac{108}{51}=\frac{36}{17}\,[\mathrm{A}]$$

$$I_3=\frac{N_3}{D}=\frac{\begin{vmatrix} 5 & -2 & 12 \\ -2 & 4 & 0 \\ -1 & -1 & 0 \end{vmatrix}}{51}=\frac{-12\begin{vmatrix} -2 & 4 \\ -1 & -1 \end{vmatrix}}{51}$$

$$=\frac{72}{51}=\frac{24}{17}\,[\mathrm{A}]$$

따라서 각 저항에 흐르는 전류는

$$I_{ab}=I_1=\frac{60}{17}\,[\mathrm{A}],\quad I_{bc}=I_1-I_2=\frac{24}{17}\,[\mathrm{A}]$$

$$I_{bd}=I_2=\frac{36}{17}\,[\mathrm{A}],\quad I_{dc}=I_2-I_3=\frac{12}{17}\,[\mathrm{A}]$$

$$I_{ce}=I_1-I_3=\frac{36}{17}\,[\mathrm{A}],\quad I_{de}=I_3=\frac{24}{17}\,[\mathrm{A}]$$

이상으로 폐로해석법에 대해 알아보았지만 폐로해석법을 적용하는 데 있어서는 전압방정식을 세우는 문제가 수반되기 때문에 이를 위해서는 회로망의 소자가 전원은 전압원으로 부하는 임피던스로 표기되어야 한다.

따라서 회로가 전류원과 어드미턴스로 표기되어 있는 경우 폐로해석법을 적용하기 위해서는 전류원은 전압원으로 어드미턴스는 임피던스로 대치되어야 한다.

〔예제 7·9〕 그림 7.15(a)와 같은 입체회로망의 모든 지로전류를 구하여라.

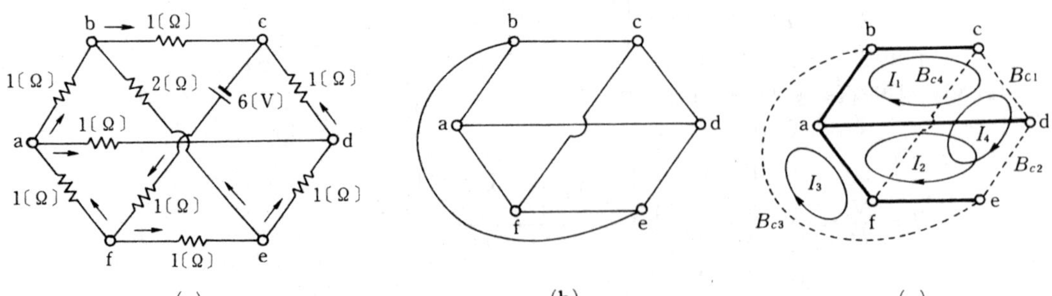

그림 7.15

풀이 ☞ 주어진 회로망은 절점이 $N=6$, 지로가 $B=9$이므로 폐로해석법을 적용하는 경우 독립폐로는 $B-(N-1)=9-(6-1)=4$개가 존재한다. (a)의 회로는 (b)와 같은 회로망 그래프로 나타낼 수 있으며 독립폐로 설정을 위해 (b)그래프에 대해 그림(c)와 같은 하나의 트리(굵은 실선)를 그릴 수 있다. (c)의 트리에서 보목지로(B_c)를 하나씩 추가함에 따라 독립폐로가 하나씩 설정된다.

즉, 보목지로 B_{c1}에 대해 폐로 bcdab
　　보목지로 B_{c2} 에 대해 폐로 adefa
　　보목지로 B_{c3}에 대해 폐로 bafeb
　　보목지로 B_{c4}에 대해 폐로 cdefc

이제 각 폐로에 대해 시계방향으로 일주하면서 전압방정식을 세우면 다음식이 얻어진다.

$$4I_1-I_2-I_3+I_4=0 \quad \cdots\cdots①$$
$$-I_1+4I_2-2I_3+2I_4=0 \quad \cdots\cdots②$$
$$-I_1-2I_2+5I_3-I_4=0 \quad \cdots\cdots③$$
$$I_1+2I_2-I_3+4I_4=-6 \quad \cdots\cdots④$$

식 ①,②,③,④에서 각 폐로전류를 구하면

$$I_1=\frac{16}{13}\text{[A]},\quad I_2=\frac{24}{13}\text{[A]},\quad I_3=\frac{6}{13}\text{[A]},\quad I_4=\frac{-34}{13}\text{[A]}$$

가 되며, 이들 폐로전류로부터 각 지로전류를 구하면 다음과 같다.

$$I_{ab}=\frac{10}{13}\text{[A]},\quad I_{bc}=\frac{16}{13}\text{[A]},\quad I_{dc}=\frac{18}{13}\text{[A]}$$

$$I_{fa}=\frac{18}{13}\text{[A]},\quad I_{fe}=\frac{16}{13}\text{[A]},\quad I_{ed}=\frac{10}{13}\text{[A]}$$

$$I_{ad}=\frac{8}{13}\text{[A]},\quad I_{cf}=\frac{34}{13}\text{[A]},\quad I_{eb}=\frac{6}{13}\text{[A]}$$

[예제 7·10] 그림 7.16의 회로에서 폐로전류 $\dot{I}_1$, $\dot{I}_2$, $\dot{I}_3$를 그림에서와 같이 정했을 때 이 중 $\dot{I}_2$를 구하여라.

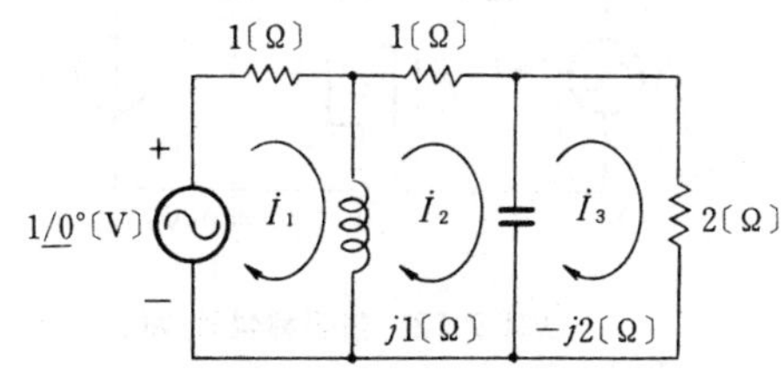

그림 7.16

풀이 ☞ 각 전류의 방향으로 전압방정식을 세워 정리하면

$$\begin{cases} 1=(1+j1)\,\dot{I}_1-j1\cdot\dot{I}_2+0\cdot\dot{I}_3 \\ 0=-j1\cdot\dot{I}_1+(1-j1)\,\dot{I}_2+j2\cdot\dot{I}_3 \\ 0=0\cdot\dot{I}_1+j2\cdot\dot{I}_2+(2-j2)\cdot\dot{I}_3 \end{cases}$$

가 되며 이를 행렬로 표시하면 $[\dot{V}]=[\dot{Z}][\dot{I}]$에 의해

$$\begin{bmatrix}1\\0\\0\end{bmatrix}=\begin{bmatrix}1+j1 & -j1 & 0\\ -j1 & 1-j1 & j2\\ 0 & j2 & 2-j2\end{bmatrix}\begin{bmatrix}\dot{I}_1\\ \dot{I}_2\\ \dot{I}_3\end{bmatrix}$$

또한 $[\dot{I}]=[\dot{Z}]^{-1}[\dot{V}]$로 부터

$$\begin{bmatrix} \dot{I}_1 \\ \dot{I}_2 \\ \dot{I}_3 \end{bmatrix} = \frac{1}{|\dot{Z}|}\begin{bmatrix} \Delta_{11} & \Delta_{21} & \Delta_{31} \\ \Delta_{12} & \Delta_{22} & \Delta_{32} \\ \Delta_{13} & \Delta_{23} & \Delta_{33} \end{bmatrix}\begin{bmatrix} 1 \\ 0 \\ 0 \end{bmatrix}$$

$$\therefore \quad \dot{I}_2 = \frac{\Delta_{12}}{|\dot{Z}|} = \frac{(-1)^{1+2}\begin{vmatrix} -j1 & j2 \\ 0 & 2-j2 \end{vmatrix}}{|\dot{Z}|}$$

$$= \frac{2+j2}{10-j2} = \frac{2}{13} + j\frac{3}{13} \text{〔A〕}$$

또는 $\dot{I}_2 = 0.275\angle 56.3°$〔A〕

3 節點解析法

폐로해석법에서는 독립적인 폐로에 대한 폐로전류를 미지수로 하여 전압방정식을 세워서 풀었지만 **절점해석법**(node analysis)에서는 회로망 내의 한 절점을 **기준전위**(reference potential)로 하고 이에 대한 다른 절점의 **상대적인 전위**를 구함으로써 각 절점간의 지로전류를 구할 수 있다.

이 경우 기준절점 이외의 다른 모든 절점($N-1$개)은 서로 독립적이기 때문에 이들 각 절점에 대한 전류방정식도 독립적인 방정식이 된다.

그림 7.17에서 보면 절점은 a,b,c,d 4개가 되므로 이 중 하나를 기준절점으로 한다면 d점이 적당하다.

왜냐 하면 d점은 전압전원 $\dot{V}_0$의 低電位측과 공통전위를 형성하고 있기 때문에 d점을 기준전위(0〔V〕)로 하는 경우 a점의 전위는 당연히 $\dot{V}_0$가 됨으로써 전위를 구해야 할 절점의 수가 줄어들기 때문이다.

또한 회로가 접지되어 있을 경우에는 大地의 전위를 기준전위로 할 수 있으므로 그 접지점의 전위를 기준전위로 하는 것이 편리하다.

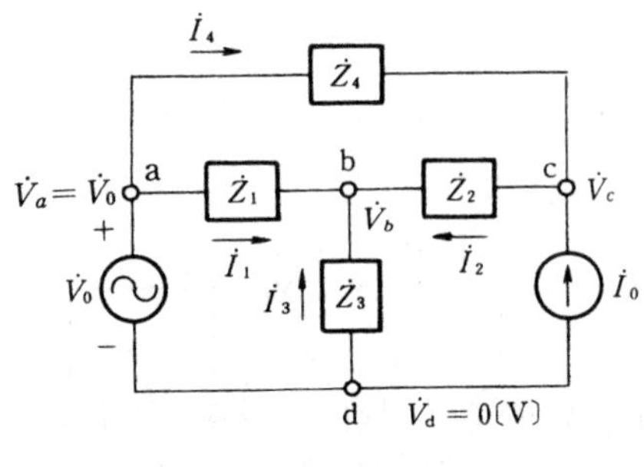

그림 7.17 절점해석의 예

이제 **그림 7.17**의 회로에 절점해석법을 적용해 보기로 한다.

우선 d점의 전위를 기준 전위(0〔V〕)로 하면 a점의 상대적 전위는 $\dot{V}_0$가 되므로 b,c점의 상대적인 전위인 $\dot{V}_b$, $\dot{V}_c$를 구하면 된다. b,c 각 점에 대해 이로부터 나가는 전류의 방향을 正(+)으로 하여 $K.C.L$에 의한 전류방정식을 세우면

$$\left.\begin{aligned} \text{b 점 : } & \frac{\dot{V}_b-\dot{V}_0}{\dot{Z}_1}+\frac{\dot{V}_b-\dot{V}_c}{\dot{Z}_2}+\frac{\dot{V}_b-0}{\dot{Z}_3}=0 \\ \text{c 점 : } & \frac{\dot{V}_c-\dot{V}_b}{\dot{Z}_2}+\frac{\dot{V}_c-\dot{V}_0}{\dot{Z}_4}-\dot{I}_0=0 \end{aligned}\right\} \quad (7.37)$$

이 된다. 이와 같은 연립방정식을 통해 $\dot{V}_b$, $\dot{V}_c$가 구해지면 **그림 7.17**에 표시된 각 지로전류는

$$\dot{I}_1=\frac{\dot{V}_0-\dot{V}_b}{\dot{Z}_1},\quad \dot{I}_2=\frac{\dot{V}_c-\dot{V}_b}{\dot{Z}_2}$$
$$\dot{I}_3=\frac{0-\dot{V}_b}{\dot{Z}_3},\quad \dot{I}_4=\frac{\dot{V}_0-\dot{V}_c}{\dot{Z}_4}$$

와 같은 방법으로 구해질 수 있다.

그림 7.17이 **그림 7.18**과 같이 어드미턴스 $\dot{Y}$로 주어진다면

$$\dot{Y}_1=\frac{1}{\dot{Z}_1},\quad \dot{Y}_2=\frac{1}{\dot{Z}_2},\quad \dot{Y}_3=\frac{1}{\dot{Z}_3},\quad \dot{Y}_4=\frac{1}{\dot{Z}_4}$$

인 관계가 있으므로 식(7.37)은

$$\left.\begin{aligned} \dot{Y}_1(\dot{V}_b-\dot{V}_0)+\dot{Y}_2(\dot{V}_b-\dot{V}_c)+\dot{Y}_3\dot{V}_b&=0 \\ \dot{Y}_2(\dot{V}_c-\dot{V}_b)+\dot{Y}_4(\dot{V}_c-\dot{V}_0)-\dot{I}_0\quad&=0 \end{aligned}\right\} \quad (7.38)$$

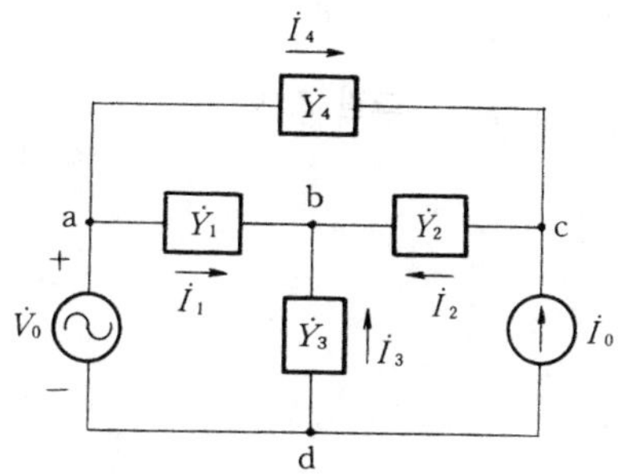

그림 7.18

과 같이 표시될 수 있으며, 이로부터 미지전위 $\dot{V}_b$, $\dot{V}_c$가 정해지면 $\dot{I}=\dot{Y}\dot{V}$인 관계로부터 각 부분전류는

$$\dot{I}_1=\dot{Y}_1(\dot{V}_0-\dot{V}_b),\quad \dot{I}_2=\dot{Y}_2(\dot{V}_c-\dot{V}_b)$$
$$\dot{I}_3=\dot{Y}_3(0-\dot{V}_b),\quad \dot{I}_4=\dot{Y}_4(\dot{V}_0-\dot{V}_c)$$

와 같은 방법으로 구해진다.

결국 회로소자가 임피던스가 아닌 어드미턴스로 표시된 회로해석의 경우에는 절점해석법의 계산이 보다 간단함을 알 수 있다.

이상과 같은 절점해석법의 과정을 요약해 보면 다음과 같다.

i) 절점 중에서 적당한 점을 택하여 이를 기준전위로 하고 나머지 절점의 상대적인 전위를 미지전위로 나타낸다.

ii) 각 미지 전위점에 유입, 또는 이곳에서 유출되는 전류의 正방향을 가정하고 그 점에 있어서 $K.C.L$에 의한 전류방정식을 세운다.

iii) 전류방정식을 풀어서 구한 각 절점의 전위로써 각 지로양단의 전위차를 구한다.

iv) 각 지로양단의 전위차를 그 지로임피던스로 나누어 주던가, 또는 여기에 각 지로어드미턴스를 곱해 줌으로써 각 지로전류를 구한다.

절점해석법의 경우도 폐로해석법과 마찬가지로 회로망 내의 전원이 모두 전류원으로 되어 있는 경우에는 기계적인 표현이 가능하다.

그림 7.19와 같은 회로에 있어서 절점 d를 기준전위로 한 후 각 절점에서 전류방정식을 세워 보면

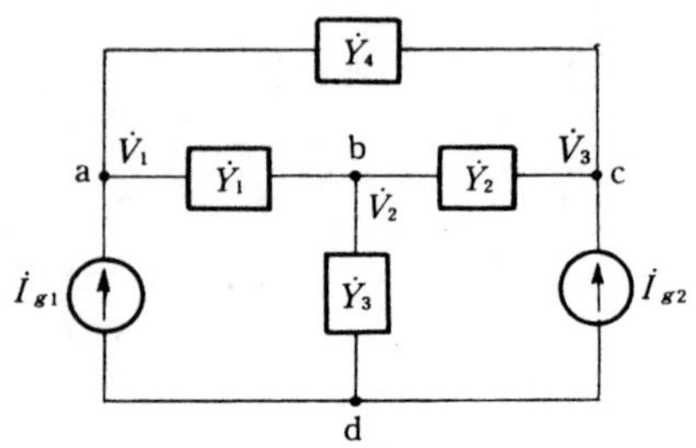

그림 7.19

$$\left.\begin{aligned}&\text{a점}:\ \dot{Y}_1(\dot{V}_1-\dot{V}_2)+\dot{Y}_4(\dot{V}_1-\dot{V}_3)=\dot{I}_{g1}\\&\text{b점}:\ \dot{Y}_1(\dot{V}_2-\dot{V}_1)+\dot{Y}_2(\dot{V}_2-\dot{V}_3)+\dot{Y}_3\dot{V}_2=0\\&\text{c점}:\ \dot{Y}_2(\dot{V}_3-\dot{V}_2)+\dot{Y}_4(\dot{V}_3-\dot{V}_1)=\dot{I}_{g2}\end{aligned}\right\}\tag{7.39}$$

각 절점에 유입되는 전류원의 방향을 正(+)으로 해서 미지전위 $\dot{V}_1$, $\dot{V}_2$, $\dot{V}_3$에 대해 정리하면 다음과 같다.

$$\left.\begin{aligned}(\dot{Y}_1+\dot{Y}_4)\dot{V}_1\qquad\qquad\quad-\dot{Y}_1\dot{V}_2-\dot{Y}_4\dot{V}_3&=\dot{I}_{g1}\\-\dot{Y}_1\dot{V}_1+(\dot{Y}_1+\dot{Y}_2+\dot{Y}_3)\dot{V}_2-\dot{Y}_2\dot{V}_3&=0\\-\dot{Y}_4\dot{V}_1\qquad\qquad\quad-\dot{Y}_2\dot{V}_2+(\dot{Y}_2+\dot{V}_4)\dot{V}_3&=\dot{I}_{g2}\end{aligned}\right\}\tag{7.40}$$

여기서 각 계수에 순서를 붙여 표시하면

$$\left.\begin{array}{llll}\dot{Y}_{11}=\dot{Y}_1+\dot{Y}_4 & \dot{Y}_{12}=-\dot{Y}_1 & \dot{Y}_{13}=-\dot{Y}_4 & \dot{I}_1=\dot{I}_{g1}\\\dot{Y}_{21}=-\dot{Y}_1 & \dot{Y}_{22}=\dot{Y}_1+\dot{Y}_2+\dot{Y}_3 & \dot{Y}_{23}=-\dot{Y}_2 & \dot{I}_2=0\\\dot{Y}_{31}=-\dot{Y}_4 & \dot{Y}_{32}=-\dot{Y}_2 & \dot{Y}_{33}=\dot{Y}_2+\dot{Y}_4 & \dot{I}_3=\dot{I}_{g2}\end{array}\right\}\tag{7.41}$$

가 되며 따라서 식(7.40)은 다음과 같이 간략하게 표시된다.

$$\left.\begin{aligned}\dot{Y}_{11}\dot{V}_1+\dot{Y}_{12}\dot{V}_2+\dot{Y}_{13}\dot{V}_3&=\dot{I}_1\\\dot{Y}_{21}\dot{V}_1+\dot{Y}_{22}\dot{V}_2+\dot{Y}_{23}\dot{V}_3&=\dot{I}_2\\\dot{Y}_{31}\dot{V}_1+\dot{Y}_{32}\dot{V}_2+\dot{Y}_{33}\dot{V}_3&=\dot{I}_3\end{aligned}\right\}\tag{7.42}$$

여기서 $\dot{Y}_{11}$, $\dot{Y}_{22}$, $\dot{Y}_{33}$은 절점 a,b,c에 있어서 각 절점에 직접 접속되어 있는 어드미턴스의 합을 의미하므로 **자기 어드미턴스**(self-admittance)라 하며, $\dot{Y}_{12}$, $\dot{Y}_{21}$, $\dot{Y}_{23}$, $\dot{Y}_{32}$, $\dot{Y}_{13}$, $\dot{Y}_{31}$은 절점 사이를 연결해 주고 있는 지로 어드미턴스이므로 **상호 어드미턴스**(mutual admittance)라 한다. 이 경우에도 동일절점 간의 상호 어드미턴스는 서로 같으며, 이의 부호가 역시 負(−)가 됨은 각 절점에 유입, 또는 이곳에서 유출되는 전류의

부호를 동일하게 가정했기 때문임을 알 수 있다.

이상으로 절점해석법에 대해 알아보았지만 절점해석법을 적용하는데 있어서는 전류방정식을 세우는 문제가 수반되기 때문에 이를 위해서는 회로망 자체가 전류원과 어드미턴스로 표기되어야 간편하며, 그렇지 못할 경우 전압원은 전류원으로 임피던스는 어드미턴스로 等價代置되어야 한다.

〔예제 7·11〕 그림 7.20과 같은 회로에 있어서 각 지로전류를 구하여라.

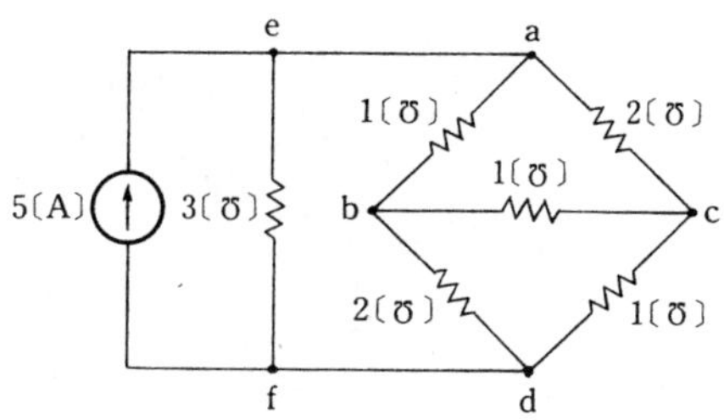

그림 7.20

풀이 ☞ 우선 d점을 기준전위(0〔V〕)로 잡는다. 다음에 절점 a,b, c의 d점에 대한 상대적인 전위를 V_1, V_2, V_3라 하고 각 접속점에서 유입되는 전류원의 방향을 正(+)으로 하여 각 접속점에서의 전류방정식을 세운다.

우선 각 접속점에 대한 자기어드미턴스와 상호어드미턴스를 구하면

$\dot{Y}_{11}=3+1+2=6$〔℧〕, $\dot{Y}_{12}=-1$〔℧〕, $\dot{Y}_{13}=-2$〔℧〕
$\dot{Y}_{21}=-1$〔℧〕 $\dot{Y}_{22}=1+1+2=4$〔℧〕, $\dot{Y}_{23}=-1$〔℧〕
$\dot{Y}_{31}=-2$〔℧〕 $\dot{Y}_{32}=-1$〔℧〕 $\dot{Y}_{35}=1+2+1=4$〔℧〕

따라서 전류방정식은

a 점 : $6V_1-1V_2-2V_3=5$
b 점 : $-1V_1+4V_2-1V_3=0$
c 점 : $-2V_1-1V_2+4V_3=0$

이것을 행렬식에 의해 풀어보면

$$V_1=\frac{N_1}{D}=\frac{\begin{vmatrix}5&-1&-2\\0&4&-1\\0&-1&4\end{vmatrix}}{\begin{vmatrix}6&-1&-2\\-1&4&-1\\-2&-1&4\end{vmatrix}}$$

$$=\frac{80-5}{(96-2-2)-(16+4+6)}=\frac{75}{66}=\frac{25}{22}\text{〔V〕}$$

$$V_2=\frac{N_2}{D}=\frac{\begin{vmatrix}6&5&-2\\-1&0&-1\\-2&0&4\end{vmatrix}}{66}=\frac{10-(-20)}{66}$$

$$=\frac{30}{66}=\frac{10}{22}\text{〔V〕}$$

$$V_3=\frac{N_3}{D}=\frac{\begin{vmatrix} 6 & -1 & 5 \\ -1 & 4 & 0 \\ -2 & -1 & 0 \end{vmatrix}}{66}=\frac{5-(-40)}{66}$$

$$=\frac{45}{66}=\frac{15}{22}\text{〔V〕}$$

각 지로전류는 $I=YV$에 의해 $I_{ef}=\frac{75}{22}$〔A〕, $I_{ab}=\frac{15}{22}$〔A〕, $I_{ac}=\frac{20}{22}$〔A〕, $I_{cb}=\frac{5}{22}$〔A〕, $I_{bd}=\frac{20}{22}$〔A〕, $I_{cd}=\frac{15}{22}$〔A〕

7-4 回路網의 諸定理

1 電源의 等価代置

회로해석시에는 전압전원을 전류전원으로, 또는 전류전원을 전압전원으로 등가대치함으로써 회로해석이 보다 간편해지는 경우가 많다.

그림 7.21에서 점선 내부는 서로 等價인 전원의 두 가지 표현이다. 이 두 전원이 어떤 조건에서 서로 등가대치될 수 있는지를 살펴보기로 한다.

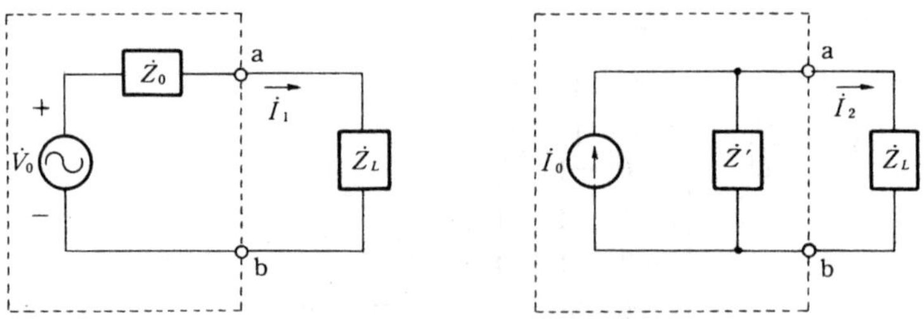

(a) 전압전원 (b) 전류전원

그림 7.21 전원의 대치

그림 7.21의 (a), (b)에서 부하에 흐르는 전류는 각각

$$\dot{I}_1=\frac{\dot{V}_0}{\dot{Z}_0+\dot{Z}_L},\quad \dot{I}_2=\frac{\dot{Z}'}{\dot{Z}'+\dot{Z}_L}\dot{I}_0 \tag{7.43}$$

와 같이 표현되며, 회로 (a), (b)가 단자 a,b 外側에 대해 등가가 되기 위해서는 식(7.43)에서 $\dot{I}_1$, $\dot{I}_2$는 서로 같아야 한다. 즉,

$$\frac{\dot{V}_0}{\dot{Z}_0+\dot{Z}_L}=\frac{\dot{Z}'}{\dot{Z}'+\dot{Z}_L}\dot{I}_0 \qquad (7.44)$$

여기서 $\dot{Z}_L$은 임의의 부하이므로 식(7.44)는 $\dot{Z}_L$에 관계없이 성립되는 항등식이 되어야 한다.

따라서 윗식을 $\dot{Z}_L$에 대해 전개하면

$$(\dot{V}_0-\dot{Z}'\dot{I}_0)\dot{Z}_L+(\dot{V}_0-\dot{Z}_0\dot{I}_0)\dot{Z}'=0 \qquad (7.45)$$

이 되며 $\dot{Z}_L$에 관계없이 위의 식이 항상 성립되기 위해서는

$$\left.\begin{array}{l}\dot{V}_0-\dot{Z}'\dot{I}_0=0\\ \dot{V}_0-\dot{Z}_0\dot{I}_0=0\end{array}\right\} \qquad (7.46)$$

이 만족되어야 한다.

결국 이로부터 회로 (a), (b)간에 **전원의 등가변환**이 이루어지기 위해서는

$$\dot{Z}'=\dot{Z}_0 \ , \quad \dot{I}_0=\frac{\dot{V}_0}{\dot{Z}_0} \qquad (7.47)$$

인 조건이 만족되어야 함을 알 수 있다.

〔예제 7·12〕 그림 7.22(a)와 같은 회로에서 미지전류 I를 전원대치법에 의해 구하여라.

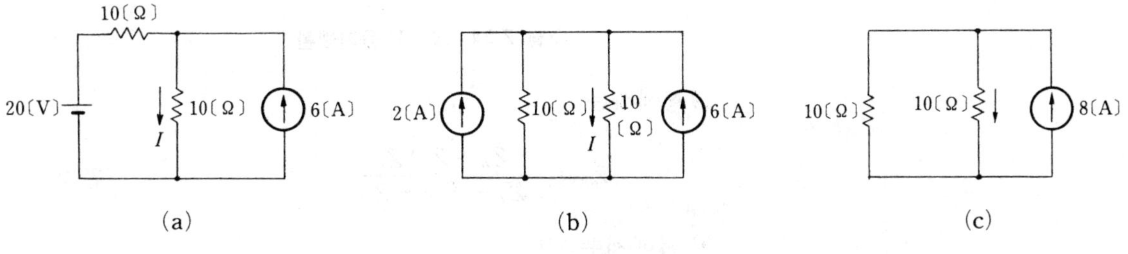

그림 7.22

풀이 ☞ 그림 (a)의 전압원을 전류원으로 등가 변환하면 (b)와 같이 된다. 또한 (b)는 (c)와 같이 등가변환되므로 미지전류는

$$I=8\times\frac{1}{2}=4\ \text{〔A〕}$$

2 負荷의 Δ-Y 等価代置

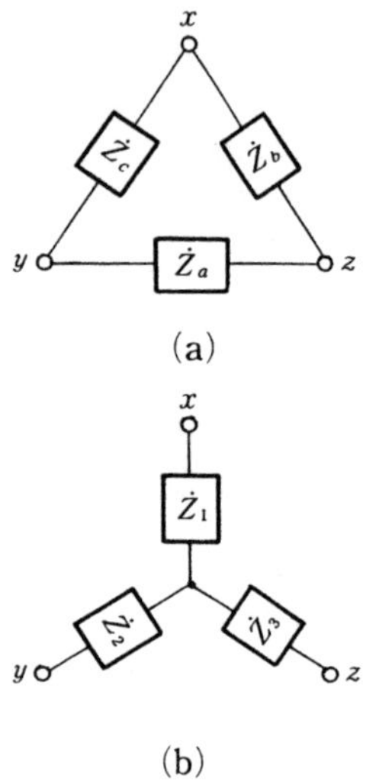

그림 7.23 Δ, Y 형 부하

약간 복잡한 회로구성을 갖는 부하측의 소자결합을 Δ형에서 Y형으로, 또는 Y형에서 Δ형으로 등가대치함으로써 회로 해석을 보다 간편하게 할 수 있는 경우가 있다.

그림 7.23(a), (b)는 각각 Δ형, Y형부하이다. Δ형부하가 어느 복잡한 회로의 일부를 이루고 있을 때 이를 Y형부하로 대치해서 3단자 외측에 대해 어떠한 변화도 일어나지 않는다면, 이들 두 회로는 3단자 외측에 대해 等價的이라고 할 수 있다. 그러면 이들 두 회로가 서로 등가가 되는 조건에 대해 알아보기로 한다.

그림 7.24의 Δ, Y 부하가 상호등가라면 대응하는 각각의 단자간 임피던스의 크기는 같아야 할 것이다. 지금 단자 x, y 사이의 임피던스의 크기를 $\dot{Z}_{xy}$라 하면 Δ부하에서는 $\dot{Z}_c$와 $(\dot{Z}_a+\dot{Z}_b)$가 병렬로 연결되어 있고 Y부하에서는 $\dot{Z}_1$과 $\dot{Z}_2$가 직렬로 연결되어 있으므로

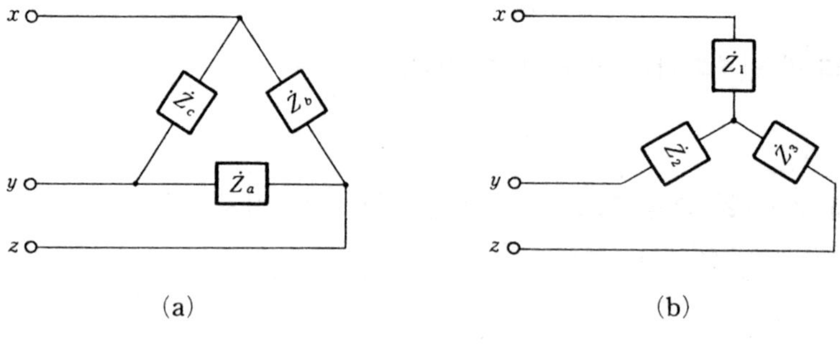

그림 7.24 Δ⇔Y 등가변환

Δ형에서는

$$\dot{Z}_{xy}=\frac{(\dot{Z}_a+\dot{Z}_b)\dot{Z}_c}{(\dot{Z}_a+\dot{Z}_b)+\dot{Z}_c} \tag{7.48}$$

Y 형에서는

$$\dot{Z}_{xy}=\dot{Z}_1+\dot{Z}_2 \tag{7.49}$$

따라서

$$\dot{Z}_{xy}=\dot{Z}_1+\dot{Z}_2=\frac{(\dot{Z}_a+\dot{Z}_b)\dot{Z}_c}{(\dot{Z}_a+\dot{Z}_b)+\dot{Z}_c} \tag{7.50}$$

단자 yz, zx에 대해서도 같은 방법을 적용하면

$$\dot{Z}_{yz}=\dot{Z}_2+\dot{Z}_3=\frac{(\dot{Z}_b+\dot{Z}_c)\dot{Z}_a}{(\dot{Z}_b+\dot{Z}_c)+\dot{Z}_a} \tag{7.51}$$

$$\dot{Z}_{zx}=\dot{Z}_3+\dot{Z}_1=\frac{(\dot{Z}_c+\dot{Z}_a)\dot{Z}_b}{(\dot{Z}_c+\dot{Z}_a)+\dot{Z}_b} \tag{7.52}$$

식(7.50), (7.51), (7.52)로부터 $\dot{Z}_1$, $\dot{Z}_2$, $\dot{Z}_3$를 구하면

$$\left.\begin{aligned}\dot{Z}_1&=\frac{\dot{Z}_b\dot{Z}_c}{\dot{Z}_a+\dot{Z}_b+\dot{Z}_c}\\ \dot{Z}_2&=\frac{\dot{Z}_c\dot{Z}_a}{\dot{Z}_a+\dot{Z}_b+\dot{Z}_c}\\ \dot{Z}_3&=\frac{\dot{Z}_a\dot{Z}_b}{\dot{Z}_a+\dot{Z}_b+\dot{Z}_c}\end{aligned}\right\} \tag{7.53}$$

식(7.53)은 결과적으로 $\varDelta$부하를 Y부하로 변환하는 공식이 된 셈이다.

다음은 Y부하를 $\varDelta$부하로 변환하는 방법에 대해 알아보기로 한다.

이것은 식(7.53)으로부터 구하는 방법도 있으나 약간 번거롭기 때문에 다음과 같은 방법을 이용해 보기로 한다. Y,$\varDelta$부하가 등가가 되기 위해서는 **그림 7.25**와 같이 x, y단자에 동일 전압 $\dot{V}_0$를 가했을 때 동일단자 z, y 사이에 흐르는 전류 $\dot{I}_1$, $\dot{I}_2$는 역시 같아야 한다.

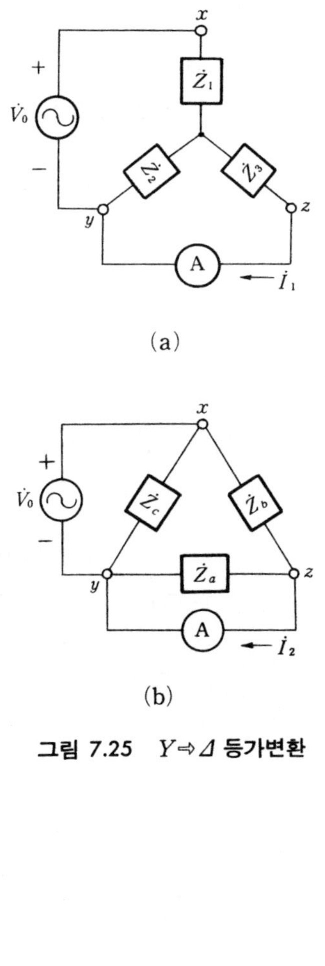

그림 7.25 $Y \Rightarrow \varDelta$ **등가변환**

$$\dot{I}_1=\frac{\dot{V}_0}{\dot{Z}_1+\dfrac{\dot{Z}_2\dot{Z}_3}{\dot{Z}_2+\dot{Z}_3}}\times\frac{\dot{Z}_2}{\dot{Z}_2+\dot{Z}_3}=\frac{\dot{V}_0\dot{Z}_2}{\dot{Z}_1\dot{Z}_2+\dot{Z}_2\dot{Z}_3+\dot{Z}_3\dot{Z}_1} \tag{7.54}$$

또한 $\dot{I}_2$를 구하는데 있어 $\dot{Z}_b$를 지나는 전류는 모두가 전류계만을 지나게 되므로

$$\dot{I}_2=\frac{\dot{V}_0}{\dot{Z}_b} \tag{7.55}$$

가 된다.

결국 $\dot{I}_1=\dot{I}_2$로부터 $\dot{Z}_b$가 구해지며, 마찬가지 방법으로 $\dot{Z}_a$, $\dot{Z}_c$가 구해질 수 있다. 이를 정리해 보면 식(7.56)과 같다.

$$\left.\begin{aligned}\dot{Z}_a&=\frac{\dot{Z}_1\dot{Z}_2+\dot{Z}_2\dot{Z}_3+\dot{Z}_3\dot{Z}_1}{\dot{Z}_1}\\ \dot{Z}_b&=\frac{\dot{Z}_1\dot{Z}_2+\dot{Z}_2\dot{Z}_3+\dot{Z}_3\dot{Z}_1}{\dot{Z}_2}\\ \dot{Z}_c&=\frac{\dot{Z}_1\dot{Z}_2+\dot{Z}_2\dot{Z}_3+\dot{Z}_3\dot{Z}_1}{\dot{Z}_3}\end{aligned}\right\}\qquad(7.56)$$

한편 주어진 회로가 **그림 7.26**과 같이 어드미턴스 $\dot{Y}_1$, $\dot{Y}_2$, $\dot{Y}_3$ 및 $\dot{Y}_a$, $\dot{Y}_b$, $\dot{Y}_c$로 표시되어 있을 때는 임피던스 변환식인 식(7.53)과 식(7.56)에서 각각의 임피던스를 $\dot{Z}_1=\frac{1}{\dot{Y}_1}$, $\dot{Z}_2=\frac{1}{\dot{Y}_2}$, $\dot{Z}_3=\frac{1}{\dot{Y}_3}$, $\dot{Z}_a=\frac{1}{\dot{Y}_a}$, $\dot{Z}_b=\frac{1}{\dot{Y}_b}$, $\dot{Z}_c=\frac{1}{\dot{Y}_c}$과 같이 대응되는 각각의 어드미턴스로 대치함으로써 다음과 같은 변환관계식을 유도해 낼 수 있다.

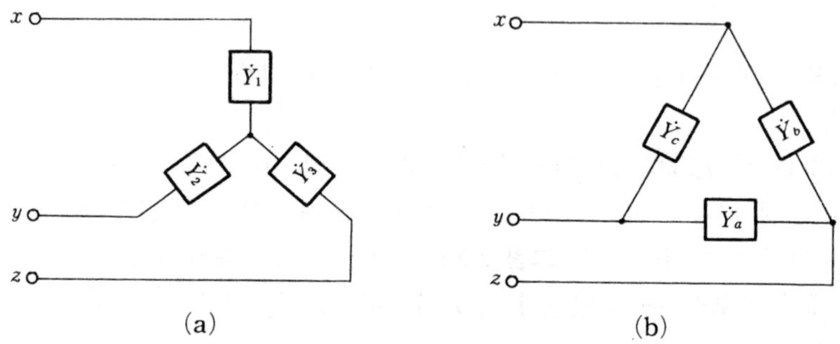

그림 7.26 어드미턴스 부하의 Δ-Y변환

즉, $\Delta \Rightarrow$ Y 변환

$$\left.\begin{aligned}\dot{Y}_1&=\frac{\dot{Y}_a\dot{Y}_b+\dot{Y}_b\dot{Y}_c+\dot{Y}_c\dot{Y}_a}{\dot{Y}_a}\\ \dot{Y}_2&=\frac{\dot{Y}_a\dot{Y}_b+\dot{Y}_b\dot{Y}_c+\dot{Y}_c\dot{Y}_a}{\dot{Y}_b}\\ \dot{Y}_3&=\frac{\dot{Y}_a\dot{Y}_b+\dot{Y}_b\dot{Y}_c+\dot{Y}_c\dot{Y}_a}{\dot{Y}_c}\end{aligned}\right\}\qquad(7.57)$$

Y $\Rightarrow \Delta$ 변환

$$\left.\begin{aligned}\dot{Y}_a&=\frac{\dot{Y}_2\dot{Y}_3}{\dot{Y}_1+\dot{Y}_2+\dot{Y}_3}\\ \dot{Y}_b&=\frac{\dot{Y}_3\dot{Y}_1}{\dot{Y}_1+\dot{Y}_2+\dot{Y}_3}\\ \dot{Y}_c&=\frac{\dot{Y}_1\dot{Y}_2}{\dot{Y}_1+\dot{Y}_2+\dot{Y}_3}\end{aligned}\right\}\qquad(7.58)$$

가 되어 임피던스의 Δ-Y 변환식과 상반되는 관계가 있다.

〔예제 7・13〕 그림 7.27 (a)와 같은 브리지 회로에 유입되는 전류 I를 구하여라.

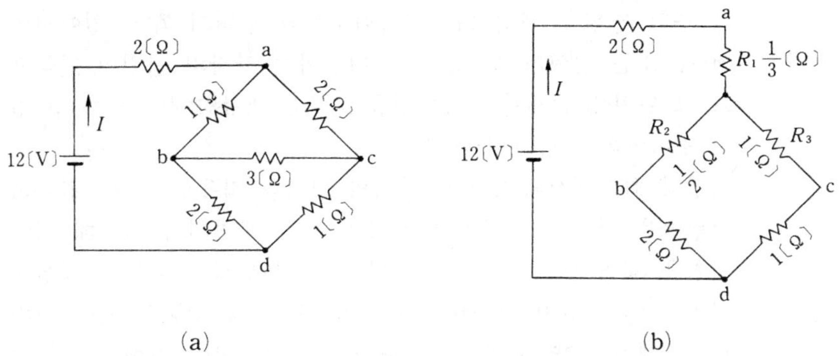

그림 7.27

[풀이] ☞ 그림 (a)의 회로에서 Δabc를 그림 (b)와 같이 Y_{abc}형으로 등가변환하여 R_1, R_2, R_3을 구하면

$$R_1=\frac{1\cdot2}{1+2+3}=\frac{1}{3}$$

$$R_2=\frac{1\cdot3}{1+2+3}=\frac{1}{2}$$

$$R_3=\frac{2\cdot3}{1+2+3}=1$$

따라서 전체 합성저항 R_0는

$$R_0=2+\frac{1}{3}+\frac{\frac{5}{2}\times2}{\frac{5}{2}+2}=\frac{7}{3}+\frac{10}{9}=\frac{31}{9}\text{〔Ω〕}$$

$$\therefore I=\frac{12}{R_0}=\frac{12}{31/9}=\frac{108}{31}\text{〔A〕}$$

3 重疊(중첩)의 定理

앞에서 회로망 내의 여러 부분의 지로전류나 각 소자 양단의 전위차를 구해야 할 경우, 폐로해석법이나 절점해석법과 같은 일반해석법을 적용하는 것이 보다 간편함을 알았다. 그러나 회로망 내의 어느 한 부분을 흐르는 전류나 어느 소자양단의 전위

차를 구해야 할 경우와 같이 부분적인 해석이 요구되거나 특히 한 회로망 내에 포함되는 전원의 주파수가 서로 다른 때에는 **중첩의 정리**(theorem of superposition)를 이용하는 것이 보다 유리하거나 필수적이라 할 수 있다.

이와 같은 중첩의 정리는 時變性 또는 時不變性에 관계없이 모든 線型回路網에 적용되며 다음과 같이 기술될 수 있다. 즉 "다수의 전원을 포함하는 선형회로망의 임의의 點에 있어서의 전류, 또는 임의의 두 점 간의 전위차는 각각의 전원이 단독으로 그 위치에 존재할 때 그 점을 흐르는 전류 또는 그 두 점 간의 전위차의 총합과 같다."

실제 회로해석에 있어서 중첩의 정리를 적용할 경우, 하나의 전원만을 남겨놓고 나머지 전원은 모두 제거해야 되는데 이때 전원을 제거한다는 말은 회로의 다른 부분에는 아무런 영향도 미치지 않고 단지 그 전원으로서의 기능만을 없애는 것을 의미한다. **그림 7.28**(a)와 같이 전압원과 전류원이 같이 존재하는 회로가 있다고 가정하자.

전압원의 제거는 **그림 7.28**(b)와 같이 전압원을 떼어내고 그 자리를 이어 줌으로써 전원양단에 존재하던 전위차를 없애주는 것을 의미하며 이를 **電源의 短絡**(short)이라고 한다.

전류원 제거의 경우는 **그림 7.28**(c)와 같이 전류원을 끊어냄으로써 전원으로서의 기능을 없애는 것을 말하며 이를 **電源의 開放**(open)이라고 한다.

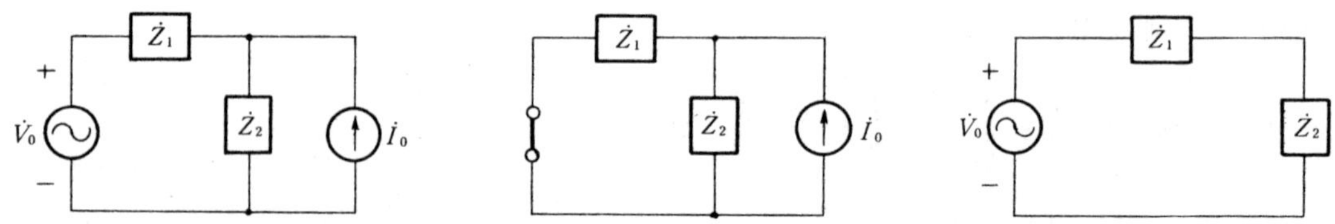

(a) 다전원회로의 예 (b) 전압원의 단락 (c) 전류원의 개방

그림 7.28 전원 제거의 예

이제 매트릭스를 이용하여 중첩의 정리에 대한 일반적인 증명을 해보기로 한다. n개의 기전력을 포함하는 임의의 회로망에 있어서 $\dot{V}_1$만이 단독으로 존재하는 경우 회로망 내의 각 폐로전류를 $\dot{I}_1'$, $\dot{I}_2'$, $\cdots$, $\dot{I}_n'$이라 하면

$$\begin{bmatrix} \dot{I}_1' \\ \dot{I}_2' \\ \vdots \\ \dot{I}_n' \end{bmatrix} = \begin{bmatrix} \dot{Y}_{11} & \dot{Y}_{12} \cdots\cdots & \dot{Y}_{1n} \\ \dot{Y}_{21} & \dot{Y}_{22} \cdots\cdots & \dot{Y}_{2n} \\ \vdots & \vdots & \vdots \\ \dot{Y}_{n1} & \dot{Y}_{n2} \cdots\cdots & \dot{Y}_{nn} \end{bmatrix} \begin{bmatrix} \dot{V}_1 \\ 0 \\ \vdots \\ 0 \end{bmatrix} \tag{7.59}$$

또한 $\dot{V}_2$만이 단독으로 존재하는 경우의 각 폐로전류를 $\dot{I}_1''$, $\dot{I}_2''$, …, $\dot{I}_n''$이라 하면

$$\begin{bmatrix} \dot{I}_1'' \\ \dot{I}_2'' \\ \vdots \\ \dot{I}_n'' \end{bmatrix} = \begin{bmatrix} \dot{Y}_{11} & \dot{Y}_{12} \cdots\cdots & \dot{Y}_{1n} \\ \dot{Y}_{21} & \dot{Y}_{22} \cdots\cdots & \dot{Y}_{2n} \\ \vdots & \vdots & \vdots \\ \dot{Y}_{n1} & \dot{Y}_{n2} \cdots\cdots & \dot{Y}_{nn} \end{bmatrix} \begin{bmatrix} 0 \\ \dot{V}_2 \\ \vdots \\ 0 \end{bmatrix} \tag{7.60}$$

가 되며 이하 $\dot{V}_n$까지의 기전력이 각각 단독으로 존재하는 경우의 각 폐로전류를 구해서 이의 和(총합)를 취하면

$$\begin{bmatrix} \dot{I}_1' \\ \dot{I}_2' \\ \vdots \\ \dot{I}_n' \end{bmatrix} + \begin{bmatrix} \dot{I}_1'' \\ \dot{I}_2'' \\ \vdots \\ \dot{I}_n'' \end{bmatrix} + \cdots + \begin{bmatrix} \dot{I}_1^{(n)} \\ \dot{I}_2^{(n)} \\ \vdots \\ \dot{I}_n^{(n)} \end{bmatrix}$$

$$= \begin{bmatrix} \dot{Y}_{11} & \dot{Y}_{12} \cdots\cdots & \dot{Y}_{1n} \\ \dot{Y}_{21} & \dot{Y}_{22} \cdots\cdots & \dot{Y}_{2n} \\ \vdots & \vdots & \vdots \\ \dot{Y}_{n1} & \dot{Y}_{n2} \cdots\cdots & \dot{Y}_{nn} \end{bmatrix} \left\{ \begin{bmatrix} \dot{V}_1 \\ 0 \\ \vdots \\ 0 \end{bmatrix} + \begin{bmatrix} 0 \\ \dot{V}_2 \\ \vdots \\ 0 \end{bmatrix} + \cdots + \begin{bmatrix} 0 \\ 0 \\ \vdots \\ \dot{V}_n \end{bmatrix} \right\}$$

$$= \begin{bmatrix} \dot{Y}_{11} & \dot{Y}_{12} \cdots\cdots & \dot{Y}_{1n} \\ \dot{Y}_{21} & \dot{Y}_{22} \cdots\cdots & \dot{Y}_{2n} \\ \vdots & \vdots & \vdots \\ \dot{Y}_{n1} & \dot{Y}_{n2} \cdots\cdots & \dot{Y}_{nn} \end{bmatrix} \begin{bmatrix} \dot{V}_1 \\ \dot{V}_2 \\ \vdots \\ \dot{V}_n \end{bmatrix} = \begin{bmatrix} \dot{I}_1 \\ \dot{I}_2 \\ \vdots \\ \dot{I}_n \end{bmatrix} \tag{7.61}$$

이 결과로부터 모든 폐로전류 $\dot{I}_1$, $\dot{I}_2$, …, $\dot{I}_n$은

$$\begin{aligned} \dot{I}_1 &= \dot{I}_1' + \dot{I}_1'' + \dot{I}_1''' + \cdots + \dot{I}_1^{(n)} \\ \dot{I}_2 &= \dot{I}_2' + \dot{I}_2'' + \dot{I}_2''' + \cdots + \dot{I}_2^{(n)} \\ &\vdots \\ \dot{I}_n &= \dot{I}_n' + \dot{I}_n'' + \dot{I}_n''' + \cdots + \dot{I}_n^{(n)} \end{aligned}$$

가 됨으로써 중첩의 정리가 성립됨을 알 수 있다.

〔예제 7・14〕 7.29(a)와 같은 회로에 있어서 미지 전류 I를

구하여라.

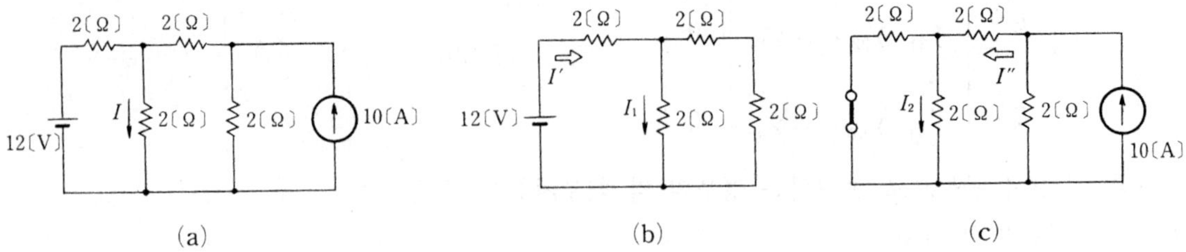

그림 7.29

풀이 ☞ 부분 전류 I 만 구하면 되므로 중첩의 정리를 적용한다.

① 전압원만이 존재할 때(그림 (b)) : 전압원측에서 우측을 향한 합성저항은

$$R_0 = 2 + \frac{2 \cdot 4}{2+4} = \frac{10}{3} \text{〔Ω〕 이므로}$$

$$I' = \frac{12}{10/3} = 3.6 \text{〔A〕}$$

$$\therefore I_1 = I' \cdot \frac{4}{2+4} = 3.6 \times \frac{2}{3} = 2.4 \text{〔A〕}$$

② 전류원만이 존재할 때(그림 (c)) : I''방향으로의 합성저항은 3〔Ω〕이므로

$$I'' = 10 \times \frac{2}{3+2} = 4 \text{〔A〕}$$

$$\therefore I_2 = I'' \times \frac{1}{2} = 4 \times \frac{1}{2} = 2 \text{〔A〕}$$

따라서 ①, ②로부터 중첩의 정리에 의해

$$I = I_1 + I_2 = 2.4 + 2 = 4.4 \text{〔A〕}$$

4 테브낭의 定理

회로망의 부분해석시 중첩의 정리 외에 자주 이용되는 것으로서 **테브낭의 정리**(Thévenin's theorem)와 **노튼의 정리**(Norton's theorem)가 있다.

이들 정리는 해석이 요구되는 부분을 제외한 회로망의 나머지 부분이 전압원이나 전류원으로의 등가대치 등을 통해 보다 간단한 회로로 변환될 수 있음을 이용하고 있다.

즉, **그림 7.30**에서 보는 것처럼 회로 (a)의 부하 $\dot{Z}_L$에 흐르는 전류를 구하고자 하는 경우 $\dot{Z}_L$을 제외한 나머지 부분, 즉

단자 a,b 좌측의 전원을 포함하는 **能動回路部** 는 **그림 7.30** (b)와 같이 하나의 전압원과 하나의 임피던스 $\dot{Z}_0$가 직렬접속된 전압원회로로 등가대치가 가능하며 또는 **그림 7.30** (c)와 같이 하나의 전류원에 하나의 임피던스 $\dot{Z}'$가 병렬접속된 전류원회로로의 등가대치도 가능하다.

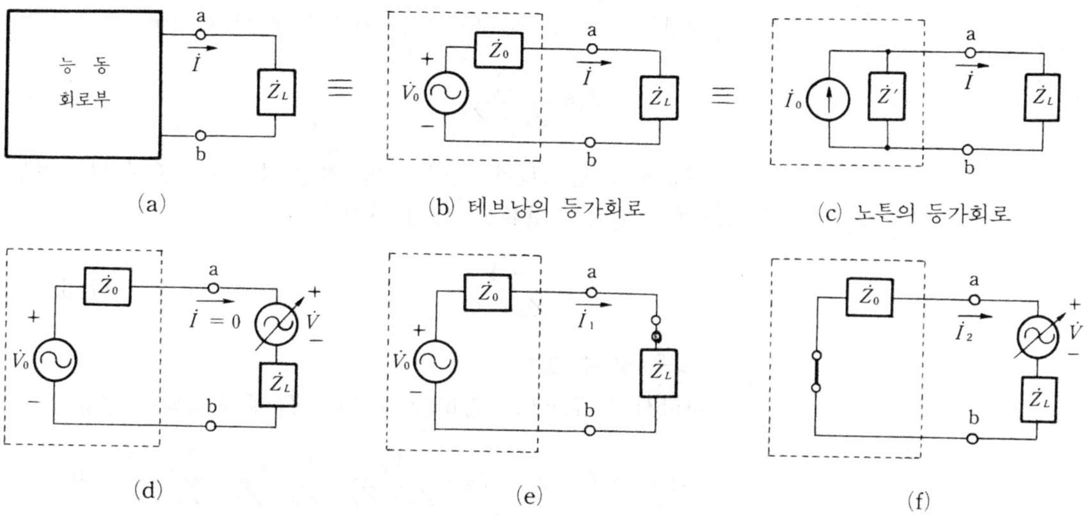

그림 7.30 테브낭 정리의 증명

이때 회로 (a)에서 회로 (b)로의 등가변환에 관한 정리가 테브낭의 정리이며, (a)에서 (c)로의 등가변환에 관한 정리가 노튼의 정리이다.

테브낭 정리의 내용을 요약하면 다음과 같다.

즉, "어떠한 구조를 갖는 능동회로망(**그림 7.30** (a))도 그 임의의 두 단자 a,b 외측에 대해서는 이것을 등가적으로 하나의 **전압전원에 하나의 임피던스가 직렬접속된 것으로 대치할 수 있으며(그림 7.30(b)), 여기서 등가전압원의 값은 원회로망에서 단자 a, b를** 개방했을 때의 **개방전압**과 같고, 등가 임피던스값은 **능동회로부 내의 모든 전원을 제거한 후 단자 a, b에서 회로측을 향한 임피던스값**과 같다."

다음엔 테브낭 정리에 대한 증명을 해보기로 한다.

그림 7.30 (a)와 같은 임의의 능동회로부가 능동회로부 외측에 대해 그림 (b)와 같이 하나의 전압원과 임피던스가 직렬접속된 전압원 회로로 등가변환 될 수 있음은 자명하다.

이제 전압원 $\dot{V}_0$와 직렬 임피던스 $\dot{Z}_0$를 규명하기 위해 그림

(d)와 같이 부하 $\dot{Z}_L$과 직렬로 가변전압원을 삽입한다.

다음에 가변전원을 변화시켜서 그 값이 $\dot{V}$가 되었을 때 $\dot{Z}_L$에 유입되는 전류값이 0이 되었다고 하자. 그리고 임피던스 $\dot{Z}_L$에 유입되는 전류값이 이렇게 0이 된 상황을 중첩의 정리에 의해 전개해 보기로 한다.

먼저 그림 (e)와 같이 능동회로부에 대한 등가전원 $\dot{V}_0$만이 존재하는 경우 $\dot{Z}_L$에 유입되는 전류를 $\dot{I}_1$이라 하면

$$\dot{I}_1=\frac{\dot{V}_0}{\dot{Z}_0+\dot{Z}_L} \tag{7.62}$$

다음에 그림 (f)와 같이 삽입 전원 $\dot{V}$만이 존재하는 경우 $\dot{Z}_L$에 유입되는 전류를 $\dot{I}_2$라 하면

$$\dot{I}_2=\frac{-\dot{V}}{\dot{Z}_0+\dot{Z}_L} \tag{7.63}$$

가 됨을 알 수 있다.

따라서 식(7.62), (7.63)으로부터 $\dot{Z}_L$에 유입되는 전류는

$$\dot{I}=\dot{I}_1+\dot{I}_2=\frac{\dot{V}_0}{\dot{Z}_0+\dot{Z}_L}+\frac{-\dot{V}}{\dot{Z}_0+\dot{Z}_L}=\frac{\dot{V}_0-\dot{V}}{\dot{Z}_0+\dot{Z}_L}=0 \tag{7.64}$$

과 같이 표현된다. 식(7.64)가 성립되기 위해서는

$$\dot{V}_0=\dot{V} \tag{7.65}$$

인 관계가 되어야 하며, 이때는 $\dot{Z}_L$에 유입되는 전류가 없기 때문에 단자 a,b는 개방된 상태와 같다고 할 수 있으며, 또한 유입전류가 없으므로 해서 $\dot{Z}_L$ 양단의 전위차는 0이 된다.

따라서 이때의 가변전원의 값 $\dot{V}$는 바로 단자 a,b 간의 개방전압과 같게 되며, 또한 식(7.65)로부터 능동회로부에 대한 등가전압 $\dot{V}_0$는 단자 a,b 간의 개방전압이 됨을 알 수 있다.

또한 **그림 7.30**에 있어서 그림 (b)가 그림 (a)에 대해 완전히 등가관계에 있다면 그림 (b)에서 직관적으로도 알 수 있는 것처럼 등가 임피던스 $\dot{Z}_0$는 능동회로부내의 전원을 제거한 후 단자 a, b로부터 능동회로부측을 향한 임피던스 $\dot{Z}_{ab}$와 같음이 역시 확인된다. 즉,

$$\dot{Z}_0=\dot{Z}_{ab} \tag{7.66}$$

〔예제 7・15〕 그림 7.31 (a) 회로에서 단자 a,b 간에 연결한 부하저항 R_L에 흐르는 전류를 테브낭의 정리에 의하여 구하여라.

풀이 ☞ a, b 간의 개방전압은

$$V_{ab}=\frac{R_2}{R_1+R_2}\cdot V_0$$

가 되며 전압원 V_0를 단락한 후 단자 a,b에서 회로쪽, 즉 좌측을 향한 등가저항 R_{ab}는

$$R_{ab}=\frac{R_1R_2}{R_1+R_2}$$

이므로 a, b 좌측 능동회로부에 대한 등가회로는 그림 (b)와 같이 표현된다. 따라서 R_L을 흐르는 전류는

$$I=\frac{R_2V_0}{R_1+R_2}\Big/\left(\frac{R_1R_2}{R_1+R_2}+R_L\right)=\frac{R_2V_0}{R_1R_2+(R_1+R_2)R_L}$$

가 된다.

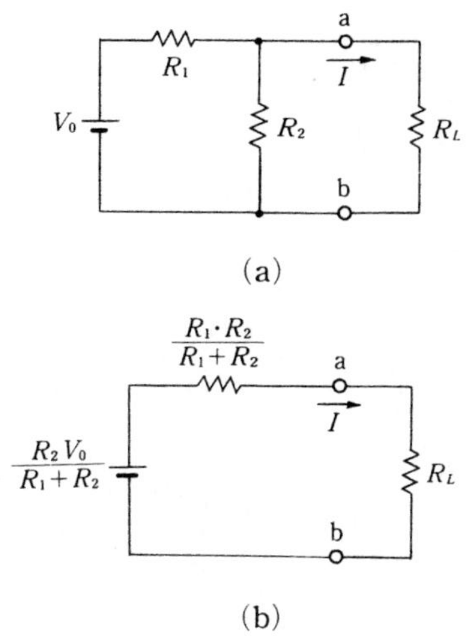

그림 7.31

〔예제 7・16〕 그림 7.32의 회로에서 3〔Ω〕의 저항에 흐르는 전류 I를 구하여라.

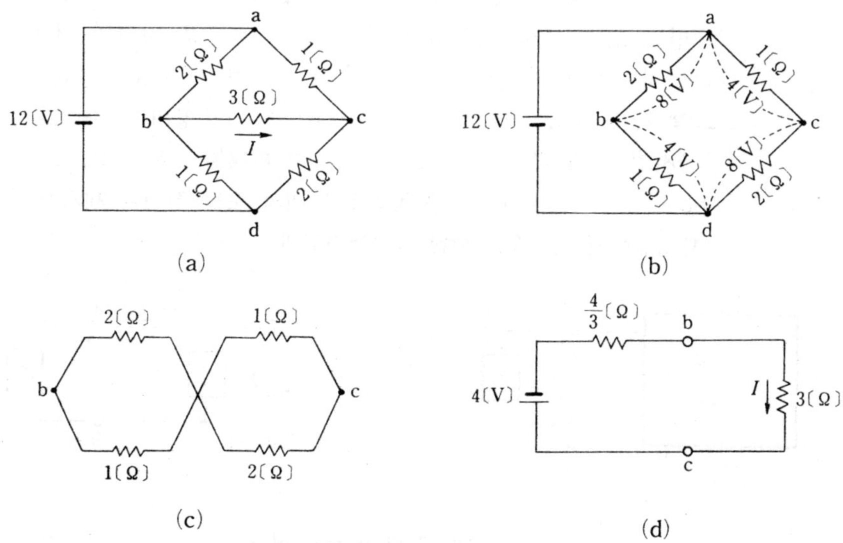

그림 7.32

풀이 ☞ 회로망 내의 한 지로에 흐르는 전류를 구하는 문제이므로 테브낭 정리를 적용하는 것이 좋다.

먼저 b,c 간의 개방전압 V_{bc}를 구해보자.

그림 (b)와 같이 b, c 간을 개방하면 병렬회로가 되고 b,c 간의 전위차는 b점의 전위가 c점의 전위보다 4〔V〕 낮으므로

$$V_{bc} = -4 \text{〔V〕}$$

다음 전압원을 제거(단락)한 후 단자 b, c에서 회로부 쪽을 바라본 등가저항 R_{bc}를 구하기 위해 그림 (b)를 변형시키면 그림 (c)가 됨을 알 수 있다.

이로부터

$$R_{bc} = \frac{1 \cdot 2}{1+2} + \frac{2 \cdot 1}{2+1} = \frac{4}{3} \text{〔Ω〕}$$

따라서 그림 (a)에 대한 테브낭의 등가회로도는 그림 (d)와 같이 된다. 결국 단자 b,c 간을 흐르는 전류 I는

$$I = \frac{-4}{\frac{4}{3}+3} = \frac{-4}{\frac{13}{3}} = -\frac{12}{13} \text{〔A〕}$$

5 노튼의 定理

노튼의 정리는 앞에서 잠시 언급한 바 있지만 그 구체적인 내용은 다음과 같이 요약될 수 있다.

"어떠한 구조를 갖는 능동회로망(**그림 7.33** (a))도 그 임의의 두 단자 a,b 외측에 대해서는 이것을 등가적으로 하나의 전류전원에 하나의 임피던스가 병렬접속된 것으로 대치할 수 있으며 (**그림 7.33** (b)), 여기서 등가전류원은 원회로망의 단자 a,b를 단락시켰을 때 이곳을 흐르는 전류, 즉 **短絡電流**와 같고, 또 병렬접속 등가 임피던스는 **능동회로부 내의 모든 전원을 제거한 후 단자** a,b**에서 회로측을 향한 임피던스값**과 같다."

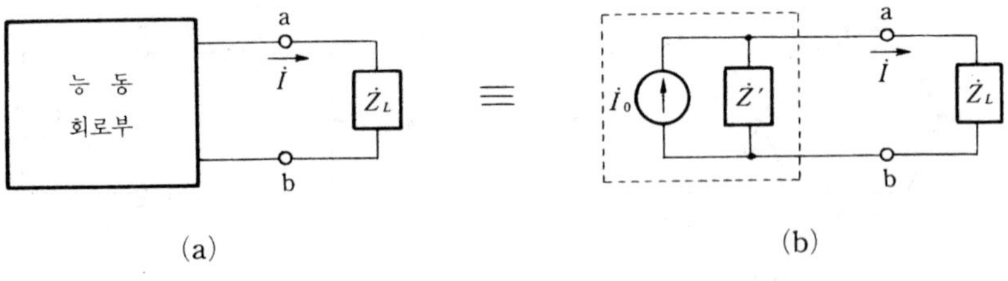

그림 7.33 노튼의 정리

노튼의 정리에 대한 증명은 테브낭의 정리에 대한 증명과 같은 직접적인 방법도 있지만 테브낭 정리의 결과를 이용하는 방

법이 보다 용이하다.

즉, 전절의 **그림 7.30**(a)와 같은 능동회로망은 테브낭의 정리에 의해 **그림 7.30**(b)와 같은 테브낭의 등가회로로 대치될 수 있다. 또한 동 그림 (b)의 **테브낭의 등가회로**에서 전압원과 여기에 직렬접속된 임피던스는 전원의 등가대치정리에 의해 하나의 전류원과 하나의 임피던스가 병렬접속된 **그림 7.30** (c)와 같은 회로로 대치될 수 있다.

따라서 **노튼의 등가회로**에서의 전류전원 $\dot{I}_0$는 테브낭 등가회로에서의 전압원 $\dot{V}_0$를 직렬접속 임피던스 $\dot{Z}_0$로 나눈값이므로 원회로망에서 단자 a,b를 단락했을 때의 전류값과 같고, 전류원의 병렬접속 임피던스 $\dot{Z}'$은 바로 테브낭 등가회로에서의 직렬접속 임피던스 $\dot{Z}_0$와 같으므로 원회로망 내의 전원을 제거한 후 단자 a,b로부터 회로망쪽을 바라본 임피던스가 된다.

결국 **그림 7.30**의 (b), (c)로부터

$$\dot{I}_0=\frac{\dot{V}_0}{\dot{Z}_0}, \quad \dot{Z}'=\dot{Z}_0 \tag{7.67}$$

인 관계가 성립되면서 노튼의 정리는 증명된다.

〔예제 7 • 17〕 그림 7.34(a)의 회로에서 부하저항 R_L에 흐르는 전류 I를 노튼의 정리에 의하여 구하여라.

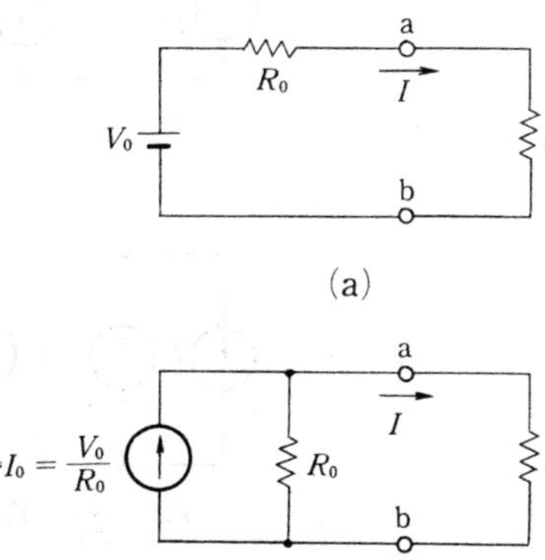

(a)

(b) 회로(a)에 대한 노튼의 등가회로

그림 7.34

풀이 ☞ 단자 a,b간을 단락했을 때 흐르는 전류, 즉 단락전류 I_0는

$$I_0=\frac{V_0}{R_0}$$

전원 V_0를 제거(단락)한 후 단자 a, b에서 좌측(회로부)을 바라본 등가저항 R_{ab}는

$$R_{ab}=R_0$$

따라서 a,b 좌측 능동회로부에 대한 노튼의 등가회로는 그림 (b)와 같다.

$$\therefore I=\frac{R_0I_0}{R_0+R_L}=\frac{R_0}{R_0+R_L}\cdot\frac{V_0}{R_0}=\frac{V_0}{R_0+R_L}$$

이는 그림 (a)의 테브낭 등가회로에서 직접 구한 I값과 일치함을 알 수 있다.

6 밀만의 定理

밀만의 정리(Millman's theorem)는 회로망 내에 주파수가 같은 여러 개의 전압원이 병렬로 접속되어 있을 때 하나의 등가 전원으로 변환시키기 위하여 흔히 사용되는 것으로서 다음과 같이 기술된다.

즉 "내부 임피던스를 갖는 여러 개의 전원이 병렬로 접속되어 있을 때 양 병렬접속 단자간에 나타나는 합성전압은 각각의 전원을 단락하였을 때 흐르는 **단락전류의 총합** 을 각 **전원의 내부 어드미턴스의 총합**으로 나눈 값과 동일하다."

밀만의 정리는 다음과 같이 증명될 수 있다.

그림 7.35(a)와 같이 내부 임피던스 $\dot{Z}_i$를 갖는 n개의 병렬 접속 전압원은 전원의 등가변환정리에 의해 그림 (b)와 같이 역시 n개 전류원의 병렬접속 형태로 변환된다.

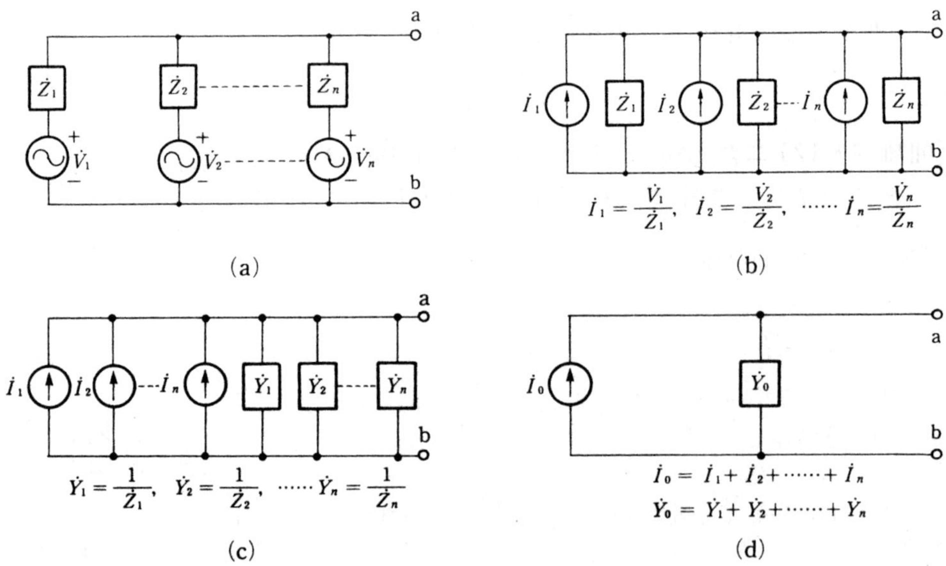

그림 7.35 밀만의 정리

이때 각각의 전류원 $\dot{I}_i$는

$$\dot{I}_i = \frac{\dot{V}_i}{\dot{Z}_i} \tag{7.68}$$

로서 각 전압원이 단락되었을 때의 단락전류값이 되며, 각 전류원의 병렬접속 임피던스는 전압원의 내부 임피던스값 그대로가 된다.

또한 그림 (b)의 각 전류원과 각 임피던스는 모두 병렬접속으로서 각 임피던스 $\dot{Z}_i$를 어드미턴스 $\dot{Y}_i\left(=\frac{1}{\dot{Z}_i}\right)$로 표현하면 그림 (c)와 같이 되어 각 전류원과 어드미턴스의 합성이 매우 간단해진다.

즉, 합성전류원 $\dot{I}_0$는 $K.C.L$에 의해

$$\dot{I}_0=\dot{I}_1+\dot{I}_2+\cdots+\dot{I}_n=\sum_{i=1}^{n}\dot{I}_i \tag{7.69}$$

합성 어드미턴스 $\dot{Y}_0$는

$$\dot{Y}_0=\dot{Y}_1+\dot{Y}_2+\cdots+\dot{Y}_n=\sum_{i=1}^{n}\dot{Y}_i \tag{7.70}$$

가 되며 이는 그림 (d)와 같은 하나의 등가전류원으로 표현된다. 따라서 양 병렬접속 단자간의 전압 $\dot{V}_{ab}$는 $\dot{I}_0=\dot{Y}_0\dot{V}_{ab}$인 관계로부터

$$\dot{V}_{ab}=\frac{\dot{I}_0}{\dot{Y}_0}=\frac{\dot{I}_1+\dot{I}_2+\cdots+\dot{I}_n}{\dot{Y}_1+\dot{Y}_2+\cdots+\dot{Y}_n}$$

$$=\frac{\dot{Y}_1\dot{V}_1+\dot{Y}_2\dot{V}_2+\cdots+\dot{Y}_n\dot{V}_n}{\dot{Y}_1+\dot{Y}_2+\cdots+\dot{Y}_n}=\frac{\sum_{i=1}^{n}\dot{Y}_i\dot{V}_i}{\sum_{i=1}^{n}\dot{Y}_i} \tag{7.71}$$

가 성립된다.

〔예제 7·18〕 그림 7.36의 회로에서 O, O′ 사이의 전위차 $V_{00'}$를 구하여라.

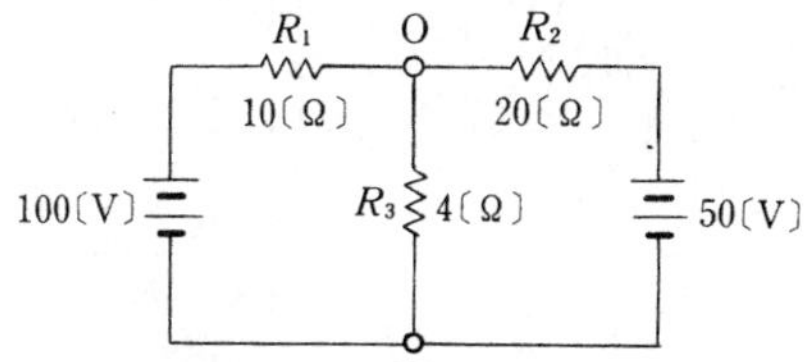

그림 7.36

풀이 ☞ $V_{00'}=\frac{G_1V_1+G_2V_2+G_3V_3}{G_1+G_2+G_3}$

$$=\frac{\frac{1}{10}\cdot 100+\frac{1}{20}\cdot 50+\frac{1}{4}\cdot 0}{\frac{1}{10}+\frac{1}{20}+\frac{1}{4}}$$

$$=\frac{10+2.5}{0.1+0.05+0.25}=\frac{12.5}{0.4}=31.25\text{〔V〕}$$

7 相反定理

상반정리(reciprocity theorem)는 **可逆정리**라고도 하며, "선

형, 쌍향(雙向)성 수동소자로 된 회로망의 한 지로에 전압전원을 삽입할 때 다른 임의의 지로에 흐르는 전류는 후자의 지로에 동일한 전압전원을 삽입할 때 전자의 지로에 흐르는 전류와 같다"는 내용이다.

이는 물론 회로망 내의 한 지로에 삽입된 전류전원과 다른 지로양단의 전압 사이에도 역시 같은 관계가 성립됨을 말해준다.

이에 대한 일반적인 증명은 다음과 같다.

즉, 회로망의 i번째의 폐로(mesh)에 전압원 $\dot{V}_i$를 접속하고 다른 폐로에는 전압원이 존재하지 않는 경우 j번째 폐로의 폐로 전류 $\dot{I}_j'$는 $\dot{V}_i$를 j번째 폐로에 접속하고 다른 폐로에 전압원이 존재하지 않을 때 i번째 폐로의 폐로전류 $\dot{I}_i''$와 같다는 사실을 증명하면 된다.

n개의 전압원을 갖는 일반 선형회로망의 폐로전류에 관한 연립방정식은

$$\begin{bmatrix} \dot{I}_1 \\ \dot{I}_2 \\ \vdots \\ \dot{I}_j \\ \vdots \\ \dot{I}_n \end{bmatrix} = \begin{bmatrix} \dot{Y}_{11} & \dot{Y}_{12} \cdots\cdots & \dot{Y}_{1n} \\ \dot{Y}_{21} & \dot{Y}_{22} \cdots\cdots & \dot{Y}_{2n} \\ \vdots & \vdots & \vdots \\ \dot{Y}_{j1} & \dot{Y}_{j2} \cdots\cdots & \dot{Y}_{jn} \\ \vdots & \vdots & \vdots \\ \dot{Y}_{n1} & \dot{Y}_{n2} \cdots\cdots & \dot{Y}_{nn} \end{bmatrix} \begin{bmatrix} \dot{V}_1 \\ \dot{V}_2 \\ \vdots \\ \dot{V}_j \\ \vdots \\ \dot{V}_n \end{bmatrix} \tag{7.72}$$

식(7.72)에서 $\dot{V}_i$ 이외를 0으로 하면

$$\begin{bmatrix} \dot{I}_1' \\ \dot{I}_2' \\ \vdots \\ \dot{I}_i' \\ \dot{I}_j' \\ \vdots \\ \dot{I}_n' \end{bmatrix} = \begin{bmatrix} \dot{Y}_{11} & \dot{Y}_{12} \cdots\cdots & \dot{Y}_{1n} \\ \dot{Y}_{21} & \dot{Y}_{22} \cdots\cdots & \dot{Y}_{2n} \\ \vdots & \vdots & \vdots \\ \dot{Y}_{i1} & \dot{Y}_{i2} \cdots\cdots & \dot{Y}_{in} \\ \dot{Y}_{j1} & \dot{Y}_{j2} \cdots\cdots & \dot{Y}_{jn} \\ \vdots & \vdots & \vdots \\ \dot{Y}_{n1} & \dot{Y}_{n2} \cdots\cdots & \dot{Y}_{nn} \end{bmatrix} \begin{bmatrix} 0 \\ 0 \\ \vdots \\ \dot{V}_i \\ 0 \\ \vdots \\ 0 \end{bmatrix} \tag{7.73}$$

여기서

$$\dot{I}_j' = \dot{Y}_{j1} \times 0 + \dot{Y}_{j2} \times 0 + \cdots \dot{Y}_{ji} \dot{V}_i + \cdots + \dot{Y}_{jn} \times 0 = \dot{Y}_{ji} \dot{V}_i$$

즉,

$$\dot{I}_j' = \dot{Y}_{ji} \dot{V}_i \tag{7.74}$$

인 관계가 성립된다.

다음에 j번째 폐로에 $\dot{V}_i$를 접속한 경우의 폐로전류는

$$\begin{bmatrix} \dot{I}_1'' \\ \dot{I}_2'' \\ \vdots \\ \dot{I}_i'' \\ I_j'' \\ \vdots \\ \dot{I}_n'' \end{bmatrix} = \begin{bmatrix} \dot{Y}_{11} & \dot{Y}_{12}\cdots\cdots & \dot{Y}_{1n} \\ \dot{Y}_{21} & \dot{Y}_{22}\cdots\cdots & \dot{Y}_{2n} \\ \vdots & \vdots & \vdots \\ \dot{Y}_{i1} & \dot{Y}_{i2}\cdots\cdots & \dot{Y}_{in} \\ \dot{Y}_{j1} & \dot{Y}_{j2}\cdots\cdots & \dot{Y}_{jn} \\ \vdots & \vdots & \vdots \\ \dot{Y}_{n1} & \dot{Y}_{n2}\cdots\cdots & \dot{Y}_{nn} \end{bmatrix} \begin{bmatrix} 0 \\ 0 \\ \vdots \\ 0 \\ \dot{V}_i \\ \vdots \\ 0 \end{bmatrix} \tag{7.75}$$

앞에서와 같은 방법에 의해

$$\dot{I}_i'' = \dot{Y}_{ij}\dot{V}_i \tag{7.76}$$

그런데 어드미턴스 행렬의 경우 상호 어드미턴스 사이에는

$$\dot{Y}_{jk} = \dot{Y}_{kj}$$

인 관계가 성립되므로

$$\dot{I}_j' = \dot{I}_i'' \tag{7.77}$$

가 되어 상반정리가 증명된다.

〔예제 7・19〕 그림 7.37의 (a), (b) 회로에 있어서 가역정리가 성립하는가를 확인하여라.

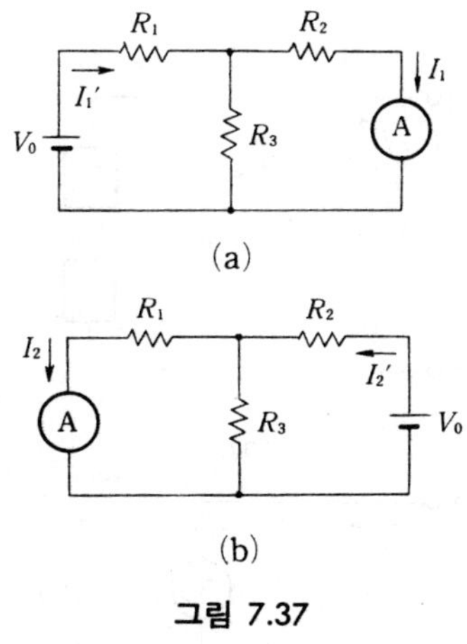

그림 7.37

풀이 ☞ 가역정리가 성립하기 위해서는 $I_1 = I_2$가 되어야 한다.

회로 (a)에서

$$I_1 = I_1' \cdot \frac{R_3}{R_2 + R_3} \text{ 가 되며}$$

$$I_1' = \frac{V_0}{R_1 + \dfrac{R_2 R_3}{R_2 + R_3}} \text{ 이므로}$$

$$I_1 = \frac{V_0}{R_1 + \dfrac{R_2 R_3}{R_2 + R_3}} \cdot \frac{R_3}{R_2 + R_3} = \frac{R_3 V_0}{R_1 R_2 + R_2 R_3 + R_3 R_1}$$

회로 (b)에서 $I_2 = I_2' \cdot \dfrac{R_3}{R_1 + R_3}$가 되며

$$I_2' = \frac{V_0}{R_2 + \dfrac{R_1 R_3}{R_1 + R_3}} \text{ 이므로}$$

$$I_2 = \frac{V_0}{R_2 + \dfrac{R_1 R_3}{R_1 + R_3}} \cdot \frac{R_3}{R_1 + R_3} = \frac{R_3 V_0}{R_1 R_2 + R_2 R_3 + R_3 R_1}$$

$\therefore I_1 = I_2$ 임이 증명된다.

8 補償의 定理

회로해석시 회로내의 한 지로를 그 지로외부에 대해 등가인 전원으로 대치함으로써 그 해석이 보다 간편해질 수도 있는데, 이를 이용하는 정리가 **보상의 정리**(compensation theorem)이다. 예를 들어 **그림 7.38**(a)에서 2〔Ω〕의 저항 R에는 6〔A〕의 전류가 흐른다.

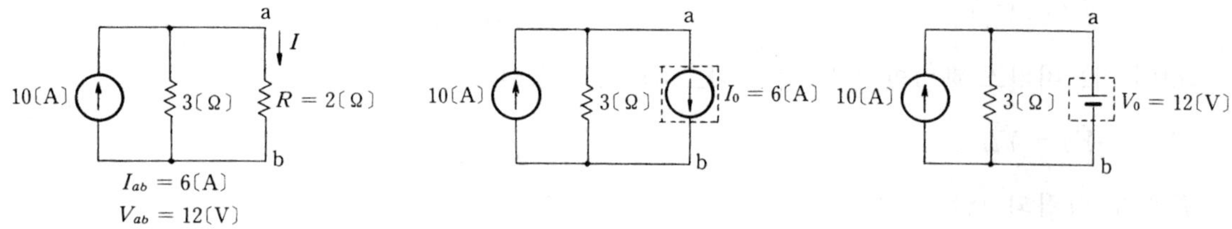

(a)　　(b) 전류원으로 대치　　(c) 전압원으로 대치

그림 7.38 보상정리의 설명

이 경우 그림 (b)와 같이 저항 대신에 6〔A〕의 전류원으로 대치하여도 회로의 다른 부분에 전혀 지장이 없다.

또한 R양단의 전위차는 12〔V〕가 되므로 그림 (c)와 같이 R 대신 12〔V〕의 전압원으로 대치해도 역시 회로의 다른 부분에는 아무런 지장이 없다. 이와같이 등가대치될 수 있는 전류원이나 전압원을 **보상전원**(compensating source)이라 한다.

보상의 정리에 대한 일반적인 정의는 다음과 같다.

즉, "회로망 내의 임의의 지로는 그 부분을 흐르는 전류값과 같은 전류원으로 대치되거나 그 지로양단의 전압값과 같은 전압원으로 대치되어도 회로의 다른 부분에는 아무런 영향을 주지 않는다."

다음에는 보상의 정리를 확장해 보기로 한다.

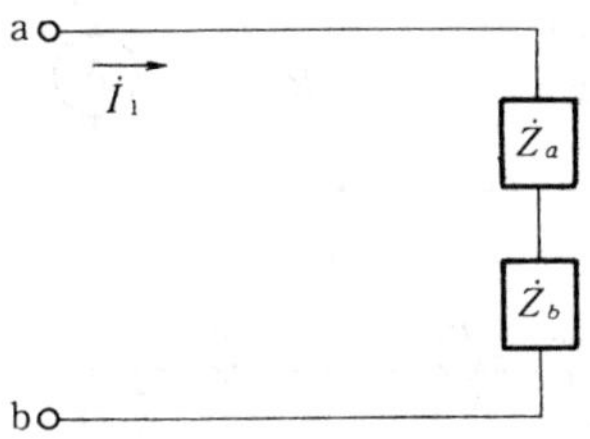

(a)

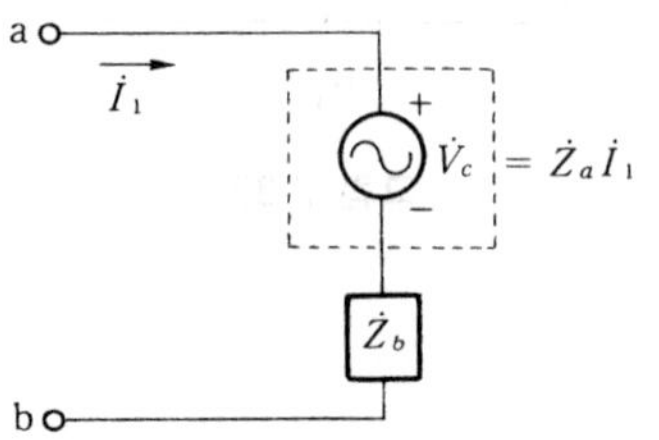

(b)

그림 7.39 회로망 내의 한 지로와 보상전원

그림 7.39(a)에서 임피던스 $\dot{Z}_a$에 전류 $\dot{I}_1$이 흘러서 생기는 전압강하는 그림 (b)에 표시된 것과 동일한 크기와 극성을 가지므로 임피던스 $\dot{Z}_a$는 보상전원 $\dot{V}_c$로 대치될 수 있다.

만일 회로망 내의 어떤 변화에 의하여 전류 $\dot{I}_1$이 변화된다면 보상전원도 이에 따라 보상되어야 한다. 이러한 의미에서 보상전원은 일종의 종속전원으로 볼 수 있다. 그 결과 보상의 정리는 회로망내 소자(임피던스)의 변화에 의한 전류변화를 간편하게 산출하는 데 유용하게 쓰일 수 있다. **그림 7.40** (a)와 같은 회로에서 전원전압 $\dot{V}$ 에 의한 회로전류는

$$\dot{I} = \dot{V}/\dot{Z} \tag{7.78}$$

가 된다.

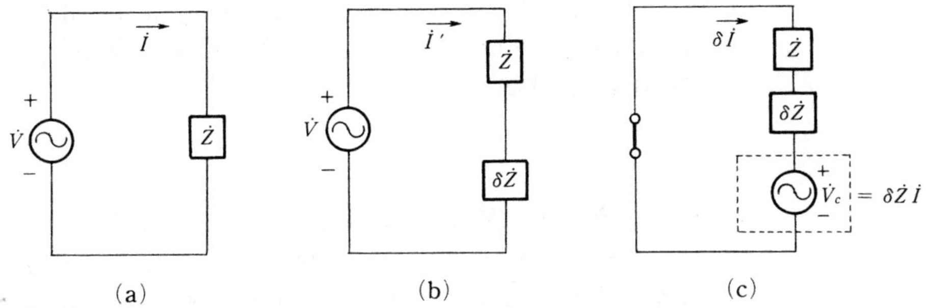

그림 7.40 보상정리의 적용 예

만일 회로 임피던스 $\dot{Z}$ 가 그림 (b)와 같이 $\delta\dot{Z}$ 만큼 변화한다면 이때의 회로전류는

$$\dot{I}' = \dot{V}/(\dot{Z} + \delta\dot{Z}) \tag{7.79}$$

이로부터 전류의 변화 $\delta\dot{I}$ 를 구해보면

$$\begin{aligned} \delta\dot{I} &= \dot{I}' - \dot{I} = \frac{\dot{V}}{\dot{Z}+\delta\dot{Z}} - \frac{\dot{V}}{\dot{Z}} = -\frac{\delta\dot{Z}\dot{V}}{\dot{Z}(\dot{Z}+\delta\dot{Z})} \\ &= -\frac{\delta\dot{Z}(\dot{Z}\dot{I})}{\dot{Z}(\dot{Z}+\delta\dot{Z})} = -\frac{\delta\dot{Z}\dot{I}}{\dot{Z}+\delta\dot{Z}} = -\frac{\dot{V}_c}{\dot{Z}+\delta\dot{Z}} \end{aligned} \tag{7.80}$$

식(7.80)에서 분자의 $\delta\dot{Z}\dot{I}$ 는 확장된 의미의 보상전원($\dot{V}_c$)이라 할 수 있으며 소자의 변화($\delta\dot{Z}$)에 기인하는 변화전류 $\delta\dot{I}$ 는 원회로망을 단락하고 보상전원 $\dot{V}_c$ 만을 전원으로 하는 그림 (c)의 회로로부터 구해질 수 있다. (c)의 회로에서는 $\delta\dot{I}$ 와 $\dot{V}_c$ 의 부호가 상반된다는 점에 유의하여 회로구성시 보상전원 $\dot{V}_c$ 는 원전류 $\dot{I}$ 및 변화전류 $\delta\dot{I}$ 와 극성이 반대가 되도록 하여야 한다.

이상과 같은 결과로 볼 때 확장된 보상정리는 다음과 같이 요약될 수 있다.

"회로망 내의 한 지로임피던스 $\dot{Z}$ 에 전류 $\dot{I}$ 가 흐르고 있을

때 그 지로임피던스가 $\delta\dot{Z}$ 만큼 변화함으로 해서 회로망의 각부에 생기는 전류 및 전압의 변화량은 원회로망 내의 모든 전원을 제거하고 임피던스가 변화된 지로에 $-\delta\dot{Z}\dot{I}$ (원래의 회로전류 $\dot{I}$ 와 극성이 반대가 되도록)인 보상전원을 $\delta\dot{Z}$ 와 함께 직렬접속 하였을 때 각 지로에 흐르는 전류나 각 지로 양단에 나타나는 전압과 같다.” 단, 여기서 삽입되는 전압 $\delta\dot{Z}\dot{I}$ 의 극성이 $\dot{I}$ 와 반대방향이라는 것은 지로임피던스 $\dot{Z}$ 의 증가시($\delta\dot{Z} > 0$)에는 $\dot{I}$ 와 반대이며 $\dot{Z}$ 의 감소시($\delta\dot{Z} < 0$)에는 $\dot{I}$ 와 같은 방향이 됨을 의미한다.

〔예제 7 • 20〕 $R_1=5$〔Ω〕, $R_2=5$〔Ω〕, $R_3=10$〔Ω〕인 3개의 저항이 **그림 7.41** (a)와 같이 접속되어 있는 회로에서 R_3 에 20〔A〕의 전류가 흐르고 있다. 이제 개폐기 S 를 닫아서 R_3 의 일부 2.5〔Ω〕을 단락한 결과 R_2 에 흐르는 전류의 변화 $\delta I'$ 는 얼마나 될까?

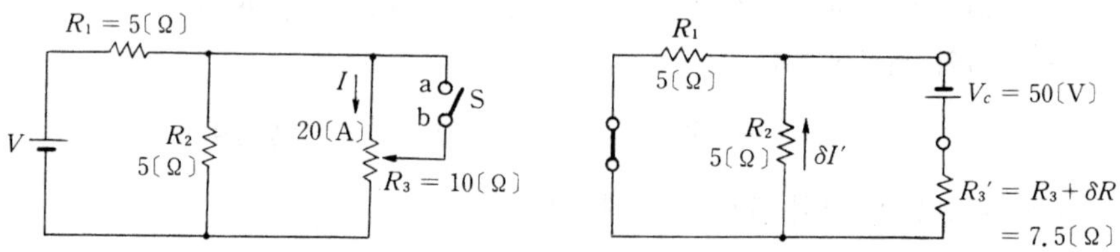

(a) (b)

그림 7.41

풀이 ☞ 지로저항 R_3가 2.5〔Ω〕 감소되었으므로 $\delta R = -2.5 < 0$ 이 되어 보상전원 $V_c(=\delta R \cdot I)$는 그림 (b)에서와 같이 원래의 전류 I 와 같은 방향이 되도록 접속되어야 한다. 즉,

$$V_c = \delta R \cdot I = -2.5 \times 20 = -50 \text{〔V〕}$$

이때 R_2에 흐르는 전류 $\delta I'$ 이 바로 R_2에서의 전류변화값이 된다.

$$\delta I' = \frac{-50}{7.5 + \frac{5\times 5}{5+5}} \times \frac{1}{2} = -2.5 \text{〔A〕}$$

$\delta I'$ 은 R_2에 원해 흐르던 전류방향과는 반대가 되므로 R_2에 흐르는 전류는 전보다 2.5〔A〕 감소됨을 알 수 있다.

---

9 雙對(쌍대)回路

어떤 회로에 대해 성립하는 한 관계식이 있고, 그 관계식에서 전압과 전류, 임피던스와 어드미턴스를 각각 바꾸어 놓은 식을 만족하는 또 하나의 회로가 존재할 때 이 두 회로간에는 **쌍대** 관계가 있다고 하며, 한 회로를 다른 회로에 대한 **쌍대회로**(dual circuit)라 한다.

이때 이 두 회로는 소자는 물론, 전체적인 회로구성이 완전히 다르기 때문에 **等價回路**와는 그 개념이 전혀 다르다는 사실에 주목해야 한다.

그러나 두 회로에 대한 관계식, 또는 회로방정식이 동일 형식을 취하고 있기 때문에 한 회로에 대해 해석한 결과에 **쌍대적인 양**(**표 7.1**)을 대치하면 이것이 그대로 쌍대회로에 대한 해가 된다는 사실은 복잡한 회로의 해석에 있어서 큰 이점이 될 수 있다.

예를 들어 **그림 7.42**(a)의 회로에 있어서 전압방정식은

$$\dot{V}=\left(R+j\omega L+\frac{1}{j\omega C}\right)\dot{I}=\dot{Z}\dot{I} \qquad (7.81)$$

이 된다.

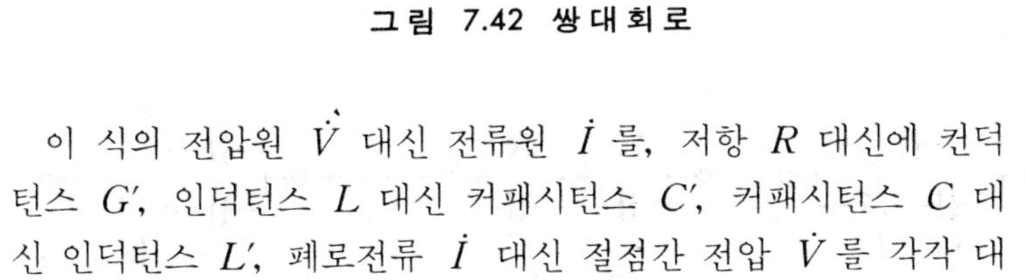

(a) (b)

그림 7.42 쌍대회로

표 7.1 쌍대적인 양의 예

전 압	전 류
R	G
L	C
Z	Y
X	B
$K.V.L$	$K.C.L$
직렬회로	병렬회로
전 압 원	전 류 원
단 락	개 방
폐 로	절 점
폐로전류	절점전압
폐로방정식	절점방정식
테브낭정리	노튼정리

* 회로정수에 대한 쌍대적 표현식의 예

$v=Ri \longleftrightarrow i=Gv$

$v=L\dfrac{di}{dt} \longleftrightarrow i=C\dfrac{dv}{dt}$

$\dot{V}=\dot{Z}\dot{I} \longleftrightarrow \dot{I}=\dot{Y}\dot{V}$

$V=ZI \longleftrightarrow I=YV$

$V=XI \longleftrightarrow I=BV$

$\vdots$

이 식의 전압원 $\dot{V}$ 대신 전류원 $\dot{I}$를, 저항 R 대신에 컨덕턴스 G', 인덕턴스 L 대신 커패시턴스 C', 커패시턴스 C 대신 인덕턴스 L', 폐로전류 $\dot{I}$ 대신 절점간 전압 $\dot{V}$를 각각 대입하면

$$\dot{I}=\left(G'+j\omega C'+\frac{1}{j\omega L'}\right)\dot{V}=\dot{Y}\dot{V} \qquad (7.82)$$

가 얻어지며, 이는 병렬회로인 **그림 7.42** (b)에 대한 전류방정식이 됨을 보여 준다.

다음에는 어느 한 회로에 대해 쌍대회로를 구하는 방법을 예를 들어 설명해 본다(평면회로의 경우).

그림 7.43 (a)와 같은 회로의 쌍대회로를 구할 경우, 우선 각 독립 폐로내에 폐로에 대응하는 절점을 하나씩(①, ②, ③, …) 표시한다. 다음에는 그림 (a)에서 보는 바와 같이 이들 절점에서 출발하여 각 소자를 거치면서 線(지로)을 긋고, 각 소자에 대응하는 쌍대량으로 대치시킨 후 폐로 밖으로 나온 선들을 하나의 절점(④)으로 모은다. 그림 (b)는 그 결과를 나타낸 것이다.

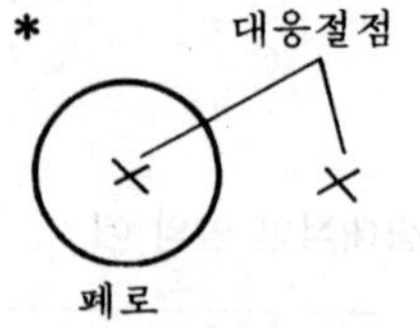

한 개의 폐로에 대응되는 절점은 2개 존재한다. 왜냐하면 폐로 외부도 폐로 내부에서 보면 하나의 폐로로 간주할 수 있기 때문이다.

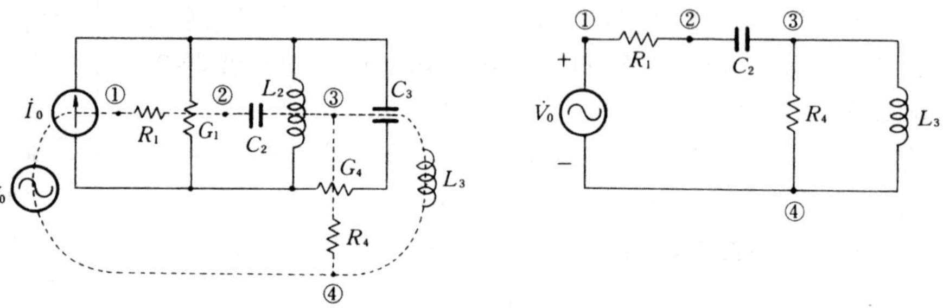

(a) (b)

그림 7.43 쌍대회로의 구성법

그림 7.44는 몇 가지 간단한 쌍대회로의 예를 보여주고 있다.

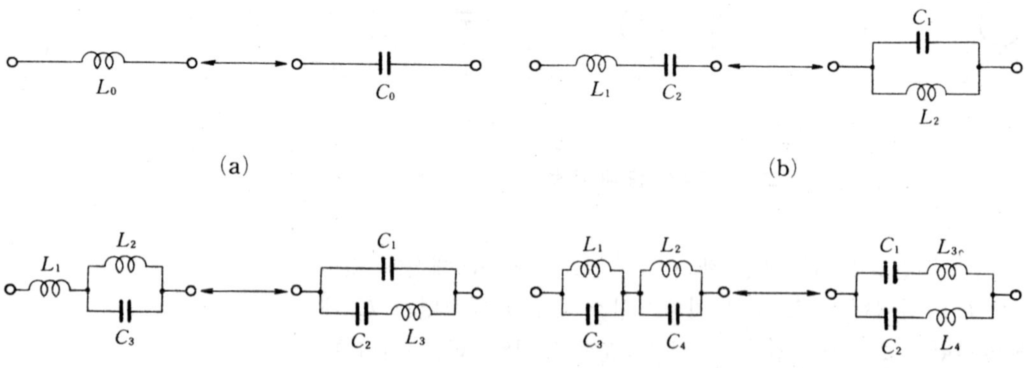

(a) (b)

(c) (d)

그림 7.44 쌍대회로의 예

〔예제 7 · 21〕 그림 7.45 (a) 회로에 대한 쌍대회로를 구성하여라.

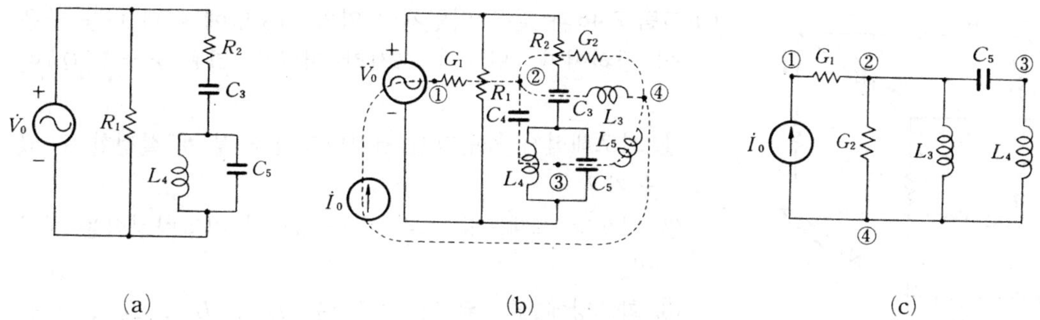

그림 7.45

풀이 ☞ 그림 (b)와 같이 각 독립 폐로 내의 기준점(①, ②, ③)과 회로 밖의 기준점(④)을 연결하여 각각의 쌍대량으로 대치한 후 점 ①, ②, ③, ④를 절점으로 하는 회로를 구성하면 그림 (c)와 같아진다.

연습문제

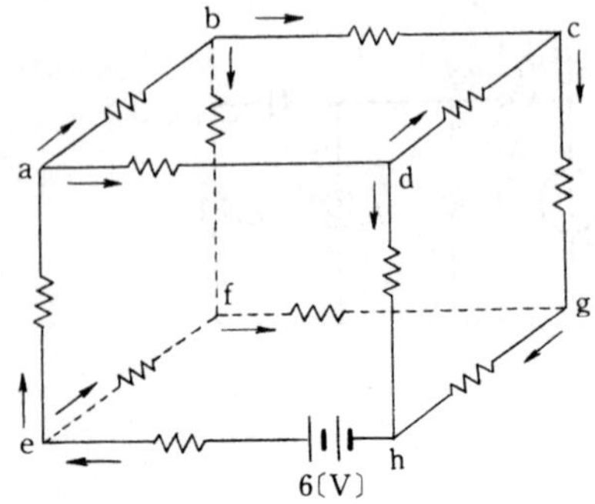

그림 7.46

〔1〕**그림 7.46**과 같은 입방체 모양의 회로망에 대해 다음 물음에 답하여라. 단, 각 모서리 저항은 모두 $r=1$〔Ω〕이다.

① 회로해석시 독립적인 전압방정식을 몇 개 설정할 수 있는가?

② 회로망 그래프를 그린 후 독립적인 전압방정식을 세워라.

③ 회로망에 표시된 각 지로전류 I_{ab}, I_{bc}, I_{bf}, …를 구하여라.

〔2〕**그림 7.47**과 같은 회로에 있어서 각 저항에 흐르는 전류를 절점해석법을 이용하여 구하여라.

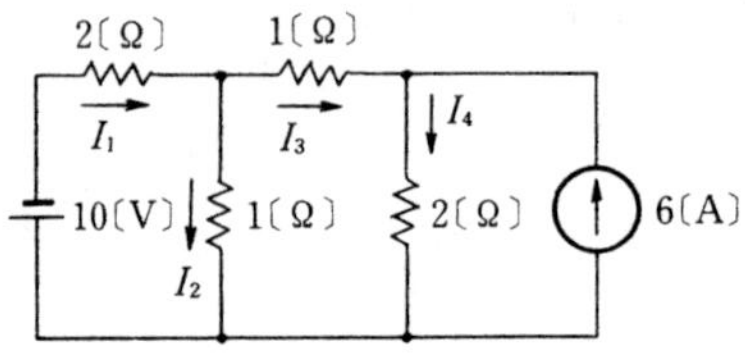

그림 7.47

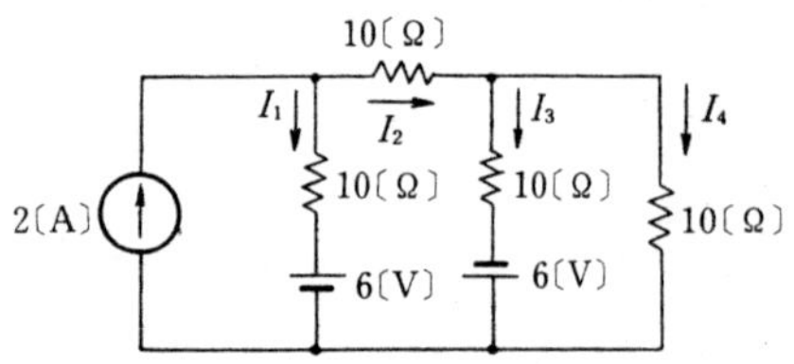

그림 7.48

〔3〕**그림 7.48**의 회로에서 각 저항을 흐르는 전류 I_1, I_2, I_3, I_4를 구하여라.

〔4〕**그림 7.49**(a)와 같은 회로를 (b)와 같은 등가전압원과 직렬저항으로 변환시켰을 때 V_0, R_0의 값을 구하여라.

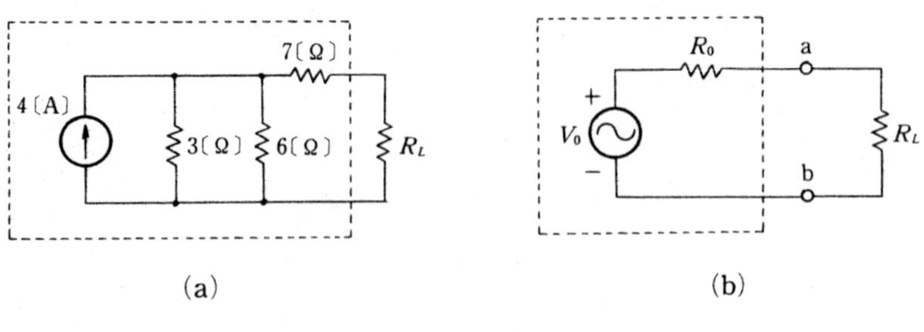

그림 7.49

〔5〕 **그림 7.50**과 같은 회로에 있어서 a,b 간의 합성저항은 얼마인가?

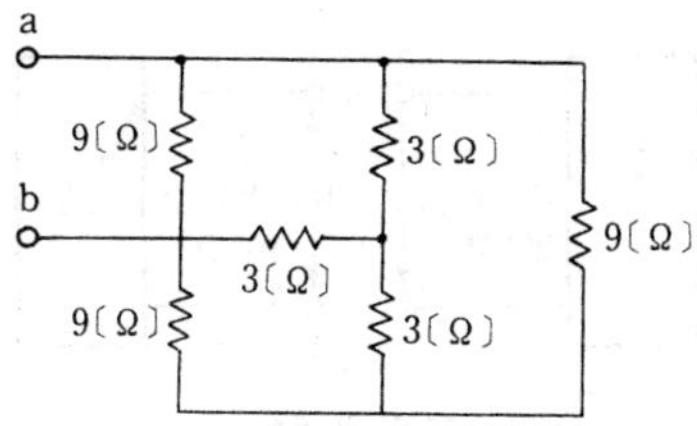

그림 7.50

〔6〕 **그림 7.51**의 회로에서 2〔Ω〕의 저항에 흐르는 전류를 중첩의 정리를 이용하여 구하여라.

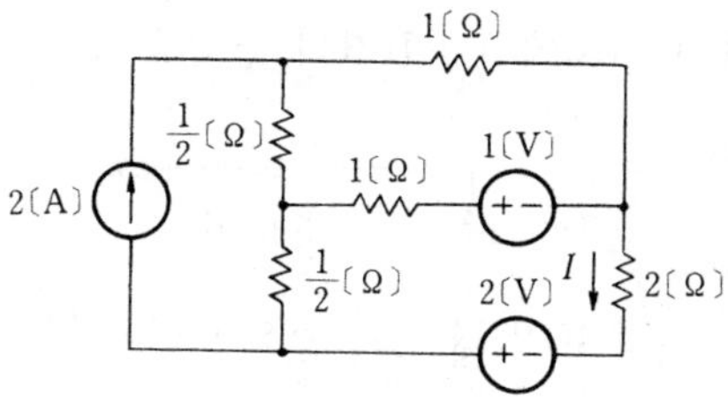

그림 7.51

〔7〕 **그림 7.52**의 회로에서 저항 R_L을 흐르는 전류를 테브낭의 등가회로를 이용하여 구하여라.

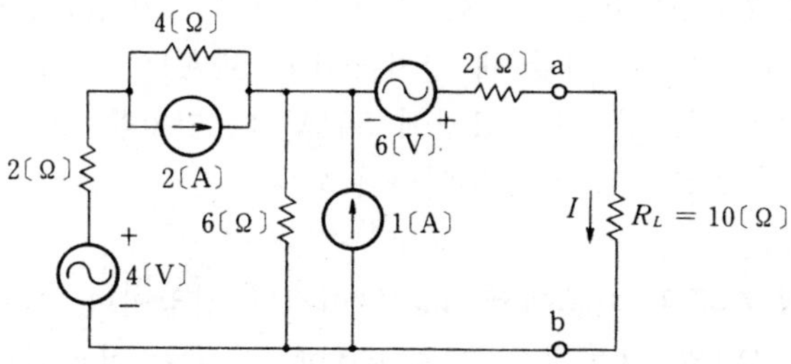

그림 7.52

〔8〕 **그림 7.53**의 회로에서 저항 R_L을 흐르는 전류를 노튼의 등가회로를 이용하여 구하여라.

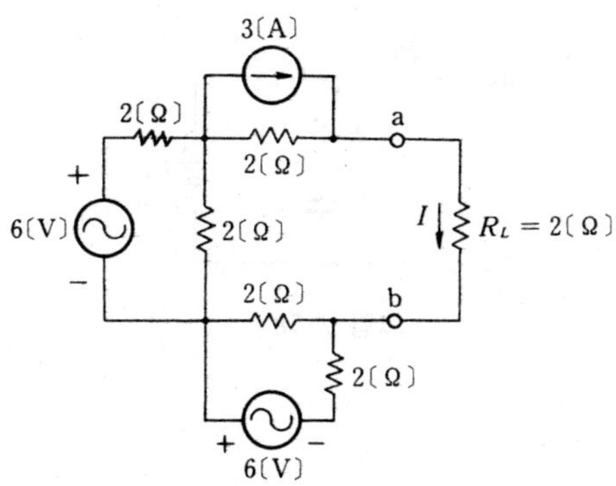

그림 7.53

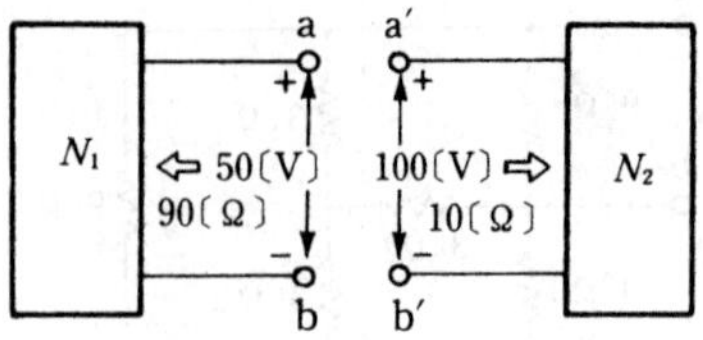

그림 7.54

〔9〕 **그림 7.54**와 같이 두 개의 회로망 N_1과 N_2가 있다. 단자 a,b와 a′, b′간의 각각의 전압은 50〔V〕, 100〔V〕이다. 또한 양단자에서 N_1 , N_2를 향한 임피던스가 90〔Ω〕과 10〔Ω〕이라면 a와 a′, b와 b′를 연결했을 때 이곳을 흐르는 전류값은 얼마인가?

〔10〕 **그림 7.55**의 회로에서 a,b 간의 전압을 구하여라.

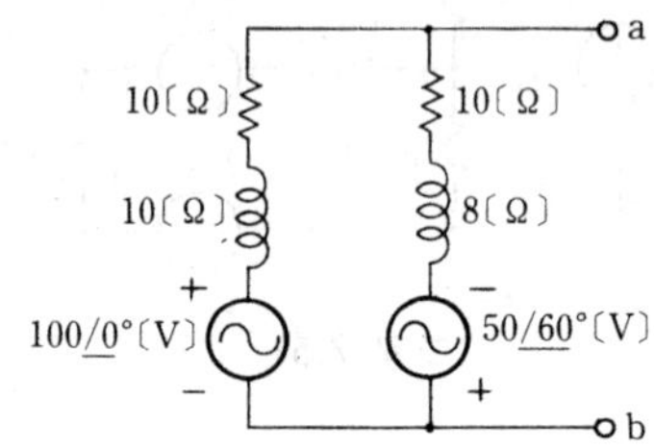

그림 7.55

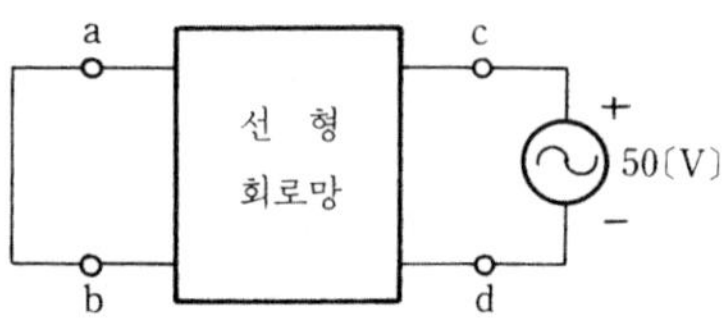

그림 7.56

〔11〕 **그림 7.56**과 같은 선형회로망에 있어서 단자 a,b 간에 100〔V〕의 전압을 가할 때 단자 c,d에 5〔A〕의 전류가 흘렀다. 이와는 반대로 c,d 간에 50〔V〕의 전압을 걸어준다면 a,b에 흐르는 전류값은 얼마나 되나?

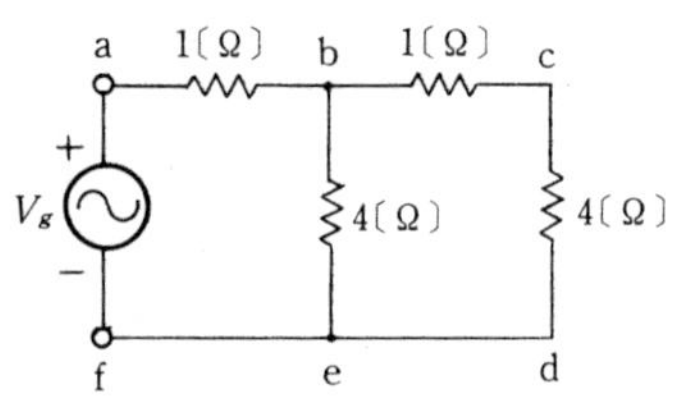

그림 7.57

〔12〕 **그림 7.57**의 회로에서 V_g는 미지의 전압이다. 내부저항 0.5〔Ω〕의 전류계를 지로 c,d에 직렬로 삽입하였더니 그 지시가 7.365〔A〕였다면 전류계 삽입 이전에 실제로 지로 c,d를 흐르던 전류는 얼마인가?

〔13〕 **그림 7.58**과 같은 회로의 쌍대회로를 구성하여라.

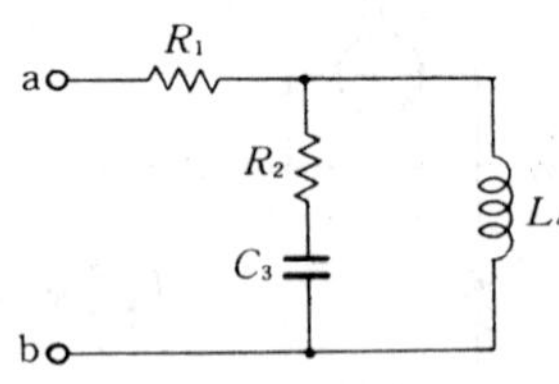

그림 7.58

연습문제해답

〔1〕 ① $B-(N-1)=5$〔개〕

②

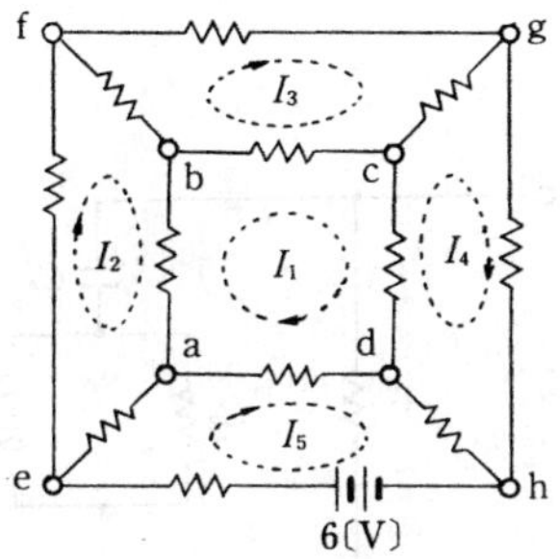

그림 7.59

m_1) $4I_1-I_2-I_3-I_4-I_5=0$ …①

m_2) $-I_1+4I_2-I_3-I_5=0$ …②

m_3) $-I_1-I_2+4I_3-I_4=0$ …③

m_4) $-I_1-I_3+4I_4-I_5=0$ …④

m_5) $-I_1-I_2-I_4+4I_5=6$ …⑤

③ 각 폐로전류값이

$I_1=\frac{3}{2}$〔A〕, $I_2=\frac{5}{4}$〔A〕, $I_3=1$〔A〕

$I_4=\frac{5}{4}$〔A〕, $I_5=\frac{5}{2}$〔A〕이므로

각 지로전류는

$I_{he}=\frac{5}{2}$〔A〕, $I_{ea}=\frac{5}{4}$〔A〕, $I_{ef}=\frac{5}{4}$〔A〕

$I_{ab}=\frac{1}{4}$〔A〕, $I_{ad}=1$〔A〕, $I_{bc}=\frac{1}{2}$〔A〕

$I_{bf}=\frac{-1}{4}$〔A〕, $I_{fg}=1$〔A〕, $I_{cg}=\frac{1}{4}$〔A〕

$I_{dc}=-\frac{1}{4}$〔A〕, $I_{dh}=\frac{5}{4}$〔A〕, $I_{gh}=\frac{5}{4}$〔A〕

〔2〕 $I_1=-\frac{52}{11}$〔A〕, $I_2=-\frac{6}{11}$〔A〕, $I_3=-\frac{46}{11}$〔A〕, $I_4=\frac{20}{11}$〔A〕

〔3〕 $I_1=\frac{21}{25}$〔A〕, $I_2=\frac{29}{25}$〔A〕, $I_3=\frac{22}{25}$〔A〕, $I_4=\frac{7}{25}$〔A〕

〔4〕 $V_0=8$〔V〕, $R_0=9$〔Ω〕

〔5〕 $R_{ab}=3$〔Ω〕

〔6〕 $\frac{28}{31}$〔A〕

〔7〕 1〔A〕

〔8〕 2〔A〕

〔9〕 0.5〔A〕

〔10〕 $35.5-j26.1$〔V〕, 또는 $44\underline{/-36.7^\circ}$〔V〕

〔11〕 2.5〔A〕

〔12〕 8〔A〕

〔13〕 그림 7.60

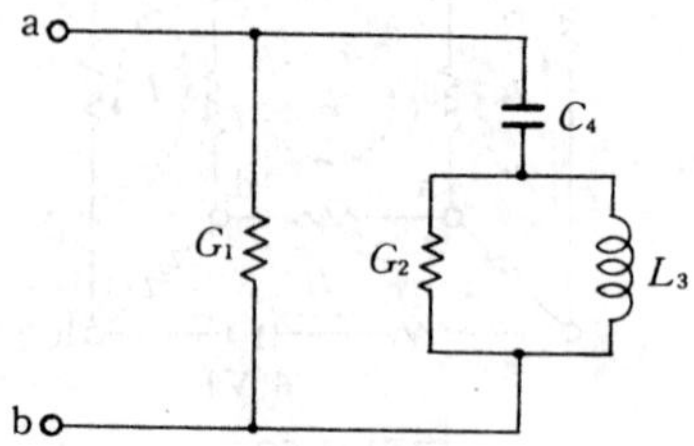

그림 7.60

8 誘導結合回路

두 回路가 서로 근접해 있을 때 한 회로에 흐르는 전류에 의해 발생된 磁束이 다른 한 회로와 쇄교(linkage)하게 될 때 이 두 회로는 誘導的으로 결합되었다고 말하며, 이런 경우 한 회로에서 다른 회로로 에너지의 전달현상이 일어나게 된다. 따라서 유도적으로 결합된 회로에서는 그 회로자체의 전원이나 회로소자 뿐만 아니라 근접한 회로의 전원이나 소자에 의해서도 영향을 받게 된다.

본장에서는 이와 같이 유도적으로 결합된 회로의 해석 및 이에 따른 제반 전기적 현상에 대해 알아보기로 한다.

(요 목)

8-1 相互誘導作用

그림 8.1과 같이 두 코일이 근접해 있을 때 한쪽 코일 단자 1-1′에 전류 i_1이 흐르면 그 주위에 磁場이 생기고 磁束의 일부는 다른 코일과 쇄교하게 된다. 이때 i_1이 시간적으로 변하게 되면 i_1에 의해 발생하는 자속이 변하게 되고 동시에 이 자속과 다른 코일과의 쇄교상태도 변한다.

그 결과 다른 코일의 양단 2-2′에는 **패러데이 법칙**에 의해 쇄교자속수의 시간적변화에 따른 전압 v_2가 유기된다. 이때 두 회로는 유도적으로 결합되었다고 말하며, 이러한 현상을 **상호유도작용**이라 한다.

그러므로 **유도결합회로**를 해석하는데 있어서는 지금까지 취급해온 한 회로에 대한 回路定数 이외에 이와 관련된 다른 회로와의 상호관계를 나타내는 또 하나의 회로정수가 필요하다.

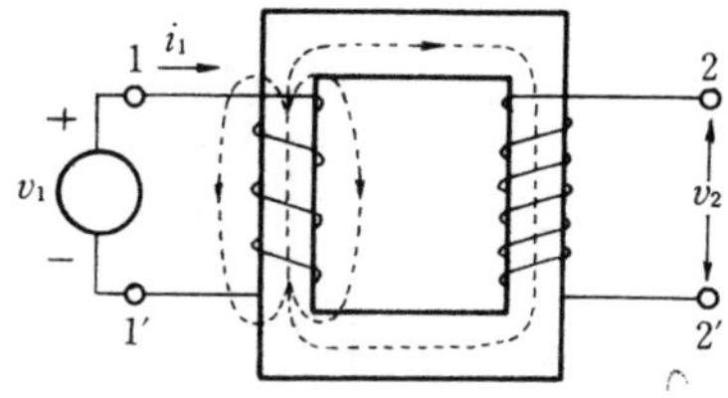

그림 8.1 유도결합회로

8-2 相互 인덕턴스

근접한 두 코일 A,B 중 한쪽 코일 A에 전류 i_1이 흐르면서 시간적으로 변하면 코일 B를 지나는 자속도 변화하여 코일 B 양단에 유도기전력 v_2가 발생한다(**그림 8.2**(a)).

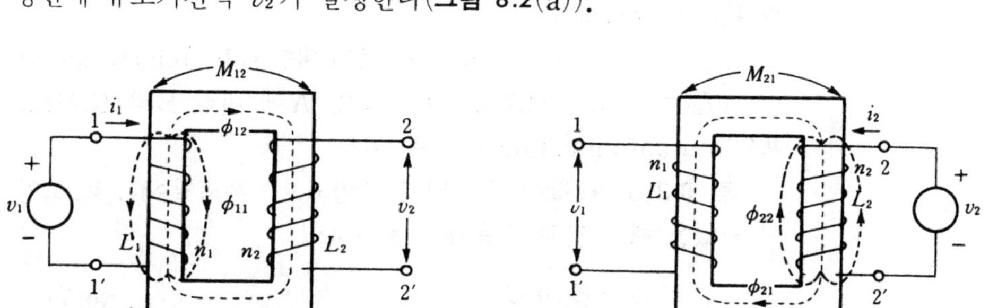

(a) (b)

그림 8.2 상호유도작용

이때 전류 i_1에 의해 발생하는 자속을 ϕ_1이라 하면 ϕ_1과 2차 코일과의 쇄교상태는 ϕ_1 전체가 2차 코일 B와 쇄교하는 경우와 ϕ_1중 일부만이 2차 코일과 쇄교하는 경우로 구분된다. 이때 2차 코일과 쇄교하는 자속을 **상호자속**(mutual flux) ϕ_{12}, 쇄교하지 않는 자속을 **누설자속**(leakage flux) ϕ_{11}이라 하면

$$\phi_1=\phi_{12}+\phi_{11} \tag{8.1}$$

이 되며 i_1에 의한 코일 A,B에서의 자속쇄교수를 λ_1, λ_2 각 코일의 권수를 n_1, n_2라 하면 λ_1, λ_2는

$$\left.\begin{aligned}\lambda_1&=n_1\phi_1\\ \lambda_2&=n_2\phi_{12}\end{aligned}\right\} \tag{8.2}$$

또 주위 매질의 透磁率(투자율)이 일정한 경우 λ_1, λ_2는 1차측 전류 i_1에 비례관계가 있으므로 이때 비례상수를 각각 L_1, M_{12}라 하면

$$\lambda_1=L_1 i_1 \tag{8.3}$$

$$\lambda_2=M_{12} i_1 \tag{8.4}$$

과 같이 표시될 수 있다. 따라서 위의 식(8.2), (8.3), (8.4)로부터

$$L_1=\frac{\lambda_1}{i_1}=\frac{n_1\phi_1}{i_1} \tag{8.5}$$

$$M_{12}=\frac{\lambda_2}{i_1}=\frac{n_2\phi_{12}}{i_1} \tag{8.6}$$

의 관계가 성립한다.

L_1은 이미 정의한 바 있는 **자기유도계수**(self-inductance)이며, M_{12}는 새로운 회로정수로서 코일 A에 대한 B의 **상호유도계수**(mutual inductance)라 부른다.

그림 8.2(b)와 같이 A코일이 개방되고, B코일이 1차 코일이 되었을 때도 앞의 내용과 마찬가지로

$$\phi_2=\phi_{21}+\phi_{22} \tag{8.7}$$

라 하면

$$\left.\begin{aligned}\lambda_1&=n_1\phi_{21}\\ \lambda_2&=n_2\phi_2\end{aligned}\right\} \tag{8.8}$$

또한

$$\lambda_1=M_{21} i_2 \tag{8.9}$$

$$\lambda_2 = L_2 i_2 \tag{8.10}$$

의 관계가 있으므로 식(8. 8), (8. 9), (8. 10)으로부터

$$M_{21} = n_1 \phi_{21} / i_2 \tag{8.11}$$

$$L_2 = n_2 \phi_2 / i_2 \tag{8.12}$$

이 경우 L_2는 코일 B의 자기유도계수이며, M_{21}은 코일 B에 대한 A의 상호유도계수이다. 그러나 코일 A,B 간에 존재하는 매질의 투자율이 일정한 경우(대부분 일정함) $M_{12} = M_{21}$의 관계가 있기 때문에 보통

$$M_{12} = M_{21} = M \tag{8.13}$$

으로 표시되며, 이의 M.K.S 단위는 역시 헨리(henry : 〔H〕)가 된다.

8-3 相互誘導電圧과 코일의 極性

전절의 **그림 8.2**와 같은 상호유도결합회로에서 1차측 코일에 흐르는 전류를 i_1, 상호 인덕턴스를 M이라 하면 i_1에 의해 2차 코일에 유기되는 상호유도전압 v_{12}는 패러데이 법칙에 의해

$$v_{12} = M \frac{di_1}{dt} \tag{8.14}$$

마찬가지로 2차측 코일에 흐르는 전류 i_2에 의하여 1차 코일에 유기되는 상호유도전압 v_{21}은

$$v_{21} = M \frac{di_2}{dt} \tag{8.15}$$

가 된다. 유도결합회로에 있어서 상호유도전압의 방향은 인가전압의 방향과 두 코일의 상대적인 권선방향이 지정되어야만 알 수 있다. 두 코일의 상대적인 권선방향은 규약에 의해 각 코일의 한쪽 단자에 한쌍의 極点을 찍어 나타내고 있다. 예를 들어 규약에 의하면 **그림 8.3**(a)와 같이 극점이 표시된 경우 두 코일의 상대적인 권선방향은 그림 (b) 또는 (c)와 같다고 할 수 있다. 왜냐하면 "극점이 표시된 두 단자로 두 전류 i_1, i_2가 동시에 유입되도록 하거나 또는 이 두 단자로부터 두 전류가 동

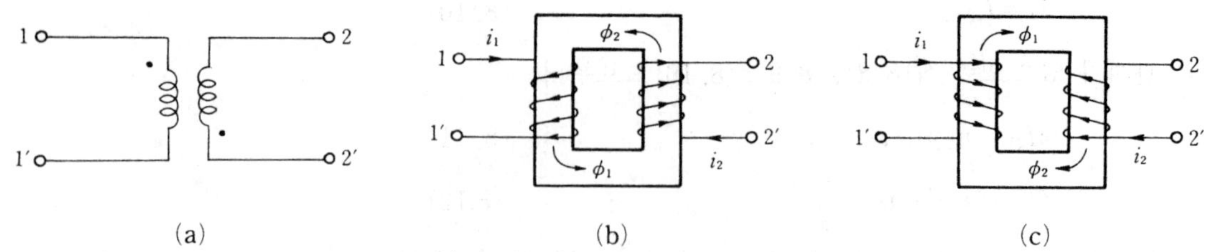

그림 8.3 코일의 극성과 권선의 상대적인 방향

시에 유출되도록 두 전류의 방향을 가정했을 때 두 코일에서 발생되는 두 자속 ϕ_1, ϕ_2가 합해져서 전체 자속이 증가되도록 극점을 표시해야 한다"는 규약이 있기 때문이다.

코일의 極性표시로부터 **상호유도전압**의 방향을 결정하는 것은 렌츠의 법칙(Lenz's law)에 따른다. **그림 8.4**와 같은 유도결합회로에 있어서 1차 코일의 전류 i_1이 증가하면 쇄교자속 ϕ_m도 증가하므로 2차 코일에는 ϕ_m의 증가를 억제하는 방향으로 전류 i_2가 흐르게 된다. 즉, **1차 코일의 점이 찍힌 단자로 유입하는 전류가 증가하면 2차 코일에서는 점이 안 찍힌 단자에서 점이 찍힌 단자쪽으로 전압상승 v_2가 일어난다.** 바로 이는 점이 안 찍힌 단자로부터 점이 찍힌 단자쪽으로 그림에서와 같이 상호유도기전력(전압) v_2가 발생함을 의미한다.

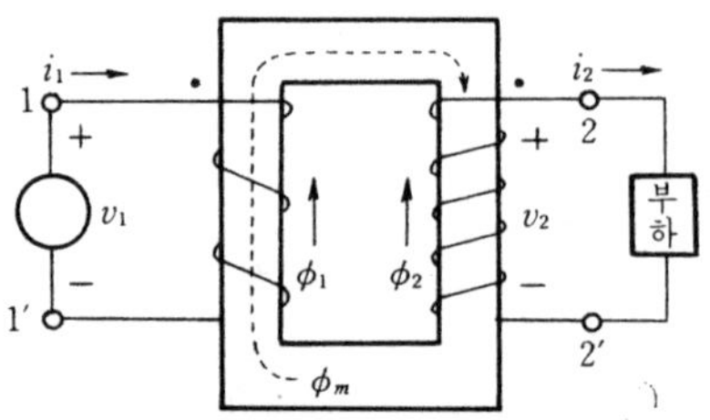

그림 8.4 코일의 극성과 상호유도전압 (유도기전력)의 방향

반면에 1차 코일의 점이 찍힌 단자로부터 유출하는 전류가 증가하면 2차 코일에는 앞의 내용과는 반대로 점이 찍힌 단자에서 점이 안 찍힌 단자쪽으로 상호유도기전력이 발생하게 된다.

〔예제 8·1〕 유도결합되어 있는 한쌍의 코일이 있다. 1차측 코일의 전류가 매초 5〔A〕의 비율로 변화하여 2차측 코일 양단에 10〔V〕의 유도기전력이 발생하고 있다면 두 코일 사이의 상호 인덕턴스 M은 얼마인가?

풀이 ☞ $v_2=M\frac{di_1}{dt}$에서 $v_2=10$〔V〕, $\frac{di_1}{dt}=5$〔A/sec〕이므로

상호 인덕턴스는 $M=2$〔H〕

8-4 変圧器端子에서의 電圧-電流관계

그림 8.5는 하나의 변압기를 포함하는 전형적인 유도결합회로로서 1차측에는 전원이, 2차측에는 부하가 접속되어 있다. 각 전류에 의하여 발생하는 자속을 상호자속과 누설자속으로 분해하여 보면 1, 2차 코일에서의 총자속쇄교수 λ_1, λ_2는 다음과 같다.

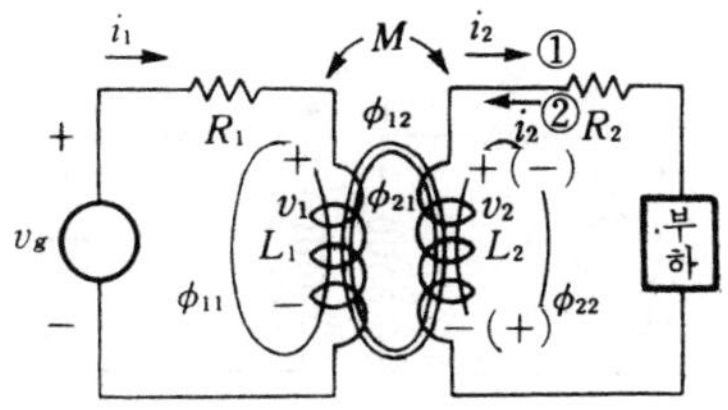

그림 8.5 유도결합회로

$$\left.\begin{aligned}\lambda_1 &= n_1(\phi_{11}+\phi_{12}\pm\phi_{21})\\ &= n_1\phi_1 \pm n_1\phi_{21} = L_1 i_1 \pm M_{21} i_2\\ \lambda_2 &= n_2(\phi_{21}+\phi_{22}\pm\phi_{12})\\ &= n_2\phi_2 \pm n_2\phi_{12} = L_2 i_2 \pm M_{12} i_1\end{aligned}\right\} \tag{8.16}$$

여기서 '+' 부호는 두 전류에 의한 자속이 합쳐지는 경우이며 '−' 부호는 두 자속이 서로 상쇄되는 경우를 뜻한다.

그림 8.6은 전절에서의 극성표시 규약에 따라 두 자속이 합쳐질 때(a)와 상쇄될 때 (b)의 예를 보여주고 있다. 이들 각각의 경우에 있어서 전압·전류관계를 구해보면 패러데이의 법칙과 식(8.16)에 의해

$$\left.\begin{aligned}v_1 &= \frac{d\lambda_1}{dt} = L_1\frac{di_1}{dt} \pm M_{21}\frac{di_2}{dt}\\ v_2 &= \frac{d\lambda_2}{dt} = L_2\frac{di_2}{dt} \pm M_{12}\frac{di_1}{dt}\end{aligned}\right\} \tag{8.17}$$

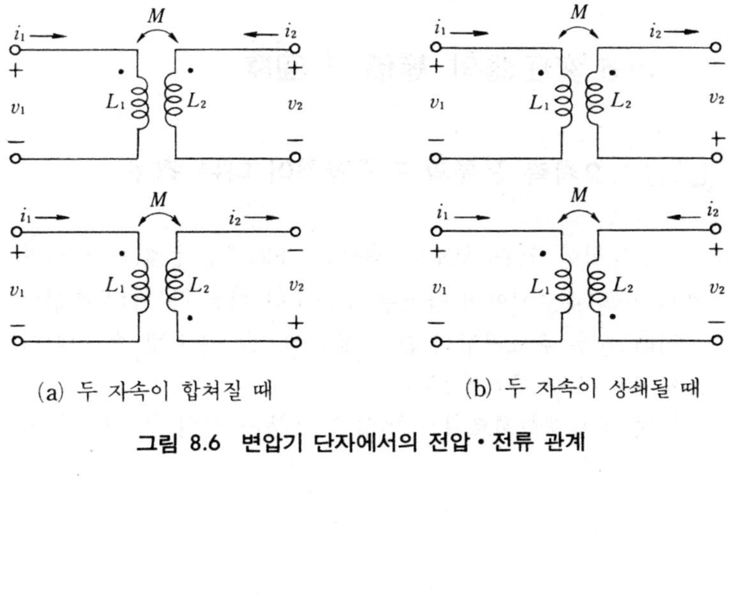

(a) 두 자속이 합쳐질 때 (b) 두 자속이 상쇄될 때

그림 8.6 변압기 단자에서의 전압·전류 관계

인 관계가 구해진다.

여기서도 M 앞의 '+' 부호와 '−' 부호는 앞의 경우와 마찬가지이다. 식(8.17)에 있어서 제 1 항은 각각 자기유도작용에 의한 전압강하이고 제 2 항은 상호유도작용에 의한 전압강하, 또는 전압상승을 뜻한다.

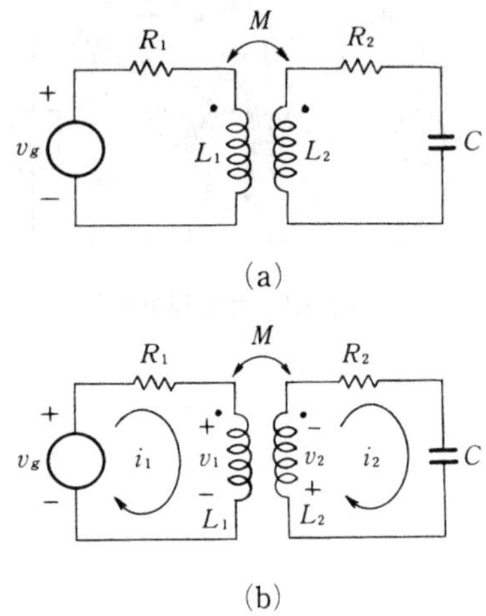

그림 8.7

〔예제 8·2〕 그림 8.7(a)와 같은 유도결합회로에 있어서 각 폐로에 흐르는 전류를 구하는 방정식을 세워라.

풀이 ☞ **그림 8.7**(b)와 같이 시계방향의 폐로전류를 i_1, i_2 그리고 이들 전류에 의한 각 코일의 전압강하를 v_1, v_2라 하자.

이와 같은 가정하에서는 1, 2차 자속이 서로 상쇄되므로 코일 양단의 전압과 전류사이에는 다음과 같은 관계가 있다.

$$\left.\begin{aligned} v_1 &= L_1\frac{di_1}{dt} - M\frac{di_2}{dt} \\ v_2 &= L_2\frac{di_2}{dt} - M\frac{di_1}{dt} \end{aligned}\right\} \quad \cdots\cdots ①$$

또 각 폐로에 대해 전압방정식을 세워보면 다음과 같다.

$$\left.\begin{aligned} &R_1 i_1 + v_1 = v_g \\ &R_2 i_2 + \frac{1}{C}\int i_2 dt + v_2 = 0 \end{aligned}\right\} \quad \cdots\cdots ②$$

① 식을 ② 식에 대입하면 다음과 같은 전압방정식이 구해진다.

$$R_1 i_1 + L_1\frac{di_1}{dt} - M\frac{di_2}{dt} = v_g$$

$$R_2 i_2 + \frac{1}{C}\int i_2 dt + L_2\frac{di_2}{dt} - M\frac{di_1}{dt} = 0$$

8-5 變压器의 等価 T 回路

1 1, 2차측 전류의 기준방향이 다른 경우

유도결합이 있는 회로의 해석은 유도결합이 없는 회로의 해석에 비해 유도전압의 극성을 고려해야 하는 등 좀더 복잡하다.

이런 경우 유도결합이 없는 등가회로로 대치될 수 있다면 회로해석은 보다 간편해진다.

특히 유도결합회로에서 변압기 부분을 이와 등가인 T형 회로로 대치하면 편리할 때가 많다. 그러나 이 경우 1, 2차측 전류의 기준방향을 어떻게 잡느냐에 따라 등가 T형 회로로의 변환방법은 달라지게 된다. 우선 **그림 8.8**과 같이 1, 2차측 기준전류의 방향이 다른($\dot{I}_1$: 시계방향, $\dot{I}_2$: 반시계방향) 변압기 회로에 대해 T형 등가변환회로를 구해 보기로 한다. 변압기 단자에 정현파 교류전압이 인가될 때 전압, 전류의 기준방향을 그림 (a)와 같이 가정해 본다. 이때 L_1, L_2에서 발생되는 상호자속은 합쳐지므로 변압기 양단자에서의 전압-전류관계를 페이저로 나타내면

$$\left.\begin{aligned}\dot{V}_1&=j\omega L_1\dot{I}_1+j\omega M\dot{I}_2\\ \dot{V}_2&=j\omega L_2\dot{I}_2+j\omega M\dot{I}_1\end{aligned}\right\}\qquad(8.18)$$

이 되며 이는 다음과 같이 변형된 형태로도 표현될 수 있다.

$$\left.\begin{aligned}\dot{V}_1&=j\omega(L_1-M)\dot{I}_1+j\omega M(\dot{I}_1+\dot{I}_2)\\ \dot{V}_2&=j\omega(L_2-M)\dot{I}_2+j\omega M(\dot{I}_1+\dot{I}_2)\end{aligned}\right\}\qquad(8.19)$$

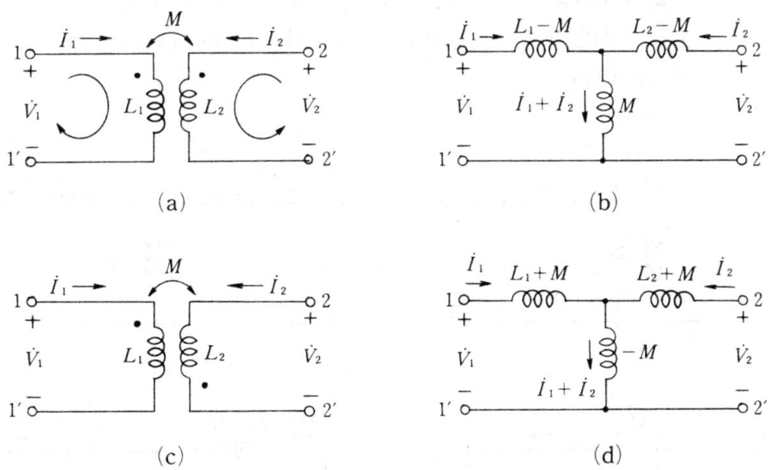

그림 8.8 1, 2차측 전류의 기준방향이 다른 변압기의 등가 T형 회로

그런데 식(8.19)를 살펴보면 이는 바로 유도결합을 생각하지 않은 그림 (b)에 있어서의 전압-전류 관계식임을 알 수 있다.

결국 두 회로 (a), (b)에서 양단자에 있어서의 전압-전류 관계가 동일하므로 그림 (b)의 회로는 단자전류와 전압에 관한 한 양단자외측에 대해 그림 (a)의 회로와 등가가 되는 셈이다.

한편 그림 (c)와 같이 두 자속이 상쇄되는 변압기 회로에 대한 등가 T형 회로의 구성도 역시 마찬가지 방법에 의해 구해

질 수 있다. 그림 (c)에서와 같이 전압-전류의 기준방향을 잡으면 양단자에서의 전압-전류 관계식은 다음과 같이 주어진다.

$$\left.\begin{aligned}\dot{V}_1&=j\omega L_1\dot{I}_1-j\omega M\dot{I}_2\\ \dot{V}_2&=j\omega L_2\dot{I}_2-j\omega M\dot{I}_1\end{aligned}\right\}\qquad(8.20)$$

또한 식(8.20)은

$$\left.\begin{aligned}\dot{V}_1&=j\omega(L_1+M)\dot{I}_1-j\omega M(\dot{I}_1+\dot{I}_2)\\ \dot{V}_2&=j\omega(L_2+M)\dot{I}_2-j\omega M(\dot{I}_1+\dot{I}_2)\end{aligned}\right\}\qquad(8.21)$$

와 같이 변형될 수 있으며 식(8.21)에 대해 등가회로를 구성해 보면 유도결합을 생각하지 않은 그림 (d)와 같은 T형 회로로 될 수 있다.

2 1, 2차측 전류의 기준방향이 같은 경우

그림 8.9와 같이 1, 2차측 전류의 기준방향이 같은 변압기 회로에 대해 T형 등가변환을 해보면 전절에서의 결과와 다름을 알 수 있다.

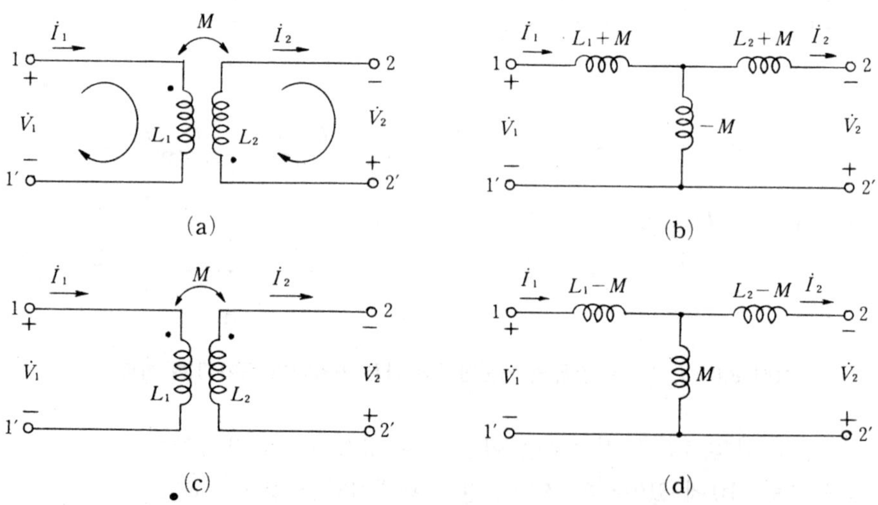

그림 8.9 1, 2차측 전류의 기준방향이 같은 변압기의 등가 T형 회로

그림 (a)의 변압기 회로에 대한 전압-전류 관계식을 구해보면 1, 2차측의 상호자속이 협쳐지는 관계에 있으므로

$$\left.\begin{aligned}\dot V_1&=j\omega L_1\dot I_1+j\omega M\dot I_2\\ \dot V_2&=j\omega L_2\dot I_2+j\omega M\dot I_1\end{aligned}\right\}\qquad(8.22)$$

또한 식(8.22)는

$$\left.\begin{aligned}\dot V_1&=j\omega(L_1+M)\dot I_1+j\omega M(\dot I_2-\dot I_1)\\ &=j\omega(L_1+M)\dot I_1-j\omega M(\dot I_1-\dot I_2)\\ \dot V_2&=j\omega(L_2+M)\dot I_2+j\omega M(\dot I_1-\dot I_2)\\ &=j\omega(L_2+M)\dot I_2-j\omega M(\dot I_2-\dot I_1)\end{aligned}\right\}\qquad(8.23)$$

과 같이 변형될 수 있으며, 식(8.23)에 대해 등가회로를 구성해 보면 그림 (b)와 같이 된다.

한편, 그림 (c)의 회로에 대해 등가변환을 해보면 1, 2차측 상호자속이 상쇄되는 관계에 있으므로 전압-전류관계식은

$$\left.\begin{aligned}\dot V_1&=j\omega L_1\dot I_1-j\omega M\dot I_2\\ \dot V_2&=j\omega L_2\dot I_2-j\omega M\dot I_1\end{aligned}\right\}\qquad(8.24)$$

가 되며 식(8.24)는

$$\left.\begin{aligned}\dot V_1&=j\omega(L_1-M)\dot I_1-j\omega M(\dot I_2-\dot I_1)\\ &=j\omega(L_1-M)\dot I_1+j\omega M(\dot I_1-\dot I_2)\\ \dot V_2&=j\omega(L_2-M)\dot I_2-j\omega M(\dot I_1-\dot I_2)\\ &=j\omega(L_2-M)\dot I_2+j\omega M(\dot I_2-\dot I_1)\end{aligned}\right\}\qquad(8.25)$$

와 같이 변형될 수 있다.

식(8.25)에 대해 등가회로를 구성해 보면 그림 (d)의 회로가 된다.

〔예제 8·3〕 그림 8·10(a)와 같은 결합회로에서의 폐로 전류 $\dot I_1$, $\dot I_2$를 구하여라.

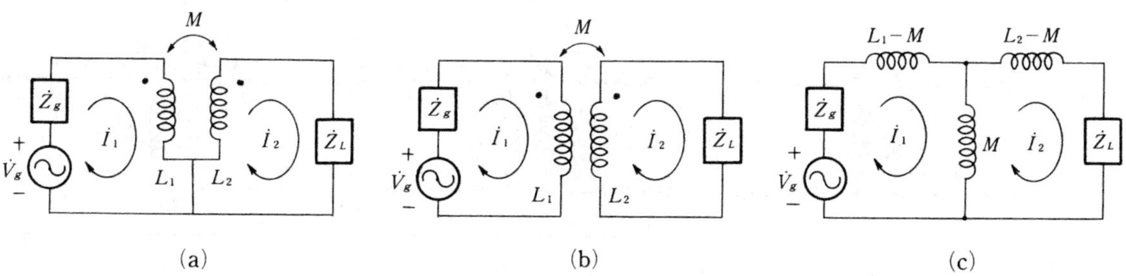

그림 8.10

풀이 ☞ 그림 8.10(a)의 회로는 그림 (b)와 같은 회로로 대치해 놓아도 다른 부분의 전류·전압 분포에는 변화가 없다. 다시 말해 그림 (b)는 다른 부분의 전류·전압에 관한 한 그림 (a)와 등가가 된다.

이제 그림 (b)의 회로를 유도결합을 무시한 T형 등가회로로 변환하면 (b)회로는 1, 2차측 기준전류의 방향이 같기 때문에 그림 (c)와 같이 된다.

그림 (c)의 회로에 대해 전압방정식을 세우면

$$\dot{V}_g = \dot{Z}_{11}\dot{I}_1 + \dot{Z}_{12}\dot{I}_2 \quad \cdots\cdots ①$$

$$0 = \dot{Z}_{21}\dot{I}_1 + \dot{Z}_{22}\dot{I}_2 \quad \cdots\cdots ②$$

여기서 $\dot{Z}_{11} = \dot{Z}_g + j\omega L_1, \quad \dot{Z}_{12} = -j\omega M$

$\dot{Z}_{21} = -j\omega M \quad , \quad \dot{Z}_{22} = \dot{Z}_L + j\omega L_2$

윗식에서 $\dot{I}_1$, $\dot{I}_2$를 구하면

$$\dot{I}_1 = \frac{\begin{vmatrix} \dot{V}_g & \dot{Z}_{12} \\ 0 & \dot{Z}_{22} \end{vmatrix}}{\begin{vmatrix} \dot{Z}_{11} & \dot{Z}_{12} \\ \dot{Z}_{21} & \dot{Z}_{22} \end{vmatrix}} = \frac{\dot{V}_g\dot{Z}_{22}}{\dot{Z}_{11}\dot{Z}_{22} - \dot{Z}_{12}\dot{Z}_{21}}$$

$$= \frac{\dot{V}_g(\dot{Z}_L + j\omega L_2)}{(\dot{Z}_g + j\omega L_1)(\dot{Z}_L + j\omega L_2) - (-j\omega M)^2}$$

$$\dot{I}_2 = \frac{\begin{vmatrix} \dot{Z}_{11} & \dot{V}_g \\ \dot{Z}_{21} & 0 \end{vmatrix}}{\begin{vmatrix} \dot{Z}_{11} & \dot{Z}_{12} \\ \dot{Z}_{21} & \dot{Z}_{22} \end{vmatrix}} = \frac{-\dot{V}_g\dot{Z}_{21}}{\dot{Z}_{11}\dot{Z}_{22} - \dot{Z}_{12}\dot{Z}_{21}}$$

$$= \frac{-\dot{V}_g(-j\omega M)}{(\dot{Z}_g + j\omega L_1)(\dot{Z}_L + j\omega L_2) - (-j\omega M)^2}$$

8-6 誘導結合을 갖는 인덕턴스의 接續

1 직렬접속

그림 8.11(a)와 같은 극성을 갖는 한쌍의 코일을 직렬접속하는 데 있어서는 전류의 방향에는 관계없이 두 상호자속이 합해

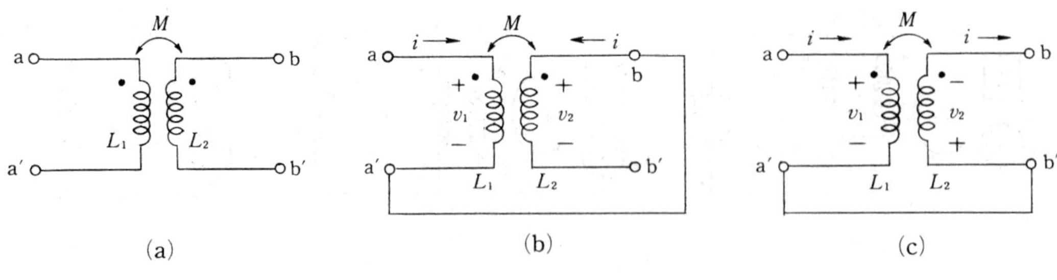

그림 8.11 코일의 직렬접속

지는 경우(그림 (b))와 상쇄되는 경우(그림 (c))로 구분할 수 있다. 그림 (b)의 경우 전류 i에 의한 두 코일 L_1, L_2에서의 전압강하를 v_1, v_2라 하면 개방단자 a에서 b′까지의 전압강하 $v_{ab'}$는 다음과 같이 표시된다.

$$\begin{aligned} v_{ab'} &= v_1 + v_2 \\ &= \left(L_1\frac{di}{dt} + M\frac{di}{dt}\right) + \left(L_2\frac{di}{dt} + M\frac{di}{dt}\right) \\ &= (L_1 + L_2 + 2M)\frac{di}{dt} \end{aligned} \tag{8.26}$$

여기서 $L_1 + L_2 + 2M$은 개방단자 a−b′에 대한 등가 인덕턴스가 되며, 이때의 등가 인덕턴스를 L_0^+라 하면 결국

$$L_0^+ = L_1 + L_2 + 2M \tag{8.27}$$

이 된다. 그림 (c)의 경우 개방단자 a에서 b까지의 전압강하 v_{ab}는 다음과 같다.

$$\begin{aligned} v_{ab} &= v_1 + v_2 \\ &= \left(L_1\frac{di}{dt} - M\frac{di}{dt}\right) + \left(L_2\frac{di}{dt} - M\frac{di}{dt}\right) \\ &= (L_1 + L_2 - 2M)\frac{di}{dt} \end{aligned} \tag{8.28}$$

여기서 $L_1 + L_2 - 2M$은 개방단자 a−b에 대한 등가 인덕턴스가 되며, 이때의 등가 인덕턴스를 L_0^-라 하면

$$L_0^- = L_1 + L_2 - 2M \tag{8.29}$$

인 관계가 성립된다.

〔예제 8·4〕 어떤 2개의 코일을 직렬접속하여 그 합성 인덕턴스를 측정했더니 238〔mH〕이었고, 이의 극성을 반대로 하여 측정했을 때는 합성 인덕턴스가 190〔mH〕로 나타났다. 이 경우 두 코일의 상호 인덕턴스 M을 구하여라.

풀이 ☞ 합성 인덕턴스가 클 때는 두 상호자속이 합해지는 경우로, 그리고 작을 때는 상쇄되는 경우로 볼 수 있으므로 각각의 합성 인덕턴스는

$$L_0^+ = L_1 + L_2 + 2M = 238 \quad \cdots\cdots ①$$
$$L_0^- = L_1 + L_2 - 2M = 190 \quad \cdots\cdots ②$$

이로부터

$$L_0^+ - L_0^- = 4M$$

인 관계가 성립되므로 상호 인덕턴스는

$$M = \frac{L_0^+ - L_0^-}{4} = 12\,[\mathrm{mH}]$$

2 병렬접속

그림 8.12(a)와 같이 한쪽단자로부터의 유입전류에 의해 두 코일에서의 자속이 합하여지는 병렬접속의 경우에 대해 생각해 보자. 그림 (a)는 앞의 변압기 등가 T회로변환방법에 의해 단자 A,B에 대해 그림 (b)와 같이 등가변환될 수 있으며, 이를 다시 간략하게 하면 그림 (c)와 같이 된다.

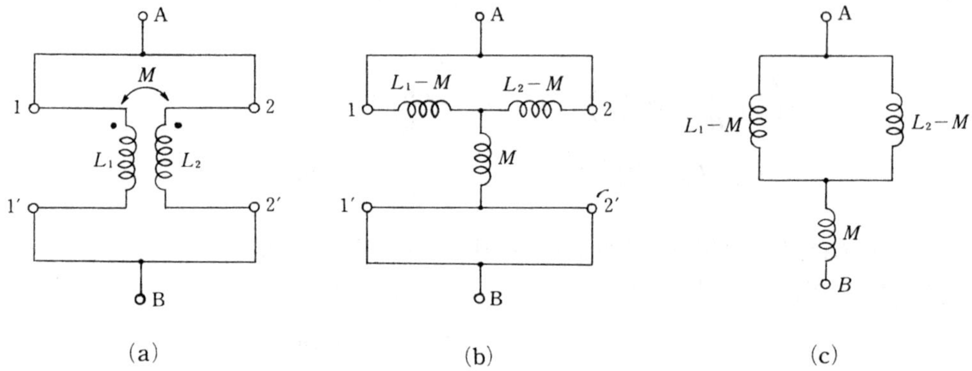

그림 8.12 코일의 병렬접속(두 상호자속이 합하여지는 경우)

결국 상호유도결합을 갖는 (a)와 같은 결합회로가 상호결합을 갖지 않는 (c)와 같은 직·병렬회로로 등가변환된 셈이다.

따라서 (c)의 경우 단자 A,B에 대한 등가 인덕턴스 L_0^+는 상호유도결합을 갖지 않는 인덕턴스의 합성법에 의해 구해질 수 있다. 상호유도결합을 갖지 않는 인덕턴스의 합성법은 저항의 합성법과 동일하므로 등가 인덕턴스는

$$L_0^+ = \frac{(L_1 - M)(L_2 - M)}{(L_1 - M) + (L_2 - M)} + M$$

$$= \frac{L_1 L_2 - M^2}{L_1 + L_2 - 2M} \qquad (8.30)$$

또한 **그림 8.13**(a)와 같이 두 코일에서의 자속이 상쇄되는 병렬접속의 경우 같은 방법에 의해 그림 (a)는 (b)와 같은 회로로 등가변환된다.

따라서 그림 (b)의 단자 A,B에 대한 등가인덕턴스 L_0^-는 앞에서와 같은 방법으로

$$L_0^- = \frac{(L_1+M)(L_2+M)}{(L_1+M)+(L_2+M)} - M$$
$$= \frac{L_1L_2 - M^2}{L_1+L_2+2M} \tag{8.31}$$

와 같이 구해진다.

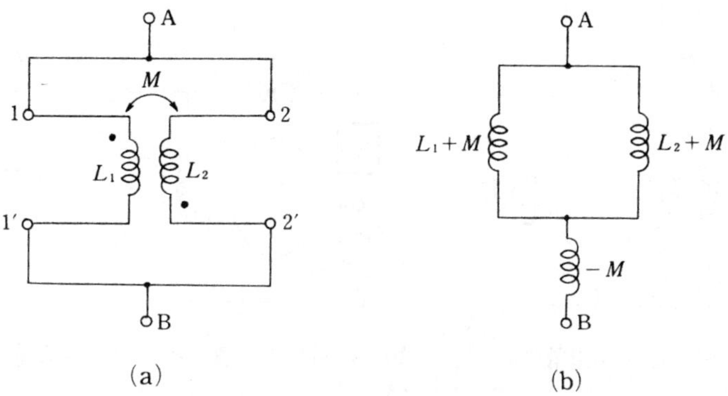

그림 8.13 코일의 병렬접속(두 상호자속이 상쇄되는 경우)

〔예제 8·5〕 그림 8.14와 같은 철심 코일이 있다. 두 코일의 권수 및 자기 인덕턴스가 각각 같을 때 단자 A,B에 대한 등가 인덕턴스를 구하여라. 단, 각 코일의 누설자속은 없는 것으로 한다.

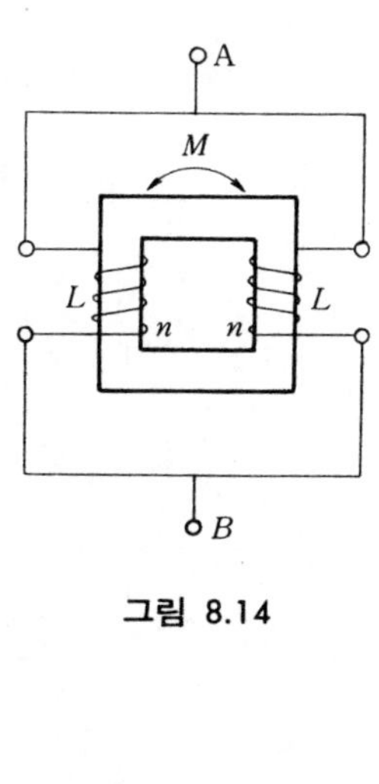

그림 8.14

풀이 ☞ 누설자속이 없는 경우 자기 인덕턴스와 상호 인덕턴스는 같게 되어 $L=M$인 관계가 성립된다.

그림 8.14의 경우 두 상호자속이 합해지는 관계에 있으므로 단자 A,B에 대한 등가 인덕턴스 L_{AB}는 식(8.30)으로부터

$$L_{AB}=M=L$$

이 된다.

8-7 正弦波電源을 갖는 誘導結合回路

지금까지는 주로 일반적인 파형을 1차측 전원으로 갖는 유도결합회로를 다루었지만 본절에서는 정현파를 1차측 전원으로 갖는 유도결합회로에 대해 알아보기로 한다. 정현파 전원의 유도결합회로에 있어서 **그림 8.15**(a)와 같이 전압·전류의 기준방향을 설정할 때 유도결합회로 (a)는 (b)와 같은 T형의 **無誘導結合回路**로 등가변환할 수 있다.

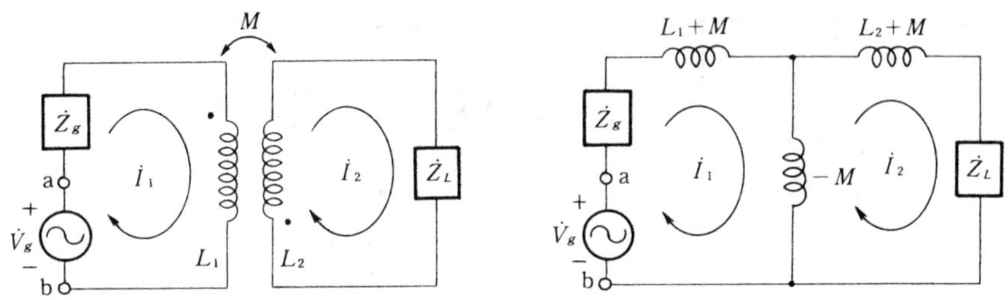

(a) 정현파 전원을 갖는 유도결합회로 (b) (a)회로에 대한 등가 무유도결합회로

그림 8.15

이 경우 (b)회로에 대한 일반적인 전압방정식은

$$\left.\begin{aligned}\dot{Z}_{11}\dot{I}_1+\dot{Z}_{12}\dot{I}_2&=\dot{V}_g\\ \dot{Z}_{21}\dot{I}_1+\dot{Z}_{22}\dot{I}_2&=0\end{aligned}\right\}\tag{8.32}$$

로 주어지며, 여기서

$$\left.\begin{aligned}\dot{Z}_{11}&=\dot{Z}_g+j\omega L_1\\ \dot{Z}_{12}&=\dot{Z}_{21}=j\omega M\\ \dot{Z}_{22}&=\dot{Z}_L+j\omega L_2\end{aligned}\right\}\tag{8.33}$$

식(8.32)로부터 폐로전류 $\dot{I}_1$, $\dot{I}_2$를 구하면

$$\dot{I}_1=\frac{\dot{Z}_{22}\dot{V}_g}{\dot{Z}_{11}\dot{Z}_{22}-\dot{Z}_{12}^2}\quad \dot{I}_2=\frac{-\dot{Z}_{12}\dot{V}_g}{\dot{Z}_{11}\dot{Z}_{22}-\dot{Z}_{12}^2}\tag{8.34}$$

그림 8.15(a) 회로에서 1차측의 전원단자 a,b로부터 우측 회로를 바라본 임피던스 $\dot{Z}_{ab}$를 **구동점 임피던스**(driving-point impedance)라 하며

$$\dot{Z}_{ab}=\frac{\dot{V}_g}{\dot{I}_1}=\frac{\dot{Z}_{11}\dot{Z}_{22}-\dot{Z}_{12}^2}{\dot{Z}_{22}}=\dot{Z}_{11}-\frac{\dot{Z}_{12}^2}{\dot{Z}_{22}} \tag{8.35}$$

가 된다.

식(8.35)에서 구동점 임피던스는 1차측 회로가 단독으로 존재할 때의 자기 임피던스 $\dot{Z}_{11}$과 1, 2차측 유도결합에 기인하는 임피던스인 $-\dot{Z}_{12}^2/\dot{Z}_{22}$와의 합으로 되어 있다. 이때의 임피던스 $-\dot{Z}_{12}^2/\dot{Z}_{22}$를 **結合 임피던스**(coupled impedance) 또는 **反射 임피던스**(reflected impedance)라 한다. 즉, 결합 임피던스 $\dot{Z}_C$는

$$\dot{Z}_C=-\frac{\dot{Z}_{12}^2}{\dot{Z}_{22}}=\frac{(\omega M)^2}{\dot{Z}_{22}} \tag{8.36}$$

이 된다. 또한 1차 전류에 대한 2차 전류의 比, 즉 **전류比**는 식(8.34)로부터

$$\frac{\dot{I}_2}{\dot{I}_1}=-\frac{\dot{Z}_{12}}{\dot{Z}_{22}} \tag{8.37}$$

이 된다. 그리고 2차측 회로에서 부하 임피던스 $\dot{Z}_L$ 양단의 전압을 $\dot{V}_L$이라 하면

$$\dot{V}_L=\dot{Z}_L\dot{I}_2 \tag{8.38}$$

이므로 전원전압에 대한 부하전압의 比, 즉 **전압比**는 식(8.34)와 식(8.38)로부터

$$\frac{\dot{V}_L}{\dot{V}_g}=\frac{-\dot{Z}_{12}\dot{Z}_L}{\dot{Z}_{11}\dot{Z}_{22}-\dot{Z}_{12}^2} \tag{8.39}$$

가 된다.

〔예제 8·6〕 그림 8.16(a)와 같은 공심변압기의 2차측에 10〔Ω〕의 부하가 접속되어 있다. 구동점 임피던스 $\dot{Z}_{ab}$, 결합 임피던스 $\dot{Z}_c$ 및 1, 2차측 전류 $\dot{I}_1$, $\dot{I}_2$ 그리고 부하(R_L) 양단의 단자전압 V_L을 구하여라. 단, $L_1=31.8$〔mH〕, $L_2=9.55$〔mH〕, $M=7.96$〔mH〕이며 1차측 전원은 1〔kHz〕－1〔V〕의 정현파 교류이다.

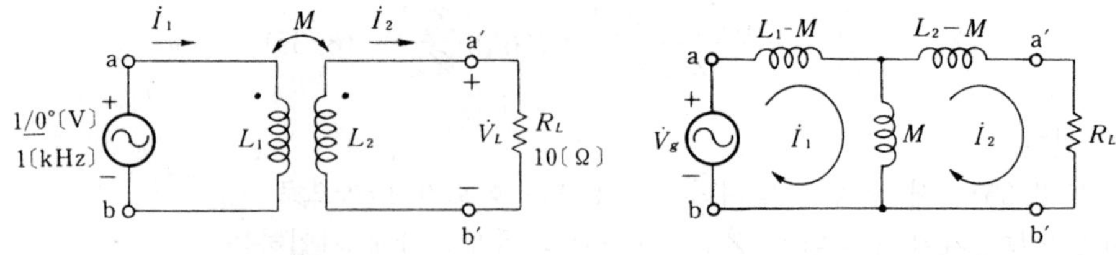

(a) (b) 회로(a)에 대한 등가 무유도결합회로

그림 8.16

풀이 ☞ 회로 (a)는 (b)와 같은 등가 무유도결합회로로 대치할 수 있으며, 따라서 회로 임피던스는 각각

$$\dot{Z}_{11}=j2\pi fL_1=j200\,〔\Omega〕$$
$$\dot{Z}_{12}=\dot{Z}_{21}=-j2\pi fM=-j50\,〔\Omega〕$$
$$\dot{Z}_{22}=j2\pi fL_2=10+j60\,〔\Omega〕$$

이 된다. 이들 회로 임피던스를 이용하면

$$\dot{Z}_{ab}=\dot{Z}_{11}-\frac{\dot{Z}_{12}^2}{\dot{Z}_{22}}=j200-\frac{(-j50)^2}{10+j60}$$
$$=\frac{250}{37}+j\frac{5900}{37}\,〔\Omega〕$$
$$\dot{Z}_c=-\frac{\dot{Z}_{12}^2}{\dot{Z}_{22}}=-\frac{(-j50)^2}{10+j60}=\frac{250}{37}-j\frac{1500}{37}\,〔\Omega〕$$
$$\dot{I}_1=\frac{\dot{V}_g}{\dot{Z}_{ab}}=\frac{1\angle 0°}{\dfrac{250+j5900}{37}}=\frac{37}{250+j5900}$$
$$=\frac{925-j21830}{3487250}\simeq 0.00027-j0.00626\,〔A〕$$
$$\dot{I}_2=-\frac{\dot{Z}_{12}}{\dot{Z}_{22}}\dot{I}_1=-\frac{-j50}{10+j60}\times\frac{37}{250+j5900}$$
$$=\frac{5476-j26011}{5161130}\simeq 0.00106-j0.00504\,〔A〕$$

또한 $\dot{I}_2$로부터 $I_2=\sqrt{(0.00106)^2+(0.00504)^2}=0.00515\,〔A〕$ 이므로 부하에서의 단자전압은

$$V_L=R_L\cdot I_2=10\times 0.00515=0.0515\,〔V〕$$

8-8 變压器의 極性表示

변압기의 1차 코일에 교류전압을 가했을 때 **그림 8.17**(a)와 같이 코일의 1차측 단자전압 v_1과 2차측 단자전압 v_2의 극성

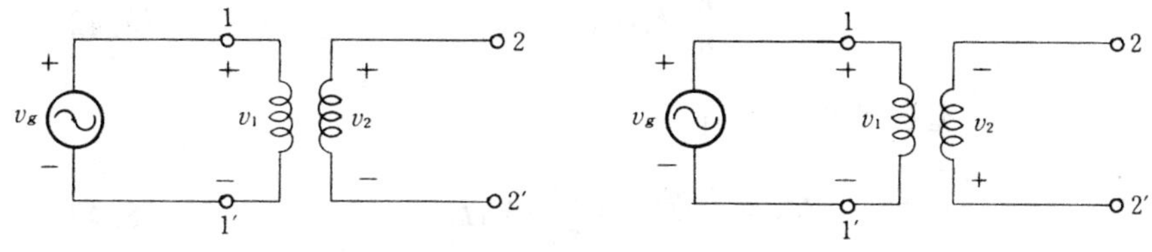

(a) 감극성　　(b) 가극성

그림 8.17 변압기의 극성

이 같은 것을 **減極性 변압기**, 그림 (b)와 같이 두 단자전압 v_1, v_2의 극성이 서로 반대로 되어 있는 것을 **加極性 변압기**라 하며 **그림 8.18**의 (a),(b)와 같이 각 코일의 단자쌍에 대문자 $U-V$와 소문자 u-v를 표시하여 나타낸다.

그림 8.17(a)를 감극성, **8.17**(b)를 가극성이라고 하는 이유는 이들이 **그림 8.19**와 같이 전압계를 이용한 변압기의 극성판별법과 관계가 있기 때문이다. 즉, 감극성은 1′−2′단자(또는 1−2단자)간의 전압 V_3가 1, 2차측전압 V_1, V_2간의 차($V_3=V_1-V_2$)로서 표시되며 가극성은 V_3가 V_1, V_2의 합($V_3=V_1+V_2$)으로 표시되는 것에 연유한다.

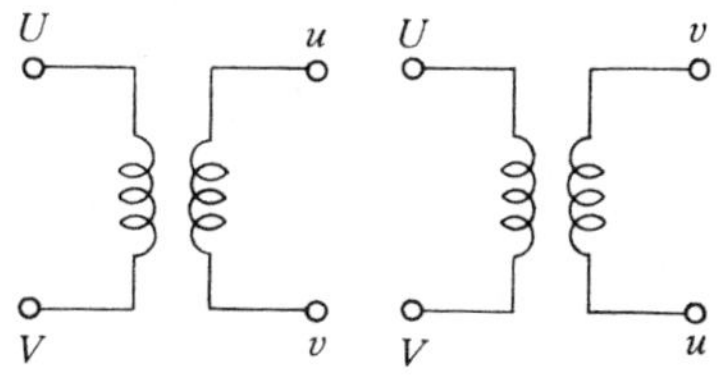

(a) 감극성　　(b) 가극성

그림 8.18 실제 변압기의 극성표시

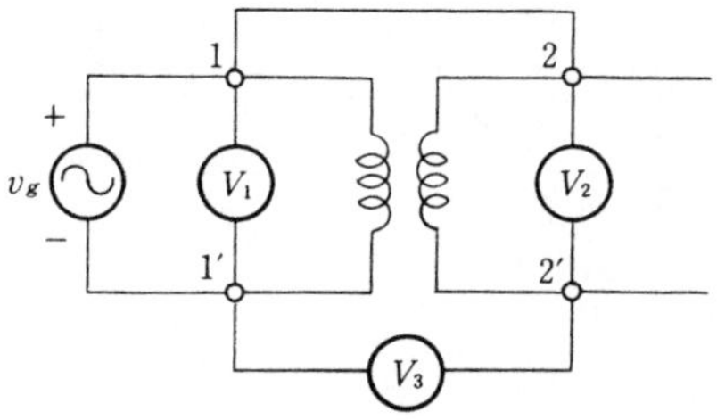

$V_3 = V_1 - V_2$(감극성)

$V_3 = V_1 + V_2$(가극성)

그림 8.19 변압기의 극성시험

8-9 結合係数

그림 8.2의 회로와 같이 유도적으로 결합된 두 코일에 있어서 코일 1에 의해 발생한 全자속(ϕ_1)중에서 코일 2와 쇄교하는 자속(ϕ_{12})의 비율을 k_{12}라 하면

$$k_{12}=\frac{\phi_{12}}{\phi_1} \tag{8.40}$$

마찬가지로 코일 2에 의해서 발생한 全자속(ϕ_2)중에서 코일 1과 쇄교하는 자속의 비율을 k_{21}이라 하면

$$k_{21}=\frac{\phi_{21}}{\phi_2} \tag{8.41}$$

따라서 상호 인덕턴스 M_{12}는 다음과 같이 표현될 수 있다.

$$M_{12}=\frac{n_2\phi_{12}}{i_1}=\frac{n_2k_{12}\phi_1}{i_1}=\frac{n_2}{n_1}\cdot k_{12}\cdot\frac{n_1\phi_1}{i_1}$$

$$=\frac{n_2}{n_1}k_{12}L_1 \tag{8.42}$$

같은 방법에 의해

$$M_{21}=\frac{n_1\phi_{21}}{i_2}=\frac{n_1}{n_2}\cdot k_{21}L_2 \tag{8.43}$$

식(8.42)와 식(8.43)을 서로 곱하고 또

$$M_{12}=M_{21}=M$$

의 관계를 이용하면

$$M^2=k_{12}\cdot k_{21}\cdot L_1L_2$$

$$\therefore\ M=\sqrt{k_{12}\cdot k_{21}\cdot L_1L_2} \tag{8.44}$$

여기서

$$\sqrt{k_{12}\cdot k_{21}}=k$$

라 하면 식(8.44)는

$$\left.\begin{aligned} M&=k\sqrt{L_1L_2}\\ \text{또는}\quad k&=\frac{M}{\sqrt{L_1L_2}}\end{aligned}\right\} \tag{8.45}$$

으로 표현되며, 이때의 k는 **결합계수**(coefficient of coupling)라 하여 두 코일간의 유도결합의 정도를 나타내는 계수가 된다. 쇄교자속의 비율인 k_{12}, k_{21}이 0과 1사이의 값을 가지므로 결합계수 k도 역시 0과 1사이의 값을 갖는다. 즉,

$$0\leq k\leq 1 \tag{8.46}$$

여기서 $k=0$은 상호자속이 전혀 없는 경우, 즉 유도결합이 없는 경우이며, $k=1$은 누설자속이 전혀없는, 즉 **완전결합**(perfect coupling)의 경우가 된다.

〔예제 8·7〕 인덕턴스 L_1,L_2가 각각 3〔mH〕, 6〔mH〕인 두 코일간의 상호 인덕턴스 M이 4〔mH〕라고 하면 결합계수 k는 얼마인가?

풀이 ☞ $k=\dfrac{M}{\sqrt{L_1L_2}}=\dfrac{4}{\sqrt{3\times6}}\simeq0.94$

8-10 理想変圧器

다음의 조건을 만족하는 가상적인 변압기를 **이상변압기**(ideal transformer)라고 한다.

i) 두 코일의 결합계수가 1일 것

ii) 코일에 관계되는 손실이 없을 것

즉, 코일의 저항, 磁氣回路에서의 磁氣履歷손실(hysteresis loss) 및 渦流(와류)손실(eddy current loss)이 없을 것

iii) 각 코일의 인덕턴스가 무한대일 것

이와 같은 조건을 만족하는 완전한 이상변압기는 실현될 수 없으나 잘 설계된 철심변압기는 이상변압기에 가깝다고 할 수 있다.

철심변압기는 電力用으로는 전압을 승강시키는데 이용되며 通信用으로는 임피던스를 변환시키는데 흔히 사용된다.

이상변압기의 조건 i)로부터

$$M=\frac{n_2\phi_1}{i_1}=\frac{n_1\phi_2}{i_2} \tag{8.47}$$

그리고

$$L_1=\frac{n_1\phi_1}{i_1},\quad L_2=\frac{n_2\phi_2}{i_2} \tag{8.48}$$

로부터 이상변압기의 권수比(ratio of turns) n은 다음과 같이 구해진다.

$$n=\frac{n_1}{n_2}=\frac{L_1}{M}=\frac{M}{L_2}=\sqrt{\frac{L_1}{L_2}} \tag{8.49}$$

그림 8.20의 회로가 이상적인 변압기의 회로라 할 때, 이에 대한 전압비, 전류비 및 구동점 임피던스를 구하여 보기로 한다. 우선 전압비는 식(8.39)로부터

$$\frac{\dot{V}_2}{\dot{V}_1}=\frac{-(-j\omega M)\cdot\dot{Z}_L}{j\omega L_1(j\omega L_2+\dot{Z}_L)-(-j\omega M)^2}$$
$$=\frac{j\omega M\dot{Z}_L}{(j\omega)^2(L_1L_2-M^2)+j\omega L_1\dot{Z}_L} \tag{8.50}$$

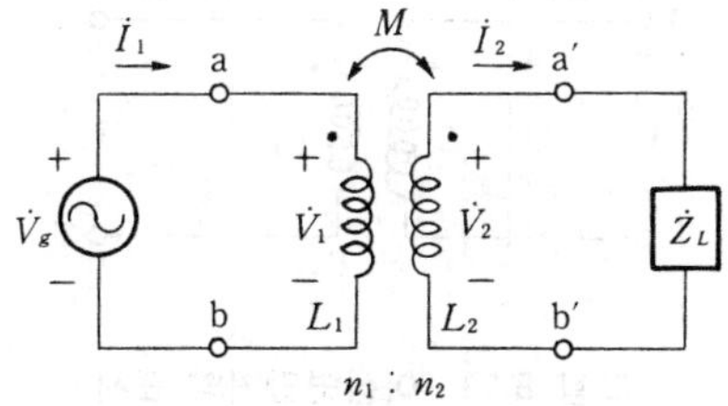

그림 8.20 이상변압기를 포함하는 회로

이 된다. 또한 이상변압기의 조건 i)로부터

$$M=\sqrt{L_1L_2}$$

이므로 식(8. 50)의 분모의 제1항은 0이 된다. 동시에 식(8. 49)로부터 전압비는 다음과 같이 된다.

$$\frac{\dot{V}_2}{\dot{V}_1}=\frac{1}{n}=\frac{n_2}{n_1} \tag{8. 51}$$

다음에 전류비는 식(8. 37)로부터

$$\frac{\dot{I}_2}{\dot{I}_1}=-\frac{(-j\omega M)}{j\omega L_2+\dot{Z}_L} \tag{8. 52}$$

이 되며, 또한 이상변압기의 조건 iii)으로부터

$$\omega L_2 \gg Z_L$$

이므로 식(8. 52)에서 분모의 제2항은 무시될 수 있으며 동시에 식(8. 49)로부터

$$\frac{\dot{I}_2}{\dot{I}_1}=n=\frac{n_1}{n_2} \tag{8. 53}$$

이 된다. 다음에 식(8. 53)을 식(8. 51)로 나누면

$$\frac{\dot{I}_2}{\dot{I}_1}\Big/\frac{\dot{V}_2}{\dot{V}_1}=\frac{\dot{I}_2}{\dot{I}_1}\cdot\frac{\dot{V}_1}{\dot{V}_2}=n^2 \tag{8. 54}$$

이 되며 1차측 단자로부터 2차측을 바라본 구동점 임피던스를 $\dot{Z}_{ab}$, 부하 임피던스를 $\dot{Z}_L$이라 하면

$$\dot{Z}_{ab}=\frac{\dot{V}_1}{\dot{I}_1} \tag{8. 55}$$

$$\dot{Z}_L=\frac{\dot{V}_2}{\dot{I}_2} \tag{8. 56}$$

이를 식(8. 54)에 대입하면

$$\dot{Z}_{ab}=n^2\cdot\dot{Z}_L=\left(\frac{n_1}{n_2}\right)^2\dot{Z}_L \tag{8. 57}$$

이 된다. 이상변압기의 표시는 **그림 8.21**과 같이 극성표시와 권수비로서 나타낸다.

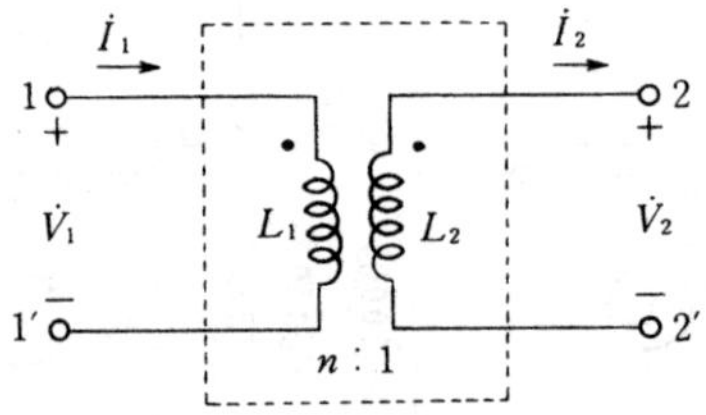

그림 8.21 이상변압기의 표시

〔예제 8·8〕 이상변압기의 1차측 코일의 권선수가 $n_1=300$이

고 자기유도계수가 $L_1 = 200[\mu H]$이다. 2차측 코일의 권선수가 $n_2 = 200$일 때 2차측 자기유도계수 L_2 및 상호유도계수 M을 구하여라.

풀이 ☞ $L_2 = L_1/n^2$에서 $n = \frac{n_1}{n_2} = \frac{300}{200} = 1.5$

$$L_2 = 200 \times \left(\frac{2}{3}\right)^2 \simeq 89[\mu H]$$ 이므로

$$M = \sqrt{L_1 L_2} = \sqrt{200 \times 89} \simeq 134[\mu H]$$

〔예제 8·9〕 내부저항이 1[kΩ]이고 발생전압이 V_g인 진공관 전원으로부터 등가저항 10[Ω]인 스피커에 전력을 공급하려고 한다.

① 부하를 직접 전원에 연결시킬 때 부하에 공급되는 전력 및 효율을 구하여라.

② 부하와 전원 사이에 적당한 가청주파 변성기를 삽입하여 부하에 최대전력을 공급하려고 한다. 권수비는 얼마로 하면 되겠는가? 또 이때의 전력과 효율을 구하여라.

풀이 ☞ ① 문제에 대한 등가회로는 **그림 8.22**와 같으므로 부하에 흐르는 전류는

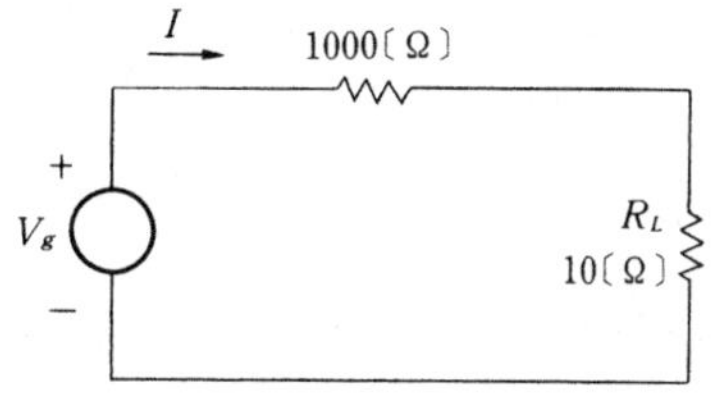

그림 8.22

$$I = \frac{V_g}{1000+10}[A]$$

따라서 부하에 공급되는 전력 P는

$$P = I^2 R_L = \left(\frac{V_g}{1010}\right)^2 \times 10[W]$$

효율을 η라고 하면

$$\eta = \frac{출력}{입력} = \frac{P}{V_g \cdot I} = \frac{I^2 \cdot 10}{V_g \cdot I} \simeq 0.9 = 90[\%]$$

② 최대전력이 공급되기 위해서는 최대전력 공급의 조건에서 변압기 1차측 단자 a,b에서 부하측을 본 저항이 전원의 내부저항과 같아야 한다. 즉, 그 등가회로가 **그림 8.23**(b)와 같을 때 최대전력이 전달된다.

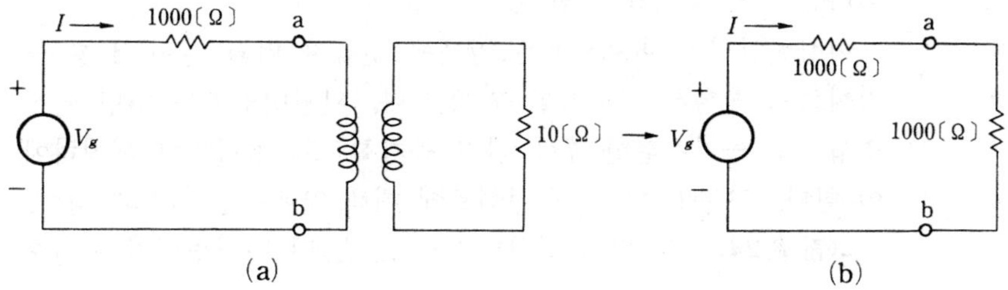

그림 8.23

따라서 식(8.57)에서

$$\left(\frac{n_1}{n_2}\right)^2=\frac{\dot{Z}_{ab}}{\dot{Z}_L}=\frac{1000}{10}=100$$

$$\therefore\ \frac{n_1}{n_2}=10$$

임피던스가 정합(整合)되었을 때의 전력을 $P_{\max}$, 이때의 효율을 $\eta_{\max}$ 라고 하면 그림 (b)의 등가회로에서

$$I=\frac{V_g}{1000+1000}$$

이므로

$$P_{\max}=I^2R_L=\left(\frac{V_g}{2000}\right)^2\cdot 1000=\frac{V_g{}^2}{4000}$$

$$\eta_{\max}=\frac{P_{\max}}{V_gI}=\frac{V_g{}^2}{4000}\Big/\frac{V_g{}^2}{2000}=0.5=50[\%]$$

8-11 完全變壓器

다음의 조건을 만족하는 이상적인 변압기를 **완전변압기**(perfect transformer)라고 한다.

i) 두 코일의 결합계수가 1일 것

ii) 코일에 관계되는 손실(銅損 또는 鐵損)이 없을 것

완전변압기의 경우 코일의 인덕턴스가 무한대라는 조건은 제외된다. 즉, ωL에 비해 Z_L이 무시될 수 없다.

따라서 완전변압기에서는

$$\frac{\dot{V}_2}{\dot{V}_1}=\frac{n_2}{n_1}=\frac{1}{n}$$

은 성립하나

$$\frac{\dot{I}_2}{\dot{I}_1}\neq\frac{n_1}{n_2}(=n),\quad \dot{Z}_{ab}\neq n^2\dot{Z}_L$$

이라는 점에 주의해야 한다.

이상변압기의 회로해석은 앞에서 언급한 바와 같이 T형 등가회로로 변환하여 해석할 수 있으나, 완전변압기는 일단 이상변압기로 등가변환한 후에 다시 등가회로로 변환하여 해석하여야 한다. 완전변압기의 등가회로에 대해 알아보면 다음과 같다.

그림 8.24(a)와 같이 인덕턴스가 L_1, L_2인 완전변압기는 권수

비가 $n(=\sqrt{L_1/L_2})$인 이상변압기의 1차측에 병렬로 L_1을 연결한 그림 (b)의 회로 또는 2차측에 병렬로 L_2를 연결한 그림 (c)의 회로와 등가이다.

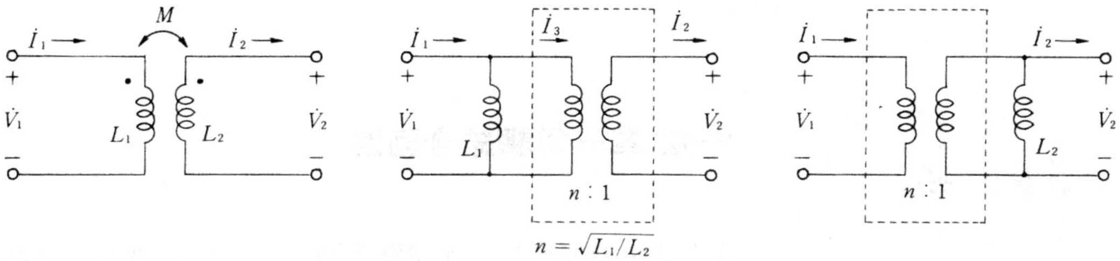

(a) 완전 변압기 (b) 등가회로(1) (c) 등가회로(2)

그림 8.24

그림 8.24(a)의 완전변압기에 대한 전압방정식은 다음과 같이 주어진다.

$$\left.\begin{aligned} \dot{V}_1 &= j\omega L_1 \dot{I}_1 - j\omega M \dot{I}_2 \\ -\dot{V}_2 &= j\omega L_2 \dot{I}_2 - j\omega M \dot{I}_1 \end{aligned}\right\} \qquad (8.58)$$

다음에 그림 (b)의 회로에서 이상변압기의 1차측 단자에 흐르는 전류 $\dot{I}_3$는 권수비가 $n:1$일 경우

$$n = \frac{\dot{I}_2}{\dot{I}_3}$$

이므로

$$\dot{I}_3 = \frac{\dot{I}_2}{n}$$

따라서 L_1을 흐르는 전류는

$$\dot{I}_1 - \dot{I}_3 = \dot{I}_1 - \frac{\dot{I}_2}{n}$$

이므로

$$\left.\begin{aligned} \dot{V}_1 &= j\omega L_1\left(\dot{I}_1 - \frac{\dot{I}_2}{n}\right) = j\omega L_1 \dot{I}_1 - j\omega L_1 \frac{\dot{I}_2}{n} \\ &= j\omega L_1 \dot{I}_1 - j\omega L_1 \sqrt{\frac{L_2}{L_1}}\,\dot{I}_2 \\ &= j\omega L_1 \dot{I}_1 - j\omega\sqrt{L_1 L_2}\,\dot{I}_2 = j\omega L_1 \dot{I}_1 - j\omega M \dot{I}_2 \\ -\dot{V}_2 &= -\frac{\dot{V}_1}{n_1} = -\sqrt{\frac{L_2}{L_1}}(j\omega L_1 \dot{I}_1 - j\omega\sqrt{L_1 L_2}\,\dot{I}_2) \\ &= -j\omega\sqrt{L_1 L_2}\,\dot{I}_1 + j\omega L_2 \dot{I}_2 \\ &= j\omega L_2 \dot{I}_2 - j\omega M \dot{I}_1 \end{aligned}\right\}$$

(8.59)

결국 앞의 식(8.58)과 식(8.59)가 동일하므로 **그림 8.24**(a)와 (b)회로는 전압·전류에 관한 한 양단자 외측에 대해 등가적이며 (a)와 (c)도 역시 같은 방법에 의해 등가임을 증명할 수 있다.

8-12 單一同調結合回路

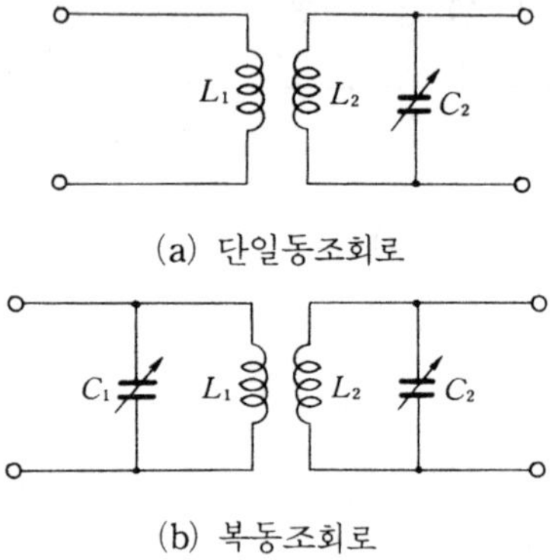

그림 8.25

유도결합된 회로에 있어서 **그림 8.25**(a)와 같이 1차측과 2차측 중에서 어느 한 쪽만이 同調回路로 되어 있을 때, 이를 **單一동조회로**(single－tuned coupled circuit)라 하고, 그림 (b)와 같이 1, 2차측 모두가 동조회로로 되어 있을 때 이를 **複동조회로**(double－tuned coupled circuit)라 한다.

먼저 단일동조회로에 대해 알아보기로 한다.

그림 8.26(a)에서 R_1은 1차측 코일의 전체 저항을 나타내며, R_2는 2차측 코일의 전체 저항을 나타낸다고 하자. 여기서 중요한 것은 1차측 전원 v_g의 크기가 일정(V_g)한 경우 약간의 주파수변화에 따라 2차측 전류가 어떻게 변하는가 하는 점이다.

그림 8.26(a)에서 단자 2-2′좌측에 대해 테브낭의 정리를 적용하여 등가변환한 다음, 전원의 내부저항이 매우 커서 즉, $R_1 \gg \omega L_1$인 경우 ωL_1의 크기를 무시하여 근사적인 등가회로를 그리면 그림 (b)와 같이 된다.

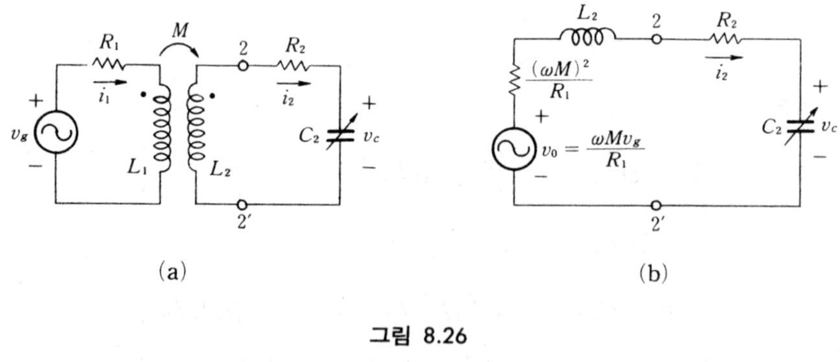

그림 8.26

그림에서 C_2를 조정하여 L_2와 동조시켰을 때 2차측 코일에 흐르는 전류를 I_{02}라 하면

$$I_{02}=\frac{1}{R_2+\frac{(\omega_0 M)^2}{R_1}}\times\frac{\omega_0 M V_g}{R_1}$$

$$\simeq\frac{\omega_0 M}{R_1R_2+(\omega_0 M)^2}V_g \qquad (8.60)$$

단, $\omega_0=\frac{1}{\sqrt{L_2C_2}}$

앞의 식을 보면 R_1, R_2, V_g, ω_0는 일정하므로 I_{02}의 값은 M의 크기에 따라 변한다. 그런데 $M=k\sqrt{L_1L_2}$이므로 단일동조결합회로의 2차측에 흐르는 전류 I_{02}의 크기는 결국 k에 의해 좌우됨을 알 수 있다.

여기서 최대의 I_{02}의 값을 주는 k의 값을 **임계결합계수**(critical coupling coefficient)라 하며 이때 M의 값을 M의 **최적값**(optimum value)이라 한다. M의 최적값을 M_{opt}, 임계결합계수를 k_c로 나타내면 M_{opt} 및 k_c의 값은 앞의 식(8.60)을 M에 대하여 편미분함으로써 얻을 수 있다. 즉,

$$\frac{\partial I_{02}}{\partial M}=\frac{\omega_0 V_g\{R_1R_2+(\omega_0 M)^2\}-\omega_0 M V_g(2\omega_0^2 M)}{\{R_1R_2+(\omega_0 M)^2\}^2}$$

$$=\frac{R_1R_2\omega_0 V_g+\omega_0^3M^2V_g-2\omega_0^3M^2V_g}{\{R_1R_2+(\omega_0 M)^2\}^2}=0$$

으로부터

$$R_1R_2\omega_0 V_g=\omega_0^3M^2V_g$$

따라서

$$M^2=\frac{R_1R_2}{\omega_0^2}$$

$$\therefore\ M_{opt}=\frac{\sqrt{R_1R_2}}{\omega_0} \qquad (8.61)$$

$$M_{opt}=k_C\sqrt{L_1L_2}$$

이므로

$$\frac{\sqrt{R_1R_2}}{\omega_0}=k_C\sqrt{L_1L_2}$$

또는

$$k_C=\frac{\sqrt{R_1R_2}}{\omega_0\sqrt{L_1L_2}}=\sqrt{\frac{R_1R_2}{\omega_0L_1\cdot\omega_0L_2}}$$

여기서

$$\frac{\omega_0 L_1}{R_1}=Q_1,\quad \frac{\omega_0 L_2}{R_2}=Q_2$$

이므로

$$k_C=\frac{1}{\sqrt{Q_1\cdot Q_2}} \tag{8.62}$$

따라서 단일동조결합회로에서의 2차측 최대 전류를 I_{02max}라 하면 I_{02max}는 M_{opt}를 앞의 식(8.60)에 대입함으로써 구할 수 있다. 즉,

$$I_{02max}=\frac{\omega_0\dfrac{\sqrt{R_1R_2}}{\omega_0}V_g}{R_1R_2+\omega_0^2\cdot\dfrac{R_1R_2}{\omega_0^2}}=\frac{V_g}{2\sqrt{R_1R_2}} \tag{8.63}$$

〔예제 8·10〕 그림 8.27의 회로에서 $L_1=100〔\mu H〕$, $L_2=150〔\mu H〕$, $V_g=10〔V〕$, $R_1=50〔k\Omega〕$, $f_0=1〔MHz〕$, 2차측 코일의 Q는 100이다.

① C_2는 얼마로 조정해야 하는가?
② M의 최적값 및 임계결합계수를 구하여라.
③ 2차 공진전류와 C_2양단의 공진전압을 구하여라.

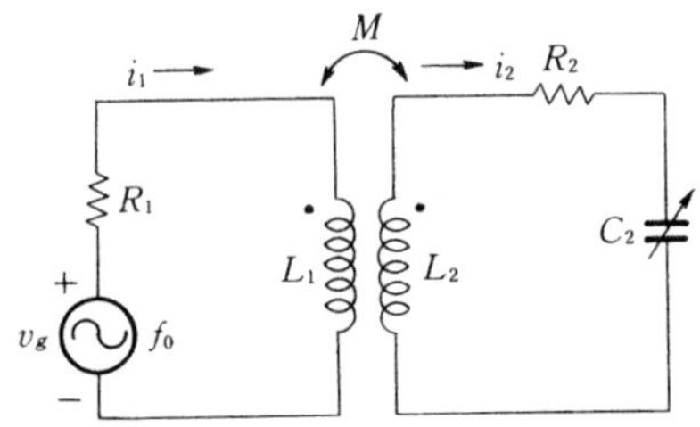

그림 8.27

풀이 ☞ ① $\omega_0 L_1=2\pi\times10^6\times100\times10^{-6}=628〔\Omega〕$, $R_1\gg\omega_0 L_1$ 이므로

$$C_{02}=\frac{1}{\omega_0^2 L_2}=\frac{1}{(2\pi\times10^6)^2\times150\times10^{-6}}\simeq169〔pF〕$$

② $Q_2=\dfrac{\omega_0 L_2}{R_2}=100$ 에서

$$R_2=\frac{\omega_0 L_2}{100}=\frac{2\pi\times10^6\times150\times10^{-6}}{100}\simeq9.4〔\Omega〕$$

따라서

$$M_{opt}=\frac{\sqrt{R_1R_2}}{\omega_0}=\frac{\sqrt{50\times10^3\times9.4}}{2\pi\times10^6}\simeq109〔\mu H〕$$

$$k_C=\frac{M_{opt}}{\sqrt{L_1L_2}}=\frac{109\times10^{-6}}{\sqrt{15000\times10^{-12}}}=\frac{109}{\sqrt{15000}}\simeq0.893$$

③ $$I_{02max}=\frac{V_g}{2\sqrt{R_1R_2}}=\frac{10}{2\sqrt{50\times10^3\times9.4}}\simeq7.29〔mA〕$$

$$V_{C2max}=\frac{I_{02max}}{\omega_0 C_{02}}=\frac{7.29\times10^{-3}}{2\pi\times10^6\times169\times10^{-12}}=6.9\text{[V]}$$

8-13 複同調結合回路

그림 8.28과 같이 1차측과 2차측이 다같이 동조회로로 구성된 것을 복동조결합회로라 부른다. 여기서 1차측과 2차측이 동일주파수 ω_0에 동조되어 있다면

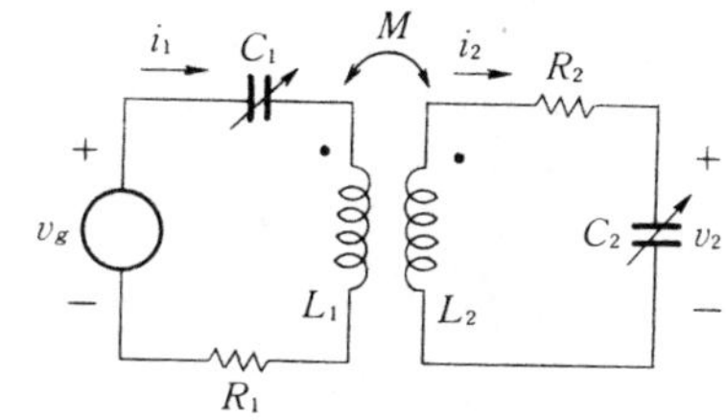

그림 8.28 복동조결합회로

$$\omega_0=\frac{1}{\sqrt{L_1C_1}}=\frac{1}{\sqrt{L_2C_2}}$$

이때 1차 및 2차측에 흐르는 전류를 각각 I_{01}, I_{02}라 하면 전절에서와 같은 방법에 의해

$$I_{01}=\frac{V_g}{R_1+\dfrac{(\omega_0M)^2}{R_2}}$$

$$I_{02}=\frac{\omega_0M}{R_2}\cdot I_{01}=\frac{\omega_0M}{R_1R_2+(\omega_0M)^2}V_g$$

이때 M의 최적값을 M_{opt}, 임계결합계수를 k_C라 하면

$$M_{\text{opt}}=\frac{\sqrt{R_1R_2}}{\omega_0}$$

$$k_C=\frac{M_{\text{opt}}}{\sqrt{L_1L_2}}=\frac{1}{\sqrt{Q_1Q_2}}$$

$$I_{02\text{max}}=\frac{V_g}{2\sqrt{R_1R_2}}$$

가 된다. 이때 1차측 전류의 최대값을 $I_{01\text{max}}$라 하면

$$I_{01\text{max}}=\frac{V_g}{2R_1}$$

이 경우 $k=k_C$에서 I_{02}는 최대가 되지만 I_{01}은 최대가 되지 않는다. 즉, **그림 8.25**의 회로에서

$$\dot{Z}_{11}=R_1+j\left(\omega L_1-\frac{1}{\omega C_1}\right)$$

이므로 $\omega<\omega_0$ 일 때 $\dot{Z}_{11}$은 용량성이 되며 $\dfrac{(\omega M)^2}{\dot{Z}_{22}}$은 유도성이 된다. 그런데 앞에서도 설명한 바와 같이

$$I_1=\frac{V_g}{\left|\dot{Z}_{11}+\frac{(\omega M)^2}{\dot{Z}_{22}}\right|}$$

의 관계가 있으므로 I_1의 값은 $\omega_1<\omega_0$인 어떤 주파수에서 임피던스는 최소가 되며, I_1은 최대가 된다.

마찬가지로 $\omega_2>\omega_0$인 어떤 주파수에서는 $\dot{Z}_{11}$은 유도성, $(\omega M)^2/\dot{Z}_{22}$은 용량성이 되어 이때도 임피던스는 최소가 되며, I_1의 값은 최대가 된다.

한편 $\omega_0 M/\dot{Z}_{22}$의 값은 ω_0에서 최대가 되며, 따라서 식

$$I_{02}=\frac{\omega_0 M}{\dot{Z}_{22}}\cdot I_{01}$$

에 의하여 I_{02}의 값은 ω_0부근에서는 거의 비슷한 값을 갖게 된다. 따라서 $k=k_C$에서 I_{02}의 주파수 응답곡선은 정상부(頂上部)가 평탄하게 된다.

이는 복동조결합회로가 매우 양호한 **帶域通過필터**(band-pass filter)의 특성을 나타내고 있음을 말해준다.

연 습 문 제

〔1〕 **그림 8.29**와 같은 회로에서 $i_1 = I_m \sin\omega t$〔A〕일 때 개방된 2차 단자에 나타나는 유기기전력 v_2〔V〕는 얼마인가?

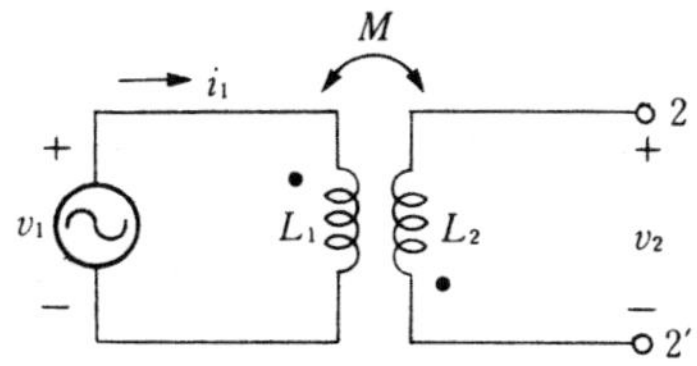

그림 8.29

〔2〕 **그림 8.30**에서 1차 코일의 권수 $n_1=50$이고, 2차 코일의 권수 $n_2=500$이다. 1차 코일에 1〔A〕의 전류를 흘렸을 때 코일 1의 총자속은

$$\phi_1=\phi_{11}+\phi_{12}=6\times10^{-4}\text{〔Wb〕}$$

코일 2와 쇄교하는 자속이 $\phi_{12}=5.5\times10^{-4}$〔Wb〕로 주어지며 2차 코일에 1〔A〕의 전류를 흘렸을 때 코일 2의 총자속은

$$\phi_2=\phi_{21}+\phi_{22}=6\times10^{-3}\text{〔Wb〕}$$

코일 1과 쇄교하는 자속이 $\phi_{21}=5.5\times10^{-3}$〔Wb〕라 하면

① 각 코일의 자기유도계수를 구하여라.

② 양 코일간의 상호유도계수를 구하여라.

③ 결합계수는 얼마인가?

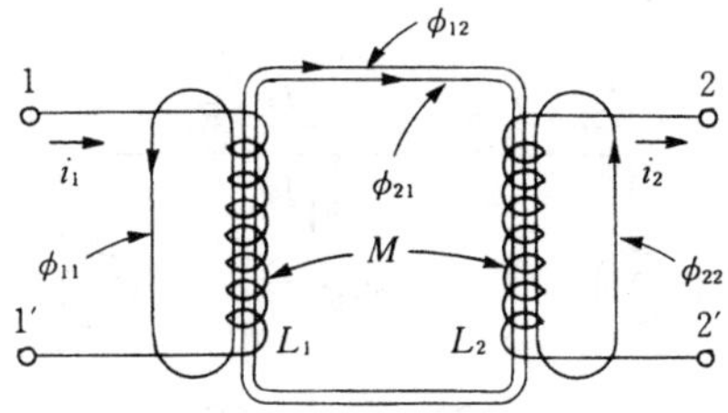

그림 8.30

〔3〕 **그림 8.31**과 같은 회로에서 a, b단자에서 본 등가 임피던스 $\dot{Z}_{ab}$를 구하여라. 단, 코일 1의 내부저항 R_1, 자기유도계수 L_1, 코일 2는 내부저항 R_2, 자기유도계수 L_2, 그리고 양 코일간의 상호유도계수를 M이라 한다.

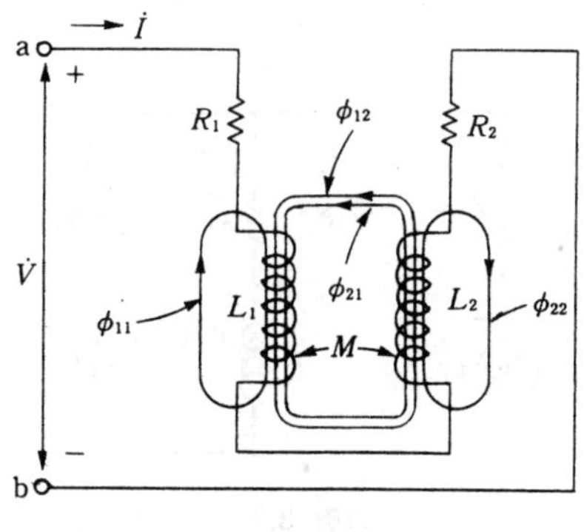

그림 8.31

〔4〕 앞의 문제 〔3〕에서 $R_1=3.3$〔Ω〕, $M=0.0256$〔H〕, $L_1=0.094$〔H〕, $\omega=377$〔rad/sec〕, $R_2=0.775$〔Ω〕, $L_2=0.0108$〔H〕, $\dot{V}=50\angle0°$〔V〕일 때 등가 임피던스 $\dot{Z}_{ab}$, 전류 $\dot{I}$ 및 소비전력 P를 구하여라.

〔5〕 두 코일이 **그림 8.32**와 같이 결합되어 있다. 각 코일에 흐르는 전류 $\dot{I}_1$, $\dot{I}_2$, 全전류 $\dot{I}$, 등가임피던스 $\dot{Z}_{ab}$ 및 全소비전력 P를 구하여라. 단, $R_1=3.3$〔Ω〕, $L_1=0.094$〔H〕, $R_2=0.775$〔Ω〕, $L_2=0.0108$〔H〕, $M=0.0256$〔H〕, $\omega=377$〔rad/sec〕, $\dot{V} = 50\underline{/0°}$〔V〕

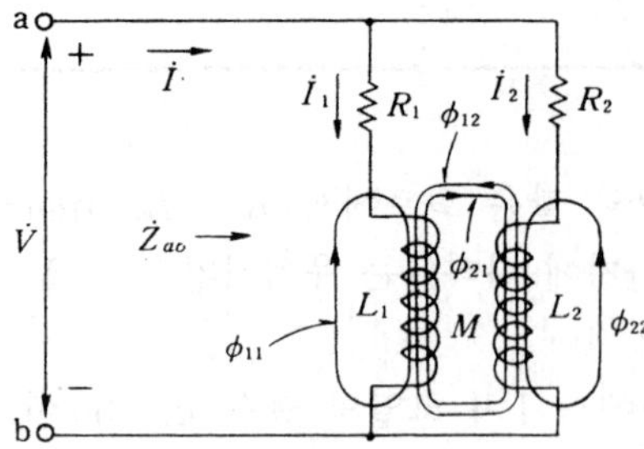

그림 8.32

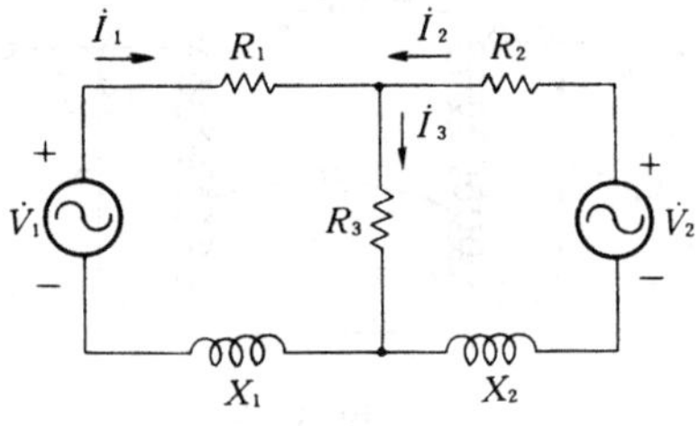

그림 8.33

〔6〕 **그림 8.33**과 같은 회로에서 $R_1=R_2=10〔\Omega〕$, $X_1=X_2=40〔\Omega〕$, $R_3=20〔\Omega〕$, $\dot{V}_1=50\underline{/0°}〔V〕$, $\dot{V}_2=50\underline{/-30°}〔V〕$ 일 때 $\dot{I}_1$, $\dot{I}_2$ 및 $\dot{I}_3$를 구하여라.

〔7〕 2개의 코일이 상호유도결합되어 있다. 결합계수가 0.4이며 코일 1의 자기유도계수 $L_1=0.1〔H〕$, 코일 2의 자기유도계수 $L_2=0.05〔H〕$일 때 코일 1에 주파수 188〔Hz〕, 2.5〔A〕의 전류가 흐른다면 코일 2에 유기되는 전압은 얼마인가?

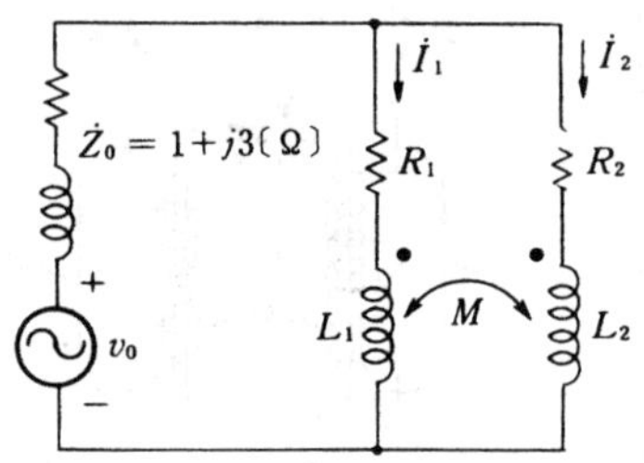

그림 8.34

〔8〕 **그림 8.34**에서 $v_0=141.4\sin 377t〔V〕$, $R_1=3.3〔\Omega〕$, $L_1=0.094〔H〕$, $R_2=10〔\Omega〕$, $L_2=0.0108〔H〕$, $M=0.0256〔H〕$이고, 전원의 내부임피던스가 $\dot{Z}_0=1+j3〔\Omega〕$일 때 $\dot{I}_1$ 및 $\dot{I}_2$를 구하여라.

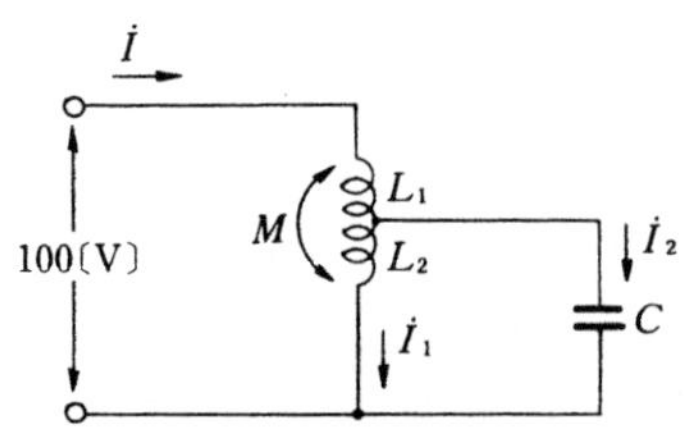

그림 8.35

〔9〕 **그림 8.35**와 같은 단권변압기에서 $\omega L_1=2〔\Omega〕$, $\omega L_2=3〔\Omega〕$, $\omega M=1〔\Omega〕$, $\dfrac{1}{\omega C}=5〔\Omega〕$일 때 전류 $\dot{I}$, $\dot{I}_1$, $\dot{I}_2$를 각각 구하여라.

〔10〕 **그림 8.36**의 유도결합회로를 등가 무유도결합회로로 변환한 다음 결합 임피던스 $\dot{Z}_c$, 구동점 임피던스 $\dot{Z}_{ab}$를 구하여라. 또 1, 2차측의 순시값 전류 i_1, i_2 및 2차측에 전달되는 전력 P를 구하여라. 이상의 결과로부터 전압, 전류의 phasor 도를 나타내어라.

단, $R_1=5$〔Ω〕, $R_2=10$〔Ω〕, $R_L=30$〔Ω〕,
$L_1=8.04$〔mH〕, $L_2=16.08$〔mH〕,
$M=4.02$〔mH〕, $C=1.22$〔μF〕,
$v_g=14.1\sin 2\pi\cdot 1000t$〔V〕 이다.

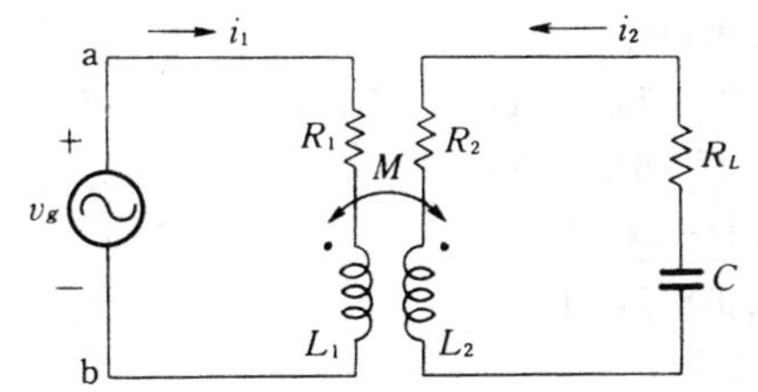

그림 8.36

연습문제해답

〔1〕 $v_2 = \omega M I_m \sin(\omega t - 90°)$〔V〕

〔2〕 ① $L_1 = 0.03$〔H〕

$L_2 = 3.0$〔H〕

② $M = 0.275$〔H〕

③ $k = 0.917$

〔3〕 $\dot{Z}_{ab} = R_1 + R_2 + j\omega(L_1 + L_2 + 2M)$

〔4〕 $\dot{Z}_{ab} = 4.075 + j58.77 = 58.8\angle 86°$〔Ω〕

$\dot{I} = 0.85\angle -86°$〔A〕

$P = 2.95$〔W〕

〔5〕 $\dot{I}_1 = 10.8\angle -53.2°$〔A〕

$\dot{I}_2 = 35.4\angle -54.2°$〔A〕

$\dot{I} = 46.4\angle -54°$〔A〕

$\dot{Z}_{ab} = 1.078\angle 54°$〔Ω〕

$P = 1352$〔W〕

〔6〕 $\dot{I}_1 = 0.98\angle -38.9°$〔A〕

$\dot{I}_2 = 0.62\angle 102.5°$〔A〕

$\dot{I}_3 = 1.51\angle -53.7°$〔A〕

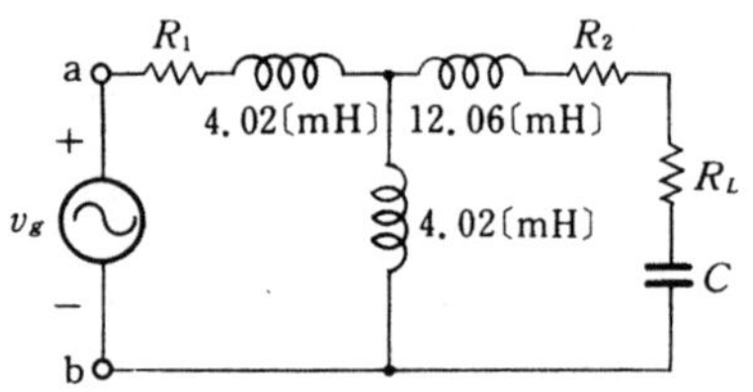

그림 8.37

〔7〕 $V_2 = 83.5$〔V〕

〔8〕 $\dot{I}_1 = 2.63\angle -128°$〔A〕

$\dot{I}_2 = 6.04\angle -16°$〔A〕

〔9〕 $\dot{I} = -j\dfrac{20}{3}$〔A〕

$\dot{I}_1 = -j20$〔A〕

$\dot{I}_2 = -j\dfrac{40}{3}$〔A〕

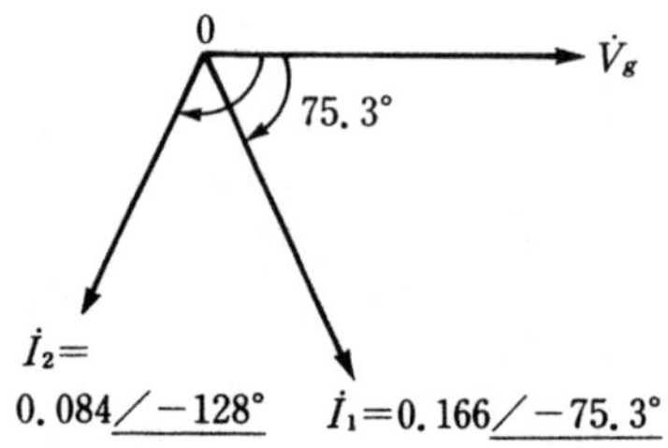

그림 8.38

〔10〕 $\dot{Z}_c = 10.2 + j7.6$〔Ω〕

$\dot{Z}_{ab} = 15.2 + j58.1$〔Ω〕

$i_1 = \sqrt{2}\,0.166 \sin(2\pi \cdot 1000t - 75.3°)$〔A〕

$i_2 = \sqrt{2}\,0.084 \sin(2\pi \cdot 1000t - 128.4°)$〔A〕

$P = (R_2 + R_L) I_2^2 = (10 + 30) \times 0.084^2 = 0.28$〔W〕

3相回路 9

주파수는 같지만 위상을 달리하는 여러 개의 기전력이 동시에 존재하는 交流방식을 多相방식(polyphase system)이라 하며 이에 반해 기전력이 한 개만 존재하는 방식을 單相방식(single phase system)이라 한다.

다상방식을 사용하면 같은 전력을 전송하는 경우 단상에 비해 송전선을 많이 절약할 수 있으며, 回轉磁界가 이루어지는 이점이 있다.

다상방식 가운데 현재 가장 많이 쓰이는 것은 3相방식이며, 발전·송전·배전 등 공업용 전력계통에서는 거의 다 3상방식이 채택되고 있다.

특히, 대칭 3상방식의 경우 순시전력의 총합이 항상 일정하기 때문에 3상전동기는 일정한 회전력을 받아 진동과 소음이 작게 되는 큰 이점이 있다. 따라서 본장에서는 3상회로를 중심으로 하여 이에 대한 일반적인 해석방법에 대해 생각해 보기로 한다.

(요 목)

9-1 多相方式의 利点

전원(발전기)으로부터 부하에 전력을 공급할 때는 **그림 9.1**과 같이 전원과 부하 사이를 왕복하는 송전선로가 필요하며 이와 같은 방식을 **單相방식**이라 한다. 전원과 부하간의 거리가 멀 때는 부하저항 R에 비해 송전선의 선로저항 R_l이 무시할 수 없을 만큼 커지게 되므로 송전선에서의 전력손실이 증대된다.

선로손실을 줄이기 위한 방법으로서는 전선의 단면적을 크게 하고 송전전압을 높이는 방법이 고려될 수 있으나 전자의 경우는 어느 정도 한계가 있게 된다. 이런 경우 단상방식보다 **다상방식**을 사용하면 송전선을 적게 쓰고도 소정의 전력공급을 할 수 있다.

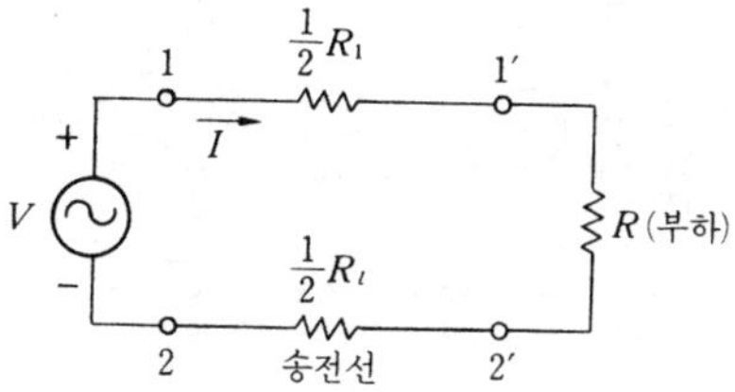

그림 9.1 단상 송전회로

예를 들어 2相 및 3相의 경우와 비교해 보자. **그림 9.1**의 회로에서 선로를 흐르는 전류 I는

$$I = \frac{V}{R+R_l} \tag{9.1}$$

로 표시되며, 이때 부하에서 소비되는 전력은

$$P = I^2R \tag{9.2}$$

선로에서 소비되는 전력은

$$P_l = I^2R_l \tag{9.3}$$

이 된다. 따라서 선로에서 소비되는 전력과 부하에서 소비되는 전력의 比는

$$\frac{P_l}{P} = \frac{R_l}{R} \tag{9.4}$$

이 된다. **그림 9.1**의 회로를 2개 겹쳐서 이루어지는 **그림 9.2**의 회로에서 $V_1 = V_2 = V$라 하면, 두 폐로는 완전 대칭관계에 있기 때문에 분명 $I_1 = I_2 = I_0$가 되며 이때 부하 $2R$에서 소비되는 전력은

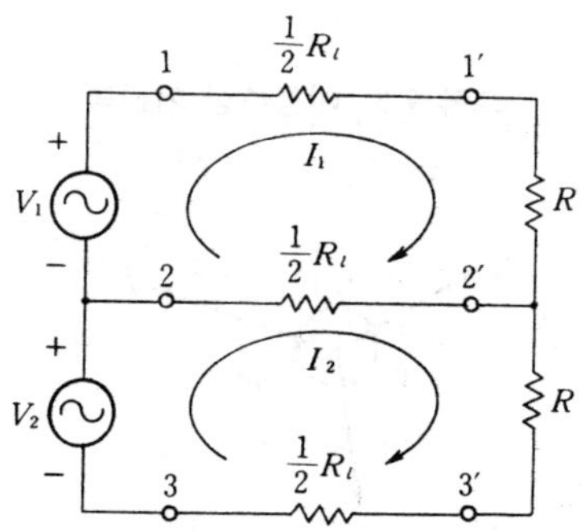

그림 9.2 2상송 전회로

$$P = 2I_0^2R \tag{9.5}$$

그러나 선로에서 소비되는 전력은 선로 2-2′를 흐르는 전류

가 0이 되기 때문에

$$P_l = I_0^2 R_l \tag{9.6}$$

이 된다. 따라서

$$\frac{P_l}{P} = \frac{1}{2}\frac{R_l}{R} \tag{9.7}$$

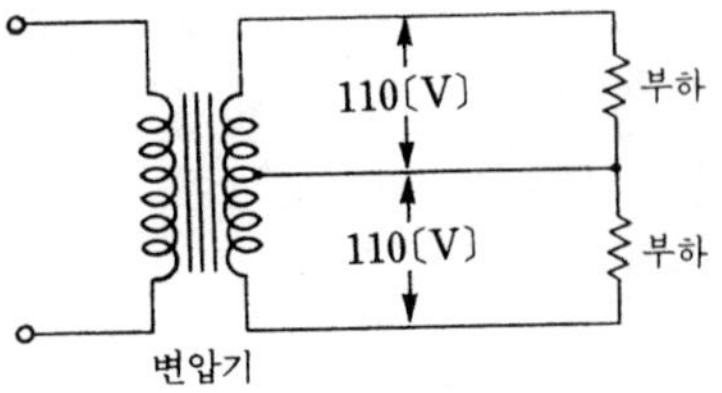

그림 9.3 탭선을 이용한 단상 배전회로

가 되어 식(9.4)와 비교해 보면 **2상방식**의 선로에서 소비되는 전력의 비율이 반으로 줄어드는 것을 알 수 있다. 뿐만 아니라 선로 2-2′에는 전류가 흐르지 않기 때문에 선로 2-2′는 없어도 무방하게 된다. 따라서 이와 같은 점을 생각해 보면 2상방식은 단상방식에 비해 매우 경제적인 전력공급방식이 된다. **그림 9.3**과 같이 배전용 변압기의 2차측 전압을 220〔V〕로 하고 그 중간점에서 **탭**(tap)을 내어 110〔V〕용의 부하를 접속하는 것은 실제로 자주 이용되는 예이다.

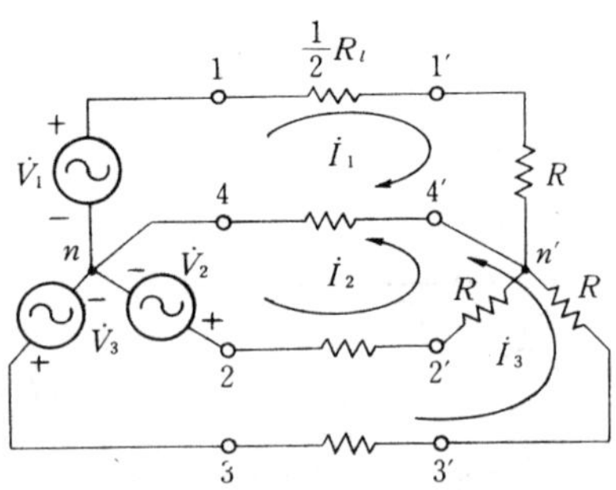

그림 9.4 3상 송전회로

다음에 **그림 9.4**와 같이 3개의 단상송전회로를 겹쳐 놓은 3상방식에 대해 생각해 보자.

이때 $\dot{I}_1$, $\dot{I}_2$, $\dot{I}_3$의 크기가 I로서 모두 같다면 부하에서 소비되는 전력의 총합은

$$P = 3I^2 R \tag{9.8}$$

여기서 만약 **3상 기전력** $\dot{V}_1$, $\dot{V}_2$, $\dot{V}_3$가 크기가 같고 위상이 120°씩 차이가 나는 **그림 9.5**와 같은 **대칭 3상전압**을 이루고 있다면 각 선로전류 $\dot{I}_1$, $\dot{I}_2$, $\dot{I}_3$도 각각 크기가 같고 위상이 120°씩 차이가 나는 **그림 9.6**과 같은 **대칭 3상전류**가 된다. 따라서 **중성선**(neutral line) n-n'를 흐르는 전류는

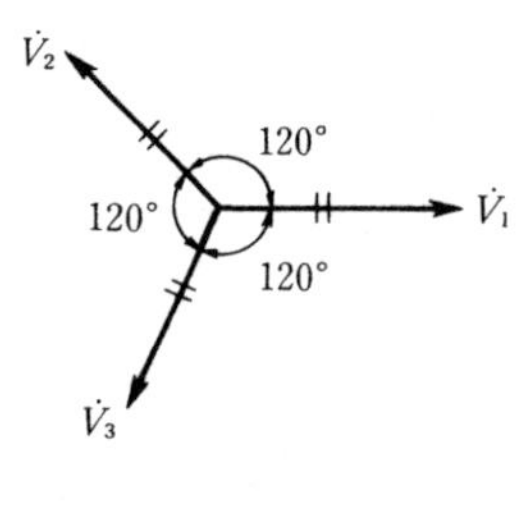

그림 9.5 대칭 3상 기전력

$$\dot{I}_n = \dot{I}_1 + \dot{I}_2 + \dot{I}_3 = 0 \tag{9.9}$$

이 되므로, 선로에서 소실되는 전력의 총합은

$$P_l = \frac{1}{2}I_1^2 R_l + \frac{1}{2}I_2^2 R_l + \frac{1}{2}I_3^2 R_l = \frac{3}{2}I^2 R_l \tag{9.10}$$

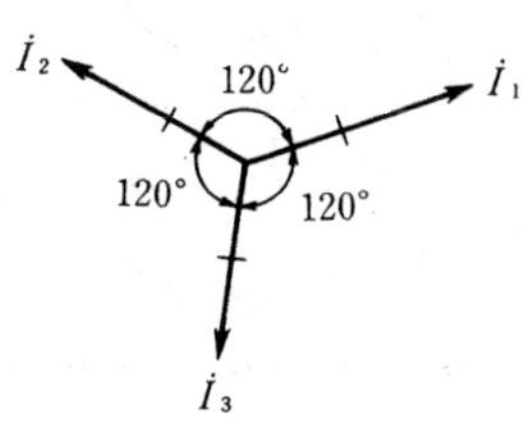

그림 9.6 대칭 3상 전류

이 되고, 그 결과 선로에서 소비되는 전력의 비율은

$$\frac{P_l}{P} = \frac{1}{2}\cdot\frac{R_l}{R} \tag{9.11}$$

가 되어 단상방식에 비해 역시 반으로 줄어듬을 알 수 있다. 이와 같은 현상은 3상 이상의 다상(n상)방식에 있어서도 역시 같

은 방법에 의해 확인될 수 있다.

결국 다상방식의 전력공급방식을 채택하면 필요로 하는 선로의 수를 줄일 수 있기 때문에 경비절감과 더불어 선로에서 소실되는 전력을 크게 줄일 수 있는 잇점이 있게 된다.

9-2 多相方式

주파수는 같으나 위상이 다른 여러 기전력이 같은 회로계 내에 동시에 존재하는 교류방식을 다상방식이라고 하며, 이와 같은 기전력을 다상교류기전력이라 한다. n개의 기전력이 존재하는 n상방식에 있어서 n개의 다상기전력의 크기가 서로 같고, 또 인접하고 있는 각 기전력 사이의 위상차가 같을 때, 이 방식을 **대칭 다상방식**이라고 하며, 그렇지 않을 때를 **비대칭 다상방식**이라고 한다. 또, 각상의 순시전력의 총합이 맥동하는가, 않는가에 따라 **평형 다상방식**과 **불평형 다상방식**으로 구분한다.

다상방식에 있어서는 접속방법에 따라 두 종류의 결합방식이 있는데, 그 하나는 **그림 9.7**(a)와 같이 각相의 종단(終端)을 한데 묶는 것이며, 그 모양이 星形을 이루고 있으므로 **성형결선**이

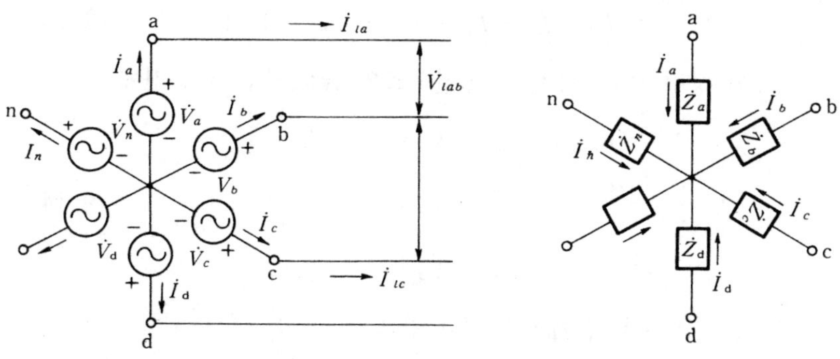

(a) 전원측　　(b) 부하측

그림 9.7 n상 성형결선

라고 한다. 이 때 각상을 한데 묶은 공통점을 **중성점**이라고 하며, 외부에 대한 접속단자로서는 각상의 시단(始端)을 사용한다. 또 하나는 **그림 9.8**(b)와 같이 각상의 시단을 다음 상의 종

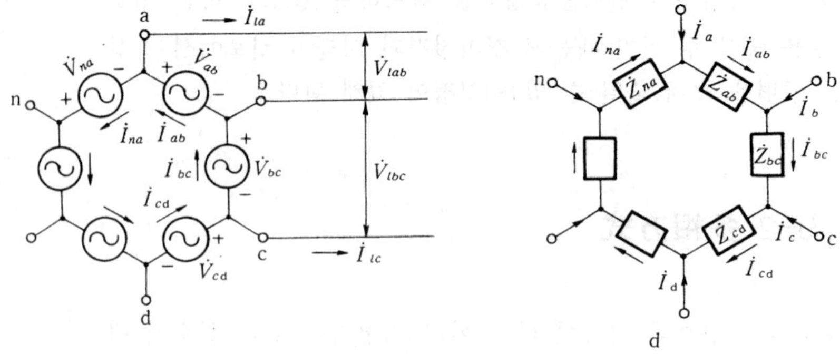

(a) 전원측 (b) 부하측

그림 9.8 n상 환상결선

단에 접속함으로써 전체를 環狀으로 결합한 것이며, 이것을 **환상결선**이라고 한다.

전원내 각 상의 기전력과 부하 임피던스가 대칭을 이루고 있을 때는

(1) 성형결선의 경우

전원내의 각 相전압과 각 相전류간에는 항상

$$\dot{V}_a + \dot{V}_b + \dot{V}_c + \cdots + \dot{V}_n = 0 \tag{9.12}$$

$$\dot{I}_a + \dot{I}_b + \dot{I}_c + \cdots + \dot{I}_n = 0 \tag{9.13}$$

이 성립하며 상전압과 송전선로의 線間전압($\dot{V}_l$) 간에는

$$\left.\begin{aligned} \dot{V}_{lab} &= \dot{V}_a - \dot{V}_b \\ \dot{V}_{lbc} &= \dot{V}_b - \dot{V}_c \\ &\vdots \\ \dot{V}_{lna} &= \dot{V}_n - \dot{V}_a \end{aligned}\right\} \tag{9.14}$$

또 相전류와 線전류($\dot{I}_l$) 간에는

$$\left.\begin{aligned} \dot{I}_{la} &= \dot{I}_a \\ \dot{I}_{lb} &= \dot{I}_b \\ &\vdots \\ \dot{I}_{ln} &= \dot{I}_n \end{aligned}\right\} \tag{9.15}$$

의 관계가 성립된다.

(2) 환상결선의 경우

전원내의 각 상전압과 각 상전류간에는 항상

$$\dot{V}_{ab}+\dot{V}_{bc}+\dot{V}_{cd}+\ \cdots\ +\dot{V}_{na}=0 \tag{9.16}$$

$$\dot{I}_{ab}+\dot{I}_{bc}+\dot{I}_{cd}+\ \cdots\ +\dot{I}_{na}=0 \tag{9.17}$$

이 성립하며, 상전압과 송전선로의 선간전압 간에는

$$\left.\begin{aligned}\dot{V}_{lab}&=\dot{V}_{ab}\\ \dot{V}_{lbc}&=\dot{V}_{bc}\\ &\vdots\\ \dot{V}_{lna}&=\dot{V}_{na}\end{aligned}\right\} \tag{9.18}$$

또 상전류와 선전류간에는

$$\left.\begin{aligned}\dot{I}_{la}&=\dot{I}_{ab}-\dot{I}_{na}\\ \dot{I}_{lb}&=\dot{I}_{bc}-\dot{I}_{ab}\\ &\vdots\\ \dot{I}_{ln}&=\dot{I}_{na}-\dot{I}_{(n-1)n}\end{aligned}\right\} \tag{9.19}$$

이 성립한다.

이상의 관계식(9.12)~(9.19)은 대칭회로의 경우 부하 임피던스를 중심으로 한 상전압과 상전류, 또 이들과 선간전압 및 선전류간에도 그대로 적용된다.

다상방식 중에서는 특수한 경우를 제외하고 대부분 3상방식이 쓰이고 있기 때문에 앞으로 **3상회로**에 대해 중점적으로 생각해 보기로 한다.

9-3 對称 3相起電力의 發生 및 接續

그림 9.9(a)는 3相發電의 원리를 보여주고 있으며 여기서는 동일구조를 갖는 3개의 권선이 $\frac{2}{3}\pi$의 간격으로 電機子에 감겨져 있다. 이 전기자가 일정속도로 회전하게 되면 각 권선의 양단에는 크기가 같고 위상이 $\frac{2}{3}\pi$씩 차가 나는 3개의 **단상전압**이 유기되며, 이 3개의 단상전압을 일괄하여 생각할 때 이를 **3상전압**이라 한다.

그림 (b)는 각 전원의 내부 임피던스 $\dot{Z}_g$를 고려하여 등가적으로 나타낸 것이며, 그림 (c)는 각 전압의 순시값을, 그림 (d)는 이들 3상전압의 페이저도이다.

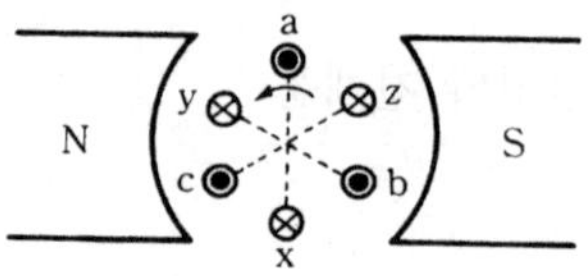

(a) 3상 발전의 원리

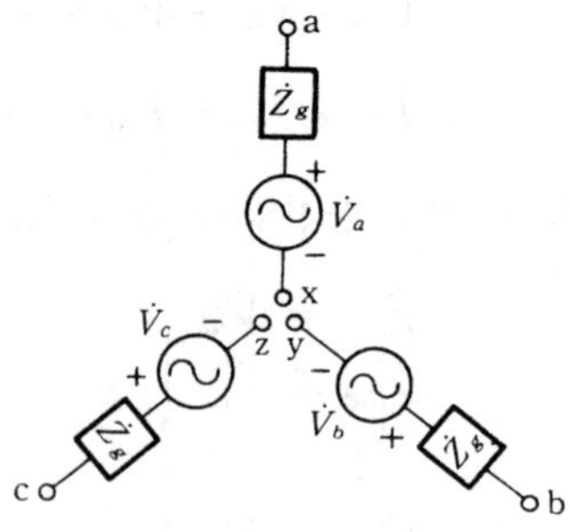

(b) 3상 전원의 등가표시

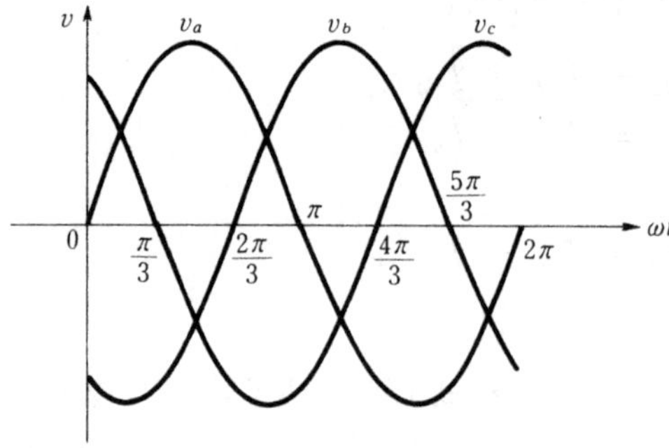

(c) 3상 전압의 순시값 (상순 a, b, c)

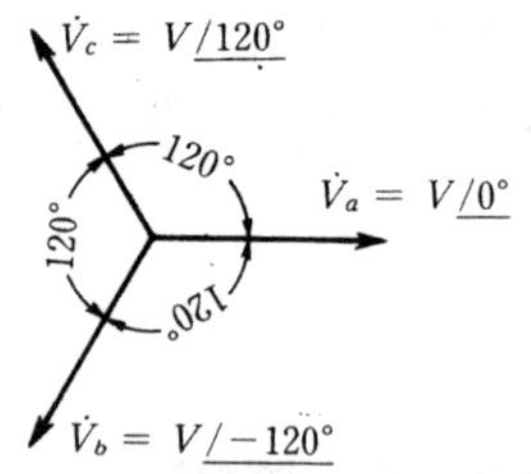

(d) 전압의 페이저도(상순 a,b,c)

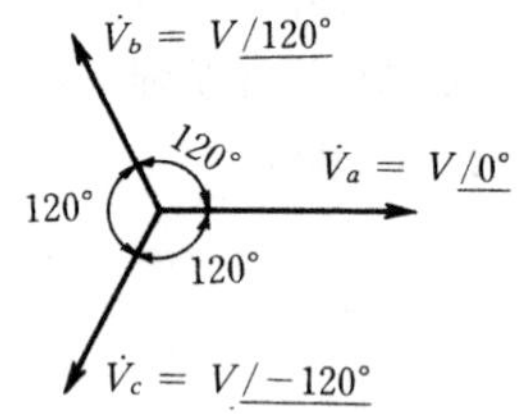

(e) 전압의 페이저도(상순 a, c, b)

그림 9.9

그림 9.9의 (c), (d)는 그림 (a)의 전기자가 반시계방향으로 회전할 때의 각 전압을 보여주고 있지만, 만약 전기자의 회전방향이 반대(시계방향)가 된다면 이들 순시값과 페이저도에서의 각 전압의 순서(이를 **相順**이라 함)는 그 반대가 된다. 다시 말해 a를 기준相으로 한다면 그림 (d)는 상순이 a, b, c임을 보여주고 있지만, 그림 (e)는 상순이 a, c, b임을 보여준다.

이와 같이 해서 발생하는 3개의 단상전압이 **3상전원**으로 이용될 때는 각 단자간의 결합방식에 따라 **그림 9.10**과 같은 Y결선(성형결선) 또는 Δ결선(환상결선)으로 된다.

그림 9.10(a)와 같이 **그림 9.9**(b)에서 3개의 **단상전원**의 低電位측 단자 x, y, z를 **공통전위**로 묶고 高電位측 단자인 a, b, c가 3상전원의 세 단자가 되도록 한 결선방식을 Y결선이라 하며, 특히 **중성점** n에 중성선(점선)이 설치된 경우를 3상 4선식 Y결선이라 한다. 한편 **그림 9.10**(b)와 같이 **그림 9.9**(b)에서 전위가 높은측과 낮은측을 교대로 접속하여 세 점 x-b, y-c, z-a가 3상전원의 세 단자가 되도록 한 결선법을 Δ결선이라 한다.

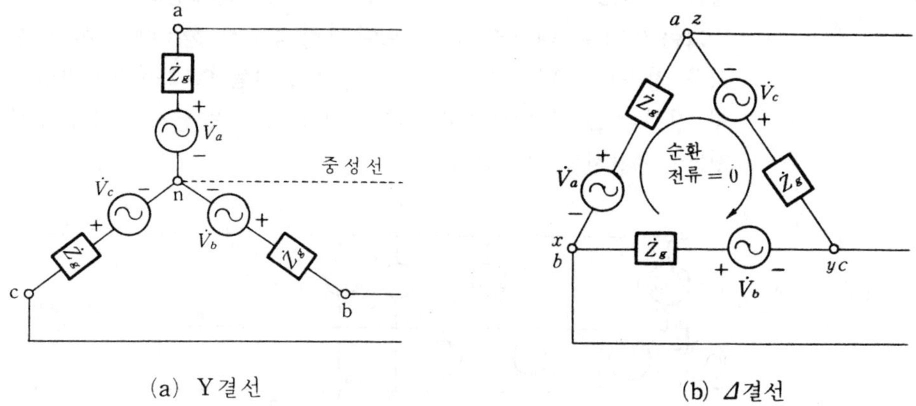

그림 9.10 3상전원의 결선

3상전원에서 각 **相전압**은 120°씩 위상차가 나지만 그 크기가 같고, 또한 그 내부 임피던스도 같은 것이 일반적이다. 이런 경우 이를 **평형 3상전원** 또는 **대칭 3상전원**이라 한다.

3상전원에 부하가 접속되는 경우 각 전원의 내부 임피던스는 부하 임피던스에 비해 거의 무시할 수 있을 정도로 작은 것이 보통이기 때문에 많은 경우 3상전원은 理想電源으로 간주할 수 있다.

전원의 Δ결선시 전원의 내부에는 시계방향(화살표)으로 순환전류가 흐를 것으로 예상되지만 대칭 3상전원의 경우 3개의 전원전압이 평형을 이루기 때문에 순환되는 방향으로의 기전력의 총화는

$$\dot{V}_a + \dot{V}_b + \dot{V}_c = 0 \qquad (9.20)$$

이 되어 전원단자에 부하가 연결되어 있지 않은 경우라도 전원

내부에 순환전류가 흐르지 않는다.

9-4 3相回路의 構成

3상전원에 부하를 접속하여 구성되는 3상회로는 부하측도 Y 결선 또는 Δ결선이 될 수 있으므로 전원부와의 조합방식에 따라 Y-Y, Y-Δ, Δ-Y, Δ-Δ형 방식으로 구분된다. 이 경우 부하측도 전원과 마찬가지로 **대칭 3상부하**로 되어 있을 때 이를 **평형 3상회로**라 하며 그렇지 못한 때를 **불평형 3상회로**라 한다.

그림 9.11은 대표적 3상회로인 3상 4선식 회로에서 여러 부하를 접속하는 방법을 보여주고 있으며 **그림 9.12**는 3상변압기의 결선예(Δ-Y방식)로서 1차측(Δ결선)이 발전기 2차측(Y결선)이 송전선에 연결된다.

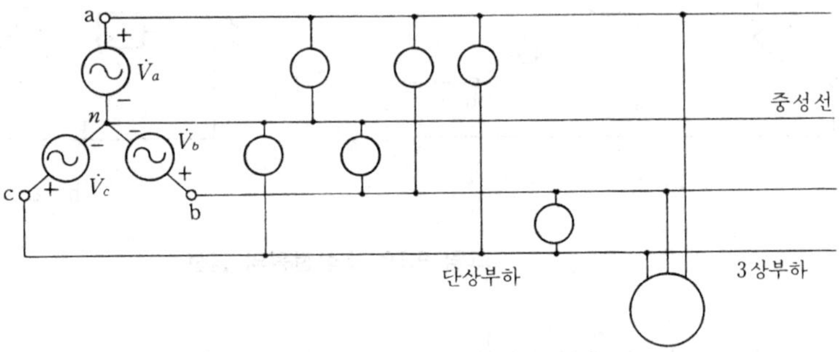

그림 9.11 3상 전원과 부하접속의 예

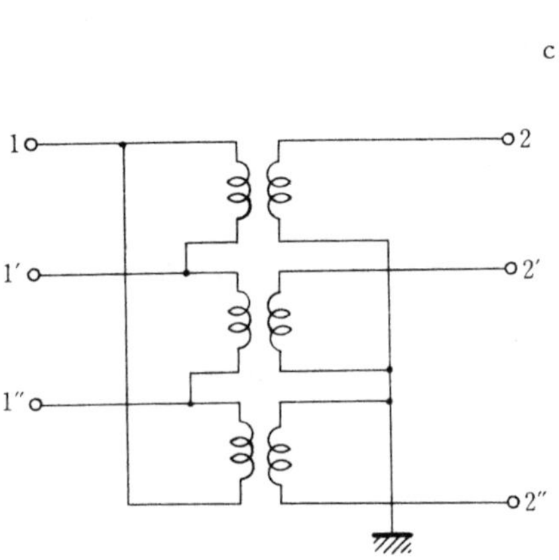

그림 9.12 3상 변압기의 결선 예 (Δ-Y 결선)

단상회로와는 달리 3상회로의 해석시에 전원의 상순은 매우 중요한 의미를 갖는다. 그러므로 해석에 앞서 반드시 상순이 지정되어야 한다. 특히 불평형회로에서는 상순이 바뀌게 되면 회로해석의 결과가 달라지게 되며 3상전동기와 같은 경우는 전동기의 회전방향이 바뀌기 때문이다.

9-5 平衡 3 相回路의 電圧, 電流

그림 9.13(a)는 이상적인 평형 3상회로에 있어서 Y형 결선의 전원부이다. 여기서 **상전압**(phase voltage)을 각각 $\dot{V}_a$, $\dot{V}_b$,

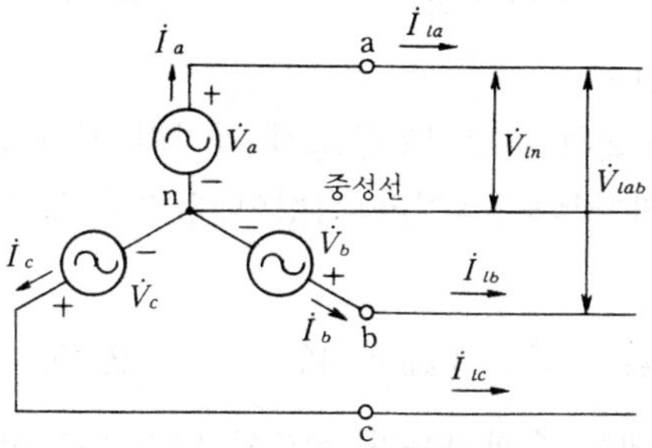

(a) 이상적인 평형 Y전원

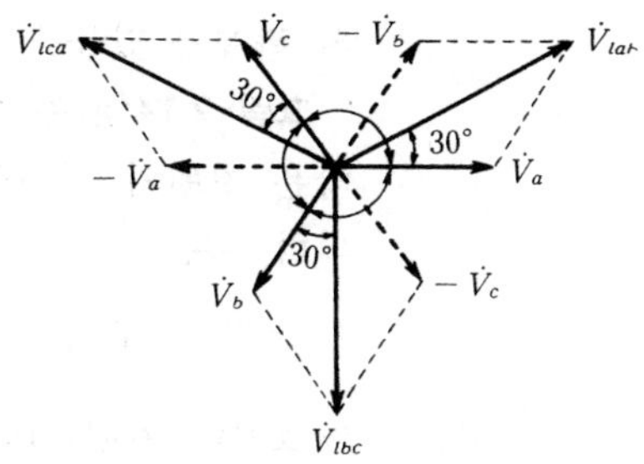

(b) 상전압과 선간전압

그림 9.13

$\dot{V}_c$라 하고 각각의 **상전류**(phase current)를 $\dot{I}_a$, $\dot{I}_b$, $\dot{I}_c$라 하면 각 선로를 흐르는 **선전류**(line current) $\dot{I}_{la}$, $\dot{I}_{lb}$, $\dot{I}_{lc}$는 분명

$$\dot{I}_{la} = \dot{I}_a, \quad \dot{I}_{lb} = \dot{I}_b, \quad \dot{I}_{lc} = \dot{I}_c \tag{9.21}$$

의 관계가 있으며 각 선로간의 **선간전압**(line to line voltage) $\dot{V}_{lab}$, $\dot{V}_{lbc}$, $\dot{V}_{lca}$는 각 단자 ab, bc, ca간의 전위차와 같으므로

$$\left.\begin{aligned} \dot{V}_{lab} &= \dot{V}_a - \dot{V}_b = \dot{V}_a + (-\dot{V}_b) \\ \dot{V}_{lbc} &= \dot{V}_b - \dot{V}_c = \dot{V}_b + (-\dot{V}_c) \\ \dot{V}_{lca} &= \dot{V}_c - \dot{V}_a = \dot{V}_c + (-\dot{V}_a) \end{aligned}\right\} \tag{9.22}$$

이 성립된다.

전원의 상전압과 선간전압 사이의 관계를 설명하기 위해 식 (9.22)를 페이저도로 나타낸 것이 **그림 9.13**(b)이다. **그림 9.13**(b)(상순 a, b, c)를 보면 각 선간전압은 상전압보다 위상이 30° 앞서며 그 크기는 $\sqrt{3}$배가 됨을 알 수 있다. 또한 중성선이 존재하는 3상 4선식의 경우 각각의 상전압은 각 선로와 중성선간의 전위차가 되기 때문에, 이때 선간전압은 선로와 중성선간의 전위차의 역시 $\sqrt{3}$배가 된다.

이상의 결과를 요약해 보면 이상적인 Y형 **평형전원**에 있어서 상전류 $\dot{I}_p$와 선전류 $\dot{I}_l$ 그리고 상전압 $\dot{V}_p$, 선간전압 $\dot{V}_l$, 선로와 중성선간의 전위차 $\dot{V}_{ln}$ 사이에는

$$\dot{I}_l = \dot{I}_p \tag{9.23}$$

$$\dot{V}_l = \sqrt{3}\,\dot{V}_p\underline{/30^\circ} = \sqrt{3}\,\dot{V}_{ln}\underline{/30^\circ} \qquad (9.24)$$

의 관계가 있음을 알 수 있다.

그림 9.14(a)는 이상적인 Δ형 평형전원부로서 각각의 선간전압은 전원의 상전압과 일치하므로 크기와 위상이 완전히 같게 된다. 즉,

$$\dot{V}_{lab} = \dot{V}_a,\quad \dot{V}_{lbc} = \dot{V}_b,\quad \dot{V}_{lca} = \dot{V}_c \qquad (9.25)$$

그러나 전원부내의 폐로에는 순환전류가 흐르지 않으므로 선전류와 상전류 사이에는

$$\left.\begin{aligned} \dot{I}_{la} &= \dot{I}_a - \dot{I}_c = \dot{I}_a + (-\dot{I}_c) \\ \dot{I}_{lb} &= \dot{I}_b - \dot{I}_a = \dot{I}_b + (-\dot{I}_a) \\ \dot{I}_{lc} &= \dot{I}_c - \dot{I}_b = \dot{I}_c + (-\dot{I}_b) \end{aligned}\right\} \qquad (9.26)$$

이 성립된다. 선전류와 상전류 사이의 관계를 설명하기 위해 식 (9.26)을 페이저도로 나타내면 **그림 9.14**(b)와 같다.

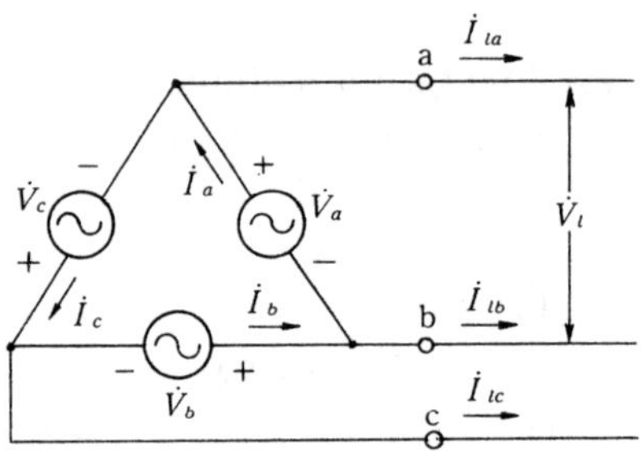

(a) 이상적인 평형 Δ 전원

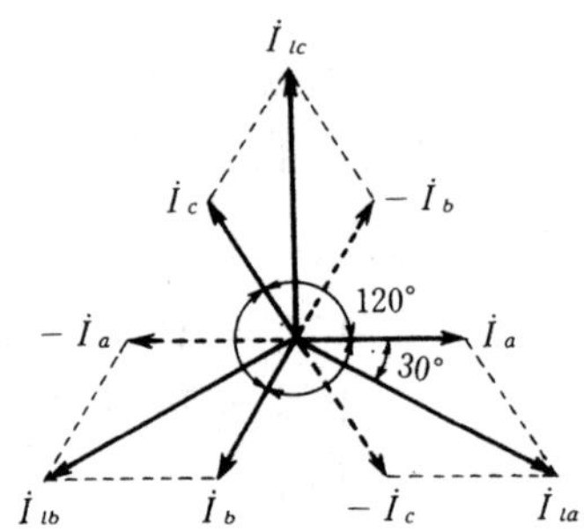

(b) 상전류와 선전류

그림 9.14

그림 9.14(b) (상순 a, b, c)를 보면 선전류는 상전류보다 위상이 30° 뒤지며 그 크기는 상전류의 $\sqrt{3}$배가 된다.

결국 이상적인 Δ형 평형전원에 있어서 이들의 결과를 요약해 보면

$$\dot{V}_l = \dot{V}_p \qquad (9.27)$$

$$\dot{I}_l = \sqrt{3}\,\dot{I}_p\underline{/-30^\circ} \qquad (9.28)$$

의 관계가 있음을 알 수 있다.

이상으로 이상적인 평형 3상회로에 있어서 전원부와 선로에

서의 전압 및 전류를 비교해 보았지만 평형 3상회로의 **3상부하**와 선로 사이에도 동일한 조건이 형성되기 때문에 **그림 9.15**에서 보는 바와 같이 이들의 관계는 그대로 적용된다.

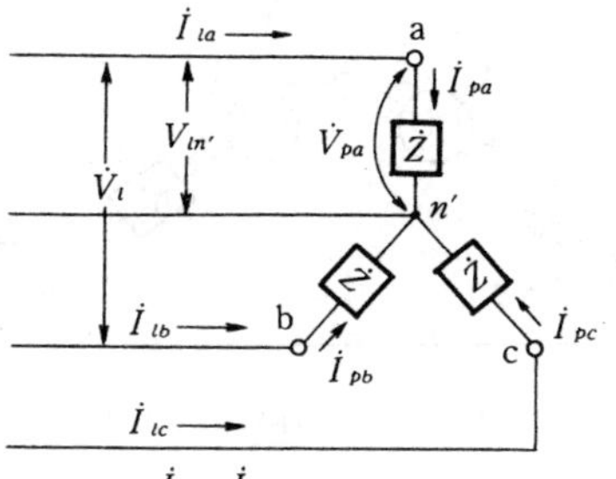

$\left(\begin{array}{l}\dot{I}_l = \dot{I}_p \\ V_l = \sqrt{3}\,V_p = \sqrt{3}\,V_{ln'}\end{array}\right)$

(a) 평형 3상 Y부하

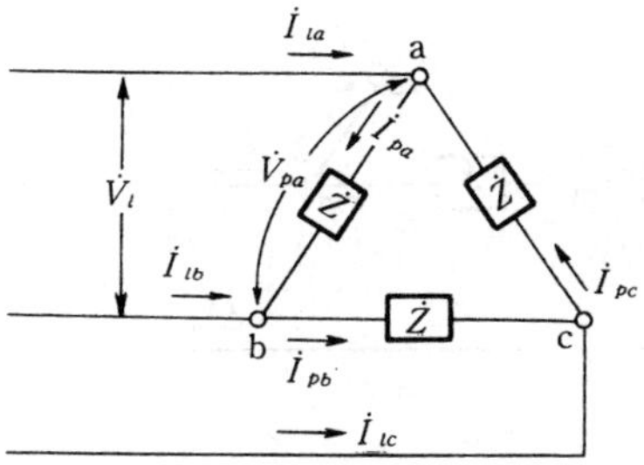

$\left(\begin{array}{l}\dot{V}_l = \dot{V}_p \\ I_l = \sqrt{3}I_p\end{array}\right)$

(b) 평형 3상 Δ부하

그림 9.15

〔예제 9・1〕 Δ-Δ형 평형 3상회로의 선로에 30〔A〕의 전류가 흐르고 있다. 부하 한 상의 임피던스가 $3+j4$〔Ω〕일 때 부하의 상전류, 상전압 및 선간전압의 크기를 구하여라.

풀이 ☞ 상전류 $I_p = \dfrac{I_l}{\sqrt{3}} = \dfrac{30}{\sqrt{3}} = 10\sqrt{3} = 17.3$〔A〕

상전압 $V_p = ZI_p = \sqrt{3^2+4^2} \cdot 17.3 = 86.5$〔V〕

선간전압 $V_l = V_p = 86.5$〔V〕

9-6 平衡 3相電源의 等価変換

그림 9.16(a), (b)는 내부 임피던스를 갖는 평형 3상회로의 Δ 및 Y형 전원부로서 필요에 따라 이들은 상호 등가변환이 가능하다. 본절에서는 이들 Δ, Y 전원사이의 등가변환조건에 대해 알아보기로 한다.

그림 (a), (b)의 두 전원부가 외부회로에 대해 등가가 되기 위해서는 각 선간전압, 즉 단자전압이 같아야 할 것이다. 각 단자간의 전압을 각각 $\dot{V}_{12}'$, $\dot{V}_{23}'$, $\dot{V}_{31}'$이라 하면

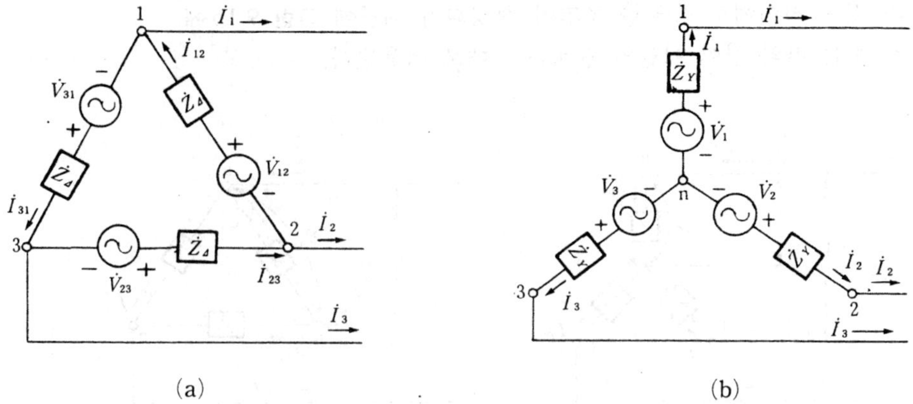

그림 9.16 3상전원의 등가변환

그림 (a)에서는

$$\left.\begin{aligned}\dot{V}'_{12} &= \dot{V}_{12} - \dot{Z}_{\Delta}\dot{I}_{12}\\ \dot{V}'_{23} &= \dot{V}_{23} - \dot{Z}_{\Delta}\dot{I}_{23}\\ \dot{V}'_{31} &= \dot{V}_{31} - \dot{Z}_{\Delta}\dot{I}_{31}\end{aligned}\right\} \tag{9.29}$$

그림 (b)에서는

$$\left.\begin{aligned}\dot{V}'_{12} &= (\dot{V}_1 - \dot{Z}_Y\dot{I}_1) - (\dot{V}_2 - \dot{Z}_Y\dot{I}_2)\\ \dot{V}'_{23} &= (\dot{V}_2 - \dot{Z}_Y\dot{I}_2) - (\dot{V}_3 - \dot{Z}_Y\dot{I}_3)\\ \dot{V}'_{31} &= (\dot{V}_3 - \dot{Z}_Y\dot{I}_3) - (\dot{V}_1 - \dot{Z}_Y\dot{I}_1)\end{aligned}\right\} \tag{9.30}$$

의 관계가 성립된다. 식(9.29)와 식(9.30)이 같아지기 위해서는

$$\left.\begin{aligned}\dot{V}_{12} &= \dot{V}_1 - \dot{V}_2\\ \dot{V}_{23} &= \dot{V}_2 - \dot{V}_3\\ \dot{V}_{31} &= \dot{V}_3 - \dot{V}_1\end{aligned}\right\} \tag{9.31}$$

및

$$\left.\begin{aligned}\dot{Z}_{\Delta}\dot{I}_{12} &= \dot{Z}_Y(\dot{I}_1 - \dot{I}_2)\\ \dot{Z}_{\Delta}\dot{I}_{23} &= \dot{Z}_Y(\dot{I}_2 - \dot{I}_3)\\ \dot{Z}_{\Delta}\dot{I}_{31} &= \dot{Z}_Y(\dot{I}_3 - \dot{I}_1)\end{aligned}\right\} \tag{9.32}$$

그림 9.17 전원의 등가변환에 관한 페이저도

이 성립되어야 한다. 그런데 식(9.31)에서 $\dot{V}_1$, $\dot{V}_2$, $\dot{V}_3$와 $\dot{V}_{12}$, $\dot{V}_{23}$, $\dot{V}_{31}$은 각각 **평형 3상기전력**이므로 이들의 관계를 페이저도로 나타내면 **그림 9.17**과 같다. **그림 9.17**을 보면 Δ전원의 기전

력인 $\dot{V}_{12}$, $\dot{V}_{23}$, $\dot{V}_{31}$은 Y전원의 기전력인 $\dot{V}_1$, $\dot{V}_2$, $\dot{V}_3$보다 각각 위상이 30° 앞서고 크기는 $\sqrt{3}$ 배가 되며 이 관계를 **그림 9.16**의 세 단자 1, 2, 3에 대해 표현해 보면 다음과 같다.

i) Y전원에서 Δ전원으로 변환할 때

$$\left.\begin{aligned} \dot{V}_{12} &= \dot{V}_1 - \dot{V}_2 = \sqrt{3}\,\dot{V}_1\underline{/30^\circ} \\ \dot{V}_{23} &= \dot{V}_2 - \dot{V}_3 = \sqrt{3}\,\dot{V}_2\underline{/30^\circ} \\ \dot{V}_{31} &= \dot{V}_3 - \dot{V}_1 = \sqrt{3}\,\dot{V}_3\underline{/30^\circ} \end{aligned}\right\} \tag{9.33}$$

ii) Δ전원에서 Y전원으로 변환할 때

$$\left.\begin{aligned} \dot{V}_1 &= \frac{1}{\sqrt{3}}\dot{V}_{12}\underline{/-30^\circ} \\ \dot{V}_2 &= \frac{1}{\sqrt{3}}\dot{V}_{23}\underline{/-30^\circ} \\ \dot{V}_3 &= \frac{1}{\sqrt{3}}\dot{V}_{31}\underline{/-30^\circ} \end{aligned}\right\} \tag{9.34}$$

한편 내부 임피던스의 등가변환은 식(9.32)의 제1식, 제3식 및

$$\dot{I}_1 + \dot{I}_2 + \dot{I}_3 = 0 \tag{9.35}$$

인 관계로부터

$$\dot{Z}_\Delta(\dot{I}_{12} - \dot{I}_{31}) = \dot{Z}_Y(2\dot{I}_1 - \dot{I}_2 - \dot{I}_3) = 3\dot{Z}_Y\dot{I}_1$$

이 되며, 또한 **그림 9.16**(a)에서 $\dot{I}_1 = \dot{I}_{12} - \dot{I}_{31}$이므로 내부 임피던스 $\dot{Z}_\Delta$와 $\dot{Z}_Y$사이에는

$$\dot{Z}_\Delta = 3\dot{Z}_Y \text{ 또는 } \dot{Z}_Y = \frac{1}{3}\dot{Z}_\Delta \tag{9.36}$$

와 같은 관계가 성립된다.

이상의 결과는 내부 임피던스를 포함하는 실제의 평형 3상전원에 대한 Y↔Δ 변환관계를 보여주고 있지만, 내부 임피던스가 무시될 수 있는 이상적인 평형 3상전원의 경우에도 식(9.31)이 성립되기 때문에 전원의 Y↔Δ변환식인 식(9.33)과 식(9.34)는 역시 성립된다.

〔예제 9·2〕 **그림 9.18**(a)와 같은 Δ형의 평형 3상전원을 Y형으로 등가변환하여라.

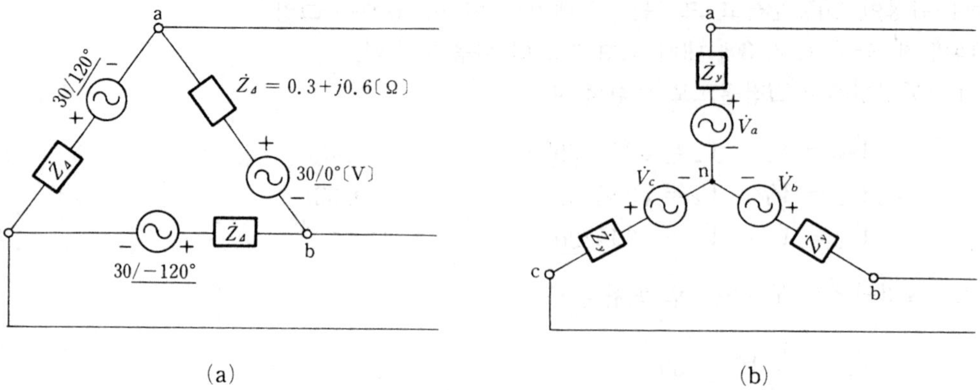

그림 9.18

풀이 ☞ Y형으로 등가변환했을 때 각 상의 전원을 그림 (b)와 같이 각각 $\dot{V}_a$, $\dot{V}_b$, $\dot{V}_c$라 하면 그림 (a)에서 각 전원은 $\dot{V}_{ab}=30\underline{/0°}$, $\dot{V}_{bc}=30\underline{/-120°}$, $\dot{V}_{ca}=30\underline{/120°}$이므로

식(9.34)에 의해

$$\dot{V}_a=\frac{1}{\sqrt{3}}\dot{V}_{ab}\underline{/-30°}=\frac{30}{\sqrt{3}}\underline{/-30°}=17.3\underline{/-30°}\ \text{〔V〕}$$

$$\dot{V}_b=\frac{1}{\sqrt{3}}\dot{V}_{bc}\underline{/-30°}=\frac{30}{\sqrt{3}}\underline{/-150°}=17.3\underline{/-150°}\ \text{〔V〕}$$

$$\dot{V}_c=\frac{1}{\sqrt{3}}\dot{V}_{ca}\underline{/-30°}=\frac{30}{\sqrt{3}}\underline{/90°}=17.3\underline{/90°}\ \text{〔V〕}$$

가 되며, Y형 전원의 등가 임피던스는 식(9.36)에 의해

$$\dot{Z}_Y=\frac{1}{3}\dot{Z}_{\Delta}=\frac{1}{3}(0.3+j0.6)=0.1+j0.2\ \text{〔Ω〕}$$

이 된다.

9-7 平衡 3相回路의 解析

일반적인 3상회로의 해석은 회로망의 일반 해석법인 **폐로해석법**(loop analysis)이나 **절점해석법**(node analysis) 등을 이용함으로써 해결될 수 있으나 평형 3상회로의 경우 이의 **等價單相回路**를 이용하여 매우 용이하게 회로해석을 할 수가 있다.

앞에서도 설명한 바와 같이 평형 3상전원이나 부하는 모두 $\Delta\to$Y 변환이 가능하기 때문에 어떠한 평형 3상회로도 Y-Y형

회로로 대표될 수 있다. 평형 3상회로가 **그림 9.19**(a)와 같은 Y-Y형 회로로 변형되면 회로해석이 용이해진다.

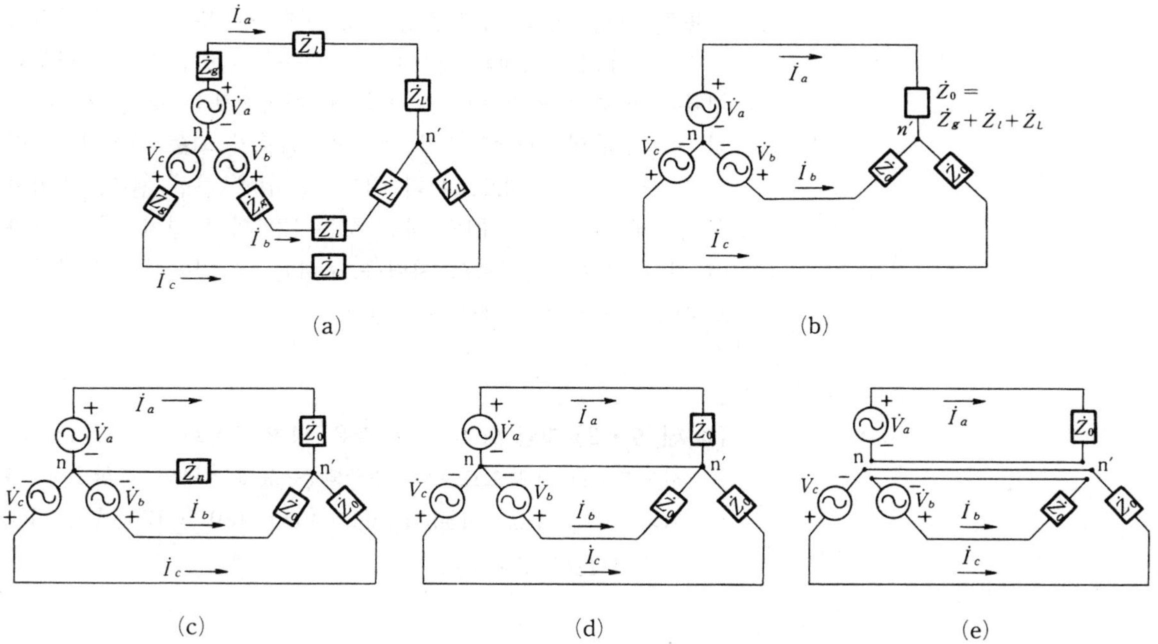

그림 9.19 평형 3상회로의 등가단상회로

그림 (a)에서 $\dot{Z}_g$는 전원의 내부 임피던스, $\dot{Z}_l$은 선로임피던스, $\dot{Z}_L$은 부하 임피던스이며 이들을 하나의 임피던스 $\dot{Z}_0(=\dot{Z}_g+\dot{Z}_l+\dot{Z}_L)$로 묶어 놓은 것이 그림 (b)이다.

그림 (b)에서 중성점 n-n'간의 전위차는 밀만(Millman)의 정리에 의해 구해질 수 있으며, $\dot{Y}_0=1/\dot{Z}_0$이라 하면 이 경우 $\dot{V}_a+\dot{V}_b+\dot{V}_c=0$ 이므로

$$\begin{aligned}\dot{V}_{nn'} &= \frac{\dot{Y}_0\dot{V}_a+\dot{Y}_0\dot{V}_b+\dot{Y}_0\dot{V}_c}{\dot{Y}_0+\dot{Y}_0+\dot{Y}_0} \\ &= \frac{\dot{Y}_0(\dot{V}_a+\dot{V}_b+\dot{V}_c)}{\dot{Y}_0+\dot{Y}_0+\dot{Y}_0} = 0 \qquad (9.37)\end{aligned}$$

이 된다. 그러므로 그림 (c)와 같이 n, n' 사이에 중성선(임피던스 $\dot{Z}_n$)이 접속되거나 그림 (d)와 같이 n, n'가 단락되는 경우라도 회로의 다른 부분에는 아무런 영향도 주지 않게 된다. 따라서 그림 (a)에서 구하고자 하는 선전류 $\dot{I}_a$, $\dot{I}_b$, $\dot{I}_c$는 그림 (d)로부터 쉽게 구해질 수 있다. 즉,

$$\dot{I}_a = \frac{\dot{V}_a}{\dot{Z}_0}, \quad \dot{I}_b = \frac{\dot{V}_b}{\dot{Z}_0}, \quad \dot{I}_c = \frac{\dot{V}_c}{\dot{Z}_0} \tag{9.38}$$

또한 그림 (d)의 단락중성선 n-n'를 세 부분으로 분리하여 그림 (e)와 같이 3개의 단상회로로 나누는 경우, 각 단상회로의 전류는 변화가 없으므로 이때의 세 단상회로는 선전류에 관한 한 그림 (a)의 회로에 대한 등가단상회로가 되는 셈이다. 그러므로 이 등가단상회로로부터 어느 한 相에 관한 전류, 전압이 구해지게 되면 다른 相에 대한 것은 120°의 위상차만을 고려하면 되며 평형 3상회로의 전력을 구하는 데 있어서도 등가단상회로에서 구한 값을 3배하면 된다.

〔예제 9・3〕 그림 9.20(a)와 같은 평형 3상회로에 있어서 ① 선전류 ② 전원으로부터 공급되는 유효전력의 총합을 구하여라. 단, $\dot{V}_{ab} = 180\underline{/0°}$〔V〕, $\dot{V}_{bc} = 180\underline{/-120°}$〔V〕, $\dot{V}_{ca} = 180\underline{/120°}$〔V〕이다.

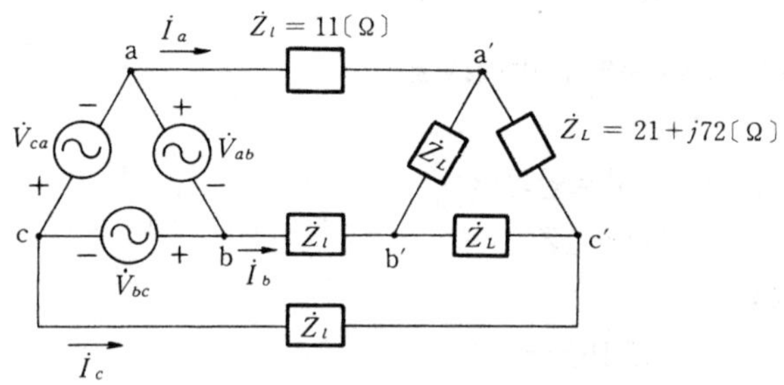

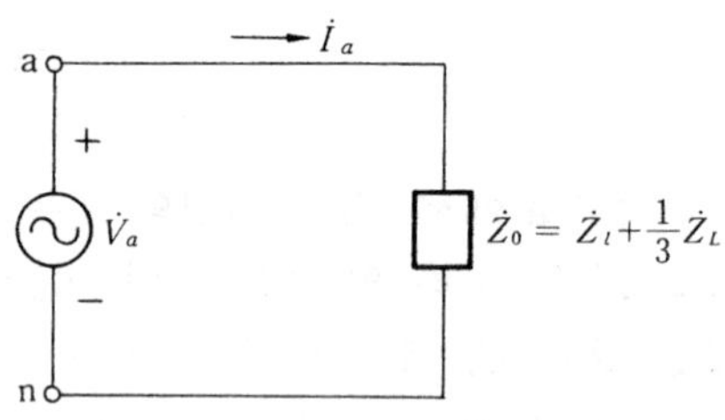

그림 9.20

풀이 ☞ 평형 3상회로이므로 그림 (b)와 같이 1상에 대한 등가단상회로를 생각하면 편리하다.

① 그림 (b)에서

$$\dot{Z}_0 = \dot{Z}_l + \frac{1}{3}\dot{Z}_L = 11 + \frac{1}{3}(21 + j72) = 18 + j24 \text{〔Ω〕}$$

$$\dot{V}_a = \frac{1}{\sqrt{3}}\dot{V}_{ab}\underline{/-30°} = \frac{1}{\sqrt{3}}180\underline{/-30°} = 60\sqrt{3}\underline{/-30°} \text{〔V〕}$$

이므로 선전류 $\dot{I}_a$는

$$\dot{I}_a = \frac{\dot{V}_a}{\dot{Z}_0} = \frac{60\sqrt{3}\underline{/-30^\circ}}{18 + j24} = \frac{60\sqrt{3}\underline{/-30^\circ}}{30\underline{/\tan^{-1}\frac{4}{3}}}$$

$$= \frac{60\sqrt{3}\underline{/-30^\circ}}{30\underline{/53.1^\circ}} = 2\sqrt{3}\underline{/-83.1^\circ}\text{〔A〕}$$

따라서 $\dot{I}_b$, $\dot{I}_c$는 $\dot{I}_a$와 120°의 위상차를 갖게 된다. 즉,

$$\dot{I}_b = 2\sqrt{3}\underline{/-83.1^\circ - 120^\circ} = 2\sqrt{3}\underline{/-203.1^\circ}\text{〔A〕}$$

$$\dot{I}_c = 2\sqrt{3}\underline{/-83.1^\circ + 120^\circ} = 2\sqrt{3}\underline{/36.9^\circ}\text{〔A〕}$$

② 회로 임피던스 $\dot{Z}_0 = 18 + j24$〔Ω〕이므로 한상에서 소비되는 유효전력 P_a는

$$P_a = I_a^2 \cdot R = (2\sqrt{3})^2 \cdot 18 = 216\text{〔W〕}$$

따라서 3상 전체에서 소비되는 전력은 이의 3배가 된다. 즉,

$$P = 3P_a = 3 \times 216 = 648\text{〔W〕}$$

9-8 3相回路의 電力

3상회로의 전력은 그 결선방식이나 평형, 불평형에 관계없이 각 相의 전력을 단상에서와 마찬가지 방법으로 구한 후 이들의 합을 구하면 된다.

부하에서의 상전압을 $\dot{V}_a$, $\dot{V}_b$, $\dot{V}_c$ 상전류를 $\dot{I}_a$, $\dot{I}_b$, $\dot{I}_c$ 그리고 각 상에서 상전압과 상전류의 相差를 각각 θ_a, θ_b, θ_c라 하면 3상회로의 유효전력(P)과 무효전력(P_r)은

$$P = V_a I_a \cos\theta_a + V_b I_b \cos\theta_b + V_c I_c \cos\theta_c \text{〔W〕} \tag{9.39}$$

$$P_r = V_a I_a \sin\theta_a + V_b I_b \sin\theta_b + V_c I_c \sin\theta_c \text{〔Var〕} \tag{9.40}$$

로서 구해진다. 평형회로의 경우는

$$V_a = V_b = V_c = V_p,$$
$$I_a = I_b = I_c = I_p,$$
$$\theta_a = \theta_b = \theta_c = \theta$$

이므로

$$P = 3V_p I_p \cos\theta \tag{9.41}$$

$$P_r = 3V_pI_p \sin\theta \tag{9.42}$$

가 되어 한 相에서의 유효전력과 무효전력의 3배가 됨을 알 수 있다. 여기서 θ는 부하에서의 상전압과 상전류의 위상차를 나타내고 있지만, 한편으로는 부하($\dot{Z}_L = R + jX$)의 임피던스 角 $\tan^{-1}(X/R)$ 을 의미하기도 한다.

그러나 3상회로에서 자주 거론되는 것은 대개 선간전압(V_l)과 선전류(I_l)이므로 식(9.41)과 식(9.42)를 V_l과 I_l로 표현해 보면, 다음과 같다.

즉, Δ 결선에서는 $I_p = (1/\sqrt{3})\, I_l$, $V_p = V_l$

Y 결선에서는 $I_p = I_l$, $V_p = (1/\sqrt{3})\, V_l$

의 관계가 있으므로 이를 윗식에 대입하면 어느 경우에나 식(9.41)과 식(9.42)는 각각

$$P = \sqrt{3}\, V_l I_l \cos\theta \tag{9.43}$$

$$P_r = \sqrt{3}\, V_l I_l \sin\theta \tag{9.44}$$

로 표현된다. 그러나 앞의 두 식을 이용하는 데 있어서는 각 θ가 선간전압과 선전류의 위상차가 아니라는 사실에 유의해야 한다.

3상회로의 복소전력 $\dot{P}_a$(또는 $\dot{S}$)는 단상회로에서와 같이 유효전력 P와 무효전력 P_r을 각각 실수부와 허수부로 하는

$$\dot{P}_a = P + jP_r \tag{9.45}$$

에 의해 정의된다. 따라서 평형회로의 경우 앞 식은

$$\begin{aligned}\dot{P}_a &= 3V_pI_p\cos\theta + j3V_pI_p\sin\theta \\ &= 3(V_pI_p\cos\theta + jV_pI_p\sin\theta)\end{aligned} \tag{9.46}$$

가 되어 한 相에 대한 복소전력의 3배가 된다.

또한 3상회로의 피상전력 P_a(또는 VA)는 단상회로와 같이

$$P_a = |\dot{P}_a| = \sqrt{P^2 + P_r^2} \tag{9.47}$$

로 표시되며 평형회로의 경우

$$\begin{aligned}P_a &= \sqrt{(3V_pI_p\cos\theta)^2 + (3V_pI_p\sin\theta)^2} \\ &= 3V_pI_p = \sqrt{3}\, V_l I_l\end{aligned} \tag{9.48}$$

가 되어 한 相에 대한 것을 3배한 것과 같다.

한편, 3상회로의 역률($p.f$) 및 무효율($r.f$)은

$$p.f=\frac{P}{P_a} \tag{9.49}$$

$$r.f=\frac{P_r}{P_a} \tag{9.50}$$

에 의해 정의되며, 평형회로의 경우

$$p.f=\frac{P}{P_a}=\cos\theta \tag{9.51}$$

$$r.f=\frac{P_r}{P_a}=\sin\theta \tag{9.52}$$

가 되어 어느 한 相에 대한 역률 및 무효율과 같음을 알 수 있다.

다음에는 평형 3상회로의 순시전력에 대해 알아보기로 한다.

각 相의 전압 및 전류의 순시값을 a相을 기준으로 하여 나타내면

$$\begin{aligned}
v_a &= \sqrt{2}\,V_p\sin\omega t\\
v_b &= \sqrt{2}\,V_p\sin(\omega t - 120°)\\
v_c &= \sqrt{2}\,V_p\sin(\omega t + 120°)\\
i_a &= \sqrt{2}I_p\sin(\omega t - \theta)\\
i_b &= \sqrt{2}I_p\sin(\omega t - 120° - \theta)\\
i_c &= \sqrt{2}I_p\sin(\omega t + 120° - \theta)
\end{aligned}$$

가 되며, 여기서 θ는 각 상전압과 상전류의 위상차이다.

이제 각 相에 대한 순시전력의 총합을 구해보면

$$\begin{aligned}
p &= p_a + p_b + p_c = v_a i_a + v_b i_b + v_c i_c\\
&= 2\,V_p I_p\{\sin\omega t\cdot\sin(\omega t-\theta)\\
&\qquad +\sin(\omega t - 120°)\cdot\sin(\omega t-120° - \theta)\\
&\qquad +\sin(\omega t+120°)\cdot\sin(\omega t+120° - \theta)\}\\
&= V_p I_p[\{\cos\theta - \cos(2\omega t - \theta)\}\\
&\qquad +\{\cos\theta - \cos(2\omega t + 120° - \theta)\}\\
&\qquad +\{\cos\theta - \cos(2\omega t - 120° - \theta)\}]\\
&= 3\,V_p I_p\cos\theta
\end{aligned} \tag{9.53}$$

가 되어 순시전력의 총합은 시간에 관계없이 항상 일정하며 동시에 이 값은 평형 3상회로에 대한 유효전력의 식(9.41)과 같음을 알 수 있다. 즉,

$$p = p_a + p_b + p_c = 3V_pI_p\cos\theta = P \qquad (9.54)$$

순시전력의 총합이 일정하게 되면 3상전동기의 경우 일정한 **회전력**(torque)을 받기 때문에 진동이 매우 작고 **起動**이 용이한 장점이 있다.

이와 같은 현상은 **평형 다상방식**의 경우에도 그대로 적용된다.

〔예제 9・4〕 부하 한 상의 임피던스가 $\dot{Z} = 24 + j7$〔Ω〕인 평형 3상 Y부하에 **그림 9.21**(a)와 같이 200〔V〕의 선간전압이 인가되어 있을 때 선전류와 3상 전체에 대한 유효전력, 무효전력, 피상전력 그리고 3상역률과 무효율을 구하여라.

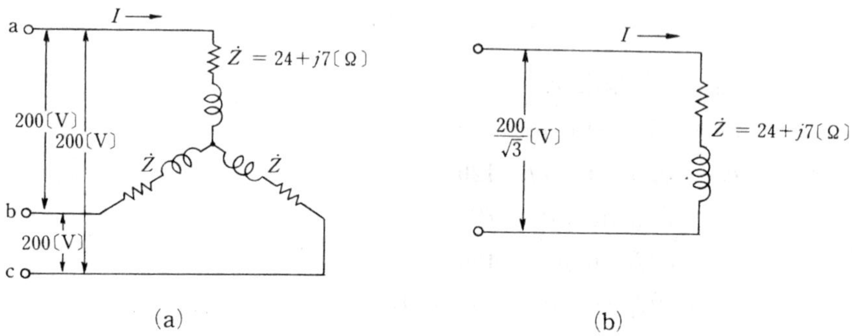

그림 9.21

풀이 ☞ Y결선이므로 부하 한 상의 상전압 V_p는 $V_p = \frac{1}{\sqrt{3}} \cdot 200$〔V〕가 되며, 따라서 이에 대한 등가단상회로는 그림 (b)와 같다. 그림 (b)로부터 선전류 I는

$$I = \frac{(1/\sqrt{3})\,200}{\sqrt{24^2+7^2}} = \frac{8}{\sqrt{3}} \fallingdotseq 4.6\ \text{〔A〕}$$

유효전력 $P = 3P_{1\phi} = 3I^2R = 3\left(\frac{8}{\sqrt{3}}\right)^2 \cdot 24 = 1536$〔W〕

무효전력 $P_r = 3P_{r1\phi} = 3I^2X = 3\left(\frac{8}{\sqrt{3}}\right)^2 \cdot 7 = 448$〔Var〕

피상전력 $P_a = 3P_{a1\phi} = 3V_pI = 3 \cdot \frac{200}{\sqrt{3}} \cdot \frac{8}{\sqrt{3}} = 1600$〔VA〕

평형 3상회로의 역률 $p.f$와 무효율 $r.f$는 1상에서의 역률 및 무효율과 같으므로 등가단상회로의 부하 임피던스 $\dot{Z} = 24 + j7$〔Ω〕으로부터 각각

$$p.f = \cos\theta = \frac{R}{Z} = \frac{24}{\sqrt{24^2+7^2}} = \frac{24}{25}$$
$$r.f = \sin\theta = \frac{X}{Z} = \frac{7}{\sqrt{24^2+7^2}} = \frac{7}{25}$$

이 된다.

9-9 3相回路의 電力측정

일반적으로 3상 3선식 회로에 있어서는 불평형의 경우에도 2개의 단상전력계만을 사용함으로써(2전력계법) 회로에 공급되는 총전력(P)을 구할 수 있으며, 이는 다음과 같이 증명할 수 있다.

전원으로부터 회로에 공급되는 복소전력은 식(5.32)~식(5.36)에 의해

$$\dot{P}_a = P + jP_r = RI^2 + jXI^2 = \dot{Z}I^2$$
$$= \dot{Z}\dot{I}\dot{I}^* = \dot{V}\dot{I}^* \qquad (9.55)$$

가 되며, 이로부터 공액 복소전력은

$$\dot{P}_a^* = P - jP_r = RI^2 - jXI^2 = GV^2 + jBV^2$$
$$= \dot{Y}V^2 = \dot{Y}\dot{V}\dot{V}^* = \dot{I}\dot{V}^* \qquad (9.56)$$

으로 주어진다.

이제 부하측이 Y결선인 **그림 9.23**과 같은 3상 3선식 회로에 있어서 공액 복소전력을 구해 보면 식(9.56)에 의해

$$\dot{P}_a^* = P - jP_r$$
$$= \dot{I}_a\dot{V}_a^* + \dot{I}_b\dot{V}_b^* + \dot{I}_c\dot{V}_c^* \qquad (9.57)$$

가 된다. **그림 9.23**의 회로에는 중성선이 없기 때문에 평형, 불평형에 관계없이 $K.C.L$에 의해

$$\dot{I}_a + \dot{I}_b + \dot{I}_c = 0 \qquad (9.58)$$

이 되며 이를 이용하면 식(9.57)은

$$\dot{P}_a^* = P - jP_r = \dot{I}_a\dot{V}_a^* + \dot{I}_b\dot{V}_b^* + \dot{I}_c\dot{V}_c^*$$
$$= \dot{I}_a\dot{V}_a^* + \dot{I}_b\dot{V}_b^* + \dot{I}_c\dot{V}_c^* - (\dot{I}_a + \dot{I}_b + \dot{I}_c)\dot{V}_c^*$$
$$= \dot{I}_a(\dot{V}_a^* - \dot{V}_c^*) + \dot{I}_b(\dot{V}_b^* - \dot{V}_c^*)$$
$$= \dot{I}_a\dot{V}_{ac}^* + \dot{I}_b\dot{V}_{bc}^* \qquad (9.59)$$

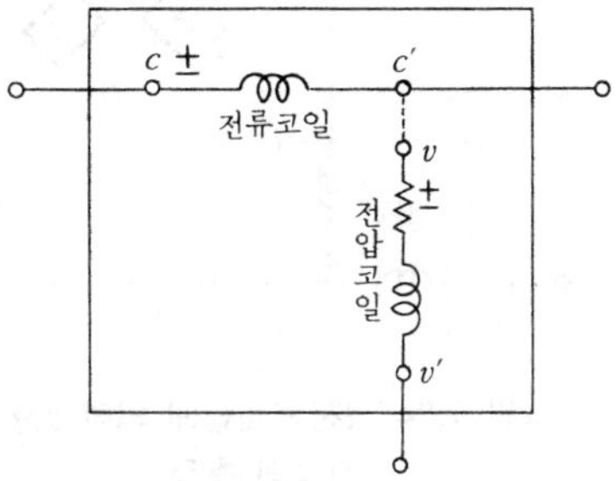

그림 9.22 단상전력계

* 단상전력계의 동작원리 : 고정되어 있는 전류 코일은 유입 전류 i에 비례하는 자기장을 발생하며 고저항이 접속되어 있고 회전하도록 되어 있는 전압 코일 역시 양단 인가전압 v에 비례하는 또 하나의 자기장이 발생한다. 이 두자기장의 상호작용에 의해 전압코일은 vi에 비례하는 회전력을 발생하며 전력계의 지침은 가동부의 관성때문에 순시값 전력 vi의 평균값(평균전력)을 가리킨다.
전압 코일에 직렬접속되어 있는 고저항은 전압 코일로 유입되는 분류전류를 작게 하기 위한 것이다.

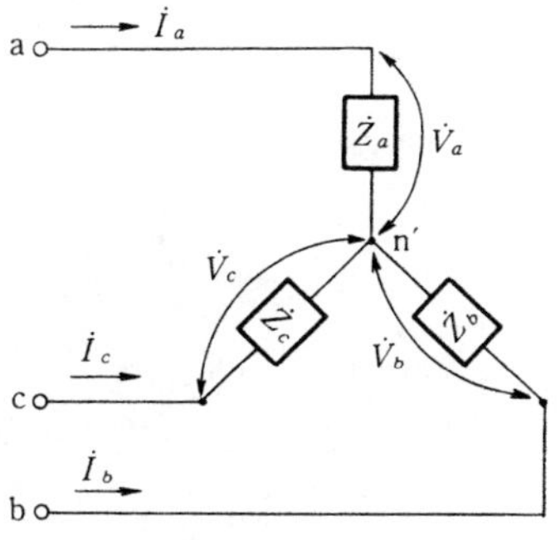

그림 9.23

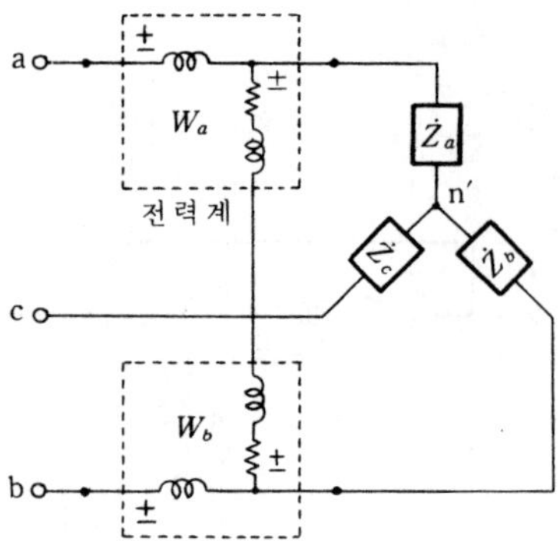

그림 9.24 2전력계법에 의한 3상 전력의 측정

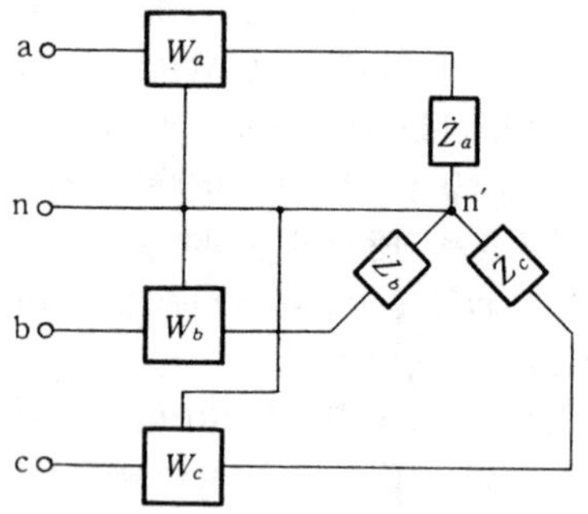

그림 9.25 3상 4선식에서의 전력측정

와 같이 변형될 수 있다.

식(9. 59)는 3상회로의 전력이 2개의 선전류와 2개의 선간전압에 의해, 즉 **그림 9.24**에서와 같이 2개의 단상전력계를 사용해서 구해질 수 있음을 보인다.

식(9. 59)로부터 3상회로의 유효전력(P)과 무효전력(P_r)은 각각

$$P = R_e(\dot{P}_a^*) \tag{9.60}$$

$$P_r = -I_m(\dot{P}_a^*) \tag{9.61}$$

에 의해 구해질 수 있으며, 3상전압이 선전류와 선간전압만에 의해 결정되기 때문에 2전력계법은 부하측이 Δ결선인 경우에도 적용될 수 있다. **그림 9.24**과 같은 3상 3선식의 경우 부하에 공급되는 全 유효전력은

$$W = W_a + W_b \tag{9.62}$$

가 되며 식(9. 62)는 W_a나 W_b 중 어느 하나가 負(−)의 값을 보일 때도 역시 성립한다.

전력계의 지침은 正(+)의 방향인 한쪽방향으로만 회전할 수 있도록 되어 있으나, 만약 부하측에서 전력소비가 아닌 전력발생이 있는 경우 전력계의 지침은 逆(−)방향으로 회전하려고 한다. 그러나 역방향 회전은 불가능하므로 역방향 전력의 크기를 알기 위해서는 전류 코일이나 전압 코일 중 어느 하나의 극성을 바꾸어 正(+)의 값을 측정해야 한다.

그림 9.25와 같이 중성선이 있는 3상 4선식 회로에서 전력을 측정하는 경우는 3개의 선전류와 각 선로−중성선 간의 전압을 이용하기 때문에 3개의 단상전력계를 필요로 하며 부하에 공급되는 전 유효전력은 각 전력계의 지시값의 合으로 구할 수 있다. 즉,

$$W = W_a + W_b + W_c \tag{9.63}$$

〔예제 9・5〕 어떤 3상 3선식 평형회로에 있어서 단자 a-b, b-c간의 선간전압이 각각 $\dot{V}_{ab} = 130 + j70$〔V〕, $\dot{V}_{bc} = -30 - j100$〔V〕이며 선전류 $\dot{I}_a = 10 - j5$〔A〕, $\dot{I}_b = -2 - j15$〔A〕일 때 부하에 공급되는 유효전력과 무효전력을 구하여라.

풀이 ☞ 각 선간전압이 평형을 이루고 있고 중성선이 없으므로

$$\dot{V}_{ab}+\dot{V}_{bc}+\dot{V}_{ca}=0$$

$$\dot{I}_a+\dot{I}_b+\dot{I}_c=0$$

이 성립되어야 한다. 따라서

$$\dot{V}_{ca}=-100+j30\ \text{[V]}$$

$$\dot{I}_c=-8+j20\ \text{[A]}$$

부하에 공급되는 전력을 구하기 위해 식(9.59)를 이용하면

$$\begin{aligned}\dot{P}_a^*=P-jP_r&=\dot{I}_a(\dot{V}_a^*-\dot{V}_c^*)+\dot{I}_b(\dot{V}_b^*-\dot{V}_c^*)\\&=\dot{I}_a\dot{V}_{ac}^*+\dot{I}_b\dot{V}_{bc}^*=-\dot{I}_a\dot{V}_{ca}^*+\dot{I}_b\dot{V}_{bc}^*\\&=-(10-j5)(-100-j30)\\&\quad+(-2-j15)(-30+j100)\\&=2710+j50\end{aligned}$$

이로부터 유효전력(P)과 무효전력(P_r)은 각각

$$P=R_e(\dot{P}_a^*)=2710\ \text{[watt]}$$

$$P_r=-I_m(\dot{P}_a^*)=-50\ \text{[var]}$$

〔예제 9・6〕 그림 9.26과 같은 불평형 3상부하에

$$\dot{V}_{ab}=100\underline{/0°}\ \text{[V]},$$

$$\dot{V}_{bc}=100\underline{/120°}\ \text{[V]},$$

$$\dot{V}_{ca}=100\underline{/-120°}\ \text{[V]}$$

인 3상평형 전압이 인가되고 있다. 부하에 공급되고 있는 전력을 2전력계법을 이용하여 측정하기 위해 단상전력계 2대를 그림에서와 같은 극성으로 연결하였다. 각 전력계의 지시값과 전유효전력을 구하여라. 또 부하 중 $R=10$〔Ω〕인 저항에서 소비되는 전력을 구한 후 부하에서의 전유효전력과 비교하여라.

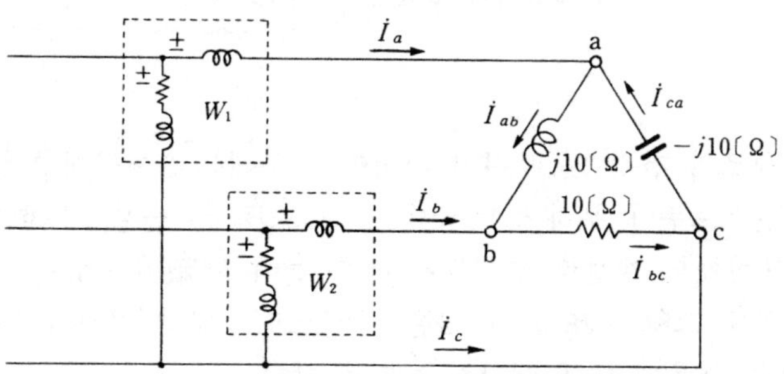

그림 9.26

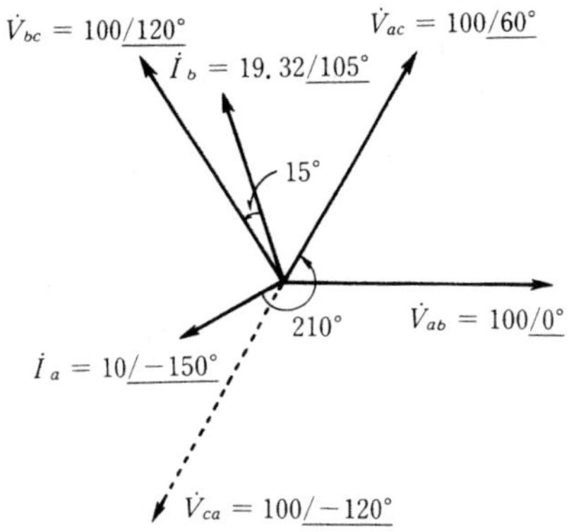

그림 9.27 페이저도를 이용한 불평형 3상부하에서의 전력계산 예(2전력계법)

풀이 ☞ 두 전력계의 지시값은 각각

$$W_1 = V_{ac}I_a\cos[\mathrm{Arg}(\dot{V}_{ac}) - \mathrm{Arg}(\dot{I}_a)]$$
$$W_2 = V_{bc}I_b\cos[\mathrm{Arg}(\dot{V}_{bc}) - \mathrm{Arg}(\dot{I}_b)]$$

이므로 우선 페이저 $\dot{V}_{ac}$, $\dot{V}_{bc}$, $\dot{I}_a$, $\dot{I}_b$를 구해본다.

$\dot{V}_{ab}$를 기준 페이저로 할 때

$$\dot{V}_{ac} = -\dot{V}_{ca} = 100/\underline{-120°+180°} = 100/\underline{60°}\ [\mathrm{V}]$$

$$\dot{I}_a = \dot{I}_{ab} - \dot{I}_{ca} = \frac{\dot{V}_{ab}}{\dot{Z}_{ab}} - \frac{\dot{V}_{ca}}{\dot{Z}_{ca}}$$
$$= \frac{100/\underline{0°}}{j10} - \frac{100/\underline{-120°}}{-j10} = 10/\underline{-90°} - 10/\underline{-30°}$$
$$= (-j10) - (8.66 - j5) = -8.66 - j5$$
$$= 10/\underline{-150°}\ [\mathrm{A}]$$

$$\dot{I}_b = \dot{I}_{bc} - \dot{I}_{ab} = \frac{\dot{V}_{bc}}{\dot{Z}_{bc}} - \frac{\dot{V}_{ab}}{\dot{Z}_{ab}}$$
$$= \frac{100/\underline{120°}}{10} - \frac{100/\underline{0°}}{j10} = 10/\underline{120°} - 10/\underline{-90°}$$
$$= (-5+j8.66) - (-j10) = -5+j18.66$$
$$= 19.32/\underline{105°}\ [\mathrm{A}]$$

따라서

$$W_1 = 100\times10\cos(60° - (-150°)) = 1000\cos210°$$
$$= 1000\times\left(-\frac{\sqrt{3}}{2}\right) = -866\ [\mathrm{watt}]$$

(여기서 '−' 부호는 전력발생을 의미한다)

$$W_2 = 100\times19.32\cos(120° - 105°) = 1932\cos15°$$
$$= 1932\times0.966 = 1866\ [\mathrm{watt}]$$

이므로 부하에 공급되는 전유효전력은

$$W = W_1 + W_2 = -866+1866=1000\ [\mathrm{watt}]$$

가 된다.

또, 부하 중 R에서 소비되는 전력은

$$P = I_{bc}^2\cdot R = 10^2\times10 = 1000\ [\mathrm{watt}]$$

로서 부하에서의 전유효전력과 같음을 알 수 있다.

3상회로의 전원 및 부하가 평형인 경우에는 2전력계법에 의해 전원으로부터 부하에 공급되는 유효전력은 물론, 무효전력과 역률까지도 계산할 수 있다. 예를 들어 相順이 abc인 평형 3상부하에 **그림 9.28**(a)와 같은 극성으로 2개의 단상전력계를 접속하는 경우에 대해 생각해 보기로 한다.

3상전원과 부하가 모두 평형이므로 부하 각 相에서의 상전압

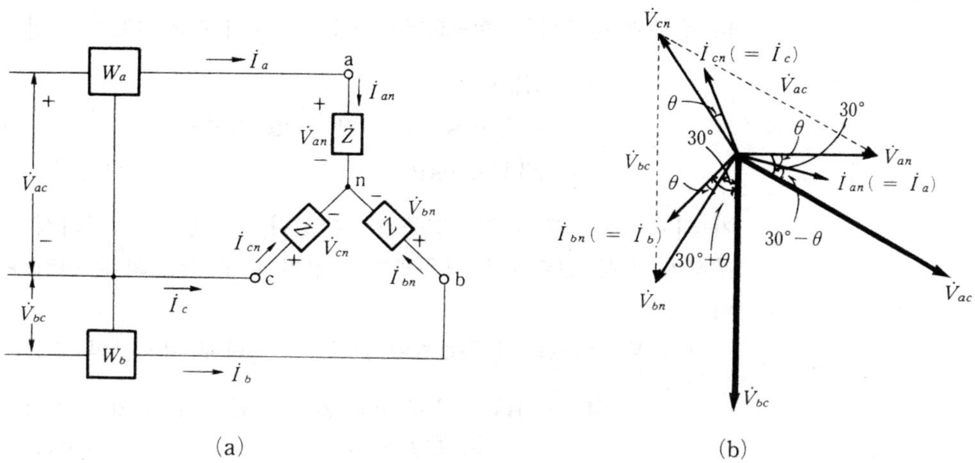

그림 9.28 평형 3상 회로에서의 2전력계법에 의한 전력측정

($\dot{V}_{an}$, $\dot{V}_{bn}$, $\dot{V}_{cn}$)과 상전류($\dot{I}_{an}$, $\dot{I}_{bn}$, $\dot{I}_{cn}$)는 **그림 9.28**(b)에서 보는 것처럼 각각 평형을 이루며 이때 각 상에서의 상전압과 상전류 간에는 상임피던스 $\dot{Z}$에 따른 $\theta(=\text{Arg}\dot{Z})$의 위상차가 발생한다.

한편 두전력계의 지시값은 각각

$$\left.\begin{aligned} W_a &= V_{ac}I_a\cos[\text{Arg}(\dot{V}_{ac}) - \text{Arg}(\dot{I}_a)] \\ W_b &= V_{bc}I_b\cos[\text{Arg}(\dot{V}_{bc}) - \text{Arg}(\dot{I}_b)] \end{aligned}\right\} \quad (9.64)$$

을 보이게 되는데 그림 (b)의 상전압 페이저 $\dot{V}_{an}$, $\dot{V}_{bn}$, $\dot{V}_{cn}$으로부터 선간전압 $\dot{V}_{ac}$와 $\dot{V}_{bc}$를 구하면 이들간에는 $\dot{V}_{ac} = \dot{V}_{an} - \dot{V}_{cn}$, $\dot{V}_{bc} = \dot{V}_{bn} - \dot{V}_{cn}$의 관계가 있으므로 $\dot{V}_{ac}$와 $\dot{V}_{bc}$는 각각 점선과 굵은 실선으로 표시된다. 따라서 그림 (b)로부터 두 전력계의 지시값을 구해보면

$$\left.\begin{aligned} W_a &= V_{ac}I_a\cos(30° - \theta) \\ W_b &= V_{bc}I_b\cos(30° + \theta) \end{aligned}\right\} \quad (9.65)$$

가 되는데 여기서 V_{ac}, V_{bc}, I_a, I_b는 각각 선간전압(V_l)과 선전류(I_l)를 나타내므로 식(9.65)는 다음과 같은 일반식으로 표시될 수 있다.

$$\left.\begin{aligned} W_a &= V_lI_l\cos(30° - \theta) \\ W_b &= V_lI_l\cos(30° + \theta) \end{aligned}\right\} \quad (9.66)$$

결국 **그림 9.28**(a)와 같은 평형 3상회로에 있어서 전원으로부터 부하에 공급되는 총유효전력 P는 두 전력계 지시값의 合인

$$\begin{aligned} P &= W_a + W_b \\ &= V_l I_l [\cos(30° - \theta) + \cos(30° + \theta)] \\ &= \sqrt{3}\, V_l I_l \cos\theta \qquad (9.67) \end{aligned}$$

가 되어 식(9.43)과 일치함을 알 수 있다. 식(9.67)의 결과식은 부하가 평형 Δ부하인 경우에도 마찬가지 방법에 의해 성립한다.

한편 부하에서의 총무효전력 P_r은 두 전력계 지시값의 差인

$$\begin{aligned} W_a - W_b &= V_l I_l [\cos(30° - \theta) - \cos(30° + \theta)] \\ &= V_l I_l \sin\theta \qquad (9.68) \end{aligned}$$

과 평형 3상회로에서의 총무효전력을 나타내는

$$P_r = \sqrt{3}\, V_l I_l \sin\theta \ (\text{식}(9.44))\text{로부터}$$

$$P_r = \sqrt{3}(W_a - W_b) = \sqrt{3}\, V_l I_l \sin\theta \qquad (9.69)$$

가 됨을 알 수 있다. 또 회로역률 $p.f$는 식(9.67)과 식(9.69)로부터

$$\tan\theta = \frac{W_a - W_b}{W_a + W_b} = \frac{P_r}{P} \qquad (9.70)$$

의 관계가 있으므로

$$\begin{aligned} p.f = \cos\theta &= \cos\left(\tan^{-1}\frac{W_a - W_b}{W_a + W_b}\right) \\ &= \cos\left(\tan^{-1}\frac{P_r}{P}\right) \qquad (9.71) \end{aligned}$$

이 성립된다.

〔예제 9・7〕 相順이 abc인 어느 평형 3상회로에 있어서 전력측정을 위해 단상전력계 2대를 **그림 9.28**(a)와 같은 극성으로 연결하였다. 그러자 전력계 W_a는 지침이 역방향으로 움직이려고 해서 전압 코일의 극성을 반대로 하였더니 200〔watt〕를 지시하였고 W_b는 1500〔watt〕를 가리켰다. 부하에 공급되는 총유효전력과 무효전력 및 회로역률을 구하여라.

풀이 ☞ $W_a = -200$ 〔watt〕, $W_b = 1500$ 〔watt〕이므로, 식(9.67)과 (9.69)에 의해

총유효전력은 $P = W_a + W_b = -200 + 1500 = 1300$ 〔watt〕

총무효전력은 $P_r = \sqrt{3}(W_a - W_b) = \sqrt{3}(-200 - 1500)$

$= -2950$ 〔var〕

또 식(9.70)과 식(9.71)로부터

$$\tan\theta = \frac{W_a - W_b}{W_a + W_b} = \frac{P_r}{P} = \frac{-2950}{1300} = -2.27$$

$$\theta = \tan^{-1}(-2.27) = -66.2°$$

따라서 역률은

$$p.f = \cos\theta = \cos(-66.2°) = 0.404$$

9-10 回転磁界

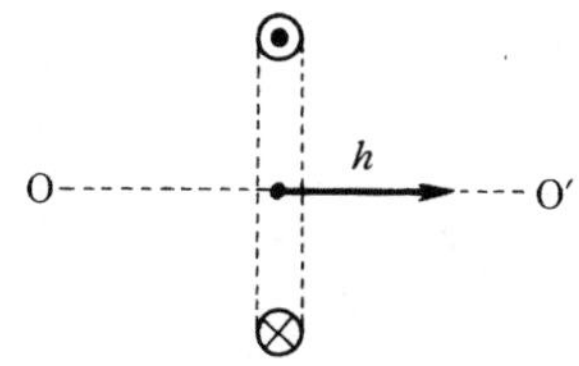

그림 9.29 전류가 만드는 자계

전류에 의한 **자계의 세기**는 전류에 비례한다. **그림 9.29**와 같이 어느 코일에 $i = I_m \sin\omega t$의 단상교류를 흘렸을 때의 자계의 세기 h는 비례상수를 k라 하면

$$h = kI_m \sin\omega t = H_m \sin\omega t \tag{9.72}$$

단, $H_m = kI_m$

로 되어, 발생자계는 항상 OO′ 축상에서 교대로 변화한다.

이와 같은 자계를 **交番磁界**(alternating magnetic field)라 한다. 단상교류에 의해서 생기는 이와 같은 교번자계는 한 축상에서 교대로 변화하지만 공간에 $2\pi/n$씩 간격을 두고 배치된 n개의 코일에 n상 교류의 전류를 흘리면 그 합성자계는 공간을 회전하는 자계(회전자계)로 된다.

이제 교류전동기에 3상교류를 흘릴 때의 **회전자계**에 대해 알아보기로 한다.

그림 9.30과 같이 A, B, C 3개의 코일이 공간에 $2\pi/3$〔rad〕씩 배치된 3상 코일에 평형 3상 교류 i_a, i_b, i_c를 흘렸을 때 중심부에서의 **합성자계**에 대해 생각해 보자.

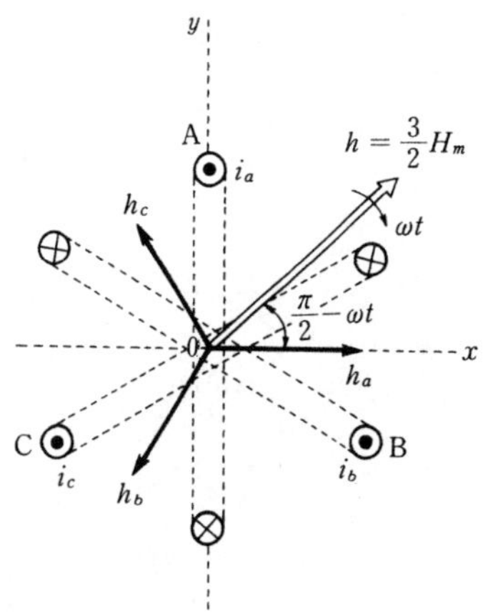

그림 9.30 회전자계

i_a, i_b, i_c에 의해서 생기는 자계를 각각 h_a, h_b, h_c라 하고 그것의 正(+)방향을 **그림 9.30**과 같이 정하면 A, B, C 각 코일에는

$$\left.\begin{aligned} h_a &= H_m\sin\omega t \\ h_b &= H_m\sin(\omega t - 120°) \\ h_c &= H_m\sin(\omega t + 120°) \end{aligned}\right\} \tag{9.73}$$

와 같은 교번자계가 생기며 이들은 공간에서 서로 120°의 간격으로 교차한다.

다음에는 이들의 합성자계를 구하기 위하여 우선 각각의 자계를 x축과 y축으로 분해하여 각각의 합성자계 성분을 h_x, h_y라 하면 **그림 9.30**으로부터

$$\begin{aligned} h_x &= h_{ax} + h_{bx} + h_{cx} \\ &= H_m\sin\omega t + H_m\sin(\omega t - 120°)\cdot\cos(-120°) \\ &\qquad + H_m\sin(\omega t + 120°)\cdot\cos 120° \\ &= H_m\left\{\sin\omega t - \frac{1}{2}\sin(\omega t - 120°)\right. \\ &\qquad \left. - \frac{1}{2}\sin(\omega t + 120°)\right\} \\ &= \frac{3}{2}H_m\sin\omega t \\ h_y &= h_{ay} + h_{by} + h_{cy} \\ &= 0 + H_m\sin(\omega t - 120°)\sin(-120°) \\ &\qquad + H_m\sin(\omega t + 120°)\sin 120° \\ &= H_m\left\{-\frac{\sqrt{3}}{2}\sin(\omega t - 120°)\right. \\ &\qquad \left. + \frac{\sqrt{3}}{2}\sin(\omega t + 120°)\right\} \\ &= \frac{3}{2}H_m\cos\omega t \end{aligned}$$

즉,

$$\left.\begin{aligned} h_x &= \frac{3}{2}H_m\sin\omega t \\ h_y &= \frac{3}{2}H_m\cos\omega t \end{aligned}\right\} \tag{9.74}$$

그러므로 합성자계의 순시값을 h, 합성자계가 x축과 이루는 각을 θ라 하면

$$h = \sqrt{h_x^2 + h_y^2} = \frac{3}{2}H_m \tag{9.75}$$

$$\theta = \tan^{-1}\frac{h_y}{h_x} = \tan^{-1}(\cot\omega t) = \frac{\pi}{2} - \omega t \quad (9.76)$$

가 되며, 이를 페이저로 표시하면

$$\dot{H} = \frac{3}{2}H_m \angle \frac{\pi}{2} - \omega t \quad (9.77)$$

즉, 합성자계의 크기는 한 코일에서 생기는 최대자계값의 $\frac{3}{2}$배로 항상 일정하고 교류의 각속도와 같은 회전속도를 가진다. 이와 같은 회전자계를 圓形回転磁界라 하며, 이때 자계의 회전방향은 **그림 9.30**에서 보는 것처럼 시계방향으로서 코일의 相順방향과 일치함을 알 수 있다. 회전자계의 방향을 바꿔주기 위해서는 어느 두 코일의 전류의 방향을 반대로 해주면 된다.

9-11 不平衡 3 相回路

3상방식에서는 가능한 한 평형 3상회로가 되도록 설계되어 운영되고 있으나 실제로는 전원이 평형이라 하여도 부하가 불평형인 경우도 있고, 또 사고나 다른 원인으로 인해 전원과 부하가 모두 불평형인 경우도 생긴다.

불평형회로의 일반적인 해석법으로서는 다음 절에서 언급되는 **대칭좌표법**이 있다. 그러나 간단한 불평형 회로의 경우 폐로해석법, 절점해석법, Y-⊿변환법 또는 다른 회로망정리 등이 적용될 수 있다.

1 3相 4線式 Y-Y回路

그림 9.31과 같은 3상 4선식 불평형회로에 있어서 전원의 중성점 n을 기준전위(영전위)로 하고 부하의 중성점인 n'에 대한 전위를 구해보면 밀만의 정리에 의해

$$\dot{V}_{n'} = \frac{\dot{Y}_a\dot{V}_a + \dot{Y}_b\dot{V}_b + \dot{Y}_c\dot{V}_c}{\dot{Y}_a + \dot{Y}_b + \dot{Y}_c + \dot{Y}_n} \quad (9.78)$$

단, $\dot{Y}_a = \frac{1}{\dot{Z}_a}$, $\dot{Y}_b = \frac{1}{\dot{Z}_b}$, $\dot{Y}_c = \frac{1}{\dot{Z}_c}$, $\dot{Y}_n = \frac{1}{\dot{Z}_n}$

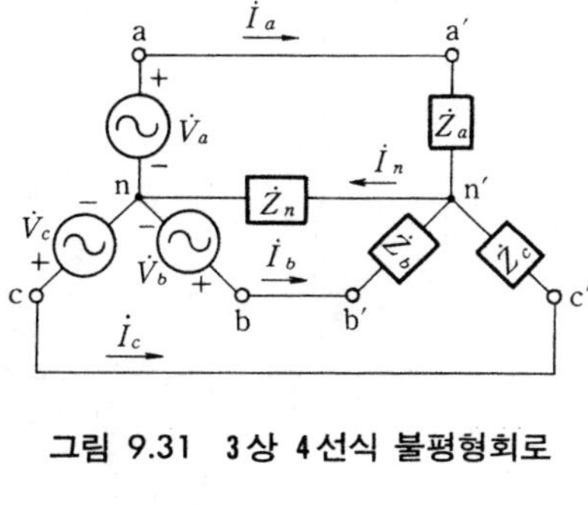

그림 9.31 3상 4선식 불평형회로

로 주어진다. 이를 이용하면 각각의 선전류는

$$\left.\begin{aligned} \dot{I}_a &= (\dot{V}_a - \dot{V}_{n'})\dot{Y}_a \\ \dot{I}_b &= (\dot{V}_b - \dot{V}_{n'})\dot{Y}_b \\ \dot{I}_c &= (\dot{V}_c - \dot{V}_{n'})\dot{Y}_c \end{aligned}\right\} \qquad (9.79)$$

에 의해 구해질 수 있으며 중성선을 흐르는 전류 $\dot{I}_n$은

$$\dot{I}_n = \dot{I}_a + \dot{I}_b + \dot{I}_c \qquad (9.80)$$

가 됨을 알 수 있다.

2 3相 3線式 Y-Y 回路

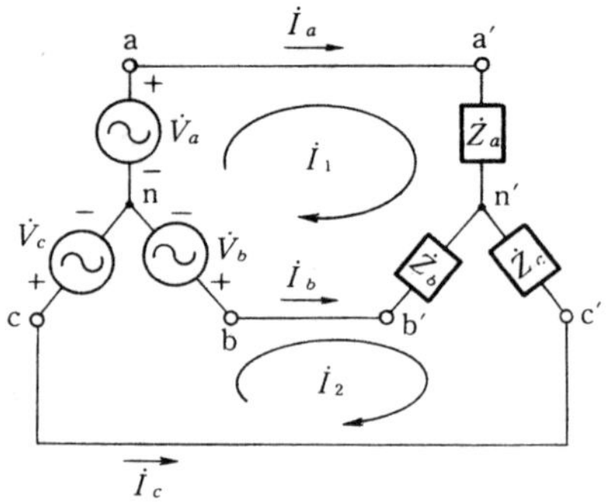

그림 9.32 Y-Y 불평형회로

그림 9.32와 같은 3상 3선식 Y-Y 회로는 중성선이 없기 때문에 **그림 9.31**의 회로에서 $\dot{Y}_n = 0$, $\dot{I}_n = 0$인 경우에 해당된다. 따라서 전원의 중성점인 n을 기준전위로 할 때 부하측의 중성점 n'의 전위는

$$\dot{V}_{n'} = \frac{\dot{Y}_a\dot{V}_a + \dot{Y}_b\dot{V}_b + \dot{Y}_c\dot{V}_c}{\dot{Y}_a + \dot{Y}_b + \dot{Y}_c} \qquad (9.81)$$

가 되며 따라서 각각의 선전류는 식(9.79)와 같은 방법에 의해 구해질 수 있다.

또한 **그림 9.32**의 회로는 독립폐로가 2개뿐이므로 폐로해석법을 적용하는 것도 좋은 방법이 될 수 있다. 즉, 그림에서와 같이 폐로전류 $\dot{I}_1$, $\dot{I}_2$를 가정하면

$$\left.\begin{aligned} \dot{V}_a - \dot{V}_b &= \dot{Z}_a\dot{I}_1 + \dot{Z}_b(\dot{I}_1 - \dot{I}_2) \\ \dot{V}_b - \dot{V}_c &= (\dot{I}_2 - \dot{I}_1)\dot{Z}_b + \dot{Z}_c\dot{I}_2 \end{aligned}\right\} \qquad (9.82)$$

와 같은 폐로방정식이 주어지게 되며 여기서 $\dot{I}_1$, $\dot{I}_2$가 구해지면 각각의 선전류는

$$\dot{I}_a = \dot{I}_1,\quad \dot{I}_b = \dot{I}_2 - \dot{I}_1,\quad \dot{I}_c = -\dot{I}_2 \qquad (9.83)$$

에 의해 구해질 수 있다.

3 기타의 不平衡回路

앞의 두 절 이외의 불평형회로로서는 Y-Δ, Δ-Y, Δ-Δ형의 회로가 있을 수 있다. 그러나 Δ형의 전원이나 부하가 포함되는 회로의 경우 독립적인 폐로의 수가 많으므로 폐로해석법과 같

은 일반해석법을 적용하면 이의 계산이 복잡해지는 수가 많다.

그러므로 이런 경우 Δ형의 전원이나 부하를 Y형으로 등가대치하면 Y-Y형 회로가 되어 전절에서와 같은 해석법이 그대로 적용될 수 있게 된다.

〔예제 9・8〕 그림 9.33(a)는 각 상의 전원이 $\dot{V}_a = 30\underline{/0°}$〔V〕, $\dot{V}_b = 30\underline{/-120°}$〔V〕, $\dot{V}_c = 30\underline{/120°}$〔V〕이며 부하가 각각 $\dot{Z}_a = 1$〔Ω〕, $\dot{Z}_b = j(-1)$〔Ω〕, $\dot{Z}_c = j1$〔Ω〕인 불평형 3 상회로이다.

① 선전류 $\dot{I}_a$, $\dot{I}_b$, $\dot{I}_c$를 구하여라.

② 전원으로부터 부하에 공급되는 총유효전력, 총무효전력, 피상전력 및 역률을 구하여라.

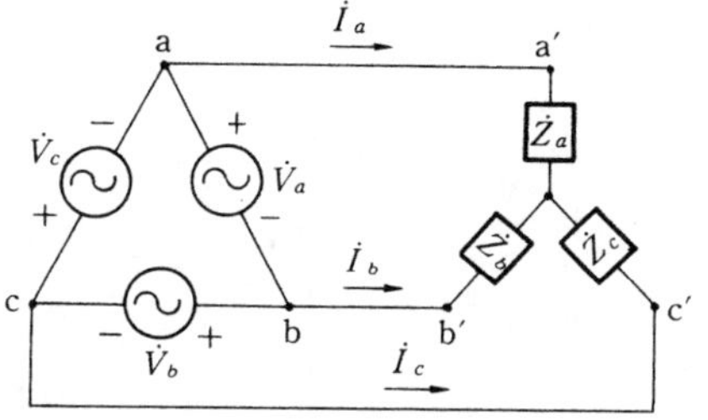

(a)

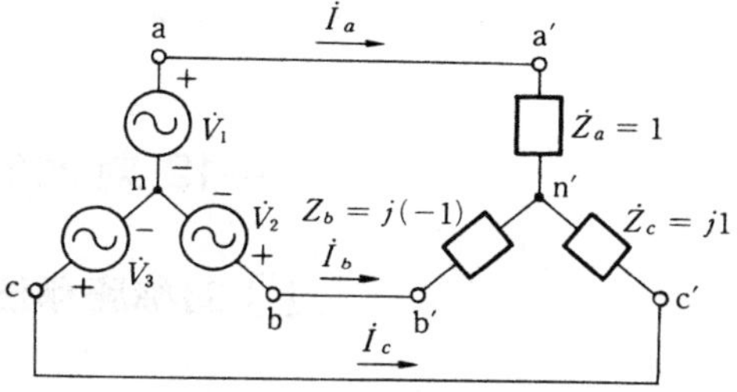

(b)

그림 9.33

풀이 ☞ 그림 (a)는 Δ-Y형 회로이므로 전원부를 Y형으로 등가변환하면 그림 (b)와 같은 Y-Y형 회로가 된다.

식(9.34)에 의해

$$\dot{V}_1 = \frac{1}{\sqrt{3}}\dot{V}_a\underline{/-30°} = 10\sqrt{3}\underline{/-30°}\text{〔V〕}$$

$$\dot{V}_2 = \frac{1}{\sqrt{3}}\dot{V}_b\underline{/-30°} = 10\sqrt{3}\underline{/-150°}\text{〔V〕}$$

$$\dot{V}_3 = \frac{1}{\sqrt{3}}\dot{V}_c\underline{/-30°} = 10\sqrt{3}\underline{/90°}\text{〔V〕}$$

그림 (b)에서 전원부의 중성점 n을 기준으로 하여 점 n'의 전위 $\dot{V}_{n'}$를 구해 보면 밀만의 정리에 의해

$$\dot{V}_{n'} = \frac{\dot{Y}_a\dot{V}_1 + \dot{Y}_b\dot{V}_2 + \dot{Y}_c\dot{V}_3}{\dot{Y}_a + \dot{Y}_b + \dot{Y}_c}$$

$$= \frac{1\times10\sqrt{3}\underline{/-30°} + (j1)10\sqrt{3}\underline{/-150°} + j(-1)10\sqrt{3}\underline{/90°}}{1 + j1 + j(-1)}$$

$$= 15+15\sqrt{3} - j(15+5\sqrt{3})\ \text{〔V〕}$$

가 되며, 각각의 선전류는

$$\dot{I}_a = \dot{Y}_a(\dot{V}_1 - \dot{V}_{n'}) = -15\sqrt{3}+j15$$
$$\fallingdotseq -26+j15\ \text{〔A〕}$$
$$\dot{I}_b = \dot{Y}_b(\dot{V}_2 - \dot{V}_{n'}) = -15 - j(30+15\sqrt{3})$$
$$\fallingdotseq -15-j56\ \text{〔A〕}$$
$$\dot{I}_c = \dot{Y}_c(\dot{V}_3 - \dot{V}_{n'})$$
$$= (15+15\sqrt{3}) + j(15+15\sqrt{3}) \fallingdotseq 41+j41\ \text{〔A〕}$$

총유효전력은 $P = P_a+P_b+P_c = I_a^2 \cdot 1+I_b^2 \cdot 0+I_c^2 \cdot 0$
$$= (\sqrt{901})^2 \cdot 1 = 901\ \text{〔W〕}$$

총무효전력 $P_r = P_{ra}+P_{rb}+P_{rc} = I_a^2 \cdot 0+I_b^2 \cdot (-1)+I_c^2 \cdot 1$
$$= (\sqrt{3361})^2 \cdot (-1) + (\sqrt{3362})^2 \cdot 1 = 1\ \text{〔Var〕}$$

피상전력 $P_a = \sqrt{P^2+P_r^2} = \sqrt{(901)^2+1^2} \fallingdotseq 901\ \text{〔VA〕}$

역률 $p.f = \dfrac{P}{P_a} = \dfrac{901}{901} = 1$

9-12 対称座標法

1 対称座標法

불평형 3상회로는 평형회로와는 달리 대개 그 계산이 복잡하기 때문에 해석이 용이하지 않다. 이런 경우 비대칭성의 불평형 전압이나 전류를 대칭성의 3성분으로 분해하여 해석하는 **대칭좌표법**(method of symmetrical coordinate)을 이용하면 보다 용이하게 회로해석을 할 수 있는 경우가 많다.

그림 9.34는 相順이 abc인 평형 3상전압($\dot{V}_{a1}$, $\dot{V}_{b1}$, $\dot{V}_{c1}$)과 相順이 이와 반대인 평형 3상전압($\dot{V}_{a2}$, $\dot{V}_{b2}$, $\dot{V}_{c2}$) 및 방향과

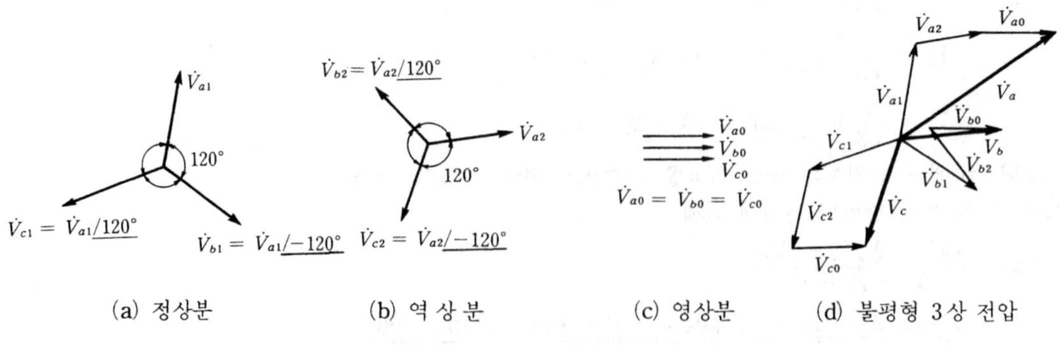

(a) 정상분 (b) 역 상 분 (c) 영상분 (d) 불평형 3상 전압

그림 9.34

크기가 같은 3개의 전압($\dot{V}_{a0}$, $\dot{V}_{b0}$, $\dot{V}_{c0}$)을 a, b, c의 같은 相끼리 합성하여 하나의 불평형 3상전압($\dot{V}_a$, $\dot{V}_b$, $\dot{V}_c$)을 얻는 방법을 보여주고 있다.

그러나 이를 역으로 생각하면 그림 (d)의 불평형 3상전압 $\dot{V}_a$, $\dot{V}_b$, $\dot{V}_c$를 그림 (a), (b), (c)의 각각의 성분으로 분해할 수 있음을 보여주기도 한다.

이제 불평형전압 $\dot{V}_a$, $\dot{V}_b$, $\dot{V}_c$로부터 기준이 되는 세 성분인 $\dot{V}_{a0}$, $\dot{V}_{a1}$, $\dot{V}_{a2}$를 구해보기로 한다. 그림 (d)를 수식으로 표현하면

$$\left.\begin{aligned} \dot{V}_a &= \dot{V}_{a0}+\dot{V}_{a1}+\dot{V}_{a2} \\ \dot{V}_b &= \dot{V}_{b0}+\dot{V}_{b1}+\dot{V}_{b2} \\ \dot{V}_c &= \dot{V}_{c0}+\dot{V}_{c1}+\dot{V}_{c2} \end{aligned}\right\} \tag{9.84}$$

가 되며, 또한 $1\underline{/120°}=e^{j\frac{2}{3}\pi}=a$라 하면 $1\underline{/-120°}=e^{j\frac{4}{3}\pi}=a^2$, $1\underline{/0°}=e^{j0}=a^3$인 관계가 있으므로 이를 이용하여 식(9.84)를 다시 쓰면

$$\left.\begin{aligned} \dot{V}_a &= \dot{V}_{a0}+\dot{V}_{a1}+\dot{V}_{a2} \\ \dot{V}_b &= \dot{V}_{a0}+a^2\dot{V}_{a1}+a\dot{V}_{a2} \\ \dot{V}_c &= \dot{V}_{a0}+a\dot{V}_{a1}+a^2\dot{V}_{a2} \end{aligned}\right\} \tag{9.85}$$

여기서 $1+a+a^2=0$인 관계가 있으므로 식(9.85)의 세 식을 합하면 우변의 제2열, 제3열의 합은 0이 되므로 $\dot{V}_a+\dot{V}_b+\dot{V}_c=3\dot{V}_{a0}$로부터

$$\dot{V}_{a0}=\frac{1}{3}(\dot{V}_a+\dot{V}_b+\dot{V}_c) \tag{9.86}$$

그리고 식(9.85)의 제2식에 a를, 제3식에 a^2을 곱한 다음 세 식을 합하면 우변의 제1열과 제3열의 합이 0이 되므로 $\dot{V}_a+a\dot{V}_b+a^2\dot{V}_c=3\dot{V}_{a1}$으로부터

$$\dot{V}_{a1}=\frac{1}{3}(\dot{V}_a+a\dot{V}_b+a^2\dot{V}_c) \tag{9.87}$$

또 식(9.85)의 제2식에 a^2을, 제3식에 a를 곱한 다음, 세 식을 합하면 우변의 제1열, 제2열의 합이 0이 되므로 $\dot{V}_a+a^2\dot{V}_b+a\dot{V}_c=3\dot{V}_{a2}$로부터

$$\dot{V}_{a2}=\frac{1}{3}(\dot{V}_a+a^2\dot{V}_b+a\dot{V}_c) \tag{9.88}$$

가 된다.

이와 같이 $\dot{V}_{a1}$, $\dot{V}_{a2}$가 결정되면 $\dot{V}_{b1}$, $\dot{V}_{b2}$와 $\dot{V}_{c1}$, $\dot{V}_{c2}$는 120°씩의 위상차만을 고려하면 된다.

식(9.85)에서 세 相의 공통성분인 $\dot{V}_{a0}(=\dot{V}_{b0}=\dot{V}_{c0})$를 **零相分**이라 하며, $\dot{V}_{a1}$, $\dot{V}_{b1}$, $\dot{V}_{c1}$은 원래의 전압(불평형전압)과 相順이 같으므로 **正相分**, V_{a2}, V_{b2}, V_{c2}는 원래의 전압과 상순이 반대이므로 **逆相分** 이라 한다. 그리고 이들 영상분, 정상분, 역상분을 총칭하여 **対称分**(symmetrical component)이라고 부른다. 특히 세 전압 $\dot{V}_a$, $\dot{V}_b$, $\dot{V}_c$의 합이 0이 되는 경우에는 식(9.86)으로부터 영상분은 0이 되며 $\dot{V}_a$, $\dot{V}_b$, $\dot{V}_c$가 상순이 a, b, c인 평형전압의 경우 $\dot{V}_b=a^2\dot{V}_a$, $\dot{V}_c=a\dot{V}_a$를 식(9.86), (9.87), (9.88)에 대입해 보면 $\dot{V}_{a0}=0$, $\dot{V}_{a1}=\dot{V}_a$, $\dot{V}_{a2}=0$이 됨을 알 수 있다. 이것은 평형전압에는 영상분과 역상분의 전압이 포함되지 않음을 의미한다.

한 相의 세 성분이 결정되면 다른 相의 성분도 결정되므로 통상 불평형전압이나 전류의 대칭분이라 하면 한 相에 대한 대칭분을 의미하기도 한다.

대칭좌표법에 의한 계산에서는 통상 행렬이 많이 쓰이므로 식(9.85)와 식(9.86)～(9.88)을 행렬로 표시하면 식(9.86)～(9.88)은

$$\begin{bmatrix}\dot{V}_{a0}\\ \dot{V}_{a1}\\ \dot{V}_{a2}\end{bmatrix}=\frac{1}{3}\begin{bmatrix}1&1&1\\1&a&a^2\\1&a^2&a\end{bmatrix}\begin{bmatrix}\dot{V}_a\\ \dot{V}_b\\ \dot{V}_c\end{bmatrix}=[A]\begin{bmatrix}\dot{V}_a\\ \dot{V}_b\\ \dot{V}_c\end{bmatrix} \tag{9.89}$$

가 되며, 식(9.85)는

$$\begin{bmatrix}\dot{V}_a\\ \dot{V}_b\\ \dot{V}_c\end{bmatrix}=\begin{bmatrix}1&1&1\\1&a^2&a\\1&a&a^2\end{bmatrix}\begin{bmatrix}\dot{V}_{a0}\\ \dot{V}_{a1}\\ \dot{V}_{a2}\end{bmatrix}=[A]^{-1}\begin{bmatrix}\dot{V}_{a0}\\ \dot{V}_{a1}\\ \dot{V}_{a2}\end{bmatrix} \tag{9.90}$$

여기서

$$[A]=\frac{1}{3}\begin{bmatrix}1&1&1\\1&a&a^2\\1&a^2&a\end{bmatrix},\quad [A]^{-1}=\begin{bmatrix}1&1&1\\1&a^2&a\\1&a&a^2\end{bmatrix} \tag{9.91}$$

와 같이, 서로 역행렬의 관계이므로

$$[A][A]^{-1}=[1] \tag{9.92}$$

이 된다.

불평형 3상전압이나 전류에는 영상분과 역상분이 포함되는 것이 보통이며 역상분과 정상분의 크기의 比로서 불평형의 정도를 나타내는 **불평형률**(unbalanced factor)을 정의한다. 즉,

$$\text{불평형률} = \frac{|\dot{V}_2|}{|\dot{V}_1|}\times 100〔\%〕 \text{ 또는 } \frac{|\dot{I}_2|}{|\dot{I}_1|}\times 100〔\%〕 \qquad (9.93)$$

〔예제 9·9〕 어떤 3상회로의 선간전압이 각각 80, 50, 50〔V〕이다. 이 경우 전압의 대칭분 및 불평형률을 구하여라.

풀이 ☞ $V_a = 80$〔V〕, $V_b = 50$〔V〕, $V_c = 50$〔V〕라 하고 $\dot{V}_a$를 기준 페이저로 하여 페이저도를 나타내면 **그림 9.35**와 같다. 각각의 전압은

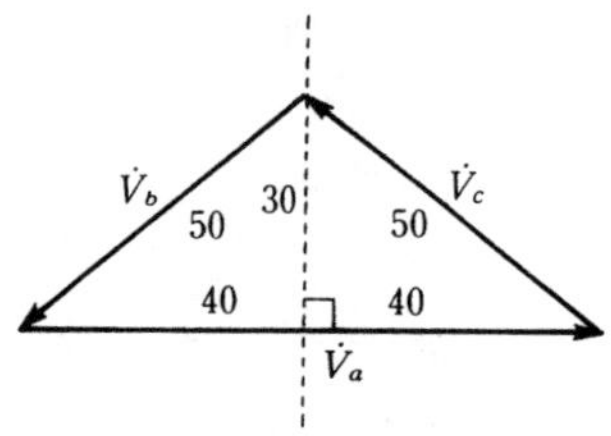

그림 9.35

$$\dot{V}_a = 80 〔V〕$$
$$\dot{V}_b = -40 - j30 〔V〕$$
$$\dot{V}_c = -40 + j30 〔V〕$$

로 표시될 수 있으므로 대칭성분은 각각

$$\text{영상분}: \dot{V}_0 = \frac{1}{3}(\dot{V}_a + \dot{V}_b + \dot{V}_c)$$
$$= \frac{1}{3}(80 - 40 - j30 - 40 + j30) = 0$$

$$\text{정상분}: \dot{V}_1 = \frac{1}{3}(\dot{V}_a + a\dot{V}_b + a^2\dot{V}_c)$$
$$= \frac{1}{3}\left\{80 + \left(-\frac{1}{2} + j\frac{\sqrt{3}}{2}\right)(-40 - j30) + \left(-\frac{1}{2} - j\frac{\sqrt{3}}{2}\right)(-40 + j30)\right\}$$
$$= \frac{1}{3}(120 + 30\sqrt{3}) = 57.3 〔V〕$$

$$\text{역상분}: \dot{V}_2 = \frac{1}{3}(\dot{V}_a + a^2\dot{V}_b + a\dot{V}_c)$$
$$= \frac{1}{3}\left\{80 + \left(-\frac{1}{2} - j\frac{\sqrt{3}}{2}\right)(-40 - j30) + \left(-\frac{1}{2} + j\frac{\sqrt{3}}{2}\right)(-40 + j30)\right\}$$
$$= \frac{1}{3}(120 - 20\sqrt{3}) = 22.7 〔V〕$$

$$\text{불평형률} = \frac{V_2}{V_1}\times 100 = \frac{22.7}{57.3}\times 100 = 39.6 〔\%〕$$

2 対称座標法의 応用

(1) 불평형 전원의 Y-Δ 변환

비대칭 Y형 기전력의 대칭분을 Δ형 기전력으로 변환할 때의 관계식을 구하기 위해 비대칭 Y형 기전력을 $\dot{V}_a$, $\dot{V}_b$, $\dot{V}_c$라 하고 그 대칭분을 각각 $\dot{V}_0$, $\dot{V}_1$, $\dot{V}_2$라 하면, 이들은 식(9.86)~(9.88)에 의해

$$\left.\begin{aligned}\dot{V}_0 &= \frac{1}{3}(\dot{V}_a+\dot{V}_b+\dot{V}_c)\\ \dot{V}_1 &= \frac{1}{3}(\dot{V}_a+a\dot{V}_b+a^2\dot{V}_c)\\ \dot{V}_2 &= \frac{1}{3}(\dot{V}_a+a^2\dot{V}_b+a\dot{V}_c)\end{aligned}\right\} \tag{9.94}$$

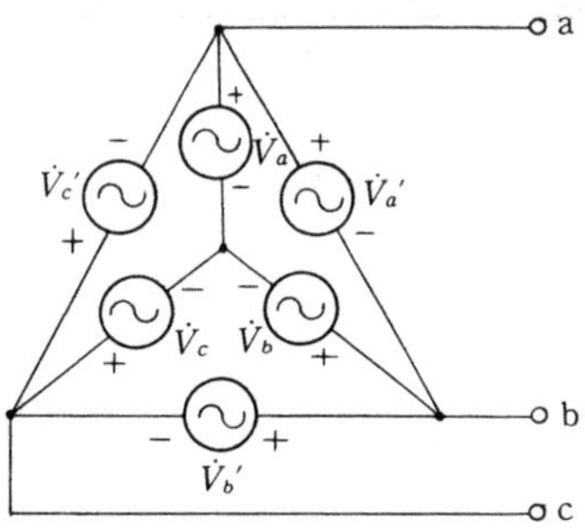

그림 9.36

가 된다. 또 비대칭 Δ형기전력을 $\dot{V}_a'$, $\dot{V}_b'$, $\dot{V}_c'$라 하고 그 대칭분을 $\dot{V}_0'$, $\dot{V}_1'$, $\dot{V}_2'$라 하면 **그림 9.36**으로부터

$$\left.\begin{aligned}\dot{V}_a' &= \dot{V}_a - \dot{V}_b\\ \dot{V}_b' &= \dot{V}_b - \dot{V}_c\\ \dot{V}_c' &= \dot{V}_c - \dot{V}_a\end{aligned}\right\} \tag{9.95}$$

의 관계가 있으며 이를 행렬로 나타내면

$$\begin{aligned}\begin{bmatrix}\dot{V}_a'\\ \dot{V}_b'\\ \dot{V}_c'\end{bmatrix} &= \begin{bmatrix}\dot{V}_a\\ \dot{V}_b\\ \dot{V}_c\end{bmatrix} - \begin{bmatrix}\dot{V}_b\\ \dot{V}_c\\ \dot{V}_a\end{bmatrix}\\ &= \begin{bmatrix}1 & 0 & 0\\ 0 & 1 & 0\\ 0 & 0 & 1\end{bmatrix}\begin{bmatrix}\dot{V}_a\\ \dot{V}_b\\ \dot{V}_c\end{bmatrix} - \begin{bmatrix}0 & 1 & 0\\ 0 & 0 & 1\\ 1 & 0 & 0\end{bmatrix}\begin{bmatrix}\dot{V}_a\\ \dot{V}_b\\ \dot{V}_c\end{bmatrix}\\ &= \left\{\begin{bmatrix}1 & 0 & 0\\ 0 & 1 & 0\\ 0 & 0 & 1\end{bmatrix} - \begin{bmatrix}0 & 1 & 0\\ 0 & 0 & 1\\ 1 & 0 & 0\end{bmatrix}\right\}\begin{bmatrix}\dot{V}_a\\ \dot{V}_b\\ \dot{V}_c\end{bmatrix}\\ &= \begin{bmatrix}1 & -1 & 0\\ 0 & 1 & -1\\ -1 & 0 & 1\end{bmatrix}\begin{bmatrix}\dot{V}_a\\ \dot{V}_b\\ \dot{V}_c\end{bmatrix}\end{aligned} \tag{9.96}$$

그러나 여기서 $\begin{vmatrix}1 & -1 & 0\\ 0 & 1 & -1\\ -1 & 0 & 1\end{vmatrix}=0$이므로, 이에 대한 역행렬은

존재하지 않는다.

또한 Δ기전력의 전압인 $\dot{V}_a'$, $\dot{V}_b'$, $\dot{V}_c'$의 대칭분 $\dot{V}_0'$, $\dot{V}_1'$, $\dot{V}_2'$는 식(9.89), 식(9.90)과 식(9.96)으로부터

$$\begin{bmatrix} \dot{V}_0' \\ \dot{V}_1' \\ \dot{V}_2' \end{bmatrix} = \frac{1}{3}\begin{bmatrix} 1 & 1 & 1 \\ 1 & a & a^2 \\ 1 & a^2 & a \end{bmatrix}\begin{bmatrix} \dot{V}_a' \\ \dot{V}_b' \\ \dot{V}_c' \end{bmatrix}$$

$$= \frac{1}{3}\begin{bmatrix} 1 & 1 & 1 \\ 1 & a & a^2 \\ 1 & a^2 & a \end{bmatrix}\begin{bmatrix} 1 & -1 & 0 \\ 0 & 1 & -1 \\ -1 & 0 & 1 \end{bmatrix}\begin{bmatrix} \dot{V}_a \\ \dot{V}_b \\ \dot{V}_c \end{bmatrix}$$

$$= \frac{1}{3}\begin{bmatrix} 1 & 1 & 1 \\ 1 & a & a^2 \\ 1 & a^2 & a \end{bmatrix}\begin{bmatrix} 1 & -1 & 0 \\ 0 & 1 & -1 \\ -1 & 0 & 1 \end{bmatrix}\begin{bmatrix} 1 & 1 & 1 \\ 1 & a^2 & a \\ 1 & a & a^2 \end{bmatrix}\begin{bmatrix} \dot{V}_0 \\ \dot{V}_1 \\ \dot{V}_2 \end{bmatrix}$$

$$= \begin{bmatrix} 0 & 0 & 0 \\ 0 & 1-a^2 & 0 \\ 0 & 0 & 1-a \end{bmatrix}\begin{bmatrix} \dot{V}_0 \\ \dot{V}_1 \\ \dot{V}_2 \end{bmatrix} \tag{9.97}$$

따라서

$$\left.\begin{aligned} \dot{V}_0' &= 0 \\ \dot{V}_1' &= (1-a^2)\,\dot{V}_1 = \sqrt{3}e^{j\frac{\pi}{6}}\dot{V}_1 \\ \dot{V}_2' &= (1-a)\,\dot{V}_2 = \sqrt{3}e^{-j\frac{\pi}{6}}\dot{V}_2 \end{aligned}\right\} \tag{9.98}$$

결국 불평형 Y기전력을 Δ기전력으로 변환할 때, Δ기전력의 대칭분을 Y기전력의 대칭분으로 나타내보면 $\dot{V}_0'$는 0, $\dot{V}_1'$는 $\dot{V}_1$의 $\sqrt{3}$배 크기이며 위상은 $\frac{\pi}{6}$ 앞서고 $\dot{V}_2'$는 $\dot{V}_2$의 $\sqrt{3}$배이며 위상은 $\frac{\pi}{6}$ 뒤지고 있음을 알 수 있다.

(2) 불평형 부하의 대칭좌표변환

그림 9.37과 같이 중성점 n′이 접지된 불평형 Y부하에 있어서 각 단자 a, b, c의 **대지(對地)전압**을 각각 $\dot{V}_a$, $\dot{V}_b$, $\dot{V}_c$라 하고 각 선전류를 $\dot{I}_a$, $\dot{I}_b$, $\dot{I}_c$라 하면, 다음 식이 얻어진다.

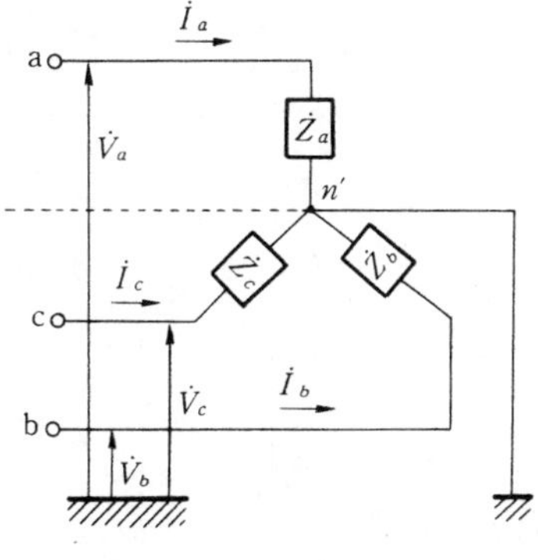

그림 9.37

$$\dot{V}_a = \dot{Z}_a\dot{I}_a, \quad \dot{V}_b = \dot{Z}_b\dot{I}_b, \quad \dot{V}_c = \dot{Z}_c\dot{I}_c \tag{9.99}$$

윗식을 행렬로 나타내면

$$\begin{bmatrix} \dot{V}_a \\ \dot{V}_b \\ \dot{V}_c \end{bmatrix} = \begin{bmatrix} \dot{Z}_a & 0 & 0 \\ 0 & \dot{Z}_b & 0 \\ 0 & 0 & \dot{Z}_c \end{bmatrix}\begin{bmatrix} \dot{I}_a \\ \dot{I}_b \\ \dot{I}_c \end{bmatrix} \tag{9.100}$$

로 된다. 그리고 $\dot{V}_a$, $\dot{V}_b$, $\dot{V}_c$의 대칭분을 $\dot{V}_0$, $\dot{V}_1$, $\dot{V}_2$라 하고

$\dot{I}_a$, $\dot{I}_b$, $\dot{I}_c$의 대칭분을 $\dot{I}_0$, $\dot{I}_1$, $\dot{I}_2$라 하면, 식(9. 85)로부터

$$\begin{bmatrix}\dot{V}_a\\\dot{V}_b\\\dot{V}_c\end{bmatrix}=\begin{bmatrix}1&1&1\\1&a^2&a\\1&a&a^2\end{bmatrix}\begin{bmatrix}\dot{V}_0\\\dot{V}_1\\\dot{V}_2\end{bmatrix} \tag{9.101}$$

$$\begin{bmatrix}\dot{I}_a\\\dot{I}_b\\\dot{I}_c\end{bmatrix}=\begin{bmatrix}1&1&1\\1&a^2&a\\1&a&a^2\end{bmatrix}\begin{bmatrix}\dot{I}_0\\\dot{I}_1\\\dot{I}_2\end{bmatrix} \tag{9.102}$$

이 된다. 또한 식(9. 100), (9. 101), (9. 102)로부터

$$\begin{aligned}\begin{bmatrix}\dot{V}_0\\\dot{V}_1\\\dot{V}_2\end{bmatrix}&=\begin{bmatrix}1&1&1\\1&a^2&a\\1&a&a^2\end{bmatrix}^{-1}\begin{bmatrix}\dot{V}_a\\\dot{V}_b\\\dot{V}_c\end{bmatrix}\\
&=\begin{bmatrix}1&1&1\\1&a^2&a\\1&a&a^2\end{bmatrix}^{-1}\begin{bmatrix}\dot{Z}_a&0&0\\0&\dot{Z}_b&0\\0&0&\dot{Z}_c\end{bmatrix}\begin{bmatrix}\dot{I}_a\\\dot{I}_b\\\dot{I}_c\end{bmatrix}\\
&=\begin{bmatrix}1&1&1\\1&a^2&a\\1&a&a^2\end{bmatrix}^{-1}\begin{bmatrix}\dot{Z}_a&0&0\\0&\dot{Z}_b&0\\0&0&\dot{Z}_c\end{bmatrix}\begin{bmatrix}1&1&1\\1&a^2&a\\1&a&a^2\end{bmatrix}\begin{bmatrix}\dot{I}_0\\\dot{I}_1\\\dot{I}_2\end{bmatrix}\\
&=\frac{1}{3}\begin{bmatrix}1&1&1\\1&a&a^2\\1&a^2&a\end{bmatrix}\begin{bmatrix}\dot{Z}_a&\dot{Z}_a&\dot{Z}_a\\\dot{Z}_b&a^2\dot{Z}_b&a\dot{Z}_b\\\dot{Z}_c&a\dot{Z}_c&a^2\dot{Z}_c\end{bmatrix}\begin{bmatrix}\dot{I}_0\\\dot{I}_1\\\dot{I}_2\end{bmatrix}\\
&=\frac{1}{3}\begin{bmatrix}\dot{Z}_a+\dot{Z}_b+\dot{Z}_c&\dot{Z}_a+a^2\dot{Z}_b+a\dot{Z}_c&\dot{Z}_a+a\dot{Z}_b+a^2\dot{Z}_c\\\dot{Z}_a+a\dot{Z}_b+a^2\dot{Z}_c&\dot{Z}_a+\dot{Z}_b+\dot{Z}_c&\dot{Z}_a+a^2\dot{Z}_b+a\dot{Z}_c\\\dot{Z}_a+a^2\dot{Z}_b+a\dot{Z}_c&\dot{Z}_a+a\dot{Z}_b+a^2\dot{Z}_c&\dot{Z}_a+\dot{Z}_b+\dot{Z}_c\end{bmatrix}\begin{bmatrix}\dot{I}_0\\\dot{I}_1\\\dot{I}_2\end{bmatrix}\end{aligned} \tag{9.103}$$

여기서

$$\left.\begin{aligned}\dot{Z}_0&=\frac{1}{3}(\dot{Z}_a+\dot{Z}_b+\dot{Z}_c)\\\dot{Z}_1&=\frac{1}{3}(\dot{Z}_a+a\dot{Z}_b+a^2\dot{Z}_c)\\\dot{Z}_2&=\frac{1}{3}(\dot{Z}_a+a^2\dot{Z}_b+a\dot{Z}_c)\end{aligned}\right\} \tag{9.104}$$

로 놓으면 식(9. 103)은

$$\begin{bmatrix}\dot{V}_0\\\dot{V}_1\\\dot{V}_2\end{bmatrix}=\begin{bmatrix}\dot{Z}_0&\dot{Z}_2&\dot{Z}_1\\\dot{Z}_1&\dot{Z}_0&\dot{Z}_2\\\dot{Z}_2&\dot{Z}_1&\dot{Z}_0\end{bmatrix}\begin{bmatrix}\dot{I}_0\\\dot{I}_1\\\dot{I}_2\end{bmatrix} \tag{9.105}$$

로 된다. 따라서 윗식은

$$\left.\begin{aligned}\dot{V}_0 &= \dot{Z}_0\dot{I}_0+\dot{Z}_2\dot{I}_1+\dot{Z}_1\dot{I}_2\\ \dot{V}_1 &= \dot{Z}_1\dot{I}_0+\dot{Z}_0\dot{I}_1+\dot{Z}_2\dot{I}_2\\ \dot{V}_2 &= \dot{Z}_2\dot{I}_0+\dot{Z}_1\dot{I}_1+\dot{Z}_0\dot{I}_2\end{aligned}\right\} \quad (9.106)$$

와 같이 표현될 수 있으며, 이로부터 불평형 임피던스 $\dot{Z}_a$, $\dot{Z}_b$, $\dot{Z}_c$도 전압, 전류와 같이 대칭성분인 $\dot{Z}_0$, $\dot{Z}_1$, $\dot{Z}_2$로 분해됨을 알 수 있다. 그러나 식(9.105)나 식(9.106)은 식(9.103)과 같은 식을 간단히 표현한다는 뜻이 있을 뿐이지 어떤 물리적인 뜻은 없다.

식(9.106)에서 보는 것처럼 불평형부하에서는 일반적으로 $\dot{V}_0$는 $\dot{I}_0$뿐만 아니라 $\dot{I}_1$, $\dot{I}_2$의 함수가 되며 $\dot{V}_1$, $\dot{V}_2$의 경우도 역시 마찬가지임을 알 수 있다. 그러나 평형부하의 경우에는 $\dot{Z}_a = \dot{Z}_b = \dot{Z}_c = \dot{Z}_0$, $\dot{Z}_1 = 0$, $\dot{Z}_2 = 0$이므로

$$\left.\begin{aligned}\dot{V}_0 &= \dot{Z}_0\dot{I}_0\\ \dot{V}_1 &= \dot{Z}_0\dot{I}_1\\ \dot{V}_2 &= \dot{Z}_0\dot{I}_2\end{aligned}\right\} \quad (9.107)$$

가 된다. **그림 9.37** 회로의 세 선로전류에 대한 정상분($\dot{I}_1$)과 역상분($\dot{I}_2$)의 합은 각각 0이므로 중성점 접지선에는 정상분과 역상분의 전류는 흐르지 않게 되고 영상분의 합인 $3\dot{I}_0$만이 흐르게 된다.

이러한 결과는 3상 4선방식의 중성선(**그림 9.37** 의 점선)의 경우에도 마찬가지가 됨을 알 수 있다.

(3) 3상 교류발전기의 기본식

그림 9.38 과 같이 내부 임피던스가 각각 $\dot{Z}_{ga}$, $\dot{Z}_{gb}$, $\dot{Z}_{gc}$인 3상 **교류발전기**에 있어서 각 상의 기전력과 각 선로전류를 $\dot{E}_a$, $\dot{E}_b$, $\dot{E}_c$ 및 $\dot{I}_a$, $\dot{I}_b$, $\dot{I}_c$라 하고 또한 각 상에서의 전압강하를 $\dot{V}_{ga}$, $\dot{V}_{gb}$, $\dot{V}_{gc}$라 하면 각 相 단자의 대지전압 $\dot{V}_a$, $\dot{V}_b$, $\dot{V}_c$는 다음과 같다(상순 abc).

$$\left.\begin{aligned}\dot{V}_a &= \dot{E}_a - \dot{V}_{ga}\\ \dot{V}_b &= \dot{E}_b - \dot{V}_{gb}\\ \dot{V}_c &= \dot{E}_c - \dot{V}_{gc}\end{aligned}\right\} \quad (9.108)$$

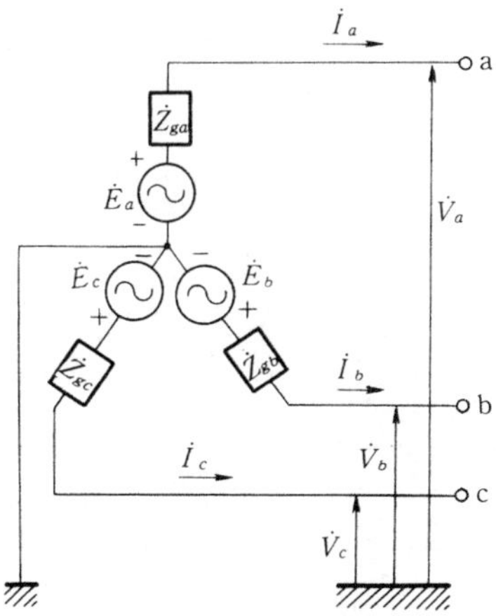

그림 9.38 Y결선 발전기

선로전류를 영상분, 정상분, 역상분으로 분해하여 이들이 단독으로 각각의 선로를 흐르는 경우에 대해 생각해 보자.

발전기의 내부 임피던스에 대한 영상분, 정상분, 역상분 임피던스를 각각 $\dot{Z}_{g0}$, $\dot{Z}_{g1}$, $\dot{Z}_{g2}$라 하고 영상분 전류만이 선로를

흐른다고 가정할 때 영상분 임피던스에 의한 각 상에서의 전압강하는 $\dot{I}_0\dot{Z}_{g0}$로서 모두 같다.

또한 정상분 전류만이 각 선로를 흐른다고 할 때 발전기의 정상분 임피던스에 의한 a, b, c 각 상의 전압강하는 $\dot{I}_1\dot{Z}_{g1}$, $a^2\dot{I}_1\dot{Z}_{g1}$, $a\dot{I}_1\dot{Z}_{g1}$이 되며 역상분 전류만이 흐를 때 역상분 임피던스에 의한 전압강하는 각각 $\dot{I}_2\dot{Z}_{g2}$, $a\dot{I}_2\dot{Z}_{g2}$, $a^2\dot{I}_2\dot{Z}_{g2}$가 된다.

따라서 각 상에서 내부 임피던스에 의한 전압강하는

$$\left.\begin{aligned}\dot{V}_{ga} &= \dot{I}_0\dot{Z}_{g0}+\dot{I}_1\dot{Z}_{g1}+\dot{I}_2\dot{Z}_{g2}\\ \dot{V}_{gb} &= \dot{I}_0\dot{Z}_{g0}+a^2\dot{I}_1\dot{Z}_{g1}+a\dot{I}_2\dot{Z}_{g2}\\ \dot{V}_{gc} &= \dot{I}_0\dot{Z}_{g0}+a\dot{I}_1\dot{Z}_{g1}+a^2\dot{I}_2\dot{Z}_{g2}\end{aligned}\right\} \tag{9.109}$$

가 되며 각 단자의 대지전압 $\dot{V}_a$, $\dot{V}_b$, $\dot{V}_c$에 대한 대칭분을 $\dot{V}_0$, $\dot{V}_1$, $\dot{V}_2$라 하면 식(9.108)로부터

$$\left.\begin{aligned}\dot{V}_0 &= \frac{1}{3}(\dot{V}_a+\dot{V}_b+\dot{V}_c)\\ &= \frac{1}{3}\{\dot{E}_a+\dot{E}_b+\dot{E}_c-(\dot{V}_{ga}+\dot{V}_{gb}+\dot{V}_{gc})\}\\ \dot{V}_1 &= \frac{1}{3}(\dot{V}_a+a\dot{V}_b+a^2\dot{V}_c)\\ &= \frac{1}{3}\{\dot{E}_a+a\dot{E}_b+a^2\dot{E}_c\\ &\qquad -(\dot{V}_{ga}+a\dot{V}_{gb}+a^2\dot{V}_{gc})\}\\ \dot{V}_2 &= \frac{1}{3}(\dot{V}_a+a^2\dot{V}_b+a\dot{V}_c)\\ &= \frac{1}{3}\{\dot{E}_a+a^2\dot{E}_b+a\dot{E}_c\\ &\qquad -(\dot{V}_{ga}+a^2\dot{V}_{gb}+a\dot{V}_{gc})\}\end{aligned}\right\} \tag{9.110}$$

그런데 식(9.109)에서

$$\left.\begin{aligned}\dot{V}_{ga}+\dot{V}_{gb}+\dot{V}_{gc} &= 3\dot{I}_0\dot{Z}_{g0}\\ \dot{V}_{ga}+a\dot{V}_{gb}+a^2\dot{V}_{gc} &= 3\dot{I}_1\dot{Z}_{g1}\\ \dot{V}_{ga}+a^2\dot{V}_{gb}+a\dot{V}_{gc} &= 3\dot{I}_2\dot{Z}_{g2}\end{aligned}\right\} \tag{9.111}$$

또 발전기의 기전력인 $\dot{E}_a$, $\dot{E}_b$, $\dot{E}_c$의 대칭분을 $\dot{E}_0$, $\dot{E}_1$, $\dot{E}_2$라 하면

$$\left.\begin{aligned}\dot{E}_0 &= \frac{1}{3}(\dot{E}_a+\dot{E}_b+\dot{E}_c)\\ \dot{E}_1 &= \frac{1}{3}(\dot{E}_a+a\dot{E}_b+a^2\dot{E}_c)\\ \dot{E}_2 &= \frac{1}{3}(\dot{E}_a+a^2\dot{E}_b+a\dot{E}_c)\end{aligned}\right\} \qquad (9.112)$$

식(9.111)과 식(9.112)를 식(9.110)에 대입하면

$$\left.\begin{aligned}\dot{V}_0 &= \dot{E}_0 - \dot{Z}_{g0}\dot{I}_0\\ \dot{V}_1 &= \dot{E}_1 - \dot{Z}_{g1}\dot{I}_1\\ \dot{V}_2 &= \dot{E}_2 - \dot{Z}_{g2}\dot{I}_2\end{aligned}\right\} \qquad (9.113)$$

그러나 대개의 3상 교류발전기의 기전력은 대칭이므로

$$\left.\begin{aligned}\dot{E}_0 &= \frac{1}{3}(\dot{E}_a+\dot{E}_b+\dot{E}_c) = 0\\ \dot{E}_1 &= \frac{1}{3}(\dot{E}_a+a\dot{E}_b+a^2\dot{E}_c) = \dot{E}_a\\ \dot{E}_2 &= \frac{1}{3}(\dot{E}_a+a^2\dot{E}_b+a\dot{E}_c) = 0\end{aligned}\right\} \qquad (9.114)$$

이 된다. 따라서 식(9.114)를 식(9.113)에 대입하면

$$\left.\begin{aligned}\dot{V}_0 &= -\dot{Z}_{g0}\dot{I}_0\\ \dot{V}_1 &= \dot{E}_a - \dot{Z}_{g1}\dot{I}_1\\ \dot{V}_2 &= -\dot{Z}_{g2}\dot{I}_2\end{aligned}\right\} \qquad (9.115)$$

가 되며, 이것은 대칭 3상 교류발전기의 기본식이 된다.

〔예제 9・10〕 그림 9.39와 같이 무부하 선간전압이 6600〔V〕인 3상 교류발전기가 있다. 이 발전기의 내부 임피던스에 대한 대칭분 임피던스가 각각 $\dot{Z}_{g0} = 0.6\underline{/73^\circ}$〔Ω〕, $\dot{Z}_{g1} = 4.5\underline{/8.9^\circ}$〔Ω〕, $\dot{Z}_{g2} = 1.5\underline{/70^\circ}$〔Ω〕이며 $\dot{I}_a = 400 - j650$〔A〕, $\dot{I}_b = -230 - j700$〔A〕, $\dot{I}_c = -150 + j600$〔A〕인 선로전류가 흐르고 있을 때 각 단자의 전위(대지전압) $\dot{V}_a$, $\dot{V}_b$, $\dot{V}_c$를 구하여라.

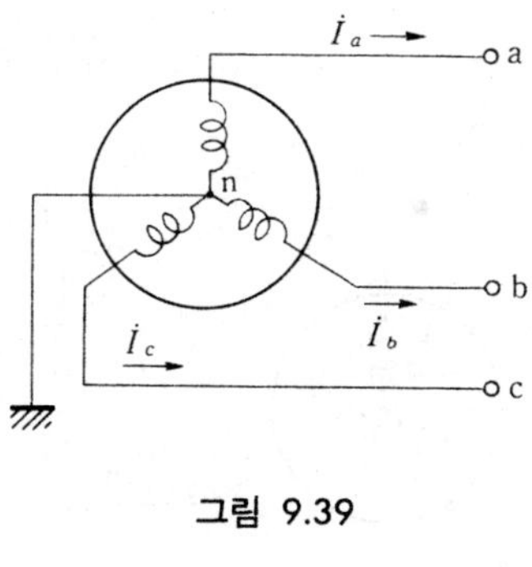

그림 9.39

풀이 ☞ 선간전압이 6600〔V〕이므로 상전압은

$$E_a = \frac{6600}{\sqrt{3}} = 3810 \text{〔V〕}$$

대칭분 임피던스를 복소수로 나타내면

$$\dot{Z}_{g0} = 0.6\underline{/73°} = 0.175 + j0.574 \,[\Omega]$$
$$\dot{Z}_{g1} = 4.5\underline{/89°} = 0.0787 + j4.5 \,[\Omega]$$
$$\dot{Z}_{g2} = 1.5\underline{/70°} = 0.513 + j1.41 \,[\Omega]$$

전류의 대칭분은

$$\dot{I}_0 = \frac{1}{3}(\dot{I}_a + \dot{I}_b + \dot{I}_c)$$
$$= \frac{1}{3}\{(400 - j650) + (-230 - j700) + (-150 + j600)\}$$
$$= 6.66 - j250 \,[\mathrm{A}]$$
$$\dot{I}_1 = \frac{1}{3}(\dot{I}_a + a\dot{I}_b + a^2\dot{I}_c)$$
$$= \frac{1}{3}\{(400 - j650) + (-0.5 + j0.866)(-230 - j700) + (-0.5 - j0.866)(-150 + j600)\}$$
$$= 572 - j223 \,[\mathrm{A}]$$
$$\dot{I}_2 = \frac{1}{3}(\dot{I}_a + a^2\dot{I}_b + a\dot{I}_c)$$
$$= \frac{1}{3}\{(400 - j650) + (-0.5 - j0.866)(-230 - j700) + (-0.5 + j0.866)(-150 + j600)\}$$
$$= -179 - j177 \,[\mathrm{A}]$$

각 단자전압의 대칭분은 교류발전기의 기본식으로부터

$$\dot{V}_0 = -\dot{Z}_{g0}\dot{I}_0 = -(0.175 + j0.574)(6.66 - j250)$$
$$= -144.7 + j40.0 \,[\mathrm{V}]$$
$$\dot{V}_1 = \dot{E}_0 - \dot{Z}_{g1}\dot{I}_1 = 3810 - (0.0787 + j4.5)(572 - j223)$$
$$= 2763 - j2552 \,[\mathrm{V}]$$
$$\dot{V}_2 = -\dot{Z}_{g2}\dot{I}_2 = -(0.513 + j1.41)(-179 - j177)$$
$$= -158.5 + j343 \,[\mathrm{V}]$$

따라서 각 단자의 전위는

$$\dot{V}_a = \dot{V}_0 + \dot{V}_1 + \dot{V}_2 = 2460 - j2169 \,[\mathrm{V}]$$
$$\dot{V}_b = \dot{V}_0 + a^2\dot{V}_1 + a\dot{V}_2 = 3954 - j1383 \,[\mathrm{V}]$$
$$\dot{V}_c = \dot{V}_0 + a\dot{V}_1 + a^2\dot{V}_2 = 1060 + j3672 \,[\mathrm{V}]$$

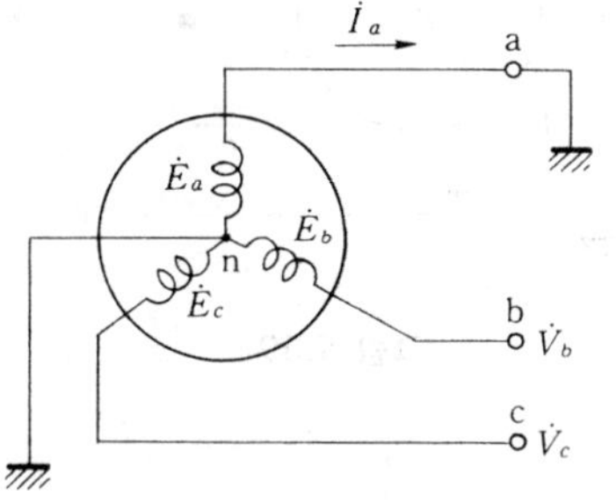

그림 9.40

〔예제 9 • 11〕 그림 9.40과 같이 중성점이 접지된 3상 교류발전기에 있어서 a상이 지락되었을 때 전류 $\dot{I}_a$와 b, c상의 단자전압(대지전위) $\dot{V}_b$, $\dot{V}_c$를 구하여라. 단, 각 상의 내부 임피던스는 $\dot{Z}_{ga}$, $\dot{Z}_{gb}$, $\dot{Z}_{gc}$이다.

풀이 ☞ a상이 지락되어 있으므로 $\dot{V}_a = 0$이며, b, c상은 개방되어 있으므로 전류 $\dot{I}_b$, $\dot{I}_c$는 각각 0이 된다. 그러므로 선로전류 $\dot{I}_a$, $\dot{I}_b$, $\dot{I}_c$는 비대칭전류가 된다. 전류의 대칭분을 $\dot{I}_0$, $\dot{I}_1$, $\dot{I}_2$라

하면

$$\dot{I}_0 = \frac{1}{3}(\dot{I}_a + \dot{I}_b + \dot{I}_c) = \frac{1}{3}\dot{I}_a$$

$$\dot{I}_1 = \frac{1}{3}(\dot{I}_a + a\dot{I}_b + a^2\dot{I}_c) = \frac{1}{3}\dot{I}_a$$

$$\dot{I}_2 = \frac{1}{3}(\dot{I}_a + a^2\dot{I}_b + a\dot{I}_c) = \frac{1}{3}\dot{I}_a$$

즉, $\dot{I}_0 = \dot{I}_1 = \dot{I}_2 = \frac{1}{3}\dot{I}_a$가 된다.

교류발전기의 기본식으로부터

$$\begin{aligned}\dot{V}_a &= \dot{V}_0 + \dot{V}_1 + \dot{V}_2 \\ &= -\dot{Z}_{g0}\dot{I}_0 + \dot{E}_a - \dot{Z}_{g1}\dot{I}_1 - \dot{Z}_{g2}\dot{I}_2 \\ &= \dot{E}_a - (\dot{Z}_{g0} + \dot{Z}_{g1} + \dot{Z}_{g2})\frac{\dot{I}_a}{3} = 0 \quad \cdots\cdots ①\end{aligned}$$

$$\begin{aligned}\dot{V}_b &= \dot{V}_0 + a^2\dot{V}_1 + a\dot{V}_2 \\ &= -\dot{Z}_{g0}\dot{I}_0 + a^2\dot{E}_a - a^2\dot{Z}_{g1}\dot{I}_1 - a\dot{Z}_{g2}\dot{I}_2 \\ &= a^2\dot{E}_a - (\dot{Z}_{g0} + a^2\dot{Z}_{g1} + a\dot{Z}_{g2})\frac{\dot{I}_a}{3} \quad \cdots\cdots ②\end{aligned}$$

$$\begin{aligned}\dot{V}_c &= \dot{V}_0 + a\dot{V}_1 + a^2\dot{V}_2 \\ &= -\dot{Z}_{g0}\dot{I}_0 + a\dot{E}_a - a\dot{Z}_{g1}\dot{I}_1 - a^2\dot{Z}_{g2}\dot{I}_2 \\ &= a\dot{E}_a - (\dot{Z}_{g0} + a\dot{Z}_{g1} + a^2\dot{Z}_{g2})\frac{\dot{I}_a}{3} \quad \cdots\cdots ③\end{aligned}$$

식 ①로부터

$$\dot{I}_a = \frac{3\dot{E}_a}{\dot{Z}_{g0} + \dot{Z}_{g1} + \dot{Z}_{g2}} \quad \cdots\cdots ④$$

식 ④를 식 ②, ③에 대입하면

$$\begin{aligned}\dot{V}_b &= a^2\dot{E}_a - (\dot{Z}_{g0} + a^2\dot{Z}_{g1} + a\dot{Z}_{g2}) \cdot \frac{\dot{E}_a}{\dot{Z}_{g0} + \dot{Z}_{g1} + \dot{Z}_{g2}} \\ &= \frac{(a^2-1)\dot{Z}_{g0} + (a^2-a)\dot{Z}_{g2}}{\dot{Z}_{g0} + \dot{Z}_{g1} + \dot{Z}_{g2}} \cdot \dot{E}_a \quad \cdots\cdots ⑤\end{aligned}$$

$$\begin{aligned}\dot{V}_c &= a\dot{E}_a - \frac{(\dot{Z}_{g0} + a\dot{Z}_{g1} + a^2\dot{Z}_{g2})}{\dot{Z}_{g0} + \dot{Z}_{g1} + \dot{Z}_{g2}} \cdot \dot{E}_a \\ &= \frac{(a-1)\dot{Z}_{g0} + (a-a^2)\dot{Z}_{g2}}{\dot{Z}_{g0} + \dot{Z}_{g1} + \dot{Z}_{g2}} \cdot \dot{E}_a \quad \cdots\cdots ⑥\end{aligned}$$

〔예제 9·12〕 그림 9.41과 같이 3상 교류 발전기의 b, c상이 접지되어 있을 때 각 접지전류와 a상의 전위 $\dot{V}_a$를 구하여라(단, 상순 a, b, c).

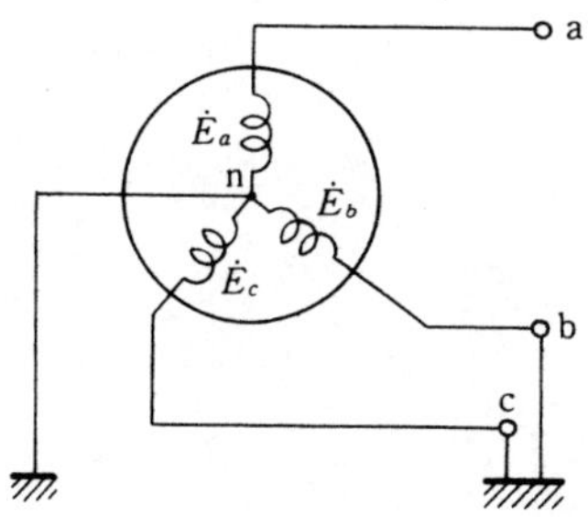

그림 9.41

풀이 ☞ 두 상이 접지되어 있으므로

$$\dot{V}_b = \dot{V}_c = 0, \quad \dot{I}_a = 0$$
$$\dot{V}_b = \dot{V}_0 + a^2\dot{V}_1 + a\dot{V}_2 = 0$$
$$\dot{V}_c = \dot{V}_0 + a\dot{V}_1 + a^2\dot{V}_2 = 0$$

가 되며

$$\dot{V}_b - \dot{V}_c = (a^2 - a)(\dot{V}_1 - \dot{V}_2) = 0$$

로부터

$$\dot{V}_1 = \dot{V}_2$$

이 관계를 $\dot{V}_b = 0$의 식에 대입하면

$$\dot{V}_b = \dot{V}_0 + a^2\dot{V}_1 + a\dot{V}_1 = \dot{V}_0 + (a^2 + a)\dot{V}_1$$
$$= \dot{V}_0 - \dot{V}_1 = 0$$
$$\therefore \dot{V}_0 = \dot{V}_1 = \dot{V}_2$$

따라서 발전기의 기본식에 이를 대입하면

$$\left.\begin{aligned} -\dot{Z}_{g0}\dot{I}_0 &= \dot{E}_a - \dot{Z}_{g1}\dot{I}_1 \\ -\dot{Z}_{g0}\dot{I}_0 &= -\dot{Z}_{g2}\dot{I}_2 \end{aligned}\right\} \quad \cdots\cdots ①$$

또한

$$\dot{I}_a = \dot{I}_0 + \dot{I}_1 + \dot{I}_2 = 0 \quad \cdots\cdots ②$$

이므로 ①, ②로부터 $\dot{I}_0$, $\dot{I}_1$, $\dot{I}_2$를 구하면

$$\left.\begin{aligned} \dot{I}_0 &= \frac{-\dot{Z}_{g2}\dot{E}_a}{\dot{Z}_{g0}\dot{Z}_{g1} + \dot{Z}_{g1}\dot{Z}_{g2} + \dot{Z}_{g2}\dot{Z}_{g0}} \\ \dot{I}_1 &= \frac{(\dot{Z}_{g0} + \dot{Z}_{g2})\dot{E}_a}{\dot{Z}_{g0}\dot{Z}_{g1} + \dot{Z}_{g1}\dot{Z}_{g2} + \dot{Z}_{g2}\dot{Z}_{g0}} \\ \dot{I}_2 &= \frac{-\dot{Z}_{g2}\dot{E}_a}{\dot{Z}_{g0}\dot{Z}_{g1} + \dot{Z}_{g1}\dot{Z}_{g2} + \dot{Z}_{g2}\dot{Z}_{g0}} \end{aligned}\right\} \quad \cdots\cdots ③$$

다음에 $\dot{V}_0$는

$$\dot{V}_0 = -\dot{Z}_{g0}\dot{I}_0 = \frac{\dot{Z}_{g0}\dot{Z}_{g2}\dot{E}_a}{\dot{Z}_{g0}\dot{Z}_{g1} + \dot{Z}_{g1}\dot{Z}_{g2} + \dot{Z}_{g2}\dot{Z}_{g0}} \quad ④$$

그러므로 접지전류 $\dot{I}_b$, $\dot{I}_c$ 및 a상의 전위 $\dot{V}_a$는

$$\dot{I}_b = \dot{I}_0 + a^2\dot{I}_1 + a\dot{I}_2$$
$$= \frac{(a^2 - a)\dot{Z}_{g0} + (a^2 - 1)\dot{Z}_{g2}}{\dot{Z}_{g0}\dot{Z}_{g1} + \dot{Z}_{g1}\dot{Z}_{g2} + \dot{Z}_{g2}\dot{Z}_{g0}}\dot{E}_a$$
$$\dot{I}_c = \dot{I}_0 + a\dot{I}_1 + a^2\dot{I}_2$$
$$= \frac{(a - a^2)\dot{Z}_{g0} + (a - 1)\dot{Z}_{g2}}{\dot{Z}_{g0}\dot{Z}_{g1} + \dot{Z}_{g1}\dot{Z}_{g2} + \dot{Z}_{g2}\dot{Z}_{g0}}\dot{E}_a$$
$$\dot{V}_a = \dot{V}_0 + \dot{V}_1 + \dot{V}_2$$
$$= 3\dot{V}_0 = \frac{3\dot{Z}_{g0}\dot{Z}_{g2}\dot{E}_a}{\dot{Z}_{g0}\dot{Z}_{g1} + \dot{Z}_{g1}\dot{Z}_{g2} + \dot{Z}_{g2}\dot{Z}_{g0}}$$

〔예제 9·13〕 그림 9.42와 같이 3상 발전기의 b, c상이 단락되었을 때 단락전류 $\dot{I}_b$, $\dot{I}_c$와 선로전위 $\dot{V}_a$, $\dot{V}_b$, $\dot{V}_c$를 구

하여라.

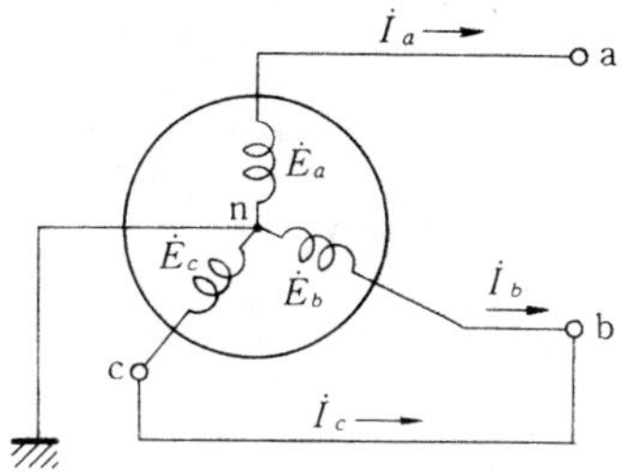

그림 9.42

풀이 ☞ $\dot{I}_a = 0,\ \dot{I}_b = -\dot{I}_c,\ \dot{V}_b = \dot{V}_c$ ……①

이므로 식 ①로부터

$$\left.\begin{aligned}\dot{I}_0 &= \frac{1}{3}(\dot{I}_a + \dot{I}_b + \dot{I}_c) = 0\\ \dot{I}_b &= \dot{I}_0 + a^2\dot{I}_1 + a\dot{I}_2 = a^2\dot{I}_1 + a\dot{I}_2\\ \dot{I}_c &= \dot{I}_0 + a\dot{I}_1 + a^2\dot{I}_2 = a\dot{I}_1 + a^2\dot{I}_2\end{aligned}\right\} \quad \cdots\cdots②$$

식 ②로부터 $\dot{I}_b$와 $\dot{I}_c$의 합은

$$\dot{I}_b + \dot{I}_c = (a^2+a)\dot{I}_1 + (a^2+a)\dot{I}_2 = (a^2+a)(\dot{I}_1 + \dot{I}_2)$$

이므로

$$\therefore\ \dot{I}_1 + \dot{I}_2 = 0 \text{ 즉, } \dot{I}_1 = -\dot{I}_2 \quad \cdots\cdots③$$

$\dot{V}_b$, $\dot{V}_c$를 대칭분으로 나타내면

$$\dot{V}_b = \dot{V}_0 + a^2\dot{V}_1 + a\dot{V}_2 = a^2\dot{V}_1 + a\dot{V}_2$$
$$\dot{V}_c = \dot{V}_0 + a\dot{V}_1 + a^2\dot{V}_2$$

이로부터

$$\begin{aligned}\dot{V}_b - \dot{V}_c &= (a^2 - a)\dot{V}_1 + (a - a^2)\dot{V}_2\\ &= (a^2 - a)(\dot{V}_1 - \dot{V}_2) = 0\end{aligned}$$

$$\therefore\ \dot{V}_1 - \dot{V}_2 = 0 \text{ 즉, } \dot{V}_1 = \dot{V}_2,\ \dot{V}_0 = 0 \quad \cdots\cdots\cdots④$$

발전기의 기본식 및 식 ③으로부터

$$\dot{E}_a - \dot{Z}_{g1}\dot{I}_1 = -\dot{Z}_{g2}\dot{I}_2 = \dot{Z}_{g2}\dot{I}_1$$

$$\therefore\ \dot{I}_1 = \frac{\dot{E}_a}{\dot{Z}_{g1} + \dot{Z}_{g2}},\quad \dot{I}_2 = \frac{-\dot{E}_a}{\dot{Z}_{g1} + \dot{Z}_{g2}} \quad \cdots\cdots⑤$$

또

$$\dot{V}_1 = \dot{V}_2 = \dot{Z}_{g2}\dot{I}_1 = \frac{\dot{Z}_{g2}\dot{E}_a}{\dot{Z}_{g1} + \dot{Z}_{g2}} \quad \cdots\cdots⑥$$

그러므로 구하고자 하는 단락 전류 $\dot{I}_b$, $\dot{I}_c$는 식 ⑤로부터

$$\dot{I}_b = -\dot{I}_c = a^2\dot{I}_1 + a\dot{I}_2 = \frac{(a^2 - a)\dot{E}_a}{\dot{Z}_{g1} + \dot{Z}_{g2}}$$

가 되며 $\dot{V}_a$, $\dot{V}_b$, $\dot{V}_c$는 각각 식 ⑥으로부터

$$\dot{V}_a = \dot{V}_1 + \dot{V}_2 = \frac{2\dot{Z}_{g2}\dot{E}_a}{\dot{Z}_{g1} + \dot{Z}_{g2}}$$

$$\dot{V}_b = \dot{V}_c = a^2\dot{V}_1 + a\dot{V}_2 = \frac{-\dot{Z}_{g2}\dot{E}_a}{\dot{Z}_{g1} + \dot{Z}_{g2}} = -\frac{\dot{V}_a}{2}$$

연 습 문 제

〔1〕 인접 선간의 전압이 220〔V〕일 때 6상 성형결선의 상전압을 구하여라.

〔2〕 Δ결선의 상전류가 각각 $\dot{I}_{12}=4\angle -36°$, $\dot{I}_{23}=4\angle -156°$, $\dot{I}_{31}=4\angle 84°$ 이다. 각각의 선전류를 구하여라.

〔3〕 **그림 9.43**과 같은 Δ로 접속된 부하에서 각 선로의 저항은 $r=1$〔Ω〕이고 부하의 임피던스는 $\dot{Z}=3+j6$〔Ω〕이다. 단자 a, b, c간에 200〔V〕의 평형 3상 전압을 가할 때 선전류 I_r, 부하의 상전류 I_z, 부하의 단자전압 V_z를 구하여라.

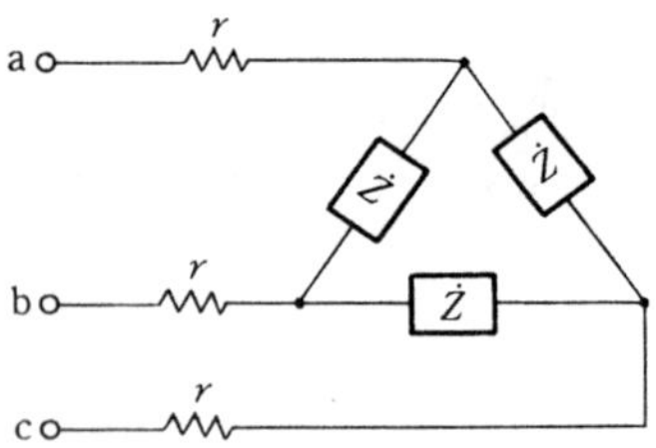

그림 9.43

〔4〕 **그림 9.44**와 같은 Δ-Y 회로에서 대칭 Δ 기전력이 220〔V〕, 선로 임피던스 $\dot{Z}_l=4.47\angle 63°$〔Ω〕, 부하 임피던스 $\dot{Z}=21.2\angle 35°$〔Ω〕일 때 선전류 및 부하의 단자전압을 구하여라.

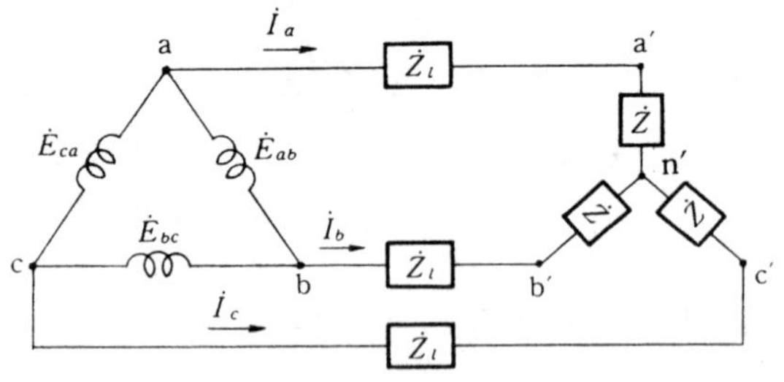

그림 9.44

〔5〕 **그림 9.45**와 같이 발전기 및 부하가 Y-Y 결선된 회로에 있어서 발전기의 상전압을 $\dot{E}_1$, $\dot{E}_2$, $\dot{E}_3$라 하고 발전기와 선로 및 부하에서의 임피던스를 모두 합해 놓은 것을 $\dot{Z}_1$, $\dot{Z}_2$, $\dot{Z}_3$라 할 때 각각의 선전류 $\dot{I}_1$, $\dot{I}_2$, $\dot{I}_3$를 구하여라.

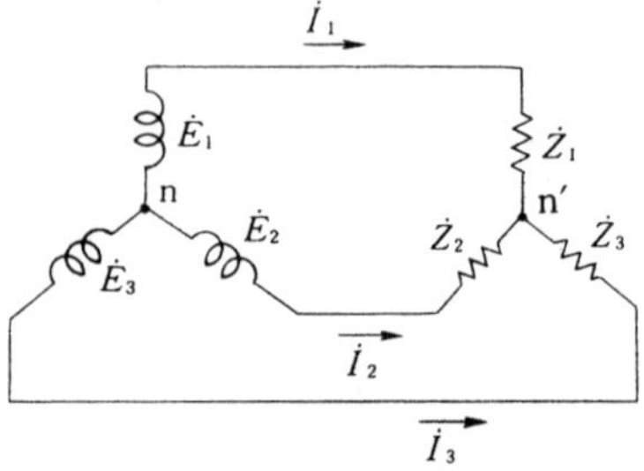

그림 9.45

〔6〕 **그림 9.46**과 같이 평형 3상 Δ부하에 불평형 3상 전압이 가해질 때 각 선전류와 소비전력을 구하여라.

단, $\dot{Z} = 10\underline{/53.1°}$〔Ω〕, $\dot{V}_{ab} = 212\underline{/135°}$〔V〕
$\dot{V}_{bc} = 150\underline{/0°}$〔V〕, $\dot{V}_{ca} = 150\underline{/90°}$〔V〕이다.

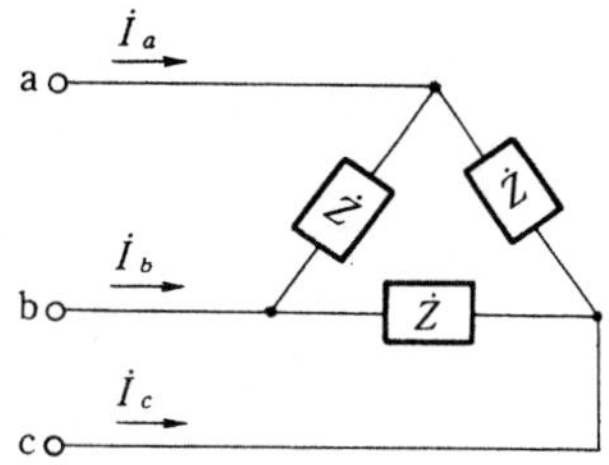

그림 9.46

〔7〕 Δ 결선된 평형 3상 부하 $\dot{Z} = 7 + j4$〔Ω〕에 평형 선간전압 210〔V〕를 가할 때 ①상전류 I_p, ②선전류 I_l, ③전체전력 P, ④피상전력 P_a를 구하여라.

〔8〕 **그림 9.47**과 같이 선간전압 200〔V〕, 역률 0.6으로서 피상전력 10〔kVA〕를 취하는 대칭 3상 Y부하 $\dot{Z}$와 순저항인 3상 Y결선의 5〔kW〕 부하가 병렬접속되어 있을 때 선전류 I_l을 구하여라.

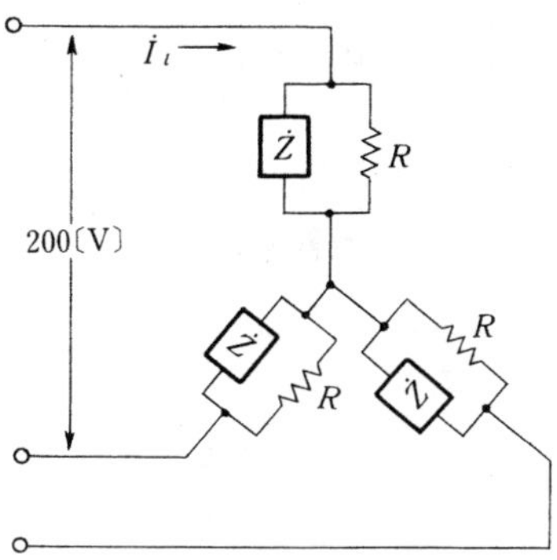

그림 9.47

〔9〕 지상역률 0.6으로서 10〔kVA〕를 취하는 3상 평형부하에 병렬로 콘덴서를 접속하여 역률을 개선하고자 한다.
① 全역률을 지상 0.9로 하기 위해서는 콘덴서의 용량 Q〔kVA〕는 얼마로 하여야 하는가?
② 全역률을 진상 0.9로 하기 위해서는 얼마가 되어야 하나?

〔10〕 전압 220〔V〕, 주파수 60〔Hz〕의 3상선로가 일정한 유효전력을 소비하는 지상역률 0.5의 대칭 부하에 5〔kVA〕의 전력을 공급하고 있다. 여기에 커패시터를 부하와 각각 병렬로 접속하여 역률을 0.8로 증가시키려 한다. 이때 커패시터를 ①Y결선으로 할 때, ②Δ결선으로 할 때 각각 필요로 하는 커패시터의 용량을 구하여라.

〔11〕 어떤 3상 회로의 선간전압을 측정한 결과 각각 120〔V〕, 100〔V〕, 100〔V〕이었다. 전압에 대한 불평형률을 구하여라.

〔12〕 **그림 9.48** 과 같이 0.3〔℧〕의 컨덕턴스 2개와 $-j0.3$〔℧〕의 서셉턴스를 Δ결선으로 하여 a, b, c 단자에 200〔V〕의 대칭 3상 전압을 가했을 때 각 선전류의 크기를 구하여라.

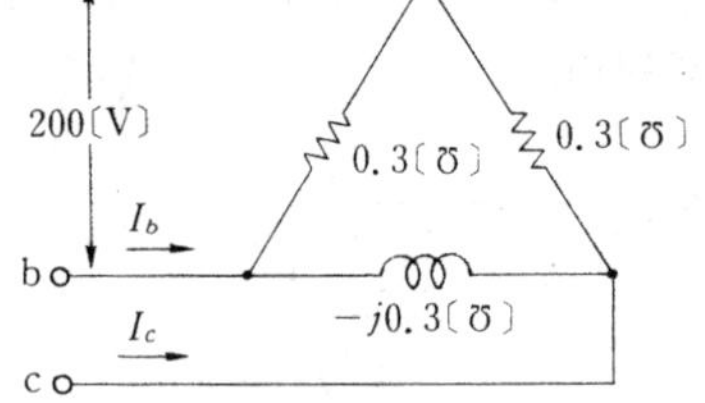

그림 9.48

연습문제해답

〔1〕 $\dot{E}_1$을 기준으로 하면

$\dot{E}_1=220\underline{/0°}$, $\dot{E}_2=220\underline{/-60°}$, $\dot{E}_3=220\underline{/-120°}$

$\dot{E}_4=220\underline{/-180°}$, $\dot{E}_5=220\underline{/120°}$, $\dot{E}_6=220\underline{/60°}$

〔2〕 $\dot{I}_{l_1}=6.93\underline{/54°}$, $\dot{I}_{l_2}=6.93\underline{/-66°}$, $\dot{I}_{l_3}=6.93\underline{/174°}$

〔3〕 $I_r=40.8$〔A〕, $I_z=23.6$〔A〕, $V_z=158$〔V〕

〔4〕 $\begin{cases} \dot{I}_a=5\underline{/-70°}\text{〔A〕} \\ \dot{I}_b=5\underline{/-190°}\text{〔A〕} \\ \dot{I}_c=5\underline{/50°}\text{〔A〕} \end{cases}$ $\begin{cases} \dot{V}_{a'n'}=106.8\underline{/-35°}\text{〔V〕} \\ \dot{V}_{b'n'}=106.8\underline{/-155°}\text{〔V〕} \\ \dot{V}_{c'n'}=106.8\underline{/85°}\text{〔V〕} \end{cases}$

〔5〕 $$\dot{I}_1=\frac{\dot{E}_1(\dot{Z}_2+\dot{Z}_3)-\dot{E}_2\dot{Z}_3-\dot{E}_3\dot{Z}_2}{\dot{Z}_1\dot{Z}_2+\dot{Z}_2\dot{Z}_3+\dot{Z}_3\dot{Z}_1}$$

$$\dot{I}_2=\frac{\dot{E}_2(\dot{Z}_3+\dot{Z}_1)-\dot{E}_3(\dot{Z}_1+2\dot{Z}_2)-\dot{E}_1\dot{Z}_3}{\dot{Z}_1\dot{Z}_2+\dot{Z}_2\dot{Z}_3+\dot{Z}_3\dot{Z}_1}$$

$$\dot{I}_3=\frac{\dot{E}_3(\dot{Z}_1+\dot{Z}_2)-\dot{E}_1\dot{Z}_2-\dot{E}_2\dot{Z}_1}{\dot{Z}_1\dot{Z}_2+\dot{Z}_2\dot{Z}_3+\dot{Z}_3\dot{Z}_1}$$

〔6〕 $\dot{I}_a=-9+j12$〔A〕, $\dot{I}_b=6-j33$〔A〕

$\dot{I}_c=3+j21$〔A〕, $P=5397$〔W〕 또는 5.4〔kW〕

〔7〕 ① $I_p=26$〔A〕, ② $I_l=45$〔A〕

③ $P=14.3$〔kW〕, ④ 16.4〔kVA〕

〔8〕 $I_l=119.2$〔A〕

〔9〕 ① 5.1〔kVA〕, ② 10.9〔kVA〕

〔10〕 ① 1.34×10^{-3}〔F〕, ② 4.67×10^{-4}〔F〕

〔11〕 13〔%〕

〔12〕 $I_a=103.9$〔A〕, $I_b=115.9$〔A〕, $I_c=31.1$〔A〕

複素軌跡 10

이제까지 회로해석을 하는데 있어서 페이저 또는 벡터図의 이용이 매우 유용함은 여러번 확인된 바 있다. 그러나 回路定数나 周波数가 변하게 되는 경우 일일이 새로운 페이저図를 그린다는 것이 매우 번거로운 일이다. 이런 경우 회로정수나 주파수 변화에 따른 페이저 첨단의 경로를 예상하여 軌跡(궤적)図(locus diagram)를 그려봄으로써 회로정수나 주파수가 변할 때, 이에 상응하는 회로해석이 가능하게 된다. 이때의 궤적도들은 대부분 圓 또는 直線의 형태를 취하기 때문에 圓線図(circle diagram)라고도 불리워진다. 본장에서는 회로정수나 주파수 변화 등에 따른 여러 궤적의 작도법 및 이의 응용 등에 대해 알아보기로 한다.

(요 목) ……………………………………………………………………

10-1 R-X 回路의 여러 軌跡

1 임피던스 궤적

간단한 보기로 **그림 10.1**(a)와 같은 R-L 직렬회로에서 L 또는 각주파수 ω가 변화하므로 해서 X_L이 변하는데 따른 임피던스 $\dot{Z}$의 변화궤적을 그려 보기로 한다.

이 회로의 임피던스는

$$\dot{Z} = R_0 + jX \quad (X = \omega L) \tag{10.1}$$

로 표시되며, 여기서 R_0는 일정하고 X는 가변이다. **그림 10.1**(b)에서의 $\dot{Z}_0$, $\dot{Z}_1$, $\dot{Z}_2$, $\cdots\dot{Z}_n$, $\cdots$은 X의 변화(0, X_1, X_2, $\cdots X_n$, $\cdots$)에 상응하는 각 임피던스를 복소수 평면(임피던스 평면)상에 나타낸 것이다. 따라서 X가 0에서 ∞까지 변화될 때 $\dot{Z}$의 첨단은 **그림 10.1**(b)의 종축과 평행한 직선으로 표시될 것이다. 결국 이 경우의 임피던스 궤적은 종축으로부터 R_0만큼 떨어진 점을 지나 종축에 평행인 半직선(제1상한)이 된다.

이렇게 해서 어떤 회로에 대한 임피던스 궤적이 구해지게 되면 어떤 특정값 X에서 구하고자 하는 임피던스의 크기 Z 및 이때의 위상차 $\theta\left(=\tan^{-1}\dfrac{X}{R_0}\right)$는 궤적도상에서 손쉽게 구해지게 된다.

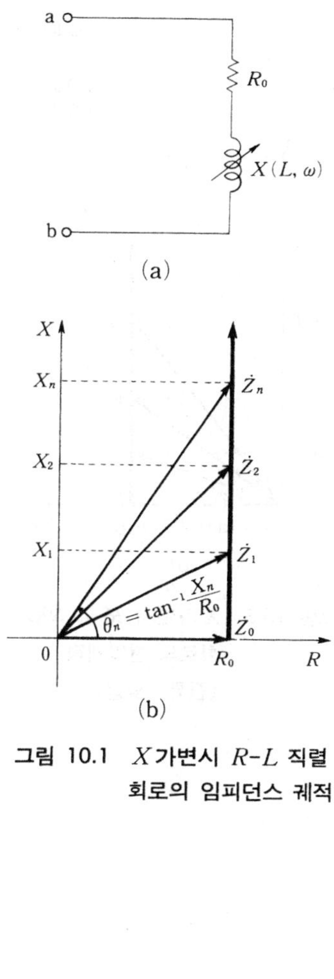

그림 10.1 X가변시 R-L 직렬회로의 임피던스 궤적

〔예제 10・1〕 **그림 10.2**(a)와 같은 R-C 직렬회로에 있어서 R이 0에서 ∞까지 변화할 때 임피던스 $\dot{Z}_{ab}$의 궤적을 복소수 평면상에 나타내어라.

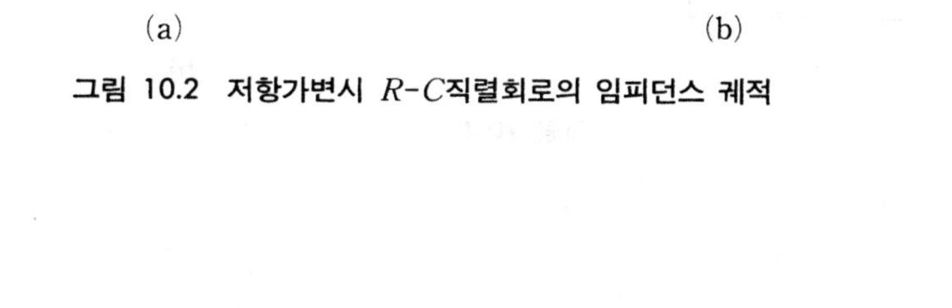

그림 10.2 저항가변시 R-C직렬회로의 임피던스 궤적

풀이 ☞ $\dot{Z}_{ab} = R + j(-10)$에서 R의 변화(0, R_1, R_2, $\cdots R_n$, $\cdots$)에 따른 $\dot{Z}$의 궤적은 그림 (b)와 같이 $X = -10$〔Ω〕을 지나면서 R축에 평행인 직선이 된다.

2 電圧 궤적

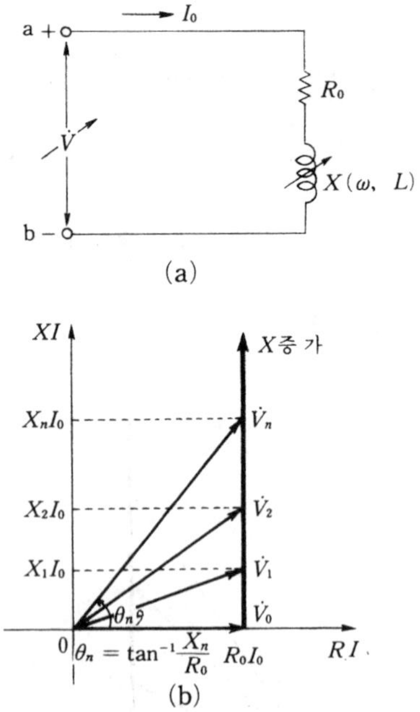

그림 10.3 X**가변시** R-L **직렬 회로의 전압궤적 (전류 : 일정)**

일정 전류 I_0가 흐르고 있는 **그림 10.3**(a)와 같은 R-L 직렬 회로에서 각주파수 ω 또는 인덕턴스 L의 변화에 의해 리액턴스 값 X가 0에서 ∞까지 변화할 때 이에 따른 단자 a, b간의 전압 $\dot{V}$의 궤적을 전류를 기준으로 하여 복소수 평면상에 나타내면 **그림 10.3**(b)와 같다. 즉,

$$\dot{V} = \dot{Z}\dot{I} = (R_0 + jX)I_0 = R_0I_0 + jXI_0 \quad (10.2)$$

에서 X의 변화(0, X_1, X_2, $\cdots$, X_n, $\cdots$)에 따른 단자전압 $\dot{V}$의 궤적은 실수축상의 정점 R_0I_0를 지나면서 종축에 평행인 직선이 된다.

또한 전압의 궤적은 앞의 **그림 10.1**(b)의 임피던스 궤적과 비교해 볼 때 임피던스 궤적의 Z값을 I_0배하여 그린 것과 일치하게 되는데 이는 식(10.2)에서 전류 $\dot{I}$가 일정한 경우 전압 $\dot{V}$가 임피던스 $\dot{Z}$에 비례한다는 사실로부터도 확인된다.

따라서 어느 회로에 대한 임피던스 궤적이 주어지면 이로부터 전압궤적도 간단히 결정되며, 이 전압궤적도로부터는 리액턴스 증가에 따른 단자전압의 크기와 전류와의 相差변화에 대한 전반적인 양상을 일목요연하게 알 수 있다.

〔예제 10・2〕 그림 10.4(a)의 회로에 5〔A〕의 일정 전류가 유입되고 있을 때 저항 R의 변화(0→∞)에 따른 단자 a, b 간의 전압궤적을 구하여라.

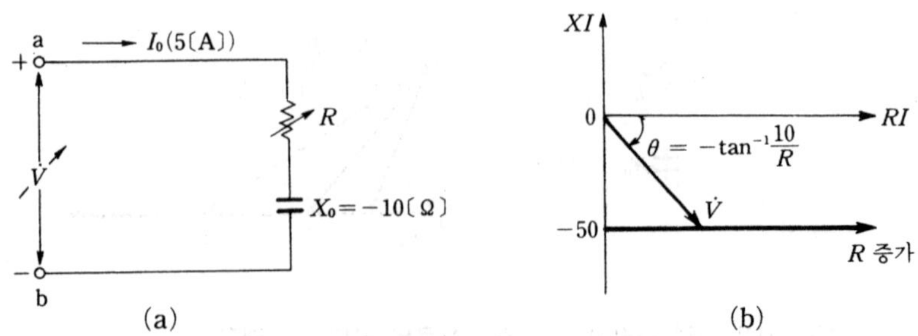

그림 10.4

풀이 ☞ $\dot{V} = \dot{Z}\dot{I}$에서 전류는 $I_0 = 5$〔A〕로서 일정하므로 $\dot{V} = 5\dot{Z}$가 되어 전압궤적은 임피던스 궤적인 **그림 10.2**(b)를 5배하여 그린 것과 같다(**그림 10.4**(b)).

3 어드미턴스 軌跡

회로가 **그림 10.5**(a)와 같이 간단한 병렬회로로 구성되어 있을 때, 이에 대한 어드미턴스 궤적도는 R-X 직렬회로에서의 임피던스 궤적도와 마찬가지 방법으로 **그림 10.5**(b)와 같이 간단하게 구할 수 있다. 즉,

$$\dot{Y} = G_0 + jB \quad (B = \omega C) \tag{10.3}$$

로부터 커패시턴스 C 또는 각주파수 ω가 가변인 경우 이로 인해 변하게 되는 서셉턴스 B에 대응하는 어드미턴스 궤적도는 어드미턴스 평면상에서 컨덕턴스축상의 한 정점 G_0를 지나면서 종축에 평행인 직선이 된다.

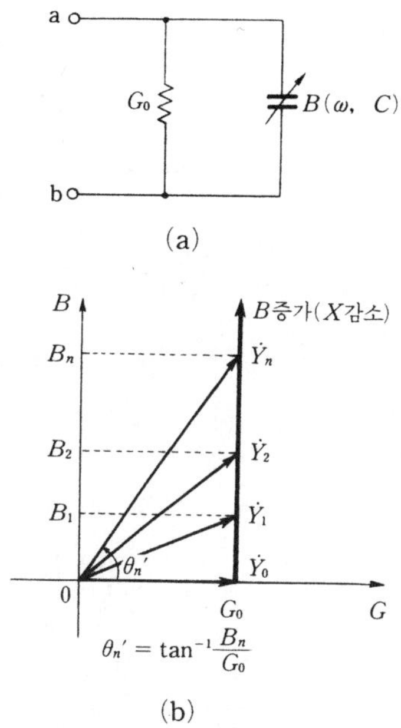

그림 10.5 B가변시 R-L병렬회로의 어드미턴스 궤적

그러나 회로가 **그림 10.6**(a)와 같이 직렬회로로 구성되어 있을 때는 어드미턴스 궤적도를 직접 구하는 것이 그리 쉬운 일이 아니다. 이런 경우 어드미턴스가 임피던스와 逆인관계를 이용하여 **그림 10.6**(b)의 임피던스 궤적에 대한 **逆궤적**(inverse locus)을 구하는 것이 보다 효과적이다. 즉,

$$\dot{Y} = \frac{1}{\dot{Z}} = \frac{1}{Z\underline{/\theta}} = \frac{1}{Z}\underline{/-\theta} \tag{10.4}$$

인 관계를 이용하여 임피던스 궤적상의 각점($\dot{Z}_0$, $\dot{Z}_1$, $\dot{Z}_2$, $\cdots\dot{Z}_n$, $\cdots$)에 대응하는 어드미턴스 평면상의 점들을 추적함으로써 어드미턴스 궤적도는 구해질 수 있다.

그러므로 **그림 10.6**(a)와 같은 R-L 직렬회로에 대한 어드미턴스 궤적도를 구하는 경우 우선 **그림 10.6**(b)와 같은 임피던스 궤적도를 구하고, 다음에 임피던스 궤적상의 각 점에 대응하는 역궤적 점들을 연결함으로써 **그림 10.6**(c)와 같은 어드미턴스 궤적도를 구할 수 있다.

R-L 직렬회로와 같이 임피던스 궤적이 원점을 지나지 않는 직선으로 표현되는 경우, 이에 대한 어드미턴스 궤적을 추적해 보면 **그림 10.6**(c)와 같이 원의 형태로 나타나는데 이에 대한 구체적인 증명은 다음 절에서 취급하기로 한다.

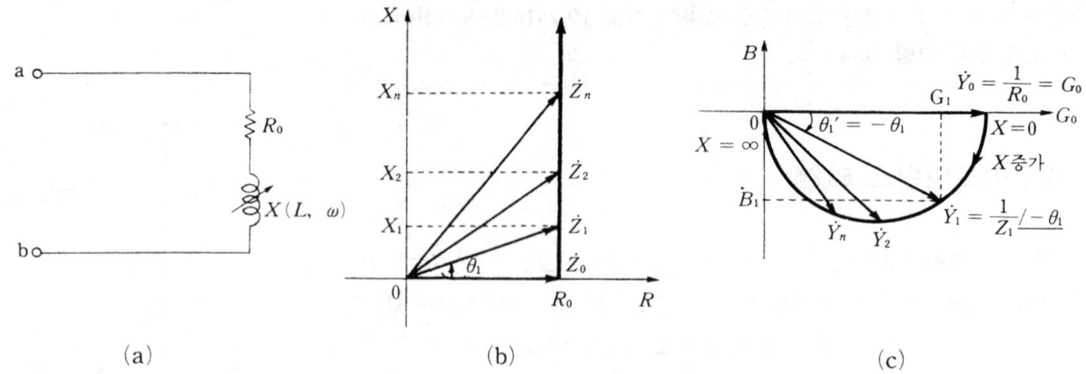

그림 10.6 X 가변시 R-L 직렬회로의 어드미턴스 궤적

4 電流궤적

R-X 회로에서 전압이 일정(V_0)하게 유지되고 R 또는 X가 변하는 경우 회로에 유입되는 전류궤적은 $\dot{I} = \dot{Y}\dot{V}$인 관계로부터 전압이 일정하므로 전류 $\dot{I}$는 어드미턴스 $\dot{Y}$에 비례하게 된다. 즉,

$$\dot{I} \propto \dot{Y}$$

따라서 전류궤적은 어드미턴스 궤적과 같은 모양을 가지며 단지 어드미턴스 궤적을 V_0배하여 나타낸 것과 같다.

앞의 **그림 10.6**(a)와 같은 R-L 직렬회로에 일정 전압 V_0가 인가되는 경우 회로유입전류 $\dot{I}$는 이 회로에 대한 어드미턴스 궤적인 **그림 10.6**(c)를 V_0배하여 나타낸 **그림 10.7**로서 표시되며, **그림 10.5**(a)와 같은 R-C 병렬회로에서는 단자전압 $\dot{V}_{ab}$가 일정(V_0)한 경우 회로유입전류 $\dot{I}$에 대한 궤적은 이 회로에 대한 어드미턴스 궤적인 **그림 10.5**(b)를 V_0배하여 나타낸 **그림 10.8**과 같다.

결국 어느 회로에 대한 어드미턴스 궤적이 주어지게 되면 이로부터 전류궤적도 간단하게 구해진다.

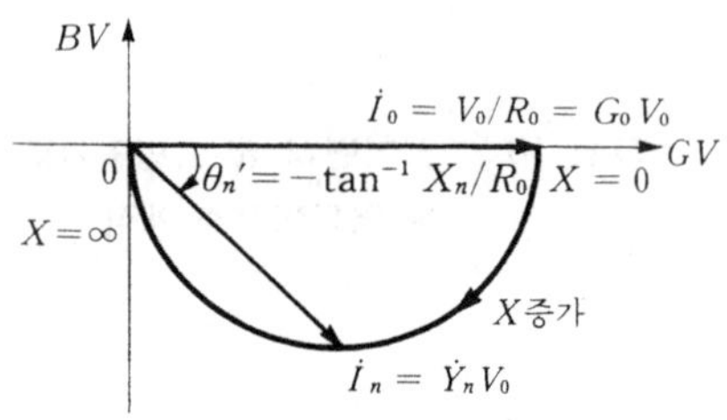

그림 10.7 X 가변시 R-L 직렬회로의 전류궤적(전압 : 일정)

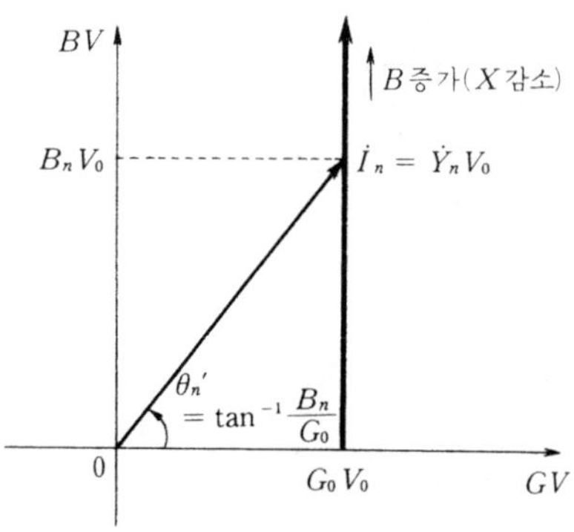

그림 10.8 R-C 병렬회로에 대한 전류궤적

10-2 逆軌跡

1 圓의 逆궤적

앞에서는 임피던스 궤적으로부터 그 역궤적인 어드미턴스 궤적을 구하는 방법을 간단한 예를 통해 생각해 보았다. 그 결과 원점을 지나지 않는 직선에 대한 역궤적은 원의 형태로 나타남을 대략 알 수 있었다. 그러나 일반적으로 어떤 복소평면(Z 평면)상에서 원의 형태를 갖는 궤적에 대한 역궤적이 다른 복소평면(W 평면)상에서 어떠한 모양의 궤적으로 나타나는가를 살펴보기로 한다.

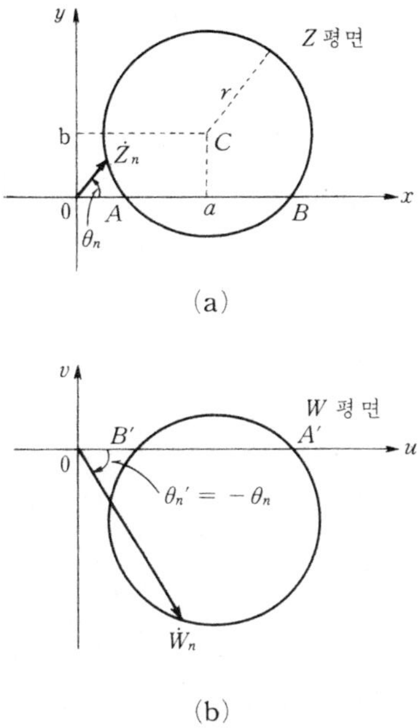

그림 10.9 원궤적에 대한 역궤적

그림 10.9(a)와 같은 Z-복소평면상의 원에 대해 생각해 보면 이 원은 중심이 (a, b), 반경이 r이므로 방정식은

$$(x-a)^2+(y-b)^2=r^2 \tag{10.5}$$

으로 표시된다. 이를 정리하면

$$x^2+y^2-2ax-2by+a^2+b^2-r^2=0 \tag{10.6}$$

이 되며, 이에 대한 보다 일반적인 형태는

$$A(x^2+y^2)+Bx+Cy+D=0 \tag{10.7}$$

으로써 표현된다.

여기서 특히 $A=0$일 때는 식(10.7)은 직선의 식이 되며, 이때는 직선을 반경 $r=\infty$인 원으로 간주해도 무방하다. 즉, 직선은 원의 특수한 경우로 생각할 수 있다.

따라서 식(10.7)에서 $r>0$인 조건만 충족된다면 A값에 관계없이 식(10.7)은 원의 방정식이 됨을 알 수 있다.

식(10.7)의 관계를 갖는 x, y의 값을 실수부와 허수부로 하는 복소수를 $\dot{Z}=x+jy$라 하고 그 역인 $\dot{W}\left(=\dfrac{1}{\dot{Z}}\right)$에 대한 궤적을 구하여 보자.

$\dot{W}=u+jv$로 놓으면

$$\dot{Z}=x+jy=\frac{1}{u+jv}=\frac{u-jv}{u^2+v^2} \tag{10.8}$$

여기서

$$\left.\begin{aligned} x &= \frac{u}{u^2+v^2} \\ y &= \frac{-v}{u^2+v^2} \end{aligned}\right\} \tag{10.9}$$

식(10.9)를 식(10.7)에 대입하고 양변에 u^2+v^2을 곱하면 다음 식이 얻어진다. 즉,

$$D(u^2+v^2)+Bu-Cv+A=0 \tag{10.10}$$

식(10.10)은 식(10.7)과 동일 형식으로서 W-평면상에서의 한 원의 방정식이 된다. 따라서 **그림 10.9**(a)와 같은 Z-평면상의 원에 대한 역궤적은 W-평면에서 다시 원의 궤적으로 나타난다는 사실을 알 수 있다.

$A=0$이고 $D\neq 0$일 때는 식(10.7)은 직선의 식이 되고 식(10.10)은 원의 식으로 남게되어 Z-평면상의 직선은 W-평면상의 원으로 대응된다. 또한 $A\neq 0$이고 $D=0$일 때는 Z-평면상의 원이 W-평면상의 직선으로 대응된다는 것을 알 수 있다. 이와 같은 사실은 직선도 하나의 원으로 간주하면 Z-평면과 W-평면에서 원은 항상 원으로 대응된다고 할 수 있다.

2 逆궤적 圓의 直徑 결정

이제 Z-평면상의 원의 궤적이 W-평면상의 원으로 대응될 때 이 원의 직경 및 중심을 구하는 방법을 알아보기로 한다.

그림 10.10(a)와 같이 Z-평면에서 원점 및 원의 중심 C를

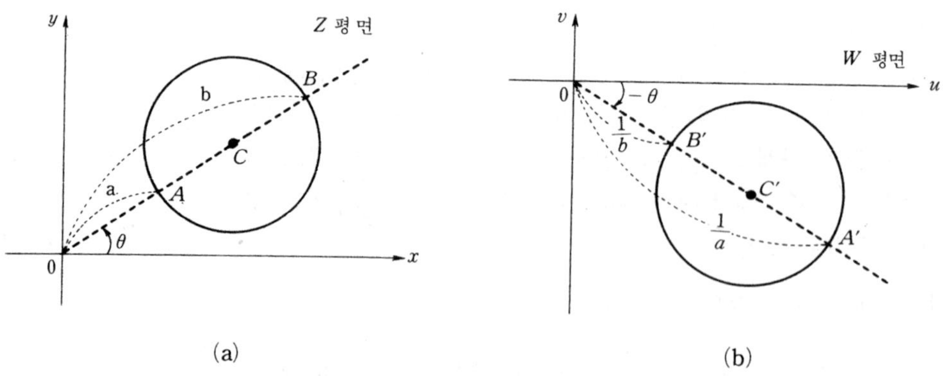

그림 10.10 원궤적에 대한 역궤적 원의 결정

지나는 직선과 원과의 교점을 A, B 이 직선과 양(+)의 x축과 이루는 각을 θ라 하고 원점으로부터 점 A, B까지의 거리를 각각 a, b라 하자. 이때 W-평면에 있어서 A, B에 대한 역궤적점 A′, B′는 양(+)의 u축과 $-\theta$의 각을 이루면서 원점을 지나는 직선상에 원점으로부터의 거리가 각각 $\frac{1}{a}$, $\frac{1}{b}$이 되는 곳에 위치하게 된다.

따라서 $\overline{\mathrm{A'B'}}$는 바로 역궤적 원의 직경이 되며 이의 2등분점 C′가 이 원의 중심이 된다. 그러나 한 가지 유의하여야 할 것은 Z-평면상의 원의 중심 C가 W-평면상에서 원의 중심 C′로 변환되는 것은 아니다. 단지 C′의 점은 역궤적 원의 작도에 필요할 뿐이다.

그리고 점 A, B와 점 A′, B′는 역궤적 관계에 있기 때문에 Z-평면상의 원점으로부터 가장 가까운 A점에 대한 역궤적 점 A′는 W-평면상의 원점으로부터 가장 먼 곳에 위치하며, Z-평면상의 원점으로부터 가장 먼 B점에 대한 역궤적 점 B′는 W-평면상의 원점으로부터 가장 가까운 곳에 위치하게 됨을 알 수 있다.

3 直線의 逆궤적

임피던스 및 어드미턴스 궤적도는 그들의 평면상에서 직선으로 나타나는 수가 많다. 이 경우 이들 직선에 대한 역궤적이 어떻게 되는가를 알아보기로 하자.

그림 10.11(a)의 직선은 직경이 무한대인 원의 특별한 경우로 볼 수 있으므로 앞절의 원의 역궤적에서 알 수 있듯이 이러한 직선의 역궤적은 역시 원으로 된다.

즉, **그림 10.10**(a)에서 B점을 원점 O로부터 멀리 무한대까지 이동시키면 AB를 직경으로 하는 원은 무한히 확대되어 점 A를 지나는 원호(圓弧)는 선분 OA에 수직인 직선으로 됨으로써 **그림 10.11**(a)와 같은 직선형태가 된다.

또한 **그림 10.10**(a)에서 B가 무한히 멀어질 때 **그림 10.10**(b) 상의 역궤적 점 B′이 원점 O로 접근하게 되므로 **그림 10.11**(a)와 같이 원점을 지나지 않는 직선에 대한 역궤적은 **그림 10.11**(b)와 같이 원점을 지나면서 OA′을 직경으로 하는 원이 된다.

또 **그림 10.12**(a)와 같이 원점을 지나지 않는 반직선에 대한

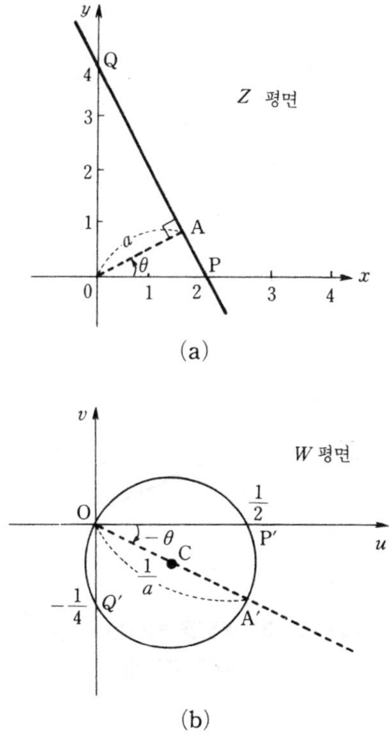

그림 10.11 원점을 지나지 않는 직선에 대한 역궤적

역궤적을 살펴보면 Z-평면상의 궤적은 그 각이 0°~90°(1사분면)범위에 존재하므로 이의 역궤적은 W-평면상에서 0°~−90°(4사분면)범위에 존재하는 **그림 10.12**(b)와 같은 半圓의 형태로 나타나게 된다.

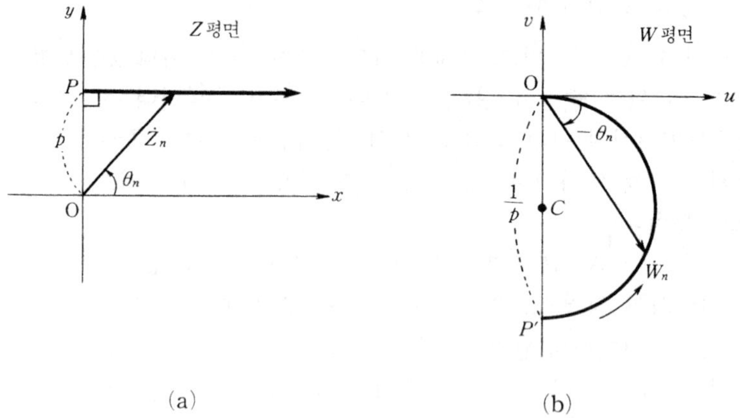

그림 10.12 원점을 지나지 않는 반직선에 대한 역궤적

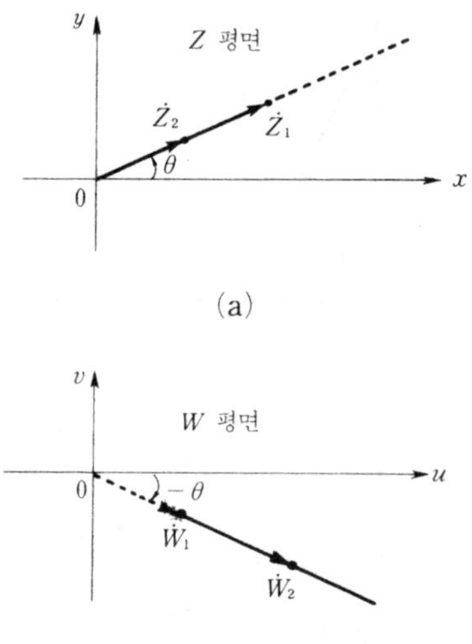

그림 10.13 원점을 지나는 직선에 대한 역궤적

그러나 **그림 10.13**(a)와 같이 Z-평면상에서 원점을 지나는 직선은 식(10.7)에서 $A=D=0$이 되므로 역궤적 방정식도 식(10.10)에 의해 역시 원점을 지나는 직선이 됨을 알 수 있다.

그러므로 **그림 10.13**(a)와 같이 원점을 지나는 직선의 역궤적은 **그림 10.13**(b)와 같이 역시 원점을 지나는 직선으로 대응된다. 즉, Z-평면상의 0, $\dot{Z}_1$, $\dot{Z}_2$, …에 대한 역궤적점은 W-평면상의 ∞, $\dot{W}_1$, $\dot{W}_2$, …로 대응되며 角의 부호는 반대가 된다.

10-3 周波数 변화시의 軌跡

다음에는 각주파수 ω의 변화에 따라 임피던스 또는 어드미턴스의 크기 및 위상이 어떻게 변하는지 알아본다. **그림 10.14**(a)와 같은 병렬공진회로를 예로 들어 주파수 ω의 변화에 따른 어드미턴스 및 임피던스 궤적을 구해보자.

어드미턴스 궤적은 두 병렬枝路 각각의 어드미턴스인 $\dot{Y}_1=1/(R_0+j\omega L)$과 $\dot{Y}_2=jB_c=j\omega C$를 합성함으로써 구할 수 있다. 즉,

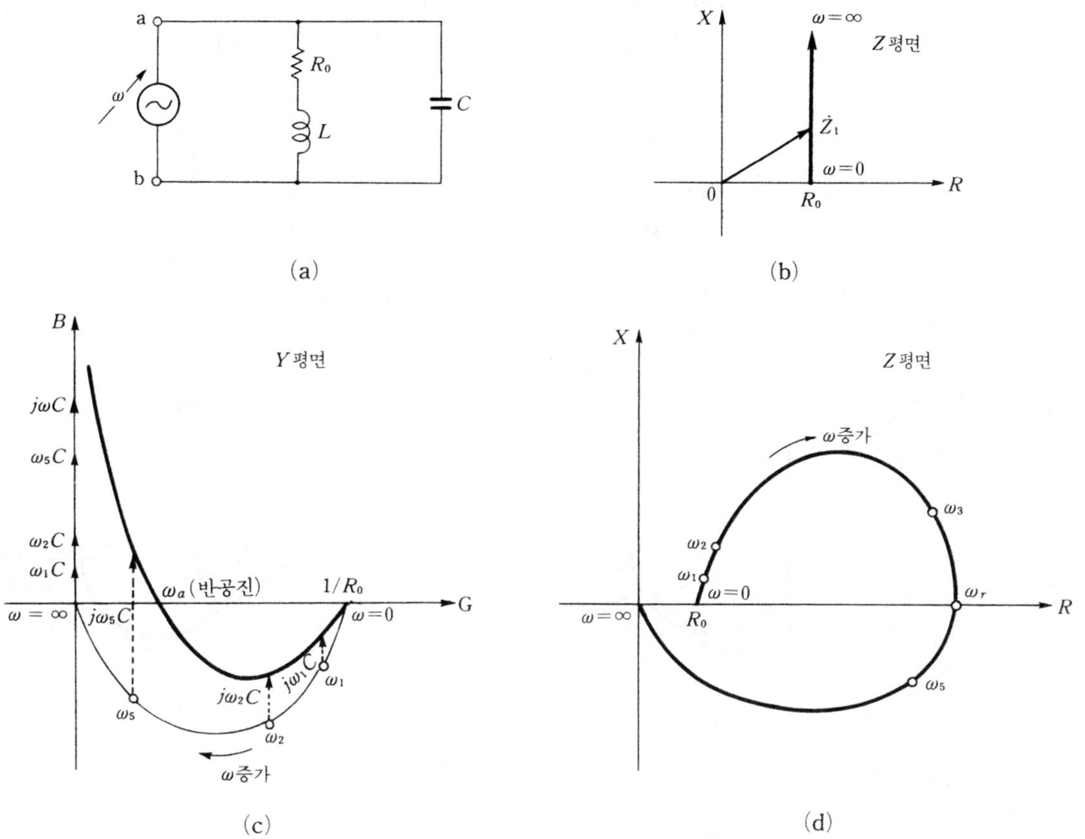

그림 10.14 주파수 변화에 따른 궤적도

$$\dot{Y}_{ab} = \dot{Y}_1 + \dot{Y}_2 = \frac{1}{R_0 + j\omega L} + j\omega C \qquad (10.11)$$

여기서 $\dot{Y}_1$은 임피던스 궤적 $\dot{Z}_1 = R_0 + j\omega L$ (**그림 10.14**(b))에 대한 역궤적으로서 **그림 10.14**(c)의 4사분면상의 반원(가는 실선)이 되지만 $\dot{Y}_2$는 **그림 10.14**(c)의 허수축 상단의 반직선이 된다.

그러므로 어드미턴스 궤적 $\dot{Y}_{ab}$는 궤적 $\dot{Y}_1$상에서 각각의 주파수에 대응하는 서셉턴스 성분 $\omega_1 C$, $\omega_2 C$, $\omega_3 C$, …만큼 상향이동시킨 점들을 연결함으로써 얻어진다(굵은 실선으로 표시).

한편 임피던스 궤적 $\dot{Z}_{ab}$는 어드미턴스 궤적 $\dot{Y}_{ab}$에 있어서 각각의 주파수에 대응하는 역궤적점들을 하나하나 추적함으로써 구할 수 있다(**그림 10.14** (d)의 굵은 실선).

〔예제 10・3〕 그림 10.15 (a)의 회로에서 각주파수 ω의 변화에 따른 임피던스 $\dot{Z}_{ac}$의 궤적을 구하여라.

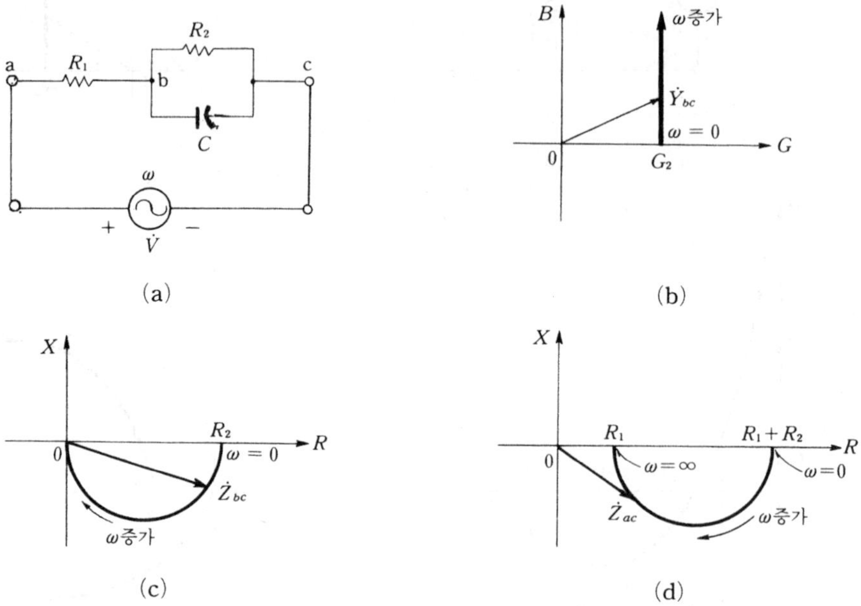

그림 10.15

풀이 ☞ $\dot{Z}_{ac} = R_1 + \dot{Z}_{bc} = R_1 + \dfrac{1}{\dot{Y}_{bc}}$

$\dot{Y}_{bc} = G_2 + jB_c = G_2 + j\omega C$ (단, $G_2 = 1/R_2$)

10-4 軌跡図의 応用

교류회로에 있어서는 회로정수가 변하거나 주파수가 변화할 때의 회로상태를 조사해야 할 경우가 자주 생긴다. 공진회로의 주파수 특성 등은 그 한 예이다.

회로상태의 개요를 파악하거나 또는 수치계산을 하는데 있어서 복소궤적을 그려 보면 편리할 때가 많다.

유도전동기나 전송선로 등에서 부하의 변동에 따른 전압변동을 알기 위한 圓線図(circle diagram)나 통신선로의 계산에 이용되는 **스미스 線図**(Smith chart)도 복소궤적을 이용한 것이며 歸還(귀환)증폭기에서 增幅度의 주파수에 대한 변화를 조사하여 안정된 증폭조건을 구하는 것도 역시 복소궤적도를 응용하는 것이라 할 수 있다.

본절에서는 복소궤적이 실제 어떻게 이용되는가를 몇몇 예를 통하여 알아보기로 한다.

1 回路解析에의 응용

그림 10.16 (a)와 같은 회로에 있어서 X_C가 변할 때 임피던스 $\dot{Z}_{ad}$의 궤적을 구하는 방법에 대해 생각해 보자.

$$\dot{Z}_{ad} = \dot{Z}_{ab} + \dot{Z}_{bd} \tag{10.12}$$

$$\dot{Z}_{bd} = \frac{1}{\dot{Y}_{bd}} \tag{10.13}$$

$$\dot{Y}_{bd} = \frac{1}{R_2} + \dot{Y}_{cd} \tag{10.14}$$

$$\dot{Y}_{cd} = \frac{1}{\dot{Z}_{cd}} \tag{10.15}$$

$$\dot{Z}_{cd} = R_3 + jX_C \tag{10.16}$$

식(10.16)에 의해 **그림 10.16** (b)가 구해지며, 그 역수인 $\dot{Y}_{cd}$의 궤적을 구하면 **그림 10.16** (c)와 같이 된다.

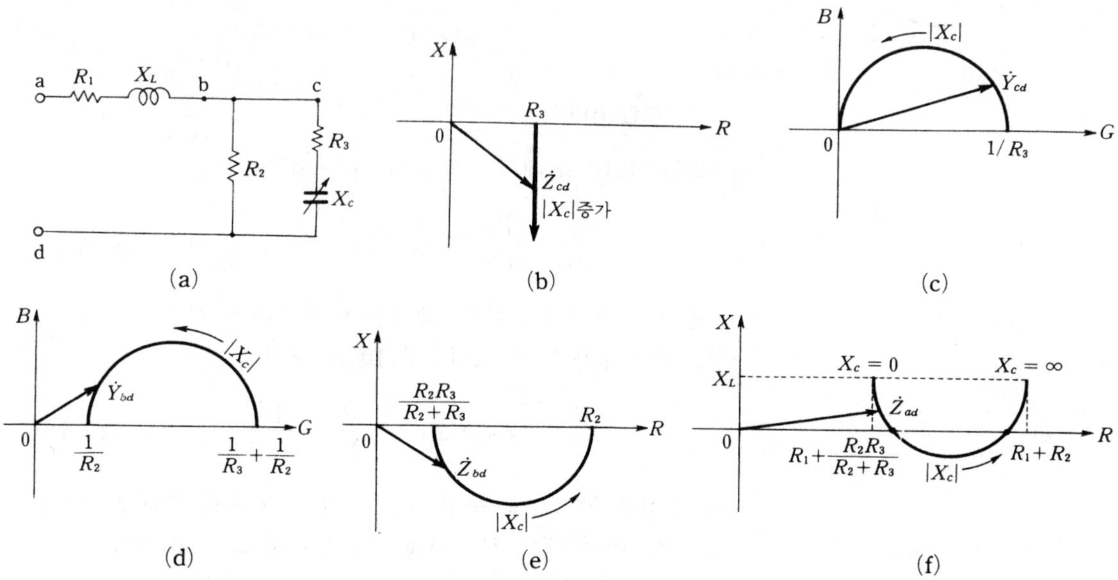

그림 10.16

이와 같은 과정을 식(10.14), (10.13) 및 (10.12)로 거슬러 올라가면서 궤적을 구하면 그림 (d), (e), (f)와 같은 궤적을 얻을 수 있다.

마지막 Z-평면에서 X_C를 가변할 때 실수축 R과의 교점에서의 임피던스 $\dot{Z}_{ad}$에는 실수부만이 존재하게 되는데 이는 그림 (a)의 회로가 공진상태가 됨을 뜻한다.

다음에는 **그림 10.17** (a)와 같은 회로에서 X_C가 변할 때 전원전압 $\dot{V}_0$에 대한 출력전압 $\dot{V}_{bc}$의 比인 $\dot{V}_{bc}/\dot{V}_0$의 궤적을 구하는 방법에 대해 생각해 보기로 한다.

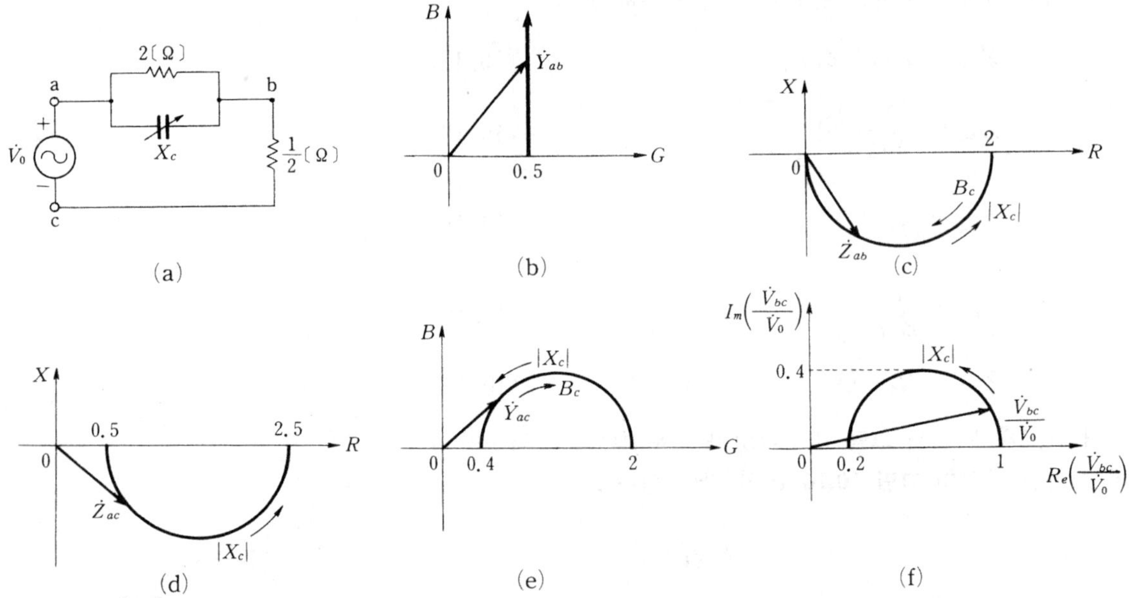

그림 10.17

그림 10.17 (a)에서 구하고자 하는 전압비는

$$\frac{\dot{V}_{bc}}{\dot{V}_0}=\frac{\dot{Z}_{bc}}{\dot{Z}_{ac}}=\frac{1}{2}\dot{Y}_{ac} \qquad (10.17)$$

따라서 전압비에 대한 궤적은 어드미턴스 궤적 $\dot{Y}_{ac}$를 $\frac{1}{2}$배 함으로써 구해질 수 있다. 식(10.17)에서

$$\dot{Z}_{ac}=\dot{Z}_{ab}+\dot{Z}_{bc}=\frac{1}{\dot{Y}_{ab}}+\frac{1}{2} \qquad (10.18)$$

인 관계가 있으므로 우선 $\dot{Y}_{ab}$ 궤적을 구하면 **그림 10.17**(b)와 같으며, 이에 대한 역궤적을 구함으로써 **그림 10.17**(c)와 같이 $\dot{Z}_{ab}$ 궤적이 구해진다. 다음에 궤적 (c)를 $\frac{1}{2}$만큼 이동시킴으

로써 $\dot{Z}_{ac}$가 구해지며(**그림** 10.17(d)) 이에 대한 역궤적인 $\dot{Y}_{ac}$는 그림 (e)와 같다.

결국 그림 (e)의 궤적을 $\frac{1}{2}$배 함으로써 그림 (f)와 같은 $\frac{\dot{V}_{ab}}{\dot{V}_0}$ 궤적이 구해지게 된다.

〔예제 10·4〕 그림 10.18(a)와 같은 R-L-C 직렬회로에서 X_L이 변할 때 어드미턴스 궤적 $\dot{Y}_{ab}$를 구하여라.

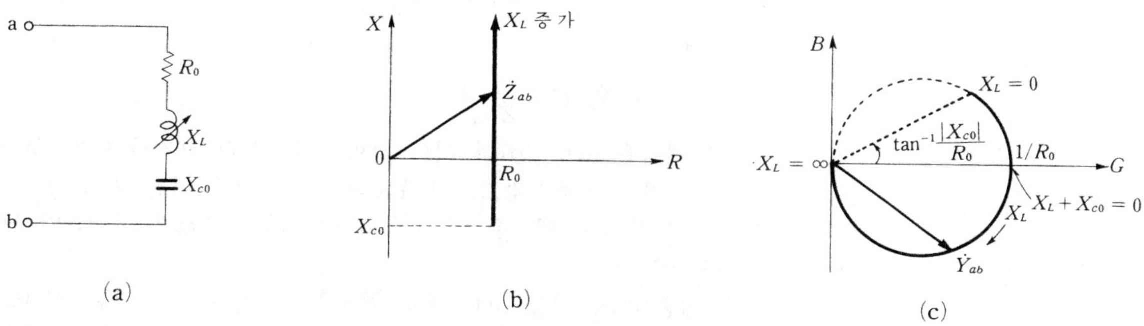

그림 10.18

풀이 ☞ X_L 가변시의 직렬 임피던스 궤적 $\dot{Z}_{ab}$는

$$\dot{Z}_{ab} = R_0 + j(X_{C_0} + X_L) = R_0 + jX_{C_0} + jX_L$$

에 의해 그림(b)와 같이 반직선으로 나타나며 이에 대한 역궤적인 어드미턴스 궤적 $\dot{Y}_{ab}$는 그림(c)와 같이 $\frac{1}{R_0}$을 직경으로 하는 원의 일부분이 된다.

〔예제 10·5〕 그림 10.19(a)의 회로에서 전원전류 $\dot{I}_0$에 대한 출력전압 $\dot{V}_2$의 궤적을 구하여라.

풀이 ☞ **그림** 10.19(a)의 회로에서 가변 임피던스의 암(arm)인 $a'-b$를 제거한 후의 단자 $a'-b$에 대한 등가회로는 그림 (b)와 같다.

이를 다시 정리한 후 전류전원측에서 우측을 바라본 등가회로는 그림 (c)와 같다.

출력전압 $\dot{V}_2$는

$$\dot{V}_2 = \frac{5}{5-j5}\dot{V}_{a'b} \quad \cdots\cdots ① \qquad (10.19)$$

와 같이 표현되며, 여기서

$$\dot{V}_{a'b} = \dot{Z}_{db}\dot{I}_0 \qquad \cdots\cdots② \qquad (10.20)$$

식 ②로부터

$$\dot{I}_0 = \frac{\dot{V}_{a'b}}{\dot{Z}_{db}} \qquad \cdots\cdots③ \qquad (10.21)$$

식 ①을 식 ③으로 나누어주면

$$\frac{\dot{V}_2}{\dot{I}_0} = \frac{5}{5-j5}\dot{Z}_{db} \qquad \cdots\cdots④ \qquad (10.22)$$

또한

$$\dot{Y}_{db} = 0.2 + j0.3 + \frac{1}{\dot{Z}_{a'b}} \qquad \cdots\cdots⑤ \qquad (10.23)$$

에서

$$\dot{Y}_{a'b}\left(=\frac{1}{\dot{Z}_{a'b}}\right)$$

의 궤적은 그림 (d)와 같이 되며, 이 (d)의 궤적을 $0.2+j0.3$ 〔℧〕 만큼 이동시킴으로써 $\dot{Y}_{db}$ 의 궤적 (e)를 얻을 수 있다.

따라서 $\dot{Z}_{db}$ 궤적은 이 $\dot{Y}_{db}$ 궤적에 대한 역궤적을 구하면 된다(그림 (f)).

최종적으로 $\dot{V}_2/\dot{I}_0$에 대한 궤적은 식 ④로부터 $\dot{Z}_{db}$ 궤적을 $\frac{5}{5-j5} = \frac{1}{\sqrt{2}}\underline{/45°}$ 배를 함으로써 구해지게 된다. 이는 $\dot{Z}_{db}$ 궤적을 원점으로부터 각 궤적점까지의 거리를 $1/\sqrt{2}$배 한 다음 $+45°$회전시킴을 의미한다(그림 (g)).

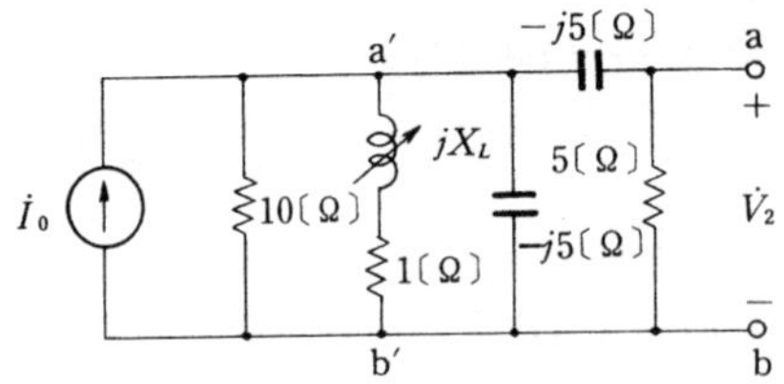

(a)

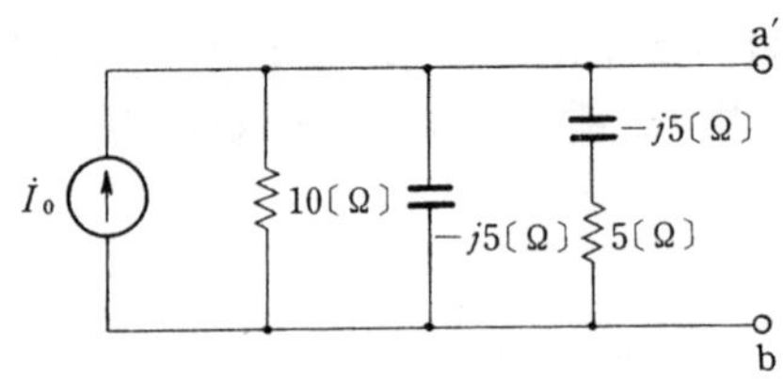

(b)

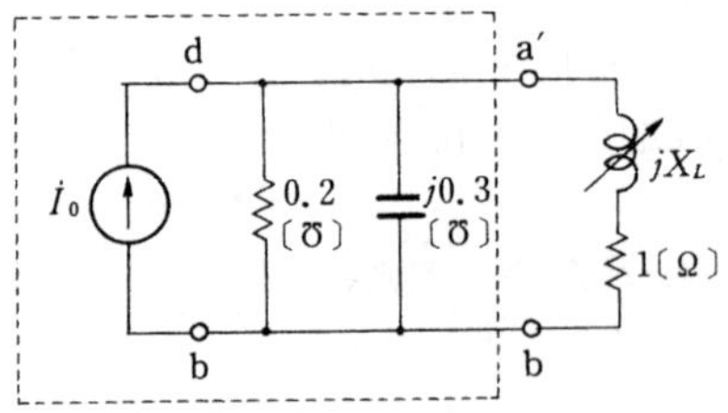

(c)

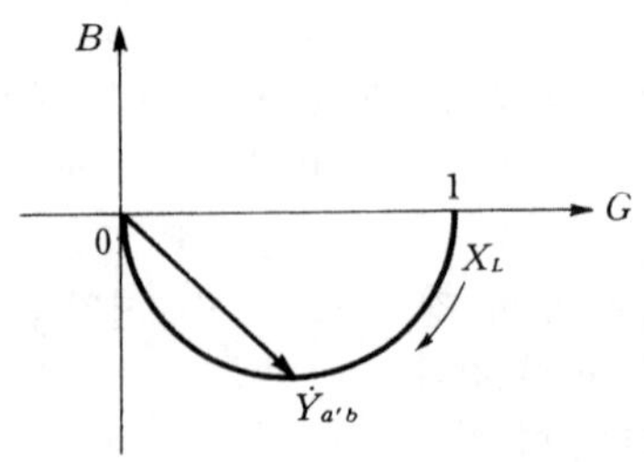

(d)

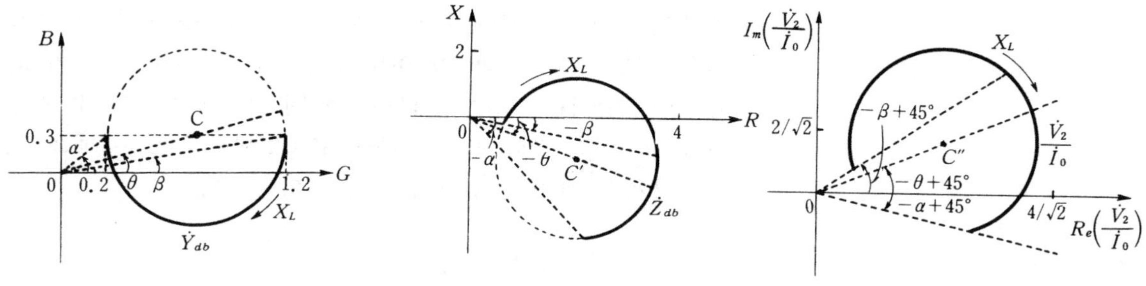

(e) (f) (g)

그림 10.19

2 力率改善에의 응용

다음에는 회로의 역률을 개선하는 방법에 대해 생각해 보기로 한다. **그림 10.20**(a)와 같은 회로는 일반적으로 전동기 또는 형광등 회로 등에서 이용하는 역률개선회로이다. 여기서 $R_L + jX_L$의 암(arm)을 전동기 등가회로로 보면 $R_C + jX_C$의 암이 없는 경우 회로 자체는 유도성 회로가 되며 역률은 $\cos\left(\tan^{-1}\frac{X_L}{R_L}\right)$로서 1보다 작게 된다. 이제 가변암 $R_C + jX_C$에 의하여 어떻게 역률이 개선되는가를 알아보자.

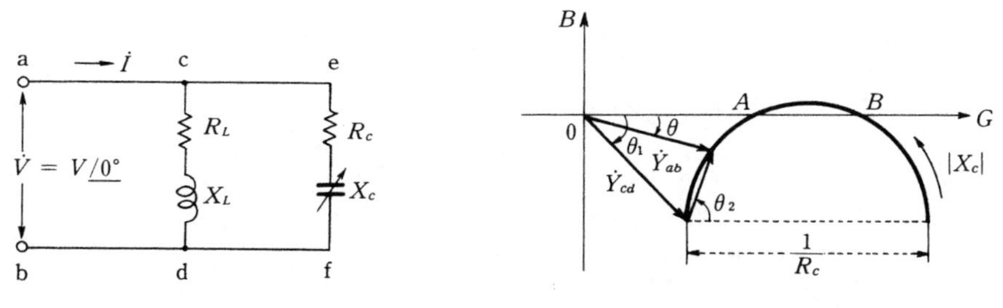

(a) (b)

그림 10.20 역률개선의 설명

그림 10.20(a) 회로의 양단자에 $\dot{V} = V\underline{/0°}$〔V〕인 전압을 인가할 때, 이 회로에 유입되는 전류는

$$\dot{I} = \dot{Y}_{ab}\dot{V} = (\dot{Y}_{cd} + \dot{Y}_{ef})\,V\underline{/0°}\ \text{〔A〕} \qquad (10.24)$$

가 되며 따라서 $\dot{Y}_{ab}$의 위상이 $\theta = 0°$가 될 때 회로는 최대 역률 1이 된다. X_C의 변화에 따른 $\dot{Y}_{ab}$의 궤적을 구해보면 **그림 10.20**(b)와 같다. **그림 10.20**(b)에서는 $\dot{Y}_{ab}$의 위상이 0°가 되는 곳이 A, B 두 점이 나타나지만 同 그림에서도 알 수 있는 바와 같이 $\frac{1}{R_C}$값의 크기에 따라 Y 평면에서의 실수축과의 교점은 2개, 1개 또는 전혀 없을 수도 있다. 즉,

$$Y_{cd}\sin\theta_1 \leqq \frac{1}{2R_C}$$

인 관계를 만족하는 경우에만 역률을 1로 하는 점이 존재하게 된다. 여기서

$$Y_{cd} = \frac{1}{\sqrt{R_L{}^2 + X_L{}^2}}$$

$$\sin\theta_1 = \frac{X_L}{\sqrt{R_L{}^2 + X_L{}^2}}$$

이므로 다음과 같은 조건이 얻어진다.

i) $R_C < \dfrac{R_L{}^2 + X_L{}^2}{2X_L}$; 역률 $\cos\theta = 1$인 점이 두 개 존재

ii) $R_C = \dfrac{R_L{}^2 + X_L{}^2}{2X_L}$; 역률 $\cos\theta = 1$인 점이 한 개 존재

iii) $R_C > \dfrac{R_L{}^2 + X_L{}^2}{2X_L}$; 역률 $\cos\theta = 1$인 점이 존재하지 않는다.

연 습 문 제

〔1〕 **그림 10.21**과 같은 R, C 병렬회로에 있어서 C가 변화할 경우 회로 어드미턴스 $\dot{Y}_{ab}$와 임피던스 $\dot{Z}_{ab}$의 복소궤적을 구하여라.

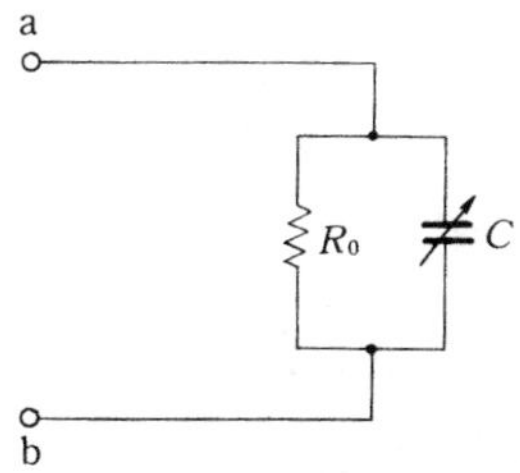

그림 10.21

〔2〕 **그림 10.22**와 같은 회로에 각주파수 ω_0의 전압 $\dot{V}_0$(크기 V_0)를 가한 후 저항 R을 변화시킬 때 회로유입전류 $\dot{I}$의 궤적을 구하여라.

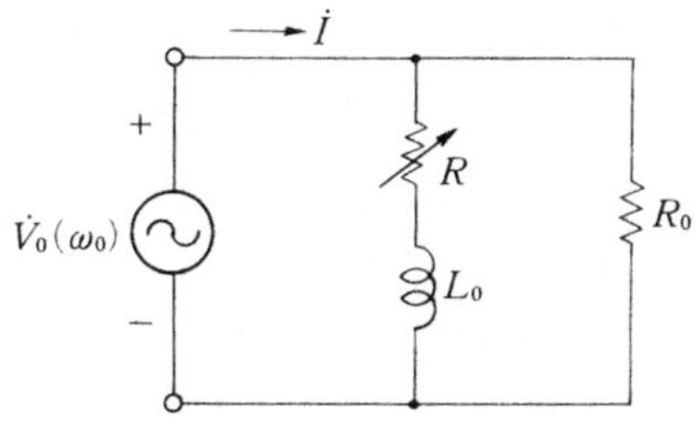

그림 10.22

〔3〕 **그림 10.23**과 같은 회로에서 정전용량 C를 가감하여 회로 역률을 100〔%〕로 하려면 R의 값은 어떤 조건이 필요한가를 복소궤적을 이용하여 구하여라. 단, 전원의 각주파수는 ω_0이다.

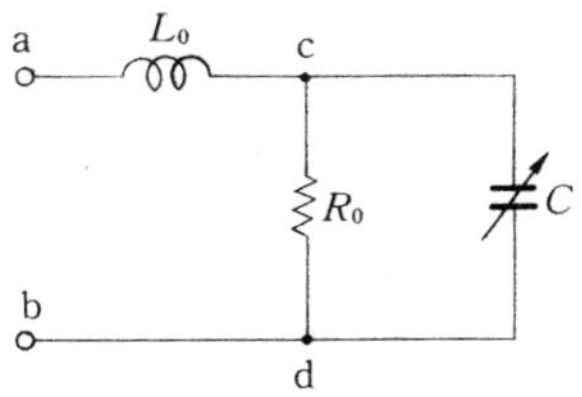

그림 10.23

〔4〕 **그림 10.24**와 같은 R, L, C 병렬회로에서 각주파수 ω가 0에서 ∞까지 변화할 때 회로 어드미턴스 궤적 $\dot{Y}_{ab}$와 임피던스 궤적 $\dot{Z}_{ab}$를 구하여라.

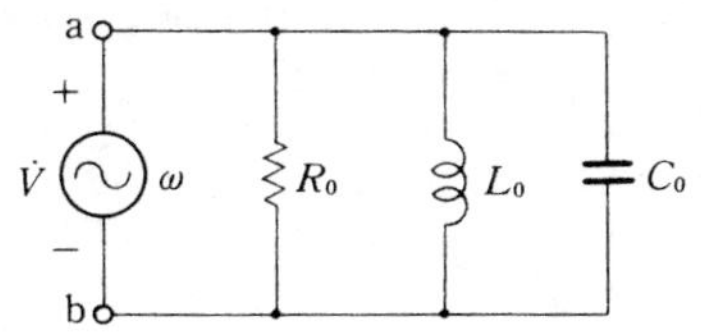

그림 10.24

〔5〕**그림 10.25**와 같은 회로에 있어서 각주파수 ω의 변화에 따른 입력 어드미턴스 $\dot{Y}_{ab}$의 궤적을 구하여라.

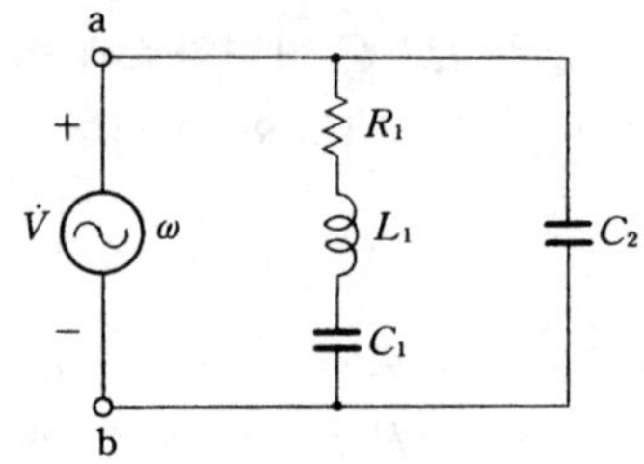

그림 10.25

연습문제해답

〔1〕

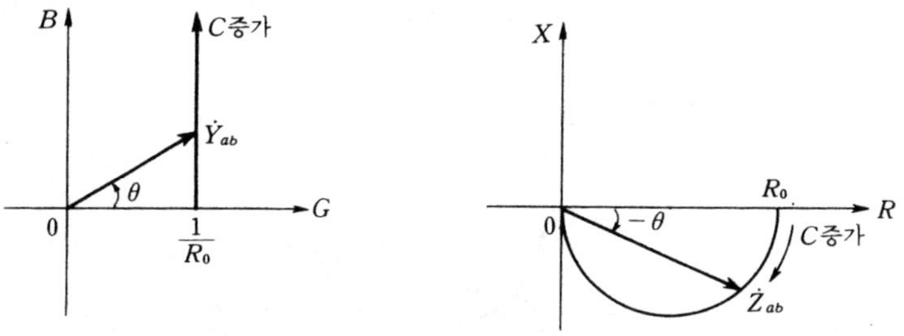

(a) 어드미턴스 궤적　　　(b) 임피던스 궤적

그림 10.26

〔2〕 $\dot{I} = \dot{Y}\dot{V}_0$로부터 $\dot{V}_0$가 일정하므로 전류궤적은 어드미턴스 궤적을 $\dot{V}_0$배 함으로써 구할 수 있다. 전압 $\dot{V}_0$를 기준 페이저($V_0\underline{/0°}$)로 하고 두 개의 지로전류를 $\dot{I}_1$, $\dot{I}_2$라 하면

$$\dot{I} = \dot{I}_1 + \dot{I}_2 = \dot{Y}_1 V_0 + \dot{Y}_2 V_0$$

$$= (\dot{Y}_1 + \dot{Y}_2)\, V_0 = \left(\frac{1}{R + j\omega_0 L_0} + \frac{1}{R_0}\right) V_0$$

$$\dot{Y}_1 = \frac{1}{\dot{Z}_1} = \frac{1}{R + j\omega_0 L_0}, \quad \dot{Y}_2 = \frac{1}{R_0}$$

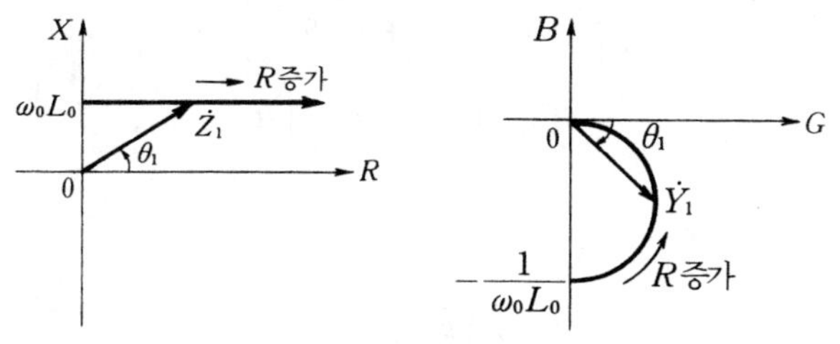

(a) $\dot{Z}_1$궤적　　　(b) $\dot{Z}_1$역궤적

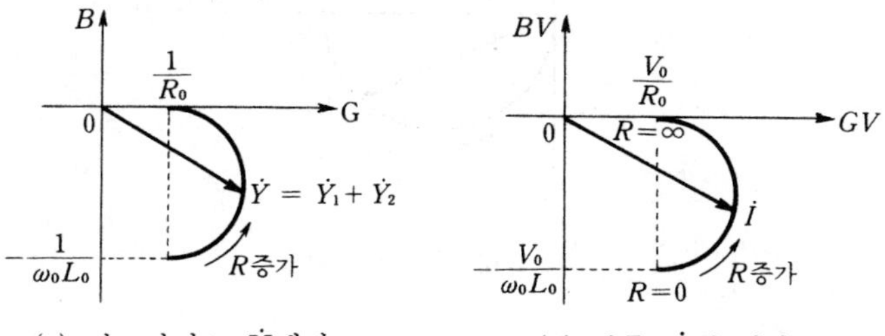

(c) 어드미턴스 $\dot{Y}$궤적　　　(d) 전류 $\dot{I}$의 궤적

그림 10.27

〔3〕 $\dot{Z}_{ab} = j\omega_0 L_0 + \dot{Z}_{cd} = j\omega_0 L_0 + \dfrac{1}{\dot{Y}_{cd}} = j\omega_0 L_0 + \dfrac{1}{\dfrac{1}{R_0} + j\omega_0 C}$ 에 대한 궤

적은 문제 〔2〕와 같은 방법에 의해 **그림 10.28**와 같이 주어진다.
역률이 100〔%〕가 되기 위해서는 **그림 10.28**의 임피던스 궤적 $\dot{Z}_{ab}$는 실수축과 교차해야 하므로 $\omega_0 L_0 \leqq \dfrac{R_0}{2}$의 관계가 성립되어야 한다.

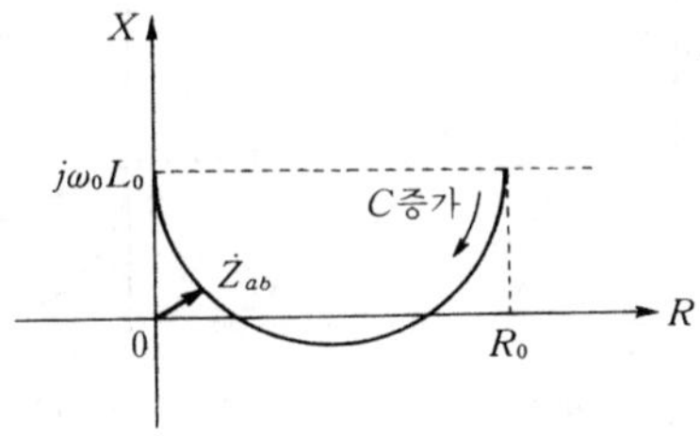

그림 10.28

〔4〕

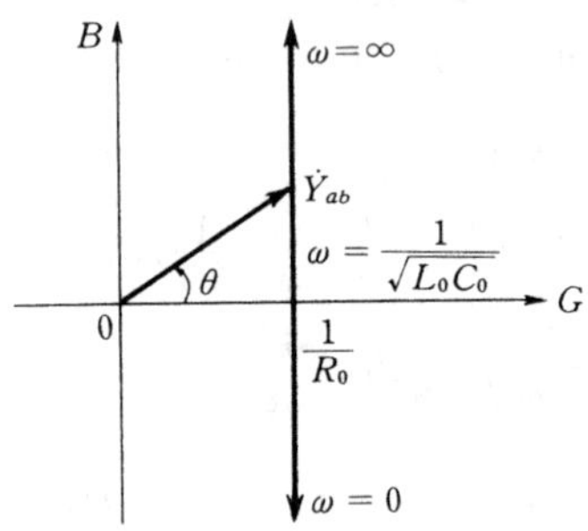

(a) 어드미턴스 궤적

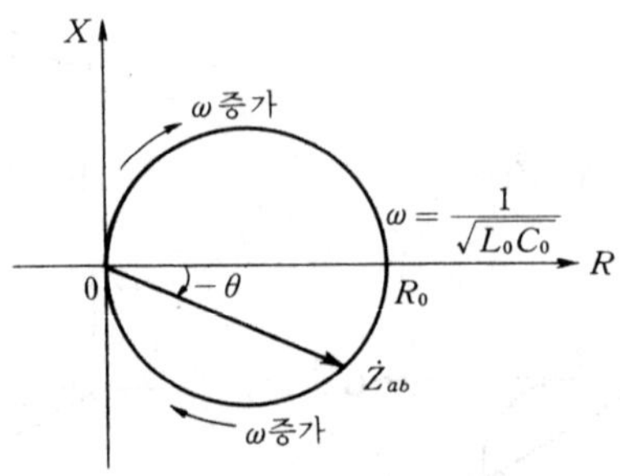

(b) 임피던스 궤적

그림 10.29

〔5〕 병렬회로이므로

$$\dot{Y}_1=\frac{1}{\dot{Z}_1}=\frac{1}{R_1+j\left(\omega L_1-\dfrac{1}{\omega C_1}\right)},\quad \dot{Y}_2=jB_c=j\omega C_2$$ 의 궤적을 구한 후

이를 합성한다.

즉, $\dot{Y}_{ab}=\dot{Y}_1+\dot{Y}_2$

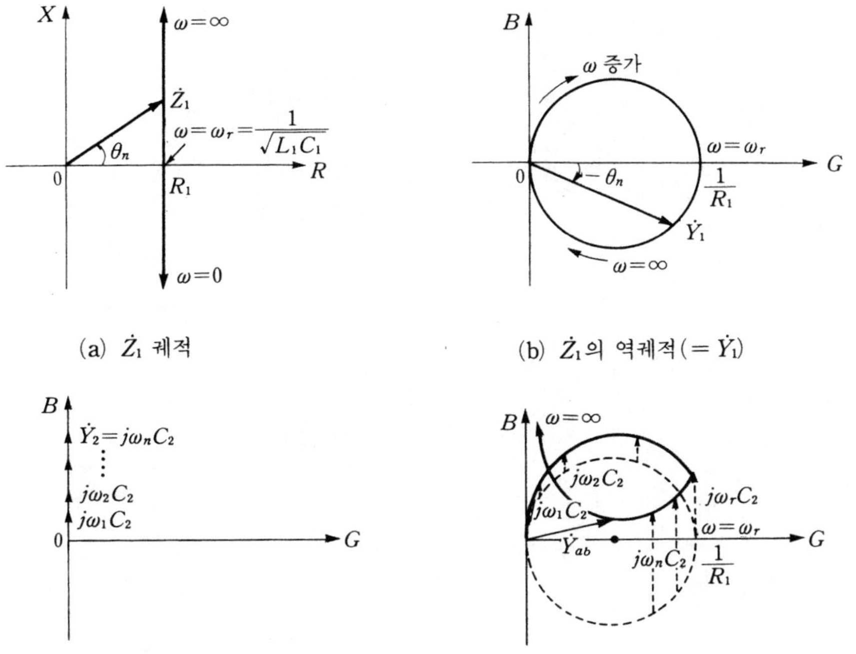

(a) $\dot{Z}_1$ 궤적

(b) $\dot{Z}_1$의 역궤적$(=\dot{Y}_1)$

(c) $\dot{Y}_2$ 궤적

(d) $\dot{Y}_{ab}(=\dot{Y}_1+\dot{Y}_2)$ 궤적

그림 10.30

非正弦波交流 11

이제까지 취급해온 전압, 전류는 교류의 경우 모두 정현파(sine wave)였지만 실제는 정현파가 아닌 교류도 적지 않다. 예컨대 교류발전기에서 나오는 전압은 엄밀하게 말하면 정현파라고 말하기 어려우며 정확하게 정현파라 하더라도 변압기를 통하는 동안 鉄心의 포화 또는 히스테리시스(hysteresis) 등의 영향에 의해 波가 일그러지는 것이 보통이다. 이와 같이 정현파로부터 일그러진 파형을 비정현파(non-sinusoidal wave) 또는 왜(歪)형파(distorted wave)라 한다.

파의 일그러짐이 작을 때는 근사적으로 정현파로 간주할 수 있으나 일그러짐이 현저할 때는 이를 주파수와 크기가 다른 여러 정현파로 분해하여 해석할 수 있다.

(요 목)

11-1 非正弦周期波의 푸리에 級数展開

그림 11.1은 실선으로 표시된 **비정현주기파** $f(x)$가 주파수와 진폭을 달리하는 몇몇 정현파들의 합성에 의해 구해질 수 있음을 보여주고 있다.

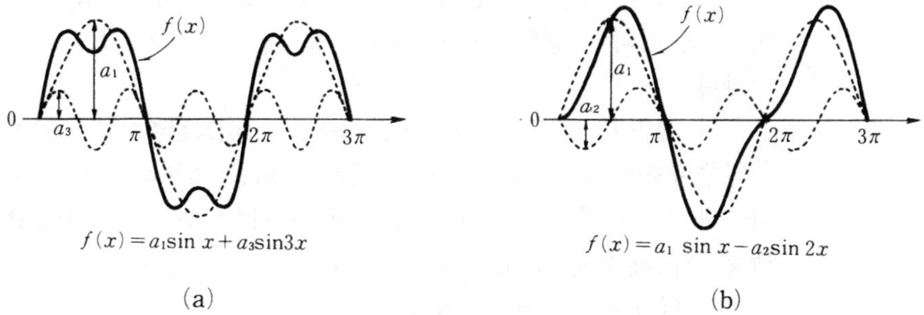

그림 11.1 비정현주기파의 합성예

역으로 말하면 이는 비정현주기파 $f(x)$가 주파수와 진폭을 달리하는 몇몇 정현파로 분해될 수 있음을 암시해 주고 있다. 일반적으로 n이 정수일 때 $f(t) = f(t+nT)$의 관계를 만족하는 비정현파는 다음과 같이 주파수와 진폭을 달리하는 무수히 많은 여현(余弦)항과 정현(正弦)항의 합으로 표시할 수가 있으며 이를 **푸리에 級数**(Fourier series)에 의한 전개라고 한다.

$$\begin{aligned} f(t) &= a_0 + a_1\cos\omega t + a_2\cos 2\omega t + \cdots + a_n\cos n\omega t + \cdots \\ &\quad + b_1\sin\omega t + b_2\sin 2\omega t + \cdots + b_n\sin n\omega t + \cdots \\ &= a_0 + \sum_{n=1}^{\infty} a_n\cos n\omega t + \sum_{n=1}^{\infty} b_n\sin n\omega t \qquad (11.1) \end{aligned}$$

여기서 상수항 a_0는 주파수가 0인 여현항($a_0\cos 0t = a_0$)으로 간주할 수 있다.

식(11. 1)에서 동일주파수의 정현항과 여현항을 합성하면 식(11. 1)은 다음과 같이 간단히 표현될 수 있다.

$$\left.\begin{aligned} f(t) &= a_0 + A_1\sin(\omega t+\varphi_1) + A_2\sin(2\omega t+\varphi_2) \\ &\quad + A_3\sin(3\omega t+\varphi_3) + \cdots \\ &= a_0 + \sum_{n=1}^{\infty} A_n\sin(n\omega t+\varphi_n) \end{aligned}\right\} \tag{11.2}$$

단, $A_n = \sqrt{a_n^2+b_n^2}$, $\varphi_n = \tan^{-1}\dfrac{a_n}{b_n}$

윗식(11.1), (11.2)를 회로해석에 적용하는 경우 상수항 a_0는 시간 t와 각주파수 ω에 무관한 일정값의 직류성분을 의미하며 a_0 이외의 항은 각종의 주파수를 갖는 정현파 성분을 의미한다.

특히 정현파 성분 중 $A_1\sin(\omega t+\varphi_1)$은 **비정현주기파** $f(t)$와 동일주파수를 갖는 기본이 되는 파로서 이를 **기본파**라 하며 주파수가 기본파의 2, 3, 4, …, n배가 되는 波를 각각 **제2高調波**, 제3高調波, 제n高調波라 한다.

결국 일반적인 비정현주기파는

비정현파 = (직류성분) + (기본파) + (고조파)

로 분해할 수 있다. 이러한 분해를 **푸리에 分析** 또는 **調波分析**(harmonic analysis)이라 한다.

특히 식(11.2)에서 진폭 A_n이나 위상 φ_n을 주파수 ω에 대하여 나타낸 그래프를 **진폭 스펙트럼**(amplitude spectrum) 또는 **위상 스펙트럼**(phase spectrum)이라 하며 양자를 통틀어 **주파수 스펙트럼**(frequency spectrum)이라고 한다.

다음에는 푸리에 급수전개에 있어서 각 항의 계수인 a_0, a_n, b_n을 구하는 방법에 대해 알아보기로 한다.

(1) a_0의 결정

a_0를 제외한 항들은 모두 정현항과 여현항으로 구성되어 있어서 이들의 正波와 負波의 면적이 같으므로 1주기간의 적분값은 0이 된다. 따라서 식(11.1)에 대한 1주기간의 평균값을 구하면 상수항 a_0가 결정되며(**그림 11.2**) 이 a_0는 **주기성 왜형파** $f(t)$의 평균값이 됨을 알 수 있다. 즉,

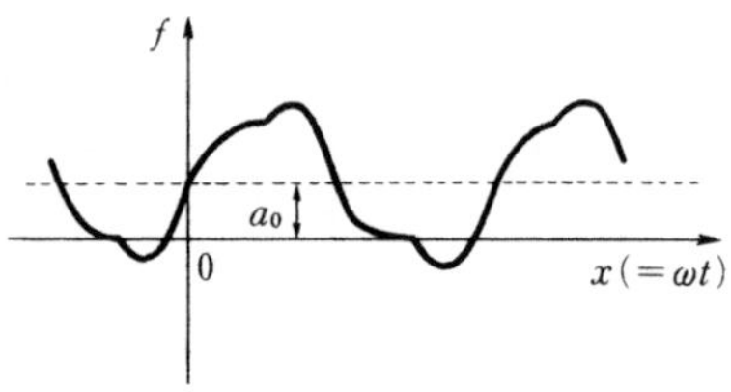

그림 11.2 비정현파의 평균값

$$a_0 = \frac{1}{T}\int_0^T f(t)\,dt = \frac{1}{2\pi}\int_0^{2\pi} f(\omega t)\,d(\omega t) \tag{11.3}$$

(2) a_n의 결정

식(11.1)의 양변에 $\cos m\omega t$를 곱하여 1주기간을 적분하면

$$\int_0^T f(t)\cos m\omega t dt$$
$$= a_0\int_0^T \cos m\omega t dt + \sum_{n=1}^{\infty} a_n \int_0^T \cos n\omega t \cdot \cos m\omega t dt$$
$$+ \sum_{n=1}^{\infty} b_n \int_0^T \sin n\omega t \cdot \cos m\omega t dt \qquad (11.4)$$

우변의 제 1 항은 여현항이므로 1주기간의 적분값은 0이 되며 우변의 제 2 항은

$$a_n \int_0^T \cos n\omega t \cdot \cos m\omega t dt$$
$$= a_n \int_0^T \frac{1}{2}\{\cos(n+m)\omega t + \cos(n-m)\omega t\} dt$$

로부터

i) $m \neq n$일 때는 0

ii) $m = n$일 때는 $\dfrac{T}{2} a_n$

또한 제 3 항은

$$\int_0^T b_n \sin n\omega t \cdot \cos m\omega t dt$$
$$= \int_0^T \frac{b_n}{2}\{\sin(n+m)\omega t + \sin(n-m)\omega t\} dt$$

로부터 $m \neq n$이거나 $m = n$에 관계없이 항상 0이 된다.

결국 식(11.4)는 $m = n$일 때에 한하여 $(T/2)a_n$이 되고 이 외에는 모두 0이므로

$$\int_0^T f(t) \cdot \cos n\omega t dt = \frac{T}{2} a_n$$

으로부터

$$a_n = \frac{2}{T}\int_0^T f(t) \cdot \cos n\omega t dt$$
$$= \frac{1}{\pi}\int_0^{2\pi} f(\omega t)\cos n\omega t d(\omega t) \qquad (11.5)$$

단, $n = 1, 2, 3, \cdots$

(3) b_n의 결정

식(11.1)의 양변에 $\sin m\omega t$를 곱하여 1주기간을 적분하면

$$\int_0^T f(t)\sin m\omega t dt$$

$$= a_0\int_0^T \sin m\omega t dt + \sum_{n=1}^{\infty} a_n \int_0^T \cos n\omega t \cdot \sin m\omega t dt$$

$$+ \sum_{n=1}^{\infty} b_n \int_0^{\infty} \sin n\omega t \cdot \sin m\omega t dt \qquad (11.6)$$

우변의 제 1항과 제 2항은 앞에서와 같은 방법에 의해 0이 되며 제 3항은 $m = n$일 때에 한하여 $(T/2)\,b_n$이 되고 이 외에는 모두 0이 되므로

$$\int_0^T f(t)\ \sin n\omega t dt = \frac{T}{2}\, b_n$$

으로부터

$$b_n = \frac{2}{T}\int_0^T f(t)\sin n\omega t dt$$

$$= \frac{1}{\pi}\int_0^{2\pi} f(\omega t)\sin n\omega t d(\omega t) \qquad (11.7)$$

단, $n = 1, 2, 3, \cdots\cdots$

〔예제 11 · 1〕 그림 11.3과 같은 직사각파의 전압을 푸리에 급수로 전개한 후 그 진폭 스펙트럼을 그래프로 나타내어라.

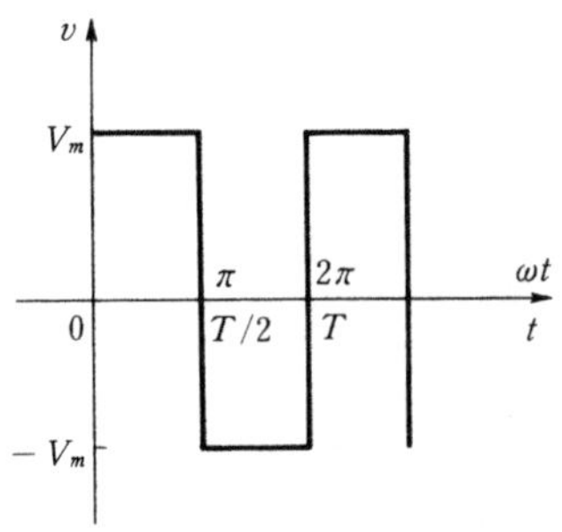

그림 11.3 직사각파

풀이 ☞ 주어진 파형에 대한 1주기간의 표시식은

$$v(t) = \begin{cases} V_m\left(0 \le t < \dfrac{T}{2}\right) \\ -\ V_m\left(\dfrac{T}{2} \le t < T\right) \end{cases}$$

가 되며, 이를 푸리에 급수로 전개하였을 때 각각의 계수 a_0, a_n, b_n을 구해보면

i) 1주기간의 평균값은 직관에 의해 0이라 할 수 있으므로 직류분은 $a_0 = 0$

ii) $a_n = \dfrac{2}{T}\displaystyle\int_0^T v(t) \cdot \cos n\omega t dt$

$$= \frac{2}{T}\left(\int_0^{T/2} V_m \cos n\omega t dt + \int_{T/2}^T (-\ V_m)\cos n\omega t dt\right) = 0$$

iii) $b_n = \dfrac{2}{T}\displaystyle\int_0^T v(t)\sin n\omega t dt$

$$= \frac{2}{T}\left(\int_0^{T/2} V_m \sin n\omega t dt + \int_{T/2}^T (-\ V_m)\sin n\omega t dt\right)$$

$$= \frac{2\,V_m}{2\pi n}\left([-\cos n\omega t]_0^{\pi} + [\cos n\omega t]_{\pi}^{2\pi}\right)$$

$$=\begin{cases}\dfrac{4V_m}{n\pi} & (n=1,3,5,\cdots)\\ 0 & (n=2,4,6,\cdots)\end{cases}$$

따라서

$$v(t)=\sum_{n=1}^{\infty}b_n\sin n\omega t=\sum_{n=1}^{\infty}\frac{4V_m}{n\pi}\sin n\omega t$$

$$=\frac{4V_m}{\pi}\left(\sin\omega t+\frac{1}{3}\sin 3\omega t+\frac{1}{5}\sin 5\omega t+\cdots\cdots+\frac{1}{2n-1}\sin(2n-1)\omega t+\cdots\right)$$

주파수 변화에 따른 각 고조파의 진폭 스펙트럼은 **그림 11.4** 와 같다.

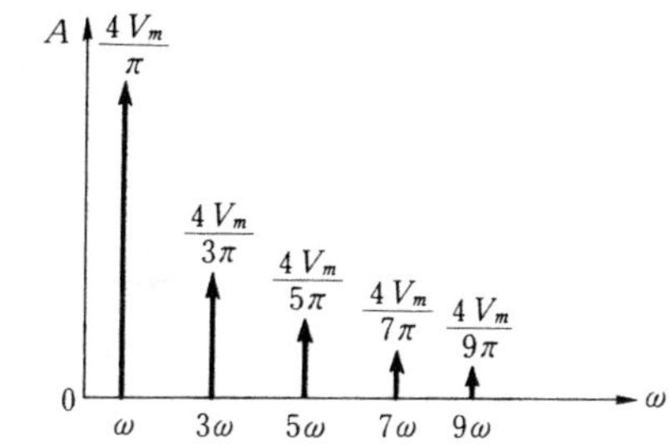

그림 11.4 진폭 스펙트럼

〔예제 11・2〕 그림 11.5와 같은 半波정류파를 푸리에 급수로 전개하여라.

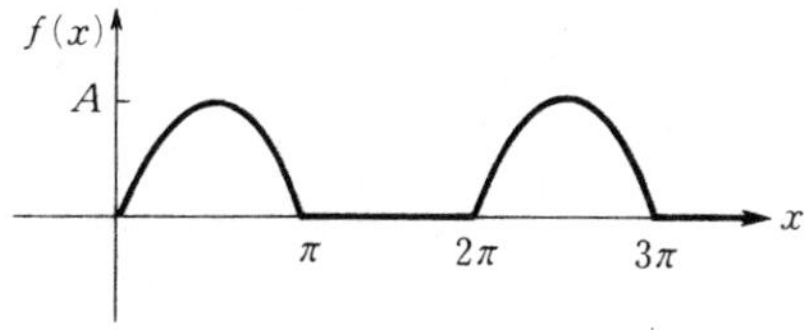

그림 11.5 반파정류파

풀이 ☞ $f(x)$ 를 푸리에 급수로 전개했을 때의 각 계수 a_0, a_n, b_n 을 구해 보면

$$f(x)=\begin{cases}A\sin x & (0\le x\le\pi)\\ 0 & (\pi<x\le 2\pi)\end{cases}$$ 이므로

$$a_0=\frac{1}{2\pi}\int_0^{2\pi}f(x)dx=\frac{1}{2\pi}\int_0^{\pi}A\sin x dx$$

$$=\frac{A}{2\pi}[-\cos\pi]_0^{\pi}=\frac{A}{\pi}$$

$$a_n=\frac{1}{\pi}\int_0^{2\pi}f(x)\cdot\cos nx dx=\frac{1}{\pi}\int_0^{\pi}A\sin x\cdot\cos nx dx$$

$$=\frac{A}{2\pi}\int_0^{\pi}\{\sin(n+1)x-\sin(n-1)x\}dx$$

$$=\frac{A}{2\pi}\left[\frac{-\cos(n+1)x}{n+1}+\frac{\cos(n-1)x}{n-1}\right]_0^{\pi}$$

$$=\frac{A}{2\pi}\left\{-\frac{(-1)^{n+1}-1}{n+1}+\frac{(-1)^{n-1}-1}{n-1}\right\}$$

로부터, n 이 홀수일 때 $a_n=0$

n 이 짝수일 때 $a_n=\dfrac{-2A}{\pi(n^2-1)}$

$$b_n=\frac{1}{\pi}\int_0^{2\pi}f(x)\sin nx dx=\frac{1}{\pi}\int_0^{\pi}A\sin x\cdot\sin nx dx$$

로부터 $n=1$일 때 $b_n=\dfrac{A}{2}$

$n\neq 1$일 때 $b_n=0$

이므로

$$b_1 = \frac{A}{2},\quad b_2 = b_3 = b_4 \cdots = b_n = 0$$

$$\therefore\ f(x) = a_0 + \sum_{n=1}^{\infty} a_n \cos nx + \sum_{n=1}^{\infty} b_n \sin nx$$

$$= \frac{A}{\pi} + \frac{-2A}{\pi}\left(\frac{\cos 2x}{3} + \frac{\cos 4x}{15} + \frac{\cos 6x}{35} + \cdots\right) + \frac{A}{2}\sin x$$

$$= A\left\{\frac{1}{\pi} - \frac{2}{\pi}\left(\frac{\cos 2x}{3} + \frac{\cos 4x}{15} + \frac{\cos 6x}{35} + \cdots\right) + \frac{1}{2}\sin x\right\}$$

11-2 対称性 非正弦波의 푸리에 級数変換

비정현파가 대칭성을 보이고 있을 때 그 특성을 이용하면 이들에 대한 푸리에 급수 변환은 매우 용이해진다. 예컨대 다음에 거론되는 몇몇 대칭파에 대한 푸리에 전개식의 계수 중 a_n, b_n은 半周期分에 대한 계산만을 행함으로써 쉽게 구해질 수 있다.

1 偶函数波

그림 11.6과 같이 종축에 대해 좌우대칭이며

$$f(x) = f(-x) \text{ 또는 } f(t) = f(-t) \qquad (11.8)$$

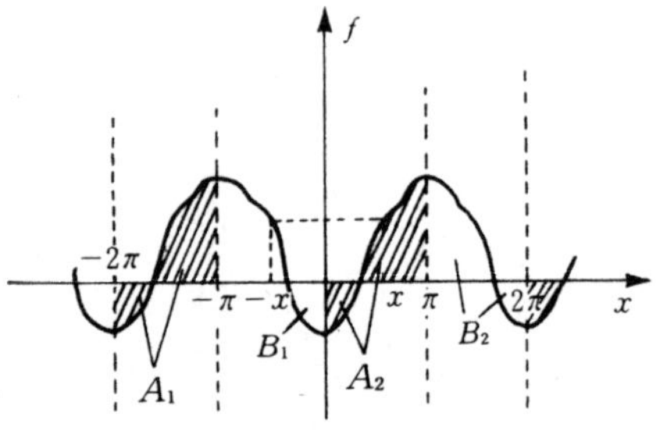

그림 11.6 우함수파(A_1, A_2 : 빗금친부분)

의 관계를 만족하는 周期波($f(x) = f(x+2n\pi)$)를 우함수파 또는 여현대칭파라고도 한다. 우함수 주기파의 파형상의 특징은 종축($x = 2n\pi$)을 중심으로 좌우대칭형이기 때문에 **그림 11.6**의 경우 $A_2 \equiv B_1$(또는 $B_2 \equiv A_1$)이 된다.

또 주기파라는 사실로부터 $A_1 \equiv A_2$(또는 $B_1 \equiv B_2$)이 성립되므로 그 결과 $A_1 \equiv B_1$이 된다. 그러므로 우함수 주기파에 있어서 1주기간의 평균값을 구해야 하는 경우 반주기분에 대한 평균값을 구해도 같은 결과가 나오게 됨을 알 수 있다.

우함수파를 푸리에 급수로 전개하면 $f(x)$와 $f(-x)$는 각각

$$f(x)=a_0+\sum_{n=1}^{\infty}a_n\cos nx+\sum_{n=1}^{\infty}b_n\sin nx$$

$$\begin{aligned}f(-x)&=a_0+\sum_{n=1}^{\infty}a_n\cos n(-x)+\sum_{n=1}^{\infty}b_n\sin n(-x)\\&=a_0+\sum_{n=1}^{\infty}a_n\cos nx-\sum_{n=1}^{\infty}b_n\sin nx\end{aligned}$$

가 되며, 이 두 식이 x값에 관계없이 항상 같아지기 위해서는 sine항은 존재하지 않고 cosine항과 직류항만이 존재하여야 한다. 직류파도 우함수파의 일종이라고 할 수 있기 때문에 결국 우함수파에 대한 푸리에 급수의 전개식은

$$\begin{aligned}f(x)&=a_0+\sum_{n=1}^{\infty}a_n\cos nx\\&=a_0+a_1\cos x+a_2\cos 2x+\cdots\\&\quad+a_n\cos nx+\cdots\end{aligned}\tag{11.9}$$

여기서 계수 a_n은 식(11.5)를 이용하여 구할 수 있다. 그러나 피적분함수인 $f(x)\cdot\cos nx$가 (우함수)·(우함수)로서 결과적으로 (우함수)가 되기 때문에 이 경우 식(11.5)에서 처럼 1주기간을 적분하는 대신 반주기분을 적분해도 구하고자 하는 평균값은 같게 된다. 따라서 a_n은 이때의 평균값을 2배함으로써 용이하게 구해질 수 있다.

$$\begin{aligned}a_n&=\frac{2}{\pi}\int_0^{\pi}f(x)\cos nxdx\\&=\frac{4}{T}\int_0^{T/2}f(t)\cos n\omega tdt\end{aligned}\tag{11.10}$$

2 寄函数波

그림 11.7과 같이 좌표상에서 원점대칭이 되며

$$\begin{aligned}&f(x)=-f(-x)\\\text{또는}\ &f(t)=-f(-t)\end{aligned}\tag{11.11}$$

의 관계를 만족하는 주기파를 기함수파 또는 정현대칭파라고도 한다. **그림** 11.7과 같은 기함수파의 파형상의 특징을 알아보면 우선 원점대칭형이므로 원점을 중심으로 180° 회전시 파형이 완전히 포개어져야 한다. 즉, $A_2\equiv B_1$(또는 $B_2\equiv A_1$), 또한 주기파이므로 $B_1\equiv B_2$(또는 $A_1\equiv A_2$)의 관계가 성립되어야 한다.

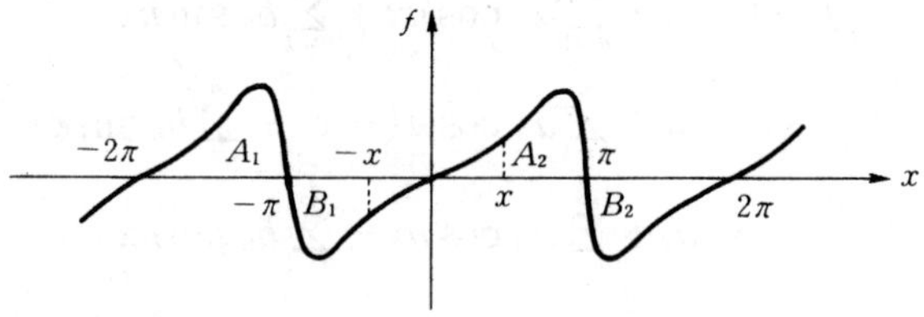

그림 11.7 기함수파

결론적으로 $A_2 \equiv B_2$의 관계가 성립됨으로써 기함수파의 1주기간의 평균값은 0이 되며 그 결과 직류분도 $a_0 = 0$이 됨을 알 수 있다. 푸리에 전개식으로서 $f(x)$와 $-f(-x)$는 각각

$$
\begin{aligned}
f(x) &= \sum_{n=1}^{\infty} a_n \cos nx + \sum_{n=1}^{\infty} b_n \sin nx \\
-f(-x) &= -\sum_{n=1}^{\infty} a_n \cos n(-x) - \sum_{n=1}^{\infty} b_n \sin n(-x) \\
&= -\sum_{n=1}^{\infty} a_n \cos nx + \sum_{n=1}^{\infty} b_n \sin nx
\end{aligned}
$$

가 되며 앞의 두 식이 x값에 관계없이 항상 성립하려면 cosine항은 존재하지 않고 sine항만 존재하여야 한다. 따라서 푸리에 급수전개식은

$$
\begin{aligned}
f(x) &= \sum_{n=1}^{\infty} b_n \sin nx \\
&= b_1 \sin x + b_2 \sin 2x + b_3 \sin 3x + \cdots
\end{aligned} \tag{11.12}
$$

여기서 계수 b_n은 식(11.7)을 이용하여 구할 수 있다. 그런데 피적분함수인 $f(x) \cdot \sin nx$가 (기함수)·(기함수)로서 결과적으로 (우함수)가 되므로 전절에서 a_n을 구할 때와 같은 원리에 의해 1주기간의 적분대신 반주기간의 적분을 구함으로써 그 평균값의 계산이 좀 더 용이해진다.

$$
\begin{aligned}
b_n &= \frac{2}{\pi}\int_0^{\pi} f(x) \sin nx dx \\
&= \frac{4}{T}\int_0^{\frac{T}{2}} f(t) \sin n\omega t dt
\end{aligned} \tag{11.13}
$$

3 半波対称波

그림 11.8과 같이 반주기마다 그 크기가 같고 부호가 반대인 경우의 파형으로서

$$f(x) = -f(x+\pi)$$

$$\text{또는}\quad f(t) = -f\left(t+\frac{T}{2}\right) \tag{11.14}$$

의 관계를 만족하는 파형을 반파대칭파라 한다. 반파대칭은 (+)반파인 正波와 (−)반파인 負波의 파형과 면적이 같기 때문에 직류성분을 나타내는 계수인 a_0가 0이 된다.

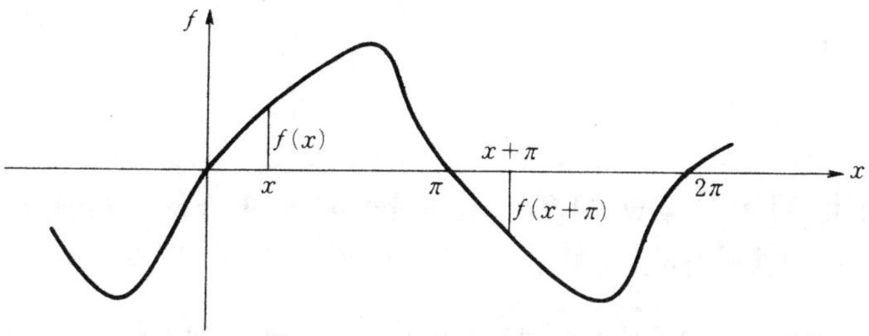

그림 11.8 반파대칭파

이 경우 푸리에 전개식으로서 $f(x)$와 $-f(x+\pi)$는 각각

$$f(x) = \sum_{n=1}^{\infty} a_n \cos nx + \sum_{n=1}^{\infty} b_n \sin nx$$

$$\begin{aligned} -f(x+\pi) &= -\left\{\sum_{n=1}^{\infty} a_n \cos n(x+\pi) + \sum_{n=1}^{\infty} b_n \sin n(x+\pi)\right\} \\ &= -\sum_{n=1}^{\infty} (-1)^n a_n \cos nx - \sum_{n=1}^{\infty} (-1)^n b_n \sin nx \end{aligned}$$

이 된다.

이 두 식이 항상 같아지기 위해서 n은 홀수가 되어야 한다. 여기서 계수 a_n, b_n은 각각 식(11.5)와 식(11.7)을 이용하여 구할 수 있지만 이때의 피적분함수인 $f(x)\cos nx$(n : 홀수)와 $f(x)\sin nx$(n : 홀수)는 한주기간을 적분하여 평균값을 구한 값이나 반주기간을 적분하여 평균값을 구한값이 같게 된다. 따라서 반파대칭파의 경우도 반주기분에 대한 평균값을 2배함으로써 계수 a_n과 b_n을 용이하게 구할 수 있다.

$$a_n = \frac{2}{\pi}\int_0^{\pi} f(x)\cos nx dx = \frac{4}{T}\int_0^{\frac{T}{2}} f(t)\cos n\omega t dt \tag{11.15}$$

$$b_n = \frac{2}{\pi}\int_0^{\pi} f(x)\sin nx dx = \frac{4}{T}\int_0^{\frac{T}{2}} f(t)\sin n\omega t dt \tag{11.16}$$

단, n은 홀수

결국 이때의 푸리에 급수는

$$f(x) = a_1\cos x + a_3\cos 3x + a_5\cos 5x + \cdots + b_1 \sin x + b_3 \sin 3x + b_5 \sin 5x + \cdots \tag{11.17}$$

가 된다.

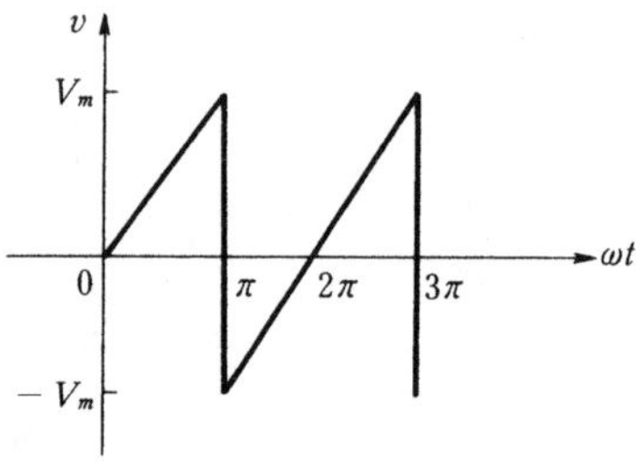

그림 11.9 톱니파

〔예제 11 • 3〕 그림 11.9와 같은 톱니파의 전압을 푸리에 급수로 전개하여라.

풀이 ☞ 기함수파이므로 직류성분과 cosine항의 계수는 0이 된다. 따라서 sine항의 계수 b_n만을 구하면 된다.

$0 \leq t < \pi$ 에서 $v(\omega t) = \frac{V_m}{\pi}\omega t$ 이므로

$$b_n = \frac{2}{\pi}\int_0^{\pi}\frac{V_m}{\pi} n\omega t \sin nwt d(\omega t)$$

$$= \frac{2V_m}{\pi}\left\{-\frac{(-1)^n}{n}\right\}$$

$$\therefore\ v(t) = \frac{2}{\pi}V_m\left\{\sin\omega t - \frac{1}{2}\sin 2\omega t + \frac{1}{3}\sin 3\omega t - \frac{1}{4}\sin 4\omega t + \cdots + \frac{(-1)^{n+1}}{n}\sin n\omega t + \cdots\right\}$$

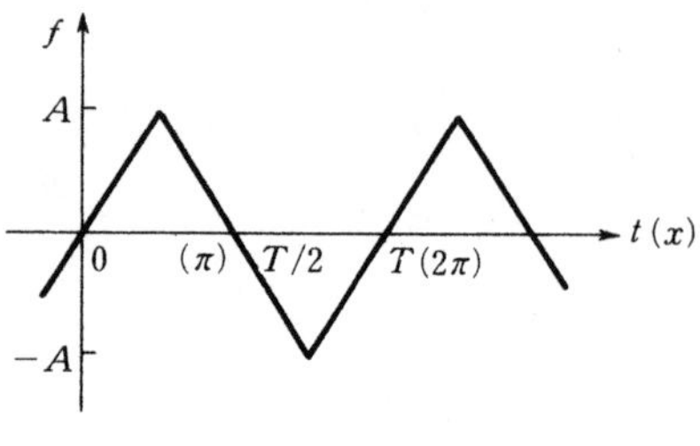

그림 11.10 삼각파

〔예제 11 • 4〕 그림 11.10과 같은 3각파를 푸리에 급수로 전개하여라.

풀이 ☞ **그림** 11.10의 3각파는 기함수인 동시에 반파대칭파라고도 할 수 있으므로 이것에 대한 푸리에 급수의 전개식은 n이 홀수인 b_n항만을 갖게 된다.

또한 계수 b_n을 구하는 데 있어서는 본 함수의 특성상 $\frac{1}{4}$주기에 걸쳐서 적분하고 4배하여 주면 된다.

$0 \leq x \leq \frac{\pi}{2}$ 에서 $f(x) = \frac{2A}{\pi}x$ 이므로

$$b_n = 4 \cdot \frac{2}{T}\int_0^{T/4} f(t)\sin n\omega t dt \quad (n ; 홀수)$$

$$= \frac{4}{\pi}\int_0^{\pi/2} f(x) \cdot \sin nx dx$$

$$= \frac{4}{\pi}\int_0^{\pi/2}\left(\frac{2A}{\pi}x\right) \cdot \sin nx dx$$

$$= \frac{8A}{\pi^2}\left\{-\frac{1}{n}\left(\frac{\pi}{2} \cdot \cos n \cdot \frac{\pi}{2}\right) + \frac{1}{n^2}\sin n \cdot \frac{\pi}{2}\right\}$$

$$b_n = \begin{cases} \frac{8A}{n^2\pi^2} & (n = 1, 5, 9, 13, \cdots) \\ \frac{-8A}{n^2\pi^2} & (n = 3, 7, 11, 15, \cdots) \end{cases},$$

$$\therefore f(x) = \frac{8A}{\pi^2}\left(\sin x - \frac{1}{3^2}\sin 3x + \frac{1}{5^2}\sin 5x - \frac{1}{7^2}\sin 7x + \cdots\right)$$

또는

$$f(t) = \frac{8A}{\pi^2}\left(\sin\omega t - \frac{1}{3^2}\sin 3\omega t + \frac{1}{5^2}\sin 5\omega t - \frac{1}{7^2}\sin 7\omega t + \cdots\right)$$

11-3 非正弦波의 実效値와 平均値

주기파 전류의 실효값(r.m.s)은 그 파형에 관계없이

$$I_{\text{r.m.s}} = \sqrt{\frac{1}{T}\int_0^T i^2 dt} = \sqrt{\frac{1}{2\pi}\int_0^{2\pi} i^2 d(\omega t)} \quad (11.18)$$

로서 표시된다. 이제

$$i = I_0 + I_{m1}\sin(\omega t + \varphi_1) + I_{m2}\sin(2\omega t + \varphi_2) + \cdots + I_{mn}\sin(n\omega t + \varphi_n) + \cdots \quad (11.19)$$

로서 표시되는 비정현파 전류에 대한 실효값은 식(11.19)를 식(11.18)에 대입함으로써 구해질 수 있다.

식(11.19)를 제곱하여 이를 전개해 보면 다음과 같은 네 종류의 항이 포함됨을 알 수 있다.

i) I_0^2

ii) $I_{mn}^2 \sin^2(n\omega t + \varphi_n)$

iii) $I_0 \cdot I_{mn} \sin(n\omega t + \varphi_n)$

iv) $I_{mn} \cdot I_{ml} \sin(n\omega t + \varphi_n) \cdot \sin(l\omega t + \varphi_l)$

여기서 n, l은 임의의 正의 정수이며 iv)의 경우는 $n \neq l$이다. 위의 각 항에 대한 평균값을 구해보면

i) $\frac{1}{T}\int_0^T I_0^2 dt = I_0^2$

ii) $\frac{1}{T}\int_0^T I_{mn}^2 \sin^2(n\omega t + \varphi_n)\, dt = \frac{I_{mn}^2}{2} = I_n^2$ (I_n : 실효값)

iii) $\frac{1}{T}\int_0^T I_0 I_{mn} \sin(n\omega t + \varphi_n)\, dt = 0$

iv) $\frac{1}{T}\int_0^T I_{mn} I_{ml} \sin(n\omega t + \varphi_n) \sin(l\omega t + \varphi_l)\, dt = 0$

따라서 식(11. 18)은

$$I_{\text{r.m.s}} = \sqrt{I_0^2 + \sum I_n^2} = \sqrt{I_0^2 + I_1^2 + I_2^2 + \cdots} \quad (11.20)$$

가 되며 이는 비정현파 전압의 경우에도 마찬가지가 된다. 즉,

$$V_{\text{r.m.s}} = \sqrt{V_0^2 + V_1^2 + V_2^2 + \cdots} \quad (11.21)$$

결국 일반적인 비정현 주기파의 실효값은 직류분과 기본파 그리고 각 고조파 실효값의 제곱의 합에 대한 平方根으로 주어짐을 알 수 있다.

한편, 비정현파의 평균값은 그 구하는 목적에 따라서 정의가 달라진다. 일반적으로 직류분을 포함하는 정류파일 때는 1주기분의 산술평균을 취하며 대칭파일 때는 정현파형의 경우와 같이 반주기분에 대한 산술평균을 취하는 것이 보통이다.

보통의 교류전압계, 전류계는 파형이 정현파이건 비정현파이건 그 실효값을 지시하지만 가동 코일형 계기는 평균값을 지시함에 유의해야 한다.

비정현파에서 기본파에 비해 고조파 성분이 어느 정도 포함되어 있는가 하는 것은 다음 식으로 정의되는 **歪(왜)率** (distortion factor)로서 평가한다.

$$\text{왜율} = \frac{\text{全고조파의 실효값}}{\text{기본파의 실효값}} = \frac{\sqrt{I_2^2 + I_3^2 + I_4^2 + \cdots}}{I_1} \quad (11.22)$$

표 11.1은 대표적인 몇몇 파형에 대한 왜율을 나타내고 있다.

이를 보면 정현파에 가까운 파형일수록 왜율이 작음을 알 수 있다.

표 11.1 여러가지 파형에 대한 왜율

파 형	정현파	삼각파	全波정류파	半波정류파	직사각파
왜 율	0	0.1904	0.2273	0.4352	0.4834

〔예제 11·5〕 $i = 5 + 10\sin\omega t + 20\sqrt{2}\sin\left(3\omega t - \frac{\pi}{6}\right)$ 〔A〕로 표시되는 전류의 실효값 I는 얼마인가?

풀이 ☞ $I = \sqrt{I_0^2 + I_1^2 + I_2^2 + I_3^2} = \sqrt{5^2 + \left(\frac{10}{\sqrt{2}}\right)^2 + 0^2 + 20^2}$

$= \sqrt{475} \fallingdotseq 21.8$ 〔A〕

11-4 非正弦波 回路의 解析

R, L, C의 회로정수가 전류나 전압의 크기에 따라 변화하지 않는 선형회로의 해석은 중첩의 정리를 이용하여 직류분은 직류분만의 회로로, 교류분은 각 주파수마다의 별개 회로로 분해하여 해석한 후 이들을 합성하면 된다.

1 R, L, C 회로

(1) 저항 R의 회로

저항 R만의 회로에 비정현파 전압

$$v = V_0 + V_{m1}\sin(\omega t + \varphi_1) + V_{m2}\sin(2\omega t + \varphi_2) + \cdots \qquad (11.23)$$

이 인가될 때 저항 R에 흐르는 전류는 중첩의 정리에 의해

$$i = \frac{V_0}{R} + \frac{V_{m1}}{R}\sin(\omega t + \varphi_1) + \frac{V_{m2}}{R}\sin(2\omega t + \varphi_2) + \cdots \qquad (11.24)$$

가 된다. 이때의 전류는 전압과 같은 파형이 된다.

(2) 인덕턴스 L의 회로

자기 인덕턴스 L만의 회로에 직류항이 포함되지 않는($V_0=0$) 식(11. 23)과 같은 비정현파 전압이 인가되는 경우, 역시 중첩의 정리에 의해 각 정현파 전압성분에 대한 전류가 나타난다.

이들 각 성분전류를 합성하면

$$i=\frac{V_{m1}}{\omega L}\sin\left(\omega t+\varphi_1-\frac{\pi}{2}\right)+\frac{V_{m2}}{2\omega L}\sin\left(2\omega t+\varphi_2-\frac{\pi}{2}\right)+\frac{V_{m3}}{3\omega L}\sin\left(3\omega t+\varphi_3-\frac{\pi}{2}\right)+\cdots \quad (11.25)$$

가 되며, 이때 각 고조파의 유도 리액턴스 $n\omega L$은 주파수에 비례한다. 따라서 고조파의 次數가 높게 될수록 고조파 전류의 비율이 감소하여 전류의 파형은 전압의 파형보다 일그러짐이 작아져서 정현파에 가까워진다.

(3) 커패시턴스 C의 회로

커패시턴스 C만의 회로에 식(11. 23)의 전압이 인가되면 정상상태시 直流分 전압에 대한 전류는 나타나지 않으며 交流分에 대한 전압만이 나타난다. 각 성분 전류의 합은

$$i=\omega CV_{m1}\sin\left(\omega t+\varphi_1+\frac{\pi}{2}\right)+2\omega CV_{m2}\sin\left(2\omega t+\varphi_2+\frac{\pi}{2}\right)+3\omega CV_{m3}\sin\left(3\omega t+\varphi_3+\frac{\pi}{2}\right)+\cdots \quad (11.26)$$

으로 주어지며, 이때 용량 리액턴스 $1/n\omega C$은 주파수에 반비례하므로 고조파의 차수가 높게 될수록 고조파 전류의 비율이 크게 된다. 따라서 이때의 전류파형은 전압의 파형보다 일그러짐이 크게 된다.

〔예제 11・6〕 $R=5$〔Ω〕인 순저항회로에

$$v=3+\sqrt{2}\cdot 10\sin\omega t+\sqrt{2}\cdot 15\sin\left(3\omega t-\frac{\pi}{3}\right)\text{〔V〕}$$

와 같은 왜형파 전압이 인가될 때 회로전류의 순시값과 실효값을 구하여라.

풀이 ☞ 회로에 흐르는 전류는 각각의 성분전압이 단독으로 인가될

때의 각 전류에 대한 총합으로 표시될 수 있으므로 순시값 전류 i 및 실효값 I는 각각

$$i = \frac{v}{R} = \frac{3+\sqrt{2}\cdot 10\sin\omega t+\sqrt{2}\cdot 15\sin\left(3\omega t-\frac{\pi}{3}\right)}{5}$$
$$=0.6+\sqrt{2}\cdot 2\sin\omega t+\sqrt{2}\cdot 3\sin\left(3\omega t-\frac{\pi}{3}\right)\text{〔A〕}$$
$$I=\sqrt{I_0^2+I_1^2+I_2^2+I_3^2}=\sqrt{(0.6)^2+2^2+0^2+3^2}$$
$$\fallingdotseq 3.66\text{〔A〕}$$

2 高調波 共振

그림 11.11과 같은 RLC 직렬회로에

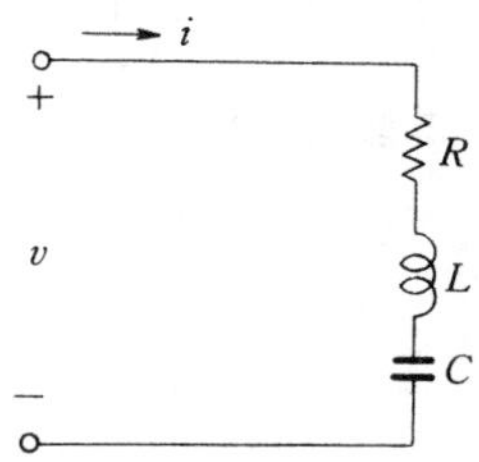

그림 11.11

$$v=\sum_{n=1}^{\infty}\sqrt{2}V_n\sin(n\omega t+\varphi_n) \tag{11.27}$$

과 같은 비정현파 전압이 인가될 때 각 교류분에 대한 회로 임피던스의 크기 및 각은

$$\dot{Z}_n=R+j\left(n\omega L-\frac{1}{n\omega C}\right) \tag{11.28}$$

로부터 각각

$$Z_n=\sqrt{R^2+\left(n\omega L-\frac{1}{n\omega C}\right)^2} \tag{11.29}$$

$$\theta_n=\tan^{-1}\frac{n\omega L-\frac{1}{n\omega C}}{R} \tag{11.30}$$

이므로 회로전류 i는

$$i=\sum_{n=1}^{\infty}\frac{\sqrt{2}V_n}{Z_n}\sin(n\omega t+\varphi_n-\theta_n) \tag{11.31}$$

로 주어진다. 식(11.31)에서 만일 Z_n 중의 리액턴스 성분이 0이 되었을 때 즉,

$$n\omega L-\frac{1}{n\omega C}=0$$

로부터

$$1-n^2\omega^2LC=0 \text{ 또는 } C=\frac{1}{n^2\omega^2L} \tag{11.32}$$

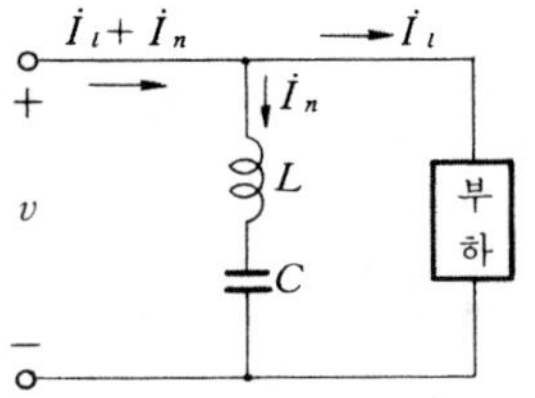

그림 11.12

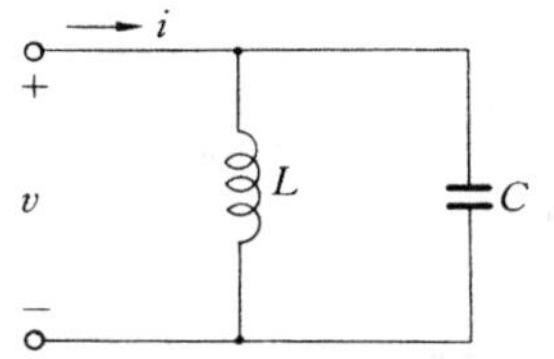

그림 11.13

의 조건이 성립된다면 제 n차 고조파에 대해서 직렬공진을 일으켜 제 n차의 고조파 전류가 극히 커지게 되는데 이를 **고조파 공진**이라 한다.

그림 11.12는 고조파 공진을 이용하여 특정 고조파 성분을 제거(차단)하는 한 예를 보여주고 있다. 즉, 그림과 같이 부하에 병렬로 LC 직렬회로를 만들어 식(11.32)의 공진조건이 만족되도록 하면 제 n 고조파의 전류는 LC 회로를 **바이패스**(by-pass)하지만 부하에서 제 n 고조파 전류의 통과가 저지된다.

한편 **그림** 11.13과 같은 LC 병렬회로에 식(11.27)의 전압이 인가되었을 때 회로유입전류 i는

$$i = \sum_{n=1}^{\infty} \frac{\sqrt{2}\,V_n}{X_n} \sin(n\omega t + \varphi_n - \theta_n) \qquad (11.33)$$

$$\text{단, } X_n = \frac{n\omega L}{1 - n^2\omega^2 LC}, \quad \theta_n = \pm\frac{\pi}{2}$$

이 된다.

따라서 만약 $1 - n^2\omega^2 LC = 0$인 조건이 만족되면 X_n은 ∞가 되며 제 n고조파의 전류는 0이 된다.

이러한 상태를 **고조파 병렬공진** 또는 **고조파 반공진**이라 하며, 이런 현상은 제 n고조파 전류만의 통과를 저지하고자 할 때 이용된다.

〔예제 11·7〕 RL 직렬회로에 $i = 10\sin\omega t + 20\sin\left(3\omega t + \frac{\pi}{4}\right)$ 〔A〕의 전류를 흘리는 데 필요한 단자전압 v를 구하여라. 단, $R = 8$〔Ω〕, $\omega L = 2$〔Ω〕이다.

풀이 ☞ 제 1, 제 3고조파에 대한 임피던스의 크기와 각은 각각

$$Z_1 = \sqrt{R^2 + (\omega L)^2} = \sqrt{8^2 + 2^2} \fallingdotseq 8.25\ [\Omega]$$

$$\theta_1 = \tan^{-1}\frac{\omega L}{R} = \tan^{-1}\frac{2}{8} = 14.04°$$

$$Z_3 = \sqrt{R^2 + (3\omega L)^2} = \sqrt{8^2 + 6^2} = 10\ [\Omega]$$

$$\theta_3 = \tan^{-1}\frac{3\omega L}{R} = \tan^{-1}\frac{6}{8} = 36.87°$$

제 1, 제 3고조파 단자전압의 최대값은 각각

$$V_{m1} = Z_1 I_{m1} = 8.25 \times 10 = 82.5\ [\text{V}]$$

$$V_{m3} = Z_2 I_{m3} = 10 \times 20 = 200\ [\text{V}]$$

따라서 필요한 전체 단자전압의 순시값은

$$
\begin{aligned}
v &= v_1 + v_3 \\
&= V_{m1}\sin(\omega t+\theta_1) + V_{m3}\sin\left(3\omega t+\frac{\pi}{4}+\theta_3\right) \\
&= 82.5\sin(\omega t+14.04°)+200\sin\left(3\omega t+\frac{\pi}{4}+36.87°\right)
\end{aligned}
$$

가 된다.

11-5 非正弦波 回路의 電力

2단자망의 단자전압과 단자전류가 각각

$$
\begin{aligned}
v(t) &= V_0 + V_{m1}\sin(\omega t+\alpha_1) + V_{m2}\sin(2\omega t+\alpha_2)+\cdots \\
i(t) &= I_0 + I_{m1}\sin(\omega t+\beta_1) + I_{m2}\sin(2\omega t+\beta_2)+\cdots
\end{aligned}
\tag{11.34}
$$

와 같이 표시되는 비정현파일 때 회로에 공급되는 순시전력은 $p = vi$가 되고 평균전력은

$$
P = \frac{1}{T}\int_0^T vi\,dt \tag{11.35}
$$

가 된다. 이때 식(11.34)의 두 식을 곱한 결과는 다음과 같은 4가지 항으로 분류됨을 알 수 있다.

i) 직류분의 곱, $V_0 I_0$

ii) (직류분)·(교류분) 즉,

$$V_0 I_{mn}\sin(n\omega t+\beta_n) \text{ 또는 } I_0 V_{mn}\sin(n\omega t+\alpha_n)$$

iii) 주파수가 같은 두 정현항의 곱,

$$V_{mn}I_{mn}\sin(n\omega t+\alpha_n)\cdot\sin(n\omega t+\beta_n)$$

iv) 주파수가 다른 두 정현항의 곱,

$$V_{mn}I_{ml}\sin(n\omega t+\alpha_n)\cdot\sin(l\omega t+\beta_l)$$

이들 각 항에 대한 한 주기간의 평균값을 구해보면 i) 항은 $V_0 I_0$, ii), iv) 항은 앞의 11-3절에서 실효값을 구할 때와 마찬가지 방법에 의해 0이 되며 iii) 항은 다음과 같이 계산할 수 있다.

$$\frac{1}{T}\int_0^T V_{mn} I_{mn} \sin(n\omega t + \alpha_n) \cdot \sin(n\omega t + \beta_n)\, dt$$
$$= \frac{V_{mn} I_{mn}}{T}\int_0^T \sin(n\omega t + \alpha_n) \cdot \sin(n\omega t + \alpha_n - \theta_n)\, dt \qquad (11.36)$$

단, $\theta_n = \alpha_n - \beta_n$: 제 n 고조파의 전압, 전류의 위상차

여기서 삼각함수의 공식

$$\sin x \cdot \sin y = \frac{1}{2}\{\cos(x - y) - \cos(x + y)\}$$

를 이용하여 식(11.36)을 계산하면

$$\frac{1}{2} V_{mn} I_{mn} \cos\theta_n = V_n I_n \cos\theta_n$$

단, V_n, I_n은 각 고조파의 실효값

이 된다. 결국 평균전력은 i) 항과 iii) 항의 결과로부터

$$P = V_0 I_0 + V_1 I_1 \cos\theta_1 + V_2 I_2 \cos\theta_2 + \cdots$$
$$= P_0 + P_1 + P_2 + \cdots \qquad (11.37)$$

이 되어 직류분과 각 고조파가 단독적으로 공급하는 평균전력의 총합과 같음을 알 수 있다.

또한 비정현파 회로에 대한 무효전력 P_r〔Var〕은 평균전력(유효전력)을 구하는 것과 같은 방법에 의해

$$P_r = \sum_{n=1}^{\infty} V_n I_n \sin\theta_n$$
$$= V_1 I_1 \sin\theta_1 + V_2 I_2 \sin\theta_2 + \cdots \qquad (11.38)$$

가 되며 피상전력 P_a나 역률 $p.f$도 정현파일 때와 마찬가지로 정의된다. 즉,

$$P_a = V_0 I_0 + \sum_{n=1}^{\infty} V_n I_n$$
$$= V_0 I_0 + V_1 I_1 + V_2 I_2 + \cdots \qquad (11.39)$$

$$p.f = \frac{P}{P_a} = \frac{P}{VI}$$
$$= \frac{V_0 I_0 + V_1 I_1 \cos\theta_1 + V_2 I_2 \cos\theta_2 + \cdots}{\sqrt{V_0^2 + V_1^2 + V_2^2 + \cdots}\,\sqrt{I_0^2 + I_1^2 + I_2^2 + \cdots}} \qquad (11.40)$$

이상으로 비정현파 교류에 대한 전력관계를 알아보았지만 특기할 만한 것은 비정현파의 전력은 각 調波別로 분석할 수 있기 때문에 비정현파가 주파수 선택회로를 통하는 경우 통과대역에 속하는 고조파의 전력은 비교적 크게 전달되고 이에 속하지 않는 고조파의 전력은 크게 저지됨을 알 수 있다.

〔예제 11·8〕 $v = \sqrt{2}\cdot 200\sin\omega t + \sqrt{2}\cdot 50\sin 3\omega t + \sqrt{2}\cdot 30\sin 5\omega t$〔V〕로 표시되는 비정현파 전압이 RL 직렬회로에 인가될 때 회로에 공급되는 유효전력 P와 역률 $p.f$를 구하여라. 단, $R = 5$〔Ω〕, $\omega L = 2$〔Ω〕이라 한다.

풀이 ☞ 기본파와 각 고조파에 대한 임피던스를 $\dot{Z}_1$, $\dot{Z}_3$, $\dot{Z}_5$라 하면

$$\dot{Z}_1 = R + j\omega L = 5 + j2$$
$$\dot{Z}_3 = R + j3\omega L = 5 + j6$$
$$\dot{Z}_5 = R + j5\omega L = 5 + j10$$

따라서 유효전력은

$$P = V_1 I_1 \cos\theta_1 + V_3 I_3 \cos\theta_3 + V_5 I_5 \cos\theta_5$$
$$= V_1\cdot\frac{V_1}{Z_1}\cdot\frac{R}{Z_1} + V_3\cdot\frac{V_3}{Z_3}\cdot\frac{R}{Z_3} + V_5\cdot\frac{V_5}{Z_5}\cdot\frac{R}{Z_5}$$
$$= 200\cdot\frac{200}{\sqrt{5^2+2^2}}\cdot\frac{5}{\sqrt{5^2+2^2}} + 50\cdot\frac{50}{\sqrt{5^2+6^2}}\cdot\frac{5}{\sqrt{5^2+6^2}}$$
$$+30\cdot\frac{30}{\sqrt{5^2+10^2}}\cdot\frac{5}{\sqrt{5^2+10^2}} = 7318\text{〔W〕}$$

피상전력은

$$P_a = VI = \sqrt{V_1^2 + V_3^2 + V_5^2}\cdot\sqrt{I_1^2 + I_3^2 + I_5^2}$$
$$= \sqrt{200^2 + 50^2 + 30^2}$$
$$\cdot\sqrt{\left(\frac{200}{\sqrt{5^2+2^2}}\right)^2 + \left(\frac{50}{\sqrt{5^2+6^2}}\right)^2 + \left(\frac{30}{\sqrt{5^2+10^2}}\right)^2}$$
$$\fallingdotseq 208.3\times 37.8 = 7873\text{〔VA〕}$$

이므로, 역률은

$$p.f = \frac{P}{P_a} = \frac{7318}{7873} \fallingdotseq 0.93$$

연 습 문 제

〔1〕**그림 11.14**와 같은 전파정류파를 푸리에 급수로 전개하여라.

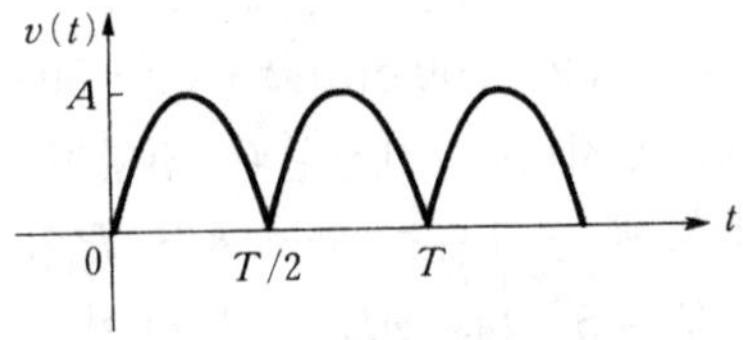

그림 11.14

〔2〕**그림 11.15**와 같은 제형파(梯型波)를 푸리에 급수로 전개하여라.

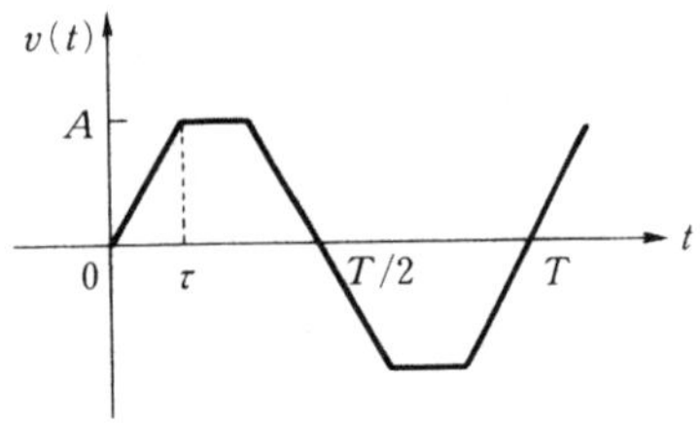

그림 11.15

〔3〕$R = 3〔\Omega〕$, $\omega L = 4〔\Omega〕$인 직렬회로에

$$v = \sqrt{2} \cdot 100 \sin\omega t + \sqrt{2} \cdot 30 \sin 3\omega t \ 〔\mathrm{V}〕$$

로 표시되는 전압을 가했을 때 회로전류 i는 얼마인가?

〔4〕**그림 11.16**과 같은 회로에

$$v = 100 \sin 100\pi t + 50 \sin 300\pi t + 10 \sin 500\pi t \ 〔\mathrm{V}〕$$

로 표시되는 전압이 가해질 때 회로전류 i를 구하여라.

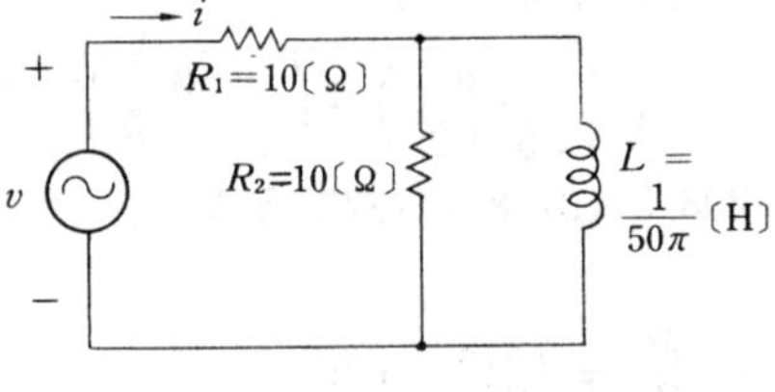

그림 11.16

〔5〕**그림 11.17**과 같은 파형의 교류전압 v와 전류 i가 주어지는 회로에 있어서 평균전력 및 역률을 구하여라. 단,

$$v = V \sin\omega t \ 〔\mathrm{V}〕, \quad i = I\left(\sin\omega t - \frac{1}{\sqrt{3}} \sin 3\omega t\right) 〔\mathrm{A}〕$$

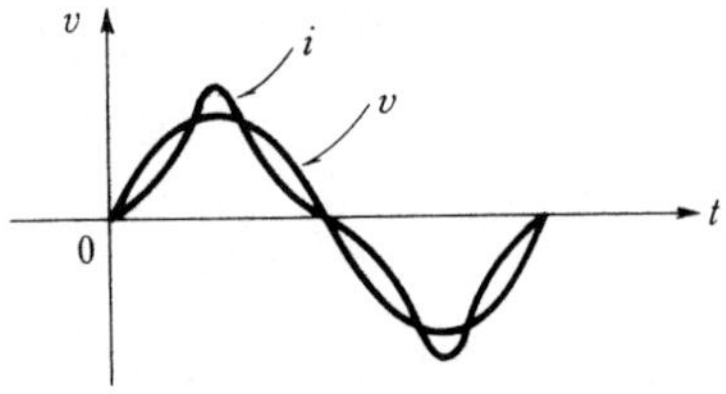

그림 11.17

라 한다.

〔6〕 전압과 전류가 각각

$$v = 100\sin\omega t - 50\sin(3\omega t + 30°) + 20\sin(5\omega t + 45°) \text{ [V]}$$

$$i = 20\sin(\omega t + 30°) + 10\sin(3\omega t - 30°) + 5\cos 5\omega t \text{ [A]}$$

로 주어지는 경우 전력을 구하여라.

〔7〕 기본파의 30〔%〕인 제 3 고조파와 20〔%〕인 제 5 고조파를 포함하는 전압파의 왜형률을 구하여라.

〔8〕 **그림** 11.18과 같은 RL 병렬회로에

$$i = I_{1m}\sin\omega t + I_{3m}\sin(3\omega t + \theta_3)$$

로 표시되는 전류가 흐르고 있을 때, 이 회로에서의 소비 전력을 구하여라.

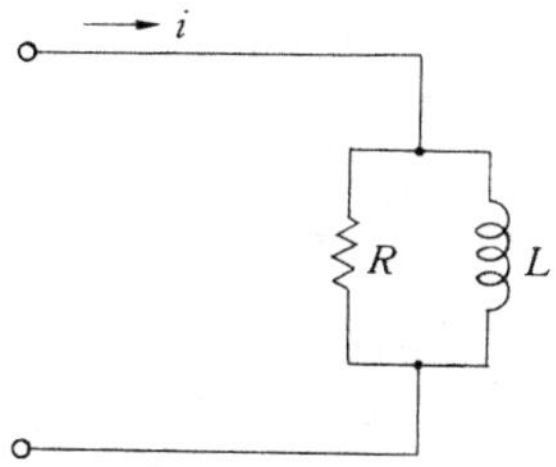

그림 11.18

〔9〕 **그림** 11.19와 같은 회로에 제 3 고조파를 포함하는 비정현파 교류전압을 가한 후 C를 가변으로 하면 전류계 Ⓐ의 지시가 최소로 되는 C의 값은 얼마인가? 단, 기본파의 실효전압 V_1, 제 3 고조파의 실효전압은 kV_1이다.

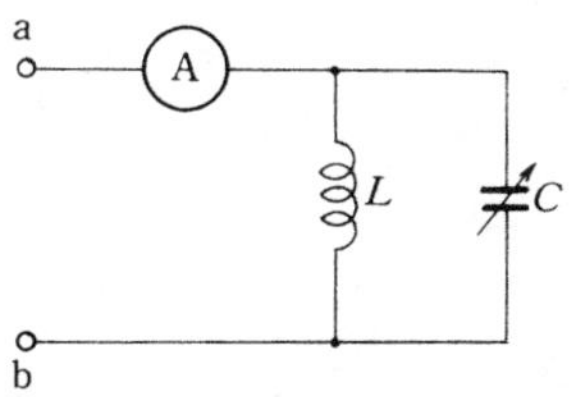

그림 11.19

〔10〕 RLC 직렬회로에 $i = I_1\sin\omega t + I_3\sin(3\omega t + \alpha)$인 전류를 흘리는 데, 필요한 단자전압 v를 구하여라.

연습문제해답

〔1〕 $v(t)=\frac{4A}{\pi}\left(\frac{1}{2}-\frac{\cos 2\omega t}{1\cdot 3}-\frac{\cos 4\omega t}{3\cdot 5}-\frac{\cos 6\omega t}{5\cdot 7}-\cdots\right)$

〔2〕 $v(t)=\frac{4A}{\pi\tau\omega}\left(\sin\omega\tau\cdot\sin\omega t+\frac{\sin 3\omega\tau}{3^2}\cdot\sin 3\omega t+\frac{\sin 5\omega\tau}{5^2}\cdot\sin 5\omega t+\cdots\right)$

〔3〕 $i=\sqrt{2}\cdot 20\sin(\omega t-53.1°)+\sqrt{2}\cdot 2.43\sin(3\omega t-76.0°)$ 〔A〕

〔4〕 $i=9.46\sin(100\pi t-10.4°)+3.76\sin(300\pi t-19.2°)$
$+0.63\sin(500\pi t-18.4°)$ 〔A〕

〔5〕 $P=\frac{1}{2}VI$, $p.f=0.866$

〔6〕 776.4 〔W〕

〔7〕 0.36

〔8〕 $P=\frac{\omega^2L^2R}{2}\left(\frac{I_{1m}^2}{R^2+\omega^2L^2}+\frac{9I_{3m}^2}{R^2+9\omega^2L^2}\right)$

〔9〕 $C=\frac{1}{\omega^2L}\cdot\frac{1+k^2}{1+9k^2}$

〔10〕 $I_1\sqrt{R^2+\left(\omega L-\frac{1}{\omega C}\right)^2}\sin(\omega t+\phi_1)$
$+I_3\sqrt{R^2+\left(3\omega L-\frac{1}{3\omega C}\right)^2}\sin(3\omega t+\alpha+\phi_3)$

단, $\phi_1=\tan^{-1}\frac{\omega L-\frac{1}{\omega C}}{R}$, $\phi_3=\tan^{-1}\frac{3\omega L-\frac{1}{3\omega C}}{R}$

4端子網 12

이제까지의 회로해석은 그 대부분이 2端子回路에 전원을 접속했을 때의 전류분포와 전압분포를 비교 분석함으로써 그 2단자 회로의 전기적 특성을 규명하는 일이었다. 본장에서는 이를 확대하여 2개의 端子双(2-port)을 갖는 4단자망(4TN : 4-terminal network)에 있어서 한쪽 단자쌍의 전압, 전류와 다른쪽 단자쌍의 전압, 전류의 상호관계에 대해 알아보기로 한다.

일반적으로 전기회로에서는 이와 같이 2개의 단자쌍을 갖는 회로가 많이 사용된다. 이 경우 한쪽 단자쌍(입력단자)에는 전원이, 다른쪽 단자쌍(출력단자)에는 부하가 접속되는 것이 보통이다. 예를 들어 변압기나 필터, 송전선로, 증폭기 등은 4단자망의 좋은 예이다.

그러나 4단자망을 정의하는 데 있어서는 입력단에서 유입, 유출되는 전류가 반드시 같아야 하며 출력단에서 유입, 유출되는 전류도 역시 같아야 한다. 4단자망의 해석에서는 외부단자쌍에 있어서의 전압, 전류관계가 강조되며 회로내부의 전압과 전류특성은 문제되지 않는다. 본장에서는 회로내부에 전원을 포함하지 않는 선형 4단자 회로만을 취급하기로 한다.

(요 목)

12-1 4端子回路網의 特性표시

그림 12.1의 4단자 회로망에 있어서 통상 단자 $1-1'$를 入力端子, $2-2'$를 出力端子라 하며 4단자 회로망의 특성은 이들 양단자에서의 전압, 전류($\dot{V}_1, \dot{I}_1, \dot{V}_2, \dot{I}_2$)의 상호관계에 의해 표시된다. 線型回路網의 경우 이 4개의 변수에서 임의의 2변수는 나머지 2변수의 1차식으로 표현되며 이때는 2변수들 상호간의 관계를 결정지어주는 새로운 回路定數(이를 **4단자정수** (parameter))가 필요하게 된다. 4단자정수로서는 ${}_4C_2=6$에 의해 여섯가지가 있을 수 있으나 다음의 다섯가지가 주로 쓰이고 있다.

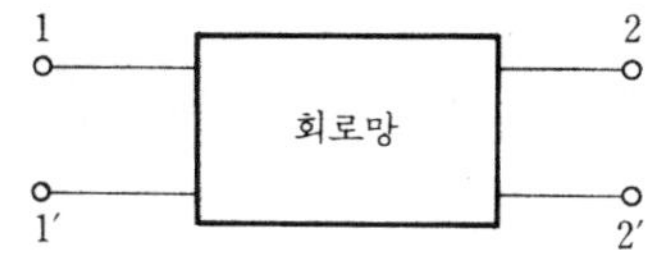

그림 12.1 4단자망

i) 양쪽의 단자전류($\dot{I}_1, \dot{I}_2$)를 양 단자전압($\dot{V}_1, \dot{V}_2$)으로 표시하는 어드미턴스 파라미터

ii) 양쪽의 단자전압($\dot{V}_1, \dot{V}_2$)을 양 단자전류($\dot{I}_1, \dot{I}_2$)로 표시하는 임피던스 파라미터

iii) 入力端의 전압, 전류($\dot{V}_1, \dot{I}_1$)를 出力端의 전압, 전류($\dot{V}_2, \dot{I}_2$)로 나타내는 伝送 파라미터

iv) 입력전압과 출력전류($\dot{V}_1, \dot{I}_2$)를 입력전류와 출력전압($\dot{I}_1, \dot{V}_2$)으로 나타내는 하이브리드 H파라미터

v) 입력단의 전류와 출력단의 전압($\dot{I}_1, \dot{V}_2$)을 입력단의 전압과 출력단의 전류($\dot{V}_1, \dot{I}_2$)로 나타내는 하이브리드 G파라미터

12-2 4端子 파라미터

1 어드미턴스 파라미터

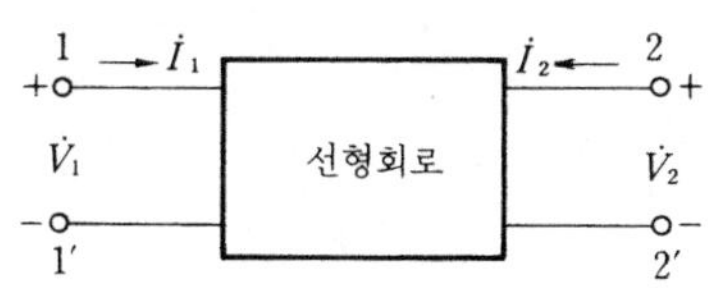

그림 12.2

4단자망의 양단자에서의 전압, 전류의 방향을 **그림 12.2**와 같이 가정한 후 4단자망 내의 폐로전류 $\dot{I}_1, \dot{I}_2, \cdots, \dot{I}_n$을 변수로 하여 여기에 키르히호프의 전압법칙($K.V.L$)을 적용하면

$$\begin{bmatrix} \dot{V}_1 \\ \dot{V}_2 \\ 0 \\ \vdots \\ 0 \end{bmatrix} = \begin{bmatrix} \dot{Z}_{11} & \dot{Z}_{12} \cdots\cdots \dot{Z}_{1n} \\ \dot{Z}_{21} & \dot{Z}_{22} \cdots\cdots \dot{Z}_{2n} \\ \cdots\cdots\cdots\cdots & \\ \cdots\cdots\cdots\cdots & \\ \dot{Z}_{n1} & \dot{Z}_{n2} \cdots\cdots \dot{Z}_{nn} \end{bmatrix} \begin{bmatrix} \dot{I}_1 \\ \dot{I}_2 \\ \vdots \\ \\ \dot{I}_n \end{bmatrix} \qquad (12.1)$$

윗식에서 전류를 전압으로 나타내면

$$\begin{bmatrix} \dot{I}_1 \\ \dot{I}_2 \\ \vdots \\ \\ \dot{I}_n \end{bmatrix} = \begin{bmatrix} \dot{Z}_{11} & \dot{Z}_{12} \cdots\cdots \dot{Z}_{1n} \\ \dot{Z}_{21} & \dot{Z}_{22} \cdots\cdots \dot{Z}_{2n} \\ \cdots\cdots\cdots\cdots & \\ \cdots\cdots\cdots\cdots & \\ \dot{Z}_{n1} & \dot{Z}_{n2} \cdots\cdots \dot{Z}_{nn} \end{bmatrix}^{-1} \begin{bmatrix} \dot{V}_1 \\ \dot{V}_2 \\ 0 \\ \vdots \\ 0 \end{bmatrix}$$

$$= \begin{bmatrix} \dot{Y}_{11} & \dot{Y}_{12} \cdots\cdots \dot{Y}_{1n} \\ \dot{Y}_{21} & \dot{Y}_{22} \cdots\cdots \dot{Y}_{2n} \\ \cdots\cdots\cdots\cdots & \\ \cdots\cdots\cdots\cdots & \\ \dot{Y}_{n1} & \dot{Y}_{n2} \cdots\cdots \dot{Y}_{nn} \end{bmatrix} \begin{bmatrix} \dot{V}_1 \\ \dot{V}_2 \\ 0 \\ \vdots \\ 0 \end{bmatrix} \qquad (12.2)$$

4단자망에 있어서는 입력단자와 출력단자에 대해서만 생각하면 되므로 식(12.2)로부터

$$\left.\begin{aligned} \dot{I}_1 &= \dot{Y}_{11}\dot{V}_1 + \dot{Y}_{12}\dot{V}_2 \\ \dot{I}_2 &= \dot{Y}_{21}\dot{V}_1 + \dot{Y}_{22}\dot{V}_2 \end{aligned}\right\} \qquad (12.3)$$

또는

$$\begin{bmatrix} \dot{I}_1 \\ \dot{I}_2 \end{bmatrix} = \begin{bmatrix} \dot{Y}_{11} & \dot{Y}_{12} \\ \dot{Y}_{21} & \dot{Y}_{22} \end{bmatrix} \begin{bmatrix} \dot{V}_1 \\ \dot{V}_2 \end{bmatrix} \qquad (12.4)$$

가 되며 식(12.3) 또는 식(12.4)는 **어드미턴스 행렬**($[\dot{Y}]$)을 사용한 4단자망의 기본식이다.

어드미턴스 행렬의 각 요소에 대한 물리적 의미는

$$\left.\begin{aligned} \dot{Y}_{11} &= \frac{\dot{I}_1}{\dot{V}_1}\bigg|_{\dot{V}_2=0} : \text{단자 } 1-1'\text{에서의 短絡 驅動点 어드미턴스} \\ \dot{Y}_{22} &= \frac{\dot{I}_2}{\dot{V}_2}\bigg|_{\dot{V}_1=0} : \text{단자 } 2-2'\text{에서의 短絡 驅動点 어드미턴스} \\ \dot{Y}_{21} &= \frac{\dot{I}_2}{\dot{V}_1}\bigg|_{\dot{V}_2=0} : \text{短絡 順방향(forward) 伝達 어드미턴스} \\ \dot{Y}_{12} &= \frac{\dot{I}_1}{\dot{V}_2}\bigg|_{\dot{V}_1=0} : \text{短絡 逆방향(backward) 伝達 어드미턴스} \end{aligned}\right\} \qquad (12.5)$$

가 되며, 이들은 모두 어드미턴스의 次元을 가지므로 **어드미턴스 파라미터**(admittance parameter) 또는 Y **파라미터**라고 한다. 식(12.2)의 어드미턴스는 우리가 취급하는 4단자망이 수동 선형 회로에 국한되고 있고, 따라서 회로망의 可逆定理가 성립되기 때문에

$$\dot{Y}_{12}=\dot{Y}_{21} \qquad (12.6)$$

의 관계가 성립된다. 그러므로 어드미턴스 행렬은 3개의 독립된 요소($\dot{Y}_{11}, \dot{Y}_{22}, \dot{Y}_{12}=\dot{Y}_{21}$)에 의해 결정된다고 할 수 있다. 특히 선형 4단자망 중에는

$$\dot{Y}_{11}=\dot{Y}_{22} \qquad (12.7)$$

의 관계가 성립되는 수도 있는데, 이를 **대칭 4단자망**(symmetrical 4TN)이라 한다. 이런 경우 4단자망이 구조상으로 대칭인 때는 당연히 식(12.7)의 관계가 성립되지만 구조적으로는 대칭이 아니더라도 電氣的으로 대칭이 되어 식(12.7)이 성립되는 경우도 있다.

어드미턴스 파라미터는 고주파 증폭용에 많이 이용된다.

〔예제 12·1〕 그림 12.3(a)의 회로에 대한 어드미턴스 파라미터를 구하고 이를 사용하여 전류 $\dot{I}_1, \dot{I}_2$를 나타내어라.

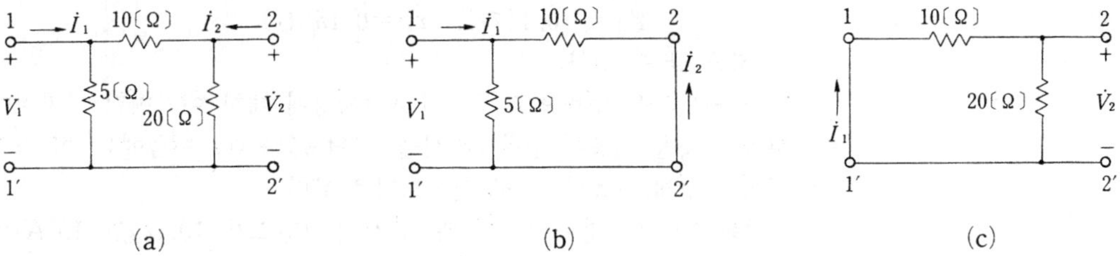

그림 12.3

풀이 ☞ 단자 2−2′를 단락하면 그림 (b) 회로가 되며, 이로부터 $\dot{Y}_{11}$과 $\dot{Y}_{21}$을 구할 수 있다.

$$\dot{Y}_{11}=\left.\frac{\dot{I}_1}{\dot{V}_1}\right|_{\dot{V}_2=0}=\frac{1}{5}+\frac{1}{10}=\frac{3}{10}=0.3〔℧〕$$

이때 $\dot{I}_2$는 $\dot{I}_2=-\frac{1}{10}\dot{V}_1$ 이므로

$$\dot{Y}_{21}=\frac{\dot{I}_2}{\dot{V}_1}\bigg|_{\dot{V}_2=0}=-0.1[\mho]$$

또 같은 방법으로 그림 (c)로부터 $\dot{Y}_{22}, \dot{Y}_{12}$를 구하면

$$\dot{Y}_{22}=\frac{\dot{I}_2}{\dot{V}_2}\bigg|_{\dot{V}_1=0}=\frac{1}{20}+\frac{1}{10}=\frac{3}{20}=0.15[\mho]$$

$$\dot{Y}_{12}=\frac{\dot{I}_1}{\dot{V}_2}\bigg|_{\dot{V}_1=0}=-\frac{1}{10}=-0.1[\mho]$$

따라서 양단자전류 $\dot{I}_1, \dot{I}_2$를 Y 파라미터로 나타내면

$$\left.\begin{aligned}\dot{I}_1&=\dot{Y}_{11}\dot{V}_1+\dot{Y}_{12}\dot{V}_2=0.3\dot{V}_1-0.1\dot{V}_2\\ \dot{I}_2&=\dot{Y}_{21}\dot{V}_1+\dot{Y}_{22}\dot{V}_2=-0.1\dot{V}_1+0.15\dot{V}_2\end{aligned}\right\}\quad\cdots\cdots ①$$

가 된다.

간단한 4단자 회로의 경우 直觀에 의해 직접 4단자망의 기본 방정식을 나타낼 수도 있다.

즉, **그림 12.3**(a)의 $\dot{I}_1$은 5[Ω]과 10[Ω]의 저항을 흐르는 전류의 합이므로

$$\begin{aligned}\dot{I}_1&=\frac{1}{5}\dot{V}_1+\frac{1}{10}(\dot{V}_1-\dot{V}_2)=\left(\frac{1}{5}+\frac{1}{10}\right)\dot{V}_1-\frac{1}{10}\dot{V}_2\\&=0.3\dot{V}_1-0.1\dot{V}_2\end{aligned}$$

또 $\dot{I}_2$는 20[Ω]과 10[Ω]의 저항을 흐르는 전류의 합이므로

$$\begin{aligned}\dot{I}_2&=\frac{1}{20}\dot{V}_2+\frac{1}{10}(\dot{V}_2-\dot{V}_1)=-\frac{1}{10}\dot{V}_1+\left(\frac{1}{20}+\frac{1}{10}\right)\dot{V}_2\\&=-0.1\dot{V}_1+0.15\dot{V}_2\end{aligned}$$

가 되어 앞에서의 식 ①이 구해지며 이로부터 어드미턴스 파라미터는

$$\dot{Y}_{11}=0.3[\mho],\quad \dot{Y}_{12}=-0.1[\mho]$$
$$\dot{Y}_{21}=-0.1[\mho],\quad \dot{Y}_{22}=0.15[\mho]$$

가 됨을 알 수 있다.

이상과 같은 방법으로 주어진 4단자망에 대한 어드미턴스 파라미터와 그것을 이용한 전류방정식을 세워보았는데, 다음에는 이 방정식이 어떻게 이용되는가를 알아보기로 한다.

그림 12.4와 같이 입력단에 내부 임피던스가 10[Ω]인 15[A]의 전류전원을, 출력단에는 4[Ω]의 부하를 접속한 경우에 대해 생각해

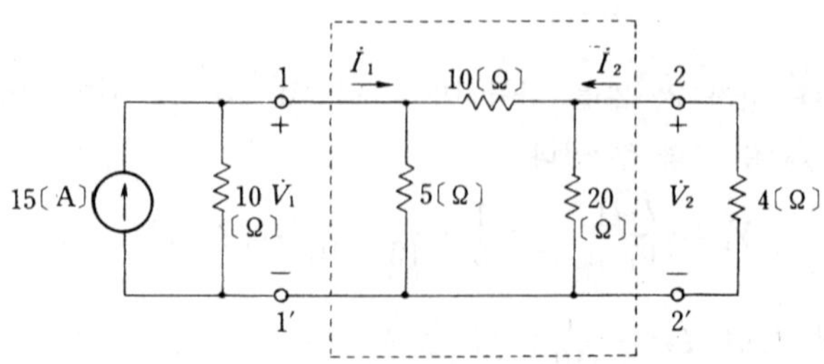

그림 12.4

보면 입력단과 출력단으로부터 각각

$$\left.\begin{aligned} 0.4\dot{V}_1 - 0.1\dot{V}_2 = 15 \\ -0.1\dot{V}_1 + 0.4\dot{V}_2 = 0 \end{aligned}\right\} \quad \cdots\cdots ②$$

의 관계식이 얻어진다. 따라서 식 ②로부터는 $\dot{V}_1=40$〔V〕, $\dot{V}_2=10$〔V〕가 구해지며 이를 식 ①에 대입하면 $\dot{I}_1=11$〔A〕, $\dot{I}_2=-2.5$〔A〕가 된다.

이상의 결과는 4단자망을 포함하는 회로해석에 있어서 4단자 방정식을 이용하면 회로해석이 보다 용이해짐을 보여주고 있다.

2 임피던스 파라미터

어드미턴스 파라미터로 표시된 4단자 기본식인 식(12.3)과 (12.4)를 변형하면 다음과 같은 전압방정식이 구해질 수 있다.

$$\left.\begin{aligned} \dot{V}_1 = \dot{Z}_{11}\dot{I}_1 + \dot{Z}_{12}\dot{I}_2 \\ \dot{V}_2 = \dot{Z}_{21}\dot{I}_1 + \dot{Z}_{22}\dot{I}_2 \end{aligned}\right\} \tag{12.8}$$

또는

$$\begin{bmatrix} \dot{V}_1 \\ \dot{V}_2 \end{bmatrix} = \begin{bmatrix} \dot{Z}_{11} & \dot{Z}_{12} \\ \dot{Z}_{21} & \dot{Z}_{22} \end{bmatrix} \begin{bmatrix} \dot{I}_1 \\ \dot{I}_2 \end{bmatrix} \tag{12.9}$$

여기서

$$\dot{Z}_{11} = \frac{\dot{Y}_{22}}{|\dot{Y}|},\ \dot{Z}_{12} = \frac{-\dot{Y}_{12}}{|\dot{Y}|},\ \dot{Z}_{21} = \frac{-\dot{Y}_{21}}{|\dot{Y}|},\ \dot{Z}_{22} = \frac{\dot{Y}_{11}}{|\dot{Y}|} \tag{12.10}$$

단, $|\dot{Y}| = \begin{vmatrix} \dot{Y}_{11} & \dot{Y}_{12} \\ \dot{Y}_{21} & \dot{Y}_{22} \end{vmatrix} = \dot{Y}_{11}\dot{Y}_{22} - \dot{Y}_{12}\dot{Y}_{21}$

또한

$$|\dot{Z}| = \begin{vmatrix} \dot{Z}_{11} & \dot{Z}_{12} \\ \dot{Z}_{21} & \dot{Z}_{22} \end{vmatrix} = \dot{Z}_{11}\dot{Z}_{22} - \dot{Z}_{12}\dot{Z}_{21}$$

이라 하면, 어드미턴스 행렬과 임피던스 행렬 사이에는

$$|\dot{Y}||\dot{Z}| = 1 \tag{12.11}$$

인 관계가 있게 된다.

임피던스 행렬([$\dot{Z}$])의 각 요소인 $\dot{Z}_{11}, \dot{Z}_{12}, \dot{Z}_{21}, \dot{Z}_{22}$는 역시 임피던스의 차원을 갖기 때문에 이를 4단자 회로의 **임피던스 파라미터** 또는 **Z 파라미터**라 한다. 또, 식(12.8)과 식(12.9)는 임피

던스 파라미터로 표시된 4단자망의 기본식이며 식(12.10)은 임피던스 파라미터와 어드미턴스 파라미터 간의 관계를 보여준다.

한편, 임피던스 파라미터의 각 요소에 대한 물리적인 의미는 다음과 같다.

$$\left.\begin{aligned}\dot{Z}_{11}&=\left.\frac{\dot{V}_1}{\dot{I}_1}\right|_{\dot{I}_2=0} : \text{단자 } 1-1'\text{에서의 開放 구동점 임피던스}\\ \dot{Z}_{22}&=\left.\frac{\dot{V}_2}{\dot{I}_2}\right|_{\dot{I}_1=0} : \text{단자 } 2-2'\text{에서의 開放 구동점 임피던스}\\ \dot{Z}_{21}&=\left.\frac{\dot{V}_2}{\dot{I}_1}\right|_{\dot{I}_2=0} : \text{開放 순방향 전달 임피던스}\\ \dot{Z}_{12}&=\left.\frac{\dot{V}_1}{\dot{I}_2}\right|_{\dot{I}_1=0} : \text{開放 역방향 전달 임피던스}\end{aligned}\right\} \tag{12.12}$$

또한 식(12.6)으로부터

$$\dot{Z}_{12}=\dot{Z}_{21} \tag{12.13}$$

의 관계가 성립되며 **대칭회로**인 경우

$$\dot{Z}_{11}=\dot{Z}_{22} \tag{12.14}$$

의 관계가 성립된다.

〔예제 12·2〕 그림 12.5와 같은 T형 회로에 대한 임피던스 파라미터를 구하여라.

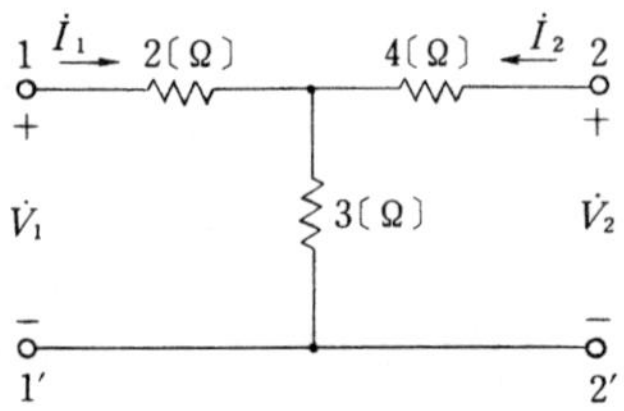

그림 12.5

풀이 ☞ 출력단자를 개방하면 2〔Ω〕과 3〔Ω〕이 직렬이 되므로

$$\dot{Z}_{11}=\left.\frac{\dot{V}_1}{\dot{I}_1}\right|_{\dot{I}_2=0}=2+3=5〔\Omega〕$$

이 되며, 이때 $\dot{V}_2=3\dot{I}_1$이므로

$$\dot{Z}_{21}=\left.\frac{\dot{V}_2}{\dot{I}_1}\right|_{\dot{I}_2=0}=3〔\Omega〕$$

마찬가지 방법으로 입력단자를 개방하면

$$\dot{Z}_{22}=\left.\frac{\dot{V}_2}{\dot{I}_2}\right|_{\dot{I}_1=0}=7〔\Omega〕$$

이며 $\dot{V}_1=3\dot{I}_2$로부터

$$\dot{Z}_{12}=\left.\frac{\dot{V}_1}{\dot{I}_2}\right|_{\dot{I}_1=0}=3〔\Omega〕$$

이 된다.

또한 직관적인 방법으로 전압방정식을 구하면

$$\left.\begin{aligned}\dot{V}_1&=2\dot{I}_1+3(\dot{I}_1+\dot{I}_2)=5\dot{I}_1+3\dot{I}_2\\\dot{V}_2&=4\dot{I}_2+3(\dot{I}_1+\dot{I}_2)=3\dot{I}_1+7\dot{I}_2\end{aligned}\right\}$$

가 되므로 이로부터

$$\dot{Z}_{11}=5[\Omega],\ \dot{Z}_{12}=3[\Omega],\ \dot{Z}_{21}=3[\Omega],\ \dot{Z}_{22}=7[\Omega]$$

이 구해질 수 있다.

3 *ABCD* 파라미터

신호전송의 문제를 다룰 때에는 한쪽 단자의 전압, 전류를 다른쪽 단자에서의 전압, 전류로 표시해야 할 경우가 많이 있으며 이때는 2차측 출력단 전류의 正방향을 **그림 12.6**에서와 같이 취하는 것이 편리하다.

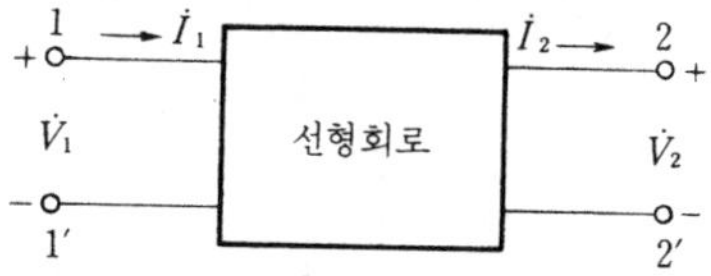

그림 12.6

이 경우 2차측 전류의 기준방향이 바뀌었기 때문에 어드미턴스를 이용한 4단자 전류방정식인 식(12.3)은

$$\left.\begin{aligned}\dot{I}_1&=\dot{Y}_{11}\dot{V}_1+\dot{Y}_{12}\dot{V}_2\\-\dot{I}_2&=\dot{Y}_{21}\dot{V}_1+\dot{Y}_{22}\dot{V}_2\end{aligned}\right\}\qquad(12.15)$$

가 되며, 이 식을 1차측 전압, 전류인 $\dot{V}_1$, $\dot{I}_1$에 대해 풀면

$$\left.\begin{aligned}\dot{V}_1&=\dot{A}\dot{V}_2+\dot{B}\dot{I}_2\\\dot{I}_1&=\dot{C}\dot{V}_2+\dot{D}\dot{I}_2\end{aligned}\right\}\qquad(12.16)$$

또는

$$\begin{bmatrix}\dot{V}_1\\\dot{I}_1\end{bmatrix}=\begin{bmatrix}\dot{A}&\dot{B}\\\dot{C}&\dot{D}\end{bmatrix}\begin{bmatrix}\dot{V}_2\\\dot{I}_2\end{bmatrix}\qquad(12.17)$$

여기서

$$\dot{A}=\frac{-\dot{Y}_{22}}{\dot{Y}_{21}},\ \dot{B}=\frac{-1}{\dot{Y}_{21}},\ \dot{C}=-\frac{|\dot{Y}|}{\dot{Y}_{21}},\ \dot{D}=-\frac{\dot{Y}_{11}}{\dot{Y}_{21}}\qquad(12.18)$$

의 관계가 있으며 식(12.18)과 식(12.10)을 이용하면

$$\dot{A}=\frac{\dot{Z}_{11}}{\dot{Z}_{21}},\ \dot{B}=\frac{|\dot{Z}|}{\dot{Z}_{21}},\ \dot{C}=\frac{1}{\dot{Z}_{21}},\ \dot{D}=\frac{\dot{Z}_{22}}{\dot{Z}_{21}}\qquad(12.19)$$

의 관계도 얻어진다. 이들 $\dot{A}$, $\dot{B}$, $\dot{C}$, $\dot{D}$는 전송회로에 자주 이용되기 때문에 **전송 파라미터**(transmission parameter), **종속(縱續) 파라미터**(chain-parameter) 또는 간단히 *ABCD* **파라

미터라고 한다. 또한 이들은 주파수의 함수이기 때문에$\begin{bmatrix} \dot{A} & \dot{B} \\ \dot{C} & \dot{D} \end{bmatrix}$를 F **행렬** 즉, $[\dot{F}]$라고도 한다.

한편 $\dot{A}$, $\dot{B}$, $\dot{C}$, $\dot{D}$는 식(12.18)과 $\dot{Y}_{12}=\dot{Y}_{21}$인 관계로부터

$$\begin{vmatrix} \dot{A} & \dot{B} \\ \dot{C} & \dot{D} \end{vmatrix} = \dot{A}\dot{D}-\dot{B}\dot{C}=1 \tag{12.20}$$

인 관계가 성립되어 독립적인 파라미터는 3개가 되지만 대칭 4단자망인 경우라면

$$\dot{A}=\dot{D} \tag{12.21}$$

가 된다. 이제 파라미터 $\dot{A}$, $\dot{B}$, $\dot{C}$, $\dot{D}$에 대한 물리적인 의미를 생각해보면 식(12.16)으로부터

$$\left.\begin{aligned}
\dot{A}&=\left.\frac{\dot{V}_1}{\dot{V}_2}\right|_{\dot{I}_2=0} : \text{개방 역방향 전압이득(電压利得)} \\
\dot{B}&=\left.\frac{\dot{V}_1}{\dot{I}_2}\right|_{\dot{V}_2=0} : \text{단락 역방향 전달 임피던스} \\
\dot{C}&=\left.\frac{\dot{I}_1}{\dot{V}_2}\right|_{\dot{I}_2=0} : \text{개방 역방향 전달 어드미턴스} \\
\dot{D}&=\left.\frac{\dot{I}_1}{\dot{I}_2}\right|_{\dot{V}_2=0} : \text{단락 역방향 전류이득(電流利得)}
\end{aligned}\right\} \tag{12.22}$$

가 된다. 한편 2차측의 전압($\dot{V}_2$)과 전류($\dot{I}_2$)를 1차측의 전압($\dot{V}_1$)과 전류($\dot{I}_1$)로 나타내기 위해 **그림 12.7**과 같이 4단자망의 입력단자와 출력단자를 교환한 경우에 대해 전송 파라미터를 생각해보면, 이전의 $\dot{V}_1$과 $\dot{I}_1$은 출력측의 量, $\dot{V}_2$와 $\dot{I}_2$는 입력측의 量이 되고 전류 $\dot{I}_1$, $\dot{I}_2$의 방향도 반대로 되므로 식(12.16), 또는 (12.17)을 $\dot{V}_2$, $\dot{I}_2$에 대해 풀어서 식(12.20)의 관계를 이용하면 다음과 같다. 즉,

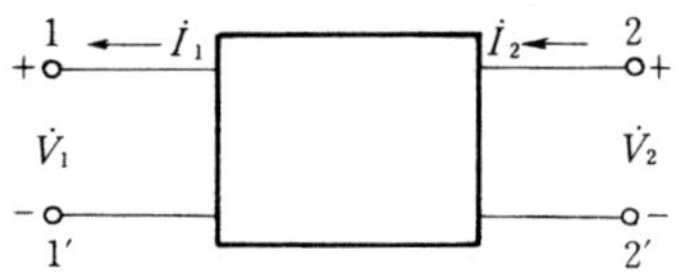

그림 12.7

$$\begin{aligned}
\begin{bmatrix} \dot{V}_2 \\ -\dot{I}_2 \end{bmatrix} &= \begin{bmatrix} \dot{A} & \dot{B} \\ \dot{C} & \dot{D} \end{bmatrix}^{-1} \begin{bmatrix} \dot{V}_1 \\ -\dot{I}_1 \end{bmatrix} \\
&= \begin{bmatrix} \dot{D} & -\dot{B} \\ -\dot{C} & \dot{A} \end{bmatrix} \begin{bmatrix} \dot{V}_1 \\ -\dot{I}_1 \end{bmatrix}
\end{aligned} \tag{12.23}$$

로부터

$$\begin{bmatrix} \dot{V}_2 \\ \dot{I}_2 \end{bmatrix} = \begin{bmatrix} \dot{D} & \dot{B} \\ \dot{C} & \dot{A} \end{bmatrix} \begin{bmatrix} \dot{V}_1 \\ \dot{I}_1 \end{bmatrix} \tag{12.24}$$

또는

$$\left.\begin{aligned}\dot{V}_2&=\dot{D}\dot{V}_1+\dot{B}\dot{I}_1\\ \dot{I}_2&=\dot{C}\dot{V}_1+\dot{A}\dot{I}_1\end{aligned}\right\}\qquad(12.25)$$

의 관계가 성립된다.

결국 입력단자와 출력단자를 교환하면 $\dot{A}$, $\dot{B}$, $\dot{C}$, $\dot{D}$ 파라미터에서 $\dot{A}$와 $\dot{D}$만이 서로 바뀌어짐을 알 수 있다.

〔예제 12·3〕 그림 12.8과 같은 T형 4단자 회로에 대한 전송 파라미터를 구하여라.

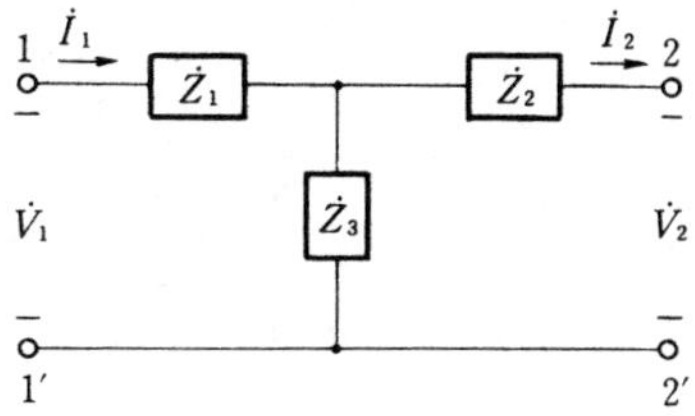

그림 12.8

풀이 ☞ 전송 파라미터 $\dot{A}$, $\dot{B}$, $\dot{C}$, $\dot{D}$를 정의에 의해 구해보면

$$\dot{A}=\left.\frac{\dot{V}_1}{\dot{V}_2}\right|_{\dot{I}_2=0}=\frac{\dot{V}_1}{\dfrac{\dot{Z}_0}{\dot{Z}_1+\dot{Z}_3}\dot{V}_1}=\frac{\dot{Z}_1+\dot{Z}_3}{\dot{Z}_3}=1+\frac{\dot{Z}_1}{\dot{Z}_3}$$

$$\dot{B}=\left.\frac{\dot{V}_1}{\dot{I}_2}\right|_{\dot{V}_2=0}=\frac{\dot{V}_1}{\dfrac{\dot{V}_1}{\dot{Z}_1+\dfrac{\dot{Z}_2\dot{Z}_3}{\dot{Z}_2+\dot{Z}_3}}\times\dfrac{\dot{Z}_3}{\dot{Z}_2+\dot{Z}_3}}$$

$$=\frac{\dot{Z}_1\dot{Z}_2}{\dot{Z}_3}+\dot{Z}_2+\dot{Z}_1$$

$$\dot{C}=\left.\frac{\dot{I}_1}{\dot{V}_2}\right|_{\dot{I}_2=0}=\frac{\dot{I}_1}{\dot{Z}_3\dot{I}_1}=\frac{1}{\dot{Z}_3}$$

$$\dot{D}=\left.\frac{\dot{I}_1}{\dot{I}_2}\right|_{\dot{V}_2=0}=\frac{\dot{I}_1}{\dfrac{\dot{Z}_3}{\dot{Z}_2+\dot{Z}_3}\dot{I}_1}=1+\frac{\dot{Z}_2}{\dot{Z}_3}$$

4 하이브리드 파라미터

4단자 회로의 변수 $\dot{V}_1$, $\dot{I}_1$, $\dot{V}_2$, $\dot{I}_2$ 가운데 한쪽 단자의 전압과 다른쪽 단자의 전류를 나머지 두 변수로 나타내는 **하이브리드 파라미터**(hybrid parameter)는 1, 2차측 전압, 전류의 조합 방식에 따라 두 가지로 구분되며 입출력단에서의 전압, 전류의 기준방향은 **그림 12.2**에서와 같이 정하는 것이 일반적이다.

(1) 하이브리드 H 파라미터

이것은 입력단의 전압($\dot{V}_1$)과 출력단의 전류($\dot{I}_2$)를 입력단의 전류($\dot{I}_1$)와 출력단의 전압($\dot{V}_2$)으로 나타내는 데 사용되는 4단자 정수로서

$$\left.\begin{aligned}\dot{V}_1&=\dot{H}_{11}\dot{I}_1+\dot{H}_{12}\dot{V}_2\\ \dot{I}_2&=\dot{H}_{21}\dot{I}_1+\dot{H}_{22}\dot{V}_2\end{aligned}\right\} \quad (12.26)$$

또는

$$\begin{bmatrix}\dot{V}_1\\ \dot{I}_2\end{bmatrix}=\begin{bmatrix}\dot{H}_{11} & \dot{H}_{12}\\ \dot{H}_{21} & \dot{H}_{22}\end{bmatrix}\begin{bmatrix}\dot{I}_1\\ \dot{V}_2\end{bmatrix} \quad (12.27)$$

와 같이 표시되며, 이들에 대한 물리적인 의미는 다음과 같이 정의된다. 즉, 식(12.26)으로부터

$$\left.\begin{aligned}\dot{H}_{11}&=\frac{\dot{V}_1}{\dot{I}_1}\bigg|_{\dot{V}_2=0}:\text{단락 입력 임피던스}\\ \dot{H}_{12}&=\frac{\dot{V}_1}{\dot{V}_2}\bigg|_{\dot{I}_1=0}:\text{개방 역방향 전압 이득}\\ \dot{H}_{21}&=\frac{\dot{I}_2}{\dot{I}_1}\bigg|_{\dot{V}_2=0}:\text{단락 순방향 전류 이득}\\ \dot{H}_{22}&=\frac{\dot{I}_2}{\dot{V}_2}\bigg|_{\dot{I}_1=0}:\text{개방 출력 어드미턴스}\end{aligned}\right\} \quad (12.28)$$

이들 파라미터들은 임피던스, 어드미턴스, 전압이득 및 전류이득 등 여러 종류의 파라미터를 나타내기 때문에 이를 **하이브리드**(hybrid : 혼합) **파라미터**라고 한다.

하이브리드 H **파라미터**는 수동회로망에는 거의 사용되지 않으나 입력단 개방과 출력단 단락을 하기 쉬운 트랜지스터 회로와 4단자망의 직·병렬접속시에 자주 이용된다. 이 파라미터를 트랜지스터에 적용할 때는 $\dot{H}_{11}$, $\dot{H}_{12}$, $\dot{H}_{21}$, $\dot{H}_{22}$를 $\dot{H}_i$, $\dot{H}_r$, $\dot{H}_f$, $\dot{H}_o$로 표시하는데 이들 첨자는 각각 input(입력), reverse(역방향), forward(순방향), output(출력) 등의 첫문자를 의미한다.

H 파라미터의 각 정수와 $ABCD$ 파라미터의 각 정수 간에는 식(12.22)로부터

$$\dot{H}_{11}=\frac{\dot{B}}{\dot{D}},\ \dot{H}_{12}=\frac{1}{\dot{D}},\ \dot{H}_{21}=-\frac{1}{\dot{D}},\ \dot{H}_{22}=\frac{\dot{C}}{\dot{D}} \quad (12.29)$$

의 관계가 있으므로 4단자망의 특성은 3개의 독립정수 $\dot{H}_{11}$, $\dot{H}_{22}$, $\dot{H}_{12}=-\dot{H}_{21}$에 의하여 결정된다.

(2) 하이브리드 G 파라미터

4단자망의 입력단 전류($\dot{I}_1$)와 출력단 전압($\dot{V}_2$)을 입력단 전압($\dot{V}_1$)과 출력단 전류($\dot{I}_2$)로 나타내는 4단자 정수로서 그 기본식은 다음과 같이 정의된다.

$$\left.\begin{aligned}\dot{I}_1 &= \dot{G}_{11}\dot{V}_1 + \dot{G}_{12}\dot{I}_2 \\ \dot{V}_2 &= \dot{G}_{21}\dot{V}_1 + \dot{G}_{22}\dot{I}_2\end{aligned}\right\} \tag{12.30}$$

또는

$$\begin{bmatrix}\dot{I}_1 \\ \dot{V}_2\end{bmatrix} = \begin{bmatrix}\dot{G}_{11} & \dot{G}_{12} \\ \dot{G}_{21} & \dot{G}_{22}\end{bmatrix}\begin{bmatrix}\dot{V}_1 \\ \dot{I}_2\end{bmatrix} \tag{12.31}$$

식(12.30)으로부터

$$\left.\begin{aligned}\dot{G}_{11} &= \frac{\dot{I}_1}{\dot{V}_1}\bigg|_{\dot{I}_2=0} \quad \dot{G}_{12} = \frac{\dot{I}_1}{\dot{I}_2}\bigg|_{\dot{V}_1=0} \\ \dot{G}_{21} &= \frac{\dot{V}_2}{\dot{V}_1}\bigg|_{\dot{I}_2=0} \quad \dot{G}_{22} = \frac{\dot{V}_2}{\dot{I}_2}\bigg|_{\dot{V}_1=0}\end{aligned}\right\} \tag{12.32}$$

G 파라미터와 $ABCD$ 파라미터 사이에는 식(12.22)로부터

$$\dot{G}_{11} = \frac{\dot{C}}{\dot{A}},\ \dot{G}_{12} = -\frac{1}{\dot{A}},\ \dot{G}_{21} = \frac{1}{\dot{A}},\ \dot{G}_{22} = \frac{\dot{B}}{\dot{A}} \tag{12.33}$$

의 관계가 있으므로 4단자망의 특성은 3개의 독립적인 정수 $\dot{G}_{11}$, $\dot{G}_{22}$, $\dot{G}_{12} = -\dot{G}_{21}$에 의해 결정된다.

하이브리드 G 행렬($[\dot{G}]$)과 H 행렬($[\dot{H}]$)사이에는

$$[\dot{G}][\dot{H}] = [1] = [U] \tag{12.34}$$

의 관계가 있다. **하이브리드 G 파라미터**는 4단자망의 직·병렬접속시에 매우 유용하게 사용되며 능동회로에 가끔 이용된다.

12-3 4端子回路網의 接續

그림 12.9～12.13에 두 개의 4단자망 N', N''를 접속하여 새로운 4단자망을 얻는 여러가지 방법이 표시되어 있다. 2단자망에서와 마찬가지로 4단자망에서도 단자전압이 두回路에 공통이고 단자전류가 두 회로에 分流되는 경우에는 병렬, 반대로 단자전압이 두 회로에 분배되고 단자전류가 두 회로에 공통인

경우에는 직렬이라고 한다. 합성 4단자망의 파라미터는 각각의 4단자망의 파라미터로 표시하는 것이 회로해석시 유리한 경우가 많다.

1 병렬접속

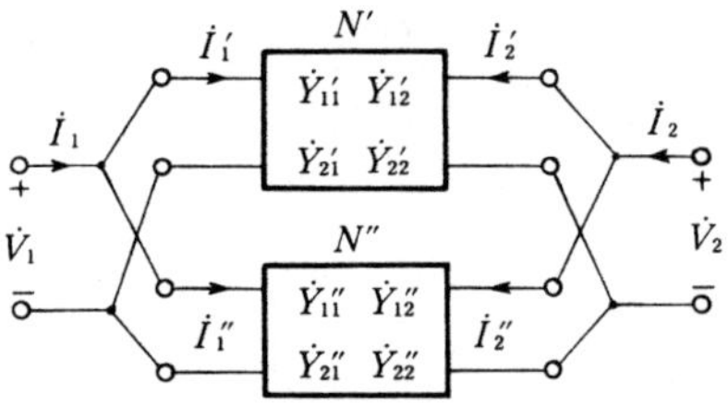

그림 12.9 병렬접속

그림 12.9(a)의 병렬접속에서 4단자망 N'의 Y파라미터를 $\dot{Y}'$ 그리고 4단자망 N''의 Y파라미터를 $\dot{Y}''$라 하면 두 4단자망에 대한 전류방정식은 각각

$$\left.\begin{aligned}\dot{I}_1' &= \dot{Y}_{11}'\dot{V}_1 + \dot{Y}_{12}'\dot{V}_2 \\ \dot{I}_2' &= \dot{Y}_{21}'\dot{V}_1 + \dot{Y}_{22}'\dot{V}_2\end{aligned}\right\} \qquad (12.35)$$

$$\left.\begin{aligned}\dot{I}_1'' &= \dot{Y}_{11}''\dot{V}_1 + \dot{Y}_{12}''\dot{V}_2 \\ \dot{I}_2'' &= \dot{Y}_{21}''\dot{V}_1 + \dot{Y}_{22}''\dot{V}_2\end{aligned}\right\} \qquad (12.36)$$

가 되며, 이들은 병렬접속을 이루므로

$$\left.\begin{aligned}\dot{I}_1 &= \dot{I}_1' + \dot{I}_1'' = (\dot{Y}_{11}' + \dot{Y}_{11}'')\dot{V}_1 + (\dot{Y}_{12}' + \dot{Y}_{12}'')\dot{V}_2 \\ \dot{I}_2 &= \dot{I}_2' + \dot{I}_2'' = (\dot{Y}_{21}' + \dot{Y}_{21}'')\dot{V}_1 + (\dot{Y}_{22}' + \dot{Y}_{22}'')\dot{V}_2\end{aligned}\right\} \qquad (12.37)$$

그러므로 병렬접속시의 합성 4단자망의 Y파라미터는

$$\left.\begin{aligned}\dot{Y}_{11} &= \dot{Y}_{11}' + \dot{Y}_{11}'',\ \dot{Y}_{12} = \dot{Y}_{12}' + \dot{Y}_{12}'' \\ \dot{Y}_{21} &= \dot{Y}_{21}' + \dot{Y}_{21}'',\ \dot{Y}_{22} = \dot{Y}_{22}' + \dot{Y}_{22}''\end{aligned}\right\} \qquad (12.38)$$

또는 행렬로 표시하면

$$\begin{bmatrix}\dot{Y}_{11} & \dot{Y}_{12} \\ \dot{Y}_{21} & \dot{Y}_{22}\end{bmatrix} = \begin{bmatrix}\dot{Y}_{11}' & \dot{Y}_{12}' \\ \dot{Y}_{21}' & \dot{Y}_{22}'\end{bmatrix} + \begin{bmatrix}\dot{Y}_{11}'' & \dot{Y}_{12}'' \\ \dot{Y}_{21}'' & \dot{Y}_{22}''\end{bmatrix} \qquad (12.39)$$

가 되어, 각각의 대응되는 Y파라미터의 합과 같다.

2 직렬접속

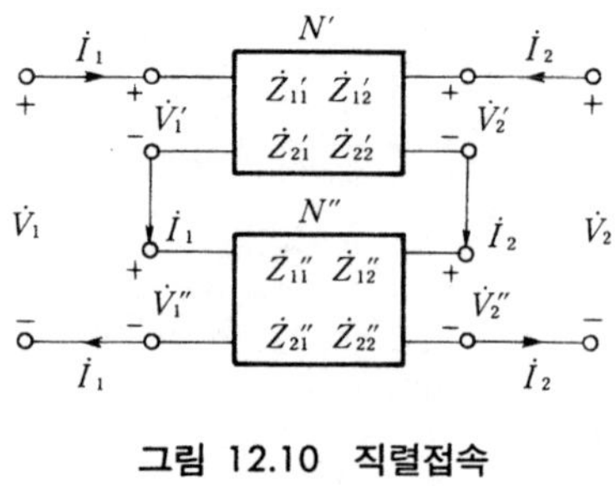

그림 12.10 직렬접속

그림 12.10의 직렬접속에서는 Z파라미터를 사용하는 것이 편리하다. 즉, 앞에서와 마찬가지로 N', N''에 대한 4단자 방정식을 Z파라미터로 표시하면, 각각

$$\left.\begin{aligned}\dot{V}_1' &= \dot{Z}_{11}'\dot{I}_1 + \dot{Z}_{12}'\dot{I}_2 \\ \dot{V}_2' &= \dot{Z}_{21}'\dot{I}_1 + \dot{Z}_{22}'\dot{I}_2\end{aligned}\right\} \qquad (12.40)$$

$$\left.\begin{aligned}\dot{V}_1''&=\dot{Z}_{11}''\dot{I}_1+\dot{Z}_{12}''\dot{I}_2\\ \dot{V}_2''&=\dot{Z}_{21}''\dot{I}_1+\dot{Z}_{22}''\dot{I}_2\end{aligned}\right\} \tag{12.41}$$

이 되며, 이들은 직렬접속을 이루므로

$$\left.\begin{aligned}\dot{V}_1&=\dot{V}_1'+\dot{V}_1''=(\dot{Z}_{11}'+\dot{Z}_{11}'')\dot{I}_1+(\dot{Z}_{12}'+\dot{Z}_{12}'')\dot{I}_2\\ \dot{V}_2&=\dot{V}_2'+\dot{V}_2''=(\dot{Z}_{21}'+\dot{Z}_{21}'')\dot{I}_1+(\dot{Z}_{22}'+\dot{Z}_{22}'')\dot{I}_2\end{aligned}\right\} \tag{12.42}$$

그러므로 직렬접속시의 합성 4단자망의 Z 파라미터는

$$\left.\begin{aligned}\dot{Z}_{11}&=\dot{Z}_{11}'+\dot{Z}_{11}'',\ \dot{Z}_{12}=\dot{Z}_{12}'+\dot{Z}_{12}''\\ \dot{Z}_{21}&=\dot{Z}_{21}'+\dot{Z}_{21}'',\ \dot{Z}_{22}=\dot{Z}_{22}'+\dot{Z}_{22}''\end{aligned}\right\} \tag{12.43}$$

또는 행렬로 표시하면

$$\begin{bmatrix}\dot{Z}_{11} & \dot{Z}_{12}\\ \dot{Z}_{21} & \dot{Z}_{22}\end{bmatrix}=\begin{bmatrix}\dot{Z}_{11}' & \dot{Z}_{12}'\\ \dot{Z}_{21}' & \dot{Z}_{22}'\end{bmatrix}+\begin{bmatrix}\dot{Z}_{11}'' & \dot{Z}_{12}''\\ \dot{Z}_{21}'' & \dot{Z}_{22}''\end{bmatrix} \tag{12.44}$$

가 되어, 각각의 대응되는 파라미터의 합과 같다.

3 직렬－병렬접속

그림 12.11과 같이 入力측이 직렬, 出力측이 병렬로 접속되어 있는 경우에는 하이브리드 H 파라미터를 사용하는 것이 편리하다.

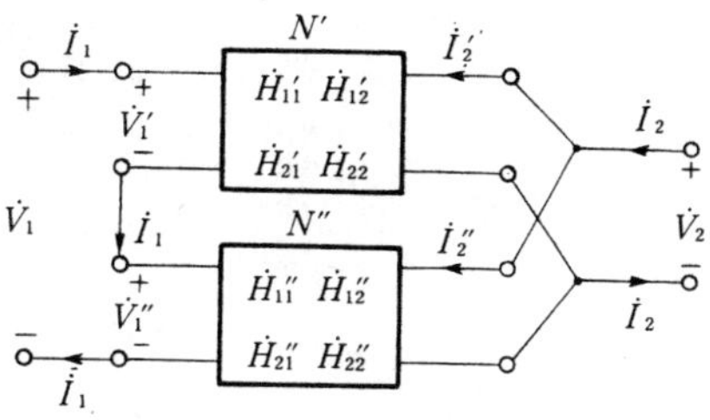

그림 12.11 직렬-병렬접속

$$\left.\begin{aligned}\dot{V}_1'&=\dot{H}_{11}'\dot{I}_1+\dot{H}_{12}'\dot{V}_2\\ \dot{I}_2'&=\dot{H}_{21}'\dot{I}_1+\dot{H}_{22}'\dot{V}_2\end{aligned}\right\} \tag{12.45}$$

$$\left.\begin{aligned}\dot{V}_1''&=\dot{H}_{11}''\dot{I}_1+\dot{H}_{12}''\dot{V}_2\\ \dot{I}_2''&=\dot{H}_{21}''\dot{I}_1+\dot{H}_{22}''\dot{V}_2\end{aligned}\right\} \tag{12.46}$$

이므로

$$\left.\begin{aligned}\dot{V}_1&=\dot{V}_1'+\dot{V}_1''=(\dot{H}_{11}'+\dot{H}_{11}'')\dot{I}_1+(\dot{H}_{12}'+\dot{H}_{12}'')\dot{V}_2\\ \dot{I}_2&=\dot{I}_2'+\dot{I}_2''=(\dot{H}_{21}'+\dot{H}_{21}'')\dot{I}_1+(\dot{H}_{22}'+\dot{H}_{22}'')\dot{V}_2\end{aligned}\right\} \tag{12.47}$$

따라서 직·병렬접속 4단자망에 대한 합성 4단자망의 하이브리드 H 파라미터는

$$\left.\begin{aligned}\dot{H}_{11}=\dot{H}_{11}'+\dot{H}_{11}'',\ \dot{H}_{12}=\dot{H}_{12}'+\dot{H}_{12}''\\ \dot{H}_{21}=\dot{H}_{21}'+\dot{H}_{21}'',\ \dot{H}_{22}=\dot{H}_{22}'+\dot{H}_{22}''\end{aligned}\right\}\quad(12.48)$$

가 되어 각각의 4단자망에 대응되는 H 파라미터의 합과 같다.

4 병렬－직렬접속

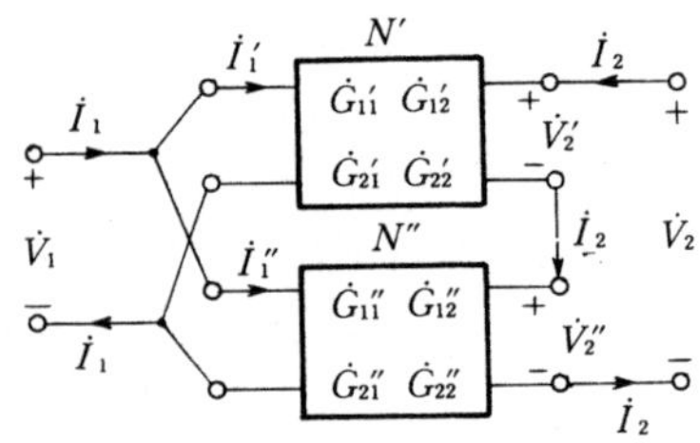

그림 12.12 병렬-직렬접속

그림 12.12와 같이 入力측이 병렬, 出力측이 직렬로 접속되어 있는 경우에는 하이브리드 G 파라미터를 사용하는 것이 편리하다.

$$\left.\begin{aligned}\dot{I}_1'=\dot{G}_{11}'\dot{V}_1+\dot{G}_{12}'\dot{I}_2\\ \dot{V}_2'=\dot{G}_{21}'\dot{V}_1+\dot{G}_{22}'\dot{I}_2\end{aligned}\right\}\quad(12.49)$$

$$\left.\begin{aligned}\dot{I}_1''=\dot{G}_{11}''\dot{V}_1+\dot{G}_{12}''\dot{I}_2\\ \dot{V}_2''=\dot{G}_{21}''\dot{V}_1+\dot{G}_{22}''\dot{I}_2\end{aligned}\right\}\quad(12.50)$$

이므로

$$\left.\begin{aligned}\dot{I}_1=\dot{I}_1'+\dot{I}_1''=(\dot{G}_{11}'+\dot{G}_{11}'')\dot{V}_1+(\dot{G}_{12}'+\dot{G}_{12}'')\dot{I}_2\\ \dot{V}_2=\dot{V}_2'+\dot{V}_2''=(\dot{G}_{21}'+\dot{G}_{21}'')\dot{V}_1+(\dot{G}_{22}'+\dot{G}_{22}'')\dot{I}_2\end{aligned}\right\}\quad(12.51)$$

따라서 병·직렬접속 4단자망에 대한 합성 4단자망의 하이브리드 G 파라미터는

$$\left.\begin{aligned}\dot{G}_{11}=\dot{G}_{11}'+\dot{G}_{11}'',\ \dot{G}_{12}=\dot{G}_{12}'+\dot{G}_{12}''\\ \dot{G}_{21}=\dot{G}_{21}'+\dot{G}_{21}'',\ \dot{G}_{22}=\dot{G}_{22}'+\dot{G}_{22}''\end{aligned}\right\}\quad(12.52)$$

가 되어 각각의 4단자망에 대응되는 G 파라미터의 합과 같다.

5 종속(縱續)접속

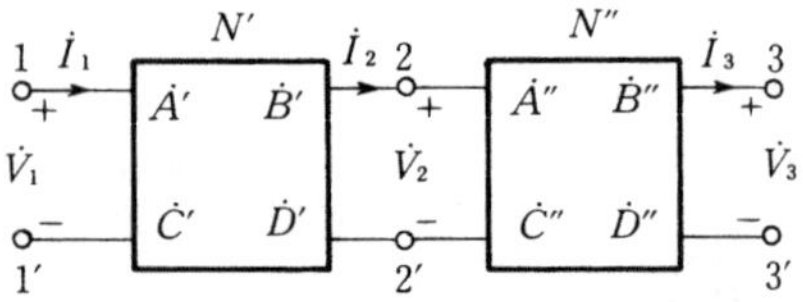

그림 12.13 종속접속

그림 12.13과 같이 4단자망이 일렬로 접속된 경우를 **종속접속**(cascade connection)이라 하며, 이때는 $ABCD$ 파라미터를 이용하는 것이 편리하기 때문에 각 4단자망의 출력측 전류의 방향을 앞에서의 다른 접속 때의 전류방향과 반대로 취한다는 점에 유의해야한다.

두 4단자망 N'와 N''에 대해 $ABCD$ 파라미터를 사용하여 4단자 방정식을 세워보면 각각

$$\left.\begin{aligned}\dot{V}_1&=\dot{A}'\dot{V}_2+\dot{B}'\dot{I}_2\\ \dot{I}_1&=\dot{C}'\dot{V}_2+\dot{D}'\dot{I}_2\end{aligned}\right\} \tag{12.53}$$

$$\left.\begin{aligned}\dot{V}_2&=\dot{A}''\dot{V}_3+\dot{B}''\dot{I}_3\\ \dot{I}_2&=\dot{C}''\dot{V}_3+\dot{D}''\dot{I}_3\end{aligned}\right\} \tag{12.54}$$

가 되며 앞의 식에서 $\dot{V}_2$, $\dot{I}_2$를 소거하면

$$\left.\begin{aligned}\dot{V}_1&=(\dot{A}'\dot{A}''+\dot{B}'\dot{C}'')\dot{V}_3+(\dot{A}'\dot{B}''+\dot{B}'\dot{D}'')\dot{I}_3\\ \dot{I}_1&=(\dot{C}'\dot{A}''+\dot{D}'\dot{C}'')\dot{V}_3+(\dot{C}'\dot{B}''+\dot{D}'\dot{D}'')\dot{I}_3\end{aligned}\right\} \tag{12.55}$$

따라서 합성 4단자망의 $ABCD$ 파라미터는

$$\left.\begin{aligned}\dot{A}&=\dot{A}'A''+B'\dot{C}'',\ \dot{B}=\dot{A}'\dot{B}''+\dot{B}'\dot{D}''\\ \dot{C}&=\dot{C}'\dot{A}''+\dot{D}'\dot{C}'',\ \dot{D}=\dot{C}'B''+\dot{D}'\dot{D}''\end{aligned}\right\} \tag{12.56}$$

이상의 결과는 행렬을 이용하는 것이 좀더 용이하다. 즉,

$$\begin{bmatrix}\dot{V}_1\\ \dot{I}_1\end{bmatrix}=\begin{bmatrix}\dot{A}' & \dot{B}'\\ \dot{C}' & \dot{D}'\end{bmatrix}\begin{bmatrix}\dot{V}_2\\ \dot{I}_2\end{bmatrix} \tag{12.57}$$

$$\begin{bmatrix}\dot{V}_2\\ \dot{I}_2\end{bmatrix}=\begin{bmatrix}\dot{A}'' & \dot{B}''\\ \dot{C}'' & \dot{D}''\end{bmatrix}\begin{bmatrix}\dot{V}_3\\ \dot{I}_3\end{bmatrix} \tag{12.58}$$

로부터 식(12.58)을 식(12.57)에 대입하면

$$\begin{bmatrix}\dot{V}_1\\ \dot{I}_1\end{bmatrix}=\begin{bmatrix}\dot{A}' & \dot{B}'\\ \dot{C}' & \dot{D}'\end{bmatrix}\begin{bmatrix}\dot{A}'' & \dot{B}''\\ \dot{C}'' & \dot{D}''\end{bmatrix}\begin{bmatrix}\dot{V}_3\\ \dot{I}_3\end{bmatrix} \tag{12.59}$$

가 얻어지며, 이를 정리하면

$$\begin{bmatrix}\dot{V}_1\\ \dot{I}_1\end{bmatrix}=\begin{bmatrix}\dot{A}'\dot{A}''+\dot{B}'\dot{C}'' & \dot{A}'\dot{B}''+\dot{B}'\dot{D}''\\ \dot{C}'\dot{A}''+\dot{D}'\dot{C}'' & \dot{C}'\dot{B}''+\dot{D}'\dot{D}''\end{bmatrix}\begin{bmatrix}\dot{V}_3\\ \dot{I}_3\end{bmatrix} \tag{12.60}$$

가 되어 식(12.55)의 표현과 일치한다.

결국, 두 4단자망의 종속접속시 합성 4단자망의 $ABCD$ 행렬은 각 4단자망에 대한 $ABCD$ 행렬의 積으로 표시됨을 알 수 있다. 즉,

$$\begin{bmatrix}\dot{A} & \dot{B}\\ \dot{C} & \dot{D}\end{bmatrix}=\begin{bmatrix}\dot{A}' & \dot{B}'\\ \dot{C}' & \dot{D}'\end{bmatrix}\begin{bmatrix}\dot{A}'' & \dot{B}''\\ \dot{C}'' & \dot{D}''\end{bmatrix} \tag{12.61}$$

〔예제 12·4〕 그림 12.14에 있는 3개의 4단자망 (a), (b), (c)

를 순서대로 종속접속했을 때(그림 (d)) 합성 4단자망의 $ABCD$ 파라미터를 구한 후, 이 결과를 **예제 12·3**의 T형 회로와 비교해 보아라.

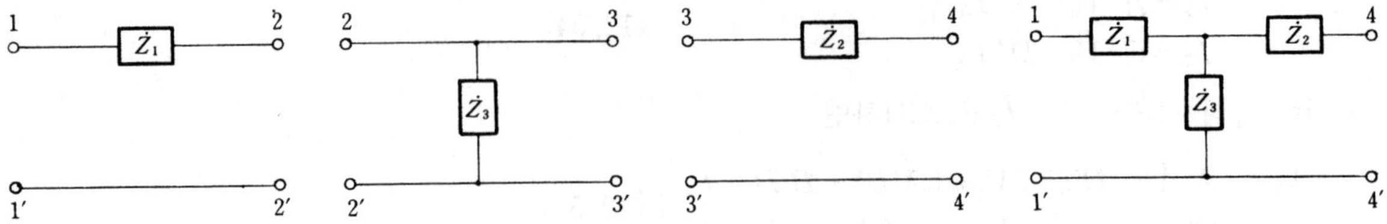

(a) (b) (c) (d)

그림 12.14

풀이 ☞ 먼저 4단자망 (a), (b), (c)의 $ABCD$ 행렬(F 행렬)을 구하면

$$(a)의\ 경우\begin{bmatrix} 1 & \dot{Z}_1 \\ 0 & 1 \end{bmatrix}$$

$$(b)의\ 경우\begin{bmatrix} 1 & 0 \\ \dfrac{1}{\dot{Z}_3} & 1 \end{bmatrix}$$

$$(c)의\ 경우\begin{bmatrix} 1 & \dot{Z}_2 \\ 0 & 1 \end{bmatrix}$$

각 회로를 (d)와 같이 종속접속하면

$$\begin{bmatrix} \dot{A} & \dot{B} \\ \dot{C} & \dot{D} \end{bmatrix}=\begin{bmatrix} 1 & \dot{Z}_1 \\ 0 & 0 \end{bmatrix}\begin{bmatrix} 1 & 0 \\ \dfrac{1}{\dot{Z}_3} & 1 \end{bmatrix}\begin{bmatrix} 1 & \dot{Z}_2 \\ 0 & 1 \end{bmatrix}$$

$$=\begin{bmatrix} 1 & \dot{Z}_1 \\ 0 & 1 \end{bmatrix}\begin{bmatrix} 1 & \dot{Z}_2 \\ \dfrac{1}{\dot{Z}_3} & \dfrac{\dot{Z}_2}{\dot{Z}_3}+1 \end{bmatrix}$$

$$=\begin{bmatrix} 1+\dfrac{\dot{Z}_1}{\dot{Z}_3} & \dot{Z}_1+\dot{Z}_2+\dfrac{\dot{Z}_1\dot{Z}_2}{\dot{Z}_3} \\ \dfrac{1}{\dot{Z}_3} & 1+\dfrac{\dot{Z}_2}{\dot{Z}_3} \end{bmatrix}$$

가 되며, 이는 **예제 12.3**의 결과와 일치한다.

12-4 影像 파라미터

이제까지 취급한 4단자 파라미터는 외부에 연결되는 임피던스에 대한 고려를 하지 않고 도입된 것이다. 그러나 단자외부에 연결되는 임피던스를 예상해서 도입되는 것으로서 **영상 파라미터**(image parameter)가 있으며 이것은 **임피던스 整合**(impe-dance matching)과 재래의 **여파기**(filter) 설계 등에 유용하다.

1 影像 임피던스

그림 12.15와 같이 단자 2−2′에 임피던스 $\dot{Z}_{i2}$를 접속한 후 단자 1−1′에서 右측을 바라본 임피던스가 $\dot{Z}_{i1}$이고 단자 1−1′에 $\dot{Z}_{i1}$을 접속한 후에 단자 2−2′에서 左측을 바라본 임피던스가 $\dot{Z}_{i2}$가 되었다면 단자 1−1′에서 좌우측에 대한 임피던스가 $\dot{Z}_{i1}$이고 단자 2−2′에서 역시 좌우측에 대한 임피던스가 $\dot{Z}_{i2}$가 된다. 즉, 각 단자에서 거울의 영상과 같은 임피던스를 가지므로 이 $\dot{Z}_{i1}$, $\dot{Z}_{i2}$를 각각 단자 1−1′에 대한 또는 단자 2−2′에 대한 4단자망의 **영상 임피던스**(image impedance)라 한다.

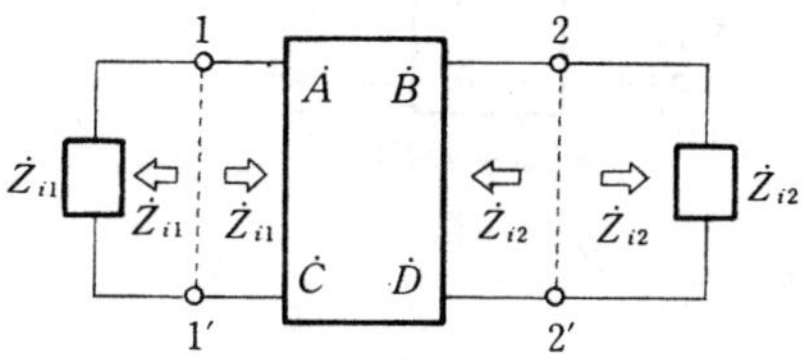

그림 12.15 영상 임피던스

식(12.16)의 4단자 방정식과 $\dot{V}_2=\dot{Z}_{i2}\dot{I}_2$로부터

$$\dot{Z}_{i1}=\frac{\dot{V}_1}{\dot{I}_1}=\frac{\dot{A}\dot{V}_2+\dot{B}\dot{I}_2}{\dot{C}\dot{V}_2+\dot{D}\dot{I}_2}=\frac{\dot{A}\dot{V}_2/\dot{I}_2+\dot{B}}{\dot{C}\dot{V}_2/\dot{I}_2+\dot{D}}$$
$$=\frac{\dot{A}\dot{Z}_{i2}+\dot{B}}{\dot{C}\dot{Z}_{i2}+\dot{D}} \tag{12.62}$$

또 단자 2−2′를 입력단으로 생각하면 식(12.25)와 $\dot{V}_1=\dot{Z}_{i1}\dot{I}_1$으로부터

$$\dot{Z}_{i2}=\frac{\dot{V}_2}{\dot{I}_2}=\frac{\dot{D}\dot{Z}_{i1}+\dot{B}}{\dot{C}\dot{Z}_{i1}+\dot{A}} \tag{12.63}$$

앞의 두 식을 $\dot{Z}_{i1}$, $\dot{Z}_{i2}$에 대해 풀면

$$\dot{Z}_{i1}=\sqrt{\frac{\dot{A}\dot{B}}{\dot{C}\dot{D}}},\ \dot{Z}_{i2}=\sqrt{\frac{\dot{D}\dot{B}}{\dot{C}\dot{A}}} \tag{12.64}$$

여기서 입출력단에서의 개방 및 단락 임피던스 $\dot{Z}_0$, $\dot{Z}_s$를 이용하면(**그림 12.16**)

$$\dot{Z}_{i1}=\sqrt{\dot{Z}_{o1}\dot{Z}_{s1}},\ \dot{Z}_{i2}=\sqrt{\dot{Z}_{o2}\dot{Z}_{s2}} \qquad (12.65)$$

즉, 4단자망의 각 단자에서의 영상 임피던스는 그 단자에서의 개방 및 단락 임피던스의 기하학적 평균값과 같다.

식(12.16)에서 영상 임피던스를 결정함에 있어서 正(+), 負(−)의 두 경우가 있을 수 있는데 보통 그 실수부가 正이 되도록 정한다.

대칭회로에서는 $\dot{A}=\dot{D}$ 이므로

$$\dot{Z}_{i1}=\dot{Z}_{i2}=\dot{Z}_i=\sqrt{\frac{\dot{B}}{\dot{C}}} \qquad (12.66)$$

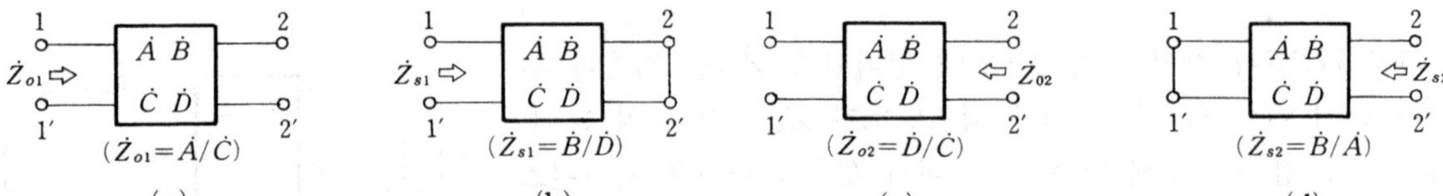

그림 12.16 입력개방 및 단락 임피던스

2 影像伝達定数

그림 12.15와 같이 4단자망의 양측이 각각의 영상 임피던스로 되어 있는 경우 **影像整合(영상정합** : image matching)되어 있다고 한다(**그림 12.17**). 이때

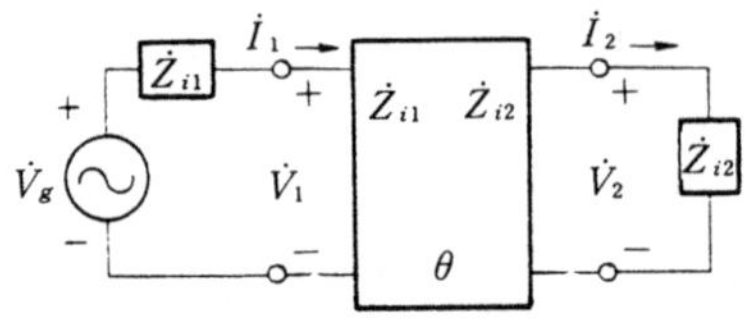

그림 12.17 영상정합된 회로

$$e^{\theta}=\sqrt{\frac{\dot{V}_1\dot{I}_1}{\dot{V}_2\dot{I}_2}} \quad (\text{영상정합시}) \qquad (12.67)$$

에 의하여 정의되는 θ를 **영상전달정수**(image transfer constant), $\dot{Z}_{i1}$, $\dot{Z}_{i2}$, θ를 **영상 파라미터**라 한다.

일반적으로 이것들도 주파수의 함수인 복소수가 된다. θ도 4단자망의 개방 및 단락 임피던스로부터 용이하게 결정할 수 있다. 식(12.16)에서 영상정합상태를 고려하면

$$\frac{\dot{V}_1}{\dot{V}_2}=\dot{A}+\frac{\dot{B}}{\dot{Z}_{i2}}=\dot{A}+\dot{B}\Big/\sqrt{\frac{\dot{B}\dot{D}}{\dot{C}\dot{A}}}$$

$$=\sqrt{\frac{\dot{A}}{\dot{D}}}(\sqrt{\dot{A}\dot{D}}+\sqrt{\dot{B}\dot{C}})$$

$$\frac{\dot{I}_1}{\dot{I}_2}=\dot{C}\dot{Z}_{i2}+\dot{D}=\dot{C}\sqrt{\frac{\dot{D}\dot{B}}{\dot{C}\dot{A}}}+\dot{D}$$
$$=\sqrt{\frac{\dot{D}}{\dot{A}}}(\sqrt{\dot{A}\dot{D}}+\sqrt{\dot{B}\dot{C}})$$

이므로, 따라서 식(12.67)은

$$e^{\theta}=\sqrt{\dot{A}\dot{D}}+\sqrt{\dot{B}\dot{C}} \tag{12.68}$$

여기서 $\dot{A}\dot{D}-\dot{B}\dot{C}=1$ 의 관계를 이용하면

$$e^{-\theta}=\sqrt{\dot{A}\dot{D}}-\sqrt{\dot{B}\dot{C}} \tag{12.69}$$

따라서

$$\left.\begin{aligned}\cos h\theta&=\frac{e^{\theta}+e^{-\theta}}{2}=\sqrt{\dot{A}\dot{D}}\\ \sin h\theta&=\frac{e^{\theta}-e^{-\theta}}{2}=\sqrt{\dot{B}\dot{C}}\\ \tan h\theta&=\frac{\sin h\theta}{\cos h\theta}=\sqrt{\frac{\dot{B}\dot{C}}{\dot{A}\dot{D}}}\end{aligned}\right\} \tag{12.70}$$

또한 **그림 12.16**으로부터

$$\tan h\theta=\sqrt{\dot{Z}_{s1}/\dot{Z}_{o1}}=\sqrt{\dot{Z}_{s2}/\dot{Z}_{o2}} \tag{12.71}$$

실제의 계산에서는 쌍곡선 함수보다 지수함수 형식이 편리할 때가 많다. 식(12.68)을 식(12.69)로 나누면

$$e^{2\theta}=\frac{1+\sqrt{\dot{B}\dot{C}/\dot{A}\dot{D}}}{1-\sqrt{\dot{B}\dot{C}/\dot{A}\dot{D}}} \tag{12.72}$$

또는

$$e^{2\theta}=\frac{1+\sqrt{\dot{Z}_{s1}/\dot{Z}_{o1}}}{1-\sqrt{\dot{Z}_{s1}/\dot{Z}_{o1}}}=\frac{1+\sqrt{\dot{Z}_{s2}/\dot{Z}_{o2}}}{1-\sqrt{\dot{Z}_{s2}/\dot{Z}_{o2}}} \tag{12.73}$$

한편, 식(12.67)에서 $\dot{V}_1=\dot{Z}_{i1}\dot{I}_1$, $\dot{V}_2=\dot{Z}_{i2}\dot{I}_2$의 관계가 있으므로

$$e^{\theta}=\frac{\dot{I}_1}{\dot{I}_2}\sqrt{\frac{\dot{Z}_{i1}}{\dot{Z}_{i2}}}=\frac{\dot{V}_1}{\dot{V}_2}\sqrt{\frac{\dot{Z}_{i2}}{\dot{Z}_{i1}}}\text{(영상정합시)} \tag{12.74}$$

특히 대칭 4단자망에 대해서는

$$e^{\theta}=\frac{\dot{I}_1}{\dot{I}_2}=\frac{\dot{V}_1}{\dot{V}_2} \tag{12.75}$$

따라서 영상전달정수 θ의 의미는 앞의 두 식으로부터 명백해진다. 일반적으로 θ는 복소수이므로 $\theta=\alpha+j\beta$로 나타내고 α를 **영상감쇠정수**(image attenuation constant), β를 **영상위상정수**(image phase constant)라 한다. $e^{\theta}=e^{\alpha+j\beta}=e^{\alpha}\underline{/\beta}$이므로 대칭회로의 경우에

$$\alpha=\ln\left|\frac{\dot{I}_1}{\dot{I}_2}\right|=\ln\left|\frac{\dot{V}_1}{\dot{V}_2}\right| \tag{12.76}$$

$$\begin{aligned}\beta&=\mathrm{Arg}(\dot{I}_1)-\mathrm{Arg}(\dot{I}_2)\\&=\mathrm{Arg}(\dot{V}_1)-\mathrm{Arg}(\dot{V}_2)\end{aligned} \tag{12.77}$$

α가 클수록 출력전류는 입력전류에 비해 작아지고, 또 β가 클수록 출력전류는 입력전류보다 위상이 뒤진다. 이는 전압의 경우도 마찬가지이다. **감쇠정수**와 **위상정수**의 명칭은 이러한 사실에 연유한다. α, β는 원래 元이 없는 量이지만 α의 단위로 **네퍼**〔neper〕를 사용하고 β의 단위로서는 라디안〔radian〕 또는 度〔°〕가 사용된다.

3 縱續접속과 影像 파라미터

다음엔 影像整合에 의한 4단자망의 종속접속에 대해 알아보기로 한다.

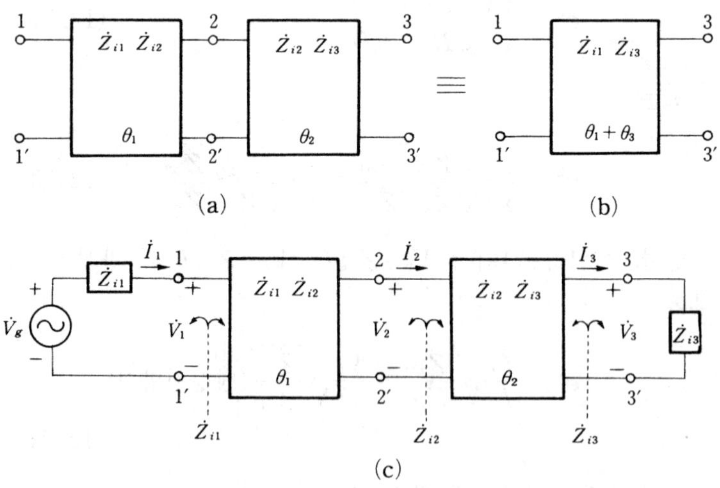

그림 12.18 4단자망의 종속접속

그림 12.18(a)와 같이 영상 파라미터가 각각 $\dot{Z}_{i1}$, $\dot{Z}_{i2}$, θ_1 및 $\dot{Z}_{i2}$, $\dot{Z}_{i3}$, θ_2인 두 4 단자망을 종속접속하는 경우 합성 4단자망의 영상 임피던스는 양단의 영상 임피던스 $\dot{Z}_{i1}$, $\dot{Z}_{i3}$와 같고 영상전달정수는 각각의 전달정수의 합 $\theta_1+\theta_2$가 된다.

이를 증명하기 위해 **그림** 12.18(c)와 같이 단자 $1-1'$에 $\dot{Z}_{i1}$ 단자 $3-3'$에 $\dot{Z}_{i3}$의 임피던스를 접속한 경우를 생각해 보면 단자 $2-2'$에서 우측을 바라본 임피던스는 영상 임피던스의 정의에 의해 $\dot{Z}_{i2}$와 같고 또 단자 $1-1'$에서 우측을 바라본 임피던스는 $\dot{Z}_{i1}$과 같다. 마찬가지 방법으로 단자 $2-2'$ 및 $3-3'$에서 좌측을 바라본 임피던스는 각각 $\dot{Z}_{i2}$, $\dot{Z}_{i3}$와 같다. 그러므로 각 쌍의 단자에서 영상정합이 되며 합성 4단자망의 영상 임피던스는 $\dot{Z}_{i1}$, $\dot{Z}_{i3}$가 된다. 다음에 합성 4단자망의 영상전달정수를 θ라 하면 정의에 의해서

$$e^{\theta}=\sqrt{\frac{\dot{V}_1\dot{I}_1}{\dot{V}_3\dot{I}_3}}=\sqrt{\frac{\dot{V}_1\dot{I}_1}{\dot{V}_2\dot{I}_2}}\sqrt{\frac{\dot{V}_2\dot{I}_2}{\dot{V}_3\dot{I}_3}}$$
$$=e^{\theta_1}e^{\theta_2}=e^{\theta_1+\theta_2}$$

따라서

$$\theta=\theta_1+\theta_2 \text{ 또는 } \alpha=\alpha_1+\alpha_2,\ \ \beta=\beta_1+\beta_2 \quad (12.78)$$

이것은 종속되는 4단자망의 數가 2개 이상일 경우에 성립되는 것은 명백하다.

〔예제 12·5〕 그림 12.19(a)의 회로에 대하여

① $\omega=4000$〔rad/sec〕에서의 영상 파라미터를 구하여라.

② 이 4단자망의 출력단을 (a)에서 계산된 영상 임피던스로 종단(終端)시키고 입력단에서 $\omega=4000$〔rad/sec〕의 전원으로 구동시킨 경우 입력전류와 출력전류와의 크기의 比 및 위상차를 구하여라.

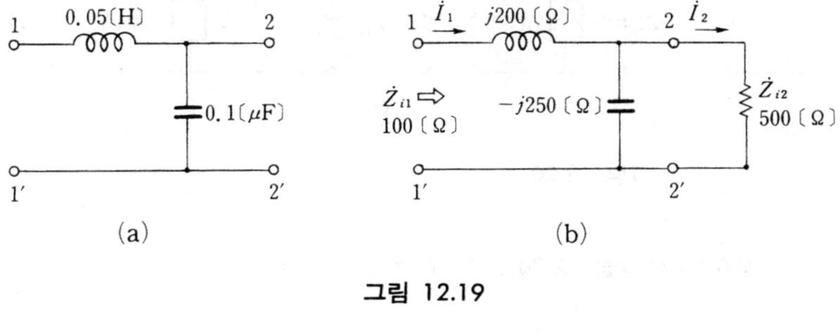

그림 12.19

풀이 ☞ ① $\omega=4000$〔rad/sec〕에서의 두 소자의 리액턴스가

$$j\omega L=j200〔\Omega〕,\quad -j\frac{1}{\omega C}=-j250〔\Omega〕$$

따라서

$$\dot{Z}_{o1}=j200-j250=-j50,\quad \dot{Z}_{s1}=j200$$

$$\dot{Z}_{o2}=-j250,\quad \dot{Z}_{s2}=\frac{j200(-j250)}{j200-j250}=j1000$$

그러므로

$$\dot{Z}_{i1}=\sqrt{\dot{Z}_{o1}\dot{Z}_{s1}}=\sqrt{(-j50)(j200)}=100+j0$$

$$\dot{Z}_{i2}=\sqrt{\dot{Z}_{o2}\dot{Z}_{s2}}=\sqrt{(-j250)(j1000)}=500+j0$$

한편 $\dot{Z}_{s1}/\dot{Z}_{o1}=\dot{Z}_{s2}/\dot{Z}_{o2}=-4$ 이므로

$$e^{2\theta}=\frac{1+\sqrt{\dot{Z}_{s1}/\dot{Z}_{o1}}}{1-\sqrt{\dot{Z}_{s1}/\dot{Z}_{o1}}}=\frac{1+j2}{1-j2}=1.0\underline{/53.1^\circ}$$

$$\therefore\quad \alpha=0,\quad \beta=53.1^\circ$$

② 이 회로의 출력측에 **그림 12.19**(b)와 같이 영상 임피던스 500〔Ω〕의 저항을 연결한 경우

$$\frac{\dot{I}_1}{\dot{I}_2}=e^{\theta}\sqrt{\frac{\dot{Z}_{i2}}{\dot{Z}_{i1}}}=1.0\underline{/63.4^\circ}\sqrt{\frac{500}{100}}\fallingdotseq 2.24\underline{/63.4^\circ}$$

따라서 출력전류는 입력전류의 $\frac{1}{2.24}$이고 위상은 63.4° 늦는다.

〔예제 12·6〕 그림 12.20(a)의 영상 파라미터로부터 그림 (b), (c), (d)의 회로에 대한 영상 파라미터를 구하여라.

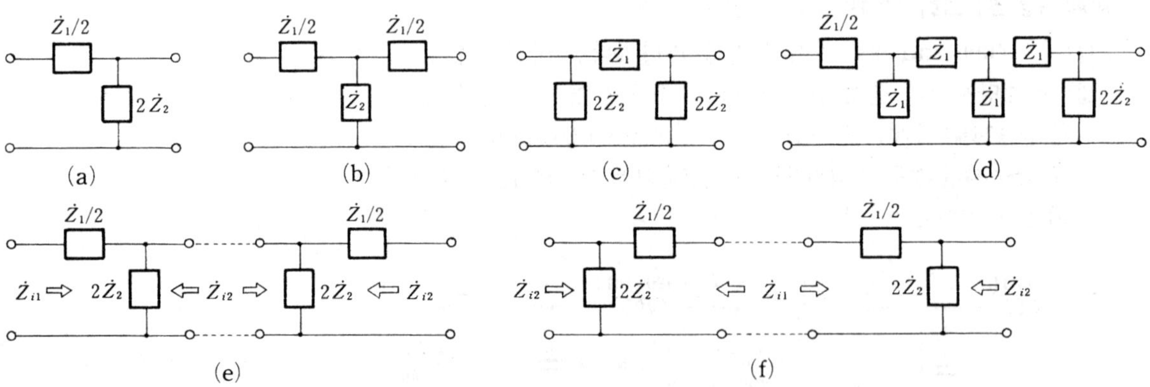

그림 12.20

풀이 ☞ **그림 12.20**(a)의 L형 회로에서

$$\dot{Z}_{s1}=\frac{\dot{Z}_1}{2},\quad \dot{Z}_{o1}=\frac{\dot{Z}_1}{2}+2\dot{Z}_2,$$

$$\dot{Z}_{s2}=\frac{(\dot{Z}_1/2)\cdot 2\dot{Z}_2}{\dot{Z}_1/2+2\dot{Z}_2},\quad \dot{Z}_{o2}=2\dot{Z}_2$$

이들에 의해 영상 파라미터를 구하면

$$\dot{Z}_{i1}=\sqrt{\dot{Z}_1\dot{Z}_2\left(1+\frac{\dot{Z}_1}{4\dot{Z}_2}\right)},\quad \dot{Z}_{i2}=\sqrt{\dot{Z}_1\dot{Z}_2\Big/\left(1+\frac{\dot{Z}_1}{4\dot{Z}_2}\right)}$$

또 $\cot h\theta=\sqrt{\dot{Z}_{o1}/\dot{Z}_{s1}}=\sqrt{1+4\dot{Z}_2/\dot{Z}_1}$ 이므로

$$\sin h\theta=1/\csc h\theta=1/\sqrt{\cot h^2\theta-1}=\sqrt{\dot{Z}_1/4\dot{Z}_2}$$

따라서

$$\theta_L=\sin h^{-1}\sqrt{\frac{\dot{Z}_1}{4\dot{Z}_2}}$$

그림 12.20(b)의 대칭 T회로는 L회로 2개를 그림 (e)와 같이 접속점에서 영상 임피던스가 맞도록 접속한 것과 같다. 따라서 그 영상 임피던스는 L회로의 $\dot{Z}_{i1}$과 같고 또 영상전달정수는 θ_L의 두 배와 같다. 그러므로

$$\dot{Z}_{iT}=\sqrt{\dot{Z}_1\dot{Z}_2\left(1+\frac{\dot{Z}_1}{4\dot{Z}_2}\right)},\quad \theta_T=2\sin h^{-1}\sqrt{\frac{\dot{Z}_1}{4\dot{Z}_2}}$$

마찬가지 방법으로 (c)의 대칭 π회로는 그림 (f)를 참고로 하면

$$\dot{Z}_{i\pi}=\sqrt{\dot{Z}_1\dot{Z}_2\Big/\left(1+\frac{\dot{Z}_1}{4\dot{Z}_2}\right)},\quad \theta_\pi=2\sin h^{-1}\sqrt{\frac{\dot{Z}_1}{4\dot{Z}_2}}$$

마지막으로 (d)의 사다리형 회로는 T회로 2개와 L회로 1개를 영상접속이 되도록 종속접속한 것이므로 그 영상 파라미터는 $\dot{Z}_{iT}$, $\dot{Z}_{i\pi}$, $5\theta_L$과 같다.

12-5 反復 파라미터

1 反復 임피던스

그림 12.21(a)와 같이 4단자망의 단자 2-2′에 임피던스 $\dot{Z}_{k1}$을 접속할 때 단자 1-1′의 구동점 임피던스가 $\dot{Z}_{k1}$과 같이 되게 하는 $\dot{Z}_{k1}$을 단자 2-2′에서의 **반복 임피던스**(iterative impedance)라 하며 마찬가지 방법(그림 (b))에 의해 $\dot{Z}_{k2}$를 단자 1-1′에서의 반복 임피던스라 한다.

반복 임피던스를 $ABCD$ 파라미터로 나타내보면 **그림** 12.21에 있어서

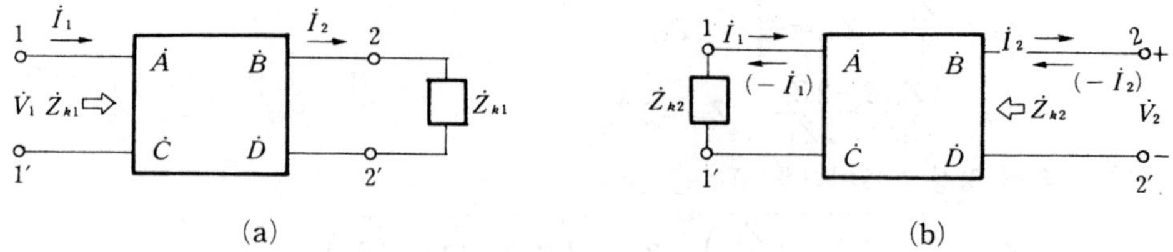

그림 12.21 반복 임피던스

$$\left.\begin{aligned}\dot{V}_1&=\dot{A}\dot{V}_2+\dot{B}\dot{I}_2\\ \dot{I}_1&=\dot{C}\dot{V}_2+\dot{D}\dot{I}_2\end{aligned}\right\} \tag{12.79}$$

$$\dot{Z}_{k1}=\dot{V}_1/\dot{I}_1=\dot{V}_2/\dot{I}_2 \tag{12.80}$$

이므로 식(12.80)을 식(12.79)에 대입하면

$$\frac{\dot{V}_1}{\dot{I}_1}=\frac{\dot{A}\dot{Z}_{k1}+\dot{B}}{\dot{C}\dot{Z}_{k1}+\dot{D}}$$

가 얻어지며, 이것은 $\dot{Z}_{k1}$과 같아야 한다. 즉,

$$\frac{\dot{A}\dot{Z}_{k1}+\dot{B}}{\dot{C}\dot{Z}_{k1}+\dot{D}}=\dot{Z}_{k1}$$

이로부터

$$\dot{Z}_{k1}=\frac{1}{2\dot{C}}\{\dot{A}-\dot{D}+\sqrt{(\dot{A}-\dot{D})^2+4\dot{B}\dot{C}}\} \tag{12.81}$$

$\dot{Z}_{k2}$는 식(12.81)에서 $\dot{A}$와 $\dot{D}$를 바꾸어 놓으면 되므로

$$\dot{Z}_{k2}=\frac{1}{2\dot{C}}\{\dot{D}-\dot{A}+\sqrt{(\dot{A}-\dot{D})^2+4\dot{B}\dot{C}}\} \tag{12.82}$$

가 된다.

2 反復伝達定数

그림 12.21(a)에서 단자 2-2′에 반복 임피던스 $\dot{Z}_{k1}$을 접속할 경우 식(12.80)이 성립하므로

$$\frac{\dot{V}_1}{\dot{V}_2}=\frac{\dot{I}_1}{\dot{I}_2}=e^{\gamma_1} \tag{12.83}$$

으로 놓으면 식(12.24)와 식(12.81), (12.82)로부터 $e^{\gamma_1}=\dfrac{\dot{I}_1}{\dot{I}_2}$

$=\dot{C}\dot{Z}_{k1}+\dot{D}$로 되므로 여기에 $\dot{A}\dot{D}-\dot{B}\dot{C}=1$을 이용하여 정리하면

$$e^{\gamma_1}=\frac{\dot{A}+\dot{D}}{2}+\sqrt{\left(\frac{\dot{A}+\dot{D}}{2}\right)^2-1} \qquad (12.84)$$

이 된다. 또 쌍곡선 함수를 사용하면

$$\cos h\gamma_1=\frac{e^{\gamma_1}+e^{-\gamma_1}}{2}=\frac{1}{2}(\dot{A}+\dot{D}) \qquad (12.85)$$

또 단자 1-1′에 반복 임피던스 $\dot{Z}_{k2}$를 접속할 경우 $\dot{Z}_{k2}=\dot{V}_2/\dot{I}_2=\dot{V}_1/\dot{I}_1$이므로 마찬가지 방법에 의해

$$e^{\gamma_2}=\frac{\dot{I}_2}{\dot{I}_1}=\dot{C}\dot{Z}_{k2}+\dot{A}$$

를 거쳐서

$$\cos h\gamma_2=\frac{1}{2}(\dot{D}+\dot{A}) \qquad (12.86)$$

대칭일 경우

$$\gamma_1=\gamma_2=\gamma=\cos h^{-1}\left(\frac{\dot{D}+\dot{A}}{2}\right) \qquad (12.87)$$

가 된다. 여기서 γ를 **반복전달정수**(iterative transfer constant) 또는 **전파(伝播)정수**(propagation constant)라 하고 $\dot{Z}_{k1}$, $\dot{Z}_{k2}$, γ를 **반복 파라미터**(iterative parameter)라고 한다.

ABCD 파라미터를 반복 파라미터로 나타내면 식(12.81), (12.82)로부터의

$$\left.\begin{aligned}&\dot{Z}_{k1}-\dot{Z}_{k2}=\frac{\dot{A}-\dot{D}}{\dot{C}},\quad \dot{Z}_{k1}\cdot\dot{Z}_{k2}=\frac{\dot{B}}{\dot{C}}\\&\dot{Z}_{k1}+\dot{Z}_{k2}=\frac{\sqrt{(\dot{A}+\dot{D})^2-4}}{\dot{C}}\end{aligned}\right\} \qquad (12.88)$$

과 식(12.86), (12.87)로부터

$$\left.\begin{aligned}\dot{A}&=\cos h\gamma+\frac{\dot{Z}_{k1}-\dot{Z}_{k2}}{\dot{Z}_{k1}+\dot{Z}_{k2}}\sin h\gamma\\\dot{B}&=\frac{2\dot{Z}_{k1}\dot{Z}_{k2}}{\dot{Z}_{k1}+\dot{Z}_{k2}}\sin h\gamma\\\dot{C}&=\frac{2}{\dot{Z}_{k1}+\dot{Z}_{k2}}\sin h\gamma\\\dot{D}&=\cos h\gamma-\frac{\dot{Z}_{k1}-\dot{Z}_{k2}}{\dot{Z}_{k1}+\dot{Z}_{k2}}\sin h\gamma\end{aligned}\right\} \qquad (12.89)$$

가 된다. 그러나 대칭일 경우에는

$$\left.\begin{aligned}&\dot{Z}_{k1}=\dot{Z}_{k2}=\dot{Z}_k=\frac{1}{2\dot{C}}\sqrt{4\dot{B}\dot{C}}=\sqrt{\frac{\dot{B}}{\dot{C}}}=\dot{Z}_{i1}=\dot{Z}_{i2}=\dot{Z}_i\\&\gamma=\cosh^{-1}\dot{A}=\theta\end{aligned}\right\}\quad(12.90)$$

이 되어 대칭 4 단자망에서는 반복 파라미터와 영상 파라미터는 같게 된다.

3 縱續접속과 反復 파라미터

그림 12.22와 같이 반복 임피던스 $\dot{Z}_{k1}$, $\dot{Z}_{k2}$는 같으나 반복 전달정수가 상이한 n개의 4 단자망을 종속접속하여 출력단자에 $\dot{Z}_{k1}$을 접속한 경우에 대해 생각해 본다.

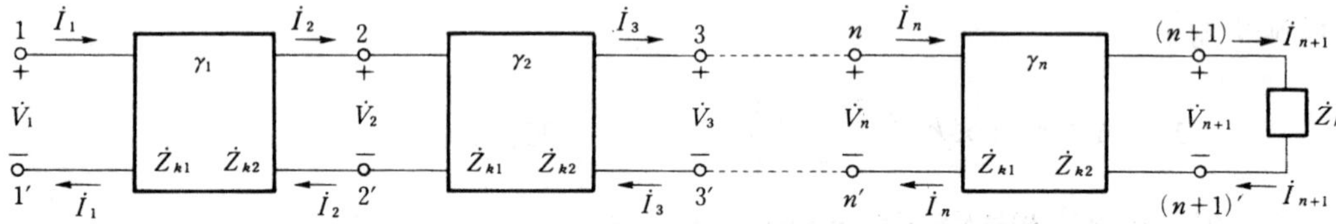

그림 12.22

이 경우는 어느 단자에서도 오른쪽을 본 임피던스는 $\dot{Z}_{k1}$이므로 식(12.83)으로부터

$$\frac{\dot{V}_1}{\dot{V}_2}=\frac{\dot{I}_1}{\dot{I}_2}=e^{\gamma_1},\quad \frac{\dot{V}_2}{\dot{V}_3}=\frac{\dot{I}_2}{\dot{I}_3}=e^{\gamma_2},\quad\cdots,$$

$$\frac{\dot{V}_n}{\dot{V}_{n+1}}=\frac{\dot{I}_n}{\dot{I}_{n+1}}=e^{\gamma_n}\qquad(12.91)$$

이 되므로

$$\frac{\dot{V}_1}{\dot{V}_{n+1}}=\frac{\dot{I}_1}{\dot{I}_{n+1}}=e^{\gamma_1+\gamma_2+\cdots+\gamma_n}\qquad(12.92)$$

이 성립된다. 따라서 종속접속에 의해서 생기는 합성 4 단자망은 반복 임피던스가 $\dot{Z}_{k1}$, $\dot{Z}_{k2}$이며 전달정수는 각 4 단자망의 전달정수의 합과 같게 된다.

〔예제 12·7〕 그림 12.23과 같은 T형 회로의 반복 파라미터를 구하여라.

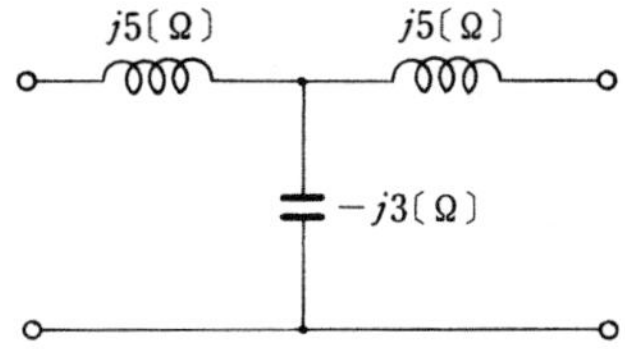

그림 12.23

풀이 ☞
$$\begin{bmatrix} \dot{A} & \dot{B} \\ \dot{C} & \dot{D} \end{bmatrix}=\begin{bmatrix} 1 & j5 \\ 0 & 1 \end{bmatrix}\begin{bmatrix} 1 & 0 \\ j\frac{1}{3} & 1 \end{bmatrix}\begin{bmatrix} 1 & j5 \\ 0 & 1 \end{bmatrix}$$

$$=\begin{bmatrix} -\frac{2}{3} & j\frac{5}{3} \\ j\frac{1}{3} & -\frac{2}{3} \end{bmatrix}$$

$\dot{A}=\dot{D}$이므로 이 T형 회로는 대칭이다. 따라서 반복 파라미터는

$$\dot{Z}_{k1}=\dot{Z}_{k2}=\sqrt{\frac{\dot{B}}{\dot{C}}}=\sqrt{\frac{j\frac{5}{3}}{j\frac{1}{3}}}=\sqrt{5}$$

$$\cos h\gamma=\dot{A}=-\frac{2}{3}$$

12-6 4端子網의 等価回路

두 개의 4단자망에서 한 종류의 파라미터가 서로 같으면 두 쌍의 단자에서의 특성이 동일할 것이므로 서로 대치할 수 있다. 즉, 두 4단자망은 두쌍의 단자에 관한 한 서로 等価인 것이다. 일반적으로 선형수동 4단자망에서는 독립적인 파라미터가 3개 뿐 이므로 3개의 암(arm)을 갖는 T형 또는 π형의 등가회로를 만들 수 있다.

1 等価 T 型回路變換

(1) 4단자망(**그림 12.24**(a))의 $ABCD$ 파라미터가 주어질 때

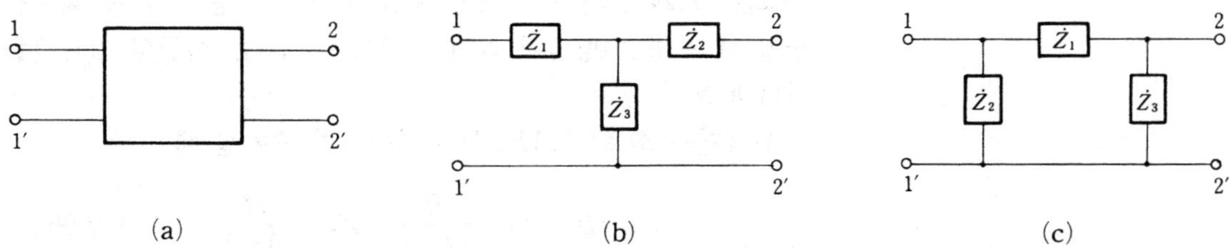

그림 12.24 4단자망의 등가 T형 및 π형 회로

이를 등가 T형 회로(그림 (b))로 변환하려면 T형 회로에 대한 $ABCD$ 파라미터가 회로 (a)에 대한 $ABCD$ 파라미터와 일치하면 된다. 그러므로 우선 그림 (b)의 T형 회로에 대한 $ABCD$ 파라미터를 구하면 **예제 12.3**으로부터

$$\dot{A}=1+\frac{\dot{Z}_1}{\dot{Z}_3},\quad \dot{B}=\dot{Z}_1+\dot{Z}_2+\frac{\dot{Z}_1\dot{Z}_2}{\dot{Z}_3}$$
$$\dot{C}=\frac{1}{\dot{Z}_3},\qquad \dot{D}=1+\frac{\dot{Z}_2}{\dot{Z}_3}$$

가 되므로 이를 $\dot{Z}_1$, $\dot{Z}_2$, $\dot{Z}_3$에 대해서 풀면 된다. 즉,

$$\dot{Z}_1=\frac{\dot{A}-1}{\dot{C}},\quad \dot{Z}_2=\frac{\dot{D}-1}{\dot{C}},\quad \dot{Z}_3=\frac{1}{\dot{C}} \tag{12.93}$$

(2) 4단자망의 Z 파라미터가 주어질 때 T형 회로에 대한 Z 파라미터를 구하여 이를 $\dot{Z}_1$, $\dot{Z}_2$, $\dot{Z}_3$에 대하여 풀면

$$\dot{Z}_1=\dot{Z}_{11}-\dot{Z}_{12},\quad \dot{Z}_2=\dot{Z}_{22}-\dot{Z}_{12},\quad \dot{Z}_3=\dot{Z}_{12} \tag{12.94}$$

(3) 4단자망의 영상 파라미터($\dot{Z}_{i1}$, $\dot{Z}_{i2}$, θ)가 주어질 때 역시 T형 회로에 대한 영상 파라미터를 구함으로써 구해질 수 있다. 즉

$$\left.\begin{aligned}\dot{Z}_1&=\frac{\dot{Z}_{i1}\cosh\theta-\sqrt{\dot{Z}_{i1}\dot{Z}_{i2}}}{\sinh\theta}\\ \dot{Z}_2&=\frac{\dot{Z}_{i2}\cosh\theta-\sqrt{\dot{Z}_{i1}\dot{Z}_{i2}}}{\sinh\theta}\\ \dot{Z}_3&=\frac{\sqrt{\dot{Z}_{i1}\dot{Z}_{i2}}}{\sinh\theta}\end{aligned}\right\} \tag{12.95}$$

2 等価 π 型回路変換

그림 12.24(c)의 등가 π형 회로의 경우도 등가 T형 회로를 구할 때와 같은 방법에 의해 구해질 수 있다. 이들의 결과만을 나타내 보면

(1) 4단자 회로의 $ABCD$ 파라미터가 주어질 때

$$\dot{Z}_1=\dot{B},\quad \dot{Z}_2=\frac{\dot{B}}{\dot{D}-1},\quad \dot{Z}_3=\frac{\dot{B}}{\dot{A}-1} \tag{12.96}$$

(2) 4단자 회로의 Y 파라미터가 주어질 때

$$\left.\begin{aligned}\dot{Z}_1&=\frac{1}{\dot{Y}_1}=\frac{1}{-\dot{Y}_{12}}\\ \dot{Z}_2&=\frac{1}{\dot{Y}_2}=\frac{1}{\dot{Y}_{11}+\dot{Y}_{12}}\\ \dot{Z}_3&=\frac{1}{\dot{Y}_3}=\frac{1}{\dot{Y}_{12}+\dot{Y}_{22}}\end{aligned}\right\} \qquad (12.97)$$

(3) 4단자 회로의 영상 파라미터가 주어질 때

$$\left.\begin{aligned}\dot{Z}_1&=\sqrt{\dot{Z}_{i1}\dot{Z}_{i2}}\sinh\theta\\ \dot{Z}_2&=\frac{\dot{Z}_{i1}\dot{Z}_{i2}\sinh\theta}{\dot{Z}_{i2}\cosh\theta-\sqrt{\dot{Z}_{i1}\dot{Z}_{i2}}}\\ \dot{Z}_3&=\frac{\dot{Z}_{i1}\dot{Z}_{i2}\sinh\theta}{\dot{Z}_{i1}\cosh\theta-\sqrt{\dot{Z}_{i1}\dot{Z}_{i2}}}\end{aligned}\right\} \qquad (12.98)$$

〔예제 12·8〕 그림 12.25(a)와 같이 Z 파라미터가 $\dot{Z}_{11}$, $\dot{Z}_{22}$, $\dot{Z}_{12}$인 4단자망의 출력단자에 부하 임피던스 $\dot{Z}_L$를 연결할 때 입력 임피던스 $\dot{Z}_{in}=\dot{V}_1/\dot{I}_1$ 및 전달 임피던스 $\dot{Z}_t=\dot{V}_2/\dot{I}_1$을 구하여라.

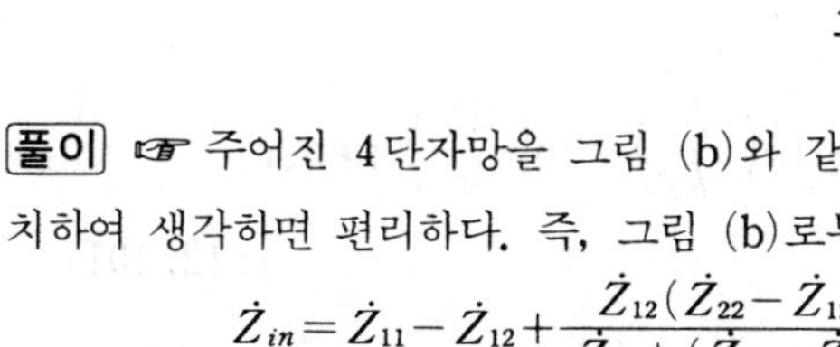

(a)

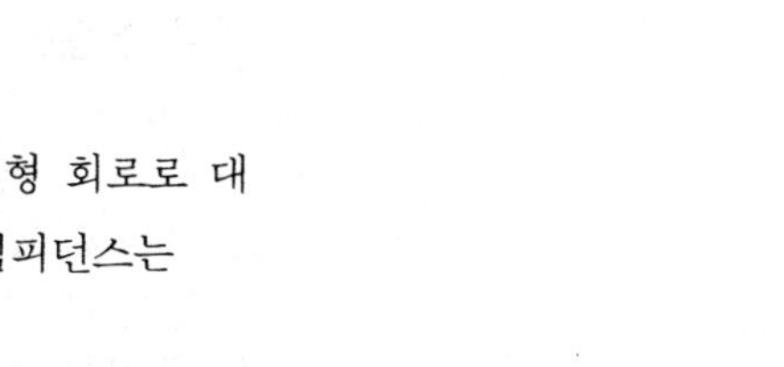

(b)

그림 12.25

풀이 ☞ 주어진 4단자망을 그림 (b)와 같이 등가 T형 회로로 대치하여 생각하면 편리하다. 즉, 그림 (b)로부터 입력 임피던스는

$$\dot{Z}_{in}=\dot{Z}_{11}-\dot{Z}_{12}+\frac{\dot{Z}_{12}(\dot{Z}_{22}-\dot{Z}_{12}+\dot{Z}_L)}{\dot{Z}_{12}+(\dot{Z}_{22}-\dot{Z}_{12}+\dot{Z}_L)}$$
$$=\frac{(\dot{Z}_{11}\dot{Z}_{22}-\dot{Z}_{12}^2)+\dot{Z}_{11}\dot{Z}_L}{\dot{Z}_{22}+\dot{Z}_L}$$

또한

$$\dot{V}_2=\dot{Z}_L\frac{\dot{Z}_{12}}{\dot{Z}_{12}+(\dot{Z}_{22}-\dot{Z}_{12}+\dot{Z}_L)}\dot{I}_1$$

이므로, 전달 임피던스는

$$\dot{Z}_t = \frac{\dot{V}_2}{\dot{I}_1} = \frac{\dot{Z}_{12}\dot{Z}_L}{\dot{Z}_{22}+\dot{Z}_L}$$

이 된다.

12-7 伝送손실, 삽입손실, 不整合손실

물리적인 양을 비교하는 데는 그 差 또는 比로서 표시하는 경우가 많으나 통신공학에서는 흔히 두 양에 대한 比의 対数로서 표시한다. 그래서 두 전력 P_1, P_2를 비교할 때 $\frac{1}{2}\ln(P_1/P_2)$ 또는 $10\log_{10}(P_1/P_2)$을 사용한다. 이때 전자의 단위로서는 **네퍼**(neper) 후자의 단위로서는 **데시벨**(dB : decibel)이 사용된다. 이들 사이에는

$$1\,[\text{neper}] = 8.686\,[\text{dB}] \tag{12.99}$$

의 관계가 있으며 이론적으로는 〔neper〕, 실용적으로는 〔dB〕이 편리하다. 전송 4단자망을 통하여 부하에 에너지를 전송할 때 4단자망의 입력전력 P_1의 일부는 전송회로망 내에서 소비되고 나머지 전력 P_2가 부하에 공급된다. 이때의 전력손실을 **전달손실**(transmission loss)이라 하며 다음 식으로 나타낸다.

$$\begin{aligned}\text{전송손실} &= \frac{1}{2}\ln\left(\frac{P_1}{P_2}\right)[\text{neper}] \\ &= 10\log\left(\frac{P_1}{P_2}\right)[\text{dB}]\end{aligned} \tag{12.100}$$

또한 전송 4단자망의 입력 임피던스와 부하 임피던스가 같을 때의 전송손실은

$$\frac{1}{2}\ln\left(\frac{P_1}{P_2}\right) = \ln\left(\frac{\dot{I}_1}{\dot{I}_2}\right) = \ln\left(\frac{\dot{V}_1}{\dot{V}_2}\right)[\text{neper}] \tag{12.101}$$

로 표시할 수 있다. 〔neper〕나 〔dB〕은 두 전력을 비교하기 위하여 도입된 것이지만 두 전압이나 두 전류를 비교할 때 사용되기도 한다.

그림 12.26(a)와 같이 주어진 전원을 부하에 직접 연결하는 경우의 부하전류, 전압, 전력을 각각 $\dot{I}_2'$, $\dot{V}_2'$, $\dot{P}_2'$라 하고 그

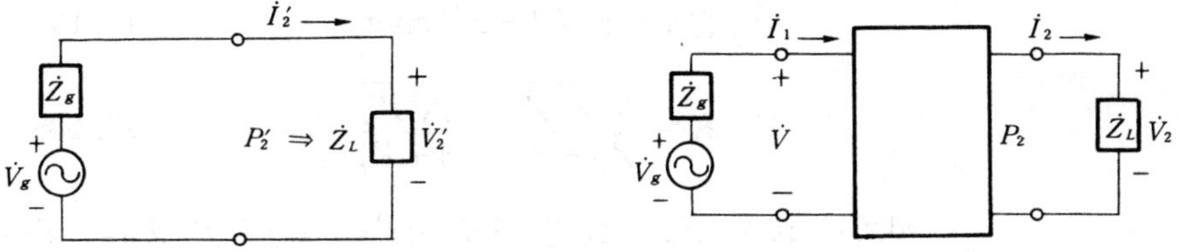

(a) (b)

그림 12.26 전송 4단자망

림(b)와 같이 어떤 목적을 위하여 그 사이에 4단자망을 삽입하는 경우의 것을 $\dot{I}_2$, $\dot{V}_2$, P_2라 할 때 4단자망의 삽입으로 인하여 부하측에서 일어나는 영향을 고려하기 위해 다음과 같은 **삽입비**(insertion ratio) 및 **삽입손실**(insertion loss)을 정의한다.

$$\text{삽 입 비}=\frac{\dot{I}_2'}{\dot{I}_2}=\frac{\dot{V}_2'}{\dot{V}_2} \tag{12.102}$$

$$\begin{aligned}\text{삽입손실}&=\frac{1}{2}\ln\frac{\dot{P}_2'}{P_2}=\ln\left|\frac{\dot{I}_2'}{\dot{I}_2}\right|\\&=\ln\left|\frac{\dot{V}_2'}{\dot{V}_2}\right|\text{〔neper〕}\end{aligned} \tag{12.103}$$

$\dot{I}_2>\dot{I}_2'$인 경우에는 삽입손실은 (−)가 되며 이것은 삽입이득이 일어남을 의미한다. 삽입比는 일반적으로 복소수이며 그 각은 삽입 전후의 부하전류 또는 전압의 위상추이(位相推移)를 나타내며 이를 **삽입위상추이**(insertion phase shift)라 한다.

그림 12.27과 같이 영상 임피던스로 整合된 회로에서는 $\dot{I}_1=\dot{V}_g/2\dot{Z}_{i1}$이고 식(12.74)로부터

$$\dot{I}_2=\frac{\dot{V}_g e^{-\theta}}{2\sqrt{\dot{Z}_{i1}\dot{Z}_{i2}}}=\frac{\dot{V}_g e^{-\theta}}{2\sqrt{\dot{Z}_g\dot{Z}_L}} \tag{12.104}$$

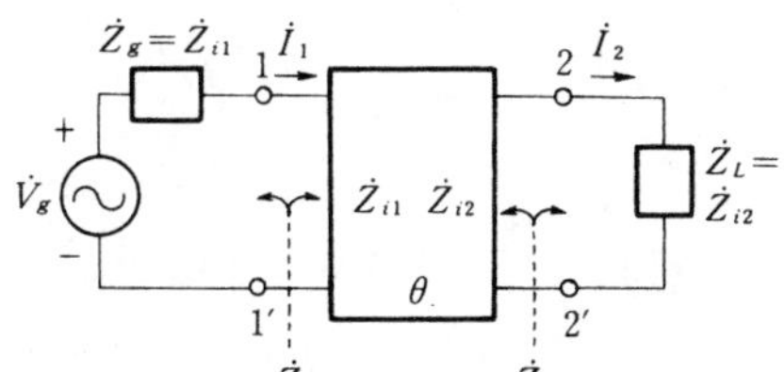

그림 12.27

가 되며 4단자망이 삽입되지 않을 때의 전류는

$$\dot{I}_2'=\frac{\dot{V}_g}{\dot{Z}_g+\dot{Z}_L} \tag{12.105}$$

따라서

$$\text{삽 입 비}=\frac{\dot{I}_2'}{\dot{I}_2}=\frac{2\sqrt{\dot{Z}_g\dot{Z}_L}}{\dot{Z}_g+\dot{Z}_L}e^{\theta} \tag{12.106}$$

$$\text{삽입손실} = \ln|K| + \alpha \text{〔neper〕} \tag{12.107}$$

$$\text{단,} \quad K = \frac{2\sqrt{\dot{Z}_g \dot{Z}_L}}{\dot{Z}_g + \dot{Z}_L} = \frac{2\sqrt{\dot{Z}_g / \dot{Z}_L}}{1 + \dot{Z}_g / \dot{Z}_L} \tag{12.108}$$

여기서 K는 $\dot{Z}_g \neq \dot{Z}_L$일 때에 생기는 값이므로 $\dot{Z}_g$와 $\dot{Z}_L$과의 **不整合率**(mismatching factor) 또는 **反射率**이라 하며 ln $|K|$를 **부정합손실** 또는 **반사손실**이라고 한다. 특히 대칭 4단자망이 영상 임피던스로 정합된 경우 즉, $\dot{Z}_g = \dot{Z}_L = \dot{Z}_i$인 때는 삽입손실은 단순히 α〔neper〕가 되고 삽입위상추이는 β〔radian〕과 같다.

연습문제

〔1〕 **그림 12.28** 과 같은 π형 4단자망의 A, B, C, D 파라미터를 구하여라.

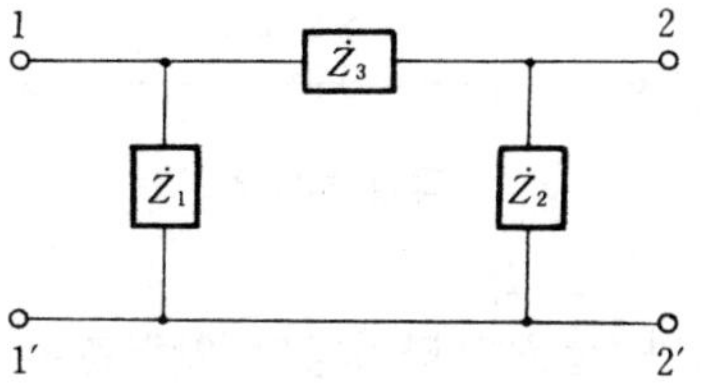

그림 12.28

〔2〕 **그림 12.29** 는 T형 회로와 π형 회로의 종속접속으로 이루어진 4단자 회로이다. A, B, C, D 파라미터를 구하여라.

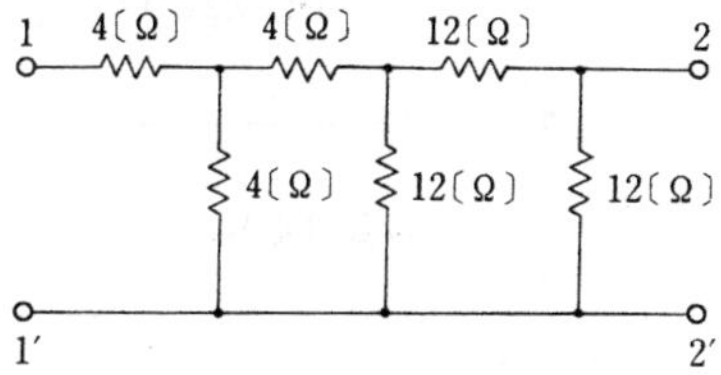

그림 12.29

〔3〕 **그림 12.30** 과 같은 브리지된 T형 회로에 대한 어드미턴스 파라미터를 구하여라.

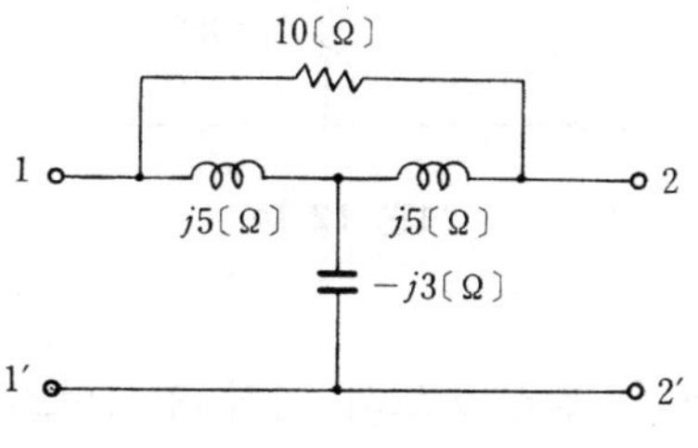

그림 12.30

〔4〕 **그림 12.31** 과 같이 $\dot{A}, \dot{B}, \dot{C}, \dot{D}$를 4단자정수로 하는 4단자망의 입력측에 직렬 임피던스 $\dot{Z}_s$와 기전력 $\dot{E}_0$를 접속하고 출력측에 부하 임피던스 $\dot{Z}_L$을 연결하여 줄 때 전원으로부터 흐르는 전류 $\dot{I}_s$와 전원단자로부터 본 등가 임피던스 $\dot{Z}_0$를 구하여라.

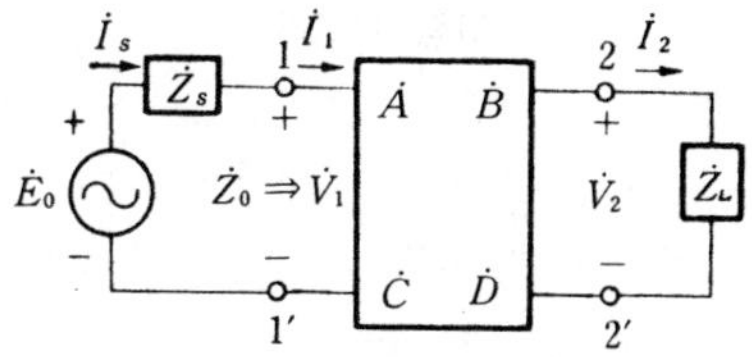

그림 12.31

〔5〕 **그림 12.32** 에 표시된 것처럼 π형 회로와 T형 회로가 직렬 접속된 4단자망의 임피던스 파라미터를 구하여라.

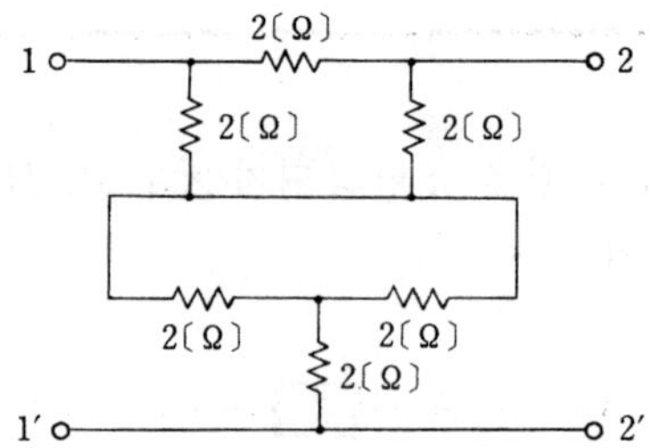

그림 12.32

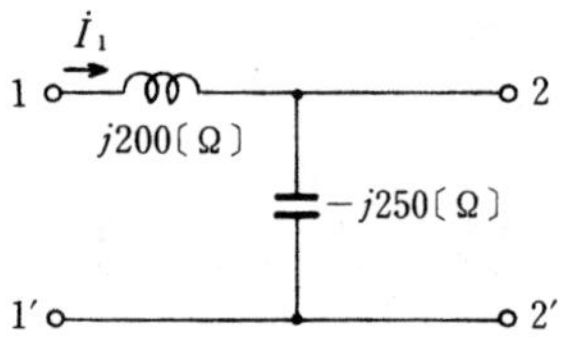

그림 12.33

〔6〕 **그림** 12.33과 같은 4단자망의 입력측이 100〔Ω〕으로, 출력측이 500〔Ω〕으로 종단되어 있을 때 입출력간의 전류비 $\dot{I}_1/\dot{I}_2$를 구하여라.

〔7〕 **그림** 12.34와 같은 T형 회로의 영상 임피던스 및 전달정수를 구하여라.

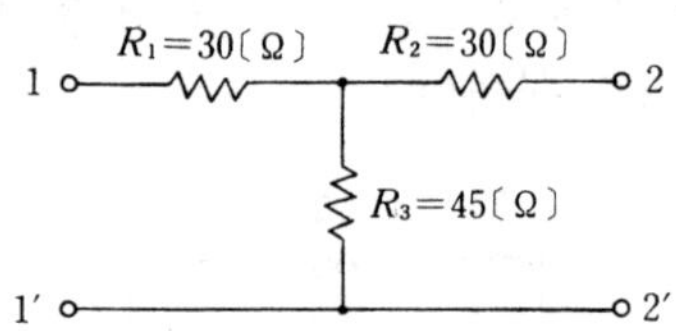

그림 12.34

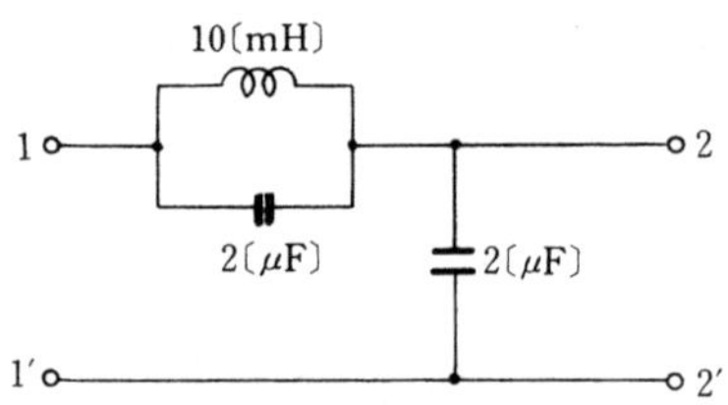

그림 12.35

〔8〕 **그림** 12.35와 같은 회로의 영상 임피던스 및 전달정수를 구하여라.

〔9〕 **그림** 12.36과 같은 대칭 격자형 회로의 영상 임피던스와 전달정수를 구하여라.

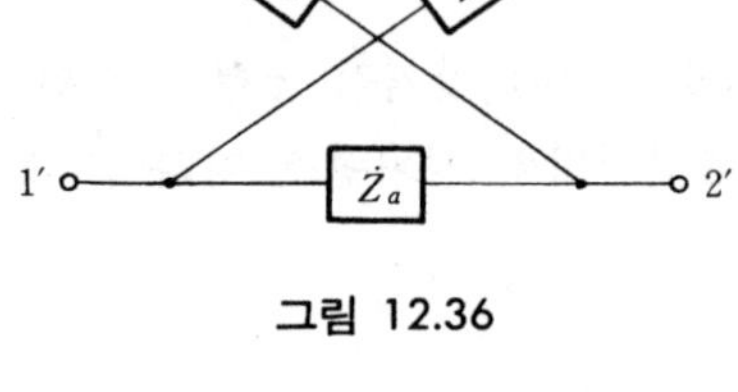

그림 12.36

〔10〕 **그림 12.37**과 같은 L형 4단자 회로의 반복 임피던스 및 전파정수를 구하여라.

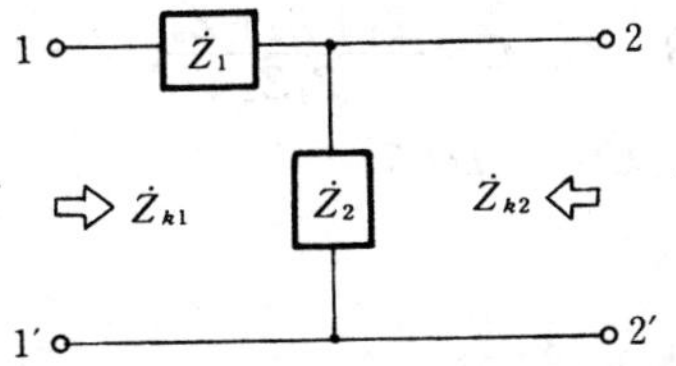

그림 12.37

연습문제해답

〔1〕 $\dot{A}=1+\frac{\dot{Z}_3}{\dot{Z}_2}$, $\dot{B}=\dot{Z}_3$, $\dot{C}=\frac{\dot{Z}_1+\dot{Z}_2+\dot{Z}_3}{\dot{Z}_1\dot{Z}_2}$, $\dot{D}=1+\frac{\dot{Z}_3}{\dot{Z}_1}$

〔2〕 $\dot{A}=7$, $\dot{B}=48$, $\dot{C}=1$, $\dot{D}=7$

〔3〕 $\dot{Y}_{11}=\frac{1}{10}+j\frac{2}{5}$〔Ω〕

$\dot{Y}_{12}=\dot{Y}_{21}=-\frac{1}{10}+j\frac{3}{5}$〔Ω〕

$\dot{Y}_{22}=\frac{1}{10}+j\frac{2}{5}$〔Ω〕

〔4〕 $\dot{Z}_0=\frac{\dot{A}\dot{Z}_L+\dot{B}+(\dot{C}\dot{Z}_L+\dot{D})\dot{Z}_s}{\dot{C}\dot{Z}_L+\dot{D}}$

$\dot{I}_s=\frac{\dot{E}_0}{\dot{Z}_0}=\frac{(\dot{C}\dot{Z}_L+\dot{D})\dot{E}_0}{\dot{A}\dot{Z}_L+\dot{B}+(\dot{C}\dot{Z}_L+\dot{D})\dot{Z}_s}$

〔5〕 $\begin{bmatrix}\dot{Z}_{11} & \dot{Z}_{12}\\ \dot{Z}_{21} & \dot{Z}_{22}\end{bmatrix}=\begin{bmatrix}\frac{16}{3} & \frac{8}{3}\\ \frac{8}{3} & \frac{16}{3}\end{bmatrix}$

〔6〕 $\dot{I}_1/\dot{I}_2=2.24\underline{/63.4°}$

〔7〕 $\dot{Z}_{i1}=\dot{Z}_{i2}=60$〔Ω〕

$\theta=\ln 3$

〔8〕 주어진 회로망은 **그림 12.38**과 같은 형이므로 이로부터 4단자정수를 구하면 영상 임피던스는

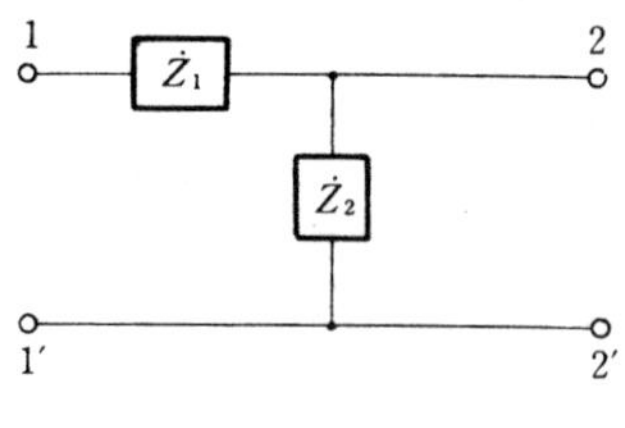

그림 12.38

$$\dot{Z}_{i1}=\sqrt{\frac{\dot{A}\dot{B}}{\dot{C}\dot{D}}}\fallingdotseq j122〔\Omega〕$$

$$\dot{Z}_{i2}=\sqrt{\frac{\dot{D}\dot{B}}{\dot{C}\dot{A}}}\fallingdotseq j40.8〔\Omega〕$$

전달정수는

$$\theta=\cosh^{-1}\sqrt{\dot{A}\dot{D}}=\cosh^{-1}\sqrt{3}$$

〔9〕 $\dot{Z}_{i1}=\dot{Z}_{i2}=\sqrt{\dot{Z}_a\cdot\dot{Z}_b}$

$\theta=\tanh^{-1}\frac{2\sqrt{\dot{Z}_a\dot{Z}_b}}{\dot{Z}_a+\dot{Z}_b}$

〔10〕 반복 임피던스 $\dot{Z}_{k1}$, $\dot{Z}_{k2}$는

$$\dot{Z}_{k1}=\frac{1}{2\dot{C}}\{\dot{A}-\dot{D}+\sqrt{(\dot{A}-\dot{D})^2+4\dot{B}\dot{C}}\}$$

$$=\frac{\dot{Z}_2}{2}\left(\frac{\dot{Z}_1}{\dot{Z}_2}+\sqrt{\frac{\dot{Z}_1^2}{\dot{Z}_2^2}+\frac{4\dot{Z}_1}{\dot{Z}_2}}\right)$$

$$=\frac{\dot{Z}_1+\sqrt{\dot{Z}_1^2+4\dot{Z}_1\dot{Z}_2}}{2}$$

$$\dot{Z}_{k2}=\frac{1}{2\dot{C}}\{\dot{D}-\dot{A}+\sqrt{(\dot{D}-\dot{A})^2+4\dot{B}\dot{C}}\}$$

$$=\frac{\dot{Z}_2}{2}\left(-\frac{\dot{Z}_1}{\dot{Z}_2}+\sqrt{\frac{\dot{Z}_1^2}{\dot{Z}_2^2}+\frac{4\dot{Z}_1}{\dot{Z}_2}}\right)$$

$$=\frac{-\dot{Z}_1+\sqrt{\dot{Z}_1^2+4\dot{Z}_1\dot{Z}_2}}{2}$$

전파 정수는 $\gamma=\cos h^{-1}\frac{\dot{A}+\dot{D}}{2}=\cos h^{-1}(1+\frac{\dot{Z}_1}{2\dot{Z}_2})$

필터(濾波) 回路 13

필터(filter)는 인덕턴스 L과 커패시턴스 C로 된 4단자망의 일종으로서 여러 주파수를 포함하는 전원(또는 신호원)으로부터 전력(또는 신호)을 공급할 때 어느 범위의 주파수의 전력은 비교적 감쇠가 작게 전송하고 다른 주파수의 전력은 현저하게 감쇠시키는 회로를 말한다. 필터를 그 周波数帶에 따라 분류하면 낮은 주파수 성분을 감쇠없이 통과시키는 低域通過 필터(low pass filter), 높은 주파수를 잘 통과시키는 高域通過 필터(high pass filter), 어떤 주파수 범위에 한해서만 통과시키는 帶域通過 필터(band pass filter), 그리고 어느 대역의 주파수만을 저지시키는 帶域消去 필터(band elimination filter) 등이 있다. 이상적인 필터라면 다음의 3가지 조건이 만족되어야 한다.

(1) 통과域(pass band)에서의 삽입손실이 0일 것, 즉 삽입 전후의 부하전류가 같아야 한다.

(2) 감쇠域(attenuation band)에서의 삽입손실이 ∞일 것, 즉 삽입 후의 부하전류가 0이어야 한다.

(3) 통과域에서의 삽입 위상추이(位相推移)가 주파수에 따라 직선적으로 변화하여야 한다.

본장에서는 우선 필터에 대한 물리적인 개념을 확실히 한 후 4단자망으로서의 필터에 대한 주파수 특성 및 이를 이용한 필터의 구성 등에 대해 알아보기로 한다.

(요 목)

13-1 필터의 物理的 概念

왜형파 기전력이나 이로 인한 전류에는 주파수를 달리하는 여러 성분의 전압이나 전류가 포함되며, 특히 無線周波回路의 경우 그 입력에 있어서 매우 광범위한 영역의 주파수를 갖는 신호들이 포함된다. 따라서 전기적 **필터**는 한 帶域의 주파수를 취하거나 제거하기 위한 목적으로, 또는 보다 높거나 낮은 주파수 성분들을 분리시키는 데 사용된다.

1 필터의 機能을 갖는 回路

(1) 誘導結合回路

변압기는 1차 전류의 변화분에 대해 유기된 전압을 2차측에 발생시키는 기능을 갖기 때문에 **그림 13.1** (a)와 같은 변압기 회로의 1차측에 그림에서와 같이 맥동 직류전압(v_1)이 인가된다면 2차측에는 1차측의 교류성분만이 출력으로 나타나게 된다 (**그림 13.1** (b)).

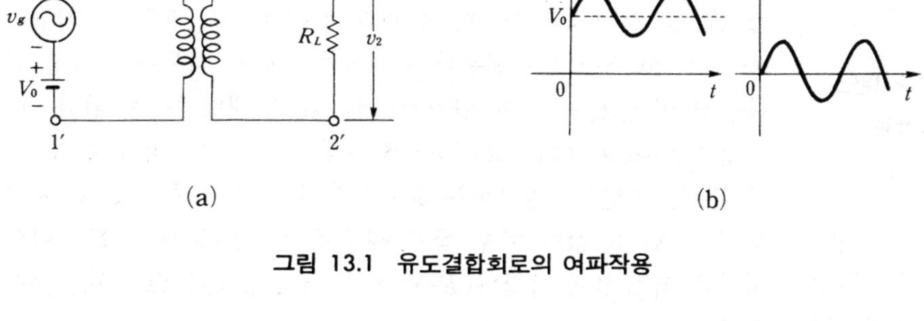

그림 13.1 유도결합회로의 여파작용

결과적으로 1차측의 직류성분은 유도결합회로를 통하는 동안 제거되고 교류성분만이 2차측에 전달됨으로써 유도결합회로는 직류분을 제거하는 여파기능을 갖게 된다.

(2) 容量結合回路

그림 13.2 (a)와 같은 RC 결합회로의 1차측에 역시 맥동 직

류전압(v_1)이 인가되는 경우에 대해 생각해 보자.

이때 C에는 충전과 방전이 반복되지만 C양단의 단자전압의 평균값은 1차측 직류성분 전압에 해당된다. 그러므로 1차측 정상 직류성분이 저지되므로 이 직류전압은 R양단에서는 출력전압으로 발생될 수 없게 된다. 그러나 교류성분만은 R양단 (2-2′)에 출력전압으로 나타나게 된다.

결국 이 경우에도 RC결합회로는 직류성분을 제거하는 여파 기능을 가짐을 알 수 있다.

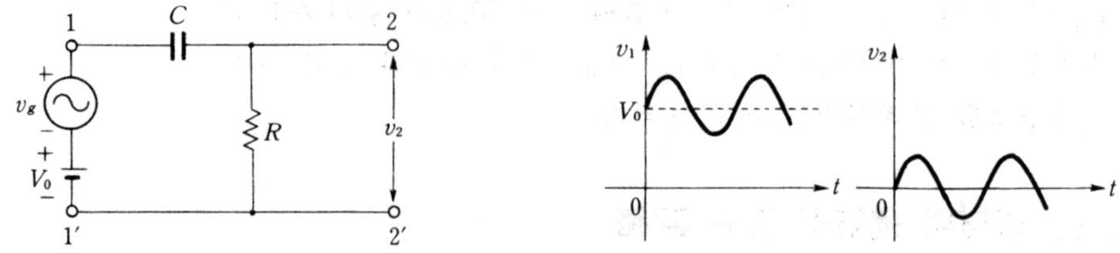

(a) (b)

그림 13.2 용량결합회로의 여파작용

(3) 바이패스 커패시터 回路

바이패스(bypass)란 소자 주위의 통로로서 병렬 또는 分路 통로를 말한다. 이때는 **그림 13.3**과 같이 커패시턴스가 맥동 직류전압의 교류성분을 바이패스하기 위해 저항과 병렬로 사용된다. 이때 만약 바이패스 커패시턴스가 충분히 커서 입력측 교류성분 중 최소 주파수를 갖는 성분에 대해서도 아주 작은 리액턴스 X_C를 갖게 된다면 X_C에 비해 상대적으로 매우 큰 저항값을 갖는 R_2에는 교류성분이 유입되기 어렵기 때문에 사실상 교류분에 대해 C는 거의 단락상태로, R은 개방상태로 된다. 다시말해 이때 R_2에는 교류성분에 대한 출력전압은 발생할 수 없게 된다. 또한 이 경우에는 교류성분의 거의 전부가 C로 유입되지만 X_C의 값이 매우 작기 때문에 교류분에 대한 C양단의 전압은 역시 0에 가깝다(R_2와 C는 병렬접속이므로 이는 당연하다).

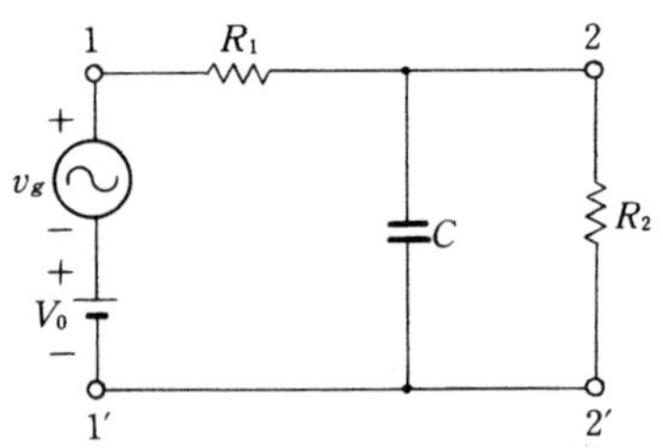

그림 13.3 바이패스 커패시턴스 회로의 여파작용

그러나 직류성분에 대해서는 C는 실제적으로 개방회로가 되기 때문에 R_2는 R_1에 대해 전압분배기로서의 역할을 하게 된다. 결과적으로 바이패스 커패시턴스 C는 맥동 입력전압의 교류분에 대해 단락상태가 됨으로써 R_2양단에 교류분에 대한 출력전압이 나타나는 것을 저지시키는 기능을 갖게 된다.

* 短絡 : 회로내 어느 두지점간의 임피던스가 매우 작거나($\simeq 0$) 또는 이곳으로의 유입 전류가 극히 작음($\simeq 0$)으로써 그 두지점간의 전위치가 거의 0이 되는 상태

2 필터 回路

필터의 기능에 따라 필터는 크게 **低域通過 필터**와 **高域通過 필터**로 분류할 수 있다.

저역통과 필터는 인가전압(신호)의 저주파 성분을 통과시켜 부하저항(R_L) 양단에 출력전압을 발생시키고 고주파 성분은 출력단에서 감쇠시키거나 저지시키는 것이다.

고역통과 필터는 반대로 인가전압의 고주파 성분을 통과시켜 부하저항 양단에 전압을 발생시킨다.

용량성(RC) 결합회로의 경우 입력전압의 교류성분은 R에 유기되는 반면 직류전압은 직렬 커패시터에 의해 저지되기 때문에 고역통과 필터의 한 예가 된다. 이때는 교류성분의 주파수가 높아질수록 더 높은 교류전압이 R 양단에 유기된다. 반면에 바이패스 커패시터 회로는 저역 필터의 예로서 주파수가 높을수록 C를 통해 바이패스되고 낮은 주파수일수록 바이패스 작용이 약해진다.

그 결과 낮은 주파수 성분들은 分路 바이패스 커패시터 양단에 출력전압을 발생시키게 된다.

필터 작용을 출력전압의 주파수를 이용하여 보다 더 선택성이 좋게 하기 위해 일반적으로 필터 회로는 인덕턴스와 커패시턴스를 결합시켜 구성된다. 유도 리액턴스(X_L)는 주파수가 높아짐에 따라 증가하는 반면, 용량 리액턴스(X_C)는 감소하기 때문에 이 두 성분의 반대되는 성질은 L과 C를 어떻게 결합하는가에 따라 더욱더 필터의 기능을 개선시킬 수가 있게 된다.

그림 13.4와 **13.6**의 L형 T형 그리고 π형은 가장 일반적인 필터로서 어느 것이나 저역 필터 또는 고역 필터의 역할을 한다.

L과 C를 갖는 저역 필터나 고역 필터에 있어서 X_L은 주파수가 높아짐에 따라 증가하고 X_C는 감소한다. X_L과 X_C의 주파수 특성은 변화하지 않으나 회로연결을 반대로 함으로써 필터 작용을 바꿀 수 있다. 일반적으로 **低域 필터**의 구성과 특성은 다음과 같다.

i) 인덕턴스 L이 부하(R_L)와 직렬접속된다.

이때 고주파에 대해서 L에는 매우 큰 리액턴스(X_L)가 유기되어 R_L에서의 출력전압이 감소(저지)되며 저주파일수록 R_L

에서의 출력전압이 증대(통과)된다.

ii) 바이패스 커패시턴스 C가 부하 R_L에 병렬접속된다.

이때 고주파 성분은 C에 매우 낮은 리액턴스(X_C)를 유기시키므로 대부분 C에 의해 바이패스되어 부하 R_L은 거의 단락상태가 된다. 그 결과 부하 R_L에서의 출력전압은 거의 없게(저지)된다. 그러나 저주파 성분에 대해서는 C로 바이패스되는 양이 작아지기 때문에 R_L에서의 출력전압이 증대(통과)된다.

반면에 **高域 필터**의 구성과 특징은

i) 커패시터 C가 부하 R_L에 직렬접속된다.

이때 고주파에 대해서 리액턴스 X_C는 매우 작아지므로 부하 R_L에서의 출력전압은 증대(통과)되며 저주파에 대해서는 X_C가 커지므로 R_L에서의 출력전압은 매우 감소(저지)된다.

ii) 인덕턴스 L이 부하 R_L에 병렬접속된다.

이때 고주파에 대해 X_L은 크므로 부하 R_L에서의 출력전압이 증대(통과)되며 저주파일수록 L로 바이패스되는 양이 증대되어 R_L에서의 출력전압이 감소(저지)된다.

(1) 低域通過 필터

그림 13.4는 (a)에서의 分路 바이패스 커패시턴스 또는 (b)에서의 직렬 인덕턴스를 갖는 하나의 필터 소자로부터 (c)의 L형 필터 그리고 보다 더 정교한 결합을 보이고 있는 (d)의 T형, (e)의 π형 필터에 이르기까지 여러가지 저역 필터 회로를 보여주고 있다.

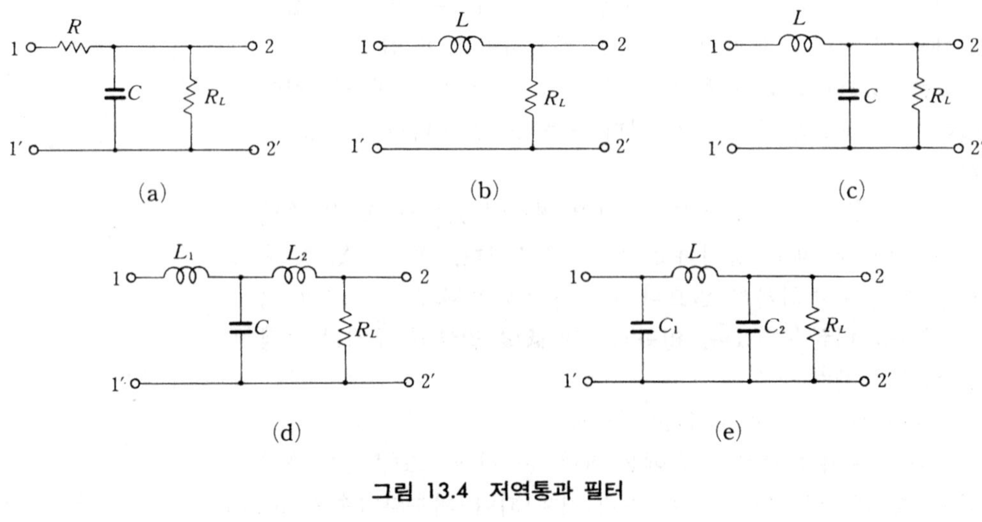

그림 13.4 저역통과 필터

저역 필터 작용은 여러가지 주파수 성분을 갖는 인가입력전압으로부터 R_L에서 최대의 저주파 전압을 발생시키는 반면 대부분의 고주파 전압은 직렬 인덕턴스에 걸리게 되어 부하 R_L에서의 출력전압이 작아지도록 한다.

(a)에서 분로 커패시턴스 C는 고주파에 대해 R_L을 바이패스하며 (b)에서의 인덕턴스 L은 고주파에 대해 R_L과 직렬분압기로서의 작용을 하게 된다. L이 가장 높은 주파수에서 최대 리액턴스를 가지므로 입력전압의 고주파 성분은 R_L에는 거의 생기지 않고 L양단에 발생된다. 저주파에서 L은 작은 리액턴스를 가지므로 입력전압의 대부분은 R_L양단에 발생된다.

(c)에서의 직렬 인덕턴스 L과 바이패스 커패시턴스 C는 저주파에 대해서는 R_L에 전압을 발생시킬 수 있지만 고주파에 대해서는 L에 최대 전압을 발생시킴으로써 부하 R_L에서 고주파가 더욱 날카롭게 차단되도록 한다. 마찬가지 원리에 의해서 T형(d)과 π형(e)에서는 이와 같은 **저주파 필터**의 기능이 더욱 개선된다. 필터 작용에서는 불필요한 주파수 성분의 크기를 가급적 줄이는(감쇠시키는) 것이 요구되는데 최대 출력전압의 70.7〔%〕를 발생시킬 수 있는 주파수를 **차단주파수**(cut-off frequency)라 한다. **그림 13.5**는 15〔kHz〕의 차단주파수를 갖는 저역 필터의 한 예(주파수 특성)이다.

이 저역 필터는 15〔kHz〕 이상의 주파수들은 감쇠시키며 15〔kHz〕 이하의 낮은 주파수를 갖는 입력신호들은 어떠한 성분도 부하양단에 출력전압으로 발생시킨다. 즉, 15〔kHz〕 이하의 주파수는 **통과대**에 있고 15〔kHz〕 이상은 **저지대**에 있게 된다. 통과대와 저지대 사이에서의 필터 작용의 정확성은 회로내의 L, C의 구성과 그 특성에 의해 결정된다.

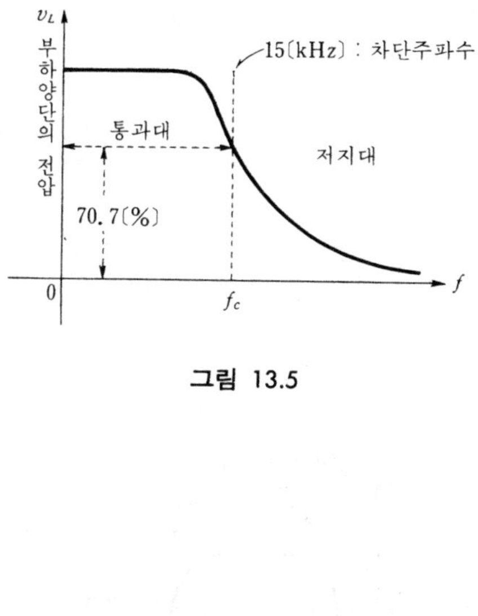

그림 13.5

일반적으로 L이나 C의 성분들이 증대될수록 필터의 응답은 더 예리해질 수 있다. 따라서 π나 T형은 L형이나 바이패스 커패시턴스 또는 L 자체만의 것보다 필터 기능이 더 증대된다.

그림 13.5에서 차단주파수(f_c)를 15〔kHz〕로 할 경우(인간의 가청주파수 : 20〔Hz〕~17〔kHz〕) 이 응답곡선은 가청주파수 이상의 무선주파수의 신호들이 감쇠되는 저역 필터의 예가 된다

(2) 高域通過 필터

그림 13.6(a)에서 보는 것처럼 고역 필터는 차단주파수 이상의 모든 주파수의 신호를 부하에 통과시키는 반면 그보다 낮은 주파수의 신호는 부하에 나타날 수 없게 한다.

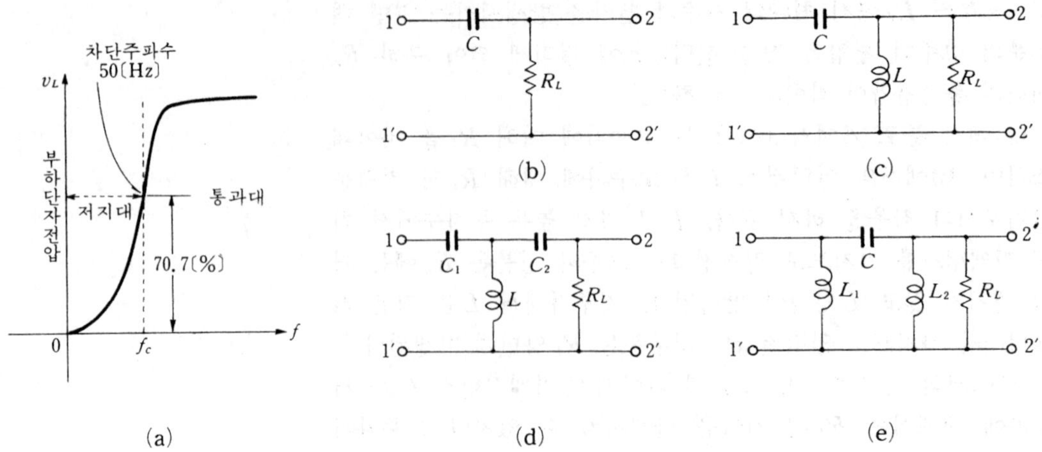

그림 13.6 고역통과 필터

그림 (a)는 0에서 50〔Hz〕의 저지대를 갖는 고역 필터의 응답을 보여주고 있다. 차단주파수 50〔Hz〕 이상의 영역에 있는 통과대의 가청주파수는 부하저항 R_L의 양단에 가청주파수 전압을 발생시킬 수 있다. 고역 필터의 작용은 그림 (b)에서와 같이 부하 R_L과 직렬로 커패시턴스 C를 접속함으로써 이루어진다.

L형, T형 및 π형은 종축에 인덕턴스 L값이 큰 인덕터를 사용한다. 이러한 경우 입력신호의 고주파 성분은 대부분이 R_L 양단에 큰 출력전압으로 나타나고, 직렬 커패시턴스에는 극히 작은 전압만이 나타난다. 종축의 인덕턴스는 주파수가 높아짐에 따라 증대되는 리액턴스를 갖는데 이때 분로 리액턴스 X_L은 R_L값보다 작게 되지 않도록 해야 한다. 그러나 저주파에서 R_L은 종축의 작은 유도성 리액턴스 X_L에 의해 실제로는 단락회로가 되어 버린다.

이는 횡축의 C가 저주파에서 높은 리액턴스를 가짐으로써 전압의 대부분을 이곳에서 발생시키고 부하 R_L의 양단에서는 이런 주파수의 전압이 저지되도록 함을 의미한다.

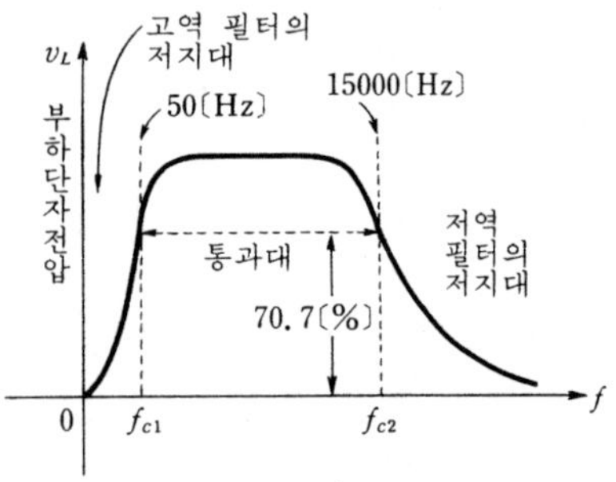

그림 13.7 가청 주파수의 대역통과 응답곡선

고역 필터는 저역 필터와 결합할 수 있다. 이때 합성된 필터는 어느 회로에 의해서도 저지되지 않는 주파수의 대역을 가진다. **그림 13.7**은 가청주파수영역(50～15000〔Hz〕)을 통과대역으로 하는 필터 응답의 한 예이다.

(3) 共振 필터

동조회로는 공진시 비교적 적은 수의 L, C가 요구되기 때문에 무선주파수의 대역을 여파시키는 편리한 방법을 제시한다.

동조회로는 공진주파수에서 최대 출력을 발생하여 여파작용을 하며 공진에 의해서 이루어지는 주파수 대역의 폭은 동조회로에서의 Q값의 영향을 받기 때문에 Q가 높아질수록 대역폭은 좁아진다.

공진은 공진주파수 f_r의 위 아래의 주파수 대역에 대해 효과적이기 때문에 **공진 필터**는 **저지대 필터** 또는 **통과대 필터**라 불리운다.

직렬 또는 병렬 LC 회로는 R_L과의 접속방법에 따라 어느 기능으로도 사용될 수 있다.

① **直列共振 필터** : 직렬공진회로는 공진주파수에서 최대 전류와 최소 임피던스를 가진다. **그림 13.8** (a)에서와 같이 LC 직렬동조회로는 공진점과 근처의 주파수를 통과시켜 R_L에서 최대 전압을 발생시킨다. 그러므로 이것은 대역통과 필터의 작용을 한다. 그러나 직렬 LC 회로가 (b)에서와 같이 R_L양단에 접속되었을 때 공진회로는 低임피던스 分路로 되어 R_L을 거의 단락상태로 접근시킨다. 즉, 이때 최소 출력이 된다.

이 작용은 분로 바이패스 커패시턴스에 대응되지만 공진회로는 좀더 선택적이며 공진이나 공진 근처의 주파수에 대해 R_L은 단락상태가 된다. 그러므로 동조회로의 대역폭에 대해 R_L과 분로인 직렬공진회로는 帶域沮止 여파작용을 하게 된다.

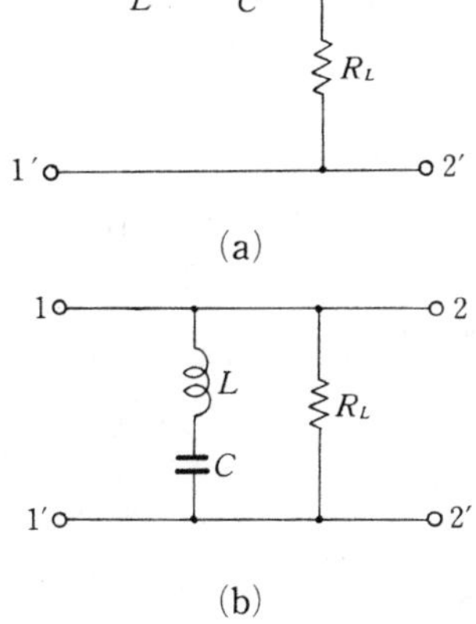

그림 13.8 LC 직렬공진회로의 여파작용

② **並列共振 필터** : 병렬공진회로는 공진주파수에서 최대 임피던스를 가진다. **그림 13.9** (a)에서와 같이 R_L과 직렬로 접속된 병렬공진 LC 회로는 공진주파수나 그 주파수 근처에서 R_L과 직렬인 최대 임피던스를 가진다.

이때 이런 주파수들은 LC 회로에 최대 출력전압을, R_L에는 최소 출력전압을 나타낸다. 따라서 이것은 동조회로의 대역폭에 대해 대역저지 필터가 된다. 그러나 그림 (b)에서와 같이 R_L양단에 접속된 병렬 LC 회로는 대역통과 필터가 된다.

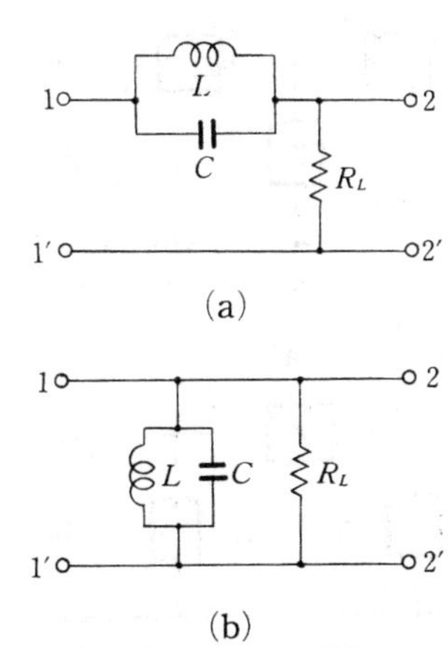

그림 13.9 병렬공진회로의 여파작용

공진점에서 병렬 LC 회로의 높은 임피던스는 R_L에서 출력전압이 발생되도록 한다. 공진점 이하의 주파수에서 R_L은

L의 낮은 리액턴스에 의해 단락이 되고, 공진이상에서는 R_L은 C의 낮은 리액턴스에 의해 단락회로가 된다. 공진주파수 근처의 주파수에 대해서 R_L은 큰 임피던스가 分路되어 있어서 최대 출력전압을 발생한다.

③ **L型 共振 필터** : 직렬과 병렬회로를 L 또는 π 형태로 합성하여 필터 작용을 개선할 수 있다. **그림 13.10**은 L형 필터의 예로 (a)는 대역저지 여파작용을 (b)는 대역통과 여파작용을 한다. (a)의 회로는 병렬공진회로가 부하와 직렬로 접속되어 있으며 반면에 직렬공진회로는 부하와 병렬로 되어 있기 때문에 대역저지 필터가 된다. (b)에서 대역통과 여파작용은 부하와 직렬로 직렬공진회로가 접속되어 있고, 반면 병렬공진회로는 부하의 양단에 접속되어 있기 때문이다.

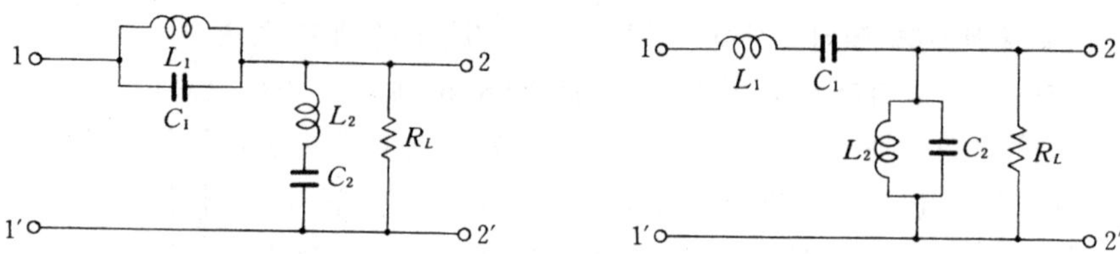

(a) (b)

그림 13.10 공진회로에 의한 L형 여파작용
(단, $L_1C_1=L_2C_2$)

13-2 리액턴스 4端子網의 影像 파라미터

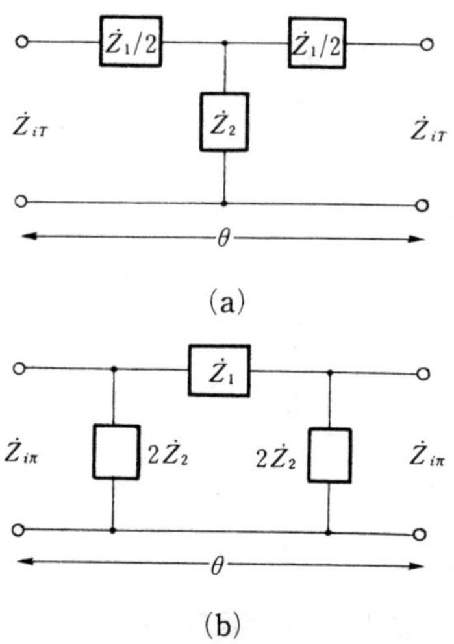

그림 13.11

필터는 구조적인 면에서 대체로 대칭 T형, π형 및 이들을 몇개로 종속접속한 사다리형으로 되어 있다.

그림 13.11의 대칭 T 및 π형 회로의 影像伝達定数는

$$\sinh\frac{\theta}{2}=\sqrt{\frac{\dot{Z}_1}{4\dot{Z}_2}} \tag{13.1}$$

로 주어진다. 필터의 각 소자를 순리액턴스로 가정하면 $\dot{Z}_1=jX_1$, $\dot{Z}_2=jX_2$라 놓을 수 있으며, 따라서 식(13.1)의 좌변을 전개하면

$$\sinh\frac{\theta}{2}=\sinh\frac{\alpha+j\beta}{2}$$
$$=\sinh\frac{\alpha}{2}\cdot\cos\frac{\beta}{2}+j\cosh\frac{\alpha}{2}\cdot\sin\frac{\beta}{2}$$

$$= \sqrt{\frac{X_1}{4X_2}} \tag{13.2}$$

(1) X_1, X_2의 부호가 서로 다를 때

좌변은 순허수 $j\sqrt{-\frac{X_1}{4X_2}}$가 되므로

$$\left.\begin{aligned} \sinh\frac{\alpha}{2}\cdot\cos\frac{\beta}{2} &= 0 \\ \cosh\frac{\alpha}{2}\cdot\sin\frac{\beta}{2} &= \sqrt{-\frac{X_1}{4X_2}} \end{aligned}\right\} \tag{13.3}$$

이 만족되어야 한다.

식(13.3)의 첫식에서 $\alpha = 0$ 또는 $\beta = \pm\pi$에서

$\alpha = 0$ 이면

$$\sin\frac{\beta}{2} = \sqrt{-\frac{X_1}{4X_2}} \left(\text{단, } 0 < -\frac{X_1}{4X_2} < 1\right) \tag{13.4}$$

$\beta = \pm\pi$ 이면

$$\cosh\frac{\alpha}{2} = \sqrt{-\frac{X_1}{4X_2}} \left(\text{단, } -\frac{X_1}{4X_2} > 1\right) \tag{13.5}$$

(2) X_1, X_2의 부호가 같을때

식(13.2)의 우변이 실수가 되므로

$$\left.\begin{aligned} \cosh\frac{\alpha}{2}\cdot\sin\frac{\beta}{2} &= 0 \\ \sinh\frac{\alpha}{2}\cdot\cos\frac{\beta}{2} &= \sqrt{\frac{X_1}{4X_2}} \end{aligned}\right\} \tag{13.6}$$

가 되어야 한다. 여기서 $\cosh\frac{\alpha}{2} \neq 0$ 이므로 $\beta = 0$

따라서

$$\sinh\frac{\alpha}{2} = \sqrt{\frac{X_1}{4X_2}} \left(\text{단, } \frac{X_1}{4X_2} > 0\right) \tag{13.7}$$

대칭 π 또는 T 회로를 영상 임피던스로 종단하는 경우 삽입손실은 α와 같으므로 식(13.4)는 **通過域**, 식(13.5)와 식(13.7)은 **減衰域**에 대응된다. 그런데 앞의 세 경우는 $-X_1/4X_2$의 모든 실수값을 세 범위로 구분하고 있으므로 다음의 **표 13.1**로 요약될 수 있다.

표 13.1

주파수 범위	대역구분	α	β
$-\dfrac{X_1}{4X_2}<0$	감쇠역	$2\sinh^{-1}\sqrt{X_1/4X_2}$	0
$0<-\dfrac{X_1}{4X_2}<1$	통과역	0	$2\sin^{-1}\sqrt{-X_1/4X_2}$
$-\dfrac{X_1}{4X_2}>1$	감쇠역	$2\cosh^{-1}\sqrt{-X_1/4X_2}$	$\pm\pi$

통과역과 감쇠역의 경계점을 **차단점**(cut-off point)이라 하며

$$-\frac{X_1}{4X_2}=0 \text{ 또는 } -\frac{X_1}{4X_2}=1 \tag{13.8}$$

에 의하여 정해진다.

두 2단자망의 각 입력 임피던스 $\dot{Z}_1$ $\dot{Z}_2$의 곱이 주파수에 무관한 정수일 때, 즉 $\dot{Z}_1\dot{Z}_2=R^2$의 관계가 있을 때 $\dot{Z}_1$, $\dot{Z}_2$는 R에 관하여 逆回路를 이룬다고 한다.

예를 들면, $\dot{Z}_1=j\omega L_1$, $\dot{Z}_2=\dfrac{1}{j\omega C_1}$이면 $\dot{Z}_1\dot{Z}_2=L_1/C_1=R^2$이므로 L_1과 C_1은 역회로를 이룬다.

지금 $\dot{Z}_1$이 $\dot{Z}_{11}$, $\dot{Z}_{12}$, $\dot{Z}_{13}$의 직렬회로일 때 그 역회로는

$$\frac{1}{\dot{Z}_2}=\frac{\dot{Z}_1}{R^2}=\frac{\dot{Z}_{11}}{R^2}+\frac{\dot{Z}_{12}}{R^2}+\frac{\dot{Z}_{13}}{R^2}=\frac{1}{\dot{Z}_{21}}+\frac{1}{\dot{Z}_{22}}+\frac{1}{\dot{Z}_{23}}$$

에 의해 $\dot{Z}_{11}$, $\dot{Z}_{12}$, $\dot{Z}_{13}$의 각각의 역회로를 병렬로 접속한 것임을 알 수 있다.

다음에는 가장 보편적인 필터로서의 定K型 필터에 대해 알아보기로 한다.

13-3 定 K型 필터

사다리형 필터에서 직렬 암(arm) $\dot{Z}_1$과 병렬 암 $\dot{Z}_2$의 여러 가지 구성에 의하여 감쇠역과 통과역이 번갈아 나타나는 매우 다양한 필터가 있다. 그중 특히 중요한 것은 $\dot{Z}_1$과 $\dot{Z}_2$가 역회로를 이루는 리액턴스 2단자망인 경우이다. 즉,

$$\dot{Z}_1\dot{Z}_2=R^2 \text{ 또는 } -X_1X_2=R^2 \tag{13.9}$$

이와 같은 관계를 갖는 필터를 **定 K型 필터**(constant-Ktype filter)라 한다. 이때의 R을 **공칭(公称) 임피던스**라고 부른다.

식(13.9)가 성립하기 위해서는 X_1, X_2가 모든 주파수에서 반대의 부호를 가져야 한다. 그러므로 정 K형에서는 **표 13.1**에서와 같은 첫번째 감쇠역은 존재하지 않는다.

간단히 하기 위해

$$-\frac{X_1}{4X_2}=\frac{X_1^2}{4R^2}=x^2 \text{ 또는 } x=\frac{X_1}{2R} \qquad (13.10)$$

이라 놓으면

$$\left.\begin{aligned} &x^2<1\ (|X_1|<2R)\text{에서는 통과역이고} \\ &\qquad \alpha=0,\ \ \beta=2\sin^{-1}x \\ &x^2>1\ (|X_1|>2R)\text{에서는 감쇠역이고} \\ &\qquad \alpha=2\cosh^{-1}|x|,\ \ \beta=\pm\pi \end{aligned}\right\} \qquad (13.11)$$

또 정 K형 필터의 영상 임피던스는

$$\dot{Z}_{iT}=R\sqrt{1-x^2},\ \ \dot{Z}_{i\pi}=\frac{R}{\sqrt{1-x^2}}=\frac{R^2}{\dot{Z}_{iT}} \qquad (13.12)$$

즉, $\dot{Z}_{iT}$와 $\dot{Z}_{i\pi}$는 R에 관하여 逆임피던스가 된다.

그림 13.12에 α, β, $\dot{Z}_{i\pi}$, $\dot{Z}_{iT}$의 x에 따른 변화를 나타내었으며 이때 차단점은 $x=\pm1$에서 일어난다.

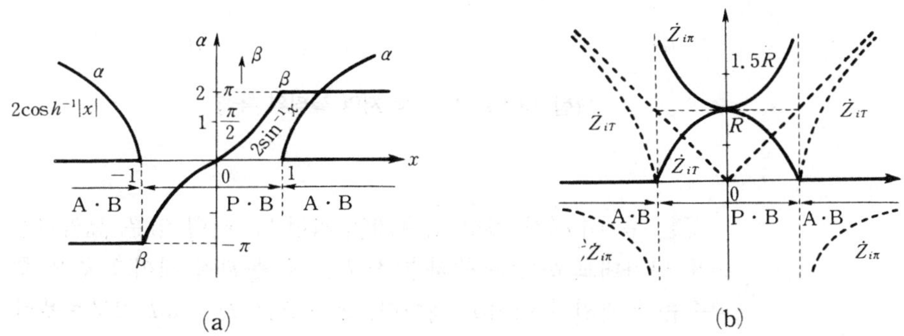

그림 13.12 K형 필터의 특성

1 定 K型 低域 필터

직렬 암이 인덕터로 되어 있는 필터를 생각해 보자. 定 K型

이 되기 위해서는 병렬 암은 직렬 암의 역회로이어야 하므로 커패시터로 되어야 한다.

즉, $\dot{Z}_1 = j\omega L$, $\dot{Z}_2 = 1/j\omega C$ 로부터

$$\dot{Z}_1 \dot{Z}_2 = \frac{L}{C} = R^2, \quad R = \sqrt{\frac{L}{C}} \tag{13.13}$$

그러므로 **그림 13.13** (a)와 같은 필터가 얻어지며 그림 (b)의 리액턴스 곡선으로부터 저역통과의 특성을 갖는 것임을 알 수 있다.

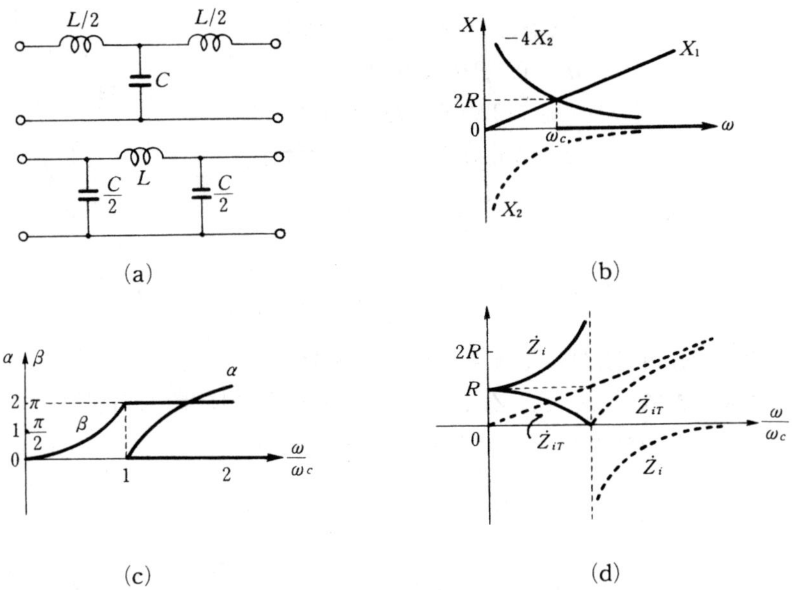

그림 13.13 정 K형 저역 필터의 특성

낮은 주파수에서 직렬 암은 低임피던스, 병렬 암은 高임피던스를 나타내므로 낮은 주파수 성분은 잘 통과될 것이고 높은 주파수는 통과되기 어려울 것이다. $x = X_1/2R = \omega L/2R$ 로부터 차단 각주파수를 ω_C 라 하면 $\omega_C L/2R = 1$, 따라서 $\omega_C = 2R/L = 2/\sqrt{LC}$ 즉,

$$x = \frac{\omega}{\omega_C} \tag{13.14}$$

이것을 식(13.11)에 대입하면

$$\left.\begin{array}{l} 0 \leq \omega \leq \omega_C(\text{통과역})\text{에서}\ \ \alpha = 0,\ \ \beta = 2\sin^{-1}\dfrac{\omega}{\omega_C} \\ \omega \geq \omega_C(\text{감쇠역})\text{에서}\ \ \alpha = 2\cos h^{-1}\dfrac{\omega}{\omega_C},\ \ \beta = \pi \end{array}\right\} \tag{13.15}$$

주파수에 따른 여러 파라미터의 변화가 **그림 13.13**의 (c), (d)에 그려져 있으며 저역 필터의 설계에서는 보통 공칭 임피던스 R과 차단주파수 f_C가 주어지면 식(13.13), (13.14)로부터

$$L=\frac{R}{\pi f_C},\ \ C=\frac{1}{\pi f_C R} \tag{13.16}$$

2 定 K型 高域 필터

직렬 암의 임피던스가 $\dot{Z}_1 = 1/j\omega C$인 정 K형 필터에서 병렬 암의 임피던스는 $\dot{Z}_2 = j\omega L$이어야 하므로 $\dot{Z}_1\dot{Z}_2 = \dfrac{1}{j\omega C}\cdot j\omega L = L/C$이고 공칭 임피던스는

$$R=\sqrt{\frac{L}{C}} \tag{13.17}$$

그러므로 **그림 13.14**(a)와 같은 필터가 얻어지며 그림 (b)의 곡선으로부터 定性的으로 고역통과특성을 가짐을 알 수 있다.

$$x=\frac{X_1}{2R}=-\frac{1}{2R\omega C}$$

이므로

$$x=-\frac{1}{2R\omega_C C}=-1$$

로부터

$$\omega_C=\frac{1}{2RC}=\frac{1}{2\sqrt{LC}}$$

따라서

$$x = -\frac{\omega_C}{\omega} \tag{13.18}$$

이것을 식(13.11)에 대입하면

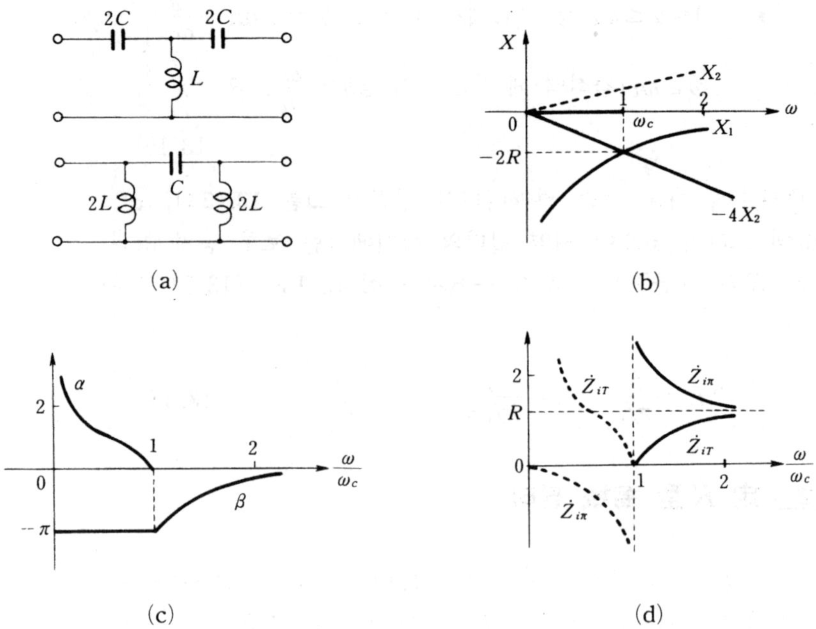

그림 13.14 정 K형 고역 필터의 특성

$$\left.\begin{array}{l} 0 \leq \omega \leq \omega_C(\text{감쇠역})\text{에서}\ \ \alpha = 2\cosh^{-1}\dfrac{\omega_C}{\omega},\ \ \beta = \pi \\ \omega \geq \omega_C(\text{통과역})\text{에서}\ \ \alpha = 0,\ \ \beta = -2\sin^{-1}\dfrac{\omega_C}{\omega} \end{array}\right\} \tag{13.19}$$

각 파라미터에 대한 곡선이 **그림 13.13**의 (c), (d)에 있으며 L, C의 값은

$$C = \frac{1}{4\pi f_C R},\ \ C = \frac{R}{4\pi f_C} \tag{13.20}$$

3 定 K型 帶域通過 필터

직렬 암이 L_1, C_1의 직렬회로인 정 K형 필터를 생각해 보자. 역회로인 병렬 암은 L_2, C_2의 병렬 암이어야 하며(**그림 13.15**(a)) 이들 소자 사이에는 $\dfrac{L_1}{C_1} = \dfrac{L_2}{C_2} = R^2$의 관계가 있다. 따라서 직렬 암과 병렬 암의 공진주파수는 일치하며 이것을 ω_0라 하면

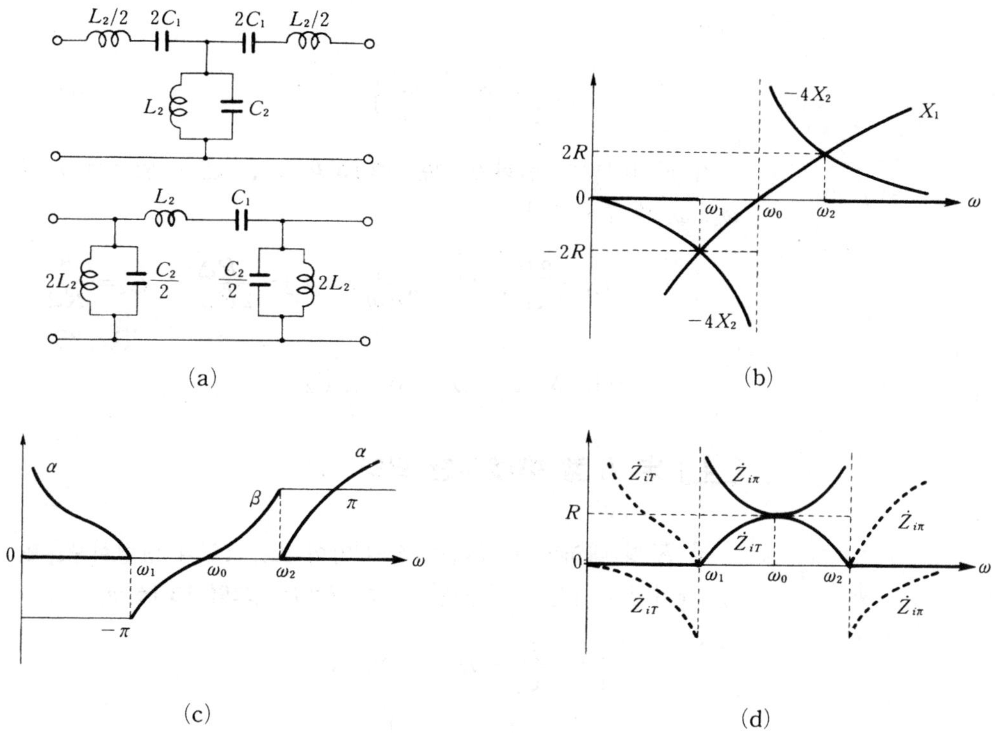

그림 13.15 정 K형 대역통과 필터의 특성

$$\omega_0=\frac{1}{\sqrt{L_1C_1}}=\frac{1}{\sqrt{L_2C_2}} \tag{13.21}$$

그림 13.15(b)의 곡선에서 이 필터는 대역통과의 특성을 가짐을 알 수 있다. ω_0부근의 주파수에 대해서는 직렬 암은 低임피던스, 병렬 암은 高임피던스를 가지므로 잘 통과되리라는 것을 예측할 수 있다.

$$x=\frac{X_1}{2R}=\frac{1}{2R}\left(\omega L_1-\frac{1}{\omega C_1}\right)=\frac{L_1}{2R}\left(\omega-\frac{\omega_0^2}{\omega}\right) \tag{13.22}$$

차단주파수 ω_1, $\omega_2(\omega_1<\omega_2)$에서 $x=\pm1$ 이므로

$$\omega_2-\frac{\omega_0^2}{\omega_2}=\frac{2R}{L_1},\quad \omega_1-\frac{\omega_0^2}{\omega_1}=-\frac{2R}{L_1}$$

앞의 두 식에서

$$\omega_0^2=\omega_1\omega_2,\quad \omega_2-\omega_1=\Delta=\frac{2R}{L_1} \tag{13.23}$$

여기서 Δ는 **통과대역폭**이다. 식(13.23)을 식(13.22)에 대입하면

$$x = \frac{\omega_0}{\Delta}\left(\frac{\omega}{\omega_0} - \frac{\omega_0}{\omega}\right) \tag{13.24}$$

각 파라미터의 변화가 **그림 13.15**의 (c), (d)에 있으며 R과 ω_1, ω_2가 주어지면

$$L_1=\frac{2R}{\Delta},\quad C_1=\frac{\Delta}{2R\omega_0^2},\quad L_2=\frac{R\Delta}{2R\omega_0^2},\quad C_2=\frac{2}{R\Delta} \tag{13.25}$$

단, $\Delta=\omega_2-\omega_1$, $\omega_0=\sqrt{\omega_1\omega_2}$

4 定 K型 帶域차단 필터

정 K형 대역차단 필터는 직렬 암이 L_1, C_1의 병렬회로, 병렬 암이 L_2, C_2의 직렬회로로 되어 있다(**그림 13.16**(a)).

$$\frac{L_1}{C_1}=\frac{L_2}{C_2}=R^2=-X_1X_2$$

$$\omega_0=\frac{1}{\sqrt{L_1C_1}}=\frac{1}{\sqrt{L_2C_2}}$$

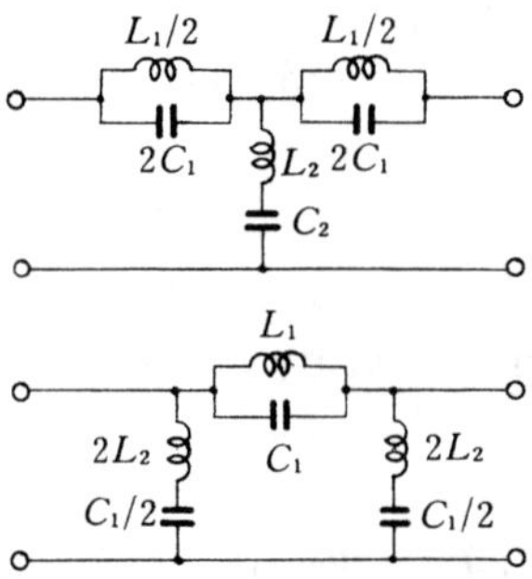

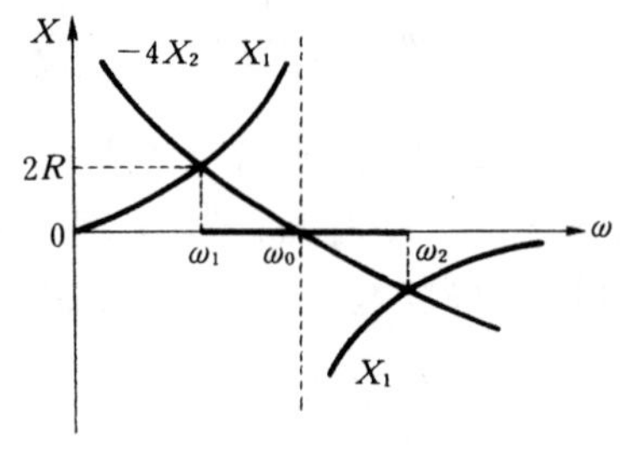

그림 13.16 정 K형 대역차단 필터

그림 13.16(b)의 곡선에서 $\omega_1\sim\omega_2$ 사이가 감쇠대역임을 알 수 있다. 대역통과 필터와 마찬가지로

$$\omega_0^2=\omega_1\omega_2,\quad \omega_2-\omega_1=\Delta=\frac{R}{2L_2} \tag{13.26}$$

$$x=\frac{-1}{\frac{\omega_0}{\Delta}\left(\frac{\omega}{\omega_0}-\frac{\omega_0}{\omega}\right)} \tag{13.27}$$

$$L_2=\frac{R}{2\Delta},\quad C_2=\frac{2\Delta}{R\omega_0^2},\quad L_1=\frac{2R\Delta}{\omega_0^2},\quad C_1=\frac{1}{2R\Delta} \tag{13.28}$$

이상으로 정 K형 필터에 대한 각각의 특성을 알아보았지만 이들 필터는 두 가지 큰 단점을 가지고 있다. 즉,

i) 통과역 바로 바깥에서 α가 급격하게 증가하지 못한다.

ii) 영상 임피던스가 주파수에 따라 심하게 변하므로 不整合(mismatching)으로 인한 손실이 크다. 이러한 결점을 보완하여 정 K형으로부터 유도된 것으로 **유도 m형 필터**(m-derived type filter)가 있다.

〔예제 13·1〕 그림 13.17(a)의 필터 회로에서 통과대와 감쇠대를 밝혀라.

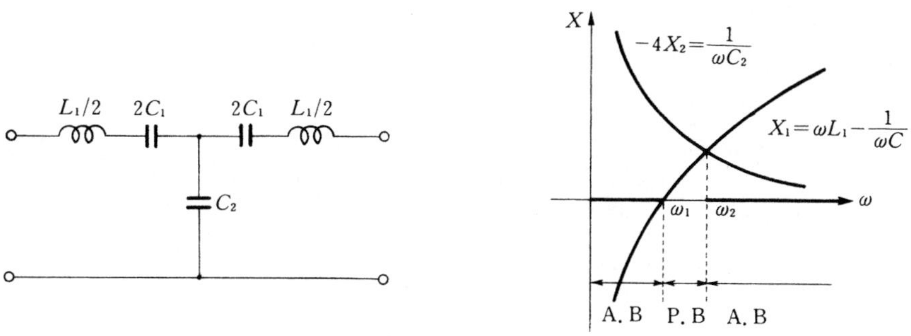

(a) (b)

그림 13.17

풀이 ☞ $X_1=\omega L_1-\frac{1}{\omega C_1}$, $-4X_2=\frac{4}{\omega C_2}$의 관계가 있으므로 이들을 리액턴스 곡선으로 나타내면 **그림 13.17**(b)와 같다.

이때는 $X_1=0$, $X_1=4X_2$가 되는 주파수가 차단주파수가 된다.

그리고 $0<\frac{X_1}{-4X_2}<1$이 되는 부분 즉, $\omega_1<\omega<\omega_2$가 통과대역($P.B.$)이고 그밖의 영역이 감쇠대역($A.B.$)이 된다.

〔예제 13·2〕 공칭 임피던스 600〔Ω〕, 차단주파수 1500〔Hz〕인 정 K형 저역 필터를 만들어라.

풀이 ☞ $K=600$〔Ω〕, $f_c=1500$〔Hz〕이므로

$$L=\frac{K}{2\pi f_c}=\frac{600}{2\pi\times1500}\fallingdotseq0.0637\,[\mathrm{H}]=63.7\,[\mathrm{mH}]$$

$$C=\frac{1}{2\pi f_c K}=\frac{1}{2\pi\times1500\times600}\fallingdotseq0.177\times10^{-6}\,[\mathrm{F}]$$
$$=0.177\,[\mu\mathrm{F}]$$

가 되며 이를 필터로 실현하면 **그림 13.18**과 같다.

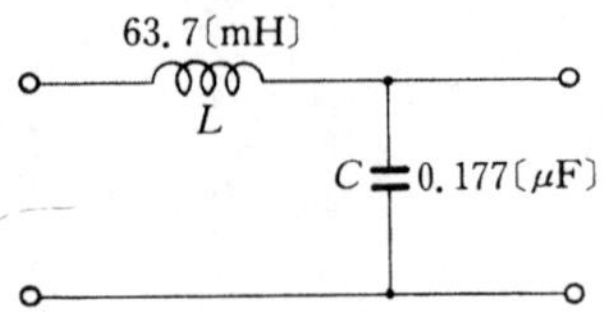

그림 13.18

연 습 문 제

〔1〕 **그림 13.19**와 같은 정 K형 필터에서 공칭 임피던스 K〔Ω〕 및 차단주파수 f_c〔kHz〕를 구하여라.

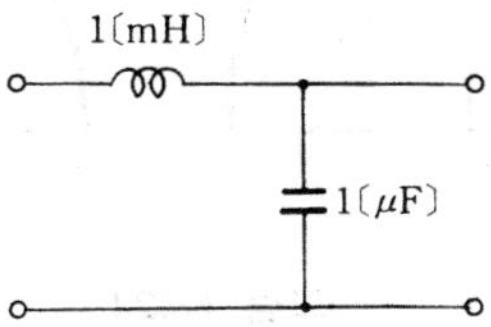

그림 13.19

〔2〕 **그림 13.20**과 같은 정 K형 저역 필터의 공칭 임피던스가 500〔Ω〕, 차단주파수가 10〔kHz〕라 할 때 L〔mH〕 및 C〔μF〕를 구하여라.

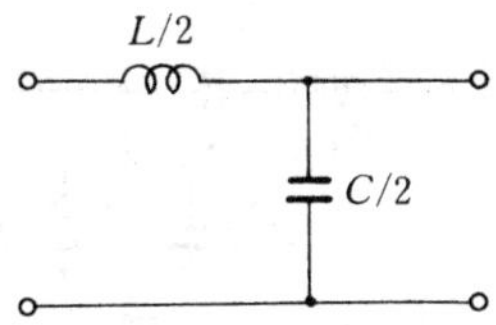

그림 13.20

〔3〕 **그림 13.21**과 같은 정 K형 필터의 차단주파수를 f_c를 구하여라.

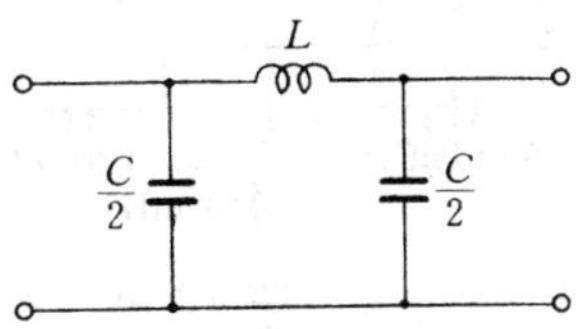

그림 13.21

〔4〕 **그림 13.22**와 같은 정 K형 고역 필터에서 공칭 임피던스가 600〔Ω〕, 차단주파수가 40〔kHz〕라 할 때 L〔mH〕 및 C〔μF〕는 얼마인가?

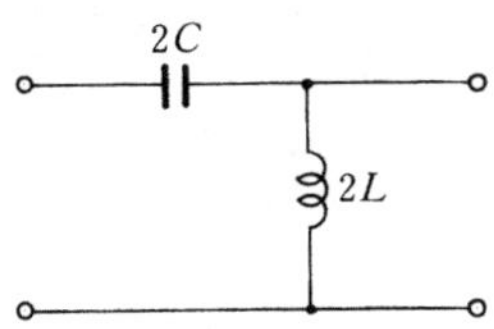

그림 13.22

〔5〕 **그림 13.23**과 같은 정 K형 필터의 차단주파수 f_c를 구하여라.

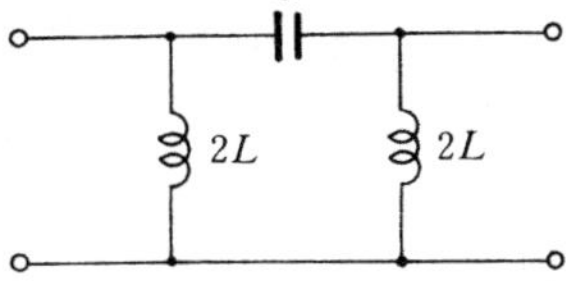

그림 13.23

〔6〕 **그림 13.24**와 같은 감쇠특성을 갖는 필터는 어떠한 필터인가?

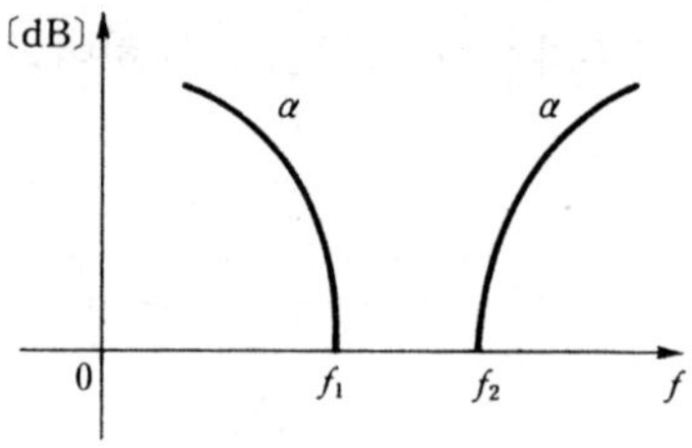

그림 13.24

〔7〕 **그림 13.25**와 같은 정 K형 대역통과 필터에 있어서 공칭 임피던스가 600〔Ω〕 차단주파수 f_1이 20〔kHz〕, f_2가 30〔kHz〕일 때 L_1, L_2, C_1, C_2를 구하여라.

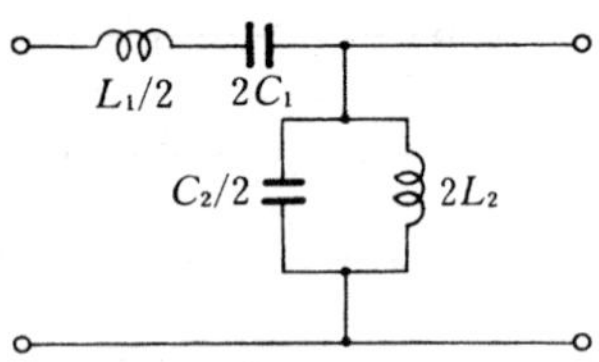

그림 13.25

〔8〕 **그림 13.26**과 같은 정 K형 대역감소 필터의 차단 각주파수 ω_1, ω_2를 구하여라.

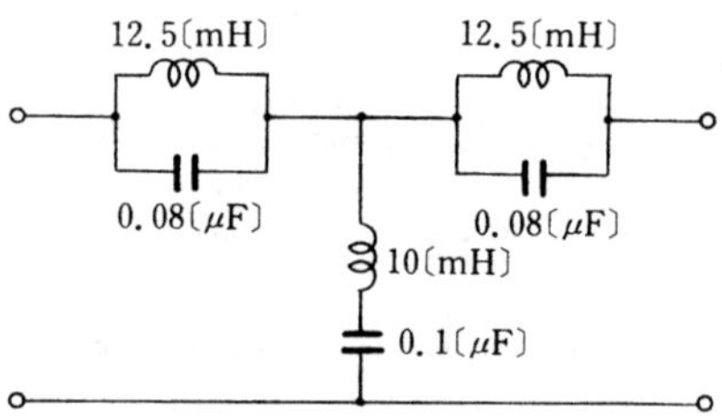

그림 13.26

〔9〕 필터의 차단주파수를 출력전압이 입력전압의 몇 배인 주파수로 정의하는가?

연습문제해답

〔1〕 $K=31.6[\Omega]$

$f_c=5[\text{kHz}]$

〔2〕 $L=15.9[\text{mH}]$

$C=0.064[\mu\text{F}]$

〔3〕 $f_c=\dfrac{1}{\pi\sqrt{LC}}$

〔4〕 $L=1.19[\text{mH}]$

$C=0.0033[\mu\text{F}]$

〔5〕 $f_c=\dfrac{1.}{4\pi\sqrt{LC}}$

〔6〕 대역 통과 필터

〔7〕 $L_1=19.1[\text{mH}]$

$L_2=0.79[\text{mH}]$

$C_1=0.0022[\mu\text{F}]$

$C_2=0.053[\mu\text{F}]$

〔8〕 $\omega_1=2.15\times10^4[\text{rad/s}]$

$\omega_2=4.65\times104[\text{rad/s}]$

〔9〕 $\dfrac{1}{\sqrt{2}}$배

過渡現象과 時間応答 14

이제까지 취급해온 전기회로에서는 회로 각 부분의 전압, 전류가 시간에 대해서 변화하지 않는 직류이거나 또는 크기, 위상이 모두 일정한 교류이었다. 회로의 이와 같은 상태를 定常狀態(steady state)라 한다. 그러나 만약 어떤 원인으로 회로 중의 전압이나 전류가 변화해서 회로상태가 하나의 정상상태로부터 다른 정상상태로 이행되는 경우에는 회로 중의 에너지 축적소자(L 또는 C)의 에너지 상태의 변화에 의해 그에 따른 에너지의 이동이나 소비가 있게 된다. 이 에너지의 변화에 수반되어 전개되는 현상을 過渡現象이라 하며 이런 현상이 나타나는 과정을 과도기(transient time)라 한다.

과도현상의 원인이 되는 에너지 축적소자로서의 L 또는 C 가운데 어느 하나만을 포함하는 회로를 単에너지 회로라 하며 하나 이상의 L 또는 C를 포함하거나 양자를 모두 포함하는 회로를 複에너지 회로라 한다. 과도현상에 있어서 회로의 전압이나 전류가 시간의 변화에 따라 어떻게 변화하는가를 알아보는 문제는 수학적으로는 시간 t를 변수로 하는 미분방정식을 푸는 문제로 귀착된다.

본장에서는 키르히호프의 법칙에 의해 회로의 순시전류 및 전압에 대한 방정식(미분방정식)을 세운 후 고전적인 해석법을 통해 여러 과도현상에 대한 특성을 알아보기로 한다.

(요 목)

14-1 RL 直流回路

1 直流電圧의 印加

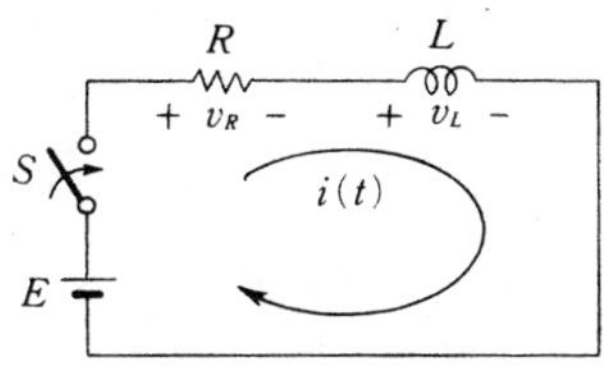

그림 14.1 RL 직렬회로의 직류전압 인가

그림 14.1과 같은 RL 직류회로에 $t=0$에서 직류기전력 E를 인가하는 경우의 과도현상을 생각해 보자.

회로에 흐르는 전류 i를 그림과 같이 가정하면 $K.V.L$에 의해 전압방정식

$$E=v_R+v_L=Ri+L\frac{di}{dt} \tag{14.1}$$

이 성립된다. 이 미분방정식의 **일반解**(general solution) i는 수학적으로는 **特殊解**(particular solution) i_p와 **補助解**(complementary solution) i_c와의 合으로 표시된다. 즉,

$$i=i_p+i_c \tag{14.2}$$

회로 미분방정식에 있어서 특수해는 정상상태시의 **定常解** i_s (steady state solution)를 의미하며 보조해는 **過渡解** i_t(transient solution)를 의미한다. 이 경우 인가전원이 직류로서 一定하므로, 정상해로서의 정상전류($t=\infty$일 때의) 역시 크기가 일정한 직류가 된다. 즉, 정상해 i_s가 일정하므로 이를 식(14.1)에 적용하면 $\frac{di}{dt}=0$이 되어 $E=Ri$로부터 정상해는

$$i_s=\frac{E}{R} \tag{14.3}$$

다음에 과도해 i_t는 식(14.1)의 좌변을 0 ($E=0$)으로 놓음으로써 구할 수 있다. 즉,

$$L\frac{di}{dt}+Ri=0 \tag{14.4}$$

양변을 **변수분리**하여

$$\frac{di}{i}=-\frac{R}{L}\,dt$$

양변을 적분하면

$$\ln i = -\frac{R}{L}t + a$$

이를 지수함수 형식으로 고치면 다음과 같은 형식이 된다. 즉,

$$i_t = e^a \cdot e^{-\frac{R}{L}t} = Ae^{-\frac{R}{L}t} \tag{14.5}$$

따라서 식(14.1)의 일반해 i는

$$i = i_p + i_c = i_s + i_t = \frac{E}{R} + Ae^{-\frac{R}{L}t} \tag{14.6}$$

이 된다. 여기서 미지수 A는 적분상수 a의 逆対数이지만 a가 임의의 값이므로 A 역시 적분상수로 생각해도 좋다. 이 A는 회로의 **初期條件***(initial condition)에 의해 결정될 수 있다.

* 초기 조건 : 초기 상태라고도 하며 스위칭 직후 C의 전압 v_c, L의 전류 i_L의 상태를 가리킴. 스위칭 직전의 값으로 정한다.

지금 $t=0$, 즉, 스위치 S를 닫기 직전의 회로전류 i를 0이라고 하면 $t=0_+$ 즉, 스위치 S를 닫은 직후에도 0이 되어야 한다.

왜냐하면 인덕턴스 L에 흐르는 전류는 불연속적으로 급변할 수 없고 연속적으로만 변할 수 있기 때문이다.

따라서 이러한 초기조건

$$i(t)\mid_{t=0} = 0 \tag{14.7}$$

을 식(14.6)에 대입하면

$$A = -\frac{E}{R} \tag{14.8}$$

가 얻어지므로 따라서 식(14.6)은

$$i = \frac{E}{R}\left(1 - e^{-\frac{R}{L}t}\right)^{**} \tag{14.9}$$

** 적분상수를 포함하지 않는 식(14.9)와 같은 解를 **完全解**(perfect solution)라 한다.

가 되며 여기서 제1항 $\frac{E}{R}$가 **定常電流**, 제2항 $-\frac{E}{R}e^{-\frac{R}{L}t}$가 **過度電流**를 나타냄은 앞에서 이미 언급한 바 있다. 식(14.9)를 그래프로 나타내면 **그림 14.2**와 같다. 이때 전류 i는 0으로부터 점증(漸增)하여 정상상태시의 전류값인 $I = \frac{E}{R}$에 점근한다.

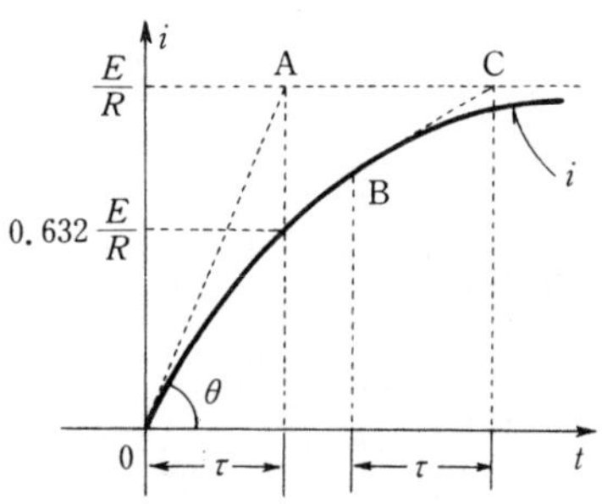

그림 14.2 RL **직렬회로에서의 과도전류**

그림에서 전류 i의 곡선에 $t=0$(원점)에서 접선을 그어 이것이 점근선인 $i=I$와 만나는 점(A)까지의 시간을 τ라고 하면 식(14.9)로부터

$$\tan\theta = \frac{di}{dt}\mid_{t=0} = \frac{E}{L} \tag{14.10}$$

또한 그림으로부터 $\tan\theta=\dfrac{E/R}{\tau}$를 식(14.10)에 대입하면

$$\tau=\frac{L}{R} \tag{14.11}$$

의 관계가 얻어지는데 이 τ를 회로의 **時定数**(time constant)라 한다.

식(14.9)와 같은 指数函数는 **그림 14.2**에서 보는 것처럼 접선을 곡선상의 임의의 점 (B)에서 긋더라도 접점과 접선이 정상치와 만나는 점 (C) 사이의 시간간격은 역시 식(14.11)에서의 시정수 τ와 같게 되는 특징이 있다(각자 확인해 보기 바람).

그림 14.3은 시정수 τ의 크기에 따른 과도현상의 특성을 보여주고 있다.

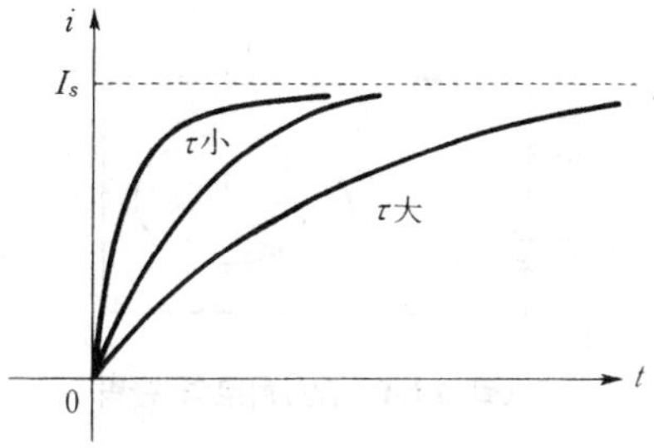

그림 14.3 시정수에 따른 과도현상

여기서는 시정수 τ가 클수록 과도현상이 오래 지속됨을 알 수 있다. 즉, 과도상태의 長·短은 시정수 τ의 大小로서 판별할 수 있게 된다. 식(14.9)에서 지수함수 $e^{-\frac{R}{L}t}$는 감쇠함수이기 때문에 시정수 τ의 역수에 해당되는 $\dfrac{R}{L}$을 **감쇠율**(減衰率)이라 한다. 즉,

$$\text{감쇠율}: \alpha=\frac{1}{\tau}=\frac{R}{L} \tag{14.12}$$

한편 식(14.9)를 시정수 τ를 이용하여 나타내면

$$i=\frac{E}{R}(1-e^{-\frac{1}{\tau}t}) \tag{14.13}$$

가 되며, 이로부터 시간경과 후의 전류의 변동상태를 알아보면 다음과 같다.

전압인가 후

i) $t=\tau$(시정수) 경과시

$$\begin{aligned} i(\tau) &=\frac{E}{R}(1-e^{-\frac{1}{\tau}\cdot\tau}) \\ &=\frac{E}{R}(1-e^{-1}) \fallingdotseq 0.632\frac{E}{R} \end{aligned} \tag{14.14}$$

가 되어 정상전류값(E/R)의 63.2[%]에 도달하며

ii) $t=2\tau$ 경과시

$$i(2\tau)=\frac{E}{R}(1-e^{-2}) \fallingdotseq 0.865\frac{E}{R} \tag{14.15}$$

가 되어 정상전류값의 86.5[%]

iii) $t=3\tau$ 경과시

$$i(3\tau)=\frac{E}{R}(1-e^{-3})\fallingdotseq 0.950\frac{E}{R} \qquad (14.16)$$

가 되어 정상전류값의 95.0〔%〕에 도달하게 된다.

2 直流電壓의 短絡

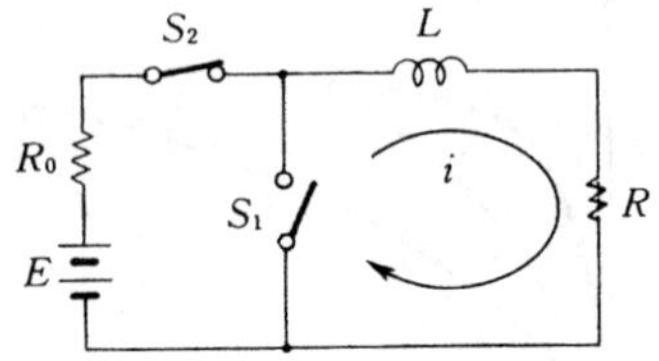

그림 14.4 RL 회로의 단락

그림 14.4와 같은 RL 직렬회로에 정상전류 $I=E/(R+R_0)$가 흐르고 있는 도중 시각 $t=0$에서 스위치 S_1을 닫음과 동시에 스위치 S_2를 열면 이 회로에 가해졌던 직류전압이 短絡되면서 회로전류 i는 점차 감소된다. 이 경우의 전압방정식은

$$L\frac{di}{dt}+Ri=0 \qquad (14.17)$$

가 되며, 이 방정식의 일반해는 정상항이 0이 되어 과도항만으로 이루어진다. 따라서 식(14.5)와 마찬가지로

$$i=Ae^{-\frac{R}{L}t} \qquad (14.18)$$

가 된다. 미지수 A를 결정하는 초기조건은 $t=0$에서 $i=I$이므로 $A=I$이다. 따라서

$$i=Ie^{-\frac{R}{L}t} \qquad (14.19)$$

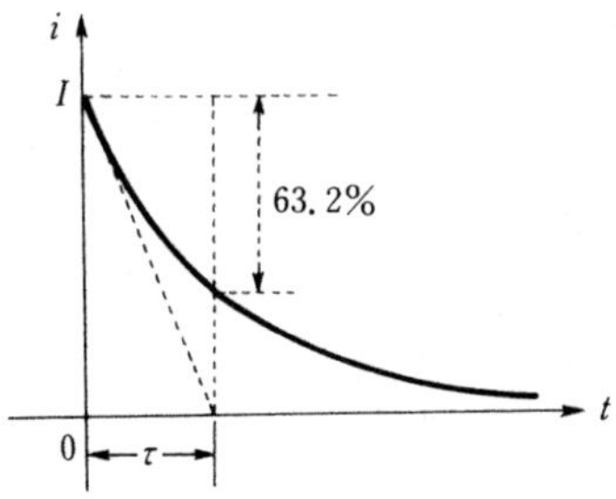

그림 14.5 RL 회로 단락시의 감쇠전류

이때의 전류 i의 시간적 변화는 **그림 14.5**와 같다. 이것은 **그림 14.2**를 逆으로 놓은 모양이고 전류곡선상의 임의의 점에서 그은 접선이 횡축과 교차하는 점까지의 시간 τ는 역시 $\frac{L}{R}$로서 변함이 없다.

〔예제 14・1〕 $R=10$〔Ω〕, $L=30$〔mH〕인 RL 직렬회로의 시정수 τ〔sec〕는 얼마인가?

풀이 ☞ RL 직렬회로의 시정수 $\tau=\frac{L}{R}$

$$\tau=\frac{L}{R}=\frac{30\times10^{-3}}{10}=3\times10^{-3}\text{〔sec〕}$$

〔예제 14・2〕 **그림 14.6**의 회로가 정상상태로 있는 중에 스위

치 S를 A에서 B로 닫았다면 L 양단의 전위차는 얼마인가?

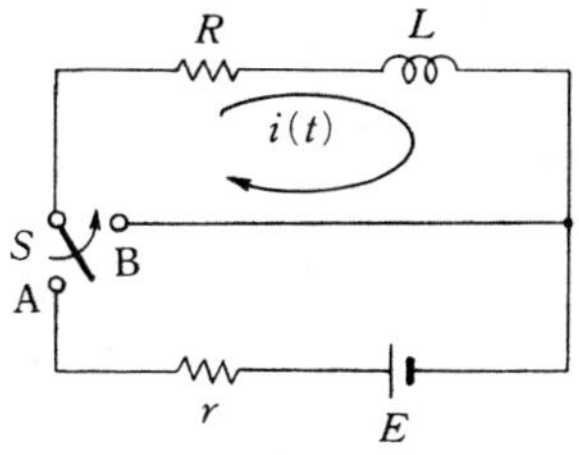

그림 14.6

풀이 ☞ S를 닫은 후 R-L회로에 대한 전압의 평형식을 세우면

$$L\frac{di}{dt}+Ri=0 \quad \cdots\cdots①$$

식 ①로부터

$$i=Ae^{-\frac{R}{L}t} \quad \cdots\cdots②$$

$t=0$일 때 $i=\frac{E}{R+r}$ 이므로 식 ②로부터 $A=\frac{E}{R+r}$ 따라서

$$i=\frac{E}{R+r}e^{-\frac{R}{L}t}\cdots\cdots③$$

L 양단의 전위차 v_L은 식 ③으로부터

$$v_L=L\frac{di}{dt}=L\frac{E}{R+r}\left(-\frac{R}{L}\right)e^{-\frac{R}{L}t}=-\frac{RE}{R+r}e^{-\frac{R}{L}t}$$

14-2 RC 直流回路

1 直流電圧의 印加

초기 전하량이 없는 **그림 14.7**과 같은 RC 직렬회로에 시간 $t=0$인 순간에 직류전압 E를 인가할 때의 전압평형방정식은

$$Ri+\frac{1}{C}\int idt=E \tag{14.20}$$

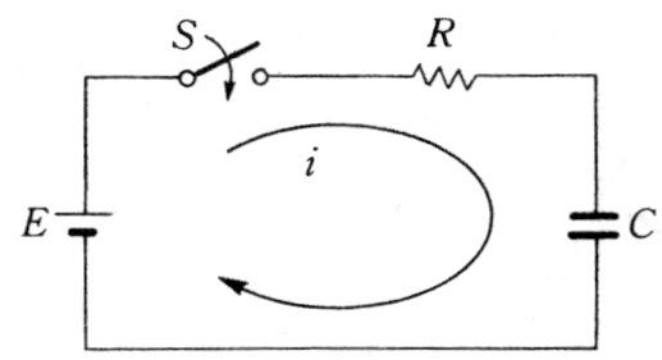

그림 14.7 RC 직렬회로의 직류전압 인가

가 된다. 그러나 식(14.20)은 적분방정식이므로 이를 미분방정식으로 고치기 위해 $i=\frac{dq}{dt}$, $q=\int idt$ 의 관계를 이용하면 식(14.20)은 전하량 q에 관한 다음의 미분방정식이 된다. 즉,

$$R\frac{dq}{dt}+\frac{1}{C}q=E \tag{14.21}$$

방정식(14.21)에 대한 일반해 q는 정상항 q_s와 과도항 q_t의 합으로 주어지게 된다.

$$q=q_s+q_t \tag{14.22}$$

그러므로 정상항 q_s는 식(14.3)과 마찬가지로

$$q_s=CE \tag{14.23}$$

또 과도항 q_t는 식(14.21)의 우변을 0으로 놓았을 때의 해가 되므로 식(14.5)와 마찬가지로

$$q_t = Ae^{-\frac{1}{RC}t} \tag{14.24}$$

따라서

$$q = CE + Ae^{-\frac{1}{RC}t} \tag{14.25}$$

이 식에서 적분상수 A를 결정하는 초기조건은

$$q(t)\mid_{t=0} = 0 \tag{14.26}$$

이므로 $CE + A = 0$으로부터

$$A = -CE \tag{14.27}$$

가 된다. 이를 식(14.26)에 대입하면

$$q = CE(1 - e^{-\frac{1}{RC}t}) \tag{14.28}$$

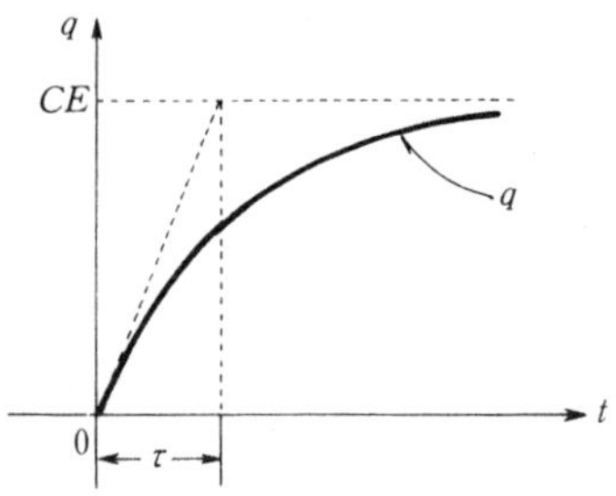

그림 14.8 C에 축적되는 전하량 q의 시간적 변화

이때 C에 충전되는 전하량 q는 **그림 14.8**과 같이 점차 증가해서 정상값 CE에 점근한다.

전류 i를 구하기 위해서는 식(14.28)을 미분하면 된다.

$$i = \frac{dq}{dt} = \frac{E}{R}e^{-\frac{1}{RC}t} \tag{14.29}$$

이때 전류 i의 변화를 **그림 14.9**에 나타내었다.

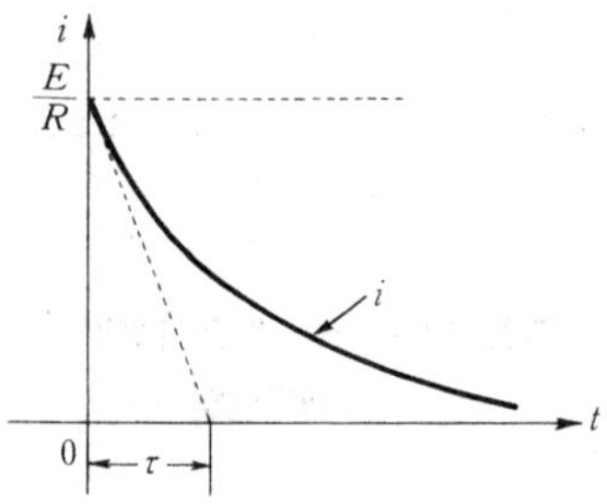

그림 14.9 RC 회로에 있어서 충전전류의 시간적 변화

그림 14.8에서 q의 곡선에 $t=0$에서의 접선이 q의 정상값 $(=CE)$과 교차하는 시간 τ가 시정수이므로

$$\tan\theta = \frac{dq}{dt}\bigg|_{t=0} = \frac{E}{R} = \frac{CE}{\tau}$$

로부터

$$\tau = RC \tag{14.30}$$

또한 **그림 14.9**의 전류곡선에 대한 시정수 τ를 구해보면

$$\tan\theta = \frac{di}{dt}\bigg|_{t=0} = -\frac{E}{R^2C} = -\frac{E}{R\tau}$$

로부터, 역시 $\tau = RC$가 되어 식(14.30)과 같음을 알 수 있다.

한편 저항 R과 커패시턴스 C양단의 전압을 각각 v_R, v_C라 하면 식(14.29)와 식(14.28)로부터 다음과 같이 된다.

$$v_R = Ri = Ee^{-\frac{1}{RC}t}$$
$$v_C = \frac{q}{C} = E(1 - e^{-\frac{1}{RC}t}) \qquad (14.31)$$

그림 14.10은 이들의 관계를 보여주고 있으며 여기서 시간 t에 관계 없이 $v_R + v_C = E$의 관계가 성립됨은 물론이다.

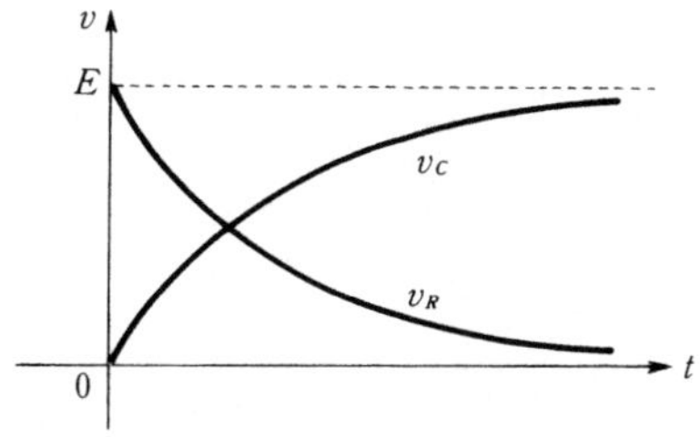

그림 14.10 RC 회로에 있어서 단자 전압의 시간적 변화

2 放電時의 過度現象

그림 14.11과 같이 전압 E로 충전되어 있는 커패시터(초기전하량 Q)를 저항 R을 통하여 방전시킬 때의 전압평형방정식은

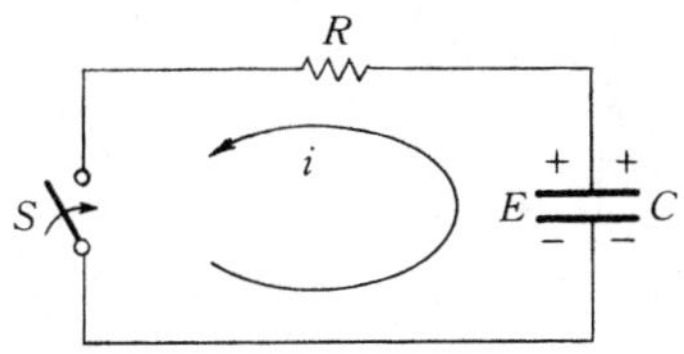

그림 14.11 RC 방전회로

$$R\frac{dq}{dt} + \frac{1}{C}q = 0 \qquad (14.32)$$

가 된다. 이 회로에서는 전하량의 정상항이 $q_s = 0$이므로 일반해는 식(14.5)와 마찬가지로

$$q = Ae^{-\frac{1}{RC}t} \qquad (14.33)$$

가 되고 적분상수 A는 초기조건이

$$q(t)\ |_{t=0} = CE \qquad (14.34)$$

이므로

$$A = CE \qquad (14.35)$$

따라서 식(14.33)은

$$q = CEe^{-\frac{1}{RC}t} \qquad (14.36)$$

여기서 방전전류 i는

$$i = \frac{dq}{dt} = -\frac{E}{R}e^{-\frac{1}{RC}t} \qquad (14.37)$$

로서 구해진다. 여기서 전류의 부호가 '−'가 됨은 충전시의 전류방향을 正(+)으로 하였기 때문이다.

$t = 0$일 때의 C의 단자전압은 E이므로 커패시턴스의 충전전하량은 $Q = CE$이고 $E/R = I$라 하면 식(14.37)은

$$i = -Ie^{-\frac{1}{RC}t} \qquad (14.38)$$

이때의 q 및 i의 시간적 변화는 **그림 14.12**와 같다.

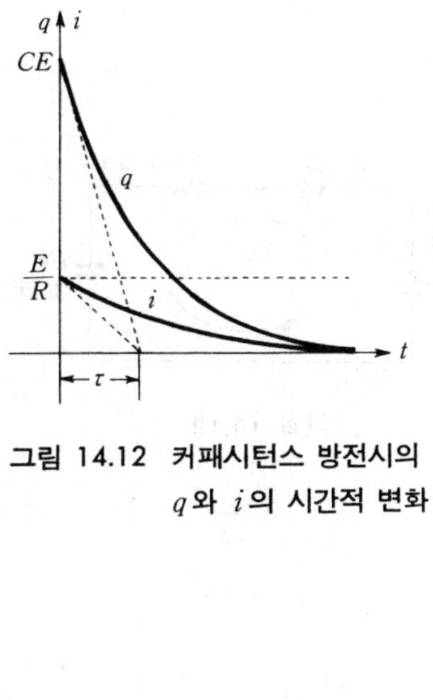

그림 14.12 커패시턴스 방전시의 q와 i의 시간적 변화

3 초기 電荷 Q_0가 축적된 RC 直列回路에 直流電圧이 인가되는 경우

회로의 전압방정식이 식(14.21)과 완전히 같으므로 전하량 q의 일반해는 식(14.25)로 주어진다. 단 적분상수 A를 결정하는 초기조건이 $t=0$일 때 C가 Q_0의 전하를 가지고 있으므로

$$q(t)_{t=0}=Q_0 \tag{14.39}$$

가 되고 여기서

$$Q_0=CE+A$$

이므로

$$A=Q_0-CE \tag{14.40}$$

따라서 전하량 q는 식(14.40)을 식(14.25)에 대입하여

$$q=CE(1-e^{-\frac{1}{RC}t})+Q_0e^{-\frac{1}{RC}t} \tag{14.41}$$

이로부터 충전전류 i는

$$i=\frac{dq}{dt}=\frac{CE-Q_0}{RC}\ e^{-\frac{1}{RC}t} \tag{14.42}$$

지금 $I=\dfrac{E}{R}$, $I_0=\dfrac{Q_0}{RC}$라 하면 식(14.42)는

$$i=(I-I_0)\ e^{-\frac{1}{RC}t} \tag{14.43}$$

와 같아진다.

〔예제 14・3〕 그림 14.13과 같은 RC 직렬회로에서 $t=0_+$일 때 스위치 S를 닫는다면 초기전류 $i(t)\mid_{t=0}$는 얼마인가? 단, 콘덴서의 초기전하는 $q(0_-)=0$이다.

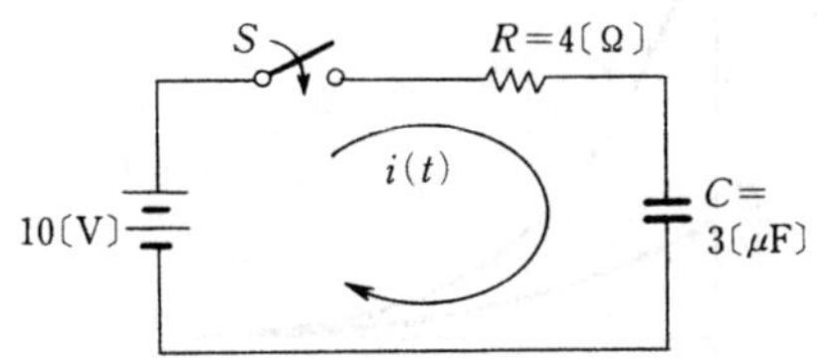

그림 14.13

풀이 ☞ $t=0_+$인 순간 콘덴서 양단의 전압이 $V_C=0$이므로 초기값 전류는 $i(0)=10/4=2.5$〔A〕가 된다.

또는 전류방정식

$$i(t)=\frac{E}{R}\ e^{-\frac{1}{RC}t}$$

로부터

$$i(0)=\frac{E}{R}=\frac{10}{4}=2.5\,[\mathrm{A}]$$

〔예제 14・4〕 그림 14.14에서와 같이 C_1, C_2를 각각 $V_{C_1}=20\,[\mathrm{V}]$, $V_{C_2}=30\,[\mathrm{V}]$로 충전한 다음 S를 $t=0$에서 닫을 때 회로전류 i와 C_1, C_2의 단자전압을 시간 t의 함수로 나타내어라.

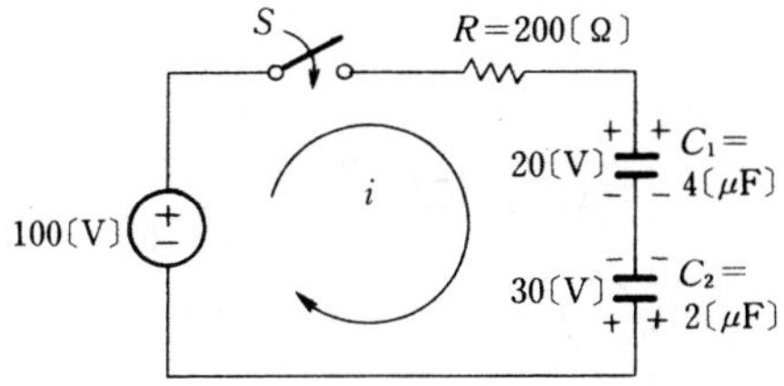

그림 14.14

풀이 ☞ C_1, C_2 양단의 전압을 V_{C_1}, V_{C_2}로 하여 전압평형방정식을 세우면

$$Ri+\frac{1}{C_1}\int idt+V_{C_1}+\frac{1}{C_2}\int idt-V_{C_2}=E \quad \cdots\cdots①$$

이를 t로 미분하면

$$R\frac{di}{dt}+\frac{C_1+C_2}{C_1C_2}i=0$$

이 되며 이의 해는

$$i=Ae^{-\frac{1}{RC}t} \quad \cdots\cdots②$$

로 놓을 수 있으며 여기서 $C=\frac{C_1C_2}{C_1+C_2}$ 이다.

적분상수 A를 결정하기 위해 식 ①에 초기조건을 대입하면

$$i(0)=\frac{E-V_{C_1}+V_{C_2}}{R}=\frac{100-20+30}{200}=0.55\,[\mathrm{A}]$$

이므로 회로전류는

$$i=0.55e^{-\frac{1}{RC}t}=0.55e^{-3750t}\,[\mathrm{A}] \quad \cdots\cdots③$$

가 된다. 또한 C_1, C_2 양단의 단자전압 V_{C_1}, V_{C_2}는 각각

$$\left.\begin{aligned}V_{C_1}&=\frac{1}{C_1}\int idt+V_{C_1}=\frac{10^6}{4}\cdot\frac{0.55}{3750}(1-e^{-3750t})+20\\&=20+\frac{110}{3}(1-e^{-3750t})\,[\mathrm{V}]\\V_{C_2}&=\frac{1}{C_2}\int idt-V_{C_2}=\frac{10^6}{2}\cdot\frac{0.55}{3750}(1-e^{-3750t})-30\\&=-30+\frac{220}{3}(1-e^{-3750t})\,[\mathrm{V}]\end{aligned}\right\} \quad ④$$

가 된다.

14-3 1階線型微分回路

1 1階線型微分回路의 一般解

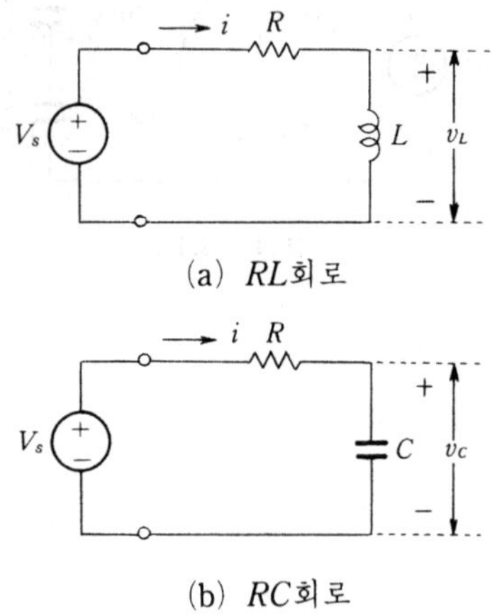

그림 14.15 1계선형 미분회로

그림 14.15와 같은 R-L, R-C 직렬회로에 전원전압 v_s가 가해질 때 회로내의 전류 또는 전압을 규정하는 회로방정식은 다음과 같다.

그림 14.15(a)의 R-L 직렬회로의 경우

$$Ri+L\frac{di}{dt}=v_s \tag{14.44}$$

로부터

$$\frac{di}{dt}+\frac{1}{L/R}i=\frac{1}{L}v_s \tag{14.45}$$

또는

$$\frac{dv_L}{dt}+\frac{1}{L/R}v_L=\frac{dv_s}{dt} \tag{14.46}$$

그림 14.15(b)의 R-C 직렬회로의 경우

$$Ri+\frac{1}{C}\int idt=v_s \tag{14.47}$$

로부터

$$\frac{di}{dt}+\frac{1}{RC}i=\frac{1}{R}\frac{dv_s}{dt} \tag{14.48}$$

또는

$$\frac{dv_C}{dt}+\frac{1}{RC}v_C=\frac{1}{RC}v_s \tag{14.49}$$

식(14.45~46), 식(14.48~49)의 회로방정식들을 살펴보면 이들이 모두 다음과 같은 1계 선형미분방정식의 형식으로 표시되어 있음을 알 수 있다.

$$\frac{dx(t)}{dt}+\frac{1}{\tau}x(t)=p(t) \tag{14.50}$$

식(14.50)에서 $x(t)$는 회로전류 또는 회로전압을 표시한다. 또한 τ는 (+) 또는 (−)의 상수로서 여기서는 L/R, RC가 되며 회로정수 R, L, C만으로 결정되므로 (+)가 된다.

한편 $p(t)$는 구동전원 v_s와 관계되는 시간 t의 임의의 함수이다.

1계 선형미분방정식인 식(14.50)의 일반해는 다음식으로 주어진다.*

$$x(t) = Ae^{-t/\tau} + e^{-t/\tau}\int p(t)\, e^{t/\tau} dt \qquad (14.51)$$

여기서 A는 적분상수이며 초기조건에 의해 결정된다.

* 식(14.50)의 양변에 적분인수 $e^{t/\tau}$를 곱하면

$$e^{t/\tau}\frac{dx}{dt} + \frac{1}{\tau}xe^{t/\tau} = p(t)\,e^{t/\tau} \cdots\cdots ①$$

① 식의 좌변은 $xe^{t/\tau}$의 도함수와 같으므로 윗식은

$$\frac{d}{dt}(xe^{t/\tau}) = p(t)\,e^{t/\tau} \cdots\cdots ②$$

② 식의 양변에 dt를 곱한 후 적분하면

$$xe^{t/\tau} = \int p(t)\,e^{t/\tau} dt + \mathrm{A} \cdots\cdots ③$$

단, A는 적분상수

③ 식의 양변을 $e^{t/\tau}$로 나누면 식(14.51)이 된다.

2 回路의 固有動作 및 時定数

그림 14.15의 회로에 있어서 전원전압이 제거(短絡)되는 경우에 대해 생각해 보기로 한다.

이 경우 $v_s(t)=0$, $p(t)=0$이 되어 회로전류 또는 전압은 식(14.51)의 첫항만으로 표시된다. 즉,

$$x(t) = Ae^{-t/\tau} \qquad (14.52)$$

여기서 A는 회로의 초기상태, 예를들어 $t=0$에서의 콘덴서 전압이나 인덕터 전류에 의해 결정되는 정수이다.

식(14.52)는 구동전원에 관계없이 회로자체의 특성에 의해 결정되는 解(応答)이므로 이를 회로의 **固有函数**, **自然応答**(natural response) 또는 **自由応答**이라고도 한다.

또 고유함수로서 주어지는 전류 또는 전압의 시간적 변화를 회로의 **固有動作**(natural behavior)이라 하는데 이 고유동작이 指数函数로 표시되며 이것의 시간적 변화가 회로의 초기상태와 회로정수 $\tau(L/R$ 또는 $RC)$에 의해 결정된다는 사실에 유의할 필요가 있다. 이 때의 τ를 시정수라 함은 이미 앞절에서 언급한 바 있다. 선형미분방정식의 일반해인 식(14.51)을 좀더 살펴보면 **그림 14.15**의 회로와 같이 시정수가 $\tau>0$인 경우 $t\to\infty$일 때 $Ae^{-t/\tau}\to 0$이 되어 고유동작에 의한 전류, 전압은 시간의 경과에 따라 소멸되어 간다.** 따라서 실제문제로서 어느 정도 시간이 경과하면 첫항인 $Ae^{-t/\tau}$은 소멸되고 둘째 항만이 남게 된다. 이러한 의미에서 고유동작을 회로의 **過渡動作**(transient behavior)이라고도 부른다.

** $\tau<0$이라면 $t\to\infty$일 때 $Ae^{-t/\tau}\to\infty$가 되어 회로전류 또는 전압이 끝없이 증대하게 되는데 이런 경우 '회로가 불안정하다'고 말한다.

한편 식(14.51)의 둘째항은 과도동작 또는 과도현상이 사라진 후의 **定常動作**(steady state behavior)을 나타낸다.

따라서 식(14.51)의 첫째항을 **過渡解**, 둘째항을 **定常解** 라고도 부르는데 이 역시 앞절에서 이미 언급한 바 있다.

시간이 어느 정도 지난 후의 정상해가 식(14.51)에서 보는 것처럼 회로정수 및 구동전원에 의해 결정되는 것은 당연한 일이다.

과도해가 회로정수(τ)와 초기조건에 의해 결정됨에 반해 정상해는 구동전원만에 의해 지배되기 때문에 이를 **強制応答**(forced response)이라고도 하며 식(14.51)과 같이 과도해까지를 포함하여 **完全応答**(complete response)이라고 한다.

3 一定電圧이 加해지는 1階線型回路의 一般解

그림 14.15의 회로에 일정전압(직류전압) V_s가 가해지는 경우 $v_s = V_s$(일정)이므로 회로방정식은

$$\frac{dx(t)}{dt}+\frac{1}{\tau}x(t)=P(\text{상수}) \qquad (14.53)$$

이 되고, 따라서 회로전류 또는 전압은 다음 형식으로 주어진다.

$$x(t)=Ae^{-t/\tau}+\tau P \qquad (14.54)$$

식(14.54)에서 $t=0$, $t=\infty$에서의 $x(t)$값을 각각 $x(0)$, $x(\infty)$로 표시하면, $\tau>0$인 경우

$$\left.\begin{aligned} x(0)&=\tau P+A \\ x(\infty)&=\tau P \end{aligned}\right\} \qquad (14.55)$$

이므로 식(14.54)의 일반해는

$$x(t)=x(\infty)+[x(0)-x(\infty)]e^{-t/\tau} \qquad (14.56)$$

와 같은 형식으로도 나타낼 수 있으며, 이 식은 펄스(pulse) 회로의 동작을 고찰하는데 있어 매우 유용하게 이용될 수 있다.

식(14.56)으로 주어지는 $x(t)$의 파형을 **그림 14.16**에 나타내었다. 여기서 그림 (a)는 $x(\infty)>x(0)$의 경우이고 그림 (b)는 $x(\infty)<x(0)$의 경우이다. **그림 14.16**에 있어서 파형이 임의의 점 P에서 Q까지 변화하는데 소요되는 시간 T는 식(14.56)으로부터 곧 구해진다. 시각 $t=t_1$, t_2에서의 x값을 각각 $x(P)$,

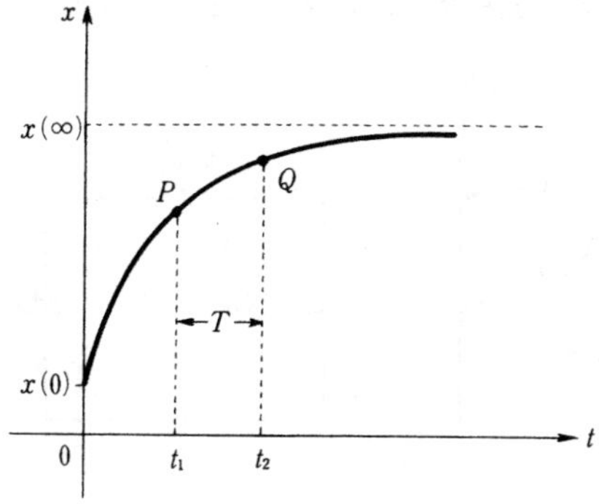

(a) $x(\infty) > x(0)$인 경우

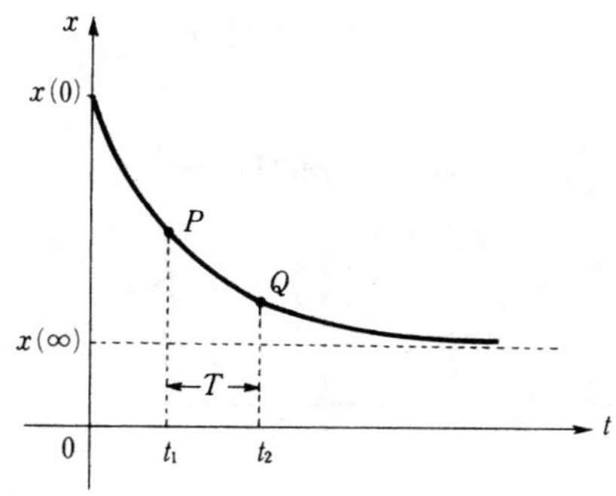

(b) $x(\infty) < x(0)$인 경우

그림 14.16

$x(Q)$라 하면

$$\left.\begin{aligned} x(P) &= x(\infty) + [x(0) - x(\infty)]e^{-t_1/\tau} \\ x(Q) &= x(\infty) + [x(0) - x(\infty)]e^{-t_2/\tau} \end{aligned}\right\} \qquad (14.57)$$

가 되며 식(14.57)을 t_1, t_2에 관해 푼 다음 $t_2 - t_1$을 계산하면

$$T = t_2 - t_1 = \tau l_n \frac{x(\infty) - x(P)}{x(\infty) - x(Q)} \qquad (14.58)$$

식(14.58) 역시 펄스 회로의 해석시 자주 이용된다.

4 単一時定数回路

회로내의 전류, 전압을 규정하는 회로방정식이 식(14.50), (14.53)과 같은 1계 선형미분방정식으로 주어지며, 따라서 회로의 고유동작이 1개의 시정수로 결정되는 경우 이것을 일반적으로 **単一時定数回路**라 한다. **그림 14.15**의 RL, RC 회로는 가장 기본적인 것이라 할 수 있다.

그림 14.17에는 보다 더 일반적인 단일시정수회로를 보였다. 여기서 N은 임의의 전압원 및 전류원을 포함하는 저항회로망을 나타낸다.

그림 14.17의 회로가 단일시정수회로임을 밝히는 것은 간단하다. 왜냐하면 이들 회로에 테브낭의 정리를 적용한다면 이들은 **그림 14.15**와 같은 등가회로로 대치될 수 있기 때문이다.

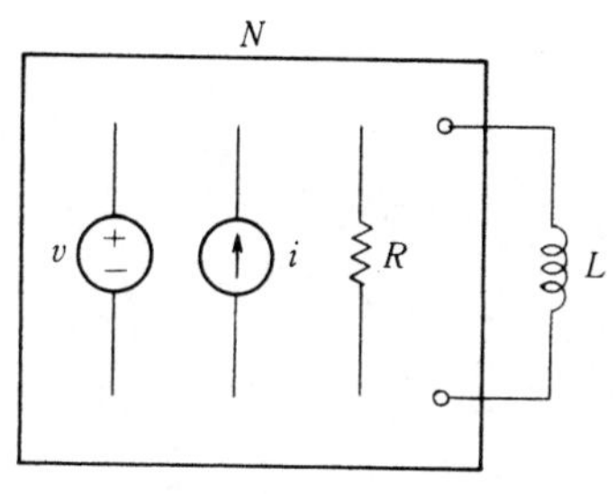

(a)

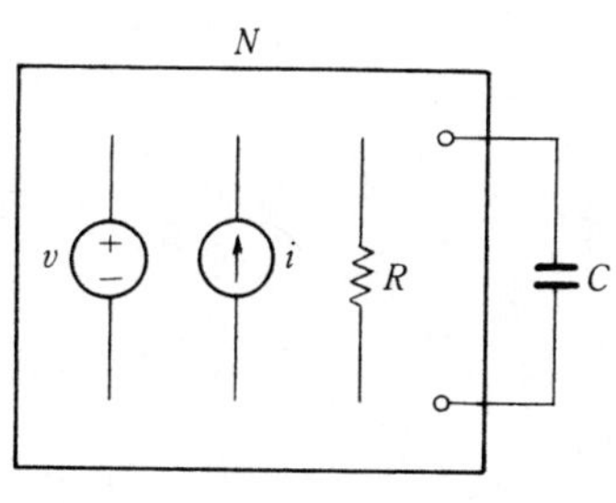

(b)

그림 14.17 일반적인 단일시정수회로

〔예제 14·5〕 그림 14.18(a)의 회로가 단일 시정수 회로임을 밝혀라.

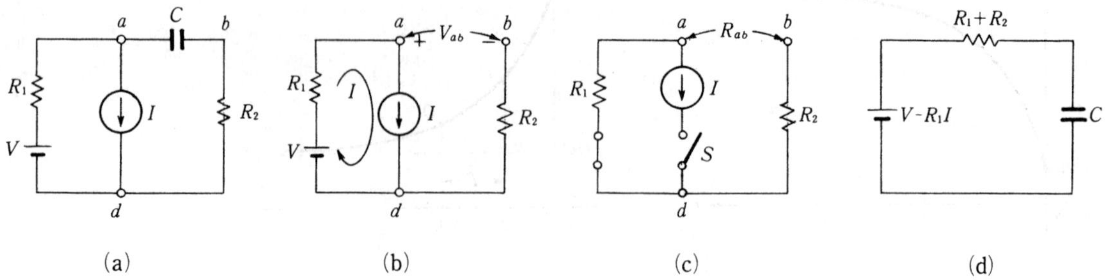

그림 14.18

풀이 ☞ 그림 (a)의 회로에 있어서 콘덴서 C로부터 C이외의 회로망측을 向한 테브낭의 등가회로를 구하기 위해 그림 (b)와 같이 콘덴서 C를 제거한 후 개방전압 V_{ab}(테브낭의 등가전압)를 구한다.

그림 (b)의 회로에서 단자 a-b간이 개방되어 있기 때문에 a-b간의 개방전압은 a-d간의 전위차와 같다. 즉,

$$V_{ab}=V_{ad}=V-R_1I$$

다음에 테브낭의 등가저항 R_{ab}를 구하기 위해 회로망내의 전압원 V를 단락하고 전류원 I를 개방하면 그림 (c)와 같으며 단자 a-b로부터 회로망측을 바라본 등가저항은 $R_{ab}=R_1+R_2$가 된다.

결국 그림 (a)의 회로는 그림 (d)와 같은 단일시정수회로로 등가변환될 수 있으며 그림 (d)로부터 시정수는 $\tau=(R_1+R_2)C$가 된다.

14-4 交流回路応答

그림 14.19(a)와 같은 R-L 회로에 $t=0$인 순간 교류전원이 인가될 때 완전응답은 직류전압을 인가할 때와 같은 방법에 의해 구해질 수 있다.

즉, $t=0$인 순간 교류전원 $v_g=V_m\sin\omega t$가 인가될 때의 전압방정식은

$$Ri+L\frac{di}{dt}=V_m\sin\omega t,\quad t\geq 0 \tag{14.59}$$

윗식의 우변을 0으로 놓으면 과도해(자연응답)는 다음의 형

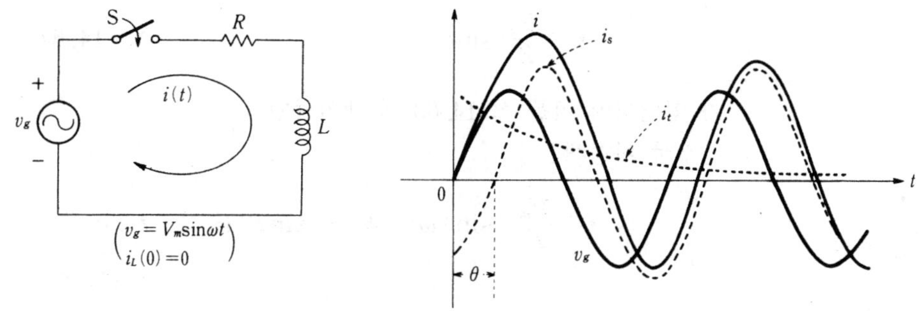

(a) (b)

그림 14.19

식으로 주어진다.

$$i_t = Ae^{-\frac{t}{\tau}} \tag{14.60}$$

단, $\tau = \dfrac{L}{R}$

한편 정상해(강제응답)는 페이저법을 이용하면

$$\dot{I} = \frac{\dot{V}}{\dot{Z}} = \frac{V_m \angle 0°}{R + j\omega L} = \frac{V_m \angle 0°}{Z \angle \theta} = \frac{V_m}{Z} \angle -\theta \tag{14.61}$$

단, $Z = \sqrt{R^2 + (\omega L)^2}$, $\theta = \tan^{-1}\dfrac{\omega L}{R}$

이므로, 이로부터 순시값 i_s를 구하면

$$i_s = \frac{V_m}{Z} \sin(\omega t - \theta) \tag{14.62}$$

따라서 완전해(완전응답)는 다음의 형식으로 주어진다.

$$i = i_t + i_s = Ae^{-\frac{t}{\tau}} + \frac{V_m}{Z} \sin(\omega t - \theta) \tag{14.63}$$

윗식에서 미정계수 A를 구하기 위해 초기조건 $i_L(0) = i(0) = 0$을 이용하면

$$\begin{aligned} i(0) &= i_t(0) + i_s(0) \\ &= A + \frac{V_m}{Z} \sin(-\theta) = A - \frac{V_m}{Z} \sin\theta = 0 \end{aligned}$$

으로부터

$$A=\frac{V_m}{Z}\sin\theta \tag{14.64}$$

가 얻어지며 이를 식(14.63)에 대입하면

결국 완전해는

$$i=\frac{V_m}{Z}\left[\sin(\omega t-\theta)+(\sin\theta)\,e^{-\frac{t}{\tau}}\right],\quad t\geq 0 \tag{14.65}$$

그림 14.19(b)에 과도해 (i_t), 정상해(i_s) 및 완전해(i)를 보였다.

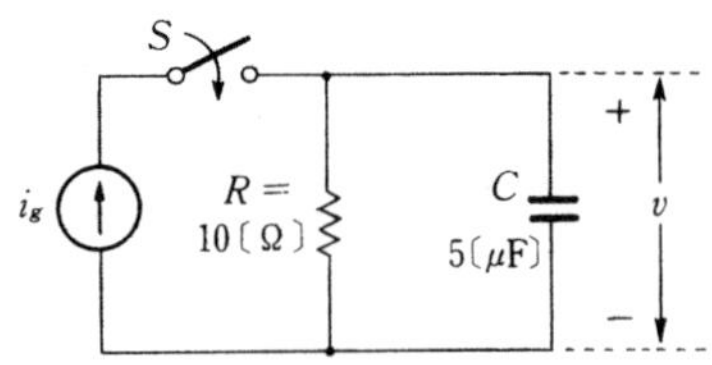

$\left(\begin{matrix} i_g=\sqrt{2}\cdot 10\sin(2\pi\cdot 10^3 t+30°) \\ v_c(0)=0 \end{matrix}\right)$

그림 14.20

〔예제 14・6〕 그림 14.20과 같은 R-C 병렬회로에 $t=0$인 순간 $i_g=\sqrt{2}\cdot 10\sin(2\pi\cdot 10^3 t+30°)$〔A〕로 표시되는 전류원이 인가될 때 C양단의 전압 $v(t)$를 구하여라. 단, $v_c(0)=50$〔V〕이다.

풀이 ☞ $K.\ C.\ L$에 의한 전류방정식은

$$i_g=\frac{1}{R}v+C\frac{dv}{dt}=\sqrt{2}\cdot 10\sin(2\pi\cdot 10^3 t+30°),\quad t\geq 0$$

$$i_g=0 \text{ 즉, } C\frac{dv}{dt}+\frac{1}{R}v=0$$

으로부터 과도해를 구하면

$$v_t=Ae^{-\frac{t}{\tau}},\ \text{단 } \tau=RC=10\times 5\times 10^{-6}=5\times 10^{-5}\,[\text{sec}]$$

정상해는

$$\dot{V}=\dot{Z}\dot{I}_g=\frac{1}{\frac{1}{10}+j2\pi\times 10^3\times 5\times 10^{-6}}\times 10\underline{/30°}$$

$$=\frac{100\underline{/30°}}{1+j0.314}=95.4\underline{/12.6°}$$

로부터

$$v_s=\sqrt{2}\cdot 95.4\sin(2\pi\cdot 10^3 t+12.6°)$$

따라서 완전해는 다음 형식으로 주어진다.

$$v=v_t+v_s=Ae^{-\frac{t}{\tau}}+\sqrt{2}\cdot 95.4\sin(2\pi\cdot 10^3 t+12.6°)$$

미정계수 A를 구하기 위해 초기조건 $v_c(0)=v(0)=40$을 이용하면

$$v(0)=v_t(0)+v_s(0)=A+\sqrt{2}\cdot 95.4\sin 12.6°=40$$

으로부터 $A=40-\sqrt{2}\cdot 95.4\sin 12.6°=10.6$

$$\therefore\ v(t)=10.6e^{-2\times 10^4 t}+\sqrt{2}\cdot 95.4\sin(2\pi\cdot 10^3 t+12.6°)\,[\text{V}]$$

14-5 特性方程式과 特性根

이제까지는 에너지 축적소자(L 또는 C)가 1개만 있는 1次회로(1계선형미방회로)에 대해 고찰하였지만 본절에서는 L, C가 공존하는 2次회로(2계선형미방회로)의 시간응답 특히 자연응답에 대해 알아본다.

그림 14.21과 같은 R-L-C 직렬회로에 $t=0$ 인 순간 직류전압 V를 인가한다고 하자. 이 때의 전압평형방정식은

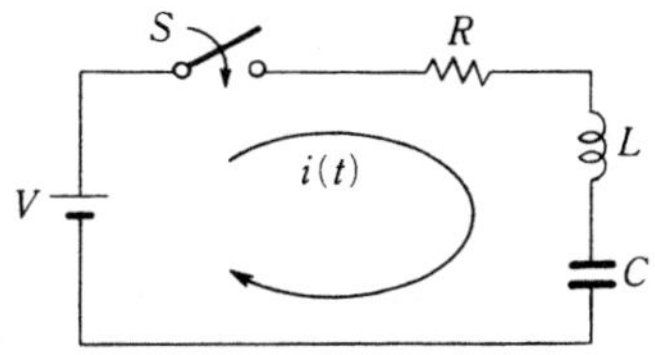

그림 14.21

$$L\frac{di}{dt}+Ri+\frac{1}{C}\int idt=V \qquad (14.66)$$

가 되며, 이 식의 양변을 t에 대해 미분하면

$$\frac{d^2i}{dt^2}+\frac{R}{L}\frac{di}{dt}+\frac{1}{LC}i=0 \qquad (14.67)^*$$

과 같은 2계선형 미분방정식이 얻어진다.

* 식(14.67)상에는 구동전원이 없기 때문에 강제응답은 0(실제 $t\to\infty$일 때의 정상해는 $i(\infty)=0$)이 되고, 따라서 자연응답(과도응답)만으로 완전해가 이루어진다.

식(14.67)은 회로의 구동전압과는 무관하므로 자연응답(과도동작)에만 관계한다.

이 식의 자연응답을 구하기 위해 1계 선형미방회로의 경우 식(14.5)와 마찬가지로 이것의 解로서

$$i=ke^{st} \qquad (14.68)$$

라는 형식을 가정하자. 이것을 식(14.67)에 대입하면

$$k\left(s^2+\frac{R}{L}s+\frac{1}{LC}\right)e^{st}=0$$

여기서 $k\neq 0$ 이므로

$$s^2+\frac{R}{L}s+\frac{1}{LC}=0 \qquad (14.69)$$

식(14.69)는 s에 관한 2차 대수방정식으로서 그 계수들은 회로정수들의 결합으로 이루어진다. 이 식은 바로 회로의 특징을 나타내기 때문에 회로의 **特性方程式***(characteristic equation)이라하며 그 根을 **特性根**이라 한다.

* n계 선형미방
$$a_n\frac{d^nw}{dt^n}+a_{n-1}\frac{d^{n-1}w}{dt^{n-1}}+\cdots+a_0w=e(t)$$
의 특성방정식은
$$a_ns^n+a_{n-1}s^{n-1}+\cdots+a_0s=0$$
이 되며, 이 방정식의 n개의 근인 s_1, s_2, ……s_n을 특성근이라 한다. 회로의 자연응답특성은 전원과 관계없이 특성근 s값에 따라 결정되기 때문에 이 s를 자연주파수(natural frequency)라고도 한다.

식(14.69)의 특성방정식은 원래의 미분방정식인 식(14.67)에서 $\frac{d^2}{dt^2}\to s^2$, $\frac{d}{dt}\to s$로 바꾸어 놓음으로써 쉽게 얻어질 수

있다.

또한 1차회로인 R-L, R-C 직렬회로에 있어서도 마찬가지 방법에 의해 식(14.1)과 식(14.21)로부터 각각 $Ls+R=0$, $Rs+\frac{1}{C}=0$ 인 특성방정식이 얻어진다.

이 경우 특성근은 각각 $s=-\frac{R}{L}=-\frac{1}{\tau}$, $s=-\frac{1}{RC}=-\frac{1}{\tau}$ 로 표시되는데 이들로부터 특성근의 절대값과 시정수 τ는 역수 관계가 있음도 알 수 있다.

R-L-C 직렬회로의 특성방정식인 식(14.69)는 두 개의 특성근을 갖게 되는데 이들을 각각 s_1, s_2라 하면 식(14.68)에 의해 $i_1=ke^{s_1t}$, $i_2=ke^{s_2t}$ 는 각각 식(14.67)의 解가 되며 식(14.67)과 같은 2계 선형미방의 경우 一般解는 2개의 미정계수를 포함하는 다음과 같은 형식으로 주어진다.

$$i=k_1e^{s_1t}+k_2e^{s_2t} \tag{14.70}$$

여기서 미정계수 k_1, k_2는 회로의 초기조건에 의해 결정된다.

이 회로의 특성근은 식(14.69)로부터 각각

$$\left.\begin{aligned} s_1&=-\frac{R}{2L}+\sqrt{\left(\frac{R}{2L}\right)^2-\frac{1}{LC}} \\ s_2&=-\frac{R}{2L}-\sqrt{\left(\frac{R}{2L}\right)^2-\frac{1}{LC}} \end{aligned}\right\} \tag{14.71}$$

가 되며, 편의상 다음과 같이 정의되는 α와 ω_0를 도입하면

$$\left.\begin{aligned} \alpha&=\frac{R}{2L} \\ \omega_0&=\frac{1}{\sqrt{LC}} \end{aligned}\right\} \tag{14.72}$$

식(14.69)의 특성방정식은 다음과 같이 표시되고

$$s^2+2\alpha s+\omega_0^2=0 \tag{14.73}$$

이것의 판별식은

$$D=\alpha^2-\omega_0^2 \tag{14.74}$$

이 된다. 이때 α를 **감쇠정수**(damping constant)*, ω_0를 **공진각주파수****라 하며 이들의 大小관계에 따라 특성근이 달라지고 그 결과 자연응답(과도해)의 동작도 달라지게 된다. 여기서 α와 ω_0를 각각 감쇠정수, 공진각주파수라 하는 이유는 다음의 iii), iv)節에서 명확히 밝혀진다. 식(14.72)로부터 $\alpha\geq0$, $\omega_0>0$ 인 관계가 있으므로 자연응답은 다음 4가지 경우로 구분될 수

* 식(14.12)의 감쇠율과 같은 개념임.
** 6장 共振回路 참조.

있다.

이 중 처음 세 경우는 모두 시간의 경과와 더불어 감쇠하는 파형을 보이지만 나머지 한 경우는 감쇠없이 진동하는 정현파를 나타낸다.

i) $\alpha > \omega_0$: **過制動**(overdamping)

두 특성근 s_1, s_2가 負의 相異実根이므로 이들을 각각

$$s_1 = -\alpha + \sqrt{\alpha^2 - \omega_0^2} = -\alpha + \delta = -(\alpha - \delta) = -p_1$$
$$s_2 = -\alpha - \sqrt{\alpha^2 - \omega_0^2} = -\alpha - \delta = -(\alpha + \delta) = -p_2$$

라 하면(p_1, p_2는 正의 実数), 식(14.70)에 의해 자연응답은 다음의 형식으로 주어진다.

$$\begin{aligned} i(t) &= k_1 e^{s_1 t} + k_2 e^{s_2 t} \\ &= k_1 e^{-P_1 t} + k_2 e^{-P_2 t} \end{aligned} \tag{14.75}$$

미정계수 k_1, k_2를 구하기 위해 초기조건 $i(0) = 0$을 식(14.75)에 대입하면

$$i(0) = k_1 + k_2 = 0 \qquad \cdots\cdots①$$

또 다른 초기조건 $\frac{di}{dt}(0)$을 구하기 위해 원식(14.66)에 $t=0$을 대입하면

$$L\frac{di}{dt}(0) + Ri(0) + \frac{1}{C}\int_{-\infty}^{0} idt = V$$

가 되며 여기서 $\frac{1}{C}\int_{-\infty}^{0} idt = v_C(0) = 0$

이므로 $\frac{di}{dt}(0) = \frac{V}{L}$

식(14.75)를 t에 관하여 미분한 다음 $t=0$을 대입하면

$$\frac{di}{dt}(0) = -p_1 k_1 - p_2 k_2 = \frac{V}{L} \qquad \cdots\cdots②$$

①, ②로부터

$$k_1 = \frac{V}{L(p_2 - p_1)}, \quad k_2 = \frac{-V}{L(p_2 - p_1)}$$

따라서 식(14.75)는

$$i(t) = \frac{V}{L(p_2 - p_1)} e^{-P_1 t} + \frac{-V}{L(p_2 - p_1)} e^{-P_2 t}$$

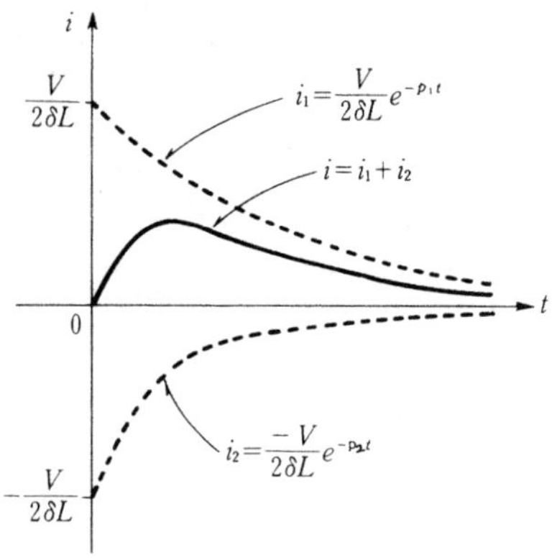

그림 14.22

$$=\frac{V}{2\delta L}e^{-P_1 t}+\frac{-V}{2\delta L}e^{-P_2 t} \qquad (14.76)$$

결국 이 경우의 자연응답 $i(t)$는 두 지수함수의 합으로 주어짐을 알 수 있는데 여기서 두 지수함수의 감쇠율은 $p_2>p_1$의 관계가 있으므로 합성함수 $i(t)$는 **그림 14.22**와 같은 방법으로 개략적인 형태를 나타낼 수 있다.

ii) $\alpha=\omega_0$; **臨界制動**(critical damping)

두 특성근이 동일한 負의 實数(重根)가 되므로

$$s_1=s_2=-\alpha$$

그러나 이를 식(14.70)에 대입하면 자연응답은

$$i=k_1e^{-\alpha t}+k_2e^{-\alpha t}=(k_1+k_2)e^{-\alpha t}=ke^{-\alpha t}$$

가 되어 완전한 解가 될 수 없다. 왜냐하면 2계 미분방정식의 일반해는 2개의 임의의 상수를 가져야 하기 때문이다. 그러므로 특성근이 중근일 경우 일반해는 다음과 같이 변형된 형식으로 주어진다.

$$i(t)=k_1e^{-\alpha t}+k_2te^{-\alpha t} \qquad (14.77)$$

미정계수 k_1, k_2를 구하기 위해 초기조건 $i(0)=0$, $\frac{di}{dt}(0)=\frac{V}{L}$를 각각 식(14.77)에 대입하면

$$i(0)=k_1=0$$

$\frac{di}{dt}(0)=k_2=\frac{V}{L}$ 이므로 식(14.77)은

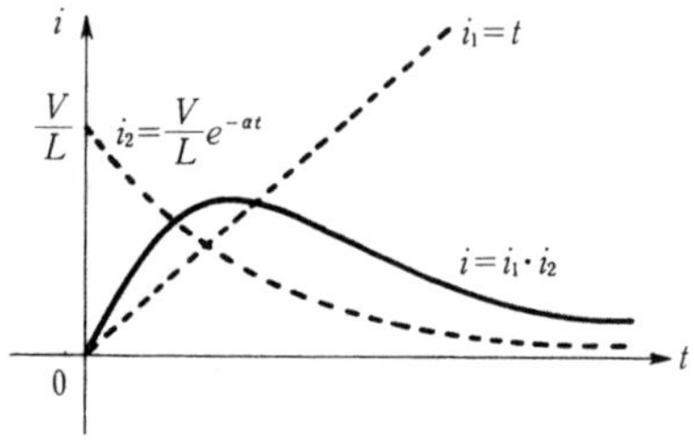

그림 14.23

$$i(t)=\frac{V}{L}te^{-\alpha t} \qquad (14.78)$$

이 경우의 응답곡선은 직선과 감쇠지수함수의 곱으로 그려지며(**그림 14.23**) 과제동의 경우와 비교해 볼 때 두드러진 차이는 없지만 과제동시는 원점부근에서 대체로 변화폭(기울기)이 크고 전구간에 걸쳐 임계제동시보다 큰 응답특성을 보인다.

iii) $\alpha<\omega_0$; **不足制動**(underdamping)

두 특성근이 서로 공액인 복소수가 되므로

$$s_1,\ s_2=-\alpha\pm j\sqrt{\omega_0^2-\alpha^2}=-\alpha\pm j\omega_d \qquad (14.79)$$

라 하고(ω_d : **자유진동角周波数** *) 이를 식(14.75)에 대입하면 자연응답은

* 감쇠진동(부족제동)회로에서의 角주파수를 자유진동角周波數라 한다.

$$
\begin{aligned}
i(t) &= k_1 e^{(-\alpha+j\omega_d)t} + k_2 e^{(-\alpha-j\omega_d)t} \\
&= e^{-\alpha t}(k_1 e^{j\omega_d t} + k_2 e^{-j\omega_d t}) \\
&= e^{-\alpha t}\{k_1(\cos\omega_d t + j\sin\omega_d t) + k_2(\cos\omega_d t - j\sin w_d t)\} \\
&= e^{-\alpha t}\{(k_1+k_2)\cos\omega_d t + j(k_1-k_2)\sin\omega_d t\} \\
&= e^{-\alpha t}(A\cos\omega_d t + B\sin\omega_d t)
\end{aligned}
$$

$$
\begin{aligned}
i(t) &= \sqrt{A^2+B^2}\, e^{-\alpha t}\sin(\omega_d t + \theta) \\
&= k e^{-\alpha t}\sin(\omega_d t + \theta) \qquad (14.80)
\end{aligned}
$$

여기서

$$
\left.
\begin{aligned}
&A = k_1 + k_2, \quad B = j(k_1 - k_2) \\
&k = \sqrt{A^2+B^2}, \quad \theta = \tan^{-1}\frac{A}{B}
\end{aligned}
\right\} \qquad (14.81)
$$

식(14.80)에 있어서 응답 $i(t)$는 실수이므로 미정계수 A, B 및 k, θ는 모두 실수가 되어야 한다.

이러한 조건을 만족시키기 위해서는 식(14.81)에서 k_1, k_2는 서로 공액인 복소수가 되지 않으면 안된다.

식(14.80)에 초기조건 $i(0)=0$을 대입하면

$$i(0) = k\cdot 1\cdot\sin\theta = 0$$

여기서 $k \neq 0$ 이므로

$$\sin\theta = 0 \quad \therefore \ \theta = 0$$

따라서

$$i(t) = k e^{-\alpha t}\sin\omega_d t$$

$i(t)$를 미분하여 또 하나의 초기조건 $\frac{di}{dt}(0) = \frac{V}{L}$ 를 대입하면 $\frac{di}{dt}(0) = k\omega_d = \frac{V}{L}$

$$\therefore \ k = \frac{V}{\omega_d L}$$

따라서

$$i(t) = \frac{V}{\omega_d L} e^{-\alpha t}\sin\omega_d t \qquad (14.82)$$

이 경우의 자연응답은 감쇠지수함수 $\frac{V}{\omega_d L}e^{-\alpha t}$와 정현파 $\sin \omega_d t$의 곱으로 표시되므로 **그림 14.24**에서 보듯이 정현파의 각 피크(peak)점은 감쇠지수함수의 곡선을 따라 감쇠진동(감쇠정수 α)함을 알 수 있다.

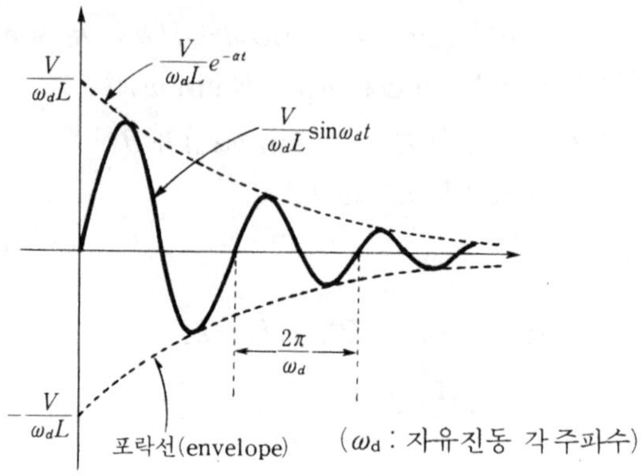

그림 14.24 감쇠진동의 예

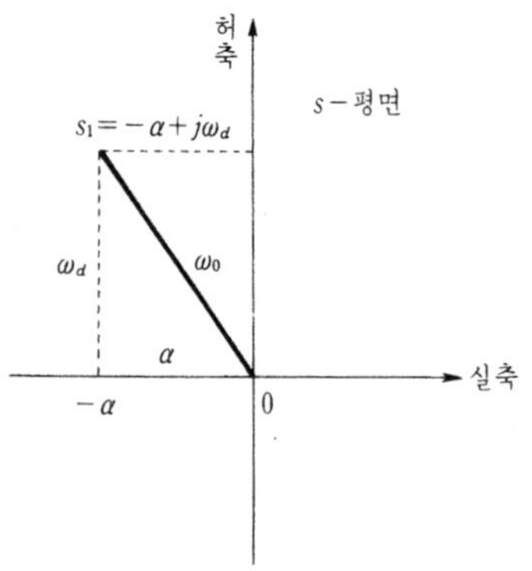

그림 14.25 s**평면에서의** ω_d**와** α, ω_0 **간의 관계**($\omega_d = \sqrt{\omega_0^2 - \alpha^2}$)

iv) $\alpha = 0$; $R = 0$인 無損失회로

식(14.79)로부터 두 특성근은 순허수가 된다.

$$s_1,\ s_2 = \pm j\omega_d = \pm j\omega_0$$

이 경우의 자연응답은 감쇠진동의 특별한 경우로 볼 수 있으므로 식(14.82)로부터

$$i(t) = \frac{V}{\omega_d L}\sin \omega_d t = \frac{V}{\omega_0 L}\sin \omega_0 t \qquad (14.83)$$

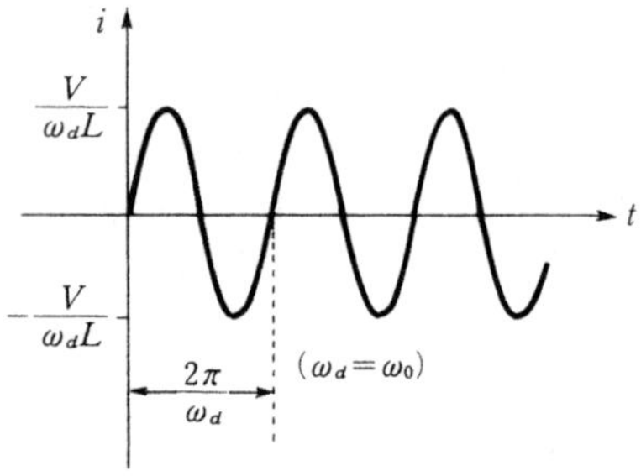

그림 14.26

식(14.83)은 자유진동 각주파수 ω_d가 주어진 R-L-C 회로의 공진 각주파수 ω_0와 같은 無감쇠정현파(**그림 14.26**)를 나타낸다.

이상과 같은 R-L-C 직렬회로의 자연응답특성을 요약해 보면 다음과 같다.

특성방정식의 특성근 s의 實数部는 正(+)이 될 수 없으며(식 14.71참조) s값에 따라 자연응답은 s가 실수이면 감쇠함수, 복소수이면 감쇠진동함수, 순허수이면 무감쇠진동함수를 보인다. 특히 감쇠진동의 경우 특성근의 실수부 $(-\alpha)$와 허수부(ω_d)는 각각 진동함수의 감쇠량과 角주파수를 나타내며, 감쇠함수나 무감쇠진동함수도 α, ω_d의 특수한 경우로 볼 수 있으

므로 이런 의미에서 s를 **複素周波数**, s-평면을 복소주파수 평면이라고도 한다.

〔예제 14・7〕 그림 14.27 (a)의 회로에서 $t=0$인 순간 스위치 s를 개방한다고 할 때 병렬접속단자간의 전위차 $v(t)$를 구하여라.

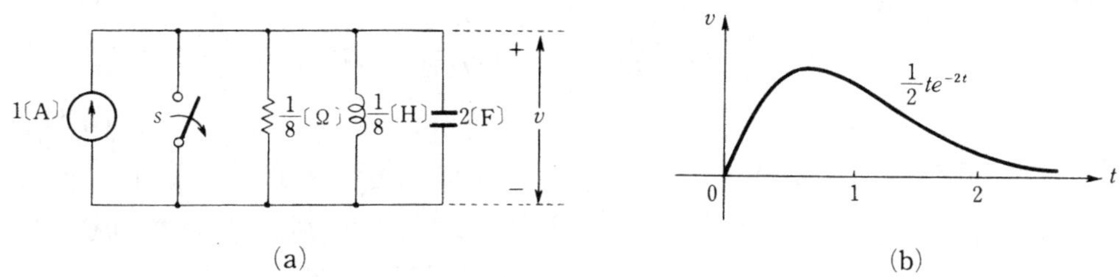

그림 14.27

풀이 ☞ $K.C.L$에 의한 전류방정식을 세우면

$$Gv+\frac{1}{L}\int vdt+C\frac{dv}{dt}=I \qquad \cdots\cdots①$$

양변을 미분하고 $C=2$, $G=8$, $L=\frac{1}{8}$을 대입하면

$$C\frac{d^2v}{dt^2}+G\frac{dv}{dt}+\frac{1}{L}v=0 \qquad \cdots\cdots②$$

$$2\frac{d^2v}{dt^2}+8\frac{dv}{dt}+8v=0 \qquad \cdots\cdots③$$

특성방정식

$$2s^2+8s+8=0 \qquad \cdots\cdots④$$

으로부터 특성근을 구하면

$$s_1=s_2=-2 \qquad \cdots\cdots⑤$$

로서 重根을 가지므로 일반해는

$$v(t)=k_1e^{-2t}+k_2te^{-2t} \qquad \cdots\cdots⑥$$

초기조건 $v_c(0)=v(0)=0$과 ①식으로부터의 또 다른 초기조건인 $\frac{dv}{dt}(0)=\frac{I}{C}=\frac{1}{2}$를 ⑥식에 대입하면

$$k_1=0,\quad k_2=\frac{1}{2}$$

따라서 구하고자 하는 v(완전해)는

$$v(t)=\frac{1}{2}te^{-2t}\ \text{〔V〕}$$

가 되며 이것의 개략적인 형태는 그림 (b)와 같다.

14-6 高階線型微分方程式의 解法

1階 또는 2階 선형미분방정식의 해법은 高階(high-order) 선형미방의 解를 구하는 경우에도 그대로 적용된다.

다음과 같은 n階 선형미방이 있다고 하자.

$$a_n \frac{d^n w}{dt^n} + a_{n-1} \frac{d^{n-1} w}{dt^{n-1}} + \cdots + a_1 \frac{dw}{dt} + a_0 w = f(t) \tag{14.84}$$

* 식(14.84)에서의 응답은
i) $f(t)=0$인 경우:
완전응답＝자연응답
ii) $f(t) \neq 0$인 경우:
완전응답＝자연응답＋강제응답
이 된다. 그러나 ii)의 경우 전원만에 의한항(零狀態응답; zero-state response)과 초기조건만에 의한항(無入力 응답: zero-input response)으로 나타낼 수도 있다.
즉, 자연응답＝零狀態 응답
＋無入力 응답

여기서 w는 응답(전류 또는 전압), $f(t)$는 회로에 인가되는 구동전원 또는 구동전원의 도함수이며 微方의 次数 n은 회로내에 존재하는 에너지 축적소자 L, C의 총수와 같다(단, 직렬 또는 병렬접속된 L이나 C는 等価的으로 1개로 간주).

식(14.84)와 같이 $f(t) \neq 0$인 非同次방정식(non-homogeneous eq.)의 완전응답(일반해)은 자연응답과 강제응답의 合으로 주어진다.

먼저 자연응답을 구하기 위해 식(14.84)의 우변 $f(t)$를 0으로 놓고** 1계 또는 2계 선형미분방정식의 경우와 마찬가지로 $w=ke^{st}$라는 解를 가정하여 여기에 대입하면 다음의 특성방정식이 얻어진다.

** 동차방정식(homogeneous eq.)
수학적으로는 이를 同次미분방정식(homogeneous differential eq)이라 한다.

$$a_n s^n + a_{n-1} s^{n-1} + \cdots + a_1 s + a_0 = 0 \tag{14.85}$$

이 특성방정식의 특성근은 n개가 존재하며 이들을 s_1, s_2, … s_n 이라 하면 자연응답 w_n은 다음 형식이 된다.

$$w_n(t) = k_1 e^{s_1 t} + k_2 e^{s_2 t} + \cdots + k_n e^{s_n t} \tag{14.86}$$

이들 n개의 특성근 중에는 実根 외에 複素根도 존재할 수 있다. 복소근인 경우 반드시 공액으로 존재하며 이 두 공액근의 계수간에도 역시 공액관계가 성립된다(전절에서의 iii)의 경우 참조).

그러나 특성근 중 동일한 실근, 즉 重実根이 존재할 때는 식(14.86)은 식(14.77)과 같은 변형된 형태를 갖게 된다. 예를 들어 $s_1=s_2$인 경우 자연응답은 다음 형식을 취한다.*

* 3중 실근($s_1=s_2=s_3$)이 존재할 때 자연응답내에는$(k_1+k_2t+k_3t^2)e^{s_1t}$항이 포함된다.

$$w_n(t) = (k_1 + k_2 t) e^{s_1 t} + k_3 e^{s_3 t} + \cdots + k_n e^{s_n t} \tag{14.87}$$

다음에 강제응답을 구해보면 구동함수와 관계되는 $f(t)$가 어떠한 함수인가에 따라 강제응답을 구하기 위한 시험解는 달리 주어진다.

표 14.1에는 $f(t)$의 종류에 따른 시험解의 여러 형식을 보였다. 특히 선형회로의 구동함수가 Ae^{at}와 같은 지수함수형식으로 주어질 때 강제응답을 위한 시험解 역시 ke^{at}와 같은 지수함수 형식으로 주어짐을 알 수 있는데 이것은 지수함수의 가장 큰 특징이 t에 관해 몇 번 微分하거나 또는 몇 번 積分해도 같은 형식이 얻어지는 유일한 함수이기 때문이다.

각 구동함수에 대응하는 시험解에는 미정계수가 포함되는데 이 미정계수는 이 시험解를 원 식(14.84)에 직접 대입함으로써 구해진다.

표 14.1

	$f(t)$ (구동함수)	강제응답(특수해)을 위한 시험解
1	A(상수)	k
2	$A\sin\omega t$ 또는 $B\cos\omega t$(정현함수)	$k_1\cos\omega t + k_2\sin\omega t$
3	Ae^{at}(지수함수)	ke^{at}
4	At^n	$k_nt^n + k_{n-1}t^{n-1} + \cdots + kt + k_0$
5	At^ne^{at}	$(k_nt^n + k_{n-1}t^{n-1} + \cdots + kt + k_0)\,e^{at}$

* 1. $f(t)$가 정현함수로 주어질 때는 phasor를 이용하는 것이 보다 간단할 수 있다.
 2. $f(t)$가 표의 5와 같은 합성함수로 주어지는 경우 시험함수는 각성분 시험함수의 합성형태로 주어진다.

최종적인 완전응답(w)은 이렇게 해서 구해진 자연응답(w_n)과 강제응답(w_f)을 合함으로써 구해지며 이때 자연응답에 포함되어 있는 미정계수는 초기조건을 일반해인 이 完全応答에 대입함으로써 구해지게 된다.

〔예제 14・8〕 다음과 같은 미분방정식을 만족하는 응답 v(일반해)를 구하여라.

$$\frac{d^5v}{dt^5}+6\frac{d^4v}{dt^4}+17\frac{d^3v}{dt^3}+28\frac{d^2v}{dt^2}+24\frac{dv}{dt}+8v=0$$

풀이 ☞ 주어진 미분방정식의 특성방정식은

$$s^5+6s^4+17s^3+28s^2+24s+8=0 \qquad \cdots\cdots ①$$

이 되며 이를 인수분해하면

$$(s+1)^2(s+2)(s^2+2s+4)=0 \quad \cdots\cdots②$$

특성근은 $s_1=s_2=-1$(중근), $s_3=-2$, s_4, $s_5=-1\pm j\sqrt{3}$

이므로 응답 $v(t)$는 전절에서 유도되었던 식들을 이용하면

$$v(t)=(k_1+k_2t)e^{-t}+k_3e^{-2t}+k_4e^{(-1+j\sqrt{3})t}+k_5e^{(-1-j\sqrt{3})t} \quad \cdots\cdots③$$

가 되며 윗식에서

$$k_4e^{(-1+j\sqrt{3})t}+k_5e^{(-1-j\sqrt{3})t}=e^{-t}(k_4e^{j\sqrt{3}t}+k_5e^{-j\sqrt{3}t})$$

$$=e^{-t}\{k_4(\cos\sqrt{3}t+j\sin\sqrt{3}t)+k_5(\cos\sqrt{3}t-j\sin\sqrt{3}t)\}$$

$$=e^{-t}\{(k_4+k_5)\cos\sqrt{3}t+j(k_4-k_5)\sin\sqrt{3}t\}$$

$$=e^{-t}(A\cos\sqrt{3}t+B\sin\sqrt{3}t) \quad \cdots\cdots④$$

이므로 ④를 ③에 대입하면

$$v(t)=(k_1+k_2t)e^{-t}+k_3e^{-2t}+e^{-t}(A\cos\sqrt{3}t+B\sin\sqrt{3}t)$$

단, $A=k_4+k_5$, $B=j(k_4-k_5)$ ……⑤

응답 v에서 v가 실수이므로 미정계수 k_1, k_2, k_3 및 A, B 역시 실수가 되어야 하며 A, B가 실수가 되기 위해서는 식 ⑤로부터 k_4, k_5는 서로 공액인 복소수가 되어야 함을 알 수 있다.

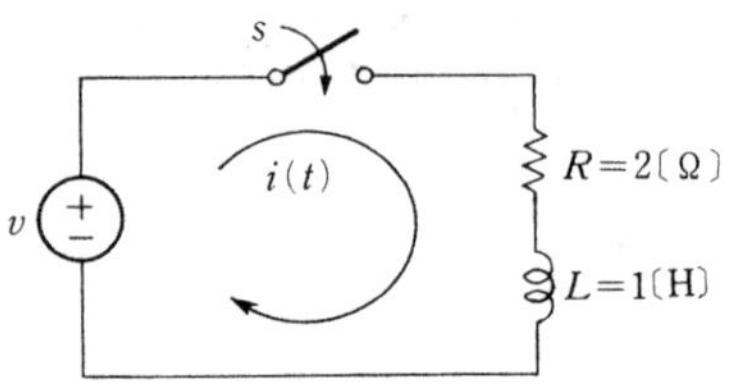

그림 14.28

〔예제 14・9〕 그림 14.28과 같은 R-L 회로에 $t=0$인 순간 $v=10e^{-t}$〔V〕의 전압이 인가될 때 전류 i의 완전응답을 구하여라.

풀이 ☞ 회로방정식

$$Ri+L\frac{di}{dt}=v \quad \cdots\cdots①$$

$$\frac{di}{dt}+2i=10e^{-t} \quad \cdots\cdots②$$

에서 자연응답을 구하기 위해 $v=0$이라 놓으면 자연응답은

$$i_n=ke^{-\frac{R}{L}t}=ke^{-2t} \quad \cdots\cdots③$$

다음에 강제응답을 구하기 위한 시험해를

$$i_f=Ie^{-t} \quad \cdots\cdots④$$

로 놓고 이를 식 ②에 대입하면

$$-Ie^{-t}+2Ie^{-t}=10e^{-t}$$

$I=10$ 이므로 $i_f=10e^{-t}$ ……⑤

완전응답(일반해) i는

$$i=i_n+i_f=ke^{-2t}+10e^{-t} \quad \cdots\cdots⑥$$

식 ⑥에 초기조건 $i(0)=i_L(0)=0$ ……⑦

을 대입하면 $k=-10$

따라서 $i(t) = -10e^{-2t} + 10e^{-t}$ 〔A〕

14-7 LC 直流回路

1 直流電圧의 印加

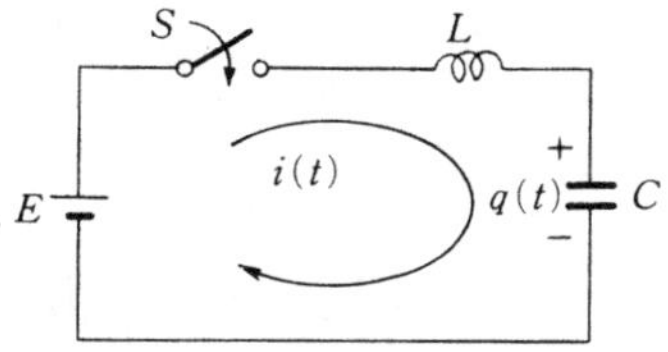

그림 14.29 LC 직렬회로

그림 14.29와 같은 LC 직렬회로에 直流電圧 E를 $t=0$에서 인가하는 경우에 대해 생각해 보기로 한다.

이때의 전압평형방정식은

$$L\frac{di}{dt}+\frac{1}{C}q=E \tag{14.88}$$

이것을 電荷 q에 관한 미분방정식으로 고치면

$$L\frac{d^2q}{dt^2}+\frac{1}{C}q=E \tag{14.89}$$

자연응답 q_n을 구하기 위해 식(14.89)에서 $E=0$으로 놓는다.

$$L\frac{d^2q_n}{dt^2}+\frac{1}{C}q_n=0 \tag{14.90}$$

자연응답을

$$q_n = ke^{st} \tag{14.91}$$

라 가정한 후 이를 식(14.90)에 대입하면

$$k\left(s^2+\frac{1}{LC}\right)e^{st}=0,\quad (k\neq 0) \tag{14.92}$$

로부터 다음과 같은 특성방정식이 구해진다.

$$s^2+\frac{1}{LC}=0 \tag{14.93}$$

식(14.93)으로부터 특성근은

$$s_1,\ s_2=\pm j\frac{1}{\sqrt{LC}} \tag{14.94}$$

따라서 자연응답은 2개의 미정계수를 포함하는 다음의 형식으로 주어진다.

$$q_n = k_1 e^{js_1 t} + k_2 e^{js_2 t}$$
$$= k_1 e^{j\frac{1}{\sqrt{LC}}t} + k_2 e^{-j\frac{1}{\sqrt{LC}}t} \tag{14.95}$$

식(14.95)를 변형시키면

$$q_n = (k_1 + k_2)\cos\frac{1}{\sqrt{LC}}t + j(k_1 - k_2)\sin\frac{1}{\sqrt{LC}}t$$
$$= A\cos\frac{1}{\sqrt{LC}}t + B\sin\frac{1}{\sqrt{LC}}t \tag{14.96}$$

여기서 $A = k_1 + k_2$, $B = j(k_1 - k_2)$

다음에 식(14.89)의 강제응답(정상해)은

$$q_f = CE \tag{14.97}$$

가 되므로 식(14.89)의 일반해 q는 식(14.96)과 식(14.97)로부터 다음과 같이 주어진다.

$$q = CE + A\cos\frac{1}{\sqrt{LC}}t + B\sin\frac{1}{\sqrt{LC}}t \tag{14.98}$$

식(14.98)로부터 구하고자 하는 전류 i의 一般解는

$$i = \frac{dq}{dt} = \frac{1}{\sqrt{LC}}\left(B\cos\frac{1}{\sqrt{LC}}t - A\sin\frac{1}{\sqrt{LC}}t\right) \tag{14.99}$$

가 되며, 초기조건

$$q(t)|_{t=0} = 0,\quad i(t)|_{t=0} = 0 \tag{14.100}$$

을 식(14.98)과 식(14.99)에 대입하여 적분상수 A, B를 결정하면

$$CE + A = 0,\quad \frac{1}{\sqrt{LC}}B = 0$$

으로부터

$$A = -CE,\quad B = 0 \tag{14.101}$$

따라서 식(14.101)을 식(14.98)과 식(14.99)에 대입하면 q와 i의 완전응답은 각각

$$q = CE\left(1 - \cos\frac{1}{\sqrt{LC}}t\right) \tag{14.102}$$

$$i=\frac{E}{\sqrt{L/C}}\sin\frac{1}{\sqrt{LC}}t \qquad (14.103)$$

가 되며 이들은 **그림 14.30**에서 보는 것처럼 正弦的으로 진동함을 알 수 있다.

다음에 L과 C의 단자전압 v_L, v_C에 대해 알아보면 식(14.103)과 식(14.102)로부터 각각

$$v_L=L\frac{di}{dt}=E\cos\frac{1}{\sqrt{LC}}t \qquad (14.104)$$

$$v_C=\frac{1}{C}q=E\left(1-\cos\frac{1}{\sqrt{LC}}t\right) \qquad (14.105)$$

가 되며 이들의 시간적 변화를 그래프로 나타낸 것이 **그림 14.31**이다. 그림을 보면 v_L은 인가전압 E보다 커지는 일은 없으나 v_C는 E보다 커지는 때가 있으며 그 최대값은 $2E$가 된다. 이러한 현상은 高電圧발생에 종종 이용되고 있다.

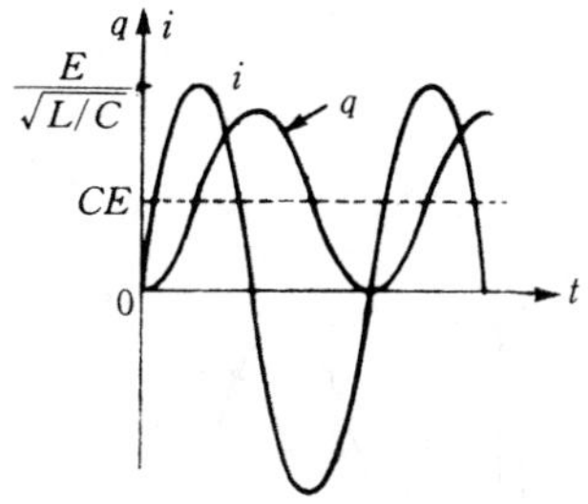

그림 14.30 q와 i의 시간적 변화

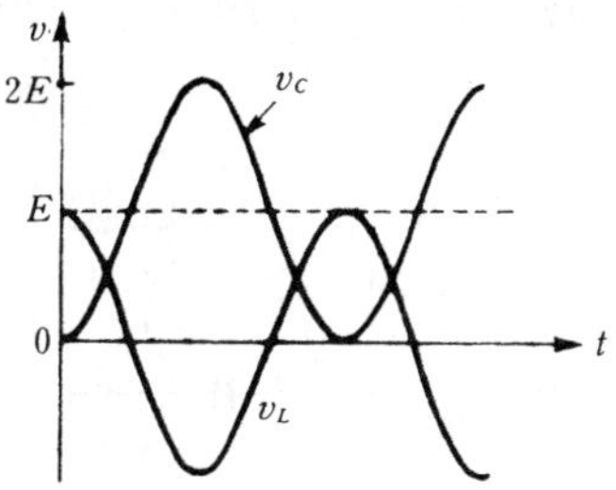

그림 14.31 단자전압 v_L, v_C의 시간적 변화

2 直流電圧의 제거

그림 14.32와 같이 전압 E로 충전되어 있는 커패시터를 인덕턴스 L을 통하여 방전시킬 경우의 전압평형방정식은 식(14.89)로부터

$$L\frac{d^2q}{dt^2}+\frac{1}{C}q=0 \qquad (14.106)$$

가 되고, 이 방정식의 일반해는 식(14.96)으로부터

$$q=A\cos\frac{1}{\sqrt{LC}}t+B\sin\frac{1}{\sqrt{LC}}t \qquad (14.107)$$

또 전류 i는 식(14.99)로부터

$$i=\frac{dq}{dt}=\frac{1}{\sqrt{LC}}\left(B\cos\frac{1}{\sqrt{LC}}t-A\sin\frac{1}{\sqrt{LC}}t\right) \qquad (14.108)$$

가 된다. 여기서 초기조건은 $t=0$에서 $q=CE$, $i=0$이므로 적분상수는

$$A=CE,\quad B=0 \qquad (14.109)$$

가 된다. 이것을 앞의 q 및 i의 식에 대입하면

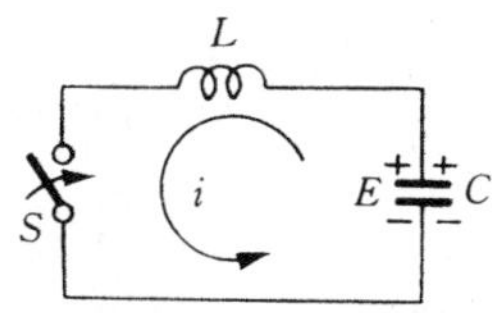

그림 14.32 LC회로의 방전

$$q = CE\cos\frac{1}{\sqrt{LC}}t \tag{14.110}$$

$$i = -\frac{E}{\sqrt{L/C}}\sin\frac{1}{\sqrt{LC}}t \tag{14.111}$$

가 된다. 이때 전류 i의 부호가 '−'가 됨은 充電時의 전류방향과 반대임을 의미한다. **그림 14.33**은 전류 i와 전하량 q의 시간적 변화를 보여주고 있다.

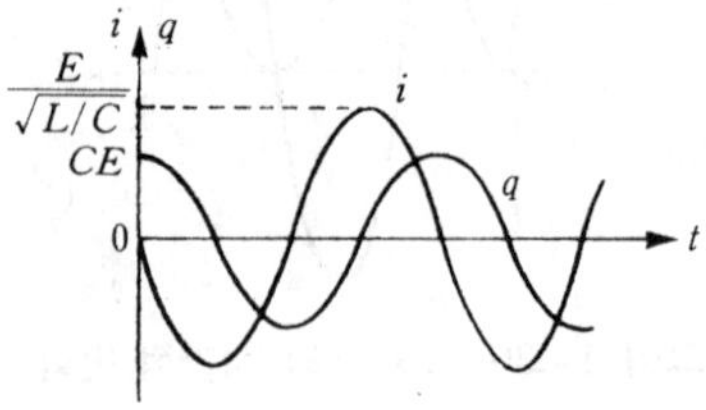

그림 14.33 q와 i의 시간적 변화

〔예제 14·10〕 $L=50$〔mH〕의 코일에 $I_0=200$〔A〕의 직류를 흐르게 하던 중 급히 **그림 14.34**와 같이 $C=20$〔μF〕의 콘덴서에 연결할 때 콘덴서 C의 최대 단자전압〔kV〕은 얼마인가?

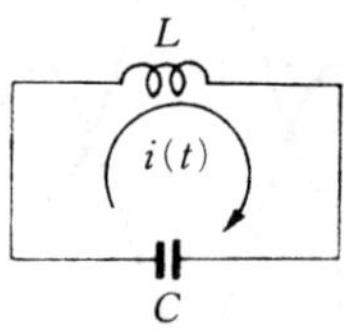

그림 14.34

풀이 ☞ 회로전류를 $i(t)$라 하면

$$L\frac{di(t)}{dt}+\frac{1}{C}\int i(t)\,dt=0$$

이를 電荷 $q(t)$의 방정식으로 바꾸면

$$L\frac{d^2q(t)}{dt^2}+\frac{q(t)}{C}=0$$

이 식을 풀면

$$q(t)=\sqrt{LC}\,I_0\sin\frac{t}{\sqrt{LC}}$$

C의 단자전압 v_C는

$$v_C=\frac{q}{C}=\sqrt{\frac{L}{C}}\,I_0\sin\frac{1}{\sqrt{LC}}t$$

전류의 최대값은

$$i_{max}=I_0=200〔A〕$$

$$\therefore\ v_{max}=\sqrt{\frac{L}{C}}\,I_0=\sqrt{\frac{50\times10^{-3}}{20\times10^{-6}}}\times200=10〔kV〕$$

연 습 문 제

〔1〕 **그림 14.35**의 회로에서 $t=0$인 순간 스위치 K가 닫힌다고 할 때 다음 각 경우에 대해 회로전류 $i(t)$를 구하여라. 단, C의 초기전압은 V_0이다.

① $v_g=0$ 일 때

② $v_g=V$ 일 때

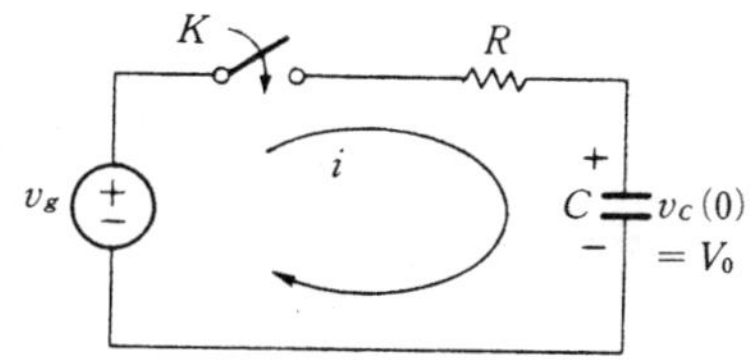

그림 14.35

〔2〕 R-C 직렬회로에 $t=0$인 순간 $v=V_m\sin(\omega t+\theta)$로 표시되는 정현파 전압이 인가될 때 회로전류 i(완전응답)를 구하여라. 또 i의 그래프를 개략적으로 나타내어라.

〔3〕 **그림 14.36**의 회로에서 직류전압 V가 인가되어 회로전류가 정상상태를 유지하고 있는 중에 어느 순간($t=0$) 스위치 K를 닫았다고 하자.

① K를 닫은 후의 회로전류 $i(t)$를 구하여라.

② K를 닫은 후 회로전류가 정상상태에 도달했을 때 어느 순간($t=0$) 다시 스위치 k를 개방한다면 회로전류 $i(t)$는 어떻게 될까?

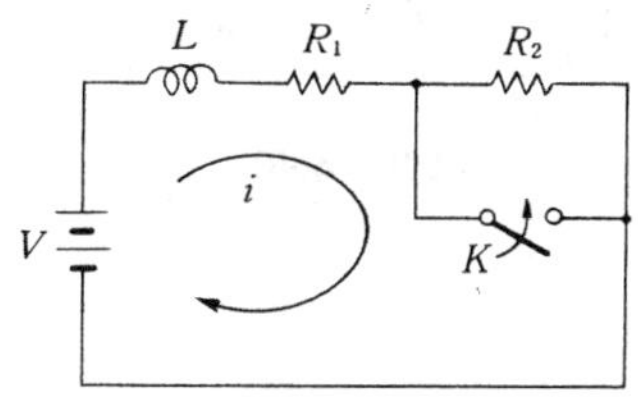

그림 14.36

〔4〕 **그림 14.37**의 회로에서 $t=0$인 순간 스위치 K_1이 닫히고 $t=t_1$에서 다시 K_1이 열림과 동시에 K_2가 닫힌다고 하자.

① $0<t<t_1$에서 콘덴서에 축적되는 전하량 q 및 충전전류 i를 구하여라.

② $t\geq t_1$ 동안 콘덴서의 전하량 q 및 방전전류 i를 구하여라.

③ $q(t)$ 및 $i(t)$의 개략적인 그래프를 도시하여라.

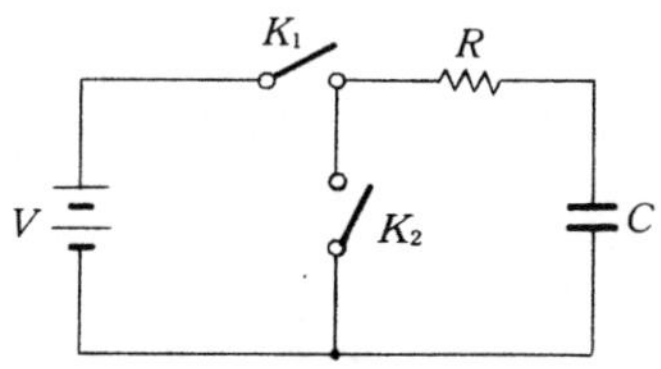

그림 14.37

〔5〕 **그림 14.38**의 회로에서

$V=10$〔V〕, $R=10$〔Ω〕, $L=1$〔H〕, $C=10$〔μF〕이며 $v_C(0)=0$이다. 초기값 $i(0)$, $\dfrac{di}{dt}(0)$, $\dfrac{d^2i}{dt^2}(0)$를 구하여라.

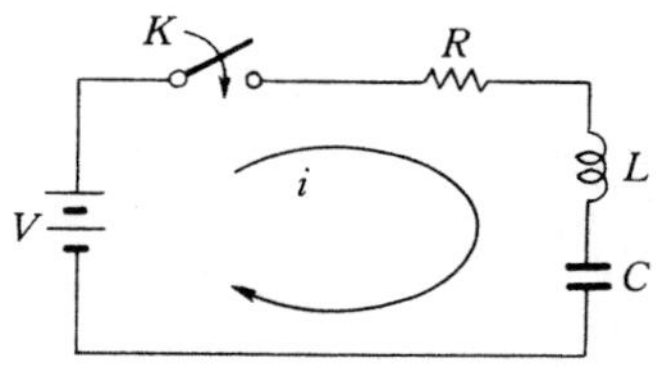

그림 14.38

〔6〕 **그림 14.39**의 회로에서 $t=0$에서 스위치 K를 닫을 때 초

기치 $i_1(0)$, $i_2(0)$, $\dfrac{di}{dt}(0)$를 구하여라.

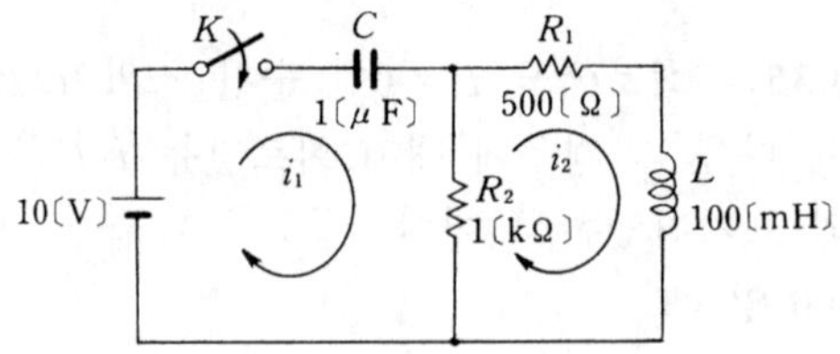

그림 14.39

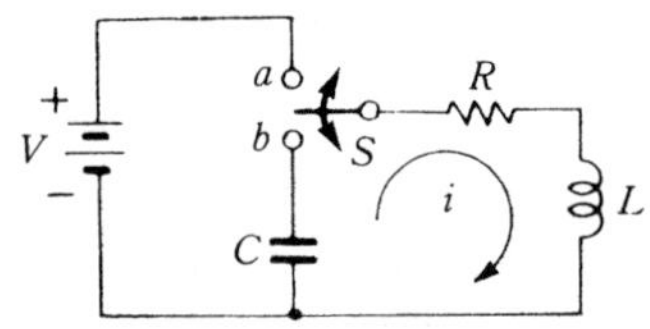

그림 14.40

〔7〕 **그림 14.40**과 같은 회로에서 스위치 S가 a의 위치에서 b로 투입되었을 때 $i(0_+)$, $\dfrac{di(0_+)}{dt}$, $\dfrac{d^2i(0_+)}{dt^2}$을 구하여라. 단, $R=1000$〔Ω〕, $L=1$〔H〕, $C=0.1$〔μF〕, $V=100$〔V〕이다.

〔8〕 **그림 14.41**의 회로에 직류기전력 E를 인가할 때 생기는 자유진동의 주파수를 구하여라. 단, 전원은 내부저항이 없는 것으로 한다. 이때 $L=4$〔mH〕, $C=5$〔μF〕, $R=100$〔Ω〕이다.

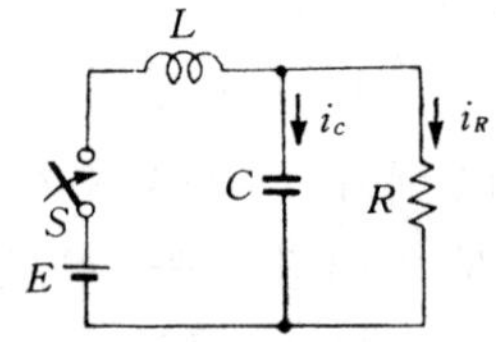

그림 14.41

〔9〕 L-C 직렬회로에 직류전압 E를 $t=0$에서 갑자기 인가할 때 C에 걸리는 최대전압을 구하여라.

〔10〕 **그림 14.42**와 같은 R-L-C 직렬회로에 있어서 과도현상이 진동이 되지 않는 조건을 구하여라.

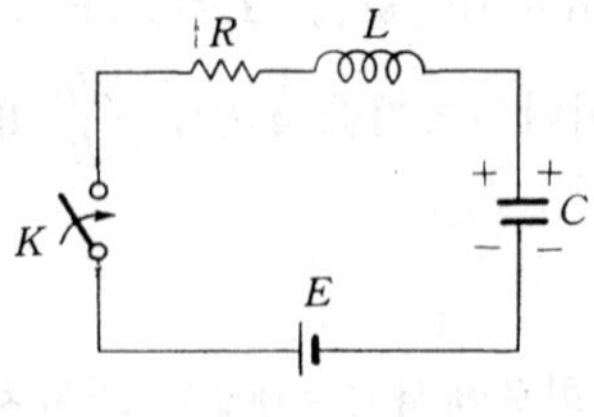

그림 14.42

연습문제해답

〔1〕 ① $i(t)=-\frac{V_0}{R}e^{-\frac{1}{RC}t}$

② $i(t)=\frac{V-V_0}{R}e^{-\frac{1}{RC}t}$

〔2〕 $i=i_s+i_t=\frac{V_m}{Z}\sin(\omega t+\theta-\phi)+\{\frac{V_m}{R}\sin\theta-\frac{V_m}{Z}\sin(\theta-\phi)\}e^{-\frac{1}{RC}t}$

단, $Z=\sqrt{R^2+\left(\frac{-1}{\omega C}\right)^2}$, $\phi=-\tan^{-1}\frac{1}{R\omega C}$

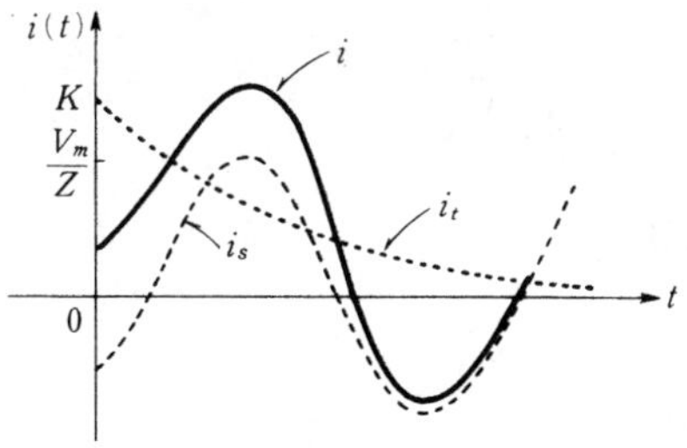

그림 14.43

〔3〕 ① $i(t)=\frac{V}{R_1}(1-\frac{R_2}{R_1+R_2}e^{-\frac{R1}{L}t})$

② $i(t)=\frac{V}{R_1+R_2}(1+\frac{R_2}{R_1}e^{-\frac{R1+R2}{L}t})$

〔4〕 ① $q(t)=CV(1-e^{-\frac{1}{RC}t})$

$i(t)=\frac{V}{R}e^{-\frac{1}{RC}t}$

② $q(t)=CV(1-e^{-\frac{1}{RC}t1})\ e^{-\frac{1}{RC}(t-t1)}$

$i(t)=-\frac{V}{R}(1-e^{-\frac{1}{RC}t1})\ e^{-\frac{1}{RC}(t-t1)}$

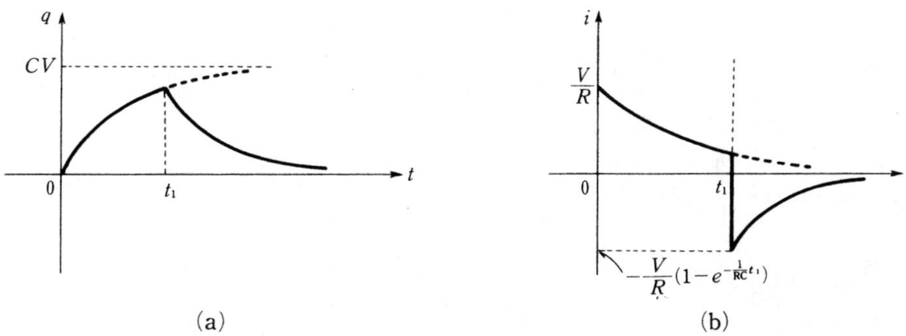

(a) (b)

그림 14.44

〔5〕 $i(0)=0$

$\frac{di}{dt}(0)=10$ 〔A/s〕

$\frac{d^2i}{dt^2}(0)=-100$ 〔A/s^2〕

〔6〕 $i_1(0)=10$ 〔mA〕,

$i_2(0)=0$

$\frac{di_2}{dt}(0)=100$ 〔A/s〕

〔7〕 $i(0_+)=0.1$〔A〕

$\frac{di(0_+)}{dt}=-100$〔A/s〕

$\frac{d^2i(0_+)}{dt^2}=0$

〔8〕 $f=\frac{1}{2\pi}\sqrt{\frac{1}{LC}-\left(\frac{1}{2CR}\right)^2}$

$=\frac{7}{2\pi}\times 10^3$〔Hz〕

〔9〕 $2E$

〔10〕 $\left(\frac{R}{2L}\right)^2\geq\frac{1}{LC}$

複素周波数와 回路網 函数 15

복소주파수 s의 함수로 표시되는 지수함수 e^{st}는 회로망의 해석 등에 있어 매우 중요한 역할을 한다. 전장에서 이미 선형회로의 자연응답이 e^{st}와 같은 지수함수 형식으로 주어지며 선형회로가 e^{st}와 같은 지수함수로 구동될 때 회로내 모든 부분에서의 응답도 역시 지수함수 형태로 주어진다는 것을 알고 있다. 무엇보다도 지수함수의 특징은 정현파는 물론 D.C 직류파와 진폭이 변하는 여러 진동파까지도 포괄적으로 표현할 수 있다는 점이다. 이러한 지수함수를 이용할 경우 보다 통합된 회로이론이 제시될 수 있는 등 많은 이점이 있게 된다.

본장에서는 이러한 지수함수에 대한 기본개념과 지수함수론적인 측면에서 회로망의 특성을 규정하는 회로망 함수의 특성과 이것의 주파수 특성 등을 다루게 된다.

(요 목)

15-1 指数函数와 複素周波数

전장에서는 이미 선형회로의 자연응답이 ke^{st}와 같은 지수함수 형식으로 주어지며 선형회로에 전원함수로서 ke^{st}와 같은 지수함수가 인가될 때 강제응답 역시 $k'e^{st}$와 같은 지수함수 형식으로 주어지는 등 지수함수가 회로해석시 자주 등장함을 알았다.

우리는 이미 4장의 오일러의 公式에서 정현파가 지수함수로 대표될 수 있음을 알고 있다. 다음과 같은 오일러의 공식

$$e^{j\omega t}=\cos\omega t+j\sin\omega t \qquad (15.1)$$

로부터 다음 식(15.2), (15.3)과 같이 지수함수 $e^{j\omega t}$의 실수부 또는 허수부를 취함으로써 $\cos\omega t$ 또는 $\sin\omega t$라는 정현파 함수가 구해진다. 즉

$$\cos\omega t=R_e(e^{j\omega t}) \qquad (15.2)$$

$$\sin\omega t=I_m(e^{j\omega t}) \qquad (15.3)$$

지수함수 $e^{j\omega t}$에서 순허수인 지수 $j\omega$를 복소수 $s=\alpha+j\omega$로 확장시키면 식(15.1)은

$$\begin{aligned} e^{st}&=e^{(\alpha+j\omega)t}=e^{\alpha t}e^{j\omega t}\\ &=e^{\alpha t}\{\cos\omega t+j\sin\omega t\} \end{aligned} \qquad (15.4)$$

가 되며 식(15.4)의 실수부와 허수부를 취하면 이들은 각각

$$e^{\alpha t}\cos\omega t=R_e(e^{st}) \qquad (15.5)$$

$$e^{\alpha t}\sin\omega t=I_m(e^{st}) \qquad (15.6)$$

과 같이 각 주파수는 일정하지만 진폭이 지수함수적으로 변하는 진동파형으로 된다.

식(15.5)(15.6)과 같이 지수함수 e^{st}에 있어서 복소수 s의 실수부와 허수부의 값에 따라 지수함수 e^{st}는 진폭과 주파수를 달리하는 여러가지 파형의 함수를 대표할 수 있기 때문에 이 s를 **複素周波数**(complex frequency)라 한다.

그림 15.1에서 보는 것처럼 복소주파수 s의 값에 따라 지수함수 e^{st}는 여러가지 파형을 대표하게 된다.

i) $\omega=0$인 경우

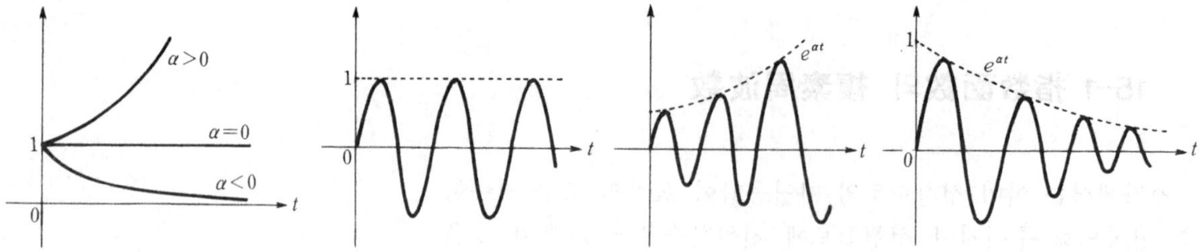

(a) $\omega=0$ (b) $\omega\neq0,\ \alpha=0$ 정현파 (c) $\omega\neq0,\ \alpha>0$ (d) $\omega\neq0,\ \alpha<0$

그림 15.1 지수함수 e^{st}가 대표하는 파형

$e^{st}=e^{\alpha t}$가 되어 전형적인 지수함수가 되며 α값에 따라

$\alpha>0$이면 지수증가함수, $\alpha<0$이면 지수감쇠함수

$\alpha=0$이면 상수함수($e^{\circ}=1$)로서 직류파 (D.C)가 된다.

ii) $\omega\neq0$인 경우

각 주파수 ω인 진동함수가 되며

$e^{st}=e^{\alpha t}e^{j\omega t}$로부터 α의 값에 따라

$\alpha=0$이면 $e^{st}=e^{j\omega t}$가 되어 진폭이 일정한 정현파

$\alpha>0$이면 진폭이 지수적으로 증가하는 진동파

$\alpha<0$이면 진폭이 지수적으로 감쇠하는 진동파를 보인다.

결국 i), ii)로부터 지수함수 e^{st}는 정현파 교류는 물론 직류파까지 포괄적으로 나타낼 수 있으므로 회로해석시 A.C와 D.C를 구분할 필요가 없게되는 등의 이점이 있다. 전압, 전류를 나타내는 $v=Ve^{st}$, $i=Ie^{st}$에 있어서 각각의 진폭 V, I는 일반적으로 크기와 각을 갖는 **複素振幅***을 의미한다.

* $v(t)=V_0e^{\alpha t}\sin(\omega t+\theta)$를 지수함수 Ve^{st}의 형식으로 나타내면

$V_0e^{\alpha t}\sin(\omega t+\theta)=I_m(V_0e^{j\theta}e^{(\alpha+j\omega)t})$

의 관계가 있으므로

$Ve^{st}=V_0e^{j\theta}e^{(\alpha+j\omega)t}$

로부터 진폭 V는

$V=V_0e^{j\theta}=V_0(\cos\theta+j\sin\theta)$

가 되어, 크기 V_0와 각 θ를 갖는 복소수임을 알 수 있다.

15-2 R, L, C 回路의 指数函数応答 특성

R, L, C 선형회로에 e^{st}로 표시되는 지수함수가 전원함수로서 인가될 때의 응답, 특히 정상상태하에서의 강제 응답에 대해 알아보자.

1 R 만의 回路

그림 15.2(a)와 같이 R만의 회로에 $v=Ve^{st}$로 표시되는

지수함수가 인가될 때 전류 i(강제응답)는

$$i=\frac{1}{R}v=\frac{1}{R}Ve^{st}=Ie^{st} \tag{15.7}$$

단, $I=\frac{V}{R}$

가 되어 지수함수형식으로 주어지며 전압, 전류의 복소진폭 V, I 간에는 페이저 표시식 $\dot{V}=R\dot{I}$ 와 유사한 $V=RI$ 관계가 성립함을 알 수 있다.

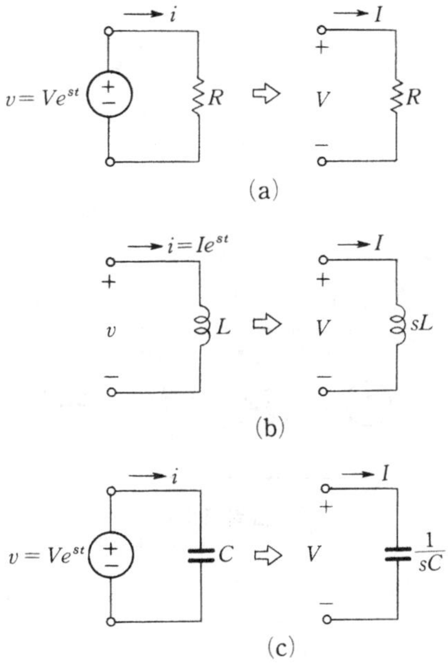

그림 15.2 R, L, C 회로에 대한 s영역에서의 등가회로 표시(V, I 복소진폭)

2 L 만의 回路

그림 15.2(b)와 같은 L만의 회로에 $i=Ie^{st}$로 표시되는 전류가 흐를 때 L 양단의 전압 v는

$$v=L\frac{di}{dt}=sLIe^{st}=Ve^{st} \tag{15.8}$$

단, $V=sLI$

로서 역시 지수함수의 형식을 취하며 전압, 전류의 복소진폭 V, I 간에는 페이저 표시식 $\dot{V}=j\omega L\dot{I}$ 와 유사한 $V=sLI$의 관계가 있음을 알 수 있다. 단지 s영역(지수함수)에서는 $\dot{V}$, $\dot{I}\rightarrow V$, I로 $j\omega\rightarrow s$로 바뀌고 있다.

3 C 만의 回路

그림 15.2(c)와 같은 C만의 회로에 $v=Ve^{st}$로 표시되는 전압이 인가될 때 C에 흐르는 전류는

$$i=C\frac{dv}{dt}=sCVe^{st}=Ie^{st} \tag{15.9}$$

단, $I=sCV$

로서 역시 지수함수 형식으로 주어지며 전압, 전류의 복소진폭 V, I 간에는 페이저 표시식 $\dot{I}=j\omega C\dot{V}$와 유사한 $I=sCV$ 또는 $V=\frac{1}{sC}I$의 관계가 있음을 알 수 있다. 여기서도 역시 $\dot{V}$, $\dot{I}\rightarrow V$, I로 $j\omega\rightarrow s$로의 변화관계가 성립되고 있다.

이상으로 R, L, C 소자가 각각 단독으로 존재하는 경우의 전압－전류간의 관계를 알아보았는데 v, i중 어느 한쪽이 지

수함수이면 다른쪽도 역시 동일한 지수함수 형식을 가짐을 볼 수 있다.

이러한 관계는 R, L, C 선형회로의 경우 어떠한 회로에서도 성립되는 것으로서 전원함수가 지수함수인 경우 회로내 모든 소자에서의 응답(전압, 전류)은 동일한 지수함수 형태로 주어지게 된다.

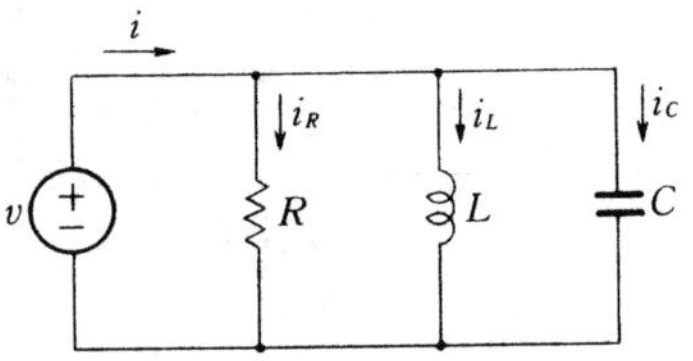

그림 15.3

〔예제 15·1〕 그림 15.3과 같은 R, L, C 병렬회로에 $v=Ve^{st}$로 표시되는 전원이 인가될 때 회로전류 i(정상응답)를 구하여라.

풀이 ☞ $i_R=\frac{v}{R}=\frac{V}{R}e^{st}$, $i_L=\frac{1}{L}\int vdt=\frac{1}{sL}Ve^{st}$

$$i_C=C\frac{dv}{dt}=sCVe^{st} \text{ 이므로}$$

$$i=i_R+i_L+i_C=\left(\frac{1}{R}+\frac{1}{sL}+sC\right)Ve^{st}$$

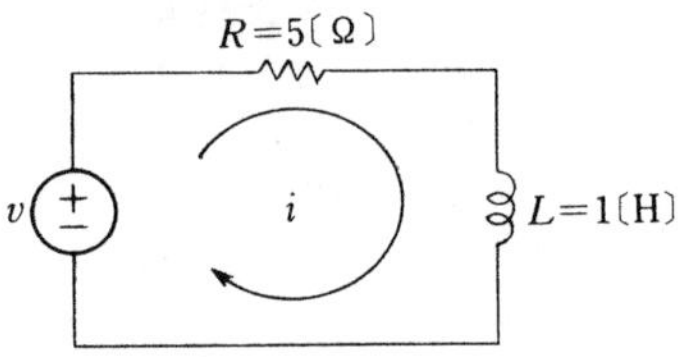

그림 15.4

〔예제 15·2〕 그림 15.4의 회로에서 전원함수로 $v=10e^{-t}$〔V〕의 전압이 인가될 때 회로전류 i의 정상응답을 구하여라.

풀이 ☞ 전원함수가 Ve^{st}로 표시되는 지수함수이므로 전류 i 역시 Ie^{st}의 형식으로 주어진다. 회로방정식 $Ri+L\frac{di}{dt}=Ve^{st}$에 시험해로 $i=Ie^{st}$를 대입하면 $(R+sL)Ie^{st}=Ve^{st}$ $\therefore I=\frac{V}{R+sL}$ 또한 $Ve^{st}=10e^{-t}$이므로 $V=10$, $s=-1$

따라서 $i(t)=Ie^{st}=\frac{V}{R+sL}e^{-t}=2.5e^{-t}$〔$A$〕

〔예제 15·3〕 그림 15.4의 회로에 전원함수로 $v=20\sin(5t+\frac{\pi}{3})$〔$V$〕인 정현파전압이 인가될 때 다음 ①, ②의 방법으로 회로전류 i의 강제응답을 구한 후 그 결과를 비교하여라.

① 페이저법을 이용하여 구하여라.

② 전원함수를 지수함수로 간주하여 구하여라.

풀이 ☞ ① v를 페이저로 표시하면 $\dot{V}=\frac{20}{\sqrt{2}}\angle\frac{\pi}{3}$ 이므로

페이저 전류는 $\dot{I}=\frac{\dot{V}}{Z}=\frac{\dot{V}}{R+j\omega L}=\frac{20}{\sqrt{2}}\angle\frac{\pi}{3}\Big/5+j5\cdot1=2\angle\frac{\pi}{12}$

$$\therefore\ i=\sqrt{2}\cdot2\sin(5t+\frac{\pi}{12})\,[A]$$

② $v=20\sin(5t+\frac{\pi}{3})=I_m(20e^{j(5t+\frac{\pi}{3})})$의 관계가 있으므로 주어진 정현파 전압 v를 지수함수로 나타내면

$v=Ve^{st}=20e^{j\frac{\pi}{3}}e^{j5t}$로부터 진폭 V와 복소주파수 s는 각각

$$V=20e^{j\frac{\pi}{3}},\quad s=j5$$

전원함수 v가 지수함수이면 강제응답 i도 지수함수 형태로 주어지므로 **예제 15·2**에서와 같이

$$i=Ie^{st}=\frac{V}{R+sL}e^{st}=\frac{20e^{j\frac{\pi}{3}}}{5+j5\cdot1}e^{j5t}$$

$$=(2-j2)\,e^{j\frac{\pi}{3}}\ e^{j5t}$$

$$=2\sqrt{2}e^{j(-\pi/4)}e^{j\frac{\pi}{3}}\ e^{j5t}=2\sqrt{2}e^{j(5t+\frac{\pi}{12})}$$

이를 다시 정현파로 표현하면

$$i(t)=I_m(2\sqrt{2}e^{j(5t+\frac{\pi}{12})})=2\sqrt{2}\sin(5t+\frac{\pi}{12})\,[\mathrm{A}]$$

가 되어 ①의 결과와 일치함을 알 수 있다.

15-3 回路網函数

전절에서 본바와 같이 지수함수 e^{st}를 전원으로 하는 선형회로에 있어서 입력단자뿐 아니라 회로내 어느 부분에서의 전압, 전류의 정상상태하의 응답도 진폭만이 다를 뿐 모두 e^{st}로 표시된다.

특히 회로의 특성을 규정하는 입력단에서의 전압, 전류의 比도 공통인 시간함수 e^{st}가 상쇄되므로

$$\frac{v}{i}=\frac{Ve^{st}}{Ie^{st}}=\frac{V}{I}=Z(s) \qquad (15.10)$$

와 같이 복소주파수 s만의 함수로 주어지게 되는데 이를 **임피던스함수** * 또는 종전 정현파회로에서의 (복소)임피던스와 구분하여 ($j\omega$가 일반적인 복소수인 $s=\alpha+j\omega$로 확장되었으므로) **一般化 임피던스**(generalized impedance)라고도 한다. 임피던스 함수 $Z(s)$의 역수는 어드미턴스 함수라 하여 $Y(s)$로 나타낸다. 임피던스 함수와 어드미턴스 함수는 둘 다 회로특성을 규

* 임피던스 함수는 정현파회로에서 처럼 흔히 구동점 임피던스 또는 입력 임피던스라고도 한다.

정한다는 유사성이 있기 때문에 이 둘을 합하여 **이미턴스 함수**(immitance function)라고도 한다.

표 15.1에는 간단한 R, L, C회로에 대해 임피던스 및 어드미턴스 함수에 대한 예를 보였다.

표 15.1 R, L, C회로에 대한 임피던스 및 어드미턴스 함수의 예

R, L, C 회로	임피던스함수 $Z(s)$	어드미턴스함수 $Y(s)$
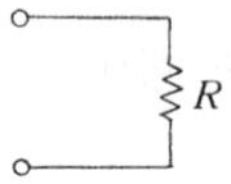	$Z(s)=R$	$Y(s)=\frac{1}{R}=G$
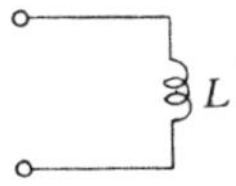	$Z(s)=sL$	$Y(s)=\frac{1}{sL}$
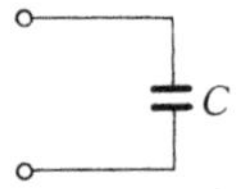	$Z(s)=\frac{1}{sC}$	$Y(s)=sC$
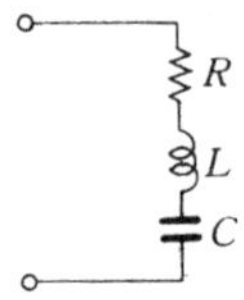	$Z(s)=R+sL+\frac{1}{sC}$	$Y(s)=\frac{1}{R+sL+\frac{1}{sC}}$
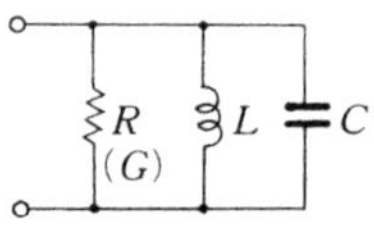	$Z(s)=\frac{1}{G+\frac{1}{sL}+sC}$	$Y(s)=G+\frac{1}{sL}+sC$

회로망의 특성을 규정하는 **回路網函數***(network function) $N(s)$는 회로망에 인가되는 入力(전원)에 대한 出力(응답)의 比로 정의되며 회로망의 구조에 따라 대개 다음과 같이 구분한다.

* 회로망함수는 복소주파수 s의 함수로서 e^{st}로 표시되는 지수함수 회로(선형회로)에서만 정의된다.

우선 1단자쌍회로(2단자망)의 경우 대개 입력단에서의 전압, 전류의 比인 임피던스 함수와 어드미턴스 함수 즉, 이미턴스 함수가 회로망함수로 된다. 다음에 **그림 15.5**와 같은 2단자쌍회로(4단자망)의 경우에는 양단자간의 전압, 전류의 比(보통 出力/入力)를 의미하는 **伝達函數**(transfer function)가 회로망함수로 될 수 있으며 여기에는 다음의 4가지 종류가 있다.

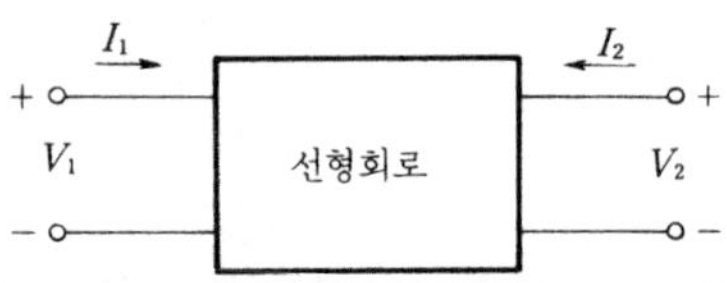

$$\left(\begin{matrix} v_1=V_1e^{st}, & i_1=I_1e^{st} \\ v_2=V_2e^{st}, & i_2=I_2e^{st} \end{matrix}\right)$$

그림 15.5 전달함수의 정의

① V_2/V_1 **전압전달比**(voltage transfer ratio) : 한쪽 전압에 대한 다른쪽 전압의 비

② I_2/I_1 **전류전달比**(current transfer ratio) : 한쪽 전류에

대한 다른쪽 전류의 비

③ V_2/I_1 **전달 임피던스**(transfer impedance) : 한쪽 전류에 대한 다른쪽 전압의 비

④ I_2/V_1 **전달 어드미턴스**(transfer admittance) : 한쪽 전압에 대한 다른쪽 전류의 비

이상과 같이 1단자쌍 회로에서의 이미턴스 함수와 2단자 쌍 회로에서의 전달함수가 대개 회로망함수로 되지만 전달함수의 경우 1단자쌍회로에서 회로내 두 부분의 전압, 전류를 비교할 때도 있다.

회로망함수는 회로망의 미분방정식으로부터 쉽게 구해질 수 있다. 예를 들어 다음과 같은 n階선형미분방정식이 있다고 하자

$$a_n\frac{d^n v_0}{dt^n}+a_{n-1}\frac{d^{n-1}v_0}{dt^{n-1}}+\cdots+a_1 v_0+a_0$$
$$=b_m\frac{d^m v_i}{dt^m}+b_{m-1}\frac{d^{m-1}v_i}{dt^{m-1}}+\cdots+b_1 v_i+b_0 \qquad (15.11)$$

여기서 입력(전원함수) v_i가 $v_i=V_ie^{st}$인 지수함수라면 출력(응답) v_0도 $v_0=V_0e^{st}$와 같은 형식으로 주어진다. 이 v_i와 v_0를 식(15.11)에 대입하면

$$(a_ns^n+a_{n-1}s^{n-1}+\cdots+a_1s+a_0)\,V_0e^{st}$$
$$=(b_ms^m+b_{m-1}s^{m-1}+\cdots+b_1s+b_0)\,V_ie^{st} \qquad (15.12)$$

회로망함수 $N(s)$는 入力에 대한 出力의 比로 정의되므로 식(15.12)로부터

$$N(s)=\frac{v_0}{v_i}=\frac{V_0}{V_i}=\frac{b_ms^m+b_{m-1}s^{m-1}+\cdots+b_1s+b_0}{a_ns^n+a_{n-1}s^{n-1}+\cdots+a_1s+a_0} \qquad (15.13)$$

와 같이 주어지며 이것은 입력과 출력이 전압인지, 전류인지에 따라 임피던스 함수나 어드미턴스 함수 또는 전달함수가 될 수도 있다.

이렇게 해서 미분방정식으로부터 회로망함수를 구해보았는데 逆으로 주어진 회로망함수로부터 미분방정식을 유도해 내는 것도 그 반대과정을 취함으로써 쉽게 해결된다*. 식(15.13)으로부터 회로망함수는 다음의 관계가 있음도 알 수 있다.

$$\text{응답(출력)}=(\text{회로망함수})\times(\text{입력}) \qquad (15.14)$$

* 미분방정식과 회로망함수간의 상호변환관계는 미분방정식과 특성방정식 간의 변환관계와 동일하다. 즉,

$$\frac{d}{dt}\leftrightarrow s$$
$$\frac{d^2}{dt^2}\leftrightarrow s^2$$
$$\vdots$$
$$\frac{d^n}{dt^n}\leftrightarrow s^n$$

또한 식(15. 13)의 회로망함수는

$$N(s)=\frac{b_m(s-Z_1)(s-Z_2)\cdots(s-Z_m)}{a_n(s-P_1)(s-P_2)\cdots(s-P_n)} \quad (15.15)$$

와 같은 형태로 변형될 수 있는데 이때 '분자항 = 0'을 만족하는 복소수 $s=Z_1,\ Z_2,\ \cdots,\ Z_m$을 회로망함수의 **零点**(zero)이라 부른다. 이것은 s가 이들 영점을 가리킬 때 회로망함수값이 0으로 되기 때문이다. 또한 '분모항 = 0'을 만족하는 복소수 $s=P_1,\ P_2,\ \cdots,\ P_n$을 회로망함수의 **極**(pole)이라 하며 s가 극값을 가질 때 회로망함수값은 무한대(∞)가 된다. 이러한 극－영점의 개념은 이미턴스 함수 $Z(s)$, $Y(s)$나 전달함수 $N_t(s)$에 있어서도 그대로 적용된다.

s에 관한 **分数多項式***의 형태로 주어지는 회로망함수에 있어서 분모와 분자의 각 계수들은 수동회로의 경우 모두 회로정수들에 의해 정해지기 때문에 항상 實數가 된다. 따라서 영점이나 극값이 복소수인 경우 항상 공액으로 존재하게 된다. **그림 15.6**에 $N(s)=\dfrac{s^3+3s^2}{s^3+5s^2+9s+5}$로 주어진 회로망함수에 대한 **극－영점図**(pole-zero diagram)의 예를 보였다.

* 회로망함수는 복소주파수 s의 유리함수로 주어지는 것이 일반적이지만 영점이나 극을 갖지않는 상수함수도 있다.

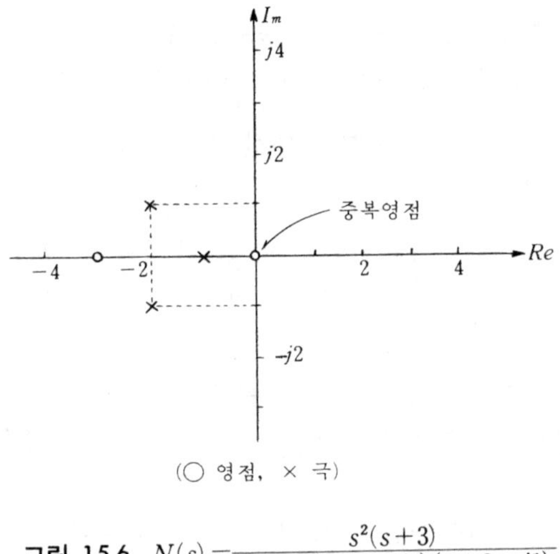

그림 15.6 $N(s)=\dfrac{s^2(s+3)}{(s+1)(s+2+j1)(s+2-j1)}$ **에 대한 극-영점도**

회로망의 미분방정식과 회로망함수를 나타내는 식(15. 11)과 식(15. 13)을 보면 회로망의 미분방정식으로부터 직접 얻어지는 특성방정식인 $a_ns^n+a_{n-1}s^{n-1}+\cdots+a_1s+a_0=0$이 바로 회로망함수의 분모로 되고 있음을 알 수 있다. 이러한 사실은 회로망함수의 극이 회로망의 특성방정식의 根인 특성근과 일치하고 있음을 암시해 준다. 전장에서 특성방정식의 특성근(자연주파수)에 의해 회로의 자연응답이 결정됨을 보였지만 특성근을 나타내는 s평면과 회로망함수의 극, 영점을 나타내는 s평면은 완전히 동일한 것임을 알 수 있다.

〔예제 15·4〕 그림 15.7의 회로에 대한 구동점 임피던스(일반화 임피던스) $Z(s)$를 구한 후 극, 영점을 밝혀라.

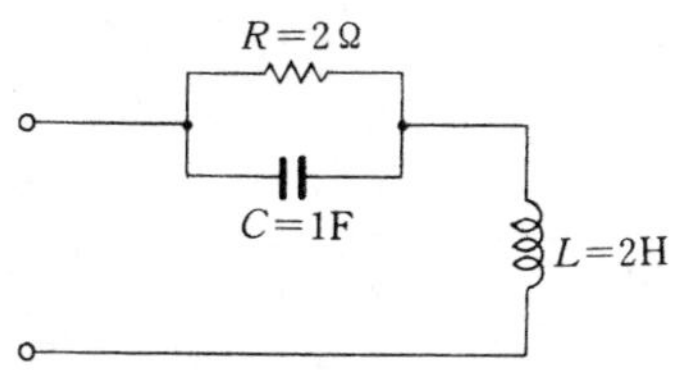

그림 15.7

풀이 ☞ $Z(s)=\dfrac{R\cdot\dfrac{1}{sC}}{R+\dfrac{1}{sC}}+sL=\dfrac{R}{sRC+1}+sL$

$$=\frac{2}{2s+1}+2s=\frac{4s^2+2s+2}{2s+1}$$

분모 $=2s+1=0\rightarrow$ 극 : $s=-\dfrac{1}{2}$

분자 $=4s^2+2s+2=0\rightarrow$ 영점 : $s_1,\ \ s_2=-\dfrac{1}{4}\pm j\dfrac{\sqrt{7}}{4}$

〔예제 15·5〕 회로망의 입출력 단자간의 전압비 전달함수가 $N_t(s)=\dfrac{V_2}{V_1}=\dfrac{s+1}{3s+1}$로 주어지는 회로망의 미분방정식은 어떻게 표현되는가?

풀이 ☞ 입력전압을 v_1, 출력전압을 v_2라 하면 주어진 전달함수는 다음과 같이 변형된다.

$$(3s+1)V_2=(s+1)V_1$$

$$3sV_2+V_2=sV_1+V_1'$$

이를 시간영역의 함수로 바꾸면

$$3\frac{dv_2}{dt}+v_2=\frac{dv_1}{dt}+v_1$$

와 같은 미분방정식이 얻어진다.

〔예제 15·6〕 그림 15.8(a) 회로의 입력단에 $v_1=V_1e^{st}$의 전압이 인가될 때 전달 어드미턴스 $Y_t(s)=\dfrac{I_2(s)}{V_1(s)}$와 전압전달비(전압이득) $G_v(s)=\dfrac{V_2(s)}{V_1(s)}$를 구하여라.

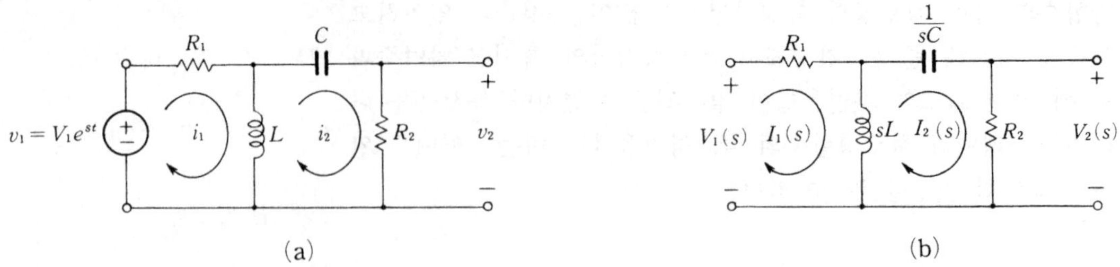

그림 15.8

풀이 ☞ (a)의 회로를 (b)와 같이 s 영역의 회로로 변환한 후 두 개의 폐로에 대해 전압방정식을 세운다.

$$(R_1+sL)I_1(s)-sLI_2(s)=V_1(s) \qquad \cdots\cdots①$$

$$-sLI_1(s)+\left(R_2+sL+\frac{1}{sC}\right)I_2(s)=0 \qquad \cdots\cdots②$$

식 ①, ②를 연립하여 $I_2(s)$를 풀면

$$I_2(s)=\frac{sLV_1(s)}{(R_1+sL)(R_2+sL+1/sC)-s^2L^2} \qquad \cdots\cdots③$$

식 ③으로부터 전달 어드미턴스는

$$Y_t(s)=\frac{I_2(s)}{V_1(s)}=\frac{LCs^2}{(R_1+R_2)LCs^2+(L+R_1R_2C)s+R_1}$$

전압전달비는

$$G_v(s)=\frac{V_2(s)}{V_1(s)}=\frac{R_2I_2(s)}{V_1(s)}=R_2\cdot Y_t(s)$$

$$=\frac{LCR_2s^2}{(R_1+R_2)LCs^2+(L+R_1R_2C)s+R_1}$$

15-4 回路網函数와 自然周波数

전절에서는 회로망함수가 회로망의 미분방정식으로부터 쉽게 구해질 수 있다는 사실과 회로망함수의 極이 특성방정식의 특성근 즉, 회로망의 자연주파수와 일치하고 있다는 점에 대해서도 언급한 바 있다. 그러면 회로망함수는 회로망의 구동점 임피던스나 구동점 어드미턴스로부터 직접 구할 수는 없는 것인가?

회로망함수는 입력(전원함수)에 대한 출력(응답) 比를 의미하기 때문에 우선 전원함수가 전압원인지 전류원인지를 알아야 한다. 1단자쌍 회로에 있어 전압원이 전원함수로 인가될 때는

회로망함수의 정의에 의해

$$N(s)=\frac{i(\text{出力})}{v(\text{入力})}=\frac{I(s)}{V(s)}=Y(s) \qquad (15.16)$$

와 같이 어드미턴스 함수가 회로망함수로 되며, 따라서 어드미턴스 함수 $Y(s)$의 極이 회로응답의 자연주파수가 된다.

또한 전류원이 전원함수로 인가될 때는

$$N(s)=\frac{v(\text{출력})}{i(\text{입력})}=\frac{V(s)}{I(s)}=Z(s) \qquad (15.17)$$

에 의해 임피던스 함수 $Z(s)$가 회로망함수로 되고 그 결과 임피던스 함수의 極이 회로망의 자연주파수가 된다. 이러한 사실들을 좀더 구체적으로 확인하기 위해 전류원 회로와 전압원회로를 예로들어 본다.

1 電流源回路

그림 15.9(a)와 같이 전류원 i_g에 의해 구동되는 회로가 있을 때 입력단전압 v를 응답으로 하는 미분방정식을 세우기 위해

$$\left.\begin{aligned} i_g &= i_L + C\frac{dv}{dt} \quad \cdots\cdots ① \\ v &= Ri_L + L\frac{di_L}{dt} \quad \cdots\cdots ② \end{aligned}\right\} \qquad (15.18)$$

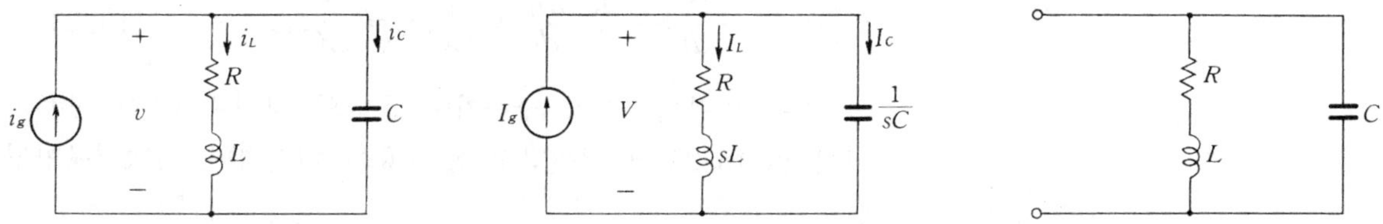

(a) 전류원회로 (b) 변환회로 (c) 자연주파수를 구하기 위한 등가회로($i_g=0$일 때)

그림 15.9

식 ①에서 i_L을 구해 식 ②에 대입하면

$$\frac{d^2v}{dt^2}+\frac{R}{L}\frac{dv}{dt}+\frac{1}{LC}v=\frac{1}{C}\frac{di_g}{dt}+\frac{R}{LC}i_g \quad (15.19)$$

와 같은 미분방정식이 얻어진다.

회로의 자연주파수를 구하기 위해 전원함수 $i_g=0$를 식(15.19)에 대입하면(등가회로 그림 (c)) 同次미분방정식

$$\frac{d^2v}{dt^2}+\frac{R}{L}\frac{dv}{dt}+\frac{1}{LC}=0 \tag{15.20}$$

으로부터 특성방정식

$$s^2+\frac{R}{L}s+\frac{1}{LC}=0 \tag{15.21}$$

이 주어진다.

다음에 회로망함수 $N(s)$를 구하기 위해 **그림 15.9**(a) 회로에 대한 구동점 임피던스 $Z(s)$를 구해보면 **그림 15.9**(b)로부터

$$N(s)=Z(s)=\frac{v(\text{출력})}{i(\text{입력})}=\frac{V(s)}{I_g(s)}$$
$$=\frac{1}{C}\frac{s+(R/L)}{s^2+(R/L)s+1/LC} \tag{15.22}$$

식(15.21)과 (15.22)를 비교해보면 회로망함수인 임피던스 함수의 극이 특성방정식의 특성근인 회로의 자연주파수와 일치하고 있음을 알 수 있다.

다음에는 전류원 회로응답에 관한 또다른 예를 들어 본다. **그림 15.9**(a)의 동일회로에서 전류원 i_g에 대한 응답전류 i_L의 比인 전류전달비 i_L/i_g의 회로망함수(전달함수)를 구하기 위해 i_L에 관한 미분방정식을 세워본다.

식(15.18)에서 식 ②로부터 i_L를 구해 식 ①에 대입하면

$$\frac{d^2i_L}{dt^2}+\frac{R}{L}\frac{di_L}{dt}+\frac{1}{LC}i_L=\frac{1}{LC}i_g \tag{15.23}$$

와 같은 미분방정식이 구해지며 응답의 자연주파수를 구하기 위해 식(15.23)에 전원함수 $i_g=0$을 대입하면 同次미분방정식

$$\frac{d^2i_L}{dt^2}+\frac{R}{L}di_L+\frac{1}{LC}=0 \tag{15.24}$$

로부터 식(15.21)과 같은 특성방정식

$$s^2+\frac{R}{L}s+\frac{1}{LC}=0 \tag{15.25}$$

이 구해진다.

다음에 회로망함수인 전달함수를 **그림 15.9**(b)로부터 구하면

$$N(s)=\frac{i_L}{i_g}=\frac{I_L}{I_g}=\frac{1/sC}{(R+sL)+1/sC}$$
$$=\frac{1}{LC}\frac{1}{s^2+(R/L)s+1/LC} \qquad (15.26)$$

식(15.25)와 (15.26)을 비교해 보면 전달함수의 極이 특성방정식의 특성근인 회로의 자연주파수와 역시 일치하고 있음을 알 수 있다. 또하나 유의할 것은 **그림 15.9**(a)와 같은 동일한 전류원(i_g)의 회로망에 있어서 응답은 v, i_L과 같이 서로 다르더라도 특성방정식 및 자연주파수는 변함없이 일정하다는 사실이다. 부언하면 전류원 회로의 자연주파수는 응답이 무엇인가에 관계없이 전류원이 개방($i_g=0$)된 **그림 15.9**(c)의 회로에 의해 결정된다는 점이다.

2 電圧源回路

앞의 전류원 회로와 동일한 R, L, C회로에 **그림 15.10**(a)와 같이 전압원 v_g를 인가하는 경우를 생각해보자.

우선 전압원 v_g에 대한 입력단 유입전류 i를 응답으로 하는 미분방정식을 세우기 위해

$$\left.\begin{aligned} v_g&=Ri_L+L\frac{di_L}{dt} \quad \cdots\cdots① \\ i&=i_L+C\frac{dv_g}{dt} \quad \cdots\cdots② \end{aligned}\right\} \qquad (15.27)$$

식 ②에서 i_L을 구해 식 ①에 대입하면

$$\frac{di}{dt}+\frac{R}{L}i=C\frac{d^2v_g}{dt^2}+\frac{RC}{L}\frac{dv_g}{dt}+\frac{1}{L}v_g \quad (15.28)$$

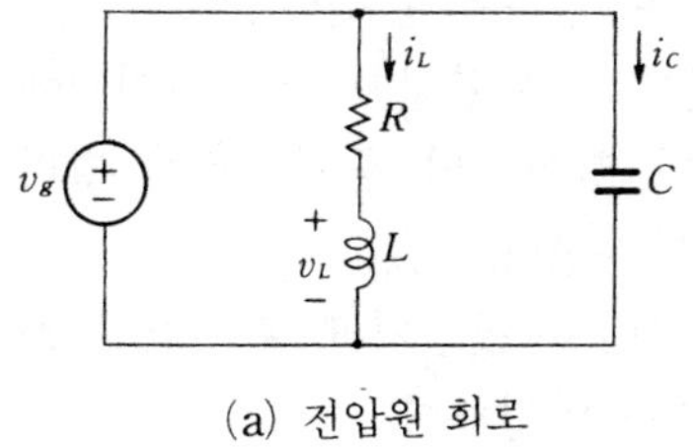

(a) 전압원 회로

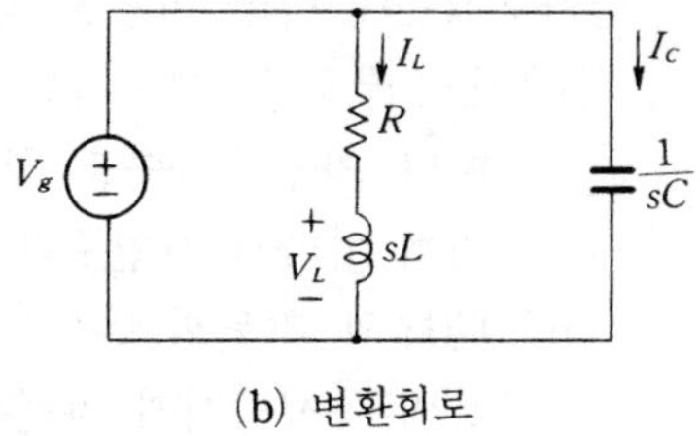

(b) 변환회로

(c) 자연주파수를 구하기 위한 등가회로($v_g=0$일 때)

그림 15.10

와 같은 미분방정식이 구해진다.

회로의 자연주파수를 구하기 위해 전원함수 $v_g=0$을 식(15.28)에 대입하면(등가회로* 그림(c)) 동차미분방정식

* **그림** 15.10(a)회로에서 전압원이 단락되면 $i_c=C\frac{dv}{dt}=0$이 되어 C가 개방된다.

$$\frac{di}{dt}+\frac{R}{L}i=0 \tag{15.29}$$

으로부터 특성방정식

$$s+\frac{R}{L}=0 \tag{15.30}$$

이 구해진다(C가 개방되기 때문에 C가 포함되지 않음).

다음에 회로망 함수를 구하기 위해 **그림 15.10**(a) 회로에 대한 구동점 어드미턴스를 구해보면 그림(b)로부터

$$\begin{aligned} N(s)=Y(s)&=\frac{i(\text{출력})}{v_g(\text{입력})}=\frac{I(s)}{V_g(s)} \\ &=C\frac{s^2+(R/L)s+1/LC}{s+R/L} \end{aligned} \tag{15.31}$$

식(15.30)과 식(15.31)을 비교해 보면 회로망함수인 어드미턴스 함수의 極이 특성방정식의 특성근인 회로망의 자연주파수와 일치하고 있음을 알 수 있다.

다음에 전압원 회로응답에 관한 또다른 예를 들어보자. **그림 15.10**(a)의 전압원 회로에서 전압원 v_g에 대한 L양단의 단자전압 v_L을 응답으로 하는 경우 전압전달比 v_L/v_g의 회로망함수(전달함수)를 구해보면 그림 (b)로부터

$$N(s)=\frac{v_L}{v_g}=\frac{V_L(s)}{V_g(s)}=\frac{sL}{R+sL}=\frac{s}{s+R/L} \tag{15.32}$$

이 경우도 전달함수의 극은 전류 i를 응답으로 할 때와 같음을 알 수 있다. 이상으로 회로망함수와 자연주파수와의 관계를 살펴보았는데 이들 내용을 정리해 보면 다음과 같다.

i) 동일구조의 회로라도 전원이 전류원인가 전압원인가에 따라 자연주파수를 구하는데 있어서의 등가회로가 달라지며 따라서 자연주파수도 달라진다.

ii) 同種의 전원회로에서는 응답이 무엇인가에 관계없이 회로의 특성방식과 자연주파수는 일정하다.

iii) 회로의 구동점 임피던스나 어드미턴스 또는 전달함수가 회로망 함수로 되지만 어느 경우에나 각 함수의 極이 자

연주파수를 결정한다.

iv) 전류원 회로의 경우 구동점 임피던스가 회로망함수로 되기 때문에 구동점 임피던스에서는 極이, 구동점 어드미턴스에서는 零点이 자연주파수를 결정한다.

v) 전압원 회로의 경우 구동점 어드미턴스가 회로망함수로 되기 때문에 구동점 임피던스에서는 零点이, 구동점 어드미턴스에서는 極이 자연주파수를 결정한다.

15-5 周波数応答

회로망함수 $N(s)$는 복소주파수 s의 변화에 따라 그 특성이 좌우된다. 회로망함수는 그 자체가 크기와 角을 갖는 복소수이며 특히 정현파 정상상태에서는 $s=j\omega$이므로 회로망함수의 크기 $|N(j\omega)|$와 角 θ 자체도 각 주파수 ω의 함수로 표시된다.

$$\begin{aligned} N(s)=N(j\omega)&=|N(j\omega)|\underline{/\theta(\omega)} \\ &=|N(jw)|e^{j\theta(\omega)} \end{aligned} \tag{15.33}$$

여기서 크기 $|N(j\omega)|$를 **振幅応答**(amplitude response), 각 $\theta(\omega)$를 **位相応答**(phase response), 이 둘을 합해서 **周波数応答**이라 한다.

본절에서는 회로망함수의 주파수응답을 구하는 개략적인 방법을 예를들어 설명한 후 몇가지 기본적인 수동 필터의 주파수 특성을 알아본다.

그림 15.11과 같은 RLC 병렬회로에서 주파수특성으로서의 회로망함수의 진폭응답과 위상응답을 구해보자.

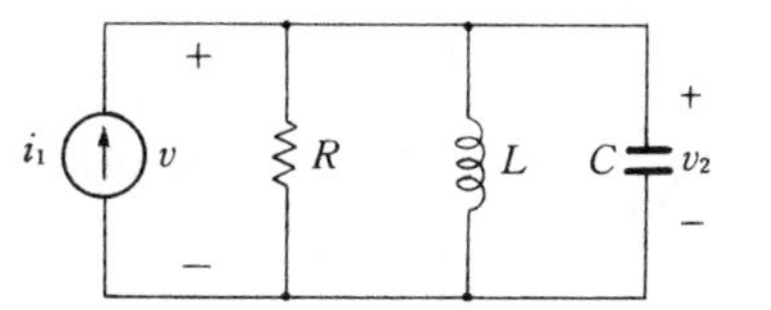

그림 15.11

그림 15.11은 전류원 회로이고 출력전압 v_2는 입력단에서의 전압 v와 같으므로 구동점 임피던스가 회로망함수로 된다.

$$N(s)=\frac{V_2(s)}{I_1(s)}=Z(s)=\frac{(1/C)s}{s^2+(1/RC)s+1/LC} \tag{15.34}$$

식(15.34)에 $s=j\omega$를 대입하면

$$N(j\omega)=\frac{1}{(1/R)+j[\omega C-(1/\omega L)]} \tag{15.35}$$

식(15.35)로부터 진폭응답 및 위상응답은 각각

$$|N(j\omega)| = \frac{1}{\sqrt{(1/R)^2 + (\omega C - 1/\omega L)^2}} \tag{15.36}$$

$$\theta(\omega) = -\tan^{-1} R\left(\omega C - \frac{1}{\omega L}\right) \tag{15.37}$$

식(15.36)은 $\omega = \omega_0$인 어떤 특정 주파수에서 최대값을 갖게 되며 이 ω_0는 $\omega_0 C - \frac{1}{\omega_0 L} = 0$을 만족한다.

따라서 식(15.36)은 $\omega_0 = \frac{1}{\sqrt{LC}}$에서 최대값을 가지며

그 최대값은 $|N(j\omega_0)| = |N(j\frac{1}{\sqrt{LC}})| = R$

또한 $\omega \to 0$, $\omega \to \infty$로 될 때 $|N(j\omega)| = 0$이 되므로 **그림 15.12**(a)와 같은 진폭응답곡선이 얻어진다.

또한 위상응답 $\theta(\omega)$는 $\theta(\omega_0) = \theta(\frac{1}{\sqrt{LC}}) = 0$, $\omega \to 0$일 때, $\theta(0) \to \pi/2$, $\theta \to \infty$일 때 $\theta(\infty) = -\pi/2$이므로 **그림 15.12**(b)와 같은 특성곡선이 구해진다.

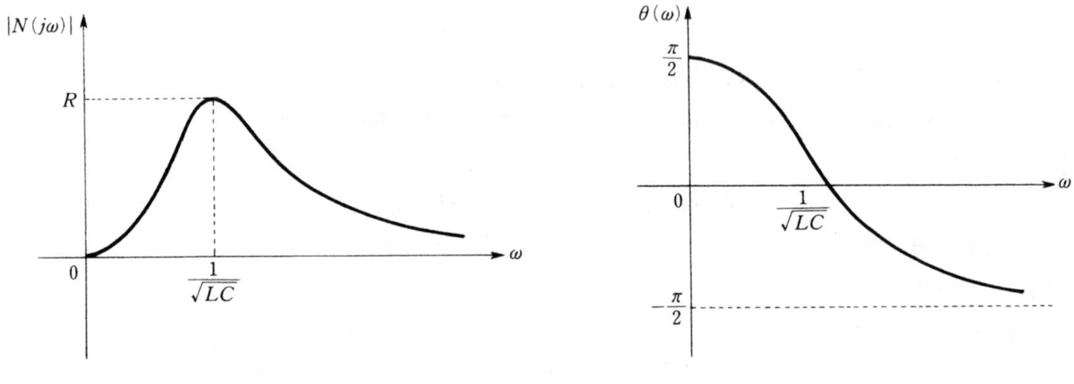

(a) 진폭응답특성 (b) 위상응답특성

그림 15.12 주파수응답 특성 예

만약 **그림 15.12** 회로에 인가된 전원이 시간영역함수인 $i_1(t) = I_m \sin\omega t$라 하면 입력 페이저는 $\dot{I}_1 = I_m \underline{/0°}$가 되고 출력 페이저는 $\dot{V}_2 = Z\dot{I}_1 = N\dot{I}_1 = I_m N$이 되어 출력($v_2$)의 크기는 단지 회로망함수 N에 상수 I_m을 곱한 형태가 되어 회로망함수로부터 출력에 관한 정보도 얻을 수 있는데 이렇듯이 회로망함수는 그 회로에 관한 여러 정보를 제공해 준다.

다음에는 몇가지 수동 필터의 주파수응답특성을 알아보기로

한다. **그림 15.13**(a)는 간단한 低域通過 필터를 보인다.

회로망 함수 $N(s)$는

$$N(s)=\frac{V_2}{V_1}=\frac{1}{1+sRC} \tag{15.38}$$

이므로 $s=j\omega$를 대입하면

$$N(j\omega)=\frac{1}{1+j\omega RC} \tag{15.39}$$

이로부터 진폭응답 및 위상응답은 각각

$$|N(j\omega)|=\frac{1}{\sqrt{1+(\omega RC)^2}} \tag{15.40}$$

$$\phi(\omega)=-\tan^{-1}\omega RC \tag{15.41}$$

식(15.40)의 진폭응답함수는 ω가 증가함에 따라 점차 감소하며 $\omega=0$에서 최대값 1, $\omega=1/RC$에서 $1/\sqrt{2}$의 값을 가지므로 **그림 15.13**(b)와 같은 개략적인 특성곡선을 얻을 수 있다.

식(15.41)의 위상응답함수는 ω의 증가에 따라 점차 커지게 되며

$$\omega=\frac{1}{RC}\text{에서}\quad \phi\left(\frac{1}{RC}\right)=-\tan^{-1}1=-\frac{\pi}{4}$$

$$\omega=\infty\text{에서}\quad \phi(\infty)=-\tan^{-1}\infty=-\frac{\pi}{2}$$

이므로 **그림 15.13**(c)와 같은 특성곡선이 얻어진다.

그림 15.13(b)의 진폭특성곡선을 보면 **그림 15.13**(a)의 회로는 비교적 낮은 주파수의 신호를 잘 통과시키므로 저역통과 필터가 된다.

그림 15.14(a)는 간단한 高域通過 필터 회로를 보인다.

이 회로의 회로망 함수 $N(s)$는

$$N(s)=\frac{V_2}{V_1}=\frac{sRC}{1+sRC} \tag{15.42}$$

이므로 $s=j\omega$를 대입하면

$$N(j\omega)=\frac{j\omega RC}{1+j\omega RC} \tag{15.43}$$

이로부터 진폭응답 및 위상응답은 각각

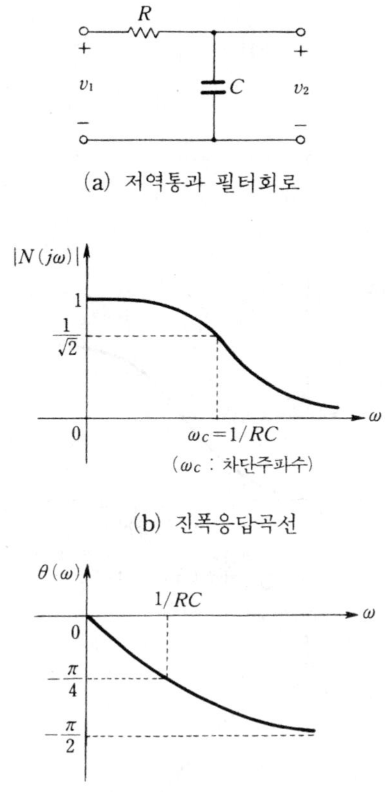

(a) 저역통과 필터회로

(b) 진폭응답곡선

(c) 위상응답곡선

그림 15.13

$$|N(j\omega)|=\frac{\omega RC}{\sqrt{1+(\omega RC)^2}}=\frac{1}{\sqrt{1+(1/\omega RC)^2}} \tag{15.44}$$

$$\theta(\omega)=\frac{\pi}{2}-\tan^{-1}\omega \tag{15.45}$$

식(15.44)의 진폭응답함수는 $\omega=0$일 때 0, $\omega=\infty$일 때 1이며 $\omega=1/RC$일 때 $1/\sqrt{2}$의 크기를 보이므로 **그림 15.14**(b)와 같은 개략적인 특성을 보인다.

또한 식(15.45)의 위상응답함수는 $\omega=0$일 때 $\pi/2$, $\omega=\infty$일 때 0, $\omega=1$일 때 $\pi/4$가 되므로 **그림 15.14**(c)와 같은 특성곡선을 보인다.

한편 앞에서 이미 설명했던 R, L, C 병렬회로, 즉 **그림 15.11**의 회로는 주파수응답 특성상 帶域通過 필터가 된다.

그림 15.12(a)에서 보는 것처럼 진폭(출력)특성은 $\omega=1/\sqrt{LC}$을 중심으로 크게 나타나고 여기서 멀어질수록 낮아짐을 알 수 있다.

일반적으로 회로망함수 $N(s)$에 있어서 分母多項式의 次數가 필터의 次數가 된다. 예를 들어 **그림 15.11**의 회로는 그 회로망함수의 분모가 2차이므로 同회로는 2차 필터가 된다. 전장에서도 언급한바 있지만 회로상에서의 인덕터와 커패시터의 數가 특성방정식의 次數가 되는 동시에 필터의 차수도 되는 것이다. 일반적으로 필터의 차수가 높아질수록 주파수특성이 보다 좋아지게 된다.

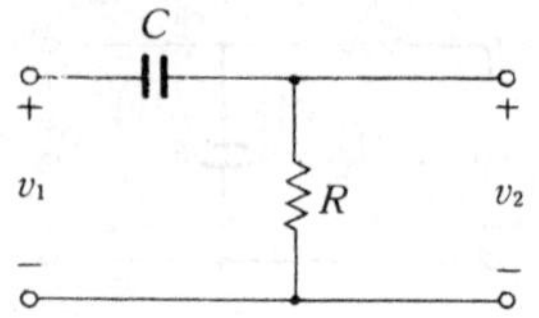

(a) 고역통과 필터 회로

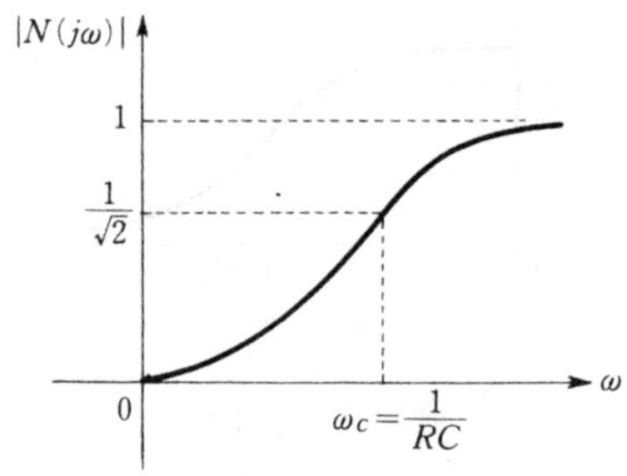

(b) 진폭응답곡선

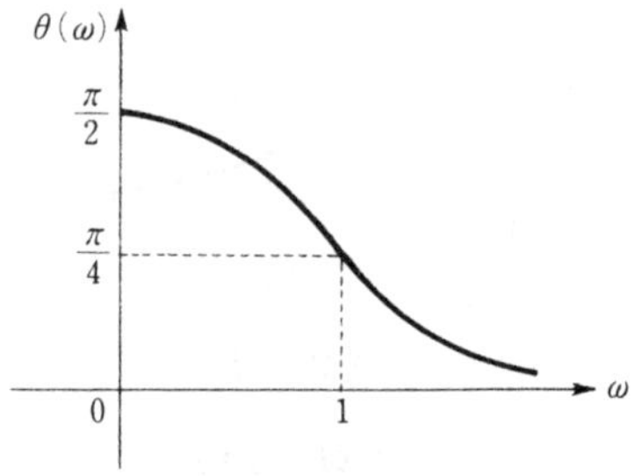

(c) 위상응답곡선

그림 15.14

〔**예제 15·7**〕 **그림 15.15**(a)와 같은 전압원 회로는 어떤 필터 특성을 갖는지 알아보아라.

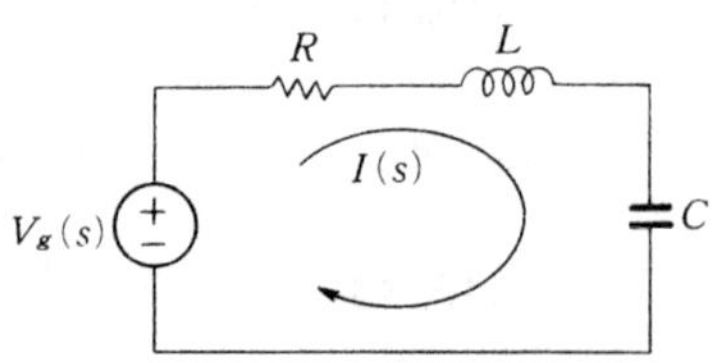

(a)

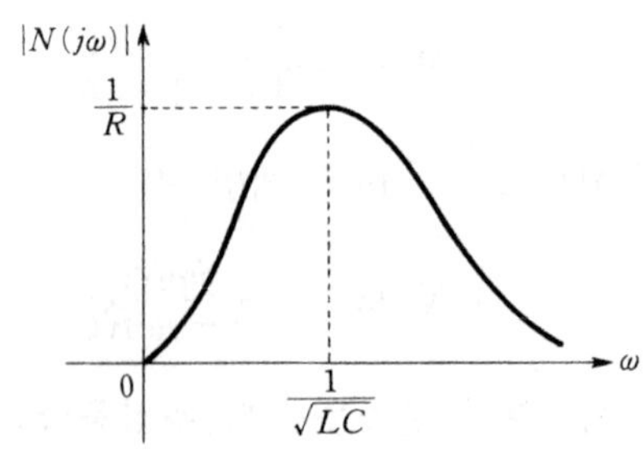

(b)

그림 15.15

풀이 ☞ 출력을 $I(s)$라 하면 입·출력간의 比인 구동점 어드미턴스가 회로망함수로 된다.

$$\text{즉, } N(s) = \frac{I(s)}{V_g(s)} = Y(s) = \frac{1}{R+sL+1/sC}$$

$$= \frac{(1/L)s}{s^2+(R/L)s+1/LC} \cdots\cdots ①$$

회로의 주파수특성을 알아보기 위해 ①식에 $s=j\omega$를 대입하면

$$N(j\omega) = \frac{(1/L)j\omega}{(j\omega)^2+(R/L)j\omega+1/LC}$$

$$= \frac{1}{R+j(\omega L-1/\omega C)} \quad \cdots\cdots ②$$

식 ②로부터 진폭응답함수를 구하면

$$|N(j\omega)| = \frac{1}{\sqrt{R^2+(\omega L-1/\omega C)^2}} \cdots\cdots ③$$

식 ③은 $\omega \to 0$일 때 0, $\omega \to \infty$일 때 0

그리고 $\omega = 1/\sqrt{LC}$일 때 최대값 $1/R$을 가지므로 주어진 회로망은 **그림 15.15**(b)와 같은 진폭응답특성을 보이며 이것은 대역통과 필터가 된다.

연 습 문 제

〔1〕 다음과 같이 주어진 함수 $v(t)$의 복소진폭 $V(s)$를 구하여라.

① $v(t) = 8e^{-t}\sin(5t + \frac{\pi}{6})$

② $v(t) = 5e^{-9t}$

③ $v(t) = e^{-2t}(4\cos 3t + 3\sin 3t)$

〔2〕 복소주파수와 복소진폭이 다음과 같이 주어질 때 시간함수 $v(t)$를 구하여라.

① $V(s) = 6\underline{/10°}$, $s = -3 + j8$

② $V(s) = 5\underline{/0°}$, $s = -10$

③ $V(s) = 4 + j3$, $s = -1 + j2$

④ $V(s) = -j6$, $s = j2$

〔3〕 (1) R-C 병렬회로(단, $R = 1\Omega$, $C = 2\text{F}$)에 전류원 $i_g = Ie^{st}$를 인가할 때 강제응답 i_c의 표현식을 구하여라.

(2) 1)의 결과를 이용하여 i_g가 각각 다음과 같을 때 $i_c(t)$를 구하여라.

① 5A(D.C)

② $5e^{-3t}$

③ $5\cos(4t - \frac{\pi}{3})$

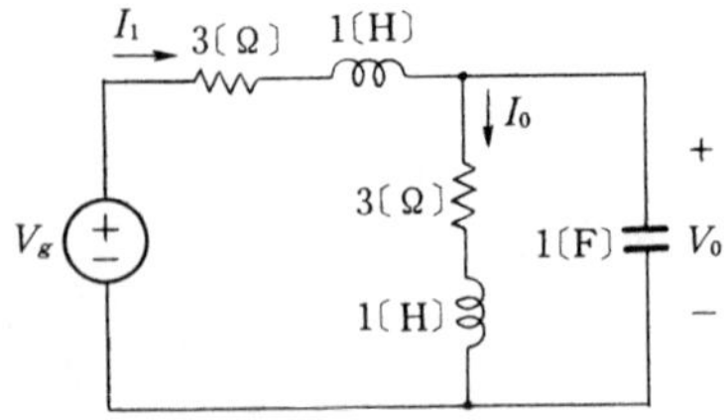

그림 15.16

〔4〕 **그림 15.16**의 회로에서 다음을 출력으로 할 때 각각에 대한 회로망함수 $N(s)$를 구하여라.

① $I_1(s)$

② $I_0(s)$

③ $V_0(s)$

〔5〕 회로망함수가 다음과 같이 주어졌다.

① $N(s) = \dfrac{V_0(s)}{V_i(s)} = \dfrac{4s(s+2)}{(s+1)(s+3)}$

② $N(s) = \dfrac{4s(s+2)}{s^2+2s+2}$

$t>0$에서 $v_i(t)=6e^{-t}\cos 2t$〔V〕이고

$$v_0(0^+)=dv_0(0^+)/dt=0$$

이라 할 때 각각에 대한 완전응답 $v_0(t)$를 구하여라.

〔6〕 그림 15.17의 회로에서 $v(0)=0$이라 할 때 완전응답 $v(t)$를 구하여라.

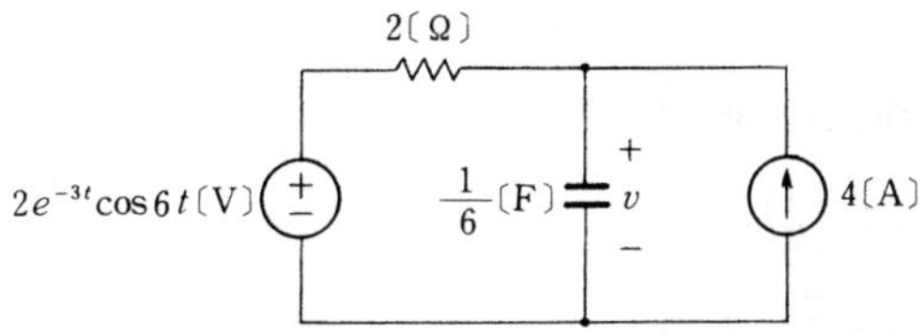

그림 15.17

〔7〕 그림 15.18의 회로에서 $i_g=10\cos 2t$〔A〕, $i(0)=0$, $di(0^+)/dt=8$〔A/s〕라 할 때 완전응답 $i(t)$를 구하여라.

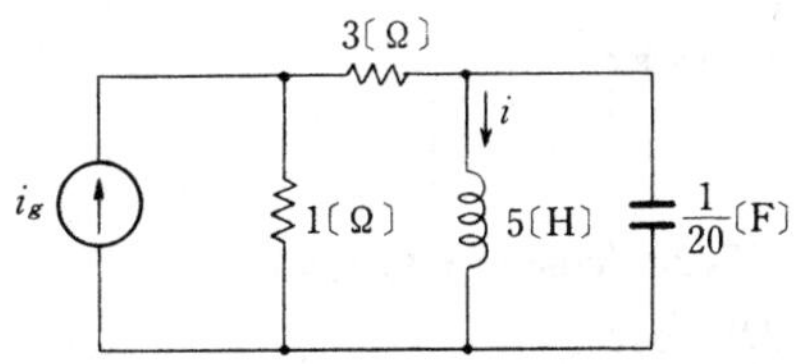

그림 15.18

연습문제해답

〔1〕① $8\underline{/30°}$

② $5\underline{/0°}$

③ $5\underline{/-36.9°}$

〔2〕① $6e^{-3t}\sin(8t+10°)$

② $5e^{-10t}$

③ $5e^{-t}\sin(2t+36.9°)$

④ $6\sin(2t-\frac{\pi}{2})$

〔3〕(1) $i_c(t)=\frac{2s}{1+2s}Ie^{st}$

(2) ① 0

② $6e^{-3t}$

③ $4.96\cos(4t-52.9°)$

〔4〕① $\frac{s^2+3s+1}{(s+1)(s+2)(s+3)}$

② $\frac{1}{(s+1)(s+2)(s+3)}$

③ $\frac{1}{(s+1)(s+2)}$

〔5〕① $-15e^{-3t}+15\sqrt{2}e^{-t}\cos(2t+45°)$〔V〕

② $40e^{-t}(\cos2t-\cos t)$〔V〕

〔6〕$8+e^{-3t}\sin6t-8e^{-3t}$〔V〕

〔7〕$2e^{-t}-2e^{-4t}+\sin2t$〔A〕

16 라플라스 變換

전기회로, 전자회로, 통신회로, 자동제어계는 대개가 線型이다. 선형회로의 해석은 고전적인 방법으로도 많은 구동함수에 대한 응답을 쉽게 구할 수 있지만, 구동함수가 불연속이거나 그 도함수가 불연속적인 경우에는 매우 어렵게 된다. 라플라스 변환(Laplace transform)은 미분방정식을 손쉽게 푸는 가장 일반적인 방법으로서 구동함수가 복잡한 경우에 더욱 유리하다.

앞에서 배운 바와 같이 구동함수가 정현파이고 정상상태의 경우라면 페이저(phasor)를 사용하여 회로방정식(微方)을 대수방정식으로 변환시켜 쉽게 응답 페이저를 얻을 수 있으며 이로부터 시간응답 함수를 구할 수 있다. 그러나 최근에는 정현파 이외의 파형을 취급하는 경우가 많으며 더우기 과도상태의 해석이 중요시되기도 한다.

이와 같은 경우 라플라스 변환을 사용하면 회로방정식이 대수방정식으로 변환되며 다음에 그 逆變換을 취함으로써 구하고자 하는 회로에 대한 시간응답 함수를 쉽게 구할 수 있다. 그러므로 본장에서는 회로해석시 유용한 도구가 되는 라플라스 변환과 그 역변환 및 이들의 응용에 대해 알아보기로 한다.

(요 목)

16-1 라플라스 變換

라플라스 변환을 도입하기 위하여 $v(t)$를 $\left[\frac{\dot{V}(j\omega)\,d\omega}{2\pi}\right]e^{j\omega t}$ 항의 적분으로 표현하는 **푸리에 逆變換**의 개념을 이용한다. 이를 페이저 $V_0e^{j\theta}$를 갖는 **복소 구동함수**$[V_0e^{j\theta}]e^{j\omega t}$와 비교하면 괄호 안의 항은 복소량이므로 $(1/2\pi)\,\dot{V}(j\omega)\,d\omega$도 일종의 페이저라 생각할 수 있다. 그러므로 복소주파수 영역에서 페이저를 도입할 때와 비슷하게 시간에 따른 변화가 $e^{(\sigma+j\omega)t}$의 형태가 되도록 한다.

이렇게 만들기 위해서 $v(t)$ 그 자체 보다는 $e^{-\sigma t}v(t)$의 푸리에 변환을 생각한다. $v(t)$의 푸리에 변환 및 그 역변환은 각각

$$\dot{V}(j\omega)=\int_{-\infty}^{\infty}e^{-j\omega t}v(t)\,dt \tag{16.1}$$

$$v(t)=\frac{1}{2\pi}\int_{-\infty}^{\infty}e^{j\omega t}\dot{V}(j\omega)\,d\omega \tag{16.2}$$

이다. 즉,

$$g(t)=e^{-\sigma t}v(t) \tag{16.3}$$

라 놓으면

$$\begin{aligned}\dot{G}(j\omega)&=\int_{-\infty}^{\infty}e^{-j\omega t}e^{-\sigma t}v(t)\,dt\\&=\int_{-\infty}^{\infty}e^{-(\sigma+j\omega)t}v(t)\,dt\end{aligned}$$

또는 식(16.1)과 비교함으로써,

$$\begin{aligned}\dot{G}(j\omega)&=\dot{V}(\sigma+j\omega)\\&=\int_{-\infty}^{\infty}e^{-(\sigma+j\omega)t}v(t)\,dt\end{aligned} \tag{16.4}$$

푸리에 역변환을 취하면,

$$\begin{aligned}g(t)&=\frac{1}{2\pi}\int_{-\infty}^{\infty}e^{j\omega t}\dot{G}(j\omega)\,d\omega\\&=\frac{1}{2\pi}\int_{-\infty}^{\infty}e^{j\omega t}\dot{V}(\sigma+j\omega)\,d\omega\end{aligned}$$

식(16. 3)으로부터,

$$e^{-\sigma t}v(t)=\frac{1}{2\pi}\int_{-\infty}^{\infty}e^{j\omega t}\dot{V}(\sigma+j\omega)\,d\omega$$

또는 $e^{-\sigma t}$를 적분기호 안으로 옮기면,

$$v(t)=\frac{1}{2\pi}\int_{-\infty}^{\infty}e^{(\sigma+j\omega)t}\dot{V}(\sigma+j\omega)\,d\omega$$

이제 $\sigma+j\omega$를 단일 복소변수 s로 대치하면 σ는 상수이므로 $ds=jd\omega$이고, 따라서

$$v(t)=\frac{1}{2\pi j}\int_{\sigma-j\infty}^{\sigma+j\infty}e^{st}\dot{V}(s)\,ds \tag{16.5}$$

여기서 한계는 $\sigma-j\infty$와 $\sigma+j\infty$가 된다. 식(16. 4)를 s를 써서 표시하며

$$\dot{V}(s)=\int_{-\infty}^{\infty}e^{-st}v(t)\,dt \tag{16.6}$$

식(16. 6)을 $v(t)$의 **양측** 또는 **쌍방향 라플라스 변환**이라 한다. 식(16. 5)는 **라플라스 역변환**(inverse Laplace transform)이며 두 방정식은 양측 라플라스 변환쌍을 이룬다.

이 절의 앞부분에서 시작했던 과정을 계속하면 $v(t)$는

$$\left[\frac{\dot{V}(s)\,ds}{2\pi j}\right]e^{st}=\left[\frac{\dot{V}(s)\,d\omega}{2\pi}\right]e^{st}$$

와 같은 항들의 합(적분)으로 나타낼 수 있다. 이들은 이전에 지수적으로 변하는 정현파$[V_0e^{j\theta}]e^{st}$를 표시하기 위하여 페이저를 사용하였을 때 나왔던 것과 같은 모양을 갖는다. 여기서 괄호안의 항은 s의 함수이다. 그러므로 양측 라플라스 변환은 $v(t)$를 복소주파수가 $s=\sigma+j\omega$인 무한히 작은 항들의 무한합(적분)으로 나타내는 것이라 할 수 있다. 변수는 s 또는 ω이고 σ는 **수렴인자**(convergence factor) $e^{-\sigma t}$를 결정한다. 즉, 식(16. 6)에 이 지수항을 포함시킴으로써 σ값이 큰 양수가 될수록 우리가 취급하는 거의 모든 $v(t)$에 대해서 함수 $e^{-\sigma t}v(t)u(t)$는 절대적분이 가능하게 된다($u(t)$: 단위계단함수). $t<0$일 때는 σ의 절대값이 더 큰 음수가 필요하다. 따라서 푸리에 변환에서 보다 더 넓은 범위의 함수 $v(t)$에 대해 양측 라플라스 변환이 존재한다.

많은 회로해석 문제에서 **강제함수**와 **응답함수**가 모든 시간에

항상 존재하는 것이 아니라 어떤 특정 순간, 보통 $t=0$에서 시작한다. 따라서 $t<0$에서 존재하지 않는 시간함수에 대해서나 또는 $t<0$에서의 동작이 관심의 대상이 되지 않는 시간함수에 대해서는 시간영역 표현을 $v(t)u(t)$로 생각할 수 있으며 이에 상응하는 라플라스 변환은

$$\dot{V}(s)=\int_{-\infty}^{\infty}e^{-st}v(t)u(t)\,dt=\int_{0}^{\infty}e^{-st}v(t)\,dt$$

가 된다. 이것을 $v(t)$의 **편측(片側) 라플라스 변환**(one-sided Laplace transform)이라 하며 편측임이 분명할 때는 간단히 $v(t)$의 라플라스 변환이라고 정의한다. 라플라스 역변환식은 바뀌지 않고 그대로이나 계산 결과는 $t>0$일 때만 유효하다. 이제부터 이용하게 되는 다음의 라플라스 변환의 정의는 꼭 기억해 두어야 한다.

$$\dot{V}(s)=\int_{0}^{\infty}e^{-st}v(t)\,dt=\pounds[v(t)] \qquad (16.7)$$

$$v(t)=\frac{1}{2\pi j}\int_{\sigma-j\infty}^{\sigma+j\infty}e^{st}\dot{V}(s)\,ds=\pounds^{-1}[\dot{V}(s)] \qquad (16.8)$$

$$v(t)\Leftrightarrow\dot{V}(s)$$

16-2 간단한 라플라스 變換

라플라스 변환을 구하는 문제로 들어가기 전에 우리가 다루게 되는 시간함수 $v(t)$ 중에 변환이 존재하지 않는 것도 있는지 잠시 생각하여 보자. 푸리에 변환시 **단위계단함수** $u(t)$와 같이 절대적분이 되지 않는 시간함수에 대해서는 일종의 편법을 써서 그 변환을 구해야 한다. 라플라스 변환의 경우에 실현가능한 선형회로와 실존하는 강제함수를 이용하면 시간함수를 구하는 데는 별 문제가 없다. 수학적으로는 $Re(s)>k$에 대하여 라플라스 적분이 절대수렴할 충분조건은 다음과 같다.

i) $t_1<t<t_2$, $0\leq t_1\leq t_2<\infty$인 有限구간에서 함수 $v(t)$가 적분가능할 것.

ii) k의 어떤 값에 대해 $\lim e^{-kt}|v(t)|$의 극한값이 존재할 것.

$t=0$일 때 임펄스나 **高次特異함수**(임펄스의 고차 도함수)를 갖는 시간함수의 라플라스 변환을 생각할 때, 라플라스 변환을 정의하는 적분은 그 불연속성의 영향이 포함되도록 下限을 $t=0^-$로 하여야 한다.

이제 몇 가지 함수의 변환을 구해보자. 먼저 앞에서 언급되었던 단위계단함수 $u(t)$의 라플라스 변환을 구해보면 정의의 식으로부터

$$\mathcal{L}[u(t)]=\int_0^\infty e^{-st}u(t)\,dt=\int_0^\infty e^{-st}dt$$
$$=\left[-\frac{1}{s}e^{-st}\right]_0^\infty=\frac{1}{s}$$

위의 조건 ii)를 만족하기 위해서는 $Re(s)>0$이므로 上限을 대입한 값은 0이 된다. 즉,

$$u(t)\Leftrightarrow\frac{1}{s} \tag{16.9}$$

다음에 특이함수로서 **단위 임펄스 함수**(unit impulse function) $\delta(t-t_0)$, $t_0>0^-$에 대해서는

$$\mathcal{L}[\delta(t-t_0)]=\int_{0-}^\infty e^{-st}\delta(t-t_0)\,dt=e^{-st_0}$$
$$\delta(t-t_0)\Leftrightarrow e^{-st_0} \tag{16.10}$$

특히 $t_0=0$인 경우

$$\delta(t)\Leftrightarrow 1 \tag{16.11}$$

이 된다. 지수함수에 대해서는

$$\mathcal{L}[e^{-\alpha t}u(t)]=\int_0^\infty e^{-\alpha t}e^{-st}dt$$
$$=\left[-\frac{1}{s+\alpha}e^{-(s+\alpha)t}\right]_0^\infty=\frac{1}{s+\alpha}$$

즉,

$$e^{-\alpha t}u(t)\Leftrightarrow\frac{1}{s+\alpha} \tag{16.12}$$

여기서 α가 음수이면 $Re(s)>-\alpha$이다.

마지막으로 **단위경사(傾斜)함수**(unit ramp function) $tu(t)$에 있어서는

$$\mathcal{L}[tu(t)]=\int_0^\infty te^{-st}dt=\frac{1}{s^2}$$

즉,

$$tu(t)\Leftrightarrow\frac{1}{s^2} \qquad (16.13)$$

더 많은 라플라스 변환쌍을 유도해 내기 위하여 다음 절에서 몇 가지 유용한 정리를 소개한다.

16-3 라플라스 變換定理

1 線型性定理

둘 또는 그 이상의 시간함수의 合 또는 差의 라플라스 변환은 각 시간함수의 변환의 합 또는 차와 같다. 시간함수가 두 개인 경우를 구해보면,

$$\begin{aligned}&\mathcal{L}[af_1(t)\pm bf_2(t)]\\&=\int_0^\infty e^{-st}[af_1(t)\pm bf_2(t)]dt\\&=a\int_0^\infty e^{-st}f_1(t)\,dt\pm b\int_0^\infty e^{-st}f_2(t)\,dt\\&=a\dot{F}_1(s)\pm b\dot{F}_2(s)\end{aligned}$$

〔예제 16·1〕 다음의 함수를 라플라스 변환하여라.

① $\sin\omega t$ ② $\cos\omega t$ ③ $\sin(\omega t+\theta)$

풀이 ☞ $\sin\omega t=\dfrac{e^{j\omega t}-e^{-j\omega t}}{2j}$, $\cos\omega t=\dfrac{e^{j\omega t}+e^{-j\omega t}}{2}$의 관계가 있으므로 식(16.12)를 써서 다음의 결과가 얻어진다.

① $\mathcal{L}[\sin\omega t]=\dfrac{1}{2j}\mathcal{L}[e^{j\omega t}]-\dfrac{1}{2j}\mathcal{L}[e^{-j\omega t}]$

$$=\frac{1}{2j}\left(\frac{1}{s-j\omega}\right)-\frac{1}{2j}\left(\frac{1}{s+j\omega}\right)=\left(\frac{\omega}{s^2+\omega^2}\right)$$

② $\mathcal{L}[\cos\omega t]=\dfrac{1}{2}\mathcal{L}[e^{j\omega t}]+\dfrac{1}{2}\mathcal{L}[e^{-j\omega t}]$

$$=\frac{1}{2}\left(\frac{1}{s-j\omega}\right)+\frac{1}{2}\left(\frac{1}{s+j\omega}\right)=\frac{s}{s^2+\omega^2}$$

③ $\pounds[\sin(\omega t+\theta)]=\cos\theta\,\pounds[\sin\omega t]+\sin\theta\,\pounds[\cos\omega t]$

$$=\frac{\omega\cos\theta+s\sin\theta}{s^2+\omega^2}$$

〔예제 16·2〕 다음 식의 라플라스 변환을 구하여라.

① $2+3t$　　② $3\sin\omega t+\sin 3\omega t$

풀이 ☞ ① $\pounds[2+3t]=\pounds[2]+3\pounds[t]=\frac{2}{s}+\frac{3}{s^2}$

② $\pounds[3\sin\omega t+\sin 3\omega t]=3\pounds[\sin\omega t]+\pounds[\sin 3\omega t]$

$$=\frac{3\omega}{s^2+\omega^2}+\frac{3\omega}{s^2+9\omega^2}$$

2 時間微分定理

라플라스 변환 $\dot{V}(s)$가 존재하는 시간함수 $v(t)$의 시간미분을 생각하자. $v(t)$의 1차 도함수의 변환을 구하면,

$$\pounds\left[\frac{dv}{dt}\right]=\int_0^\infty e^{-st}\frac{dv}{dt}dt$$

부분적분을 이용하여,

$$U=e^{-st},\quad dV=\frac{dv}{dt}dt$$

라 놓고 이를 풀면

$$\pounds\left[\frac{dv}{dt}\right]=\left[v(t)e^{-st}\right]_0^\infty+s\int_0^\infty e^{-st}v(t)\,dt$$

오른쪽 첫항은 t가 무한대로 증가하면 0에 접근해야 하며, 그렇지 않으면 $\dot{V}(s)$는 존재하지 않는다. 따라서,

$$\pounds\left[\frac{dv}{dt}\right]=0-v(0)+s\dot{V}(s)$$

즉,

$$\frac{dv}{dt}\Leftrightarrow s\dot{V}(s)-v(0) \tag{16.14}$$

$t=0$에서 불연속일 때는 $v(0)$는 $v(0^-)$의 뜻으로 해석해야 한다. 식(16.14)를 **시간미분정리**라 한다. 고차 도함수에 대해서

도 마찬가지 방법에 의해 다음과 같은 결과가 성립된다.

$$\frac{d^2v}{dt^2} \Leftrightarrow s^2\dot{V}(s) - sv(0) - v'(0) \qquad (16.15)$$

$$\frac{d^3v}{dt^3} \Leftrightarrow s^3\dot{V}(s) - s^2v(0) - sv'(0) - v''(0) \qquad (16.16)$$

여기서 $v'(0)$는 $t=0$에서 계산된 $v(t)$의 1차 도함수의 값이고, $v''(0)$는 $v(t)$의 2차 도함수의 초기값이다. 초기값들이 모두 0이면 시간영역에서 t로 한번 미분한 것은 주파수영역에서는 s를 한번 곱한 것에 해당하고, 시간영역에서의 두번 미분은 주파수영역에서 s^2을 곱한 것과 같으며 나머지도 마찬가지이다. 초기조건이 0이 아닐 때는 그 값들을 고려하여야 한다.

〔예제 16·3〕 $f(t)=t^2$의 라플라스 변환을 구하여라.

풀이 ☞ $f'(t)=2t$, $f''(t)=2$, $f(0)=0$, $f'(0)=0$이 되므로 식 (16.15)을 써서

$$\pounds[f''(t)] = \pounds[2] = \frac{2}{s} = s^2\dot{F}(s) - sf(0) - f'(0) = s^2\dot{F}(s)$$

$$\therefore\ \dot{F}(s) = \pounds[t^2] = \frac{2}{s^3}$$

〔예제 16·4〕 그림 16.1과 같은 RL 직렬회로가 있다. 이 회로가 단위계단전압에 의하여 구동되어질 때 전류 $i(t)$를 구하여라. 단, 전류의 초기값($t=0^-$에 있어서의 값)은 5〔A〕이다.

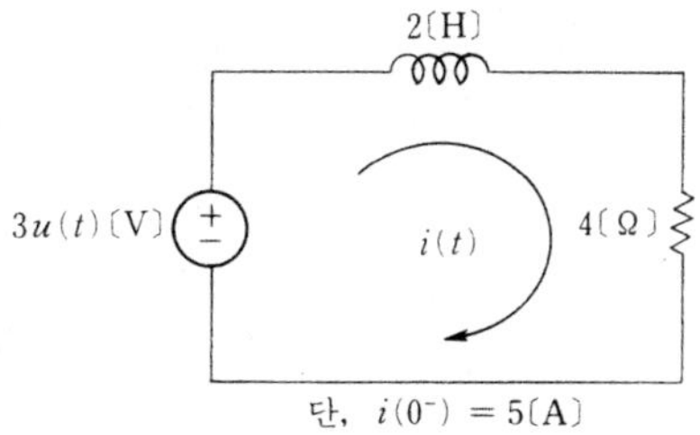

그림 16.1

풀이 ☞ 키르히호프의 전압법칙을 적용해서 시간영역에서의 폐로 방정식을 세우면 다음과 같다.

$$2\frac{di(t)}{dt} + 4i(t) = 3u(t)$$

이 미분방정식을 푸는 대신 먼저 각 항의 라플라스 변환을 취하여 주파수영역으로 변환하면,

$$2[s\dot{I}(s) - i(0^-)] + 4\dot{I}(s) = \frac{3}{s}$$

$i(0^-)=5$를 대입하고 $\dot{I}(s)$에 관하여 풀면,

$$(2s+4)\dot{I}(s) = \frac{3}{s} + 10$$

$$\dot{I}(s)=\frac{1.5}{s(s+2)}+\frac{5}{s+2}$$
$$=\frac{0.75}{s}-\frac{0.75}{s+2}+\frac{5}{s+2}=\frac{0.75}{s}+\frac{4.25}{s+2}$$

이므로 앞에서의 변환쌍을 이용하여 역변환하면,

$$i(t)=0.75u(t)+4.25e^{-2t}u(t)$$
$$=(0.75+4.25e^{-2t})u(t)$$

가 되어 $i(t)$에 대한 완전한 解가 구해졌다. 강제응답 $0.75u(t)$와 고유응답 $4.25e^{-2t}u(t)$ 두 가지가 한번에 구해지고 초기조건은 자동적으로 解에 반영되었다. 이것은 미분방정식의 완전해를 구하는 아주 쉬운 방법임을 보여주고 있다.

3 時間積分定理

회로방정식에서 적분연산이 있는 경우에도 같은 방법으로 간략화될 수 있다. $\int_0^t v(x)\,dx$로 표시되는 시간함수의 라플라스 변환을 구해보면,

$$\pounds\left[\int_0^t v(x)\,dx\right]=\int_0^\infty e^{-st}\left[\int_0^t v(x)\,dx\right]dt$$

부분적분을 위해

$$u=\int_0^t v(x)\,dx \quad , \quad dv=e^{-st}dt$$

라 놓으면

$$du=v(t)\,dt \quad , \quad v=-\frac{1}{s}e^{-st}$$

가 되어

$$\pounds\left[\int_0^t v(x)\,dx\right]=\left[\left(\int_0^t v(x)\,dx\right)\left(-\frac{1}{s}e^{-st}\right)\right]_{t=0}^{t=\infty}$$
$$-\int_0^\infty\left(-\frac{1}{s}\right)e^{-st}v(t)\,dt$$
$$=\left[-\frac{1}{s}e^{-st}\int_0^t v(x)\,dx\right]_0^\infty+\frac{1}{s}\dot{V}(s)$$

그런데 $t\to\infty$이면 $e^{-st}\to 0$이므로 오른쪽 $\dot{V}(s)/s$항 만이 남게 되어

$$\int_0^t v(x)\,dx \Leftrightarrow \frac{\dot{V}(s)}{s} \tag{16.17}$$

가 되며 이를 **시간적분정리**라 한다.

〔예제 16·5〕 $\pounds[t]=\frac{1}{s^2}$을 이용하여 $\pounds[t^n]$을 구하여라.

풀이 ☞ 식(16.17)을 이용하여

$$\pounds\left[\int_0^t t dt\right]=\frac{1}{2}\pounds\left[t^2\right]=\frac{1}{s^3}\rightarrow\pounds[t^2]=\frac{2!}{s^3}$$

$$\pounds\left[\int_0^t t^2 dt\right]=\frac{1}{3}\pounds[t^3]=\frac{2}{s^4}\rightarrow\pounds[t^3]=\frac{3!}{s^4}$$

마찬가지로 하여

$$\pounds[t^n]=\frac{n!}{s^{n+1}}$$

가 된다.

〔예제 16·6〕 그림 16.2와 같은 RC 직렬회로에서 $t>0$일 때의 $i(t)$와 $v(t)$를 구하여라. 단, $v(0)=9$〔V〕이다.

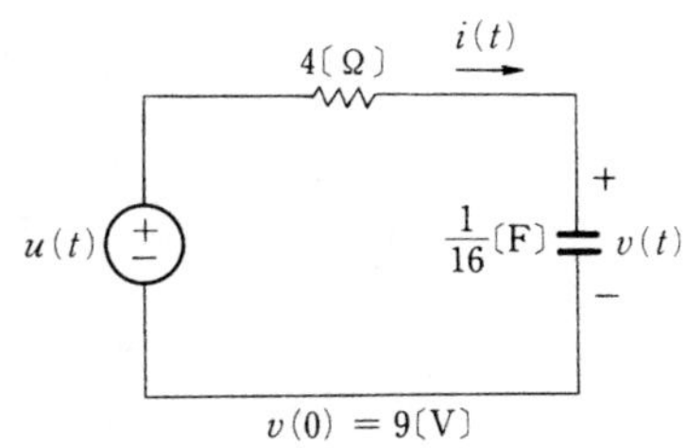

그림 16.2

풀이 ☞ 폐로방정식을 세우면

$$u(t)=4i(t)+16\int_{-\infty}^t i(t)\,dt$$

시간적분정리를 적용하기 위하여 적분하한이 0이 되도록 고치면,

$$16\int_{-\infty}^t i(t)\,dt=16\int_{-\infty}^0 i(t)\,dt+16\int_0^t i(t)\,dt$$

$$=v(0)+16\int_0^t i(t)\,dt$$

따라서

$$u(t)=4i(t)+v(0)+16\int_0^t i(t)\,dt$$

다음 이 방정식의 양변에 라플라스 변환을 취한다. 편측(片側)변환을 이용하고 있으므로 $\pounds[v(0)]$는 바로 $\pounds[v(0)u(t)]$이다. 따라서

$$\frac{1}{s}=4\dot{I}(s)+\frac{9}{s}+\frac{16}{s}\dot{I}(s)$$

이를 $\dot{I}(s)$에 관해서 풀면

$$\dot{I}(s)=\frac{-2}{s+4}$$

가 되므로 얻고자 하는 결과는

$$i(t)=-2e^{-4t}u(t)$$

만약 구하는 응답이 $v(t)$라면 다음과 같은 마디방정식을 세울 수 있다.

$$\frac{v(t)-u(t)}{4}+\frac{1}{16}\cdot\frac{dv}{dt}=0$$

이를 라플라스 변환하면,

$$\frac{\dot{V}(s)}{4}-\frac{1}{4s}+\frac{1}{16}s\dot{V}(s)-\frac{v(0)}{16}=0$$

또는

$$\dot{V}(s)\left(1+\frac{s}{4}\right)=\frac{1}{s}+\frac{9}{4}$$

따라서

$$\dot{V}(s)=\frac{4}{s(s+4)}+\frac{9}{s+4}=\frac{1}{s}-\frac{1}{s+4}+\frac{9}{s+4}$$

$$=\frac{1}{s}+\frac{8}{s+4}$$

역변환하면,

$$v(t)=(1+8e^{-4t})u(t)$$

가 구해진다.

4 相乘定理(convolution theorem)

$\dot{F}_1(s)$와 $\dot{F}_2(s)$를 $f_1(t)$와 $f_2(t)$의 라플라스 변환이라 할 때 $f_1(t)\cdot f_2(t)$의 라플라스 변환을 구해보자.

$$\mathcal{L}[f_1(t)\cdot f_2(t)]=\mathcal{L}\left[\int_{-\infty}^{\infty}f_1(\lambda)f_2(t-\lambda)\,d\lambda\right]$$

여기서 **상승적분**에 대해 생각해 보면, 이들 시간함수 중 하나는 선형회로의 입력단자에 인가되는 강제함수이고 다른 하나는 이 회로의 단위 임펄스 응답이 되는 수가 가끔 있다. 즉, 선형회로의 응답은 바로 입력과 임펄스 응답의 상승적분이다.

$t=0$이전에는 시간함수는 존재하지 않는 것으로 간주하고 있기 때문에(라플라스 변환의 정의식에서는 이것을 가정하고 있다) 적분의 下限은 0으로 바꿀 수 있다. 그리고 라플라스 변환의 정의에 따라,

$$\mathcal{L}[f_1(t)\cdot f_2(t)]=\int_0^{\infty}e^{-st}\left[\int_0^{\infty}f_1(\lambda)f_2(t-\lambda)\,d\lambda\right]dt$$

e^{-st}는 λ와는 관계가 없으므로 이것을 내부 적분기호 안으로 옮길 수 있으며 다음에 적분순서를 바꾸면,

$$\mathcal{L}[f_1(t)\cdot f_2(t)]=\int_0^\infty\left[\int_0^\infty e^{-st}f_1(\lambda)f_2(t-\lambda)\,dt\right]d\lambda$$

똑같은 방법을 계속하면, $f_1(\lambda)$는 t와는 관계가 없으므로 그것을 내부 적분기호 밖으로 옮길 수 있다.

$$\mathcal{L}[f_1(t)\cdot f_2(t)]=\int_0^\infty f_1(\lambda)\left[\int_0^\infty e^{-st}f_2(t-\lambda)\,dt\right]d\lambda$$

그리고 $x=t-\lambda$를 괄호 안의 적분에 대입하고(여기서 λ는 상수로 취급) $e^{-s\lambda}$因子를 제거하면,

$$\mathcal{L}[f_1(t)\cdot f_2(t)]=\int_0^\infty e^{-s\lambda}f_1(\lambda)\left[\int_0^\infty e^{-st}f_2(x)\,dx\right]d\lambda$$

괄호 안의 항은 $\dot{F}_2(s)$로서 t의 함수가 아니므로 적분기호 밖으로 옮길 수 있다. 남는 것은 라플라스 변환 $\dot{F}_1(s)$이므로 구하고자 하는 결과는 다음과 같이 된다.

$$f_1(t)\cdot f_2(t)\Leftrightarrow\dot{F}_1(s)\dot{F}_2(s) \tag{16.18}$$

약간 다르게 표현한다면, 두 변환의 곱의 역변환은 각 역변환의 상승적분이라고 할 수 있다. 이것은 가끔 역변환을 구하는데 유용하게 쓰인다.

〔예제 16·7〕 $\dot{F}(s)=\dfrac{1}{(s^2+a^2)^2}$일 때 $\mathcal{L}^{-1}[\dot{F}(s)]$를 구하여라.

풀이 ☞ $\dot{F}(s)=\dfrac{K_1}{(s+ja)^2}+\dfrac{K_2}{(s+ja)}+\dfrac{K_3}{(s-ja)^2}+\dfrac{K_4}{(s-ja)}$

와 같이 부분분수로 전개하여 계수 K_i들을 정하는 것보다는 상승정리를 이용하는 것이 간단하다. 즉,

$$\dot{F}_1(s)=\dot{F}_2(s)=\frac{1}{s^2+a^2}$$

이라 놓으면

$$f_1(t)=f_2(t)=\mathcal{L}^{-1}\left[\frac{1}{s^2+a^2}\right]=\frac{1}{a}\sin at$$

$$f(t)=f_1\cdot f_2=\int_0^t\left[\frac{1}{a}\sin a(t-\tau)\right]\left(\frac{1}{a}\sin a\tau\right)d\tau$$

$$=\frac{1}{a^2}\left[\sin at\int_0^t\cos a\tau\sin a\tau\,d\tau-\cos at\int_0^t\sin^2 a\tau\,d\tau\right]$$

$$=\frac{1}{2a^3}(\sin at - at\cos at)$$

5 時間推移定理

어떤 함수를 일정시간만큼 이동한다면 그 이동한 시간함수의 변환은 어떻게 될까? 특히 $f(t)\cdot u(t)$의 변환이 $\dot{F}(s)$임을 알고 있다면 원래의 시간함수를 a만큼 지연시킨($t<a$에서는 존재않음) $f(t-a)u(t-a)$의 변환은 어떻게 될까? 라플라스 변환의 정의로부터 직접 구하면 $t \geq a$에 대해서,

$$\pounds[f(t-a)u(t-a)] = \int_0^\infty e^{-st}f(t-a)u(t-a)\,dt$$
$$= \int_a^\infty e^{-st}f(t-a)\,dt$$

새로운 적분변수 $\tau = t-a$를 취하면,

$$\pounds[f(t-a)u(t-a)] = \int_0^\infty e^{-s(\tau+a)}f(\tau)\,d\tau$$
$$= e^{-as}\dot{F}(s)$$

그러므로,

$$f(t-a)u(t-a) \Leftrightarrow e^{-as}\dot{F}(s) \quad (a \geq 0) \quad (16.19)$$

이 결과를 **시간추이정리**(time-shift theorem)라 하며 만일 시간함수가 시간영역에서 시간 a만큼 지연되면 주파수영역에서는 e^{-as}를 곱하는 것과 같다는 것을 의미한다.

〔예제 16·8〕 그림 16.3(a)와 같은 한 개의 톱니파 파형에 대한 라플라스 변환을 구하여라.

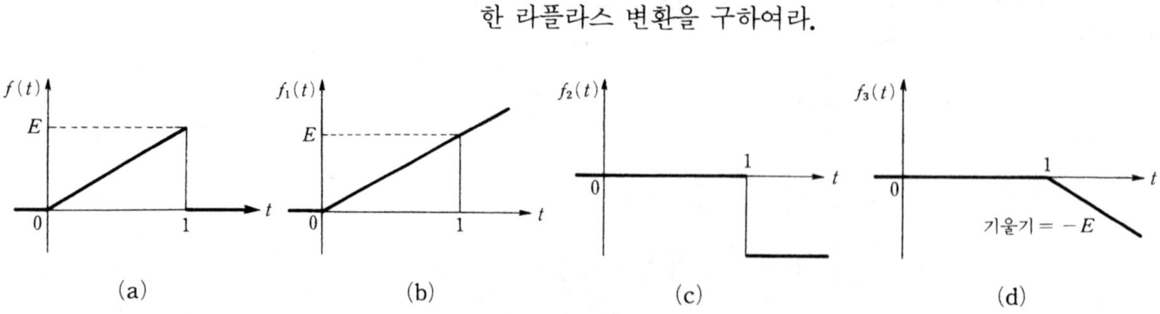

그림 16.3 한 개의 톱니파(a)와 그 성분함수

풀이 ☞ 그림 (a)는 그림 (b), (c), (d)를 합한 것과 같으므로

$f(t)=f_1(t)+f_2(t)+f_3(t)$라 놓을 수 있으며

$$\mathcal{L}[f_1(t)]=\mathcal{L}[Etu(t)]=\frac{E}{s^2}$$

$$\mathcal{L}[f_2(t)]=\mathcal{L}[-Eu(t-1)]=-\frac{E}{s}e^{-s}$$

$$\mathcal{L}[f_3(t)]=\mathcal{L}[-E(t-1)u(t-1)]=-\frac{E}{s^2}e^{-s}$$

$$\therefore\ \mathcal{L}[f(t)]=\frac{E}{s^2}[1-(s+1)e^{-s}]$$

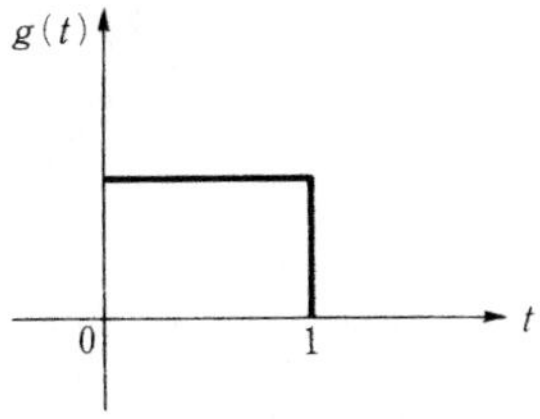

그림 16.4 게이트 함수

이 톱니파는 시간함수 Et에 **그림 16.4의 게이트 함수**(gate function) $g(t)$를 곱한 것과 같다는 데 착안하여 다음과 같이 구하는 것이 더 쉽다.

$$\begin{aligned}\mathcal{L}[f(t)]&=\mathcal{L}[Et\cdot g(t)]\\&=E\mathcal{L}[t\{u(t)-u(t-1)\}]\\&=E\mathcal{L}[tu(t)]-E\mathcal{L}[\{(t-1)+1\}u(t-1)]\\&=\frac{E}{s^2}-E\left(\frac{1}{s^2}e^{-s}+\frac{1}{s}e^{-s}\right)\\&=\frac{E}{s^2}[1-(s+1)e^{-s}]\end{aligned}$$

〔예제 16·9〕 그림 16.5와 같은 구형파(矩型波)의 라플라스 변환을 구하여라.

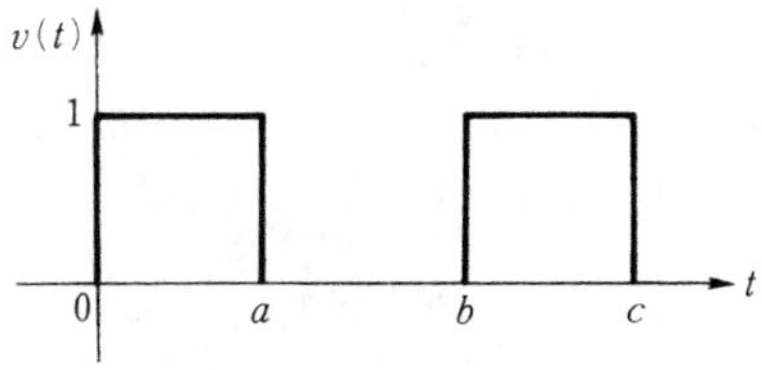

그림 16.5

풀이 ☞ 제1파는 $0\le t\le a$에서는 $u(t)$이고, $t=a$에서는 $u(t)$로부터 $u(t-a)$를 빼면 되므로

$$v_1(t)=u(t)-u(t-a)$$

가 되고 제2파는

$$v_2(t)=u(t-b)-u(t-c)$$

이므로

$$\begin{aligned}v(t)&=v_1(t)+v_2(t)\\&=u(t)-u(t-a)-u(t-b)-u(t-c)\end{aligned}$$

가 된다. 이것을 라플라스 변환하면

$$\dot{V}(s)=\mathcal{L}[v(t)]=\frac{1}{s}(1-e^{-as}+e^{-bs}-e^{-cs})$$

가 된다.

시간추이 정리는 주기함수를 변환하는 데도 역시 유용하다.

$f(t)$가 $t\ge 0$에 있어서 주기가 T인 주기함수라 하자. $t<0$일 때의 $f(t)$는 片側 라플라스 변환에 아무런 영향을 주지 않으며 다음과 같이 쓸 수 있다.

$$f(t)=f(t-nT) \qquad n=0, 1, 2, \cdots$$

$f(t)$의 첫 주기 동안만 0이 아닌 새로운 시간함수

$$f_1(t)=[u(t)-u(t-T)]f(t)$$

를 정의하면 함수 $f(t)$는 T의 정수배씩 지연된 무한개의 이와 같은 함수의 합으로 표시될 수 있다. 즉,

$$\begin{aligned} f(t) &= [u(t)-u(t-T)]f(t) \\ &\quad +[u(t-T)-u(t-2T)]f(t) \\ &\quad +[u(t-2T)-u(t-3T)]f(t) \\ &\quad +\cdots \\ &= f_1(t)+f_1(t-T)+f_1(t-2T)+\cdots \end{aligned}$$

또는

$$f(t)=\sum_{n=0}^{\infty} f_1(t-nT)$$

이 합의 라플라스 변환은 바로 변환들의 합

$$\dot{F}(s)=\sum_{n=0}^{\infty} \mathcal{L}[f_1(t-nT)]$$

이며, 시간추이정리를 적용하면,

$$\dot{F}(s)=\sum_{n=0}^{\infty} e^{-nTs}\dot{F}_1(s)$$

가 되며, 여기서

$$\dot{F}_1(s)=\mathcal{L}[f_1(t)]=\int_0^T e^{-st}f(t)\,dt$$

이다. $\dot{F}_1(s)$는 n의 함수가 아니므로 덧셈으로부터 제외할 수 있으며 $\dot{F}(s)$는 다음과 같이 된다.

$$\dot{F}(s)=\dot{F}_1(s)[1+e^{-Ts}+e^{-2Ts}+\cdots]$$

괄호 안의 식에 이항정리를 적용하면 $1/(1-e^{-Ts})$로 간단하게 된다. 따라서 주기 T를 갖는 주기함수 $f(t)$의 라플라스 변환은

$$\dot{F}(s)=\frac{\dot{F}_1(s)}{1-e^{-Ts}} \tag{16.20}$$

여기에서

$$\dot{F}_1(s) = \pounds[\{u(t) - u(t-T)\}f(t)]$$

로서 주기함수의 첫 주기를 변환한 것이다.

〔예제 16·10〕 **그림 16.6** 과 같은 구형 펄스파의 라플라스 변환을 구하여라.

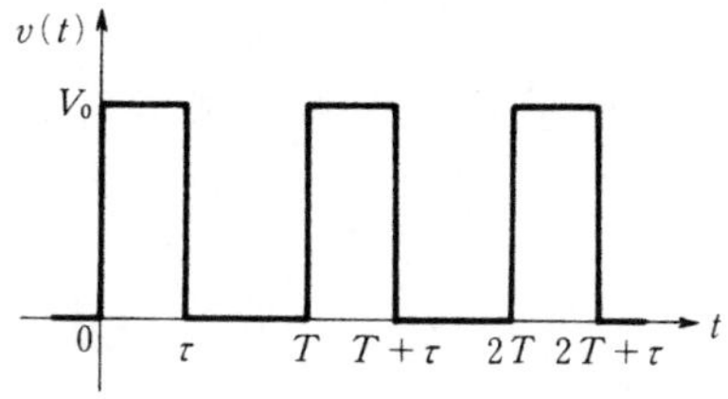

그림 16.6 구형 펄스파

풀이 ☞ 주기함수는 다음과 같이 나타낼 수 있다.

$$v(t) = \sum_{n=0}^{\infty} V_0[u(t-nT) - u(t-nT-\tau)], \quad t>0$$

이제 1주기분의 s 함수인 $\dot{V}_1(s)$를 계산하면,

$$\dot{V}_1(s) = V_0\int_0^{\tau} e^{-st}dt = \frac{V_0}{s}(1-e^{-s\tau})$$

이제 원하는 변환식을 구하기 위하여 $(1-e^{-sT})$로 나누면,

$$\dot{V}(s) = \frac{V_0}{s}\cdot\frac{1-e^{-s\tau}}{1-e^{-sT}}$$

$\dot{V}(s)$의 분모에 있는 인수$(1-e^{-sT})$는 함수의 주기성을 반영하고, 분자의 $e^{-s\tau}$ 항은 펄스를 소멸시키는 음의 구형파의 시간지연에서 생기며 V_0/s는 $v(t)$에 포함된 계단함수의 변환이다.

〔예제 16·11〕 **그림 16.7** 과 같은 구형 펄스파의 라플라스 변환을 구하여라.

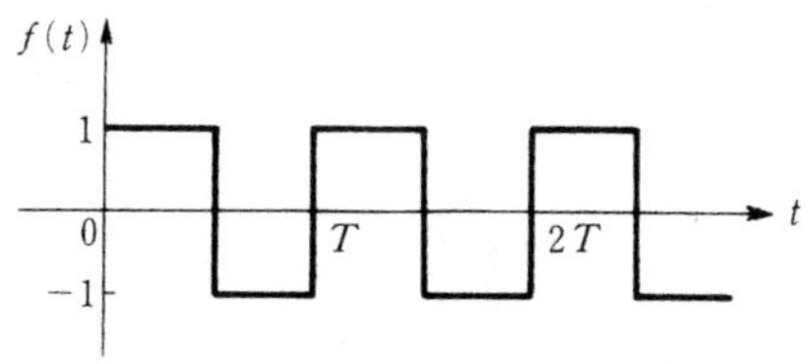

그림 16.7

풀이 ☞ $t=0$ 즉, 원점에서 시작되고 넓이가 $T/2$인 **그림 16.7** 의 주기파는 $f(t) = u(t) - u(t-(T/2))$로 표시되므로, $u(t)$에서 $u(t-(T/2))$를 빼는 대신에 $2u(t-(T/2))$를 빼면 파형은 $t=T/2$에서 $+1$ 값에서 -1 값으로 바뀌어진다.

다음 단위계단함수 $u(t-T)$를 더하면 그 파형은 $t=T$ 이상의 시간에서는 0이 되며, 이때의 함수 $f(t)$는 '$0\sim T$'를 한 주기로 하는 파가 된다. 즉, 처음 1주기간에서는

$$f_1(t) = u(t) - 2u\left(t-\frac{T}{2}\right) + u(t-T)$$

로 표시되며, 무한히 계속되는 주기 T인 구형파는 다음과 같은 무한 급수로서 표시된다.

$$f(t) = u(t) - 2u\left(t-\frac{T}{2}\right) + 2u(t-T) - 2u\left(t-\frac{3T}{2}\right) + \cdots$$

1주기분에 대한 라플라스 변환은

$$\dot{F}_1(s)=\frac{1}{s}-\frac{2}{s}e^{-Ts/2}+\frac{1}{s}e^{-Ts}=\frac{1}{s}(1-e^{-Ts/2})^2$$

이므로 $f(t)$에 대한 라플라스 변환 $\dot{F}(s)$는 주기가 T이므로 다음과 같이 된다.

$$\dot{F}(s)=\frac{1}{1-e^{-Ts}}\dot{F}_1(s)=\frac{(1-e^{-Ts/2})^2}{(s(1-e^{-Ts})}$$
$$=\frac{1}{s}\cdot\frac{1-e^{-Ts/2}}{1+e^{-Ts/2}}=\frac{1}{s}\tanh\frac{Ts}{4}$$

6 周波数推移定理

$e^{-at}f(t)$의 라플라스 변환은

$$\pounds[e^{-at}f(t)]=\int_0^\infty e^{-st}e^{-at}f(t)\,dt$$
$$=\int_0^\infty e^{-(s+a)t}f(t)\,dt$$

이 결과를 자세히 보면 우변의 적분에서 s대신에 $(s+a)$로 되어 있는 것을 제외하고는 $\dot{F}(s)$의 정의와 똑같다. 따라서

$$e^{-at}f(t)\Leftrightarrow\dot{F}(s+a) \qquad (16.21)$$

그러므로 주파수영역에서 s 대신 $(s+a)$로 바꾼 것은 시간영역에서 e^{-at}를 곱한 것과 같다. 이것을 **주파수추이정리**(frequency-shift theorem)라 한다. 이 정리는 앞에서 광범위하게 사용하였던 지수감쇠 여현함수의 변환을 구하는 데에 곧바로 사용할 수 있다. 이미 알고 있는 여현함수의 변환에서 시작하면

$$\pounds[\cos\omega_0 t]=\dot{F}(s)=\frac{s}{s^2+\omega_0^2}$$

이며 $e^{-at}\cos\omega_0 t$의 변환은 $\dot{F}(s+a)$가 되므로

$$\pounds[e^{-at}\cos\omega_0 t]=\dot{F}(s+a)=\frac{s+a}{(s+a)^2+\omega_0^2}$$

즉,

$$\pounds[e^{-at}\cos\omega_0 t]=\frac{s+a}{(s+a)^2+\omega_0^2}$$

〔예제 16·12〕

① $f(t)=Ae^{-\alpha t}\sin(\omega t+\theta)$의 라플라스 변환을 구하여라.

② $\dot{F}(s)=\dfrac{s+4}{s^2+2s+5}$의 역라플라스 변환을 구하여라.

풀이 ☞ ① $\pounds[\sin(\omega t+\theta)]=\pounds[\sin\omega t\cos\theta+\cos\omega t\sin\theta]$

$$=\frac{\omega\cos\theta+s\sin\theta}{s^2+\omega^2}$$

식(16.21)에 의해 $\pounds[f(t)]=A\dfrac{(s+\alpha)\sin\theta+\omega\cos\theta}{(s+\alpha)^a+\omega^2}$

② $\dot{F}(s)=\dfrac{(s+1)+3}{(s+1)^2+4}=\dfrac{s+1}{(s+1)^2+2^2}+\dfrac{2(1.5)}{(s+1)^2+2^2}$이므로

$$\pounds^{-1}[\dot{F}(s)]=e^{-t}\cos 2t+1.5e^{-t}\sin 2t$$
$$=\sqrt{3.25}e^{-t}\cos(2t-\tan^{-1}1.5)$$

7 周波数微分定理

$\dot{F}(s)$를 s로 미분하면 어떻게 되는지 알아보자.

$$\frac{d}{ds}\dot{F}(s)=\frac{d}{ds}\int_0^\infty e^{-st}\cdot f(t)\,dt$$
$$=\int_0^\infty(-t)e^{-st}f(t)\,dt$$
$$=\int_0^\infty e^{-st}[-tf(t)]\,dt$$

이것은 $[-tf(t)]$의 라플라스 변환이다. 그러므로 주파수영역에서 s에 관한 미분은 시간영역에서 $-t$를 곱한 것과 같다. 즉,

$$-tf(t)\Leftrightarrow\frac{d}{ds}\dot{F}(s) \tag{16.22}$$

지금 $f(t)=tu(t)$라 하면 이는 단위 램프 함수이며 그 라플라스 변환은 $1/s^2$이다. 주파수 미분정리를 이용하여 $1/s^3$의 라플라스 역변환을 구해보면 다음과 같다.

$$\frac{d}{ds}\left(\frac{1}{s^2}\right)=-\frac{2}{s^3}\Leftrightarrow -t\pounds^{-1}\left[\frac{1}{s^2}\right]=-t^2u(t)$$

즉,

$$\frac{t^2u(t)}{2}\Leftrightarrow\frac{1}{s^3}$$

똑같은 방법으로,

$$\frac{t^3}{3!}u(t) \Leftrightarrow \frac{1}{s^4}$$

일반적으로 다음과 같이 된다.

$$\frac{t^{n-1}}{(n-1)!}u(t) \Leftrightarrow \frac{1}{s^n} \tag{16.23}$$

8 周波数積分定理

$\dot{F}(s)$를 s에 관해서 적분하면 $f(t)$에는 어떻게 반영되는지 알아보자. 정의로부터,

$$\dot{F}(s) = \int_0^\infty e^{-st} f(t)\,dt$$

s에서 ∞까지 적분하면,

$$\int_s^\infty \dot{F}(s)\,ds = \int_s^\infty \left[\int_0^\infty e^{-st} f(t)\,dt\right] ds$$

적분순서를 바꾸면,

$$\int_s^\infty \dot{F}(s)\,ds = \int_0^\infty \left[\int_s^\infty e^{-st} ds\right] f(t)\,dt$$

이고 내부에 있는 적분을 수행하면,

$$\int_s^\infty \dot{F}(s)\,ds = \int_s^\infty \left[-\frac{1}{t}e^{-st}\right]_s^\infty f(t)\,dt$$
$$= \int_0^\infty \frac{f(t)}{t} e^{-st} dt$$

따라서

$$\frac{f(t)}{t} \Leftrightarrow \int_s^\infty \dot{F}(s)\,ds \tag{16.24}$$

9 時間尺度変換定理

다음에는 $\mathcal{L}[f(t)]$를 알고 있을 때 $f(at)$의 변환을 구함으로써 라플라스 변환의 **시간척도변환정리**(time scaling theorem)를 알아보자. 그 과정은 아주 간단해서

$$\pounds[f(at)]=\int_0^\infty e^{-st}f(at)\,dt$$
$$=\frac{1}{a}\int_0^\infty e^{-(s/a)\lambda}f(\lambda)\,d\lambda$$

이며 여기서 $at=\lambda$로 변수를 변환하였다. 마지막 적분식은 변환식에서 s가 s/a로 대치된 것을 제외하고는 $f(t)$의 라플라스 변환을 $1/a$배 한 것과 같다. 따라서 다음과 같이 된다.

$$f(at)\Leftrightarrow\frac{1}{a}\dot{F}(s/a) \tag{16.25}$$

10 初期値 및 最終値 定理

마지막 두 기본정리로서 초기치 정리와 최종치 정리가 있다. 이들 정리는 $\dot{F}(s)$의 극한값을 취함으로써 초기치 $f(\infty)$를 용이하게 구할 수 있는 정리이다.

(1) 초기치 정리

초기치 정리를 유도하기 위하여 다시 한번 도함수의 라플라스 변환을 생각해 보자.

$$\pounds\left[\frac{df}{dt}\right]=s\dot{F}(s)-f(0^-)=\int_{0-}^\infty e^{-st}\frac{df}{dt}dt$$

여기서 s를 무한값에 접근시켜 보자. 적분을 두 부분으로 나누면,

$$\lim_{s\to\infty}[s\dot{F}(s)-f(0^-)]$$
$$=\lim_{s\to\infty}\left(\int_{0-}^{0+}e^0\frac{df}{dt}dt+\int_{0+}^\infty e^{-st}\frac{df}{dt}dt\right)$$

둘째 적분값은 피적분함수 자체가 0에 접근하기 때문에 그 극한값은 0이다. 또한 $f(0^-)$는 s의 함수가 아니어서 왼쪽 극한식에서 제외할 수 있으므로,

$$-f(0^-)+\lim_{s\to\infty}[s\dot{F}(s)]=\lim_{s\to\infty}\int_{0-}^{0+}df$$
$$=\lim_{s\to\infty}[f(0^+)-f(0^-)]$$
$$=f(0^+)-f(0^-)$$

따라서,

$$f(0^+)=\lim_{s\to\infty}[s\dot{F}(s)]$$

또는

$$\lim_{t\to 0^+}f(t)=\lim_{s\to\infty}[s\dot{F}(s)] \tag{16.26}$$

이것을 **초기치 정리**(initial-value theorem)라 한다. 시간함수 $f(t)$의 초기치는 그 함수의 라플라스 변환 $\dot{F}(s)$에 s를 곱한 다음 s를 무한대에 접근시킴으로써 구할 수 있음을 말해준다. 이 초기치는 $f(t)$의 右극한값이다.

〔예제 16·13〕 $\mathcal{L}[f(t)]=\dfrac{a_1s+a_0}{s(s^2+b_1s+b_0)}$일 때, $f(t)$, $f'(t)$ 및 $f''(t)$의 $t=0^+$에 있어서의 초기값을 구하여라.

풀이 ☞ $\mathcal{L}[f(t)]=\dfrac{a_1s+a_0}{s(s^2+b_1s+b_0)}=\dot{F}(s)$

$$\therefore \qquad f(0^+)=\lim_{s\to\infty}\frac{a_1s+a_0}{(s^2+b_1s+b_0)}=0$$

다음에

$$\mathcal{L}[f'(t)]=s\dot{F}(s)-f(0^+)=\frac{a_1s+a_0}{s^2+b_1s+b_0}-0$$

$$\therefore \qquad f'(0^+)=\lim_{s\to\infty}\frac{a_1s^2+a_0s}{s^2+b_1s+b_0}=a_1$$

또 $f''(0^+)$는

$$\begin{aligned}L[f''(t)]&=s^2F(s)-sf(0^+)-f'(0^+)\\&=\frac{a_1s^2+a_0s}{s^2+b_1s+b_0}-0-a_1\end{aligned}$$

이므로

$$f''(0^+)=\lim_{s\to\infty}\frac{s\{(a_0-a_1b_1)s-a_1b_0\}}{s^2+b_1s+b_0}=a_0-a_1b_1$$

---

(2) 최종치 정리

최종치 정리는 $s=0$에서의 單純極을 제외하고는 변환식의 극이 s평면의 左半部에 국한되어 있는 경우에만 사용할 수 있기 때문에 초기치 정리만큼 유용하지는 못하다. 다시 df/dt의 라플라스 변환에서 출발하면,

$$\int_{0^-}^{\infty}e^{-st}\frac{df}{dt}dt=s\dot{F}(s)-f(0^-)$$

이번에는 s가 0에 접근하도록 극한을 취하면,

$$\lim_{s\to 0}\int_{0-}^{\infty} e^{-st}\frac{df}{dt}dt=\lim_{s\to 0}[s\dot{F}(s)-f(0^-)]$$
$$=\int_{0-}^{\infty}\frac{df}{dt}dt$$

$f(t)$와 $f(t)$의 1차 도함수가 모두 변환가능하다고 가정하면, 이 방정식의 마지막 항은 쉽게 극한식으로 표시될 수 있다.

$$\int_{0-}^{\infty}\frac{df}{dt}dt=\lim_{t\to\infty}\int_{0-}^{t}\frac{df}{dt}dt=\lim_{t\to\infty}[f(t)-f(0^-)]$$

$f(0^-)$는 상수이므로 이들 마지막 두 방정식으로부터

$$\lim_{t\to\infty}f(t)=\lim_{s\to\infty}[s\dot{F}(s)] \tag{16.27}$$

를 얻는다. 이것을 **최종치 정리**(final-value theorem)라 한다. 이 정리는 $\dot{F}(s)$의 역변환을 구하지 않고, $\dot{F}(s)$로부터 t가 커질 때의 $f(t)$의 동작을 결정하는 데 주로 이용되며, 이 정리를 적용하는데 있어서는 t가 무한대로 될 때 $f(t)$의 극한값 $f(\infty)$가 존재하는지, 바꾸어 말하면 $s\dot{F}(s)$의 극들이 s평면의 左半部에 있는지를 확인해야 한다. $\dot{F}(s)$가 원점에서 단순극을 갖는 것은 허용되지만 $j\omega$ 축상의 극까지도 허용이 안되는 경우가 있다.

〔예제 16·14〕 $a>0$일 때 $f(t)=(1-e^{-at})u(t)$인 함수의 최종치를 구하여라.

풀이 ☞ $\pounds[f(t)]=\frac{1}{s}=\frac{1}{s+a}=\frac{a}{s(s+a)}=\dot{F}(s)$

$$\lim_{t\to\infty}f(t)=\lim_{s\to 0}s\dot{F}(s)=\lim_{s\to 0}\frac{a}{s+a}=1$$

지금까지 취급한 라플라스 변환쌍과 여러가지 정리를 정리하여 **표 16.1**과 **표 16.2**에 나타내었다.

표 16.1 라플라스 變換双

$f(t)=\pounds^{-1}[\dot{F}(s)]$	$\dot{F}(s)=\pounds[f(t)]$
$\delta(t)$	1
$u(t)$	$\frac{1}{s}$

$tu(t)$	$\frac{1}{s^2}$
$\frac{t^{n-1}}{(n-1)!}u(t),\ n=1, 2, \cdots$	$\frac{1}{s^n}$
$e^{-\alpha t}u(t)$	$\frac{1}{s+\alpha}$
$te^{-\alpha t}u(t)$	$\frac{1}{(s+\alpha)^2}$
$\frac{t^{n-1}}{(n-1)!}e^{-\alpha t}u(t),\ n=1, 2, \cdots$	$\frac{1}{(s+\alpha)^n}$
$\frac{1}{\beta-\alpha}(e^{-\alpha t}-e^{-\beta t})\,u(t)$	$\frac{1}{(s+\alpha)(s+\beta)}$
$\sin\omega t\ u(t)$	$\frac{\omega}{s^2+\omega^2}$
$\cos\omega t\ u(t)$	$\frac{s}{s^2+\omega^2}$
$\sin(\omega t+\theta)\,u(t)$	$\frac{s\sin\theta+\omega\cos\theta}{s^2+\omega^2}$
$\cos(\omega t+\theta)\,u(t)$	$\frac{s\cos\theta-\omega\sin\theta}{s^2+\omega^2}$
$e^{-\alpha t}\sin\omega t\ u(t)$	$\frac{\omega}{(s+\alpha)^2+\omega^2}$
$e^{-\alpha t}\cos\omega t\ u(t)$	$\frac{s+\alpha}{(s+\alpha)^2+\omega^2}$

표 16.2 라플라스 변환 연산

연 산	$f(t)$	$\dot{F}(s)$
더하기	$f_1(t)\pm f_2(t)$	$\dot{F}_1(s)\pm\dot{F}_2(s)$
곱하기	$kf(t)$	$k\dot{F}(s)$
시간미분	$\frac{df}{dt}$	$sF(s)-f(0)$
	$\frac{d^2f}{dt^2}$	$s^2\dot{F}(s)-sf(0)-f'(0)$
	$\frac{d^3f}{dt^3}$	$s^3\dot{F}(s)-s^2f(0)-sf'(0)$ $-f''(0)$
시간적분	$\int_0^t f(t)\,dt$	$\frac{1}{s}\dot{F}(s)$
	$\int_{-\infty}^t f(t)\,dt$	$\frac{1}{s}\dot{F}(s)+\frac{1}{s}\int_{-\infty}^0 f(t)\,dt$
상승적분	$f_1(t)\cdot f_2(t)$	$\dot{F}_1(s)\,\dot{F}_2(s)$
시간추이	$f(t-a)\,u(t-a),\ a\geq 0$	$e^{-as}\dot{F}(s)$
주파수추이	$f(t)\,e^{-at}$	$\dot{F}(s+a)$
주파수미분	$-tf(t)$	$\frac{d\dot{F}(s)}{ds}$
주파수적분	$\frac{f(t)}{t}$	$\int_s^\infty \dot{F}(s)\,ds$
척도변환	$f(at),\ a\geq 0$	$\frac{1}{a}\dot{F}\left(\frac{s}{a}\right)$

초기치	$f(0^+)$	$\lim_{s\to\infty} sF(s)$
최종치	$f(\infty)$	$\lim_{s\to 0} sF(s)$,
시간주기성	$f(t)=f(t+nT)$, $n=1, 2, \cdots$	$\frac{1}{1-e^{-st}}\dot{F}_1(s)$, 단, $\dot{F}_1(s)=\int_0^T f(t)\,e^{-st}dt$

16-4 回路素子의 變換

라플라스 변환은 회로소자를 표현하는 회로방정식에도 도입된다.

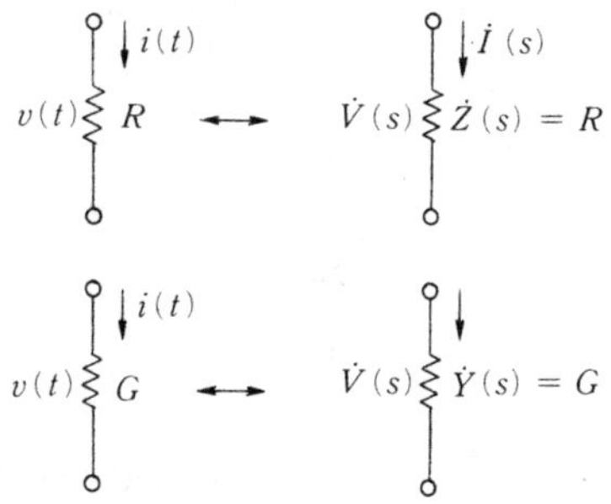

그림 16.8 저항과 임피던스의 변환

1 저 항

저항의 양단자 사이의 전압 또는 전류는 시간영역에서

$$v(t)=Ri(t) \text{ 혹은 } i(t)=Gv(t)$$

로 표시된다. 이에 대응하는 변환식은

$$\dot{V}(s)=R\dot{I}(s) \text{ 혹은 } \dot{I}(s)=G\dot{V}(s) \qquad (16.28)$$

임피던스 변환 $\dot{Z}(s)$나 어드미턴스 변환 $\dot{Y}(s)$도 같은 법칙이 적용된다. 즉,

$$\left.\begin{aligned}\frac{\dot{V}(s)}{\dot{I}(s)}&=\dot{Z}(s)=R\\ \frac{\dot{I}(s)}{\dot{V}(s)}&=\dot{Y}(s)=G\end{aligned}\right\} \qquad (16.29)$$

2 인덕턴스

인덕턴스에 있어서 전압, 전류의 시간영역에서의 관계는

$$v(t)=L\frac{d}{dt}i(t), \quad i(t)=\frac{1}{L}\int v(t)\,dt$$

이므로, 이와 등가인 변환식을 전압에 대하여 나타내면

$$\dot{V}(s)=L[s\dot{I}(s)-i(0^+)] \qquad (16.30)$$

이 식은 또한 다음과 같이 변형된다.

$$sL\dot{I}(s)=\dot{V}(s)+Li(0^{+}) \tag{16.31}$$

가 된다. 여기서 $\dot{V}(s)$는 입력전압의 변환이고, $Li(0^{+})$는 인덕터에 흐르는 초기전류에 의하여 생긴 전압이다. $\dot{Z}(s)$ 단자간 전압의 변환을 $\dot{V}_1(s)$라면 $\dot{V}_1(s)=\dot{V}(s)+Li(0^{+})$가 되어

$$\frac{\dot{V}_1(s)}{\dot{I}(s)}=\dot{Z}(s)=sL$$

이 된다. 이와 같은 등가변환은 변환 임피던스와 초기전류에 의한 전압원을 포함한 것이 된다. 이들의 관계를 나타내는 회로는 **그림 16.9**(a)에 표시하였다.

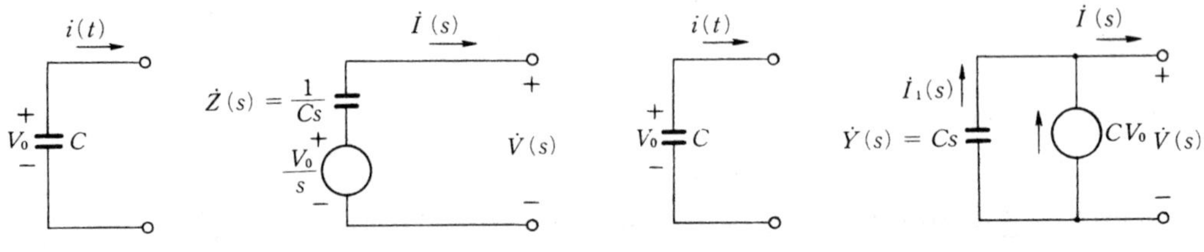

그림 16.9 초기 전류에 대한 인덕터와 그의 변환

전류의 변환식은

$$\dot{I}(s)=\frac{1}{L}\left[\frac{\dot{V}(s)}{s}+\frac{v^{-1}(0^{+})}{s}\right] \tag{16.32}$$

적분의 초기치 $v^{-1}(0^{+})$는

$$v^{-1}(0^{+})=\int v(t)\,dt|_{t=0^{+}}=Li(0^{+}) \tag{16.33}$$

식(16.33)의 관계는 자속쇄교수 Li의 관계로부터 구해진다. $\dot{I}(s)$의 등식은

$$\dot{I}(s)=\frac{\dot{V}(s)}{Ls}+\frac{i(0^{+})}{s} \quad \cdots\cdots ⓐ$$

혹은 (16.34)

$$\frac{\dot{V}(s)}{Ls}=\dot{I}(s)-\frac{i(0^{+})}{s} \quad \cdots\cdots ⓑ$$

여기서 $i(0^{+})/s$는 인덕터를 흐르는 초기전류에 의해서 등가적으로 변환된 전류원이다.

$\dot{Y}(s)$를 흐르는 전류변환을 $\dot{I}_1(s)=\dot{I}(s)-i(0^+)/s$라 하면

$$\frac{\dot{I}_1(s)}{\dot{V}(s)}=\dot{Y}(s)=\frac{1}{Ls} \tag{16.35}$$

이 된다. 이와 같은 등가변환도는 어드미턴스 $1/Ls$과 식(16.35)의 ⓑ로 정의된 등가전류원을 포함한다. 이 시간영역에 대한 등가변환은 **그림 16.9**(b)에 표시하였다.

3 커패시턴스

커패시턴스에 있어서 전압, 전류의 시간영역에서의 관계는

$$i(t)=C\frac{d}{dt}v(t) \quad \text{또한} \quad v(t)=\frac{1}{C}\int i(t)\,dt$$

로서 주어진다. 전압에 대한 등가변환은

$$\dot{V}(s)=\frac{1}{C}\left[\frac{\dot{I}(s)}{s}+\frac{q(0^+)}{s}\right] \tag{16.36}$$

이다. 그런데 $q(0^+)/C$는 커패시터의 초기전압으로서 전하의 극성은 $(-)$로 되어 $-V_0$가 된다. 따라서 식(16.36)은

$$\frac{\dot{I}(s)}{Cs}=\dot{V}(s)+\frac{V_0}{s} \tag{16.37}$$

이 된다. $\dot{Z}(s)$의 전압변환을 $\dot{V}_1(s)=\dot{V}(s)+V_0/s$라 하면

$$\frac{\dot{V}_1(s)}{\dot{I}(s)}=\dot{Z}(s)=\frac{1}{Cs} \tag{16.38}$$

이 된다. 이와 같이 초기전하를 가진 커패시터의 등가변환은 $-\dot{V}(0^+)/s$의 전압원과 임피던스 $1/Cs$이 직렬로 된 **그림 16.10**으로 표현된다.

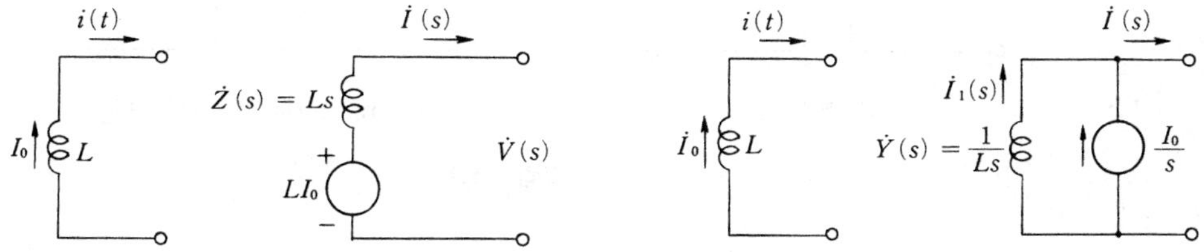

(a) 임피던스 표현 (b) 어드미턴스 표현

그림 16.10 초기 전압에 의한 커패시터와 그 변환

또 전류표시에 대한 $i(t)=C\frac{d}{dt}v(t)$로부터

$$\left.\begin{aligned}\dot{I}(s)&=C[sV(s)-v(0^+)]\\ \text{또는}\quad Cs\dot{V}(s)&=\dot{I}(s)-CV_0\end{aligned}\right\}\tag{16.39}$$

이다.

$\dot{Y}(s)$를 흐르는 전류변환을 $\dot{I}_1(s)=\dot{I}(s)-CV_0$로 놓으면

$$\frac{\dot{I}_1(s)}{\dot{V}(s)}=\dot{Y}(s)=Cs\tag{16.40}$$

가 된다. 초기전하를 가진 커패시터는 Cs에 병렬로 CV_0의 전류원을 가진 **그림 16.10**(b)와 같은 등가변환으로서 표시된다.

다른 예로서 결합회로의 경우를 생각해 보면, **그림 16.11**(a)에서 회로의 평형방정식은 다음 두 식으로 주어진다.

$$\left.\begin{aligned}v_1(t)&=L_1\frac{di_1(t)}{dt}+M\frac{di_2(t)}{dt}\\ v_2(t)&=M\frac{di_1(t)}{dt}+L_2\frac{di_2(t)}{dt}\end{aligned}\right\}\tag{16.41}$$

이들 두 식을 각각 변환하면

$$\left.\begin{aligned}\dot{V}_1(s)&=sL_1\dot{I}_1(s)-L_1i_1(0^+)+sM\dot{I}_2(s)-Mi_2(0^+)\\ \dot{V}_2(s)&=sM\dot{I}_1(s)-Mi_1(0^+)+sL_2\dot{I}_2(s)-L_2i_2(0^+)\end{aligned}\right\}\tag{16.42}$$

이 두 식에 대한 초기치를 고려해 넣은 등가회로는 **그림 16.11**(b)로서 표현된다.

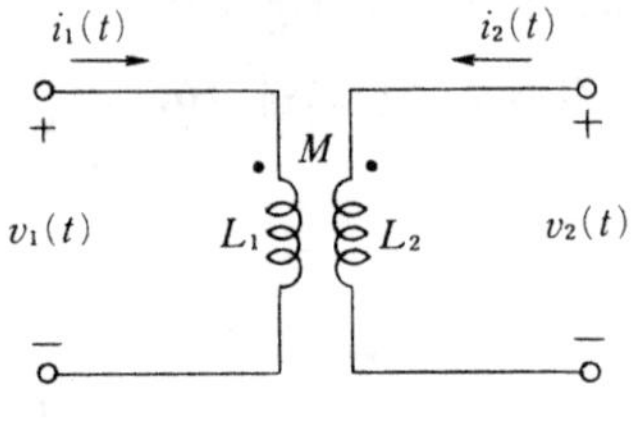

(a) 변압기

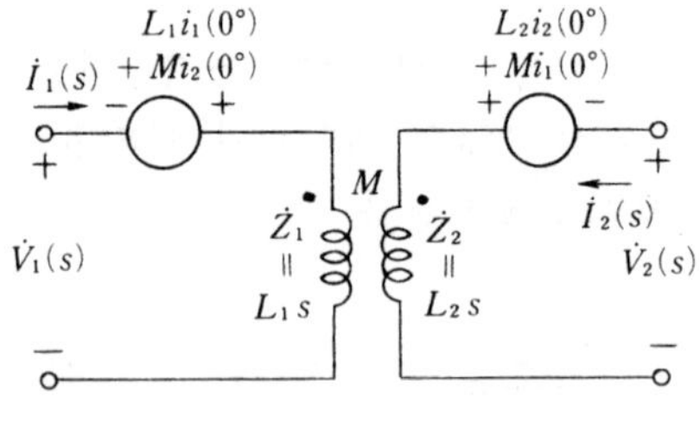

(b) 초기값에 의한 변환

그림 16.11

그림 16.12의 RL 직렬회로에 계단전압 V를 인가했을 때의 전류 $i(t)$에 대해 살펴보면 다음과 같다. 이 회로의 미분방정식은

$$Ri+L\frac{di}{dt}=V$$

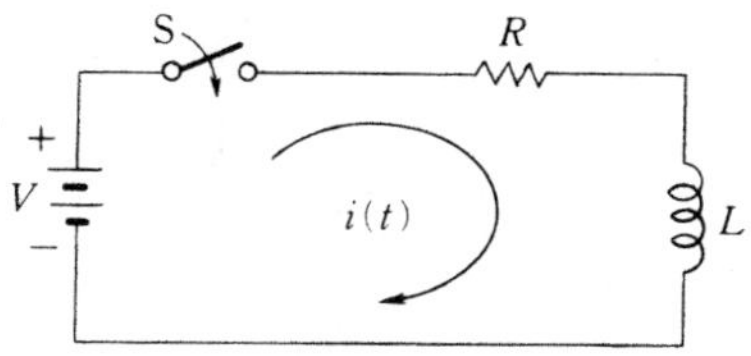

그림 16.12

이므로, 이에 대한 라플라스 변환은

$$L[s\dot{I}(s)-i(0^+)]+R\dot{I}(s)=\frac{V}{s}$$

$i(0^+)$는 $t=0$에서의 초기치이다.

편의상 $i(0^+)=0$이라면 윗식은 다음과 같이 된다.

$$\dot{I}(s)=\frac{V}{L}\frac{1}{s(s+R/L)} \tag{16.43}$$

또 이 식은 다음과 같이 전개된다.

$$\frac{V/Ls}{s(s+R/L)}=\frac{K_0}{s}+\frac{K_1}{s+R/L} \tag{16.44}$$

여기서 K_0, K_1은 미지의 계수이다. 이것을 구하기 위하여 윗식의 양변에 공통인수를 곱하여 정리하면

$$\frac{V}{L}=K_0\frac{R}{L}+s(K_0+K_1)$$

$$\frac{R}{L}K_0=\frac{V}{L},\quad (K_0+K_1)s=0$$

그러므로 K_0, K_L의 값은 각각

$$K_0=\frac{V}{R},\quad K_1=-K_0=-\frac{V}{R}$$

따라서 식(16.44)는 다음과 같이 표시된다.

$$\dot{I}(s)=\frac{V}{L}\cdot\frac{1}{s(s+R/L)}$$
$$=\frac{V}{R}\left(\frac{1}{s}-\frac{1}{s+R/L}\right) \tag{16.45}$$

$\dot{I}(s)$를 **표 16.1**의 변환표를 적용하면 시간영역에서의 전류 $i(t)$는 다음과 같이 구해진다.

$$i(t)=\frac{V}{R}(-e^{-Rt/L})$$

식(16.44)의 변환식은 두 개의 항으로 전개되었는데 이와 같은 부분분수의 전개에 대해서는 6절에서 취급하기로 한다.

16-5 라플라스 變換에 의한 回路解析

지금까지 라플라스 변환쌍을 만들고 라플라스 변환의 여러 정리를 공부한 것은 임의의 입력에 대한 선형회로의 시간응답을 구하기 위한 준비과정이었다. 라플라스 변환에 의한 회로해석의 일반적인 순서는 다음과 같다.

i) 주어진 회로망에 대해서 미분방정식을 세운다.

ii) 각항을 라플라스 변환하여 대수적인 방정식으로 만든다. 이 때 초기조건이 자동적으로 포함된다.

iii) 이 대수방정식은 $\dot{F}(s)=\dot{P}(s)/\dot{Q}(s)$ 의 형으로 표시하고 집중정수(集中定數) 회로망의 경우에는 $\dot{P}(s), \dot{Q}(s)$는 다같이 정(+)의 실계수를 갖는 s의 다항식이다.

iv) $\dot{Q}(s)$를 인수분해한다.

v) $\dot{F}(s)$를 부분분수로 전개한다.

vi) 전개된 부분분수의 각항에 대해서 라플라스 역변환을 한다.

이상에서 j축(허수축)상에 있는 s의 근에 대한 해가 정상해이고, 그 밖의 근에 대한 해는 과도해가 된다.

예로서 **그림 16.13**과 같은 RLC 직렬회로에서 스위치를 전원측에 넣고 커패시터 C를 충전한 후, 초기치 $V_0=1$〔V〕에서 스위치를 회로쪽으로 넣을 때 회로에 흐르는 전류 $i(t)$를 구하는 문제를 라플라스 변환을 이용하여 풀어보자.

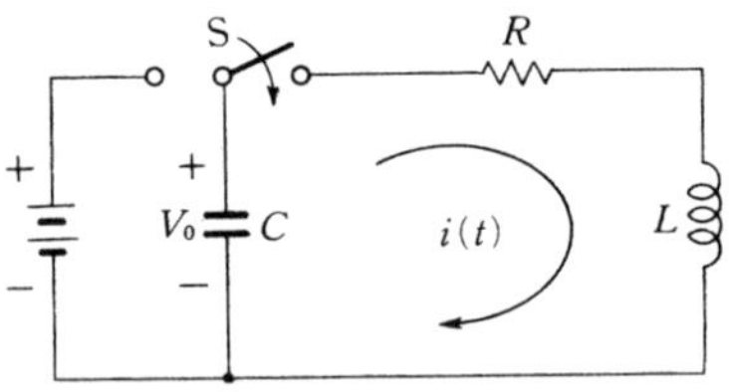

그림 16.13

전류 $i(t)$에 대한 회로의 미분방정식은

$$L\frac{di}{dt}+Ri+\frac{1}{C}\int idt=0$$

이에 대응하는 변환식은

$$L[s\dot{I}(s)-i(0^+)]+R\dot{I}(s)+\frac{1}{Cs}[\dot{I}(s)+q(0^+)]=0$$

인덕터 L에 걸리는 전압은 초기치가 0이므로 $i(0^+)=0$, 커패시터에는 초기치 V_0가 주어졌으므로

$$\frac{q(0^+)}{Cs}=-\frac{V_0}{s},\quad V_0=1\text{〔V〕}$$

$$\therefore\ \frac{q(0^+)}{Cs}=-\frac{1}{s}$$

이 된다. 따라서 주어진 RLC 회로에 대한 위의 변환은

$$\dot{I}(s)=\frac{1}{s^2+2s+2}=\frac{1}{(s+1)^2+1}$$

그러므로 구하고자 하는 전류 $i(t)$는 다음과 같이 역변환된다.

$$i(t)=\pounds^{-1}[\dot{I}(s)]=e^{-t}\sin t$$

이것은 미분방정식에 의한 해법보다 훨씬 간편함을 보여준다.

RLC 직렬회로에 구동함수 $e(t)$를 인가했을 때 회로의 평형 미분방정식은

$$L\frac{di}{dt}+Ri+\frac{1}{C}\int idt=e(t)$$

로 주어지며, 이에 대한 라플라스 변환은

$$L[s\dot{I}(s)-i(0^+)]+R\dot{I}(s)+\frac{1}{C}\frac{\dot{I}(s)}{s}+\frac{V_c(0^+)}{s}=\dot{V}(s)$$

$$\dot{I}(s)\left[sL+R+\frac{1}{Cs}\right]=\dot{V}(s)+Li(0^+)-\frac{V_c(0^+)}{s}$$

$$\therefore\ \dot{I}(s)=\frac{1}{sL+R+\frac{1}{Cs}}\left[\dot{V}(s)+Li(0^+)-\frac{V_c(0^+)}{s}\right] \tag{16.46}$$

이때 $\dot{I}(s)$의 역변환을 찾는 방법은 뒤에서 점진적으로 다루고, 여기서는 이 방정식의 물리적 의의를 우선 고찰하고자 한다. 식(16.46)의 오른편에서

$$\dot{E}_0(s)=\dot{V}(s)+Li(0^+)-\frac{V_c(0^+)}{s}$$

$$\dot{H}(s)=\frac{1}{sL+R+\frac{1}{Cs}}$$

로 놓으면 식(16.46)은 다음과 같이 표시된다.

$$\dot{I}(s)=\dot{H}(s)\dot{E}_0(s) \tag{16.47}$$

여기서 $\dot{I}(s)$는 **응답함수**(response function)의 라플라스 변

환이며, $\dot{H}(s)$는 시스템의 **전달함수**(transfer function)이고 $\dot{E}_0(s)$는 여진함수(excitation function)로서 구동력 $\dot{V}(s)$와 초기값이 포함되어 있다. 또 $\dot{H}(s)$의 역수는 주어진 회로의 **특성함수**(characteristic function)이다.

$\dot{E}_0(s)$에서 보인 바와 같이 초기조건이 변환과정에서 자동적으로 解에 포함되어 있으므로 미분방정식에서와 같이 임의의 상수를 결정하는 조작이 필요없게 된다는 것을 알 수 있다.

〔예제 16·15〕 RLC 직렬회로에 구동전압 $e(t)=\sin t$인 정현파를 인가했을 때의 전류를 구하여라. 단, 초기치는 0으로 한다.

풀이 ☞ 회로의 특성함수는

$$\frac{1}{\dot{Z}(s)}=\frac{1}{Ls+R+\dfrac{1}{Cs}}=\frac{s}{s^2+2s+2}$$

가 되고, 구동함수가 $\dot{E}(s)=\dfrac{1}{s^2+1}$이 되므로 전류의 변환 $\dot{I}(s)$는 다음과 같다.

$$\dot{I}(s)=\frac{s}{(s^2+1)(s^2+2s+2)}$$

이를 부분분수로 전개하면 다음과 같이 된다.

$$\dot{I}(s)=\frac{s}{(s^2+1)(s^2+2s+2)}=\frac{As+B}{s^2+1}+\frac{Cs+D}{s^2+2s+2}$$

여기서

$$\begin{aligned} s&=(As+B)(s^2+2s+2)+(Cs+D)(s^2+1)\\ &=(A+C)s^3+(2A+B+D)s^2+(2A+2B+C)s+(2B+D) \end{aligned}$$

$$A+C=0 \quad \cdots\cdots ①$$
$$2A+B+D=0 \quad \cdots\cdots ②$$
$$2A+2B+C=1 \quad \cdots\cdots ③$$
$$2B+D=0 \quad \cdots\cdots ④$$

①, ②, ③, ④의 식에서 계수 A, B, C, D의 값이 구해진다.

$$A=\frac{1}{5},\ B=\frac{2}{5},\ C=-\frac{1}{5},\ D=-\frac{4}{5}$$

그러므로 $\dot{I}(s)$는

$$\begin{aligned} \dot{I}(s)&=\frac{s}{(s^2+1)(s^2+2s+2)}\\ &=\frac{1}{5}\left[\frac{s+2}{s^2+1}-\frac{s+4}{s^2+2s+2}\right]\\ &=\frac{1}{5}\left[\frac{s+2}{s^2+1}-\frac{(s+1)+3}{(s+1)^2+1}\right] \end{aligned}$$

$$=\frac{1}{5}\left[\frac{s}{s^2+1}+2\frac{1}{s^2+1}-\frac{s+1}{(s+1)^2+1}-3\frac{1}{(s+1)^2+1}\right]$$

이 된다. 따라서 구하고자 하는 전류 $i(t)$는 다음과 같다.

$$i(t)=\mathcal{L}^{-1}[\dot{I}(s)]$$
$$=\frac{1}{5}[\cos t+2\sin t-e^{-t}(\cos t+3\sin t)]$$

미·적분방정식을 푸는 라플라스 변환 방법은 엄격한 수학적 근거를 가진 조직적이며 거의 기계적인 방법이긴 하나 바로 그 때문에 회로내에서 일어나는 물리적 현상에 대한 통찰을 주지 못하는 결점이 있다. 특히 다음의 두 경우에는 더 쉬운 방법이 있다는 것을 잊지 말아야 한다.

① 정현파 정상상태의 응답에는 절대적으로 페이저 방법을 이용할 것. 단, 정현파 입력이 갑자기 인가된 과도상태의 회로 응답을 구하는 데는 정상상태가 아니므로 물론 페이저 방법을 적용할 수 없다(**그림 16.14**).

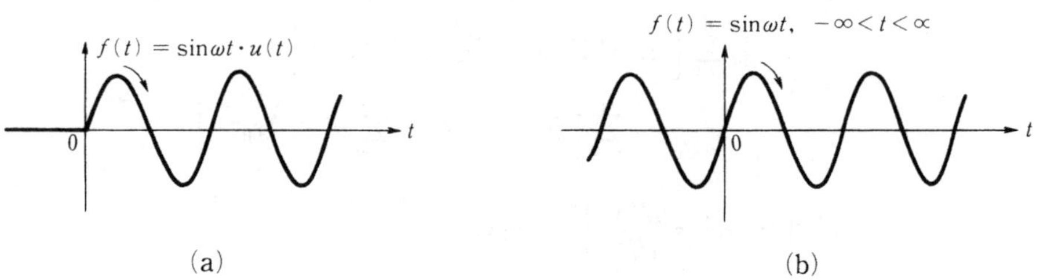

그림 16.14 교류회로 이론이 적용 안되는 경우 (a)와 적용되는 경우(b)(정상상태)

② 1차 또는 2차의 회로에서 입력이 스텝파, 지수함수, 정현파 등 매우 간단한 경우에는 고전적인 방법을 활용할 것, 특히 1차 회로에서 스텝파에 대한 응답은 초기치와 최종치 사이를 시정수로서 지수함수적으로 연결하는 간단한 방법이 있음을 잊어서는 안된다.

초학자가 어떤 경우에나 라플라스 변환 방법을 사용하는 것은 현명하지 않으며 라플라스 변환을 배운 후부터 갑자기 회로 계산을 하지 못하게 된다는 말을 자주 듣는다. 실제적으로는 페이저를 사용할 수 있는 경우가 그렇지 않은 경우보다 많다는 사실도 명심해야 할 것이다. 회로해석의 가장 일반적이고 강력한 라플라스 변환 방법을 일부러 늦추어 지금에 와서 다루는 이유를 수긍하기 바란다.

16-6 라플라스 逆變換

라플라스 변환을 이용한 線型常數계수 미분방정식의 해법은 선형제어계의 문제 중에서 가장 중요한 것에 속한다.

여기서는 가장 일반적인 형태의 미분방정식에 대하여 설명한다.

$$a_n\frac{d^n y}{dt^n}+a_{n-1}\frac{d^{n-1}y}{dt^{n-1}}+\cdots\cdots+a_1\frac{dy}{dt}+a_0 y$$
$$=b_m\frac{d^m x}{dt^m}+b_{m-1}\frac{d^{m-1}x}{dt^{m-1}}+\cdots\cdots+b_1\frac{dx}{dt}+b_0 x \tag{16.48}$$

즉, $\sum_{i=0}^{n} a_i\frac{d^i y}{dt^i}=\sum_{i=0}^{m} b_i\frac{d^i x}{dt^i}$

윗식에서 y는 출력, x는 입력이고 $a_n=1$, $m\leq n$이다. 식 (16.48)의 라플라스 변환은 다음과 같다.

$$\sum_{i=0}^{n}\left[a_i\left(s^i\dot{Y}(s)-\sum_{k=0}^{i-1}s^{i-1-k}y_0{}^k\right)\right]$$
$$=\sum_{i=0}^{m}\left[b_i\left(s^i\dot{X}(s)-\sum_{k=0}^{i-1}s^{i-1-k}x_0{}^k\right)\right]$$

여기서 $x_0{}^k=\left.\frac{d^k x}{dt^k}\right|_{t=0^+}$이다.

출력변환 $\dot{Y}(s)$는 다음과 같다.

$$\dot{Y}(s)=\left[\frac{\sum_{i=0}^{m}b_i s^i}{\sum_{i=0}^{n}a_i s^i}\right]\dot{X}(s)-\frac{\sum_{i=0}^{m}\sum_{k=0}^{i-1}b_i s^{i-1-k}x_0{}^k}{\sum_{i=0}^{n}a_i s^i}$$
$$+\frac{\sum_{i=0}^{n}\sum_{k=0}^{i-1}a_i s^{i-1-k}y_0{}^k}{\sum_{i=0}^{n}a_i s^i} \tag{16.49}$$

시간해 $y(t)$는 $\dot{Y}(s)$의 역라플라스 변환이며 다음과 같다.

$$y(t)=\mathcal{L}^{-1}\left[\frac{\sum_{i=0}^{m}b_i s^i}{\sum_{i=0}^{n}a_i s^i}\dot{X}(s)-\frac{\sum_{i=0}^{m}\sum_{k=0}^{i-1}b_i s^{i-1-k}x_0{}^k}{\sum_{i=0}^{n}a_i s^i}\right]$$

$$+\mathcal{L}^{-1}\left[\frac{\sum_{i=0}^{n}\sum_{k=0}^{i-1} a_i s^{i-1-k} y_0^k}{\sum_{i=0}^{n} a_i s^i}\right] \tag{16.50}$$

식(16.50) 우변의 제1항은 식(16.48)의 미분방정식으로 표시되는 系의 강제응답이고 제2항은 자유응답이다. 출력 $y(t)$의 라플라스 변환 $\dot{Y}(s)$는 복소수 s의 다항식 比로 표시되며 보통 이와 같은 比를 **有理代数함수**(rational algebraic function)라 부른다. $y(t)$의 초기조건은 주어지지 않았지만 系의 다른 파라미터가 주어진 경우 y_0^k, $k=0, 1, \cdots, n-1$은 주어진 정보에서 유도하여야 한다. x의 도함수항을 내포하는 미분방정식(16.48)의 형태로 나타내는 系에 있어서는 y_0^k의 계산은 역시 x_0^k에 의존한다.

〔예제 16·16〕 초기조건 $y(0^+)=-1$, $\left.\frac{dy}{dt}\right|_{t=0^+}=2$ 인 다음 미분방정식에 대하여 $\dot{Y}(s)$를 구하여라.

$$\frac{d^2y}{dt^2}+3\frac{dy}{dt}+2y=u(t)$$

풀이 ☞ 미분방정식의 라플라스 변환 $\dot{Y}(s)$는 다음과 같이 직접 변환하면

$$\mathcal{L}\left[\frac{d^2y}{dt^2}\right]=s^2\dot{Y}(s)-sy(0^+)-\left.\frac{dy}{dt}\right|_{t=0^+}=s^2\dot{Y}(s)+s-2$$

$$\mathcal{L}\left[\frac{dy}{dt}\right]=s\dot{Y}(s)-y(0^+)=s\dot{Y}(s)+1$$

$$\therefore \mathcal{L}\left[\frac{d^2y}{dt^2}+3\frac{dy}{dt}+2y\right]=\mathcal{L}\left[\frac{d^2y}{dt^2}\right]+\mathcal{L}\left[3\frac{dy}{dt}\right]+\mathcal{L}[2y]$$

$$=(s^2+3s+2)\ \dot{Y}(s)+s+1=\mathcal{L}[u(t)]=\frac{1}{s}$$

$$\therefore \dot{Y}(s)=\frac{-(s^2+s-1)}{s(s^2+3s+2)}$$

시간함수로 표시된 해 $y(t)$는 $\dot{Y}(s)$를 역라플라스 변환하여 얻어진다.

앞에서 본 바와 같이 선형상수계수 미분방정식의 해 $y(t)$의 라플라스 변환은 s의 유리함수로서

$$\dot{Y}(s)=\frac{\dot{G}(s)}{\dot{H}(s)}$$

의 형태가 됨을 보여 주었다. 여기서 $\dot{G}(s)$와 $\dot{H}(s)$는 s의 다항식이다. 이와 같은 경우 $\dot{Y}(s)$를 부분분수의 항으로 표시함으로써 $y(t)=\mathcal{L}^{-1}(\dot{Y})$를 구할 수 있다. 여기에서 $\dot{G}(s)$와 $\dot{H}(s)$는 공통인수를 갖지 않고 실수계수를 가지며, $\dot{G}(s)$는 $\dot{H}(s)$보다 차수가 낮다고 가정한다.

$s=a$를 $\dot{H}(s)=0$의 근이라고 하고, $\dot{Y}(s)$를 부분분수로 나타낼 때 a에 대응하는 $\dot{Y}(s)$의 역변환공식에는 다음 3가지 경우가 있다. 이때 각 경우에 있어 $\dot{W}(s)$는 $\dot{H}(s)$가 반복되든 안되든 모든 1차 인수에 대응하는 부분분수의 합을 표시한다.

1 반복되지 않는 因數 $s-a$가 있는 경우

$$\dot{Y}(s)=\frac{\dot{G}(s)}{\dot{H}(s)}=\frac{A}{s-a}+\dot{W}(s) \tag{16.51}$$

로서 역변환은

$$\mathcal{L}^{-1}[\dot{Y}]=Ae^{at}+\mathcal{L}^{-1}[\dot{W}] \tag{16.52}$$

이다. 여기서 A는 다음 두 표시식 중 하나로 주어진다.

$$A=\dot{Q}_a(a),\ \text{또는}\ A=\frac{\dot{G}(a)}{\dot{H}'(a)} \tag{16.53}$$

$\dot{Q}(s)$는 $\dot{Y}(s)$에서 $\dot{H}(s)$의 $(s-a)$ 인수를 제거한 나머지 함수, 즉

$$\dot{Q}_a(s)=\frac{(s-a)\dot{G}(s)}{\dot{H}(s)} \tag{16.54}$$

이다. $\dot{Q}_a$의 첨자 a는 $\dot{Q}$가 a에 의존한다는 표시이며, 한 1차 인수가 다른 1차 인수로 바뀔 때마다 변화한다.

〔예제 16·17〕 다음 함수의 역변환을 구하여라.

$$\dot{Y}(s)=\frac{\dot{G}(s)}{\dot{H}(s)}=\frac{s+1}{s^3+s^2-6s}$$

풀이 ☞ 분모는 3개의 1차 인수 s, $s-2$ 및 $s+3$을 가지며 이에

대응하는 근은 $a_1=0$, $a_2=2$ 그리고 $a_3=-3$이므로

$$\dot{Y}(s)=\frac{s+1}{s(s-2)(s+3)}=\frac{A_1}{s}+\frac{A_2}{s-2}+\frac{A_3}{s+3}$$

이고 $\dot{G}(s)=s+1$, $\dot{H}'(s)=3s^2+2s-6$이다. 식(16.53)을 사용하여

$$A_1=\frac{\dot{G}(0)}{\dot{H}'(0)}=-\frac{1}{6},\quad A_2=\frac{\dot{G}(2)}{\dot{H}'(2)}=\frac{3}{10}$$

$$A_3=\frac{\dot{G}(-3)}{\dot{H}'(-3)}=-\frac{2}{15}$$

를 얻는다. 윗식과 식(16.52)에서 역변환은

$$\pounds^{-1}[\dot{Y}]=-\frac{1}{6}+\frac{3}{10}e^{2t}-\frac{2}{15}e^{-3t}$$

가 됨을 알 수 있다.

2 반복되는 因數 $(s-a)^m$이 있는 경우

$$\dot{Y}(s)=\frac{\dot{G}(s)}{\dot{H}(s)}=\frac{A_m}{(s-a)^m}+\frac{A_{m-1}}{(s-a)^{m-1}}+\cdots\cdots+\frac{A_1}{s-a}+\dot{W}(s) \quad (16.55)$$

로서 역변환은

$$\pounds^{-1}[\dot{Y}]=e^{at}\left(A_m\frac{t^{m-1}}{(m-1)!}+A_{m-1}\frac{t^{m-2}}{(m-2)!}+\cdots\cdots+A_2\frac{t}{1!}+A_1\right)+\pounds^{-1}[\dot{W}] \quad (16.56)$$

이다. 여기서 상수 A_1, ……, A_m은

$$\left.\begin{aligned} &A_m=Q_a(a),\\ &A_k=\frac{1}{(m-k)!}\left.\frac{d^{m-k}Q_a(s)}{ds^{m-k}}\right|_{s=a}\\ &\qquad (k=1,\ \cdots\cdots,\ m-1)\end{aligned}\right\} \quad (16.57)$$

로 주어지며

$$\dot{Q}_a(s)=\frac{(s-a)^m\dot{G}(s)}{\dot{H}(s)} \quad (16.58)$$

이다.

〔예제 16·18〕 다음 초기치 문제를 구하여라.

$$y''-3y'+2y=4t+e^{3t},\quad y(0)=1,\quad y^3(0)=-1$$

풀이 ☞ 보조방정식은

$$s^2\dot{Y}-s+1-3(s\dot{Y}-1)+2\dot{Y}=\frac{4}{s^2}+\frac{1}{s-3}$$

이 되고 $\dot{Y}$에 대하여 풀고 부분분수의 항으로 $\dot{Y}$를 표시하면

$$\dot{Y}(s)=\frac{\dot{G}(s)}{\dot{H}(s)}=\frac{s^4-7s^3+13s^2+4s-12}{s^2(s-3)(s^2-3s+2)}$$

$$=\frac{A_2}{s^2}+\frac{A_1}{s}+\frac{B}{s-3}+\frac{C}{s-2}+\frac{D}{s-1}$$

가 된다. 첫째로 근 $a=0$에 대응하는 부분분수로 상수 A_1과 A_2를 결정한다. 식(16.58)과 식(16.57)에서

$$\dot{Q}_0(s)=\frac{\dot{G}(s)}{(s-3)(s^2-3s+2)},\quad A_2=Q_0(0)=2,$$

$$A_1=Q_0'(0)=3$$

이다. 식(16.54)를 사용하면 나머지 계수

$$B=\left.\frac{\dot{G}(s)}{s^2(s^2-3s+2)}\right|_{s=3}=\frac{1}{2}$$

$$C=\left.\frac{\dot{G}(s)}{s^2(s-3)(s-1)}\right|_{s=2}=-2$$

$$D=\left.\frac{\dot{G}(s)}{s^2(s-3)(s-2)}\right|_{s=1}=-\frac{1}{2}$$

를 구한다. 식(16.52)와 식(16.56)에서 해는

$$y(t)=\mathcal{L}^{-1}[\dot{Y}]=2t+3+\frac{1}{2}e^{3t}-2e^{2t}-\frac{1}{2}e^t$$

임을 안다. 문제를 고전적인 방법으로 풀 수도 있으나 지금의 방법이 보다 간단하고 빠름을 확신할 수 있을 것이다.

3 複素因数의 경우

앞의 경우에서 이는 실수뿐만 아니라, 복소수도 포함하게 되는데, 만일 a가 복소수라면 이를 표시하는 새로운 식이 실제로 필요하다. 지금

$$\dot{a}=\alpha+i\beta,\quad \bar{\dot{a}}=\alpha-j\beta\quad (\alpha,\ \beta\ \text{실수},\ \beta\neq 0)$$

라 하자. $s=\dot{a}$가 $\dot{H}(s)=0$의 根이라 가정하면 $\dot{H}(s)$는 실계수를 가지므로 $s=\bar{\dot{a}}$ 역시 $\dot{H}(s)=0$의 한 근이다.

이때는 반복되지 않은 복소인수 $s-\dot{a}$와 $s-\bar{a}$에 대응하는 부분분수를 쓰고

$$(s-\dot{a})(s-\bar{a})=(s-\alpha)^2+\beta^2$$

에 주의하면

$$\dot{Y}(s)=\frac{\dot{G}(s)}{\dot{H}(s)}=\frac{As+B}{(s-\alpha)^2+\beta^2}+\dot{W}(s) \quad (16.59)$$

단, A, B는 실수

가 된다. 역변환은

$$\mathcal{L}^{-1}[\dot{Y}]=\frac{1}{\beta}e^{at}(T_a\cos\beta t+S_a\sin\beta t)+\mathcal{L}^{-1}[\dot{W}]$$
(16.60)

이다. 여기서 S_a와 T_a는

$$R_a(a)=S_a+iT_a \quad (16.61)$$

의 실수부와 허수부이고

$$R_a(s)=[(s-\alpha)^2+\beta^2]\frac{\dot{G}(s)}{\dot{H}(s)} \quad (16.62)$$

이다.

〔예제 16·19〕 자유진동인 $y''+2y'+5y=0$, $y(0)=2$, $y'(0)=-4$에 대응하는 자유감쇠진동을 구하여라.

풀이 ☞ 보조방정식의 해는

$$\dot{Y}(s)=\frac{2s}{s^2+2s+5}=\frac{2s}{(s-\dot{a})(s-\bar{a})}$$

여기서 $\dot{a}=\alpha+j\beta=-1+2j$이므로 $\alpha=-1$, $\beta=2$이다.

식(16.62)와 식(16.61)에서

$$\dot{R}_a(s)=2s$$

$$R_a(a)=S_a+jT_a=2a=2(\alpha+j\beta)=-2+4j$$

이다. 즉, $S_a=-2$, $T_a=4$이다. 앞의 값과 식(16.60)에서 해는 다음과 같이 된다.

$$y(t)=\mathcal{L}^{-1}[\dot{Y}]=e^{-t}(2\cos 2t-\sin 2t)$$

연 습 문 제

〔1〕 다음 각 함수의 라플라스 변환을 구하여라.

① $f(t)=t+2$ ② $f(t)=3t^2u(t-5)$

③ $f(t)=t^2e^{-mt}$ ④ $f(t)=te^{-at}u(t-T)$

⑤ $f(t)=(t+2)^2u(t-1)$ ⑥ $f(t)=a\cos 2t$

⑦ $f(t)=\sin(\omega t+\theta)$ ⑧ $f(t)=t\cos(\omega t+\theta)$

⑨ $f(t)=\sin t\cos t$ ⑩ $f(t)=\delta(t)-be^{-bt}$

〔2〕 **그림 16.15**에 표시된 함수들의 라플라스 변환을 구하여라.

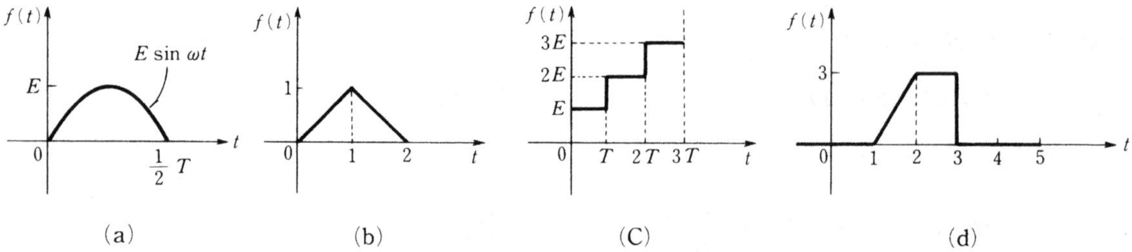

그림 16.15

〔3〕 다음 각 함수의 라플라스 역변환을 구하여라.

① $\dot{F}(s)=\dfrac{2}{s+3}$ ② $F(s)=\dfrac{e^{-bs}}{s+a}$

③ $\dot{F}(s)=\dfrac{1}{s^2+2s+5}$ ④ $F(s)=\dfrac{s+1}{s(s^2+4s+8)}$

⑤ $\dot{F}(s)=\dfrac{s+\alpha}{(s+\alpha)^2+\omega^2}$ ⑥ $F(s)=\dfrac{s^2+3s+10}{s^2+2s+5}$

⑦ $\dot{F}(s)=\dfrac{s^3-3s^2+6s-4}{s^2-2s+2}$ ⑧ $F(s)=\dfrac{s+2}{(s-1)^2s^3}$

⑨ $\dot{F}(s)=\dfrac{e^{-\pi s}}{s^2+2s+2}$ ⑩ $\ln\dfrac{s+a}{s+b}$

〔4〕 $\dfrac{di(t)}{dt}+4i(t)+4\int i(t)\,dt=50u(t)$를 라플라스 변환법에 의해 풀면 $i(t)$는? 단, 모든 초기조건은 0 이다.

〔5〕 $5\dfrac{d^2q}{dt^2}+\dfrac{dq}{dt}=10\sin t$에서 모든 초기조건을 0 으로 하여 라

플라스 변환할 때 $\dot{Q}(s)$는?

〔6〕 $\frac{d^2i(t)}{dt^2}+2\frac{di(t)}{dt}+i(t)=1$에서 $i(t)$를 구하여라.
단, $i(0^+)=i'(0^+)=0$이다.

〔7〕 **그림 16.16**에서와 같이 $t=0$에서 LR 직렬회로(그림 (b))에 그림 (a)와 같은 주기성 구형파(矩型波)가 인가될 때
① $v_R(t)$를 구하여라.
② $v_R(t)$의 정상상태값을 구하여라.

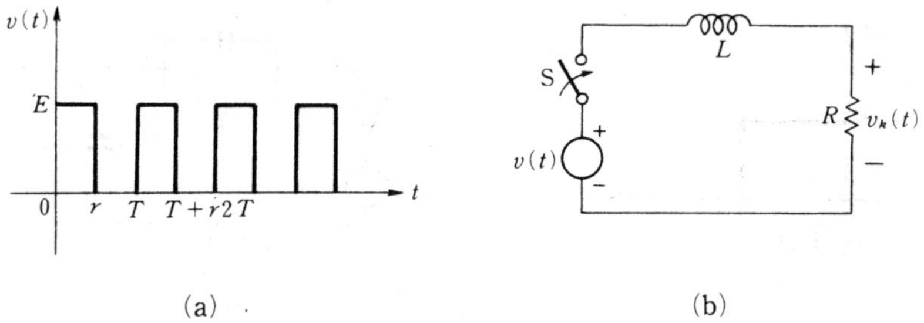

그림 16.16

〔8〕 **그림 16.17**에서와 같이 $t=0$에서 RC 직렬회로(그림 (b))에 $v_g(t)=5e^{-10t}$〔V〕인 지수형 전압이 인가될 때 $0.3\leq t\leq 0.4$〔sec〕 범위에서의 $v_C(t)$를 구하여라.

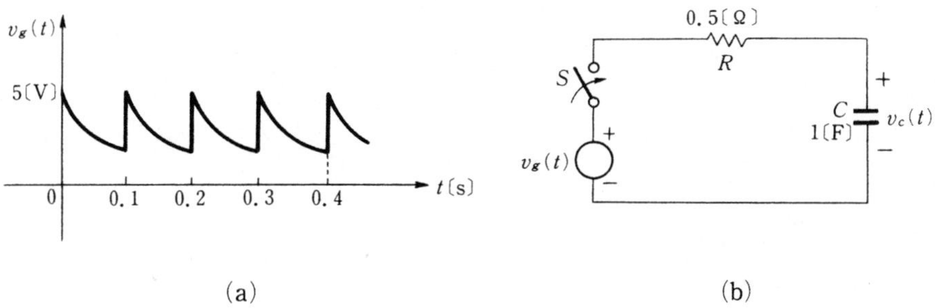

그림 16.17

〔9〕 **그림 16.18**과 같은 RC 병렬회로에 단위계단 전류를 흘려 줄 때 C 양단에 발생되는 출력전압 $e_C(t)$를 구하여라.

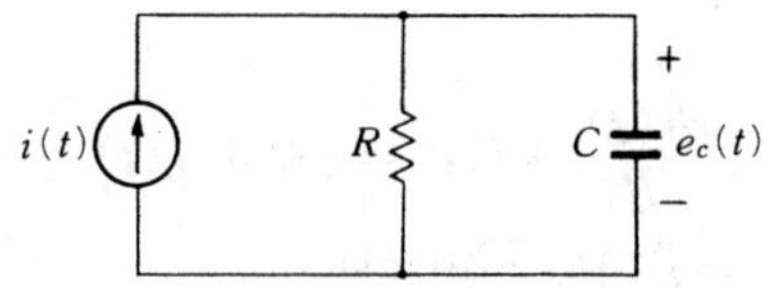

그림 16.18

〔10〕 **그림** 16.19(b)의 회로에 $t=0$에서 그림 (a)와 같은 전압을 인가할 때 C_2 양단의 전압 $v_0(t)$를 구하여라.

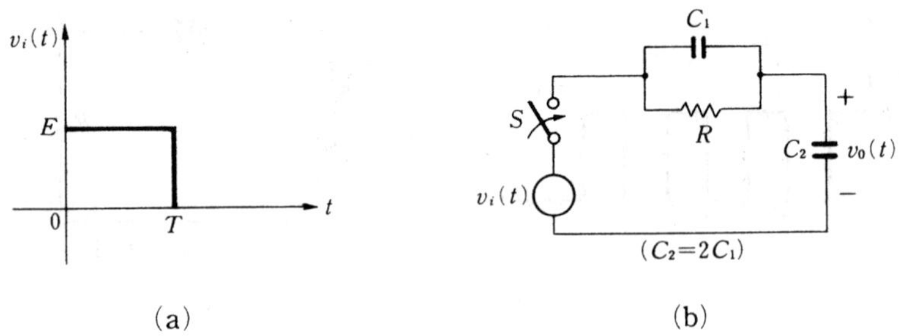

그림 16.19

연습문제해답

〔1〕 ① $\dot{F}(s)=\frac{1}{s^2}+\frac{2}{s}$

② $\dot{F}(s)=6e^{-5s}\frac{1+5s+\frac{25}{2}s^2}{s^3}$

③ $\dot{F}(s)=\frac{2}{(s+m)^3}$

④ $\dot{F}(s)=e^{-7(s+a)}\frac{[T(s+a)+1]}{(s+a)^2}$

⑤ $\dot{F}(s)=2e^{-4}\frac{1+3s+\frac{9}{2}s^2}{s^3}$

⑥ $\dot{F}(s)=\frac{as}{s^2+4}$

⑦ $\dot{F}(s)=\frac{\omega\cos\theta+s\sin\theta}{s^2+\omega^2}$

⑧ $\dot{F}(s)=\frac{[(s^2-\omega^2)\cos\theta-2s\omega\sin\theta]}{(s^2+\omega^2)^2}$

⑨ $\dot{F}(s)=\frac{1}{s^2+4}$

⑩ $\dot{F}(s)=\frac{s}{s+b}$

〔2〕 (a) $\dot{F}(s)=\frac{E\omega}{s^2+\omega^2}(1+e^{-\frac{1}{2}Ts})$

(b) $\dot{F}(s)=\frac{1}{s^2}(1-2e^{-s}+e^{-2s})$

(c) $\dot{F}(s)=\frac{E}{s(1-e^{-Ts})}$

(d) $\dot{F}(s)=2.5(2se^{-s}-e^{-s}+e^{-3s})/s^2$

〔3〕 ① $f(t)=2e^{-3t}$

② $f(t)=e^{-a(t-b)}$

③ $f(t)=\frac{1}{2}e^{-t}\sin2t$

④ $f(t)=\frac{1}{8}-\frac{1}{8}e^{-2t}(\cos2t-2\sin2t)$

⑤ $f(t)=e^{-at}\cos\omega t$

⑥ $f(t)=\delta(t)+e^{-t}(\cos2t+2\sin2t)$

⑦ $f(t)=e^{t}(\cos t+t\sin t)$

⑧ $f(t)=(3t-8)e^{t}+2t^2+5t+8$

⑨ $t>\pi$: $f(t)=-e^{x-t}\sin t$

$t\leq\pi$: $f(t)=0$

⑩ $f(t)=\dfrac{e^{-bt}-e^{-at}}{t}$

〔4〕 $i(t)=50te^{-2t}$

〔5〕 $\dot{Q}(s)=\dfrac{10}{s(5s+1)(s^2+1)}$

〔6〕 $i(t)=1-te^{-t}-e^{-t}$

〔7〕 ① $v_R(t)=Ee^{-RT/L}\left(\dfrac{1-e^{RT/L}}{e^{RT/L}-1}\right)$

② $(n-1)T\leq t\leq(n-1)T+\tau$

$:\ v_R(t)=v(t)-\dfrac{E}{e^{RT/L}-1}\{e^{-R(t-nt)/L}-e^{-R[t-\tau-(n-1)T]/L}\}$

$0\leq t\leq T$

$:\ v_R(t)=v(t)-\dfrac{E}{e^{Rt/L}-1}\{e^{-R(t-nT)/L}-e^{-R(t-\tau-nT)/L}\}$

〔8〕 $v_c(t)=\dfrac{5}{4}(3.87e^{-2t}-2.01e^{-10t})$〔V〕

〔9〕 $e_c(t)=R(1-e^{-\frac{1}{RC}t})$

〔10〕 $v_0(t)=E\left\{\left[1-\dfrac{2}{3}e^{-t/3C_1R}\right]u(t)-\left[1-\dfrac{2}{3}e^{-(t-T)3C_1R}\right]u(t-T)\right\}$

附　　錄

(要　目)……………………………………………………………

(1) 지　　수
(2) 대　　수
(3) 삼각 함수
(4) 역삼각 함수
(5) 급수와 근사 계산
(6) 지수 함수
(7) 쌍곡선 함수
(8) 삼각 함수와 쌍곡선 함수
(9) 역쌍곡선 함수 공식
(10) 미분 공식
(11) 적분 공식
(12) 삼각 함수표
(13) 쌍곡선 함수표

附 錄

(1) 指 數

$$a^m \times a^n = a^{(m+n)},\ (a^m)^n = a^{mn},\ a^{-n} = 1/a^n,\ a^0 = 1\,(a \neq 0)$$

(2) 對 數

$$y = \log_a x\,(x = a^y),\ \log_a a = 1.\ \log_a 1 = 0\,(a>0,\ a \neq 1),\ \log_a(xy) = \log_a x + \log_a y,$$

$$\log_a(x/y) = \log_a x - \log_a y,\ \log_a x^n = n\log_a x,\ \log_e x = \frac{1}{M}\log_{10} x\,(1/M = 2.3026)$$

(3) 三角函數

$$\sin^2\alpha + \cos^2\alpha = 1,\ \sin(\alpha\pm\beta) = \sin\alpha\ \cos\beta \pm \cos\alpha\ \sin\beta,$$

$$\cos(\alpha\pm\beta) = \cos\alpha\ \cos\beta \mp \sin\alpha\ \sin\beta,\ \tan(\alpha\pm\beta) = \frac{\tan\alpha\pm\tan\beta}{1\mp\tan\alpha\ \tan\beta},$$

$$\cot(\alpha\pm\beta) = \frac{\cot\alpha\ \cot\beta\mp1}{\cot\beta\pm\cot\alpha},\ \sin\alpha\pm\sin\beta = 2\sin\beta\frac{\alpha\pm\beta}{2}\cos\frac{\alpha\mp\beta}{2},$$

$$\cos\alpha+\cos\beta = 2\cos\frac{\alpha+\beta}{2}\cos\frac{\alpha-\beta}{2},\ \cos\alpha-\cos\beta = -2\sin\frac{\alpha+\beta}{2}\sin\frac{\alpha-\beta}{2},$$

$$\sin 2\alpha = 2\sin\alpha\ \cos,\ \tan 2\alpha = \frac{2\tan\alpha}{1-\tan^2\alpha},$$

$$\cos 2\alpha = \cos^2\alpha - \sin^2\alpha = 1-2\sin^2\alpha = 2\cos^2\alpha - 1,$$

$$\sin\frac{1}{2} = \pm\sqrt{\frac{1-\cos\alpha}{2}}\ \cos\frac{\alpha}{2} = \pm\sqrt{\frac{1+\cos\alpha}{2}}$$

$$\sin\alpha\ \cos\beta = \frac{1}{2}\{\sin(\alpha+\beta)+\sin(\alpha-\beta)\},\ \sin\alpha\ \sin\beta = \frac{1}{2}\{\cos(\alpha-\beta)-\cos(\alpha+\beta)\}$$

$$\cos\alpha\ \cos\beta = \frac{1}{2}\{\cos(\alpha-\beta)+\cos(\alpha+\beta)\}$$

$$A\cos\alpha + B\sin\alpha = \sqrt{A^2+B^2}\sin\left(\alpha+\tan^{-1}\frac{A}{B}\right)$$

(4) 逆三角函數

$$\sin^{-1}x = n\pi + (-1)^n\sin^{-1}x,\ \cos^{-1}x = 2n\pi\pm\cos x,\ \tan^{-1}x = n\pi+\tan^{-1}x$$

단,

$$-\pi/2 \leq \sin^{-1} x \leq \pi/2, \quad 0 \leq \cos^{-1} x \leq \pi, \quad -\pi/2 \leq \tan^{-1} x \leq \pi/2$$

(5) 級數와 근사 계산

① Maclaurin 의 級數

$$f(x) = f(0) + \frac{f'(0)}{1!}x + \frac{f''(0)}{2!}x^2 + \cdots\cdots, \quad e^x = 1 + \frac{x}{1!} + \frac{x^2}{2!} + \cdots\cdots$$

$$\sin x = x - \frac{x^3}{3!} + \frac{x^5}{5!} - \cdots\cdots, \qquad \sinh x = x + \frac{x^3}{3!} + \frac{x^5}{5!} + \cdots\cdots,$$

$$\cos x = 1 - \frac{x^2}{2!} + \frac{x^4}{4!} - \cdots\cdots, \qquad \cosh x = 1 + \frac{x^2}{2!} + \frac{x^4}{4!} + \cdots\cdots,$$

$$\tan x = x + \frac{x^3}{3} + \frac{2}{15}x^5 + \cdots\cdots, \quad \tanh x = x - \frac{x^3}{3} + \frac{2x^5}{15} - \cdots\cdots,$$

$$\log(1+x) = x - \frac{x^2}{2} + \frac{x^3}{3} - \cdots\cdots.$$

② 近似式($|x| \ll 1$)

$$(1+x)^n \simeq 1 + nx \qquad e^x \simeq 1 + x$$

$$\sinh x \simeq x, \quad \cosh x \simeq 1 - x, \quad \sin x \simeq x - \frac{x^3}{6}, \quad \cos x \simeq 1 - \frac{x^2}{2}$$

(6) 指數函數

$$\cosh x = \frac{1}{2}(\varepsilon^x + \varepsilon^{-x}), \quad \cos x = \frac{1}{2}(\varepsilon^{jx} + \varepsilon^{-jx}), \quad \sinh x = \frac{1}{2}(\varepsilon^x - \varepsilon^{-x}),$$

$$\sin x = \frac{1}{2j}(\varepsilon^{jx} - \varepsilon^{-jx}), \quad \varepsilon^x = \cosh x + \sinh x, \quad \varepsilon^{jx} = \cos x + j\sin x,$$

$$\varepsilon^{-x} = \cosh x - \sinh x, \quad \varepsilon^{-jx} = \cos x - j\sin x$$

(7) 雙曲線函數

$$\sinh(-x) = -\sinh x \qquad \sinh(0) = 0 \qquad \sinh(\pm\infty) = \pm\infty \qquad \cosh(-x) = \cosh x$$

$$\cosh(0) = 1 \qquad \cosh(\pm\infty) = +\infty \qquad \tanh(-x) = -\tanh x \qquad \tanh(0) = 0$$

$$\tanh(\pm\infty) = \pm 1 \quad \cosh^2 x - \sinh^2 x = 1 \quad \sinh 2x = 2\sinh x \cosh x$$

$$1 - \tanh^2 x = \mathrm{sech}^2 x \quad \cosh 2x = \cosh^2 x + \sinh^2 x \quad 1 - \cosh^2 x = -\mathrm{cosech}^2 x$$

$$\tanh 2x = \frac{2\tanh x}{1 + \tanh^2 x} \qquad \sinh(x \pm y) = \sinh x \cosh y \pm \cosh x \sinh y$$

$$\cosh(x \pm y) = \cosh x \cosh y \pm \sinh x \sinh y \qquad \tanh(x \pm y) = \frac{\tanh x \pm \tanh y}{1 \pm \tanh x \tanh y}$$

$$\sinh x + \sinh y = 2\sinh\frac{x+y}{2}\cosh\frac{x-y}{2} \qquad \sinh x - \sinh y = 2\cos\frac{x+y}{2}\sinh\frac{x-y}{2}$$

$$\cosh x+\cosh y=2\cosh\frac{x+y}{2}\cosh\frac{x-y}{2} \qquad \cosh x-\cosh y=2\sinh\frac{x+y}{2}\sinh\frac{x-y}{2}$$

$$\sinh x\ \sinh y=\frac{1}{2}[\cosh(x+y)-\cosh(x-y)]$$

$$\cosh x\ \cosh y=\frac{1}{2}[\cosh(x+y)+\cosh(x-y)]$$

$$\sinh x\ \cosh y=\frac{1}{2}[\sinh(x+y)+\sinh(x-y)]$$

$$\sinh\frac{x}{2}=\sqrt{\frac{1}{2}(\cosh x-1)},\quad \cosh\frac{x}{2}=\sqrt{\frac{1}{2}(\cosh x+1)}$$

$$\tanh\frac{x}{2}=\frac{\cosh x-1}{\sinh x}=\frac{\sinh x}{\cosh x+1}$$

(8) 三角函數와 雙曲線函數

$$\sinh jx=j\sin x,\quad \sinh x=-j\sin jx,\quad \cosh jx=\cos x,\quad \cosh x=\cos jx$$

$$\tanh jx=j\tan x,\quad \tanh x=-j\tan jx$$

$$\sinh(x\pm jy)=\sinh x\quad \cos y\pm j\cosh x\quad \sin y=\pm j\sin(y\mp jx)$$

$$\cosh(x\pm jy)=\cosh x\quad \cos y\pm j\sinh x\quad \sin y=\cos(y\mp jx)$$

$$\sin(x\pm jy)=\sin x\quad \cosh x\pm j\cos x\quad \sinh y=\pm j\sinh(y\mp jx)$$

$$\cos(x\pm jy)=\cos x\quad \cosh y\pm j\sin x\quad \sinh y=\cosh(y\mp jx)$$

(9) 逆雙曲線函數公式

$$\sinh^{-1}x=\cosh^{-1}\sqrt{x^2+1}=\log(x+\sqrt{x^2+1})=\int\frac{dx}{\sqrt{x^2+1}}$$

$$\cosh^{-1}x=\sinh^{-1}\sqrt{x^2-1}=\log(x+\sqrt{x^2-1})=\int\frac{dx}{\sqrt{x^2-1}}$$

$$\tanh^{-1}x=\frac{1}{2}\log\frac{1+x}{1-x}=\int\frac{dx}{1-x^2}\qquad (x^2<1)$$

$$\coth^{-1}x=\frac{1}{2}\log\frac{x+1}{x-1}=\int\frac{dx}{1-x^2}\qquad (x^2>1)$$

(10) 微分公式

$$\frac{d}{dx}x^n=nx^{n-1},\quad \frac{d}{dx}e^x=e^x,\quad \frac{d}{dx}\left(\frac{1}{x}\right)=-\frac{1}{x^2},\quad \frac{d}{dx}\log x=\frac{1}{x}$$

$$\frac{d}{dx}\sin x=\cos x,\quad \frac{d}{dx}\cos x=-\sin x,\quad \frac{d}{dx}\tan x=\sec^2 x,\quad \frac{d}{dx}\cot x=-\mathrm{cosec}^2 x$$

$$\frac{d}{dx}\sin ax=a\cos ax,\quad \frac{d}{dx}\cos ax=-a\sin ax$$

$$\frac{d}{dx}\sin^{-1}x=\pm\frac{1}{\sqrt{1-x^2}}\left(\begin{array}{l}+\text{부호}:2n\pi-\frac{\pi}{2}<\sin^{-1}x<2n\pi+\frac{\pi}{2}\\-\text{부호}:2n\pi+\frac{\pi}{2}<\sin^{-1}x<2n\pi+\frac{3\pi}{2}\end{array}\right)$$

$$\frac{d}{dx}\cos^{-1}x=\mp\frac{1}{\sqrt{1-x^2}}\left(\begin{array}{l}-\text{부호}:2n\pi<\cos^{-1}x<(2n+1)\pi\\+\text{부호}:(2n+1)\pi<\cos^{-1}x<(2n+2)\pi\end{array}\right)$$

$$\frac{d}{dx}\tan^{-1}x=\frac{1}{1+x^2},\quad \frac{d}{dx}\sinh x=\cosh x,\quad \frac{d}{dx}\cosh x=\sinh x,$$

$$\frac{d}{dx}\tanh x=\operatorname{sech}^2 x,\quad \frac{d}{dx}\cosh^{-1}x=-\operatorname{cosech}^2 x$$

$$\frac{d}{dx}\sin^{-1}x=\frac{1}{\sqrt{1+x^2}},\quad \frac{d}{dx}\cosh^{-1}x=\pm\frac{1}{\sqrt{x^2-1}}[x^2>1]$$

$$\frac{d}{dx}\tanh^{-1}x=\frac{1}{1-x^2}[1>x^2],\quad \frac{d}{dx}\coth^{-1}x=-\frac{1}{x^2-1}[x^2>1]$$

(11) 積分公式

$$\int x^n\,dx=\frac{x^{n+1}}{n+1}+C,\quad \int dx=x+C,\quad \int\frac{dx}{x}=\log x+C,\quad \int e^x\,dx=e^x+C$$

$$\int e^{ax}\,dx=\frac{1}{a}e^{ax}+C,\quad \int e^{-x}\,dx=-e^{-x}+C,\quad \int a^x\,dx=\frac{a^x}{\log a}+C,$$

$$\int\log x\,dx=x(\log x-1)+C,\quad \int\sin x\,dx=-\cos x+C,\quad \int\cos x\,dx=\sin x+C,$$

$$\int\sin ax\,dx=-\frac{1}{a}\cos ax+C,\quad \int\cos ax\,dx=\frac{1}{a}\sin ax+C,\quad \int\tan x\,dx=-\log\cos x+C,$$

$$\int\cos x\,dx=\log\sin x+C,\quad \int\frac{dx}{\sin x}=\log\tan\frac{x}{2}+C,\quad \int\frac{dx}{\cos x}=\log\tan\left(\frac{\pi}{4}+\frac{x}{2}\right)+C$$

$$\int\frac{dx}{1+x^2}=\tan^{-1}x+C,\quad \int\frac{dx}{\sqrt{1-x^2}}=\sin^{-1}x+C=-\cos^{-1}x+C$$

$$\int\sin^2 x\,dx=\frac{x}{2}-\frac{1}{2}\cos x\ \sin x+C,\quad \int\cos^2 x\,dx=\frac{x}{2}+\frac{1}{2}\sin x\ \cos x+C,$$

$$\int\sin^{-1}x\,dx=x\sin^{-1}x+\sqrt{1-x^2}+C,\quad \int\cos^{-1}x\,dx=x\cos^{-1}x-\sqrt{1-x^2}+C,$$

$$\int\sinh x\,dx=\cosh x+C,\quad \int\cosh x\,dx=\sinh x+C,$$

$$\int\tanh x\,dx=\log\cosh x+C,\quad \int\coth x\,dx=\log\sinh x+C$$

(12) 三角函數表

0° to 3°

	sin	cos	tan	cot	
0°	.000000	1.00000	.00000	∞	90°
5′	1454	1.00000	145	687.55	55′
10′	2909	1.00000	191	343.77	50′
15′	4363	0.99999	436	229.18	45′
20′	5818	998	582	171.89	40′
25′	7272	997	727	137.51	35′
30′	.008727	996	.00873	114.19	30′
35′	.010181	995	.01018	98.218	25′
40′	1635	993	164	85.940	20′
45′	3095	991	309	76.360	15′
50′	4544	989	455	68.750	10′
55′	5998	987	600	62.499	5′
1°	.017452	.99986	.01746	57.290	89°
5′	.01891	982	.01891	52.882	55′
10′	.02036	979	.02036	49.104	50′
15′	181	976	182	45.826	45′
20′	327	973	328	42.964	40′
25′	472	969	472	40.436	35′
30′	618	966	619	38.188	30′
35′	763	962	764	36.179	25′
40′	.02908	958	.02910	34.368	20′
45′	.03053	953	.03055	32.730	15′
50′	199	949	201	31.242	10′
55′	345	944	346	29.882	5′
2°	.03490	.99939	.03492	28.636	88°
5′	635	934	638	27.490	55′
10′	781	929	783	26.432	50′
15′	.03926	923	.03923	25.452	45′
20′	.04071	917	.04575	24.542	40′
25′	217	911	220	23.695	35′
30′	362	905	366	22.904	30′
35′	502	898	512	22.164	25′
40′	653	892	658	21.470	20′
45′	798	885	803	20.819	15′
50′	.04943	878	949	20.206	10′
55′	.05088	870	.05095	19.627	5′
3°	.05234	.99863	.05241	19.081	87°
10′	524	847	533	18.075	50′
20′	.05814	831	.05824	17.169	40′
30′	.06105	813	.06116	16.350	30′
40′	395	795	408	15.605	20′
50′	685	776	700	14.924	10′
	cos	sin	cot	tan	

87° to 90°

4° to 10°

	sin	cos	tan	cot	
4°	.06976	.99756	.06993	14.301	86°
10′	.07266	736	.97285	13.727	50′
20′	556	714	578	13.197	40′
30′	.07846	692	.07870	12.706	30′
40′	.08136	668	.03163	12.251	20′
50′	426	644	456	11.826	10′
5°	.08716	.99619	.08749	11.430	85°
10′	.09005	.00595	.09042	11.055	50′
20′	205	567	335	10.712	40′
30′	.0585	540	626	.385	30′
40′	.9874	511	.09923	10.078	20′
50	.10164	482	.10216	80.882	10′
6°	.10453	.99452	.10510	95.144	84°
10′	.10742	421	.10805	.2553	50′
20′	.11031	390	.11069	9.0093	40′
30′	320	357	397	8.7769	30′
40′	608	324	688	.5555	20′
50′	.11898	290	.11983	.3460	10′
7°	.12187	.99255	.12273	8.1443	83°
10′	476	219	574	7.9520	50′
20′	.12754	182	.12869	.7704	40′
30′	.13053	144	.13165	.5958	30′
40′	341	106	461	.4287	20′
50′	626	067	.18758	.2687	10′
8°	.13917	.99027	.14054	7.1154	82°
10′	.14205	.98986	351	6.9982	50′
20′	493	644	648	.8629	40′
30′	.14782	902	.14945	.6912	30′
40′	.15069	858	.15243	.5606	20′
50′	356	814	540	.4348	10′
9°	.15643	.98769	.15838	6.3138	81°
10′	.15931	723	.16137	.1970	50′
20′	.16218	678	435	6.0844	40′
30′	505	629	.16434	5.9758	30′
40′	.16792	580	.17033	.8708	20′
50′	.17078	531	333	.7694	10′
10°	.17365	.98481	.17633	5.6713	80°
10′	651	430	.17933	.5764	50′
20′	.17937	378	.18233	.4845	40′
30′	.18224	325	584	.3955	30′
40′	509	272	.19835	.3093	20′
50′	.18795	218	.19136	.2257	10′
	cos	sin	cot	tan	

80° to 86°

11° to 19°						20° to 28°					
	sin	cos	tan	cot			sin	cos	tan	cot	
11°	.19081	.98163	.19438	5.1446	79°	20°	.34202	.93969	.36397	2.7475	70°
10′	366	107	.19740	5.0658	50′	10′	475	869	.36727	.7228	50′
20′	652	.98050	.30042	4.9894	40′	20′	.34748	769	.37057	.6985	40′
30′	.19937	.97992	345	.9152	30′	30′	.35021	667	388	.6746	30′
40′	.20222	934	648	.8430	20	40′	293	565	.37720	.6511	20′
50′	507	875	.25952	.7729	10′	50′	565	462	.38053	.6279	10′
12°	.20792	.97815	.21256	4.7046	78°	21°	.35837	.93358	.38386	2.6051	69°
10′	.21076	754	560	.6382	50′	10′	.36108	253	.38721	.5826	50′
20′	350	692	.21864	.5736	40′	20′	379	148	.39055	.5695	40′
30′	644	620	.22169	.5107	30′	30′	650	.93042	391	.5386	30′
40′	.21928	566	475	.4494	20′	40′	.36921	.92935	.39727	.5386	20′
50′	.22212	502	.22781	.3897	10′	50′	.37191	827	.40065	.4960	10′
13°	.22495	.97437	.23087	4.3315	77°	22°	.37461	.92718	.40403	2.4751	68°
10′	.22778	371	393	.2747	50′	10′	730	609	.40741	.4545	50′
20′	.23062	306	.23700	.2193	40′	20′	.37999	499	.41081	.4342	40′
30′	345	237	.24008	.1653	30′	30′	.38268	388	421	.4142	30′
40′	627	169	316	.1126	20′	40′	537	276	.41763	.3495	20′
50′	.23910	100	624	.0611	10′	50′	.38805	164	.42105	.3750	10′
14°	.24192	.97030	.24933	4.0108	76°	23°	.39073	.92050	.42447	2.3559	67°
10′	474	.96959	.25242	3.9617	50′	10′	341	.91936	.42791	.3369	50′
20′	.24756	887	552	.9136	40′	20′	608	822	.43136	.3183	40′
30′	.25038	815	.25862	.8667	30′	30′	.49875	706	481	.2998	30′
40′	320	742	.26172	.8208	20′	40′	.40141	590	.43328	.2817	20′
50′	601	667	483	.7760	10′	50′	408	472	.44175	.2637	10′
15°	.25882	.96593	.26795	3.7321	75°	24°	.40674	.91355	.44523	2.2460	66°
10′	.26163	517	.27107	.6891	50′	10′	.40939	236	.44872	.2286	50′
20′	443	440	419	.6470	40′	20′	.41204	.91116	.45322	.2113	40′
30′	.26724	363	.27732	.6059	30′	30′	469	.90996	573	.1948	30′
40′	.27004	285	.28046	.5655	20′	40′	734	875	.45924	.1776	20′
50′	284	206	360	.5261	10′	50′	.41998	753	.46277	.1609	10′
16°	.27564	.96129	.28675	3.4874	74°	25°	.42262	.90631	.46631	2.1445	65°
10′	.27843	.96046	.28990	.4475	50′	10′	525	507	.46285	.1283	50′
20′	.28123	.95964	.29305	.4124	40′	20′	.42788	383	.47341	.1123	40′
30′	402	882	621	.3759	30′	30′	.43051	259	.47698	2.0965	30′
40′	680	799	.29938	.3042	20′	40′	313	133	.48055	809	20′
50′	.28959	715	.30255	.3052	10′	50′	575	.90007	414	655	10′
17°	.29237	.95680	.30573	3.2709	73°	26°	.43837	.89879	.48773	2.0503	64°
10′	515	545	.30891	.2371	50′	10′	.44098	752	.49134	353	50′
20′	.29793	459	.31210	.2041	40′	20′	359	623	495	204	40′
30′	.30071	372	530	.1716	30′	30′	620	493	.49858	2.0057	30′
40′	348	284	.13850	.1397	20′	40′	.44880	363	.50222	1.9912	20′
50′	625	165	.32171	.1084	10′	50′	.45140	232	587	768	10′
18°	.30992	.95106	.32492	3.0772	72°	27°	.45399	.89101	.50953	1.9626	63°
10′	.13178	.95105	.22814	.0475	50′	10′	658	.88968	.51319	486	50′
20′	454	.94924	.33136	3.0178	40′	20′	.45917	835	.51688	347	40′
30′	.31730	832	460	2.9887	30′	30′	.46176	701	.52057	210	30′
40′	.32006	740	.33783	.9600	20′	40′	433	566	427	.9074	20′
50′	282	646	.34108	.9319	10′	50′	690	431	.52798	1.8940	10′
19°	.32557	.94552	.34433	2.9042	71°	28°	.46947	.88295	.53171	1.8807	62°
10′	.32832	457	.34758	.8770	50′	10′	.47204	158	545	676	50′
20′	.33106	361	.35085	.8502	40′	20′	460	.88020	.53920	546	40′
30′	381	264	412	.8239	30′	30′	716	.87882	.54296	418	30′
40′	655	167	.35740	.7980	20′	40′	.47917	743	.54673	291	20′
50′	.33929	.94068	.36068	.7725	10′	50′	.48226	603	.55051	165	10′
	cos	sin	cot	tan			css	sin	tan	cot	
71° to 79°						62° to 70°					

29° to 36°

	sin	cos	tan	cot	
29°	.48481	.87462	.55431	1.8040	61°
10′	735	321	.55812	1.7917	50′
20′	.43989	173	.56194	795	40′
30′	.49242	.87036	577	675	30′
40′	495	.86892	.56962	556	20′
50′	.49748	748	.57348	437	10′
30°	.50000	.86603	.57735	1.7321	60°
10′	252	457	.58124	205	50′
20′	503	310	513	.7030	40′
30′	.50754	164	.58905	1.6977	30′
40′	.51004	.8015	.59297	864	20′
50′	254	.85866	.59691	753	10′
31°	.51504	.85717	.60086	1.6643	59°
10′	.51763	567	483	534	50′
20′	.62002	416	.60831	426	40′
30′	250	264	.61280	319	30′
40′	498	.85112	.61681	212	20′
50′	745	.84959	.69083	107	10′
32°	.52992	.84805	.92487	1.6003	58°
10′	.53238	650	.62892	1.5900	50′
20′	484	495	.63299	798	40′
30′	730	339	.63707	697	30′
40′	.53975	182	.64117	597	20′
50′	.54220	.84025	528	497	10′
33°	.54464	.83867	.64941	1.5399	57°
10′	708	703	.65355	310	50′
20′	.54951	549	.65771	204	40′
30′	.55194	389	.66189	108	30′
40′	436	228	.66608	.5013	20′
50′	678	.83066	.67028	1.4919	10′
34°	.55919	.82904	.67451	1.4826	56°
10′	.55160	741	.67876	733	50′
20′	401	577	.68301	641	40′
30′	641	413	.68728	550	30′
40′	.56880	248	.69157	460	20′
50′	.67119	.82082	.69588	370	10′
35°	.57358	.81915	.70021	1.4281	55°
10′	596	748	455	193	50′
20′	.57833	580	.70891	106	40′
30′	.58070	412	.71329	.4019	30′
40′	307	242	.71769	1.3934	20′
50′	543	.81072	.72211	848	10′
36°	.58779	.80902	.72654	1.3764	54°
10′	.59014	730	.73100	680	50′
20′	248	558	547	597	40′
30′	482	386	.73996	514	30′
40′	716	212	.74447	432	20′
50′	.59949	.80038	.74900	351	10′
	cos	sin	cot	tan	

54° to 61°

37° to 44°

	sin	cos	tan	cot	
37°	.60182	.79864	.75355	1.3270	53°
10′	414	688	.75812	190	50′
20′	645	512	.75272	111	40′
30′	.60876	335	76733	.3032	30′
40′	.61107	.79158	.77196	1.2954	20′
50′	337	.76980	.77661	876	10′
38°	.61566	.78801	.78129	1.2799	52°
10′	.61795	622	.78598	723	50′
20′	.62024	442	.79020	647	40′
30′	251	261	.79544	572	30′
40′	479	.78079	.80020	497	20′
50′	706	.77897	498	423	10′
39°	.62932	.77715	.80978	1.2349	51°
10°	.63158	531	.81461	276	50′
20′	388	347	.81846	203	40′
30′	608	.77162	.82434	131	30′
40′	.63832	.76977	.82923	2059	20′
50′	.64056	791	.85415	1.1988	10′
40°	.64279	.76604	.83910	1.1918	50°
10′	501	417	.84407	847	50′
20′	723	239	.84906	773	40′
30′	.64645	.76041	.85408	708	30′
40′	.65166	.75851	.85912	640	20′
50′	386	661	.86419	571	10′
41°	.65606	.75471	.86929	1.1504	49°
10′	.65825	280	.87441	436	50′
20′	.66044	.75088	.87955	369	40′
30′	262	.74869	.88473	303	30′
40′	480	703	.88992	237	20′
50′	697	509	.89515	171	10′
42°	.66913	.74314	.90040	1.1106	48°
10′	.67129	.74120	.90569	1.1041	50′
20′	344	.73924	.91099	1.0977	40′
30′	559	728	.91633	913	30′
40′	773	531	.92170	850	20′
50′	.67937	333	.92709	786	10′
43°	.68200	.73135	.93252	1.0724	47°
10′	412	.72937	.93707	661	50′
20′	624	737	.94345	599	40′
30′	.68835	537	.94896	538	30′
40′	.69046	337	.95451	477	20′
50′	256	.72136	.96008	416	10′
44°	.09466	.71034	.96569	1.0355	46°
10′	675	732	.97133	295	50′
20′	.69883	529	.97700	235	40′
30′	.70091	325	.98270	176	30′
40′	298	.71121	.98843	117	20′
50′	505	.70916	.99420	058	10′
	.70711	.70711	1.00000	1.0000	45°
	cos	sin	cot	tan	

45° to 53°

(13) 雙曲線函數表

a) 雙曲線餘弦函數表 $\cos h\ x(x=0\sim5.0)$

x	0	1	2	3	4	5	6	7	8	9
0.0	1.000	1.000	1.000	1.000	1.001	1.001	1.002	1.002	1.003	1.004
1	1.005	1.006	1.007	1.008	1.010	1.011	1.013	1.014	1.016	1.018
2	1.020	1.022	1.024	1.027	1.029	1.031	1.034	1.037	1.039	1.042
3	1.045	1.048	1.052	1.055	1.058	1.062	1.066	1.069	1.073	1.077
4	1.081	1.085	1.090	1.094	1.098	1.103	1.108	1.112	1.117	1.122
0.5	1.128	1.133	1.138	1.144	1.149	1.155	1.161	1.167	1.173	1.179
6	1.185	1.192	1.198	1.205	1.212	1.219	2.226	1.233	1.240	1.248
7	1.255	1.263	1.271	1.278	1.287	1.295	1.303	1.311	1.320	1.329
8	1.337	1.346	1.355	1.365	1.374	1.384	1.393	1.403	1.413	1.423
9	1.433	1.443	1.454	1.465	1.475	1.486	1.497	1.509	1.520	1.531
1.0	1.543	1.555	1.567	1.579	1.591	1.604	1.616	1.629	1.642	1.655
1	1.669	1.682	1.696	1.709	1.723	1.737	1.752	1.766	1.781	1.796
2	1.811	1.826	1.841	1.857	1.872	1.888	1.905	1.921	1.937	1.954
3	1.971	1.988	2.005	2.023	2.040	2.058	2.076	2.095	2.113	2.132
4	2.151	2.170	2.189	2.209	2.229	2.249	2.269	2.290	2.310	2.331
1.5	2.352	2.374	2.395	2.417	2.439	2.462	2.484	2.507	2.536	2.554
6	2.577	2.601	2.625	2.650	2.675	2.700	2.725	2.750	2.776	2.802
7	2.828	2.855	2.882	2.909	2.936	2.964	2.992	3.021	3.049	3.078
8	3.107	3.137	3.167	3.197	3.228	3.259	3.290	3.321	3.353	3.385
9	3.418	3.451	3.484	3.517	3.551	3.585	3.620	3.655	3.690	3.726
2.0	3.762	3.799	3.835	3.873	3.910	3.948	3.987	4.026	4.065	4.104
1	4.144	4.185	4.226	4.267	4.309	4.351	3.393	4.436	4.480	4.524
2	4.568	4.613	4.658	4.704	4.750	4.797	4.844	4.891	4.939	4.988
3	5.037	5.087	5.137	5.188	5.239	5.290	5.343	5.395	5.449	5.503
4	5.557	5.612	5.667	5.723	5.780	5.837	5.895	5.954	6.013	6.072
2.5	6.132	6.193	6.255	6.317	6.379	6.443	6.507	6.571	66.36	6.702
6	6.769	6.836	6.904	6.973	7.042	7.112	7.183	7.255	73.27	7.400
7	7.474	7.548	7.623	7.699	7.776	7.853	7.932	8.011	80.91	8.171
8	8.253	8.335	8.418	8.502	8.587	8.673	8.759	8.847	89.35	9.024
9	9.115	9.206	9.298	9.391	9.484	9.579	9.675	9.772	98.69	9.968
3.0	10.07	10.17	10.27	10.37	10.48	10.58	10.69	10.79	10.90	11.01
1	11.12	11.23	11.35	11.46	11.57	11.69	11.81	11.92	12.04	12.16
2	12.29	12.41	12.93	12.66	12.79	12.91	13.04	13.71	13.31	13.44
3	13.57	13.71	13.85	13.99	14.13	14.27	14.41	14.56	14.70	14.85
4	15.00	15.15	15.30	15.45	15.61	15.77	15.92	16.08	16.25	16.41
3.5	16.57	16.74	16.91	17.08	17.25	17.42	17.60	17.77	17.95	18.13
6	18.31	18.50	18.68	18.87	19.06	19.25	19.44	19.64	19.84	20.03
7	20.24	20.44	20.64	20.85	21.06	21.27	21.49	21.70	21.92	22.14
8	22.36	22.59	22.81	23.04	23.27	23.51	23.74	23.98	24.22	24.47
9	24.71	24.96	25.21	25.46	25.72	25.98	26.24	26.50	26.77	27.04
4.0	27.31	27.58	27.86	28.14	28.42	28.71	29.00	29.29	29.58	29.88
1	30.18	30.48	30.79	31.10	31.41	31.72	32.04	32.37	32.69	33.02
2	33.35	33.69	34.04	34.37	34.71	35.06	35.41	35.77	36.13	36.49
3	36.86	37.23	37.60	37.98	38.36	38.75	39.13	39.53	39.93	40.33
4	40.73	41.14	41.55	41.97	42.39	42.82	43.25	43.68	44.12	44.57
4.5	45.01	45.47	45.92	46.38	46.85	47.32	47.80	48.28	48.76	49.25
6	49.75	50.25	50.75	51.26	51.78	52.30	52.82	53.35	53.89	54.43
7	54.98	55.53	56.09	56.65	57.22	57.80	58.38	58.96	59.56	60.15
8	60.76	61.37	61.99	62.61	63.24	63.87	64.52	65.16	65.82	66.48
9	67.15	67.82	68.50	69.19	69.89	70.59	71.30	72.02	72.74	73.47
5.0	74.21									

b) 雙曲線正弦函數表 sin *h* $x(x=0\sim5.0)$

x	0	1	2	3	4	5	6	7	8	9
0.0	0.0000	0.0100	0.0200	0.0300	0.0400	0.0500	0.0600	0.0701	0.0801	0.0901
1	0.1002	0.1102	0.1203	0.1304	0.1405	0.1506	0.1607	0.1708	0.1810	0.1911
2	0.2013	0.2115	0.2218	0.2320	0.2423	0.2526	0.2629	0.2733	0.2837	0.2941
3	0.3045	0.3150	0.3255	0.3360	0.3466	0.3572	0.3678	0.3785	0.3892	0.4000
4	0.4108	0.4216	0.4325	0.4434	0.4543	0.4653	0.4764	0.4875	0.4986	0.5098
0.5	0.5211	0.5324	0.5438	0.5552	0.5666	0.5782	0.5897	0.6014	0.6131	0.6248
6	0.6367	0.6485	0.6605	0.6725	0.6846	0.6967	0.7090	0.7213	0.7336	0.7461
7	0.7586	0.7712	0.7838	0.7966	0.8094	0.8223	0.8353	0.8484	0.8615	0.8748
8	0.8881	0.9015	0.9150	0.9286	0.9423	0.9561	0.9700	0.9840	0.9981	1.012
9	1.027	1.041	1.055	1.070	1.085	1.099	1.114	1.129	1.145	1.160
1.0	1.175	1.191	1.206	1.222	1.238	1.254	1.270	1.286	1.303	1.319
1	1.326	1.352	1.369	1.386	1.403	1.421	1.438	1.456	1.474	1.491
2	1.509	1.528	1.546	1.564	1.583	1.602	1.621	1.640	1.659	1.679
3	1.698	1.718	1.738	1.758	1.779	1.799	1.820	1.841	1.862	1.883
4	1.904	1.926	1.948	1.970	1.992	2.014	2.037	2.060	2.083	2.106
1.5	2.129	2.153	2.177	2.201	2.225	2.250	2.274	2.299	2.324	2.350
6	2.376	2.401	2.428	2.454	2.481	2.507	2.535	2.562	2.590	2.617
7	2.646	2.674	2.703	2.732	1.761	2.790	2.820	2.850	2.881	3.911
8	2.942	2.973	3.005	3.037	3.069	3.101	3.134	3.167	3.200	3.234
9	3.268	3.303	3.337	3.372	3.408	3.443	3.479	3.516	3.552	3.589
2.0	3.627	3.665	3.703	3.741	3.780	3.820	3.859	3.899	3.940	3.961
1	4.022	4.064	4.106	4.148	4.191	4.234	4.278	4.322	4.367	4.412
2	4.457	4.503	4.549	4.596	4.643	4.691	4.739	4.788	4.837	4.887
3	4.936	4.988	5.039	5.090	5.142	5.195	5.248	5.302	5.356	5.411
4	5.466	5.522	5.578	5.635	5.693	5.751	5.810	5.869	5.929	5.989
2.5	6.050	6.112	6.174	6.237	6.300	6.365	6.429	6.495	6.561	6.627
6	6.695	6.763	6.831	6.901	6.971	7.042	7.113	7.185	7.258	7.332
7	7.406	7.481	7.557	7.634	7.711	7.789	7.868	7.948	8.028	8.110
8	8.192	8.275	8.359	8.443	8.529	8.615	8.702	8.790	8.879	8.969
9	9.060	9.151	9.244	9.337	9.431	9.527	9.623	9.720	9.819	9.918
3.0	10.82	10.12	10.22	10.32	10.43	10.53	10.64	10.75	10.86	10.97
1	11.08	11.19	11.30	11.42	11.53	11.65	11.76	11.83	12.00	12.12
2	12.25	12.37	12.49	12.62	12.75	12.88	13.01	13.14	13.27	13.40
3	13.54	13.67	13.81	13.95	14.09	14.23	14.38	14.52	14.67	14.82
4	14.97	15.12	15.27	15.42	15.58	15.73	15.89	16.05	16.21	16.38
3.5	16.54	16.71	16.88	17.05	17.22	17.39	17.57	17.74	17.92	18.10
6	18.29	18.47	18.66	18.84	19.03	19.22	19.42	19.61	19.81	20.01
7	20.21	20.41	20.62	20.83	21.04	21.25	21.46	21.68	21.90	22.12
8	22.34	22.56	22.79	23.02	23.25	23.49	23.72	23.96	24.20	24.45
9	24.69	24.94	25.19	25.44	25.70	25.96	26.22	26.48	26.75	27.02
4.0	27.29	27.56	27.84	28.12	28.40	28.69	28.98	29.27	29.56	29.86
1	20.16	30.47	30.77	31.08	31.39	31.71	32.03	32.35	32.68	33.00
2	33.34	33.67	34.01	34.35	34.70	35.05	35.40	35.75	36.11	36.48
3	36.84	37.21	37.59	37.97	38.35	38.73	39.12	39.52	39.91	40.31
4	40.72	41.13	41.54	41.96	42.38	42.81	43.24	43.67	44.11	44.56
4.5	45.00	45.46	45.91	46.37	46.84	47.31	47.79	48.27	48.75	49.24
6	49.74	50.24	50.74	51.25	51.77	52.29	52.81	53.34	53.88	54.42
7	54.97	55.52	56.08	56.64	57.21	57.79	58.37	58.96	59.55	60.15
8	60.75	61.36	61.98	62.60	63.23	63.87	64.51	65.16	65.81	66.47
9	67.14	67.82	68.50	69.19	69.88	70.58	71.29	72.01	72.73	73.46
5.0	74.20									

찾아보기

【ㄱ】

【ㄴ】

【ㄷ】

【ㄹ】

【ㅁ】

【ㅂ】

【ㅅ】

【ㅇ】

【ㅈ】

【ㅊ】

【ㅋ】

【ㅌ】

【ㅍ】

【ㅎ】

회로이론

발　　행 / 2025년 3월 20일

저　　자 / 이덕출, 이능헌, 고의석, 이동인
펴 낸 이 / 정 창 희
펴 낸 곳 / 동일출판사
주　　소 / 서울시 강서구 곰달래로31길7 (2층)
전　　화 / (02) 2608-8250
팩　　스 / (02) 2608-8265
등록번호 / 109-90-92166

ISBN 978-89-381-1658-1 93560
값 / 25,000원